코딩 인터뷰 완전 분석

CRACKING THE CODING INTERVIEW 6/E

Cracking the Coding Interview, Sixth Edition
by Gayle Laakmann McDowell

코딩 인터뷰 완전 분석

초판 1쇄 발행 2012년 8월 20일 **초판 5쇄 발행** 2016년 12월 26일 **개정판 1쇄 발행** 2017년 8월 14일 **개정판 5쇄 발행** 2021년 8월 24일 **지은이** 게일 라크만 맥도웰 **옮긴이** 이창현 **펴낸이** 한기성 **펴낸곳** (주)도서출판인사이트 **편집** 문선미 **제작·관리** 이유현, 박미경 **용지** 월드페이퍼 **출력·인쇄** 현문인쇄 **후가공** 이지앤비 **제본** 자현제책 **등록번호** 제2002-000049호 **등록일자** 2002년 2월 19일 **주소** 서울시 마포구 연남로5길 19-5 **전화** 02-322-5143 **팩스** 02-3143-5579 **블로그** http://blog.insightbook.co.kr **이메일** insight@insightbook.co.kr **ISBN** 978-89-6626-308-0 책값은 뒤표지에 있습니다. 잘못 만들어진 책은 비꾸어 드립니다. 이 책의 정오표는 http://blog.insightbook.co.kr에서 확인하실 수 있습니다.

프로그래밍 인사이트

코딩 인터뷰

189가지 프로그래밍 문제와 해법

완전 분석

게일 라크만 맥도웰 지음 | 이창현 옮김

인사이트

차례

옮긴이의 글

엔지니어로서 실리콘밸리에서 산다는 것은 참 행복한 일이다. 전기 자동차는 이미 흔하게 있고, 자율주행 자동차도 심심치 않게 볼 수 있다. 구글, 애플, 페이스북, 테슬라 같은 최고 기술 회사에 근무하는 직원들과 토론할 수도 있고, 최첨단 기술을 직접 개발할 수 있으며 그 발전을 눈앞에서 직접 볼 수 있다. 동네 카페에서 사람들이 삼삼오오 모여 기술에 대한 토론을 하고, 그 자리에서 노트북을 열어 개발을 하기도 한다. 역동적이면서 기술 발전에 대한 열정이 넘쳐 나는 이곳에서 엔지니어로 일을 하고 있다는 사실에 감사함을 느낀다. 하지만 이렇게 되기까지의 과정이 순탄했던 것만은 아니다.

진로 고민과 취업

2014년 2월, 조지아텍에서의 졸업을 두어 달 남겨 두고 진로 고민에 빠졌던 게 기억난다. 원래는 석사 과정을 졸업한 뒤 박사 과정에 진학할 계획이었다. 지원서를 대략 10개쯤 제출했다. 연구 실적도 어느 정도 있었기에 당연히 하나쯤은 합격하겠지라는 생각에 안심하고 놀고 있었는데 단 한 개의 합격 메일도 받지 못했다. 다 떨어진 것이었다. 지금까지 세웠던 계획이 모두 허물어졌고, 미래가 불투명해졌다. 불안해지니 오만 가지 생각이 다 들었다. "한국으로 돌아가야 하나. 돌아가서 뭐하지"

고민이 있을 때마다 상담하던 세훈이 형과 그날도 커피를 마시며 이야기를 나누었다. "형, 저 망한 것 같아요." 세훈이 형이 말했다. "낙담만 하고 있지 말고 뭐라도 해봐. 미국 회사에 지원이라도 해보는 게 어때?" 영어도 잘하지 못하는데 취업이 될까 하는 걱정이 앞섰다. 하지만 시간을 그냥 흘러보내는 것보단 뭐라도 하는 게 정신건강에도 이로울 것 같았다. 그렇게 나는 본격적으로 취직 준비를 시작하였다. 당시에는 프로그래밍 면접 관련 책이 많지도 않았기에(혹은 내가 잘 몰랐기에) 인터넷에 의존할 수밖에 없었다. 혼자 방안에 틀어박혀 면접 문제를 검색하고, 혼잣말로 대답하고, 손으로 코딩해 보며 면접에 대비했다.

백 장에 가까운 이력서를 제출했지만, 그 중에 전화 인터뷰를 본 회사는 10여 군데, 대면 면접(onsite interview)를 진행한 회사는 2~3군데뿐이었다. 영어 실력이 부족했기 때문에 처음에는 많이 버벅였는데, 여러 번 하다 보니 요령이 생겨 면접도 점점 수월해졌다. 그러다가 운이 좋게도 구글에 합격해 현재는 실리콘밸리에서 일하며 살고 있다. 지금에 와서는, 내가 면접을 한창 준비할 때 이 책을 미리 알았더라면 좋았을걸이라는 생각을 많이 한다. 이 책은 문제에서 면접관이 어떤 점을 중요하게 여기는지 알 수 있게 해주기 때문에, 당시에 이렇게 면접을 준비했더라면 더 좋았을 텐데라는 생각을 많이 하게 했다.

우연히 접한 책 번역

이 책을 번역하게 된 계기는 종만이 형 덕이었다. 평범하게 회사원의 삶을 살고 있던 중에 오랜만에 종만이 형에게서 연락이 왔다. "책 번역 한번 해볼래?" 내 이름이 들어간 책을 낼 수 있다는 약간의 설렘에 끌려 그 자리에서 덥석 하겠노라고 말했다. 처음에는 쉽게 생각했다. 남는 시간에 멍 때리지 말고 조금씩 하면 되겠지라고. 그런데 그게 아니었다. 문장을 번역하는 과정이 생각보다 어려웠고, 상상 이상으로 시간이 많이 소요됐다. 회사 일과 병행해서 하다 보니 시간과 에너지가 많이 부족했다. 특히 퇴근을 한 뒤에 다른 약속을 잡거나 쉬지도 못하고 번역을 해야 하는 상황은 돌이켜보면 참 힘든 시간이었다. 주말에 친구와 약속이 있거나 어디를 놀러 가게 되더라도 남는 짜투리 시간에 번역을 해야겠다는 생각에 항상 노트북을 들고 갔던 기억이 있다. 또 침대에 널브러져 있다가도 집에 있으면 하루 종일 안 할 것 같아서 무거운 몸을 이끌고 카페로 향하곤 했다.

그래도 마냥 힘들기만 한 것은 아니었다. 나름 재미 있기도 했다. 코딩 면접 문제를 풀어 본 게 꽤 오래전 일이라 다시 문제를 접하니 감회가 새로웠다. 번역을 하다가 중간에 재미있는 문제를 보면 혼자 손으로 끄적이면서 풀어보곤 했다. 또한 시간이 흘러 잊고 있던 컴퓨터 과학 분야의 중요한 핵심 개념들을 다시 되짚어 보는 좋은 계기도 되었다.

감사의 글

이 책을 번역을 하는 동안에 곁에서 번역을 무사히 마치도록 도와준 사람들이 있다. 우선 이 책을 번역할 수 있게 자리를 마련해준 종만이 형에게 감사를 전하고 싶다. 우연히 같은 시기에 다른 책을 번역하던 전형이 형에게 우리 둘 다 무사히 번역을 마쳤다는 의미로 축하의 인사를 나누고 싶고, 번역의 고통을 함께 나누어 주어서 고마웠다고 말하고 싶다. 번역을 하는 동안 다양한 질문을 받아준 내 주변의 모든 친구들에게도 감사의 인사를 전하고 싶다. 마지막으로 번역 작업을 지지해주신 부모님께도 감사의 인사를 전한다.

2017년 7월 이창현

지은이의 글

이 책을 읽는 독자에게

서문 같은 것은 잠시 잊어버립시다.

저는 구인 담당자가 아닙니다. 소프트웨어 엔지니어죠. 멋진 알고리즘을 앉은 자리에서 순식간에 만들어 내고, 화이트보드에 오류라고는 없는 코드를 작성하라는 요구를 받을 법한, 그런 일을 하는 사람입니다. 구글이나 마이크로소프트, 애플, 아마존 등의 회사 면접장에서 그런 요구를 받은 적 있기에 잘 압니다.

또한 면접장에서 지원자들에게 그런 질문을 해본 적도 있으니 더 잘 알겠죠. 실제로 면접을 통과할 만한 사람들을 가려내기 위해 이력서 무더기를 추려낸 적도 있고, 그들이 어려운 문제를 풀었거나 혹은 풀려고 노력했다고 평가를 내려 본 적도 있습니다. 또한 어떤 지원자에게 채용 제안할 것인지를 두고 구글의 채용 위원회(Hiring Committee)와 논쟁한 적도 있습니다. 저는 인력 채용이 어떻게 이루어지는지, 그 전반적인 과정을 반복적으로 경험해 보았고 이해하고 있습니다.

그리고 독자 여러분은 아마도 내일이나 다음 주, 아니면 내년에 면접을 보려고 계획하고 있는 분들일 겁니다. 제가 이 책을 쓴 이유는, 여러분이 지닌 기본적인 컴퓨터 과학에 관한 이해도를 향상시키기 위한 것입니다. 또한 그런 기본 지식을 면접 문제 공략에 적용하는 방법을 가르쳐드리기 위한 것이죠.

이 책의 여섯 번째 개정판을 내면서, 70% 정도의 내용을 추가했습니다. 새로운 연습문제와 개선된 해법, 새로운 장을 추가했고, 더 다양한 알고리즘 전략과 모든 문제에 대한 힌트를 실었으며 내용적인 부분도 보강했습니다. 다른 지원자들과 소통하고 새로운 자료를 찾아보시려면, 웹사이트 *www.careercup.com*을 방문해 주세요.

이 책을 통해 여러분이 기술을 개선해 나가리라는 생각을 하면 가슴이 뜁니다. 준비하는 동안 여러분은 기술과 소통에 대한 광범위한 지식을 배우게 될 겁니다. 결과가 어찌 되었든, 그런 노력은 해볼 만한 가치가 있습니다.

이 책의 서론에 해당하는 각 장들을 주의 깊게 읽으세요. '채용'과 '탈락'을 결정짓는 차이에 대한 통찰력을 갖게 해 줄 중요한 정보들이 많습니다.

그리고 기억하세요. 면접은 어렵습니다! 구글에서 면접관으로 일하는 동안, 어떤 면접관들은 쉬운 문제를 내는 반면 어떤 면접관들은 어려운 문제를 출제하는 것을 보았습니다. 하지만 이거 아세요? 쉬운 문제를 받는다고 취업이 쉬워지는 것은 아닙니다. 채용 여부는, 문제를 흠결 없이 풀어냈느냐에 좌우되는 것이 아닙니다(그럴 수 있는 지원자도 별로 없습니다). 중요한 것은 '다른 지원자보다 나은 답변을 했느냐'입니다. 그러니 어려운 문제를 받았더라도 낙담하지 마세요. 그 문제가 까다롭기는 다른 사람들에게도 마찬가지입니다. 흠이 조금 있어도 괜찮습니다.

열심히 공부하시고, 연습하세요. 행운을 빕니다!

CareerCup.com 창업자이자
*Cracking the PM Interview*와 *Cracking the Tech Career*의 저자
게일 라크만 맥도웰

들어가며

무언가 잘못됐다

면접장을 나서는 우리의 마음은 다시금 참담했다. 오늘 면접한 열 명의 지원자 중에서 채용 제안을 받는 사람은 아무도 없을 것이다. 우리가 너무 까다로웠던 것은 아니었는지 궁금했다.

특히 나는 심히 낙담했다. 내가 면접을 본 사람 가운데 한 명을 탈락시켜야 했다. 이 지원자는 갓 대학을 졸업했다. 컴퓨터 과학 분야의 톱클래스 대학 가운데 하나인 워싱턴 대학에서 3.73 GPA의 우수한 성적을 받았다. 다양한 오픈 소스 프로젝트에서 광범위한 경험을 쌓았고, 열정적이었다. 또한 창의적이었으며 명민했고, 다부졌다. 어떤 면에서 보더라도 진정한 기술자였다.

하지만 결국에는 다른 면접관에게 동의할 수밖에 없었다. 결과를 내지 못했기 때문이었다. 재검토를 해달라 청원하더라도 결국 마지막 단계에서 탈락될 것이 분명했다. 레드 카드를 너무 많이 받았다.

그가 꽤 출중한 지적 능력을 가지고 있다는 데는 대체로 모두 동의했다. 하지만 그는 문제를 푸는 내내 악전고투했다. 대부분의 합격 지원자가 쉽게 넘어가는 첫 문제, 잘 알려진 문제를 살짝 비튼 그 문제에서도 그는 알고리즘을 고안하는 데 애를 먹었다. 간신히 고안한 알고리즘에서도 다른 시나리오를 고려해 최적화된 해답을 내놓지는 못했다. 결국 코딩을 시작해서는 초기에 생각한 해법대로 코드를 갈겨썼지만, 미처 깨닫지 못한 버그들이 뒤섞여 있었다. 여태까지 면접 보았던 지원자들 가운데 최악은 아니었지만, '문턱'을 넘기에는 모자랐다. 탈락이다.

몇 주 뒤, 그가 전화로 피드백을 듣고 싶다고 했을 때 나는 어떤 말을 해야 할지 알 수가 없었다. 더 똑똑해야 하나? 아니다. 그는 이미 재능이 뛰어나다. 더 코딩을 잘해야 하나? 아니다. 그는 이미 훌륭한 수준에 올라와 있다.

동기가 분명한 다른 지원자들과 다름없이, 그도 열심히 준비했다. K&R의 고전적 C 책을 숙독했고, CLRS의 유명한 알고리즘 교과서도 다시 훑었다. 트리의 균형을 잡는 다양한 방법의 세부사항을 설명할 수 있었고, 어떤 프로그래머도 하려고 하지 않을 방식으로 C를 다룰 수도 있었다.

결국 나는 한 가지 불편한 진실을 그에게 말해 줄 수밖에 없었다. 그런 책들로는 충분치 않았던 것이다. 학술적 서적들은 연구를 하는 데 도움이 될지는 몰라도, 면접에는 그다지 도움이 되질 못한다. 왜인가? 면접관들은 학교를 졸업한 이래로 레드-블랙(Red-Black) 트리 같은 것은 본 적이 없기 때문이다.

코딩 관련 면접 문제를 공략하려면, '실제' 문제에 대비해야 한다. '실제' 문제를 놓고 연습하고, 그 패턴을 배워야 한다. 이는 단순히 기존의 문제를 암기하는 것이 아니라, 새로운 알고리즘을 개발할 줄 아는 것을 말한다.

이 책은 최고 테크 회사에서 면접관으로 일한 경험과 이 면접에 지원한 지원자들을 교습한 결과물이다. 수백 명의 지원자와 대화를 나눈 결과물이다. 지원자와 면접관들이 만들어낸 수천 개의 문제를 검토한 결과다. 그리고 수많은 회사들의 면접 문제를 살펴본 결과이기도 하다. 이 책에는 수천 개의 출제 가능 문제들 가운데, 가장 좋은 189개의 문제를 엄선해 담았다.

필자의 접근법

이 책은 알고리즘과 코딩, 그리고 디자인 문제에 초점을 맞춘다. 그 이유는? 행동 면접(behavioral questions)에 관한 문제를 물론 받을 수도 있겠지만, 그에 대한 답은 이력서마다 제 각각이기 때문이다. 마찬가지로, 많은 회사에서 "가상 함수란 무엇인가요?"와 같은 사소한 문제들을 출제하곤 하지만 이런 질문에 대비하면서 얻을 수 있는 지식은 많지 않다. 이런 질문 중에서 면접관이 좋아할 만한 문제를 몇 가지 다루기는 할 것이다. 하지만 배울 것이 많은 분야에 더 많은 지면을 할애한다.

열정

필자는 가르치는 일에 열심인 사람이다. 사람들이 새로운 개념을 이해하도록 돕고, 그들이 열정적으로 일하는 분야에서 더 뛰어난 업적을 낼 수 있도록 하는 도구를 제공하는 일을 사랑한다.

필자가 처음으로 누군가를 '공식적으로' 가르쳤던 것은 펜실베이니아 대학에서였다. 대학원 2년차 때 강의 조교로 일하면서 컴퓨터 과학 학부 학생들을 가르쳤다. 그 후에 다른 강의에서도 조교로 계속 일하게 되었는데, 결국에는 실질적 기술에 초점을 맞춘 내 강의를 개설할 기회도 누리게 되었다.

구글의 엔지니어로 일하면서 필자가 가장 즐겼던 일은 신입 직원들을 교육하고 그들의 멘토가 되어주는 것이었다. 그리고 시간의 '20%'는 워싱턴 대학에서 컴퓨터 과학 과목을 가르치는 데 썼다.

그로부터 몇 년이 지난 지금까지도 필자는 여전히 컴퓨터 과학에 관한 수업을 하고 있지만, 이번에는 스타트업 엔지니어들의 기업 인수 면접을 위한 목적으로 가르치고 있다. 그동안 필자는 그들의 실수와 힘겨운 발버둥을 봐 왔고, 그러한 문제점을 해결하기 위한 기술과 전략을 개발해왔다.

이 책과 *Cracking the PM Interview*, *Cracking the Tech Career*, 그리고 *CareerCup.com*은 가르치는 일에 쏟았던 내 열정의 부산물이다. 필자는 요즘도 가끔, 도움의 손길을 기다리는 사람들을 지원하고자 *CareerCup.com*을 어슬렁거린다.

우리와 함께 하셨으면 좋겠다.

게일 라크만 맥도웰(Gayle L. McDowell)

면접 과정

최고의 테크 회사들(그리고 수많은 다른 회사들)의 면접에서 알고리즘과 코딩은 아주 큰 부분을 차지한다. 이것들을 문제풀이(problem solving) 질문이라고 생각해도 좋다. 면접관은 여러분이 지금껏 보지 못했던 알고리즘 문제를 풀어내는 능력을 평가하고 싶어 한다.

한 가지 문제를 면접 내내 풀고 있는 지원자를 발견하는 것은 그리 어렵지 않다. 45분은 그렇게 긴 시간이 아니며, 이 시간 내에 여러 문제를 풀기란 굉장히 어렵다.

문제를 풀어가는 사고 방식을 최선을 다해 소리 내어 표현해야 한다. 면접관이 여러분을 도우려 할 수도 있다. 그럴 경우 면접관의 도움을 받아도 괜찮다. 도움을 받는 것은 지극히 평범한 과정이고 도움을 받는다고 해서 여러분이 못했단 뜻이 아니다(물론 힌트 없이 문제를 해결하는 게 더 낫지만).

면접관은 여러분이 얼마나 잘했는지 직감을 가진 채로 면접을 끝낼 것이다. 면접 점수를 평가지에 적을 수도 있지만 실제로 정량 평가를 하는 것은 아니다. 거기에 여러 가지 면에서 몇 점을 받았는지를 나타내는 도표 따위는 없다. 면접 평가는 그런 방식으로 이루어지지 않는다.

그보다는, 다음을 통해 여러분의 성과가 평가될 것이다.

- **분석 능력**: 문제를 푸는 데 도움을 많이 받았나? 최적화를 얼마나 했나? 문제를 푸는 데 시간이 얼마나 소요됐나? 디자인/설계를 할 때에 문제의 체계를 제대로 세우고 다양한 방법에 대한 장단점을 생각해 봤는가?
- **코딩 능력**: 알고리즘을 적절한 코드로 표현할 수 있나? 깔끔하고 잘 구성되어 있나? 가능한 에러에 대해 생각해 봤나? 코드 스타일은 훌륭한가?
- **기술적 지식 및 컴퓨터 과학 기본**: 컴퓨터 과학 및 관련 기술에 대한 기본기가 출중한가?
- **경험**: 과거에 기술적 결정을 해본 적이 있는가? 흥미롭고 도전적인 프로젝트를 해본 적이 있는가? 진취성, 결단성, 그 외 다른 중요한 요소를 내보인 적이 있는가?
- **문화와 얼마나 맞는지 / 의사 소통 능력**: 지원자의 성격과 가치가 회사에 잘 맞는가? 면접관과 의사 소통이 잘 되었는가?

이 중 어디에 더 비중을 둬야 하는지는 문제, 면접관, 직무, 팀, 회사에 따라 다르다. 일반적인 알고리즘 문제를 풀 때에는 보통 처음 세 가지 능력이 중요하다.

▶ 면접의 방식은 왜 이래야 하는가

면접 준비를 갓 시작한 지원자가 가장 많이 하는 질문 중 하나이다. 면접이 왜 이런 방식이어야 하지? 결국 아래와 같은 불평들을 늘어 놓기 시작하는데, 사실 이런 불평은 쓸데없다.

1. 많은 수의 훌륭한 지원자들은 이런 방식의 면접을 잘하지 못한다.
2. 이미 나온 문제는 해법을 찾아볼 수 있다.
3. 실무에서 이진 탐색 트리와 같은 자료구조를 쓸 일은 거의 없다. 만약 필요하다면 당연히 공부할 것이다.
4. 화이트보드 코딩은 너무 인위적인 환경이다. 실무에서 화이트보드에 코딩할 일은 확실히 없다.

필자도 부분적으로는 위의 사실에 동의한다. 하지만 전부는 아니더라도 어떤 직무에 한해서 만큼은 이러한 방식의 면접이 필요하다. 이 논리에 동의하지 못하더라도 왜 이런 문제들이 출제되는지 아는 것이 필요하다. 면접관의 사고방식을 조금이나마 이해할 수 있기 때문이다.

부정 오류(false negative)[1]도 괜찮다

지원자 입장에서 슬프고 불만스럽더라도 사실이다.

회사 입장에서는 쓸 만한 지원자가 몇 명 불합격하더라도 크게 상관하지 않는다. 물론 회사는 훌륭한 직원들을 보유하려고 애쓴다. 훌륭한 사람을 놓치면 리크루팅 비용이 증가하기 때문에 피하는 게 좋지만 몇 명을 놓치는 것을 받아들일 수는 있다. 회사가 훌륭한 지원자들을 충분히 채용하고 있는 상황에서 이 정도는 용인할 수 있는 타협점이다.

회사는 그보다 긍정 오류(false positive)[2], 즉 면접은 잘 봤지만 실제 업무 능력은 떨어지는 경우를 더 걱정한다.

문제풀이는 꽤 가치 있는 능력이다

약간의 도움을 받더라도 어려운 문제를 능히 풀어낼 수 있다면, 여러분은 아마도 최적 알고리즘을 개발하는 능력이 뛰어날 가능성이 크다. 또한 똑똑한 사람일 것이다.

---

1 (옮긴이) 실제로 참인 것을 거짓으로 잘못 판정하는 오류
2 (옮긴이) 실제로 거짓인 것을 참으로 잘못 판정하는 오류

머리가 좋은 사람은 좋은 일을 하려는 경향이 있고, 이러한 사람은 회사 입장에서 꽤 가치 있는 인재이다. 물론 머리가 좋은 게 전부는 아니지만 매력적인 요소임에는 틀림없다.

기초적인 자료구조와 알고리즘 지식은 유용하다

많은 면접관들이 기본적인 컴퓨터 과학 지식이 실제로 유용하다고 주장할 것이다. 트리, 그래프, 리스트, 정렬, 그리고 다양한 지식에 대한 내용은 주기적으로 이해해둘 필요가 있다. 해당 지식이 필요해지면, 그 지식의 가치는 굉장해진다.

필요할 때 공부할 수도 있지 않냐고 물을 수 있다. 그럴 수도 있다. 하지만 이진 탐색 트리의 존재 유무를 모르는 상태에서 이진 탐색 트리를 사용해야겠다고 판단하기란 어려운 일이다. 그 존재를 알고 있다면 그것에 대한 기본 또한 거의 알고 있을 것이다.

또 다른 면접관은 자료구조와 알고리즘이 지원자를 평가하기에 괜찮은 '프락시(proxy)'라고 말한다. 자료구조와 알고리즘이 스스로 공부하기에 그렇게 어렵지 더라도, 이들과 훌륭한 개발자 사이에 꽤 믿을 만한 연관성이 있다고 말한다. 즉, 자료구조나 알고리즘을 안다는 것은 컴퓨터 과학(computer science) 관련 전공을 통해 이들에 대한 폭넓은 기술적 지식을 습득했든지 혹은 스스로 공부했다는 의미가 된다. 어느 쪽이든 둘 다 괜찮다.

그 외에 자료구조와 알고리즘 없이 문제풀이 능력을 측정할 수 있는 문제를 만들기 어렵다는 이유도 있다. 대다수의 문제풀이와 관련된 질문은 자료구조와 알고리즘을 바탕으로 이루어져 있다. 따라서 충분히 많은 지원자들이 이에 대한 기본 지식을 안다고 했을 때, 자료구조와 알고리즘을 이용한 문제 출제 양식을 만들기 쉬워진다.

화이트보드가 무엇에 집중해야 하는지 알려준다

화이트보드에 완벽한 코드를 작성하기란 어려운 게 사실이다. 물론 면접관도 완벽한 코드를 기대하지 않는다. 사실상 사소한 버그나 구문 오류 정도는 생기게 마련이다.

화이트보드의 좋은 점 중 하나는 큰 그림을 그리는 데 도움을 준다는 것이다. 컴파일러가 없으므로 코드를 컴파일할 필요가 없다. 클래스 전체를 정의할 필요도 없고 판에 박힌 코드(boilerplate code)[3]를 작성할 필요도 없다. 오직 코드의 '핵심'에

---

3 (옮긴이) 꼭 필요하지만 간단한 기능을 위해서 작성해야 하는 코드

만 신경 쓰면 된다. 실제로 문제를 풀어내는 함수 부분이 가장 중요하다.

이 말은 의사코드를 작성해야 한다거나 코드의 정확도가 중요하지 않다는 말이 아니다. 대부분의 면접관들이 의사코드를 좋아하지 않고 에러가 적은 코드를 좋아한다.

화이트보드를 이용할 경우 지원자는 자신의 생각을 좀 더 소리 내어 설명하는 경향이 있다. 지원자가 컴퓨터 앞에 앉는다면 의사소통은 현저히 줄어든다.

그렇다고 이 방법이 모든 회사와 모든 상황을 위한 것은 아니다

위의 설명은 회사 입장에서 어떻게 생각하는지 알려주기 위한 내용이다.

필자의 개인적인 생각은 어떠냐고? 올바른 상황에서 면접이 잘 이루어졌을 때, 문제풀이 능력을 보여 준 지원자가 똑똑하다고 얘기하는 것은 합리적인 판단이다.

하지만 항상 면접이 잘 이루어지는 것은 아니다. 엉터리 면접관이 엉터리 질문을 하는 경우도 있다.

이러한 면접 방식이 모든 회사에 적합한 것도 아니다. 어떤 회사는 지원자의 과거 경력이나 특정 기술에 더 높은 가치를 주고, 알고리즘 질문에는 큰 비중을 두지 않기도 한다. 이런 면접 방식을 이용하면, 지원자의 노동 윤리나 일에 집중하는 능력을 측정하지도 않는데, 대부분의 면접에서 이에 대한 평가가 제대로 이루어지지 않는다.

어떤 면에서 보더라도 이 책에서 설명하는 면접 방식이 완벽하진 않다. 하지만 완벽한 게 어디 있는가? 모든 면접 방식은 저마다의 장단점이 있게 마련이다.

이 말을 남기고 싶다. 현실을 받아들이고, 주어진 것에 최선을 다하자.

▶ 어떤 문제를 출제하는가

지원자들은 종종 '최근에' 출제된 특정 회사의 면접 문제를 묻곤 한다. 이런 질문을 한다는 것은 면접 문제가 어디에서 비롯되는지에 대해 근본적으로 오해하기에 생기는 것이다.

대다수의 회사는 전사적 차원에서 면접관이 반드시 던져야 할 질문 목록을 갖고 있지 않다. 그보다는 면접관이 직접 적절한 질문지를 선택한다.

고정된 질문 목록 자체가 없기 때문에, '최근 구글 면접 문제'라는 질문은 아무 의미가 없다. 그보다는 구글에서 일하는 어떤 면접관이 최근에 어떤 질문을 했는지가 더 적합한 질문이 될 것이다.

최근에 출제된 구글 면접 문제는 3년 전과 크게 다르지 않다. 그리고 비슷한 다른 회사(아마존, 페이스북 등)에서 출제된 문제와도 크게 다르지 않다.

넓은 의미에서 회사마다 차이점이 있다. 어떤 회사는 알고리즘 문제(시스템 설계 문제와 함께)에 초점을 맞추고, 어떤 회사는 지식에 바탕을 둔 질문을 좋아한다. 하지만 주어진 문제 카테고리 안에서는 회사마다 차이가 거의 없다. 즉, 구글의 알고리즘 문제와 페이스북의 알고리즘 문제는 근본적으로 동일하다.

▶ 모든 것은 상대적이다

등급을 매기는 시스템이 없다면 면접관은 어떤 방식으로 평가를 할까? 면접관은 지원자에게 어느 정도의 역량을 기대하며, 그 역량이 합격하기에 충분한지를 어떻게 알 수 있을까?

좋은 질문이다. 다음을 이해한다면 그에 대한 답을 쉽게 알 수 있을 것이다.

면접관은 같은 문제를 풀었던 다른 지원자들의 역량과 상대적인 비교를 통해 평가를 내린다. 이것은 상대 평가다.

예를 들어, 기가 막히게 괜찮은 수수께끼 혹은 수학 문제가 주어졌다고 가정하자. 친구 알렉스(Alex)는 해당 문제를 푸는 데 30분이 걸렸고 벨라(Bella)는 50분이 걸렸다. 크리스(Chris)는 문제를 풀지 못했고, 덱스터(Dexter)는 15분밖에 걸리지 않았지만 결정적인 힌트가 없었다면 아마 그보다는 훨씬 더 오래 걸렸을 것이다. 엘리(Ellie)는 문제를 푸는 데 10분밖에 걸리지 않았고, 동시에 생각지도 못한 새로운 접근법을 선보였다. 프레드(Fred)는 35분이 걸렸다.

이 결과를 보고 여러분은 "와, 엘리(Ellie)가 진짜 잘했네. 수학 정말 잘하는구나." 하고 말할 것이다. 물론 그녀가 단순히 운이 좋았고, 크리스(Chris)가 운이 나빴을 수도 있다. 단지 운에 좌우된 결과인지 확인해 보기 위해 추가적으로 몇 가지 질문을 더 던져볼 수도 있다.

면접에서는 이와 같은 방식으로 평가한다. 면접관은 다른 사람들과 비교함으로써 지원자의 역량을 가늠한다. 그것은 단순히 이번주에 면접을 본 지원자들뿐만 아니라 지금까지 그녀가 면접봤던 모든 지원자들과의 비교를 의미한다.

이런 이유로, 어려운 문제를 받았다고 해서 낙담할 필요는 없다. 여러분이 어려웠으면 다른 사람도 마찬가지로 어려웠을 것이다. 그리고 여러분이라고 문제를 풀지 못하란 법도 없다.

▶ 자주 받는 질문

면접 후에 아무 연락을 받지 못했어요. 떨어진 건가요?

그렇지 않다. 회사에 따라 결과 발표가 미뤄지는 다양한 이유가 있을 수 있다. 가장 간단한 이유로는, 면접 봤던 면접관 중 한 명이 아직 피드백을 작성하지 않았을 수 있다. 탈락한 지원자에게 연락을 주지 않는다는 정책을 갖고 있는 회사는 얼마 되지 않는다.

영업일 기준 3~5일 안에도 아무 연락이 오지 않는다면, 구인 담당자에게 정중하게 확인해 보라.

탈락한 후에 재지원할 수 있나요?

거의 대부분 가능하다. 하지만 일반적으로 6개월에서 1년 정도 기다려야 한다. 이때 이전 면접 결과는 대부분의 경우 큰 영향을 미치지 않는다. 구글, 마이크로소프트에서 고배를 마신 뒤, 나중에 다시 면접을 보고 입사하는 사람들도 많다.

II

장막 너머

회사의 면접 방식은 대부분 아주 비슷하다. 회사들이 어떻게 면접을 보고, 원하는 게 무엇인지 지금부터 살펴보겠다. 면접 준비, 면접 중, 면접 이후의 과정에서 어떻게 대처하면 되는지 살펴볼 수 있을 것이다.

면접 대상자로 선정되면, 보통 사전 면접(screening interview)을 한다. 사전 면접은 실제로 면접에 참여할 사람을 걸러내기 위한 것으로, 보통 전화로 이루어진다. 괜찮은 대학의 졸업 예정자들은 상황에 따라 담당자와 대면하여 치르기도 한다.

사전 면접이라고 간단하게 생각하면 곤란하다. 사전 면접 중에도 코딩이나 알고리즘 관련 질문들이 나오는 경우가 많고, 그 관문을 통과하기는 실제 대면 면접만큼이나 어렵다. 사전 면접에 기술적인 질문이 출제될지 여부를 잘 모르겠다면, 면접을 조율한 담당자에게 면접관 직위를 물어 보자. 엔지니어라면 보통 기술적인 내용도 묻는다.

많은 업체들이 온라인으로 동기화되는 문서 편집기를 활용하지만 어떤 업체는 종이에 코드를 작성한 다음 전화로 읽어보라고 하기도 한다. 어떤 면접관은 지원자에게 전화를 끊은 다음 '숙제'로 코딩을 한 뒤 그 결과물을 이메일로 보내라 하기도 한다.

회사를 직접 방문하여 면접을 보기 전에, 이런 사전 면접을 한두 번은 하는 것이 보통이다.

회사에 직접 방문하여 치르는 면접은 보통 세 번에서 여섯 번 정도의 대면 면접으로 이루어지는데, 이 가운데 한 번은 점심식사를 하면서 치러지기도 한다. 점심 면접은 보통 기술적인 문제는 다루지 않으며, 그 결과가 평가에 포함되지 않기도 한다. 점심 면접은 평소 관심사에 대해 토론하거나 회사 문화에 대한 질문을 나누기 좋은 기회다. 그 외의 면접에서는 보통 기술적인 질문들을 던지며, 코딩, 알고리즘, 디자인/설계, 경력 등에 대해 물어볼 것이다.

위에서 언급한 주제 중에서 실제로 면접에서 출제되는 빈도수는 회사나 팀마다 다르다. 달라지는 이유는 회사의 우선순위, 크기가 때문일 수도 있고, 아무 이유가 없을 수 있다.

면접이 끝난 뒤, 면접관들은 그 결과를 어떤 형태로든 제출할 것이다. 회사마다 그 방법은 다른데, 면접관들끼리 모여 지원자의 성적을 토론한 뒤 결정을 내리거나, 채용 담당자 혹은 채용 위원회가 최종 결정을 내릴 수 있도록 면접관이 추천서를 제출하거나, 면접관은 면접 결과를 채용 위원회에 제출하기만 할 뿐 결정은 하지 않는 경우도 있다.

대부분의 회사는 그다음 과정을 위해(합격 여부, 추가 면접, 혹은 단순한 현재 상황 업데이트) 일주일 안에 지원자에게 연락을 한다. 회사에 따라 결과가 빨리 나오거나(면접 당일이 될 수도 있다!) 늦게 나올 수도 있다.

일주일 이상 걸린다면 구인 담당자에게 연락을 해 봐야 한다. 답이 없다고 해서 떨어진 것은 아니다(큰 회사인 경우에는 그렇다. 그리고 대부분의 다른 회사들도 마찬가지다). 다시 한번 이야기하지만 연락이 없다고 부정적으로 생각할 필요는 없다. 모든 구인 담당자는 최종 결과가 나오면 후보자들에게 그 결과를 알려주게 되어 있다.

늦어지는 일은 생기게 마련이다. 궁금하다면 구인 담당자에게 물어봐도 좋겠지만, 가급적 공손하게 하라. 구인 담당자들도 여러분과 같은 사람이다. 바쁘기도 하고, 때론 잊기도 한다.

▶ 마이크로소프트 면접

마이크로소프트는 똑똑한 사람을 원한다. 소위 괴짜(geek)라 불리는 사람들. 기술에 열정적인 사람들. C++ API를 속속들이 알고 있는지를 테스트하지는 않겠지만, 화이트보드에 코드를 직접 써보라고는 할 것이다.

보통은 마이크로소프트에 면접을 보러 가면 오전에 회사에 들러 서류 작업부터 해야 한다. 그런 다음 구인 담당자(recruiter)와 짧은 면접을 보는데, 이때 샘플 문제를 하나 준다. 구인 담당자가 하는 일은 여러분을 사전 준비시키는 것이지, 기술적인 문제로 볶아대려는 것이 아니다. 기본적인 질문을 한다면, 그것은 여러분을 편안하게 하여 실제 면접에서 긴장하지 않도록 하기 위해서이다.

구인 담당자에게 친절하게 대하길 바란다. 그 사람은 여러분을 가장 많이 응원하는 사람일 것이다. 첫 면접에서 떨어지면 다시 응시하라고 재촉까지 한다. 취업에 성공하건 그렇지 않건 간에, 구인 담당자들은 여러분을 위해 싸워 줄 것이다!

면접 당일에 네 번에서 다섯 번 정도의 면접을 보게 되는데, 보통 서로 다른 두 팀과 함께 한다. 별도의 회의실에서 면접을 보는 다른 회사들과는 달리, 마이크로소프트에서는 면접관들이 일하는 바로 그곳에서 면접을 본다. 팀 문화를 접하고, 일터를 둘러볼 수 있는 좋은 기회다.

팀에 따라서 면접 과정 동안 면접관이 여러분에게 피드백을 해 주기도 하고, 그렇지 않을 수도 있다.

한 팀과 면접을 마치면, 채용 관리자(hiring manager)와 이야기하게 될 수도 있다. 그렇다면 그것은 굉장히 긍정적인 신호이다. 왜냐하면 특정한 팀과의 면접을 성공적으로 통과했다는 의미로 받아들일 수 있기 때문이다. 이제 결정은 채용 관리자에게 달려 있다.

면접 당일에 결과를 통보 받을 수도 있고, 일주일 후에 받을 수도 있다. 일주일이 지나도 HR로부터 아무런 응답을 받지 못하면, 부드러운 어조로 진행 상황을 묻는 이메일을 보내도록 하라.

구인 담당자에게 바로 답을 받지 못한다고 해도 그 이유는 담당자가 바빠서이지 여러분이 면접에서 탈락했기 때문이 아니다.

반드시 대비할 질문

"마이크로소프트에서 일하고 싶은 이유는?"

마이크로소프트는 이 질문을 통해 여러분이 기술에 열정적인 사람인지 알고자 한다. 이렇게 대답하면 훌륭할 듯. "컴퓨터를 처음 만졌던 그때부터 마이크로소프트의 소프트웨어를 사용해 왔습니다. 이 회사가 범용적으로 훌륭한 제품을 생산하는 과정을 관리하는 방식에 정말로 감동했습니다. 예를 들어 최근에 게임 프로그래밍을 배우기 위해 비주얼 스튜디오를 사용하기 시작했는데, 그 API는 정말로 훌륭합니다." 이런 대답이 기술에 대한 열정을 드러낸다는 점을 알아 두자!

특이사항

면접을 잘 봐야만 채용 관리자를 만날 수 있다. 만났다면 청신호!

마이크로소프트는 각 팀이 독립적으로 움직일 수 있도록 개별적인 운용권을 주고, 제품도 다양하게 가지고 있다. 팀마다 방향이 다르므로 마이크로소프트 내에서도 어느 팀에 배치되느냐에 따라 경험 자체가 굉장히 달라질 수 있다.

▶ 아마존 면접

아마존의 채용 절차는 두 번의 전화 사전 면접(phone screen)부터 시작한다. 이는 실제 면접할 지원자를 걸러내기 위한 것으로, 특정한 팀과 통화를 하게 된다. 그 짧은 시간 동안 두 번 이상 면접하게 될 수도 있는데, 이는 면접관 중 한 명이 확신이 없거나, 다른 팀이나 업무에 배정하는 것이 낫겠다는 생각을 하고 있는 경우일 것이다. 드물게는 지원자가 같은 지역에 있거나 아니면 다른 자리에 지원한 경력이 있는 경우, 전화 사전 면접을 한 번만 보기도 한다.

면접에서 엔지니어는 보통 공유 문서 편집기로 간단한 코드를 작성해 보라고 한다. 지원자가 어떤 기술 영역에 친숙한지 파악하기 위해 포괄적인 질문들도 던질 것이다.

그런 다음에는 시애틀(혹은 지원한 사무실이 있는 곳)로 날아가 이력서와 전화 면접 결과를 토대로 여러분을 선택한 한두 팀과 네다섯 차례의 면접을 보게 된다. 화이트보드에 코드를 작성하게 되며, 어떤 면접관은 코딩 외에 다른 기술을 평가하기도 할 것이다. 면접관들은 서로 다른 영역을 심사하도록 할당되어 있어서 서로 조금 달라 보일 수도 있다. 면접관들은 자기 의견을 제출하기 전에는 다른 사람 의견을 볼 수 없으며, 채용 회의를 갖기 전까지는 면접 결과에 대한 토론을 하지 말라는 권고를 받는다.

난이도 조정권자(bar raiser) 역할을 맡은 면접관은 면접 문턱(interview bar)을 높이는 역할을 맡는다. 그들은 특별한 훈련을 받으며, 균형을 유지하기 위해 면접관 그룹과는 따로 지원자를 심사한다. 만일 어떤 면접이 다른 면접과 비교해서 특별히 다르고 어렵다면, 그 면접을 진행하는 면접관은 아마도 조정권자일 것이다. 이 사람은 면접에 관한 경험이 아주 풍부하고, 채용 여부를 결정하는 데 강력한 영향력을 행사한다. 하지만 기억하라. 이 면접에서 고전한다고 해서 무조건 떨어지는 것은 아니다. 지원자의 성적은 다른 지원자들과 상대적으로 평가된다. 몇 퍼센트나 맞췄나를 따져 평가하는 게 아니라는 뜻이다.

면접관들이 의견을 전부 제출하면, 한자리에 모여 토론을 한다. 여기에서 채용 여부가 결정된다.

아마존의 구인 담당자들은 지원자들을 관리하는 데 탁월하지만 때로 결과 통보가 늦어지는 경우도 있다. 일주일 안에 답을 듣지 못한다면, 친근한 어조로 이메일을 보내 볼 것을 권한다.

반드시 대비할 질문

아마존은 규모 확장성(scalability)에 신경을 많이 쓴다. 관련된 문제에 반드시 대비하라. 분산 시스템 경험이 있어야만 이런 질문에 답할 수 있는 것은 아니다. 이 책의 '시스템 설계 및 규모 확장성'을 읽어보기 바란다.

또한 아마존은 객체 지향 디자인에 대해 질문을 많이 하는 경향이 있다. 이 책의 '객체 지향 설계'에 실린 질문과 대답들을 살펴보기 바란다.

특이사항

난이도 조정권자는 면접 수준을 높이기 위해 다른 팀에서 데려온 사람이다. 이 사람과 채용 관리자에게는 깊은 인상을 심어 주는 것이 좋다.

아마존은 다른 회사보다도 채용 과정에서 많은 실험을 하는 경향이 있다. 여기에 적힌 과정은 일반적인 경우일 뿐이다. 따라서 이 내용은 아마존의 실험에 따라 달라질 수도 있다.

▶ 구글 면접

구글 면접이 매우 어렵다는 흉흉한 소문들이 돌고 있지만, 그것들은 그저 소문일 뿐이다. 구글 면접은 마이크로소프트나 아마존 면접과 크게 다르지 않다.

전화 사전 면접은 구글 엔지니어가 직접 보는데, 기술적 문제가 까다롭게 나올 것에 대비해야 한다. 때로 공유 문서 편집기 같은 것을 이용해서 코딩을 해보라고 시키기도 한다. 전화 면접이나 실제 면접이나 지원자를 보는 기준은 같으며, 질문도 유사하다.

실제 면접장에서는 네 명에서 여섯 명의 면접관과 면접을 진행하는데, 그중 한 명과는 점심을 같이 먹게 된다. 면접관 개개인의 의견은 다른 면접관에게 비밀로 부쳐진다. 따라서 각각의 면접은 독립적이며 전부 백지 상태에서 시작한다고 믿어도 좋다. 점심을 먹으며 진행하는 면접의 경우 평가 대상이 아니기 때문에 솔직하게 이야기를 주고받을 수 있는 좋은 기회가 된다.

면접관에게 개별적으로 할당된 역할이 없으므로 질문들은 구조화되어 있지도 않고 시스템화되어 있지도 않다. 언제 어떤 질문이 나올지 알 수 없다는 뜻. 면접관들은 각기 하고 싶은 대로 면접을 진행한다.

면접관의 의견은 서면으로 채용 위원회(HC; Hiring Committee)에 제출된다. 채용 위원회는 엔지니어와 관리자로 구성되며, 채용 가부에 대한 추천권을 갖고 있다. 면접관의 의견은 분석 능력, 코딩, 경력, 의사 소통의 네 가지 범주로 나뉘는데, 각각 1.0에서 4.0의 점수가 매겨진다. 통상적으로 면접관은 채용 위원회에서 제외되며, 만일 포함되었다면 정말 우연히 그렇게 된 것일 뿐이다.

채용 제의를 하기 위해 채용 위원회에서는 지원자를 적극적으로 옹호한 면접관이 적어도 한 명 이상 있는지를 본다. 다시 말해, 3.6, 3.1, 3.1, 2.6점씩을 받는 편이 전부 3.1점을 받는 것보다 낫다는 뜻이다.

모든 면접을 다 잘 치를 필요는 없다. 그리고 전화 사전 면접 성적은 최종 결정에 큰 영향을 미치지 않는다.

만일 채용 위원회가 채용하는 것이 좋겠다는 의견을 내면, 지원자의 점수가 보상 위원회(compensation committee)로 넘어가고, 최종적으로 행정 관리 위원회 (executive management committee)에 도달한다. 거쳐야 할 단계와 위원회들이 많기 때문에, 합격 여부 통지를 받는 데는 몇 주까지 걸릴 수도 있다.

반드시 대비할 질문

웹 기반 회사인 구글은 규모 확장이 가능한 시스템(scalable system)을 어떻게 설계하느냐의 문제에 관심이 많다. 그러니 이 책의 '시스템 설계 및 규모 확장성'에 나온 질문들에 대비하길 바란다.

또한, 구글은 과거 경력에 관계없이 분석(알고리즘) 능력에 큰 비중을 두고 있다. 따라서 과거 경력이 꽤 훌륭하더라도 이러한 질문에 잘 대비해야 한다.

특이사항

면접관들은 채용 결정을 하지 않는다. 대신 의견을 채용 위원회에 제출한다. 채용 위원회 또한 채용 여부에 대한 권고안을 제출하지만 이 의견을 관리 부서가 거부할 수 있다(물론 채용 위원회의 의견에 관리 부서가 거부권을 행사하는 일은 드물다).

▶ 애플 면접

애플이라는 회사 자체도 그렇지만, 면접 절차 또한 관료적인 면이 별로 없다. 면접관들은 뛰어난 기술적 능력을 중요하게 생각하지만 응시하는 자리나 회사에 대한 열정이 있는지 또한 중요하게 살필 것이다. Mac 사용자일 필요는 없지만, Mac 시스템에 친숙하긴 해야 한다.

먼저 구인 담당자와 전화를 통한 사전 면접을 하게 된다. 이는 지원자가 가지고 있는 기술이 무엇인지 감을 잡기 위한 것이다. 그런 다음에 실제 팀원들과 기술적인 면접을 전화로 할 것이다.

전화 사전 면접을 통과한 후 실제 대면 면접에 초청되면 구인 담당자가 지원자를 맞이하고 면접 절차를 안내할 것이다. 그러고 나서 면접을 볼 팀의 팀원 및 그들과 일하는 핵심 인물들과 6~8회의 면접을 보게 될 것이다.

각 면접은 1대 1로 진행될 수도 있고 2대 1로 진행될 수도 있다. 화이트보드에 코딩할 준비를 단단히 하고, 생각을 명료하게 전달할 수 있도록 하라. 점심은 앞으로 당신의 매니저가 될지도 모르는 사람과 함께 하게 되는데, 격식을 좀 덜 갖춰도 되는 자리지만 이 역시 면접의 일부분이라는 것을 명심하기 바란다. 각 면접관은 서로 다른 영역을 질문하는데, 다음 면접관이 좀 더 심도 있게 질문해 줬으면 하는 경우를 제외하고는 다른 면접관들과 평가 결과를 공유하지는 않는다.

면접이 끝난 뒤 면접관들은 평가 결과를 비교한다. 모든 면접관이 긍정적이라면 지원하는 조직의 임원(director) 및 부사장(VP)과 면접을 보게 될 것이다. 공식적인 결정은 아니지만, 이 단계까지 왔다는 것은 긍정적인 신호이다. 아무튼 이 결정조차 은밀하게 내려지고, 면접을 통과하지 못한 경우에는 별다른 얘기도 없이 그냥 건물 밖으로 안내된다(현재까지는 그렇다).

임원 및 부사장과 면접을 보았다면, 모든 면접관이 회의실에 한데 모여 지원자를 '살릴지' 아니면 '죽일지' 공식적인 가부 결정을 한다. 일반적으로 부사장이 참석하는 경우는 드물지만, 지원자가 마음에 들지 않는 경우 거부권을 행사할 수 있다. 수일 내에 구인 담당자가 결과를 통보할 테지만, 구인 담당자에게 먼저 연락을 취해봐도 좋다.

반드시 대비할 질문

어떤 팀과 면접을 보게 될지 알고 있다면, 그 팀에서 만든 제품들에 대해 공부하기 바란다. 어떤 점이 좋았나? 개선해야 될 점은 무엇인가? 구체적인 제안을 함으로써 회사에 대한 열정을 어필할 수 있다.

특이사항

애플은 2대1 면접을 자주 하는데, 1대1 면접이랑 다를 바가 없으니, 스트레스 받지 않아도 된다.

애플 직원들은 애플 제품의 열성적 사용자들이기도 하다. 여러분 또한 같은 열정이 있다는 것을 보여 주는 것이 좋다.

▶ 페이스북 면접

면접 대상자로 뽑히면 지원자는 한두 번의 전화 사전 면접을 거치게 된다. 전화 면접 중에는 보통 기술적인 질문을 받거나 온라인 문서 편집기를 사용해서 코딩을 할 것이다.

전화 면접이 끝난 뒤 코딩 및 알고리즘과 관련된 숙제를 해야 할 수도 있다. 이때 코딩 스타일에 신경을 쓰길 바란다. 만약 코드 리뷰가 필요한 환경에서 일해본 적이 한번도 없다면 이번 기회에 한번 받아보는 것도 좋다.

대면 면접(on-site interview) 시에는 주로 소프트웨어 엔지니어들과 면접을 보는데, 가능한 경우에는 채용 관리자도 배석한다. 모든 면접관은 포괄적인 면접 훈련을 거쳤으며, 누구와 면접을 보든 그것이 채용 확률에 영향을 미치지 않는다.

같은 질문을 반복하지 않고 지원자의 능력을 종합적으로 평가하기 위해서 각 면접관에게 특정한 역할이 부여된다. 그 역할은 다음과 같다.

- **행동('Jedi')**: 페이스북의 환경에 잘 적응할 수 있는지를 평가하기 위한 면접이다. 페이스북의 문화와 가치와 잘 맞는가? 무엇에 흥미를 느끼는가? 어떻게 난관을 극복하는가? 페이스북을 왜 좋아하는지에 대한 대답도 준비하길 바란다. 페이스북은 열정적인 사람을 원한다. 이 면접에서 코딩 문제를 질문 받을 수도 있다.
- **코딩과 알고리즘('Ninja')**: 이 책 내용의 대부분을 차지하고 있는 전형적인 코딩과 알고리즘에 관한 면접이다. 문제는 난해하게 설계되어 있다. 프로그램 언어에 제약은 없으므로 편한 언어를 선택한다.
- **디자인/설계('Pirate')**: 백엔드 소프트웨어 엔지니어라면 디자인에 관련된 질문을 받을지도 모른다. 프론트엔드 혹은 다른 분야 지원자는 해당 분야와 관련된 디자인 질문을 받을 것이다. 다양한 해법과 각각의 장단점에 대해서 열린 마음으로 토론할 수 있어야 한다.

일반적으로 'Ninja' 면접 두 번, 'Jedi' 면접 한 번을 본다. 경력자라면 'Pirate' 면접도 본다.

면접이 끝난 뒤, 모든 면접관들은 지원자에 대해 이야기하기 전에 평과 결과를 제출해야 한다. 따라서 특정 면접관의 의견에 따라 다른 면접관의 평가 결과가 달라지지 않는다.

모든 의견이 제출되면 면접을 봤던 팀과 채용 관리자가 함께 최종 결정을 내린다. 그들은 합의를 본 뒤 최종 채용 추천서를 채용 위원회에 제출한다.

반드시 대비할 질문

잘나가는 테크 기업 중 가장 젊은 만큼, 페이스북은 개발자가 기업가 정신을 갖기를 원한다. 그러니 면접을 볼 때는 무엇이든 빠르게 결과를 볼 수 있도록 만들기를 좋아한다는 점을 강조하여야 한다.

그들은 당신이 언어 선택에 구애 받지 않고 멋지고 확장 가능한 시스템을 함께 만들어갈 수 있는 사람인지 알고 싶어 한다. 특히 페이스북이 C++, 파이썬, 얼랭(Erlang)뿐 아니라 다른 다양한 언어로도 설계되어 있다는 점을 감안하면 PHP를 아는 게 특별히 중요한 것은 아니다.

특이사항

페이스북은 면접을 진행할 때 특정한 팀을 염두에 두기보단 전사적인 관점에서 진행한다. 채용되고 나면 '부트캠프(bootcamp)'라고 불리는 6주간의 훈련과정을 통해 페이스북의 거대한 코드 구조에 익숙해질 기회를 갖는다. 선배 개발자들을 멘토로 삼아 지도를 받으며, 최선의 개발 지침들을 배우고, 궁극적으로는 자유롭게 프로젝트를 선택할 수 있게끔 될 것이다.

▶ 팰런티어 면접

'통합'(pooled) 방식의 면접(특정한 팀보다는 전사적인 관점에서 보는 면접)을 보는 회사들과는 달리 팰런티어는 특정 팀을 위해 면접을 본다. 때때로 지원자의 이력서가 더 잘 맞는 다른 팀으로 전달되기도 한다.

팰런티어 면접은 두 번의 전화 사전 면접으로 시작한다. 이 면접에선 30분에서 45분 동안 주로 기술적인 질문을 한다. 과거 경력에 관한 약간의 질문을 제하면 알고리즘 문제가 주를 이룬다.

알고리즘 최적화와 올바르게 동작하는 코딩 능력을 평가하기 위해 HackerRank 코딩 숙제를 제시할 수도 있다. 갓 대학을 졸업한 지원자처럼 경험이 적은 지원자일수록 이 테스트를 거칠 가능성이 높다.

위 과정을 모두 통과하면 회사에 초대되어 최대 다섯 명과 대면 면접을 보게 된다. 대면 면접에서는 과거 경력, 관련된 분야의 지식, 자료구조와 알고리즘, 디자인 내용을 다룬다.

팰런티어 제품을 시연해 볼 가능성도 있다. 이때 괜찮은 질문을 던지고 회사에 대한 열정을 내비치도록 하라.

면접이 끝난 후에 면접관과 채용 관리자가 만나서 당신에 대한 의견을 주고받을 것이다.

반드시 대비할 질문

팰런티어는 뛰어난 사람을 뽑고 싶어 한다. 많은 지원자들이 구글이나 다른 회사에 비해 팰런티어의 문제가 더 어렵다고 말하곤 한다. 그렇다고 합격하기가 더 어렵다는 건 아니다(사실 더 어려울 수 있지만). 이것은 단지 면접관이 어려운 문제를 선호한다는 것을 의미한다. 팰런티어 면접을 본다면 핵심 자료구조와 알고리즘을 완벽히 공부한 뒤 어려운 알고리즘 문제를 집중적으로 풀어 봐야 한다.

백엔드 면접을 본다면 시스템 디자인도 훑어봐야 한다. 이것도 면접에서 중요한 부분 중 하나이다.

특이사항

팰런티어의 코딩 문제는 일반적으로 어렵다. 컴퓨터 앞에서 필요할 때마다 관련 자료를 찾아볼 수 있다고 해서 준비를 게을리하지 말자. 문제가 극도로 어려울 수 있는데, 그에 따른 알고리즘 최적화 정도를 평가할 것이다. 전반적인 면접 준비는 이 책을 통해 할 수 있다. *HackerRank.com*에서 문제풀이 연습을 해 볼 수도 있다.

III

특별한 상황에서의 면접

이 책은 다양한 사람들이 읽을 것이다. 사회 경험은 있지만 이런 방식의 면접은 처음인 사람, 테스터나 PM인 사람, 면접을 더 잘 보기 위해 이 책을 공부하는 사람일 수도 있다. 이번에는 이처럼 '특별한 경우'에 대해 이야기해 보고자 한다.

▶ 경력자

이 책에 나오는 알고리즘 스타일의 면접 문제는 대학을 갓 졸업한 지원자들의 문제로만 생각할 수도 있겠지만 전혀 아니다.

숙련된 경력자의 경우에는 알고리즘 문제를 조금 덜 볼 수도 있지만 아주 약간일 뿐이다.

어떤 회사가 신입 지원자에게 알고리즘 문제를 물어 본다면 그 회사는 경력자에게도 알고리즘 문제를 물어 볼 가능성이 크다. 이 면접 방식이 맞든 틀리든, 회사는 이러한 문제를 풀어내는 능력이 모든 개발자에게 중요하다고 생각하기 때문이다.

면접관에 따라 경력자에게는 좀 더 낮은 수준을 기대할 수도 있다. 어쨌든 이러한 지원자들은 알고리즘 수업을 들은 지도 오래됐고 손 놓은 지도 오래됐기 때문이다.

어떤 면접관은 이들에게 더 높은 수준을 기대할 수도 있는데, 경력자의 경우 그동안 다양한 종류의 문제를 봐왔다고 생각하기 때문이다. 평균적으로 별반 차이가 없다고 보아야 한다.

하지만 시스템 디자인 혹은 설계와 관련된 문제, 이력서에 관련된 질문은 예외다. 보통 학생들은 시스템 구조에 대해서는 많이 공부하지 않는다. 따라서 시스템 디자인 방면의 경험은 직업적으로만 얻을 수 있기 마련이다. 시스템 설계와 관련된 면접에 있어서의 성적은 여러분의 경력 수준에 비추어 매겨진다. 하지만 학생이나 졸업한 지 얼마 안 된 지원자도 이에 대한 질문은 받을 수 있으니 가능하면 풀 수 있도록 대비해야 한다.

또한, 경력자 면접의 경우에는 "가장 고치기 힘든 버그는 무엇이었나요?"와 같은 질문이 주어졌을 때, 깊이 있고 인상적인 대답을 내놓길 기대한다. 경력자라면 자신의 풍부한 경험을 내세울 만한 답변을 해야 한다.

▶ 테스터 혹은 SDET

SDET(Software Design Engineers in Test)는 실제 제품이 아닌 테스트를 위한 코드를 작성한다. 따라서 이들은 코딩과 테스트 둘 다 잘해야 한다. 준비 또한 두 배로 해야 한다!

SDET에 지원하고 싶다면 다음 절차에 따라 준비할 것을 추천한다.

- **테스트에 관련된 핵심적 질문들에 대비하라**: 예를 들어 전구를 어떻게 테스트할까? 펜은? 금전 등록기(cash register)는? 마이크로소프트 워드는? 이 책에 실린 테스팅 관련 장을 읽어 보면 이런 문제들을 푸는 데 필요한 지식을 쌓을 수 있을 것이다.

- **코딩 관련 질문에 대비하라**: SDET에 떨어지는 첫 번째 원인은 코딩 능력 부족이다. 일반적인 개발자보다 SDET에게 기대하는 코딩 수준이 낮긴 하지만 그래도 여전히 코딩과 알고리즘에 강해야 한다. 일반적인 개발자가 준비하는 것과 똑같이 알고리즘과 코딩 문제를 풀어 보길 바란다.

- **코딩 결과를 테스트하는 훈련을 하라**: SDET에게 주어지는 흔한 문제는 "X를 수행하는 코드를 작성하라"고 한 다음에 "이제 이걸 테스트해보라"고 주문하는 것이다. 질문이 명시적으로 테스트를 요구하지 않는다고 하더라도 스스로 "어떻게 테스트할까?"하고 고민해보길 바란다. 어떤 문제든지 SDET 문제가 될 수 있다는 사실을 기억하라.

테스터의 경우에 직책상 다양한 사람과 일할 기회가 많으므로 뛰어난 의사소통 능력 또한 중요하다. 그러니 '행동 문제'와 관련된 절의 내용을 꼭 살펴보길 바란다.

바람직한 경력을 위한 조언

여러분의 경력을 위해 한마디만 하고 넘어가겠다. 많은 지원자가 그렇듯, 입사를 위한 '쉬운' 방편 중 하나로 SDET에 지원하고 있다면, SDET에서 개발직으로 전환하는 게 아주 어렵다는 것을 유의하기 바란다. 직무 전환을 염두에 두고 있다면 코딩과 알고리즘 설계 능력을 높은 수준으로 가다듬어야 하고, 입사 후 일이 년 내에 직무 전환을 해야 한다. 그렇지 않으면 개발자 면접을 보더라도 진지하게 받아들여지기 힘들 것이다.

코딩 기술은 항상 갈고 닦으라.

▶ PM

이들 'PM'(프로그램 관리자(program manager)와 제품 관리자(product manager))이 하는 역할은 회사마다 다르고, 심지어는 한 회사 안에서도 크게 다르다. 가령 마이크로소프트에서 어떤 PM들은 마케팅 전선에서 고객과 마주하는 고객 에반젤리스트(customer evangelist)로 일한다. 하지만 어떤 PM은 코딩에 관계된 일을 주로 한다. 이런 PM들은 코딩이 중요한 직무이기 때문에 면접에서 코딩 능력을 시험 받는다.

일반적으로 PM 지원자를 면접 볼 때에는 다음과 같은 능력을 갖추고 있는지 확인한다.

- **모호성(ambiguity)에 잘 대응하는가**: 면접에서 가장 중요한 부분은 아니지만, 이런 능력이 있는지 살핀다는 것은 알고 있어야 한다. 면접관들은 지원자가 모호한 상황에 처했을 때, 당황하여 아무것도 하지 못하는 건 아닌지는 확인하고 싶어 한다. 지원자가 자신 있게 문제를 공략해 나가는 것을 보고 싶어 하며 새로운 정보를 찾고, 무엇이 중요한지 우선순위를 매기고, 문제를 구조적으로 풀어나가는 과정을 보고 싶어 한다. 직접 테스트할 수도 있겠지만 보통은 그렇게 하지 않으며, 지원자가 문제를 풀어 나가는 과정에서 그런 능력을 보이는지 살핀다.

- **고객에 초점을 맞추는가(태도)**: 면접관은 지원자가 고객 중심적인 태도를 갖고 있는지를 보고자 한다. 모든 고객이 여러분처럼 제품을 사용할 거라고 단정 지어 생각하는가? 아니면 고객 입장에서 생각하고 고객이 제품을 어떻게 사용하는지 이해하고자 하는가? "시각 장애인을 위한 자명종 시계를 설계하라"와 같은 문제가 바로 이런 측면을 평가하기 위한 것이다. 이런 질문을 받으면, 고객이 누구(who)인지, 그리고 그들이 제품을 어떻게(how) 사용하고 있는지를 이해하기 위해 많은 질문을 던지길 바란다. '테스팅' 절에서 설명하는 기술들이 이와 밀접한 관련이 있다.

- **고객에 초점을 맞추는가(기술적 능력)**: 보다 복잡한 제품을 취급하는 팀 중에, PM이라면 반드시 제품을 충분히 이해해야 한다고 생각하는 팀이 있다. 왜냐하면 일하면서 그런 지식을 얻기는 힘들기 때문이다. 안드로이드나 윈도우폰 팀에서 일하기 위해 휴대폰에 대한 기술적인 이해가 필요하지는 않지만(물론 있으면 좋다), Windows 보안 팀에서 일하려면 보안에 대한 이해가 필요하다. 하지만 이력서에 필수 기술을 보유하고 있다고 적지 않았다면, 그런 기술을 요구하는 팀과 면접을 볼 일은 적을 것이다.

- **다층적 의사소통(multi-level communication)**: PM은 같은 회사에서 일하는, 서로 다른 직위와 기술적 능력을 갖는 모든 계층의 직원과 의사소통할 수 있어야 한다. 면접관은 지원자가 이에 대응할 수 있는 유연한 의사소통 능력을 갖추고

있는지 평가하려 한다. 그래서 대놓고 이런 질문을 하기도 한다. "TCP/IP를 당신 할머니에게 설명한다면?" 같은 질문이나 예전에 수행한 프로젝트를 토론하면서 소통 능력을 평가하기도 한다.

- **기술에 대한 열정**(passion for technology): 행복한 직원들은 생산적이다. 그래서 회사는 자신의 일을 열정적으로 즐길 수 있는 사람인지 확인하고 싶어 한다. 그러므로 대답을 할 때 기술에 대한 열정(이상적으로는 회사와 팀에 대한 열정도)이 묻어나도록 답변을 해야 한다. "왜 마이크로소프트에 관심이 있습니까?" 와 같은 직설적인 질문을 받을 수도 있다. 또한 면접관은 과거에 수행했던 프로젝트와, 함께 일한 팀이 직면했던 도전들을 얼마나 열띤 어조로 이야기하는지 보고 싶어 한다. 지원자가 도전에 기꺼이 맞설 준비가 되어 있음을 확인하고 싶어 하기 때문이다.

- **팀워크/리더십**: 놀랄 일도 아니겠지만 면접을 통해 평가하는 가장 중요한 덕목이 바로 이것이다. 모든 면접관은 지원자가 다른 사람들과 협력할 능력이 있는지 살필 것이다. 그래서 보통 "팀원이 자기 소임을 다하지 못하고 있었을 때 어땠는지 이야기해 보세요"와 같은 질문들을 던진다. 면접관은 여러분이 갈등을 잘 봉합하는지, 주도적으로 일하는지, 사람들을 잘 이해하는지, 같이 일하고픈 사람인지 알고 싶어 한다. 따라서 여기에선 행동 면접에 대한 대비가 굉장히 중요하다.

위에 열거한 영역들은 PM이 마스터해야 할 중요한 기술들로서, 면접의 핵심적 영역이기도 하다. 이들 각각의 영역이 갖는 중요도는 실제 업무에 있어서도 대체로 일치한다.

▶ 개발 책임자와 관리자

개발 책임자(dev lead)가 되려면 코딩을 잘 해야 한다. 개발 관리직(dev manager)의 경우에도 종종 그러하다. 채용된 이후 실제 코딩을 해야 하는 자리라면, 개발자와 마찬가지로 코딩과 알고리즘에 능통하도록 하라. 특히 구글은 코딩에 관한 한 개발 관리자에게도 높은 기준을 적용한다.

또한 다음 영역의 질문들에 대해서도 대비하라.

- **팀워크/리더십**: 관리자 역할을 맡는 사람은 리더십도 있어야 하고 팀워크도 좋아야 한다. 따라서 여러분은 이 기준에 따라 명시적으로든 우회적으로든 평가될

것이다. 면접관은 명시적으로 "관리자와 의견이 맞지 않은 상황에서 어떻게 처신했나?"와 같은 형태의 질문들을 할 것이고, 우회적으로는 지원자가 면접관과 어떻게 상호작용하는지 지켜봄으로써 평가할 것이다. 너무 오만하거나 지나치게 수동적이라는 인상을 주면, 관리자로는 맞지 않다는 평가를 받을 것이다.

· **우선순위**: 관리자들은 때로 '빡빡한 데드라인을 확실히 맞추는 방법'과 같은 까다로운 이슈와 마주한다. 면접관들은 지원자가 어떻게 프로젝트에 우선순위를 매기는지, 즉 덜 중요한 부분을 어떻게 처내는지 판단할 것이다. 우선순위를 따질 수 있는 능력이라 함은, 합리적인 선상에서 내가 성취해낼 수 있는 것이 무엇인지, 무엇이 중요한지를 올바른 질문을 통해 알아낼 수 있는 것을 말한다.

· **소통**: 관리자들은 윗사람, 아랫사람, 고객, 기술적 배경지식이 적은 사람들과 소통해야 할 경우가 많다. 면접관들은 지원자가 다양한 수준의 사람들과 소통할 수 있는지, 그것도 친근하면서도 따뜻하게 할 수 있는지 살핀다. 어떻게 보면 지원자의 인성(personality)을 평가하는 절차이기도 하다.

· **주어진 일을 완수한다**: 관리자에게 가장 중요한 일은 아마도, '주어진 일은 확실히 끝내는 것'일 테다. 즉, '프로젝트를 준비하는 것'과 '실제로 수행하는 것' 사이의 균형을 맞추는 능력을 의미한다. 그러므로 어떻게 프로젝트의 전체 구조를 잡는지, 어떻게 팀원들에게 동기를 부여해서 목표를 성취하게끔 할 수 있는지 알아야 한다.

궁극적으로, 이들 대부분은 예전 경험과 인성에 관한 것이다. 면접 준비 가이드라인을 따라 아주 아주 철저히 준비하도록 하라.

▶ 스타트업

스타트업(startups)의 경우, 지원 절차와 면접 과정이 회사마다 크게 다르다. 모든 회사를 다 살펴볼 수는 없으니, 일반적인 사항만 다루도록 하겠다. 하지만 회사에 따라서는 이 일반적인 기준에 맞지 않는 경우가 있다는 것을 염두에 두기 바란다.

지원 절차

많은 스타트업들은 구인 직종 리스트(job listing)를 공개한다. 하지만 인기가 많은 스타트업의 경우엔 개인적으로 추천을 받는 것이 가장 좋은 방법이다. 반드시 가까운 친구이거나 옛 동료일 필요는 없다. 그냥 연락을 취해 관심을 표하는 것만으로도, 여러분의 이력서를 읽어봐 줄 누군가를 찾을 수 있다.

비자와 취업 승인(work authorization)

불행히도, 미국에 있는 대다수 소규모 스타트업은 취업 비자를 제공하지 못한다. 여러분만큼이나 그들도 이러한 시스템을 싫어하지만 어쨌든 취업에 대한 확신을 주기 힘들 것이다. 비자를 받아 스타트업에서 일하고 싶다면, 여러 스타트업의 의뢰를 받아 일하는 전문 구인 리크루터(professional recruiter)(그들은 아마도 취업 비자를 받아 일할 수 있는 스타트업에 대한 정보가 있을 것이다)를 찾아보거나, 아니면 좀 더 규모가 큰 스타트업으로 눈을 돌려야 한다.

이력서 선정에 영향을 주는 요소

스타트업은 똑똑하고 코딩에 능숙할 뿐 아니라, 사업가적 자질이 요구되는 환경에서도 능력을 발휘할 수 있는 사람을 원하는 경향이 있다. 이력서에서도 이러한 자질을 보여줘야 한다. 어떤 종류의 프로젝트를 이끌어본 경험이 있는가?

바로 실전에 투입될 수 있는 자질(hit the ground running)도 굉장히 중요하다. 그래서 스타트업은 그들이 현재 쓰고 있는 프로그래밍 언어에 능숙한 사람을 원한다.

면접 과정

대기업은 소프트웨어 개발과 관련된 일반적 적성을 평가하는 경향이 있다. 그와 반대로 스타트업은 지원자의 인성, 기술, 과거 경력을 자세히 들여다보는 경향이 있다.

- **적합한 인성**: 인성 측면은 면접관과 상호작용하는 과정을 통해 평가된다. 친근하면서도 호감 가는 톤으로 대화를 진행하는 것은 아주 중요하다.
- **기술**: 스타트업은 바로 실전에 투입될 수 있는 사람들을 원하기 때문에, 보통 특정한 프로그래밍 언어와 관련된 능력을 평가하려 한다. 해당 회사에서 사용하고 있는 언어를 알고 있다면, 세부사항도 확실히 훑어두기 바란다.
- **경력**: 스타트업에서는 예전 경력에 관한 내용을 시시콜콜 묻는 경향이 있다. '행동 문제'에 관한 절을 특별히 주의 깊게 읽어두기 바란다.

위에 열거한 영역 이외에도, 이 책에 실린 코딩과 알고리즘에 관련된 질문들은 아주 빈번하게 출제된다.

▶ 기업 인수 및 인재 영입

기업 인수 시 대부분 기술적인 면에 주의를 기울이기 때문에 모회사(acquirer)는 스타트업의 전직원과 면접을 하려고 할 것이다. 구글, 야후, 페이스북, 그리고 다른 많은 회사들이 이러한 면접을 기업 인수의 당연한 과정이라고 생각한다.

어떤 스타트업이 면접을 진행할까? 이유는?

면접을 거치는 이유 중 하나는 그래야 스타트업 직원들이 모회사에 고용될 수 있기 때문이다. 모회사는 기업 인수가 입사를 위한 '쉬운 방법'이 되길 원하지 않는다. 그리고 기업 인수를 더 원하는 쪽은 스타트업이므로, 그들이 진정 뛰어난지 평가하는 것을 타당하게 생각한다.

물론 모든 기업 인수 과정이 이렇지는 않다. 잘 알려진 수조 원 대의 기업 인수에서는 일반적으로 이런 과정을 거치지 않는다. 보통 인재 혹은 기술력보다는 그들의 사용자 기반과 커뮤니티가 목적일 때 이루어지기 때문이다. 따라서 그들의 기술력을 평가하는 것이 핵심이 아니다.

하지만 "인재 영입과 관련된 기업 인수의 경우에는 면접을 거치지만, 그렇지 않은 일반적인 기업 인수 과정에서는 면접을 거치지 않는다"라고 쉽게 단정 지을 수 없다. 인재를 영입하는 일과 제품을 인수하는 일을 완전히 별개의 일로 취급하기에는 애매하다. 많은 스타트업이 기술력보다는 좋은 팀원과 아이디어를 통해 인수된다. 그 뒤에 팀원들이 해오던 기존 제품은 정리하고, 비슷한 성격의 다른 일로 전환할 수도 있다.

만약에 여러분의 스타트업이 이 과정을 거친다면, 일반적인 지원자와 거의 비슷한 면접을 보게 될 것이다(이 책에 나오는 면접 내용과 굉장히 비슷해질 것이다).

이 면접이 얼마나 중요한가?

이 면접은 굉장히 중요하다. 이 면접에는 다음과 같은 세 가지 목적이 있다.

- 회사의 인수 여부를 결정한다. 인수를 중단할 이유가 될 수도 있다.
- 모회사에 입사할 만한 직원을 결정하는 데 사용된다.
- 인수 가격에 영향을 미친다(채용할 직원 수도 가격을 결정하는 하나의 원인이 될 수 있다).

즉, 단순한 사전 면접 정도의 수준이 아니다.

어떤 사람이 면접에 합격할까?

테크 스타트업(tech startups)에 종사하는 모든 엔지니어는 회사가 인수되는 것에 대한 강한 열망이 있기 때문에 대부분 이 면접 과정을 거친다.

세일즈(sales), 고객 지원(customer support), 제품 관리자(product manager), 그리고 다른 핵심 직원들도 아마 이 과정을 거칠 것이다.

CEO는 제품 관리자 혹은 기술 관리자 역할로 면접을 볼 가능성이 있는데, 이들이 CEO가 하는 일과 가장 비슷하기 때문이다. 물론 이게 절대적인 원칙은 아니다. CEO가 현재 역할이 무엇인지 그리고 어떤 일에 관심이 있는지에 따라 달라질 수 있다. 필자의 고객 중 한 CEO는 회사가 인수된 후 면접도 보지 않고 바로 퇴사를 결정한 경우도 있다.

면접을 망친 직원은 어떻게 되는가?

면접을 망친 직원은 인수될 회사에 입사할 수 없다(만약 대다수의 직원이 면접을 망친다면 기업 인수 자체가 이루어지지 않을 수도 있다).

어떤 경우에는 '인수인계'를 이유로 면접을 망친 직원에게 계약직 자리를 내주기도 한다. 계약직은, 물론 계약 기간을 연장할 수도 있지만, 보통 계약 기간(보통 6개월)이 끝나면 회사를 떠나야 한다.

적합하지 않은 자리의 면접을 보게 되어 망치는 경우도 있다. 보통 다음의 두 가지 경우에 해당된다.

- 가끔 스타트업에서 '일반적인' 소프트웨어 엔지니어가 아닌 사람에게 소프트웨어 엔지니어 직함을 주는 경우가 있다. 데이터 사이언티스트나 데이터베이스 엔지니어가 그런 경우이다. 그들은 실제로 소프트웨어 엔지니어와는 다른 일을 하기 때문에, 소프트웨어 엔지니어 면접을 보면 안 좋은 결과를 받을 가능성이 크다.
- 또 다른 경우로는, CEO가 주니어 소프트웨어 엔지니어(junior software engineer)를 시니어 소프트웨어 엔지니어(senior software engineer)로 포장한 경우다. 그들은 시니어의 기대치를 충족하기엔 부족하므로 실제 면접에서 낮은 평가를 받을 가능성이 크다.

이러한 경우에는 더 적합한 자리로 재지원해서 다시 면접을 본다(운이 없으면 면접을 다시 보지 못하는 경우도 있다).

굉장히 드문 경우지만 면접 결과와 관계없이 뛰어나다고 판단한 직원을 CEO가 직접 뽑아갈 수도 있다.

최고(혹은 최악)의 직원이 우리를 놀라게 할 수도 있다

최고의 테크 회사들은 지원자의 기량을 평가하기 위해 문제풀이 및 알고리즘과 관련된 면접을 수행한다. 하지만 그 결과가 과거의 관리자가 평가한 결과와 같지 않을 수도 있다.

필자는 많은 동료들과 일한 경험이 있는데, 그중에서 최고의 성과를 발휘했던 동료와 성과가 미미했던 동료의 면접 결과를 보고서 굉장히 놀란 적이 있다. 전문 개발자가 되기까지 아직 배울 게 많아 보였던 주니어 엔지니어가 면접에서는 문제풀이에 뛰어난 개발자로 탈바꿈하기도 한다.

면접관처럼 지원자들을 평가할 수 없다면, 누구를 데려갈지 말지 섣불리 판단하지 말라.

직원의 수준이 일반 지원자의 수준과 동등해야 하는가?

약간의 예외가 있을 순 있지만 근본적으로는 그래야 한다.

대기업은 인재 채용에 있어서 위험요소를 기피하려는 경향이 있다. 지원자가 어떤 경계선 근처에 있다면 보통 채용을 피하는 쪽을 선택한다.

기업 인수의 경우에, 경계선 근처에 있는 직원들은 뛰어난 직원들에 밀려나게 되어 있다.

직원들이 기업 인수/인재 영입 뉴스에 어떻게 반응하는가?

이것은 스타트업 CEO와 창업자의 가장 큰 고민거리 중 하나이다. 직원들이 싫어하진 않을까? 인수에 대한 기대감은 커져만 가는데, 중간에 엎어지면 어떡하지? 지금껏 내가 봐온 많은 고객들은 이런 고민을 필요 이상으로 하고 있다. 누군가는 싫어할 것이고, 누군가는 이유야 어쨌든 대기업에 입사한다며 좋아할 것이다.

기업 인수에 대해 대부분의 직원들은 신중하지만 낙관적인 입장을 갖고 있다. 그들은 기업 인수가 잘 이루어지길 원하지만 인수 면접 때문에 그렇지 못할 수도 있다는 것을 알고 있다.

인수 후에 팀은 어떻게 되는가?

상황마다 다르다. 하지만 필자의 고객이었던 팀은 대부분 그대로 유지되거나 이미 있던 팀에 통합되었다.

인수 면접은 어떻게 준비해야 하는가?

인수 면접의 준비 과정은 대개 인수하려는 회사의 일반적인 면접 과정과 비슷하다. 다른 점이 있다면 면접을 개인이 아니라 팀의 입장에서 보기 때문에 개개인의 장점이 크게 고려되지 않을 수 있다.

모든 것을 함께 한다

필자가 같이 일해왔던 어떤 스타트업들은 면접 준비를 위해 현재 하던 일을 중단한 뒤 2주에서 3주 정도 면접을 위해 시간을 할애했었다.

물론 모든 회사가 이러한 선택을 할 수 있는 것은 아니지만, 인수되길 원하는 입장에서 봤을 때 이렇게 해야 인수될 확률이 비약적으로 증가하는 건 사실이다.

면접 공부는 개별적으로 하거나, 두세 명이 함께 할 수도 있고, 가상 면접(mock interview)을 통해 할 수도 있다. 가능하면 이 세 가지 방법을 모두 사용하는 것이 좋다.

누군가는 상대적으로 준비가 덜 된 상태일 수도 있다

스타트업의 많은 개발자들이 big-O 표기법, 이진 탐색 트리(binary search tree), 너비 우선 탐색(breadth-first search), 그리고 다른 중요한 개념에 대해 겉핥기 식으로 알고 있을지도 모른다. 이런 직원들은 면접 준비에 시간을 더 할애할 필요가 있다.

컴퓨터 과학을 전공하지 않았거나 학위를 오래전에 딴 사람들은 이 책에 나오는 중요한 개념을 먼저 공부하는 것이 좋다(예를 들어 컴퓨터 과학에서 중요한 개념 중 하나인 big-O 표기법 같은 것들). 또한 핵심적인 자료구조와 알고리즘을 밑바닥부터 다시 코딩해 보는 것도 좋은 연습이 될 것이다.

만약 회사 입장에서 인수되는 것이 중요한 문제라면, 위와 같은 사람들에게 공부할 수 있는 시간을 더 투자해야 한다.

시간을 막판까지 끌지 말라

스타트업에선 세세한 계획 없이 일이 닥쳐오면 그때그때 처리하곤 했을지도 모른다. 하지만 면접 준비를 이렇게 하면 잘못될 가능성이 크다.

인수 면접은 생각보다 굉장히 빨리 다가온다. 스타트업의 CEO와 인수할 회사(혹은 복수의 회사들)가 가볍게 얘기를 나누다 보면 대화가 점점 진지해지고, 나중에 한번 면접을 보자는 얘기가 나온다. 그러다 갑자기 "이번 주말에 인수 면접을 봅시다"라는 메시지를 받게 된다.

면접 날짜가 정해질 때까지 아무런 준비 없이 기다리다 보면, 면접에 대비할 수 있는 시간은 고작 이틀 정도 주어질 것이다. 기본적인 컴퓨터 과학 개념을 공부하고 면접 문제를 풀어보기에 이틀은 너무 짧은 시간이다.

▶ 면접관의 입장

이 책의 최종판을 작업하던 도중, 많은 면접관들이 면접 치르는 방법을 배우기 위해 이 책을 참고한다는 사실을 알게 되었다. 집필 의도를 조금 빗나갈 수 있지만, 면접관을 위한 조언을 몇 가지 하고자 한다.

여기 있는 문제를 그대로 사용하지 말라

첫 번째, 여기 나오는 문제들은 면접을 대비하기에 좋은 문제들이다. 하지만 면접 준비용으로 좋은 문제라고 해서 모두 면접에서 쓸 만한 문제는 아니다. 예를 들어, 수수께끼(brain teaser) 같은 문제를 종종 출제하는 면접관 때문에 이 책에서도 그러한 문제를 어느 정도 담고 있다. 필자는 개인적으로 수수께끼 문제가 좋은 면접 문제라고 생각하지 않지만, 수수께끼 문제를 좋아하는 회사에 지원하려는 지원자를 위해서 포함한 것이다.

두 번째, 지원자 역시 이 책을 읽어볼 것이다. 지원자가 이미 풀어본 문제를 출제할 이유는 없다.

이와 비슷한 문제를 출제하는 건 괜찮지만, 단순히 여기서 골라서 출제하진 말길 바란다. 면접의 목표는 지원자의 문제풀이 능력을 평가하는 것이지 암기 능력을 평가하는 것이 아니지 않은가.

중간 이상의 어려운 문제를 출제하라

면접의 목적은 누군가의 문제풀이 능력을 측정하기 위함이다. 너무 쉬운 문제를 출제하면, 평가 결과가 한쪽으로 쏠릴 가능성이 있다. 이럴 경우 작은 실수가 결과에 큰 차이를 만들어 낼 것이다. 이것은 좋은 평가 지표가 될 수 없다.

여러 가지 난관을 거쳐야 하는 문제를 찾으라

어떤 문제들은 "아!" 하는 순간 풀린다. 이런 종류의 문제를 풀기 위해선 어떤 직감이 있어야 한다. 지원자가 직감을 얻지 못하면 문제를 풀 수 없을 것이고, 운 좋게 직감을 얻으면 문제를 손쉽게 풀어낼 것이다.

직감도 물론 능력이지만, 유일한 기준은 아니다. 이상적으로는 갖가지 난관, 통찰력, 최적화를 함께 물어볼 수 있는 문제가 좋다. 다양한 관점을 가지는 것이 당연히 낫다.

좋은 문제인지 확인하는 하나의 기준을 제시한다. 한 가지 힌트나 조언이 지원자의 성적에 큰 차이를 만들어 낸다면, 그건 좋은 면접 문제가 아니다.

알기 어려운 지식이 아닌 풀기 어려운 문제를 출제하라

어떤 면접관은 문제를 어렵게 만들기 위해서 무심코 쉽게 습득하기 힘든 '지식'을 사용하곤 한다. 물론 이러한 문제를 풀어내는 지원자가 소수이기 때문에 통계적으로 보면 별문제 없어 보이지만, 그렇다고 해서 이런 문제가 지원자를 평가하기 좋다고 할 수 없다.

지원자에게 기대해도 될 만한 지식은 잘 알려진 자료구조와 알고리즘이다. 컴퓨터 과학을 전공한 졸업생이라면 big-O 표기법이나 트리에 대한 개념은 알고 있을 것이다. 하지만 대부분 다익스트라 알고리즘(Dijkstra's algorithm)이나 AVL이 어떻게 동작하는지는 기억하지 못할 것이다.

잘 알려지지 않은 지식을 요구하는 문제라면, 스스로에게 먼저 질문해 보길 바란다. 이게 진정 중요한 기술인가? 이를 통해 지원자를 탈락시킬 만큼 중요한가? 문제풀이 혹은 다른 능력을 평가할 시간을 쪼개서 물어볼 만큼 중요한가?

우리가 평가하는 모든 기술과 속성은 합격자들을 걸러내는 역할을 한다. 따라서 다른 기술에 대한 요구조건은 완화시켜 적절한 균형을 지켜야 한다. 물론 지원자들의 모든 조건이 같을 때, 두께가 2인치나 되는 알고리즘 책의 핵심을 쭉 나열할 수 있는 사람을 더 선호할지도 모른다. 하지만 실제로 모든 조건이 같은 경우는 없다.

겁을 주는 문제는 피하라

특별한 지식이 필요할 법한 문제는(실제 그렇지 않더라도) 지원자를 겁먹게 하는 경우가 있다. 이런 문제는 다음과 같은 문제들이다.

· 수학 혹은 확률
· 로우 레벨 지식(예를 들어, 메모리 할당)
· 시스템 디자인(system design) 혹은 확장성(scalability)
· 영리 제품(예를 들어, 구글 맵스)

예를 들어 필자가 가끔 던지는 질문은 $a^3+b^3=c^3+d^3$을 만족하는 1,000 이하의 자연수를 모두 찾는 문제다.

많은 지원자들이 처음에 인수분해를 적용하거나 고급 수학을 사용해서 접근하려 한다. 하지만 그렇게 해선 풀 수 없다. 이 문제는 지수, 합, 등호에 대한 개념만 있으면 풀 수 있는 문제다.

필자가 이 문제를 출제할 때면, 언제나 "수학 문제처럼 보이지만 수학 문제가 아니에요. 알고리즘 문제예요"라고 명시적으로 얘기한다. 인수분해를 시도하려고 하면 필자는 그들을 멈추게 한 뒤 수학 문제가 아니라고 다시 얘기해준다.

필자가 가끔 던지는 또 하나의 문제는 확률을 약간 사용하는 문제다. 확률이라고 해서 어려운 개념은 아니고 1에서 5 사이에서 임의의 숫자를 선택하는 것처럼 당연히 알고 있을 법한 것들에 관한 문제다. 하지만 단지 확률에 관한 문제라는 사실만으로도 지원자들은 지레 겁을 먹는다.

겁을 주는 듯한 문제를 출제할 때는 주의를 기울이는 것이 좋다. 이런 문제를 맞딱뜨린다면 실제로 지원자가 겁을 먹기 때문이다. 겁을 주는 문제는 지원자의 자신감을 떨어뜨리고 제 기량을 발휘하지 못하게 할 수가 있다.

이러한 문제를 출제할 때는, 반드시 지원자에게 '당신이 생각하는 그런 지식을 요하는' 문제가 아니라는 사실을 인지시키길 바란다.

지원자를 긍정적으로 대하라

어떤 면접관은 '옳은' 문제에 너무 집착한 나머지 본인의 태도를 망각하는 경우가 있다.

대부분이 면접 볼 때 긴장한 상태로 면접관이 말하는 단어 하나라도 놓치지 않으려고 노력한다. 그들은 긍정적이거나 부정적으로 들리는 말에 흔들릴 수도 있다. 즉, 별 뜻 없이 "행운을 빌어요(good luck)"라고 한 말에 지원자는 어떤 의미를 부여할 수도 있다.

우리는 지원자가 면접 경험에 대해, 면접관에 대해, 그리고 그들의 성과에 대해 좋은 느낌을 간직하길 원한다. 또한 지원자가 편안한 느낌을 받길 원한다. 긴장하면 제 기량을 발휘하지 못할 수도 있다. 하지만 긴장을 한 상태에서 기량을 발휘하지 못한다고 능력이 떨어지는 것은 아니다. 게다가 훌륭한 지원자가 면접관 혹은 회사에 대한 부정적인 반발심 때문에 입사를 거절할 가능성도 생긴다. 그리고 그들이 자신의 친구들에게 그 회사에 입사하지 말라고 만류할지도 모른다.

지원자에게 따뜻하고 친근하게 대하길 바란다. 물론 이런 태도가 익숙하지 않을 수도 있겠지만, 가능한 한 최선을 다하라.

따뜻하고 친절하게 대하는 것이 익숙하지 않더라도 면접 도중 다음과 같은 말을 통해 긍정적인 힘을 심어줄 수 있다.

- "맞아요, 정확해요."
- "좋은 지적이에요."
- "잘했어요."
- "네. 굉장히 흥미로운 방법이네요."
- "완벽해요."

지원자가 아무리 못했더라도, 잘한 부분이 하나쯤은 있을 것이다. 지원자에게 긍정적인 힘을 불어 넣어줄 방법을 찾아보라.

행동 질문을 철저히 하라

많은 지원자들이 그들이 성취한 것을 분명히 말하는 데 익숙하지 않다.

지원자에게 도전적이었던 상황에 대해 질문하면, 그들은 과거 팀이 직면했던 힘든 상황에 대해 이야기를 할 것이다. 그러면 면접관 입장에서는, 이 지원자가 실제로 한 일은 많지 않을 것이라고 생각하게 될 것이다.

그렇다고 성급하게 판단하지 말라. 지원자들은 그동안 개인이 성취한 것보다 팀의 업적을 기리도록 훈련받아 왔기 때문에 자기 자신을 내세우지 않는 것일 수도 있다. 이는 관리자 위치에 있는 사람이나 여성 지원자의 경우에 흔히 나타나는 현상이다.

지원자가 과거에 무엇을 했는지 이해하기 어렵다고 해서 중요한 일을 하지 않았겠거니 판단하지 말라. 친절하게 현재 상황에 대해 설명하고 팀에서 역할이 무엇이었는지 정확히 말해달라고 요구하라.

만약 지원자가 했던 일이 대단치 않다고 생각되면 더 깊게 캐물어라. 그 당시 문제에 대해 어떻게 생각했고 어떤 과정을 통해 해결했는지 자세히 질문하라. 왜 그러한 행동을 취했는지 물어보라. 설명에 서툰 것이 지원자 입장에서 흠일 수는 있어도, 같이 일하기에 부족한 사람이라는 뜻은 아니다.

면접을 잘 보는 것도 하나의 기술이지만(결국 이 책의 존재 이유이기도 하지만), 면접관이 그런 기술을 평가하고자 하는 건 아닐 것이다.

지원자에게 조언하라

이번 장에서는 지원자가 자신의 알고리즘 개발능력을 최대한 발휘하도록 하기 위해 면접관이 할 수 있는 일에 대해 이야기할 것이다. 여기 나오는 조언들은 면접에 애먹는 지원자들을 위한 것들이다. 조언을 할 때에는 '문제에 대한 조언'을 해서는 안 된다. 면접을 위한 기술과 실제 직무 기술을 분리해야 한다.

- 많은 지원자들이 면접 문제를 풀 때 예제를 사용하지 않는다(혹은 괜찮은 예제를 사용하지 않는다). 이것이 문제를 푸는 데 어려움이 될 수는 있지만, 그렇다고 문제풀이 능력이 떨어지는 것을 의미하진 않는다. 지원자가 너무 특이한 예제를 사용하거나 예제를 아예 사용하지 않은 채 문제를 풀려고 한다면 조언을 하라.
- 어떤 지원자는 너무 방대한 예제를 사용하느라 디버깅에 시간을 오래 쓴다. 그렇다고 그들의 테스트 혹은 개발 능력이 떨어지는 것은 아니다. 그들은 단순히 코드를 개괄적으로 분석한 뒤, 작은 예제를 사용해 보는 것이 더 효율적이라는 사실을 깨우치지 못했을 뿐이다. 알려주라.
- 만약 지원자가 최적 해법을 찾기 전에 코딩에 뛰어들려고 한다면 일단 그들을 멈춘 뒤 알고리즘에 먼저 집중하라고 알려주라(그것이 면접관이 보고 싶은 것이다). 나중에 시간이 없어서 최적 알고리즘을 찾지 못하는 상황이 발생하지 않도록 말이다.
- 그들이 긴장해서 아무것도 못하고 있으면 무식한 방법(brute force)을 먼저 생각해 본 뒤 최적화할 부분을 찾으라고 조언하라.
- 분명 무식한 방법이 존재하는데도 지원자가 아무 말도 안하고 있으면 무식한 방법부터 시작해 보라고 알려주라. 처음부터 대답이 완벽할 필요는 없다.

위의 상황에 대처하는 능력이 중요하다고 생각할 순 있지만, 그것이 전부는 아니다. 조언을 통해 도움을 준 뒤 그 장애물은 뛰어넘지 못했다고 적어 놓으면 된다.

이 책은 지원자들의 면접을 돕기 위해 존재하지만 면접관으로서 당신의 역할은 최대한 면접을 위한 공부의 효과를 제거하는 것이다. 결국 누군가는 면접 공부를 하고, 누군가는 하지 않을 것이다. 하지만 면접 공부 여부가 엔지니어로서의 능력을 평가하는 기준이 되기엔 부족하다.

위의 조언을 이용해서 지원자를 올바른 길로 안내하라(물론 문제에 대한 도움을 줌으로써 그들의 문제풀이 능력을 평가하지 못하게 만들면 안 된다).

하지만 조언할 때는 신중하길 바란다. 당신이 겁주는 사람처럼 보인다면 상황은 더 악화된다. 이런 조언은 이상한 예제를 사용하거나 테스트 우선순위를 잘못 정한다든가 등등의 이유로 상황이 점점 악화되어가는 것을 막기 위함이다.

그들이 생각할 시간을 원한다면 생각할 시간을 주라

필자가 공통적으로 가장 많이 받는 질문은 잠시 아무 말 없이 생각할 시간이 필요할 때 면접관이 끊임없이 대화를 시도하면 어떻게 해야 하나이다.

지원자가 조용히 생각할 시간을 원한다면 생각할 시간을 주라. "뭘 어떻게 해야 할지 모르겠어"와 "생각 중이야"를 구별할 수 있어야 한다.

조언이, 많은 지원자에게 도움이 될 수도 있지만 모든 지원자에게 도움이 되는 것은 아니다. 생각할 시간이 필요한 사람도 있다. 생각할 시간을 준 뒤, 다른 사람보다는 도움을 많이 줄 필요가 없었다고 평가하면 된다.

방식(mode)을 정하라: 새너티 테스트(sanity check), 수준(quality), 전문가(specialist), 프락시(proxy)

아주 높은 레벨에서 면접 질문에는 네 가지 방식이 있다.

- **새너티 테스트(sanity check)**: 보통 쉬운 문제풀이나 디자인 문제에 관련된 것들이다. 문제풀이 능력에 대한 최소한의 정도를 평가한다. 해당 문제를 얼마나 잘 풀었는지 정도를 구분하지는 않아도 된다. 최악의 지원자를 걸러내기 위해 초반에 사용하거나 최소한의 능력으로 충분할 때 사용할 수 있다.
- **수준 테스트(quality check)**: 이는 문제풀이와 디자인 분야에서 좀 더 도전적인 질문과 관련된 것들이다. 문제가 철저하게 설계되어 있고 생각하게끔 만들어져 있다. 알고리즘과 문제풀이 능력이 굉장히 중요할 때 사용하라. 여기서 면접관이 가장 많이 하는 실수는 형편없는 질문을 던지는 것이다.
- **전문가 문제(specialist questions)**: 자바나 기계 학습(machine learning)과 관련된 특정 분야의 전문지식과 관련된 문제들이다. 이 문제들은 단시간에 쉽게 배울 수 없는 지식/기술에 관한 문제들이어야 하고, 실제 해당 분야 전문가를 평가하기 위한 문제여야 한다. 하지만 아쉽게도, 필자는 10주짜리 코딩 부트캠프(bootcamp)를 막 끝낸 지원자에게 자바에 대한 세부 질문을 던지는 회사를 본 적이 있다. 이게 뭘 보여 주는가? 만약 지원자가 해당 지식을 가지고 있다면, 그 것은 최근에 배웠기 때문일 뿐이고, 아마도 쉽게 습득할 수 있는 지식이었을 것이다. 그 지식이 쉽게 습득 가능한 것이라면, 지원자를 채용할 이유는 없다.
- **프락시 지식(proxy knowledge)**: 전문가 레벨이 아니라(사실 필요 없을 수도 있다), 지원자의 현재 레벨에서 알고 있을법한 지식에 관한 것들이다. 예를 들어,

면접관 입장에서 지원자가 CSS와 HTML를 알고 있는 것이 중요하지 않을 수도 있다. 하지만 지원자가 해당 분야에서 깊이 있게 일한 적이 있음에도 테이블이 좋은지 안 좋은지 설명할 수 없다면 그건 문제가 있다. 지원자가 직무에 관련된 핵심 내용을 제대로 공부하지 않은 것이다.

회사가 다음과 같은 방식으로 채용을 한다면, 그 회사는 문제가 있다.

- 해당 분야의 전문가가 아닌 사람에게 전문적 지식을 물어볼 때
- 딱히 전문가가 필요 없는데도 전문가를 채용할 때
- 전문가 면접에서 기본적인 기술들만 물어볼 때
- 새너티 테스트(쉬운 문제)를 출제했지만, 그들이 생각하기에 이것이 수준 테스트라고 생각할 때. 이 회사는 아주 사소한 차이로 실적을 '괜찮은' 평가와 '훌륭한' 평가로 나눠버릴 가능성이 크다.

그동안 수많은 크고 작은 테크 회사와 채용 과정에 관한 일을 해본 입장에서 대부분의 회사들이 이러한 잘못을 저지르고 있다.

IV

면접 전에

면접을 성공적으로 통과하기 위해서는 한참 전부터 준비해야 한다. 수년 전부터 말이다. 다음의 시각표에 따라 '언제', '무엇을' 시작해야 할지 생각해 보기 바란다.

시작이 늦었더라도, 걱정하지 마라. 할 수 있는 만큼 따라잡는 노력을 하라. 그리고 준비하는 데 집중하라. 행운을 빈다!

▶ 적절한 경험 쌓기

이력서가 탄탄하지 않으면 면접까지 가기도 힘들고, 훌륭한 경험이 없으면 탄탄한 이력서를 만들 수 없다. 따라서 면접을 위한 첫 단추는 훌륭한 경험을 쌓는 것이다. 이 생각은 빨리 할수록 좋다.

지금 학생이라면, 다음과 같은 방법이 있다.

- **큰 규모의 프로젝트 수업을 들으라**: 대규모 코딩 프로젝트를 위한 과목을 알아보라. 공식적으로 취업을 하기 전에 다소 실전 경험을 쌓을 수 있는 가장 좋은 방법이다. 프로젝트가 실생활과 관련성이 높을수록 더 좋다.
- **인턴 자리를 알아보라**: 저학년일 때 가능하면 꼭 인턴십 기회를 잡으라. 이 경험이 나중에 더 나은 인턴십 기회를 위한 발판이 될 것이다. 최고의 테크 회사들이 1~2학년생들을 위한 인턴십 프로그램을 제공하고 있다. 스타트업에서 인턴 기회를 찾아볼 수도 있다. 스타트업에서의 기회가 더 클지도 모른다.
- **뭔가를 하라**: 개인 시간을 할애해서 프로젝트를 하거나, 해커톤(hackathons)에 참여하거나, 오픈 소스 프로젝트에 참여하라. 그게 무엇인지는 중요하지 않다. 코딩을 한다는 자체가 중요하다. 기술적 능력을 키우고 실제 경험을 쌓을 수 있을 뿐만 아니라, 회사에 진취적인 인상을 심어줄 수 있다.

현재 직장인인 독자들은 '꿈의 회사'로 이직할 훌륭한 경험을 이미 갖고 있을지도 모른다. 가령 구글 개발자라면, 이미 페이스북 입사에 충분한 경험을 쌓았다고 봐도 될 것이다. 하지만 지명도가 떨어지는 회사에서 더 크고 좋은 회사로 옮기려 한다거나, 테스터로 일하다 개발자로 전직하고자 할 경우에는 아래의 조언이 도움이 될 것이다.

- **코딩을 많이 할 수 있는 업무를 하라**: 회사를 옮길 거라는 소리를 하지 않고서도, 코딩 기회를 좀 더 많이 갖고 싶다는 이야기는 할 수 있다. 프로젝트를 고를 때는 가능하면 대형 프로젝트로 고르고, 관련된 기술을 많이 사용해 볼 수 있도록 하며, 최종적으로는 이력서의 한두 꼭지로 넣을 수 있도록 하라. 이런 프로젝트

들이 여러분 이력서의 큰 부분을 차지하도록 하면 이상적이다.

· **저녁과 주말을 활용하라**: 남는 시간이 있다면 모바일 앱을 만들든, 웹 앱을 만들 든, 아니면 데스크톱 소프트웨어를 만들든 하라. 이런 프로젝트를 진행해 보면 새 기술에 대한 경험을 쌓을 수 있을 뿐 아니라, 기술적으로 시대에 뒤쳐지지 않 을 수 있다. 이런 프로젝트 경험은 반드시 이력서에 적어야 한다. 이력서에 '재 미 삼아 만들어 본' 것이 있는 개발자만큼 면접관에게 깊은 인상을 심어주는 사 람도 없다.

지금까지의 내용을 되짚어 보면 회사가 지원자에게 바라는 것은 크게 두 가지로 요 약할 수 있다. 코딩을 할 수 있고 영리한 사람이어야 한다. 그런 자질을 보일 수 있 으면 면접장에 입장할 수 있다.

여러분 경력의 지향점이 어디인지를 미리 고민해 봐야 한다. 현재는 개발자 자 리를 찾고 있지만 장차 관리직으로 옮길 수 있기를 희망한다면, 리더로서의 경험을 쌓고 계발할 수 있는 방법을 지금부터 찾아봐야 한다.

▶ 탄탄한 이력서 작성하기

면접관은 똑똑하고 코딩을 할 줄 아는 사람을 찾고 싶어 한다. 이력서를 보고 실제 지 원자를 추리는 사람들(resume screener) 또한 면접관과 같은 생각을 하고 있다.

그러니 이력서를 쓸 때는 다음의 두 부분을 강조해야 한다. 테니스를 좋아한다 거나, 여행을 즐긴다거나, 카드 마술을 할 줄 아는 것은 크게 드러내 보여줄 필요가 없다. 기술적인 부분과 관계없는 취미를 적으려고 기술적인 부분을 덜어내려고 한 다면, 다시 한번 생각해 보라.

적절한 이력서 길이

미국에서는 경력이 십 년 미만인 경우 이력서를 한 페이지로 만들도록 권장한다. 그보다 경력이 더 된다면 1.5 ~ 2페이지로 만들 수도 있다.

이력서가 길어질 경우 다시 한번 생각해봐야 한다. 이력서는 짧으면 짧을수록 인 상에 남는다.

· 구인 담당자는 이력서를 볼 때 지정된 시간 이상은 쓰지 않는다(기껏해야 10 초). 인상적인 항목만 적혀 있다면 반드시 볼 것이다. 하지만 그렇지 않은 항목 들은 보는 사람의 주의를 산만하게 만들 뿐이다.

- 어떤 사람은 긴 이력서를 아예 무시해 버리기도 한다. 이력서가 길다는 이유로 버려지기를 바라는가?

경험이 너무 많아 도저히 한두 페이지에는 담을 수 없다 생각하는 분이 계신다면, 필자를 믿으라. 줄일 수 있다. 이력서가 길다고 해서 경험이 많다는 사실을 나타내지 않는다. 그저 여러분이 우선순위를 매기는 법을 모른다는 점을 나타낼 뿐이다.

고용 이력
이력서에 과거의 직함들을 전부 나열할 필요는 없다. 관련된 고용 이력들만 나열해야 한다. 그중에서도 여러분을 더욱 인상 깊은 지원자로 만들어주는 것들만 말이다.

인상적으로 보이도록 쓰려면
각 직무별로, 무엇을 성취했는지 다음과 같은 방식으로 말해 보자. "Y를 구현해서 X를 성취했고, 그 결과 Z를 이루었다." 사례를 보자.

- "분산 캐시를 구현해서 오브젝트 렌더링 시간을 75% 줄였고, 그 결과 로그인 시간을 10% 경감할 수 있었다."

다른 식으로 작성한 사례도 보자.

- "windiff에 기반한 새로운 비교 알고리즘을 구현한 결과, 평균 비교 정확도를 1.2에서 1.5로 개선했다."

모든 일을 이런 식으로 쓰지는 못하겠지만, 원칙은 같다. 무엇을 했는지, 어떻게 했는지, 그리고 결과는 어떠하였는지를 적으라. 이상적으로는, 결과를 가급적 '측정 가능한' 형태로 제시하는 것이 좋다.

프로젝트
이력서의 프로젝트 칸을 채울 수 있다면 보다 실무 경험이 있는 지원자처럼 보일 수 있다. 특히 학생이나, 갓 졸업한 지원자의 경우에 그러하다.

프로젝트 칸에는 가장 중요했던 프로젝트를 2~4개 적어야 한다. 무슨 프로젝트였고, 어떤 언어와 기술을 사용했는지 적으라. 개인 프로젝트였는지 아니면 팀을 꾸려 진행한 프로젝트였는지, 대학 수업과 연계된 프로젝트였는지 아니면 독립적인 프로젝트였는지 등의 세부사항을 적고 싶을 수도 있을 것이다. 그런데 세부사항을 적는 게 필수는 아니므로, 언급하는 게 좀 더 나을 경우에만 적으라. 자주성을 보여 준다는 점에서, 대개 수업 프로젝트보다 독립된 프로젝트를 더 선호한다.

프로젝트를 너무 많이 적는 것은 피하라. 많은 지원자가 이력서에 13개나 되는 프로젝트 이력을 적곤 하는데, 그렇게 하면 작고 인상적이지도 않은 프로젝트들이 이력서를 채우게 된다.

그럼 어떤 프로젝트를 적어야 할까? 사실, 무엇을 적든 큰 문제가 되지 않는다. 어떤 면접관은 오픈 소스 프로젝트(거대한 코드 베이스에서 작업해보는 경험을 제공함)를 좋아하는 반면, 다른 면접관은 독립된 프로젝트(개인이 어떤 역할을 했는지 쉽게 알아볼 수 있음)를 선호한다. 모바일 앱, 웹 앱, 거의 모든 것을 만들어볼 수 있다. 가장 중요한 것은 여러분이 무엇인가를 만든다는 사실이다.

프로그래밍 언어와 소프트웨어

소프트웨어

이력서에 나열할 소프트웨어 리스트는 신중하게 선택해야 하고, 지원할 회사에 적합한 소프트웨어가 무엇인지 이해하고 있어야 한다. 마이크로소프트 오피스(Microsoft Office)와 같은 소프트웨어는 대부분 걸러내야 한다. 비주얼 스튜디오(Visual Studio)나 이클립스(Eclipse)와 같이 기술적인 소프트웨어는 좀 더 관련성이 있긴 하지만 많은 수의 최고 테크 회사들은 그것에 대해 한치도 신경 쓰지 않을 것이다. "비주얼 스튜디오를 배우기가 정말로 어려운가?"라는 질문으로 귀결될지도 모른다.

물론, 모든 소프트웨어를 나열하는 게 큰 문제는 아니다. 단지 이력서의 소중한 공간이 줄어들 뿐이다. 실익을 생각해서 결정할 필요가 있다.

프로그래밍 언어

경험한 모든 언어를 적을 것인가, 아니면 가장 능숙하게 다루는 몇 개만 남길 것인가?

사용해 봤던 언어 전부를 적는 것은 위험할 수 있다. 많은 면접관들이 이력서에 적혀있는 어떤 것이든 면접에서 물어볼 수 있다고 생각하기 때문이다.

그에 대한 대안은 가능하면 사용했던 모든 언어를 적되, 언어에 대한 숙련도도 함께 적자. 예를 들면 아래와 같다.

- **프로그래밍 언어**: 자바(전문가), C++(능숙), 자바스크립트(경험 있음)

어떤 표현('전문가', '능숙함' 등등)이든지 여러분의 기량을 효과적으로 보여줄 수 있는 단어를 사용하라.

어떤 사람은 특정 언어를 몇 년 동안 사용했는지 적기도 하지만 이건 사실 애매한 면이 있다. 자바를 10년 전에 배운 뒤 가끔 사용한 적이 있다면, 몇 년 동안 사용해 왔다고 적어야 하나?

이런 애매함 때문에 사용한 기간을 이력서에 적는 것은 좋은 방법이 아니다. 그 것보다 얼마나 숙련됐는지 말로 풀어쓰는 것이 더 낫다.

비 영어권 거주 지원자에 대한 제언

어떤 회사는 오타가 발견된 이력서는 그냥 쓰레기통으로 던져버리기도 한다. 그러므로 이력서를 영어권 거주자에게 맡겨 검증하자.

미국 내 직업에 지원하는 경우에는, 나이나 결혼 여부, 국적 등의 정보를 포함시키지 말아야 한다. 이런 종류의 개인 정보를 평가하지 않는 데다가, 법적 책임 문제를 낳을 수 있기 때문이다.

낙인의 가능성에 대해 알고 있기

특정 언어를 사용하는 게 낙인(stigma)이 될 수도 있다. 어떤 경우에는 언어 그 자체 때문일 수도 있지만, 보통은 그 언어가 사용되는 곳이 문제가 된다. 낙인 찍는 것을 옹호하려는 건 아니지만 여러분도 이 사실을 알고 있어야 한다.

다음은 여러분이 알고 있어야 할 낙인 몇 가지다.

- **기업 언어**: 특정 언어가 낙인이 될 수 있는데, 보통 기업 개발용 언어인 경우에 그러하다. 비주얼 베이직(Visual Basic)이 그중 하나다. 여러분이 스스로를 VB 전문가라고 말한다면, 내공이 부족한 사람으로 간주될 수 있다. 물론, 스스로를 VB 전문가라고 말하는 대다수의 사람들은 VB.NET이 복잡한 애플리케이션을 만들기에 완벽한 언어라고 말할 것이다. 하지만 여전히 VB.NET으로 만들어내는 종류의 애플리케이션들은 그렇게 복잡하지 않다. 실리콘밸리에서 VB를 사용하는 큰 회사는 거의 보기 힘들다. 사실, 같은 주장을 (물론 그보다 덜하지만) 모든 .NET 플랫폼에도 적용할 수 있다. 여러분의 주무기가 .NET이지만 .NET 직무에 지원하지 않는다면, 다양한 경력을 가진 사람보다 여러분이 기술적으로 탁월하다는 것을 보여 주기 위해 더 많은 것을 해야 할 것이다.
- **언어에 너무 몰입된 경우**: 최고 테크 회사들의 구인 담당자들이 자바의 멋에 취한 내용만 적혀 있는 이력서를 봤을 경우, 해당 지원자에 대한 첫 느낌을 안 좋게

가질 수 있다. 여기에는 최고의 소프트웨어 엔지니어는 그들 자신을 특정 언어로 정의하지 않는다는 믿음이 있다. 따라서 한 지원자가 그들이 알고 있는 특정 버전의 언어에 능숙해 보인다면, 구인 담당자는 '우리와 맞지 않는 사람'이라는 범주에 해당 지원자를 던져 넣을 것이다. 그렇다고 이력서에서 '능숙한 언어' 부분을 지워버리라는 뜻은 아니다. 회사가 어떤 것에 가치를 두는지 알고 있어야 한다. 어떤 회사는 능숙한 언어에 큰 가치를 두기도 한다.

- **자격증**: 소프트웨어 엔지니어에게 자격증이란 긍정적인 면, 중립적인 면, 부정적인 면 전부가 될 수 있다. 자격증은 언어에 너무 몰입된 경우와 밀접한 연관이 있다. 기술을 줄줄이 나열하는 지원자에 대한 편견을 갖고 있는 회사는 자격증에 대해서도 편견을 갖고 있을 가능성이 있다. 그 말인즉슨, 어떤 경우에는 자격증과 관련된 내용을 삭제할 필요가 있다는 뜻이다.

- **한두 가지 언어만 알고 있을 경우**: 코딩에 시간을 쏟으면 쏟을수록, 많은 것들을 개발하게 되고, 일하면서 사용한 언어의 개수가 더 많아질 것이다. 따라서 이력서에 표기된 능숙한 언어가 단 하나뿐이라면, 구인 담당자가 해당 지원자에 대해 아직 많은 문제를 경험해 보지 못한 사람으로 간주해버릴 수 있다. 또한 이런 지원자를 보면, 구인 담당자는 다음과 같은 걱정을 하게 된다. 해당 지원자가 새로운 기술을 배우는 데 문제가 있지는 않을까(왜 그동안 더 많은 것을 배우지 않았을까). 아니면 해당 지원자가 특정 기술에 대한 선호도가 너무 강하진 않을까(나중에 업무에 적합한 언어를 선택할 때 가장 적합한 언어를 사용하지 않으면 어떡하지).

이 조언들은 단지 이력서를 작성하는 데만 유용한 아니라, 올바른 경험을 쌓는 데도 도움을 준다. 여러분이 C#.NET 전문가라면, 파이썬이나 자바스크립트를 이용한 프로젝트도 개발해 보길 바란다. 여러분이 한두 가지 언어에만 능숙하다면, 다양한 언어로 애플리케이션을 만들어 보길 바란다.

가능하면 진심으로 다양한 시도를 해보라. 파이썬, 루비, 자바스크립트 무리의 언어들은 다소 비슷한 면이 있다. 파이썬, C++, 자바와 같이 다른 면이 있는 언어들을 배운다면 더 좋을 것이다.

▶ 준비 절차

다음의 다이어그램은 어떻게 면접 준비 과정을 치를지에 대한 아이디어를 담고 있다. 여기서 가장 중요한 점 중 하나는 이 준비 절차가 단지 면접 문제를 잘 풀어내기 위한 것만이 아니라는 점이다. 프로젝트를 수행하고 코드를 작성하는 모든 과정을 포함한다.

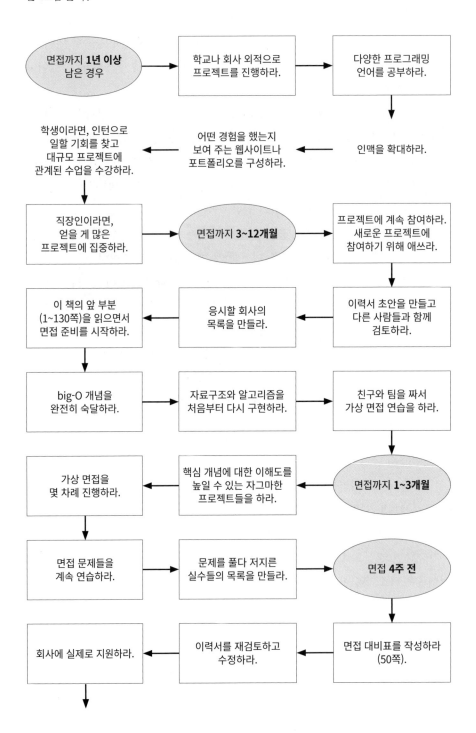

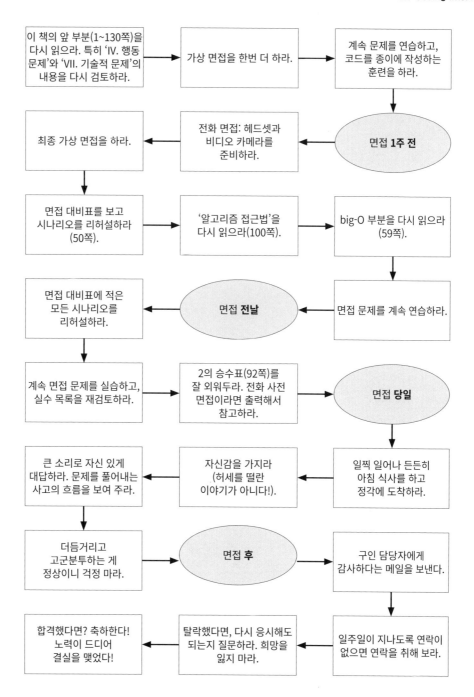

이 책의 앞 부분(1~130쪽)을 다시 읽어라. 특히 'IV. 행동 문제'와 'VII. 기술적 문제'의 내용을 다시 검토하라. → 가상 면접을 한번 더 하라. → 계속 문제를 연습하고, 코드를 종이에 작성하는 훈련을 하라.

최종 가상 면접을 하라. ← 전화 면접: 헤드셋과 비디오 카메라를 준비하라. ← 면접 1주 전

면접 대비표를 보고 시나리오를 리허설하라(50쪽). → '알고리즘 접근법'을 다시 읽어라(100쪽). → big-O 부분을 다시 읽어라(59쪽).

면접 대비표에 적은 모든 시나리오를 리허설하라. ← 면접 전날 ← 면접 문제를 계속 연습하라.

계속 면접 문제를 실습하고, 실수 목록을 재검토하라. → 2의 승수표(92쪽)를 잘 외워두라. 전화 사전 면접이라면 출력해서 참고하라. → 면접 당일

큰 소리로 자신 있게 대답하라. 문제를 풀어내는 사고의 흐름을 보여 주라. ← 자신감을 가지라(허세를 떨란 이야기가 아니다!). ← 일찍 일어나 든든히 아침 식사를 하고 정각에 도착하라.

더듬거리고 고군분투하는 게 정상이니 걱정 마라. → 면접 후 → 구인 담당자에게 감사하다는 메일을 보낸다.

합격했다면? 축하한다! 노력이 드디어 결실을 맺었다! ← 탈락했다면, 다시 응시해도 되는지 질문하라. 희망을 잃지 마라. ← 일주일이 지나도록 연락이 없으면 연락을 취해 보라.

V

행동 문제

행동 문제는 여러분의 인성을 알기 위해 묻는 경우도 있고, 이력서에 적은 내용을 좀 더 깊이 알고자 하는 경우도 있으며, 여러분을 좀 더 편안하게 해주고자 묻는 경우도 있다. 이런 질문도 중요하므로 대비하자.

▶ 대비 요령

이력서에 표기된 프로젝트 칸의 구성 요소를 하나하나 살피면서 자세하게 이야기할 수 있는지 확인하자. 다음의 표를 채워 보면 도움이 될 것이다.

흔히 나오는 문제	프로젝트 1	프로젝트 2	프로젝트 3
가장 도전적이었던 것			
실수 혹은 실패담			
즐거웠던 것			
리더십			
팀원과의 갈등			
남들과 다르게 행동했던 것			

이 표의 맨 위쪽 행의 표제로는 프로젝트, 직업, 활동 등 여러분 이력서의 모든 중요한 측면들을 나열해야 한다. 각 행의 첫 칸에는 흔히 나오는 질문들을 둔다.

면접 전에 위의 표를 사용해서 공부하라. 각 이야기를 두 개의 키워드로 나타내면 공부하기도 기억하기도 쉬울 것이다. 그러면 면접을 보는 순간에도 아무 불편함 없이 마치 눈앞에 표가 있는 것처럼 느낄 것이다.

또한, 세 개 정도의 프로젝트에 대해서는 자세히 말할 수 있어야 한다는 사실을 명심하라. 기술적인 부분에 대해서 깊이 있게 논의할 수 있어야 한다. 그리고 이 프로젝트들은 여러분이 중심 역할을 맡았던 것들이어야 한다.

여러분의 단점은 무엇인가

면접관이 여러분의 단점을 물으면, 진짜 단점을 이야기하라! "제 가장 큰 단점은 너무 열심히 일한다는 거예요"와 같은 답변은, 여러분이 오만하거나 실수를 인정하지 않는 사람이라는 인상을 준다. 실존하면서도 인정할 수밖에 없는 단점을 이야기 하되, 그 단점을 극복하기 위해 어떻게 하고 있는지 강조하라. 예를 들어 다음과 같이 이야기하는 것이다.

"때로 세부사항을 놓칠 때가 있습니다. 그 덕에 일을 빨리 진행하지만 때로는 실수를 저지르기도 하죠. 그래서 저는 언제나 제가 한 일을 다른 사람이 검토하도록 합니다."

면접관에게는 어떤 질문을 해야 하나

대부분의 면접관은 지원자에게 질문할 기회를 준다. 여러분이 얼마나 양질의 질문을 던지느냐가 무의식적이든 의식적이든 면접관의 결정에 영향을 끼친다. 면접장에 들어서기 전에 미리 질문 거리를 준비해 둬야 한다.

일반적으로 다음과 같은 세 부류의 질문들로 나누어 볼 수 있다.

순수한 질문

이런 질문은 여러분이 실제로 궁금해하는 질문들이라 할 수 있다. 많은 지원자에게 유용한 질문 거리를 몇 가지 아래에 제시했다.

1. "테스터/개발자/프로그램 관리자의 비율이 어떻게 되나요? 어떤 식으로 서로 협조합니까? 팀에서는 프로젝트 계획을 어떤 식으로 수립하나요?"
2. "어떻게 이 회사에 오게 되었나요? 가장 도전적이었던 일은 무엇이었나요?"

이런 질문은 회사의 일상이 어떻게 굴러가는지 알 수 있도록 해 준다.

통찰력을 보여줄 수 있는 질문

아래의 질문들은 여러분이 가지고 있는 기술에 대한 지식과 이해도를 보여 준다.

1. "X라는 기술을 쓰시는 걸 봤는데요. Y 문제는 어떻게 해결하시나요?"
2. "제품에서 Y 대신 X 프로토콜을 쓰시는 이유는 무엇인지요? A, B, C 등의 장점이 있다는 것은 알고 있지만, D라는 이슈가 있어 사용하지 않는 회사들도 많다고 알고 있어서요."

이런 질문을 던지려면 보통 회사에 대한 사전 조사가 필요하다.

열정을 보여줄 수 있는 질문

이런 질문은 기술에 대한 여러분의 열정을 드러내기 위한 것이다. 여러분이 새로운 것을 배우길 좋아하고, 회사에 많은 기여를 할 수 있는 사람으로 비춰질 수 있다.

1. "저는 규모 확장성 문제에 관심이 많고, 배우고 싶습니다. 회사 내에서 그에 관해 배울 기회가 있나요?"

2. "X 기술에 대해서는 잘 모르지만, 재미있는 해법이 될 것 같네요. 어떻게 동작
   하는지 잠시 설명해주실 수 있으신가요?"

▶ 기술적 프로젝트에 대한 이해

준비 과정 중 하나로, 두세 개의 프로젝트를 집중적으로 깊이 있게 알고 있어야 한
다. 다음의 기준에 꼭 맞는 프로젝트를 선택할 수 있다면 더할 나위 없다.

- 단순히 많이 배웠던 것을 넘어서 도전적인 요소가 있었던 프로젝트
- (이왕이면 핵심 부분에서) 중심 역할을 했던 프로젝트
- 기술적으로 깊이 있는 이야기를 할 수 있는 프로젝트

위의 기준으로 선택한 프로젝트와 과거에 참여했던 모든 프로젝트에 대해서, 여러
분은 도전적인 면, 실수, 기술적 결정, 기술의 선택(그에 대한 실익), 남들과는 다르
게 할 수 있었던 것들에 대해 이야기할 수 있어야 한다.

또한 "당신의 애플리케이션의 규모를 어떻게 확장할 수 있겠는가"와 같은 뒤따라
오는 질문에 대해서도 대비해야 한다.

▶ 행동 질문에 대한 대처 요령

면접관은 행동 질문을 통해 여러분과 여러분의 과거 경험에 대해 더 잘 이해할 수
있게 된다. 질문에 답할 때에는 다음 사항들에 유의하기 바란다.

구체적으로 답하고, 오만한 태도를 보이지 말라

오만하면 좋은 평가를 받기 어렵다. 하지만 한편으로 여러분은 면접관에게 깊은 인
상을 심어주고 싶을 것이다. 오만하게 보이지 않으면서도 깊은 인상을 심어주려면
어떻게 해야 할까? 구체적이어야 한다!

구체적이라 함은, 사실을 전달만 하고 그 사실을 해석하는 것은 면접관에게 맡기
는 것이다. 예를 들어, "모든 어려운 부분은 제가 맡았습니다"라고 말하기보다는 여
러분이 맡았던 도전적인 부분을 구체적으로 설명하는 것이 좋다.

세부사항은 최소한만 언급하라

문제에 대해 너무 많은 말을 하게 되면 그 주제나 프로젝트에 정통하지 않은 면접
관은 이해하기가 어렵다.

세부사항은 줄이고 핵심적인 부분만 언급하도록 하라. 가능하면 핵심만 전달하

거나 아니면 여러분이 프로젝트에 끼친 최소한의 영향력(impact)만 설명하도록 노력하라. 면접관이 더 파고들 수 있는 여지는 항상 남겨두는 것이 좋다.

"가장 보편적인 사용자 행위 패턴을 검사하고 Rabin-Karp 알고리즘을 적용하여, 90% 정도의 경우에 대해 검색 시간을 O(n)에서 O(log n)으로 줄이는 알고리즘을 설계하였습니다. 궁금하시다면 좀 더 자세히 말씀드리도록 하겠습니다."

이런 식으로 이야기하면 핵심적인 부분은 잘 전달되며, 필요할 경우 면접관이 세부사항을 질문하도록 할 수 있다.

팀이 아닌 여러분 자신에 초점을 맞춰라

면접관은 근본적으로 개별 평가자다. 많은 지원자들을 만나보면(특히 관리자 위치로 지원한 사람들), 불행히도 그들은 '우리', '우리 팀'에 대한 이야기를 많이 하곤 한다. 이렇게 면접이 끝나면, 면접관은 지원자가 어떤 영향을 끼친 인물이었는지 거의 생각나지 않을 테고 결국엔 별다른 영향력이 없었다고 결론 내릴 것이다.

대답을 할 때는 신중을 기하라. '우리'와 '나'라는 단어를 얼마나 사용했는지 주의 깊게 생각하라. 모든 질문은 여러분의 역할에 대한 질문이라고 생각하고 그에 대한 대답을 하라.

구조적인 답변을 내놓으라

행위 문제에 구조적으로 대답을 할 때 널리 쓰이는 두 가지 방법이 있다. 유용한 정보 우선(nugget first)과 S.A.R이다. 이 두 기술은 개별적으로 사용할 수도 있고, 같이 사용할 수도 있다.

유용한 정보 우선

유용한 정보(nugget)를 우선적으로 전달한다는 것은, 서두에 답변의 내용을 간결히 요약하는 방법을 말한다.

다음의 예를 보자.

- 면접관: "큰 변화를 이끌어 내기 위해 사람들을 설득해야 했던 상황에 대해서 이야기해 보세요."
- 지원자: "학부생들이 자기 과목을 직접 가르치도록 학교 당국을 설득했던 상황에 대해 이야기해 드리죠. 제가 다니던 학교는 처음에는…."

이 기술은 면접관의 주의를 끌 뿐 아니라 여러분이 하는 이야기가 무엇인지 명확하게 만든다. 또한 스스로에게 답변의 요지를 명확히 해주기 때문에, 여러분 자신의 답변에 더 집중하도록 도와줄 것이다.

S.A.R

상황, 행위, 결과 접근법 즉 S.A.R.(Situation, Action, Result) 접근법은 상황을 요약하는 것으로부터 출발하여, 여러분이 어떤 행동을 했는지를 설명하고, 그 결과를 기술하는 접근법이다.

예제: "팀원들과 소통하는 과정에서 만난 도전적 문제에 대해 설명해 보세요."

- **상황(S)**: 제가 수행하고 있던 운영체제 프로젝트에 인원 세 명이 추가되었습니다. 두 명은 아주 잘 해나갔는데, 한 명은 그다지 성과가 좋지 않았습니다. 회의 시간에는 조용했고, 이메일로 의견을 나눌 때에도 끼어드는 일이 드물었으며, 맡은 일을 겨우 해내곤 했습니다. 이것은 단순히 우리가 더 많은 일을 떠안게 되는 문제가 아니라, 우리가 그를 믿을 수 있을까에 대한 문제였습니다.
- **행위(A)**: 그를 완전히 포기하고 싶지 않았기에 저는 이 상황을 해결하려고 노력했습니다. 그래서 다음 세 가지 행동을 취했습니다. 첫째로 저는 그가 왜 그렇게 행동하는지 알고 싶었습니다. 게으른 성격 때문인가? 아니면 다른 일이 바쁜가? 저는 그와 대화를 시도했고 결국 현재 맡은 일을 어떻게 생각하는지 이야기해 볼 수 있었습니다. 이 친구는 놀랍게도 가장 오래 걸리는 일 중 하나인 문서 작업을 하고 싶다고 이야기했습니다. 저는 그때 이 친구가 게으른 사람이 아니었다는 것을 깨달았습니다. 그는 단지 자신이 코드를 작성할 자격이 없는 사람이라고 느꼈던 것입니다. 둘째로 저는 이제 원인을 알았으니, 그에게 엉망이 될 것을 두려워할 필요가 전혀 없다고 분명히 말하고 싶었습니다. 그에게 내가 저질렀던 더 큰 실수에 대해 이야기했고 나 또한 이 프로젝트의 많은 부분이 명확하지 않다고 인정했습니다. 마지막으로 저는 그에게 프로젝트의 컴포넌트를 잘게 쪼개는 일을 도와달라고 이야기했습니다. 우리는 함께 큰 컴포넌트 중 하나에 대한 스펙을 철저하게 설계했습니다. 일단 프로젝트의 모든 조각을 볼 수 있게 되면, 그도 생각만큼 겁낼 필요가 없는 프로젝트라는 사실을 알게 될테니까 말이에요.
- **결과(R)**: 자신감을 되찾자, 그는 코딩의 작은 부분들을 맡았고 결국엔 큰 부분까지 도맡아 했습니다. 그는 모든 일을 제시간에 끝마쳤고 토론에도 더 자주 참여했습니다. 다음에도 그와 함께 일할 기회가 주어진다면 기쁠 겁니다.

상황과 결과는 간결해야 한다. 면접관은 무슨 일이 일어났는지 이해하기 위해 시시콜콜한 부분까지 보지 않는다. 사실, 너무 상세하면 혼란스러울 수 있다.

S.A.R. 접근법을 사용해 상황, 행위, 결과를 명료하게 표현하면 면접관은 여러분이 공헌한 게 무엇인지 왜 그것이 중요했는지 쉽게 알아차릴 수 있을 것이다.

다음의 표에 여러분의 이야기를 채워 넣어 보자.

	핵심(nugget)	상황	취한 행동	그에 대한 결과	말하고자 하는 것
이야기 1			1. ⋯ 2. ⋯ 3. ⋯		
이야기 2					

취했던 행동에 대해 논하라

대부분의 모든 경우에 '행동'이 이야기에서 가장 중요한 부분이다. 하지만 너무나도 많은 사람이 그 당시 상황에 대해서는 쉴 없이 말을 늘어 놓지만 취했던 행동에 대해서는 아주 간단하게 언급하고 넘어간다.

그러지 말고 어떤 행동을 취했는지 깊이 있게 설명하라. 어떤 행동을 취했는지 가능한 한 여러 부분으로 나누어 말하라. 예를 들어 "다음 세 가지 행동을 취했습니다. 우선, 저는 ⋯" 같은 방식으로 설명하면 충분히 깊이 있는 설명을 할 수 있다.

여러분의 이야기를 되짚어 보자

54쪽에 나온 이야기를 다시 읽어 보자. 지원자의 어떤 성격적 특성을 엿볼 수 있는가?

· **자주성/리더십**: 지원자는 문제를 정면으로 대응하여 해결하려고 노력했다.
· **공감 능력**: 지원자는 문제의 직원에게 어떤 일이 있었는지 이해하려고 노력했다. 지원자는 해당 직원의 불안감을 해결하기 위한 방법을 본인의 공감 능력을 통해 보여 주었다.
· **연민**: 문제의 직원이 팀에 손해를 끼쳤지만 지원자는 화를 내지 않았다. 그의 공감 능력이 연민을 유발했다.
· **겸손함**: 지원자는 자신의 단점을 인정할 수 있었다(문제의 직원 앞에서뿐만 아니라 면접관 앞에서도).
· **협동력/도움의 유무**: 지원자는 문제의 직원과 함께 프로젝트를 감당할 수 있는 크기로 쪼갰었다.

여러분의 이야기를 만들 때 위의 관점에서 생각해 보아야 한다. 여러분이 취했던 행동과 반응을 분석해 보라. 여러분이 취했던 반응에서 성격의 어떤 부분이 드러났는가?

사실 이를 잘 드러나게 얘기하는 경우는 드물다. 여러분의 이야기를 다시 되짚어 보면서 성격적 특성이 잘 드러나도록 만들어 줘야 한다. 직접적으로 "저의 공감 능력 때문에 X를 했습니다"라고 말하고 싶진 않을 것이다. 대신 한 걸음 물러서서 간접적으로 이야기할 순 있다. 아래의 예를 보자.

- **성격적 특성이 잘 드러나지 않는 경우**: "고객에게 전화를 걸어 무슨 일이 있느냐고 물어 보았습니다."
- **성격적 특성이 명확하게 드러나는 경우(공감 능력과 열의)**: "고객에게 전화를 걸기로 결심했습니다. 왜냐하면 내가 그에게 직접 말하면 그가 고마워할 거란 걸 알고 있었기 때문입니다."

여러분의 이야기가 여전히 성격적 특성을 명확하게 보여 주지 못한다면 여러분은 완전히 새로운 이야기를 만들어야 할지도 모른다.

▶ 그러니까, 당신에 대해 말해보세요

많은 면접관들이 여러분에 대해 간단히 말해보라고 하거나 이력서를 짚어보며 질문을 던짐으로써 면접의 서문을 연다. 이것은 실제 '자기 홍보'에 해당한다. 이를 통해 여러분에 대한 첫인상이 결정되므로 성공적으로 해내야 한다.

여러분의 이야기를 구성하는 법

기본적으로 많은 사람들에게 잘 먹히는 대표적인 구조는 시간순 구조이다. 이 구조는 현재 일(만약 있다면)에 대해 설명하는 문장으로 시작해서 업무 외에 관련 있거나 흥미로운 취미에 대한 이야기로 끝맺는다.

1. **현재 직업(오직 서두에서만)**: "저는 Microworks에서 일하는 소프트웨어 엔지니어입니다. 저는 이 회사에서 5년 동안 안드로이드 팀을 이끌어 왔습니다."
2. **학교**: "저는 컴퓨터 과학을 전공했습니다. 버클리에서 학사학위를 받았습니다. 여름방학에는 제 개인 사업을 시도했던 회사를 포함해서 여러 스타트업에서 일을 했습니다."
3. **졸업 후 지금까지**: "대학을 졸업한 뒤에 대기업에 발을 담그고 싶어서 아마존에

개발자로 취직했습니다. 엄청난 경험이었죠. 거대 시스템 디자인에 대해 굉장히 많이 배울 수 있었고 실제로 아마존 웹 서비스의 핵심 부분 출시를 추진하게 되었습니다. 이를 통해 좀 더 사업가적 자질이 요구되는 환경에서 진심으로 일하고 싶어졌습니다."

4. **현재 역할(자세하게)**: "아마존에 있을 때 같이 일했던 관리자가 저에게 자신의 스타트업에서 일할 것을 제안했고, 그래서 Microworks로 이직하게 되었습니다. 여기서 저는 회사의 시스템 구조(system architecture)를 바닥부터 만들었습니다. 이 시스템은 우리 회사의 빠른 성장에 꽤 잘 대처해내는, 확장 능력이 있는 시스템이었습니다. 그 뒤 안드로이드 팀을 이끌 기회가 있었고 이 팀을 이끌게 되었습니다. 세 명의 팀원을 관리하는 역할을 맡았지만, 그보다는 주로 기술 리더십 역할을 맡아서 설계와 코딩 등을 해왔습니다."

5. **업무 외에**: "업무 외에, 저는 해커톤(hackathons)[1]에 참가한 적이 있습니다. 거기서 iOS를 더 깊게 배워보기 위해 주로 iOS를 개발했습니다. 또한 안드로이드 개발과 관련된 온라인 포럼에서 활발히 운영자(moderator) 역할을 해내고 있습니다."

6. **마무리**: "현재 새로운 일을 찾고 있고 이 회사가 제 눈길을 사로잡았습니다. 사용자와의 연결고리가 있는 일을 늘 원했고 다시 더 작은 규모의 환경으로 돌아가고 싶은 마음도 큽니다."

이 구조는 95%의 지원자에게 잘 들어맞는 구조다. 경력이 오래된 지원자의 경우에는 각 부분을 더 압축해야 할지도 모른다. 앞으로 10년 후, 지원자의 시작 문구는 아마도 "버클리에서 CS 학위를 받았고 아마존에서 몇 년간 경력을 쌓은 뒤 스타트업에서 안드로이드 팀을 이끌었다"와 같이 한 문장으로 정리될지도 모른다.

취미

여러분의 취미를 신중하게 고민하라. 취미에 대해 이야기하고 싶을지도 혹은 이야기하고 싶지 않을지도 모른다.

대개 취미는 사소한 것에 불과하다. 만약 여러분의 취미가 스키나 강아지랑 놀기와 같은 일반적인 활동이라면 말하지 않고 건너 뛰어도 될 것이다.

하지만 가끔 취미가 유용할 때도 있다. 다음과 같은 경우가 그러하다.

---

1 (옮긴이) 1일에서 1주일 정도 집중적으로 작업하는 소프트웨어 관련 프로젝트의 이벤트

- **취미가 굉장히 독특한 경우(예를 들어 불을 뿜는다든지)**: 취미에 대한 이야기를 이어나갈 수 있고 좀 더 호의적인 분위기에서 면접을 시작할 수 있다.
- **취미에 기술적인 면이 있는 경우**: 지원자의 실제 역량을 뽐낼 수 있을 뿐만 아니라 기술에 대한 열정도 보여줄 수 있다.
- **취미가 긍정적인 성격적 특성을 보여 주는 경우**: '집을 직접 리모델링하기'와 같은 취미는 새로운 것을 배우고, 위험을 감수하고, 손을 더럽히는 것(문자 그대로 혹은 상징적으로)을 두려워하지 않다는 사실을 보여줄 수 있다.

취미를 언급한다고 해가 되는 건 아니므로 사소한 것을 말해도 된다. 하지만 취미에 대해 어떻게 틀을 갖추어 말하는 것이 좋을지는 생각해 보라. 어떤 성공 사례나 보여줄 수 있는 구체적인 일(예를 들어, 연극의 한 부분을 맡아 순조롭게 진행했다든지)이 있는가? 취미를 통해 성격적 특성을 나타낼 수 있는가?

성공 사례를 간간이 보여 주라

위의 사례에서 지원자는 자연스럽게 그의 배경을 강조해 주는 부분을 나타냈다.

- 지원자는 구체적으로 그의 예전 관리자를 통해 Microworks로 스카웃되었다는 사실을 언급했고, 이는 지원자가 아마존에서 일을 꽤 잘 했다는 사실을 보여 준다.
- 지원자는 좀 더 작은 규모의 환경으로 옮기고 싶다고 언급했고, 이 사실은 그가 문화적으로 알맞은 사람이라는 것을 보여 준다(지원하려는 회사가 스타트업이라는 가정하에).
- 아마존 웹 서비스의 핵심 부분을 출시했다든지 규모 확장성이 있는 시스템을 설계했다든지 하는 사례를 통해 지원자의 성공 사례를 언급했다.
- 그가 언급한 두 가지 취미 모두 그가 배우기를 좋아한다는 사실을 보여 준다.

여러분의 이야기를 생각해 볼 때, 내 배경의 어떤 다른 요소들이 나를 설명해주는지 생각해 보길 바란다. 성공 사례(상, 승진, 같이 일했던 사람으로부터의 스카웃, 출시 등등)를 보여줄 수 있는가? 여러분 자신에 대해 어떤 이야기를 하고 싶은가?

big-O

이 개념은 굉장히 중요하므로 장 하나를 통째로 할애해서(길다!) 설명할 것이다.

big-O 시간은 알고리즘의 효율성을 나타내는 지표 혹은 언어다. 이를 제대로 이해하지 못하면 알고리즘을 개발하는 데 큰 고비를 겪을 수 있다. big-O를 몰라 가혹한 비판을 당할지도 모를 뿐만 아니라, 여러분의 알고리즘이 이전보다 빨라졌는지 느려졌는지 판단하는 데도 어려움을 겪을 수 있다.

이 개념을 완벽히 익히길 바란다.

▶ 비유하기

디스크에 있는 파일을 다른 지역에 살고 있는 친구에게 가능하면 빨리 보내려고 한다고 가정해 보자. 어떻게 보낼 것인가?

대부분의 사람들은 문제를 듣자마자 이메일, FTP, 다른 온라인을 통한 전송 방식을 생각하곤 한다. 그럴 듯하지만 이 방법은 경우에 따라 맞을 수도 틀릴 수도 있다.

만약 파일 크기가 작다면 당연히 온라인을 통한 전송이 빠를 것이다. 친구에게 직접 전달하려면 공항으로 가서 비행기에 오른 뒤 친구가 있는 곳까지 날아가야 하는데, 미국 내를 기준으로 했을 때 5~10시간 정도로 긴 시간이 걸리기 때문이다.

하지만 파일 크기가 아주 크다면 어떨까? 비행기를 통해 물리적으로 배달하는 게 더 빠를 수도 있지 않을까?

맞다. 실제로 그렇다. 1테라바이트 크기의 파일을 온라인을 통해 전송하려고 한다면 하루 이상 걸릴 수 있다. 비행기를 타고 날아가는 것이 더 빠를지도 모른다. 만약 정말 급한 상황이라면(그리고 비용이 큰 문제가 되지 않는다면), 비행기를 타는 게 나을지도 모른다.

만약 비행편이 존재하지 않고 운전을 해야 하는 상황이라면 어떨까? 파일 사이즈가 무지막지하게 크다면, 운전하는 편이 더 빠를 수도 있다.

▶ 시간 복잡도

이것이 바로 점근적 실행 시간(asymptotic runtime), 또는 big-O 시간에 대한 개념이다. 우리는 데이터 전송 '알고리즘'의 실행 시간을 다음과 같이 설명할 수 있다.

- **온라인 전송**: $O(s)$, 여기서 s는 파일의 크기가 된다. 즉, 파일의 크기가 증가함에 따라 전송 시간 또한 선형적으로 증가한다(설명을 하기 위해 약간 단순화했다).

- **비행기를 통한 전송**: 파일 크기에 관계없이 O(1). 파일의 크기가 증가한다고 해서 친구에게 파일을 전송하는 데 걸리는 시간이 늘어나지 않는다. 즉, 상수 시간만큼 소요된다.

상수가 얼마나 큰지 아니면 선형식이 얼마나 천천히 증가하는지에 관계없이 숫자가 커지다 보면 선형식은 언젠가 상수를 뛰어넘게 된다.

그 외에 다양한 종류의 실행 시간이 존재한다. 가장 흔하게 사용되는 것 몇 가지를

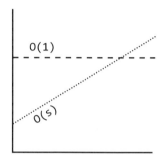

예로 들자면 $O(\log N)$, $O(N \log N)$, $O(N)$, $O(N^2)$, $O(2^N)$이 있다. 이 외에도 다양한 실행 시간이 존재할 수 있다. 가능한 실행 시간이 딱 정해져 있는 것이 아니다.

실행 시간에 다양한 변수가 포함될 수도 있다. 예를 들어, 너비가 w미터이고 높이가 h미터인 울타리를 색칠하는 데 소요되는 시간은 $O(wh)$로 표기할 수 있다. 만약 페인트를 p번 덧칠해야 한다면, $O(whp)$의 시간이 소요된다고 말할 수 있다.

big-O, big-Θ, big-Ω

학업 과정 중에 big-O를 공부했던 적이 없다면 이 부분은 넘어가도 좋다. 처음 big-O를 접하는 사람에게는 도움이 되기보단 혼란만 가중시킬지도 모른다. 여기에 나와 있는 대부분의 내용은 이전에 big-O 개념을 공부했던 사람들을 위한 '참고 사항'이다. 이를 통해 단어 선택의 모호함을 없애고, "내 생각에 big-O의 개념은 …"과 같은 말을 하게 되는 것을 사전에 방지하고자 한다.

학계에서는 수행 시간을 표기할 때 big-O, big-Θ(theta), big-Ω(omega)를 사용한다.

- **O(big-O)**: 학계에서 big-O는 시간의 상한을 나타낸다. 배열의 모든 값을 출력하는 알고리즘은 $O(N)$으로 표현할 수 있지만, 이 외에 N보다 큰 big-O 시간으로 표현할 수도 있다. 예를 들어, $O(N^2)$, $O(N^3)$, $O(2^N)$도 옳은 표현이다. 다시 말

해 알고리즘의 수행 시간은 적어도 이들 중 하나보다 빠르기만 하면 된다. 따라서 big-O 시간은 알고리즘 수행 시간의 상한이 되고, 이는 '작거나 같은' 부등호와도 비슷한 관계가 있다. 만약 밥(Bob)의 나이가 X라면(일반적으로 사람의 나이는 기껏해야 130살이라고 가정하자), X≤130이라고 말할 수 있지만, X≤1,000 혹은 X≤1,000,000으로 나타내도 옳은 표기법이다. 수학적으로 얘기해서 이들 모두 참(true)인 표현법이다(물론 굉장히 쓸모 없는 표기법이지만). 마찬가지로, 배열의 모든 값을 출력하는 알고리즘은 O(N)이라고 표현할 수 있을 뿐만 아니라 O(N^3) 혹은 O(N)보다 큰 어떤 수행 시간으로도 표현 가능하다.

- Ω(big-Omega): 학계에서 Ω는 등가 개념 혹은 하한을 나타낸다. 배열의 모든 값을 출력하는 알고리즘은 Ω(N)뿐만 아니라 Ω(logN) 혹은 Ω(1)로도 표현할 수 있다. 결국, 해당 알고리즘은 Ω 수행 시간보다 빠를 수 없게 된다.

- Θ(big theta): 학계에서 Θ는 O와 Ω 둘 다 의미한다. 즉, 어떤 알고리즘의 수행 시간이 O(N)이면서 Ω(N)이라면, 이 알고리즘의 수행 시간을 Θ(N)로 표현할 수 있다.

업계에서는(즉 면접에서는) Θ와 O를 하나로 합쳐 표현하려는 것 같다. 업계에서 big-O의 의미는 학계에서 Θ의 의미와 가깝고, 그래서 배열을 출력하는 알고리즘을 O(N^2)이라고 부르는 것은 잘못된 표현처럼 보인다. 업계에서는 그냥 O(N)으로 표현한다.

이 책에서 우리는 업계의 추세를 따라서 big-O 표기법을 사용할 것이다. 즉, 수행 시간은 언제나 딱 맞게 표기하려 할 것이다.

최선의 경우, 최악의 경우, 평균적인 경우

실제로 우리는 알고리즘의 수행 시간을 세 가지 다른 방법으로 나타낼 수 있다.

퀵 정렬(quick sort)의 관점에서 살펴보자. 퀵 정렬은 '축'이 되는 원소 하나를 무작위로 뽑은 뒤 이보다 작은 원소들은 앞에, 큰 원소들은 뒤에 놓이도록 원소의 위치를 바꾼다. 그 결과 '부분 정렬'(partial sort)이 완성되고, 그 뒤 왼쪽과 오른쪽 부분을 이와 비슷한 방식으로 재귀적으로 정렬해 나간다.

- **최선의 경우**: 만약 모든 원소가 동일하다면 퀵 정렬은 평균적으로 단순히 배열을 한 차례 순회하고 끝날 것이다. 즉, 수행 시간이 O(N)이 된다(실제론 퀵 정렬의 구현 방식에 따라 조금 달라질 수 있다. 배열이 정렬되어 있을 때 굉장히 빠르게

동작하는 구현 방식도 존재한다).

- **최악의 경우:** 만약 운이 없게도 배열에서 가장 큰 원소가 계속해서 축이 된다면 어떠할까? (실제로, 쉽게 일어날 수 있는 일이다. 배열이 역순으로 정렬되어 있고 부분 배열의 첫 번째 원소를 항상 축으로 잡는다면 이런 일이 발생할 수 있다.) 이런 경우에는 재귀 호출이 배열을 절반 크기의 부분 배열로 나누지 못하고, 고작 하나 줄어든 크기의 부분 배열로 나누게 된다. 따라서 수행 시간은 $O(N^2)$으로 악화된다.

- **평균적인 경우:** 하지만 보통 위와 같이 아주 멋지거나 끔찍한 경우는 자주 발생하지 않는다. 물론, 가끔 축이 되는 원소가 가장 작거나 가장 클 순 있지만, 이런 일이 반복적으로 일어나는 경우가 많지 않다. 따라서 수행 시간이 평균적으로 $O(N \log N)$이라고 말할 수 있다.

최선의 경우에 시간 복잡도는 별로 쓸만한 개념이 아닌 탓에 좀처럼 논의 대상이 되지 않는다. 최선의 경우는 결국 아무 알고리즘이나 취한 뒤 특수한 입력을 넣으면, $O(1)$ 시간에 동작하도록 만들 수 있다.

많은(아마도 대부분) 알고리즘은 최악의 경우와 평균적인 경우가 같다. 가끔 이들이 달라서, 최악과 평균 두 경우 모두 언급해야 되기도 하지만 말이다.

최선의/최악의/평균적인 경우와 big-O/Θ/Ω 사이의 관련성

지원자의 입장에서 이들 개념에 혼돈이 오기 쉽지만(아마도 이들 모두 '더 높은'(higher)', '더 낮은'(lower), '꼭 맞는'(exactly right)과 같은 개념이 있기 때문일 것이다), 사실 이들 사이에 특별한 관련성은 없다.

최선의, 최악의, 평균의 경우는 어떤 입력 혹은 상황에 대해서 big-O(혹은 big theta) 시간으로 설명한다.

big-O, big-Ω, big-Θ는 각각 상한, 하한, 딱 맞는 수행 시간을 의미한다.

▶ 공간 복잡도

알고리즘에서는 시간뿐 아니라 메모리(혹은 공간) 또한 신경 써야 한다.

공간 복잡도는 시간 복잡도와 평행선을 달리는 개념이다. 크기가 n인 배열을 만들고자 한다면, $O(n)$의 공간이 필요하다. n×n 크기의 2차원 배열을 만들고자 한다면, $O(n^2)$의 공간이 필요하다.

재귀 호출에서 사용하는 스택 공간 또한 공간 복잡도 계산에 포함된다. 예를 들어, 다음과 같은 코드는 O(n) 시간과 O(n) 공간을 사용한다.

```
int sum(int n) { /* 예제 1 */
    if (n <= 0) {
        return 0;
    }
    return n + sum(n-1);
}
```

호출될 때마다 스택의 깊이는 깊어진다.

```
sum(4)
  → sum(3)
    → sum(2)
      → sum(1)
        → sum(0)
```

위의 호출은 전부 호출 스택에 더해지고 실제 메모리 공간을 잡아 먹는다.

하지만 단지 n번 호출했다고 해서 O(n) 공간을 사용한다고 말할 순 없다. 0과 n 사이에서 인접한 두 원소의 합을 구하는 아래 함수를 살펴보자.

```
int pairSumSequence(int n) { /* 예제 2 */
    int sum = 0;
    for (int i = 0; i < n; i++) {
        sum += pairSum(i, i + 1);
    }
    return sum;
}

int pairSum(int a, int b) {
    return a + b;
}
```

위의 코드는 pairSum 함수를 대략 O(n)번 호출했지만, 이 함수들이 호출 스택에 동시에 존재하지는 않으므로 O(1) 공간만 사용한다.

▶ 상수항은 무시하라

big-O는 단순히 증가하는 비율을 나타내는 개념이므로, 특수한 입력에 한해 O(N) 코드가 O(1) 코드보다 빠르게 동작하는 것은 매우 가능성 있는 얘기다.

이런 이유로 우리는 수행 시간에서 상수항을 무시해 버린다. 즉, O(2N)으로 표기되어야 할 알고리즘을 실제로는 O(N)으로 표기한다.

많은 사람들이 이런 표기를 달가워하지 않는다. 두 개의 (중첩되지 않은) 루프로 이루어진 코드가 있을 때 어떤 이들은 여전히 O(2N)으로 표기한다. 그들은 O(2N)이 더 '정확한' 표기법이라고 생각한다. 하지만 그렇지 않다.

아래의 코드를 살펴보자.

최소와 최대 1

```java
int min = Integer.MAX_VALUE;
int max = Integer.MIN_VALUE;
for (int x : array) {
    if (x < min) min = x;
    if (x > max) max = x;
}
```

최소와 최대 2

```java
int min = Integer.MAX_VALUE;
int max = Integer.MIN_VALUE;
for (int x : array) {
    if (x < min) min = x;
}
for (int x : array) {
    if (x > max) max = x;
}
```

무엇이 더 빠른가? 첫 번째 코드는 for 루프를 한 개 사용했고 두 번째 코드는 for 루프를 두 개 사용했다. 첫 번째 방법은 루프 안에 코드가 두 줄이 들어 있는 반면, 두 번째 방법은 루프 안에 코드가 한 줄이 들어 있다.

실행되는 명령어(instruction)의 개수를 직접 세어 보려면, 어셈블리(assembly) 단계에서 곱셈이 덧셈보다 더 많은 명령어를 사용한다는 점, 컴파일러가 나름의 최적화를 한다는 점, 그리고 모든 다른 종류의 세부사항들 또한 고려해야 한다.

이런 작업은 몹시 복잡하므로 분석할 생각조차 하지 말길 바란다. big-O 표기법은 수행 시간이 어떻게 변화하는지를 표현해주는 도구이다. 따라서 O(N)이 언제나 O(2N)보다 나은 것은 아니라는 사실만 받아들이면 된다.

▶ 지배적이지 않은 항은 무시하라

$O(N^2+N)$과 같은 수식이 있을 때는 어떻게 해야 할까? 두 번째 N은 틀림없이 상수항은 아니지만 그렇다고 특별히 중요한 항도 아니다.

앞에서 상수항은 무시해도 된다고 언급했다. 따라서 $O(N^2+N^2)$은 $O(N^2)$이 된다. 이처럼 마지막 N^2항을 무시해도 된다면, 그보다 작은 N항은 어떨까? 무시해도 된다.

수식에서 지배적이지 않은 항은 무시해도 된다.

- $O(N^2+N)$은 $O(N^2)$이 된다.
- $O(N+\log N)$은 $O(N)$이 된다.
- $O(5*2^N+1000N^{100})$은 $O(2^N)$이 된다.

여전히 수식에 합이 남아 있을 수 있다. 예를 들어, $O(B^2+A)$는 하나의 항으로 줄일 수 없다(A와 B 사이에 존재하는 특별한 관계를 알고 있지 않은 이상).

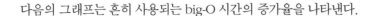

다음의 그래프는 흔히 사용되는 big-O 시간의 증가율을 나타낸다.

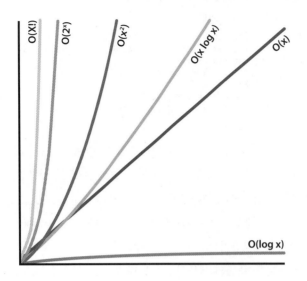

그래프에서 보듯이 $O(x^2)$은 $O(x)$보다 많이 느리지만, $O(2^x)$이나 $O(x!)$보다는 느리지 않다. $O(x^x)$이나 $O(2^x*x!)$처럼 $O(x!)$보다 수행 시간이 느린 경우는 생각보다 많이 존재한다.

▶ 여러 부분으로 이루어진 알고리즘: 덧셈 vs. 곱셈

어떤 알고리즘이 두 단계로 이루어져 있다고 가정하자. 어떤 경우에 수행 시간을 곱하고 어떤 경우에 더해야 하나?

이는 많은 지원자들이 혼란스러워 하는 부분이다.

덧셈 수행 시간: O(A + B)
```
for (int a : arrA) {
    print(a);
}

for (int b : arrB) {
    print(b);
}
```

곱셈 수행 시간: O(A * B)
```
for (int a : arrA) {
    for (int b : arrB) {
        print(a + "," + b);
    }
}
```

왼쪽의 예제에선 A의 일을 한 뒤에 B의 일을 수행한다. 따라서 전체 수행한 일은 $O(A+B)$가 된다.

오른쪽 예제에선 A의 각 원소에 대해 B의 일을 수행한다. 따라서 전체 수행한 일은 $O(A*B)$가 된다.

다시 말하면 다음과 같다.

- 만약 알고리즘이 "A 일을 모두 끝마친 후에 B 일을 수행하라"의 형태라면 A와 B의 수행 시간을 더해야 한다.
- 만약 알고리즘이 "A 일을 할 때마다 B 일을 수행하라"의 형태라면 A와 B의 수행 시간을 곱해야 한다.

실제 면접에서 실수하기 쉬운 내용이므로 꼭 조심하길 바란다.

▶ 상환 시간

ArrayList(동적 가변크기 배열)는 배열의 역할을 함과 동시에 크기가 자유롭게 조절되는 자료구조이다. 원소 삽입 시 필요에 따라 배열의 크기를 증가시킬 수 있기 때문에 ArrayList의 공간이 바닥날 일은 없다.

ArrayList는 배열로 구현되어 있다. 배열의 용량이 꽉 찼을 때, ArrayList 클래스는 기존보다 크기가 두 배 더 큰 배열을 만든 뒤, 이전 배열의 모든 원소를 새 배열로 복사한다.

이때 삽입 연산의 수행 시간은 어떻게 되겠는가? 약간 까다로운 문제다.

배열이 가득 차 있는 경우를 생각해 보자. 배열에 N개의 원소가 들어 있을 때 새로운 원소를 삽입하려면 O(N)이 걸린다. 왜냐하면 크기가 2N인 배열을 새로 만들고 기존의 모든 원소를 새 배열로 복사해야 하기 때문이다. 따라서 이 경우에 삽입 연산은 O(N) 시간이 소요된다.

하지만 위에서처럼 배열이 가득 차 있는 경우는 극히 드물다. 대다수의 경우에는 배열에 가용 공간이 존재하고 이때의 삽입 연산은 O(1)이 걸린다.

이제 두 가지 경우를 포함한 전체 수행 시간을 따져봐야 하는데, 여기서 상환 시간이라는 개념을 이용하면 쉽게 구할 수 있다. 최악의 경우는 가끔 발생하지만 한 번 발생하면 그 후로 꽤 오랫동안 나타나지 않으므로 비용(수행 시간)을 분할 상환한다는 개념이다.

위의 경우에 상환 시간은 무엇이 되겠는가?

배열의 크기가 2의 승수가 되었을 때 원소를 삽입하면 용량이 두 배로 증가한다. 즉, 배열의 크기가 1, 2, 4, 8, 16, …, X일 때 새로운 원소를 삽입하면 배열의 용량이 두 배로 증가하고, 이때 기존의 1, 2, 4, 8, 16, 32, 64, …, X개의 원소 또한 새로운 배열로 복사해줘야 한다.

합을 구해 보자. 1+2+4+8+16+…+X의 합은 무엇인가? 이 수열을 왼쪽에서 오른쪽으로 차례로 읽으면 1에서 시작해서 X가 될 때까지 두 배씩 증가하는 수열이 된다. 반대로 오른쪽에서 왼쪽으로 읽으면 X에서 시작해서 1이 될 때까지 절반씩 줄어드는 수열이 된다.

X+X/2+X/4+X/8+···+1의 합은 대략 2X와 같다.

따라서 X개의 원소를 삽입했을 때 필요한 시간은 O(2X)이고, 이를 분할 상환해 보면 삽입 한 번에 필요한 시간은 O(1)이다.

▶ log N 수행 시간

우리는 O(logN) 수행 시간을 자주 접한다. 이 수행 시간은 어떻게 구해진 걸까?

이진 탐색(binary search)을 생각해 보자. 이진 탐색은 N개의 정렬된 원소가 들어 있는 배열에서 원소 x를 찾을 때 사용된다. 먼저 원소 x와 배열의 중간값을 비교한다. 'x==중간값'을 만족하면 이를 반환한다. 'x < 중간값'일 때는 배열의 왼쪽 부분을 재탐색하고 'x > 중간값'일 경우에는 배열의 오른쪽 부분을 재탐색한다.

```
{1, 5, 8, 9, 11, 13, 15, 19, 21}에서 9 검색하기
    9와 11을 비교해본다 → 9가 11보다 작다.
    11보다 작거나 같은 {1, 5, 8, 9, 11}에서 9 검색하기
        이번에는 9와 8을 비교해본다 → 9가 8보다 크다.
        8보다 크고 11보다 작거나 같은 {9, 11}에서 9 검색하기
            9와 9를 비교해본다 → 9를 찾았다!
            결과를 반환한다.
```

처음에는 원소 N개가 들어 있는 배열에서 시작한다. 한 단계가 지나면 탐색해야 할 원소의 개수가 N/2로 줄어들고, 한 단계가 더 지나면 N/4개로 줄어든다. 그러다가 원소를 찾았거나 탐색해야 할 원소가 하나만 남으면 탐색을 중지한다.

총 수행 시간은 N을 절반씩 나누는 과정에서 몇 단계 만에 1이 되는지에 따라 결정된다.

```
N = 16
N = 8 /* 나누기 2 */
N = 4 /* 나누기 2 */
N = 2 /* 나누기 2 */
N = 1 /* 나누기 2 */
```

16에서 1로 감소하는 순서를 뒤집어서 1에서 16으로 증가하는 순서로 생각해 보자. 숫자 1에 2를 몇 번 곱해야 N이 될까?

```
N = 1
N = 2 /* 곱하기 2 */
N = 4 /* 곱하기 2 */
N = 8 /* 곱하기 2 */
N = 16 /* 곱하기 2 */
```

즉, $2^k = N$을 만족하는 k는 무엇인가? 이때 사용되는 것이 바로 로그(log)이다.

$$2^4 = 16 \rightarrow \log_2 16 = 4$$
$$\log_2 N = k \rightarrow 2^k = N$$

필요할 때마다 가져다 쓰기 좋은 개념이다. 어떤 문제에서 원소의 개수가 절반씩 줄어든다면 그 문제의 수행 시간은 $O(\log N)$이 될 가능성이 크다.

같은 원리로, 균형 이진 탐색 트리(balanced binary search tree)에서 원소를 찾는 문제도 $O(\log N)$이다. 매 단계마다 원소의 대소를 비교한 뒤 왼쪽 혹은 오른쪽으로 내려간다. 각 단계에서 검색해야 할 노드의 개수가 절반씩 줄어들게 되므로, 문제 공간(problem space) 또한 절반씩 줄어든다.

여기서 말하는 로그의 밑은 무엇일까? 아주 좋은 질문이다! 간단히 대답하면 big-O에선 로그의 밑을 고려할 필요가 없다고 보면 된다. 더 자세한 설명이 원한다면 806쪽의 '로그의 밑'을 찾아 보자.

▶ 재귀적으로 수행 시간 구하기

여기 수행 시간을 구하기 약간 까다로운 코드가 있다.

```
int f(int n) {
    if (n <= 1) {
        return 1;
    }
    return f(n - 1) + f(n - 1);
}
```

함수 f가 두 번 호출된 것을 보고 많은 사람들이 성급하게 $O(N^2)$이라고 결론 내릴 것이다. 완전 틀렸다.

수행 시간을 추측하지 말고 코드를 하나씩 읽어 나가면서 수행 시간을 계산해 보자. f(4)는 f(3)을 두 번 호출한다. f(3)은 f(2)를 거쳐서 결국 f(1)까지 호출한다. 이 트리에 나타난 총 호출 횟수는 몇 개인가? 일일이 세지 말고 계산해 보자!

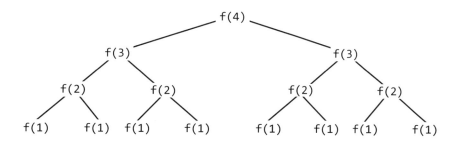

트리의 깊이가 N이고, 각 노드(즉, 함수 호출)는 두 개의 자식 노드를 갖고 있다. 따라서 깊이가 한 단계 깊어질 때마다 이전보다 두 배 더 많이 호출하게 된다. 같은 높이에 있는 노드의 개수를 세어 보면 아래와 같다.

깊이	노드의 개수	다른 표현방식	또 다른 표현방식
0	1		2^0
1	2	2 * 이전 깊이 = 2	2^1
2	4	2 * 이전 깊이 = $2 * 2^1 = 2^2$	2^2
3	8	2 * 이전 깊이 = $2 * 2^2 = 2^3$	2^3
4	16	2 * 이전 깊이 = $2 * 2^3 = 2^4$	2^4

따라서 전체 노드의 개수는 $2^0 + 2^1 + 2^2 + 2^3 + 2^4 + \cdots + 2^N$ ($= 2^{N+1} - 1$)이 된다. 자세한 내용은 806쪽의 '2의 승수의 합'을 살펴보라.

이 패턴을 잊지 말길 바란다. 다수의 호출로 이루어진 재귀 함수에서 수행 시간은 보통(물론 항상 그런 건 아니지만) O(분기^{깊이})로 표현되곤 한다. 여기서 분기(branch)란 재귀 함수가 자신을 재호출하는 횟수를 뜻한다. 따라서 위의 경우에 수행 시간은 $O(2^N)$이 된다.

> 기억할지도 모르겠지만, 로그의 밑은 상수항으로 취급되기 때문에 big-O 표기법에서 로그의 밑은 무시해도 된다고 했었다. 하지만 지수(exponent)에서는 얘기가 달라진다. 지수의 밑은 무시하면 안 된다. 이해를 돕기 위해 2^n과 8^n을 비교해 보자. 8^n은 $(2^3)^n$, 2^{3n}, $2^{2n} * 2^n$으로도 표현할 수 있다. 보는 바와 같이 8^n은 2^n에 2^{2n}을 곱한 것과 같으므로 2^n과 8^n 사이에는 2^{2n}만큼의 차이가 있다. 이 차이(2^{2n})는 지수항이므로 상수항과는 아주 큰 차이가 있다.

이 알고리즘의 공간 복잡도는 $O(N)$이 될 것이다. 전체 노드의 개수는 $O(2^N)$이지만, 특정 시각에 사용하는 공간의 크기는 $O(N)$이다. 따라서 필요한 가용 메모리의 크기는 $O(N)$이면 충분할 것이다.

▶ 예제 및 연습 문제

처음에는 big-O 시간이라는 개념이 어렵게 느껴질 수 있다. 하지만 한번 이해하면 꽤 쉽게 받아들일 수 있다. 위와 같은 패턴으로 시간 복잡도를 계산하는 예제가 반복해서 나올 텐데 직접 유도해 보길 바란다.

예제 1

아래 코드의 시간 복잡도는 어떻게 되는가?

```
void foo(int[] array) {
    int sum = 0;
    int product = 1;
    for (int i = 0; i < array.length; i++) {
        sum += array[i];
    }
    for (int i = 0; i < array.length; i++) {
        product *= array[i];
    }
    System.out.println(sum + ", " + product);
}
```

O(N)이 된다. 배열을 두 번 읽든 한 번 읽든 big-O 시간을 구할 때는 아무런 영향을 주지 않는다.

예제 2

아래 코드의 시간 복잡도는 어떻게 되는가?

```
void printPairs(int[] array) {
    for (int i = 0; i < array.length; i++) {
        for (int j = 0; j < array.length; j++) {
            System.out.println(array[i] + "," + array[j]);
        }
    }
}
```

안쪽 루프의 반복 횟수는 O(N)이고 이 루프가 N번 반복된다. 따라서 총 수행 시간은 $O(N^2)$이 된다.

위의 코드가 '무엇을 의미하는지' 살펴봄으로써 시간 복잡도를 구할 수도 있다. 위의 코드는 모든 일련의 두 원소 즉 모든 쌍(pair)을 출력하는 코드이다. 두 원소 쌍의 총 개수는 $O(N^2)$개이므로 수행 시간은 $O(N^2)$이 된다.

예제 3

위의 예제와 굉장히 비슷하지만 안쪽 루프가 i+1부터 시작한다는 점이 다르다.

```
void printUnorderedPairs(int[] array) {
    for (int i = 0; i < array.length; i++) {
        for (int j = i + 1; j < array.length; j++) {
            System.out.println(array[i] + "," + array[j]);
        }
    }
}
```

다양한 방법으로 수행 시간을 구해 보자.

위와 같은 패턴의 for 루프는 굉장히 흔하다. 수행 시간뿐만 아니라 어떻게 구하는지 완벽히 이해하고 있는 것이 중요하다. 흔한 수행 시간의 패턴을 단순히 암기하는 것만으로는 부족하다. 깊이 있게 이해하는 것이 중요하다.

반복 횟수 세어보기

처음에 j는 N-1번 반복한다. 그다음에는 N-2번, N-3번, ⋯ 이런 식으로 반복 횟수가 계속 줄어든다.

따라서 총 반복 횟수는 다음과 같다.

```
(N-1) + (N-2) + (N-3) + ... + 2 + 1
= 1 + 2 + 3 + ... + N-1
= 1부터 N-1까지의 합
```

1에서 N-1까지의 합은 $N(N-1)/2$(805쪽의 '1부터 N까지의 합' 참고)이 되므로 수행 시간은 $O(N^2)$이 된다.

코드가 무엇을 의미하는가

수행 시간을 알아내는 또 다른 방법으로 코드 자체가 무엇을 의미하는지 생각해 보는 방법이 있다. 위 코드는 j가 i보다 큰 모든 (i, j) 쌍을 반복하고 있다.

전체 쌍의 개수는 N^2이 된다. 대략 이 중 절반이 'i < j'인 경우일 테고 또 다른 절반이 'i > j'인 경우일 것이다. 따라서 이 코드는 대략 전체 쌍의 절반인 $N^2/2$개를 사용하므로 $O(N^2)$ 시간이 걸린다.

결과를 그림으로 나타내 보자

위 코드는 N=8인 경우 다음과 같은 (i, j) 쌍을 반복한다.

```
(0, 1) (0, 2) (0, 3) (0, 4) (0, 5) (0, 6) (0, 7)
       (1, 2) (1, 3) (1, 4) (1, 5) (1, 6) (1, 7)
              (2, 3) (2, 4) (2, 5) (2, 6) (2, 7)
                     (3, 4) (3, 5) (3, 6) (3, 7)
                            (4, 5) (4, 6) (4, 7)
                                   (5, 6) (5, 7)
                                          (6, 7)
```

이는 N×N의 절반 크기인 $N^2/2$ 크기의 행렬처럼 보인다. 따라서 $O(N^2)$ 시간이 소요된다.

평균을 이용한 방법

바깥 루프가 N번 반복한다는 것은 자명하다. 안쪽 루프는 얼마나 많은 일을 하고 있을까? 이는 바깥 루프의 상태에 따라 달라지지만, 반복횟수의 평균을 구해볼 수 있다.

1, 2, 3, 4, 5, 6, 7, 8, 9, 10의 평균은 무엇인가? 이들의 평균값은 중간값으로 대충 5쯤 될 것이다(물론 정확하게 계산할 수도 있지만 big-O에선 그럴 필요가 없다).

1, 2, 3, …, N일 때는 어떠한가? 이 수열의 평균값은 N/2가 될 것이다.

따라서, 안쪽 루프의 평균 반복횟수는 N/2이고 이 루프가 총 N번 수행되므로 전체 수행횟수는 $N^2/2$, 즉 $O(N^2)$이 된다.

예제 4

위와 비슷하지만 여기에선 서로 다른 배열 두 개를 사용한다.

```java
void printUnorderedPairs(int[] arrayA, int[] arrayB) {
    for (int i = 0; i < arrayA.length; i++) {
        for (int j = 0; j < arrayB.length; j++) {
            if (arrayA[i] < arrayB[j]) {
                System.out.println(arrayA[i] + "," + arrayB[j]);
            }
        }
    }
}
```

잘게 쪼개서 분석해 보자. j 루프 안에 있는 if 문은 상수 시간에 수행 가능한 단순한 문장이므로 O(1) 시간이라고 말할 수 있다.

따라서 다음과 같이 바꿔서 표현할 수 있다.

```java
void printUnorderedPairs(int[] arrayA, int[] arrayB) {
    for (int i = 0; i < arrayA.length; i++) {
        for (int j = 0; j < arrayB.length; j++) {
            /* O(1) 시간이 걸리는 작업 */
        }
    }
}
```

arrayA의 원소 하나당 안쪽 for 루프는 b(=arrayB.length)회 반복된다. 따라서 a(=arrayA.length)일 때 수행 시간은 O(ab)가 된다.

그동안 $O(N^2)$으로 알고 있었다면 이제는 그런 실수를 범하지 말자. 서로 다른 두 개의 입력이 주어지므로 $O(N^2)$이라고 말하면 안 된다. 두 배열의 크기를 모두 고려해야 한다. 사람들이 흔하게 하는 실수 중 하나이다.

예제 5

아래처럼 살짝 애매한 코드는 어떻게 해야 할까?

```
void printUnorderedPairs(int[] arrayA, int[] arrayB) {
    for (int i = 0; i < arrayA.length; i++) {
        for (int j = 0; j < arrayB.length; j++) {
            for (int k = 0; k < 100000; k++) {
                System.out.println(arrayA[i] + "," + arrayB[j]);
            }
        }
    }
}
```

크게 달라질 건 없다. 100,000은 여전히 상수항으로 간주되므로 수행 시간은 $O(ab)$가 된다.

예제 6

```
void reverse(int[] array) {
    for (int i = 0; i < array.length / 2; i++) {
        int other = array.length - i - 1;
        int temp = array[i];
        array[i] = array[other];
        array[other] = temp;
    }
}
```

위 알고리즘은 $O(N)$ 시간에 동작한다. 배열의 절반만 살펴본다고 해서(즉, 반복횟수가 절반이라고 해서) big-O 시간에 영향을 끼치는 것은 아니다.

예제 7

다음 중 $O(N)$과 같은 것들은 무엇인가? 왜 그렇게 생각하는가?

· $O(N+P)$, $P < N/2$일 때
· $O(2N)$
· $O(N+\log N)$
· $O(N+M)$

하나씩 살펴보자.

· 만약 $P < N/2$이라면, N이 지배적인 항이므로 $O(P)$는 무시해도 괜찮다.
· $O(2N)$에서 상수항은 무시할 수 있으므로 $O(N)$과 같다.
· $O(N)$이 $O(\log N)$보다 지배적인 항이므로 $O(\log N)$은 버려도 된다.
· N과 M 사이에 어떤 연관 관계도 보이지 않으므로 여기에선 두 변수 모두를 표시해줘야 한다.

따라서 마지막을 뺀 나머지는 모두 $O(N)$과 같다.

예제 8

여러 개의 문자열로 구성된 배열이 주어졌을 때 각각의 문자열을 먼저 정렬하고 그 다음에 전체 문자열을 사전순으로 다시 정렬하는 알고리즘이 있다고 가정하자. 이 알고리즘의 수행 시간은 어떻게 되겠는가?

많은 지원자들이 다음과 같은 추론 방식을 거칠 것이다. 각 문자열을 정렬하는 데 $O(N \log N)$이 소요되므로 모든 문자열을 정렬하는 데 $O(N * N \log N)$이 소요될 것이다. 그다음 전체 문자열을 다시 사전순으로 정렬해야 하므로 $O(N \log N)$이 추가적으로 필요할 것이다. 따라서 전체 수행 시간은 $O(N^2 \log N + N \log N)$이 되고, 이를 정리하면 $O(N^2 \log N)$이 될 것이다.

완전히 틀린 분석이다. 어디서 잘못됐는지 알아챘는가?

바로 N을 서로 다른 두 가지 경우에 혼용해서 썼다는 점이다. 즉, 위의 추론에선 문자열의 길이를 나타낼 때와 배열의 길이를 나타낼 때 모두 N을 사용했다.

면접을 볼 때 이와 같은 실수를 방지하기 위해 변수 'N'을 아예 사용하지 않거나 N이 가리키는 것이 명백한 경우에만 사용하는 것이 좋다.

사실, 필자라면 a와 b 혹은 m과 n조차도 사용하지 않을 것이다. 무엇이 무엇을 가리키는지 헷갈리기 쉽고 두 변수를 실수로 바꿔서 사용할 수도 있기 때문이다. $O(a^2)$은 $O(a * b)$랑 너무나도 다르다.

연상 가능한 이름을 사용해서 새로운 변수를 정의하자.

- 가장 길이가 긴 문자열의 길이를 s라 하자.
- 배열의 길이를 a라 하자.

자, 이제 각 부분의 시간 복잡도는 다음과 같다.

- 각 문자열을 정렬하는 데 $O(s \log s)$가 소요된다.
- a개의 문자열 모두를 정렬해야 하므로, 총 $O(a * s \log s)$가 소요된다.
- 이제 전체 문자열을 사전순으로 정렬해야 한다. 총 a개의 문자열이 있으므로 이들을 정렬하는 데 $O(a \log a)$가 소요될 거라 생각할 수도 있다. 대부분의 지원자들이 이렇게 대답하곤 한다. 하지만 문자열을 비교하는 시간 또한 고려해야 한다. 문자열 두 개를 비교하는 데 $O(s)$ 시간이 소요되고, 총 $O(a \log a)$번을 비교해야 하므로 결론적으로 $O(a * s \log a)$가 소요된다.

위의 두 부분을 더해주면 전체 시간 복잡도는 $O(a * s(\log a + \log s))$가 된다.

여기까지다. 더 줄일 수 있는 방법은 없다.

예제 9

다음은 균형 이진 탐색 트리에서 모든 노드의 값을 더하는 간단한 코드다. 수행 시간은 어떻게 되겠는가?

```
int sum(Node node) {
    if (node == null) {
        return 0;
    }
    return sum(node.left) + node.value + sum(node.right);
}
```

단지 이진 탐색 트리라는 이유로 로그가 들어갈 거라 생각하지 말길 바란다!

우리는 수행 시간을 구하는 두 가지 다른 방법을 살펴볼 것이다.

코드가 무엇을 의미하는가

가장 간단한 방법은 코드가 무엇을 의미하는지 생각해 보는 것이다. 이 코드는 트리의 각 노드를 한 번씩 방문한 뒤 각 노드에서 (재귀 호출 부분은 제외하고) 상수 시간에 해당하는 일을 수행한다.

따라서, 수행 시간은 노드의 개수와 선형 관계에 있다. 즉, N개의 노드가 있을 때 수행 시간은 O(N)이 된다.

재귀호출 패턴분석

69쪽에서 재귀 함수에 분기가 여러 개 존재할 때 수행 시간을 구하는 패턴에 대해 공부했었다.

재귀 함수에 분기가 여러 개 존재할 경우 수행 시간은 일반적으로 $O(분기^{깊이})$가 된다. 만약 분기가 두 개 존재한다면 $O(2^{깊이})$가 될 것이다.

이 시점에서 많은 이들이 지수 알고리즘이 나왔으니 뭔가 잘못된 거 아니냐고 생각할지도 모른다. 이 알고리즘에 애당초 논리적인 문제가 있었을 수도 있고 아니면 우연히 지수 시간 알고리즘이 되었을 수도 있다(아이쿠야!).

두 번째 생각이 옳다. 지수 시간 알고리즘으로 표현되긴 했지만, 결과적으로 보면 생각보다 나쁜 알고리즘은 아니다. 이 알고리즘이 어떤 변수에 대해 지수 시간으로 증가하는지 판단해 보자.

깊이는 어떻게 되는가? 여기 나온 트리는 균형 이진 탐색 트리다. 즉, 총 N개의 노드가 있다면 깊이는 대략 log N이 된다.

위의 수식에 따르면 수행 시간은 $O(2^{\log N})$이 된다.

여기서 $\log_2$가 무엇을 의미하는지 생각해 보자.

$$2^P = Q \rightarrow \log_2 Q = P$$

$2^{\log N}$은 무엇을 의미하는가? 숫자 2와 로그 사이의 관계에 의해 수식을 다음과 같이 간략하게 나타낼 수 있다.

P $= 2^{\log N}$이라 하자. $\log_2$의 정의에 따라 $\log_2 P = \log_2 N$이 된다. 즉 $P = N$이라는 뜻이다.

```
P = 2^logN
  → log₂P = log₂N
  → P = N
  → 2^logN = N
```

따라서 총 수행 시간은 $O(N)$이 된다. 여기서 N은 노드의 개수이다.

예제 10

다음은 현재의 값보다 작은 수들로 나누어 떨어지는지 확인함으로써 현재의 값이 소수인지 아닌지 판별하는 함수이다. 이때 현재의 값보다 작은 수 전체를 이용할 필요는 없고 n의 제곱근까지만 확인해 보면 된다. 만약 제곱근보다 큰 수로 나누어 떨어지는 경우가 존재한다면, 그에 상응하는 제곱근보다 작은 수로도 나누어 떨어지기 때문이다.

예를 들어 33은 33의 제곱근보다 큰 11로 나누어 떨어짐과 동시에 그에 상응하는 3(3*11=33)으로도 나누어 떨어진다. 33은 3으로 나누어 떨어지므로 진작에 소수가 되질 못했을 것이다.

다음 함수의 시간 복잡도는 어떻게 되겠는가?

```java
boolean isPrime(int n) {
    for (int x = 2; x * x <= n; x++) {
        if (n % x == 0) {
            return false;
        }
    }
    return true;
}
```

많은 사람들이 이 문제를 틀린다. 하지만 논리를 전개하는 데 주의를 기울인다면 꽤 쉽게 풀 수 있다.

for 루프의 내부 코드는 상수 시간에 동작한다. 따라서 최악의 경우에 for 루프가 몇 번 반복하는지만 세어 보면 시간 복잡도를 구할 수 있다.

이 코드에서 루프는 x=2부터 x*x=n까지 반복한다. 다시 말해서 x=$\sqrt{n}$(x가 n의 제곱근이 될 때까지)까지 반복한다는 뜻이다.

따라서 이 코드에서 for 루프는 사실 다음과 같다.

```
boolean isPrime(int n) {
    for (int x = 2; x <= sqrt(n); x++) {
        if (n % x == 0) {
            return false;
        }
    }
    return true;
}
```

시간 복잡도는 O($\sqrt{n}$)이 된다.

예제 11

다음은 n의 계승(factorial) n!을 구하는 코드이다. 시간 복잡도는 어떻게 되는가?

```
int factorial(int n) {
    if (n < 0) {
        return -1;
    } else if (n == 0) {
        return 1;
    } else {
        return n * factorial(n - 1);
    }
}
```

단순히 n부터 1까지 반복하는 재귀 함수이므로 O(n)이 된다.

예제 12

다음은 문자열로 나타낼 수 있는 순열(permutation)의 개수를 구하는 코드이다.

```
void permutation(String str) {
    permutation(str, "");
}

void permutation(String str, String prefix) {
    if (str.length() == 0) {
        System.out.println(prefix);
    } else {
        for (int i = 0; i < str.length(); i++) {
            String rem = str.substring(0, i) + str.substring(i + 1);
            permutation(rem, prefix + str.charAt(i));
        }
    }
}
```

꽤 까다롭지만 훌륭한 문제다. permutation 함수가 얼마나 많이 호출되는지, 각 호출마다 걸리는 시간이 얼마나 되는지 살펴보면 알 수 있다. 가능한 한 딱 맞는 상한을 구할 것이다.

순열이 완성되는 시점에 permutation 함수가 몇 번이나 호출되는가

순열을 생성하고 싶다면 각 '자리'에 들어갈 문자를 골라야 한다. 길이가 7인 문자열이 주어졌을 때, 첫 번째 자리는 7개의 선택권이 있다. 여기서 문자 하나를 선택했다면 그다음 자리에는 6개의 선택권이 있다(이전 7개의 문자 각각에 대해 6개의 선택권이 있다는 뜻이다). 그다음 자리는 5개의 선택권이 있고 마지막에는 1개의 선택권만 남아있을 것이다. 따라서 전체 가능한 경우는 7*6*5*4*3*2*1, 다시 말해 7!(7의 계승)이 된다.

n!개의 순열이 존재한다는 뜻이고, 따라서 순열 생성이 완성되는 시점(prefix가 모든 순열을 표현한다고 했을 때)에 permutation 함수는 n!번 호출될 것이다.

순열 생성이 완성되기 전에 permutation 함수는 몇 번이나 호출되는가

동시에, 9~12줄이 몇 번이나 호출됐는지 살펴볼 필요 또한 있다. 모든 호출을 나타내는 거대한 호출 트리(call tree)를 상상해 보자. 위에서 말한 대로 말단(leaf) 노드의 개수는 n!이 될 테고 루트에서 각 말단 노드까지의 거리는 n이 될 것이다. 따라서 전체 노드(함수 호출)의 개수는 n*n!개를 넘지 못한다.

각 함수 호출을 처리하는 데 얼마나 오래 걸리나

7번째 줄에서는 문자열 전체를 출력하기 때문에 O(N) 시간이 걸린다.

10, 11번째 줄에서는 문자열을 연결해주는 연산을 수행하므로 O(N) 시간이 걸릴 것이다. 또한 rem, prefix, str.charAt(i)의 길이의 합은 항상 n이 되는 것을 알 수 있다. 따라서 호출 트리의 각 노드가 처리하는 일은 O(n)이 된다.

총 수행 시간은 어떻게 되는가?

permutation 함수는 O(n*n!)번(상한) 호출되고 한 번 호출될 때마다 O(N) 시간이 걸리므로 총 수행 시간은 $O(n^2 * n!)$을 넘지 않을 것이다.

좀 더 복잡한 수학적 방법을 사용할 경우 닫힌 꼴(closed-form)로 깨끗하게 표현되지는 않지만 이보다 더 정확한 상한을 찾을 수 있다. 하지만 면접에서 여기까지는 물어보지 않을 것이다.

예제 13

다음은 N번째 피보나치 수(Fibonacci number)를 구하는 코드이다.

```
int fib(int n) {
    if (n <= 0) return 0;
    else if (n == 1) return 1;
```

```
    return fib(n - 1) + fib(n - 2);
}
```

이전에 얘기했던 재귀 호출의 패턴을 이용하면 O(분기^{깊이})가 된다. 각 호출마다 분기가 2개 존재하므로 깊이가 N일 때 수행 시간은 $O(2^N)$이 된다.

> 좀 더 복잡한 수학적 방법을 사용하면 더 정확한 상한을 찾을 수 있다. $O(1.6^N)$으로 여전히 지수 시간에 가깝지만 말이다. 정확히 $O(2^N)$이 되지 않는 이유는 호출이 호출 스택의 밑바닥에서 가끔씩 한 번만 일어나기 때문이다. 대부분의 트리에서 단말 노드가 많으므로 한 번 호출한 것과 두 번 호출한 것 사이에는 큰 차이가 생긴다. 물론 면접에서는 $O(2^N)$이라고 대답해도 충분하다(62쪽에서 big-Θ에 관한 노트를 읽어 보면 $O(2^N)$이 기술적으로도 옳은 분석이라는 것을 알 수 있다). 실제로는 $O(2^N)$보다 작다는 사실을 알고 있으면 '가산점'을 받을지도 모르겠다.

일반적으로, 재귀 호출이 여러 번 발생하는 알고리즘은 지수 시간 알고리즘일 가능성이 크다.

예제 14

다음은 0부터 n까지의 피보나치 수열 전부를 출력하는 코드이다. 이 코드의 시간 복잡도는 무엇일까?

```
void allFib(int n) {
    for (int i = 0; i < n; i++) {
        System.out.println(i + ": " + fib(i));
    }
}

int fib(int n) {
    if (n <= 0) return 0;
    else if (n == 1) return 1;
    return fib(n - 1) + fib(n - 2);
}
```

fib(n)이 $O(2^n)$ 걸리고 총 n번 호출되므로, $O(n2^n)$으로 성급히 결론지으려는 경향이 있다. 하지만 신중하라. 여기에 어떤 논리적 실수가 있는지 찾을 수 있겠는가?

바로 n이 변한다는 점이다. 물론 fib(n)은 $O(2^n)$이 걸리지만 n번의 호출이 모두 다른 n을 사용하므로 이를 반영해서 계산하는 것이 중요하다.

자, 그러면 각 호출을 하나씩 살펴보자.

```
fib(1) → 2¹번 호출
fib(2) → 2²번 호출
```

```
fib(3) → 2³번 호출
fib(4) → 2⁴번 호출
...
fib(n) → 2ⁿ번 호출
```

따라서 총 걸린 시간은 다음과 같다.

$$2^1 + 2^2 + 2^3 + 2^4 + ... + 2^n$$

70쪽에서 보았듯이 이 합은 2^{n+1}이 된다. 이 형편없는 알고리즘을 이용해서 n개의 피보나치 수열을 구하는 데 걸리는 시간은 여전히 $O(2^n)$이다.

예제 15

다음은 피보나치 수열을 0부터 n까지 모두 출력하는 코드이다. 하지만 이번에는 이전에 계산된 결과값을 정수 배열에 저장(즉, 캐시)한다. 알고리즘 중간에 이미 저장된 값이 있다면 그 캐시값을 반환한다. 수행 시간은 어떻게 되겠는가?

```java
void allFib(int n) {
    int[] memo = new int[n + 1];
    for (int i = 0; i < n; i++) {
        System.out.println(i + ": " + fib(i, memo));
    }
}

int fib(int n, int[] memo) {
    if (n <= 0) return 0;
    else if (n == 1) return 1;
    else if (memo[n] > 0) return memo[n];
    memo[n] = fib(n - 1, memo) + fib(n - 2, memo);
    return memo[n];
}
```

알고리즘의 각 단계를 하나씩 짚어 보자.

```
fib(1) → return 1
fib(2)
    fib(1) → return 1
    fib(0) → return 0
    1을 memo[2]에 저장
fib(3)
    fib(2) → lookup memo[2] → return 1
    fib(1) → return 1
    2를 memo[3]에 저장
fib(4)
    fib(3) → lookup memo[3] → return 2
    fib(2) → lookup memo[2] → return 1
    3을 memo[4]에 저장
fib(5)
    fib(4) → lookup memo[4] → return 3
    fib(3) → lookup memo[3] → return 2
    5를 memo[5]에 저장
...
```

fib(i)를 호출할 때마다 fib(i-1)과 fib(i-2)의 계산은 이미 끝나 있고 그 값은 캐시 배열에 저장되어 있을 것이다. 따라서 단순히 캐시값을 찾아서 더한 뒤 그 결과를 캐시 배열에 다시 저장하고 반환해주기만 하면 된다. 이 일련의 과정은 상수 시간 안에 동작한다. 상수 시간의 일을 N번 반복하므로 총 O(N) 시간이 걸린다.

메모이제이션(memoization)이라 불리는 이 기술은 지수 시간이 걸리는 재귀 알고리즘을 최적화할 때 쓰는 흔한 방법 중 하나이다.

예제 16

다음은 1과 n을 포함하여 그 사이에 있는 모든 2의 승수(powers of 2)를 출력하는 함수이다. 예를 들어 n이 4일 때 이 함수는 1, 2, 4를 출력한다. 수행 시간이 어떻게 되겠는가?

```
int powersOf2(int n) {
    if (n < 1) {
        return 0;
    } else if (n == 1) {
        System.out.println(1);
        return 1;
    } else {
        int prev = powersOf2(n / 2);
        int curr = prev * 2;
        System.out.println(curr);
        return curr;
    }
}
```

수행 시간을 계산하는 다양한 방법이 존재한다.

함수가 어떻게 동작하는가?

powersOf2(50)을 호출했을 때 어떻게 동작하는지 하나씩 짚어 보자.

```
powersOf2(50)
    → powersOf2(25)
        → powersOf2(12)
            → powersOf2(6)
                → powersOf2(3)
                    → powersOf2(1)
                        print & return 1
                    print & return 2
                print & return 4
            print & return 8
        print & return 16
    print & return 32
```

따라서, 수행 시간은 50(혹은 n)이 기본값(1)이 될 때까지 2로 나누는 횟수가 된다. 68쪽에서 이야기했듯이 1이 될 때까지 n을 절반씩 나누는 함수의 수행 시간은 $O(\log n)$과 같다.

무엇을 의미하는가

수행 시간을 구할 때 해당 코드의 목적이 무엇인지 생각해보는 방법이 있다. 이 코드는 1부터 n 사이에 있는 모든 2의 승수를 계산한다.

powerOf2를 한 번 호출할 때마다 재귀 호출 안에서 일어나는 일은 제외하고는 정확히 숫자 하나를 출력하고 반환한다. 따라서 최종적으로 숫자 13개가 출력됐다면 powerOf2 함수는 13번 호출됐다는 뜻이다.

위의 함수는 1과 n 사이에 있는 2의 승수를 모두 출력한다고 알고 있다. 따라서 위의 함수가 호출되는 횟수(결과적으로 수행 시간)는 1과 n 사이에 있는 2의 승수의 개수와 일치해야 한다.

1과 n 사이에는 2의 승수가 $\log n$개 존재하므로 수행 시간은 $O(\log n)$이 된다.

수행 시간 증가 속도

수행 시간을 구하는 마지막 방법으로는 n이 커질수록 수행 시간이 어떻게 바뀌는지 생각해 보는 것이다. 결국 이것이 big-O 시간이 의미하는 바와 정확히 일치하는 것이다.

N이 P에서 P+1이 됐을 때 powersOfTwo 함수의 호출 횟수는 전혀 바뀌지 않을 수도 있다. 그럼 언제 powersOfTwo의 호출 횟수가 증가할까? n의 크기가 두 배가 될 때 호출 횟수가 한 번 증가한다.

즉, n이 두 배가 될 때마다 powersOfTwo의 호출 횟수는 한 번 증가하고, 따라서 powersOfTwo의 호출 횟수는 n이 될 때까지 숫자 1을 두 배로 증가시킨 횟수와 같게 된다. 즉 $2^x = n$에서 x와 같다.

x는 무엇인가? x는 $\log n$과 같고, 수식으로 표현하면 $x = \log n$이 된다. 따라서 수행 시간은 $O(\log n)$이 된다.

추가 문제

VI.1   다음은 a와 b를 곱하는 코드이다. 수행 시간을 구하시오.

```
int product(int a, int b) {
    int sum = 0;
    for (int i = 0; i < b; i++) {
        sum += a;
    }
    return sum;
}
```

VI.2 다음은 a^b를 계산하는 코드이다. 수행 시간을 구하시오.

```
int power(int a, int b) {
    if (b < 0) {
        return 0; // 에러
    } else if (b == 0) {
        return 1;
    } else {
        return a * power(a, b - 1);
    }
}
```

VI.3 다음은 a % b를 계산하는 코드이다. 수행 시간을 구하시오.

```
int mod(int a, int b) {
    if (b <= 0) {
        return -1;
    }
    int div = a / b;
    return a - div * b;
}
```

VI.4 다음은 자연수 나눗셈을 수행하는 코드이다. 수행 시간을 구하시오(단 a와 b는 모두 양의 정수이다).

```
int div(int a, int b) {
    int count = 0;
    int sum = b;
    while (sum <= a) {
        sum += b;
        count++;
    }
    return count;
}
```

VI.5 다음은 '자연수'의 제곱근을 구하는 코드이다. 제곱근이 자연수가 아닐 때 완전제곱(perfect squares)이 아니라면 -1을 반환해야 한다. 완전제곱근인지 아닌지 확인하기 위해 다음과 같은 유추 방식을 이용한다. n이 100이라면 먼저 50을 의심해 본다. 50이 너무 크다면 그보다 작은 숫자로 시도해 본다. 이와 같은 방식으로 1부터 50 사이의 숫자를 절반씩 시도해 본다. 이 코드의 수행 시간을 구하시오.

```
int sqrt(int n) {
    return sqrt_helper(n, 1, n);
}
int sqrt_helper(int n, int min, int max) {
    if (max < min) return -1; // 제곱근이 없다.
    int guess = (min + max) / 2;
    if (guess * guess == n) { // 찾았다!
        return guess;
    } else if (guess * guess < n) {            // 너무 작다.
```

```
        return sqrt_helper(n, guess + 1, max); // 더 큰 값으로 시도
    } else {                                    // 너무 크다.
        return sqrt_helper(n, min, guess - 1); // 더 작은 값으로 시도
    }
}
```

VI.6 다음은 '자연수' 제곱근을 구하는 코드이다. 만약 완전제곱(제곱근이 자연수
가 아닐 때)이 아니라면 -1을 반환해야 한다. 완전제곱근인지 아닌지 확인하
기 위해 숫자를 하나씩 증가시켜가면서 현재 숫자가 정답인지 아니면 정답
을 넘어갔는지 확인한다. 이 코드의 수행 시간을 구하시오.

```
int sqrt(int n) {
    for (int guess = 1; guess * guess <= n; guess++) {
        if (guess * guess == n) {
            return guess;
        }
    }
    return -1;
}
```

VI.7 이진 탐색 트리가 균형 잡혀있지 않다고 가정했을 때, 이 트리에서 어떤 원
소를 찾는데 걸리는 시간(최악의 경우)을 구하시오.

VI.8 이진 트리에서 특정 값을 찾고자 한다. 이 이진 트리가 이진 탐색 트리
(binary search tree)가 아닐 때 시간 복잡도를 구하시오.

VI.9 appendToNew는 배열에 새로운 값을 추가할 때마다 더 크기가 큰 배열을 새
로 만든 뒤 해당 배열을 반환하는 함수이다. 이 함수는 copyArray 함수를 만
들 때 반복적으로 호출하기 위해 사용된다. 배열을 복사하는 데 걸리는 시
간을 구하시오.

```
int[] copyArray(int[] array) {
    int[] copy = new int[0];
    for (int value : array) {
        copy = appendToNew(copy, value);
    }
    return copy;
}
int[] appendToNew(int[] array, int value) {
    // copy all elements over to new array
    int[] bigger = new int[array.length + 1];
    for (int i = 0; i < array.length; i++) {
        bigger[i] = array[i];
    }
    // 새로운 원소 추가
    bigger[bigger.length - 1] = value;
    return bigger;
}
```

VI.10 다음은 숫자의 각 자릿수를 합하는 코드이다. 이 코드의 big-O 시간을 구하시오.

```
int sumDigits(int n) {
    int sum = 0;
    while (n > 0) {
        sum += n % 10;
        n /= 10;
    }
    return sum;
}
```

VI.11 다음은 정렬된 문자열 중 길이가 k인 모든 문자열을 출력하는 코드이다. 이 코드는 길이가 k인 모든 문자열을 생성한 뒤 해당 문자열이 정렬되어 있는지 확인하는 과정을 거친다. 이 코드의 수행 시간을 구하시오.

```
int numChars = 26;
void printSortedStrings(int remaining) {
    printSortedStrings(remaining, "");
}
void printSortedStrings(int remaining, String prefix) {
    if (remaining == 0) {
        if (isInOrder(prefix)) {
            System.out.println(prefix);
        }
    } else {
        for (int i = 0; i < numChars; i++) {
            char c = ithLetter(i);
            printSortedStrings(remaining - 1, prefix + c);
        }
    }
}
boolean isInOrder(String s) {
    for (int i = 1; i < s.length(); i++) {
        int prev = ithLetter(s.charAt(i - 1));
        int curr = ithLetter(s.charAt(i));
        if (prev > curr) {
            return false;
        }
    }
    return true;
}
char ithLetter(int i) {
    return (char) (((int) 'a') + i);
}
```

VI.12 다음은 두 배열의 교집합(공통된 원소)의 개수를 세어 주는 코드이다. 각 배열에 중복된 값은 없다고 가정해도 좋다. 교집합을 구하기 위해 배열 하나(배열 b)를 정렬한 뒤 이진 탐색으로 배열 a를 차례로 살펴보면서 해당 원소가 b에 존재하는지 확인한다. 이 코드의 수행 시간을 구하시오.

```
int intersection(int[] a, int[] b) {
    mergesort(b);
    int intersect = 0;
```

```
        for (int x : a) {
            if (binarySearch(b, x) >= 0) {
                intersect++;
            }
        }
        return intersect;
    }
```

정답

1. O(b). for 루프가 b번 반복한다.

2. O(b). 재귀호출을 한 번 할 때마다 1씩 줄어들므로 b번 반복된다.

3. O(1). 상수 시간에 동작한다.

4. O(a/b). 변수 count의 값은 정확히 a/b가 된다. while 루프는 count의 값만큼 반복하므로 정확히 a/b번 반복한다.

5. O(log n). 제곱근을 찾기 위해 기본적으로 이진 탐색을 사용한다. 따라서 수행 시간은 O(log n)이다.

6. O($\sqrt{n}$). guess*guess > n이 되면 그냥 루프를 멈춘다(같은 의미로 guess > $\sqrt{n}$ 이 될 때 루프를 멈춘다).

7. O(n). 여기서 n은 트리에 있는 노드의 개수를 말한다. 원소를 찾는 데 걸리는 최대 시간은 트리의 깊이와 같다. 단, 트리의 모양이 한쪽으로 길게 늘어진 리스트 형태일 수도 있다. 이럴 경우에 트리의 깊이는 n이므로 시간 복잡도는 O(n)이 된다.

8. O(n). 노드에 어떤 순서와 관련된 속성이 없다면 모든 노드를 다 훑으며 탐색하는 수밖에 없다.

9. O(n^2). 여기서 n은 배열에 있는 원소의 개수와 같다. appendToNew를 처음 호출하면 원소 한 개를 복사한다. 두 번째에는 두 개를, 세 번째에는 세 개를 복사하고 이 과정이 반복된다. 따라서 총 수행 시간은 1부터 n까지의 합과 같으므로 O(n^2)이다.

10. O(log n). 수행 시간은 자릿수의 개수와 같다. 자릿수의 개수가 d라면 해당 숫자는 아무리 커도 10^d보다 작을 수밖에 없다. 만약 n = 10^d라면 d = log n이 되고 따라서 수행 시간은 O(log n)이다.

11. O(kc^k). 여기서 k는 문자열의 길이, c는 알파벳의 개수다. 모든 문자열을 생성하는 데 걸리는 시간은 O(c^k)이 걸리고, 각 문자열이 정렬된 문자열인지 확인하는 데는 O(k) 시간이 걸리므로 총 수행 시간은 O(kc^k)이 된다.

12. $O(b \log b + a \log b)$. 먼저 배열 b를 정렬하는 데 $O(b \log b)$가 걸린다. 그 뒤 a의 각 원소마다 이진 탐색을 수행해야 하므로 $O(\log b)$가 소요되고 이를 모든 원소에 적용하면 $O(a \log b)$가 된다.

VII

기술적 문제

최고의 테크 회사들이 면접의 기초로 삼는 것이 바로 기술적 문제들이다. 기술적 문제가 어렵기 때문에 많은 지원자들이 겁을 먹지만, 사실 이런 문제를 풀어내는 논리적인 방법이 존재한다.

▶ 준비하기

많은 지원자들이 공부를 한답시고 문제와 답을 읽기만 하곤 한다. 이건 마치 대학 수학을 공부한답시고 문제와 답을 읽기만 하는 것과 같다. 문제를 직접 푸는 훈련을 해야 한다. 답을 외우는 건 도움이 되질 않는다.

이 책에 실린 문제를 만날 때마다(꼭 책에서뿐 아니라 앞으로 여러분이 만나게 되는 모든 문제에 대해) 다음과 같이 하라.

1. **직접 풀도록 노력하라**: 책 뒤편에 문제에 대한 힌트가 주어지긴 하지만 직접 답을 찾으려고 노력하라. 많은 문제들이 풀기 까다롭게 설계되어 있다. 그래도 포기하지 말라! 그리고 문제를 풀 때는, 공간과 시간 효율에 대해서도 반드시 생각하길 바란다.

2. **코드를 종이에 적으라**: 컴퓨터를 이용하면 코드 문법 강조(syntax highlighting), 코드 자동 완성(code completion), 디버거가 갖춰진 아주 편리한 환경에서 코딩할 수 있다. 하지만 종이에 코드를 작성하면 그런 도움을 받을 수 없다. 실제 면접을 볼 때도 마찬가지다. 종이에 코드를 작성하면서 코드를 작성하고 수정하는 데 오래 걸리는 환경에 익숙해지라.

3. **코드를 테스트하라**: 물론 종이 위에서 말이다. 일반적인 경우뿐 아니라, 기본 조건, 오류 발생 조건 등을 전부 테스트하라는 뜻이다. 면접을 보는 동안에도 그렇게 해야 하므로, 미리 연습해보는 것이 최선이다.

4. **종이에 적은 코드를 그대로 컴퓨터로 옮긴 뒤 실제로 실행해 보라**: 아마 종이에 적는 과정에서 꽤 많은 실수를 저질렀을 것이다. 실수 목록들을 만들고, 실제 면접장에서는 같은 실수를 저지르지 않도록 유의하라.

그리고 가상 면접을 가능한 한 많이 해보길 바란다. 친구와 번갈아가면서 연습해 볼 수도 있을 것이다. 친구가 전문적인 면접관은 아닐 테지만, 코딩과 알고리즘 문제 면접을 함께 도울 정도는 될 것이다. 여러분 또한 면접관 입장에 서 보면 많은 것을 배우게 될 것이다.

▶ 알고 있어야 할 것들

많은 회사들이 자료구조와 알고리즘 같은 종류의 문제에 집중하는데, 이러한 문제들을 내는 이유는 단순히 지식을 확인하기 위해서가 아니다. 즉, 해당 내용을 알고 있느냐 모르느냐를 판단하는 문제가 아니다. 물론 어느 정도 기본지식은 알고 있다는 전제하에 질문을 던지긴 하지만 말이다.

핵심 자료구조, 알고리즘, 기본 개념

대부분의 면접관은 이진 트리의 균형을 맞추는 특정 방법이나 기타 복잡한 알고리즘에 대한 질문을 하지 않는다. 사실, 졸업한 지 몇 년 지났으니 면접관들도 이런 알고리즘을 기억하지 못할 가능성이 크다.

여러분에게 기대하는 것은 기본기다. 아래에 반드시 알아야 할 것들을 나열해 보았다.

자료구조	알고리즘	개념
연결리스트(Linked Lists)	너비 우선 탐색(Breadth-First Search)	비트 조작(Bit Manipulation)
트리, 트라이(Tries), 그래프	깊이 우선 탐색(Depth-First Search)	메모리(스택 vs 힙)
스택 & 큐	이진 탐색	재귀
힙(Heaps)	병합 정렬(Merge Sort)	동적 프로그래밍 (Dynamic Programming)
Vector / ArrayList	퀵 정렬	big-O 시간 & 공간
해시테이블		

이 주제에 대해 사용법, 구현법, 애플리케이션, 그리고 가능하다면 공간과 시간 복잡도에 대해서 알아두기 바란다.

자료구조와 알고리즘을 종이에(그 다음엔 컴퓨터로) 직접 구현해 보는 건 굉장히 좋은 훈련이다. 자료구조가 내부적으로 어떻게 돌아가는지 이해할 수도 있다. 실제로 많은 면접에서 자료구조나 알고리즘이 중요하게 사용된다.

위의 단락은 중요하므로 쉽게 지나치지 말자. 만약 위에 열거된 자료구조와 알고리즘이 굉장히 친숙하다면 이들을 밑바닥부터 구현하는 연습을 해 보자.

특히, 해시테이블은 매우 중요한 주제다. 이 자료구조를 아주 능숙하게 다룰 수 있도록 연습하길 바란다.

2의 승수(power of 2) 표

아래의 표는 규모 확장성 및 메모리 제한과 관련된 문제를 풀 때 유용하다. 이 표를 반드시 외울 필요는 없지만 암기해 두면 꽤 유용게 쓰인다. 적어도 쉽게 유도할 수 있을 정도로 익숙해지길 바란다.

X	2^X	근사치	메모리 요구량
7	128		
8	256		
10	1024	1,000(천)	1K
16	65,536		64K
20	1,048,576	1,000,000(백만)	1MB
30	1,073,741,824	1,000,000,000(십억)	1GB
32	4,294,967,296		4GB
40	1,099,511,627,776	1,000,000,000,000(조)	1TB

일례로 위의 표를 이용하면, 32비트 정수형(Integer) 값을 불린(Boolean) 값으로 대응시킨 비트 벡터가 일반적인 컴퓨터의 메모리 환경에 올라갈 수 있는지 빨리 계산해 볼 수 있다. 전체 정수의 개수는 2^{32}이고 각 정수가 하나의 비트를 차지하므로, 이 벡터를 저장하기 위해선 총 2^{32}비트(혹은 2^{29}바이트)가 필요하다. 2^{32}비트는 대략 1기가바이트의 절반에 해당하는 크기이므로 일반적인 컴퓨터의 메모리 환경이면 비트 벡터를 올리기에 충분하다.

웹 기반 사업을 하는 회사와 전화 면접을 하는 경우에, 위 표를 보이는 곳에 붙여 놓으면 도움이 될 것이다.

▶ 실제 문제 살펴보기

아래의 순서도에 어떻게 문제를 풀어야 하는지 정리되어 있다. 실제 연습할 때 이 순서도를 사용하라. 이 순서도 외에도 다양한 자료들을 *http://www.CrackingThe CodingInterview.com*에서 다운받을 수 있다.

우선 여기에서는 순서도에 대해 좀 더 심도 있는 얘기를 해 보자.

원하는 것이 무엇인가

면접 문제는 어렵다. 그러므로 모든 문제에 즉시 답하지 못했더라도 괜찮다! 일반적으로 지원자들은 대부분 그러한 경험을 한다. 나쁘지 않다.

1 듣기

문제 설명과 관련된 것이라면 어떤 정보든지 아주 집중해서 들어야 한다. 최적 알고리즘을 설계하기 위해선 모든 정보가 필요할지도 모른다.

2 예제

대부분의 예제들은 크기가 아주 작거나 특별한 사례인 경우가 많다. 직접 예제를 만들어서 디버깅하라. 직접 만든 예제가 특별한 경우인가? 혹은 충분히 큰 입력인가?

BUD 최적화

병목현상(**B**ottlenecks)
불필요한 작업(**U**nnecessary Work)
중복되는 작업(**D**uplicated Work)

3 무식하게 풀기

우선은 빨리 무식한 방법(brute force)으로 풀길 바란다. 알고리즘의 효율을 높이려고 미리 애쓰지 말라. 아주 단순한 알고리즘 및 시간 복잡도를 먼저 말한 다음에 최적화를 시도하라. 아직 코딩할 단계는 아니다!

7 테스트

다음의 순서로 테스트해 보길 바란다.

1. 개념적 테스트: 마치 코드 리뷰를 하듯이 자세하게 코드를 훑어보며 테스트하기
2. 특이하거나 표준적이지 않은 코드
3. 산술연산 혹은 널(null) 노드와 같이 실수가 날 만한 부분
4. 작은 크기의 테스트들. 큰 크기의 테스트보다 빨리 검증 가능하고 효율적
5. 특이하거나 극단적인 입력

버그를 찾았다면 신중을 기해서 고치라.

4 최적화

BUD 최적화를 통해 무식하게 푼 방법을 개선하거나 아래의 방법을 시도해 본다.

▶ 간과한 부분이 있는지 생각해 보자. 보통의 경우 문제에서 언급된 정보를 모두 사용해야 한다.
▶ 예제를 손으로 풀어 본 뒤 여러분의 사고 과정을 되짚어 보라. 어떻게 풀었는가?
▶ '잘못된' 방법으로 문제를 풀어 본 뒤 왜 알고리즘이 틀렸는지 생각해 보라. 여기서 발견된 문제들을 해결할 수 있는가?
▶ 시간과 공간의 비용-이익 관계를 고려하라. 이때 해시테이블이 특히 유용하다.

6 구현하기

여러분의 목적은 아름다운 코드를 작성하는 것이다. 시작부터 코드를 모듈화시키고 아름답지 않은 부분은 리팩터링(refactoring)해서 깔끔하게 만들라.

끊임없이 설명하라! 면접관은 여러분이 문제를 어떻게 풀고 있는지 알고 싶어 한다.

5 검토하기

최적의 해법을 찾았다면, 다시 한번 자세하게 검토해 보라. 코딩을 시작하기 전에 세밀한 부분을 제대로 알고 있는지 확인할 필요가 있다.

면접관이 하는 말을 잘 들으라. 여러분의 문제풀이에 면접관이 적극적으로 혹은 소극적으로 참여할지도 모른다. 면접관이 얼마나 적극적으로 참여하는지는 여러분의 면접 성과, 문제의 난이도, 면접관이 원하는 것, 면접관의 개인적 성격에 따라 달라진다.

면접문제를 받았을 때 혹은 개인적으로 문제 푸는 연습을 할 때, 아래의 단계를 따라 차례차례 풀어나가길 바란다.

1. 경청하기

이미 여러 번 들은 말이겠지만, 여기서는 "문제를 잘 듣고 정확히 이해하라"와 같은 조언을 넘어선 다른 이야기를 하고자 한다. 여러분은 반드시 문제를 잘 듣고 정확히 이해했는지 확인해야 한다. 확실하지 않은 부분은 질문을 통해 반드시 짚고 넘어가야 한다. 하지만 필자는 여기서 그 이상의 것을 이야기하고자 한다.

문제를 주의 깊게 듣고 문제와 관련된 모든 독특한 정보를 머릿속에 기억해 둬야 한다. 예를 들어 다음과 같은 문장으로 시작하는 질문을 생각해 보자. 어떤 이유가 있기 때문에 이와 같은 정보가 주어졌다고 생각하는 것이 합당하다.

- "정렬된 배열 두 개가 주어졌을 때, 찾고자…"라는 말은 데이터가 정렬되어 있다는 사실을 알아야 하기 때문에 언급한 정보일 것이다. 최적 알고리즘을 구하고자 할 때, 데이터가 정렬된 상황과 정렬되지 않은 상황은 아주 다르다.
- "서버에서 반복적으로 수행되는 알고리즘을 설계하려고 하는데 …"라는 말은 서버에서 무엇인가가 반복적으로 실행되는 경우와 한 번만 실행되는 경우가 매우 다르다는 것을 뜻한다. 혹은 입력 데이터로 적당한 계산 결과를 미리 구해놔도 된다는 의미가 될 수도 있다.

무조건 그렇다고 할 수 없지만 문제를 푸는 데 아무 영향도 끼치지 않는 정보를 제공하는 경우는 많지 않다.

물론 많은 지원자들이 문제를 잘 듣고 정확히 이해할 거라 생각한다. 하지만 10분 정도 알고리즘 설계에 시간을 쏟고 나면 문제의 중요한 핵심 몇 가지를 까먹을 수도 있다. 이렇게 되면 최적의 해법을 구하기 어려운 상황에 놓인다.

처음에는 이런 핵심 정보가 없어도 되는 알고리즘을 설계해 볼 수 있을 것이다. 하지만 문제를 풀다가 중간에 막혔거나 계속해서 알고리즘을 최적화하는 단계에 있다면, 문제에서 주어진 정보를 모두 사용하고 있는지 다시 생각해 보길 바란다.

화이트보드에 필요한 정보를 써 놓는 것도 유용한 방법이 될 것이다.

2. 예제를 직접 그려보기

많은 지원자들이 머릿속에서 생각한 후 바로 문제를 풀려고 시도하는데, 예제를 직접 그려 보면 차원이 다른 문제풀이 능력을 발휘할 수 있을 것이다. 문제를 듣자마자 자리에서 일어나서 화이트보드에 예제를 그리라.

예제를 잘 그리는 것도 예술에 속한다. 그리기 좋은 예제가 필요하다. 대다수의 지원자들이 이진 탐색 트리 문제가 나오면 다음과 같은 예제를 그리곤 한다.

이 예제는 여러 가지 이유 때문에 적절하지 않다. 첫째, 예제가 너무 작다. 이렇게 작은 예제에서 유의미한 패턴을 찾아내기가 힘들 수 있다. 둘째, 예제가 명확하지 않다. 이진 탐색 트리의 각 노드는 값을 갖고 있는데, 위의 예제에는 그런 정보가 생략되어 있다. 각 노드의 값이 문제를 푸는 결정적인 단서가 될 수도 있지 않을까? 셋째, 이 예제는 사실 특별한 경우에 속한다. 균형 잡힌 트리일 뿐만 아니라 아름답게 완벽한 트리(perfect tree)의 모습을 하고 있다. 여기서 완벽한 트리란, 단말 노드를 제외한 나머지 모드가 모두 두 개의 자식 노드를 갖고 있는 경우를 말한다. 특별한 예제는 자칫 잘못된 가정을 하게 만들 수 있다.

예제를 만들 때는 다음을 유의해야 한다.

- **명확한 예제를 쓰라**: 문제에 맞는 실제 숫자와 문자열을 사용하라.
- **충분히 큰 예제를 쓰라**: 대부분 예제의 크기가 매우 작다. 충분하게 큰 예제의 50% 정도밖에 안 되는 경우가 많다.
- **특별한 예제를 지양하라**: 무심코 특별한 경우의 예제를 그리기 굉장히 쉬우므로 특히 주의를 기울여야 한다. 어떤 경우든지 여러분의 예제가 특별한 경우에 속한다면, 큰 문제가 없어 보이더라도 예제를 다시 만들라.

할 수 있는 한 최선의 예제를 만들려고 노력하라. 후에 여러분이 만든 예제의 상당 부분이 옳지 않다고 판단되면 바로 고쳐야 한다.

3. 무식한 방법으로 일단 해보기

예제가 완성됐다면, 무식한 방법(brute force)으로 먼저 시도해 보라(문제에 따라 2단계와 3단계의 순서를 바꿔도 된다). 이 단계에서 만든 알고리즘이 최적일 거라 기대하지도 않고 최적이 아니어도 괜찮다.

어떤 지원자들은 무식한 방법이 너무 명백하고 비효율적이라 언급조차 하지 않으려고 한다. 하지만 여러분이 생각하기에 너무 뻔해 보이더라도 누군가에게는 뻔하지 않을 수도 있다. 면접관은 여러분이 너무 쉬운 문제를 낑낑대고 있다고 생각할 수도 있다. 그렇게 생각하는 것을 원치 않을 것이다.

첫 알고리즘이 형편없어도 괜찮다. 알고리즘의 시간 및 공간복잡도를 설명한 뒤 알고리즘 개선해 나가면 된다.

무식한 방법 알고리즘은 느릴 순 있어도 토론할 가치가 있다. 왜냐하면 알고리즘 최적화의 시작점이 바로 무식한 방법이고, 이 과정이 문제에 집중하도록 도움을 주기 때문이다.

4. 최적화

무식한 방법 알고리즘이 완성됐다면 이제 최적화 작업을 해야 한다. 몇 가지 잘 먹히는 기술들은 다음과 같다.

1. 간과한 정보가 있는지 찾아 보자. 배열이 정렬되어 있다고 들은 적이 있는가? 그렇다면 이 정보를 어떻게 이용할 것인가?
2. 새로운 예제를 만들어 보자. 다른 예제를 보다 보면 생각이 열리고 문제에서 새로운 패턴을 발견할 수도 있다.
3. '잘못된 방식'으로 문제를 풀어 보자. 비효율적인 방법을 이용해서 더 효율적인 해법을 찾듯이, 틀린 해법을 통해 올바른 해법을 찾아낼 수도 있다. 예를 들어, 어떤 집합에서 임의의 원소를 동일한 확률로 선택해야 하는 문제가 있다고 가정하자. 이 문제의 틀린 해법 중 하나는, 임의의 원소를 비슷비슷한 확률로 선택하게 하는 것이다. 즉, 어떤 원소든 선택될 수 있지만 원소마다 선택될 확률이 다를 수 있다는 뜻이다. 그러면 여러분은 "왜 모두 같은 확률이 될 수 없을까"라는 생각을 하게 될 테고, "확률을 동일하게 할 수는 없을까"라는 질문을 던지게 될 것이다.
4. 시간과 공간의 실익을 따져 보고 균형을 맞추라. 가끔은 문제에 대한 추가 상태를 저장해 놓는 것이 수행 시간을 줄이는 데 도움이 되기도 한다.

5. 정보를 미리 계산해 두라. 정렬 등의 방법으로 데이터를 재배치하거나 필요한 계산을 미리 해 놓을 수 있는가? 그리고 이런 방법이 장기적으로 시간을 줄이는 데 도움이 되는가?

6. 해시테이블을 사용하라. 해시테이블은 면접 문제에 널리 사용되는 개념이다. 따라서 반드시 알고 있어야 한다.

7. 가능한 최선의 수행 시간(BCR)이 무엇인지 생각하라(108쪽).

위의 생각을 바탕으로 무식한 방법 알고리즘을 되짚어 가면서 BUD(100쪽)를 찾아 보라.

5. 검토하기

최적 알고리즘을 완성했다고 바로 코딩에 뛰어들지 말라. 잠시 생각하며 알고리즘에 대한 이해를 확실히 할 시간을 가지라.

화이트보드에 코딩하다 보면 시간이 굉장히 오래 걸린다. 코드를 테스트하고 고칠 때도 마찬가지로 오래 걸린다. 따라서 코딩을 시작하기 전에 가능하면 '완벽'에 가까운 상태로 만든 뒤에 실제 코딩에 들어가야 한다.

알고리즘을 다시 한번 훑어 나가면서 코드의 전체적인 구조에 대한 감을 잡으라. 어떤 변수를 사용할 것이고 언제 값을 변경할 것인지 등과 같은 코드의 세세한 부분도 미리 알고 있어야 한다.

> 의사코드(pseudocode)로 적어 보는건 어떨까? 원한다면 의사코드를 적어도 된다. 하지만 의사코드를 적을 땐 조심하는 게 좋다. 기본적인 단계 ((1) 배열 검색하기. (2) 최댓값 찾기. (3) 힙에 넣기.)나 간단한 로직 (if p < q, move p. Else move q)을 쓰는 건 괜찮다. 하지만 순환문을 단순한 문장으로 적어둔다면 그건 코드를 대강 작성한 거나 다름없다. 이런 의사코드를 적느니 차라리 코드를 직접 작성하는 게 훨씬 빠를 것이다.

정확히 무엇을 작성해야 하는지 잘 모른다면 코딩을 하는 데 어려움을 겪을 것이다. 코드를 완성시키는 데 더 오랜 시간이 걸릴 것이고 심각한 실수를 더 많이 할 수도 있다.

6. 코드 작성하기

최적 알고리즘을 알고 있고 정확히 어떻게 코딩해야 할지도 알고 있다면 시작해도 좋다.

빈 공간이 필요하므로 화이트보드의 가장 왼쪽 위 끝에서부터 코딩을 시작하라. 이때 코드의 각 줄이 비스듬해지는 경우를 말하는 'Line creep'를 조심하라. 코드가 더러워 보일 수 있고 공백이 중요한 파이썬 같은 언어를 사용할 때 헷갈릴 수 있다.

명심하라. 여러분은 아주 짧은 코드로 여러분 자신이 훌륭한 개발자라는 사실을 입증해야 한다. 하나하나가 다 중요하다. 아름다운 코드를 작성하라.

아름다운 코드를 작성하려면 다음을 유의하라.

- **모듈화된 코드를 사용하라**: 모듈화는 좋은 코딩 방식이다. 모듈화는 무엇인가를 쉽게 만들게 해준다. 만약 여러분이 행렬을 {{1, 2, 3}, {4, 5, 6}, …}로 초기화해야 한다면 초기화 코드를 작성한다고 시간을 낭비하지 말라. 그냥 initIncrementalMatrix(int size)와 같은 함수가 있다고 가정해도 좋다. 필요하다면 자세한 부분은 나중에 채워 넣어도 된다.
- **에러를 검증하라**: 어떤 면접관들은 이 부분에 신경을 굉장히 많이 쓰는 반면 어떤 면접관은 그렇지 않다. 이에 대한 좋은 절충안으로 코드에 todo를 집어넣고 그냥 여기서 어떤 테스트를 하겠다고 말로 설명하면 된다.
- **필요한 경우에 다른 클래스나 구조체를 사용하라**: 어떤 함수가 시작점과 끝점으로 이루어진 리스트를 반환하고자 한다면 2차원 배열을 사용할 수도 있다. 하지만 그보다 좋은 방법은 StartEndPair(혹은 Range) 객체를 사용하는 것이다. 이 클래스의 세부사항을 채워 넣을 필요는 없다. 그냥 이런 클래스를 가정하고 코딩을 하라. 나중에 시간이 남으면 그때 세부적인 부분을 처리하면 된다.
- **좋은 변수명을 사용하라**: 한 글자 변수명을 여기저기서 사용하다 보면 코드를 읽기 어려워진다. 배열을 순회할 때 for 루프에서 흔하게 사용하는 i와 j 같은 변수명을 문제 삼는 것이 아니다. for 루프에서 쓰는 i, j를 제외하고는 한 글자 변수명을 사용하지 않는 것이 좋다. int i = startOfChild(array)와 같은 코드를 작성하려고 한다면, i보다는 startChild와 같은 변수명을 쓰는 게 낫다. 그렇다고 변수명이 너무 길면 코딩 속도가 느려진다. 그에 대한 절충안은 다음과 같다. 대부분의 면접관들이 변수명이 반복될 때 줄여 쓰는 것을 개의치 않으므로 처음에는 변수명을 startChild로 사용하고 이를 sc로 줄여서 쓰겠다고 면접관에게 설명한다.

좋은 코드를 작성하는 구체적인 방법은 면접관, 지원자, 문제에 따라 다르다. 아름다운 코드가 무엇을 의미하든지 간에 여러분 나름대로 아름다운 코드를 작성하려고 노력하라.

　나중에 여러분의 코드에서 리팩터링해야 할 부분을 발견한다면, 바로 뛰어들지 말고 면접관에게 우선 설명한 후 시간을 들일 필요가 있는지 판단하여 리팩터링 여부를 결정한다. 보통은 그럴 가치가 있긴 한데 항상 그런 건 아니니깐 말이다.

　만약 뭔가 헷갈리기 시작한다면(흔한 일이다), 여러분이 만들었던 예제로 돌아가 위의 과정을 다시 짚어보길 바란다.

7. 테스트

여러분이 실생활에서 코딩을 할 때 테스트 없이 코드를 제출하진 않을 것이다. 마찬가지로 면접에서도 테스트 없이 코드를 '제출'하지 말아야 한다.

　코드를 테스트하는 방법에는 영리한 것과 영리하지 않은 것이 존재한다.

　많은 지원자들이 행하는 테스트 방식은 이전에 만든 예제를 새로운 코드에도 또 이용하는 것이다. 이전에 만든 예제를 이용해도 버그를 발견할 수 있겠지만 자칫 오류를 발견하는 데 시간이 오래 걸릴 수도 있다. 손으로 직접 하는 테스트는 속도가 엄청 느리다. 알고리즘을 개발하는 단계에서 아주 훌륭하면서도 크기도 큰 예제를 사용한다면, 코드 끝자락에서 발생한 아주 사소한 논리적 에러를 발견하는 데에도 굉장히 오랜 시간이 걸릴 것이다.

　그러니 다음과 같은 방법을 사용하라.

1. **'개념적' 테스트부터 시작하라**: 개념적 테스트란 코드를 한 줄 한 줄 읽어 내려가며 어떤 일을 수행하는지 분석하는, 즉 머릿속에서 돌려보는 테스트를 의미한다. 면접관에게 코드의 각 행에 대해 설명하고 있는 자신을 상상해 보면 된다. 코드가 여러분이 예상하던 대로 돌아가는가?

2. **코드에서 평소와는 다르게 돌아가는 부분을 유심히 살펴보라**: 예를 들어 x = length-2와 같은 부분은 다시 한번 확인하는 게 좋다. 또한 i = 1부터 시작하는 for 루프도 눈여겨봐야 한다. 분명한 이유가 있어서 이런 코드를 심어 놓았더라도 사소한 실수가 자주 발생하는 부분이다.

3. **버그가 자주 발생하는 부분을 유심히 살펴보라**: 여러분들도 코드를 많이 짜봐서 알겠지만 문제가 잘 발생할 것 같은 부분이 있다. 예를 들어 재귀함수의 기본 경우(base case), 정수 나눗셈, 이진 트리의 널(null) 노드, 그리고 연결리스트를 순회할 때 시작과 끝 지점 같은 곳들을 반드시 다시 확인하자.

4. **작은 규모의 테스트를 돌려보라**: 이제는 실제 입력 데이터를 이용해서 코드를 테

스트해 보라. 알고리즘을 테스트할 때 아주 멋지고 원소가 8개나 들어 있는 큰 크기의 배열을 사용하지 말라. 원소의 개수가 서너 개 정도인 배열이면 충분하다. 어쨌든 둘 다 같은 종류의 버그를 찾게 될 가능성이 크지만, 배열의 크기가 작으면 더 빨리 찾을 수 있다.

5. **특별한 경우를 테스트하라**: Null, 단일 원소, 극단적인 입력, 아니면 다른 특별한 입력을 이용해서 코드를 테스트하라.

버그를 찾으면 당연히 고쳐야 한다. 하지만 찾은 버그를 바로 고치려 하지 말고, 왜 그런 버그가 발생했는지 주의 깊게 분석한 뒤 고쳐라. 그게 최선의 방법이다.

▶ 최적화 및 문제풀이 기술 #1: BUD를 찾으라

이 방법은 어쩌면 필자가 찾은 최적화 문제를 푸는 방법 중에 가장 유용한 방법일지도 모른다. 'BUD'는 단순히 다음의 약자를 나타낸다.

· 병목현상(**B**ottlenecks)
· 불필요한 작업(**U**nnecessary Work)
· 중복되는 작업(**D**uplicated Work)

알고리즘이 비효율적으로 동작하는 가장 흔한 이유가 바로 이 세 가지다. 여러분의 무식한 방법 알고리즘을 훑어 보면서 위의 세 가지 현상을 찾아보길 바란다. 그리고 이들 중 하나를 찾았다면 제거하는 방법을 고민해 보길 바란다.

여전히 최적이 아니라면, 위의 방식을 반복함으로써 여러분의 알고리즘을 점차적으로 개선해 나가면 된다.

병목현상

병목현상(bottlenecks)이란 여러분의 알고리즘에서 전체 수행 시간을 잡아먹는 부분을 의미한다. 일반적으로 다음의 두 가지 이유 때문에 병목현상이 발생한다.

· **어떤 부분 때문에 알고리즘이 느려지는 경우**: 예를 들어 두 단계로 이루어진 알고리즘이 있다고 가정해 보자. 이 알고리즘은 먼저 배열을 정렬한 뒤 특정 속성을 가진 원소를 찾는 알고리즘이다. 첫 번째 단계에선 $O(N \log N)$이 소요되고 두 번째 단계에선 $O(N)$이 소요된다. 두 번째 단계를 $O(\log N)$이나 $O(1)$로 줄일 수도 있지만 그게 의미가 있을까? 별 의미가 없을 것이다. 왜냐하면 $O(N \log N)$이 이

알고리즘의 병목점이기 때문이다. 첫 단계를 최적화하지 않는 이상 이 알고리즘의 전체 수행 시간은 $O(N \log N)$으로 남게 된다.

- **검색을 여러 번 하는 것처럼 반복적으로 수행하는 부분이 여러 개 있는 경우**: 아마 이 경우에는 $O(N)$을 $O(\log N)$ 혹은 심지어 $O(1)$로 줄이는 것이 의미가 있을 것이다. 왜냐하면 이런 경우에는 전반적인 수행 시간에 엄청난 속도 향상을 이룰 수 있기 때문이다.

병목현상을 해결하는 것은 전체 수행 시간에 커다란 차이를 만들어낸다.

> 예제: 서로 다른 정수로 이루어진 배열이 있을 때 두 정수의 차이가 k인 쌍의 개수를 세라. 예를 들어 주어진 배열이 {1, 7, 5, 9, 2, 12, 3}이고 k = 2면, 두 정수의 차이가 2인 쌍은 다음과 같이 네 개가 존재한다.
>
> (1, 3), (3, 5), (5, 7), (7, 9)

무식한 방법을 이용하면, 배열의 원소를 처음부터 차례로 훑어가면서 나머지 원소들과 쌍을 만든다. 모든 원소 쌍에 대해서 그 둘의 차이를 구한 뒤 그 차이가 정확히 k가 되는 원소 쌍의 개수를 세면 된다.

여기서 병목점은 원소 쌍의 두 번째 원소를 반복적으로 찾을 때 있다. 따라서 여기가 최적화를 해야 할 부분이다.

두 번째 원소를 얼마나 더 빨리 찾을 수 있을까? 사실 첫 번째 원소 x가 주어지면 두 번째 원소는 자동으로 x+k나 x-k 둘 중 하나가 되어야 한다. 만약 배열이 정렬되어 있다면 이진 탐색을 이용해 $O(\log N)$에 찾을 수 있고, 이를 모든 N개의 원소에 적용해 보면 시간 복잡도는 $O(N \log N)$이 된다.

이 알고리즘은 두 부분 모두 $O(N \log N)$ 시간이 걸리는 두 단계 알고리즘이다. 이 알고리즘에선 배열을 정렬하는 부분이 새로운 병목점이 된다. 따라서 이 정렬 단계 때문에 두 번째 단계를 아무리 최적화해도 시간 복잡도 개선에 도움이 되지 않는다.

이보다 더 최적화를 하고 싶다면 첫 번째 단계를 없애 버리고 정렬되지 않은 배열을 이용해야 한다. 정렬되지 않은 배열에서 원소를 어떻게 빠르게 찾을 수 있을까? 바로 해시테이블을 이용하면 된다.

배열의 모든 원소를 해시테이블에 넣은 뒤 이 해시테이블을 통해 x+k 혹은 x-k가 배열에 존재하는지 확인하면 된다. 이렇게 하면 $O(N)$ 시간에 문제를 풀 수 있다.

불필요한 작업(unnecessary work)

> 예제: a, b, c, d가 1에서 1000 사이에 있는 정수 값 중 하나일 때 $a^3 + b^3 = c^3 + d^3$을 만족하는 모든 자연수를 출력하시오.

무식한 방법으로 풀기 위해서는 다음과 같이 4중 루프를 이용한다.

```
n = 1000
for a from 1 to n
    for b from 1 to n
        for c from 1 to n
            for d from 1 to n
                if a³ + b³ == c³ + d³
                    print a, b, c, d
```

이 알고리즘은 모든 가능한 한 a, b, c, d를 대입해 보면서 위의 수식을 만족하는 조합을 찾는 방식이다.

이 알고리즘에서 모든 가능한 값을 d에 대입해 보는 과정은 불필요하다. 왜냐하면 가능한 d의 값은 딱 하나뿐이기 때문이다. 그러므로 적어도 정답을 찾은 뒤에는 d를 찾는 루프를 빠져 나와야 한다.

```
n = 1000
for a from 1 to n
    for b from 1 to n
        for c from 1 to n
            for d from 1 to n
                if a³ + b³ == c³ + d³
                    print a, b, c, d
                    break // d의 루프에서 빠져 나온다.
```

이 방법의 시간 복잡도는 여전히 $O(N^4)$이라서 전체 시간 복잡도 개선에 별다른 영향을 주지는 않는다. 하지만 그럼에도 속도를 개선시키는 좋은 시도가 될 수 있다.

또 다른 불필요한 작업이 존재하는가? 그렇다. 가능한 d의 값이 하나뿐이라면 (a, b, c)가 주어졌을 때 적절한 계산을 통해 d의 값을 찾을 수 있을 것이다. 다음과 같이 아주 간단한 수학을 통해 구할 수 있다. $d = \sqrt[3]{a^3 + b^3 - c^3}$.

```
n = 1000
for a from 1 to n
    for b from 1 to n
        for c from 1 to n
            d = pow(a³ + b³ − c³ , 1/3)     // 정수로 반올림한다.
            if a³ + b³ == c³ + d³           // 실제 d값이 수식을 만족하는지 확인한다.
                print a, b, c, d
```

6번째 줄에 있는 if 구문이 중요하다. 5번째 줄에서 항상 어떤 d 값을 구하는데, 그 값이 위의 수식을 만족하는 수인지를 확인해야 하기 때문이다.

이 방법을 통해 O(N^4)을 O(N^3)으로 줄일 수 있었다.

중복되는 작업(duplicated work)

위의 문제를 다시 살펴보자. 위에서 언급한 무식한 방법이 주어졌을 때 이번에는 중복되는 작업이 무엇인지 찾아볼 것이다.

이 알고리즘은 근본적으로 모든 (a, b) 쌍에 대해서 위의 수식을 만족하는 (c, d) 쌍을 찾는 과정과 같다.

그런데 왜 각각의 (a, b) 쌍에 대해서 가능한 모든 (c, d) 쌍을 구하는 것일까? 그냥 가능한 (c, d) 리스트를 미리 만들어 놓은 뒤, (a, b) 쌍에 대해 대응되는 (c, d)를 리스트에서 찾아보면 되는데 말이다. 이렇게 찾을 경우 해시테이블을 이용하면 빠르게 구할 수 있다. 즉, c^3+d^{3}이 키(key)가 되고 (a, b) 쌍의 리스트가 값(value)이 되도록 해시테이블을 만든 뒤, 필요한 경우에 키 값을 이용해서 가능한 모든 (c, d) 쌍을 찾으면 된다.

```
n = 1000
for c from 1 to n
    for d from 1 to n
        result = c³ + d³
        (c, d)를 map[result]의 값에 놓인 리스트에 추가한다.
for a from 1 to n
    for b from 1 to n
        result = a³ + b³
        list = map.get(result)
        for each pair in list
            print a, b, pair
```

사실 모든 가능한 (c, d) 쌍을 만들었다면 따로 (a, b) 쌍을 반복할 필요가 없다. 왜냐하면 이미 가능한 모든 (a, b) 쌍 또한 해시테이블에 저장되어 있을 것이므로 이를 바로 이용하면 되기 때문이다.

```
n = 1000
for c from 1 to n
    for d from 1 to n
        result = c³ + d³
        (c, d)를 map[result]의 값에 놓인 리스트에 추가한다.

for each result, list in map
    for each pair1 in list
        for each pair2 in list
            print pair1, pair2
```

따라서 총 수행 시간은 O(N^2)이 된다.

▶ 최적화 및 문제풀이 기술 #2: 스스로 풀어보라 DIY(Do It Yourself)

정렬된 배열에서 원소를 찾는 문제에 대해 처음 접했다면(이진 탐색을 배우기 전에), 곧바로 "아하! 중간에 있는 원소랑 다른 원소들을 비교한 뒤 절반씩 나눠 가면 되겠구나"라고 생각하긴 어려울 것이다.

하지만 여러분이 컴퓨터 과학에 관한 지식이 없는 누군가에게 알파벳순으로 정렬된 학생 수첩 더미를 던져 주면서 'Peter Smith'의 학생 수첩을 찾아보라고 한다면 그들은 이진 탐색 비슷한 방식을 이용할 것이다. 아마 "Peter Smith라면 중간 어디쯤 있겠지?"라고 말하며 학생 수첩 더미의 중간 즈음에 있는 수첩 하나를 임의로 고른 뒤 그 수첩의 이름을 'Peter Smith'와 비교하는 방식으로 찾아나갈 것이다. 이진 탐색에 대한 사전 지식이 없더라도 직관적으로 어떻게 접근해야 할지는 알고 있다.

인간의 머리가 이토록 재미있다. "알고리즘을 설계하라"라는 문구를 던지면 사람들은 종종 혼란에 빠진다. 하지만 배열 혹은 수첩 더미와 같은 실제 예제를 쥐어 주면 인간은 굉장히 훌륭한 알고리즘을 직관적으로 찾는다.

필자는 이런 유형의 지원자를 수도 없이 봐 왔다. 지원자가 만든 컴퓨터 알고리즘은 극도로 느리지만, 같은 문제를 손으로 직접 풀어보라고 하면 곧장 꽤 빠른 방식으로 문제를 풀어내곤 한다(어떤 면에서 보면 그렇게 놀라운 일이 아니다. 컴퓨터로는 느려도 손으로는 빠르게 푸는 경우가 많다. 왜 굳이 추가 작업을 하려 하는가?).

그러므로 질문을 받으면, 실제 예제를 통해 직관적으로 문제를 풀어 나가려는 노력을 하길 바란다. 가끔은 예제의 크기가 클수록 문제가 쉽게 풀린다.

> 예제: 길이가 작은 문자열 s와 길이가 긴 문자열 b가 주어졌을 때, 문자열 b 안에 존재하는 문자열 a의 모든 순열을 찾는 알고리즘을 설계하라. 각 순열의 위치를 출력하면 된다.

문제를 어떻게 풀지 잠시 생각해 보자. 순열이란 문자열에 등장하는 문자의 순서를 재배치하는 것과 같다. 따라서 s의 문자들이 연속해서 등장하기만 한다면 b에서 임의의 순서대로 배치되어 있어도 상관없다.

대부분의 지원자들은 다음과 같이 생각한다. s에서 가능한 모든 순열을 나열한 뒤 b에서 찾으면 된다. 이 경우에는 순열의 개수가 S!이므로 $O(S! * B)$가 될 것이다 (S는 문자열 s의 길이, B는 문자열 b의 길이).

이 방법도 맞긴 하지만 극단적으로 느린 알고리즘이다. 실제로 지수 알고리즘보다도 느리다. s의 길이가 14인 경우에 총 870억개 이상의 순열이 존재한다. 여기에 문자 하나 더 추가하면 이보다 15배 더 많은 순열이 존재한다!

하지만 접근 방식을 바꿔서 생각해 본다면 꽤 괜찮은 알고리즘을 쉽게 찾을 수 있을 것이다. 다음과 같이 크기가 큰 예제를 사용해 보자.

```
s: abbc
b: cbabadcbbabbcbabaabccbabc
```

b의 어느 부분에 s의 순열이 위치하는가? 어떻게 해야 할지 걱정하지 말고 우선 그냥 찾아보자. 12살 어린애도 할 수 있는 일이다! (아니, 진짜로 찾아봐라. 기다려 줄 테니!)

필자가 아래와 같이 각 순열에 밑줄을 쳐놨다.

```
s: abbc
b: cbabadcbbabbcbabaabccbabc
```

모두 찾았나? 어떻게 찾았나?

바로 전에 O(S!*B) 알고리즘을 생각했더라도 이 예제를 푸는 데 abbc의 모든 순열을 나열해서 찾은 사람은 별로 없을 것이다. 대부분의 사람들이 다음 두 가지 방법 중 하나를 택했을 것이다.

1. s의 길이가 4이므로 b를 4개씩 끊어서 차례로 살펴본 뒤 s의 순열을 만족하는지 확인한다.
2. b의 문자를 앞에서부터 차례로 살펴보면서 s에 속한 문자가 보일 때마다 그다음 문자를 포함한 4개의 문자열이 s의 순열을 만족하는지 확인한다.

'순열의 존재 유무' 부분의 구현 방식에 따라 다르겠지만, 아마도 수행 시간은 $O(B*S)$, $O(B*S\log S)$, $O(B*S^2)$ 중 하나가 될 것이다. 물론 이들 모두 최적 알고리즘은 아니지만($O(B)$ 알고리즘이 존재한다), 이전보다는 훨씬 나아졌다.

여러분도 문제를 풀 때 위와 같이 문제에 적합하고, 크기가 크며, 구체적인 예제를 바탕으로 직관적으로(즉 손으로 직접) 문제를 풀어 보길 바란다. 그 다음에 여러분이 어떻게 풀었는지 열심히 생각해 보고 그 문제풀이 과정을 역으로 이용해 알고리즘을 설계해 나가면 된다.

특히 여러분이 직관적으로 혹은 여러분도 모르게 행했던 모든 '최적화' 방식을 잘 이해하고 있어야 한다. 예를 들어, 위의 문제에서 'd' 문자가 abbc 안에 없기 때문에 여러분은 'd'가 나온 부분은 그냥 넘어갔을지도 모른다. 이는 여러분의 뇌가 무심코 행한 최적화의 결과이다. 여러분이 알고리즘을 재설계할 때는 적어도 이 부분을 반드시 인식하고 있어야 한다.

▶ 최적화 및 문제풀이 기술 #3: 단순화, 일반화하라

단순화와 일반화를 이용하여 여러 단계에 걸친 접근법을 구현할 것이다. 첫 번째, 자료형(data type)과 같은 제약조건을 단순화하거나 변형시킨다. 두 번째, 단순화된 버전의 문제를 푼다. 세 번째, 단순화된 문제의 알고리즘이 완성되면 해당 알고리즘을 보다 복잡한 형태로 다듬어 간다.

예제: 랜섬 노트(ransom note)는 잡지에서 오린 단어를 이용해서 만들어 낸 새로운 문장을 의미한다. 잡지(문자열)가 주어졌을 때, 그 잡지에서 문자열로 표현된 특정 랜섬 노트를 만들 수 있는지 어떻게 확인할까?

문제를 단순화하기 위해, 잡지에서 단어를 오려 내는 대신 글자 하나씩 오려 내는 것으로 바꾸어 보자.

이런 형태의 문제는 배열을 하나 만들어 글자의 출현 빈도를 세기만 하면 풀 수 있다. 배열의 각 원소는 글자 하나에 대응된다. 우선, 랜섬 노트 내에서 각 문자가 출현한 횟수를 센 다음, 잡지를 훑어 가며 각 문자의 횟수가 랜섬 노트에 출현한 문자의 횟수보다 같거나 많은지 확인한다.

이 알고리즘은 일반화해도 위와 비슷하게 동작한다. 즉, 배열을 이용해서 글자의 출현 빈도를 세는 대신, 해시테이블을 이용해서 단어의 출현 빈도를 세어주면 된다.

▶ 최적화 및 문제풀이 기술 #4: 초기 사례(base case)로부터 확장하기 (build)

이 접근법은 우선 초기 사례(가령 n=1과 같은)에 대한 문제를 푼 뒤, 거기서부터 해법을 확장해 나간다. 즉, n=1에서 구해 놓은 해법을 이용해서 n=3 혹은 n=4와 같이 좀 더 복잡하거나 관심을 기울여야 하는 경우의 해법을 구해 나간다.

예제: 문자열의 모든 순열을 계산하는 알고리즘을 설계하라. 문제를 단순화하기 위해, 모든 문자는 문자열 내에서 고유하게 등장한다고 가정한다.

입력 문자열로 abcdefg가 주어졌다고 해 보자.

```
Case "a" → {"a"}
Case "ab" → {"ab", "ba"}
Case "abc" → ?
```

자, 이제부터가 문제다. P("ab")에 대한 답을 알고 있다면, P("abc")는 어떻게 구할 수 있을까? 사실 추가해야 할 문자는 "c"밖에 없으므로, 그냥 가능한 모든 지점에 "c"를 우겨 넣어 보면 된다. 다시 말해서 다음과 같이 하는 것이다.

```
P("abc") = "c"를 P("ab")에 있는 모든 문자열의 모든 위치에 삽입한다.
P("abc") = "c"를 {"ab", "ba"}에 있는 모든 문자열의 모든 위치에 삽입한다.
P("abc") = merge({"cab", "acb", "abc"}, {"cba", "bca", bac"})
P("abc") = {"cab", "acb", "abc", "cba", "bca", "bac"}
```

이제 이 패턴을 이용하여 일반적인 재귀 알고리즘을 만들어 낼 수 있다. 문자열 s_1 … s_n의 순열을 구하는 경우, 마지막 문자열은 잠시 제쳐놓고 우선 s_1 … s_{n-1}의 순열을 만든다. s_1 … s_{n-1}의 순열을 모두 구한 뒤, 그 리스트에 있는 문자열 각각의 모든 지점에 s_n을 삽입한다.

초기 사례로부터의 확장 알고리즘은 자연스럽게 재귀 알고리즘으로 구현되는 경우가 많다.

▶ 최적화 및 문제풀이 기술 #5: 자료구조 브레인스토밍

이 접근법은 너저분하지만 은근히 자주 통한다. 단순하게 일련의 자료구조를 차례차례 살펴보면서 하나씩 적용해 보면 된다. "트리를 써 보자"라는 결심만으로 문제가 자연스럽게 풀리는 경우가 있기 때문에 꽤 유용한 접근법이 될 것이다.

> 예제: 임의의 숫자를 만들어 낸 뒤 확장 가능한 배열에 차례로 저장한다. 새로운 입력이 들어올 때마다 중간값(median)을 구하려면 어떻게 해야 하는가?

이 문제를 풀기 위한 자료구조 브레인스토밍 과정은 이런 식으로 이루어질 것이다.

· **연결리스트?** 아마 아닐 것이다. 연결리스트는 수열을 정렬하거나 특정 숫자에 바로 접근해야 하는 경우에 취약해지는 경향이 있다.

· **배열?** 그럴 수도 있지만, 배열은 이미 주어져 있다. 이 배열에 저장된 수들을 정렬된 상태로 유지할 수 있을까? 유지하는 게 가능하다고 해도 그 비용이 만만치 않을 것이다. 배열은 일단 제쳐두고 나중에 다시 생각해 보자.

- **이진 트리?** 가능할 것 같다. 왜냐하면 이진 트리는 순서를 유지하는 데 강점이 있기 때문이다. 사실 이진 검색 트리가 완벽히 균형 잡힌 상태인 경우, 트리의 가장 꼭대기에 위치한 원소가 중간값이 될 것이다. 하지만 조심해야 한다. 원소가 짝수 개인 경우에 중간값은 사실 가운데 위치한 두 원소의 평균값이다. 하지만 가운데 있는 두 원소가 동시에 트리 꼭대기에 놓일 수 없다. 쓸 만한 알고리즘이긴 하지만 다음에 다시 생각해 보자.

- **힙?** 힙은 기본적으로 수열의 순서와 최댓값과 최솟값을 유지하기에 더할 나위 없이 좋은 자료구조다. 힙을 두 개 사용해 보면 아주 흥미로운 접근을 해볼 수 있는데, 큰 수 절반과 작은 수 절반을 분리하여 추적하는 것이 가능해진다. 즉, 큰 수 절반은 최소 힙(min heap)에 넣음으로써 그들 중 가장 작은 수가 루트(root)에 오도록 하고, 작은 수 절반은 최대 힙(max heap)에 넣음으로써 그들 중 가장 큰 수가 루트에 오도록 한다. 이렇게 하면 중간값 후보 원소 두 개가 루트에 놓인다. 두 힙의 크기가 변하면, 원소가 더 많은 힙에서 원소 하나를 덜어내 다른 힙에 넣는 방식으로 재빨리 '균형'을 맞출 수도 있다.

문제를 많이 풀어볼수록, 적합한 자료구조를 찾아내는 감이 좋아질 것이다. 또한, 지금까지 언급한 접근법들 가운데 어떤 것이 가장 좋을지 골라 내는 감각도 좀 더 향상될 것이다.

▶ 가능한 최선의 수행 시간(Best Conceivable Runtime(BCR))

가능한 최선의 수행 시간(BCR)이 무엇일까 생각해 보는 것 자체로도 문제를 푸는 유용한 힌트를 발견해낼 수 있다.

가능한 최선의 수행 시간이란 문자 그대로, 어떤 문제를 푸는 데 여러분이 상상할 수 있는 모든 해법 중 수행 시간이 가장 **빠른** 것을 의미한다. 따라서 가능한 최선의 수행 시간보다 빠른 해법은 존재할 수 없다는 사실을 쉽게 증명할 수 있어야 한다.

예를 들어 길이가 A와 B인 배열 두 개가 주어졌을 때 두 배열에 공통으로 들어 있는 원소의 개수가 몇 개인지 세는 경우를 생각해 보자. 여러분도 눈치챘겠지만, 이 문제의 경우에 각 배열의 원소를 적어도 한 번씩은 건드려봐야 하기 때문에 어떤 알고리즘이든 $O(A+B)$보다 빠를 수 없다. 따라서 이 문제의 BCR은 $O(A+B)$이다.

이번에는 배열에 들어 있는 모든 값의 쌍을 출력해야 하는 경우를 생각해 보자. 이 경우에 출력해야 할 쌍의 개수가 N^2이므로 어떤 경우에도 $O(N^2)$보다 빠를 수 없다.

하지만 조심하라! 면접에서 합이 k가 되는 모든 쌍을 출력하는 문제가 나올 수 있다(이때 원소의 값은 모두 다르다고 가정하자). BCR의 개념을 완벽하게 숙지하지 못한 지원자는 N^2 쌍을 모두 살펴봐야 하므로 이 문제의 BCR은 $O(N^2)$이라고 말할 수도 있다.

사실 그렇지 않다. 왜냐하면 두 원소의 합이 특정 값이 되는 모든 쌍을 찾기 위해서 가능한 모든 쌍의 경우 살펴봐야 하는 것은 아니기 때문이다. 실제로, 그렇게 하지 않아도 문제를 풀 수 있다.

가능한 최선의 수행 시간(Best Conceivable Runtime)과 최선의 경우의 수행 시간(Best Case Runtime)에는 어떤 관계가 있을까? 가능한 최선의 수행 시간이란 상상할 수 있는 모든 해법 중 가장 빠른 알고리즘의 수행 시간을 의미하고, 최선의 경우의 수행 시간이란 특정 알고리즘이 가장 빠르게 동작할 경우의 수행 시간을 의미한다. 의미를 보면 알 수 있듯이 이 둘은 아무 관계도 없다. 가능한 최선의 수행 시간은 문제 자체와 관련된 개념이고, 대체로 입력과 출력에 관한 함수이다. 특정 알고리즘과는 아무런 관련이 없다. 만약 여러분의 알고리즘이 어떻게 동작하는지 생각하면서 가능한 최선의 수행 시간을 계산한다면 뭔가 잘못하고 있는 것이다. 최선의 경우의 수행 시간이 바로 특정 알고리즘과 관련된 개념이다(물론 최선의 경우의 수행 시간을 계산하는 것 자체가 대부분의 경우에 쓸모없는 행위이긴 하지만 말이다).

가능한 최선의 수행 시간을 반드시 만족할 필요는 없다. 이것은 단순히 어떤 알고리즘도 이보다 나을 순 없다고 알려주는 것뿐이다.

BCR 사용법에 관한 예제

문제: 정렬된 배열 두 개가 주어졌을 때 공통으로 들어 있는 원소의 개수를 찾으라. 두 배열의 길이는 같고 하나의 배열 안에서 동일한 원소는 하나만 존재한다.

좋은 예제로 시작해 보자. 우선 공통된 원소에 밑줄을 그을 것이다.

```
A: 13 27 35 40 49 55 59
B: 17 35 39 40 55 58 60
```

이 문제를 푸는 무식한 방법은 A의 각 원소가 B에 존재하는지 찾아보는 것이다. 이 방법의 경우, A에 들어 있는 N개의 원소에 대해 B에서 $O(N)$의 검색을 해야 하기 때문에 $O(N^2)$이 걸린다.

이 문제의 BCR은 $O(N)$이다. 왜냐하면 원소는 총 2N개 있고, 모든 원소를 적어도 한 번씩은 살펴봐야 하기 때문이다(모든 원소를 살펴보지 않는 알고리즘은 절대 이 문제의 해법이 될 수 없다. 왜냐하면 살펴보지 않고 지나친 원소의 값에 따라 결과가 달라질 수도 있기 때문이다. 예를 들어 어떤 알고리즘이 B의 마지막 원소(60)를 살펴보지 않는다고 했을 때, 이 값이 60이 아닌 59가 된다면 이 알고리즘은 올바른 답을 낼 수 없다).

현재 우리가 어디까지 왔는지 생각해 보자. 우리는 $O(N^2)$ 알고리즘을 알고 있고 이보다 나은 알고리즘을 찾고 싶다. 보장은 못하지만 어쩌면 $O(N)$까지 개선할 수도 있을 것이다.

최적 알고리즘: ?
BCR: $O(N)$

$O(N^2)$과 $O(N)$ 사이에는 얼마나 많은 시간 복잡도가 있을까? 엄청 많다. 실제로 무한한 경우의 수가 존재한다. 이론적으로는 $O(N \log(\log(\log(\log(N)))))$ 알고리즘도 있을 수 있다. 하지만 이러한 수행 시간은 면접문제뿐만 아니라 실세계에서도 보기 어렵다.

> 면접에서 다음의 사실을 꼭 명심하길 바란다. 많은 사람들이 아래와 같은 내용을 간과하여 면접에서 떨어진다. 수행 시간은 객관식 문제가 아니다. $O(\log N)$, $O(N)$, $O(N \log N)$, $O(N^2)$, $O(2^N)$의 수행 시간이 흔한 건 사실이지만 이 수행 시간을 보기로 삼고 하나씩 제거해 나가면서 특정 수행 시간에 풀릴 것이라고 생각하면 안 된다. 실제로 여러분이 생각한 수행 시간이 헷갈리거나 발견한 수행 시간이 명백하지 않거나 흔하지 않은 경우인 것 같을 때 때려 맞추고 싶은 마음이 더 강해진다. 수행 시간이 $O(N^2 K)$가 될 수도 있다(N은 배열의 크기, K는 쌍의 개수). 추측하지 말고 직접 유도하라.

대부분의 경우에 $O(N)$ 혹은 $O(N \log N)$ 알고리즘을 염두에 두고 문제를 푸는 경향이 있다. 이것이 의미하는 바는 무엇인가?

현재 알고리즘의 수행 시간이 $O(N*N)$일 때 이를 $O(N)$ 혹은 $O(N*\log N)$으로 개선한다는 뜻은 수식의 두 번째 $O(N)$을 $O(1)$ 혹은 $O(\log N)$으로 줄이는 것을 의미한다.

> 이것이 바로 BCR이 유용한 경우이다. 수행 시간을 이용해서 어떤 부분을 줄일 수 있는지 '힌트'를 얻을 수 있다.

탐색하는 부분 때문에 두 번째 O(N)이 나왔다. 배열이 정렬되어 있을 때, 해당 배열에서 O(N)보다 빠르게 탐색할 수 있을까?

당연히 가능하다. 이진 탐색을 이용하면 정렬된 배열에서 $O(\log N)$에 원소를 찾을 수 있다.

좀 더 개선된 알고리즘을 찾았다: $O(N \log N)$

```
무식한 방법: O(N²)
개선된 알고리즘: O(N log N)
최적 알고리즘: ?
BCR: O(N)
```

이보다 더 잘할 수 있을까? 여기서 더 잘한다는 의미는 $O(\log N)$을 $O(1)$로 줄일 수 있느냐를 묻는 것이다.

일반적인 경우에, 배열이 아무리 정렬되어 있다고 하더라도 검색을 $O(\log N)$보다 빠르게 할 순 없다. 하지만 이 경우는 일반적인 경우가 아니다. 여기선 탐색을 여러 번 반복하고 있다.

BCR에 따르면 어떤 알고리즘이든 절대로 O(N)보다 빠를 순 없다. 따라서 O(N) 시간에 할 수 있는 일은 아무거나 해도 된다. 왜냐하면 전체 수행 시간에 아무런 영향을 주지 않기 때문이다.

96쪽에 나와 있는 최적화를 위한 팁들을 다시 읽어 보길 바란다. 도움이 될 만한 것이 있는가?

그중에서 필요한 작업은 미리 계산을 해 놓든가 사전에 수행해 놓으면 좋다는 조언이 있었다. O(N)에 수행 가능한 한 모든 사전 작업은 전체 수행 시간에 아무런 영향을 주지 않으므로 무엇이든 해도 좋다.

여기에 BCR이 유용한 또 다른 이유가 있다. BCR보다 수행 시간이 빠르거나 같은 모든 작업은 전체 수행 시간에 아무런 영향을 주지 않는다는 점에서 자유롭게 시도해 봐도 좋다. 물론 불필요한 작업을 결국에는 없애고 싶겠지만 이를 제거하는 게 가장 우선순위가 높은 작업은 아니다.

하지만 여전히 $O(\log N)$이 소요되는 탐색 시간을 $O(1)$로 줄이고 싶다. 우리가 자유롭게 할 수 있는 사전 작업은, 수행 시간이 O(N)과 같거나 이보다 빠른 모든 작업이 될 수 있다.

이 경우에, 단순히 B의 원소를 해시테이블에 모두 넣으면 된다. 이 작업은 O(N)에 할 수 있는 작업이다. 그다음에 A의 모든 원소를 하나씩 살펴보면서 해당 원소가 B에도 있는지 해시테이블을 찾아보면 된다. 해시테이블을 찾는 과정은 $O(1)$이므로 전체 수행 시간은 O(N)이 된다.

여기서 면접관이 "더 개선할 수 있을까요?"라고 질문하면서 지원자를 당황하게 할 수도 있다.

이제는 수행 시간에 관한 것이 아니다. 이미 가능한 가장 빠른 알고리즘을 찾았으므로 big-O 시간을 더 최적화할 순 없다. 이제는 공간 복잡도를 개선하는 쪽으로 눈을 돌려야 한다.

여기에 BCR이 유용한 또 다른 이유가 있다. BCR은 수행 시간 측면에서 최적화가 끝났다는 사실을 알려준다. 따라서 자연스럽게 공간 복잡도를 개선하는 쪽으로 눈을 돌리게 만들어준다.

사실 면접관이 질문하지 않더라도 여러분은 자신이 짠 알고리즘에 대해서 질문을 던질 수 있어야 한다. 현재 알고리즘은 입력 데이터가 정렬되어 있다는 조건이 빠지더라도 똑같이 동작할 것이다. 그러면 애초에 왜 배열이 정렬되어 있다는 조건이 붙었을까? 듣도 보도 못한 경우는 아니지만 약간 이상하긴 하다.

예제를 다시 살펴보자.

```
A: 13 27 35 40 49 55 59
B: 17 35 39 40 55 58 60
```

우리가 찾고자 하는 알고리즘은 다음과 같다.

· 가능하면 O(1) 공간에 동작했으면 좋겠다. 이미 O(N) 공간에서 최선의 수행 시간으로 동작하는 알고리즘을 알고 있다. 이보다 더 적은 공간을 사용하겠다는 말은 추가 공간을 사용하지 않겠다는 의미일 것이다. 따라서 해시테이블을 버려야 한다.

· 가능하면 O(N) 시간에 동작했으면 좋겠다. 이보다 더 빠를 수 없다는 사실은 이미 알고 있다. 적어도 현재 최선의 수행 시간과 비견했으면 좋겠다.

· 배열이 정렬되어 있다는 조건을 사용하자.

현재까지의 최선의 알고리즘 중 추가 공간을 사용하지 않는 것은 이진 탐색을 이용하는 알고리즘이다. 여기서부터 최적화를 시작해 보자. 알고리즘을 차근차근 살펴본다.

1. A[0] = 13을 B에서 이진 탐색한다. 찾지 못함
2. A[1] = 27을 B에서 이진 탐색한다. 찾지 못함

3. A[2] = 35를 B에서 이진 탐색한다. B[1]에서 찾음

4. A[3] = 40을 B에서 이진 탐색한다. B[5]에서 찾음

5. A[4] = 49를 B에서 이진 탐색한다. 찾지 못함

6. …

BUD를 생각해 보자. 탐색이 바로 병목 지점이다. 여기에 필요 없거나 중복된 부분이 존재하는가?

B 전체에서 A[3] = 40을 찾는 과정은 사실 불필요하다. B[1]이 35라는 사실을 바로 전에 발견했으므로 40은 절대 B[1] 이전에 존재할 수 없다. 따라서 각각의 이진 탐색은 이전에 탐색이 끝난 위치에서 시작하면 된다.

하지만 실제로는 이진 탐색을 전혀 사용하지 않아도 된다. 단지 선형 탐색(linear search)으로도 같은 효과를 낼 수 있다. B에서 선형 탐색하는 부분이 단순히 이전 위치를 찾는 과정이라면, 전체 과정이 선형 시간에 가능하다는 사실을 알 수 있다.

1. A[0] = 13을 B에서 선형 탐색한다. B[0] = 17에서 시작한다. B[0] = 17에서 종료한다. 찾지 못함

2. A[1] = 27을 B에서 선형 탐색한다. B[0] = 17에서 시작한다. B[1] = 35에서 종료한다. 찾지 못함

3. A[2] = 35를 B에서 선형 탐색한다. B[1] = 35에서 시작한다. B[1] = 35에서 종료한다. 찾음

4. A[3] = 40을 B에서 선형 탐색한다. B[2] = 39에서 시작한다. B[3] = 40에서 종료한다. 찾음

5. A[4] = 49를 B에서 선형 탐색한다. B[3] = 40에서 시작한다. B[4] = 55에서 종료한다. 찾음

6. …

이는 정렬된 두 배열을 병합(merge)하는 알고리즘과 굉장히 비슷하다. 이 알고리즘은 O(N) 시간과 O(1) 공간에 동작한다.

현재 알고리즘의 수행 시간은 BCR과 같고 최소한의 공간을 사용하고 있다. 이보다 더 개선할 수 없다.

여기 BCR이 유용한 또 다른 이유가 있다. 수행 시간이 BCR에 다다르고 추가 공간이 O(1)이라면 big-O 시간과 공간은 더 이상 최적화할 수 없다.

가능한 최선의 수행 시간은 '실제' 알고리즘과 관련된 개념이 아니라서 알고리즘 책에서 찾아볼 수 없을 것이다. 하지만 필자의 경우 혼자 문제를 풀거나 문제풀이와 관련된 강의를 할 때 이 개념을 굉장히 유용하게 사용했다.

이 개념이 잘 이해가 가질 않는다면 60쪽에 있는 big-O 시간을 먼저 확실히 이해하길 바란다. 이를 완전히 마스터해야 한다. big-O 개념을 완벽히 이해했다면 BCR은 그야말로 몇 초 만에 이해할 수 있을 것이다.

▶ 오답에 대한 대처법

면접에 대해 가질 수 있는 가장 흔하고 위험한 오해 가운데 하나는, 모든 문제를 맞춰야 한다는 생각이다. 사실과는 아주 동떨어진 오해다.

첫 번째, 면접에서 답을 평가할 때 '맞냐' 아니면 '틀렸냐'로 보지 않는다. 필자는 면접을 진행해 오면서 한번도 그런 식으로 평가를 해본 적이 없다. 그보다는 얼마나 최종 답안이 최적 해법에 근접한가, 최종 답안을 내는데 시간이 얼마나 걸렸나, 얼마나 힌트를 필요로 했는가, 얼마나 코드가 깔끔한가를 더 중요하게 여긴다. 따져 봐야 할 부분이 많다.

두 번째, 면접관은 지원자들을 상대적으로 평가한다. 예를 들어, 여러분이 15분 만에 최적의 해답을 찾아냈는데, 다른 사람은 그보다 쉬운 문제를 오분 만에 풀었다고 하자. 그 사람이 여러분보다 낫다고 할 수 있는가? 그럴 수도 있고, 아닐 수도 있다. 아주 쉬운 문제가 주어졌다면, 빠른 시간 내에 최적의 답을 구할 수 있어야 할 것이다. 하지만 문제가 어려웠다면, 실수를 몇 군데 하더라도 대개는 받아들여진다.

세 번째, 대부분의 문제가 아주 어렵기 때문에 굉장히 실력 있는 지원자라 하더라도 단번에 최적 해법을 말하긴 어려울 수 있다. 필자의 경우에는 실력 있는 지원자들이 일반적으로 20~30분 정도 걸려야 풀 수 있는 문제들을 출제하곤 한다.

구글에서 수천 명을 심사하면서, 아무 '결점' 없이 면접을 마친 사람을 딱 한 명보았다. 최종적으로 채용 제안을 받은 수백 명을 포함한 나머지 사람들은 전부 답안에 실수가 있었다.

▶ 알고 있던 문제가 면접에 나왔을 때

이전에 알고 있던 문제가 면접에 나왔다면 면접관에게 사실대로 말하길 바란다. 면접관이 문제를 출제한 이유는 여러분의 문제풀이 능력을 평가하기 위함이다. 여러분이 이미 문제를 알고 있다면, 면접관은 여러분을 제대로 평가할 수가 없다.

또한, 여러분이 이를 숨겼다가 문제를 알고 풀었다는 사실이 밝혀진다면 면접관은 여러분이 아주 부정직한 지원자라고 생각할 것이다(반대로 미리 고백한다면, 아주 정직한 사람이라는 긍정적인 평가를 얻을 수 있을 것이다).

▶ 면접용으로 '완벽한' 언어

수많은 최고의 회사들은 언어 선택에 깐깐하게 굴지 않는다. 그들은 여러분이 특정 언어에 관한 내용을 알고 있는지보다 얼마나 문제를 잘 풀었는지에 더 관심 있다.

반면에 언어 자체에 더 관심을 갖고 지원자가 얼마나 해당 언어로 코딩을 잘하는지를 눈여겨보는 회사들도 있다.

언어를 선택할 때는 여러분이 가장 편하게 코딩할 수 있는 언어를 선택하는 게 가장 좋다. 만약 그런 언어가 여러 개 존재한다면, 다음을 염두에 두고 선택하길 바란다.

널리 사용되는 언어

꼭 그래야 하는 건 아니지만, 면접관도 알고 있는 언어로 코딩하는 것이 바람직하다. 이것이 바로 많이 알려진 언어를 선택하는 것이 좋은 이유다.

언어 가독성

여러분이 사용하는 프로그래밍 언어가 면접관에게 익숙지 않더라도, 아마 그들도 기본적인 내용은 이해할 수 있을 것이다. 어떤 언어들은 기타 다른 언어들과 전반적으로 유사해서 자연스럽게 쉽게 읽히는 경향이 있다.

예를 들어, 자바는 사용해 본 적이 없던 사람들도 꽤 쉽게 이해할 수 있는 언어이다. 또한 대부분의 사람들은 C나 C++처럼 자바와 비슷한 문법의 언어를 사용해 본 경험이 있다. 하지만 스칼라(Scala) 혹은 오브젝티브-C(Objective-C)와 같은 언어는 이들과는 상당히 다른 방식의 언어이다.

잠재적인 문제점

어떤 언어들은 그 언어를 사용한다는 이유만으로 안고 가야 하는 잠재적인 문제점들이 있다. 예를 들어 C++를 사용하면, 일반적인 버그뿐만 아니라 메모리 관리와 포인터 때문에 생기는 문제점들도 해결해야 한다.

언어가 얼마나 장황한지

어떤 언어들은 다른 언어들보다 더 장황한 경우가 있다. 예를 들어 자바(Java)는 파이썬(Python)과 비교해 봤을 때 상당히 장황한 언어다. 그냥 다음 코드를 비교해 보자.

파이썬 코드의 예제를 보자.

```
dict = {"left": 1, "right": 2, "top": 3, "bottom": 4};
```

다음은 같은 코드를 자바로 표현한 것이다.

```
HashMap dict = new HashMap().
dict.put("left", 1);
dict.put("right", 2);
dict.put("top", 3);
dict.put("bottom", 4);
```

코드를 축약해서 사용하면 자바로도 어느 정도 간결한 코드를 만들 수 있다. 화이트보드에 다음과 같이 코딩하는 지원자를 생각해 볼 수 있다.

```
HM dict = new HM().
dict.put("left", 1);
... "right", 2
... "top", 3
... "bottom", 4
```

축약된 표현법에 대해서는 미리 설명해야 하겠지만 대부분의 면접관들은 코드를 축약하는 것에 대해 크게 신경 쓰지 않는다.

사용하기 쉬운 언어

어떤 언어는 다른 언어보다 특정 기능을 사용하기 쉽다. 예를 들어 파이썬을 이용하면 함수에서 복수의 값을 반환하기가 굉장히 쉬워진다. 하지만 자바에서 같은 기능을 사용하려면 새로운 클래스가 추가로 필요하다. 특정 문제를 해결할 때 이와 같은 언어적 특성을 고려해 보자.

위의 경우와 비슷한 방식으로 언어적 특성에서 오는 편리한 기능들은 코드를 축약하거나 특정 함수가 있다고 가정하고 문제를 풀면 해결할 수 있다. 예를 들어 다른 언어와 다르게 특정 언어가 전치 행렬(transpose matrix)을 구하는 함수를 제공한다고 해서 그 언어가 반드시 코딩하기 좋다고 할 수는 없다. 그냥 그와 비슷한 함수가 있다고 가정하고 문제를 풀어도 된다.

▶ 어떤 코드가 좋아 보이나

아마 지금쯤이면 여러분도 모든 회사가 '좋고 깔끔한' 코드를 작성하는 지원자를 원한다는 사실을 알고 있을 것이다. 하지만 이 말이 진정으로 의미하는 것은 무엇인가? 그리고 면접을 볼 때 이 부분을 어떻게 입증할 수 있을까?

일반적으로 얘기해서, 좋은 코드란 다음과 같은 속성을 가진다.

- **정확도**: 예상 가능한 혹은 불가한 입력에 대해서, 코드는 정확히 동작해야 한다.
- **효율성**: 시간과 공간 두 가지 측면에서 모두 효율성이 좋은 코드여야 한다. 이 '효율성' 개념은 O 표기법과 같은 점근적 효율성(asymptotic efficiency)과 실생활에서 만나게 되는 실용적 효율성의 개념을 모두 포괄한다. 가령 O 표기법에서 시간 효율성을 계산하면 상수 인자를 무시해도 되겠지만, 실생활에선 상수 인자가 굉장히 중요할 수도 있다.
- **간략화**: 코드 100줄 짜리를 10줄로 작성할 수 있다면, 그렇게 해야 한다. 개발자가 빠른 시간에 작성할 수 있는 코드가 좋은 코드다.
- **가독성**: 다른 개발자들도 여러분의 코드를 읽고 어떻게 동작하는지 이해할 수 있어야 한다. 필요한 곳에는 주석이 달려 있어야 하며, 쉽게 이해할 수 있는 방식으로 구현되어야 한다. 비트 시프트 연산을 많이 사용한 코드는 그럴듯해 보일지는 몰라도 가독성이 좋은 코드는 아닐 수 있다.
- **관리 가능성**: 코드는 제품의 수명주기 동안에 적절히 수정 가능해야 하고, 최초로 작성한 개발자뿐 아니라 다른 개발자도 쉽게 관리 가능한 코드여야 한다.

위와 같은 측면들을 모두 추구하면서 적정선에서 균형을 잡을 필요가 있다. 가령, 관리 가능한 코드를 만들려면 어느 정도의 효율성은 희생해야 한다. 효율성이 우선이 되면 관리 가능성이 희생된다.

면접에서 코딩할 때에 위와 같은 요소들을 고려해 봐야 한다. 지금부터 이야기할 내용은 앞서 이야기한 다섯 가지 속성들을 좀 더 구체적으로 보여 준다.

적절한 자료구조를 사용하라

$Ax^a + Bx^b + \cdots$ 와 같은 형태로 이루어진 두 개의 단순 다항식을 더해야 한다고 생각해 보자. 단, 계수와 지수는 음의 실수 혹은 양의 실수가 될 수 있다. 따라서 이 다항식은 상수항에 지수항(exponent)을 곱한 항이 차례로 나열된 꼴이라고 말할 수 있다. 문자열 파싱(parsing)은 따로 할 필요는 없고, 다항식 저장에 필요한 자료구조는 어떤 것을 사용해도 좋다.

이를 구현하는 방법에는 여러 가지가 있다.

나쁜 구현 형태

다항식을 하나의 double형 배열에 저장한다고 해 보자. 이때 k번째 원소는 다항식 x^k 항의 계수에 해당한다. 이런 형태의 자료구조는 음수 또는 정수가 아닌 지수를 항으로 가질 수 없으므로 좋지 않다. 또한 x^{1000} 하나의 항으로 이루어진 다항식을 위해서 1000개의 원소를 갖는 배열을 정의해야 하므로 비효율적이다.

```
int[] sum(double[] expr1, double[] expr2) {
    ...
}
```

좀 나은 구현 형태

이것보다 조금 나은 방법은, 하나의 다항식을 coefficients와 exponents라는 두 개의 배열로 나누어 저장하는 것이다. 이 접근법을 사용하면 다항식의 각 항을 임의의 순서로 저장할 수 있다. 다만 i번째 항은 coefficients[i] $*$ $x^{exponents[i]}$로 표현될 수 있도록, 배열 원소의 짝을 잘 맞춰야 한다.

위와 같이 구현했을 때, coefficients[p] = k이고 exponents[p] = m이라면 p번째 항은 $k*x^m$이다. 이 방식은 앞서 살펴본 방식과 같은 문제점은 없지만, 여전히 지저분하다. 하나의 다항식을 표현하기 위해서 배열을 두 개나 들고 있어야 한다. 두 배열의 길이가 다른 경우엔 다항식이 정의되지 않을 수도 있고, 다항식을 반환할 때도 배열을 두 개 반환해야 하기 때문에 성가시기 짝이 없다.

```
??? sum(double[] coeffs1, double[] expon1, double[] coeffs2, double[] expon2) {
    ...
}
```

좋은 구현 형태

이 문제를 푸는 좋은 방법은, 다항식을 표현하기 위한 자신만의 자료구조를 설계하는 것이다.

```
class ExprTerm {
    double coefficient;
    double exponent;
}

ExprTerm[] sum(ExprTerm[] expr1, ExprTerm[] expr2) {
    ...
}
```

누군가는 이것이 '지나친 최적화'라고 주장할 수도 있다. 지나친 최적화일 수도 있고 아닐 수도 있다. 하지만 이에 대한 여러분 의견과는 관계 없이, 위와 같은 코드는 좋은 접근법이 될 수 있다. 왜냐하면 여러분이 코드를 어떻게 설계해야 하는지 생각했다는 점과 허겁지겁 코드를 쓸어 담으려 하지 않았다는 점을 보여줄 수 있기 때문이다.

적절한 코드의 재사용

문자열로 전달된 이진수의 값과 문자열로 전달된 16진수 값이 일치하는지를 검사하는 문제에 대해 생각해 보자.

이 문제에 대한 우아한 해답 중 하나는, 코드를 재사용하는 것이다.

```java
boolean compareBinToHex(String binary, String hex) {
    int n1 = convertFromBase(binary, 2);
    int n2 = convertFromBase(hex, 16);
    if (n1 < 0 || n2 < 0) {
        return false;
    }
    return n1 == n2;
}

int convertFromBase(String number, int base) {
    if (base < 2 || (base > 10 && base != 16)) return -1;
    int value = 0;
    for (int i = number.length() - 1; i >= 0; i--) {
        int digit = digitToValue(number.charAt(i));
        if (digit < 0 || digit >= base) {
            return -1;
        }
        int exp = number.length() - 1 - i;
        value += digit * Math.pow(base, exp);
    }
    return value;
}

int digitToValue(char c) { ... }
```

이진수를 변환하는 함수와 16진수를 변환하는 함수를 별도로 분리해서 작성할 수도 있었겠지만, 그렇게 하면 코드가 복잡해지고 유지보수하기도 어려워진다. 그 대신 여기에서는 convertToBase라는 함수와 digitToValue라는 함수를 작성한 다음 재사용했다.

모듈화

모듈화된 코드를 작성한다는 것은, 관계 없는 코드들을 별도 메서드로 나눈다는 것을 의미한다. 그렇게 하면 코드를 좀 더 쉽게 유지보수할 수 있고, 가독성이 좋아지며, 테스트하기도 쉬워진다.

정수 배열의 최솟값과 최댓값 원소를 바꾸는 코드를 작성해야 한다고 하자. 메서드 하나를 사용하면 다음과 같이 작성할 수 있다.

```
void swapMinMax(int[] array) {
    int minIndex = 0;
    for (int i = 1; i < array.length; i++) {
        if (array[i] < array[minIndex]) {
            minIndex = i;
        }
    }

    int maxIndex = 0;
    for (int i = 1; i < array.length; i++) {
        if (array[i] > array[maxIndex]) {
            maxIndex = i;
        }
    }

    int temp = array[minIndex];
    array[minIndex] = array[maxIndex];
    array[maxIndex] = temp;
}
```

상대적으로 관련성이 적은 코드를 서로 다른 메서드로 분리하여 다음과 같이 모듈화할 수도 있다.

```
void swapMinMaxBetter(int[] array) {
    int minIndex = getMinIndex(array);
    int maxIndex = getMaxIndex(array);
    swap(array, minIndex, maxIndex);
}

int getMinIndex(int[] array) { ... }
int getMaxIndex(int[] array) { ... }
void swap(int[] array, int m, int n) { ... }
```

모듈화하지 않는다고 꼭 끔찍한 코드가 되는 것은 아니다. 하지만 모듈화를 하면 각 부분을 독립적으로 확인할 수 있으므로 테스트하기가 한층 쉬워진다. 코드가 복잡해질수록, 모듈화 원칙을 지키는 것이 중요하다. 모듈화된 코드는 가독성도 높고 유지보수도 쉽다. 여러분의 면접관은 여러분이 이런 능력이 있는지 확인하고 싶어 한다.

유연하고 튼튼한 코드

일반적인 틱-택-토(tic-tac-toe) 게임에서 승자가 누구인지 판정하는 문제가 있다고 해 보자. 면접관이 이러한 문제를 출제했다고 해서 게임판의 크기가 3×3이라는 가정을 해도 되는 것은 아니다. N×N 크기의 게임판에도 적용할 수 있는, 보다 일반적인 방법의 코드를 작성해도 된다.

유연하고 일반적인 코드란 특정 값을 직접 대입하는 대신 변수를 사용하거나, 템플릿/제네릭을 사용해서 작성된 것을 의미하기도 한다. 코딩할 때 좀 더 일반화된 문제를 풀도록 만들 수 있다면, 그렇게 하는 것이 좋다.

물론, 그러지 말아야 하는 경우도 있다. 일반적인 경우를 풀려면 해답이 너무 복잡해진다거나, 지금으로서는 그럴 필요가 없어 보인다면, 간단하고 예상되는 경우에 대해서만 집중하는 것이 좋다.

오류 검사

신중한 프로그래머는 입력의 형식에 대해 어떠한 가정도 하지 않는다. 대신, ASSERT나 if 문을 통해서 입력의 형태가 기대한 방식과 같은지 아닌지를 검사한다.

앞서 살펴보았던 특정 진수로 표현된 정수(2진수 혹은 16진수)를 int 값으로 변환하는 코드를 살펴보자.

```
01    int convertToBase(String number, int base) {
02        if (base < 2 || (base > 10 && base != 16)) return -1;
03        int value = 0;
04        for (int i = number.length() - 1; i >= 0; i--) {
05            int digit = digitToValue(number.charAt(i));
06            if (digit < 0 || digit >= base) {
07                return -1;
08            }
09            int exp = number.length() - 1 - i;
10            value += digit * Math.pow(base, exp);
11        }
12        return value;
13    }
```

2번째 줄에서, 우리는 밑(base)의 값이 올바른지 검사한다(10보다 큰 base 값의 경우에는 16을 제외하고는 표준적인 문자열 표현 방법이 존재하지 않는다고 가정한다). 6번째 줄에서는, 각 숫자가 허용된 범위 내에 있는지 확인한다.

이러한 테스트는 실제 제품 코드를 작성할 때 아주 중요하며, 면접을 볼 때에도 마찬가지다.

물론, 이런 코드를 작성하는 게 어리석어 보이고, 제한된 면접 시간을 낭비하는 것처럼 느껴질 수도 있다. 여기서 중요한 점은 오류 검사를 위한 코드를 작성할 것이란 점을 언급하는 것이다. 만일 간단한 if 문으로 검사 코드를 추가할 수 없다면, 코드가 들어갈 공간을 남겨두고 면접관에게 나머지 코드를 완성한 다음에 채우겠다고 말하는 것이 최선이다.

▶ 포기하지 말라

면접장에서 출제되는 문제가 압도적으로 어렵다고 생각할 수도 있지만, 그런 상황에 어떻게 대처하는가도 면접관이 테스트하려는 것 중 하나다. 여러분이 도전에 기꺼이 맞서는 유형인가, 아니면 공포에 떨며 뒤로 물러서는 유형인가? 앞으로 나아가 까다로운 문제에 당당히 맞서는 자세가 중요하다. 결국, 면접이라는 것은 어려울 수밖에 없다. 어려운 문제에 마주치는 상황이 놀라운 일은 아니다.

추가 '점수'를 받기 위해 어려운 문제를 즐기며 푸는 모습을 보이라.

VIII

합격한 뒤에

면접이 끝났으니 긴장을 풀어도 되겠다 싶을 즈음 또 다른 스트레스와 마주하게 되니, 바로 '면접 후 스트레스'다. 입사 요청에 응해야 하나? 나한테 딱 맞는 자리이긴 한 건가? 거절은 어떻게 해야 하나? 데드라인이 있나? 지금부터 이런 몇 가지 이슈에 대해서 살펴보고, 입사 제안(offer)을 받으면 그 제안을 어떻게 검토할 것인지, 그리고 협상은 어떻게 해야 하는지 좀 더 상세히 살펴보겠다.

▶ 합격 또는 거절 통지에 대처하는 요령

입사 제안을 수락하든 거절하든 혹은 탈락에 대응해야 하든, 모두 여러분이 생각해봐야 할 주제다.

입사 결정 기한과 연장

회사가 입사 제안을 하는 경우 보통 정해진 기한(deadline)이 있다. 이 기한은 일반적으로 1~4주 정도이다. 아직은 다른 회사 면접 결과도 기다려 보고 싶다면, 기한 연장을 요청할 수 있다. 회사는 가능한 한 이런 요청을 들어 주려고 한다.

입사 제안 거절

현재로서는 그 회사에서 일하고 싶지 않더라도, 몇 년 지나면 생각이 바뀔 수도 있다(또한, 여러분에게 연락했던 그 사람이 좀 더 근사한 회사로 옮겨가는 경우도 있다). 그러니 공손한 어투로 입사 제안을 거절하고, 계속 연락을 주고받을 수 있는 채널을 열어두는 게 좋다.

입사 제안을 거절할 때에는 공격적이지 않고 명백한 이유를 대는 것이 좋다. 가령 대기업보다는 스타트업에 가고 싶은 것이 이유라면, 현재로서는 스타트업에 가는 것이 맞는 것 같다고 설명해주는 것이 좋다. 대기업이 갑자기 덩치를 줄일 수 없는 노릇이므로, 여러분의 선택에 반박하기 어려울 것이다.

탈락 통보 대처

탈락했다는 사실은 참 안타깝지만 여러분이 좋은 엔지니어가 아니라서 탈락한 것은 아니다. 많은 수의 훌륭한 엔지니어들이 다양한 이유로 면접을 망친다. 예를 들어 어떤 종류의 면접관을 만나면 잘 안 풀린다든가 그날 일진이 좋지 않았다든가의 이유가 있을 수 있다.

다행히도 대다수의 회사들이 기존의 면접 방식이 완벽하지 않고 좋은 엔지니어들도 탈락할 수 있다는 현실을 이해한다. 그리고 이러한 이유로 기업들은 이미 탈락한 지원자가 다시 도전하더라도 면접을 꺼리거나 하지 않는다. 심지어 어떤 회사들은 과거 지원자에게 직접 연락을 취하거나, 이전 성과를 고려해 서류를 빠르게 처리해주기도 한다.

탈락 통보를 받게 되면, 이를 재지원하는 기회로 만드는 것이 좋다. 구인 담당자에게 시간 내 줘서 고맙고 안타깝긴 하지만 충분히 이해한다고 말하는 것이 좋다. 그러면서 언제 다시 지원할 수 있는지 물어보면 된다.

또한 구인 담당자에게 피드백을 공유해달라고 요청해볼 수도 있다. 대부분의 큰 테크 기업은 피드백을 보여 주지 않지만, 몇몇 회사는 기꺼이 이를 공유해준다. "다음 기회를 위해 어떻게 준비하면 좋을지 얘기해주실 수 있나요?"라고 물어 보는 것도 나쁘지 않다.

▶ 입사 제안 평가

축하한다! 입사 제안을 받았다! 운이 좋았다면 여러 군데에서 제안을 받았을 것이다. 여러분을 관리하는 구인 담당자는 이제 여러분이 제안을 승낙하도록 하기 위해 모든 수단을 아끼지 않을 것이다. 그런데 입사 제안을 한 회사가 여러분에게 꼭 맞는 회사인지 어떻게 알 수 있을까? 지금부터 입사 제안을 검토할 때 고려해야 할 것들을 살펴보도록 하겠다.

재정 관련 사항

입사 제안을 검토할 때 지원자들이 저지르는 가장 큰 실수는, 연봉에만 지나치게 연연하는 것일 것이다. 지원자들은 종종 이 연봉 숫자 하나에만 연연하여 '재정적으로는 더 나쁜' 제안을 받아들이곤 한다. 연봉은 재정적으로 고려해야 할 것들 가운데 하나일 뿐이다. 이 외에 다음의 것들도 살펴봐야 한다.

- **계약 보너스(signing bonus)[1], 이직 보너스(relocation), 딱 한 번 주는 혜택:** 많은 회사들은 계약 보너스나 이직 보너스를 지급한다. 이런 경우에는, 해당 보너스를 3년간(또는 그 회사에 머물거라 생각되는 기간) 지급받을 급여에 합산하여 입사 제안을 평가하는 것이 현명하다.
- **생활 비용 차이:** 세금 및 기타 생활 비용에서 오는 차이는 실제 통장에 찍히는 급여에 큰 차이를 만들어낸다. 예를 들어 실리콘밸리의 경우, 시애틀에 거주하는 것에 비해 30% 이상의 비용이 더 든다.

---

1 (옮긴이) 입사를 환영한다는 의미로 주는 보너스. sign-on bonus라고도 한다.

- **연간 보너스**: 테크 회사에서 매년 주는 보너스는 3%에서 30%까지 다양하다. 구인 담당자가 평균 보너스를 알려주면 그것을 참고하고, 그렇지 않다면 회사 내의 지인에게 물어 알아보자.
- **스톡 옵션과 증여(grants)**: 지분 보상(equity compensation)은 매해 받는 금전적 보상의 큰 부분을 차지한다. 계약 보너스와 마찬가지로, 주식 형태의 보상은 3년 정도로 봉급에 합산하여 비교 평가하는 것이 바람직하다.

하지만 길게 봤을 때, 입사 후 무엇을 배울 수 있는지와 회사가 어떻게 여러분의 경력을 발전시키는 데 도움이 될지가 더 중요할 수 있다. 지금 당장 금전적 문제를 얼마나 중요하게 생각할 것인가는 신중하게 검토해 봐야 할 문제다.

경력 개발

입사 제안을 받은 당신, 아마 들뜨시리라. 하지만 신기한 것은, 몇 년 뒤에 여러분은 이제 어느 회사 면접을 볼까 궁리하게 된다는 점이다. 그러므로 지금 받은 입사 제안이 여러분의 경력에 어떤 영향을 미칠지 생각해 보는 것은 중요하다. 여러분 자신에게 이런 질문들을 던져보자.

- 이 회사의 이름이 이력서를 얼마나 보기 좋게 만들어 줄 것인가?
- 얼마나 많이 배우게 될 것인가? 관련된 다른 것들도 배우게 될 것인가?
- 승진 계획은 어떤가? 개발자의 경력을 어떻게 발전시키는 회사인가?
- 관리직으로 옮기고자 할 경우, 회사가 현실적 계획을 마련해 주는가?
- 회사나 팀 규모가 확대되고 있는 중인가?
- 회사를 떠나고 싶을 경우, 옮길 만한 회사가 가까이 있는가? 아니면 이사를 해야 하나?

제일 마지막 질문은 흔히 간과되지만, 굉장히 중요한 부분이다. 여러분이 살고 있는 지역에 이직할 만한 회사가 몇 개 없다면 직업 선택의 기회가 매우 제한될 것이다. 선택의 폭이 좁다는 것은 좋은 기회를 발견하기 어렵다는 것을 의미하기도 한다.

회사의 안정성

모든 조건이 다 같을 때, 안정성은 물론 좋은 조건이 된다. 그 누구도 짤리거나 해고 당하고 싶어하지 않는다. 하지만 실제로 모든 조건이 같을 수는 없다. 안정적인 회사일수록 느리게 성장하는 경향이 있다.

회사의 안정성을 얼마나 중요하게 생각하는지는 실제로 여러분과 여러분의 가치관에 달려 있다. 어떤 지원자에게는 안정성이 그렇게 중요한 문제가 아닐 수 있다. 꽤 빠른 시간 내에 새로운 직장을 찾을 수 있는가? 만약 그럴 수 있다면, 불안정하더라도 빨리 성장하는 회사에 입사하는 것이 낫다. 만약 취업 비자에 제한이 있다든가 뭔가 새로운 것을 찾아내는 능력에 확신이 없다면 안정성이 더 중요할 수도 있다.

행복의 척도

마지막으로 언급하지만 그렇다고 덜 중요하지는 않은 문제는, 바로 얼마나 행복한 삶을 살 수 있을 것인가 이다. 여러분의 행복에 영향을 끼칠 요소들로는 다음과 같은 것들이 있다.

- 제품: 많은 사람들이 어떤 제품을 만들게 될지를 중요하게 따진다. 물론 그것도 어느 정도 중요하긴 하다. 하지만 대부분의 엔지니어들에게는 누구와 일하게 될지와 같은, 그보다 더 중요한 것들이 있다.
- 관리자와 동료: 사람들이 일이 싫다 혹은 좋다라고 말할 때는, 보통 팀 동료나 관리자 때문인 경우가 많다. 그들을 만나 보았는가? 그들과 이야기하는 것이 즐거웠는가?
- 회사 문화: 회사 문화는 회사 내의 의사결정 과정부터 직원 사이의 분위기 그리고 회사의 조직 구성까지 모든 부문에 영향을 미친다. 앞으로 같이 일하게 될 팀 동료에게 회사 문화는 어떤지 설명해 달라고 부탁해 보자.
- 근무 시간: 앞으로 같이 일하게 될 팀 동료에게 보통 하루에 몇 시간이나 일하는지 물어보고, 그것이 여러분의 생활 방식을 바꾸게 될 것인지 생각해 보자. 보통 중요한 데드라인 전에는 근무 시간이 더 늘어난다는 것에 유의하자.

마지막으로, 다른 팀으로 옮길 기회가 쉽게 주어진다면(구글이나 페이스북의 경우에는 그렇다), 여러분과 잘 맞는 팀과 제품을 찾을 또 다른 기회가 생길 수 있다는 것에도 유의하자.

▶ 연봉 협상

몇 년 전에 나는 협상(negotiation) 강좌에 등록했다. 첫 날, 강사는 우리에게 차량 구매 시나리오를 머릿속에 그려볼 것을 주문했다. 딜러 A는 차를 $20,000에 네고 없이 팔고 있다. 딜러 B와는 협상의 여지가 있다. 협상을 거쳐 B에게서 차를 산다면, 얼마면 사겠는가? 여러분도 스스로 이 질문에 빨리 답해보라.

평균적으로 수강생들은 $750 정도 저렴하면 B에게서 차를 사겠다고 답했다. 뒤집어 말하면 한 시간 정도 협상하는 수고를 피할 수 있다면, $750 정도 비싼 가격에라도 차를 살 수 있다는 뜻이다. 수강생들을 대상으로 한 설문에서 대부분의 학생들은 입사 제안을 두고 협상하지 않겠다고 답했다. 놀랄 것 없는 결과였다. 회사가 어떤 제안을 하건 수락하겠다는 뜻이었다.

많은 이들이 아마도 이와 같은 선택을 하게 될 것이다. 대부분에게 협상이 재밌는 일은 아니다. 하지만 금전적 수익에 관한 협상은 여전히 해볼 만한 가치가 있다. 여러분 자신을 위해 협상을 하길 바란다. 여기 몇 가지 팁을 소개하겠다.

- **그냥 해 보라**: 그렇다. 아마 두려울 수도 있다. 아무도(대부분) 협상을 좋아하지 않는다. 하지만 그렇기에 해볼 만한 가치가 있다. 여러분이 협상한다고 채용 제안을 철회하는 구인 담당자는 없다. 그러니 잃을 것이 없다. 큰 회사에서 입사 제안이 들어왔을 때는 특히 더 그렇다. 나중에 같이 일할 동료들과 협상하게 될 일은 아마 없을 것이다.

- **실질적인 대안을 가져라**: 기본적으로 구인 담당자는 여러분이 회사에 입사하지 않을 수도 있다는 생각에 협상을 하게 된다. 여러분에게 대안이 있으면, 구인 담당자가 염려하는 바가 좀 더 현실적인 문제가 된다.

- **구체적으로 요구하라**: 그냥 "더 주세요"라고 하는 것보다, 연봉이 $7,000 정도 더 많았으면 한다고 요구하는 것이 효과적이다. 결국, 그냥 "더 달라"고 하면 구인 담당자는 $1,000 정도를 부르며 여러분을 만족시키려 할 것이다.

- **많이 부를 것**: 협상을 하게 되면 상대방은 여러분이 무슨 요구를 하든 보통 받아들이지 않는다. 협상이라는 것은 주고받는 대화 과정이다. 정말로 받고자 하는 것보다 좀 더 많이 불러라. 회사측은 아마도 여러분의 요구를 사측 요구와 중간 정도로 타협하고자 할 것이다.

- **연봉 이외의 것도 고려하라**: 회사는 종종 비급여 항목을 통해 협상하고자 할 것이다. 연봉을 너무 많이 올려주면 동료와 형평성 문제가 발생하기 때문이다. 지분을 더 달라고 하거나, 계약 보너스를 더 많이 달라고 해 보라. 이사 비용을 회사에서 직접 지불해주는 대신, 이직 보너스를 현찰로 달라고 요구하는 것도 한 가지 방법이다. 이는 많은 대학생들에게 좋은 방법인데, 실제 이사 비용이 이직 보너스보다 덜 들기 때문이다.

- **가장 좋은 협상 매체를 고르라**: 대부분의 사람들은 전화로 협상하는 게 낫다고 말한다. 어느 정도는 맞는 말이다. 전화로 협상하는 것이 낫다. 하지만 전화로 협상하는 게 불편하다면, 이메일을 통해서 해도 된다. 협상을 시도하는 것 자체가 무엇을 통해 협상하게 되느냐보다 더 중요하다.

또한, 대기업과 협상할 때에는 급여 '수준'이 있다는 것을 알아 두어야 한다. 특정한 수준의 직원은 거의 같은 급여를 받는다. 마이크로소프트는 특히 잘 정의된 급여 체계를 갖고 있다. 여러분은 여러분의 수준에 해당하는 급여 범위 내에서 협상하면 되는데, 그 이상을 요구하기 위해선 현재 수준을 넘어서야 된다. 더 높은 수준을 원한다면, 당신이 앞으로 같이 일하게 될 팀과 구인 담당자에게 당신이 더 높은 수준의 대우를 받을 가치가 있는 경력자임을 납득시켜야 한다. 어려운 일이다. 하지만 가능한 일이기도 하다.

▶ 입사 후

여러분의 경력은 면접장에서 끝나는 것이 아니다. 오히려 이제 시작이라고 봐야 한다. 정말로 회사에 입사한 뒤에는, 여러분의 경력에 대해 고민하기 시작해야 한다. 어디로 가야 하는지, 어떻게 가야 하는지 고민해 봐야 한다.

일정 수립

흔한 결론은 이런 것이다. 회사 입사 후, 들뜬 마음에 모든 것이 멋져 보이는 시간도 지나고 5년이 흘렀다. 당신은 아직도 그곳에 근무하고 있다. 그리고 불현듯 지난 3년간 갖고 있는 기술을 발전시키지 못했고 이력서에 적을 것도 별로 없다는 것을 깨닫는다. 왜 2년 뒤에 바로 그만두고 다른 곳으로 옮기지 못했을까?

하는 일을 즐기다 보면, 거기에 빠진 나머지 여러분의 경력이 발전하지 않고 있다는 사실을 미처 깨닫지 못한다. 이것이 바로 새로운 직업을 시작하기 전에 나아갈 길을 미리 그려 보아야 하는 이유다. 십 년 뒤에는 어디에 있고 싶은가? 그리고 거기 도달하기 위해서는 어떤 단계를 거쳐야 하는가? 그리고 매년, 내년에 하게 될 경험이 여러분을 어디로 인도할 것인지, 작년에 비해 여러분의 경력과 기술은 얼마나 발전했는지를 살펴보라.

여러분의 진로를 미리 설계하고 정기적으로 점검함으로써, 현실에 안주해 버리는 일을 피할 수 있게 된다.

튼튼한 관계 수립

무언가 새롭게 시작하고 싶다면, 네트워크를 형성하는 것이 중요하다. 온라인으로 지원하는 것은 한 방편일 뿐이고, 개인적으로 추천 받는 편이 훨씬 낫다. 그리고 그럴 수 있는지 여부는 여러분의 인맥에 달렸다.

일터에서는 관리자나 팀원들과 끈끈한 관계를 수립하라. 다른 직원이 퇴사하면, 그들과 계속 연락을 유지하라. 떠나고 몇 주 지난 뒤에, 친근한 메시지라도 건네라. 그러면 관계는 업무적으로 아는 사이에서 개인적인 친분으로 발전한다.

이런 접근법을 여러분의 사생활에도 적용하라. 친구나 친구의 친구는 가치 있는 인맥이다. 다른 사람을 돕는 일에 마음을 열면, 그들도 기꺼이 여러분을 도울 것이다.

원하는 것을 요구하라

어떤 관리자는 여러분의 경력을 성장시키려 애쓰지만, 어떤 사람은 방관한다. 여러분 경력에 도움되는 도전을 찾아나서는 것은 전적으로 여러분 본인에게 달려 있다.

여러분의 목표를 관리자에게 적절한 수준으로 솔직하게 표현하라. 백엔드 코딩 프로젝트에 좀 더 시간을 쏟고 싶다면, 그렇게 말하라. 리더십과 관련된 기회를 더 많이 갖기 원한다면, 어떻게 하면 기회를 얻을 수 있는지 물어보라.

여러분 자신이 여러분의 가장 좋은 지지자가 되어야 한다. 그래야 여러분이 정한 계획에 따라 목표를 달성해 나갈 수 있다.

꾸준히 면접을 보라

적극적으로 새로운 직장을 찾고 있지 않더라도 적어도 일 년에 한 번 정도는 면접을 보길 바란다. 최신 면접 기술을 유지할 수 있고 현재 어떤 종류의 기회(그리고 연봉)가 있는지 알아볼 수도 있다.

입사 제안을 받았다고 해서 반드시 수락해야 하는 것은 아니다. 나중에 입사하고 싶을 때를 대비해서 그 회사와 연결고리를 만들어 놓을 수도 있다.

IX

면접 문제

*www.CrackingTheCodingInterview.com*에 접속하면 전체 해법을 다운 받을 수 있다. 다양한 프로그래밍 언어로 작성된 해법에 직접 기여하거나 읽어볼 수도 있다. 다른 독자들과 이 책에 나온 문제에 대해 토론하거나 질문할수도 있다. 문제점을 알려 줄 수도 있고, 정오표를 확인하고, 그 외에 다른 조언을 찾아볼 수도 있다.

자료구조

배열과 문자열

이 책을 보는 사람이라면 배열과 문자열에 익숙할 것이다. 그래서 배열과 문자열에 대한 자질구레한 이야기들을 지루하게 풀어 놓을 생각은 없다. 대신, 이 자료구조에 널리 사용되는 한결 보편적인 기법들에 집중할 것이다.

배열이나 문자열에 대한 문제들은 서로 대체 가능하다. 즉, 이 책에 실린 문제들 가운데 배열에 관한 것들은 문자열에 대한 문제로 바꿔 출제할 수도 있으며, 그 반대도 가능하다.

▶ 해시테이블

해시테이블(hash table)은 효율적인 탐색을 위한 자료구조로서 키(key)를 값 (value)에 대응시킨다. 해시테이블을 구현하는 방법은 여러 가지가 있다. 여기에선 간단하면서도 흔하게 사용되는 구현 방식에 대해 설명하고자 한다.

간단한 해시테이블을 구현하기 위해선, 연결리스트(linked list)와 해시 코드 함수(hash code function)만 있으면 된다. 키(문자열 혹은 다른 어떤 자료형도 가능하다)와 값을 해시테이블에 넣을 때는 다음의 과정을 거친다.

1. 처음엔 키의 해시 코드를 계산한다. 키의 자료형은 보통 int 혹은 long이 된다. 키의 개수는 무한한데 반해 int의 개수는 유한하기 때문에 서로 다른 두 개의 키 가 같은 해시 코드를 가리킬 수 있다는 사실을 명심하라.

2. 그다음엔 hash(key) % array_length와 같은 방식으로 해시 코드를 이용해 배열 의 인덱스를 구한다. 물론 서로 다른 두 개의 해시 코드가 같은 인덱스를 가리 킬 수도 있다.

3. 배열의 각 인덱스에는 키와 값으로 이루어진 연결리스트가 존재한다. 키와 값 을 해당 인덱스에 저장한다. 충돌에 대비해서 반드시 연결리스트를 이용해야 한다. 여기서 충돌이란 서로 다른 두 개의 키가 같은 해시 코드를 가리키거나 서로 다른 두 개의 해시 코드가 같은 인덱스를 가리키는 경우를 말한다.

키에 상응하는 값을 찾기 위해선 다음의 과정을 반복해야 한다. 주어진 키로부터 해시 코드를 계산하고, 이 해시 코드를 이용해 인덱스를 계산한다. 그 다음엔 해당 키에 상응하는 값을 연결리스트에서 탐색한다.

충돌이 자주 발생한다면, 최악의 경우의 수행 시간(worst case runtime)은 O(N)이 된다(N은 키의 개수). 하지만 일반적으로 해시에 대해 이야기할 때는 충돌을 최소화하도록 잘 구현된 경우를 가정하는데 이 경우에 탐색 시간은 O(1)이다.

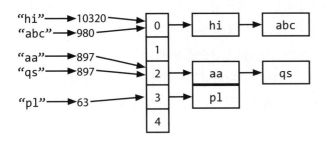

또 다른 구현법으로는 균형 이진 탐색 트리(balanced binary search tree)를 사용하는 방법이 있다. 이 경우에 탐색 시간은 O(logN)이 된다. 이 방법은 크기가 큰 배열을 미리 할당해 놓지 않아도 되기 때문에 잠재적으로 적은 공간을 사용한다는 장점이 있다. 또한 키의 집합을 특정 순서로 차례대로 접근할 수 있는데, 어떤 경우에는 이런 기능이 유용하기도 한다.

▶ ArrayList와 가변 크기 배열

특정 언어에선 배열(이 경우엔 종종 리스트라 불리지만)의 크기를 자동으로 조절할 수 있다. 즉, 데이터를 덧붙일 때마다 배열 혹은 리스트의 크기가 증가한다. 하지만 자바 같은 언어에서는 배열의 길이가 고정되어 있다. 이런 경우에는 배열을 만들 때 배열의 크기를 함께 지정해야 한다.

동적 가변 크기 기능이 내재되어 있는 배열과 비슷한 자료구조를 원할 때는 보통 ArrayList를 사용한다. ArrayList는 필요에 따라 크기를 변화시킬 수 있으면서도 O(1)의 접근 시간(access time)을 유지한다. 통상적으로 배열이 가득 차는 순간, 배열의 크기를 두 배로 늘린다. 크기를 두 배 늘리는 시간은 O(n)이지만, 자주 발생하는 일이 아니라서 상환 입력 시간(amortized insertion time)으로 계산했을 때 여전히 O(1)이 된다.

```
ArrayList merge(String[] words, String[] more) {
    ArrayList sentence = new ArrayList();
    for (String w : words) sentence.add(w);
    for (String w : more) sentence.add(w);
    return sentence;
}
```

이 자료구조를 잘 하는 것은 면접에서 필수적이다. 사용하는 언어에 관계없이 동적가변 크기 배열/리스트에 대해서 익숙해져 있어야 한다. 하지만 자료구조 이름이나 배열 크기 조절 인자(자바에선 2이다)는 달라질 수 있음을 명심하라.

상환 입력 시간은 왜 O(1)이 되는가

크기가 N인 배열을 생각해 보자. 이 배열의 크기를 늘릴 때마다 얼마나 많은 원소를 복사해야 하는지 역으로 계산해 볼 수 있다. 배열의 크기를 K로 늘리면 그 전 배열의 크기는 K의 절반이었을 것이므로 K/2만큼의 원소를 복사해야 한다.

```
마지막 배열 크기 증가: n/2개의 원소를 복사해야 한다.
이전 배열 크기 증가: n/4개의 원소를 복사해야 한다.
이전 배열 크기 증가: n/8개의 원소를 복사해야 한다.
이전 배열 크기 증가: n/16개의 원소를 복사해야 한다.
...
두 번째 배열 크기 증가: 2개의 원소를 복사해야 한다.
첫 번째 배열 크기 증가: 1개의 원소를 복사해야 한다.
```

따라서 N개의 원소를 삽입하기 위해서 복사해야 하는 원소의 총 개수는 N/2+N/4+N/8+⋯+2+1, 즉 N보다 작다.

위 수열의 합이 뻔해 보이지 않는다면 다음과 같은 상황을 상상해 보라. 1km 떨어져 있는 상점에 걸어가려고 한다. 0.5km를 걷고 난 뒤, 0.25km를 걷고, 다음에는 0.125km를 걷는다. 이렇게 길이를 반씩 줄이는 행위를 무한정으로 하더라도 1km에 아주 가까워질 수는 있지만 절대 1km 이상 걸을 수는 없다.

따라서 N개의 원소를 삽입할 때 소요되는 작업은 O(N)이 된다. 배열의 상황에 따라 최악의 경우에 O(N)이 소요되는 삽입 연산도 존재하긴 하지만 평균적으로 각 삽입은 O(1)이 소요된다.

▶ StringBuilder

아래에 나와 있는 것처럼, 문자열의 리스트가 주어졌을 때 이 문자열들을 하나로 이어 붙이려고 한다. 이때의 수행 시간은 어떻게 되는가? 문제를 간단히 하기 위해서 모든 문자열의 길이(x라 하자)가 같은 n개의 문자열이 주어졌다고 가정하자.

```java
String joinWords(String[] words) {
    String sentence = "";
    for (String w : words) {
        sentence = sentence + w;
    }
    return sentence;
}
```

문자열을 이어붙일 때마다 두 개의 문자열을 읽어 들인 뒤 문자를 하나하나 새로운 문자열에 복사해야 한다. 처음에는 x개, 두 번째는 2x개, 세 번째는 3x개, n 번째는 nx개의 문자를 복사해야 한다. 따라서 총 수행 시간은 $O(x + 2x + \cdots + nx)$, 즉 $O(xn^2)$이 된다.

> 왜 $O(xn^2)$인가? $1 + 2 + \cdots + n = n(n+1)/2$, 혹은 $O(n^2)$이기 때문이다.

`StringBuilder`가 이 문제를 해결해 줄 수 있다. `StringBuilder`는 단순하게 가변 크기 배열을 이용해서 필요한 경우에만 문자열을 복사하게끔 해준다.

```
String joinWords(String[] words) {
    StringBuilder sentence = new StringBuilder();
    for (String w : words) {
        sentence.append(w);
    }
    return sentence.toString();
}
```

문자열, 배열, 일반적인 자료구조를 연습해 보는 가장 좋은 방법은 여러분만의 `StringBuilder`, `HashTable`, `ArrayList`를 구현해보는 것이다.

추가로 읽을 거리: 해시테이블에서 충돌을 해결하는 방법(814쪽), Rabin-Karp 부분 문자열 탐색 알고리즘(815쪽).

▶ 면접 문제

1.1 **중복이 없는가**: 문자열이 주어졌을 때, 이 문자열에 같은 문자가 중복되어 등장하는지 확인하는 알고리즘을 작성하라. 자료구조를 추가로 사용하지 않고 풀 수 있는 알고리즘 또한 고민하라.

힌트: #44, #117, #132

281쪽

1.2 **순열 확인**: 문자열 두 개가 주어졌을 때 이 둘이 서로 순열 관계에 있는지 확인하는 메서드를 작성하라.

힌트: #1, #84, #122, #131

282쪽

1.3 **URL화**: 문자열에 들어 있는 모든 공백을 '%20'으로 바꿔 주는 메서드를 작성하라. 최종적으로 모든 문자를 다 담을 수 있을 만큼 충분한 공간이 이미

확보되어 있으며 문자열의 최종 길이가 함께 주어진다고 가정해도 된다(자바로 구현한다면 배열 안에서 작업할 수 있도록 문자 배열(character array)을 이용하길 바란다).

예제

입력: "Mr John Smith", 13
출력: "Mr%20John%20Smith"
힌트: *#53, #118*

—————————————————————————————— 284쪽

1.4 **회문 순열:** 주어진 문자열이 회문(palindrome)의 순열인지 아닌지 확인하는 함수를 작성하라. 회문이란 앞으로 읽으나 뒤로 읽으나 같은 단어 혹은 구절을 의미하며, 순열이란 문자열을 재배치하는 것을 뜻한다. 회문이 꼭 사전에 등장하는 단어로 제한될 필요는 없다.

예제

입력: Tact Coa
출력: True (순열: "taco cat", "atco cta" 등)
힌트: *#106, #121, #134, #136*

—————————————————————————————— 285쪽

1.5 **하나 빼기:** 문자열을 편집하는 방법에는 세 가지 종류가 있다. 문자 삽입, 문자 삭제, 문자 교체. 문자열 두 개가 주어졌을 때, 문자열을 같게 만들기 위한 편집 횟수가 1회 이내인지 확인하는 함수를 작성하라.

예제

```
pale, ple → true
pales, pale → true
pale, bale → true
pale, bake → false
```

힌트: *#23, #97, #130*

—————————————————————————————— 289쪽

1.6 **문자열 압축:** 반복되는 문자의 개수를 세는 방식의 기본적인 문자열 압축 메서드를 작성하라. 예를 들어 문자열 aabcccccaaa를 압축하면 a2b1c5a3이 된다. 만약 '압축된' 문자열의 길이가 기존 문자열의 길이보다 길다면 기존 문자열을 반환해야 한다. 문자열은 대소문자 알파벳(a~z)으로만 이루어져 있다.

힌트: *#92, #110*

—————————————————————————————— 292쪽

1.7 **행렬 회전**: 이미지를 표현하는 N×N 행렬이 있다. 이미지의 각 픽셀은 4바이트로 표현된다. 이때, 이미지를 90도 회전시키는 메서드를 작성하라. 행렬을 추가로 사용하지 않고서도 할 수 있겠는가?

힌트: *#51, #100*

294쪽

1.8 **0 행렬**: M×N 행렬의 한 원소가 0일 경우, 해당 원소가 속한 행과 열의 모든 원소를 0으로 설정하는 알고리즘을 작성하라.

힌트: *#17, #74, #102*

295쪽

1.9 **문자열 회전**: 한 단어가 다른 문자열에 포함되어 있는지 판별하는 isSub string이라는 메서드가 있다고 하자. s1과 s2의 두 문자열이 주어졌고, s2가 s1을 회전시킨 결과인지 판별하고자 한다(가령 'waterbottle'은 'erbottlewat' 을 회전시켜 얻을 수 있는 문자열이다). isSubstring 메서드를 한 번만 호출 해서 판별할 수 있는 코드를 작성하라.

힌트: *#34, #88, #104*

298쪽

추가 문제: 객체 지향 설계(#7.12), 재귀(#8.3), 정렬 및 탐색(#10.9), C++(#12.11), 중간 난이도 연습문제(#16.8, #16.17, #16.22), 어려운 연습문제(#17.4, #17.7, #17.13, #17.22, #17.26)

02
연결리스트

연결리스트는 차례로 연결된 노드를 표현해주는 자료구조이다. 단방향 연결리스트에서 각 노드는 다음 노드를 가리킨다. 양방향 연결리스트에서 각 노드는 다음 노드와 이전 노드를 함께 가리킨다.

다음 다이어그램은 양방향 연결리스트를 표현하고 있다.

배열과는 달리 연결리스트에서는 특정 인덱스를 상수 시간에 접근할 수 없다. 그 말인즉슨 리스트에서 K번째 원소를 찾고 싶다면 처음부터 K번 루프를 돌아야 한다는 뜻이다.

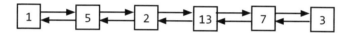

연결리스트의 장점은 리스트의 시작 지점에서 아이템을 추가하거나 삭제하는 연산을 상수 시간에 할 수 있다는 점이다. 이런 점은 특정 애플리케이션에서 유용하다.

▶ 연결리스트 만들기

아래는 아주 기본적인 단방향 연결리스트를 구현한 코드이다.

```
class Node {
    Node next = null;
    int data;
    public Node(int d) {
        data = d;
    }

    void appendToTail(int d) {
        Node end = new Node(d);
        Node n = this;
        while (n.next != null) {
            n = n.next;
        }
        n.next = end;
    }
}
```

위의 코드에선 LinkedList 자료구조를 사용하지 않았다. 그리고 연결리스트에 접근할 때 head 노드의 주소를 참조하는 방법을 사용했다. 하지만 이런 식으로 구현할 때는 약간 조심해야 하는 부분이 있다. 여러 객체들이 동시에 연결리스트를 참조하는 도중에 head가 바뀌면 어떻게 해야 할지 생각해 봐야 하는 것이다. head가 바뀌었음에도 어떤 객체들은 이전 head를 계속 가리키고 있을 수도 있다.

할 수 있다면 Node 클래스를 포함하는 LinkedList 클래스를 만드는 게 좋다. 그렇게 하면 해당 클래스 안에 head Node 변수를 단 하나만 정의해 놓음으로써 위의 문제점을 완전히 해결할 수 있기 때문이다.

명심하라. 면접에서 연결리스트에 대해 이야기 할 때는 단방향 연결리스트에 대한 이야기인지 양방향 연결리스트에 대한 이야기인지 반드시 인지하고 있어야 한다.

▶ 단방향 연결리스트에서 노드 삭제

연결리스트에서 노드를 삭제하는 연산은 꽤 직관적이다. 노드 n이 주어지면, 그 이전 노드 prev를 찾아 prev.next를 n.next와 같도록 설정한다. 리스트가 양방향 연결리스트인 경우에는 n.next가 가리키는 노드를 갱신하여 n.next.prev가 n.prev와 같도록 설정해야 한다. 여기서 유의해야 할 점은 두 가지다. 첫 번째, 널 포인터 검사를 반드시 해야 한다. 두 번째, 필요하면 head와 tail 포인터도 갱신해야 한다.

C나 C++처럼 메모리 관리가 필요한 언어를 사용해 구현하는 경우에는 삭제한 노드에 할당되었던 메모리가 제대로 반환되었는지 반드시 확인해야 한다.

```
Node deleteNode(Node head, int d) {
    Node n = head;
    if (n.data == d) {
        return head.next; /* head를 움직인다. */
    }

    while (n.next != null) {
        if (n.next.data == d) {
            n.next = n.next.next;
            return head; /* head는 변하지 않는다. */
        }
        n = n.next;
    }
    return head;
}
```

▶ Runner 기법

Runner(부가 포인터라고도 한다)는 연결리스트 문제에서 많이 활용되는 기법이다. 연결리스트를 순회할 때 두 개의 포인터를 동시에 사용하는 것이다. 이때 한 포인터가 다른 포인터보다 앞서도록 한다. 앞선 포인터가 따라오는 포인터보다 항상 지정된 개수만큼을 앞서도록 할 수도 있고, 아니면 따라오는 포인터를 여러 노드를 한 번에 뛰어넘도록 설정할 수도 있다.

예를 들어, 연결리스트 $a_1 \rightarrow a_2 \rightarrow \cdots \rightarrow a_n \rightarrow b_1 \rightarrow b_2 \rightarrow \cdots \rightarrow b_n$이 있다고 하자. 이

리스트를 $a_1 \rightarrow b_1 \rightarrow a_2 \rightarrow b_2 \rightarrow \cdots \rightarrow a_n \rightarrow b_n$과 같이 재정렬하고 싶다. 연결리스트의 정확한 길이는 모르지만, 길이가 짝수라는 정보는 알고 있다.

이때 포인터 p1(앞선 포인터)을 두고, 따라오는 포인터 p2가 한 번 움직일 때마다 포인터 p1이 두 번 움직이도록 설정해 보자. 그랬을 때 p1이 연결리스트 끝에 도달하면 p2는 가운데 지점에 있게 될 것이다. 이 상태에서 p1을 다시 맨 앞으로 옮긴 다음 p2로 하여금 원소를 재배열하도록 만들 수 있다. 즉, 루프가 실행될 때마다 p2가 가리키는 원소를 p1 뒤로 옮기는 것이다.

▶ 재귀 문제

연결리스트 관련 문제 가운데 상당수는 재귀 호출에 의존한다. 연결리스트 문제를 푸는 데 어려움을 겪고 있다면, 재귀적 접근법은 통할지 확인해 봐야 한다. 나중에 따로 한 장을 할애해 재귀적 접근법에 대해 다룰 것이기 때문에 여기서는 깊게 다루지 않을 것이다.

하지만 재귀 호출 깊이가 n이 될 경우, 해당 재귀 알고리즘이 적어도 O(n) 만큼의 공간을 사용한다는 사실을 기억하자. 모든 재귀(recursive) 알고리즘은 반복적(iterative) 형태로도 구현될 수 있긴 하지만 반복적 형태로 구현하면 한층 복잡해질 수 있다.

▶ 면접 문제

2.1 **중복 없애기:** 정렬되어 있지 않은 연결리스트가 주어졌을 때 이 리스트에서 중복되는 원소를 제거하는 코드를 작성하라.

> **연관문제**
> 임시 버퍼를 사용할 수 없다면 어떻게 풀 수 있을까?
> **힌트:** *#9, #40*

─────────────── 300쪽

2.2 **뒤에서 k번째 원소 구하기:** 단방향 연결리스트가 주어졌을 때 뒤에서 k번째 원소를 찾는 알고리즘을 구현하라.
> **힌트:** *#8, #25, #41, #67, #126*

─────────────── 301쪽

2.3 **중간 노드 삭제:** 단방향 연결리스트가 주어졌을 때 중간(정확히 가운데 노드일 필요는 없고 처음과 끝 노드만 아니면 된다)에 있는 노드 하나를 삭제하

는 알고리즘을 구현하라. 단, 삭제할 노드에만 접근할 수 있다.

예제

입력: 연결리스트 a→b→c→d→e에서 노드 c

결과: 아무것도 반환할 필요는 없지만, 결과로 연결리스트 a→b→d→e가 되어 있어야 한다.

힌트: #72

304쪽

2.4 **분할:** 값 x가 주어졌을 때 x보다 작은 노드들을 x보다 크거나 같은 노드들보다 앞에 오도록 하는 코드를 작성하라. 만약 x가 리스트에 있다면 x는 그보다 작은 원소들보다 뒤에 나오기만 하면 된다. 즉 원소 x는 '오른쪽 그룹' 어딘가에만 존재하면 된다. 왼쪽과 오른쪽 그룹 사이에 있을 필요는 없다.

예제

입력: 3→5→8→5→10→2→1 [분할값 x = 5]

출력: 3→1→2→10→5→5→8

힌트: #3, #24

304쪽

2.5 **리스트의 합:** 연결리스트로 숫자를 표현할 때 각 노드가 자릿수 하나를 가리키는 방식으로 표현할 수 있다. 각 숫자는 역순으로 배열되어 있는데, 첫 번째 자릿수가 리스트의 맨 앞에 위치하도록 배열된다는 뜻이다. 이와 같은 방식으로 표현된 숫자 두 개가 있을 때, 이 두 수를 더하여 그 합을 연결리스트로 반환하는 함수를 작성하라.

예제

입력: (7→1→6) + (5→9→2). 즉, 617 + 295.

출력: 2→1→9. 즉, 912.

연관문제

각 자릿수가 정상적으로 배열된다고 가정하고 같은 문제를 풀어 보자.

예제

입력: (6→1→7) + (2→9→5). 즉, 617 + 295.

출력: 9→1→2. 즉, 912.

힌트: #7, #30, #71, #95, #109

306쪽

2.6 **회문:** 주어진 연결리스트가 회문(palindrome)인지 검사하는 함수를 작성하라.

힌트: #5, #13, #29, #61, #101

310쪽

2.7 **교집합**: 단방향 연결리스트 두 개가 주어졌을 때 이 두 리스트의 교집합 노드를 찾은 뒤 반환하는 코드를 작성하라. 여기서 교집합이란 노드의 값이 아니라 노드의 주소가 완전히 같은 경우를 말한다. 즉, 첫 번째 리스트에 있는 k번째 노드와 두 번째 리스트에 있는 j번째 노드가 주소까지 완전히 같다면 이 노드는 교집합의 원소가 된다.

힌트: *#20, #45, #55, #65, #76, #93, #111, #120, #129*

———————————————————— 315쪽

2.8 **루프 발견**: 순환 연결리스트(circular linked list)가 주어졌을 때, 순환되는 부분의 첫째 노드를 반환하는 알고리즘을 작성하라. 순환 연결리스트란 노드의 next 포인터가 앞선 노드들 가운데 어느 하나를 가리키도록 설정되어 있는, 엄밀히 말해서 변질된 방식의 연결리스트를 의미한다.

예제

입력: A→B→C→D→E→C(앞에 나온 C와 같음)

출력: C

힌트: *#50, #69, #83, #90*

———————————————————— 318쪽

추가 문제: 트리와 그래프(#4.3), 객체 지향 설계(#7.12), 시스템 설계 및 규모 확장성(#9.5), 중간 난이도 연습문제(#16.25), 어려운 연습문제(#17.12)

스택과 큐

자료구조에 대해 속속들이 알고 있다면 스택과 큐에 관한 문제들은 풀기가 보다 수월할 것이다. 물론 면접에서 마주치는 문제들은 꽤 까다로울 수 있다. 어떤 문제들은 기존 자료구조를 간단히 수정하는 것만으로도 해결 가능하지만 어떤 문제들은 그보다 훨씬 더 복잡하고 어려울 수 있다.

▶ 스택 구현하기

스택 자료구조는 말 그대로 데이터를 쌓아 올린다(stack)는 의미이다. 문제의 종류에 따라 배열보다 스택에 데이터를 저장하는 것이 더 적합한 방법일 수 있다.

　스택은 LIFO(Last-In-First-Out)에 따라 자료를 배열한다. 접시를 쌓아 두었다가 사용할 때와 마찬가지로, 가장 최근에 스택에 추가한 항목이 가장 먼저 제거될 항목이라는 것이다.

　스택에는 다음과 같은 연산이 존재한다.

- pop(): 스택에서 가장 위에 있는 항목을 제거한다.
- push(item): item 하나를 스택의 가장 윗 부분에 추가한다.
- peek(): 스택의 가장 위에 있는 항목을 반환한다.
- isEmpty(): 스택이 비어 있을 때에 true를 반환한다.

배열과 달리 스택은 상수 시간에 i번째 항목에 접근할 수 없다. 하지만 스택에서 데이터를 추가하거나 삭제하는 연산은 상수 시간에 가능하다. 배열처럼 원소들을 하나씩 옆으로 밀어 줄 필요가 없다.

　아래에 간단한 스택 예제 코드를 실었다. 스택은 같은 방향에서 아이템을 추가하고 삭제한다는 조건하에 연결리스트로 구현할 수도 있다.

```
public class MyStack {
    private static class StackNode {
        private T data;
        private StackNode next;
        public StackNode(T data) {
            this.data = data;
        }
    }
```

```
    private StackNode top;
    public T pop() {
        if (top == null) throw new EmptyStackException();
        T item = top.data;
        top = top.next;
        return item;
    }

    public void push(T item) {
        StackNode t = new StackNode(item);
        t.next = top;
        top = t;
    }

    public T peek() {
        if (top == null) throw new EmptyStackException();
        return top.data;
    }

    public boolean isEmpty() {
        return top == null;
    }
}
```

스택이 유용한 경우는 재귀 알고리즘을 사용할 때다. 재귀적으로 함수를 호출해야 하는 경우에 임시 데이터를 스택에 넣어 주고, 재귀 함수를 빠져 나와 퇴각 검색(backtrack)을 할 때는 스택에 넣어 두었던 임시 데이터를 빼 줘야 한다. 스택은 이런 일련의 행위를 직관적으로 가능하게 해 준다.

스택은 또한 재귀 알고리즘을 반복적 형태(iterative)를 통해서 구현할 수 있게 해 준다(재귀를 반복적 형태로 바꿔서 구현하는 것은 굉장히 좋은 연습문제다! 간단한 재귀 알고리즘을 반복적 형태로 바꿔서 구현해 보길 바란다).

▶ 큐 구현하기

큐는 FIFO(First-In-First-Out) 순서를 따른다. 매표소 앞에 서 있는 사람들이 움직이는 형태와 같이, 큐에 저장되는 항목들은 큐에 추가되는 순서대로 제거된다.

큐에는 다음과 같은 연산이 존재한다.

· add(item): item을 리스트의 끝부분에 추가한다.
· remove(): 리스트의 첫 번째 항목을 제거한다.
· peek(): 큐에서 가장 위에 있는 항목을 반환한다.
· isEmpty(): 큐가 비어 있을 때에 true를 반환한다.

큐 또한 연결리스트로 구현할 수 있다. 연결리스트의 반대 방향에서 항목을 추가하거나 제거하도록 구현한다면 근본적으로 큐와 같다.

```
public class MyQueue {
    private static class QueueNode {
        private T data;
        private QueueNode next;
        public QueueNode(T data) {
            this.data = data;
        }
    }

    private QueueNode first;
    private QueueNode last;

    public void add(T item) {
        QueueNode t = new QueueNode(item);
        if (last != null) {
            last.next = t;
        }
        last = t;
        if (first == null) {
            first = last;
        }
    }

    public T remove() {
        if (first == null) throw new NoSuchElementException();
        T data = first.data;
        first = first.next;
        if (first == null) {
            last = null;
        }
        return data;
    }

    public T peek() {
        if (first == null) throw new NoSuchElementException();
        return first.data;
    }

    public boolean isEmpty() {
        return first == null;
    }
}
```

큐에서 처음과 마지막 노드를 갱신할 때 실수가 나오기 쉽다. 코딩할 때 반드시 이 부분을 확인하고 넘어가길 바란다.

큐는 너비 우선 탐색(breadth-first search)을 하거나 캐시를 구현하는 경우에 종종 사용된다.

예를 들어 너비 우선 탐색을 하는 경우에, 처리해야 할 노드의 리스트를 저장하는 용도로 큐를 사용했다. 노드를 하나 처리할 때마다 해당 노드와 인접한 노드들을 큐에 다시 저장한다. 이렇게 함으로써 노드를 접근한 순서대로 처리할 수 있게 된다.

▶ 면접 문제

3.1 **한 개로 세 개:** 배열 한 개로 스택 세 개를 어떻게 구현할지 설명하라.

힌트: #2, #12, #38, #58

322쪽

3.2 **스택 Min:** 기본적인 push와 pop 기능이 구현된 스택에서 최솟값을 반환하는 min 함수를 추가하려고 한다. 어떻게 설계할 수 있겠는가? push, pop, min 연산은 모두 O(1) 시간에 동작해야 한다.

힌트: #27, #59, #78

326쪽

3.3 **접시 무더기:** 접시 무더기를 생각해 보자. 접시를 너무 높이 쌓으면 무너져 내릴 것이다. 따라서 현실에서는 접시를 쌓다가 무더기가 어느 정도 높아지면 새로운 무더기를 만든다. 이것을 흉내 내는 자료구조 SetOfStacks를 구현해 보라. SetOfStacks는 여러 개의 스택으로 구성되어 있으며, 이전 스택이 지정된 용량을 초과하는 경우 새로운 스택을 생성해야 한다. SetOfStacks.push()와 SetOfStacks.pop()은 스택이 하나인 경우와 동일하게 동작해야 한다(다시 말해, pop()은 정확히 하나의 스택이 있을 때와 동일한 값을 반환해야 한다).

연관문제
특정한 하위 스택에 대해서 pop을 수행하는 popAt(int index) 함수를 구현하라.

힌트: #64, #81

328쪽

3.4 **스택으로 큐:** 스택 두 개로 큐 하나를 구현한 MyQueue 클래스를 구현하라.

힌트: #98, #114

331쪽

3.5 **스택 정렬:** 가장 작은 값이 위로 오도록 스택을 정렬하는 프로그램을 작성하라. 추가적으로 하나 정도의 스택은 사용해도 괜찮지만, 스택에 보관된 요소를 배열 등의 다른 자료구조로 복사할 수는 없다. 스택은 push, pop, peek, isEmpty의 네 가지 연산을 제공해야 한다.

힌트: #15, #32, #43

333쪽

3.6 **동물 보호소:** 먼저 들어온 동물이 먼저 나가는 동물 보호소(animal shelter)가 있다고 하자. 이 보호소는 개와 고양이만 수용한다. 사람들은 보호소에서 가장 오래된 동물부터 입양할 수 있는데, 개와 고양이 중 어떤 동물을 데려갈지 선택할 수 있다. 하지만 특정한 동물을 지정해 데려갈 수는 없다. 이 시스템을 자료구조로 구현하라. 이 자료구조는 enqueue, dequeueAny, dequeueDog, dequeueCat의 연산을 제공해야 한다. 기본적으로 탑재되어 있는 LinkedList 자료구조를 사용해도 좋다.

————————————————————————————————— 334쪽

추가 문제: 연결리스트(#2.6), 중간 난이도 연습문제(#16.26), 어려운 연습문제(#17.9)

04
트리와 그래프

면접에 임하는 많은 지원자들이 가장 까다로워 하는 문제 중 하나가 트리나 그래프 문제인 것 같다. 트리에서 탐색(search)하는 것이 배열이나 연결리스트처럼 선형으로 구성된 자료구조에서 탐색하는 것보다 훨씬 까다롭다. 또한, 최악의 수행 시간과 평균적 수행 시간이 매우 크게 바뀔 수 있어서, 알고리즘을 살펴볼 때에는 두가지 측면 모두를 반드시 따져 봐야 한다. 트리와 그래프를 밑바닥부터 능숙하게 구현할 수 있는 능력을 갖추면 분명 도움이 될 것이다.

트리가 그래프의 한 부분이라 그래프보다 트리를 먼저 다루는 책의 순서가 좀 이상하게 느껴질 수 있다. 하지만 많은 사람들이 그래프보다는 트리를 더 익숙하게 생각하기 때문에(트리가 좀 더 단순하기도 하고), 여기서는 트리를 먼저 다룰 것이다.

> 이번 장에 등장하는 용어들은 다른 책에 나오는 용어들과 살짝 다를 수도 있다. 여러분이 다른 책에 나오는 정의에 익숙하더라도 괜찮다. 단, 면접 시에는 면접관에게 모호할 수 있는 용어를 먼저 정리해 줘야 한다.

▶ 트리의 종류

트리를 이해하기 위한 좋은 방법 중 하나는 재귀적 설명법을 사용하는 것이다. 트리는 노드로 이루어진 자료구조다.

· 트리는 하나의 루트 노드를 갖는다(사실 그래프 이론에서는 꼭 이래야 할 필요는 없지만, 보통 일반적인 프로그래밍, 그 중에서도 프로그래밍 면접에서 사용하는 트리에선 맞는 말이라고 할 수 있다).
· 루트 노드는 0개 이상의 자식 노드를 갖고 있다.
· 그 자식 노드 또한 0개 이상의 자식 노드를 갖고 있고, 이는 반복적으로 정의된다.

트리에는 사이클(cycle)이 존재할 수 없다. 노드들은 특정 순서로 나열될 수도 있고 그럴 수 없을 수도 있다. 각 노드는 어떤 자료형으로도 표현 가능하다. 각 노드는 부모 노드로의 연결이 있을 수도 있고 없을 수도 있다.

Node 클래스를 아주 간단하게 정의하면 다음과 같다.

```
class Node {
    public String name;
    public Node[] children;
}
```

위의 노드 클래스를 포함하는 Tree 클래스를 정의할 수도 있다. 면접 문제를 다루
는 입장에서, 일반적인 Tree 클래스를 사용하지 않을 것이다. 이 클래스가 여러분
의 코드를 더 간단하고 좋게 만들어 준다고 생각한다면 사용해도 괜찮지만, 그럴
것 같진 않다.

```
class Tree {
    public Node root;
}
```

트리 및 그래프 문제들은 대부분 세부사항이 모호하거나 가정 자체가 틀린 경우가
많다. 아래의 이슈들에 대해 유의하고, 필요하면 명확하게 해 줄 것을 요구하자.

트리 vs. 이진 트리

이진 트리(binary tree)는 각 노드가 최대 두 개의 자식을 갖는 트리를 말한다. 모든
트리가 이진 트리는 아니다. 예를 들어 아래의 트리는 이진 트리가 아니다. 삼진 트
리(ternary tree)라고 부른다.

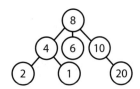

종종 이진 트리가 아닌 트리를 다뤄야 할 때가 있다. 예를 들어, 전화번호를 표현할
때 트리를 사용한다고 가정해 보자. 이때는 각 노드가 10개의 자식(하나당 숫자 하
나)을 갖는 10차 트리(10-ary tree)를 사용해야 할 것이다.

자식이 없는 노드는 '말단' 노드라고 부른다.

이진 트리 vs. 이진 탐색 트리

이진 탐색 트리는 모든 노드가 다음과 같은 특정 순서를 따르는 속성이 있는 이진
트리를 일컫는다.

'모든 왼쪽 자식들 <= n < 모든 오른쪽 자식들' 속성은 모든 노드 n에 대해서 반
드시 참이어야 한다.

같은 값을 처리하는 방식에 따라 이진 탐색 트리는 약간씩 정의가 달라질 수 있다. 어떤 곳에서는 트리는 중복된 값을 가지면 안 된다고 나오고, 또 다른 곳에서는 중복된 값은 오른쪽 혹은 양쪽 어느 곳이든 존재할 수 있다고 나온다. 모두 맞는 정의라고 할 수 있지만 면접관에게 미리 명확히 얘기할 필요가 있다.

부등식의 경우에 대해서는 바로 아래 자식뿐만 아니라 내 밑에 있는 모든 자식 노드들에 대해서 참이어야 한다. 아래에 나와 있는 그림에서 왼쪽은 이진 탐색 트리가 맞지만 오른쪽은 12가 8 왼쪽에 있기 때문에 이진 탐색 트리가 될 수 없다.

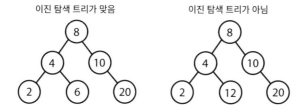

많은 지원자들이 트리 문제가 주어지면 이진 탐색 트리일 것이라고 가정해 버린다. 이진 탐색 트리인지 아닌지 확실히 묻도록 하자. 이진 탐색 트리는 모든 노드에 대해서 그 왼쪽 자식들의 값이 현재 노드 값보다 작거나 같도록 하고, 그리고 오른쪽 자식들의 값은 현재 노드의 값보다 반드시 커야 한다.

균형 vs. 비균형

많은 트리가 균형 잡혀 있긴 하지만 전부 그런 것은 아니다. 면접관에게 어느 쪽인지 묻도록 하자. 균형을 잡는다는 것이 왼쪽과 오른쪽 부분 트리의 크기가 완전히 같게 하는 것을 의미하지 않는다(다음에 나오는 '완전 이진 트리' 그림처럼 말이다).

'균형' 트리인지 아닌지 확인하는 방법 중 하나는 '너무 불균형한건 아닌지' 확인하는 것 이상의 의미를 갖는다. O(logN) 시간에 insert와 find를 할 수 있을 정도로 균형이 잘 잡혀 있지만, 그렇다고 꼭 완벽하게 균형 잡혀 있을 필요는 없다.

균형 트리의 일반적인 유형으로는 레드-블랙 트리(818쪽)와 AVL 트리(816쪽), 이렇게 두 가지가 있다. 이들에 대해서는 고급 주제와 관련된 장에서 좀 더 자세하게 다룰 예정이다.

완전 이진 트리

완전 이진 트리(complete binary tree)는 트리의 모든 높이에서 노드가 꽉 차 있는 이진 트리를 말한다. 마지막 단계(level)는 꽉 차 있지 않아도 되지만 노드가 왼쪽에서 오른쪽으로 채워져야 한다.

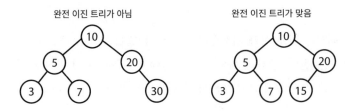

전 이진 트리

전 이진 트리(full binary tree)는 모든 노드의 자식이 없거나 정확히 두 개 있는 경우를 말한다. 즉, 자식이 하나만 있는 노드가 존재해서는 안 된다.

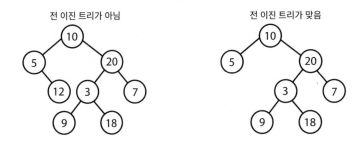

포화 이진 트리

포화 이진 트리(perfect binary tree)는 전 이진 트리이면서 완전 이진 트리인 경우를 말한다. 모든 말단 노드는 같은 높이에 있어야 하며, 마지막 단계에서 노드의 개수가 최대가 되어야 한다.

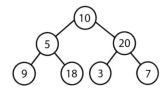

포화 이진 트리는 노드의 개수가 정확히 $2^{k}-1$(k는 트리의 높이)개여야 한다는 점에서, 면접에서든 실제 상황에서든 흔하게 나타나는 경우는 아니다. 면접에서 나온

이진 트리가 포화 이진 트리일 것이라고 생각하지 말자.

▶ 이진 트리 순회

면접에 들어가기 앞서 중위(in-order), 후위(post-order), 전위(pre-order) 순회에 대해서 익숙해지자. 그중 가장 빈번하게 사용되는 순회 방식은 중위 순회이다.

중위 순회

중위 순회(in-order traversal)는 왼쪽 가지(branch), 현재 노드, 오른쪽 가지 순서로 노드를 '방문'하고 출력하는 방법을 말한다.

```
void inOrderTraversal(TreeNode node) {
    if (node != null) {
        inOrderTraversal(node.left);
        visit(node);
        inOrderTraversal(node.right);
    }
}
```

이진 탐색 트리를 이 방식으로 순회한다면 오름차순으로 방문하게 된다.

전위 순회

전위 순회(pre-order traversal)는 자식 노드보다 현재 노드를 먼저 방문하는 방법을 말한다.

```
void preOrderTraversal(TreeNode node) {
    if (node != null) {
        visit(node);
        preOrderTraversal(node.left);
        preOrderTraversal(node.right);
    }
}
```

전위 순회에서 가장 먼저 방문하게 될 노드는 언제나 루트이다.

후위 순회

후위 순회(post-order traversal)는 모든 자식 노드들을 먼저 방문한 뒤 마지막에 현재 노드를 방문하는 방법을 말한다.

```
void postOrderTraversal(TreeNode node) {
    if (node != null) {
        postOrderTraversal(node.left);
        postOrderTraversal(node.right);
        visit(node);
    }
}
```

후위 순회에서 가장 마지막에 방문하게 될 노드는 언제나 루트이다.

▶ 이진 힙(최소힙과 최대힙)

여기서는 최소힙(min-heaps)에 대해서만 다룰 것이다. 최대힙(max-heaps)은 원소가 내림차순으로 정렬되어 있다는 점만 다를 뿐, 최소힙과 완전히 같다.

최소힙은 트리의 마지막 단계에서 오른쪽 부분을 뺀 나머지 부분이 가득 채워져 있다는 점에서 완전 이진 트리이며, 각 노드의 원소가 자식들의 원소보다 작다는 특성이 있다. 따라서 루트는 트리 전체에서 가장 작은 원소가 된다.

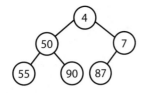

최소힙에는 insert와 extract_min이라는 핵심 연산 두 가지가 존재한다.

삽입

최소힙에 원소를 삽입할 때는 언제나 트리의 밑바닥에서부터 삽입을 시작한다. 완전 트리의 속성에 위배되지 않게 새로운 원소는 밑바닥 가장 오른쪽 위치로 삽입된다.

그 다음에 새로 삽입된 원소가 제대로 된 자리를 찾을 때까지 부모 노드와 교환해 나간다. 기본적으로 이와 같은 방식으로 최소 원소를 위쪽으로 올린다.

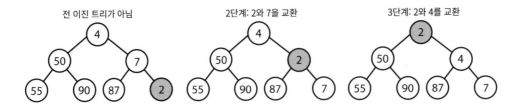

힙에 있는 노드의 개수를 n이라 할 때 위의 연산은 $O(\log n)$ 시간이 걸린다.

최소 원소 뽑아내기

최소힙에서 최소 원소를 찾기란 쉬운 일이다. 최소 원소는 언제나 가장 위에 놓인다. 사실 이 최솟값을 어떻게 힙에서 제거하느냐가 까다로운 부분이다(그렇게 어렵진 않지만).

첫 번째, 최소 원소를 제거한 후에 힙에 있는 가장 마지막 원소(밑바닥 가장 왼쪽에 위치한 원소)와 교환한다. 그 다음 최소힙의 성질을 만족하도록, 해당 노드를 자식 노드와 교환해 나감으로써 밑으로 내보낸다.

그런데 왼쪽 자식과 오른쪽 자식 중 누구와 교환해야 하나? 그것은 원소의 값이 무엇이냐에 따라 달라진다. 왼쪽 원소와 오른쪽 원소가 어떤 순서 관계가 있는 것은 아니지만 최소힙의 속성을 유지하기 위해선 더 작은 원소와 교환해 나가야 한다.

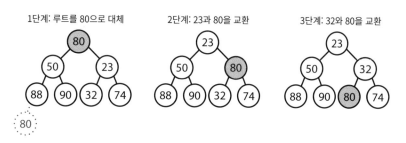

이 알고리즘은 O(log n) 시간이 걸린다.

▶ 트라이(접두사 트리)

접두사 트리(prefix tree)라고도 불리우는 트라이(trie)는 재밌는 자료구조다. 트라이는 면접 문제에 자주 출제되지만 실제 알고리즘 책에서는 이 자료구조를 설명하는 데 많은 시간을 할애하지 않는다.

트라이는 n-차 트리(n-ary tree)의 변종으로 각 노드에 문자를 저장하는 자료구조이다. 따라서 트리를 아래쪽으로 순회하면 단어 하나가 나온다.

널 노드(null node)라고도 불리우는 '＊ 노드'는 종종 단어의 끝을 나타낸다. 예를 들어, MANY 이후에 '＊ 노드'가 나오면 MANY라는 단어가 완성되었음을 알리는 것이다. MA라는 경로가 존재한다는 사실은 MA로 시작하는 단어가 있음을 알려준다.

'＊ 노드'의 실제 구현은 특별한 종류의 자식 노드로 표현될 수도 있다. 예를 들어 TrieNode를 상속한 TerminatingTrieNode로 표현될 수도 있다. 아니면 '＊ 노드'의 '부모 노드' 안에 불린 플래그(boolean flag)를 새로 정의함으로써 단어의 끝을 표현할 수도 있다.

트라이에서 각 노드는 1개에서 ALPHABET_SIZE+1개까지 자식을 갖고 있을 수 있다(만약 '＊ 노드' 대신 불린 플래그로 표현했다면 0개에서 ALPHABET_SIZE까지).

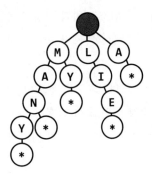

접두사를 빠르게 찾아보기 위한 아주 흔한 방식으로, 모든 언어를 트라이에 저장해 놓는 방식이 있다. 해시테이블을 이용하면 주어진 문자열이 유효한지 아닌지 빠르게 확인할 수 있지만, 그 문자열이 어떤 유효한 단어의 접두사인지 확인할 수는 없다. 트라이를 이용하면 아주 빠르게 확인할 수 있다.

> 얼마나 빠르게 할 수 있나? 트라이는 길이가 K인 문자열이 주어졌을 때 O(K) 시간에 해당 문자열이 유효한 접두사인지 확인할 수 있다. 이 시간은 해시테이블을 사용했을 때와 정확히 같은 수행 시간이다. 우리가 종종 해시테이블을 검색하는 시간이 O(1)이라고 말하지만 완전히 맞는 말은 아니다. 해시테이블도 입력 문자열은 전부 읽어야 하므로 길이가 K인 단어를 검색하는 데 걸리는 시간은 O(K)가 된다.

유효한 단어 집합을 이용하는 많은 문제들은 트라이를 통해 최적화할 수 있다. 트리에서 연관된 접두사를 반복적으로 검색해야 하는 상황에서는(예를 들어 M, MA, MAN, MANY를 차례대로 살펴보는 상황), 트리의 현재 노드를 참조값으로 넘길 수도 있다. 이렇게 한다면 매번 검색할 때마다 루트에서 시작할 필요가 없고, 단순히 Y가 MAN의 자식인지만 확인해 보면 된다.

▶ 그래프

사실, 트리(tree)는 그래프(graph)의 한 종류이다. 하지만 그렇다고 모든 그래프가 트리는 아니다. 간단하게 얘기해서 트리는 사이클(cycle)이 없는 하나의 연결 그래프(connected graph)이다.

그래프는 단순히 노드와 그 노드를 연결하는 간선(edge)을 하나로 모아 놓은 것과 같다.

- 다음 그림과 같이 그래프에는 방향성이 있을 수도 있고 없을 수도 있다. 방향성이 있는 간선은 일방통행, 방향성이 없는 간선은 양방향 통행 도로라고 생각하면 된다.
- 그래프는 여러 개의 고립된 부분 그래프(isolated subgraphs)로 구성될 수 있다. 모든 정점 쌍(pair of vertices)[1] 간에 경로가 존재하는 그래프는 '연결 그래프'라고 부른다.
- 그래프에는 사이클이 존재할 수도 있고 존재하지 않을 수도 있다. 사이클이 없는 그래프는 '비순환 그래프'(acyclic graph)라고 부른다.

그래프를 시각적으로 그려보면 다음과 같이 표현할 수 있다.

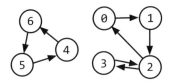

프로그래밍 관점에서 그래프를 표현할 때는 일반적으로 다음 두 가지 방법을 사용한다.

인접 리스트

인접 리스트(adjacency list)는 그래프를 표현할 때 사용되는 가장 일반적인 방법이다. 모든 정점(혹은 노드)을 인접 리스트에 저장한다. 무방향 그래프(undirected graph)에서 (a, b) 간선은 두 번 저장된다. 한 번은 a 정점에 인접한 간선을 저장하고 다른 한 번은 b에 인접한 간선을 저장한다.

그래프에서 노드를 정의하는 간단한 클래스는 트리의 노드 클래스와 궁극적으로 같아 보인다.

```
class Graph {
    public Node[] nodes;
}

class Node {
    public String name;
    public Node[] children;
}
```

---

1 (옮긴이) 이 책에 노드(node)와 정점(vertex)이 함께 등장하는데, 두 단어 사이에 유의미한 차이점은 없다고 생각해도 된다.

트리에선 특정 노드 하나(루트 노트)에서 다른 모든 노드로 접근이 가능했었기 때문에 군이 Tree 클래스를 따로 두지 않았다. 하지만 그래프는 트리와 달리 특정 노드에서 다른 모든 노드로 접근이 가능하지는 않아 Graph라는 클래스를 사용한다.

그래프를 표현하기 위한 추가적인 클래스를 따로 만들 필요는 없다. 배열(혹은 해시테이블)과 배열의 각 인덱스마다 존재하는 또 다른 리스트(배열, 동적 가변 크기 배열(arraylist), 연결리스트(linked list) 등)를 이용해서 인접 리스트를 표현할 수 있다. 위의 그래프는 다음과 같이 표현된다.

```
0: 1
1: 2
2: 0, 3
3: 2
4: 6
5: 4
6: 5
```

위의 경우에는 그래프를 약간 압축해서 표현했기 때문에 그리 깔끔하지 않다. 그래서 어떤 이유가 있지 않는 이상 노드 클래스를 사용해서 표현할 것이다.

인접 행렬

인접 행렬은 N×N 불린 행렬(boolean matrix)로써 `matrix[i][j]`가 true라면 i에서 j로의 간선이 있다는 뜻이다. 0과 1을 이용한 정수 행렬(integer matrix)을 사용할 수도 있다. 여기서 N은 노드의 개수를 뜻한다.

무방향 그래프를 인접 행렬로 표현한다면 이 행렬은 대칭행렬(symmetric matrix)이 된다. 물론 방향 그래프는 대칭행렬이 안 될 수도 있다.

	0	1	2	3
0	0	1	0	0
1	0	0	1	0
2	1	0	0	0
3	0	0	1	0

인접 리스트를 사용한 그래프 알고리즘들, 예를 들어 너비 우선 탐색(breadth-first search) 또한 인접 행렬에서도 사용 가능하다. 하지만 인접 행렬은 조금 효율성이 떨어진다. 인접 리스트에서는 어떤 노드에 인접한 노드들을 쉽게 찾을 수 있었다. 하지만 인접 행렬에서는 어떤 노드에 인접한 노드를 찾기 위해서는 모든 노드를 전부 순회해야 알 수 있다.

그래프 탐색

그래프를 탐색하는 일반적인 방법 두 가지로는 깊이 우선 탐색(depth-first search)과 너비 우선 탐색(breadth-first search)이 있다.

깊이 우선 탐색(DFS)은 루트 노드(혹은 다른 임의의 노드)에서 시작해서 다음 분기(branch)로 넘어가기 전에 해당 분기를 완벽하게 탐색하는 방법을 말한다. 즉, 이름이 말해주듯이, 넓게(wide) 탐색하기 전에 깊게(deep) 탐색한다는 뜻이다.

너비 우선 탐색(BFS)은 루트 노드(혹은 다른 임의의 노드)에서 시작해서 인접한 노드를 먼저 탐색하는 방법을 말한다. 즉, 이름이 말해주듯이, 깊게 탐색하기 전에 넓게 탐색한다는 뜻이다.

다음에 예제 그래프와 그 그래프를 깊이 우선 탐색한 결과와 너비 우선 탐색한 결과가 나와 있다. 인접한 노드가 여러 개일 때는 노드의 번호 순서대로 순회한다고 가정하자.

너비 우선 탐색과 깊이 우선 탐색은 서로 다른 상황에서 사용되는 경향이 있다. DFS는 그래프에서 모든 노드를 방문하고자 할 때 더 선호되는 편이다. 둘 중 아무거나 사용해도 상관없지만, 깊이 우선 탐색이 좀 더 간단하긴 하다.

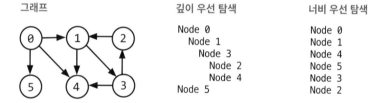

그래프	깊이 우선 탐색	너비 우선 탐색
	Node 0	Node 0
	Node 1	Node 1
	Node 3	Node 4
	Node 2	Node 5
	Node 4	Node 3
	Node 5	Node 2

하지만 두 노드 사이의 최단 경로 혹은 임의의 경로를 찾고 싶을 때는 BFS가 일반적으로 더 낫다. 지구상에 존재하는 모든 친구 관계를 그래프로 표현한 뒤 Ash와 Vanessa 사이에 존재하는 경로를 찾는 경우를 생각해 보면 왜 BFS가 더 나은지 쉽게 알 수 있을 것이다.

깊이 우선 탐색을 사용하면, Ash→Brian→Carleton→Davis→Eric→Farah→Gayle→Harry→Isabella→John→Kari…와 같이 아주 정답에서 동떨어진 경로를 계속해서 탐색해 나갈 수가 있다. Vanessa가 Ash의 친구라는 사실을 깨닫기 위해 지구상의 모든 친구 관계를 다 살펴봐야 할지도 모른다. 궁극적으로는 경로를 찾을 수 있겠지만, 굉장히 오래 걸릴 것이다. 게다가 최단 경로가 아닐 수도 있다.

너비 우선 탐색을 이용하면 가능한 한 Ash와 가까운 관계부터 탐색해 나갈 수 있다. 많은 Ash의 친구들을 전부 순회하게 되겠지만, 반드시 필요한 경우가 아닌 이상 더 먼 관계에 있는 친구들을 살펴보진 않을 것이다. 만약 Vanessa가 Ash의 친구 혹은 친구의 친구라면 DFS에 비해 상대적으로 더 빨리 찾을 수 있을 것이다.

깊이 우선 탐색(DFS)

DFS는 a 노드를 방문한 뒤 a와 인접한 노드들을 차례로 순회한다. a와 이웃한 노드 b를 방문했다면, a와 인접한 또 다른 노드를 방문하기 전에 b의 이웃 노드들을 전부 방문해야 한다. 즉, b의 분기를 전부 완벽하게 탐색한 뒤에야 a의 다른 이웃 노드를 방문할 수 있다는 뜻이다.

전위 순회를 포함한 다른 형태의 트리 순회는 모두 DFS의 한 종류이다. 이 알고리즘을 구현할 때 가장 큰 차이점은, 그래프 탐색의 경우 어떤 노드를 방문했었는지 여부를 반드시 검사해야 한다는 것이다. 이를 검사하지 않을 경우 무한루프에 빠질 위험이 있다.

아래는 DFS를 구현한 의사코드(pseudocode)이다.

```
void search(Node root) {
    if (root == null) return;
    visit(root);
    root.visited = true;
    for each (Node n in root.adjacent) {
        if (n.visited == false) {
            search(n);
        }
    }
}
```

너비 우선 탐색(BFS)

BFS는 직관적이지 않은 면이 있다. 그래서 BFS가 익숙하지 않은 많은 지원자들이 BFS를 구현하는 데 애를 먹기도 한다. 실패하는 가장 흔한 이유는 BFS가 재귀적으로 동작할 거라고 잘못 가정하는 것이다. BFS는 재귀적으로 동작하지 않는다. BFS는 큐(queue)를 사용한다.

a 노드에서 시작한다고 했을 때, BFS는 a 노드의 이웃 노드를 모두 방문한 다음에 이웃의 이웃들을 방문한다. 즉, BFS는 a에서 시작해서 거리에 따라 단계별로 탐색한다고 볼 수 있다. 일반적으로 큐를 이용해서 반복적 형태로 구현하는 것이 가장 잘 동작한다.

```
void search(Node root) {
    Queue queue = new Queue();
    root.marked = true;
```

```
queue.enqueue(root); // 큐의 끝에 추가한다.

while (!queue.isEmpty()) {
    Node r = queue.dequeue(); // 큐의 앞에서 뽑아낸다.
    visit(r);
    foreach (Node n in r.adjacent) {
        if (n.marked == false) {
            n.marked = true;
            queue.enqueue(n);
        }
    }
}
}
```

BFS는 큐를 사용해서 구현한다는 사실을 명심하라. 그렇게 한다면 알고리즘의 나머지 부분은 자연스럽게 풀릴 것이다.

양방향 탐색

양방향 탐색(bidirectional search)은 출발지와 도착지 사이에 최단 경로를 찾을 때 사용되곤 한다. 기본적으로 출발지와 도착지 두 노드에서 동시에 너비 우선 탐색을 수행한 뒤, 두 탐색 지점이 충돌하는 경우에 경로를 찾는 방식이다.

너비 우선 탐색
한 지점에서 탐색을 하면
4단계 이후에 s와 t가 만난다.

양방향 탐색
s와 t 두 지점에서 동시에
탐색을 시작하면 총 4단계(각 2단계)
이후에 탐색 지점이 충돌한다.

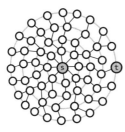

양방향 탐색 방식이 왜 더 빠른지 살펴본다. 모든 노드가 적어도 k개의 이웃 노드와 연결되어 있고 s에서 t로의 최단 거리가 d가 되는 그래프를 생각해 보자.

- 전통적인 너비 우선 탐색을 사용한다면 첫 단계에서 k개의 노드를 탐색해야 할 것이다. 다음 단계에선 k개의 노드들 또한 이웃한 k개의 노드를 탐색해야 하므로 총 k^2개의 노드를 탐색해야 한다. 따라서 이를 d번 반복하면 총 $O(k^d)$개의 노드를 탐색해야 한다.

- 양방향 탐색을 사용한다면 두 탐색 알고리즘이 대략 d/2단계(s와 t 사이의 중간 지점)까지 탐색한 후에 충돌할 것이다. 따라서 s와 t 각각에서 방문하게 될 노드

의 수는 대략 $k^{d/2}$개가 될 것이고, 따라서 방문하게 될 전체 노드는 대략 $2*k^{d/2}$, $O(k^{d/2})$개가 된다.

별 차이가 없어 보일 수도 있지만, 그렇지 않다. $(k^{d/2})*(k^{d/2})=k^d$이라는 사실을 생각해 본다면, 양방향 탐색은 일반적인 너비 우선 탐색보다 $k^{d/2}$만큼 더 빠르다.

다른 방식으로 말해 보자. 현재 시스템에서 너비 우선 탐색을 돌리면 친구의 친구까지만 찾을 수 있다고 할 때, 양방향 탐색을 이용하면 친구의 친구의 친구의 친구까지 찾을 수 있다. 즉, 2배 더 긴 경로까지 찾을 수 있다.

추가로 읽을거리: 위상정렬(topological sort)(808쪽), 다익스트라 알고리즘(dijkstra's algorithm)(810쪽), AVL 트리(816쪽), 레드-블랙 트리(818쪽)

▶ 면접 문제

4.1 **노드 사이의 경로:** 방향 그래프가 주어졌을 때 두 노드 사이에 경로가 존재하는지 확인하는 알고리즘을 작성하라.

힌트: *#127*

337쪽

4.2 **최소 트리:** 오름차순으로 정렬된 배열이 있다. 이 배열 안에 들어 있는 원소는 정수이며 중복된 값이 없다고 했을 때 높이가 최소가 되는 이진 탐색 트리를 만드는 알고리즘을 작성하라.

힌트: *#19, #73, #116*

338쪽

4.3 **깊이의 리스트:** 이진 트리가 주어졌을 때 같은 깊이에 있는 노드를 연결리스트로 연결해 주는 알고리즘을 설계하라. 즉, 트리의 깊이가 D라면 D개의 연결리스트를 만들어야 한다.

힌트: *#107, #123, #135*

339쪽

4.4 **균형 확인:** 이진 트리가 균형 잡혀있는지 확인하는 함수를 작성하라. 이 문제에서 균형 잡힌 트리란 모든 노드에 대해서 왼쪽 부분 트리의 높이와 오른쪽 부분 트리의 높이의 차이가 최대 하나인 트리를 의미한다.

힌트: *#21, #33, #49, #105, #124*

341쪽

4.5 **BST 검증:** 주어진 이진 트리가 이진 탐색 트리인지 확인하는 함수를 작성하라.

힌트: *#35, #57, #86, #113, #128*

342쪽

4.6 **후속자:** 이진 탐색 트리에서 주어진 노드의 '다음' 노드(중위 후속자(in-order successor))를 찾는 알고리즘을 작성하라. 각 노드에는 부모 노드를 가리키는 링크가 존재한다고 가정하자.

힌트: *#79, #91*

346쪽

4.7 **순서 정하기:** 프로젝트의 리스트와 프로젝트들 간의 종속 관계(즉, 프로젝트 쌍이 리스트로 주어지면 각 프로젝트 쌍에서 두 번째 프로젝트가 첫 번째 프로젝트에 종속되어 있다는 뜻)가 주어졌을 때, 프로젝트를 수행해 나가는 순서를 찾으라. 유효한 순서가 존재하지 않으면 에러를 반환한다.

예제
입력:
프로젝트: a, b, c, d, e, f
종속 관계: (a, d), (f, b), (b, d), (f, a), (d, c)
출력: f, e, a, b, d, c
힌트: *#26, #47, #60, #85, #125, #133*

347쪽

4.8 **첫 번째 공통 조상:** 이진 트리에서 노드 두 개가 주어졌을 때 이 두 노드의 첫 번째 공통 조상을 찾는 알고리즘을 설계하고 그 코드를 작성하라. 자료구조 내에 추가로 노드를 저장해 두면 안 된다. 반드시 이진 탐색 트리일 필요는 없다.

힌트: *#10, #16, #28, #36, #46, #70, #80, #96*

356쪽

4.9 **BST 수열:** 배열의 원소를 왼쪽에서부터 차례로 트리에 삽입함으로써 이진 탐색 트리를 생성할 수 있다. 이진 탐색 트리 안에서 원소가 중복되지 않는다고 할 때, 해당 트리를 만들어 낼 수 있는 모든 가능한 배열을 출력하라.

예제

입력:

출력: {2, 1, 3}, {2, 3, 1}
힌트: *#39, #48, #66, #82*

—————————————————————————————— 362쪽

4.10 **하위 트리 확인:** 두 개의 커다란 이진 트리 T1과 T2가 있다고 하자. T1이 T2 보다 훨씬 크다고 했을 때, T2가 T1의 하위 트리(subtree)인지 판별하는 알고리즘을 만들라. T1 안에 있는 노드 n의 하위 트리가 T2와 동일하면, T2는 T1의 하위 트리다. 다시 말해, T1에서 노트 n의 아래쪽을 끊어 냈을 때 그 결과가 T2와 동일해야 한다.
힌트: *#4, #11, #18, #31, #37*

—————————————————————————————— 366쪽

4.11 **임의의 노드:** 이진 트리 클래스를 바닥부터 구현하려고 한다. 노드의 삽입, 검색, 삭제뿐만 아니라 임의의 노드를 반환하는 getRandomNode() 메서드도 구현한다. 모든 노드를 같은 확률로 선택해주는 getRandomNode 메서드를 설계하고 구현하라. 또한 나머지 메서드는 어떻게 구현할지 설명하라.
힌트: *#42, #54, #62, #75, #89, #99, #112, #119*

—————————————————————————————— 369쪽

4.12 **합의 경로:** 각 노드의 값이 정수(음수 및 양수)인 이진 트리가 있다. 이때 정수의 합이 특정 값이 되도록 하는 경로의 개수를 세려고 한다. 경로가 꼭 루트에서 시작해서 말단 노드에서 끝날 필요는 없지만 반드시 아래로 내려가야 한다. 즉, 부모 노드에서 자식 노드로만 움직일 수 있다. 알고리즘을 어떻게 설계할 것인가?
힌트: *#6, #14, #52, #68, #77, #87, #94, #103, #108, #115*

—————————————————————————————— 374쪽

추가 문제: 재귀(#8.10), 시스템 설계 및 규모 확장성(#9.2, #9.3), 정렬과 탐색(#10.10), 어려운 연습문제(#17.7, #17.12, #17.13, #17.14, #17.17, #17.20, #17.22, #17.25)

개념과 알고리즘

비트 조작

비트 조작 기법은 다양한 문제에서 활용된다. 비트 조작을 명시적으로 요구하는 문제들도 있는 한편, 코드를 최적화할 때 유용하게 사용되는 기법으로 활용되기도 한다. 비트 조작 코드를 작성하는 능력뿐 아니라 손으로도 그릴 수 있도록 익숙해지는 것이 좋다. 하지만 비트 조작 문제를 풀다 보면 실수하기 쉬우므로 조심해야 한다.

▶ 손으로 비트 조작 해보기

비트 조작에 익숙하지 않다면 손으로 다음의 연습문제들을 풀어 보자. 세 번째 열에 있는 문제들은 손으로 직접 풀 수도 있지만 아래에 설명한 것처럼 '트릭'을 써서 풀 수도 있다. 문제를 단순화하기 위해서 모든 숫자는 4비트 숫자라고 가정하자.

좀 헷갈린다면 10진법으로 풀어 보자. 그다음에 같은 풀이법을 이진법에 적용해도 된다. ^는 XOR, ~는 NOT(부정) 연산자를 나타낸다.

				정답		
0110 + 0010	0011 * 0101	0110 + 0110		1000	1111	1100
0011 + 0010	0011 * 0011	0100 * 0011		0101	1001	1100
0110 − 0011	1101 >> 2	1101 ^ (~1101)		0011	0011	1111
1000 − 0110	1101 ^ 0101	1011 & (~0 << 2)		0010	1000	1000

세 번째 열의 트릭은 다음과 같다.

1. 0110 + 0110은 0110 * 2와 같다. 따라서 0110을 왼쪽으로 한 번 시프트(shift)한 것과 같다.

2. 0100은 4와 같고, 4를 곱하는 것은 왼쪽으로 두 번 시프트하는 것과 같다. 따라서 0011을 왼쪽으로 두 번 시프트하면 1100이 된다.

3. 이 연산은 비트를 하나씩 따로 생각해 보자. 어떤 비트와 그 비트를 부정한 값을 XOR하면 항상 1이 된다. 그러므로, a^(~a)를 하면 모든 비트가 1이 된다.

4. ~0를 하면 모든 비트가 1이 된다. 따라서 ~0 << 2를 하면 마지막 비트 두 개는 0이 되고 나머지는 모두 1이 된다. 이 값과 다른 값을 AND 연산하면 마지막 두 비트의 값을 삭제한 값을 얻는다.

만약 위의 트릭을 바로 이해하지 못했다면, 다시 한번 논리적으로 생각해 보길 바란다.

▶ 비트 조작을 할 때 알아야 할 사실들과 트릭들

비트 조작 문제를 풀 때 다음의 표현식들을 알아 두면 좋다. 다만, 암기하려고는 하지 말라. 각 표현식들이 왜 참이 되는지 깊이 생각해 보길 바란다. '0s'는 모든 비트가 0인 값이고, '1s'는 모든 비트가 1인 값을 나타낸다.

```
x ^ 0s = x      x & 0s = 0      x | 0s = x
x ^ 1s = ~x     x & 1s = x      x | 1s = 1s
x ^ x = 0       x & x = x       x | x = x
```

위의 표현식들을 이해하기 위해서는 연산들이 비트 단위로 이루어진다는 사실을 명심해야 한다. 한 비트에서 일어나는 일이 다른 비트에 어떤 영향도 미치지 않는다. 그러므로 위의 표현식이 한 비트에 대해서 참이라면, 일련의 비트들에 대해서도 참이 된다.

▶ 2의 보수와 음수

컴퓨터는 일반적으로 정수를 저장할 때 2의 보수 형태로 저장한다. 양수를 표현할 때는 아무 문제 없지만 음수를 표현할 때는 그 수의 절댓값에 부호비트(sign bit)를 1로 세팅한 뒤 2의 보수를 취한 형태로 표현한다. N비트 숫자에 대한 2의 보수는 2^N에 대한 보수값과 같다. 여기서 N은 부호비트를 뺀 나머지 값을 표현할 때 사용되는 비트의 개수이다.

4비트로 표현된 정수 -3을 살펴보자. 비트 4개 중에서 하나는 부호를 표현할 것이고 나머지 세 개가 값을 표현할 것이다. 이제 $2^3(=8)$에 대한 보수를 구해 보자. -3의 절댓값인 3의 8에 대한 보수는 5가 된다. 5를 2진수로 표현하면 101이 되고, 따라서 -3을 4비트의 2진수로 표현하면 1101이 된다. 여기서 첫 번째 비트는 부호비트를 나타낸다.

다시 말해, -K를 N비트의 2진수로 표현하면 concat(1, 2^{N-1}-K)가 된다.

2의 보수를 표현하는 다른 방법은 양수로 표현된 2진수를 뒤집은 뒤 1을 더해 주는 것이다. 예를 들어 3을 2진수로 표현하면 011이 되는데, 이 숫자를 뒤집으면 100이 되고, 여기에 1을 더하면 101이 된다. 그다음 마지막으로 부호비트를 앞에 붙여 주면 1101이 된다.

4비트 정수값은 다음과 같이 표현된다.

양수		음수	
7	0 111	-1	1 111
6	0 110	-2	1 110
5	0 101	-3	1 101
4	0 100	-4	1 100
3	0 011	-5	1 011
2	0 010	-6	1 010
1	0 001	-7	1 001
0	0 000		

위의 표를 보면 왼쪽과 오른쪽의 절댓값을 합한 결과는 항상 2^3이 된다는 것을 알 수 있다. 또한 부호비트를 뺀 왼쪽과 오른쪽의 2진수 값은 항상 같다는 것을 알 수 있다. 왜 이렇게 될까?

▶ 산술 우측 시프트 vs. 논리 우측 시프트

우측 시프트 연산에는 두 가지 종류가 있다. 산술 우측 시프트(arithmetic right shift)는 기본적으로 2로 나눈 결과와 같다. 논리 우측 시프트(logical right shift)는 우리가 일반적으로 비트를 옮길 때 보이는 것처럼 움직인다. 음수에 논리 우측 시프트를 적용을 해 보면 금방 이해할 수 있을 것이다.

논리 우측 시프트는 비트를 옆으로 옮긴 다음에 최상위 비트(most significant bit)에 0을 넣는다. 즉, >>> 연산과 같다. 최상위 비트가 부호비트인 8비트 정수에 논리 우측 시프트를 적용하면 밑의 그림과 같다. 밑의 그림에서 바탕색이 회색인 부분이 부호비트를 나타낸다.

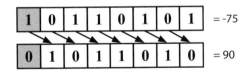

산술 우측 시프트는 비트를 오른쪽으로 옮기긴 하지만 부호비트는 바꾸지 않는다. 따라서 이 연산은 대략 값을 2로 나눈 효과가 있고, >> 연산과 같다.

```
1 0 1 1 0 1 0 1    = -75

1 1 0 1 1 0 1 0    = -38
```

x = -93242, count = 40일 때 아래 함수는 어떻게 동작할까?

```
int repeatedArithmeticShift(int x, int count) {
    for (int i = 0; i < count; i++) {
        x >>= 1; // 1만큼 산술 시프트
    }
    return x;
}

int repeatedLogicalShift(int x, int count) {
    for (int i = 0; i < count; i++) {
        x >>>= 1; // 1만큼 논리 시프트
    }
    return x;
}
```

논리 시프트를 사용하면 최상위 비트에 0을 반복적으로 채워 넣으므로 결과적으로 0이 될 것이다.

산술 시프트를 사용하면 최상위 비트에 1을 반복적으로 채워 넣게 되므로 결과적으로 -1이 될 것이다. 모든 비트가 1로 채워져 있으면 -1이 된다.

▶ 기본적인 비트 조작: 비트값 확인 및 채워넣기

다음의 연산들은 굉장히 중요하므로 반드시 알고 있어야 한다. 물론 단순히 암기하고 있으면 안 된다. 단순히 암기하고 있으면 나중에 돌이킬 수 없는 실수를 할 수 있다. 그보다는 이들을 어떻게 구현하는지 이해하고 있어야 한다. 그래야 나중에 다른 비트 문제가 나왔을 때 직접 구현할 수 있다.

비트값 확인

아래의 메서드는 1을 i비트만큼 시프트해서 00010000과 같은 값을 만든다. 그 다음 AND 연산을 통해 num의 i번째 비트를 뺀 나머지 비트를 모두 삭제한 뒤, 이 값을 0과 비교한다. 만약 이 값이 0이 아니라면 i번째 비트는 1이어야 하고, 0이라면 i번째 비트는 0이어야 한다.

```
boolean getBit(int num, int i) {
    return ((num & (1 << i)) != 0);
}
```

비트값 채워넣기

SetBit는 1을 i비트만큼 시프트해서 00010000과 같은 값을 만든다. 그 다음 OR 연산을 통해 num의 i번째 비트값을 바꾼다. i번째를 제외한 나머지 비트들은 0과 OR 연산을 하게 되므로 num에 아무 영향을 끼치지 않는다.

```
int setBit(int num, int i) {
    return num | (1 << i);
}
```

비트값 삭제하기

이 메서드는 setBit를 거의 반대로 한 것과 같다. NOT 연산자를 이용해 (00010000)을 11101111과 같이 만든 뒤 num과 AND 연산을 수행한다. 그러면 나머지 비트의 값은 변하지 않은 채 i번째 비트값만 삭제된다.

```
int clearBit(int num, int i) {
    int mask = ~(1 << i);
    return num & mask;
}
```

최상위 비트에서 i번째 비트까지 모두 삭제하려면 어떻게 해야 할까? 우선 (1 << i)로 i번째 비트를 1로 세팅한 뒤 이 값에서 1을 뺀다. 그러면 i번째 비트 밑은 모두 1로 세팅되고 그 위로는 모두 0으로 세팅된다. 이 mask 값과 num을 AND 연산한다면 하위 i개의 비트를 뺀 나머지 비트를 모두 삭제할 수 있다.

```
int clearBitsMSBthroughI(int num, int i) {
    int mask = (1 << i) - 1;
    return num & mask;
}
```

i번째 비트에서 0번째 비트까지 모두 삭제하려면 어떻게 해야 할까? 모든 비트가 1로 세팅된 -1을 왼쪽으로 i+1만큼 시프트하면 된다. 그러면 i번째 비트 위로는 모두 1로 세팅되고 하위 i개 비트는 모두 0으로 세팅된다.

```
int clearBitsIthrough0(int num, int i) {
    int mask = (-1 << (i + 1));
    return num & mask;
}
```

비트값 바꾸기

i번째 비트값을 v로 바꾸고 싶다면, 우선 11101111과 같은 값을 이용해(i=4인 경우) i번째 비트값을 삭제해야 한다. 그 뒤 우리가 바꾸고자 하는 값 v를 왼쪽으로 i번 시프트한다. 그러면 i번째 비트값은 v가 될 것이고 나머지는 모두 0이 될 것이

다. 마지막으로 OR 연산을 이용해 i번째 비트값을 v로 바꿔준다.

```
int updateBit(int num, int i, boolean bitIs1) {
    int value = bitIs1 ? 1 : 0;
    int mask = ~(1 << i);
    return (num & mask) | (value << i);
}
```

▶ 면접 문제

5.1 **삽입**: 두 개의 32비트 수 N과 M이 주어지고, 비트 위치 i와 j가 주어졌을 때, M을 N에 삽입하는 메서드를 구현하라. M은 N의 j번째 비트에서 시작하여 i번째 비트에서 끝난다. j번째 비트에서 i번째 비트까지에는 M을 담기 충분한 공간이 있다고 가정한다. 다시 말해, M=10011이라면, j와 i 사이에 적어도 다섯 비트가 있다고 가정해도 된다는 것이다. j=3이고 i=2인 경우처럼 M을 삽입할 수 없는 상황은 생기지 않는다고 봐도 된다.

> **예제**
> **입력:** N = 10000000000, M = 10011, i = 2, j = 6
> **출력:** N = 10001001100
> **힌트:** *#137, #169, #215*

—— 381쪽

5.2 **2진수를 문자열로**: 0.72와 같이 0과 1 사이의 실수가 double 타입으로 주어졌을 때, 그 값을 2진수 형태로 출력하는 코드를 작성하라. 길이가 32 이하인 문자열로 2진수로 정확하게 표현할 수 없다면 ERROR를 출력하라.

> **힌트:** *#143, #167, #173, #269, #297*

—— 382쪽

5.3 **비트 뒤집기**: 어떤 정수가 주어졌을 때 여러분은 이 정수의 비트 하나를 0에서 1로 바꿀 수 있다. 이때 1이 연속으로 나올 수 있는 가장 긴 길이를 구하는 코드를 작성하라.

> **예제**
> **입력:** 1775 (혹은 11011101111)
> **출력:** 8
> **힌트:** *#159, #226, #314, #352*

—— 383쪽

5.4 **다음 숫자**: 양의 정수가 하나 주어졌다. 이 숫자를 2진수로 표기했을 때 1비

트의 개수가 같은 숫자 중에서 가장 작은 수와 가장 큰 수를 구하라.

힌트: *#147, #175, #242, #312, #339, #358, #375, #390*

386쪽

5.5 **디버거**: 다음 코드가 하는 일을 설명하라.

```
(( n & (n-1)) == 0 )
```

힌트: *#151, #202, #261, #302, #346, #372, #383, #398*

392쪽

5.6 **변환**: 정수 A와 B를 2진수로 표현했을 때, A를 B로 바꾸기 위해 뒤집어야 하는 비트의 개수를 구하는 함수를 작성하라.

예제
입력: 29 (혹은 11101), 15 (혹은 01111)
출력: 2
힌트: *#336, #369*

393쪽

5.7 **쌍끼리 맞바꾸기**: 명령어를 가능한 한 적게 사용해서 주어진 정수의 짝수 번째 비트의 값과 홀수 번째 비트의 값을 바꾸는 프로그램을 작성하라(예: 0번째 비트와 1번째 비트를 바꾸고, 2번째 비트와 3번째 비트를 바꾸는 식으로).

힌트: *#145, #248, #328, #355*

394쪽

5.8 **선 그리기**: 흑백 모니터 화면은 하나의 바이트 배열에 저장되는데, 인접한 픽셀 여덟 개를 한 바이트에 묶어서 저장한다. 화면의 폭은 w이며, w는 8로 나누어 떨어진다(따라서 어떤 바이트도 두 행에 걸치지 않는다). 물론, 화면 높이는 배열 길이와 화면 폭을 통해 유도해 낼 수 있다. 이때 (x1, y)에서 (x2, y)까지 수평선을 그려주는 함수를 작성하라. 메서드 용법(method signature)은 다음과 같다.

```
drawLine(byte[] screen, int width, int x1, int x2, int y)
```

힌트: *#366, #381, #384, #391*

395쪽

추가 문제: 배열과 문자열(#1.1, #1.4, #1.7), 수학 및 논리 퍼즐(#6.10), 재귀(#8.4, #8.14), 정렬 및 탐색(#10.7, #10.8), C++(#12.10), 중간 난이도 연습문제(#16.1 #16.7), 어려운 연습문제(#17.1)

수학 및 논리 퍼즐

'퍼즐' 혹은 수수께끼(brain teasers)라 불리는 문제들은 많은 기업들 사이에서 뜨거운 논쟁의 대상이 되고 있다. 많은 회사들이 정책적으로 이러한 종류의 문제를 출제하는 것을 금지하고 있다. 하지만 상황이 그렇더라도 실제론 이런 문제를 받게될 가능성이 있다. 왜냐고? 수수께끼에 대한 정의 자체가 모호하기 때문이다.

퍼즐 혹은 수수께끼 문제의 좋은 점 중 하나는 꽤나 그럴싸하게 공정하다는 것이다. 대체로 문제로 말장난을 하지 않고 거의 대부분 논리적으로 추론이 가능하다. 많은 문제들이 수학 혹은 컴퓨터 과학에 기초해서 만들어졌기 때문에 대부분 논리적인 추론으로 해법을 찾을 수 있다.

여기서는 이러한 문제를 푸는 데 필요한 기본적인 방법들과 반드시 알아야 하는 지식에 대해서 알아볼 것이다.

▶ 소수

이미 모두 알고 있겠지만, 모든 자연수는 소수의 곱으로 나타낼 수 있다는 규칙이 있다. 아래의 예를 보자.

$$84 = 2^2 * 3^1 * 5^0 * 7^1 * 11^0 * 13^0 * 17^0 * \cdots$$

위의 수식에서 많은 소수의 지수 부분이 0이다.

가분성(divisibility)

위에서 언급한 규칙에 따르면 어떤 수 x로 y를 나눌 수 있으려면(x/y라고 쓰거나 또는 mod(y, x) = 0으로 표현한다) x를 소수의 곱으로 분할하였을 때 나열되는 모든 소수는 y를 소수의 곱으로 분할하였을 때 나열되는 모든 소수들의 부분집합이어야 한다.

$x = 2^{j0} * 3^{j1} * 5^{j2} * 7^{j3} * 11^{j4} * \cdots$이고
$y = 2^{k0} * 3^{k1} * 5^{k2} * 7^{k3} * 11^{k4} * \cdots$일 때
x가 y로 나누어 떨어지면 $i, j_i <= k_i$를 만족한다.

즉, x/y를 만족하려면 모든 i에 대해서 $j_i <= k_i$를 만족해야 한다. 따라서 x와 y의 최대공약수(greatest common divisor)는 다음과 같이 표현할 수 있다.

$$gcd(x, y) = 2^{\min(j0, k0)} * 3^{\min(j1, k1)} * 5^{\min(j2, k2)} * \cdots$$

x와 y의 최소공배수(least common multiple)는 다음과 같이 표현할 수 있다.

$$lcm(x, y) = 2^{\max(j0, k0)} * 3^{\max(j1, k1)} * 5^{\max(j2, k2)} * \cdots$$

재미삼아, gcd*lcm을 하면 결과가 어떻게 나올지 잠깐 생각해 보자.

$$
\begin{aligned}
gcd * lcm &= 2^{\min(j0, k0)} * 2^{\max(j0, k0)} * 3^{\min(j1, k1)} * 3^{\max(j1, k1)} * \cdots \\
&= 2^{\min(j0, k0) + \max(j0, k0)} * 3^{\min(j1, k1) + \max(j1, k1)} * \cdots \\
&= 2^{j0 + k0} * 3^{j1 + k1} * \cdots \\
&= 2^{j0} * 2^{k0} * 3^{j1} * 3^{k1} * \cdots \\
&= xy
\end{aligned}
$$

소수판별

이 문제는 너무 흔해서 다루고 넘어가야 할 필요가 있다. 어떤 수 n이 소수인지 여부를 판별하는 가장 단순한 방법은 2에서 n-1까지 루프를 돌면서 나누어지는 경우가 있는지 확인해 보는 것이다.

```
boolean primeNaive(int n) {
    if (n < 2) {
        return false;
    }
    for (int i = 2; i < n; i++) {
        if (n % i == 0) {
            return false;
        }
    }
    return true;
}
```

위 코드를 살짝 개선해 보면, 루프를 n이 아닌 n의 제곱근까지만 돌면 된다. 코드 자체의 변화는 작지만 중요한 개선점이다.

```
boolean primeSlightlyBetter(int n) {
    if (n < 2) {
        return false;
    }
    int sqrt = (int) Math.sqrt(n);
    for (int i = 2; i <= sqrt; i++) {
        if (n % i == 0) return false;
    }
    return true;
}
```

$\sqrt{n}$까지만 검사해 보면 충분하다. 왜냐하면 n을 나누는 모든 숫자 a는 그에 대한 보수 b(a*b=n)가 반드시 존재하기 때문이다. 만일 a > $\sqrt{n}$이라면 b < $\sqrt{n}$이다($\sqrt{n^2}$ =n이므로). 따라서 n이 소수인지를 알아보기 위해 a까지 검사할 필요는 없다. b에서 이미 검사했기 때문이다.

사실 우리가 진정 원하는 것은 n이 다른 소수로 나뉘는지 확인하는 것뿐이다. 그게 바로 에라토스테네스의 체(Sieve of Eratosthenes)가 등장한 이유다.

소수 목록 만들기: 에라토스테네스의 체

에라토스테네스의 체는 소수 목록을 만드는 굉장히 효율적인 방법이다. 이 알고리즘은 소수가 아닌 수들은 반드시 다른 소수로 나누어진다는 사실에 기반해서 동작한다.

처음 주어진 리스트는 1부터 max까지의 모든 수로 구성되어 있다. 처음에는 2로 나누어지는 모든 수를 리스트에서 없앤다. 그 후 다음 소수, 즉 아직 지워지지 않은 수 중 가장 작은 수를 찾는다. 그리고 그 수로 나누어지는 모든 수를 리스트에서 제거한다. 이런 식으로 2, 3, 5, 7, 11 등의 소수로 나뉘는 모든 수들을 리스트에서 삭제한다. 그러고 나면 2에서 max까지의 구간 내에 있는 모든 소수들의 리스트가 만들어진다.

아래의 코드는 이 알고리즘을 구현한 것이다.

```
boolean[] sieveOfEratosthenes(int max) {
    boolean[] flags = new boolean[max + 1];
    int count = 0;

    init(flags); // 0과 1번 인덱스를 제외한 모든 원소값을 true로 초기화한다.
    int prime = 2;

    while (prime <= Math.sqrt(max)) {
        /* prime의 배수들을 지워나간다.*/
        crossOff(flags, prime);

        /* 그다음 true로 세팅된 인덱스를 찾는다. */
        prime = getNextPrime(flags, prime);
    }

    return flags;
}

void crossOff(boolean[] flags, int prime) {
    /* prime의 배수들을 제거해나간다. k < prime인 k에 대한 k * prime은
     * 이전 루프에서 이미 제거되었을 것이므로 prime * prime부터 시작한다. */
    for (int i = prime * prime; i < flags.length; i += prime) {
        flags[i] = false;
    }
}
```

```
int getNextPrime(boolean[] flags, int prime) {
    int next = prime + 1;
    while (next < flags.length && !flags[next]) {
        next++;
    }
    return next;
}
```

물론, 몇 가지 개선의 여지가 남아 있다. 간단하게는 배열에 홀수만 저장하는 방법이 있는데, 이 방법을 이용하면 메모리 공간을 반으로 줄일 수 있다.

▶ 확률

확률은 까다롭게 느껴질 만한 주제긴 하나, 기본적으로는 논리적인 추론이 가능한 몇 가지 법칙에 기반한다.

두 사건 A와 B를 나타내는 다음의 벤 다이어그램(Venn Diagram)을 보자. 두 원이 점유하고 있는 영역은 각각의 상대적 확률을 나타내는 것이고, 겹치는 부분은 {A and B}의 사건을 나타낸다.

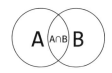

A∩B의 확률

여러분이 위의 벤 다이어그램에 다트를 던진다고 생각해 보자. A와 B의 두 원이 겹치는 부분에 다트가 떨어질 확률은 얼마나 되는가? A에 떨어질 확률과 A와 B가 겹치는 부분의 비율도 알고 있다면(즉, A에 속해 있으면서 B에도 속해 있을 확률), 그 확률은 다음과 같이 표현할 수 있다.

$$P(A \cap B) = P(B \mid A) \, P(A)$$

예를 들어, 1부터 10까지의 수 중 하나를 뽑는다고 하자. 5보다 작거나 같으면서 동시에 짝수인 수를 뽑을 확률은 얼마가 되겠는가? 1~5까지의 수를 뽑을 확률은 50%이고, 1~5 중에서 짝수를 뽑을 확률은 40%다. 따라서 두 경우에 모두 속할 확률은 다음과 같다.

$$P(x = 짝수 \cap x <= 5)$$
$$= P(x = 짝수 \cap x <= 5) \, P(x <= 5)$$

$$= (2/5) * (1/2)$$

$$= 1/5$$

$P(A \cap B) = P(B|A)P(A) = P(A|B)\ P(B)$이므로 B에 속하면서 A에도 속할 확률은 다음과 같이 반대로 표현할 수도 있다.

$P(A|B) = P(B|A)\ P(A)/P(B)$

위의 수식을 베이즈 정리(Bayes' Theorem)라고 부른다.

A∪B의 확률

이제, 다트가 A 혹은 B에 떨어질 확률을 알아보자. 각 영역에 떨어질 확률은 알고 있고, 겹치는 부분에 떨어질 확률도 알고 있다면, A 혹은 B에 떨어질 확률은 다음과 같이 표현할 수 있다.

$P(A \cup B) = P(A) + P(B) - P(A \cap B)$

위 수식은 논리적으로 이치에 맞는다. 그저 두 확률을 더하기만 한다면, 겹치는 부분이 두 번 계산되므로 한 번은 빼 주어야 한다. 이를 다시 벤 다이어그램으로 표현하면 다음과 같다.

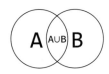

예를 들어, 우리가 1~10까지의 수 가운데 하나를 고른다고 생각해 보자. 짝수를 고를 확률과 1~5까지의 수 중에서 하나를 뽑을 확률은 얼마가 되겠는가? 짝수를 뽑을 확률은 50%이고, 1~5까지의 수를 뽑을 확률 또한 50%이다. 두 경우에 모두 속할 확률은 20%이다. 따라서 두 경우 중 하나에 속할 확률은 다음과 같다.

$P(x = 짝수 \cup x <= 5)$

$\quad = P(x = 짝수) + P(x <= 5) - P(x = 짝수 \cap x <= 5)$

$\quad = 1/2 + 1/2 - 1/5$

$\quad = 4/5$

여기서, 독립사건(independent event)과 상호 배타적인 사건(mutually exclusive

event)의 확률을 구하는 특수 규칙들을 쉽게 얻을 수 있다.

독립성

A와 B가 독립사건(한 사건의 발생과 다른 사건의 발생 사이에 아무런 관계가 없는 경우)이라면, A가 B에 아무런 영향을 끼치지 않으므로, $P(B|A) = P(B)$가 되고 따라서 $P(A \cap B) = P(A) \, P(B)$가 된다.

상호 배타성(mutual exclusivity)

A와 B가 상호 배타적(한 사건이 일어난 경우 다른 사건은 발생할 수 없는 경우)이라면, $P(A \cap B) = 0$이 되므로 $P(A \cup B)$를 계산할 때 $P(A \cap B)$ 항은 제거해도 된다. 따라서 $P(A \cup B) = P(A) + P(B)$가 된다.

이상하게도 많은 사람들이 독립과 상호 배타의 개념을 혼동한다. 이 둘은 완전히 다른 개념인데도 말이다. 사실, 두 사건의 확률이 전부 0보다 큰 경우에 이 두 사건이 독립적이면서 상호 배타적인 것은 불가능하다. 왜 그런가? 상호 배타성은 한 사건이 발생하면 다른 사건이 발생할 수 없다는 관계가 존재하지만 독립성은 한 사건의 발생 여부가 다른 사건에 아무런 영향도 미치지 않아야 하기 때문이다. 그러므로 두 사건의 확률이 전부 0보다 클 경우엔, 상호 배타성과 독립성을 동시에 만족시킬 수는 없다.

두 사건 중 하나의 확률이 0이라면(그러니까, 그런 사건이 일어나는 것이 불가능하다면), 두 사건은 독립적이면서 상호 배타적이다. 이는 독립성과 상호 배타성의 정의(공식)를 간단히 적용해 보면 증명 가능하다.

▶ 입을 열라

수수께끼 같은 문제를 만나게 되면 당황하지 말라. 알고리즘 문제와 마찬가지로, 면접관들이 원하는 것은 여러분이 문제를 어떻게 공략해 나가는지 보는 것이다. 그들도 물론 여러분의 입에서 정답이 바로 튀어나오리라 기대하지 않는다. 입을 열어 말을 하라. 그리고 여러분이 문제를 어떻게 공략해 나가는지, 면접관들에게 보여주라.

▶ 규칙과 패턴을 찾으라

많은 경우에, 문제를 풀다가 발견하는 '규칙'이나 패턴을 따로 적어두면 도움이 된다. 사실, 반드시 적어두는 게 낫다. 왜냐하면 이렇게 해야 과거에 발견한 규칙이나 패턴을 나중에 쉽게 기억해 낼 수 있기 때문이다. 다음의 예를 통해 알아보자.

끈이 두 개 있다. 각 끈은 태우는 데 정확히 한 시간이 걸린다. 이 두 끈을 사용해 15분을 재려면 어떻게 해야 되겠는가? 이 끈의 밀도는 균일하지 않아서, 절반의 길이를 태우는 데 드는 시간이 정확히 30분이라는 보장은 없다.

> 다음으로 넘어가기 전에 시간을 들여서 직접 문제를 풀어 보자. 꼭 넘어가야 한다면, 이번 장을 쭉 읽어가면서 힌트를 찾아보자. 하지만 천천히 하길 바란다. 매 단락을 읽어나갈 때마다, 해답에 조금 더 가까이 가게 될 것이다.

문제를 읽는 순간, 한 시간을 재는 방법은 바로 알 수 있을 것이다. 두 시간을 재는 것도 가능하다. 끈 하나를 다 태운 뒤 다음 끈을 태우면 된다. 이 사실을 일반적인 규칙으로 만들어 보자.

규칙 1: 태우는 데 x분이 걸리는 끈과 y분이 걸리는 끈이 주어지면, x+y만큼의 시간을 잴 수 있다.

이 끈으로 또 무엇을 할 수 있을까? 가운데, 혹은 끝이 아닌 어딘가에서부터 태우는 것은 그다지 도움이 되지 않는다. 왜냐하면 불을 붙인 부분부터 양쪽으로 타들어갈 텐데, 끈이 다 타는 데 시간이 얼마나 걸릴지 알 수 없기 때문이다.

하지만 동시에 양쪽 끝에 불을 붙일 수는 있다. 그러면 정확히 삼십 분 뒤에 끈은 다 타버린다.

규칙 2: 태우는 데 x분 걸리는 끈이 주어지면, x/2분을 잴 수 있다.

이제 끈 하나로 30분을 잴 수 있다는 것은 알았다. 따라서 첫 번째 끈은 양쪽 끝에 불을 붙이고 두 번째 끈은 한쪽 끝에 불을 붙인다면 두 번째 끈에서 30분을 태운 결과를 알 수 있다.

규칙 3: 1번 끈을 태우는 데 x분 걸리고 2번 끈을 태우는 데 y분이 걸리면, 2번 끈을 태우는 시간을 (y-x)분이나 (y-x/2)분으로 바꿀 수 있다.

이제, 이 규칙들을 조합해 보자. 전부 태우는 데 한 시간 걸리는 2번 끈을 30분 걸리는 끈으로 바꿀 수 있다. 그다음 2번 끈의 양쪽에 불을 붙여 버리면(규칙 2) 2번 끈은 15분 뒤에 전부 타버린다.

그러니 다음 순서대로 하면 된다.

1. 1번 끈은 양쪽에 불을 붙이고, 2번 끈은 한쪽에만 불을 붙인다.

2. 1번 끈이 다 타들어가면 30분이 지난 것이다. 따라서 2번 끈이 다 타기 위해 남은 시간은 30분이다.

3. 그 시점에, 2번 끈의 다른 쪽에도 불을 붙인다.

4. 그러면 정확히 15분 뒤에, 2번 끈도 완전히 다 타버릴 것이다.

여러분이 발견한 '규칙'을 나열하는 과정을 통해, 문제풀이 과정이 훨씬 쉬워졌다.

▶ 최악의 경우는?

수수께끼 종류의 문제 중 많은 수가 최악의 경우를 최소화하는 것과 연관이 있다. 어떤 행동(action)을 최소화하는 문제일 수도 있고, 지정된 횟수 안에 처리해야 하는 문제일 수도 있다. 그럴 때는 최악의 상황을 '균형 맞추도록' 하면 도움이 된다. 다시 말해, 초기의 어떤 결정을 통해 최악의 경우가 한쪽 방향으로 쏠리면, 그 결정을 다른 방식으로 바꿔서 최악의 경우가 균형 잡히도록 할 수 있다. 무슨 소린지는 다음의 예를 보면 명확해 질 것이다.

나인볼(nine balls) 문제는 아주 고전적인 면접 문제다. 공이 아홉 개 있다. 이 가운데 여덟 개는 무게가 같고, 하나는 좀 더 무겁다. 여러분에게 저울이 하나 주어지는데, 이 저울로는 왼쪽에 둔 공들이 무거운지, 아니면 오른쪽에 둔 공들이 무거운지밖에 알아낼 수가 없다. 이 저울을 딱 두 번만 사용해서 가장 무거운 공을 찾아내라.

먼저 떠올릴 수 있는 접근법은, 아홉 번째 공은 제쳐 둔 채, 나머지 공을 네 개씩 두 그룹으로 나누는 것이다. 만약 이 두 그룹의 무게가 같다면, 제쳐 뒀던 공이 가장 무거운 공이다. 그게 아니라면 더 무거웠던 그룹을 택해 반복한다. 그런데 이렇게 하면 최악의 경우 저울을 세 번 사용해야 하므로 낭패다.

이것이 '최악의 경우'가 균형 잡히지 않은 사례다. 제쳐 둔 공이 무거운 놈인지 알아내는 데에는 한 번이면 족하지만 남은 공들에서 무거운 공을 찾아내는 데에는 세 번이 걸린다. 만일 우리가 처음에 제쳐 놓는 공의 개수를 늘려 잡아 일종의 페널티(penalty)를 주게 되면, 다른 그룹에 주어지는 부담을 좀 줄일 수 있다. 이것이 바로 '최악의 경우에 균형을 가져다 주는' 방법의 사례다.

공들을 세 개씩 세 그룹으로 나눠 보면, 저울을 한 번만 사용해서 어떤 그룹에 무거운 공이 있는지 알아낼 수 있다. 이것을 규칙으로 정형화해 보면 이렇다. N개의 공이 주어지고 N이 3으로 나눌 수 있는 값이면, 저울을 한 번 써서 무거운 공이 속한 그룹(N/3 크기)을 알아낼 수 있다.

자, 이제 남은 세 개의 공을 같은 방법으로 달아 보면 된다. 공 하나는 제쳐 놓고, 남은 두 개의 공을 저울 양쪽에 하나씩 올려 놓는다. 저울이 기운다면, 기운 쪽의 공이 무거운 놈이다. 아니라면, 제쳐 놓은 공이 무거운 놈이다.

▶ 알고리즘적 접근법

문제를 풀다가 막혔다면, 알고리즘 문제를 푸는 접근법(100쪽) 가운데 하나를 적용해 보자. 수수께끼처럼 보이는 문제들 중 상당수는 기술적인 측면을 제거한 알고리즘 문제인 경우가 많다. 초기 사례(base case)로부터의 확장(build)법 그리고 스스로 풀어보기(Do It Yourself(DIY))가 특히 유용하게 쓰일 수 있다.

추가로 읽을 거리: 유용한 수학(805쪽).

▶ 면접 문제

6.1 **무거운 알약:** 약병 20개가 있다. 이 중 19개에는 1.0그램짜리 알약들이 들어 있고, 하나에는 1.1그램짜리 알약들이 들어 있다. 정확한 저울 하나가 주어졌을 때, 무거운 약병을 찾으려면 어떻게 해야 할까? 저울은 딱 한 번만 쓸 수 있다.

힌트: #186, #252, #319, #387

397쪽

6.2 **농구:** 농구 골대가 하나 있는데 다음 두 게임 중 하나를 해 볼 수 있다.

게임 1: 슛을 한 번 쏴서 골대에 넣어야 한다.

게임 2: 슛을 세 번 쏴서 두 번 골대에 넣어야 한다.

슛을 넣을 확률이 p라고 했을 때 p가 어떤 값일 때 첫 번째 게임을, 혹은 두 번째 게임을 선택하겠는가?

힌트: #181, #239, #284, #323

398쪽

6.3 **도미노:** 8×8 크기의 체스판이 있는데, 대각선 반대 방향 끝에 있는 셀(cell) 두 개가 떨어져 나갔다. 하나의 도미노로 정확히 두 개의 정사각형을 덮을 수 있을 때, 31개의 도미노로 보드 전체를 덮을 수 있겠는가? 여러분의 답이 옳다는 것을 증명하라(예를 들거나, 왜 불가능한지를 보이면 된다).

힌트: *#367, #397*

399쪽

6.4 **삼각형 위의 개미:** 개미 세 마리가 삼각형의 각 꼭짓점에 있다. 개미 세 마리가 삼각형 모서리를 따라 걷기 시작했을 때, 두 마리 혹은 세 마리 전부가 충돌할 확률은 얼마인가? 각 개미는 자신이 움직일 방향을 임의로 선택할 수 있는데, 같은 확률로 두 방향 중 하나를 선택한다. 또한 그들은 같은 속도로 걷는다. 이 문제를 확장해서 n개의 개미가 n각형 위에 있을 때 그들이 충돌할 확률을 구하라.

힌트: *#157, #195, #296*

400쪽

6.5 **물병:** 5리터짜리 물병과 3리터짜리 물병이 있다. 물은 무제한으로 주어지지만 계량컵은 주어지지 않는다. 이 물병 두 개를 사용해서 정확히 4리터의 물을 계량하려면 어떻게 해야 할까? 물병의 형태가 좀 괴상해서, 물을 정확히 '절반만' 담는 것 따위는 불가능하다.

힌트: *#149, #379, #400*

401쪽

6.6 **푸른 눈동자의 섬:** 어떤 섬에 이상한 명령서를 든 방문자가 찾아왔다. 이 섬에 사는 사람들 중에서 눈동자가 푸른 사람들은 매일 저녁 8시에 출발하는 비행기를 타고 섬을 떠나야 한다. 사람들은 남의 눈동자 색은 볼 수 있지만 자신의 눈동자 색은 볼 수 없다. 또한 다른 사람의 눈동자 색을 발설해서는 안 된다. 그들은 적어도 한 명의 눈동자 색이 푸르다는 사실은 알지만, 정확히 몇 명인지는 모른다. 눈동자가 푸른 사람을 모두 떠나보내는 데 최소 며칠이 필요하겠는가?

힌트: *#218, #282, #341, #370*

402쪽

6.7 **대재앙:** 대재앙 이후에 여왕은 출산율 때문에 근심이 이만저만이 아니다. 그래서 그녀는 모든 가족은 여자 아이 하나를 낳거나 어마어마한 벌금을 내야 한다는 법령을 만들어 발표했다. 만약 모든 가족이 이 정책을 따른다면(즉, 여자 아이 한 명을 낳을 때까지 아이를 계속 낳는다면) 다음 세대의 남녀 비율은 어떻게 되겠는가? 남자 혹은 여자를 임신할 확률은 같다고 가정한다.

논리적으로 이 문제를 푼 뒤에 컴퓨터로 시뮬레이션해 보라.

힌트: *#154, #160, #171, #188, #201*

403쪽

6.8 **계란 떨어뜨리기 문제:** 100층짜리 건물이 있다. N층 혹은 그 위 어딘가에서 계란이 떨어지면 그 계란은 부서진다. 하지만 N층 아래 어딘가에서 떨어지면 깨지지 않는다. 계란 두 개가 주어졌을 때, 최소 횟수로 계란을 떨어뜨려서 N을 찾으라.

힌트: *#156, #233, #294, #333, #357, #374, #395*

406쪽

6.9 **100 라커:** 복도에 100개의 라커가 있다. 어떤 남자가 100개의 라커 문을 전부 연다. 그러고 나서 짝수 번호의 라커를 전부 닫는다. 그다음에는 번호가 3의 배수인 라커를 순서대로 찾아다니며 열려 있으면 닫고, 닫혀 있으면 연다. 이런 식으로 복도를 100번 지나가면(마지막에는 100번째 라커의 문을 열거나 닫을 것이다) 열린 라커문은 몇 개가 되겠는가?

힌트: *#139, #172, #264, #306*

408쪽

6.10 **독극물:** 1,000개의 음료수 중 하나에 독극물이 들어 있다. 그리고 독극물을 확인해 볼 수 있는 식별기 10개가 주어졌다. 독극물 한 방울을 식별기에 떨어뜨리면 식별기가 변한다. 만약 식별기에 독극물을 떨어뜨리지 않았다면 몇 번이든 재사용해도 된다. 하지만 이 테스트는 하루에 한 번만 할 수 있으며 결과를 얻기까지 일주일이 걸린다. 독극물이 든 음료수를 가능한 한 빨리 찾아내려면 어떻게 해야 할까?

연관문제
여러분의 방법을 시뮬레이션하는 코드를 작성하라.

힌트: *#146, #163, #183, #191, #205, #221, #230, #241, #249*

409쪽

추가 문제: 중간 난이도 연습문제(#16.5), 어려운 연습문제(#17.19)

객체 지향 설계

객체 지향 설계에 관한 문제들은 기술적 문제 또는 실제 생활에서 접할 수 있는 객체들을 구현하는 클래스와 메서드를 대략적으로 그려보는 문제다. 이런 문제들을 통해 지원자들이 어떤 코딩 스타일을 갖고 있는지 알아볼 수 있다(적어도, 이런 문제들을 통해 그런 정보를 얻을 수 있다고들 믿는다).

이런 질문들은 디자인 패턴들을 쏟아내도록 요구하는 것이 아니다. 여러분이 우아하고 유지보수가 가능한 객체 지향적 코드를 만드는 방법을 이해하고 있는지 살펴보기 위한 것이다. 이런 문제들에서 낮은 성적을 받으면, 합격 전선에 빨간불이 켜질 수 있다.

▶ 접근법

객체가 나타내는 것이 물리적 개체이건 기술적 작업이건 간에, 객체 지향 설계에 관한 질문들은 거의 비슷한 방식으로 공략 가능하다. 많은 문제들에 대해서 아래와 같은 접근법을 사용하면 효과적이다.

단계 #1: 모호성의 해소

객체 지향 설계(OOD) 관련 문제들은 대개 고의적으로 모호성을 띠고 있다. 왜냐하면 면접관들은 여러분이 스스로 가정을 만들어내고 질문을 통해 명확히 해나가는 과정을 살펴보고 싶어하기 때문이다. 결국, 무엇을 개발해야 하는지 이해하지 못한 상태에서 코딩부터 시작하는 개발자는 회사의 시간과 돈을 낭비하며, 그보다 더 심각한 문제들을 만들어 낸다.

객체 지향 설계에 관한 질문을 받으면, 누가 그것을 사용할 것이며 어떻게 사용할 것인지에 대한 질문을 던져야 한다. 질문에 따라서는 육하원칙에 따른 질문을 던져야 할 때도 있다. 누가, 무엇을, 어디서, 언제, 어떻게, 왜.

가령 여러분이 커피 메이커에 대한 객체 지향적 설계를 한다고 해 보자. 언뜻 보기에는 간단해 보이지만 겉보기만큼 간단하지는 않다.

여러분이 다룰 커피 메이커는 시간당 수백 명의 고객을 상대하며 열 가지 이상의 제품을 만들어 내야 하는, 대규모 식당에 설치되는 기계일 수도 있다. 혹은 나이 드신 분들이 사용하는, 블랙 커피만 만드는 간단한 기계일 수도 있다. 어떤 용도로 쓰이느냐에 따라 설계 자체가 완전히 뒤바뀐다.

단계 #2: 핵심 객체의 설계

이제 무엇을 설계할 것인지 이해했으니, 시스템에 넣을 '핵심 객체'(core object)가 무엇인지 생각해 봐야 한다. 예를 들어, 식당을 객체 지향적으로 설계한다고 해 보자. 이때의 핵심 객체로는 Table, Guest, Party, Order, Meal, Employee, Server, Host 등이 있을 수 있다.

단계 #3: 관계 분석

핵심 객체를 어느 정도 결정했다면, 이제 객체 사이의 관계를 분석해야 한다. 어떤 객체가 어떤 객체에 속해 있는가(member)? 다른 객체로부터 상속(inherit) 받아야 하는 객체는 있나? 관계는 다-대-다(many-to-many) 관계인가 아니면 일-대-다(one-to-many) 관계인가?

가령, 식당 문제에선 다음과 같이 설계해 볼 수 있다.

- Party는 Guests 배열을 갖고 있어야 한다.
- Server와 Host는 Employee를 상속받는다.
- 각 Table은 Party를 하나만 가질 수 있지만, 각 Party는 Tables을 여러 개 가질 수 있다.
- Restaurant에 Host는 한 명뿐이다.

여기서 주의할 점은, 종종 잘못된 가정을 만들어 사용하는 경우가 있다는 것이다. 예를 들어, 하나의 Table에 여러 Party가 앉는 경우가 있을 수도 있다(요즘 많이 사용되고 있는 대형 공동 테이블(communal table)이 그런 경우이다). 여러분의 설계가 얼마나 일반적이어야 하는지에 관해서는 면접관과 상의한 후 결정하는 것이 좋다.

단계 #4: 행동 분석

여기까지 왔다면 여러분의 객체 지향 설계의 골격은 어느 정도 잡힌 상태일 것이다. 이제 남은 일은 객체가 수행해야 하는 핵심 행동(core action)들에 대해서 생각하고, 이들이 어떻게 상호작용해야 하는지 따져 보는 것이다. 그러다 보면 깜박 잊은 객체가 있을 수도 있고, 상황에 따라 설계를 변경해야 할 수도 있다.

가령, 한 Party가 Restaurant에 입장하고, 한 Guest가 Host에게 Table을 부탁한 경우를 생각해 보자. Host는 Reservation을 살펴본 다음 자리가 있으면 해당 Party에게 Table을 배정할 것이다. 자리가 없다면 Party는 Reservation 리스트 맨 마지막에 추가될 것이다. 한 Party가 식사를 마치고 떠나면 한 Table이 비게 되고, 그 테이블은 리스트의 맨 위 Party에게 할당될 것이다.

▶ 디자인 패턴

면접관은 여러분의 지식이 아니라 능력을 평가할 것이므로 디자인 패턴은 보통 면접 범위 외로 친다. 하지만 싱글톤(singleton)이나 팩터리 메서드(factory method)와 같은 디자인 패턴을 알아 두면 면접 볼 때 특히 유용하므로, 여기서 다루겠다.

디자인 패턴의 개수는 이 책에서 논의할 수 있는 것 이상으로 엄청나게 많다. 여러분의 소프트웨어 엔지니어링 기술을 향상시키는 가장 좋은 방법은 디자인 패턴에 관한 책을 하나 골라 공부하는 것이다.

계속해서 특정 문제에 '가장' 적합한 디자인 패턴을 찾으려는 함정에 빠지지 않도록 조심하라. 필요하다면 그 문제에 적합한 디자인을 직접 만들면 된다. 특별한 경우에는 이미 만들어진 패턴이 적합할 수도 있겠지만, 많은 경우에는 그렇지 않다.

싱글톤 클래스(singleton class)

싱글톤 패턴(singleton pattern)은 어떤 클래스가 오직 하나의 객체만을 갖도록 하며, 프로그램 전반에 걸쳐 그 객체 하나만 사용되도록 보장해야 한다. 정확히 하나만 생성되어야 하는 전역 객체(global object)를 구현해야 하는 경우에 특히 유용하다. 예를 들어, Restaurant 클래스는 정확히 하나의 객체만 갖도록 구현하는 것이 좋다.

```
public class Restaurant {
    private static Restaurant _instance = null;
    protected Restaurant() { ... }
    public static Restaurant getInstance() {
        if (_instance == null) {
            _instance = new Restaurant();
        }
        return _instance;
    }
}
```

많은 사람들이 싱글톤 디자인 패턴을 좋아하지 않고 심지어 '안티-패턴'이라고 부르기도 한다. 싱글톤을 싫어하는 이유 중 하나는 싱글톤이 단위 테스트(unit test)에 방해되는 요인이기 때문이다.

팩터리 메서드(factory method)

팩터리 메서드는 어떤 클래스의 객체를 생성하기 위한 인터페이스를 제공하되, 하위 클래스에서 어떤 클래스를 생성할지 결정할 수 있도록 도와준다. 이를 구현하는 한 가지 방법은, Factory 메서드 자체에 대한 구현은 제공하지 않고 객체 생성 클래스를 abstract로 선언하고 놔두는 것이다. 또 다른 방법으로는, Factory 메서드를 실제로 구현한 Creator 클래스를 만드는 것이다. 이 경우에는 Factory 메서드에 생성해야 할 클래스를 인자로 넘겨줘야 한다.

```java
public class CardGame {
    public static CardGame createCardGame(GameType type) {
        if (type == GameType.Poker) {
            return new PokerGame();
        } else if (type == GameType.BlackJack) {
            return new BlackJackGame();
        }
        return null;
    }
}
```

▶ 면접 문제

7.1 **카드 한 벌**: 카드 게임에 쓰이는 카드 한 벌을 나타내는 자료구조를 설계하라. 그리고 블랙잭 게임을 구현하려면 이 자료구조의 하위 클래스를 어떻게 만들어야 하는지 설명하라.

    힌트: *#153, #275*

                                                 417쪽

7.2 **콜 센터**: 고객 응대 담당자, 관리자, 감독관 이렇게 세 부류의 직원들로 구성된 콜 센터가 있다고 하자. 콜 센터로 오는 전화는 먼저 상담이 가능한 고객 응대 담당자로 연결돼야 한다. 고객 응대 담당자가 처리할 수 없는 전화는 관리자로 연결되고, 관리자가 처리할 수 없는 전화는 다시 감독관에게 연결된다. 이 문제를 풀기 위한 자료구조를 설계하라. 응대 가능한 첫 번째 직원에게 전화를 연결시키는 dispatchCall() 메서드를 구현하라.

    힌트: *#363*

                                                 419쪽

7.3 **주크박스**: 객체 지향 원칙에 따라 음악용 주크박스(musical jukebox)를 설계하라.

    힌트: *#198*

                                                 422쪽

7.4 **주차장**: 객체 지향 원칙에 따라 주차장(parking lot)을 설계하라.

    힌트: *#258*

                                                 425쪽

7.5 **온라인 북 리더:** 온라인 북 리더(online book reader) 시스템에 대한 자료구조를 설계하라.

힌트: *#344*

428쪽

7.6 **직소:** N×N 크기의 직소(jigsaw) 퍼즐을 구현하라. 자료구조를 설계하고, 퍼즐을 푸는 알고리즘을 설명하라. 두 조각의 퍼즐 모서리가 주어졌을 때 그들이 들어맞는지 아닌지 알려주는 fitsWith 메서드는 제공된다.

힌트: *#192, #238, #283*

431쪽

7.7 **채팅 서버:** 채팅 서버를 어떻게 구현할 것인지 설명하라. 특히, 다양한 백엔드 컴포넌트, 클래스, 메서드에 대해 자세히 설명하라. 어떤 문제가 가장 풀기 어려울 것으로 예상되는가?

힌트: *#213, #245, #271*

435쪽

7.8 **오셀로:** 오셀로(Othello) 게임 규칙은 이러하다. 오셀로 말의 한쪽 면은 흰색, 반대 면은 검은색으로 칠해져 있다. 상대편 말에게 왼쪽과 오른쪽, 또는 위와 아래가 포위된 말은 색상을 뒤집어 상대편 말이 된 것으로 표시한다. 여러분은 여러분 차례에서 적어도 상대편 말 한 개를 획득해야 한다. 더 이상 진행이 불가능해지면 게임은 종료된다. 가장 많은 말을 획득한 사람이 승자가 된다. 이 게임을 객체 지향적으로 설계하라.

힌트: *#179, #228*

440쪽

7.9 **순환 배열:** CircularArray 클래스를 구현하라. 이 클래스는 배열과 비슷한 자료구조이지만 효과적으로 순환(rotate)이 가능해야 한다. 클래스는 가능하면 제네릭 타입(generic type) 혹은 템플릿(template)으로 구현되는 게 좋고, for (Obj o : circularArray)와 같이 표준 표기법으로 순회(iterate)가 가능해야 한다.

힌트: *#389*

443쪽

7.10 **지뢰찾기:** 텍스트 기반의 지뢰찾기(Minesweeper) 게임을 설계하고 구현하라. 지뢰찾기는 N×N 격자판에 숨겨진 B개의 지뢰를 찾는 고전적인 컴퓨터 게임이다. 지뢰가 없는 셀(cell)에는 아무것도 적혀 있지 않거나 인접한 여덟 방향에 숨겨진 지뢰의 개수가 적혀 있다. 플레이어는 각 셀을 확인해 볼 수 있는데, 확인한 셀에 지뢰가 있다면 그 즉시 게임에서 진다. 확인한 셀에 숫자가 적혀 있다면 그 값이 공개된다. 해당 셀이 비어 있다면 인접한 비어 있는 셀(숫자로 둘러싸인 셀을 만나기 전까지) 또한 모두 공개된다. 지뢰가 없는 모든 셀을 전부 공개된 상태로 바꿔 놓으면 플레이어가 이긴다. 지뢰가 있을 것 같은 위치에 깃발을 꽂아 표시해둘 수 있는데, 깃발을 꽂는 것은 게임에 아무런 영향을 미치지 않는다. 실수로 잘못 클릭하는 상황을 방지하기 위한 기능일 뿐이다(이 게임을 잘 모른다면, 미리 몇 번 해 보길 바란다).

지뢰 3개가 놓여 있는 모습이다.
플레이어에게는 보이지 않는다.

1	1	1				
1	*	1				
2	2	2				
1	*	1				
1	1	1				
			1	1	1	
			1	*	1	

이처럼 격자판에 아무것도 드러나지 않은
상태에서 시작한다.

?	?	?	?	?	?	?
?	?	?	?	?	?	?
?	?	?	?	?	?	?
?	?	?	?	?	?	?
?	?	?	?	?	?	?
?	?	?	?	?	?	?
?	?	?	?	?	?	?

(행 = 1, 열 = 0)을 클릭하면
다음과 같아진다.

1	?	?	?	?	?
1	?	?	?	?	?
2	?	?	?	?	?
1	?	?	?	?	?
1	1	1	?	?	?
		1	?	?	?
		1	?	?	?

지뢰를 뺀 나머지를 모두 확인하면
플레이어가 이긴다.

1	1	1			
1	?	1			
2	2	2			
1	?	1			
1	1	1			
			1	1	1
			1	?	1

힌트: *#351, #361, #377, #386, #399*

446쪽

7.11 **파일 시스템**: 메모리 상주형 파일 시스템(in-memory file system)을 구현하기 위한 자료구조와 알고리즘에 대해 설명해 보라. 가능하면 코드 예제를 들어 설명하라.

   힌트: *#141, #216*

452쪽

7.12 **해시테이블**: 체인(chain 즉 연결리스트)을 사용해 충돌을 해결하는 해시테이블을 설계하고 구현하라.

   힌트: *#287, #307*

454쪽

추가 문제: 스레드와 락(#16.3)

08
재귀와 동적 프로그래밍

재귀와 관련된 문제들은 아주 많지만 상당수는 패턴이 비슷하다. 주어진 문제가 재귀 문제인지 확인해 보는 좋은 방법은, 해당 문제를 작은 크기의 문제로 만들 수 있는지 보는 것이다.

다음과 같은 문장으로 시작하는 문제는 재귀로 풀기 적당한 문제일 가능성이 높다(물론 항상 그런 것은 아니다). "n번째 … 를 계산하는 알고리즘을 설계하라", "첫 n개를 나열하는 코드를 작성하라", "모든 … 를 계산하는 메서드를 구현하라" 등등.

> 팁: 지원자를 가르쳐본 개인적인 경험으로, 사람들이 직감적으로 "이 문제는 재귀 문제 같아"라로 했을 때 그 문제가 실제로 재귀 문제인 경우는 보통 50% 정도였다. 주어진 문제가 재귀로 풀릴 것 같더라도 다른 방식으로 생각해 보는 것을 게을리하면 안 된다. 50%의 확률로 재귀가 아닐 수 있다.

완벽해지는 방법은 오직 연습뿐이다. 더 많은 문제를 접할수록, 재귀인지 알아채기도 점차 쉬워질 것이다.

▶ 접근법

재귀적 해법은, 말 그대로, 부분문제(subproblem)에 대한 해법을 통해 완성된다. 따라서 많은 경우, 단순히 f(n-1)에 대한 해답에 무언가를 더하거나, 제거하거나, 아니면 그 해답을 변경하여 f(n)을 계산해낸다. 아니면, 데이터를 반으로 나눠 각각에 대해서 문제를 푼 뒤 이 둘을 병합(merge)하기도 한다.

주어진 문제를 부분문제로 나누는 방법도 여러 가지가 있다. 가장 흔하게 사용되는 세 가지 방법으로는 상향식(bottom-up), 하향식(top-down), 그리고 반반(half-and-half)이 있다.

상향식 접근법

상향식 접근법(bottom-up approach)은 가장 직관적인 경우가 많다. 이 접근법은 우선 간단한 경우들에 대한 풀이법을 발견하는 것으로부터 시작한다. 리스트를 예로 들어 보면, 처음에는 원소 하나를 갖는 리스트로부터 시작한다. 다음에는 원소 두 개가 들어 있는 리스트에 대한 풀이법을 찾고, 그 다음에는 세 개 원소를 갖는 리스트에 대한 풀이법을 찾는다. 이런 식으로 계속해 나간다. 이 접근법의 핵심은, 이전에 풀었던 사례를 확장하여 다음 풀이를 찾는다는 점이다.

하향식 접근법

하향식 접근법(top-down approach)은 덜 명확해서 복잡해 보일 수 있다. 하지만 가끔은 이 방법이 문제에 대해 생각해 보기에 가장 좋은 방법이기도 하다. 이러한 문제들은 어떻게 하면 N에 대한 문제를 부분 문제로 나눌 수 있을지 생각해 봐야 한다. 나뉜 부분문제의 경우가 서로 겹치지 않도록 주의한다.

반반 접근법

상향식 접근법과 하향식 접근법 외에 데이터를 절반으로 나누는 방법도 종종 유용하다.

예를 들어 이진 탐색은 '반반 접근법'(half-and-half approach)을 이용한 탐색 방법이다. 정렬된 배열에서 특정 원소를 찾을 때, 가장 먼저 왼쪽 절반과 오른쪽 절반 중 어디를 봐야 하는지 확인한다. 이와 같은 방식으로 절반씩 재귀적으로 탐색해 나간다.

병합 정렬(merge sort) 또한 '반반 접근법'을 이용한 정렬 방법이다. 배열 절반을 각각 정렬한 뒤 이들을 하나로 병합한다.

▶ 재귀적 해법 vs. 순환적 해법

재귀적 알고리즘을 사용하면 공간 효율성이 나빠질 수 있다. 재귀 호출이 한 번 발생할 때마다 스택에 새로운 층(layer)을 추가해야 한다. 이는 재귀의 깊이가 n일 때 O(n) 만큼의 메모리를 사용하게 된다는 것을 의미한다.

이런 이유로, 재귀적(recursive) 알고리즘을 순환적(iterative)으로 구현하는 것이 더 나을 수 있다. 모든 재귀적 알고리즘은 순환적으로 구현될 수 있지만, 순환적으로 구현된 코드는 때로 훨씬 더 복잡하다. 재귀적으로 코드를 작성하기 전에, 순환적으로 작성하면 얼마나 더 어려울지 자문해 보고, 두 방법 사이의 타협점에 대해서 면접관과 상의해 보기 바란다.

▶ 동적계획법 & 메모이제이션

사람들이 동적 프로그래밍 문제가 얼마나 어려운지에 대해 유난을 떨곤 하는데, 사실 그렇게 무서워할 이유는 없다. 실제로 동적 프로그래밍은 감을 한번 잡으면, 아주 쉽게 풀 수 있다.

동적 프로그래밍은 거의 대부분 재귀적 알고리즘과 반복적으로 호출되는 부분문제를 찾아내는 것이 관건이다. 이를 찾은 뒤에는 나중을 위해 현재 결과를 캐시에 저장해 놓으면 된다.

혹은 재귀 호출의 패턴을 유심히 살펴본 뒤에 이를 순환적 형태로 구현할 수도 있다. 물론 여전히 결과를 '캐시'에 저장해야 한다.

> 용어 정리: 어떤 사람은 하향식 동적 프로그래밍을 '메모이제이션(memoization)'이라 부르고 오직 상향식 접근법만 '동적 프로그래밍'으로 부르기도 한다. 여기선 이렇게 구분 짓지 않고 둘 다 동적 프로그래밍이라 부를 것이다.

동적 프로그래밍을 설명하는 가장 간단한 예시 하나는 n번째 피보나치 수(Fibonacci number)를 찾는 것이다. 이런 문제를 풀 때는 일반적인 재귀로 구현한 뒤 캐시 부분을 나중에 추가하는 것이 좋다.

피보나치 수열

피보나치 수(Fibonacci number)를 찾는 방법을 하나씩 살펴보자.

재귀

처음에는 재귀로 구현할 것이다. 간단해 보이지 않는가?

```
int fibonacci(int i) {
    if (i == 0) return 0;
    if (i == 1) return 1;
    return fibonacci(i - 1) + fibonacci(i - 2);
}
```

이 함수의 수행 시간은 어떻게 되는가? 성급히 대답하기 전에 한번 더 생각해 보라.

O(n) 혹은 O(n²)이라고 생각했다면 다시 생각해 보길 바란다. 코드에서 함수가 호출되는 경로에 대해 다시 확인해 보라. 이 문제뿐 아니라 다른 재귀 문제를 풀 때도 함수가 호출되는 경로를 트리(즉, 재귀 트리)로 그려 보면 도움이 된다.

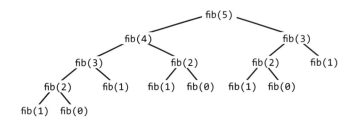

트리의 말단 노드는 모두 기본 경우(base case)인 fib(1) 아니면 fib(0)인 것을 알 수 있다.

각 호출에 소요되는 시간이 O(1)이므로 트리의 전체 노드의 개수와 수행 시간은 같다. 따라서 총 호출 횟수가 수행 시간이 된다.

> 팁: 뒤에 나올 문제를 위해 기억해 두자. 재귀 호출을 트리로 그려 보는 것은 재귀적 알고리즘의 수행 시간을 알아내는 데 굉장히 효과적이다.

트리에 있는 노드의 개수는 몇 개인가? 기본 경우(말단 노드)에 도달하기 전까지의 각 노드는 두 개의 자식 노드를 갖고 있다. 즉, 각 노드는 두 경우로 분기된다.

루트 노드 또한 두 개의 자식 노드를 갖고 있다. 이 자식 노드 또한 두 개의 자식 노드를 갖고 있고(즉, 네 개의 손자 노드가 있는 셈이다), 이 손자 노드들도 각각 두 개의 자식 노드를 갖고 있다. 이런 식으로 계속 반복된다. 이를 n번 반복하면 대략 $O(2^n)$개의 노드를 갖게 된다. 따라서 수행 시간은 대충 $O(2^n)$이 된다.

실제론 $O(2^n)$보다 빠르다. 위 그림을 살펴보면, (말단 노드와 말단 노드 바로 위는 제외하고) 오른쪽 부분트리의 크기가 왼쪽 부분트리의 크기보다 항상 작다는 사실을 알 수 있다. 만약 이 둘의 크기가 같다면 수행 시간은 $O(2^n)$이 될 것이다. 하지만 양쪽의 크기가 같지 않으므로, 실제 수행 시간은 $O(1.6^n)$에 가깝다. big-O 표기법은 수행 시간의 상한을 의미하는 것이므로 $O(2^n)$도 기술적으로는 옳은 표현법이긴 하다(61쪽의 'big-O, big Theta, big-Omega'를 참조하라). 이렇든 저렇든 여전히 수행 시간은 지수 시간이다.

이를 컴퓨터로 구현해 보면 수행 시간이 기하급수적으로 증가하는 것을 볼 수 있다.

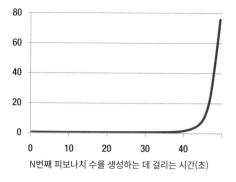

N번째 피보나치 수를 생성하는 데 걸리는 시간(초)

최적화할 방법을 찾아야 한다.

하향식 동적 프로그래밍(메모이제이션)

재귀 트리를 살펴보자. 중복되는 노드를 찾을 수 있겠는가?

많은 노드들이 중복되어 호출된다. 예를 들어, fib(3)은 두 번 호출됐고, fib(2)는 세 번 호출됐다. 이들이 호출될 때마다 다시 계산할 필요가 있을까?

사실, 우리가 fib(n)을 호출했을 때, fib이 탐색할 경우의 수가 O(n)이므로 fib 함수를 O(n)번 이상 호출하면 안 된다. 매번 fib(i)를 계산할 때마다 이 결과를 캐시에 저장하고 나중에는 저장된 값을 사용하는 것이 좋다. 이게 바로 메모이제이션 (memoization)이다.

앞의 코드를 약간 고쳐서 O(N) 시간에 돌아가게끔 만들었다. 재귀 호출 사이사이에 fibonacci(i)의 결과를 캐시에 저장하는 부분만 추가했다.

```
int fibonacci(int n) {
    return fibonacci(n, new int[n + 1]);
}

int fibonacci(int i, int[] memo) {
    if (i == 0 || i == 1) return i;
    if (memo[i] == 0) {
        memo[i] = fibonacci(i - 1, memo) + fibonacci(i - 2, memo);
    }
    return memo[i];
}
```

일반적인 컴퓨터에서 이전의 재귀 함수 코드를 돌려보면 50번째 피보나치 수를 찾는 데 1분 이상 걸린다. 하지만 동적 프로그래밍을 사용하면 10,000번째 피보나치 수열은 찾는 데 밀리초(millisecond)도 걸리지 않는다(물론 위의 코드를 그대로 사용하면 10,000번이 되기도 전에 int 자료형 때문에 오버플로(overflow)가 발생할 것이다).

재귀 트리를 그려 보면 다음과 같다(사각형으로 표시된 부분은 캐시값을 그대로 반환한 경우를 나타낸다).

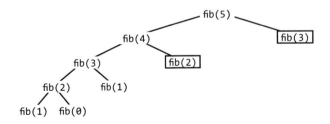

이 트리에 있는 노드의 개수는 몇 개인가? 트리 모양을 보면 대략 깊이 n까지 곧장 질러 내려가는 것을 볼 수 있다. 각 노드의 자식 노드는 한 개이므로, 모든 노드의

개수는 대략 2n개가 된다. 따라서 수행 시간은 O(n)이다.

　재귀 트리를 다음과 같이 그려 보면 유용할 때도 있다.

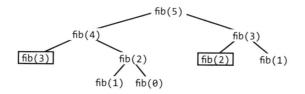

실제로 재귀가 이렇게 돌아가진 않는다. 하지만 아래보다 위에서 좀 더 가지를 뻗어 나간다면, 아래로 길게 늘어진 트리가 아니라 옆으로 넓게 확장한 트리를 얻을 수 있다(즉 깊이 우선(depth first)가 아닌 너비 우선(breadth first)과 같은 모양이 된다). 때로는 이런 모양의 트리를 이용하면 전체 노드의 개수를 세기 쉬울 수 있다. 이런 모양을 얻기 위해선 어느 노드에서 캐시값을 반환하고 어느 노드에서 가지를 확장해 나갈지를 결정하면 된다. 동적 프로그래밍 문제의 수행 시간 구하는데 어려움을 겪고 있다면, 이처럼 트리 모양을 옆으로 확장해 보길 바란다.

상향식 동적 프로그래밍

동적 프로그래밍 문제를 풀 때 위에서 설명한 방식으로 접근한 뒤 구현을 상향식으로 할 수도 있다. 위에서 했던 것과 마찬가지로 재귀적인 메모이제이션으로 접근하되 그걸 뒤집는다고 생각해 보자.

　먼저, 초기 사례(base case)인 `fib(1)`과 `fib(0)`을 계산한다. 그 뒤, 이 둘을 이용해 `fib(2)`를 계산하고, 차례로 `fib(3)`, `fib(4)` 등을 이전의 결과를 이용해 계산한다.

```
int fibonacci(int n) {
    if (n == 0) return 0;
    else if (n == 1) return 1;
    int[] memo = new int[n];
    memo[0] = 0;
    memo[1] = 1;
    for (int i = 2; i < n; i++) {
        memo[i] = memo[i - 1] + memo[i - 2];
    }
    return memo[n - 1] + memo[n - 2];
}
```

위 코드를 보면 알 수 있듯이, `memo[i]`는 `memo[i+1]`과 `memo[i+2]`를 계산할 때만 사용될 뿐, 그 뒤에는 전혀 사용되지 않는다. 따라서 `memo` 테이블 말고 변수 몇 개를 사용해서 풀 수도 있다.

```
int fibonacci(int n) {
    if (n == 0) return 0;
    int a = 0;
    int b = 1;
    for (int i = 2; i < n; i++) {
        int c = a + b;
        a = b;
        b = c;
    }
    return a + b;
}
```

위의 코드는 단순하게 피보나치 수열의 마지막 숫자 두 개를 a와 b 변수에 저장하도록 바꾼 결과다. 루프의 각 단계에서는 다음 값 (c = a + b)을 계산한 뒤 (b, c = a + b)의 값을 (a, b)로 옮기는 일을 수행했다.

이 간단한 문제를 지나치게 자세하게 설명한다는 느낌을 받을 수도 있지만, 이 과정을 확실히 이해해야 어려운 문제를 더 쉽게 만들 수 있다. 이번 장에 나오는 문제들은 대부분 동적 프로그래밍을 사용하는 문제들이다. 이 문제들을 풀어 보는 것이 여러분의 이해력을 확고히 하는 데 도움이 될 것이다.

추가로 읽을 거리: 귀납법을 통한 증명(807쪽).

▶ 면접 문제

8.1 **트리플 스텝**: 어떤 아이가 n개의 계단을 오른다. 한 번에 1계단 오르기도 하고, 2계단이나 3계단을 오르기도 한다. 계단을 오르는 방법이 몇 가지가 있는지 계산하는 메서드를 구현하라.

힌트: *#152, #178, #217, #237, #262, #359*

458쪽

8.2 **격자판(grid)상의 로봇**: 행의 개수는 r, 열의 개수는 c인 격자판의 왼쪽 상단 꼭짓점에 로봇이 놓여 있다고 상상해 보자. 이 로봇은 오른쪽 아니면 아래쪽으로만 이동할 수 있다. 하지만 어떤 셀(cell)은 '금지 구역'으로 지정되어 있어서 로봇이 접근할 수 없다. 왼쪽 상단 꼭짓점에서 오른쪽 하단 꼭짓점으로의 경로를 찾는 알고리즘을 설계하라.

힌트: *#331, #360, #388*

460쪽

8.3 **마술 인덱스**: 배열 A[0 ... n–1]에서 A[i] = i인 인덱스를 마술 인덱스(magic index)라 정의한다. 정렬된 상태의 배열이 주어졌을 때, 마술 인덱스가 존

재한다면 그 값을 찾는 메서드를 작성하라. 배열 안에 중복된 값은 없다.

연관문제

중복된 값을 허용한다면 어떻게 풀겠는가?

힌트: #170, #204, #240, #286, #340

462쪽

8.4 **부분집합**: 어떤 집합의 부분집합을 전부 반환하는 메서드를 작성하라.

힌트: #273, #290, #338, #354, #373

465쪽

8.5 **재귀 곱셈**: * 연산자를 사용하지 않고 양의 정수 두 개를 곱하는 재귀 함수를 작성하라. 덧셈(addition), 뺄셈(subtraction), 비트 시프팅(bit shifting) 연산자를 사용할 수 있지만 이들의 사용 횟수를 최소화해야 한다.

힌트: #166, #203, #227, #234, #246, #280

468쪽

8.6 **하노이타워**: 전형적인 하노이타워(Towers of Hanoi)에서는 크기가 서로 다른 N개의 원반을 세 개의 기둥 중 아무 곳으로나 옮길 수 있다. 초기에 원반은 크기가 맨 위에서부터 아래로 커지는 순서대로 쌓여 있다. 그리고 이 문제에는 다음과 같은 제약조건이 있다.

(1) 원반을 한 번에 하나만 옮길 수 있다.

(2) 맨 위에 있는 원반 하나를 다른 기둥으로 옮길 수 있다.

(3) 원반은 자신보다 크기가 작은 디스크 위에 놓을 수 없다.

스택을 사용하여 모든 원반을 첫 번째 기둥에서 마지막 기둥으로 옮기는 프로그램을 작성하라.

힌트: #144, #224, #250, #272, #318

471쪽

8.7 **중복 없는 순열**: 문자열이 주어졌을 때 모든 경우의 순열을 계산하는 메서드를 작성하라. 단, 문자는 중복되어 나타날 수 없다.

힌트: #150, #185, #200, #267, #278, #309, #335, #356

473쪽

8.8 **중복 있는 순열**: 문자열이 주어졌을 때 모든 경우의 순열을 계산하는 메서드

를 작성하라. 문자는 중복되어 나타날 수 있지만, 나열된 순열은 서로 중복
되면 안 된다.

힌트: *#161, #190, #222, #255*

476쪽

8.9 **괄호:** n-쌍의 괄호로 만들 수 있는 모든 합당한(괄호가 적절히 열리고 닫힌)
조합을 출력하는 알고리즘을 구현하라.

예제

입력: 3

출력: ((())), (()()), (())(), ()(()), ()()()

힌트: *#138, #174, #187, #209, #243, #265, #295*

478쪽

8.10 **영역 칠하기:** 이미지 편집 프로그램에서 흔히 쓰이는 '영역 칠하기(paint
fill)' 함수를 구현하라. 영역 칠하기 함수는 화면(색이 칠해진 이차원 배열)
과 그 화면상의 한 지점, 그리고 새로운 색상이 주어졌을 때, 주어진 지점과
색이 같은 주변 영역을 새로운 색상으로 다시 색칠한다.

힌트: *#364, #382*

480쪽

8.11 **코인:** 쿼터(25센트), 다임(10센트), 니켈(5센트), 페니(1센트)의 네 가지 동
전이 무한히 주어졌을 때, n센트를 표현하는 모든 방법의 수를 계산하는 코
드를 작성하라.

힌트: *#300, #324, #343, #380, #394*

481쪽

8.12 **여덟 개의 퀸:** 8×8 체스판 위에 여덟 개의 퀸(queen)이 서로 잡아 먹히지 않
도록 놓을 수 있는 모든 가능한 방법을 출력하는 알고리즘을 작성하라. 즉,
퀸은 서로 같은 행, 열, 대각선상에 놓이면 안 된다. 여기서 '대각선'은 모든
대각선을 의미하는 것으로, 체스판을 양분하는 대각선 두 개로 한정하지 않
는다.

힌트: *#308, #350, #371*

484쪽

8.13 **박스 쌓기:** 너비 w_i, 높이 h_i, 깊이 d_i인 박스 n개가 있다. 상자는 회전시킬 수

없으며, 다른 상자 위에 올려 놓을 수 있다. 단, 아래 놓인 상자의 너비, 높이, 깊이가 위에 놓인 상자의 너비, 높이, 깊이보다 더 클 때에만 가능하다. 이 상자들로 쌓을 수 있는 가장 높은 탑을 구하는 메서드를 작성하라. 탑의 높이는 탑을 구성하는 모든 상자의 높이 합이다.

힌트: *#155, #194, #214, #260, #322, #368, #378*

————— 486쪽

8.14 **불린값 계산:** 0(false), 1(true), &(AND), |(OR), ^(XOR)으로 구성된 불린 표현식과, 원하는 계산 결과(역시 불린 값)가 주어졌을 때, 표현식에 괄호를 적절하게 추가하여 그 값이 원하는 결과값과 같게 만들 수 있는 모든 경우의 개수를 출력하는 함수를 구현하라.

예제

```
countEval("1^0|0|1", false) → 2
countEval("0&0&0&1^1|0", true) → 10
```

힌트: *#148, #168, #197, #305, #327*

————— 489쪽

추가 문제: 연결리스트(#2.2, #2.5, #2.6), 스택과 큐(#3.3), 트리와 그래프(#4.2, #4.3, #4.4, #4.5, #4.8, #4.10, #4.11, #4.12), 수학 및 논리 퍼즐(#6.6), 정렬과 탐색(#10.5, #10.9, #10.10), C++(#12.8), 중간 난이도 연습문제(#16.11), 어려운 연습문제(#17.4, #17.6, #17.8, #17.12, #17.13, #17.15, #17.16, #17.24, #17.25)

09
시스템 설계 및 규모 확장성

겁을 먹을 수도 있겠지만 규모 확장성(scalability)은 가장 쉬운 종류의 문제이다. 번뜩이는 아이디어를 요구하지도 않고, 트릭도 없고, 예쁜 알고리즘도 없다. 적어도, 일반적으로는 그렇다. 많은 사람들이 이런 문제에 어떤 '마술' 같은 것이 있지 않을까 하는 오해를 한다. 약간의 숨겨진 지식이 필요한 게 아닐까?

그렇지 않다. 이런 류의 문제들은 단순히 여러분이 실제 세계에서 어떻게 행동할지를 보기 위해 설계된 문제들이다. 매니저가 어떤 시스템을 설계해 보라 요청하면 어떻게 할 것인지 생각해 보자.

이런 문제를 풀 때는 여러분이 실제 일을 하듯이 하면 된다. 질문을 하라. 면접관을 끌어들이라. 장단점을 토론하라.

이번 장에서는 몇 가지 핵심 개념에 대해 다룰 것이지만, 실제로 암기해야 할 개념들은 아니다. 물론 시스템 설계에 관한 커다란 부분을 이해하는 데는 도움이 될 것이다. 하지만 시스템 설계는 여러분이 문제를 풀어 나가는 과정 그 이상의 내용을 다룬다. 좋은 해법과 나쁜 해법은 있지만 완벽한 해법은 없다.

▶ 문제를 다루는 방법

- **소통하라**: 시스템 설계 문제를 출제하는 가장 큰 목적은 여러분의 의사소통 능력을 평가하기 위함이다. 면접관과 끊임없이 의사소통하라. 면접관에게 질문을 던지고, 시스템에 발생할 수 있는 문제점을 열린 마음으로 받아들이라.
- **처음에는 포괄적으로 접근하라**: 알고리즘으로 바로 뛰어들지 말고 특정 부분을 과도하게 파고들지 말라.
- **화이트보드를 사용하라**: 화이트보드는 여러분이 제안하는 설계를 면접관이 이해하게끔 도움을 준다. 문제를 받자마자 화이트보드에 여러분이 제안하는 그림을 그리면서 설명하라.
- **면접관이 우려하는 부분을 인정하라**: 면접관은 아마도 우려되는 부분을 파고들려 할 것이다. 그것을 무시하지 말라. 면접관의 우려를 인정하라. 면접관이 짚은 문제점을 인정하고 적절하게 수정하라.

- **가정을 할 때 주의하라**: 잘못된 가정은 문제를 완전히 다르게 바꿔 버릴 수 있다. 일례로 데이터의 통계/분석 결과를 만드는 시스템이 있을 때, 이 시스템의 분석 결과가 언제나 최신 결과를 나타내야 하는지 아닌지에 따라 큰 차이가 있다.
- **여러분이 생각하는 가정을 명확히 언급하라**: 가정을 할 때는 그것을 면접관에게 알려 줘야 한다. 그래야 여러분이 실수했을 때 면접관이 바로잡아 줄 수 있고, 적어도 여러분이 현재 어떤 가정을 하고 있는지 면접관이 알 수가 있다.
- **필요하다면 어림잡아 보라**: 많은 경우에 여러분이 필요한 데이터가 없을 수 있다. 예를 들어, 웹 크롤러(web crawler)를 설계한다고 할 때, 모든 URL을 저장하는 데 필요한 공간이 얼마나 되는지 어림잡아 볼 필요가 있다. 여러분이 알고 있는 다른 데이터를 이용해서 이 크기를 어림짐작 볼 수 있다.
- **뛰어들라**: 지원자로서 문제를 책임져야 한다. 그렇다고 조용히 있으면 안 된다. 반드시 면접관과 이야기를 해야 한다. 하지만 그와 동시에 문제도 풀어내야 한다. 질문을 하라. 장단점을 열린 마음으로 받아들이라. 계속해서 깊이 파고들라. 계속해서 향상시켜 나가라.

이런 문제들은 최고의 설계를 해내는 것보다 대개 그 과정을 중요하게 본다.

▶ 시스템 설계: 단계별 접근법

매니저가 TinyURL과 같은 시스템을 설계하라고 했을 때, 알겠다고 대답한 뒤 사무실에 틀어박혀 혼자 설계하진 않을 것이다. 아마도 실제 설계에 들어가기 전에 하고 싶은 질문이 많을 것이다. 면접에서도 이런 방식으로 문제에 접근해야 한다.

1단계: 문제의 범위를 한정하라

여러분이 설계해야 할 시스템에 대해 잘 모르고 있다면 여러분은 시스템을 설계할 수 없다. 여러분이 만들고자 하는 시스템과 면접관이 원하는 것이 같은지 확실히 할 수 있다는 점에서 문제의 범위를 한정하는 작업은 중요하다. 또한 이것이 바로 면접관이 특별히 평가하고자 하는 부분일 수도 있다.

 TinyURL 설계 문제를 풀어야 할 때, 정확히 무엇을 구현해야 하는지 알고 싶을 것이다. 개개인이 원하는 대로 축약된 URL을 만들 수 있는가? 아니면 축약된 URL이 항상 자동으로 생성되는가? 클릭에 관한 통계 정보를 기록할 필요가 있는가? 한 번 설정된 URL은 영원히 없어지지 않는가, 아니면 일정 시간이 지나면 삭제되는가? 이 질문들은 시스템 설계에 앞서 반드시 짚고 넘어가야 할 것들이다.

주요한 특징이나 사용되는 사례를 여기에 나열해 보자. 예를 들어 TinyURL는 아마도 다음과 같은 특징이 있을 것이다.

- URL을 TinyURL로 축약
- URL을 분석
- TinyURL과 연결된 URL을 검색
- 사용자 계정 및 링크 관리

2단계: 합리적인 가정을 만들라

필요하다면 가정을 세우는 것도 괜찮지만, 합당해야 한다. 예를 들어, 여러분의 시스템이 하루에 100명의 사용자를 처리할 수만 있으면 된다거나, 메모리에 제약이 없다거나 하는 가정은 합당하지 않다.

하지만 하루에 최대 백만 개의 URL을 생성하는 시스템을 가정하는 것은 합당하다. 이런 가정을 통해 얼마나 많은 데이터를 저장해야 하는지 계산해 볼 수 있다.

어떤 가정을 세우려면 '제품에 대한 감'이 있어야 할 수도 있다(감에 의존하는 게 그렇게 나쁜 건 아니다). 예를 들어, 최근 데이터에 비해 최대 10분 정도 오차가 있어도 괜찮은가? 이런 건 상황에 따라 다르다. 방금 추가한 URL이 제대로 동작하기까지 10분이 걸린다면 그 제품은 아무도 사용하지 않을 것이다. 사람들은 대부분 URL을 추가한 뒤 곧바로 사용하기를 원한다. 그렇지만, 통계적으로 봤을 때 데이터가 10분 정도 오래된 건 괜찮다.

3단계: 중요한 부분을 먼저 그리라

자리에서 일어나 화이트보드 앞에 서라. 시스템의 주요한 부분을 다이어그램으로 그리라. 예를 들어 여러 개의 프론트엔드 서버가 백엔드에서 데이터를 받아 오는 시스템일 수도 있고, 한 서버군은 인터넷에서 데이터를 읽어 오고 다른 서버군은 이 데이터를 분석하는 작업을 하는 시스템일 수도 있다. 그 시스템이 어떻게 생겼는지 그림으로 그리라.

시스템의 처음부터 마지막까지 어떻게 동작하는지 그 흐름을 보이라. 사용자가 새로운 URL을 입력했다. 그 다음에 어떻게 되겠는가?

현재 단계에선 규모 확장성 문제를 무시해도 된다. 그냥 단순하고 명백하게 동작한다고 접근해도 괜찮다. 규모 확장성에 관한 사안은 4단계에서 다룰 것이다.

4단계: 핵심 문제점을 찾으라

마음속에서 기본적인 설계를 마친 뒤에는 발생할 수 있는 핵심 문제에 집중해야 한다. 어느 부분이 병목지점일까? 이 시스템이 풀어야 할 주된 문제는 무엇인가?

예를 들어 TinyURL을 설계한다고 하자. 어떤 URL은 드물게 사용되는 반면 특정 URL의 사용량이 갑자기 치솟는 경우가 있다. Reddit 같은 인기 있는 게시판에 해당 URL이 올라오면 그럴 수 있다. 이럴 때 시스템이 끊임없이 데이터베이스를 읽어오길 원하지는 않을 것이다.

이 부분에서 아마도 면접관이 어느 정도 가이드를 해줄 것이다. 그럴 땐 그 조언을 받아들이고 여러분의 시스템에 적용하라.

5단계: 핵심 문제점을 해결할 수 있도록 다시 설계하라

핵심 문제가 무엇인지 알아냈다면 이제는 그에 맞게 여러분의 설계를 수정해야 한다. 시스템 전체를 갈아 엎어야 할 수도 있고 몇 가지 자잘한 부분만 수정해서(캐시를 사용한다든가) 해결할 수도 있다.

앞에서 여러분이 그린 다이어그램을 바뀐 설계에 맞게 수정하라.

여러분은 본인의 시스템에 존재하는 어떤 제약사항도 열린 마음으로 받아들일 수 있어야 한다. 면접관도 그 부분에 대해 아마 알고 있을 것이다. 따라서 여러분이 알고 있는 제약사항들을 면접관과 이야기하는 것 또한 중요하다.

▶ 규모 확장을 위한 알고리즘: 단계별 접근법

간혹 시스템 전체를 설계하라는 요청을 받지 않을 수도 있다. 단순히 시스템의 한 부분 혹은 알고리즘을 설계해 보라는 요청을 받을 수도 있는데, 이때도 반드시 규모 확장성을 신경 써야 한다. 아니면, 일반적인 설계 문제 중에서 '실제로' 중요한 알고리즘 부분을 집중해서 물어 볼 수도 있다.

이 경우에는 다음과 같이 접근하라.

1단계: 질문하라

초반에는 문제를 제대로 이해했는지 확인하기 위한 질문 시간이 필요하다. 면접관이 의도적이든 의도적이지 않든 언급하지 않은 세부사항이 있을 수 있다. 문제가 무엇인지 확실하게 이해하지 못한 상태에서는 문제 자체를 풀 수가 없다.

2단계: 현실적 제약을 무시하라

메모리 제약이 없고, 컴퓨터 한 대에서 모든 데이터를 다 처리할 수 있다고 가정해 보라. 이런 상황에선 문제를 어떻게 풀겠는가? 이에 대한 대답이 실제 정답에 대한 윤곽을 그리는 데 도움이 될 것이다.

3단계: 현실로 돌아오라

이제 원래 문제로 돌아와서 컴퓨터 한 대에 저장할 수 있는 데이터의 크기는 얼마나 되고, 데이터를 여러 조각으로 쪼갰을 때 어떤 문제가 발생할지 생각해 보라. 여기서 발생할 수 있는 흔한 문제는 어떤 논리로 데이터를 나눌 것인가, 혹은 특정 컴퓨터가 어느 데이터 조각을 사용했는지 어떻게 알 수 있을 것인가 등이 있다.

4단계: 문제를 풀어라

마지막으로, 2단계에서 발견한 문제점들을 어떻게 해결할지 생각해 봐야 한다. 상황에 따라 문제점 자체를 완전히 해결할 수도 있고, 그 수준을 완화시키는 데 그칠 수도 있다. 일반적으로는 1단계에서 윤곽을 그린 접근 방식을 살짝 수정해서 사용하겠지만, 가끔은 접근 방식 자체를 싹 다 바꿔야 할지도 모른다.

순환적 접근법(iterative approach)이 일반적으로 유용한 접근법이다. 즉, 3단계에서 어떤 문제를 해결하면 또 다른 문제가 발생하고, 그러면 그 문제를 다시 해결해 나가고 이를 반복하는 작업을 뜻한다.

여러분이 하고 있는 작업은 기업들이 수백만 달러를 들여서 만든 복잡한 시스템을 재설계 하는 것이 아니다. 그보단 문제를 분석하고 풀 수 있는 능력을 입증하려는 목적이 더 크다. 여러분의 답안에서 새로운 문제점을 만들어 내는 방법이 그 능력을 입증할 수 있는 굉장히 좋은 방법이다.

▶ 시스템 설계의 핵심 개념

시스템 설계 문제가 여러분이 무엇을 알고 있는지 확인하는 문제는 아니지만, 특정 개념을 알고 있으면 문제를 더 쉽게 풀 수 있다. 여기서는 이에 대해 개략적으로 설명할 것이다. 여기 나오는 모든 개념들은 깊이 있고 복잡한 주제들이므로 인터넷을 통해 더 깊이 있게 공부하기를 권장한다.

수평적(horizontal) vs. 수직적(vertical) 규모 확장

시스템은 두 가지 방법으로 규모를 확장시킬 수 있다.

- **수직적 규모 확장(vertical scaling)**: 특정 노드의 자원(resource)의 양을 늘리는 방법을 말한다. 예를 들어, 서버에 메모리를 추가해서 서버의 처리 능력을 향상시킬 수 있다.

- **수평적 규모 확장(horizontal scaling)**: 노드의 개수를 늘리는 방법을 말한다. 예를 들어 서버를 추가함으로써 서버 한 대가 다뤄야 하는 부하(load)를 줄일 수 있다.

수직적 규모 확장이 일반적으로 수평적 규모 확장보다 쉽지만, 메모리 혹은 디스크와 같은 것만 추가할 수 있으므로 제한적이다.

서버 부하 분산 장치(load balancer)

일반적으로 규모 확장성이 있는 웹사이트의 프론트엔드 부분은 서버 부하 분산 장치(load balancer)를 통해서 제공된다. 이렇게 해야 서버에 걸리는 부하를 여러 대의 서버에 균일하게 분산시킬 수 있고 서버 한 대 때문에 전체 시스템이 죽거나 다운되는 상황을 방지할 수 있다. 물론 이렇게 하기 위해선 서버 여러 대가 근본적으로 똑같은 코드와 데이터를 사용하도록 하는 네트워크를 구현해놔야 한다.

데이터베이스 역정규화(denormalization)와 NoSQL

SQL 같은 관계형 데이터베이스(relational database)의 조인(join) 연산은 시스템이 커질수록 굉장히 느려진다. 따라서 조인 연산은 가능하면 피해야 한다.

역정규화(denormalization)가 이런 것들 중 하나다. 역정규화란 데이터베이스에 여분의 정보를 추가해서 읽기 연산 속도를 향상시킨 것을 의미한다. 예를 들어, 한 프로젝트가 여러 과제를 수행하도록 설계된 데이터베이스를 생각해 보자. 이 데이터베이스에서 프로젝트 이름이랑 과제 정보를 함께 알고 싶은 경우에 두 테이블을 조인하기보단 애초에 과제 테이블에 프로젝트 이름 정보를 추가로 저장해 놓으면 더 빠르게 작업을 수행할 수 있다.

혹은, NoSQL 데이터베이스를 사용할 수도 있다. NoSQL은 조인 연산 자체를 지원하지 않는다. 따라서 자료를 저장할 때 조금 다른 방식으로 구성해 놓는데, 이 방식이 규모 확장성에 좋도록 설계되어 있다.

▶ 데이터베이스 분할(샤딩)

샤딩(sharding)은 데이터를 여러 컴퓨터에 나눠서 저장하는 동시에 어떤 데이터가 어떤 컴퓨터에 저장되어 있는지 알 수 있는 방식을 말한다. 흔하게 사용되는 분할 방식에는 다음이 있다.

- **수직적 분할(vertical partitioning)**: 기본적으로 자료의 특성별로 분할하는 방식

을 말한다. 예를 들어, 소셜 네트워크(social network)를 만든다고 할 때, 개인정보와 관련된 부분 혹은 메시지와 관련된 부분과 같이 그 특성에 따라 자료를 분할할 수 있다. 이 방법의 한 가지 단점은 특정 테이블의 크기가 일정 수준 이상으로 커지면, (다른 방식을 사용해서) 데이터베이스를 재분할해야 할 수도 있다는 점이다.

· **키 혹은 해시 기반 분할**: 이 방법을 아주 간단하게 구현하면 mod(key, n)의 값을 이용해서 N개의 서버에 분할 저장하면 된다. 이때 한 가지 문제점은 서버의 개수가 사실상 고정되어 있어야 한다는 점이다. 서버를 새로 추가할 때마다 모든 데이터를 다시 재분배해야 하는데, 굉장히 비용이 큰 작업이다.

· **디렉터리 기반 분할**: 이 방법은 데이터를 찾을 때 사용되는 조회 테이블(lookup table)을 유지하는 방법이다. 이 방법이 상대적으로 서버를 추가하기 쉽지만, 두 가지 심각한 단점이 있다. 첫 번째, 조회 테이블이 단일 장애 지점(single point of failure)이 될 수 있고, 두 번째, 지속적으로 테이블을 읽는 행위가 전체 성능에 영향을 미칠 수 있다.

실제로 많은 시스템 설계 전문가들이 결국엔 다양한 분할 방식을 사용한다.

캐싱(caching)

인메모리(in-memory) 캐시를 사용하면 결과를 굉장히 빠르게 가져올 수 있다. 인메모리 캐시는 키-값(key-value)을 쌍으로 갖는 간단한 구조로써 일반적으로 애플리케이션과 데이터 저장소(data store) 사이에 자리잡고 있다.

애플리케이션이 어떤 자료를 요청하면 캐시를 먼저 확인한다. 캐시가 해당 키값을 갖고 있지 않으면 그때 데이터 저장소를 살펴본다.

캐시를 할 때는 쿼리와 그 결과를 캐시하는 경우가 많다. 혹은 특정 객체를 캐시에 저장할 수도 있다. 예를 들어, 웹 페이지의 어떤 부분을 렌더링한 결과나 혹은 블로그에 올라온 최근 포스팅 리스트가 있을 수 있다.

비동기식 처리 & 큐

이상적이라면, 속도가 느린 연산은 비동기식(asynchronous)으로 처리해야 한다. 그렇지 않으면 해당 연산이 끝나기까지 하염없이 기다려야 할 수도 있기 때문이다.

어떤 경우에는 이 연산을 미리 해 놓을 수도 있다. 예를 들어, 곧 갱신해야 할 웹사이트의 각 부분들이 큐에 들어 있다고 생각해 보자. 이 웹사이트가 어떤 포럼이라고 했을 때, 큐에 들어 있는 작업 중 하나는 아마도 가장 최근의 글들과 몇 가지 코멘트를 보여 주는 페이지를 다시 만들어 주는 일일 것이다. 이 경우에는 최근 글 리스트가 약간 오래되어 덜 정확하더라도 괜찮다. 새로운 코멘트 하나 때문에 캐시 미스(cache miss)가 나고, 그래서 웹사이트를 새로 불러오느라 속도가 느려지는 것 보다는 결과가 덜 정확한 것이 낫다.

어떤 경우는, 작업이 끝나면 사용자에게 작업이 끝났다고 직접 알려 주기도 한 다. 아마 이와 같은 웹사이트를 예전에 본 적이 있을 것이다. 이런 웹사이트에서 어 떤 부분을 사용 가능으로 바꿔 놓으면 데이터를 가져오는 데 몇 분이 소요되는지 알려 주고, 작업이 끝나면 끝났다는 알림을 보내 준다.

네트워크 성능 척도

네트워크의 성능을 측정할 때 사용되는 몇 가지 중요한 척도(metric)는 다음과 같다.

- **대역폭(bandwidth)**: 단위 시간에 전송할 수 있는 데이터의 최대치를 말한다. 보 통 초당 몇 비트(bit)를 보낼 수 있는지로 계산한다. 혹은 비슷하게 초당 몇 기가 바이트(gigabyte)를 보낼 수 있는지로 계산하기도 한다.
- **처리량(throughput)**: 대역폭은 단위 시간에 전송할 수 있는 데이터의 최대치를 말하는 반면, 처리량은 단위 시간에 실제로 전송된 데이터의 양을 의미한다.
- **지연 속도(latency)**: 데이터를 전송하는 데 걸리는 시간을 말한다. 즉, 발송자 (sender)가 데이터를 보낸 시점부터 수신자(receiver)가 데이터를 받는 시점까 지 걸린 시간을 말한다.

공장의 컨베이어 벨트에서 물품이 이동하는 모습을 상상해 보자. 지연 속도는 물품 하나가 한 지점에서 다른 지점까지 옮겨지는 데 걸린 시간을 말하고, 처리량은 단 위 시간에 옮겨진 물품의 개수를 의미한다.

- 컨베이어 벨트의 폭을 넓힌다고 지연 속도가 달라지지는 않는다. 하지만 처리량 과 대역폭을 바꾼다면 달라질 수 있다. 더 많은 물품을 벨트 위에 올려놓으면 주 어진 단위 시간에 더 많은 물품을 처리할 것이다.
- 벨트의 길이를 줄이면 각 물품이 벨트 위에서 보내는 시간이 줄어들기 때문에 지연 속도 또한 줄어들 것이다. 하지만 대역폭이나 처리량은 달라지지 않는다. 어쨌든 단위 시간에 옮겨진 물품의 개수는 같을 테니 말이다.
- 컨베이어 벨트의 속도를 빠르게 만든다면 위의 세 가지 척도를 모두 바꿀 수 있 다. 공장에서 물품을 옮기는 속도가 줄어들 것이고, 단위 시간에 옮길 수 있는

물품의 개수 또한 늘어날 것이다.

- 대역폭은 최상의 조건에서 단위 시간에 전송할 수 있는 물품의 개수를 뜻한다. 처리량은 실제 상황에서(즉, 기계 몇 개가 잘 동작하지 않은 경우에도) 단위 시간에 전송된 물품의 개수를 말한다.

지연 시간은 무시되기 쉽지만 특정 상황에선 굉장히 중요한 역할을 한다. 예를 들어, 온라인 게임에선 지연 시간이 아주 중요하다. 온라인 스포츠 게임을 하고 있을 때 상대방의 움직임을 바로바로 볼 수 없다면 게임을 어떻게 진행할 수 있겠는가? 처리량은 압축 등의 방법을 통해 어떻게든 향상시킬 수 있지만, 지연 시간을 단축시키기 위해 여러분이 할 수 있는 일은 일반적으로 많지 않다.

MapReduce

MapReduce는 구글과 관련이 있는데, 현재는 구글에 국한되지 않고 널리 사용되고 있다. MapReduce 프로그램은 보통 굉장히 커다란 데이터를 처리하는 데 사용된다.

이름에서 볼 수 있듯이, MapReduce 프로그램을 사용하려면 맵(Map) 단계와 리듀스(Reduce) 단계를 구현해야 한다. 나머지 부분은 시스템이 알아서 처리할 것이다.

- Map은 데이터를 입력으로 받은 뒤 <key, value> 쌍을 반환한다.
- Reduce는 키(key), 그리고 키와 관련된 값(value)들을 입력으로 받은 뒤 나름의 처리 과정을 거친 뒤 새로운 키와 값을 반환한다. 경우에 따라 이 결과를 또 다른 Reduce 프로그램에 넘길 수도 있다.

MapReduce는 많은 과정을 병렬로 처리할 수 있게 도와 주기 때문에 굉장히 커다란 데이터에 대해서도 규모 확장이 쉬워진다.

자세한 내용은 823쪽의 'MapReduce'를 참고하길 바란다.

▶ 시스템 설계 시 고려할 점

시스템을 설계할 때는 앞에서 배운 개념뿐 아니라, 다음의 문제점들도 함께 고려해야 한다.

- 실패(Failures): 시스템의 어떤 부분이든 실패 가능성이 존재한다. 따라서 각 부분이 실패했을 때를 대비한 대비책을 준비해야 한다.

- **가용성(availability) 및 신뢰성(reliability):** 가용성은 사용 가능한 시스템의 시간을 백분율로 나타낸 것을 말한다. 신뢰성은 특정 단위 시간에 시스템이 사용 가능할 확률을 나타낸 것을 말한다.

- **읽기 중심 vs. 쓰기 중심:** 읽는 연산이 많은지 아니면 쓰는 연산이 많은지에 따라 설계 방식이 달라질 수 있다. 쓰는 연산이 많다면, 큐를 사용하는 방법을 한번 생각해 보라(물론 여기서도 잠재적인 실패 가능성에 대해 생각해 봐야 한다). 읽는 연산이 많다면, 캐시를 사용하는 것이 좋을 수도 있다. 이 외에 다른 설계 부분들도 바뀔 수 있다.

- **보안(security):** 여러분도 알겠지만, 보안 위협은 시스템에 엄청난 해를 가할 수 있다. 해당 시스템이 직면할 수 있는 문제점에 대해 생각해 보고 그를 해결하기 위해 어떻게 시스템을 설계할지 생각해 보라.

위의 것들은 단지 시스템이 잠재적으로 맞닥뜨릴 수 있는 기본적인 문제점들에 지나지 않는다. 면접장에서는 설계의 장단점에 대해 열린 마음으로 받아들일 수 있어야 한다.

▶ '완벽한' 시스템은 없다

TinyURL, 구글 맵스, 다른 어떤 시스템에 대해서도 완벽하게 동작하는 시스템 설계란 존재하지 않는다. 끔찍한 시스템은 굉장히 많이 존재하지만 말이다. 모든 시스템에는 장단점이 존재한다. 두 사람이 같은 시스템을 완전히 다르게 설계했더라도 어느 하나가 모든 면에서 다른 하나보다 나은 경우는 없다. 서로 다른 상황에서 두 시스템 모두 굉장한 성능을 낼 수 있다.

이런 종류의 문제를 받았을 때 여러분이 해야 할 일은 사례를 잘 이해하고, 문제의 범위를 설정하고, 합리적인 가정을 세운 뒤, 명확하게 설계한 시스템을 만드는 것이다. 마지막으로 여러분이 설계한 시스템의 약점에 대해 열린 마음으로 받아들일 수 있는 점 또한 필요하다. 아주 완벽한 것을 기대하지는 말라.

▶ 연습 문제

수백만 개의 문서가 주어졌을 때, 특정 단어 리스트가 포함된 문서를 찾으려고 한다. 어떻게 할 수 있을까? 단어가 등장하는 순서는 중요하지 않지만, 해당 단어가 완벽하게 나타나야 한다. 즉, "bookkeeper"라는 단어에 "book"이라는 단어가 포함되긴 하지만 해당 문서가 "book"의 검색 결과로 나타나서는 안 된다.

문제를 풀기 전에 문서를 찾는 행위를 한 번만 할건지 아니면 findWords를 반복적으로 호출할 것인지 알고 있어야 한다. 여기서는 findWords를 같은 문서 집합에 대해서 여러 번 호출한다고 가정하자. 따라서 약간의 전처리 과정이 들어가도 괜찮다.

1단계

처음에는 문서가 겨우 수십 개 있을 때를 가정하고 문제를 풀어 본다. 이럴 경우에는 findWords를 어떻게 구현할 것인가? 잠깐 멈춰서 어떻게 풀지 직접 생각해 보길 바란다.

한 가지 방법은 전처리 과정을 통해 모든 문서에 대한 해시테이블을 만드는 것이다. 해시테이블은 단어와 해당 단어를 포함하는 문서 리스트에 대한 정보를 담고 있다.

```
"books" → {doc2, doc3, doc6, doc8}
"many" → {doc1, doc3, doc7, doc8, doc9}
```

"many books"를 탐색하려면, 단순히 "books"와 "many"의 교집합을 구하면 된다. 그러면 {doc3, doc8}을 구할 수 있다.

2단계

이제 원래 문제로 돌아가 보자. 문서의 개수가 수백만 개로 늘어나면 어떻게 해야 할까? 일단, 문서를 여러 대의 컴퓨터로 나눠서 보내야 할 것이다. 또한 여러 가지 다른 요인(단어의 수나 출현 빈도 등) 때문에 해시테이블조차도 한 컴퓨터에 온전히 보관할 수 없을 수 있다. 실제로 해시테이블도 분할해서 저장해야 하는 상황이 벌어졌다고 가정해 보자.

데이터를 나누려면, 다음과 같은 사항들을 고민해야 한다.

1. 해시테이블은 어떻게 분할할 것인가? 키워드에 따라 나눌 수 있다. 이때, 어떤 단어에 대한 문서 목록은 컴퓨터 한 대에 온전히 저장될 것이다. 혹은 문서에 따라 나눌 수도 있다. 즉, 전체 문서 집합 가운데 특정한 부분집합에 대한 해시테이블만 한 컴퓨터에 두는 것이다.

2. 데이터를 분할하기로 결정하면, 어떤 컴퓨터에서는 문서를 처리하고 그 처리 결과를 다른 컴퓨터로 옮겨야 할 수 있다. 이 과정은 어떻게 정의할 수 있을까? 해시테이블을 문서에 따라 나누기로 했다면 이 과정이 불필요할 수도 있다는 점에 유의한다.

3. 어떤 컴퓨터에 어떤 데이터가 보관되어 있는지 알 수 있어야 한다. 이 조회 테이블(lookup table)의 형태는? 조회 테이블은 어디 두어야 하겠는가?

여기선 단지 세 가지 사항만 언급했지만, 이보다 더 많을 수도 있다.

3단계

이제는 각 문제점들에 대한 해법을 찾아야 한다. 한 가지 방법은 키워드를 알파벳 순서에 따라 분할하는 것이다. 즉, 한 컴퓨터가 특정한 범위의 단어들만(가령 'after'부터 'apple'까지) 통제하게 하는 것이다.

키워드를 알파벳 순서로 돌면서 가능한 데이터를 저장하는 알고리즘은 쉽게 구현할 수 있다. 용량이 꽉 차면, 다른 컴퓨터로 옮겨 가야 한다.

이 접근법의 장점은 조회 테이블을 작고 단순하게 만들 수 있다는 점이다(값의 범위만 명시하면 되기 때문에). 또한 각 컴퓨터에 조회 테이블의 복사본을 저장할 수도 있다. 단점은 새로운 문서나 단어가 추가되면 키워드를 굉장히 많이 이동시켜야 할 수도 있다는 점이다.

특정한 문자열 집합을 포함하는 모든 문서를 찾기 위해서는 우선 해당 문자열 리스트를 정렬한 다음에 각 컴퓨터에 그중 일부에 해당하는 문자열들을 찾으라는 요청을 보내면 된다. 가령 문자열 리스트가 "after builds boat amaze banana"와 같이 주어졌다면, 첫 번째 컴퓨터에는 {"after", "amaze"}에 대한 요청을 보내는 것이다.

첫 번째 컴퓨터는 "after"와 "amaze"를 포함하는 문서들의 교집합을 구하여 반환한다. 세 번째 컴퓨터는 {"banana", "boat", "builds"}에 대해 같은 작업을 수행한다.

마지막으로, 초반에 전체 요청을 보냈던 컴퓨터는 첫 번째와 세 번째 컴퓨터로부터 받은 결과의 교집합을 구한다.

이 절차를 다이어그램으로 그려 보면 다음과 같다.

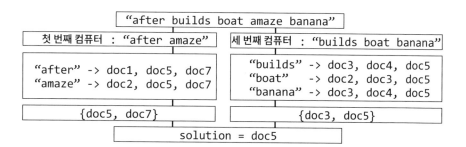

▶ 면접 문제

9.1 **주식 데이터:** 서비스를 하나 구현한다고 하자. 이 서비스는 폐장 시점에 주가 정보(시작가, 종가, 최고가, 최저가)를 최대 1,000개의 클라이언트에게 제공한다. 데이터는 이미 주어져 있고, 어떤 형태로든 저장할 수 있다고 가정해도 좋다. 이 서비스를 어떻게 설계하면 좋겠는가? 여러분은 개발과 배포를 책임져야 하고, 지속적으로 시스템을 모니터링하는 한편 사용자에게 전송되는 정보를 관리해야 한다. 여러분이 생각하는 방법을 설명한 다음, 어떤 접근법을 택했는지 그 접근법을 선택한 이유는 무엇인지 설명하라. 어떤 기술을 사용해도 좋다. 클라이언트 프로그램에 정보를 전송하는 방법도 원하는 대로 선택할 수 있다.

힌트: #385, #396

494쪽

9.2 **소셜 네트워크:** 페이스북이나 링크드인과 같은 대규모 소셜 네트워크를 위한 자료구조는 어떻게 설계하겠는가? 두 사람 사이의 최단 경로를 보여 주는 알고리즘은 어떻게 설계하겠는가? (가령, 나→밥→수잔→제이슨→당신)

힌트: #270, #285, #304, #321

497쪽

9.3 **웹 크롤러:** 웹에 있는 데이터를 긁어 오는 크롤러(crawler)를 설계할 때, 무한루프(infinite loop)에 빠지는 일을 방지하려면 어떻게 해야 하는가?

힌트: #334, #353, #365

502쪽

9.4 **중복 URL:** 100억 개의 URL이 있다. 중복된 문서를 찾으려면 어떻게 해야 하는가? 여기서 '중복'이란 '같은 URL'이라는 뜻이다.

힌트: #326, #347

504쪽

9.5 **캐시:** 간단한 검색 엔진으로 구현된 웹 서버를 생각해 보자. 이 시스템에선 100개의 컴퓨터가 검색 요청을 처리하는 역할을 하고 있다. 예를 들어 하나의 컴퓨터 집단(cluster of machines)에 processSearch(string query)라는 요청을 보내면 그에 상응하는 검색 결과를 반환해 준다. 하지만 어떤 컴퓨터가 요청을 처리하게 될지는 그때그때 다르며, 따라서 같은 요청을 한다고

같은 컴퓨터가 처리할 거라고 장담할 수 없다. processSearch 메서드는 아주 고비용이다. 최근 검색 요청을 캐시에 저장하는 메커니즘을 설계하라. 데이터가 바뀌었을 때 어떻게 캐시를 갱신할 것인지 반드시 설명하라.

힌트: *#259, #274, #293, #311*

———————————— 505쪽

9.6 **판매 순위:** 한 전자상거래 회사는 가장 잘 팔리는 제품의 리스트(전체에서 그리고 각 목록별로)를 알고 싶어 한다. 예를 들어, 어떤 제품은 전체 제품 중에서 1,056번째로 잘 팔리지만 운동 장비 중에서는 13번째로 잘 팔리고, 안전용품 중에서는 24번째로 잘 팔릴 수 있다. 이 시스템을 어떻게 설계할지 설명하라.

힌트: *#142, #158, #176, #189, #208, #223, #236, #244*

———————————— 511쪽

9.7 **개인 재정 관리자:** 개인 재정 관리 시스템(*mint.com*과 같은)을 어떻게 설계할지 설명하라. 이 시스템은 여러분의 은행 계정과 연동되어 있어야 하며 소비 습관을 분석하고 그에 맞게 적절하게 추천할 수 있어야 한다.

힌트: *#162, #180, #199, #212, #247, #276*

———————————— 517쪽

9.8 Pastebin: Pastebin과 같은 시스템을 설계하라. Pastebin은 텍스트를 입력하면 접속 가능한 임의의 URL을 생성한 뒤 반환해 주는 시스템이다.

힌트: *#165, #184, #206, #232*

———————————— 522쪽

추가 문제: 객체 지향 설계(#7.7)

10
정렬과 탐색

널리 사용되는 정렬 및 탐색 알고리즘을 완벽히 이해하는 건 굉장히 가치 있는 일이다. 많은 정렬 및 탐색 문제는 잘 알려진 알고리즘들을 변용하여 출제된다. 그러므로 여러 가지 정렬 알고리즘의 차이점을 잘 이해하고, 해당 상황에서 어떤 알고리즘이 어울릴지 살펴두는 것이 좋다.

예를 들어 여러분이 이런 문제를 받았다고 가정해 보자. Person 객체로 이루어진 아주 크기가 큰 배열이 있다고 하자. 이 배열에 담긴 객체들을 나이순으로 정렬하라. 여기서 중요한 힌트를 두 가지 얻을 수 있다.

1. 배열의 크기가 크므로, 효율성이 매우 중요하다.
2. 나이순으로 정렬하는 것이므로, 그 값의 범위가 좁다는 것을 알 수 있다.

다양한 정렬 알고리즘들을 살펴봤을 때, 버킷 정렬(bucket sort) 혹은 기수 정렬(radix sort)이 가장 적합하리라는 것을 눈치챌 수 있다. 각 버킷의 크기를 1년으로 설정하면 O(n)에 정렬할 수 있다.

▶ 널리 사용되는 정렬 알고리즘

자주 사용되는 정렬 알고리즘을 알아 두면 여러분의 문제풀이 능력을 크게 향상시킬 수 있다. 아래에 정리한 다섯 알고리즘 가운데에서는 병합 정렬(merge sort), 퀵 정렬(quick sort), 버킷 정렬(bucket sort)과 관련된 문제가 가장 자주 출제된다.

버블 정렬(bubble sort) | 평균 및 최악 실행 시간: $O(n^2)$, 메모리: $O(1)$

버블 정렬은 배열의 첫 원소부터 순차적으로 진행하며, 현재 원소가 그다음 원소의 값보다 크면 두 원소를 바꾸는 작업을 반복한다. 이런 식으로 배열을 계속 살펴보면서 완전히 정렬된 상태가 될 때까지 반복한다.

선택 정렬(selection sort) | 평균 및 최악 실행 시간: $O(n^2)$, 메모리: $O(1)$

선택 정렬은 아이들도 고안해 낼 수 있을 만큼 심플한 알고리즘이다. 하지만 비효율적이다. 배열을 선형 탐색(linear scan)하며 가장 작은 원소를 배열 맨 앞으로 보낸다(맨 앞에 있던 원소와 자리를 바꾼다). 그 다음에는 두 번째로 작은 원소를 찾은 뒤 앞으로 보내 준다. 이 작업을 모든 원소가 정렬될 때까지 반복한다.

병합 정렬(merge sort) | 평균 및 최악 실행 시간: O(n log n), 메모리: 상황에 따라 다름

병합 정렬은 배열을 절반씩 나누어 각각을 정렬한 다음 이 둘을 합하여 다시 정렬하는 방법이다. 나눈 절반을 정렬할 때도 같은 알고리즘이 사용되고 결국에는 원소한 개짜리 배열 두 개를 병합하게 된다. 이 알고리즘에서는 '병합'을 처리하는 것이 가장 복잡하다.

병합 작업을 수행하는 메서드는 병합 대상이 되는 배열의 두 부분을 임시 배열 (helper)에 복사하고, 왼쪽 절반의 시작 지점(helperLeft)과 오른쪽 절반의 시작 지점(helperRight)을 추적한다. 그런 다음 helper를 순회하면서 두 배열에서 더 작은 값의 원소를 꺼내어 원래 배열에 복사해 넣는다. 두 배열 중 한 배열에 대한 순회가 끝난 경우에는 다른 배열의 남은 부분을 원래 배열에 남김없이 복사해 넣고 작업을 마친다.

```
void mergesort(int[] array) {
    int[] helper = new int[array.length];
    mergesort(array, helper, 0, array.length - 1);
}

void mergesort(int[] array, int[] helper, int low, int high) {
    if (low < high) {
        int middle = (low + high) / 2;
        mergesort(array, helper, low, middle);     // 왼쪽 절반 정렬
        mergesort(array, helper, middle+1, high);  // 오른쪽 절반 정렬
        merge(array, helper, low, middle, high);   // 병합
    }
}

void merge(int[] array, int[] helper, int low, int middle, int high) {
    /* 절반짜리 두 배열을 helper 배열에 복사한다. */
    for (int i = low; i <= high; i++) {
        helper[i] = array[i];
    }

    int helperLeft = low;
    int helperRight = middle + 1;
    int current = low;

    /* helper 배열 순회. 왼쪽 절반과 오른쪽 절반을 비교하여 작은 원소를
     * 원래 배열에 복사해 넣는다. */
    while (helperLeft <= middle && helperRight <= high) {
        if (helper[helperLeft] <= helper[helperRight]) {
            array[current] = helper[helperLeft];
            helperLeft++;
        } else { // 오른쪽 원소가 왼쪽 원소보다 작으면
            array[current] = helper[helperRight];
            helperRight++;
        }
        Current++;
    }
```

```
    /* 왼쪽 절반 배열에 남은 원소들을 원래 배열에 복사해 넣는다. */
    int remaining = middle - helperLeft;
    for (int i = 0; i <= remaining; i++) {
        array[current + i] = helper[helperLeft + i];
    }
}
```

그런데 위의 코드를 보면 왼쪽 절반 배열에 남은 원소들을 원래 배열로 다시 옮겨 놓는 코드는 있어도 오른쪽 절반 배열에 대한 코드는 없다는 것을 알 수 있다. 오른 쪽 절반에 대해서는 왜 작업을 시행하지 않는 것일까? 그 이유는 오른쪽 원소들이 이미 원래 배열의 그 자리에 있기 때문이다.

가령 [1, 4, 5 || 2, 8, 9]와 같은 배열이 있다고 하자('||'는 분할 지점이다). 이 두 부분 배열을 병합하기 전에, helper 배열과 원래 배열은 모두 [8, 9]로 끝난다. 병합 작업이 진행되어 1, 4, 5, 2를 원래 배열로 복사하고 나면 [8, 9]가 남는데, 이 두 원소는 원래 배열에서도 여전히 같은 위치에 있다. 그러므로 helper 배열로부터 복사해 넣을 필요가 없다.

병합할 때 예비 공간을 추가로 사용하기 때문에 병합 정렬의 공간복잡도는 O(n) 이다.

퀵 정렬 | 실행 시간: 평균 O(n log n), 최악 O(n²). 메모리: O(log n)

퀵 정렬은 무작위로 선정된 한 원소를 사용하여 배열을 분할하는데, 선정된 원소 보다 작은 원소들은 앞에, 큰 원소들은 뒤로 보낸다. 배열 분할 작업은 연속된 스왑 (swap) 연산을 통해 효율적으로 수행된다(아래에 정리해 놓았다).

배열과 그 부분 배열을 반복적으로 분할해 나가면 결국에 배열은 정렬된 상태에 도달한다. 하지만 배열 분할에 사용되는 원소가 중간값(median), 적어도 중간값에 가까운 값이 되리라는 보장이 없기 때문에, 정렬 알고리즘이 느리게 동작할 수도 있다. 그래서 최악의 경우에 수행 시간이 O(n²)이 될 수 있다.

```
void quickSort(int[] arr, int left, int right) {
    int index = partition(arr, left, right);
    if (left < index - 1) { // 왼쪽 절반 정렬
        quickSort(arr, left, index - 1);
    }
    if (index < right) {    // 오른쪽 절반 정렬
        quickSort(arr, index, right);
    }
}

int partition(int[] arr, int left, int right) {
    int pivot = arr[(left + right) / 2]; // 분할 기준 원소 선정
    while (left <= right) {
```

```
        // 왼쪽에서 오른쪽으로 옮겨야 하는 원소 탐색
        while (arr[left] < pivot) left++;

        // 오른쪽에서 왼쪽으로 옮겨야 하는 원소 탐색
        while (arr[right] > pivot) right--;

        // 원소를 스왑한 뒤 left와 right를 이동
        if (left <= right) {
            swap(arr, left, right); // 스왑
            Left++;
            Right--;
        }
    }
    return left;
}
```

기수 정렬(radix sort) | 실행 시간: O(kn)

기수 정렬 알고리즘은 데이터가 정수(다른 형태의 데이터에 대해서도 마찬가지시만)처럼 유한한 비트로 구성되어 있는 경우에 사용된다. 기수 정렬은 각 자릿수를 순회해 나가면서 각 자리의 값에 따라 그룹을 나눈다. 가령 정수 배열이 주어졌다고 하면 처음에는 첫 번째 자릿수를 기준으로 정렬한다. 따라서 첫 자릿수가 0인 수들은 같은 그룹에 속한다. 그런 다음 각 그룹마다 두 번째 자릿수를 기준으로 다시 정렬을 수행한다. 이 작업을 배열 전체가 정렬될 때까지 모든 자릿수에 대해 반복한다.

비교 연산을 사용하는 정렬 알고리즘은 평균적으로 O(n log n)보다 나은 성능을 보일 수 없으나, 기수 정렬의 수행 시간은 O(kn)이 된다. 여기서 n은 정렬 대상 원소의 개수이고, k는 자릿수의 개수이다.

탐색 알고리즘

탐색 알고리즘 하면 일반적으로 이진 탐색(binary search)이 떠오른다. 실제로 이진 탐색은 공부하기 굉장히 좋은 알고리즘이다.

이진 탐색은 정렬된 배열에서 원소 x를 찾고자 할 때 사용된다. x를 중간에 위치한 원소와 비교한 뒤 x가 중간에 위치한 값보다 작다면 배열의 왼쪽 절반을 재탐색하고, 크다면 배열의 오른쪽 절반을 재탐색한다. 이 과정을 x를 찾거나 부분배열의 크기가 0이 될 때까지 반복한다.

개념 자체는 꽤 간단하지만 세부적인 부분까지 자세히 따지다 보면 생각보다 구현이 어려울 수 있다. 아래의 코드를 보면서 +1과 -1이 어떻게 사용되었는지 눈여겨보길 바란다.

```
int binarySearch(int[] a, int x) {
    int low = 0;
    int high = a.length - 1;
    int mid;
    while (low <= high) {
        mid = (low + high) / 2;
        if (a[mid] < x) {
            low = mid + 1;
        } else if (a[mid] > x) {
            high = mid - 1;
        } else {
            return mid;
        }
    }
    return -1; // 에러
}

int binarySearchRecursive(int[] a, int x, int low, int high) {
    if (low > high) return -1; // 에러

    int mid = (low + high) / 2;
    if (a[mid] < x) {
        return binarySearchRecursive(a, x, mid + 1, high);
    } else if (a[mid] > x) {
        return binarySearchRecursive(a, x, low, mid - 1);
    } else {
        return mid;
    }
}
```

자료구조를 탐색하는 방법은 이진 탐색 말고도 많이 있다. 그러니 이진 탐색에만 집착하지 않길 바란다. 예를 들어, 어떤 노드를 찾는 탐색 작업에는 이진 트리를 사용할 수도 있고 해시테이블을 사용할 수도 있다. 이진 탐색에만 얽매이지 않도록 하자!

▶ 면접 문제

10.1 **정렬된 병합**: 정렬된 배열 A와 B가 주어진다. A의 끝에는 B를 전부 넣을 수 있을 만큼 충분한 여유 공간이 있다. B와 A를 정렬된 상태로 병합하는 메서드를 작성하라.

힌트: *#332*

527쪽

10.2 **Anagram 묶기**: 철자 순서만 바꾼 문자열(anagram)이 서로 인접하도록 문자열 배열을 정렬하는 메서드를 작성하라.

힌트: *#177, #182, #263, #342*

528쪽

10.3 **회전된 배열에서 검색:** n개의 정수로 구성된 정렬 상태의 배열을 임의의 횟수만큼 회전시켜 얻은 배열이 입력으로 주어진다고 하자. 이 배열에서 특정한 원소를 찾는 코드를 작성하라. 회전시키기 전, 원래 배열은 오름차순으로 정렬되어 있었다고 가정한다.

> 예제

입력: {15, 16, 19, 20, 25, 1, 3, 4, 5, 7, 10, 14}에서 5를 찾으라.
출력: 8 (배열에서 5가 위치한 인덱스)
힌트: *#298, #310*

529쪽

10.4 **크기를 모르는 정렬된 원소 탐색:** 배열과 비슷하지만 size 메서드가 없는 Listy라는 자료구조가 있다. 여기에는 i 인덱스에 위치한 원소를 O(1) 시간에 알 수 있는 elementAt(i) 메서드가 존재한다. 만약 i가 배열의 범위를 넘어섰다면 -1을 반환한다(이 때문에 이 자료구조는 양의 정수만 지원한다). 양의 정수가 정렬된 Listy가 주어졌을 때, 원소 x의 인덱스를 찾는 알고리즘을 작성하라. 만약 x가 여러 번 등장한다면 아무거나 하나만 반환하면 된다.

힌트: *#320, #337, #348*

531쪽

10.5 **드문드문 탐색:** 빈 문자열이 섞여 있는 정렬된 문자열 배열이 주어졌을 때, 특정 문자열의 위치를 찾는 메서드를 작성하라.

> 예제

입력: ball, {"at", "", "", "", "ball", "", "", "car", "", "", "dad", "", ""}
출력: 4
힌트: *#256*

533쪽

10.6 **큰 파일 정렬:** 한 줄에 문자열 하나가 쓰여 있는 20GB짜리 파일이 있다고 하자. 이 파일을 정렬하려면 어떻게 해야 할지 설명하라.

힌트: *#207*

534쪽

10.7 **빠트린 정수:** 음이 아닌 정수 40억개로 이루어진 입력 파일이 있다. 이 파일에 없는 정수를 생성하는 알고리즘을 작성하라. 단, 메모리는 1GB만 사용할 수 있다.

메모리 제한이 10MB라면 어떻게 풀 수 있을까? 중복된 값은 존재하지 않으며 이번에는 10억 개만 있다고 가정하자.

힌트: *#235, #254, #281*

534쪽

10.8 중복 찾기: 1부터 N(<=32,000)까지의 숫자로 이루어진 배열이 있다. 배열엔 중복된 숫자가 나타날 수 있고, N이 무엇인지는 알 수 없다. 사용 가능한 메모리가 4KB일 때, 중복된 원소를 모두 출력하려면 어떻게 할 수 있을까?

힌트: *#289, #315*

538쪽

10.9 정렬된 행렬 탐색: 각 행과 열이 오름차순으로 정렬된 M×N 행렬이 주어졌을 때, 특정한 원소를 찾는 메서드를 구현하라.

힌트: *#193, #211, #229, #251, #266, #279, #288, #291, #303, #317, #330*

539쪽

10.10 스트림에서의 순위: 정수 스트림을 읽는다고 하자. 주기적으로 어떤 수 x의 랭킹(x보다 같거나 작은 수의 개수)을 확인하고 싶다. 해당 연산을 지원하는 자료구조와 알고리즘을 구현하라. 수 하나를 읽을 때마다 호출되는 메서드 track(int x)와, x보다 같거나 작은 수의 개수(x 자신은 제외)를 반환하는 메서드 getRankOfNumber(int x)를 구현하면 된다.

입력 스트림(stream): 5, 1, 4, 4, 5, 9, 7, 13, 3

```
getRankOfNumber(1) = 0
getRankOfNumber(3) = 1
getRankOfNumber(4) = 3
```

힌트: *#301, #376, #392*

545쪽

10.11 Peak과 Valley: 정수 배열에서 'peak'이란 현재 원소가 인접한 정수보다 크거나 같을 때를 말하고, 'valley'란 현재 원소가 인접한 정수보다 작거나 같을 때를 말한다. 예를 들어 {5, 8, 6, 2, 3, 4, 6}이 있으면, {8, 6}은 'peak'이 되고, {5, 2}는 'valley'가 된다. 정수 배열이 주어졌을 때, 'peak'과 'valley'가 번갈아 등장하도록 정렬하는 알고리즘을 작성하라.

예제

입력: {5, 3, 1, 2, 3}
출력: {5, 1, 3, 2, 3}
힌트: *#196, #219, #231, #253, #277, #292, #316*

548쪽

추가 문제: 배열과 문자열(#1.2), 재귀(#8.3), 중간 난이도 연습문제(#16.10, #16.16, #16.21, #16.24), 어려운 연습문제(#17.11, #17.26)

테스팅

"나는 테스터가 아니에요"라며 이번 장을 건너뛰기 전에, 잠시 멈춰 생각해 보자. 테스트는 소프트웨어 엔지니어가 해야 하는 중요한 작업이다. 따라서 면접장에서 관련된 질문을 받을 수 있다. 물론, 테스트(혹은 Software Engineer in Test) 관련 직종에 지원하려 한다면 당연히 테스트에 주의를 기울여야 한다.

테스팅과 관련된 질문들은 보통 다음 네 가지 범주 중 하나에 속한다. ① 실생활에서 접하는 객체(예를 들어 펜과 같은)를 테스트하라. ② 소프트웨어 하나를 테스트하라. ③ 주어진 함수에 대한 테스트 코드를 작성하라. ④ 발생한 이슈에 대한 해결책을 찾아내라. 이 네 가지 범주 각각에 대한 접근법을 지금부터 살펴보도록 하겠다.

입력 형식이 깔끔하다든가, 사용자가 예측 가능한 행동만 할 것이라고 가정하면 안 된다. 아주 이상한 방식으로 시스템이 사용될 수 있으니 그에 대비해야 한다.

▶ 면접관이 평가하는 것

표면적으로만 보면 테스트와 관련된 문제들은 단순히 광범위한 테스트 케이스 목록을 만들어 내는 문제 같아 보인다. 어느 정도는 맞는 말이다. 적절한 테스트 케이스들을 만들어 내야 한다.

하지만 이 외에 면접관들이 보고자 하는 것은 다음과 같다.

- **큰 그림을 이해하고 있는가**: 소프트웨어가 지향하는 바가 무엇인지 정말로 이해하고 있는 사람인가? 테스트 케이스 간의 우선순위를 적절히 매길 수 있는가? 가령 아마존과 같은 전자 상거래 시스템을 테스트한다고 생각해 보자. 상품 이미지가 적절한 장소에 정확하게 뜨는지 확인하는 것은 아주 중요하다. 하지만 그것보다 구매 대금이 정확하게 지불됐는지, 제품이 배송 목록에 정확히 추가됐는지, 대금이 이중으로 청구되지는 않았는지 확인하는 것이 훨씬 더 중요하다.
- **퍼즐 조각을 제대로 맞추는 방법을 아는가**: 소프트웨어가 어떻게 동작하는지, 그리고 각 소프트웨어가 보다 더 큰 생태계의 일부로 어떻게 귀속되는지 이해하고 있는가? 구글의 스프레드시트를 테스트한다고 생각해 보자. 문서를 열고, 저장하고, 편집하는 과정을 테스트하는 것은 중요하다. 하지만 구글 스프레드시트는

더 큰 생태계의 일부분이다. Gmail이나 플러그인 등의 다른 시스템들과 제대로 통합되는지 테스트해 봐야 한다.

· **조직화**: 문제에 구조적으로 접근하고 있는가, 아니면 생각나는 대로 아무 방법이나 질러 보고 있는가? 어떤 지원자는 카메라에 대한 테스트 케이스를 찾으라는 문제를 던지면 떠오르는 대로 아무 테스트나 만들어 낸다. 하지만 훌륭한 지원자는 사진 촬영, 이미지 관리, 설정 등의 범주로 시스템을 나눈 다음에 테스트를 만들어 간다. 이런 구조적 접근법을 사용하면 테스트 케이스를 보다 풍부하게 찾아 나갈 수 있다.

· **실용성**: 실제로 적용 가능한 합리적인 테스트 계획을 세울 수 있나? 가령 어떤 사용자가 특정 이미지를 여는 순간 소프트웨어가 다운되는 문제가 있다고 보고했다고 하자. 만약 이 상황에서 소프트웨어를 재설치하라고 말한다면, 그건 실용적인 답변이 아니다. 여러분이 만든 테스트 계획은 실행 가능해야 하고, 실제로 구현할 수 있는 실용적인 것이 되어야 한다.

이러한 측면들을 고민한 흔적은 테스팅 팀의 중요한 일원이 될 수 있다는 사실을 보여 준다.

▶ 실제 세계에서 객체 테스트하기

"펜을 테스트하라"와 같은 질문을 받으면 당황할 수 있다. 결국, 여러분이 테스트해야 하는 것은 소프트웨어 아닌가? 하지만 여전히 이런 질문을 던지는 면접관들은 많다. "클립을 테스트하려면 어떻게 하겠나?"라는 질문을 통해 살펴보자.

1단계: 사용자는 누구인가? 클립의 사용 목적은 무엇인가?

문제를 풀기 전에 해당 제품을 어떤 사용자가 어떤 목적으로 사용하게 될지 면접관과 의논해 봐야 한다. 그러면 기존에 생각했던 것과는 다른 답이 나올 수 있다. 가령 "선생님들이 종이를 묶어 두기 위해 사용한다"는 답을 들을 수도 있고, "조각가가 동물 모양으로 구부리기 위해 사용한다"는 답을 들을 수도 있다. 물론 둘 다일 수도 있다. 면접관이 어떤 답을 하느냐에 따라 나머지를 어떻게 처리할지 고민해야 한다.

2단계: 어떤 유스케이스(use case)가 있나?

유스케이스의 목록을 만들어 두면 도움될 것이다. 이 문제의 경우에는 단순히 "종이 다발을 망가뜨리지 않고 함께 묶어 놓는다"가 될 것이다.

질문에 따라서는 유스케이스가 여러 개 있을 수도 있다. 무엇인가를 주고 받을 수도 있고, 쓰거나 지울 수도 있고, 다양한 경우의 유스케이스가 있을 수 있다.

3단계: 한계 조건은?

여기서 한계 조건이란, 한 번에 30장을 영구적 손상(구부러진다거나) 없이 묶을 수 있다거나, 30장에서 50장 정도는 약간의 손상이 있다거나 하는 것을 의미한다.

이 한계 조건은 환경적 요인들에도 적용될 수 있다. 가령, 클립이 아주 더운 곳 혹은 아주 추운 곳에서도 정상적으로 작동하는지 확인해 볼 필요가 있다.

4단계: 스트레스 조건과 장애 조건은?

문제가 없는 제품은 없다. 따라서 장애가 발생하는 조건을 분석하는 것도 여러분이 해야 하는 일이다. 면접관과 이야기해 봐야 하는 것은 제품에 발생한 문제를 받아들일 수 있는 때는 (심지어는 필요한 때는) 언제인지, 어떤 종류의 문제를 심각하게 간주해야 하는지 등이다.

예를 들어, 세탁기를 테스트한다면 우선 해당 세탁기가 한 번에 적어도 30벌의 셔츠나 바지를 세탁할 수 있는지 알아봐야 한다. 30개에서 45개의 의류를 한꺼번에 넣으면, 옷이 깨끗하지 않게 세탁되는 등 사소한 문제가 발생할 수 있다. 45벌 이상의 옷을 넣으면 '극심한 장애'가 생기더라도 받아 들일 수 있을 것이다. 물론 여기서의 '극심한 장애'는 세탁기에 물이 공급되지 않는 등의 오작동이어야 한다. 물이 넘치거나, 화재가 발생한다거나 하는 것이 아니다.

5단계: 테스트는 어떻게 수행할 것인가?

테스트를 어떻게 수행할지 토론하는 것은 테스트와 관련된 세부사항을 이야기하는 것과 관련이 있다. 예를 들어, 정상적으로 사용한다는 가정하에 어떤 의자를 5년 동안 문제 없이 사용할 수 있는지 테스트하고 싶다고 하자. 테스트를 위해 의자를 집으로 가져가서 5년 동안 실제로 사용해 보고 싶지는 않을 것이다. 대신, '정상적으로 사용'한다는 것이 어떤 의미인지를 정의해야 한다(일년에 몇 번이나 앉으면 정상 사용인가? 팔걸이 부분은 어떤가?). 또한 수작업으로 테스트하는 것 이외에도, 기계가 수행하는 자동화된 테스트를 도입하는 것도 고려해 봐야 한다.

▶ 소프트웨어 테스팅

하나의 소프트웨어를 테스트하는 것은 실제 세계의 객체를 테스트하는 것과 아주 유사하다. 가장 큰 차이점은 소프트웨어의 경우 성능 테스트(performance test)의 세부사항을 더 많이 강조한다는 것이다.

소프트웨어 테스팅의 두 가지 핵심적 측면은 다음과 같다.

- **수작업 테스트 vs. 자동화된 테스트**: 이상적으로는 모든 것을 자동화하면 좋겠지만, 불가능한 일이다. 예를 들어, 해당 콘텐츠가 포르노와 연관이 있는지 아닌지 판단하는 것은 컴퓨터가 효과적으로 검사할 수 있도록 정량화하기 어렵다. 이런 경우에는 수작업으로 테스트하는 것이 더 좋다. 또한, 컴퓨터는 일반적으로 살펴보라고 언급한 문제들만 인지하는 반면, 인간의 인지 능력은 특별히 검토된 적이 없는 새로운 문제들을 밝혀낼 수도 있다. 인간과 컴퓨터는 둘 다 테스트 프로세스의 핵심적 부분이다.
- **블랙박스 테스트 vs. 화이트박스 테스트**: 이런 구분은 소프트웨어 내부를 어디까지 들여다 볼 수 있느냐에 근거한 것이다. 블랙박스 테스트의 경우에는 소프트웨어를 주어진 그대로 테스트해야 한다. 반면 화이트박스 테스트의 경우에는 그 내부의 개별 함수들을 프로그램적으로 접근하여 테스트할 수 있다. 블랙박스 테스트도 자동화가 가능하긴 하지만 훨씬 더 어렵다.

소프트웨어 테스트에 적용할 수 있는 접근법을 처음부터 끝까지 하나씩 살펴보자.

1단계: 블랙박스 테스트를 하고 있는가 아니면 화이트박스 테스트를 하고 있는가?

이런 질문은 테스트의 마지막 단계에서야 던지곤 하지만 필자는 가능한 이런 질문은 일찍 던지는 쪽을 선호한다. 면접관에게 블랙박스 테스트를 해야 하는 것인지 아니면 화이트박스 테스트를 해야 하는지, 아니면 둘 다 해야 하는지 확인하라.

2단계: 누가 사용할 것인가? 왜 사용하는가?

소프트웨어는 보통 여러 명의 사용자를 대상으로 하므로 그 기능 또한 이 점을 염두에 두고 설계된다. 가령 부모가 웹 브라우저를 통제할 수 있는 소프트웨어를 테스트한다면, 이 소프트웨어의 사용자는 부모(차단을 가하는 사용자)와 아이들(차단을 당하는 사람) 모두이다. 그 외에 차단을 가하지도 당하지도 않는 '손님' 사용자가 있을 수도 있다.

3단계: 어떤 유스케이스들이 있나?

앞서 살펴본 차단 소프트웨어의 경우, 부모의 유스케이스는 소프트웨어를 설치하고, 차단 기능을 활성화하거나 해제하고, 인터넷을 사용하는 등의 행위들로 구성된다. 아이들의 경우에는 불법적인 콘텐츠에 접근하는 경우와 합법적 콘텐츠에 접근하는 경우로 나누어 볼 수 있을 것이다.

여러분이 해야 할 일은 유스케이스를 '마술적으로' 생각해 내야 하는 것이 아니다. 면접관과 상의하여 도출해 내야 한다.

4단계: 한계 조건은?

유스케이스가 모호하게 정의되어 있다면, 그게 무엇을 의미하는지 정확히 알아 낼 필요가 있다. 웹사이트를 차단한다는 것은 어떤 의미인가? 불법 콘텐츠를 담고 있는 특정한 페이지만 차단한다는 의미인가, 아니면 전체 웹사이트를 차단한다는 뜻인가? 무엇이 나쁜 콘텐츠인지 프로그램이 스스로 학습해야 하나, 아니면 화이트 리스트나 블랙 리스트를 사용하는가? 어떤 콘텐츠가 부적절한지 학습해야 한다면, 긍정 오류(false positive)나 부정 오류(false negative) 확률은 어느 정도까지 허용할 수 있는가?

5단계: 스트레스 조건과 장애 조건은?

소프트웨어에 장애가 발생하면(불가피한 상황이다) 그 장애는 어떤 모습이어야 하는가? 당연히 소프트웨어에 오류가 발생한다고 해서 컴퓨터가 전부 뻗어버리진 않을 것이다. 그보다는 차단된 사이트에 접속이 가능해진다거나, 차단하지 않은 사이트가 차단된다거나 하는 일이 벌어질 것이다. 후자의 경우에는 부모에게 패스워드를 받아 선택적으로 차단을 푸는 기능이 필요하지는 않은지 면접관과 얘기해 봐야 할 것이다.

6단계: 테스트 케이스는? 테스트 실행은 어떻게?

수작업 테스트와 자동화된 테스트가 구별되는 지점이 바로 여기다. 그리고 블랙박스 테스트와 화이트박스 테스트를 실제로 하게 되는 것도, 바로 이 단계부터다.

3단계와 4단계에서는 대략적인 유스케이스를 정의하였다. 6단계에서는 이를 좀 더 상세히 하고 테스트를 어떻게 수행할 것인지 이야기할 것이다. 정확히 어떤 상황을 테스트하려고 하는가? 어떤 단계를 자동화할 수 있나? 사람이 개입해야 하는 부분은 어디인가?

자동화는 좀 더 강력한 테스트를 가능하게 해주지만, 큰 문제를 일으킬 수도 있다는 사실을 기억하라. 따라서 수작업 테스트 또한 테스트 절차에 포함되어야 한다.

이 접근법을 읽어 나갈 때, 그저 생각할 수 있는 아무 시나리오나 찔러 보려 하지 말라. 테스트에 체계가 잡혀 있지 않다면 중요한 부분의 테스트를 빼먹을 수도 있다. 여기서 다룬 방식대로 체계적으로 접근하라. 주요 부분에 따라 테스트를 나누고, 거기서부터 시작하라. 그렇게 하면 보다 완성된 테스트 케이스 목록을 만들 수 있다. 여러분이 체계적이고 질서 있게 행동하는 사람이라는 인상을 줄 수 있을 것이다.

▶ 함수 테스트

함수 테스트는 가장 쉬운 종류의 테스트다. 보통 입력과 출력을 확인하는 테스트만 하면 되기 때문에, 면접관과 길게 얘기할 것도 없고 모호한 부분도 적다.

하지만 그렇다고 대화의 중요성을 간과해서는 안된다. 어떤 가정을 하건, 면접관과 그에 대해 대화를 해야 한다. 특정한 상황을 어떻게 다루어야 하느냐에 관계된 문제라면 더욱 그렇다.

여러분이 sort(int[] array)를 테스트하라는 문제를 받았다고 하자. 이는 정수 배열을 정렬하는 함수이다. 이 함수를 테스트할 때, 다음과 같이 진행하는 것이 좋다.

1단계: 테스트 케이스 정의

일반적으로, 다음과 같은 테스트 케이스들을 생각해 봐야 한다.

- **정상적인 케이스**: 전형적인 입력에 대해 정확한 출력을 내는가? 여기서 발생할 수 있는 잠재적 문제들에 대해 꼭 생각해 보길 바란다. 가령, 정렬을 하려면 모종의 분할(partitioning)이 필요한 때가 있다. 입력으로 주어진 배열의 길이가 홀수라면 정확히 반으로 분할되지 않으므로 알고리즘이 제대로 동작하지 않을 수도 있다. 따라서 여러분이 만든 테스트 케이스는 두 가지 사례가 반드시 포함되어야 한다.
- **극단적인 케이스**: 빈 배열을 인자로 넘기면 어떻게 되는가? 원소가 하나 혹은 아주 작은 크기의 배열을 넘긴다면? 아주 큰 배열을 넘기면 어떻게 되는가?
- **널(null) 입력, 잘못된(illegal) 입력**: 입력이 잘못 주어졌을 때 코드가 어떻게 동작하는지 고려해 봐야 한다. 예를 들어, n번째 피보나치 수를 생성하는 함수를 테스트해야 하는 경우, n이 음수인 경우를 테스트하는 코드가 반드시 포함되어야 한다.
- **특수한 입력**: 특수한 패턴의 입력도 때로 주어질 수 있다. 이미 정렬된 배열이 입력으로 주어지면 어떻게 되나? 혹은 아예 역순으로 정렬된 배열이 주어진다면?

이러한 테스트를 만들기 위해서는 작성한 함수에 대한 지식이 필요하다. 요구사항이 불명확하다면 우선 면접관을 통해 필요한 부분을 알아내기 바란다.

2단계: 예상되는 결과를 정의하라

예상되는 결과는 대체로 명확하게 정의할 수 있다. 예상되는 결과는 대체로 올바른 출력 결과를 말한다. 하지만 이외에 확인하고 싶은 사항이 더 있을 수도 있다. 예를 들어 sort 메서드가 정렬된 결과를 새로운 배열 복사한 뒤 반환한다면, 원래 배열의 내용은 변경되지 않아야 한다는 조건이 만족되었는지 검사할 수도 있을 것이다.

3단계: 테스트 코드를 작성하라

테스트 케이스를 만들고 결과를 정의했다면 테스트 케이스를 코드 형태로 구현하는 것은 간단하다. 아마 다음과 같은 코드가 만들어질 것이다.

```
void testAddThreeSorted() {
    MyList list = new MyList();
    list.addThreeSorted(3, 1, 2); // 원소를 세개 추가한다.
    assertEquals(list.getElement(0), 1);
    assertEquals(list.getElement(1), 2);
    assertEquals(list.getElement(2), 3);
}
```

▶ 문제 해결에 관한 문제

마지막으로 이미 있는 장애를 어떻게 디버깅하고 해결할 것인지를 설명하라는 문제도 출제된다. 많은 지원자들이 이런 질문을 받으면 망설이다가 "소프트웨어를 재설치하라"는 식의 비현실적인 답안을 낸다. 이런 질문도 다른 문제와 마찬가지로 구조적으로 접근해서 해결할 수 있다.

사례를 통해 살펴보자. 여러분이 구글 크롬(Chrome) 팀에서 일하고 있는데, 실행하자마자 크롬 브라우저가 죽는다는 버그 리포트를 받았다고 가정해 보자. 여러분이라면 어떻게 하겠는가?

브라우저를 재설치하면 이 사용자의 문제는 해결될지도 모른다. 하지만 같은 문제에 처할 수도 있는 다른 사용자들에게는 전혀 도움이 되지 않는다. 여러분이 해야 할 일은 진짜 문제가 무엇인지 알아내어 개발자가 해결할 수 있도록 돕는 것이다.

1단계: 시나리오를 이해하라

여러분이 해야 할 첫 번째 일은 상황을 가능한 한 정확하게 이해할 수 있도록 많은 질문을 던지는 것이다.

- 사용자는 얼마나 오랫동안 이 문제를 겪었나?
- 브라우저 버전은? 운영체제 버전은?
- 이 문제가 항상 똑같이 발생하는가? 발생 빈도는 얼마나 되는가? 언제 그런 일이 발생하는가?
- 오류가 발생하면 오류 보고서가 표시되는가?

2단계: 문제를 쪼개라

이제 시나리오를 구체적으로 이해했으니, 문제를 테스트 가능한 단위로 분할할 순서다. 이 경우에는 다음과 같은 흐름으로 상황이 전개되는 것을 볼 수 있다.

1. Windows의 시작 메뉴로 간다.
2. 크롬 아이콘을 클릭한다.
3. 브라우저가 시작된다.
4. 브라우저가 설정을 읽어 들인다.
5. 브라우저가 홈페이지에 HTTP 요청을 날린다.
6. 브라우저가 HTTP 응답을 받는다.
7. 브라우저가 웹 페이지를 파싱(parsing)한다.
8. 브라우저가 웹 페이지를 화면에 표시한다.

이 과정 가운데 어떤 지점에서 문제가 발생하여 브라우저가 비정상적으로 종료될 것이다. 뛰어난 테스터라면 문제가 무엇인지 알아내기 위해 이 시나리오에 포함된 각 항목을 따라가 볼 것이다.

3단계: 구체적이고 관리 가능한 테스트들을 생성하라

방금 살펴본 구성요소들 각각에 대한 현실적인 지시사항이 있어야 한다. 사용자가 직접 해볼 수도 있고, 여러분이 직접 해 볼 수도 있는 것들 말이다(여러분이 본인의 컴퓨터에서 반복 검증할 수 있는). 실제로는 여러분이 고객에게 뭘 해달라는 지시를 내릴 순 없을 것이다. 그들은 할 수도 없고, 하려고 하지도 않을 것이다.

▶ 면접 문제

11.1 오류: 다음 코드에서 오류를 찾아내라.

```
unsigned int i;
for (i = 100; i >= 0; --i)
    printf("%d\n", i);
```

힌트: *#257, #299, #362*

―――――――――――――――――――――――――――――――――――――― 551쪽

11.2 **무작위 고장**: 실행하면 죽어 버리는 프로그램의 소스코드가 있다. 디버거에서 열 번 실행해 본 결과, 같은 지점에서 죽는 일은 없었다. 이 프로그램은 단일 스레드(thread) 프로그램이고, C의 표준 라이브러리만 사용한다. 프로그램에 어떤 오류가 있으면 이런 식으로 죽겠는가? 그 오류들을 각각 어떻게 테스트해 볼 수 있겠는가?

힌트: *#325*

―――――――――――――――――――――――――――――――――――――― 551쪽

11.3 **체스 테스트**: 체스 게임에 다음과 같은 메서드가 있다. `boolean canMoveTo (int x, int y)`. 이 메서드는 `Piece` 클래스의 일부로, 체스 말이 (x, y) 지점으로 이동할 수 있는지 여부를 알려준다. 이 메서드를 어떻게 테스트할 것인지 설명하라.

힌트: *#329, #401*

―――――――――――――――――――――――――――――――――――――― 553쪽

11.4 **No 테스트 도구**: 테스트 도구를 사용하지 않고 웹 페이지에 부하 테스트(load test)를 실행하려면 어떻게 할 수 있겠는가?

힌트: *#313, #345*

―――――――――――――――――――――――――――――――――――――― 554쪽

11.5 **펜 테스트**: 펜을 어떻게 테스트하겠는가?

힌트: *#140, #164, #220*

―――――――――――――――――――――――――――――――――――――― 555쪽

11.6 **ATM 테스트**: 분산 은행 업무 시스템을 구성하는 ATM을 어떻게 테스트하겠는가?

힌트: *#210, #225, #268, #349, #393*

―――――――――――――――――――――――――――――――――――――― 556쪽

지식 기반 문제

12
C와 C++

좋은 면접관은 지원자에게 익숙하지 않은 언어로 코딩하라고 요구하지 않는다. 만약 C++로 코딩해 보라는 요구를 받았다면, 그건 여러분이 본인의 이력서에 C++를 적어 놨기 때문이다. API를 모두 기억하지 못한다고 해도 걱정 말라. 대부분의 면접관들(전부는 아니지만)은 거기에 대해서 크게 신경 쓰지 않는다. 하지만 관련된 문제들을 쉽게 풀 수 있도록, 기본적인 C++ 문법은 공부해 둘 것을 추천한다.

▶ 클래스와 상속

C++ 클래스는 다른 객체 지향 언어의 클래스와 비슷한 특성을 갖는다. 하지만 아래에서 그 문법에 대해 다시 한번 검토해 보겠다.

아래의 코드는 상속(inheritance)을 사용해서 간단한 클래스를 구현한 것이다.

```
#include
using namespace std;

#define NAME_SIZE 50 // 매크로 정의

class Person {
    int id; // 모든 멤버는 기본적으로 private
    char name[NAME_SIZE];

  public:
    void aboutMe() {
        cout << "I am a person.";
    }
};

class Student : public Person {
  public:
    void aboutMe() {
        cout << "I am a student.";
    }
};

int main() {
    Student * p = new Student();
    p->aboutMe(); // "I am a student" 출력
    delete p; // 할당 받은 메모리를 반환하는 것이 중요!
    return 0;
}
```

C++에서 모든 데이터 멤버와 메서드는 기본적으로 private이다. public 키워드를 사용하면 그 값을 변경할 수 있다.

▶ 생성자와 소멸자

생성자(constructor)는 객체가 생성되면 자동으로 호출된다. 생성자가 정의되어 있지 않으면 컴파일러는 기본 생성자(default constructor)라고 불리는 생성자를 자동으로 만든다. 아니면 사용자가 생성자를 아래와 같이 직접 정의할 수도 있다.

단순히 기본형(primitive type) 변수를 초기화하고 싶다면, 아래와 같이 할 수 있다.

```
Person(int a) {
    id = a;
}
```

기본형 변수는 다음과 같이 초기화할 수도 있다.

```
Person(int a) : id(a) {
    ...
}
```

데이터 멤버의 **id**는 실제 객체가 만들어지기 전, 그리고 생성자 코드의 나머지 부분이 실행되기 전에 값을 할당받는다. 이런 방식은 상수 혹은 클래스형 필드를 초기화할 때 유용하다.

소멸자(destructor)는 객체가 소멸될 때 자동으로 호출되며, 객체를 삭제하는 작업을 담당한다. 명시적으로 호출할 수 있는 메서드가 아니므로, 인자를 전달할 수 없다.

```
~Person() {
    delete obj; // 클래스 안에서 할당한 메모리 반환
}
```

▶ 가상 함수

앞선 예제에서 p는 Student 타입으로 정의했다.

```
Student * p = new Student();
p->aboutMe();
```

p를 Person* 타입으로 정의하면 어떻게 될까?

```
Person * p = new Student();
p->aboutMe();
```

이렇게 하면 화면에 "I am a person"이라고 출력될 것이다. 왜냐하면 aboutMe 함수가 어떤 타입인지는 컴파일 시간에 결정되기 때문이다. 이런 메커니즘을 정적 바인딩(static binding)이라고 한다.

만일 Student 클래스에서 구현된 aboutMe를 호출하고 싶다면, Person 클래스의 aboutMe 메서드를 virtual로 선언해야 한다.

```
class Person {
    ...
    virtual void aboutMe() {
        cout << "I am a person.";
    }
};

class Student : public Person {
  public:
    void aboutMe() {
        cout << "I am a student.";
    }
};
```

이 외에 부모 클래스에 어떤 메서드를 구현해 둘 수 없는(혹은, 구현하고 싶지 않은) 경우에도 가상 함수(virtual function)를 사용한다. 가령 Student 클래스와 Teacher 클래스를 Person으로부터 상속받는다고 해 보자. 이 두 하위 클래스(Student와 Teacher)는 공통으로 addCourse(string s)라는 메서드를 갖고 있어야 할 수도 있다. 하지만 Person 클래스가 addCourse 메서드를 직접 호출한다는 것은 말이 되지 않는다. 왜냐하면 현재 객체가 Student 클래스냐 아니면 Teacher 클래스냐에 따라 addCourse 메서드의 구현 자체가 달라지기 때문이다.

따라서 이 경우에는 Person 클래스의 addCourse는 순수 가상 함수(pure virtual function)로 선언하여 그 구현은 하위 클래스들에게 맡겨야 한다.

```
class Person {
    int id; // 모든 멤버는 기본적으로 private
    char name[NAME_SIZE];
  public:
    virtual void aboutMe() {
        cout << "I am a person." << endl;
    }
    virtual bool addCourse(string s) = 0;
};

class Student : public Person {
  public:
    void aboutMe() {
        cout << "I am a student." << endl;
    }

    bool addCourse(string s) {
        cout << "Added course " << s << " to student." << endl;
        return true;
    }
};

int main() {
    Person * p = new Student();
```

```
        p->aboutMe();   // "I am a student" 출력
        p->addCourse("History");
        delete p;
}
```

addCourse를 순수 가상 함수로 선언하였으므로 Person 클래스는 스스로 객체를 만들어 낼 수 없는 추상 클래스(abstract class)가 된다.

▶ 가상 소멸자

'가상 소멸자(virtual destructor)'라는 개념은 가상 함수의 개념에서부터 자연스럽게 유도할 수 있다. 가령 우리가 Person과 Student 클래스의 소멸자를 구현한다면 다음과 같이 할 수 있을 것이다.

```
class Person {
  public:
    ~Person() {
        cout << "Deleting a person." << endl;
    }
};

class Student : public Person {
  public:
    ~Student() {
        cout << "Deleting a student." << endl;
    }
};

int main() {
    Person * p = new Student();
    delete p; // "Deleting a person."을 출력한다.
}
```

그런데 p의 타입은 Person이므로, 객체를 삭제할 때는 Person의 소멸자가 호출된다. 따라서 Student에 배정된 메모리가 제대로 반환되지 않을 수 있으므로 문제가 발생할 수 있다.

이 문제를 고치기 위해선 Person의 소멸자를 가상 소멸자로 선언하면 된다.

```
class Person {
  public:
    virtual ~Person() {
        cout << "Deleting a person." << endl;
    }
};

class Student : public Person {
  public:
    ~Student() {
        cout << "Deleting a student." << endl;
    }
};
```

```
int main() {
    Person * p = new Student();
    delete p;
}
```

그러면 다음과 같이 출력될 것이다.

```
Deleting a student.
Deleting a person.
```

▶ 기본값

함수를 선언할 때 아래와 같이 기본값(default values)을 명시할 수 있다. 기본값은 반드시 함수 선언의 우측 부분에 놓여야 한다. 그렇지 않으면 인자들이 전달될 순서를 명시할 방법이 없다.

```
int func(int a, int b = 3) {
    x = a;
    y = b;
    return a + b;
}

w = func(4);
z = func(4, 5);
```

▶ 연산자 오버로딩

연산자 오버로딩(operator overloading) 기능을 사용하면 +와 같은 연산자를 객체 간 연산에도 사용할 수 있다. 가령 두 개의 BookShelf 객체를 하나로 합치고 싶을 때, +연산자를 다음과 같이 오버로딩하면 된다.

```
BookShelf BookShelf::operator+(BookShelf &other) { ... }
```

▶ 포인터와 참조

포인터(pointer)는 변수의 주소를 담는 변수이다. 변수의 값을 읽거나 변경하는 등, 변수에 적용 가능한 연산은 모두 포인터를 통해 할 수 있다.

두 포인터가 같은 주소를 가리키는 경우에 한 포인터가 가리키는 변수의 값을 변경하면 다른 포인터가 가리키는 변수의 값도 바뀐다.

```
int * p = new int;
*p = 7;
int * q = p;
*p = 8;
cout << *q; // 8 출력
```

포인터 변수의 크기는 아키텍처에 따라 달라진다. 32비트 컴퓨터에서는 32비트가 되고, 64비트 컴퓨터에서는 64비트가 된다. 이 차이에 유의하기 바란다. 왜냐하면 면접관이 어떤 자료구조를 메모리에 올리기 위해 필요한 메모리의 크기를 자주 묻기 때문이다.

참조(reference)

참조는 기존에 존재하는 객체에 붙는 또 다른 이름이며, 별도의 메모리를 갖지 않는다. 아래의 코드를 예로 들어 보자.

```
int a = 5;
int & b = a;
b = 7;
cout << a; // 7 출력
```

2번째 줄에서 b는 a의 참조로서 선언되었다. 따라서 b를 변경하면 a도 바뀐다.

참조 대상 메모리가 어디인지를 명시하지 않고 참조를 만드는 방법은 없다. 하지만 다음과 같이 독립적인(free-standing) 참조를 만들 수는 있다.

```
/* 12를 저장하기 위한 메모리를 할당하고, b가 해당 메모리를 참조하도록 한다 */
const int & b = 12;
```

포인터와 달리, 참조는 null이 될 수 없으며 다른 메모리에 재할당될 수도 없다.

포인터 연산

아래와 같이, 포인터에 덧셈 연산을 하는 것을 자주 보게 될 것이다.

```
int * p = new int[2];
p[0] = 0;
p[1] = 1;
P++;
cout << *p; // 1 출력
```

p++를 실행하면 p는 sizeof(int) 바이트만큼 나아간다. 그래서 위의 코드를 실행하면 1이 출력된다. p가 다른 타입이었다면, 해당 타입의 크기만큼 나아갔을 것이다.

▶ 템플릿

템플릿(template)은 하나의 클래스를 서로 다른 여러 타입에 재사용할 수 있도록 하는 방법이다. 예를 들어 여러 타입의 객체를 저장할 수 있는 연결리스트와 같은 자료구조를 만들 수 있다. 아래의 코드는 이를 구현한 ShiftedList 클래스이다.

```
template class ShiftedList {
    T* array;
```

```
        int offset, size;
    public:
        ShiftedList(int sz) : offset(0), size(sz) {
            array = new T[size];
        }

        ~ShiftedList() {
            delete [] array;
        }

        void shiftBy(int n) {
            offset = (offset + n) % size;
        }

        T getAt(int i) {
            return array[convertIndex(i)];
        }

        void setAt(T item, int i) {
            array[convertIndex(i)] = item;
        }

    private:
        int convertIndex(int i) {
            int index = (i - offset) % size;
            while (index < 0) index += size;
            return index;
        }
    };
```

▶ 면접 문제

12.1 마지막 K줄: C++를 사용하여 입력 파일의 마지막 K줄을 출력하는 메서드를
작성하라.

힌트: #449, #459

559쪽

12.2 문자열 뒤집기: C 혹은 C++를 사용하여 null로 끝나는 문자열을 뒤집는 함
수 void reverse(char* str)을 작성하라.

힌트: #410, #452

560쪽

12.3 해시테이블 vs. STL map: 해시테이블과 STL map을 비교하고 장단점을 논
하라. 해시테이블은 어떻게 구현되는가? 입력의 개수가 적다면, 해시테이블
대신 어떤 자료구조를 활용할 수 있겠는가?

힌트: #423

560쪽

12.4 **가상 함수:** C++의 가상 함수 동작 원리는?

　　　힌트: #463

────────────────────────── 562쪽

12.5 **얕은 복사 vs. 깊은 복사:** 얕은 복사(shallow copy)와 깊은 복사(deep copy)는 어떤 차이가 있는가? 이 각각을 어떻게 사용할 것인지 설명하라.

　　　힌트: #445

────────────────────────── 563쪽

12.6 **volatile:** C에서 volatile이라는 키워드는 어떤 중요한 의미를 갖는가?

　　　힌트: #456

────────────────────────── 563쪽

12.7 **가상 상위 클래스:** 상위 클래스의 소멸자를 virtual로 선언해야 하는 이유는 무엇인가?

　　　힌트: #421, #460

────────────────────────── 565쪽

12.8 **노드 복사:** Node의 포인터를 인자로 받은 뒤 해당 포인터가 가리키는 객체를 완전히 복사하고 복사된 객체를 반환하는 메서드를 작성하라. Node 객체 안에는 다른 Node 객체를 가리키는 포인터가 두 개 있다.

　　　힌트: #427, #462

────────────────────────── 565쪽

12.9 **스마트 포인터:** 스마트 포인터(smart pointer) 클래스를 작성하라. 스마트 포인터는 보통 템플릿으로 구현되는 자료형인데, 포인터가 하는 일을 흉내 내면서 쓰레기 수집(garbage collection)과 같은 작업을 처리한다. 즉, 스마트 포인터는 SmartPointer 타입의 객체에 대한 참조 횟수를 자동으로 센 뒤, T 타입 객체에 대한 참조 개수가 0에 도달하면 해당 객체를 반환한다.

　　　힌트: #402, #438, #453

────────────────────────── 566쪽

12.10 **메모리 할당:** 반환되는 메모리의 주소가 2의 승수(power of two)로 나누어지도록 메모리를 할당하고 반환하는 malloc과 free 함수를 구현하라.

　　　예제

align_malloc(1000,128)은 1,000바이트 크기의 메모리를 반환하는데, 이 메

모리의 주소는 128의 배수다.

aligned_free()는 align_malloc이 할당한 메모리를 반환한다.

힌트: *#413, #432, #440*

———————————————————————————— 568쪽

12.11 2D 할당: my2DAlloc이라는 함수를 C로 작성하라. 이 함수는 2차원 배열을 할당하는데, malloc 호출 횟수는 최소화하고 반환된 메모리를 arr[i][j]와 같은 형태로 사용 가능해야 한다.

힌트: *#406, #418, #426*

———————————————————————————— 570쪽

추가 문제: 연결리스트(#2.6), 테스팅(#11.1), 자바(#13.4), 스레드와 락(#15.3)

13
자바

자바와 관련된 문제가 이 책에 많긴 하지만 이번 장에서는 특히 자바라는 언어와 그 문법에 대해 살펴본다. 물론 대기업일수록 지원자의 지식보다는 지원자의 재능을 확인하고 싶어하기 때문에 언어 자체에 관한 질문을 던지는 경우는 드물다(그들은 특정한 프로그래밍 언어를 교육하는 데 사용할 수 있는 돈과 자원이 풍부하다). 하지만 이런 성가신 질문을 자주 던지는 회사도 물론 존재한다.

▶ 언어 자체 질문에 대한 접근법

이런 종류의 질문들은 지식 자체에 초점이 맞춰져 있으므로 접근법을 논한다는 것이 말도 안 되는 것처럼 보일 수 있다. 결국, 정답을 알고 있는지 묻는 질문들 아닌가?

반은 맞고 반은 틀리다. 물론, 자바라는 언어를 속속들이 알고 있으면 이런 종류의 문제들을 전부 마스터할 수 있다. 하지만 그렇지 못한 경우에 문제를 풀다 막힌다면, 다음과 같은 접근법을 이용해 보자.

1. 예제 시나리오를 만들어 보고 어떻게 전개되어야 하는지 자문해 보라.
2. 다른 언어에선 이 시나리오를 어떻게 처리할 것인지 자문해 보라.
3. 프로그래밍 언어를 설계하는 사람이라면 이 상황을 어떻게 설계할 것인지 생각해 보라. 어떤 선택이 어떤 결과로 이어지는가?

면접관은 거의 반사적으로 답을 내놓는 지원자만큼이나 답을 유도해 낼 수 있는 지원자에게 좋은 인상(어쩌면 한결 더 좋은 인상)을 갖는다. 거짓말은 하지 말라. 면접관에게 이렇게 말하라. "답이 잘 기억 나질 않습니다만, 알아낼 수 있는지 한번 보겠습니다. 이런 코드가 주어졌다고 했을 때……"

▶ 오버로딩 vs. 오버라이딩

오버로딩(overloading)은 두 메서드가 같은 이름을 갖고 있으나 인자의 수나 자료형이 다른 경우를 지칭한다.

```
public double computeArea(Circle c) { ... }
public double computeArea(Square s) { ... }
```

반면에 오버라이딩(overriding)은 상위 클래스의 메서드와 이름과 용례(signature) 가 같은 함수를 하위 클래스에 재정의하는 것을 말한다.

```java
public abstract class Shape {
    public void printMe() {
        System.out.println("I am a shape.");
    }
    public abstract double computeArea();
}

public class Circle extends Shape {
    private double rad = 5;
    public void printMe() {
        System.out.println("I am a circle.");
    }

    public double computeArea() {
        return rad * rad * 3.15;
    }
}

public class Ambiguous extends Shape {
    private double area = 10;
    public double computeArea() {
        return area;
    }
}

public class IntroductionOverriding {
    public static void main(String[] args) {
        Shape[] shapes = new Shape[2];
        Circle circle = new Circle();
        Ambiguous ambiguous = new Ambiguous();

        shapes[0] = circle;
        shapes[1] = ambiguous;

        for (Shape s : shapes) {
            s.printMe();
            System.out.println(s.computeArea());
        }
    }
}
```

위의 코드를 실행한 출력 결과는 다음과 같다.

```
I am a circle.
78.75
I am a shape.
10.0
```

위 코드에서 Ambiguous는 printMe()를 그대로 둔 반면, Circle은 재정의하고 있다.

▶ 컬렉션 프레임워크

자바의 컬렉션 프레임워크(Collection Framework)는 아주 유용하다. 이 책에서도 전반적으로 많이 사용하고 있다. 그중 유용한 것을 몇 가지 들어 보면 다음과 같다.

ArrayList

ArrayList는 동적으로 크기가 조절되는 배열이다. 새 원소를 삽입하면 크기가 늘어난다.

```
ArrayList myArr = new ArrayList();
myArr.add("one");
myArr.add("two");
System.out.println(myArr.get(0)); /* 출력 */
```

Vector

Vector는 ArrayList와 비슷하지만 동기화(synchronize)되어 있다는 차이가 있다. 문법은 거의 동일하다.

```
Vector myVect = new Vector();
myVect.add("one");
myVect.add("two");
System.out.println(myVect.get(0));
```

LinkedList

자바에서 제공하는 LinkedList 클래스를 말한다. 이 클래스에 관해 묻는 경우는 별로 없지만, 순환자(iterator)를 어떻게 사용해야 하는지를 잘 보여 주므로 알아 두면 좋다.

```
LinkedList myLinkedList = new LinkedList();
myLinkedList.add("two");
myLinkedList.addFirst("one");
Iterator iter = myLinkedList.iterator();
while (iter.hasNext()) {
    System.out.println(iter.next());
}
```

HashMap

HashMap 컬렉션은 면접이나 실제 상황 가릴 것 없이 광범위하게 사용된다. 아래는 그 문법을 간단하게 보여 준다.

```
HashMap map = new HashMap();
map.put("one", "uno");
map.put("two", "dos");
System.out.println(map.get("one"));
```

면접을 보기 전에, 위의 문법에 익숙해지라. 필요할 때가 있을 것이다.

▶ 면접 문제

이 책에 포함된 거의 모든 해법이 사실상 자바로 작성되어 있기 때문에, 이번 장에
는 연습문제를 조금만 실었다. 자바 프로그래밍에 관한 문제는 이 책의 다른 부분
에도 가득하다. 이번 장에 실린 문제들은 대부분 자바 언어에 관한 '사소한' 내용들
이다.

13.1 **Private 생성자:** 상속 관점에서 생성자를 private로 선언하면 어떤 효과가
있나?

힌트: #404

573쪽

13.2 **finally에서의 반환:** 자바의 finally 블록은 try-catch-finally의 try 블록
안에 return 문을 넣어도 실행되는가?

힌트: #409

573쪽

13.3 **final과 그 외:** final, finally, finalize의 차이는?

힌트: #412

573쪽

13.4 **제네릭 vs. 템플릿:** 자바 제네릭(generic)과 C++ 템플릿(template)의 차이를
설명하라.

힌트: #416, #425

575쪽

13.5 **TreeMap, HashMap, LinkedHashMap:** TreeMap, HashMap, LinkedHashMap의 차이
를 설명하라. 언제 무엇을 사용하는 것이 좋은지 예를 들어 설명하라.

힌트: #420, #424, #430, #454

577쪽

13.6 **객체 리플렉션:** 자바의 객체 리플렉션(object reflection)을 설명하고, 이것이
유용한 이유를 나열하라.

힌트: #435

579쪽

13.7 **람다표현식:** Country라는 클래스에 getContinent()와 getPopulation()이
라는 메서드가 있다. 대류의 이름과 국가의 리스트가 주어졌을 때 주어

진 대륙의 총 인구수를 계산하는 메서드 getPopulation(List<Country> countries, String continent)를 작성하라.

힌트: *#448, #461, #464*

580쪽

13.8 **람다 랜덤**: 람다(lambda) 표현식을 사용해서 임의의 부분집합을 반환하는 함수 List getRandomSubset(List<Integer> list)를 작성하라. 공집합을 포함한 모든 부분집합이 선택될 확률은 같아야 한다.

힌트: *#443, #450, #457*

581쪽

추가 문제: 배열과 문자열(#1.3), 객체 지향 설계(#7.12), 스레드와 락(#15.3)

데이터베이스

데이터베이스를 좀 안다고 말하면 관련된 질문을 몇 개 받을 수 있다. 데이터베이스에 관한 몇 가지 주요한 개념을 살펴보고, 이런 문제를 어떻게 공략하면 좋을지 살펴보겠다. 이 책에 나오는 SQL 질의문(query)에 사소한 문법적 실수가 있더라도 크게 놀라지 말라. SQL에는 수많은 변종이 있고, 여러분은 그 가운데 하나를 사용했을 것이다. 이 책에 실린 SQL 질의문은 Microsoft SQL 서버를 사용해 테스트했다.

▶ SQL 문법과 그 변종들

묵시적(implicit) JOIN과 명시적(explicit) JOIN에 관해선 아래를 참조하길 바란다. 이 둘은 동등하다. 어느 쪽을 사용할 것이냐 하는 것은 개인 취향의 문제다. 일관성을 유지하기 위해서, 여기서는 명시적 JOIN을 사용하겠다.

명시적 JOIN
```
SELECT CourseName, TeacherName
FROM Courses INNER JOIN Teachers
ON Courses.TeacherID = Teachers.TeacherID
```

묵시적 JOIN
```
SELECT CourseName, TeacherName
FROM Courses, Teachers
WHERE Courses.TeacherID =
            Teachers.TeacherID
```

▶ 비정규화 vs. 정규화 데이터베이스

정규화 데이터베이스(normalized database)는 중복을 최소화하도록 설계된 데이터베이스를 말한다. 비정규화 데이터베이스(denormalized database)는 읽는 시간을 최적화하도록 설계된 데이터베이스를 말한다.

Courses나 Teachers와 같은 자료를 포함하는 전형적인 정규화 데이터베이스의 경우, Courses에는 TeacherID처럼 Teachers에 대한 외래키(foreign key)를 갖는 열(column)이 있을 것이다. 이 설계의 장점은 교사 정보(이름, 주소 등등)를 데이터베이스에 한 번만 저장해도 된다는 점이다. 하지만 상당수의 일상적 질의를 처리하기 위해 JOIN을 많이 하게 되는 단점이 있다.

대신에 비정규화 데이터베이스에서는 데이터를 중복해서 저장할 수 있다. 가령 같은 질의를 자주 반복해야 한다는 사실을 미리 알고 있으면, 교사의 이름 정보를

Courses 테이블에 중복해 저장할 수도 있다. 비정규화는 높은 규모 확장성을 실현하기 위해 자주 사용되는 기법이다.

▶ SQL 문

앞서 언급했던 데이터베이스를 통해 기본적인 SQL 문법을 살펴보겠다. 이 데이터베이스의 구조는 다음과 같이 단순하다(*는 기본 키(primary key)를 뜻한다).

```
Courses: CourseID*, CourseName, TeacherID
Teachers: TeacherID*, TeacherName
Students: StudentID*, StudentName
StudentCourses: CourseID*, StudentID*
```

위의 테이블들을 사용해 다음과 같은 질의문을 구현해 보자.

질의 #1: 학생 등록

모든 학생의 목록을 뽑고 각 학생이 얼마나 많은 강의를 수강하고 있는지 확인하는 질의문을 만들어 보자.

처음에는 다음과 같이 잘못된 코드를 작성할 수도 있다.

```
/* 잘못된 코드 */
SELECT Students.StudentName, count(*)
FROM Students INNER JOIN StudentCourses
ON Students.StudentID = StudentCourses.StudentID
GROUP BY Students.StudentID
```

여기에는 세 가지 문제가 있다.

1. 강의를 아예 수강하지 않는 학생은 목록에 포함되지 않는다. 왜냐하면 Student Courses가 수강 신청한 학생만을 포함하기 때문이다. 따라서 LEFT JOIN을 사용하도록 변경해야 한다.

2. LEFT JOIN을 하도록 변경한다 해도 여전히 문제는 있다. count(*)는 StudentID로 만들어진 그룹 내에 존재하는 아이템의 개수를 센다. 따라서 강의를 아예 수강하지 않는 학생의 경우에도 1로 계산되는 문제가 있다. 그러므로 count (StudentCourses.CourseID)와 같이 그룹 내의 CourseID 수를 세도록 변경해야 한다.

3. Students.StudentID를 사용해 그룹을 만들었지만, 여전히 한 그룹 안에 여러 개의 StudentName이 존재한다. 데이터베이스가 어떤 StudentName을 반환해야 하는지 어떻게 알 수 있을까? 모두가 같은 값을 가진다 해도 데이터베이스는 그

사실을 이해하지 못할 것이다. 따라서 first(Students.StudentName)과 같은 집계 함수(aggregate function)를 사용할 필요가 있다.

이런 문제들을 고쳐서 다음과 같은 질의문을 만들 수 있다.

```
/* 첫 번째 해법: 다른 질의문으로 감싸기 */
SELECT StudentName, Students.StudentID, Cnt
FROM (
    SELECT Students.StudentID, count(StudentCourses.CourseID) as [Cnt]
    FROM Students LEFT JOIN StudentCourses
    ON Students.StudentID = StudentCourses.StudentID
    GROUP BY Students.StudentID
) T INNER JOIN Students on T.studentID = Students.StudentID
```

이 코드를 보면, 3번째 줄에서 그냥 학생 이름을 SELECT하면 3~6번 줄에서처럼 다른 질의문을 감쌀 필요가 없지 않나 하고 궁금해할 수도 있다. 그렇게 해서 만들어진 잘못된 해결책이 아래에 있다.

```
/* 잘못된 코드 */
SELECT StudentName, Students.StudentID, count(StudentCourses.CourseID) as [Cnt]
FROM Students LEFT JOIN StudentCourses
ON Students.StudentID = StudentCourses.StudentID
GROUP BY Students.StudentID
```

이렇게 하면 안 된다. 적어도 앞서 봤던 것과 정확히 같은 결과를 낼 수 없다. SELECT가 가능한 것은 집계 함수나 GROUP BY 절에 포함된 값뿐이다.

다음과 같은 방법을 써야 한다.

```
/* 두 번째 해법: StudentName을 GROUP BY 절에 추가하기 */
SELECT StudentName, Students.StudentID, count(StudentCourses.CourseID) as [Cnt]
FROM Students LEFT JOIN StudentCourses
ON Students.StudentID = StudentCourses.StudentID
GROUP BY Students.StudentID, Students.StudentName
```

또 다른 해법은 다음과 같다.

```
/* 세 번째 해법: 집합 함수로 감싸기 */
SELECT max(StudentName) as [StudentName], Students.StudentID,
            count(StudentCourses.CourseID) as [Count]
FROM Students LEFT JOIN StudentCourses
ON Students.StudentID = StudentCourses.StudentID
GROUP BY Students.StudentID
```

질의 #2: 수강생 수 구하기

모든 교사 목록과 각 교사가 가르치는 학생 수를 구하는 질의문을 작성해 보자. 만약 한 교사가 동일한 학생을 여러 강의에서 가르치는 경우, 그 각각을 다른 학생으로 간주해서 가르치는 학생 수에 합산한다. 교사 리스트는 각 교사가 가르치는 학생 수를 기준으로 내림차순 정렬하면 된다.

TeacherID에 얼마나 많은 학생이 배정되어 있는지 구한다. 앞서 살펴본 질의와 아주 비슷하다.

```
SELECT TeacherID, count(StudentCourses.CourseID) AS [Number]
FROM Courses INNER JOIN StudentCourses
ON Courses.CourseID = StudentCourses.CourseID
GROUP BY Courses.TeacherID
```

INNER JOIN을 하게 되면 강의를 하지 않는 교사는 목록에 포함되지 않는다. 다음과 같이 모든 교사 목록에 JOIN하도록 하면 문제를 해결할 수 있다.

```
SELECT TeacherName, isnull(StudentSize.Number, 0)
FROM Teachers LEFT JOIN
(SELECT TeacherID, count(StudentCourses.CourseID) AS [Number]
FROM Courses INNER JOIN StudentCourses
ON Courses.CourseID = StudentCourses.CourseID
GROUP BY Courses.TeacherID) StudentSize
ON Teachers.TeacherID = StudentSize.TeacherID
ORDER BY StudentSize.Number DESC
```

NULL 값을 0으로 변환하기 위해 SELECT 문에서 NULL을 어떻게 다루고 있는지 확인하라.

▶ 소규모 데이터베이스 설계

면접장에서 데이터베이스를 설계해 보라는 요청을 받을 수도 있다. 여기서는 그런 질문을 받았을 때를 대비한 접근법에 대해 살펴볼 것이다. 읽다 보면 이 접근법이 객체 지향 설계와 비슷한 점이 많다는 것을 눈치챌 것이다.

1단계: 모호성 처리

데이터베이스에 관계된 문제에는 의도적이든 의도적이지 않든 모호한 부분이 내포되어 있다. 설계를 시작하기 전에 정확히 무엇을 설계해야 하는지 이해해야 한다.

아파트 임대 대행업체가 사용할 시스템을 설계한다고 생각해 보자. 이 업체의 대리점이 여러 개인지 아니면 하나만 있는지 알고 있어야 한다. 또한 얼마나 일반적으로 설계해야 하는지 면접관과 논의해야 한다. 예를 들어, 어떤 사람이 같은 빌딩에 있는 집을 두 개 빌리는 일은 굉장히 드물다. 하지만 그렇다고 해서 그런 경우를 처리할 수 없어야 한다는 것은 아니다. 그럴 수도 있고, 아닐 수도 있다. 드물게 생기는 일은 별도의 방식을 사용해서, 즉 데이터베이스에 보관된 그 사람의 개인 정보를 복사한다거나 해서, 해결할 수도 있다.

2단계: 핵심 객체 정의

그다음으로는, 이 시스템의 핵심 객체(core object)가 무엇인지 살펴봐야 한다. 보통 핵심 객체 하나당 하나의 테이블을 사용한다. 아파트 임대 대행업체의 경우, Property, Building, Apartment, Tenant, Manager 등이 핵심 객체가 될 수 있다.

3단계: 관계 분석

핵심 객체의 윤곽을 잡고 나면 어떻게 테이블을 설계해야 할지 감을 잡을 수 있을 것이다. 테이블끼리 어떤 관계가 있을까? 다-대-다(many-to-many) 관계인가? 아니면 일-대-다(one-to-many) 관계인가?

Buildings와 Apartments의 관계가 일-대-다 관계라면, 다음과 같이 표현할 수 있을 것이다.

Apartments	s
ApartmentID	int
ApartmentAddress	varchar(100)
BuildingID	int

Buildings	s
BuildingID	int
BuildingName	varchar(100)
BuildingAddress	varchar(500)

Apartments 테이블과 Buildings 테이블은 BuildingID를 통해서 연결된다.

한 사람이 하나 이상의 아파트를 임대할 수 있도록 하고 싶다면, 다음과 같이 다-대-다 관계를 구현하면 된다.

TenantApartments	
TenantID	int
ApartmentID	int

Apartments	
ApartmentID	int
ApartmentAddress	varchar(100)
BuildingID	int

Tenants	
TenantID	int
TenantName	varchar(100)
TenantAddress	varchar(500)

TenantApartments 테이블은 Tenants와 Apartments 사이의 관계를 저장하고 있다.

4단계: 행위 조사

마지막으로 세부적인 부분을 채워 넣어야 한다. 흔하게 수행될 작업들을 살펴보고, 관련된 데이터를 어떻게 저장하고 가져올 것인지 이해해야 한다. 임대와 관계된 용어들, 그러니까 퇴거(moving out)나 임대비(rent payments)와 같은 것들을 처리해야 한다. 이런 작업들을 처리하려면 새로운 테이블이 필요하다.

▶ 대규모 데이터베이스 설계

대규모의 규모 확장성이 높은 데이터베이스를 설계할 때에 JOIN 연산(앞선 예제들에서 사용됐던)은 일반적으로 아주 느리다고 간주해야 한다. 따라서 데이터를 비정규화(denormalize)해야 한다. 데이터를 여러 테이블에 중복해서 저장해야 할지도 모르니 데이터가 어떻게 사용될지 유심히 살펴보길 바란다.

▶ 면접 문제

14.1 **하나 이상의 집:** 하나 이상의 집을 대여한 모든 거주자의 목록을 구하는 SQL 질의문을 작성하라.

힌트: #408

584쪽

14.2 **Open 상태인 Request:** 모든 건물 목록과 Status가 Open인 모든 Request의 개수를 구하라.

힌트: #411

585쪽

14.3 **Request를 Close로 바꾸기:** 11번 빌딩에서 대규모 리모델링 공사를 진행 중이다. 이 건물에 있는 모든 집에 대한 모든 Request의 Status를 Close로 변경해주는 질의문을 작성하라.

힌트: #431

585쪽

14.4 **JOIN:** 서로 다른 종류의 JOIN은 어떤 것들이 있는가? 각각이 어떻게 다르고, 어떤 상황에서 어떤 JOIN과 어울리는지 설명하라.

힌트: #451

585쪽

14.5 **비정규화:** 비정규화(denormalization)란 무엇인가? 그 장단점을 설명하라.

힌트: #444, #455

587쪽

14.6 **개체-관계 다이어그램:** 회사, 사람, 직원으로 구성된 데이터베이스의 ER (entity-relationship) 다이어그램을 그리라.

힌트: #436

588쪽

14.7 성적 데이터베이스 설계: 학생들의 성적을 저장하는 간단한 데이터베이스를 생각해 보자. 이 데이터베이스를 설계하고, 성적이 우수한 학생(상위 10%) 목록을 반환하는 SQL 질의문을 작성하라. 단, 학생 목록은 평균 성적에 따라 내림차순으로 정렬되어야 한다.

힌트: *#428, #442*

589쪽

추가 문제: 객체 지향 설계(#7.7), 시스템 설계 및 규모 확장성(#9.6)

14.1~14.3의 문제를 풀 때 다음의 테이블을 사용하라.

Apartments	
AptID	int
UnitNumber	varchar(10)
BuildingID	int

Buildings	
BuildingID	int
ComplexID	int
BuildingName	varchar(100)
Address	varchar(500)

Requests	
RequestID	int
Status	varchar(100)
AptID	int
Description	varchar(500)

Complexes	
ComplexID	int
ComplexName	varchar(100)

AptTenants	
TenantID	int
AptID	int

Tenants	
TenantID	int
TenantName	varchar(100)

15
스레드와 락

마이크로소프트, 구글, 아마존과 같은 회사에서 스레드로 알고리즘을 구현하라는 문제를 출제하는 일이 흔하지는 않다(그런 기술을 특별히 필요로 하는 팀에서 일하게 되는 것이 아니라면). 하지만 스레드, 특히 교착 상태(deadlock)에 대한 일반적 이해도를 평가하기 위한 문제는 어떤 회사에서라도 상대적으로 자주 출제하는 편이다.

이번 장에서는 이와 관련된 내용을 소개할 것이다.

▶ 자바의 스레드

자바의 모든 스레드는 java.lang.Thead 클래스 객체에 의해 생성되고 제어된다. 독립적인 응용 프로그램이 실행될 때, main() 메서드를 실행하기 위한 하나의 사용자 스레드(user thread)가 자동으로 만들어지는데, 이 스레드를 주 스레드(main thread)라고 부른다.

자바에서 스레드를 구현하는 방법으로는 다음 두 가지가 있다.

- java.lang.Runnable 인터페이스를 구현하기
- java.lang.Thread 클래스를 상속받기

우리는 이 두 가지 방법 모두에 대해서 살펴볼 것이다.

Runnable 인터페이스를 구현하는 방법

Runnable 인터페이스는 아래와 같이 구조가 단순하다.

```
public interface Runnable {
    void run();
}
```

이 인터페이스를 사용해 스레드를 만들고 사용하려면 다음의 과정을 거쳐야 한다.

- Runnable 인터페이스를 구현하는 클래스를 만든다. 이 클래스의 객체는 Runnable 객체가 된다.
- Thread 타입의 객체를 만들 때, Thread의 생성자에 Runnable 객체를 인자로 넘긴다. 이 Thread 객체는 이제 run() 메서드를 구현하는 Runnable 객체를 소유하게 된다.
- 이전 단계에서 생성한 Thread 객체의 start() 메서드를 호출한다.

아래의 예제를 보자.

```
01    public class RunnableThreadExample implements Runnable {
02        public int count = 0;
03
04        public void run() {
05            System.out.println("RunnableThread starting.");
06            try {
07                while (count < 5) {
08                    Thread.sleep(500);
09                    Count++;
10                }
11            } catch (InterruptedException exc) {
12                System.out.println("RunnableThread interrupted.");
13            }
14            System.out.println("RunnableThread terminating.");
15        }
16    }
17
18    public static void main(String[] args) {
19        RunnableThreadExample instance = new RunnableThreadExample();
20        Thread thread = new Thread(instance);
21        thread.start();
22
23        /* 스레드 개수가 5개가 될 때까지 천천히 기다린다. */
24        while (instance.count != 5) {
25            try {
26                Thread.sleep(250);
27            } catch (InterruptedException exc) {
28                exc.printStackTrace();
29            }
30        }
31    }
```

위의 코드에서 실제로 해야 하는 일은 run() 메서드를 구현하는 것뿐이다(네 번째 줄). 그러면 main 메서드는 해당 클래스의 인스턴스(instance)를 new Thread(obj) 의 인자로 넘기고(19~20줄) start()를 호출(21줄)한다.

Thread 클래스 상속

위의 방식 외에, Thread 클래스를 상속받아서 스레드를 만들 수도 있다. 그러려면 거의 항상 run() 메서드를 오버라이드(override)해야 하며, 하위 클래스의 생성자 는 상위 클래스의 생성자를 명시적으로 호출해야 한다.

아래의 예제 코드를 보자.

```
01    public class ThreadExample extends Thread {
02        int count = 0;
03
04        public void run() {
05            System.out.println("Thread starting.");
06            try {
07                while (count < 5) {
08                    Thread.sleep(500);
09                    System.out.println("In Thread, count is " + count);
```

```
10              Count++;
11          }
12      } catch (InterruptedException exc) {
13          System.out.println("Thread interrupted.");
14      }
15      System.out.println("Thread terminating.");
16  }
17 }
18
19 public class ExampleB {
20     public static void main(String args[]) {
21         ThreadExample instance = new ThreadExample();
22         instance.start();
23
24         while (instance.count != 5) {
25             try {
26                 Thread.sleep(250);
27             } catch (InterruptedException exc) {
28                 exc.printStackTrace();
29             }
30         }
31     }
32 }
```

이 코드는 앞서 살펴본 코드와 아주 비슷하다. 인터페이스를 구현하는 대신 Thread 클래스를 상속받았고, 따라서 인스턴스 자체에서 start()를 직접 호출하게 된다.

Thread 상속 vs. Runnable 인터페이스 구현

스레드를 생성할 때 Runnable 인터페이스를 구현하는 것이 Thread를 상속받는 것 보다 선호되는 이유가 두 가지 존재한다.

- 자바는 다중 상속(multiple inheritance)을 지원하지 않는다. 따라서 Thread 클래스를 상속하게 되면 하위 클래스는 다른 클래스를 상속할 수가 없다. 하지만 Runnable 인터페이스를 구현하는 클래스는 다른 클래스를 상속할 수 있다.
- Thread 클래스의 모든 것을 상속받는 것이 너무 부담되는 경우에는 Runnable을 구현하는 편이 나을지도 모른다.

▶ 동기화와 락

어떤 프로세스 안에서 생성된 스레드들은 같은 메모리 공간을 공유한다. 그래서 좋을 때도 있고, 나쁠 때도 있다. 스레드가 서로 데이터를 공유할 수 있다는 점은 장점이긴 하지만 두 스레드가 같은 자원을 동시에 변경하는 경우에는 문제가 된다. 자바는 공유 자원에 대한 접근을 제어하기 위한 동기화(synchronization) 방법을 제공한다.

synchronized와 Lock이라는 키워드는 동기화 구현을 위한 기본이 된다.

동기화된 메서드

통상적으로 synchronized 키워드를 사용할 때는 공유 자원에 대한 접근을 제어한다. 이 키워드는 메서드에 적용할 수도 있고, 특정한 코드 블록에 적용할 수도 있다. 이 키워드는 여러 스레드가 같은 객체를 동시에 실행하는 것 또한 방지해준다.

아래의 예제를 통해 살펴보자.

```
public class MyClass extends Thread {
    private String name;
    private MyObject myObj;

    public MyClass(MyObject obj, String n) {
        name = n;
        myObj = obj;
    }

    public void run() {
        myObj.foo(name);
    }
}

public class MyObject {
    public synchronized void foo(String name) {
        try {
            System.out.println("Thread " + name + ".foo(): starting");
            Thread.sleep(3000);
            System.out.println("Thread " + name + ".foo(): ending");
        } catch (InterruptedException exc) {
            System.out.println("Thread " + name + ": interrupted.");
        }
    }
}
```

두 개의 MyClass 인스턴스가 foo를 동시에 호출할 수 있을까? 상황에 따라 다르다. 같은 MyObject 인스턴스를 가리키고 있다면 동시 호출은 불가능하지만 다른 인스턴스를 가리키고 있다면 가능하다.

```
/* 서로 다른 객체인 경우 동시에 MyObject.foo() 호출이 가능하다.  */
MyObject obj1 = new MyObject();
MyObject obj2 = new MyObject();
MyClass thread1 = new MyClass(obj1, "1");
MyClass thread2 = new MyClass(obj2, "2");
thread1.start();
thread2.start();

/* 같은 obj를 가리키고 있는 경우에는 하나만 foo를 호출할 수 있고,
 * 다른 하나는 기다리고 있어야 한다. */
MyObject obj = new MyObject();
MyClass thread1 = new MyClass(obj, "1");
MyClass thread2 = new MyClass(obj, "2");
thread1.start();
thread2.start();
```

정적 메서드(static method)는 클래스 락(class lock)에 의해 동기화된다. 같은 클

래스에 있는 동기화된 정적 메서드는 두 스레드에서 동시에 실행될 수 없다. 설사 하나는 foo를 호출하고 다른 하나는 bar를 호출한다고 해도 말이다.

```
public class MyClass extends Thread {
    ...
    public void run() {
        if (name.equals("1")) MyObject.foo(name);
        else if (name.equals("2")) MyObject.bar(name);
    }
}


public class MyObject {
    public static synchronized void foo(String name) { /* 종전과 같다. */ }
    public static synchronized void bar(String name) { /* foo와 같다. */ }
}
```

이 코드를 실행했을 때 출력되는 결과는 다음과 같다.

```
Thread 1.foo(): starting
Thread 1.foo(): ending
Thread 2.bar(): starting
Thread 2.bar(): ending
```

동기화된 블록

이와 비슷하게, 특정한 코드 블록을 동기화할 수도 있다. 이는 메서드를 동기화하는 것과 아주 비슷하게 동작한다.

```
public class MyClass extends Thread {
    ...
    public void run() {
        myObj.foo(name);
    }
}


public class MyObject {
    public void foo(String name) {
        synchronized(this) {
            ...
        }
    }
}
```

메서드를 동기화하는 것과 마찬가지로, MyObject 인스턴스 하나당 하나의 스레드 만이 synchronized 블록 안의 코드를 실행할 수 있다. 다시 말해 thread1과 thread2 가 동일한 MyObject 인스턴스를 갖고 있다면, 그 가운데 하나만 그 코드 블록을 실 행할 수 있다.

락

좀 더 세밀하게 동기화를 제어하고 싶을 때는 락(lock)을 사용한다. 락(모니터

(monitor)라고도 한다)을 공유 자원에 붙이면 해당 자원에 대한 접근을 동기화할 수 있다. 스레드가 해당 자원을 접근하려면 우선 그 자원에 붙어 있는 락을 획득 (acquire)해야 한다. 특정 시점에 락을 쥐고 있을 수 있는 스레드는 하나뿐이다. 따라서 해당 공유자원은 한 번에 한 스레드만이 사용할 수 있다.

어떤 자원이 프로그램 내의 이곳저곳에서 사용되지만 한 번에 한 스레드만 사용하도록 만들고자 할 때 주로 락을 이용한다. 아래의 코드에 그 예를 보였다.

```java
public class LockedATM {
    private Lock lock;
    private int balance = 100;

    public LockedATM() {
        lock = new ReentrantLock();
    }

    public int withdraw(int value) {
        lock.lock();
        int temp = balance;
        try {
            Thread.sleep(100);
            temp = temp - value;
            Thread.sleep(100);
            balance = temp;
        } catch (InterruptedException e) { }
        lock.unlock();
        return temp;
    }

    public int deposit(int value) {
        lock.lock();
        int temp = balance;
        try {
            Thread.sleep(100);
            temp = temp + value;
            Thread.sleep(300);
            balance = temp;
        } catch (InterruptedException e) { }
        lock.unlock();
        return temp;
    }
}
```

잠재적으로 발생 가능한 문제점을 보여 주기 위해 의도적으로 withdraw와 deposit 이 실행되는 속도를 느리게 만들었다. 여러분은 이런 식으로 코드를 작성하지 않아도 된다. 하지만 위의 코드가 보여 주려고 하는 상황은 정말로, 정말로 현실적이다. 락을 사용하면 공유된 자원이 예기치 않게 변경되는 일을 막을 수 있다.

▶ 교착상태와 교착상태 방지

교착상태(deadlock)란, 첫 번째 스레드는 두 번째 스레드가 들고 있는 객체의 락이 풀리기를 기다리고 있고, 두 번째 스레드 역시 첫 번째 스레드가 들고 있는 객체의 락이 풀리기를 기다리는 상황을 일컫는다(여러 스레드가 관계되어 있더라도 같은 상황이 발생할 수 있다). 모든 스레드가 락이 풀리기를 기다리고 있기 때문에, 무한 대기 상태에 빠지게 된다. 이런 스레드를 교착 상태에 빠졌다고 한다.

교착상태가 발생하려면, 다음의 네 가지 조건이 모두 충족되어야 한다.

1. **상호 배제(mutual exclusion)**: 한 번에 한 프로세스만 공유 자원을 사용할 수 있다(좀 더 정확하게 이야기하자면, 공유 자원에 대한 접근 권한이 제한된다. 자원의 양이 제한되어 있더라도 교착상태는 발생할 수 있다).

2. **들고 기다리기(hold and wait)**: 공유 자원에 대한 접근 권한을 갖고 있는 프로세스가, 그 접근 권한을 양보하지 않은 상태에서 다른 자원에 대한 접근 권한을 요구할 수 있다.

3. **선취(preemption) 불가능**: 한 프로세스가 다른 프로세스의 자원 접근 권한을 강제로 취소할 수 없다.

4. **대기 상태의 사이클(circular wait)**: 두 개 이상의 프로세스가 자원 접근을 기다리는데, 그 관계에 사이클(cycle)이 존재한다.

교착상태를 방지하기 위해선 이 조건들 가운데 하나를 제거하면 된다. 하지만 이들 조건 가운데 상당수는 만족되기 어려운 것이라서 까다롭다. 공유 자원 중 많은 경우가 한 번에 한 프로세스만 사용할 수 있기 때문에(예를 들어, 프린터) 1번 조건은 제거하기 어렵다. 대부분의 교착상태 방지 알고리즘은 4번 조건, 즉 대기 상태의 사이클이 발생하는 일을 막는 데 초점이 맞춰져 있다.

▶ 면접 문제

15.1 프로세스 vs. 스레드: 프로세스와 스레드의 차이는 무엇인가?

힌트: #405

592쪽

15.2 문맥 전환: 문맥 전환(context switch)에 소요되는 시간을 측정하려면 어떻게 해야 할까?

힌트: #403, #407, #415, #441

592쪽

15.3 **철학자의 만찬**: 유명한 철학자의 만찬 문제(dining philosophers problem) 를 떠올려 보자. 철학자들은 원형 테이블에 앉아 있고 그들 사이에 젓가락 한 짝이 놓여 있다. 음식을 먹으려면 젓가락 두 짝이 전부 필요한데, 철학 자들은 언제나 오른쪽 젓가락을 집기 전에 왼쪽 젓가락을 먼저 집는다. 모 든 철학자들이 왼쪽에 있는 젓가락을 동시에 집으려고 하면, 교착상태에 빠 질 수 있다. 철학자들의 만찬 문제를 시뮬레이션하는 프로그램을 작성하 라. 단, 스레드와 락을 사용하여 이 프로그램이 교착상태에 빠지지 않도록 하라.

힌트: *#419, #437*

595쪽

15.4 **교착상태 없는 클래스**: 교착상태에 빠지지 않는 경우에만 락을 제공해주는 클래스를 설계해 보라.

힌트: *#422, #434*

598쪽

15.5 **순서대로 호출**: 다음과 같은 코드가 있다고 하자.

```
public class Foo {
    public Foo() { ... }
    public void first() { ... }
    public void second() { ... }
    public void third() { ... }
}
```

Foo 인스턴스 하나를 서로 다른 세 스레드에 전달한다. threadA는 first를 호출할 것이고, threadB는 second를 호출할 것이며, threadC는 third를 호출 할 것이다. first가 second보다 먼저 호출되고, second가 third보다 먼저 호 출되도록 보장하는 메커니즘을 설계하라.

힌트: *#417, #433, #446*

602쪽

15.6 **동기화된 메서드**: 동기화된 메서드 A와 일반 메서드 B가 구현된 클래스가 있 다. 같은 프로그램에서 실행되는 스레드가 두 개 존재할 때 A를 동시에 실행 할 수 있는가? A와 B는 동시에 실행될 수 있는가?

힌트: *#429*

604쪽

15.7 FizzBuzz: FizzBuzz라는 고전적인 문제가 있다. 여러분은 1부터 n까지 출력하는 프로그램을 작성해야 한다. 3으로 나누어 떨어질 땐 "Fizz"를, 5로 나누어 떨어질 땐 "Buzz"를 출력해야 하고, 3과 5 둘 다로 나누어 떨어지면 "FizzBuzz"를 출력해야 한다. 여기에선 다중 스레드(multi-thread)를 이용해서 문제를 풀어 볼 것이다. 여러분은 4개의 스레드를 사용해야 하는데, 첫 번째 스레드는 3으로 나누어 떨어지는지 확인한 뒤 나누어 떨어지면 "Fizz"를 출력해야 하고, 두 번째 스레드는 5로 나누어 떨어지는지 확인한 뒤 나누어 떨어지면 "Buzz"를 출력해야 하고, 세 번째 스레드는 동시에 3과 5로 나누어 떨어지는지 확인한 뒤 나누어 떨어지면 "FizzBuzz"를 출력해야 하고, 네 번째 스레드는 그 외의 숫자를 출력해야 한다.

힌트: *#414, #439, #447, #458*

605쪽

추가 연습문제

16
중간 난이도 연습문제

16.1 **숫자 교환**: 임시 변수를 사용하지 않고 숫자를 교환(swap)하는 함수를 작성
하라.

힌트: *#492, #716, #737*

─────────────────────────────────── 611쪽

16.2 **단어 출현 빈도**: 어떤 책에 나타난 단어의 출현 빈도를 계산하는 메서드를
설계하라. 이 알고리즘을 여러 번 수행해야 한다면 이떻게 해야 할까?

힌트: *#489, #536*

─────────────────────────────────── 612쪽

16.3 **교차점**: 시작점과 끝점으로 이루어진 선분 두 개가 주어질 때, 이 둘의 교차
점을 찾는 프로그램을 작성하라.

힌트: *#465, #472, #497, #517, #527*

─────────────────────────────────── 613쪽

16.4 **틱-택-토의 승자**: 틱-택-토(tic-tac-toe) 게임의 승자를 알아내는 알고리즘을
설계하라.

힌트: *#710, #732*

─────────────────────────────────── 616쪽

16.5 **계승(factorial)의 0**: n!의 계산 결과에서 마지막에 붙은 연속된 0의 개수를
계산하는 알고리즘을 작성하라.

힌트: *#585, #711, #729, #733, #745*

─────────────────────────────────── 622쪽

16.6 **최소의 차이**: 두 개의 정수 배열이 주어져 있다. 각 배열에서 숫자를 하나씩
선택했을 때 두 숫자의 차이(절댓값)가 최소인 값을 출력하라.

예제

입력: {1, 3, 15, 11, 2}, {23, 127, 235, 19, 8}
출력: 3. 즉, (11, 8) 쌍을 말한다.
힌트: *#632, #670, #679*

─────────────────────────────────── 624쪽

16.7 최대 숫자: 주어진 두 수의 최댓값을 찾는 메서드를 작성하라. 단, if-else나 비교 연산자는 사용할 수 없다.

힌트: *#473, #513, #707, #728*

———————————————————————————————————— 626쪽

16.8 정수를 영어로: 정수가 주어졌을 때 이 숫자를 영어 구문으로 표현해주는 프로그램을 작성하라. 예를 들어 1,000이 입력되면 'One Thousand', 234가 입력되면 'Two Hundred Thirty Four'를 출력한다.

힌트: *#502, #588, #688*

———————————————————————————————————— 627쪽

16.9 연산자: 덧셈 연산자만을 사용하여 정수에 대한 곱셈, 뺄셈, 나눗셈 연산을 수행하는 메서드를 작성하라. 연산에 대한 결과는 항상 정수가 되어야 한다.

힌트: *#572, #600, #613, #648*

———————————————————————————————————— 629쪽

16.10 살아 있는 사람: 사람의 태어난 연도와 사망한 연도가 리스트로 주어졌을 때, 가장 많은 사람이 동시에 살았던 연도를 찾는 메서드를 작성하라. 모든 사람이 1900년도에서 2000년도 사이에 태어났다고 가정해도 좋다. 또한 해당 연도의 일부만 살았더라도 해당 연도에 살아 있었다고 봐야 한다. 예를 들어 어떤 사람이 1908년에 태어나서 1909년에 사망했다면 이 사람은 1908년과 1909년 모두에 삶을 살았던 사람이 된다.

힌트: *#476, #490, #507, #514, #523, #532, #541, #549, #576*

———————————————————————————————————— 633쪽

16.11 다이빙 보드: 다량의 널빤지를 이어 붙여서 다이빙 보드를 만들려고 한다. 널빤지는 길이가 긴 것과 짧은 것 두 가지 종류가 있는데, 정확히 K개의 널빤지를 사용해서 다이빙 보드를 만들어야 한다. 가능한 다이빙 보드의 길이를 모두 구하는 메서드를 작성하라.

힌트: *#690, #700, #715, #722, #740, #747*

———————————————————————————————————— 639쪽

16.12 XML 인코딩: XML은 너무 장황하게 표현된 경우가 많다. 그래서 그 크기를 줄이기 위해 각각의 태그를 지정된 정수 값으로 대응시키는 인코딩

(encoding) 방법을 사용하곤 한다. 그 문법은 다음과 같다.

```
Element → Tag Attribute END Children END
Attribute → Tag Value
END → 0
Tag → 미리 지정된 정수값으로의 매핑
Value → 문자열 값
```

예를 들어, 아래의 XML은 family→1, person→2, firstName→3, lastName →4, state→5로 대응시킴으로써 압축된 형태의 문자열로 변환할 수 있다.

```
<family lastName="McDowell" state="CA">
    <person firstName="Gayle">Some Message</person>
</family>
```

위의 XML은 다음과 같이 변환될 수 있다.

```
1 4 McDowell 5 CA 0 2 3 Gayle 0 Some Message 0 0
```

XML 요소(element)가 주어졌을 때, 해당 요소를 인코딩한 문자열을 출력하는 메서드를 작성하라.

힌트: *#466*

642쪽

16.13 정사각형 절반으로 나누기: 2차원 평면 위에 정사각형 두 개가 주어졌을 때, 이들을 절반으로 가르는 직선 하나를 찾으라. 정사각형은 x축에 평행하다고 가정해도 좋다.

힌트: *#468, #479, #528, #560*

643쪽

16.14 최고의 직선: 2차원 평면 위에 점이 여러 개 찍혀 있을 때 가장 많은 수의 점을 동시에 지나는 직선을 구하라.

힌트: *#491, #520, #529, #563*

645쪽

16.15 Master Mind: Master Mind 게임의 룰은 다음과 같다. 빨간색(R), 노란색(Y), 초록색(G), 파란색(B) 공이 네 개의 구멍에 하나씩 들어 있다. 예를 들어 RGGB는 각 구멍에 차례대로 빨간색, 초록색, 초록색, 파란색 공이 들어 있다는 뜻이다. 여러분은 공의 색깔을 차례대로 맞춰야 한다. 구멍에 들어 있는 공의 색깔을 정확히 맞췄다면 '히트'를 얻게 되고, 공의 색깔은 맞췄지만 구멍의 위치는 틀렸다면 '슈도-히트'를 얻는다. 단, '히트'는 '슈도-히트'에 중

복되어 나타나지 않는다. 예를 들어 RGBY가 정답이고 여러분이 GGRR로
추측을 했다면 '히트' 하나와 '슈도-히트' 하나를 얻는다. 정답값과 추측값이
주어졌을 때 '히트'의 개수와 '슈도-히트'의 개수를 반환하는 메서드를 작성
하라.

힌트: *#639, #730*

648쪽

16.16 부분 정렬: 정수 배열이 주어졌을 때, m부터 n까지의 원소를 정렬하기만 하
면 배열 전체가 정렬되는 인덱스 m과 n을 찾으라. 단, n-m을 최소화하라
(다시 말해, 그런 순열 중 가장 짧은 것을 찾으면 된다).

`예제`
입력: 1, 2, 4, 7, 10, 11, 7, 12, 6, 7, 16, 18, 19
출력: (3, 9)
힌트: *#482, #553, #667, #708, #735, #746*

649쪽

16.17 연속 수열: 정수 배열이 주어졌을 때 연속한 합이 가장 큰 수열을 찾고 그 합
을 반환하라.

`예제`
입력: 2, -8, 3, -2, 4, -10
출력: 5 (예를 들어 {3, -2, 4})
힌트: *#531, #551, #567, #594, #614*

652쪽

16.18 패턴 매칭: 패턴 문자열과 일반 문자열 두 개가 주어져있다. a와 b로 이
루어진 패턴 문자열은 일반 문자열을 표현하는 역할을 한다. 예를 들어
catcatgocatgo는 aabab 패턴과 일치한다(여기서 a는 cat이 되고, b는 go가
된다). 이 문자열은 a, ab, b 패턴과도 일치한다. 일반 문자열이 패턴 문자열
과 일치하는지 판단하는 메서드를 작성하라.

힌트: *#631, #643, #653, #663, #685, #718, #727*

654쪽

16.19 연못 크기: 대륙의 해발고도를 표현한 정수형 배열이 주어졌다. 여기서 0은
수면을 나타내고, 연못은 수직, 수평, 대각선으로 연결된 수면의 영역을 나
타낸다. 연못의 크기는 연결된 수면의 개수라고 했을 때, 모든 연못의 크기

를 계산하는 메서드를 작성하라.

예제

입력:

```
0 2 1 0
0 1 0 1
1 1 0 1
0 1 0 1
```

출력: 2, 4, 1 (순서는 상관없다)

힌트: *#674, #687, #706, #723*

658쪽

16.20 T9: 과거의 핸드폰에서는 문자 입력을 돕기 위해 각 숫자에 0~4개의 알파벳을 대응시켰다. 이에 따라 어떤 수열이 주어지면 그 수열에 대응되는 단어 리스트를 만들 수 있었다. 유효한 단어 리스트(여러분이 원하는 방식으로 자료구조가 주어진다)와 어떤 수열이 주어졌을 때, 해당 수열에 매핑되는 단어 리스트를 출력하는 알고리즘을 작성하라. 각 숫자에 대응되는 알파벳은 다음과 같다.

1	**2** abc	**3** def
4 ghi	**5** jkl	**6** mno
7 pqrs	**8** tuv	**9** wxyz
	0	

예제

입력: 8733

출력: tree, used

힌트: *#471, #487, #654, #703, #726, #744*

660쪽

16.21 합의 교환: 정수형 배열 두 개가 주어졌을 때, 각 배열에서 원소를 하나씩 교환해서 두 배열의 합이 같아지게 만들라.

예제

입력: {4, 1, 2, 1, 1, 2}와 {3, 6, 3, 3}

출력: {1, 3}

힌트: #545, #557, #564, #571, #583, #592, #602, #606, #635

——————— 665쪽

16.22 랭턴 개미: 검은색과 하얀색 셀(cell)로 이루어진 격자판이 무한히 펼쳐져 있고 여기 어딘가에 개미 한 마리가 기어다니고 있다. 이 개미는 오른쪽을 바라보고 있고, 다음과 같이 움직인다.

(1) 하얀색 셀에선 이 셀의 색깔을 검은색으로 바꾸고 오른쪽(시계방향)으로 90도 방향을 튼 뒤 한 칸 앞으로 나아간다.

(2) 검은색 셀에선 이 셀의 색깔을 하얀색으로 바꾸고 왼쪽(시계 반대방향)으로 90도 방향을 튼 뒤 한 칸 앞으로 나아간다.

이 개미의 첫 K번의 움직임을 시뮬레이션하는 프로그램을 작성하고 최종 격자판을 출력하는 프로그램을 작성하라. 이 격자판을 표현하는 자료구조는 여러분이 직접 설계해야 한다. K를 입력으로 받은 뒤, 최종 격자판을 출력한다. 메서드 용법(method signature)은 `void printKMoves(int K)`와 같을 것이다.

힌트: #474, #481, #533, #540, #559, #570, #599, #616, #627

——————— 668쪽

16.23 Rand5로부터 Rand7: rand5()를 사용해서 rand7() 메서드를 구현하라. 즉, 0부터 4까지 숫자 중에서 임의의 숫자를 반환하는 메서드를 이용해서 0부터 6까지의 숫자 중에서 임의의 숫자를 반환하는 메서드를 작성하라.

힌트: #505, #574, #637, #668, #697, #720

——————— 675쪽

16.24 합이 되는 쌍: 정수형 배열이 주어졌을 때, 두 원소의 합이 특정 값이 되는 모든 원소 쌍을 출력하는 알고리즘을 설계하라.

힌트: #548, #597, #644, #673

——————— 677쪽

16.25 LRU 캐시: 가장 오래된 아이템을 제거하는 '최저 사용 빈도(least recently used)' 캐시를 설계하고 구현하라. 캐시는 특정 키와 연관된 값을 입력하거

나 읽어 들일 수 있어야 하며 그 크기는 최대로 초기화되어 있다. 캐시가 꽉 차면 가장 오래된 아이템을 제거하고 새 아이템을 입력해야 한다.

힌트: *#524, #630, #694*

679쪽

16.26 계산기: 양의 정수, +, -, *, / (괄호는 없음)로 구성된 수식을 계산하는 프로그램을 작성하라.

예제

입력: 2*3+5/6*3+15
출력: 23.5
힌트: *#521, #624, #665, #698*

683쪽

17
어려운 연습문제

17.1 **덧셈 없이 더하기:** 두 수를 더하는 함수를 작성하라. 단, +를 비롯한 어떤 연
산자도 사용할 수 없다.

힌트: *#467, #544, #601, #628, #642, #664, #692, #712, #724*

——————————————————————————————— 690쪽

17.2 **섞기:** 카드 한 벌을 '완벽히' 섞는 메서드를 작성하라. 여기서 '완벽'의 의미
는, 카드 한 벌을 섞는 방법이 52!가지가 있는데 이 각각이 전부 같은 확률로
나타날 수 있어야 한다는 뜻이다. 단, '완벽한' 난수 생성기(random number
generator)는 주어져 있다고 가정해도 좋다.

힌트: *#483, #579, #634*

——————————————————————————————— 691쪽

17.3 **임의의 집합:** 길이가 n인 배열에서 m개의 원소를 무작위로 추출하는 메서드
를 작성하라. 단, 각 원소가 선택될 확률은 동일해야 한다.

힌트: *#494, #596*

——————————————————————————————— 692쪽

17.4 **빠진 숫자:** 배열 A에는 0부터 n까지의 숫자 중 하나를 뺀 나머지가 모두 들
어 있다. 여기에선 원소의 값을 읽는 데 여러 번의 연산이 필요하다. 각 원
소는 2진수로 표현되어 있고, 상수 시간에 수행할 수 있는 연산은 'A[i]의 j
번째 비트 확인하기'뿐이다. 배열 A에서 빠진 숫자가 무엇인지 확인하는 코
드를 작성하라. O(n) 시간에 할 수 있겠는가?

힌트: *#610, #659, #683*

——————————————————————————————— 694쪽

17.5 **문자와 숫자:** 문자와 숫자로 채워진 배열이 주어졌을 때 문자와 숫자의 개수
가 같으면서 가장 긴 부분배열을 구하라.

힌트: *#485, #515, #619, #671, #713*

——————————————————————————————— 697쪽

17.6 **숫자 2 세기:** 0부터 n까지의 수를 나열했을 때 2가 몇 번이나 등장했는지 세

는 메서드를 작성하라.

예제

입력: 25

출력: 9 (2, 12, 20, 21, 22, 23, 24, 25. 22에선 2가 두 번 등장했다.)

힌트: #573, #612, #641

700쪽

17.7 **아기 이름:** 정부는 매년 가장 흔한 아기 이름 10,000명과 그 이름의 빈도수를 발표한다. 하지만 아기 이름의 철자가 다르면 빈도수를 세는 데 문제가 될 수 있다. 예를 들어 'John'과 'Jon'은 실제로는 같은 이름이지만 다르게 분류되는 것이다. 이름/빈도수 리스트와 같은 이름의 쌍이 리스트로 주어졌을 때 '실제' 빈도수의 리스트를 출력하는 알고리즘을 작성하라. 만약 John과 Jon이 동의어이고, Jon과 Johnny가 동의어라면 John과 Johnny도 동의어가 되어야 한다(이행성(transitive)과 대칭성(symmetric)을 만족한다). 최종 리스트에서 동일하다면 아무 이름이나 사용해도 된다.

예제

입력: 이름: John (15), Jon (12), Chris (13), Kris (4), Christopher (19)

　　　동의어: (Jon, John), (John, Johnny), (Chris, Kris), (Chris, Christopher)

출력: John (27), Kris (36)

힌트: #478, #493, #512, #537, #586, #605, #655, #675, #704

703쪽

17.8 **서커스 타워:** 어느 서커스단은 다른 사람 어깨 위에 다른 사람이 올라서도록 하는 '인간 탑 쌓기'를 공연한다. 실질적이면서도 미학적인 이유 때문에 어깨 위에 올라서는 사람은 아래 있는 사람보다 가벼우면서 키도 작아야 한다. 단원의 키와 몸무게가 주어졌을 때, 최대로 쌓을 수 있는 인원수를 계산하는 메서드를 작성하라.

예제

입력 (ht, wt): (65, 100) (70, 150) (56, 90) (75, 190) (60, 95) (68, 110)

출력: 최대 탑 높이는 6이며, 다음과 같다(위에서 아래로).

　　　(56, 90) (60, 95) (65,100) (68, 110) (70, 150) (75, 190)

힌트: #638, #657, #666, #682, #699

709쪽

17.9 **k번째 배수:** 소인수가 3, 5, 7로만 구성된 숫자 중 k번째 숫자를 찾는 알고리즘을 설계하라. 3, 5, 7이 전부 소인수로 포함되어야 하는 건 아니지만 3, 5,

7 외에 다른 소수가 포함되면 안 된다. 이 조건을 만족하는 숫자의 예를 몇 가지 나열해보면 1, 3, 5, 7, 9, 15, 21이 있다.

힌트: *#488, #508, #550, #591, #622, #660, #686*

712쪽

17.10 다수 원소: 다수 원소란 배열에서 그 개수가 절반 이상인 원소를 말한다. 양의 정수로 이루어진 배열이 주어졌을 때 다수 원소를 찾으라. 다수 원소가 없다면 -1을 반환하라. 알고리즘은 O(N) 시간과 O(1) 공간 안에 수행되어야 한다.

예제

입력: 1 2 5 9 5 9 5 5 5

출력: 5

힌트: *#522, #566, #604, #620, #650*

718쪽

17.11 단어 간의 거리: 단어가 적혀 있는 아주 큰 텍스트 파일이 있다. 단어 두 개가 입력으로 주어졌을 때, 해당 파일 안에서 그 두 단어 사이의 최단거리(단어 수를 기준으로)를 구하는 코드를 작성하라. 같은 파일에서 단어 간 최단거리를 구하는 연산을 여러 번 반복한다고 했을 때(서로 다른 단어 쌍을 사용해서) 어떤 최적화 기법을 사용할 수 있겠는가?

힌트: *#486, #501, #538, #558, #633*

722쪽

17.12 BiNode: BiNode라는 간단한 자료구조가 있다. 이 자료구조 안에는 다른 두 노드에 대한 포인터가 들어 있다.

```
public class BiNode {
    public BiNode node1, node2;
    public int data;
}
```

BiNode 자료구조는 이진 트리를 표현하는 데 사용될 수도 있고(node1은 왼쪽 노드를, node2는 오른쪽 노드를 가리키게 만들면 된다), 양방향 연결리스트를 만드는 데 사용할 수도 있다(node1은 이전 노드를, node2는 다음 노드를 가리키게 만든다). BiNode를 사용해서 구현된 이진 탐색 트리를 양방향 연결리스트로 변환하는 메서드를 작성하라. 값의 순서는 유지되어야 하며 모든 연산은 원래 자료구조 안에서(in place) 이루어져야 한다.

힌트: *#509, #608, #646, #680, #701, #719*

724쪽

17.13 공백 입력하기: 이런! 긴 문서를 편집하다가 실수로 공백과 구두점을 지우고, 대문자를 전부 소문자로 바꿔 버렸다. 그러니까 "I reset the computer. It still didn't boot!"과 같은 문장이 "iresetthecomputeritstilldidn'tboot"로 바뀐 것이다. 구두점과 대문자는 나중에 복원해도 괜찮지만 공백은 지금 당장 다시 입력해야 한다. 대부분의 단어는 사전에 등록되어 있지만 사전에 없는 단어도 몇 개 존재한다. 사전(단어 리스트)과 문서(문자열)가 주어졌을 때, 단어들을 원래대로 분리하는 최적의 알고리즘을 설계하라. 여기서 '최적'이란, 인식할 수 없는 문자열의 수를 최소화한다는 뜻이다.

예제

입력: jesslookedjustliketimherbrother
출력: jess looked just like tim her brother (이 경우에 인식할 수 없는 문자는 7개이다.)
힌트: *#496, #623, #656, #677, #739, #749*

728쪽

17.14 가장 작은 숫자 k개: 배열에서 가장 작은 숫자 k개를 찾는 알고리즘을 설계하라.

힌트: *#470, #530, #552, #593, #625, #647, #661, #678*

733쪽

17.15 가장 긴 단어: 주어진 단어 리스트에서, 다른 단어들을 조합하여 만들 수 있는 가장 긴 단어를 찾는 프로그램을 작성하라.

예제

입력: cat, banana, dog, nana, walk, walker, dogwalker
출력: dogwalker
힌트: *#475, #499, #543, #589*

738쪽

17.16 마사지사: 인기 있는 마사지사가 있다. 마사지 사이에 15분간 휴식이 필요하므로 마사지 예약이 연달아 들어온다면 그중에서 어떤 예약을 받을지 선택해야 한다. 연달아 들어온 마사지 예약 리스트가 주어졌을 때(모든 예약 시간은 15분의 배수이며 서로 겹치지는 않고 한번 예약이 되면 변경이 불가능하다), 총 예약 시간이 가장 긴 최적의 마사지 예약 순서를 찾으라.

예제

입력: {30, 15, 60, 75, 45, 15, 15, 45}

출력: 180분 ({30, 60, 45, 45}).

힌트: *#495, #504, #516, #526, #542, #554, #562, #568, #578, #587, #607*

740쪽

17.17 다중 검색: 문자열 s와, s보다 짧은 길이를 갖는 문자열로 이루어진 배열 T가 주어졌을 때, T에 있는 각 문자열을 s에서 찾는 메서드를 작성하라.

힌트: *#480, #582, #617, #743*

746쪽

17.18 가장 짧은 초수열: 작은 길이의 배열(모든 원소는 서로 다르다)과 그보다 긴 길이의 배열 두 개가 주어졌다. 길이가 긴 배열에서 길이가 작은 배열의 원소를 모두 포함하면서 길이가 가장 짧은 부분배열을 찾으라. 원소는 임의의 순서로 등장해도 괜찮다.

예제

입력: {1, 5, 9} | {7, 5, 9, 0, 2, 1, 3, 5, 7, 9, 1, 1, 5, 8, 8, 9, 7}

출력: [7, 10] (밑줄친 부분)

힌트: *#645, #652, #669, #681, #691, #725, #731, #741*

752쪽

17.19 빠진 숫자 찾기: 1부터 N까지 숫자 중에서 하나를 뺀 나머지가 정확히 한 번씩 등장하는 배열이 있다. 빠진 숫자를 $O(N)$ 시간과 $O(1)$ 공간에 찾을 수 있겠는가? 만약 숫자 두 개가 빠져 있다면 어떻게 찾겠는가?

힌트: *#503, #590, #609, #626, #649, #672, #689, #696, #702, #717*

760쪽

17.20 연속된 중간값: 임의의 수열이 끊임없이 생성되고 이 값이 어떤 메서드로 전달된다고 할 때, 새로운 값이 생성될 때마다 현재까지의 중간값(median)을 찾고 그 값을 유지하는 프로그램을 작성하라.

힌트: *#519, #546, #575, #709*

765쪽

17.21 막대 그래프의 부피: 히스토그램(막대 그래프)을 상상해 보자. 누군가가 히스토그램 위에서 물을 부었을 때, 이 그래프가 저장할 수 있는 물의 양을 계산하는 알고리즘을 설계하라. 단, 막대의 폭은 1이라고 가정하자.

예제

입력: {0, 0, 4, 0, 0, 6, 0, 0, 3, 0, 5, 0, 1, 0, 0, 0}

(검은색이 막대를 나타내고, 회색이 물을 나타낸다.)

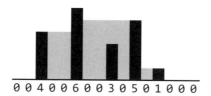

0 0 4 0 0 6 0 0 3 0 5 0 1 0 0 0

출력: 26

힌트: *#629, #640, #651, #658, #662, #676, #693, #734, #742*

767쪽

17.22 단어 변환: 사전에 등장하는 길이가 같은 단어 두 개가 주어졌을 때, 한 번에 글자 하나만 바꾸어 한 단어를 다른 단어로 변환하는 메서드를 작성하라. 변환 과정에서 만들어지는 각 단어도 사전에 있는 단어여야 한다.

예제

입력: DAMP, LIKE

출력: DAMP → LAMP → LIMP → LIME → LIKE

힌트: *#506, #535, #556, #580, #598, #618, #738*

773쪽

17.23 최대 검은색 정방행렬: 정방형의 행렬이 있다. 이 행렬의 각 셀(픽셀)은 검은색이거나 흰색이다. 네 가장자리가 전부 검은색인 최대 부분 정방행렬을 찾는 알고리즘을 설계하라.

힌트: *#684, #695, #705, #714, #721, #736*

780쪽

17.24 최대 부분행렬: 양의 정수와 음의 정수로 이루어진 N×N 행렬이 주어졌을 때, 모든 원소의 합이 최대가 되는 부분행렬을 찾는 코드를 작성하라.

힌트: *#469, #511, #525, #539, #565, #581, #595, #615, #621*

783쪽

17.25 단어 직사각형: 백만 개의 단어 목록이 주어졌을 때, 각 단어의 글자들을 사용하여 만들 수 있는 최대 크기 직사각형을 구하는 알고리즘을 설계하라. 이 직사각형의 각 행은 하나의 단어가 되어야 하고(왼쪽에서 오른쪽 방향)

모든 열 또한 하나의 단어가 되어야 한다(위에서 아래쪽 방향). 리스트에서 단어를 선정할 때 연속한 단어를 고를 필요는 없다. 단, 모든 행의 길이는 서로 같아야 하고, 모든 열의 길이도 서로 같아야 한다.

힌트: *#477, #500, #748*

————————————— 788쪽

17.26 드문드문 유사도: 서로 다른 단어로 구성된 두 문서의 유사도는 단어들의 교집합의 크기 나누기 합집합의 크기로 정의할 수 있다. 즉, 정수로 이루어진 두 문서 {1, 5, 3}과 {1, 7, 2, 3}의 유사도는 0.4가 된다. 왜냐하면 두 문서의 교집합의 크기는 2이고 합집합의 크기는 5이기 때문이다. 유사도의 밀도가 굉장히 '희박'할 것 같은 문서가 굉장히 많이 주어져 있다(각 문서는 ID로 표현된다). 여기서 희박하다는 뜻은 임의의 두 문서의 유사도가 0이 될 확률이 높다는 뜻이다. 이때, 유사도가 0보다 큰 모든 문서 ID 쌍과 그들의 유사도를 반환하는 알고리즘은 설계하라. 비어 있는 문서를 출력해서는 안 된다. 각 문서는 서로 다른 정수로 이루어진 배열로 표현되었다고 가정해도 좋다.

예제

입력:

13: {14, 15, 100, 9, 3}

16: {32, 1, 9, 3, 5}

19: {15, 29, 2, 6, 8, 7}

24: {7, 10}

출력:

ID1, ID2 : 유사도

13, 19 : 0.1

13, 16 : 0.25

19, 24 : 0.14285714285714285

힌트: *#484, #498, #510, #518, #534, #547, #555, #561, #569, #577, #584, #603, #611, #636*

————————————— 793쪽

X

해법

www.CrackingTheCodingInterview.com에 접속하면 전체 해법을 다운 받을 수 있다. 다양한 프로그래밍 언어로 작성된 해법에 직접 기여하거나 읽어볼 수도 있다. 다른 독자들과 이 책에 나온 문제에 대해 토론하거나 질문할수도 있다. 문제점을 알려 줄 수도 있고, 정오표를 확인하고, 그 외에 다른 조언을 찾아볼 수도 있다.

자료구조

01
배열과 문자열 해법

1.1 **중복이 없는가:** 문자열이 주어졌을 때, 이 문자열에 같은 문자가 중복되어 등장하는지 확인하는 알고리즘을 작성하라. 자료구조를 추가로 사용하지 않고 풀 수 있는 알고리즘 또한 고민하라.

136쪽

해법

먼저 면접관에게 문자열이 ASCII 문자열인지 유니코드 문자열인지 물어 봐야 한다. 이를 통해 여러분이 컴퓨터 과학을 깊이 이해하고 있다는 사실을 알릴 수 있고 세부사항을 신경 쓰고 있다는 인상을 줄 수 있다. 여기서는 간단하게 ASCII 문자열이라고 가정하자. 이 가정이 없다면 저장 공간의 크기를 늘려야 할 수도 있다.

이 문제를 푸는 한 가지 방법은 문자 집합에서 i번째 문자가 배열 내에 존재하는지 표시하는 불린(boolean) 배열을 사용하는 것이다. 같은 원소에 두 번 접근하면, 바로 false를 반환한다.

또한 문자열의 길이가 문자 집합의 크기보다 클 경우 바로 false를 반환해도 된다. 결국 256가지 문자를 한 번씩만 사용해서 길이가 280인 문자열을 만들 수는 없으니까 말이다.

확장된 ASCII의 경우엔 길이가 280인 문자열을 만들 수도 있겠지만, 총 문자의 개수가 256개라고 가정해도 괜찮다. 면접관에게 미리 말해 두기만 하면 된다.

아래는 이 알고리즘을 구현한 코드이다.

```
boolean isUniqueChars(String str) {
    if (str.length() > 128) return false;
    boolean[] char_set = new boolean[128];
    for (int i = 0; i < str.length(); i++) {
        int val = str.charAt(i);
        if (char_set[val]) { // 이 문자는 이미 문자열 내에 있음
            return false;
        }
        char_set[val] = true;
    }
    return true;
}
```

이 코드의 시간 복잡도는 O(n)이다(n은 문자열의 길이). 공간 복잡도는 O(1)이다 (하지만 256개보다 많은 문자를 순회하지 않기 때문에 시간 복잡도가 O(1)이라고

주장할 수도 있다). 문자 집합의 크기를 미리 정해 놓고 싶지 않다면, 공간 복잡도는 O(c), 시간 복잡도는 O(min(c, n)) 혹은 O(c)라고 표현해도 된다. 여기서 c는 문자 집합의 크기를 나타낸다.

비트 벡터를 사용하면 필요한 공간을 1/8로 줄일 수 있다. 아래의 코드에서는 문자열이 소문자 a부터 z까지로 구성된다고 가정하였다. 그렇게 하면 하나의 int 변수만 사용해서 문제를 풀 수 있다.

```
boolean isUniqueChars(String str) {
    int checker = 0;
    for (int i = 0; i < str.length(); i++) {
        int val = str.charAt(i) - 'a';
        if ((checker & (1 << val)) > 0) {
            return false;
        }
        checker |= (1 << val);
    }
    return true;
}
```

자료구조를 추가로 사용할 수 없다면 다음과 같이 할 수도 있다.

1. 문자열 내의 각 문자를 다른 모든 문자와 비교한다. 이렇게 하면 $O(n^2)$ 시간이 걸리고 공간 복잡도는 $O(1)$이 된다.

2. 입력 문자열을 수정해도 된다면, $O(n \log n)$ 시간에 문자열을 정렬한 뒤 문자열을 처음부터 훑어 나가면서 인접한 문자가 동일한지 검사해 볼 수도 있다. 이때 많은 정렬 알고리즘이 공간을 추가로 쓴다는 사실에 주의하라.

이런 방법들은 어떤 면에서는 최적이라 할 수 없지만, 문제의 요구사항에 따라서는 더 좋은 해법이 될 수도 있다.

1.2 **순열 확인**: 문자열 두 개가 주어졌을 때 이 둘이 서로 순열 관계에 있는지 확인하는 메서드를 작성하라.

136쪽

해법

다른 많은 문제와 마찬가지로 질문을 통해 몇 가지 세부사항을 확인해야 한다. 가령, 대소문자를 구별해서 따져야 하는지 알아야 한다. 그러니까 god과 dog는 순열 관계에 있는가 하는 것이다. 또한 공백은 어떻게 처리해야 하는지도 물어 봐야 한다. 여기서는 대소문자 구별이 중요하며, 공백도 문자 하나로 취급할 것이다. 그러니 "god"과 "dog"는 다르다.

우선 문자열의 길이가 다르면, 그들은 서로 순열 관계에 있을 수 없다. 방금 언급한 최적화 기법을 사용한 두 가지 쉬운 해법을 지금부터 살펴보겠다.

풀이 #1: 정렬하라

만일 두 문자열이 서로 순열 관계에 있다면, 이 둘은 같은 문자로 구성되어 있고 순서만 다를 것이다. 문자열을 따라서 정렬하면 둘 다 같은 결과가 나와야 한다. 그 뒤에는 정렬된 문자열이 같은지만 비교해 보면 된다.

```java
public String sort(String s) {
    char[] content = s.toCharArray();
    java.util.Arrays.sort(content);
    return new String(content);
}


public boolean permutation(String s, String t) {
    if (s.length() != t.length()) {
        return false;
    }
    return sort(s).equals(sort(t));
}
```

이 알고리즘은 어떤 면에서 최적은 아니다. 하지만 깔끔하고 단순하며 이해하기 쉽다는 측면에서 보면 괜찮은 알고리즘이다. 실용성 면에서 보면, 아주 훌륭한 풀이법이라고 할 수 있다.

그럼에도 효율성이 아주 중요한 상황이라면, 다른 식으로 구현할 수도 있다.

풀이 #2: 문자열에 포함된 문자의 출현 횟수가 같은지 검사하라

이번에도 순열의 정의, 즉 두 문자열이 동일한 문자 개수를 갖고 있다는 점을 이용해서 알고리즘을 구현할 것이다. 배열을 두 개 사용해서 각 문자열 내의 문자 출현 횟수를 기록한 다음, 두 배열을 비교할 것이다.

```java
boolean permutation(String s, String t) {
    if (s.length() != t.length()) {
        return false;
    }

    int[] letters = new int[128]; // 가정

    char[] s_array = s.toCharArray();
    for (char c : s_array) { // s 내에서 각 문자의 출현 횟수를 센다.
        Letters[c]++;
    }

    for (int i = 0; i < t.length(); i++) {
        int c = (int) t.charAt(i);
        letters[c]--;
        if (letters[c] < 0) {
            return false;
```

```
        }
    }
    return true;
}
```

여섯 번째 줄의 가정에 유의하라. 실제로는 면접관에게 문자 집합 크기를 확인해야 한다. 여기서는 문자 집합으로 ASCII를 사용한다 가정했다.

1.3 URLify: 문자열에 들어 있는 모든 공백을 '%20'으로 바꾸는 메서드를 작성하라. 최종적으로 모든 문자를 다 담을 수 있을 만큼 충분한 공간이 이미 확보되어 있으며 문자열의 최종 길이가 함께 주어진다고 가정해도 된다(자바로 구현한다면 배열 안에서 작업할 수 있도록 문자 배열(character array)을 이용하라).

예제
입력: "Mr John Smith", 13
출력: "Mr%20John%20Smith"

136쪽

해법

문자열 조작 문제를 풀 때 널리 쓰이는 방법 중 하나는 문자열을 뒤에서부터 거꾸로 편집해 나가는 것이다. 왜냐하면 이렇게 해야 마지막 부분에 여유 공간을 만들어 유용하게 사용할 수 있기 때문이다. 이 방식을 이용하면 덮어쓸 걱정을 하지 않고 문자들을 바꿔 나갈 수 있다.

이번 문제에도 같은 방법을 적용할 것이다. 이 알고리즘에선 문자열을 두 번 훑어나간다. 처음에는 문자열 내에 얼마나 많은 공백 문자가 있는지 살핀 뒤, 이를 통해 최종 문자열에 추가 공간이 얼마나 필요한지 계산한다. 두 번째로 훑을 때에는 역방향으로 진행하면서 실제로 문자열을 편집한다. 공백을 만나면, 다음 위치에 %20을 복사하고, 공백 문자가 아니면 원래 문자를 복사한다.

아래는 이 알고리즘을 구현한 코드이다.

```
void replaceSpaces(char[] str, int trueLength) {
    int spaceCount = 0, index, i = 0;
    for (i = 0; i < trueLength; i++) {
        if (str[i] == ' ') {
            spaceCount++;
        }
    }
    index = trueLength + spaceCount * 2;
    if (trueLength < str.length) str[trueLength] = '\0'; // 배열의 끝
    for (i = trueLength - 1; i >= 0; i--) {
        if (str[i] == ' ') {
```

```
        str[index - 1] = '0';
        str[index - 2] = '2';
        str[index - 3] = '%';
        index = index - 3;
    } else {
        str[index - 1] = str[i];
        Index--;
    }
  }
}
```

자바의 `String`은 수정이 불가능(immutable)하기 때문에 문자배열(character array)을 사용했다. `String`을 직접 사용할 경우 `String`을 새로 복사하여 사용해야 하는데, 그렇게 하면 한 번만 훑어서 결과를 반환할 수 있다.

1.4 **회문 순열**: 주어진 문자열이 회문(palindrome)의 순열인지 아닌지 확인하는 함수를 작성하라. 회문이란 앞으로 읽으나 뒤로 읽으나 같은 단어 혹은 구절을 의미하며, 순열이란 문자열을 재배치하는 것을 뜻한다. 회문이 꼭 사전에 등장하는 단어로 제한될 필요는 없다.

예제

입력: tact coa
출력: True (순열: "taco cat", "atco cta" 등등)

137쪽

해법

이 문제를 풀기 위해선 문자열이 회문(palindrome)의 순열이 된다는 것이 무슨 뜻인지 알아야 한다. 즉, 이런 문자열이 되기 위한 정의적 세부 특징(defining feature)이 무엇인지 질문하는 것과 같다.

회문은 앞으로 읽으나 뒤로 읽으나 같은 문자열을 뜻한다. 즉, 해당 문자열이 회문의 순열인지 판단하기 위해선 어느 방향으로 읽어도 같은 문자열이 되도록 만들 수 있는지 알아야 한다.

어느 방향으로 읽어도 같은 문자열이 되기 위해선 어떤 조건이 필요할까? 거의 모든 문자가 각각 짝수 개 존재해서 절반은 왼쪽에 나머지 절반은 오른쪽에 놓을 수 있으면 된다. 단 한 개의 문자만 홀수 개여야 한다. 그래야 해당 문자를 중간에 놓고 나머지를 절반씩 왼쪽 오른쪽에 나눠 놓을 수 있다.

예를 들어 tactcoapapa는 t가 2개, a가 4개, c가 2개, p가 2개, o가 1개 있으므로 회문의 순열이 된다. 가능한 회문에서 o는 항상 가운데 있어야 한다.

좀 더 정확히 말하자면 문자열의 길이가 짝수일 때는 모든 문자의 개수가 반드시 짝수여야 한다. 만약 문자열의 길이가 홀수라면 문자 하나는 홀수 개 존재해도 괜찮다. 물론 '짝수' 길이의 문자열에서 개수가 홀수인 문자가 단 한 개 존재할 순 없다. 존재한다면 짝수 길이가 아니기 때문이다(홀수 + 많은 짝수들 = 홀수). 마찬가지로 '홀수' 길이의 문자열에서 모든 문자의 개수가 짝수 개일 수 없다(짝수를 합하면 짝수가 된다). 따라서 회문이 되기 위해선 홀수인 문자가 하나여야 한다는 것은 회문을 설명하기에 충분한 사실이다. 이 문장만으로 짝수와 홀수 두 가지 경우를 모두 설명할 수 있기 때문이다.

이를 통해 우리의 첫 번째 알고리즘이 탄생한다.

해법 #1

이 알고리즘은 꽤 간단히 구현된다. 해시테이블을 사용해서 각 문자가 몇 번이나 등장했는지 센다. 그 다음엔 해시테이블을 훑어가며 홀수 문자가 한 개 이상인지 확인한다.

```java
boolean isPermutationOfPalindrome(String phrase) {
    int[] table = buildCharFrequencyTable(phrase);
    return checkMaxOneOdd(table);
}

/* 홀수 문자가 한 개 이상 존재하는지 확인한다. */
boolean checkMaxOneOdd(int[] table) {
    boolean foundOdd = false;
    for (int count : table) {
        if (count % 2 == 1) {
            if (foundOdd) {
                return false;
            }
            foundOdd = true;
        }
    }
    return true;
}

/* 각 문자에 숫자를 대응시킨다. a → 0, b → 1, c → 2, 등등.
 * 대소문자 구분이 없고, 문자가 아닌 경우에는 -1로 대응시킨다. */
int getCharNumber(Character c) {
    int a = Character.getNumericValue('a');
    int z = Character.getNumericValue('z');
    int val = Character.getNumericValue(c);
    if (a <= val && val <= z) {
        return val - a;
    }
    return -1;
}

/* 각 문자가 몇 번 등장했는지 센다. */
int[] buildCharFrequencyTable(String phrase) {
    int[] table = new int[Character.getNumericValue('z') -
                          Character.getNumericValue('a') + 1];
    for (char c : phrase.toCharArray()) {
        int x = getCharNumber(c);
        if (x != -1) {
```

```
            Table[x]++;
        }
    }
    return table;
}
```

이 알고리즘은 O(N)이 걸린다(N은 문자열의 길이).

해법 #2

어떤 알고리즘이 됐든 문자열을 적어도 한 번은 훑어야 하기 때문에 big-O 시간을 더 최적화할 수는 없다. 하지만 아주 약간 개선할 수는 있다. 문제 자체가 상대적으로 간단하기 때문에 사소한 최적화 혹은 조작과 관련된 토론을 해 보는 것도 가치 있는 일이 될 수 있다.

마지막에 가서 홀수의 개수를 확인하기보단 문자열을 훑어 나가면서 동시에 홀수의 개수를 확인할 수도 있다. 이렇게 하면 순회가 끝나자마자 회문인지 아닌지 알 수 있다.

```
boolean isPermutationOfPalindrome(String phrase) {
    int countOdd = 0;
    int[] table = new int[Character.getNumericValue('z') -
                          Character.getNumericValue('a') + 1];
    for (char c : phrase.toCharArray()) {
        int x = getCharNumber(c);
        if (x != -1) {
            table[x]++;
            if (table[x] % 2 == 1) {
                countOdd++;
            } else {
                countOdd--;
            }
        }
    }
    return countOdd <= 1;
}
```

이 방법이 더 최적화된 방법은 아니라는 것을 분명히 하는 것이 중요하다. 시간 복잡도는 이전과 같은 big-O 시간이고, 심지어 조금 더 느릴 수도 있다. 해시테이블을 이용해서 두 번째 루프를 피하긴 했지만 이제는 각 문자마다 수행해야 할 코드의 줄 수가 조금 더 늘어났다.

더 최적화된 방법은 아니지만 또 다른 해법 중 하나로써 면접관과 토론해 볼 수 있다.

해법 #3

이 문제에 대해 좀 더 깊이 생각해 봤다면 등장 횟수를 세지 않아도 짝수인지 홀수인지만 알면 된다는 사실을 알아챘을 것이다. 전구의 스위치를 생각해 보자. 현재 전구가 꺼져 있다면 스위치를 짝수 번 눌렀다는 사실이 중요하지 몇 번 껐다 켰는지는 중요하지 않다.

그래서 우리는 비트 벡터의 일환으로 한 개의 정수 변수를 사용할 것이다. 알파벳을 0부터 25까지의 숫자로 치환한 후 해당 문자가 등장할 때마다 치환된 위치의 비트값을 바꿔 줄 것이다. 마지막으로 한 개 이하의 비트가 1로 세팅되어 있는지 확인해 주면 된다.

1로 세팅된 비트가 없는지 확인하고 싶다면 간단하게 이 값이 0과 같은지 확인하면 된다. 하지만 1로 세팅된 비트가 단 한 개 있는지 확인하고 싶다면, 여기 아주 기발한 방식이 있으니 자세히 살펴보길 바란다.

000100000과 같은 정수를 생각해 보자. 물론 시프트 연산을 반복해서 사용함으로써 몇 개의 비트가 1로 세팅되어 있는지 확인할 수도 있다. 하지만 위 숫자에서 1을 빼 보면 00001111이 된다는 것을 알 수 있다. 여기서 주목할 점은 두 숫자에 겹치는 비트가 없다는 점이다. 예를 들어 00101000에서 1을 빼면 00100111이 되고, 이 둘은 겹치는 비트가 존재한다. 따라서 어떤 숫자에서 1을 뺀 뒤 AND 연산을 수행했을 때 그 결과가 0이라면 해당 숫자는 정확히 한 비트만 1로 세팅되었다는 사실을 알 수 있다.

```
00010000 - 1 = 00001111
00010000 & 00001111 = 0
```

이에 대한 최종 구현 결과는 다음과 같다.

```java
boolean isPermutationOfPalindrome(String phrase) {
    int bitVector = createBitVector(phrase);
    return bitVector == 0 || checkExactlyOneBitSet(bitVector);
}

/* 문자열에 대한 비트 벡터를 만든다. 값이 i인 문자가 등장하면 i번째 비트값을 바꾼다. */
int createBitVector(String phrase) {
    int bitVector = 0;
    for (char c : phrase.toCharArray()) {
        int x = getCharNumber(c);
        bitVector = toggle(bitVector, x);
    }
    return bitVector;
}

/* 정수의 i번째 비트값을 바꾼다. */
int toggle(int bitVector, int index) {
    if (index < 0) return bitVector;
    int mask = 1 << index;
    if ((bitVector & mask) == 0) {
```

```
        bitVector |= mask;
    } else {
        bitVector &= ~mask;
    }
    return bitVector;
}

/* 정확히 비트 한 개만 1로 세팅됐는지 확인하기 위해 주어진 정수값에서 1을 뺀 뒤
 * 원래 값과 AND 연산을 한다. */
boolean checkExactlyOneBitSet(int bitVector) {
    return (bitVector & (bitVector - 1)) == 0;
}
```

다른 방법들과 마찬가지로 시간 복잡도는 O(N)이다.

우리가 살펴보지 않은 해법들을 적어 보는 것도 흥미로운 일이 될 것이다. 가능한 모든 경우를 나열한 뒤 회문인지 확인하는 방법 같은 것은 언급하지 않는다. 이런 해법도 틀리진 않지만 실제 세계에서 실행하기는 불가능하기 때문이다. 모든 순열을 나열하려면 지수 시간보다 더 느린 계승(factorial) 시간이 걸리는데, 문자열의 길이가 10~15만 넘어가도 근본적으로 실행이 불가능하다.

여기서 위와 같은 비현실적인 해법을 언급하는 이유는 많은 지원자들이 이런 종류의 문제를 접했을 때, "A가 그룹 B에 속하는지 알아내는 문제가 주어졌다면 B에 속한 아이템을 모두 알아야 그중 하나가 A와 같은지 확인할 수 있다"고 말하기 때문이다. 하지만 위 문제의 해법이 보여 주듯이 모든 경우가 그런 건 아니다. 어떤 문자열 하나가 회문인지 확인하기 위해서 모든 경우의 순열을 전부 나열할 필요는 없다.

1.5 **하나 빼기**: 문자열을 편집하는 방법에는 세 가지 종류가 있다. 문자 삽입, 문자 삭제, 문자 교체. 문자열 두 개가 주어졌을 때, 문자열을 같게 만들기 위한 편집 횟수가 1회 이내인지 확인하는 함수를 작성하라.

예제

pale, ple -> true
pales, pale -> true
pale, bale -> true
pale, bake -> false

137쪽

해법

무식한 방법(brute force)으로 생각해 보면, 한 번의 편집으로 생성할 수 있는 모든 문자열을 나열하면 된다. 즉, 한 문자열에서 각 문자를 지우거나, 교체하거나, 삽입해 본 뒤 다른 문자열과 비교한다.

하지만 이 방법은 굉장히 느리다. 굳이 구현하려고 하지도 말자.

이 문제는 각 연산이 무엇을 '의미'하는지 고민해 보면 도움이 될 것이다. 두 문자열이 단 한 번의 문자 삽입, 문자 삭제, 문자 교체만큼 떨어져 있다는 사실이 무엇을 의미하는가?

- **교체**: 문자 한 개를 교체해서 두 문자열을 같게 만들 수 있는 bale과 pale 같은 경우를 생각해 보자. 문자열 한 개를 교체함으로써 bale을 pale로 만들 수 있다. 더 정확히 말하자면, 두 문자열에서 단 하나의 문자만 달라야 한다는 뜻이다.
- **삽입**: apple은 aple에서 문자 한 개를 삽입하면 같게 만들 수 있다. 즉, 어떤 문자열에서 특정한 위치를 빈 공간으로 남겨 두면 그 부분을 제외한 나머지 부분이 동일하다는 뜻이다.
- **삭제**: apple에서 문자 한 개를 삭제하면 aple과 같게 만들 수 있다. 여기서 삭제의 반대는 삽입이라는 사실을 알 수 있다.

이제 바로 구현에 들어갈 수 있다. 삽입과 삭제를 하나로 합치고 교체 연산은 별도로 확인하면 된다.

한 문자열에 대해서 삽입, 삭제, 교체 연산을 모두 적용해 보지 않아도 된다. 문자열의 길이를 알고 있으면 어떤 연산을 적용해야 하는지 알 수 있다.

```java
boolean oneEditAway(String first, String second) {
    if (first.length() == second.length()) {
        return oneEditReplace(first, second);
    } else if (first.length() + 1 == second.length()) {
        return oneEditInsert(first, second);
    } else if (first.length() - 1 == second.length()) {
        return oneEditInsert(second, first);
    }
    return false;
}

boolean oneEditReplace(String s1, String s2) {
    boolean foundDifference = false;
    for (int i = 0; i < s1.length(); i++) {
        if (s1.charAt(i) != s2.charAt(i)) {
            if (foundDifference) {
                return false;
            }
            foundDifference = true;
        }
    }
    return true;
}

/* s1에 문자 하나를 삽입해서 s2를 만들 수 있는지 확인 */
boolean oneEditInsert(String s1, String s2) {
    int index1 = 0;
    int index2 = 0;
    while (index2 < s2.length() && index1 < s1.length()) {
```

```
        if (s1.charAt(index1) != s2.charAt(index2)) {
            if (index1 != index2) {
                return false;
            }
            Index2++;
        } else {
            index1++;
            index2++;
        }
    }
    return true;
}
```

주어진 문자열 중에서 짧은 문자열의 길이를 n이라고 했을 때, 이 알고리즘은 O(n) 시간이 걸린다.

왜 수행 시간을 길이가 긴 문자열이 아닌 짧은 문자열로 표현했는가? 문자열의 길이가 같거나 문자 하나 정도 차이 나면 수행 시간을 표현하는 데 길이가 긴 문자열을 사용하든 짧은 문자열을 사용하든 큰 관계가 없다. 하지만 문자열의 길이에서 서로 차이가 많이 난다면 이 알고리즘은 O(1) 시간에 종료될 것이다. 따라서 길이가 아주 긴 문자열 하나가 수행 시간에 특별한 영향을 끼치지 않는다. 두 문자열이 모두 길어야 수행 시간이 증가한다.

oneEditReplace와 oneEditIntsert가 굉장히 비슷하다는 사실을 눈치챘을 것이다. 따라서 이 두 메서드를 하나로 합칠 수 있다.

하나의 메서드로 합치기 위해서는 두 메서드가 비슷하게 동작해야 한다. 문자열의 각 문자를 비교했을 때 단 하나의 문자만 달라야 한다. 다른 문자가 나왔을 때 어떻게 처리하느냐에 따라 사용하는 메서드가 달라진다. oneEditReplace는 플래그 값만을 바꿔 주는 반면 oneEditInsert는 짧은 문자열의 포인터를 증가시킨다. 두 방식을 하나의 메서드에서 처리할 수 있다.

```
boolean oneEditAway(String first, String second) {
    /* 길이 체크 */
    if (Math.abs(first.length() - second.length()) > 1) {
        return false;
    }

    /* 길이가 짧은 문자열과 긴 문자열 찾기 */
    String s1 = first.length() < second.length() ? first : second;
    String s2 = first.length() < second.length() ? second : first;

    int index1 = 0;
    int index2 = 0;
    boolean foundDifference = false;
    while (index2 < s2.length() && index1 < s1.length()) {
        if (s1.charAt(index1) != s2.charAt(index2)) {
            /* 반드시 첫 번째로 다른 문자여야 한다.*/
            if (foundDifference) return false;
            foundDifference = true;
```

```
            if (s1.length() == s2.length()) { // 교체의 경우 짧은 문자열의 포인터를 증가
                index1++;
            }
        } else {
            index1++; // 동일하다면 짧은 문자열의 포인터를 증가
        }
        index2++; // 긴 문자열의 포인터는 언제나 증가
    }
    return true;
}
```

어떤 사람들은 첫 번째 방식이 깔끔하고 이해하기 쉬우므로 더 낫다고 말하기도 한다. 하지만 다른 사람들은 두 번째 방식이 간결하고 중복된 부분이 없으므로(유지보수에 좋다) 더 낫다고 말한다.

반드시 둘 중 하나를 고르지 않아도 된다. 각각의 장단점에 대해 면접관과 토론할 수 있으면 된다.

1.6   문자열 압축: 반복되는 문자의 개수를 세는 방식의 기본적인 문자열 압축 메서드를 작성하라. 예를 들어 문자열 aabccccaaa를 압축하면 a2b1c5a3이 된다. 만약 '압축된' 문자열의 길이가 기존 문자열의 길이보다 길다면 기존 문자열을 반환해야 한다. 문자열은 대소문자 알파벳(a~z)으로만 이루어져 있다.

137쪽

해법

얼핏 따분해 보이지만 직관적인 방법으로 구현할 수 있을 것 같다. 문자열을 순회하면서 새로운 문자열에 문자들을 복사해 넣고, 반복되는 횟수를 세면 된다. 매번 현재 문자와 다음 문자가 같은지 체크하고, 같지 않으면 압축된 형태로 문자열에 추가해준다.

어려울 것이 있나?

```
String compressBad(String str) {
    String compressedString = "";
    int countConsecutive = 0;
    for (int i = 0; i < str.length(); i++) {
        countConsecutive++;

        /* 다음 문자와 현재 문자가 같지 않다면 현재 문자를 결과 문자열에 추가해준다. */
        if (i + 1 >= str.length() || str.charAt(i) != str.charAt(i + 1)) {
            compressedString += "" + str.charAt(i) + countConsecutive;
            countConsecutive = 0;
        }
    }
    return compressedString.length() < str.length() ? compressedString : str;
}
```

잘 동작한다. 하지만 효율성은 어떤가? 위 코드의 수행 시간을 한번 살펴보자.

p를 원래 문자열의 길이, k를 같은 문자가 연속되는 부분 문자열의 개수라고 했을 때, 총 수행 시간은 $O(p+k^2)$이 된다. 예를 들어, 문자열 aabccdeeaa에는 연속되는 부분 문자열이 6개 존재한다. 하지만 문자열을 합치는 데 $O(n^2)$ 시간이 걸리기 때문에 결과적으로 이 알고리즘은 느리다(135쪽의 StringBuilder를 참조하라).

StringBuilder를 사용하면 이 알고리즘을 개선할 수 있다.

```java
String compress(String str) {
    StringBuilder compressed = new StringBuilder();
    int countConsecutive = 0;
    for (int i = 0; i < str.length(); i++) {
        countConsecutive++;

        /* 다음 문자와 현재 문자가 같지 않다면 현재 문자를 결과 문자열에 추가한다. */
        if (i + 1 >= str.length() || str.charAt(i) != str.charAt(i + 1)) {
            compressed.append(str.charAt(i));
            compressed.append(countConsecutive);
            countConsecutive = 0;
        }
    }
    return compressed.length() < str.length() ? compressed.toString() : str;
}
```

두 가지 방법 모두 압축된 문자열을 먼저 만든 뒤 압축된 문자열과 입력 문자열 중 길이가 작은 문자열을 반환한다.

하지만 길이를 먼저 확인해 볼 수 있다면, 연속으로 반복되는 문자가 그리 많지 않은 경우에 속도를 더 줄일 수 있다. 즉, 사용되지 않을 문자열을 애초에 만들지 않도록 할 수 있다. 하지만 문자열을 두 번 순회해야 하고 거의 비슷한 코드를 중복해서 작성해야 한다는 단점이 있다.

```java
String compress(String str) {
    /* 압축된 문자열의 길이가 입력 문자열보다 길다면 입력 문자열을 반환한다. */
    int finalLength = countCompression(str);
    if (finalLength >= str.length()) return str;

    StringBuilder compressed = new StringBuilder(finalLength); // 처음 크기
    int countConsecutive = 0;
    for (int i = 0; i < str.length(); i++) {
        countConsecutive++;

        /* 다음 문자와 현재 문자가 같지 않다면 현재 문자를 결과 문자열에 추가한다. */
        if (i + 1 >= str.length() || str.charAt(i) != str.charAt(i + 1)) {
            compressed.append(str.charAt(i));
            compressed.append(countConsecutive);
            countConsecutive = 0;
        }
    }
    return compressed.toString();
}
```

```
int countCompression(String str) {
    int compressedLength = 0;
    int countConsecutive = 0;
    for (int i = 0; i < str.length(); i++) {
        countConsecutive++;

        /* 다음 문자와 현재 문자가 같지 않다면 길이를 증가시킨다. */
        if (i + 1 >= str.length() || str.charAt(i) != str.charAt(i + 1)) {
            compressedLength += 1 + String.valueOf(countConsecutive).length();
            countConsecutive = 0;
        }
    }
    return compressedLength;
}
```

이 방법의 장점 중 하나는 StringBuilder의 크기를 미리 설정할 수 있다는 점이다. 크기를 미리 설정하지 않은 경우에 StringBuilder는 내부적으로 설정한 크기를 넘어갔을 때 전체 크기를 두 배로 늘린다. 따라서 최종 크기가 실제 필요로 하는 크기보다 두 배 더 클 수도 있다.

1.7 행렬 회전: 이미지를 표현하는 N×N 행렬이 있다. 이미지의 각 픽셀은 4바이트로 표현된다. 이때, 이미지를 90도 회전시키는 메서드를 작성하라. 행렬을 추가로 사용하지 않고서도 할 수 있겠는가?

138쪽

해법

행렬을 90도로 회전시킬 것이므로, 가장 간단한 방법은 레이어별로 회전하도록 구현하는 것이다. 위쪽 모서리는 오른쪽 모서리로, 오른쪽 모서리는 아래쪽 모서리로, 아래쪽 모서리는 왼쪽 모서리로, 왼쪽 모서리는 위쪽 모서리로 옮기는 방식으로 각 레이어를 회전시키면 된다.

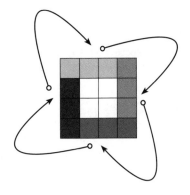

어떻게 해야 이 네 방향 모서리 교체 작업을 구현할 수 있을까? 한 가지 방법은 맨

위쪽 모서리를 배열에 복사한 뒤 왼쪽 모서리를 맨 위로 옮기고, 아래쪽 모서리는 왼쪽으로, 그리고 오른쪽 모서리는 바닥으로 옮기면 된다. 하지만 이 방법은 불필요하게 O(N)만큼의 메모리가 추가로 든다.

이보다 더 나은 방법은 다음과 같이 교체 작업을 인덱스(index)별로 수행하는 것이다.

```
for i = 0 to n
    temp = top[i];
    top[i] = left[i]
    left[i] = bottom[i]
    bottom[i] = right[i]
    right[i] = temp
```

제일 바깥쪽 레이어부터 안쪽으로 진행해 가면서(안쪽으로부터 바깥쪽으로 진행해 나가도 된다) 각 레이어에 대해 작업을 수행한다. 이 알고리즘은 다음과 같이 구현할 수 있다.

```
boolean rotate(int[][] matrix) {
    if (matrix.length == 0 || matrix.length != matrix[0].length) return false;
    int n = matrix.length;
    for (int layer = 0; layer < n / 2; layer++) {
        int first = layer;
        int last = n - 1 - layer;
        for(int i = first; i < last; i++) {
            int offset = i - first;
            int top = matrix[first][i]; // 윗 부분을 저장해 놓는다.

            // 왼쪽 → 위쪽
            matrix[first][i] = matrix[last-offset][first];

            // 아래쪽 → 왼쪽
            matrix[last-offset][first] = matrix[last][last - offset];

            // 오른쪽 → 아래쪽
            matrix[last][last - offset] = matrix[i][last];

            // 위쪽 → 오른쪽
            matrix[i][last] = top; // 오른쪽 ← 미리 저장해 놓은 top
        }
    }
    return true;
}
```

이 알고리즘의 복잡도는 $O(N^2)$인데, 적어도 N^2개의 원소를 모두 건드려 봐야 하기 때문에 최선의 방법이라 할 수 있다.

1.8 0 행렬: M×N 행렬의 한 원소가 0일 경우, 해당 원소가 속한 행과 열의 모든 원소를 0으로 설정하는 알고리즘을 작성하라.

138쪽

얼핏 쉬워 보인다. 행렬을 순회해 나가면서 값이 0인 셀(cell)을 발견하면, 그 셀이 속한 행과 열을 모두 0으로 만든다. 하지만 이 방법에는 문제가 있다. 0으로 바뀐 행이나 열의 또 다른 셀을 나중에 방문하면, 그 셀이 속한 행과 열도 전부 0으로 만들 것이다. 이러다 보면 금세 행렬 전체가 0으로 바뀐다.

이 문제를 해결하기 위해선 0의 위치를 기록할 행렬 하나를 더 둔다. 그 다음에 행렬을 다시 훑어 나가면서 0으로 바꾼다. 이 방법은 O(MN)만큼의 공간이 필요하다.

그런데 정말로 O(MN)만큼의 공간이 필요한가? 그렇지 않다. 같은 행과 열에 있는 값을 모두 0으로 만들 것이기 때문에, 값이 0인 셀이 정확히 cell[2][4](2행 4열)에 있는지 알 필요가 없다. 단지 두 번째 행 어딘가에 0이 있고, 네 번째 열 어딘가에 0이 있다는 사실만 알고 있으면 된다. 어차피 해당 행과 열을 모두 0으로 만들 것인데, 왜 정확한 위치를 기록해야 하나?

아래는 이 알고리즘을 구현한 코드이다. 0이 있는 행과 열을 기록하기 위해 배열을 두 개 사용했다. 그 뒤, 이 배열의 값에 따라서 행과 열을 전부 0으로 바꾸었다.

```java
void setZeros(int[][] matrix) {
    boolean[] row = new boolean[matrix.length];
    boolean[] column = new boolean[matrix[0].length];
    // 값이 0인 행과 열의 인덱스를 저장한다.
    for (int i = 0; i < matrix.length; i++) {
        for (int j = 0; j < matrix[0].length;j++) {
            if (matrix[i][j] == 0) {
                row[i] = true;
                column[j] = true;
            }
        }
    }

    // 행의 원소를 전부 0으로 바꾼다.
    for (int i = 0; i < row.length; i++) {
        if (row[i]) nullifyRow(matrix, i);
    }

    // 열의 원소를 전부 0으로 바꾼다.
    for (int j = 0; j < column.length; j++) {
        if (column[j]) nullifyColumn(matrix, j);
    }
}

void nullifyRow(int[][] matrix, int row) {
    for (int j = 0; j < matrix[0].length; j++) {
        matrix[row][j] = 0;
    }
}

void nullifyColumn(int[][] matrix, int col) {
    for (int i = 0; i < matrix.length; i++) {
        matrix[i][col] = 0;
```

```
        }
}
```

불린 배열(boolean array) 대신 비트 벡터(bit vector)를 사용하면 공간 효율성을 좀 더 높일 수 있긴 하지만 공간 복잡도는 여전히 O(N)이다.

첫 번째 행을 row 배열로, 첫 번째 열을 column 배열로 사용하면 공간 효율을 O(1)로 낮출 수 있다. 방법은 다음과 같다.

1. 첫 번째 행과 첫 번째 열 안에 0이 있는지 검사한 다음, 있다면 rowHashZero와 columnHasZero 변수를 참(true)으로 설정한다(나중에 첫 번째 행과 첫 번째 열을 0으로 만드는 작업을 수행할 것이다).

2. 그런 다음 배열의 나머지 부분을 순회하면서 값이 0인 matrix[i][j]를 만날 때마다 matrix[i][0]과 matrix[0][j]를 0으로 설정한다.

3. 행렬의 나머지 부분을 순회하면서 matrix[i][0]이 0인 모든 행 i를 0으로 만든다.

4. 행렬의 나머지 부분을 순회하면서 matrix[0][j]가 0인 모든 열 j를 0으로 만든다.

5. 맨 처음에 설정한 값에 따라 필요한 경우에 첫 번째 행과 첫 번째 열을 0으로 만든다.

코드는 다음과 같다.

```
void setZeros(int[][] matrix) {
    boolean rowHasZero = false;
    boolean colHasZero = false;

    // 첫 번째 행에 0이 있는지 확인
    for (int j = 0; j < matrix[0].length; j++) {
        if (matrix[0][j] == 0) {
            rowHasZero = true;
            Break;
        }
    }

    // 첫 번째 열에 0이 있는지 확인
    for (int i = 0; i < matrix.length; i++) {
        if (matrix[i][0] == 0) {
            colHasZero = true;
            break;
        }
    }

    // 나머지 배열에 0이 있는지 확인
    for (int i = 1; i < matrix.length; i++) {
        for (int j = 1; j < matrix[0].length;j++) {
            if (matrix[i][j] == 0) {
```

```
                        matrix[i][0] = 0;
                        matrix[0][j] = 0;
                }
        }
    }

    // 첫 번째 열을 이용해서 행을 0으로 바꾼다.
    for (int i = 1; i < matrix.length; i++) {
        if (matrix[i][0] == 0) {
            nullifyRow(matrix, i);
        }
    }

    // 첫 번째 행을 이용해서 열을 0으로 바꾼다.
    for (int j = 1; j < matrix[0].length; j++) {
        if (matrix[0][j] == 0) {
            nullifyColumn(matrix, j);
        }
    }

    // 첫 번째 행을 0으로 바꾼다.
    if (rowHasZero) {
        nullifyRow(matrix, 0);
    }

    // 첫 번째 열을 0으로 바꾼다.
    if (colHasZero) {
        nullifyColumn(matrix, 0);
    }
}
```

위 코드의 많은 부분이 행에 수행한 작업을 열에도 똑같이 수행한다. 실제 면접을 볼 때는 "다음 코드는 이전 코드와 비슷하지만 행을 이용한 코드이다"라는 식의 주석과 함께 TODO를 덧붙인 뒤 생략해도 괜찮다. 이렇게 해야 알고리즘의 중요한 부분에 더 집중할 수 있다.

1.9 **문자열 회전:** 한 단어가 다른 문자열에 포함되어 있는지 판별하는 isSubstring 이라는 메서드가 있다고 하자. s1과 s2의 두 문자열이 주어졌고, s2가 s1을 회전시킨 결과인지 판별하고자 한다(가령 'waterbottle'은 'erbottlewat'을 회전시켜 얻을 수 있는 문자열이다). isSubstring 메서드를 한 번만 호출해서 판별할 수 있는 코드를 작성하라.

138쪽

해법

s2가 s1을 회전한 결과라면 회전한 지점이 어디인지 알아야 한다. 즉, waterbottle 에서 wat 이후에 회전을 적용했다면 erbottlewat이 될 것이다. 회전은 s1을 x와 y로 분리한 후 s2가 되도록 재배치하는 것과 같다.

s1 = xy = waterbottle

```
x = wat
y = erbottle
s2 = yx = erbottlewat
```

따라서 s1을 x와 y로 나눈 뒤 xy = s1이 되고 yx = s2가 되는 방법이 있는지 확인하면 된다. 하지만 x와 y로 쪼개는 지점에 관계없이 yx는 언제나 xyxy의 부분 문자열이라는 사실을 알 수 있다. 즉, s2는 언제나 s1s1의 부분 문자열이 된다.

따라서 간단하게 isSubstring(s1s1, s2)를 호출하면 문제가 풀린다. 아래는 이 알고리즘을 구현한 코드이다.

```java
boolean isRotation(String s1, String s2) {
    int len = s1.length();
    /* s1과 s2의 길이가 같고 빈(empty) 문자열이 아닌지 확인한다. */
    if (len == s2.length() && len > 0) {
        /* s1과 s1을 합친 결과를 새로운 버퍼에 저장한다. */
        String s1s1 = s1 + s1;
        return isSubstring(s1s1, s2);
    }
    return false;
}
```

이 알고리즘의 수행 시간은 isSubstring의 수행 시간에 따라 달라진다. isSubstring의 수행 시간이 O(A+B)(길이가 A와 B인 문자열)라고 가정하면, isRotation의 수행 시간은 O(N)이 된다.

02
연결리스트 해법

2.1 **중복 없애기**: 정렬되어 있지 않은 연결리스트가 주어졌을 때 이 리스트에서
중복되는 원소를 제거하는 코드를 작성하라.

연관문제
임시 버퍼를 사용할 수 없다면 어떻게 풀까?

141쪽

해법

연결리스트에서 중복되는 원소를 제거하기 위해서는 원소들을 추적할 수 있어야
한다. 여기서는 간단하게 해시테이블을 사용하여 처리하였다.

아래 해법에서는 단순히 연결리스트를 순회하면서 각 원소를 해시테이블에 저장
하였다. 그러다 중복된 원소를 발견하면, 그 원소를 제거한 뒤 계속 진행한다. 연결
리스트를 사용하고 있으므로, 한 번의 순회로 전부 처리할 수 있다.

```
void deleteDups(LinkedListNode n) {
    HashSet set = new HashSet();
    LinkedListNode previous = null;
    while (n != null) {
        if (set.contains(n.data)) {
            previous.next = n.next;
        } else {
            set.add(n.data);
            previous = n;
        }
        n = n.next;
    }
}
```

위의 알고리즘은 O(N) 시간이 걸린다. 여기서 N은 연결리스트의 길이를 나타낸다.

연관문제: 버퍼가 없을 때

버퍼가 없다면 두 개의 포인터를 사용해서 문제를 해결할 수 있다. current 포인터
는 연결리스트를 순회하고, runner 포인터는 그 뒤에 중복되는 원소가 있는지 확인
하면 된다.

```
void deleteDups(LinkedListNode head) {
    LinkedListNode current = head;
    while (current != null) {
        /* 값이 같은 다음 노드들을 모두 제거한다. */
        LinkedListNode runner = current;
        while (runner.next != null) {
```

```
            if (runner.next.data == current.data) {
                runner.next = runner.next.next;
            } else {
                runner = runner.next;
            }
        }
        current = current.next;
    }
}
```

이 코드는 O(1) 공간을 사용하지만 수행 시간은 O(N²)이다.

2.2 **뒤에서 k번째 원소 구하기:** 단방향 연결리스트가 주어졌을 때 뒤에서 k번째 원소를 찾는 알고리즘을 구현하라.

해법

141쪽

우리는 이 문제를 재귀와 비-재귀 모두로 풀어 볼 것이다. 재귀 알고리즘은 깔끔하지만 최적이 아닐 때가 많다. 예를 들어 이 문제를 재귀로 풀었을 때의 코드 길이는 비-재귀 코드와 비교했을 때 거의 절반 수준이지만 공간 복잡도는 O(n)이 된다. n은 연결리스트의 길이를 나타낸다.

　여기서는 k=1일 때 마지막 원소를 반환하고 k=2일 때 뒤에서 두 번째 원소를 반환하는 식으로 k를 정의할 것이다. 물론 k=0일 때 마지막 원소를 반환하는 식으로 정의해도 똑같이 동작한다.

해법 #1: 연결리스트 길이를 아는 경우

만일 연결리스트의 길이를 알고 있다면, 맨 마지막 원소에서 k번째 원소는 (length-k)번째 원소가 된다. 따라서 단순히 연결리스트를 순회해서 이 원소를 찾으면 된다. 이 해법은 너무 간단하니 아마도 면접관이 원하는 답이 아닐 것이다.

해법 #2: 재귀적 방법

이 알고리즘은 연결리스트를 재귀적으로 순회한다. 마지막 원소를 만나면, 0으로 설정된 카운터 값을 반환한다. 재귀적으로 호출된 부모 메서드는 그 값에 1을 더한다. 그러다 카운터 값이 k가 되는 순간, 뒤에서 k번째 원소에 도달한다.

　스택을 통해 정수값을 전달하는 방법이 있다면, 이 해법은 정말로 짧고 아름답게 구현할 수 있다. 하지만 불행히도 일반적으로는 노드와 카운터 값을 동시에 반환할 수가 없다. 그렇다면 어떻게 해야 하나?

방법 A: 원소를 반환하지 않는다

문제를 수정해서 맨 뒤에서 k번째 원소의 값을 '출력'하도록 바꾸면 된다. 그러면 카운터 값만 반환해도 된다.

```
int printKthToLast(LinkedListNode head, int k) {
    if (head == null) {
        return 0;
    }
    int index = printKthToLast(head.next, k) + 1;
    if (index == k) {
        System.out.println(k + "th to last node is " + head.data);
    }
    return index;
}
```

물론, 이 방법은 면접관이 허락하는 경우에만 통하는 방법이다.

방법 B: C++로 구현

두 번째 방법은 C++의 '참조를 통한 값 전달' 기능을 활용하는 것이다. 그렇게 하면 포인터를 통해 노드도 반환할 수 있고, 카운터 값도 갱신할 수 있다.

```
node* nthToLast(node* head, int k, int& i) {
    if (head == NULL) {
        return NULL;
    }
    node* nd = nthToLast(head->next, k, i);
    i = i + 1;
    if (i == k) {
        return head;
    }
    return nd;
}

node* nthToLast(node* head, int k) {
    int i = 0;
    return nthToLast(head, k, i);
}
```

방법 C: 'Wrapper' 클래스 구현

앞에서 '카운터와 첨자를 동시에 반환할 수 없는 것이 문제'라고 했다. 만약 카운터 값을 간단한 클래스로 감쌀 수 있다면(아니면 원소가 딱 하나인 배열을 쓰거나), 참조에 의한 값 전달을 흉내 낼 수 있다.

```
class Index {
    public int value = 0;
}

LinkedListNode kthToLast(LinkedListNode head, int k) {
    Index idx = new Index();
    return kthToLast(head, k, idx);
}
```

```
LinkedListNode kthToLast(LinkedListNode head, int k, Index idx) {
    if (head == null) {
        return null;
    }
    LinkedListNode node = kthToLast(head.next, k, idx);
    idx.value = idx.value + 1;
    if (idx.value == k) {
        return head;
    }
    return node;
}
```

지금까지 살펴본 모든 재귀적인 방법은 재귀 호출을 사용하므로 O(n)의 공간을 사용한다.

여기서 언급하지 않은 다른 해법도 많다. 카운터 값을 정적(static) 변수에 저장할 수도 있다. 혹은 노드와 카운터를 저장하는 클래스를 하나 만들어서, 그 클래스 객체에 카운터와 노드 정보를 저장한 뒤 해당 클래스의 인스턴스를 반환할 수도 있다. 어떤 해법을 택하건 간에, 재귀 스택의 모든 계층에서 확인할 수 있도록 노드와 카운터 정보를 갱신하는 방법이 있어야 한다.

해법 #3: 순환적(iterative) 방법

직관적이지는 않지만 좀 더 최적인 방법은, 순환적으로 푸는 것이다. 두 개의 포인터 p1과 p2를 사용한다. p2는 연결리스트의 시작 노드를 가리키고, p1은 k 노드만큼 움직여서 p1과 p2가 k 노드만큼 떨어져 있도록 만든다. 그런 다음, p1과 p2를 함께 이동시키면 p1은 LENGTH-k번 후에 연결리스트의 맨 마지막 노드에 도달할 것이다. 바로 그 시점에, p2는 LENGTH-k번 노드, 그러니까 뒤에서부터 k번째 노드를 가리키게 된다.

아래는 이 알고리즘을 구현한 코드이다.

```
LinkedListNode nthToLast(LinkedListNode head, int k) {
    LinkedListNode p1 = head;
    LinkedListNode p2 = head;

    /* p1을 k노드만큼 이동시킨다. */
    for (int i = 0; i < k; i++) {
        if (p1 == null) return null; // Out of bounds
        p1 = p1.next;
    }

    /* p1과 p2를 함께 움직인다. p1이 끝에 도달하면, p2는 LENGTH-k번째 원소를
     * 가리키게 된다. */
    while (p1 != null) {
        p1 = p1.next;
        p2 = p2.next;
    }
    return p2;
}
```

이 알고리즘은 O(n) 시간이 소요되고 O(1) 공간을 사용한다.

2.3 **중간 노드 삭제:** 단방향 연결리스트가 주어졌을 때 중간(정확히 가운데 노드일 필요는 없고 처음과 끝 노드만 아니면 된다)에 있는 노드 하나를 삭제하는 알고리즘을 구현하라. 단, 삭제할 노드에만 접근할 수 있다.

예제
입력: 연결리스트 a→b→c→d→e에서 노드 c
결과: 아무것도 반환할 필요는 없지만, 결과로 연결리스트 a→b→d→e가 되어 있어야 한다.

141쪽

해법

이 문제에선 연결리스트의 헤드에 접근할 수 없다. 삭제할 노드만 접근할 수 있다. 이 문제에 대한 해법은 다음 노드의 데이터를 현재 노드에 복사한 다음에, 다음 노드를 지우는 것이다.

아래는 이 알고리즘을 구현한 코드이다.

```
boolean deleteNode(LinkedListNode n) {
    if (n == null || n.next == null) {
        return false; // 실패
    }
    LinkedListNode next = n.next;
    n.data = next.data;
    n.next = next.next;
    return true;
}
```

이 문제는 삭제할 노드가 리스트의 마지막 노드인 경우에는 풀 수 없다. 하지만 괜찮다. 면접관은 여러분이 그 문제를 지적하고, 그 경우를 어떻게 처리할지 같이 토론할 수 있기를 바랄 것이다. 마지막 노드인 경우에는 그냥 빈자리(dummy) 노드라고 표시해 두는 것도 한 방법이다.

2.4 **분할:** 값 x가 주어졌을 때 x보다 작은 노드들을 x보다 크거나 같은 노드들보다 앞에 오도록 하는 코드를 작성하라. 만약 x가 리스트에 있다면 x는 그보다 작은 원소들보다 뒤에 나오기만 하면 된다. 즉, 원소 x는 '오른쪽 그룹' 어딘가에만 존재하면 된다. 왼쪽과 오른쪽 그룹 사이에 있을 필요는 없다.

예제
입력: 3→5→8→5→10→2→1 [분할값 x = 5]
출력: 3→1→2→10→5→5→8

142쪽

해법

배열에서의 원소 이동(shift) 비용은 비싸기 때문에 배열에서 원소를 이동시킬 때는 조심해야 한다.

하지만 연결리스트라면 좀 더 쉽다. 원소의 값을 이동(shift)하고 바꾸는(swap) 대신, 서로 다른 연결리스트 두 개를 만들면 된다. 하나에는 x보다 작은 원소들을 보관하고, 다른 하나에는 x보다 큰 원소들을 보관한다.

입력으로 주어진 연결리스트를 순회하면서, before 리스트 아니면 after 리스트에 원소를 삽입한다. 연결리스트의 마지막에 도달하면 분할 작업이 끝난 것이므로, before와 after를 합치면 된다.

이 방법은 분할 작업을 할 때 필요한 원소 이동이 없고 원소의 원래 순서를 유지할 수 있기 때문에 '안정적'(stable)[1]이다.

```
/* 연결리스트의 헤드와 분할할 값을 인자로 넘겨준다. */
LinkedListNode partition(LinkedListNode node, int x) {
    LinkedListNode beforeStart = null;
    LinkedListNode beforeEnd = null;
    LinkedListNode afterStart = null;
    LinkedListNode afterEnd = null;

    /* 리스트를 분할한다. */
    while (node != null) {
        LinkedListNode next = node.next;
        node.next = null;
        if (node.data < x) {
            /* before 리스트의 끝에 원소를 삽입한다. */
            if (beforeStart == null) {
                beforeStart = node;
                beforeEnd = beforeStart;
            } else {
                beforeEnd.next = node;
                beforeEnd = node;
            }
        } else {
            /* after 리스트의 끝에 원소를 삽입한다. */
            if (afterStart == null) {
                afterStart = node;
                afterEnd = afterStart;
            } else {
                afterEnd.next = node;
                afterEnd = node;
            }
        }
        node = next;
    }

    if (beforeStart == null) {
        return afterStart;
    }
```

---

1 (옮긴이) 여기서 안정적(stable)의 의미는 원소의 순서를 기존과 같게 유지한다는 뜻이다.

```
        /* before와 after를 병합한다. */
        beforeEnd.next = afterStart;
        return beforeStart;
}
```

두 개의 연결리스트를 관리하는 데 네 개의 변수를 사용하는 것이 버겁게 느껴지는 것은 당연하다. 누구든 그랬을 것이다. 코드를 이보다 더 짧게 만들 수 있다.

리스트의 원소를 '안정적'으로 유지하지 않아도 된다면(사실 면접관이 명시적으로 말하지 않았기 때문에 안정적으로 유지할 필요가 없다), 리스트의 시작(head)과 끝(tail)에서 원소를 재배치해 나갈 수 있다.

여기서는 이미 존재하는 노드를 사용해서 '새로운' 리스트를 만들 것이다. 피벗 원소보다 큰 원소들은 리스트의 끝에 붙이고 작은 원소들은 리스트의 앞에 붙인다. 원소를 삽입할 때마다 head와 tail을 갱신해야 한다.

```
LinkedListNode partition(LinkedListNode node, int x) {
    LinkedListNode head = node;
    LinkedListNode tail = node;

    while (node != null) {
        LinkedListNode next = node.next;
        if (node.data < x) {
            /* head에 노드를 삽입한다. */
            node.next = head;
            head = node;
        } else {
            /* tail에 노드를 삽입한다. */
            tail.next = node;
            tail = node;
        }
        node = next;
    }
    tail.next = null;

    // head가 바뀌었기 때문에 새로운 head를 반환해야 한다.
    return head;
}
```

이 외에도 이와 같은 수많은 최적 해법이 존재한다. 다른 방법으로 풀었어도 괜찮다.

2.5 **리스트의 합**: 연결리스트로 숫자를 표현할 때 각 노드가 자릿수 하나를 가리키는 방식으로 표현할 수 있다. 각 숫자는 역순으로 배열되어 있는데, 즉, 첫 번째 자릿수가 리스트의 맨 앞에 위치하도록 배열된다는 뜻이다. 이와 같은 방식으로 표현된 숫자 두 개가 있을 때, 이 두 수를 더하여 그 합을 연결리스트로 반환하는 함수를 작성하라.

예제

입력: $(7 \to 1 \to 6) + (5 \to 9 \to 2)$. 즉, 617+295.

출력: $2 \to 1 \to 9$. 즉, 912.

연관문제

각 자릿수가 정상적으로 배열된다고 가정하고 같은 문제를 풀어 보자.

예제

입력: $(6 \to 1 \to 7) + (2 \to 9 \to 5)$. 즉, 617+295.

출력: $9 \to 1 \to 2$. 즉, 912.

142쪽

해법

이 문제를 풀 때는 우리가 덧셈을 어떻게 하는지 생각해 보면 도움이 된다. 다음 문제를 보자.

```
  6 1 7
+ 2 9 5
```

우선, 7과 5를 더하면 12가 된다. 2는 마지막 숫자가 되고, 1은 다음 자리로 넘어간다. 그다음엔 1, 1, 9를 더해서 11을 얻는다. 1이 두 번째 숫자가 되고, 1은 다음 자리로 넘어간다. 마지막으로 1, 6, 2를 더해서 9를 얻는다. 따라서 답은 912이다.

이 방법을 재귀적으로 흉내 낼 수 있다. 즉, 노드를 하나씩 쌍으로 더하고, 다음 자리로 넘겨야 할 수는 다음 노드에 전달하는 것이다. 아래의 연결리스트를 보자.

```
  7→1→6
+ 5→9→2
```

다음과 같이 한다.

1. 우선 7과 5를 더한다. 결과는 12이다. 2는 연결리스트의 첫 번째 원소가 되고, 1은 다음번 합을 계산할 때 사용해야 하므로 넘긴다.
   리스트: 2→?

2. 1과 9, 그리고 이전 결과에서 '넘어온' 값을 더한다. 결과로 11이다. 1이 연결리스트의 두 번째 원소가 되고, 1은 다음번 합을 계산할 때 사용해야 하므로 넘긴다.
   리스트: 2→1→?

3. 6, 2, 넘어온 수를 더해 9를 얻는다. 이 값이 연결리스트의 마지막 원소가 된다.
   리스트: 2→1→9

아래는 이 알고리즘을 구현한 코드이다.

```
LinkedListNode addLists(LinkedListNode l1, LinkedListNode l2, int carry) {
    if (l1 == null && l2 == null && carry == 0) {
        return null;
    }

    LinkedListNode result = new LinkedListNode();
    int value = carry;
    if (l1 != null) {
        value += l1.data;
    }
    if (l2 != null) {
        value += l2.data;
    }

    result.data = value % 10; /* 두 번째 숫자 */

    /* 재귀 */
    if (l1 != null || l2 != null) {
        LinkedListNode more = addLists(l1 == null ? null : l1.next,
                                       l2 == null ? null : l2.next,
                                       value >= 10 ? 1 : 0);
        result.setNext(more);
    }
    return result;
}
```

이 코드를 구현할 때는 한 연결리스트의 길이가 다른 리스트보다 짧을 경우엔 주의해서 작성해야 한다. null 포인터에 관련된 예외가 발생할 수도 있다.

연관 문제

연관 문제는 개념적으로는 같지만(재귀를 사용하고, 자릿수를 넘긴다는 점에서), 구현하려고 하면 까다로운 점이 몇 가지 있다.

1. 한 리스트가 다른 리스트보다 짧은 경우를 쉽게 처리할 수 없다. 예를 들어 (1→2→3→4)와 (5→6→7)을 더한다고 하자. 5는 1이 아니라 2와 더해야 한다. 여기서는 두 리스트의 길이를 비교해서 짧은 리스트 앞에 0을 메꿔 넣는 방식으로 문제를 해결했다.
2. 원래 문제에서는 계산 결과를 꼬리 쪽에 붙여 나갔다. 즉, 재귀 호출을 할 때 넘김수(carry)를 같이 전달하고, 재귀 호출 결과로 반환되는 값을 꼬리 쪽에 덧붙였다. 하지만 이번 경우에는 계산 결과를 머리 쪽에 붙여야 한다. 재귀 호출은 결과뿐 아니라 넘김수도 같이 반환해야 한다. 구현하기 끔찍할 정도로 까다롭지는 않은데, 확실히 성가신 면은 있다. 이 문제는 PartialSum(부분합)이라는 감싸 만든(wrapper) 클래스를 만들어 해결할 수 있다.

아래는 이 알고리즘을 구현한 코드이다.

```
class PartialSum {
    public LinkedListNode sum = null;
    public int carry = 0;
}

LinkedListNode addLists(LinkedListNode l1, LinkedListNode l2) {
    int len1 = length(l1);
    int len2 = length(l2);

    /* 짧은 리스트에 0을 붙인다. 본문의 1. 설명 확인 */
    if (len1 < len2) {
        l1 = padList(l1, len2 - len1);
    } else {
        l2 = padList(l2, len1 - len2);
    }

    /* 두 리스트를 더한다. */
    PartialSum sum = addListsHelper(l1, l2);

    /* 넘김수(carry)가 존재한다면 리스트의 앞쪽에 삽입한다.
     * 그렇지 않다면 연결리스트만을 반환한다. */
    if (sum.carry == 0) {
        return sum.sum;
    } else {
        LinkedListNode result = insertBefore(sum.sum, sum.carry);
        return result;
    }
}

PartialSum addListsHelper(LinkedListNode l1, LinkedListNode l2) {
    if (l1 == null && l2 == null) {
        PartialSum sum = new PartialSum();
        return sum;
    }
    /* 작은 자릿수를 재귀적으로 더한다. */
    PartialSum sum = addListsHelper(l1.next, l2.next);

    /* 현재 값에 넘김수를 더한다. */
    int val = sum.carry + l1.data + l2.data;

    /* 현재 자릿수를 합한 결과를 삽입한다. */
    LinkedListNode full_result = insertBefore(sum.sum, val % 10);

    /* 지금까지의 합과 넘김수를 반환한다. */
    sum.sum = full_result;
    sum.carry = val / 10;
    return sum;
}

/* 리스트 앞에 0을 추가한다. */
LinkedListNode padList(LinkedListNode l, int padding) {
    LinkedListNode head = l;
    for (int i = 0; i < padding; i++) {
        head = insertBefore(head, 0);
    }
    return head;
}

/* 연결리스트 앞에 노드를 삽입하기 위한 도움 함수 */
```

```
LinkedListNode insertBefore(LinkedListNode list, int data) {
    LinkedListNode node = new LinkedListNode(data);
    if (list != null) {
        node.next = list;
    }
    return node;
}
```

여기서 insertBefore(), padList(), length()와 같은 메서드들을 독립적으로 분리한 사실을 확인하길 바란다. 이렇게 하면 코드가 간단해지고 가독성도 높아진다. 면접 때도 그렇게 하는 것이 현명하다!

2.6   회문: 주어진 연결리스트가 회문(palindrome)인지 검사하는 함수를 작성하라.

해법

0→1→2→1→0과 같은 구조를 갖는 회문을 생각해 보자. 이 연결리스트는 앞에서부터 읽으나 뒤에서부터 읽으나 같아야 한다. 여기서 첫 번째 해답이 나온다.

해법 #1: 뒤집어서 비교한다

첫 번째 해법은 연결리스트를 뒤집은 다음에 원래 리스트와 비교하는 것이다. 연결리스트가 회문이라면 두 리스트는 똑같을 것이다.

연결리스트를 뒤집어 비교할 때는 리스트의 절반만 비교하면 된다. 원래 리스트의 앞쪽 절반이 뒤집은 리스트의 앞쪽 절반과 같다면, 나머지 부분도 같을 것이다.

```
boolean isPalindrome(LinkedListNode head) {
    LinkedListNode reversed = reverseAndClone(head);
    return isEqual(head, reversed);
}
LinkedListNode reverseAndClone(LinkedListNode node) {
    LinkedListNode head = null;
    while (node != null) {
        LinkedListNode n = new LinkedListNode(node.data); // 복사
        n.next = head;
        head = n;
        node = node.next;
    }
    return head;
}
boolean isEqual(LinkedListNode one, LinkedListNode two) {
    while (one != null && two != null) {
        if (one.data != two.data) {
            return false;
        }
        one = one.next;
        two = two.next;
    }
    return one == null && two == null;
}
```

여기서 reverse와 isEqual 함수를 모듈화했다. 또한 head와 tail을 모두 반환할 수 있도록 클래스를 새로 만들었다. 원소 두 개가 들어 있는 배열을 반환할 수도 있었지만, 이런 방식은 유지보수가 잘 되지 않는 단점이 있다.

해법 #2: 순환적 접근법

우리가 하고 싶은 것은 연결리스트의 앞 절반이 나머지 절반을 뒤집은 것과 같은지 검사하는 것이다. 어떻게 하면 될까? 리스트의 앞 절반을 뒤집으면 되는데, 스택(stack)을 사용하면 쉽게 뒤집을 수 있다.

스택에 리스트 앞에 있는 절반을 넣어야 하는데, 연결리스트의 길이를 아느냐 모르느냐에 따라 그 방법이 달라진다.

연결리스트의 길이를 알고 있다면, 일반적인 for 문을 사용하면 된다. 즉, 연결리스트를 차례로 순회하면서 앞 절반을 스택에 넣는 것이다. 물론 여기서 연결리스트의 길이가 홀수인 경우에는 주의를 기울여야 한다.

연결리스트의 길이를 모른다면, fast runner와 slow runner 기법을 사용하여 리스트를 순회하면 된다. Runner 기법은 140쪽에서 살펴보았다. 즉, 매 단계에서 slow runner가 가리키는 데이터를 스택에 쌓는다. fast runner가 리스트의 끝에 도착하면, slow runner는 연결리스트의 중간에 도달하게 될 것이고, 이때 스택에는 리스트의 앞 절반 원소들이 역순으로 보관되어 있을 것이다.

그 뒤, 연결리스트의 나머지 부분을 순서대로 순회하면 된다. 각 단계에서, 리스트의 노드를 스택의 맨 위 원소와 비교한다. 만약 모든 원소가 같다면 연결리스트는 회문이라고 결론 지을 수 있다.

```java
boolean isPalindrome(LinkedListNode head) {
    LinkedListNode fast = head;
    LinkedListNode slow = head;

    Stack stack = new Stack();

    /* 연결리스트의 앞 절반을 스택에 쌓는다. fast runner(2배 빠른)가
     * 연결리스트의 끝에 도달하면, slow runner가 중간에 도달했다는 사실을 알 수 있다. */
    while (fast != null && fast.next != null) {
        stack.push(slow.data);
        slow = slow.next;
        fast = fast.next.next;
    }

    /* 원소의 개수가 홀수 개라면 가운데 원소는 넘긴다. */
    if (fast != null) {
        slow = slow.next;
    }

    while (slow != null) {
```

```
        int top = stack.pop().intValue();
        /* 값이 다르면 회문이 될 수 없다. */
        if (top != slow.data) {
            return false;
        }
        slow = slow.next;
    }
    return true;
}
```

해법 #3: 재귀적 접근법

우선, 표기법을 살펴보자. 여기에서 Kx라는 표현이 나오면, K는 노드 내의 데이터를 나타내고, x(f 아니면 b이다)는 앞쪽 노드 혹은 뒤쪽 노드를 가리킨다. 예를 들어 아래의 연결리스트에서 node 2b는 값이 2인 뒤쪽 두 번째 노드를 말한다.

수많은 연결리스트 문제들과 마찬가지로, 이 문제 또한 재귀로 풀 수 있다. 직관적으로 생각해보면 0번 노드와 n-1번 노드, 1번 노드와 n-2번 노드, 2번 노드와 n-3번 노드의 순서로 중간 지점에 도달하기 전까지 비교해 나갈 수 있다. 예를 들어 보자.

0 (1 (2 (3) 2) 1) 0

이 방법을 사용하려면, 언제 리스트의 중간 지점에 도달했는지 알 수 있어야 한다. 이것이 초기 사례(base case)가 될 것이다. 함수를 재귀적으로 호출할 때 length 인자에 length-2를 전달하면 언제 중간 지점에 도달하는지 알 수 있다. 즉, 인자로 전달받은 length의 값이 0이나 1이 되면, 연결리스트의 중간에 놓인다. 매 호출마다 length가 2씩 줄어들게 되므로 N/2번 호출한 후엔 length가 0이 되기 때문이다.

```
recurse(Node n, int length) {
    if (length == 0 || length == 1) {
        return [something]; // 중간
    }
    recurse(n.next, length - 2);
    ...
}
```

이 메서드는 isPalindrome의 골격을 만들어 준다. 하지만 이 알고리즘의 핵심은 노드 i를 노드 n-i와 비교하여 연결리스트가 회문인지 검사하는 부분이다. 어떻게 하면 될까?

재귀 각 단계에서 호출 스택(call stack)이 어떻게 구성되는지 살펴보자.

```
v1 = isPalindrome: list = 0 ( 1 ( 2 ( 3 ) 2 ) 1 ) 0. length = 7
  v2 = isPalindrome: list = 1 ( 2 ( 3 ) 2 ) 1 ) 0. length = 5
    v3 = isPalindrome: list = 2 ( 3 ) 2 ) 1 ) 0. length = 3
```

```
            v4 = isPalindrome: list = 3 ) 2 ) 1 ) 0. length = 1
                returns v3
            returns v2
        returns v1
returns ?
```

위의 호출 스택을 보면, 매 호출마다 리스트의 맨 앞 노드와 뒤쪽 노드 중 하나와 비교하여 검사해야 한다. 다시 말해서,

- 1번 줄에서는 0f 노드를 0b 노드와 비교해야 하고
- 2번 줄에서는 1f 노드를 1b 노드와 비교해야 하고
- 3번 줄에서는 2f 노드를 2b 노드와 비교해야 하고
- 4번 줄에서는 3f 노드를 3b 노드와 비교해야 한다.

아래 설명대로 노드를 반환하면서 스택을 역으로 빠져 나갈 때, 다음과 같이 하면 된다.

- 4번 줄에선 중간 노드에 도착했으므로(length = 1) head.next를 반환한다. head 의 값이 3번 노드의 값과 같으므로, head.next는 2b가 된다.
- 3번 줄에선 리스트의 헤드(2f)와 returned_node(이전 재귀 호출에서 반환된 값) 를 비교한다. 여기서 returned_node는 2b가 된다. 두 값이 같으면, 노드 1b에 대 한 참조(returned_node.next)를 2번 줄에 반환한다.
- 2번 줄에선 리스트 헤드(1f)와 returned_node(1b)를 비교한다. 값이 같으면 0b 에 대한 참조(returned_node.next)를 1번 줄에 반환한다.
- 1번 줄에선 리스트 헤드(0f)와 returned_node(0b)를 비교한다. 값이 같으면, true 를 반환한다.

이를 일반화해 보면, 각 호출마다 리스트의 헤드와 returned_node를 비교한 다음에 returned_node.next를 상위 스택에 반환한다고 할 수 있다. 이런 식으로 모든 노드 i는 n-i번 노드와 비교된다. 어느 시점에 값이 서로 다르다면 false를 반환하게 되 는데, 모든 상위 스택에서는 이 값을 검사해야 한다.

근데 잠깐. 이렇게 물어 보는 사람이 있을 수도 있다. 언제는 boolean 값을 반환 한다고 하고, 또 어디서는 node를 반환한다고 하는데, 대체 어느 쪽인가?

둘 다 맞다. boolean과 node를 갖는 간단한 클래스를 정의하고, 해당 클래스의 객 체를 반환하면 된다.

```
class Result {
    public LinkedListNode node;
    public boolean result;
}
```

아래 예제에선 인자와 반환값이 어떻게 구성되는지 보여 준다.

```
isPalindrome: list = 0 ( 1 ( 2 ( 3 ( 4 ) 3 ) 2 ) 1 ) 0. len = 9
    isPalindrome: list = 1 ( 2 ( 3 ( 4 ) 3 ) 2 ) 1 ) 0. len = 7
        isPalindrome: list = 2 ( 3 ( 4 ) 3 ) 2 ) 1 ) 0. len = 5
            isPalindrome: list = 3 ( 4 ) 3 ) 2 ) 1 ) 0. len = 3
                isPalindrome: list = 4 ) 3 ) 2 ) 1 ) 0. len = 1
                    returns node 3b, true
                returns node 2b, true
            returns node 1b, true
        returns node 0b, true
returns null, true
```

이제 세부사항을 조금만 채워 넣으면 된다.

```
boolean isPalindrome(LinkedListNode head) {
    int length = lengthOfList(head);
    Result p = isPalindromeRecurse(head, length);
    return p.result;
}

Result isPalindromeRecurse(LinkedListNode head, int length) {
    if (head == null || length <= 0) { // 노드의 개수가 짝수일 때
        return new Result(head, true);
    } else if (length == 1) { // 노드의 개수가 홀수일 때
        return new Result(head.next, true);
    }

    /* 부분 리스트를 재귀적으로 호출한다. */
    Result res = isPalindromeRecurse(head.next, length - 2);

    /* 아래 호출 결과 회문이 아니라는 사실이 밝혀지면, 그 결과값을 반환한다. */
    if (!res.result || res.node == null) {
        return res;
    }

    /* 두 노드의 값이 같은지 확인한다. */
    res.result = (head.data == res.node.data);

    /* 그 다음에 비교할 노드를 반환한다. */
    res.node = res.node.next;

    return res;
}

int lengthOfList(LinkedListNode n) {
    int size = 0;
    while (n != null) {
        size++;
        n = n.next;
    }
    return size;
}
```

누군가는 왜 Result 클래스를 만들어야 하는지 의문을 가질 수도 있다. 더 나은 방법은 없나? 적어도 자바에서는 없다고 봐도 된다. 하지만 C나 C++로 구현한다면, 이중 포인터를 인자로 넘겨 문제를 해결할 수 있을 것이다.

```
bool isPalindromeRecurse(Node head, int length, Node** next) {
    ...
}
```

좀 흉해 보이긴 하지만 동작은 한다.

2.7 **교집합**: 단방향 연결리스트 두 개가 주어졌을 때 이 두 리스트의 교집합 노드를 찾은 뒤 반환하는 코드를 작성하라. 여기서 교집합이란 노드의 값이 아니라 노드의 주소가 완전히 같은 경우를 말한다. 즉, 첫 번째 리스트에 있는 k번째 노드와 두 번째 리스트에 있는 j번째 노드가 주소까지 완전히 같다면 이 노드는 교집합의 원소가 된다.

143쪽

해법

문제를 더 잘 이해하기 위해 두 연결리스트가 겹치는 경우를 실제로 그려 보자. 여기에 겹치는 연결리스트가 있다.

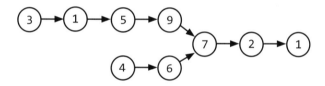

그리고 여기엔 겹치지 않는 연결리스트가 있다.

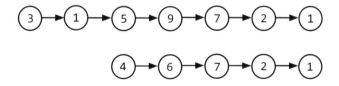

예제를 그릴 땐 무심코 특별한 케이스를 그리지 않도록 주의해야 한다. 예를 들어 두 연결리스트의 길이가 같거나 하는 경우 말이다.

먼저 두 연결리스트가 겹치는지 어떻게 알 수 있는지 생각해 보자.

교집합의 존재 유무 판별하기

두 리스트에 교집합이 있는지 어떻게 판별할 수 있을까? 한 가지 방법은 리스트의 모든 노드들을 해시테이블에 넣어서 확인하는 것이다. 이때 주의할 것은, 노드의 값이 아닌 메모리 주소를 넣어야 한다는 점이다.

이보다 더 쉬운 방법도 있다. 연결리스트에 교집합이 있다는 말은 두 리스트의 마지막 노드는 항상 같아야 한다는 의미가 된다. 따라서 두 연결리스트를 단순히 끝까지 순회한 뒤 마지막 노드가 같은지 비교하면 된다.

이번에는 겹치는 지점을 찾으려면 어떻게 할지 알아보자.

겹치는 노드 찾기

한 가지 방법은 연결리스트를 반대로 순회하면서 두 연결리스트가 '분기'하는 지점을 찾는 것이다. 물론 실제로는 단순 연결리스트에서 반대로 순회하기란 불가능하다.

만약 두 연결리스트의 길이가 같다면 두 리스트를 동시에 순회하면서 겹치는 지점을 찾을 수 있다.

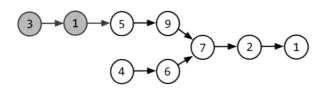

만약 길이가 다르다면 회색으로 칠해진 부분을 그냥 무시하고 진행하면 된다.

무시해도 되는 부분을 어떻게 찾을 수 있을까? 음… 두 연결리스트의 길이를 알고 있다면, 그 길이의 차이가 무시해도 될 노드의 개수를 의미할 것이다.

연결리스트의 마지막 노드에 도달하게 되는 순간 길이 또한 알 수 있다.

통합하기

문제를 풀기 위한 여러 단계 처리 방법을 구했다.

1. 각 연결리스트를 순회하면서 길이와 마지막 노드를 구한다.
2. 마지막 노드를 비교한 뒤, 그 참조값이 다르다면 교집합이 없다는 사실을 바로 반환한다.
3. 두 연결리스트의 시작점에 포인터를 놓는다.
4. 길이가 더 긴 리스트의 포인터를 두 길이의 차이만큼 앞으로 움직인다.

5. 두 포인터가 같아질 때까지 두 리스트를 함께 순회한다.

아래는 이를 구현한 코드이다.

```
LinkedListNode findIntersection(LinkedListNode list1, LinkedListNode list2) {
    if (list1 == null || list2 == null) return null;

    /* 마지막 노드와 길이를 구한다. */
    Result result1 = getTailAndSize(list1);
    Result result2 = getTailAndSize(list2);

    /* 마지막 노드가 다르면 교집합이 없다는 뜻이다. */
    if (result1.tail != result2.tail) {
        return null;
    }

    /* 각 연결리스트의 시작점에 포인터를 세팅한다. */
    LinkedListNode shorter = result1.size < result2.size ? list1 : list2;
    LinkedListNode longer = result1.size < result2.size ? list2 : list1;

    /* 길이가 긴 연결리스트의 포인터를 길이의 차이만큼 앞으로 움직인다. */
    longer = getKthNode(longer, Math.abs(result1.size - result2.size));

    /* 두 포인터가 만날 때까지 함께 앞으로 움직인다. */
    while (shorter != longer) {
        shorter = shorter.next;
        longer = longer.next;
    }

    /* 둘 중 하나를 반환한다. */
    return longer;
}

class Result {
    public LinkedListNode tail;
    public int size;
    public Result(LinkedListNode tail, int size) {
        this.tail = tail;
        this.size = size;
    }
}

Result getTailAndSize(LinkedListNode list) {
    if (list == null) return null;

    int size = 1;
    LinkedListNode current = list;
    while (current.next != null) {
        size++;
        current = current.next;
    }
    return new Result(current, size);
}

LinkedListNode getKthNode(LinkedListNode head, int k) {
    LinkedListNode current = head;
    while (k > 0 && current != null) {
        current = current.next;
        k--;
    }
    return current;
}
```

A와 B를 두 연결리스트의 길이라고 했을 때, 이 알고리즘의 시간 복잡도는 O(A+B)이 되고, 공간은 O(1)만큼 추가로 사용한다.

2.8 **루프 발견:** 순환 연결리스트(circular linked list)가 주어졌을 때, 순환되는 부분의 첫째 노드를 반환하는 알고리즘을 작성하라. 순환 연결리스트란 노드의 next 포인터가 앞선 노드들 가운데 어느 하나를 가리키도록 설정되어 있는, 엄밀히 말해서는 변질된 방식의 연결리스트를 의미한다.

예제

입력: A→B→C→D→E→C (앞에 나온 C와 같음)
출력: C

143쪽

해법

이 문제는 연결리스트에 루프가 존재하는지 찾는 고전적인 문제를 변형한 것이다. 패턴 매칭(pattern matching)을 사용해 보자.

1단계: 연결리스트에 루프가 있는지 검사

연결리스트에 루프가 있는지 검사하는 쉬운 방법 가운데 하나는 FastRunner/SlowRunner 접근법을 사용하는 것이다. FastRunner는 한 번에 두 걸음을 내딛고, SlowRunner는 한 걸음을 내딛는다. 서로 다른 속도로 한 트랙을 돌고 있는 두 자동차가 결국에는 만나게 되는 것과 같다.

명민한 독자라면 FastRunner와 SlowRunner가 '충돌'하는 대신, 건너 뛰지 않을까 궁금해 할 수도 있다. 하지만 그런 일은 가능하지 않다. FastRunner가 SlowRunner를 뛰어 넘는 일이 실제로 발생했다고 해 보자. 즉, SlowRunner는 i 지점에 있고 FastRunner는 i+1에 있다고 한다면, 전 단계에서 SlowRunner는 i-1 지점에 있고, FastRunner는 ((i+1) - 2) 지점에 있었을 것이다. 결국, 둘은 충돌한다.

2단계: 언제 충돌하나?

연결리스트에 '루프가 아닌' 부분의 크기를 k라고 가정해 보자. 1단계에서 살펴본 알고리즘에 따르면, FastRunner와 SlowRunner는 언제 충돌하는가?

SlowRunner가 p만큼 나아갈 때 FastRunner가 2p만큼 나아간다는 것은 이미 알고 있다. 따라서 SlowRunner가 k만큼 움직여서 루프 시작 부분에 도착한다면, FastRunner는 2k만큼 나아갔으므로 루프 안에서 2k-k, 즉 k만큼 더 진입한 꼴이 된다. k는 루프의 길이보다 훨씬 큰 값일 수 있다. 따라서 실제로는 mod(k, LOOP_SIZE)라 해야 하고, 이 값을 K라고 표기하겠다.

일단 루프 안으로 진입하고 나면, FastRunner와 SlowRunner는 한 걸음 더 가까워
질 수도 있고, 더 멀어질 수도 있다. 여러분이 어떻게 보느냐에 따라 다르다. 즉, 둘
다 순환하는 원 안에 있기 때문에, A가 B로부터 q만큼 떨어지게 된다는 것은 결국 B
에 q만큼 가까워진다는 뜻도 된다.

이제 우리는 다음과 같은 사실들을 알 수 있다.

1. SlowRunner가 0 스텝만큼 루프 안에 있다.
2. FastRunner는 K 스텝만큼 루프 안에 있다.
3. SlowRunner는 K 스텝만큼 FastRunner에 뒤처져 있다.
4. FastRunner는 LOOP_SIZE-K 스텝만큼 SlowRunner에 뒤처져 있다.
5. FastRunner는 단위 시간당 1의 속도로 SlowRunner를 따라잡고 있다.

그렇다면 이 둘은 언제 만나게 되는가? FastRunner가 LOOP_SIZE-K만큼 뒤처져 있
고, FastRunner가 단위 시간당 1만큼 SlowRunner를 따라잡는다고 했으니, LOOP_
SIZE-K 뒤에는 만날 것이다. 이 지점에서, FastRunner와 SlowRunner는 루프의 시작
지점으로부터 K만큼 뒤처지게 된다. 이 지점을 CollisionSpot이라고 하자.

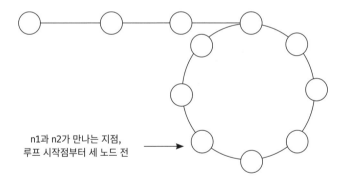

n1과 n2가 만나는 지점,
루프 시작점부터 세 노드 전

3단계: 루프 시작점은 어떻게 찾나?
이제 CollisionSpot이 루프 시작점으로부터 K 노드 앞에 있다는 것을 알 수 있다. K
= mod(k, LOOP_SIZE)이므로(k = K + M * LOOP_SIZE를 만족하는 정수 M이 있다는
뜻이다), 루프 시작점으로부터 k 노드 앞에 있다고 해도 된다. 예를 들어, 어떤 노
드 N이 총 다섯 개의 노드로 구성된 루프 안에서 두 번째 노드라면, 7번째, 12번째,
397번째 노드라고 해도 상관없는 것이다.

그러므로 CollisionSpot과 LinkedListHead는 모두 루프 시작점으로부터 k 노드

만큼 떨어져 있다.

포인터 하나는 CollisionSpot을 가리키고 다른 하나는 LinkedListHead를 가리키면 각각은 LoopStart로부터 k 노드 떨어져 있게 된다. 이 두 포인터를 같은 속도로 움직이면 이들은 k단계 이후에 LoopStart 지점에서 다시 충돌한다. 이 노드를 반환하면 된다.

4단계: 통합하기

요약해 보자. 우리는 FastPointer를 SlowPointer보다 두 배 빠르게 이동시킨다. SlowPointer가 k만큼 움직인 후에 루프 시작점에 도달한다고 하면, FastPointer는 루프 내에서 k번째 노드에 있을 것이다. 즉, FastPointer와 SlowPointer는 LOOP_SIZE-k 노드만큼 떨어져 있게 된다.

SlowPointer가 한 번 움직일 때마다 FastPointer가 두 번 움직인다면, 이 둘은 한 번 움직일 때마다 노드 한 개만큼 가까워진다. 따라서 LOOP_SIZE-k번 이동하면 두 포인터는 만나게 되고, 이 둘은 모두 루프 시작지점에서 k만큼 떨어져 있을 것이다.

연결리스트의 시작 지점 또한 루프의 시작 지점에서 k만큼 떨어져 있다. 그러므로, 한 포인터는 현재 위치를 가리키고 다른 포인터는 연결리스트의 시작 지점에 놓은 뒤 이 둘을 함께 움직인다면, 그들은 루프 시작 지점에서 만날 것이다.

지금까지 살펴본 각 단계에서 얻어 낸 최종적인 알고리즘은 다음과 같다.

1. 두 포인터 FastPointer와 SlowPointer를 만든다.
2. FastPointer는 한 번에 두 노드, SlowPointer는 한 번에 한 노드씩 움직인다.
3. 두 포인터가 만나면, SlowPointer는 LinkedListHead로 옮기고, FastPointer는 그 자리에 그대로 둔다.
4. SlowPointer와 FastPointer를 한 번에 한 노드씩 움직인다. 이 둘이 만나는 지점을 반환한다.

아래는 이 알고리즘을 구현한 코드이다.

```
LinkedListNode FindBeginning(LinkedListNode head) {
    LinkedListNode slow = head;
    LinkedListNode fast = head;

    /* 만나는 지점을 찾는다. 연결리스트 안에서 LOOP_SIZE-k만큼 들어간 상태이다. */
    while (fast != null && fast.next != null) {
        slow = slow.next;
        fast = fast.next.next;
        if (slow == fast) { // 충돌
            Break;
```

```
        }
    }

    /* 에러 체크. 만나는 지점이 없다면 루프도 없다. */
    if (fast == null || fast.next == null) {
        return null;
    }

    /* slow를 head로 옮기고, fast는 그대로 둔다. 이 둘은 루프 시작 지점에서 k만큼
     * 떨어져 있다. 이 둘이 같은 속도로 움직인다면 시작 지점에서 만나게 된다. */
    slow = head;
    while (slow != fast) {
        slow = slow.next;
        fast = fast.next;
    }

    /* 둘 다 루프의 시작 지점을 가리킨다. */
    return fast;
}
```

03

스택과 큐 해법

3.1 **한 개로 세 개**: 배열 한 개로 스택 세 개를 어떻게 구현할지 설명하라.

147쪽

해법

다른 많은 문제와 마찬가지로, 이 문제는 스택이 해야 할 일을 얼마나 잘 지원하고 싶은가에 따라 난이도가 달라진다. 각 스택마다 고정된 크기를 할당하는 것으로 만족하고 싶으면 그렇게 해도 된다. 그런데 그렇게 하면 다른 스택들은 전부 비어 있는데, 한 스택은 메모리가 거의 고갈되는 상황이 발생할 수 있다.

대신 메모리 할당을 좀 유연하게 할 수도 있는데, 그렇게 하면 문제가 아주 많이 어려워진다.

접근법 #1: 고정 크기 할당

배열을 같은 크기의 세 부분으로 나누어 각각의 스택이 그 크기 내에서만 사용되도록 할 수 있다. 여기서 '['는 구간의 끝점을 포함시킨다는 의미이고, '('는 구간에 끝점을 제외시킨다는 의미이다.

- 스택 #1은 $[0, n/3)$에 할당
- 스택 #2는 $[n/3, 2n/3)$에 할당
- 스택 #3은 $[2n/3, n)$에 할당

정답 코드는 다음과 같다.

```
class FixedMultiStack {
    private int numberOfStacks = 3;
    private int stackCapacity;
    private int[] values;
    private int[] sizes;

    public FixedMultiStack(int stackSize) {
        stackCapacity = stackSize;
        values = new int[stackSize * numberOfStacks];
        sizes = new int[numberOfStacks];
    }

    /* 스택에 값을 추가한다. */
    public void push(int stackNum, int value) throws FullStackException {
        /* 여유 공간이 있는지 검사한다. */
        if (isFull(stackNum)) {
            throw new FullStackException();
```

```
    }

        /* 스택 포인터를 증가시키고 가장 꼭대기 값을 갱신한다. */
        sizes[stackNum]++;
        values[indexOfTop(stackNum)] = value;
    }

    /* 스택에서 값을 꺼낸다. */
    public int pop(int stackNum) {
        if (isEmpty(stackNum)) {
            throw new EmptyStackException();
        }

        int topIndex = indexOfTop(stackNum);
        int value = values[topIndex]; // 가장 꼭대기 값을 꺼낸다.
        values[topIndex] = 0; // 꼭대기 값을 지운다.
        sizes[stackNum]--; // 스택의 크기를 줄인다.
        return value;
    }

    /* 꼭대기 원소를 반환한다. */
    public int peek(int stackNum) {
        if (isEmpty(stackNum)) {
            throw new EmptyStackException();
        }
        return values[indexOfTop(stackNum)];
    }

    /* 스택이 비어 있으면 true를 반환한다. */
    public boolean isEmpty(int stackNum) {
        return sizes[stackNum] == 0;
    }

    /* 스택이 꽉 차 있으면 true를 반환한다. */
    public boolean isFull(int stackNum) {
        return sizes[stackNum] == stackCapacity;
    }

    /* 스택의 꼭대기 값을 가리키는 인덱스를 반환한다. */
    private int indexOfTop(int stackNum) {
        int offset = stackNum * stackCapacity;
        int size = sizes[stackNum];
        return offset + size - 1;
    }
}
```

스택을 어떻게 사용할 것인가에 대한 추가 정보가 있으면 그에 따라 이 알고리즘을 고칠 수 있다. 예를 들어, 스택 #1에 저장될 원소가 스택 #2에 저장될 원소보다 훨씬 많다면 애초에 스택 #1에 더 많은 공간을 할당해도 된다.

접근법 #2: 유연한 공간 분할

두 번째 접근법은 각 스택에 할당되는 공간 크기가 유연하게 변하는 방법이다. 한 스택이 최초에 설정한 용량 이상으로 커지면, 가능한 만큼 용량을 늘려주고 필요에 따라 원소들을 이동시킨다.

또한 배열은 환형(circular)이 되도록 설계하여, 마지막 스택이 배열 맨 끝에서 시작해서 처음으로 연결될 수 있도록 할 것이다.

이 방법으로 작성한 코드는 굉장히 복잡해서 면접 문제로 출제될 수 있는 난이도 범위를 넘어선다. 의사코드로 작성하거나, 혹은 개별 컴포넌트 정도는 직접 작성할 수도 있겠지만, 전체 코드를 한 번에 작성해야 한다면 해야 할 일이 너무 많아진다.

```java
public class MultiStack {
    /* StackInfo는 각 스택에 대한 자료를 들고 있는 간단한 클래스이다.
     * 스택의 실제 아이템을 들고 있지는 않는다. 개별적인 변수 다발을 사용해서
     * 실제 아이템을 들고 있게 할 수도 있지만, 이 방법은 굉장히 지저분하고
     * 실제로 이렇게 해서 얻을 수 있는 게 많지 않다. */
    private class StackInfo {
        public int start, size, capacity;
        public StackInfo(int start, int capacity) {
            this.start = start;
            this.capacity = capacity;
        }

        /* 주어진 배열 내의 인덱스가 스택의 구역 내에 있는지 확인한다.
         * 스택은 순환해서 배열의 시작 지점으로 옮겨갈 수도 있다. */
        public boolean isWithinStackCapacity(int index) {
            /* 배열의 범위를 벗어나면 false를 반환한다. */
            if (index < 0 || index >= values.length) {
                return false;
            }

            /* 인덱스가 배열을 순환해야 한다면 그 값을 알맞게 고쳐준다. */
            int contiguousIndex = index < start ? index + values.length : index;
            int end = start + capacity;
            return start <= contiguousIndex && contiguousIndex < end;
        }

        public int lastCapacityIndex() {
            return adjustIndex(start + capacity - 1);
        }

        public int lastElementIndex() {
            return adjustIndex(start + size - 1);
        }

        public boolean isFull() { return size == capacity; }
        public boolean isEmpty() { return size == 0; }
    }

    private StackInfo[] info;
    private int[] values;

    public MultiStack(int numberOfStacks, int defaultSize) {
        /* 모든 스택에 대한 메타데이터를 만든다. */
        info = new StackInfo[numberOfStacks];
        for (int i = 0; i < numberOfStacks; i++) {
            info[i] = new StackInfo(defaultSize * i, defaultSize);
        }
        values = new int[numberOfStacks * defaultSize];
    }

    /* stackNum 위치에 값을 넣어주고, 필요에 따라 스택을 움직이거나 늘려준다. */
```

```
 * 모든 스택이 꽉 찬 경우를 대비해서 예외 처리를 해준다. */
public void push(int stackNum, int value) throws FullStackException {
    if (allStacksAreFull()) {
        throw new FullStackException();
    }

    /* 스택이 꽉 찼다면 크기를 늘려준다. */
    StackInfo stack = info[stackNum];
    if (stack.isFull()) {
        expand(stackNum);
    }

    /* 크기를 하나 증가시킨 스택의 마지막 원소의 인덱스를 찾은 뒤 스택 포인터를 늘린다. */
    stack.size++;
    values[stack.lastElementIndex()] = value;
}

/* 스택에서 값 하나를 제거한다. */
public int pop(int stackNum) throws Exception {
    StackInfo stack = info[stackNum];
    if (stack.isEmpty()) {
        throw new EmptyStackException();
    }

    /* 마지막 원소를 제거한다. */
    int value = values[stack.lastElementIndex()];
    values[stack.lastElementIndex()] = 0; // 마지막 원소를 삭제한다.
    stack.size--; // 크기를 줄여준다.
    return value;
}

/* 스택의 꼭대기 값을 구한다.*/
public int peek(int stackNum) {
    StackInfo stack = info[stackNum];
    return values[stack.lastElementIndex()];
}

/* 스택의 원소들을 하나 옮긴다.
 * 만약 스택에 여유 공간이 있다면 스택의 크기를 원소를 하나 줄여준다.
 * 여유 공간이 없다면 그다음에 위치한 스택 또한 옮겨야 한다. */
private void shift(int stackNum) {
    System.out.println("/// Shifting " + stackNum);
    StackInfo stack = info[stackNum];

    /* 스택이 꽉 차 있다면, 그다음에 위치한 스택을 원소 하나 크기만큼
     * 옮겨야 한다. 그래야 현재 스택에 여유 공간이 생긴다. */
    if (stack.size >= stack.capacity) {
        int nextStack = (stackNum + 1) % info.length;
        shift(nextStack);
        stack.capacity++; // 다음 스택에서 얻어온 가용 공간.
    }

    /* 스택의 모든 원소를 하나씩 옮긴다. */
    int index = stack.lastCapacityIndex();
    while (stack.isWithinStackCapacity(index)) {
        values[index] = values[previousIndex(index)];
        index = previousIndex(index);
    }
    /* 스택의 데이터를 변경한다. */
    values[stack.start] = 0; // 원소를 삭제한다.
    stack.start = nextIndex(stack.start); // 시작 지점을 옮긴다.
```

```
            stack.capacity--; // 용량을 줄인다.
        }

        /* 다른 스택으로 옮김으로써 스택의 크기를 늘려준다. */
        private void expand(int stackNum) {
            shift((stackNum + 1) % info.length);
            info[stackNum].capacity++;
        }

        /* 현재 스택에 존재하는 원소의 개수를 반환한다. */
        public int numberOfElements() {
            int size = 0;
            for (StackInfo sd : info) {
                size += sd.size;
            }
            return size;
        }

        /* 모든 스택이 꽉 차있다면 true를 반환한다. */
        public boolean allStacksAreFull() {
            return numberOfElements() == values.length;
        }

        /* 인덱스를 0에서 length-1 범위 안에 있도록 조절해 준다. */
        private int adjustIndex(int index) {
            /* 자바의 mod 연산자는 음수값을 반환할 수도 있다. 예를 들어, (-11 % 5)는
             * 4가 아닌 -1을 반환한다. 하지만 우리가 실제로 원하는 값은 4일
             * 것이다(인덱스가 배열 범위 안에서 순환하기 때문에). */
            int max = values.length;
            return ((index % max) + max) % max;
        }

        /* (배열의 순환을 적용한) 현재 위치의 다음 인덱스를 반환한다. */
        private int nextIndex(int index) {
            return adjustIndex(index + 1);
        }

        /* (배열의 순환을 적용한) 현재 위치의 이전 인덱스를 반환한다. */
        private int previousIndex(int index) {
            return adjustIndex(index - 1);
        }
    }
```

이런 문제를 풀 때는 깔끔하고 유지보수가 쉬운 코드를 작성하는 것이 중요하다. StackInfo의 경우에서처럼, 필요하면 부가적인 클래스를 사용하고, 코드 덩어리들은 별도의 메서드로 분리하라. 물론, 이 방법은 '실무'에서도 그대로 적용된다.

3.2 스택 Min: 기본적인 push와 pop 기능이 구현된 스택에서 최솟값을 반환하는 min 함수를 추가하려고 한다. 어떻게 설계할 수 있겠는가? push, pop, min 연산은 모두 O(1) 시간에 동작해야 한다.

147쪽

해법

최솟값은 자주 변하지 않는다. 최솟값보다 작은 원소가 추가될 때만 변한다.

최솟값을 구하는 한 가지 방법은 Stack 클래스의 멤버로 int minValue를 두는 것이다. minValue가 스택에서 제거되면 스택을 뒤져 새로운 최솟값을 찾는다. 하지만 이렇게 하면 push와 pop 연산을 O(1) 시간에 수행할 수 없다.

짤막한 예제 하나를 통해 이 문제를 좀 더 자세히 살펴보자.

```
push(5); // 스택: {5}, 최솟값: 5
push(6); // 스택: {6, 5}, 최솟값: 5
push(3); // 스택: {3, 6, 5}, 최솟값: 3
push(7); // 스택: {7, 3, 6, 5}, 최솟값: 3
pop();   // 7 제거. 스택: {3, 6, 5}, 최솟값: 3
pop();   // 3 제거. 스택: {6, 5}, 최솟값: 5.
```

스택이 이전 상태로 되돌아가면(|6, 5|) 최솟값 또한 이전 상태로 돌아가는 것을 볼 수 있다(5). 이 특성을 이용해서 두 번째 해법을 설명할 것이다.

스택의 각 상태마다 최솟값을 함께 기록하면, 최솟값을 쉽게 구할 수 있다. 따라서 각 노드에서 그보다 작은 값이 무엇인지를 기록할 수 있다면, 스택의 최상위 노드만을 보고 최솟값을 알아낼 수 있다.

원소를 스택에 쌓을 때, 현재 값과 자신보다 아래 위치한 원소들 중의 최솟값 중에서 더 작은 값을 최솟값으로 기록한다.

```java
public class StackWithMin extends Stack {
    public void push(int value) {
        int newMin = Math.min(value, min());
        super.push(new NodeWithMin(value, newMin));
    }

    public int min() {
        if (this.isEmpty()) {
            return Integer.MAX_VALUE; // 에러값
        } else {
            return peek().min;
        }
    }
}

class NodeWithMin {
    public int value;
    public int min;
    public NodeWithMin(int v, int min){
        value = v;
        this.min = min;
    }
}
```

그런데 이 방법에는 한 가지 문제가 있다. 스택이 커지면, 각 원소마다 min을 기록하느라 공간이 낭비된다. 더 나은 방법은 없을까?

min 값들을 기록하는 스택을 하나 더 두면 (아마도) 조금 더 나을 수 있다.

```java
public class StackWithMin2 extends Stack {
    Stack s2;
    public StackWithMin2() {
        s2 = new Stack();
    }

    public void push(int value){
        if (value <= min()) {
            s2.push(value);
        }
        super.push(value);
    }

    public Integer pop() {
        int value = super.pop();
        if (value == min()) {
            s2.pop();
        }
        return value;
    }

    public int min() {
        if (s2.isEmpty()) {
            return Integer.MAX_VALUE;
        } else {
            return s2.peek();
        }
    }
}
```

이 방법의 공간 효율이 좀 더 높은 이유는 무엇인가? 스택이 굉장히 크기는 하지만 스택에 삽입된 최초의 원소가 하필 최솟값이었다고 해 보자. 첫 번째 해법의 경우 스택의 크기가 n이라면 n개의 정수값이 필요할 것이다. 하지만 방금 살펴본 해법의 경우에는 두 번째 스택에 하나의 원소만 더 보관하면 된다.

3.3 **접시 무더기:** 접시 무더기를 생각해 보자. 접시를 너무 높이 쌓으면 무너져 내릴 것이다. 따라서 현실에서는 접시를 쌓다가 무더기 높이가 어느 정도 높아지면 새로운 무더기를 만든다. 이것을 흉내 내는 자료구조 SetOfStacks를 구현해 보라. SetOfStacks는 여러 개의 스택으로 구성되어 있으며, 이전 스택이 지정된 용량을 초과하는 경우 새로운 스택을 생성해야 한다. SetOfStacks.push()와 SetOfStacks.pop()은 스택이 하나인 경우와 동일하게 동작해야 한다(다시 말해, pop()은 정확히 하나의 스택이 있을 때와 동일한 값을 반환해야 한다).

연관문제
특정한 하위 스택에 대해서 pop을 수행하는 popAt(int index) 함수를 구현하라.

147쪽

이 문제의 경우, 자료구조 자체는 이미 주어져 있다.

```
class SetOfStacks {
    ArrayList stacks = new ArrayList();
    public void push(int v) { ... }
    public int pop() { ... }
}
```

push()는 하나의 스택을 사용하는 경우와 똑같이 동작해야 한다. 따라서 push()는 스택 배열의 마지막에서 호출되어야 한다. 이때 주의할 것은, 스택이 꽉 찼을 경우 새로운 스택을 만들어 주어야 한다는 점이다. 그 코드는 다음과 같다.

```
void push(int v) {
    Stack last = getLastStack();
    if (last != null && !last.isFull()) { // 마지막 스택에 추가한다.
        last.push(v);
    } else { // 스택을 새로 만든다.
        Stack stack = new Stack(capacity);
        stack.push(v);
        stacks.add(stack);
    }
}
```

pop()은 어떻게 동작해야 하나? push()의 경우와 마찬가지로 마지막 스택에서 호출되어야 한다. 만약 pop()을 한 다음에 스택이 비면, 해당 스택은 스택 리스트에서 제거해야 한다.

```
int pop() {
    Stack last = getLastStack();
    if (last == null) throw new EmptyStackException();
    int v = last.pop();
    if (last.size == 0) stacks.remove(stacks.size() - 1);
    return v;
}
```

연관문제: popAt(int index)의 구현

구현하기 좀 까다롭긴 하지만 '이월(rollover)' 시스템이라고 생각해 보자. 스택 #1에서 원소를 꺼내면 스택 #2의 바닥에서 원소를 꺼내서 스택 #1에 넣어야 한다. 그리고 스택 #3에서 스택 #2로, 스택 #4에서 스택 #3으로, 이런 식으로 계속 이동시켜야 한다.

그러면 이렇게 주장할 수도 있다. 원소를 '이월'시키지 말고 스택을 그대로 놔둬도 괜찮지 않나? 이렇게 하면 시간 복잡도는 개선할 수 있다(원소가 굉장히 많다면 상당히 줄어들 것이다). 하지만 '모든 스택은 마지막 스택을 제외하고는 가득 찬 상태'라는 조건이 제시되면 난감한 상황에 빠질 수 있다. 정답은 없다. 무엇을 택하고 무엇을 버릴지는, 면접관과 이야기해 봐야 한다.

```
public class SetOfStacks {
    ArrayList stacks = new ArrayList();
    public int capacity;
    public SetOfStacks(int capacity) {
        this.capacity = capacity;
    }

    public Stack getLastStack() {
        if (stacks.size() == 0) return null;
        return stacks.get(stacks.size() - 1);
    }

    public void push(int v) { /* 이전 코드와 동일 */ }
    public int pop() { /* 이전 코드와 동일 */ }
    public boolean isEmpty() {
        Stack last = getLastStack();
        return last == null || last.isEmpty();
    }

    public int popAt(int index) {
        return leftShift(index, true);
    }

    public int leftShift(int index, boolean removeTop) {
        Stack stack = stacks.get(index);
        int removed_item;
        if (removeTop) removed_item = stack.pop();
        else removed_item = stack.removeBottom();
        if (stack.isEmpty()) {
            stacks.remove(index);
        } else if (stacks.size() > index + 1) {
            int v = leftShift(index + 1, false);
            stack.push(v);
        }
        return removed_item;
    }
}

public class Stack {
    private int capacity;
    public Node top, bottom;
    public int size = 0;

    public Stack(int capacity) { this.capacity = capacity; }
    public boolean isFull() { return capacity == size; }

    public void join(Node above, Node below) {
        if (below != null) below.above = above;
        if (above != null) above.below = below;
    }

    public boolean push(int v) {
        if (size >= capacity) return false;
        size++;
        Node n = new Node(v);
        if (size == 1) bottom = n;
        join(n, top);
        top = n;
        return true;
```

```
    }

    public int pop() {
        Node t = top;
        top = top.below;
        size--;
        return t.value;
    }

    public boolean isEmpty() {
        return size == 0;
    }

    public int removeBottom() {
        Node b = bottom;
        bottom = bottom.above;
        if (bottom != null) bottom.below = null;
        size--;
        return b.value;
    }
}
```

이 문제가 개념적으로는 어렵지 않다. 하지만 완전히 구현하려면 코딩해야 할 양이 많다. 면접관이 전부를 다 구현하라고 하지 않을 수도 있다.

이런 문제를 다루는 한 가지 좋은 전략은, 코드를 가급적 별도 메서드로 분리하는 것이다. popAt을 구현할 때 써먹을 수 있었던 leftShift 같은 메서드가 좋은 예다. 이렇게 하면 코드가 보다 깔끔해질 뿐 아니라, 세부사항을 다루기에 앞서 코드의 골격을 마련해 둘 수 있어서 좋다.

3.4 스택으로 큐: 스택 두 개로 큐 하나를 구현한 MyQueue 클래스를 구현하라.

147쪽

해법

큐와 스택의 주된 차이는 순서다(먼저 들어간 원소가 먼저 나오느냐, 아니면 마지막에 들어간 원소가 먼저 나오느냐). 순서를 뒤집으려면 peek()과 pop()을 역순으로 구현해야 한다. 두 번째 스택을 사용하면 저장된 원소의 순서를 뒤집을 수 있다 (s1에서 꺼낸 원소를 s2에 넣어주면 된다). 그렇게 구현할 경우, peek()과 pop()을 할 때마다, 모든 항목을 s1에서 s2로 옮겨준 뒤 peek/pop 연산을 수행하고, 전부 s1로 다시 넣어야 한다.

이 방법을 써도 된다. 하지만 pop/peek 연산이 연이어 호출되는 경우에는 쓸데없이 원소를 오락가락하게 옮기게 된다. 이런 문제는 원소들의 순서를 반드시 뒤집어야 할 경우가 아니면 s2에 그대로 두는 게으른(lazy) 접근법을 사용해서 해결할 수 있다.

이 방법에서 stackNewest는 새 원소가 맨 위에 있는 스택을 말하고, stackOldest 는 마지막 원소가 맨 위에 있는 스택을 말한다. 큐에서 제거할 때는 오래된 원소부 터 제거해야 하므로, stackOldest에서 원소를 제거한다. stackOldest가 비어 있을 경우에는 stackNewest의 모든 원소의 순서를 뒤집어서 stackOldest에 넣는다. 원소 를 새로 삽입할 때에는 stackNewest에 삽입하여, 새로운 원소가 스택 최상단에 유 지되도록 한다.

아래는 이 알고리즘을 구현한 코드이다.

```java
public class MyQueue {
    Stack stackNewest, stackOldest;

    public MyQueue() {
        stackNewest = new Stack();
        stackOldest = new Stack();
    }

    public int size() {
        return stackNewest.size() + stackOldest.size();
    }

    public void add(T value) {
        /* 새로운 원소가 상단에 놓이도록 stackNewest에 원소를 삽입한다. */
        stackNewest.push(value);
    }

    /* stackNewest에서 stackOldest로 원소를 옮긴다. stackOldest 연산을
     * 수행하기 위한 작업이다. */
    private void shiftStacks() {
        if (stackOldest.isEmpty()) {
            while (!stackNewest.isEmpty()) {
                stackOldest.push(stackNewest.pop());
            }
        }
    }

    public T peek() {
        shiftStacks(); // stackOldest에 현재 원소들이 들어 있다.
        return stackOldest.peek(); // 가장 오래된 원소를 반환한다.
    }

    public T remove() {
        shiftStacks(); // stackOldest에 현재 원소들이 들어 있다.
        return stackOldest.pop(); // 가장 오래된 원소를 제거한다.
    }
}
```

실제로 면접을 보는 동안에는 API가 정확하게 생각나지 않을 수도 있다. 그렇더라 도 너무 스트레스 받지는 말라. 대부분의 면접관들은 사소한 사항이 기억나지 않아 서 던지는 질문에 관대하다. 그들은 여러분이 큰 그림을 그릴 능력이 있느냐에 더 신경을 많이 쓴다.

3.5 **스택 정렬**: 가장 작은 값이 위로 오도록 스택을 정렬하는 프로그램을 작성하라. 추가적으로 하나 정도의 스택은 사용해도 괜찮지만, 스택에 보관된 요소를 배열 등의 다른 자료구조로 복사할 수는 없다. 스택은 push, pop, peek, isEmpty의 네 가지 연산을 제공해야 한다.

147쪽

해법

문제를 푸는 한 가지 방법은 간단한 정렬 알고리즘을 사용하는 것이다. 스택 전체를 탐색해서 최솟값을 찾은 뒤 새로운 스택에 넣는다. 그 뒤 새로운 최솟값을 찾아 또 새로운 스택에 넣는다. 하지만 이렇게 하려면 도합 세 개의 스택이 필요하다. s1은 원래 스택, s2는 최종적으로 정렬된 스택, s3은 s1을 탐색할 동안 버퍼로 사용할 스택이다.

안타깝게도 추가로 스택을 두 개나 사용해야 한다. 하나만 사용할 수 있는 방법은 없을까? 있다.

최솟값을 반복적으로 찾아 나가는 대신, s1에서 꺼낸 값을 s2에 순서대로 삽입하며 정렬할 수 있다. 어떻게 그런 작업이 가능한가?

다음과 같은 스택이 주어졌다고 해 보자. s2는 정렬되어 있으나 s1은 아니다.

s1	s2
	12
5	8
10	3
7	1

s1에서 5를 꺼낸 뒤 s2에서 삽입할 적절한 위치를 찾아야 한다. 위의 예제에선 s2의 3 위에 넣으면 된다. 어떻게 그 자리에 넣을 수 있는가? 우선 s1에서 5를 꺼내서 임시 변수에 보관한 다음, s2의 12와 8을 s1로 이동시킨다. 그런 다음 5를 s2에 넣는다.

1단계			2단계			3단계	
s1	s2		s1	s2		s1	s2
	12			8			8
	8	$\rightarrow$		12	$\rightarrow$		12	5
10	3		10	3		10	3
7	1		7	1		7	1
tmp = 5			tmp = 5			tmp = --	

8과 12가 아직도 s1에 남아 있지만 그래도 괜찮다. 5에 수행했던 절차를 이 둘에도 그대로 반복하면 된다. s1에서 원소를 꺼낼 때마다 s2에서 적절한 위치를 찾아서 삽입하는 것이다. 물론, 8과 12는 s2에서 넘어온 원소이고 둘 다 5보다 크기 때문에 5보다 위쪽에 놓이는 것이 적절하다. s2의 다른 원소들을 헤집고 다닐 필요가 없다. 따라서 while 루프 안쪽에 있는 코드는 tmp 값이 8이거나 12일 때는 실행되지 않는다.

```
void sort(Stack s) {
    Stack r = new Stack();
    while(!s.isEmpty()) {
        /* s의 원소를 정렬된 순서로 r에 삽입한다. */
        int tmp = s.pop();
        while(!r.isEmpty() && r.peek() > tmp) {
            s.push(r.pop());
        }
        r.push(tmp);
    }

    /* r에서 s로 원소를 다시 옮겨준다. */
    while (!r.isEmpty()) {
        s.push(r.pop());
    }
}
```

이 알고리즘은 $O(N^2)$ 시간, $O(N)$ 공간이 된다.

스택을 무한정으로 사용할 수 있다면, 변형된 퀵 정렬(quick sort)이나 병합 정렬 (merge sort)을 사용할 수도 있다.

병합 정렬을 사용할 경우, 추가로 스택 두 개를 더 만든 다음 원래 스택을 두 개로 쪼개어 저장한다. 그런 다음 그 두 스택을 재귀적으로 정렬하고, 나중에 원래 스택 으로 병합하면 된다. 따라서 재귀 호출이 일어날 때마다 두 개의 스택이 추가로 만 들어진다.

퀵 정렬을 사용할 경우, 추가 스택을 두 개 만든 다음, 피벗(pivot)을 기준으로 원 래 스택의 원소들을 나눠서 저장한다. 그런 다음 두 스택을 각각 재귀적으로 정렬 한 다음에 원래 스택에 합치면 된다. 병합 정렬과 마찬가지로, 재귀 호출이 일어날 때마다 두 개의 스택이 추가로 만들어진다.

3.6 **동물 보호소**: 먼저 들어온 동물이 먼저 나가는 동물 보호소(animal shelter) 가 있다고 하자. 이 보호소는 개와 고양이만 수용한다. 사람들은 보호소 에서 가장 오래된 동물부터 입양할 수 있는데, 개와 고양이 중 어떤 동물 을 데려갈지 선택할 수 있다. 하지만 특정한 동물을 지정해 데려갈 수는 없

다. 이 시스템을 자료구조로 구현하라. 이 자료구조는 enqueue, dequeueAny, dequeueDog, dequeueCat의 연산을 제공해야 한다. 기본적으로 탑재되어 있는 LinkedList 자료구조를 사용해도 좋다.

148쪽

해법

이 문제는 탐구해 볼 만한 해법이 다양하게 존재한다. 예를 들어 큐를 하나만 사용하는 경우를 생각해 보자. 그렇게 하면 dequeueAny는 쉽게 구현할 수 있다. 하지만 dequeueDog나 dequeueCat을 구현하려면 큐를 모두 뒤져 첫 번째 개나 고양이를 찾아야만 한다. 복잡도는 증가하고 효율성은 떨어진다.

간단하고 깔끔하면서도 효율적인 방법은 개와 고양이를 별도의 큐로 관리하는 것이다. 그리고 그 두 큐를 AnimalQueue라는 클래스로 감싸는 것이다. 그리고 각 동물이 언제 들어왔는지를 알려줄 일종의 타임스탬프(timestamp)를 기록하면 된다. dequeueAny에서는 두 큐의 맨 앞 동물 중에 가장 오래된 동물을 반환한다.

```java
abstract class Animal {
    private int order;
    protected String name;
    public Animal(String n) { name = n; }
    public void setOrder(int ord) { order = ord; }
    public int getOrder() { return order; }
    /* 오래된 동물을 반환하기 위해서 순서 비교하기 */
    public boolean isOlderThan(Animal a) {
        return this.order < a.getOrder();
    }
}

class AnimalQueue {
    LinkedList dogs = new LinkedList();
    LinkedList cats = new LinkedList();
    private int order = 0; // timestamp의 역할을 한다.

    public void enqueue(Animal a) {
        /* 개와 고양이의 수용 순서를 비교하기 위해 timestamp를 사용해서 이들의
         * 순서를 정한다. */
        a.setOrder(order);
        order++;

        if (a instanceof Dog) dogs.addLast((Dog) a);
        else if (a instanceof Cat) cats.addLast((Cat)a);
    }

    public Animal dequeueAny() {
        /* 개와 고양이 큐의 맨 앞을 살펴본 뒤
         * 그중 더 오래전에 들어온 동물을 큐에서 빼낸다. */
        if (dogs.size() == 0) {
            return dequeueCats();
        } else if (cats.size() == 0) {
            return dequeueDogs();
        }
```

```
        Dog dog = dogs.peek();
        Cat cat = cats.peek();
        if (dog.isOlderThan(cat)) {
            return dequeueDogs();
        } else {
            return dequeueCats();
        }
    }

    public Dog dequeueDogs() {
        return dogs.poll();
    }

    public Cat dequeueCats() {
        return cats.poll();
    }
}

public class Dog extends Animal {
    public Dog(String n) { super(n); }
}

public class Cat extends Animal {
    public Cat(String n) { super(n); }
}
```

여기서 중요한 점은 Dog와 Cat 모두 Animal 클래스를 상속받는다는 점이다. 왜냐하면 dequeueAny()가 Dog와 Cat 객체 모두를 반환할 수 있어야 하기 때문이다.

원한다면 순서를 정할 때 숫자가 아닌 실제 날짜와 시간을 사용할 수도 있다. 이때의 장점은 우리가 직접 timestamp 값을 정하거나 유지할 필요가 없다는 것이다. 하지만 두 동물이 같은 시간에 들어온 상황이 생긴다면 더 오래된 동물을 찾을 수 없고 둘 중 하나를 임의로 반환해야 할 수도 있다.

04
트리와 그래프 해법

4.1 노드 사이의 경로: 방향 그래프가 주어졌을 때 두 노드 사이에 경로가 존재하는지 확인하는 알고리즘을 작성하라.

162쪽

해법

이 문제는 간단한 그래프 탐색 기법, 즉 너비 우선 탐색(breadth-first search)이나 깊이 우선 탐색(depth-first search)을 사용해서 풀 수 있다. 두 노드 가운데 하나를 고른 뒤 탐색 도중 다른 노드가 발견되는지 검사하면 된다. 사이클(cycle)에 대비하고, 중복되는 일을 피하기 위해서 방문한 노드는 '이미 방문했음'으로 표시해 두어야 한다.

아래의 코드는 너비 우선 탐색 기법을 순환적 방법으로 구현한 코드이다.

```
enum State { Unvisited, Visited, Visiting; }

boolean search(Graph g, Node start, Node end) {
    if (start == end) return true;

    // Queue처럼 동작한다.
    LinkedList q = new LinkedList();

    for (Node u : g.getNodes()) {
        u.state = State.Unvisited;
    }
    start.state = State.Visiting;
    q.add(start);
    Node u;
    while (!q.isEmpty()) {
        u = q.removeFirst(); // dequeue()와 같다.
        if (u != null) {
            for (Node v : u.getAdjacent()) {
                if (v.state == State.Unvisited) {
                    if (v == end) {
                        return true;
                    } else {
                        v.state = State.Visiting;
                        q.add(v);
                    }
                }
            }
            u.state = State.Visited;
        }
    }
    return false;
}
```

이 문제를 비롯하여 그래프 탐색과 연관된 문제를 풀 때는, 너비 우선 탐색과 깊이 우선 탐색 기법 사이의 장단점에 대해 토론해 보는 것도 좋다. 예를 들어, 깊이 우선 탐색은 간단한 재귀를 이용해서 구현할 수 있으므로 좀 더 단순한 면이 있다. 너비 우선 탐색은 최단 경로를 찾는 데 유용할 수 있는 반면, 깊이 우선 탐색은 다른 인접 노드를 방문하기 전에 특정한 인접 노드를 깊이 있게 탐색해 볼 수 있다.

4.2 **최소 트리**: 오름차순으로 정렬된 배열이 있다. 이 배열 안에 들어 있는 원소는 정수이며 중복된 값이 없다고 했을 때 높이가 최소가 되는 이진 탐색 트리를 만드는 알고리즘을 작성하라.

162쪽

해법

최소 높이 트리를 생성하기 위해서는, 왼쪽 하위 트리의 노드의 개수와 오른쪽 하위 트리의 노드 개수를 가능하면 같게 맞춰야 한다. 즉, 루트 노드가 배열의 중앙에 오도록 해야 한다는 뜻인데, 이 말은 트리 원소 가운데 절반은 루트보다 작고 나머지 절반은 루트보다 커야 한다는 것을 의미한다.

우리는 트리를 이와 유사한 방식으로 만들어 나갈 것이다. 배열에서 각 구획의 중간 원소가 루트가 될 것이고, 루트의 왼쪽 절반은 왼쪽 하위 트리, 오른쪽 절반은 오른쪽 하위 트리가 될 것이다.

이를 간단하게 구현하려면 root.insertNode(int v) 메서드를 만들면 되는데, 이 메서드는 루트부터 재귀적으로 v를 트리에 삽입하는 역할을 한다. 이렇게 하면 결국에는 최소 높이 트리를 만들 수 있겠지만, 그다지 효율적이진 않다. 왜냐하면 원소를 삽입할 때마다 트리를 순회해야 하므로, 전체 비용이 $O(N \log N)$이 되기 때문이다.

또 다른 방법으로는, createMinimalBST 메서드를 재귀적으로 사용함으로써 부가적으로 발생하는 트리 순회 비용을 절감하는 것이다. 이 메서드는 배열의 일부가 주어졌을 때, 해당 배열로 만들 수 있는 최소 높이 트리의 루트를 반환한다.

알고리즘은 다음과 같다.

1. 배열 가운데 원소를 트리에 삽입한다.
2. 왼쪽 하위 트리에 왼쪽 절반 배열 원소들을 삽입한다.
3. 오른쪽 하위 트리에 오른쪽 절반 배열 원소들을 삽입한다.
4. 재귀 호출을 실행한다.

아래는 이 알고리즘을 구현한 코드이다.

```
TreeNode createMinimalBST(int array[]) {
    return createMinimalBST(array, 0, array.length - 1);
}

TreeNode createMinimalBST(int arr[], int start, int end) {
    if (end < start) {
        return null;
    }
    int mid = (start + end) / 2;
    TreeNode n = new TreeNode(arr[mid]);
    n.left = createMinimalBST(arr, start, mid - 1);
    n.right = createMinimalBST(arr, mid + 1, end);
    return n;
}
```

이 코드에 특별히 복잡한 부분은 없으나, OBOE[1] 오류를 저지르기가 쉽다. 그런 일이 발생하지 않도록 관련된 코드를 철저히 점검하기 바란다

4.3 **깊이의 리스트**: 이진 트리가 주어졌을 때 같은 깊이에 있는 노드를 연결리스트로 연결해 주는 알고리즘을 설계하라. 즉, 트리의 깊이가 D라면 D개의 연결리스트를 만들어야 한다.

162쪽

해법

처음 문제를 접했을 때는 각 깊이별로 순회를 해야 할 것 같다는 생각이 든다. 하지만, 실제로는 그러지 않아도 된다. 어떤 방법으로 순회하든 상관없다. 단지 현재 탐색 중인 노드의 깊이만 알 수 있으면 된다.

전위 순회(pre order traversal) 알고리즘을 살짝 변형하여 풀어 보자. 재귀 함수를 호출할 때 level+1을 인자로 넘길 것이다. 아래의 코드는 깊이 우선 탐색 기법을 사용한 구현 결과다.

```
void createLevelLinkedList(TreeNode root, ArrayList<LinkedList<TreeNode>> lists,
                           int level) {
    if (root == null) return; // 초기 사례

    LinkedList list = null;
    if (lists.size() == level) { // 리스트에 해당 레벨이 없다.
        list = new LinkedList();
        /* 깊이가 증가하는 순서로 순회했다는 사실에 유의하자. 따라서 깊이 #i를 처음
         * 마주쳤다면, 0부터 i-1번째까지는 이전에 이미 lists에 추가되어야 한다.
         * 따라서 새로운 깊이 #i를 lists의 끝에 추가해도 안전하다. */
        lists.add(list);
    } else {
```

---

1 (옮긴이) off-by-one error의 약자로 알고리즘 혹은 메모리의 경계 조건에서 발생할 수 있는 사소한 에러를 일컫는다.

```
            list = lists.get(level);
        }
        list.add(root);
        createLevelLinkedList(root.left, lists, level + 1);
        createLevelLinkedList(root.right, lists, level + 1);
}

ArrayList<LinkedList<TreeNode>> createLevelLinkedList(TreeNode root) {
    ArrayList<LinkedList<TreeNode>> lists = new ArrayList>();
    createLevelLinkedList(root, lists, 0);
    return lists;
}
```

그 대신, 너비 우선 탐색을 변경하여 구현할 수도 있다. 그렇게 할 경우에는 루트를 먼저 방문하고, 두 번째 깊이에 해당하는 노드를, 그다음에는 세 번째 깊이에 해당하는 노드를 차례로 방문해 나갈 것이다.

따라서 i번째 깊이에 도달했을 때는 i-1번째 깊이에 해당하는 노드들은 전부 방문한 상태가 된다. 즉, i번째 깊이에 어떤 노드들이 있는지 알아내려면, i-1번째 깊이에 있는 노드의 모든 자식 노드를 검사하면 된다.

아래는 이 알고리즘을 구현한 코드이다.

```
ArrayList<LinkedList<TreeNode>> createLevelLinkedList(TreeNode root) {
    ArrayList<LinkedList<TreeNode>> result = new ArrayList>();
    /* 루트 '방문' */
    LinkedList current = new LinkedList();
    if (root != null) {
        current.add(root);
    }

    while (current.size() > 0) {
        result.add(current); // 이전 깊이 추가
        LinkedList parents = current; // 다음 깊이로 진행
        current = new LinkedList();
        for (TreeNode parent : parents) {
            /* 자식 노드들 방문 */
            if (parent.left != null) {
                current.add(parent.left);
            }
            if (parent.right != null) {
                current.add(parent.right);
            }
        }
    }
    return result;
}
```

이들 해법 가운데 어느 쪽이 좀 더 효율적인가? 둘 다 O(N) 시간이 소요된다. 그러면 공간 효율은 어느 쪽이 더 좋은가? 처음엔 두 번째 해법의 공간 효율성이 좀 더 좋아 보인다.

어떤 의미에서는 맞는 말이다. 첫 번째 해법은 (균형 잡힌 트리의 경우) O(logN)

만큼의 재귀 호출을 필요로 하는데, 이는 새로운 깊이를 탐색할 때마다 스택을 사용한다는 뜻이다. 두 번째 방법은 순환적으로 구현되어 있어서 추가 공간을 요구하지 않는다.

하지만 둘 다 O(N)만큼의 데이터를 반환해야 한다. 재귀적으로 구현할 때 요구되는 O(log N)만큼의 추가적인 공간은, O(N) 크기의 데이터와 비교하면 얼마 되지 않는다. 그러므로 첫 번째 방법이 실제로 더 많은 공간을 사용하지만 O 표기법에 비추어 보면 두 해법은 공간 효율성 측면에서는 동일하다고 볼 수 있다.

4.4 **균형 확인**: 이진 트리가 균형 잡혀있는지 확인하는 함수를 작성하라. 이 문제에서 균형 잡힌 트리란 모든 노드에 대해서 왼쪽 부분 트리의 높이와 오른쪽 부분 트리의 높이의 차이가 최대 하나인 트리를 의미한다.

해법

162쪽

이 문제에서는 운이 좋게도 '균형'이라는 말의 의미가 명확하다. 어떤 노드의 두 하위 트리의 높이의 차이가 최대 하나여야 한다. 이 정의에 입각하여 해답을 구현할 수 있다. 단순하게 전체 트리를 재귀적으로 순회하면서, 각 노드에 대해 하위 트리의 높이를 계산하면 된다.

```
int getHeight(TreeNode root) {
    if (root == null) return -1; // 초기 사례
    return Math.max(getHeight(root.left), getHeight(root.right)) + 1;
}

boolean isBalanced(TreeNode root) {
    if (root == null) return true; // 초기 사례

    int heightDiff = getHeight(root.left) - getHeight(root.right);
    if (Math.abs(heightDiff) > 1) {
        return false;
    } else { // 재귀
        return isBalanced(root.left) && isBalanced(root.right);
    }
}
```

하지만 이 해법은 그다지 효율적이지 않다. 각 노드에서 전체 하위 트리를 재귀적으로 탐색하므로, 같은 노드에 대해 getHeight가 반복적으로 호출된다. 이 알고리즘은 O(N log N)인데, 각 노드는 그보다 위쪽에 있는 노드들이 전부 한 번씩 건드리기 때문이다.

따라서 getHeight를 호출하는 횟수를 줄일 필요가 있다.

이 메서드를 주의 깊게 살펴보면, getHeight가 높이를 검사하는 동시에 트리가

균형 잡혀 있는지도 검사한다는 사실을 알 수 있다. 하위 트리가 균형 잡혀 있지 않다면 어떻게 하나? 그냥 에러를 반환하면 된다.

이 개선된 알고리즘은 트리의 루트부터 재귀적으로 하위 트리를 훑어 나가면서 그 높이를 검사한다. 각 노드에서 checkHeight를 사용해서 왼쪽 하위 트리와 오른쪽 하위 트리의 높이를 재귀적으로 구한다. 하위 트리가 균형 잡힌 상태일 경우 checkHeight 메서드는 해당 하위 트리의 실제 높이를 반환하고, 그렇지 않은 경우에는 에러를 반환한다. 에러가 반환된 경우 즉시 실행을 중단한다.

에러는 어떤 값을 사용해야 할까? 일반적으로 널(null) 트리의 높이를 -1로 정의하기 때문에 -1은 적절한 에러 값이 될 수 없다. 여기에선 Integer.MIN_VALUE를 사용할 것이다.

아래는 이 알고리즘을 구현한 코드이다.

```
int checkHeight(TreeNode root) {
    if (root == null) return -1;

    int leftHeight = checkHeight(root.left);
    if (leftHeight == Integer.MIN_VALUE) return Integer.MIN_VALUE; // 에러 반환

    int rightHeight = checkHeight(root.right);
    if (rightHeight == Integer.MIN_VALUE) return Integer.MIN_VALUE; // 에러 반환

    int heightDiff = leftHeight - rightHeight;
    if (Math.abs(heightDiff) > 1) {
        return Integer.MIN_VALUE; // 에러 발견 → 반환
    } else {
        return Math.max(leftHeight, rightHeight) + 1;
    }
}

boolean isBalanced(TreeNode root) {
    return checkHeight(root) != Integer.MIN_VALUE;
}
```

이 코드의 시간 복잡도는 $O(N)$이고 공간 복잡도는 $O(H)$이다. 여기서 H는 트리의 높이를 나타낸다.

4.5 BST 검증: 주어진 이진 트리가 이진 탐색 트리인지 확인하는 함수를 작성하라.

163쪽

해법

두 가지 다른 방법으로 구현해 볼 수 있다. 첫 번째 방법은 전위 순회(in-order traversal)를 이용하는 것이고, 두 번째 방법은 left <= current < right 속성을 사용하는 것이다.

해법 #1: 중위 순회

첫 번째 해법은 중위 순회를 하면서 배열에 원소들을 복사해 넣은 뒤 이 결과가 정렬된 상태인지 보는 것이다. 별도의 메모리가 필요하긴 하지만 대부분의 경우에 잘 동작하는 방법이다.

이 방법의 문제점은 트리 안에 중복된 값이 있는 경우를 처리할 수 없다는 것이다. 예를 들어, 이 알고리즘은 아래의 두 트리를 중위 순회하면 같은 결과가 나오기 때문에 이들을 분간할 방법이 없다(둘 중 하나는 잘못된 트리이다).

하지만 트리에 중복된 값이 없다고 가정하면 올바르게 동작한다. 이 알고리즘을 의사코드로 옮기면 다음과 같다.

```
int index = 0;
void copyBST(TreeNode root, int[] array) {
    if (root == null) return;
    copyBST(root.left, array);
    array[index] = root.data;
    index++;
    copyBST(root.right, array);
}

boolean checkBST(TreeNode root) {
    int[] array = new int[root.size];
    copyBST(root, array);
    for (int i = 1; i < array.length; i++) {
        if (array[i] <= array[i - 1]) return false;
    }
    return true;
}
```

배열은 애초에 원소의 개수만큼 할당되어 있으므로 논리적인 의미에서 배열의 '마지막' 지점을 추적해야 한다.

이 해법을 잘 살펴보면, 실제로는 배열이 없어도 가능하다는 결론에 도달한다. 왜냐하면 우리는 배열에서 어떤 원소와 바로 전 단계의 원소만 비교하기 때문이다. 따라서 마지막으로 검사했던 원소만 기록해 둔 다음에 그다음 원소와 비교하면 될 것이다.

다음은 이 알고리즘을 구현한 코드이다.

```
Integer last_printed = null;
boolean checkBST(TreeNode n) {
    if (n == null) return true;

    // 왼쪽을 재귀적으로 검사
    if (!checkBST(n.left)) return false;

    // 현재 노드 검사
    if (last_printed != null && n.data <= last_printed) {
        return false;
    }
    last_printed = n.data;

    // 오른쪽을 재귀적으로 검사
    if (!checkBST(n.right)) return false;

    return true; // 검사 통과!
}
```

int 대신 Integer를 사용한 것은, last_printed에 값이 설정된 적이 있었는지 살펴보기 위함이다.

정적 변수(static variable)가 마음에 들지 않는다면, 다음과 같이 정수형 변수를 감싼 클래스를 하나 추가로 만들어 해결할 수 있다.

```
class WrapInt {
    public int value;
}
```

C++과 같이 참조에 의한 전달(passing by reference)이 가능한 언어를 사용하고 있다면, 해당 기능을 사용해도 좋다.

해법 #2: 최소 / 최대 기법

지금부터 설명할 두 번째 해법은 이진 탐색 트리의 정의를 이용한 것이다.

어떤 트리가 이진 탐색 트리라는 것은 무엇을 의미하나? 이는 각 노드에서 조건 left.data <= current.data < right.data를 만족한다는 뜻이다. 하지만 이것만으로는 충분하지 않다. 다음의 간단한 트리를 보자.

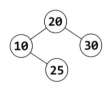

각 노드의 값이 왼쪽 노드보다 크고 오른쪽 노드보다 작지만, 분명 이진 탐색 트리는 아니다. 25의 위치가 잘못되어 있기 때문이다.

엄밀하게 말하면, 이진 탐색 트리가 만족해야 하는 조건은 '왼쪽의 모든 노드가 현재 노드가 같거나 작고, 오른쪽의 모든 노드가 현재 노드보다 크다'가 되어야 한다.

이에 기반하여, 최솟값과 최댓값을 아래로 전달해 나가면서 문제를 풀 수 있다. 즉, 트리를 순회하면서 더욱 좁은 범위에 대해 검증 작업을 반복하는 것이다.

아래의 예제 트리를 살펴보자.

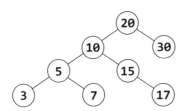

처음에는 (min = NULL, max = NULL)에서 시작한다. 루트 노드가 이 조건을 만족해야 함은 당연하다(NULL은 min과 max가 존재하지 않는다는 뜻이다). 루트 노드의 왼쪽 노드들은 (min = NULL, max = 20)의 범위 안에 있어야 하고, 오른쪽 노드들은 (min = 20, max = NULL)의 범위 안에 있어야 한다.

이 방법을 사용해 트리를 훑어 나간다. 왼쪽으로 분기하면 max를 갱신하고, 오른쪽으로 분기할 때는 min을 갱신한다. 언제든 범위에 어긋나는 데이터를 발견하면 트리 순회를 중단하고 false를 반환한다.

이 방법의 시간 복잡도는 O(N)이다. 여기서 N은 트리 내의 노드의 개수이다. 어떤 알고리즘을 사용하든지, N개의 노드를 한 번씩은 방문해야 하기 때문에 O(N)이 최선임은 증명 가능하다.

재귀를 사용하기 때문에 공간 복잡도는 균형 잡힌 트리에서 O(log N)이 된다. 트리의 깊이만큼 재귀 호출을 수행하므로 재귀 호출의 최대 횟수는 O(log N)이 된다.

다음은 이 알고리즘을 재귀적으로 작성한 코드이다.

```java
boolean checkBST(TreeNode n) {
    return checkBST(n, null, null);
}

boolean checkBST(TreeNode n, Integer min, Integer max) {
    if (n == null) {
        return true;
    }
    if ((min != null && n.data <= min) || (max != null && n.data > max)) {
        return false;
    }

    if (!checkBST(n.left, min, n.data) || !checkBST(n.right, n.data, max)) {
        return false;
```

```
    }
    return true;
}
```

재귀 알고리즘을 사용할 때에는 초기 사례(base case)뿐만 아니라 널 사례(null case)에도 유의해야 한다는 것을 기억하자.

4.6 **후속자**: 이진 탐색 트리에서 주어진 노드의 '다음' 노드(중위 후속자(in-order successor))를 찾는 알고리즘을 작성하라. 각 노드에는 부모 노드를 가리키는 링크가 존재한다고 가정하자.

163쪽

해법

중위 순회(in-order traversal)는 왼쪽 하위 트리, 현재 노드, 오른쪽 하위 트리를 순서대로 방문하는 방법임을 기억하자. 이 문제를 풀려면, 실제로 순회가 이루어지는 절차를 매우 주의 깊게 생각해야 한다.

가상의 노드 하나가 주어졌다고 해 보자. 순회 순서는 이미 알고 있듯이 왼쪽 하위 트리, 현재 노드, 오른쪽 하위 트리가 된다. 그렇다면 다음에 방문해야 하는 노드는 오른쪽 어딘가에 있을 것이다.

그런데 오른쪽 하위 트리 중 어떤 노드일까? 오른쪽 하위 트리를 정순회할 경우 처음으로 방문하게 되는 노드일 것이고, 이 노드는 오른쪽 하위 트리에서 맨 왼쪽에 놓일 것이다. 간단하네!

그런데 오른쪽 하위 트리가 존재하지 않는다면 좀 까다로워진다.

어떤 노드 n의 오른쪽 하위 트리가 없다면, n의 하위 트리 방문은 끝난 것이다. 그렇다면 이제 n의 부모 노드 입장에서 어디까지 순회한 것인지를 알아내야 한다. n의 부모 노드를 q라고 하자.

n이 q의 왼쪽에 있었다면, 다음에 방문할 노드는 q가 된다(왼쪽→현재→오른쪽 순서이므로).

n이 q의 오른쪽에 있었다면, q의 오른쪽 하위 노드 탐색은 완전히 끝난 것이다. 따라서 q의 부모 노드 가운데 완전히 순회를 끝내지 못한 노드 x를 찾아야 한다. '완전히 순회를 끝내지 못한' 노드인지는 어떻게 알 수 있나? 방금 살펴봤듯이 왼쪽 노드에서 부모 노드로 옮겨가는 경우, 왼쪽 하위 트리는 완전히 순회된 것이지만 부모 노드는 아니다.

의사코드는 다음과 같다.

```
Node inorderSucc(Node n) {
    if (n has a right subtree) {
        return 오른쪽 하위 트리에서 가장 왼쪽에 있는 자식
    } else {
        while (n is a right child of n.parent) {
            n = n.parent; // 위로 올라간다.
        }
        return n.parent; // 부모는 아직 순회하지 않았다.
    }
}
```

그런데 잠깐. 왼쪽 노드를 발견하기 전에 트리 루트까지 올라가면 어떻게 되나? 이런 일은, 주어진 노드가 전위 순회에서 마지막 노드인 경우에만 발생한다. 다시 말해, 트리의 오른쪽 맨 끝 노드에 도달한 것이다. 그런 경우에는 전위 순회상 다음 노드가 존재하지 않으므로, null을 반환해야 한다.

아래는 이 알고리즘을 구현한 코드이다.

```
TreeNode inorderSucc(TreeNode n) {
    if (n == null) return null;

    /* 오른쪽 자식이 존재 → 오른쪽 부분 트리에서 가장 왼쪽 노드를 반환한다. */
    if (n.right != null) {
        return leftMostChild(n.right);
    } else {
        TreeNode q = n;
        TreeNode x = q.parent;
        // 오른쪽이 아닌 왼쪽에 있을 때까지 위로 올라간다.
        while (x != null && x.left != q) {
            q = x;
            x = x.parent;
        }
        return x;
    }
}

TreeNode leftMostChild(TreeNode n) {
    if (n == null) {
        return null;
    }
    while (n.left != null) {
        n = n.left;
    }
    return n;
}
```

이 알고리즘이 세상에서 가장 복잡한 문제는 아니지만, 완벽하게 코딩하려면 꽤나 까다롭다. 이런 문제를 풀 때는 의사코드를 먼저 작성하여 고려해야 할 경우들을 미리 그려보는 게 도움이 된다.

4.7 **순서 정하기:** 프로젝트의 리스트와 프로젝트들 간의 종속 관계(즉, 프로젝트 쌍이 리스트로 주어지면 각 프로젝트 쌍에서 두 번째 프로젝트가 첫 번째

프로젝트에 종속되어 있다는 뜻)가 주어졌을 때, 프로젝트를 수행해 나가는 순서를 찾으라. 유효한 순서가 존재하지 않으면 에러를 반환한다.

예제

입력:

프로젝트: a, b, c, d, e, f

종속 관계: (a, d), (f, b), (b, d), (f, a), (d, c)

출력: f, e, a, b, d, c

163쪽

해법

그래프로 시각화해 보는 것이 아마 가장 괜찮은 방법일 것이다. 간선의 방향이 잘못되지 않도록 주의를 기울여야 한다. 아래 그래프에서 d에서 g로의 간선은 d가 g에 종속되어 있다는 사실을 의미한다. 간선의 방향을 반대로 그려도 괜찮지만, 그 의미를 명확히 하고 일관된 방향을 갖는 것이 중요하다. 새로운 예제를 그려보자.

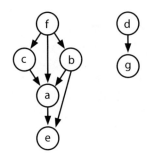

필자는 위의 예제(문제에서 주어진 예제 말고)를 통해 몇 가지 사실을 발견할 수 있었다.

- 노드에 레이블을 붙일 때 임의의 방식으로 붙이고 싶었다. 만약 맨 위에는 a, 그 아래는 b, c와 같이 위에서부터 차례대로 붙이면 마치 알파벳 순서가 프로젝트 수행 순서가 되는 오해가 발생할 수 있다.
- 하나의 연결 그래프는 특수한 예제이므로 여러 개의 연결 그래프로 이루어진 그래프를 예제로 사용하고 싶었다.
- 두 노드 사이의 연결 관계가 있더라도 이 둘의 순서가 바로 이어지지 않는 그래프를 만들고 싶었다. 예를 들어 a와 f 사이에 간선이 존재한다 할지라도 a 이전과 f 이후에는 b와 c가 존재해야 하므로 이 둘의 순서는 바로 연이어서 나올 수 없다.
- 패턴을 찾아야 하므로 크기가 큰 그래프를 만들고 싶었다.
- 둘 이상의 종속 관계를 갖는 노드를 만들고 싶었다.

좋은 예제를 만들었다면, 이제 알고리즘을 생각해 보자.

해법 #1

어디서부터 시작해야 할까? 곧바로 수행해도 문제없는 노드가 존재하는가?

그렇다. 종속 관계가 없는, 즉 유입 간선(incoming edge)이 없는 노드는 바로 수행해도 상관없다. 이런 노드들을 모두 골라 내어 순서를 정해 준다. 위의 예제에서는 f, d 혹은 d, f가 된다.

d와 f는 순서가 이미 정해졌으므로 이들과 종속 관계에 있는 노드들에서 불필요한 간선들을 제거한다. 즉, d와 f의 유출 간선(outgoing edge)을 제거한다.

수행 순서: f, d

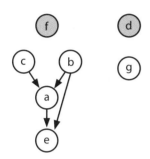

그 다음엔 c, b, g 노드가 유입 간선이 없으므로 이들을 수행 순서에 추가한다. 그 다음에 위에서와 마찬가지로 이들로부터의 유출 간선을 제거한다.

수행 순서: f, d, c, b, g

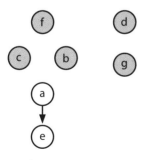

그 다음엔 a 프로젝트를 수행하고 그 유출 간선을 제거한다. 마지막으로 e를 수행하면 모든 프로젝트의 수행 순서를 결정할 수 있다.

수행 순서: f, d, c, b, g, a, e

이 알고리즘이 제대로 작동하는 걸까 아니면 그저 운이 좋았던 걸까? 논리적으로 생각해 보자.

1. 처음엔 유입 간선이 없는 노드를 수행 순서에 추가한다. 만약 어떤 프로젝트 집 합이 차례대로 수행 가능한 집합이라면, 반드시 어떤 종속 관계도 존재하지 않 는 '첫 번째' 프로젝트가 있어야 한다. 어떤 프로젝트가 종속되어 있지 않다면 (유입 간선이 없다면), 해당 프로젝트를 먼저 실행한다고 해도 문제될 것은 전 혀 없다.

2. 수행 순서에 추가된 노드의 유출 간선을 모두 제거한다. 이는 합리적인 행위이 다. 왜냐하면 이미 실행된 프로젝트와의 연결 관계는 이제 아무 의미가 없기 때 문이다.

3. 그 다음에는 다시 유입 간선이 없는 노드를 찾고, 위의 단계를 다시 밟아 나간 다. 그리고 이를 반복한다. 종속 관계가 없는 노드를 찾고, 이를 수행 순서에 추 가하고, 유출 간선을 제거한다.

4. 모든 노드가 종속 관계(유입 간선)에 있다면 어떻게 해야 하나? 이런 경우에는 프로젝트의 실행 순서를 정할 수 없으므로 에러를 반환해야 한다.

코드를 구현할 때도 위와 비슷하게 접근한다. 초기화 및 설정 과정을 살펴보자.

1. 노드는 프로젝트, 간선은 두 프로젝트의 종속 관계를 표현하는 그래프를 만든 다. 즉, A에서 B로의 간선(A->B)은, A가 B보다 먼저 실행되어야 한다는 사실을 의미한다. 또한 각 노드는 자신으로의 유입 간선의 개수를 알고 있어야 한다.

2. buildOrder 배열을 초기화한다. 프로젝트의 실행 순서가 결정되면 이 배열에 차례대로 추가한다. 또한 다음에 실행되어야 할 프로젝트를 가리킬 수 있는 toBeProcessed라는 포인터를 사용해서 배열을 차례대로 순회할 것이다.

3. 유입 간선이 없는 노드를 모두 찾아 buildOrder 배열에 넣는다. toBeProcessed 포인터는 배열의 시작 지점을 가리키도록 한다.

toBeProcessed가 buildOrder의 끝 지점을 가리킬 때까지 반복한다.

1. toBeProcessed가 가리키는 노드를 읽는다.
   a. 만약 노드가 null이라면 남아 있는 모든 노드가 서로 의존 관계, 즉 사이클 이 발견됐다는 뜻이다.

2. 각 노드의 자식 노드들에서,

   a. child.dependencies(유입 간선의 개수)를 감소시킨다.

   b. child.dependencies가 0이 되면 자식 노드를 buildOrder의 끝 지점에 추가
   한다.

3. toBeProcessed를 증가시킨다.

아래는 이 알고리즘을 구현한 코드이다.

```
/* 올바른 프로젝트 실행 순서를 찾는다. */
Project[] findBuildOrder(String[] projects, String[][] dependencies) {
    Graph graph = buildGraph(projects, dependencies);
    return orderProjects(graph.getNodes());
}

/* 그래프를 만든다. 프로젝트 b가 a에 종속되어 있으면 그래프에 간선 (a, b)를 추가한다.
 * 각 노드의 쌍은 '실행 순서'대로 나열되어 있다. (a, b) 쌍은 종속 관계를 의미하는데,
 * 프로젝트 b가 a에 종속되어 있고, a 전에 b가 반드시 먼저 실행되어야 한다. */
Graph buildGraph(String[] projects, String[][] dependencies) {
    Graph graph = new Graph();
    for (String project : projects) {
        graph.createNode(project);
    }

    for (String[] dependency : dependencies) {
        String first = dependency[0];
        String second = dependency[1];
        graph.addEdge(first, second);
    }

    return graph;
}

/* 실행 순서가 정렬된 프로젝트 리스트를 반환한다. */
Project[] orderProjects(ArrayList projects) {
    Project[] order = new Project[projects.size()];

    /* '루트'를 프로젝트 리스트에 먼저 추가한다. */
    int endOfList = addNonDependent(order, projects, 0);

    int toBeProcessed = 0;
    while (toBeProcessed < order.length) {
        Project current = order[toBeProcessed];

        /* 종속된 프로젝트가 없는 프로젝트가 존재하지 않으므로 프로젝트 종속 관계에
         * 사이클이 존재한다. */
        if (current == null) {
            return null;
        }

        /* 종속 관계에서 현재 노드를 제거한다. */
        ArrayList children = current.getChildren();
        for (Project child : children) {
            child.decrementDependencies();
        }

        /* 종속된 프로젝트가 없는 노드를 추가한다. */
```

```
                endOfList = addNonDependent(order, children, endOfList);
                toBeProcessed++;
            }

            return order;
        }

        /* 종속되지 않은 프로젝트를 최종 리스트에 추가하는 것을 도와주는 함수이다.
         * 인덱스는 offset에서부터 시작한다. */
        int addNonDependent(Project[] order, ArrayList projects, int offset) {
            for (Project project : projects) {
                if (project.getNumberDependencies() == 0) {
                    order[offset] = project;
                    offset++;
                }
            }
            return offset;
        }

        public class Graph {
            private ArrayList nodes = new ArrayList();
            private HashMap map = new HashMap();

            public Project getOrCreateNode(String name) {
                if (!map.containsKey(name)) {
                    Project node = new Project(name);
                    nodes.add(node);
                    map.put(name, node);
                }

                return map.get(name);
            }

            public void addEdge(String startName, String endName) {
                Project start = getOrCreateNode(startName);
                Project end = getOrCreateNode(endName);
                start.addNeighbor(end);
            }

            public ArrayList getNodes() { return nodes; }
        }

        public class Project {
            private ArrayList children = new ArrayList();
            private HashMap map = new HashMap();
            private String name;
            private int dependencies = 0;

            public Project(String n) { name = n; }

            public void addNeighbor(Project node) {
                if (!map.containsKey(node.getName())) {
                    children.add(node);
                    map.put(node.getName(), node);
                    node.incrementDependencies();
                }
            }

            public void incrementDependencies() { dependencies++; }
            public void decrementDependencies() { dependencies--; }

            public String getName() { return name; }
```

```
    public ArrayList getChildren() { return children; }
    public int getNumberDependencies() { return dependencies; }
}
```

P가 프로젝트의 개수, D가 종속 관계를 표현하는 쌍의 개수라 할 때 이 방법의 시간 복잡도는 O(P+D)가 된다.

> **노트**: 808쪽에 있는 위상정렬(topological sort)과 같다는 사실을 눈치챘을지도 모른다. 여기선 위상정렬을 처음부터 유도해 보았다. 위상정렬이 잘 알려진 알고리즘이 아니므로 면접관이 여러분에게 이를 처음부터 유도해 보라고 요구할 수도 있다.

해법 #2

또 다른 방법으로는, 깊이 우선 탐색(DFS)을 이용할 수도 있다.

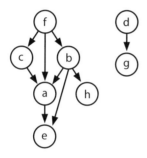

임의의 노드(b라 하자)에서 시작하는 깊이 우선 탐색을 수행한다고 해 보자. 경로의 끝에 도달해서 더 이상 움직일 수가 없게 되면(h와 e노드에 도달하면), 이들은 가장 마지막에 가장 마지막에 수행되어야 할 프로젝트가 된다. 왜냐하면 이들에 의존하고 있는 다른 프로젝트가 없기 때문이다.

```
DFS(b)                                // 1단계
    DFS(h)                            // 2단계
        build order = ..., h          // 3단계
    DFS(a)                            // 4단계
        DFS(e)                        // 5단계
            build order = ..., e, h   // 6단계
        ...                          // 7+단계
    ...
```

이제, DFS 수행 중에 노드 e에서 노드 a로 되돌아오면 어떤 일이 일어날지 생각해 보자. a에 종속된 프로젝트들은 모두 a 다음에 실행되어야 한다. 따라서 a에 종속된 프로젝트에서 되돌아오면(또한 그들이 최종 리스트에 추가되었다면), a를 최종

리스트에 추가할지 말지 선택할 수 있어야 한다.

a를 포함한 b에 종속된 모든 다른 프로젝트들의 DFS 탐색이 끝났다면, b 다음에 실행되어야 할 모든 프로젝트가 최종 리스트에 있다는 뜻이므로, b를 그들 앞에 추가해도 된다.

```
DFS(b)                              // 1단계
    DFS(h)                          // 2단계
        build order = ..., h        // 3단계
    DFS(a)                          // 4단계
        DFS(e)                      // 5단계
            build order = ..., e, h // 6단계
        build order = ..., a, e, h  // 7단계
    DFS(e) → return                 // 8단계
    build order = ..., b, a, e, h   // 9단계
```

다음을 위해 이미 DFS 탐색이 끝난 이들을 따로 표시해 놓자.

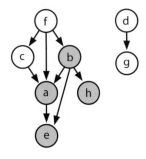

이제는 뭘 해야 하나? 다시 임의의 노드를 선택해서 DFS를 수행한 후 탐색이 끝났을 때 최종 리스트의 앞부분에 해당 노드를 추가하면 된다.

```
DFS(d)
    DFS(g)
        build order = ..., g, b, a, e, h
    build order = ..., d, g, b, a, e, h

DFS(f)
    DFS(c)
        build order = ..., c, d, g, b, a, e, h
    build order = f, c, d, g, b, a, e, h
```

이 알고리즘에선 사이클이 생기는 경우를 생각해 봐야 한다. 사이클이 있는 경우에는 프로젝트 실행 순서를 정할 방법이 없다. 하지만 그렇다고 해서 알고리즘이 무한루프에 빠지는 것을 두고 볼 수는 없다.

DFS가 돌다가 이전 경로로 되돌아오면 이것은 사이클이 존재한다는 뜻이다. 따라서 "이 노드를 처리하고 있으므로 다시 이 노드로 돌아오면 문제가 있는 것이다"라고 알려 주는 신호가 필요하다.

각 노드에서 DFS를 시작하기 전에 현재 노드를 '불완전'(혹은 '방문 중') 상태로 표시해 놓고, DFS 도중에 불완전 노드로 진입하면 문제가 있다고 알려주면 된다. 그리고 이 노드에 대한 DFS가 끝난다면 노드의 상태를 갱신시켜 줘야 한다.

또한 이미 처리된 노드는 다시 탐색하지 않도록 "현재 노드는 이미 처리했다"라 고 알려줄 수 있어야 한다. 따라서 각 노드는 COMPLETED, PARTIAL, BLANK의 세 가지 상태 중 하나가 되어야 한다.

다음은 이 알고리즘을 구현한 코드이다.

```java
Stack findBuildOrder(String[] projects, String[][] dependencies) {
    Graph graph = buildGraph(projects, dependencies);
    return orderProjects(graph.getNodes());
}

Stack orderProjects(ArrayList projects) {
    Stack stack = new Stack();
    for (Project project : projects) {
        if (project.getState() == Project.State.BLANK) {
            if (!doDFS(project, stack)) {
                return null;
            }
        }
    }
    return stack;
}

boolean doDFS(Project project, Stack stack) {
    if (project.getState() == Project.State.PARTIAL) {
        return false; // 사이클
    }

    if (project.getState() == Project.State.BLANK) {
        project.setState(Project.State.PARTIAL);
        ArrayList children = project.getChildren();
        for (Project child : children) {
            if (!doDFS(child, stack)) {
                return false;
            }
        }
        project.setState(Project.State.COMPLETE);
        stack.push(project);
    }
    return true;
}

/* 이전 코드와 같다. */
Graph buildGraph(String[] projects, String[][] dependencies) {...}
public class Graph {}

/* 기본적으로 이전 코드와 같지만, 상태 정보가 추가되었고 종속된 프로젝트의 개수를
 * 세는 카운터가 없어졌다. */
public class Project {
    public enum State {COMPLETE, PARTIAL, BLANK};
    private State state = State.BLANK;
    public State getState() { return state; }
    public void setState(State st) { state = st; }
    /* 간결해 보이기 위해 중복된 코드를 제거한 것 */
}
```

이전 알고리즘과 마찬가지로, P가 프로젝트의 개수, D가 종속 관계를 표현하는 쌍의 개수라 할 때, 시간 복잡도는 O(P + D)가 된다.

이와 같은 문제를 위상정렬이라고 부른다. 어떤 그래프의 간선 (a, b)가 a 전에 b가 나타나야 하는 조건을 나타낼 때, 노드를 선형 순서대로 나열하는 방법을 말한다.

4.8 **첫 번째 공통 조상**: 이진 트리에서 노드 두 개가 주어졌을 때 이 두 노드의 첫 번째 공통 조상을 찾는 알고리즘을 설계하고 그 코드를 작성하라. 자료구조 내에 추가로 노드를 저장해 두면 안 된다. 반드시 이진 탐색 트리일 필요는 없다.

163쪽

해법

이진 탐색 트리라면 두 노드에 대한 find 연산을 변경하여 어디서 경로가 분기하는지 찾을 수 있었을 것이다. 하지만 불행히도 이진 탐색 트리가 아니므로 다른 방법을 찾아봐야 한다.

노드 p와 q의 공통 조상 노드를 찾는다고 가정하자. 가장 먼저 해야 할 일 중 하나는, 트리의 노드가 부모 노드에 대한 링크를 갖고 있는지 확인하는 것이다.

해법 #1: 부모 노드에 대한 링크가 있는 경우

만약 부모로의 링크가 존재한다면 p와 q에서 시작해서 둘이 만날 때까지 위로 올라가면 된다. 이 문제는 두 연결리스트의 교집합을 찾는 '2.7 교집합' 문제와 기본적으로 같다. 여기서 '연결리스트'는 각 노드에서 루트까지의 경로를 말한다(315쪽의 해법을 다시 살펴보길 바란다).

```
TreeNode commonAncestor(TreeNode p, TreeNode q) {
    int delta = depth(p) - depth(q); // 높이의 차이를 구한다.
    TreeNode first = delta > 0 ? q : p; // 높이가 더 낮은 노드를 구한다.
    TreeNode second = delta > 0 ? p : q; // 높이가 더 깊은 노드를 구한다.
    second = goUpBy(second, Math.abs(delta)); // 깊이가 깊은 노드를 위로 올린다.

    /* 두 노드가 언제 처음으로 교차하는지 찾는다. */
    while (first != second && first != null && second != null) {
        first = first.parent;
        second = second.parent;
    }
    return first == null || second == null ? null : first;
}

TreeNode goUpBy(TreeNode node, int delta) {
    while (delta > 0 && node != null) {
        node = node.parent;
        delta--;
```

```
    }
    return node;
}

int depth(TreeNode node) {
    int depth = 0;
    while (node != null) {
        node = node.parent;
        depth++;
    }
    return depth;
}
```

최대 높이가 d일 때 이 방법의 시간 복잡도는 O(d)이다.

해법 #2: 부모 노드에 대한 링크가 있는 경우(더 나은 최악의 경우의 수행 시간)

앞선 방법과 마찬가지로 p의 경로를 따라 올라가면서 q를 덮을 수 있는 노드인지 확인할 수 있다. q를 덮을 수 있는 첫 번째 노드가 바로 첫 번째 공통 조상이 된다(p의 경로 위에 있는 모든 노드는 이미 p를 덮을 수 있다).

모든 부분트리를 재확인할 필요는 없다. 노드 x에서 그의 부모 y로 옮겨갈 때 x 아래에 있는 모든 노드는 이미 확인이 된 상태이기 때문이다. 따라서 아직 확인되지 않은 x의 형제(sibling) 노드들만 확인하면 된다.

예를 들어 p=7과 q=17인 경우에 첫 번째 공통 조상을 찾는다고 가정하자. p.parent(5)로 들어왔을 때는 루트가 3인 부분트리가 확인되지 않았으므로 이 부분트리만 확인하면 된다.

그다음에는 노드 10으로 진입하고 이제는 루트가 15인 부분트리를 확인해야 한다. 그리고 노드 17은 이 부분트리 아래에 있는 것을 확인할 수 있다.

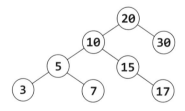

구현 방법은 다음과 같다. p에서 위로 올라가면서 변수에 parent와 sibling을 저장해 놓는다(sibling 노드는 항상 parent의 자식 노드이고 아직 확인되지 않은 부분트리를 가리킨다). 각 단계에서 sibling은 이전 부모의 형제 노드, parent는 parent.parent로 세팅된다.

```
TreeNode commonAncestor(TreeNode root, TreeNode p, TreeNode q) {
    /* 같은 트리 안에 있는지 하나가 다른 하나를 이미 덮고 있는지 확인한다. */
    if (!covers(root, p) || !covers(root, q)) {
        return null;
    } else if (covers(p, q)) {
        return p;
    } else if (covers(q, p)) {
        return q;
    }

    /* q를 덮을 수 있는 노드가 나올 때까지 위로 올라간다. */
    TreeNode sibling = getSibling(p);
    TreeNode parent = p.parent;
    while (!covers(sibling, q)) {
        sibling = getSibling(parent);
        parent = parent.parent;
    }
    return parent;
}

boolean covers(TreeNode root, TreeNode p) {
    if (root == null) return false;
    if (root == p) return true;
    return covers(root.left, p) || covers(root.right, p);
}

TreeNode getSibling(TreeNode node) {
    if (node == null || node.parent == null) {
        return null;
    }
    TreeNode parent = node.parent;
    return parent.left == node ? parent.right : parent.left;
}
```

t가 첫 번째 공통 조상을 루트로 하는 부분 트리의 크기일 때, O(t) 시간이 소요된다. 최악의 경우에는 O(n)이 된다. 이때 n은 트리에 있는 전체 노드의 개수가 된다. 이 시간 복잡도는 부분 트리에 있는 노드가 최대 한 번 탐색된다는 사실을 이용하면 유도할 수 있다.

해법 #3: 부모 노드에 대한 링크가 없는 경우

두 노드가 같은 쪽의 경로를 따라가도록 할 수도 있다. 다시 말해, 만일 p와 q가 어떤 노드의 왼쪽에 있다면, 공통 조상을 찾기 위해서는 왼쪽으로 내려가야 한다. 만일 p와 q가 어떤 노드의 오른쪽에 있다면, 오른쪽으로 내려가서 공통의 조상을 찾으면 된다. p와 q가 더 이상 같은 쪽에 있지 않다면, 그 노드가 바로 공통 조상이 된다.

아래는 이 방법을 구현한 코드이다.

```
TreeNode commonAncestor(TreeNode root, TreeNode p, TreeNode q) {
    /* 에러 체크 - 노드가 같은 트리 안에 있는지 */
    if (!covers(root, p) || !covers(root, q)) {
        return null;
```

```
    }
    return ancestorHelper(root, p, q);
}

TreeNode ancestorHelper(TreeNode root, TreeNode p, TreeNode q) {
    if (root == null || root == p || root == q) {
        return root;
    }

    boolean pIsOnLeft = covers(root.left, p);
    boolean qIsOnLeft = covers(root.left, q);
    if (pIsOnLeft != qIsOnLeft) { // 두 노드가 다른 쪽에 놓여 있다.
        return root;
    }
    TreeNode childSide = pIsOnLeft ? root.left : root.right;
    return ancestorHelper(childSide, p, q);
}

boolean covers(TreeNode root, TreeNode p) {
    if (root == null) return false;
    if (root == p) return true;
    return covers(root.left, p) || covers(root.right, p);
}
```

이 알고리즘은 균형 잡힌 트리에서 O(n) 시간이 걸린다. 왜냐하면 처음에 covers가 2n 노드에 대해 호출되기 때문이다(왼쪽에 n 노드, 오른쪽에 n 노드). 최초 호출 이후, 알고리즘은 오른쪽 아니면 왼쪽으로 분기하므로 covers는 2n/2 노드에 대해 호출되고, 그다음에는 2n/4에 대해 호출된다. 그러다 보면 결국 수행 시간은 O(n)이 된다.

점근적 실행 시간(asymptotic runtime)의 시각에서 보면 이보다 더 잘 할 수는 없다. 왜냐하면 잠재적으로 트리 내의 모든 노드를 살펴봐야 할 수도 있기 때문이다. 하지만 상수배(constant multiple)로 개선할 수는 있다.

해법 #4: 최적화

해법 #3이 실행 시간 측면에서 최적이긴 하지만 연산 과정에서 비효율적인 부분도 있다. 특히, covers는 p와 q를 찾기 위해 각 하위 트리(root.left, root.right)에 있는 모든 노드를 전부를 검색하고 있다. 그런 다음 그 하위 트리 가운데 하나를 골라 다시 그 아래의 모든 노드를 탐색한다. 결국, 각 하위 트리를 반복해서 탐색한다.

따라서 p와 q를 찾기 위해 전체 트리를 한 번만 탐색하도록 하는 것이 필요하다. 그렇게 하고 나서 스택 내의 이전 노드들에 대한 검색 결과를 거품처럼 띄워 올려야 한다. 기본적인 로직은 이전 해법과 차이가 없다.

이번에는 commonAncestor(TreeNode root, Tree Node p, TreeNode q)를 사용해서 전체 트리를 재귀적으로 순회한다. 이 함수는 다음과 같이 값을 반환한다.

- 루트의 하위 트리가 p를 포함하고 q를 포함하지 않으면 p를 반환한다.
- 루트의 하위 트리가 q를 포함하고 p를 포함하지 않으면 q를 반환한다.
- p나 q가 루트의 하위 트리 내에 없으면 null을 반환한다.
- 어디에도 해당 사항 없으면 p와 q의 공통 조상 반환한다.

commonAncestor(n.right, p, q)가 null 아닌 값을 반환하면(p와 q가 서로 다른 하위 트리 내에 있다는 뜻) n이 공통 조상이 된다.

아래는 이 알고리즘을 구현한 코드인데, 여기엔 버그가 있다. 찾을 수 있겠는가?

```
/* 아래 코드에 버그가 숨어 있다. */
TreeNode commonAncestor(TreeNode root, TreeNode p, TreeNode q) {
    if (root == null) return null;
    if (root == p && root == q) return root;

    TreeNode x = commonAncestor(root.left, p, q);
    if (x != null && x != p && x != q) { // 조상을 이미 찾음
        return x;
    }

    TreeNode y = commonAncestor(root.right, p, q);
    if (y != null && y != p && y != q) { // 조상을 이미 찾음
        return y;
    }

    if (x != null && y != null) { // p와 q가 다른 부분 트리에서 발견됐다.
        return root; // 공통 조상이 된다.
    } else if (root == p || root == q) {
        return root;
    } else {
        return x == null ? y : x; /* null이 아닌 값을 반환 */
    }
}
```

이 코드의 문제점은 어떤 노드가 트리 안에 없는 경우 발견된다. 가령, 다음과 같은 트리가 있다고 하자.

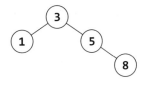

여기에서 commonAncestor(node 3, node 5, node 7)을 하면 노드 7은 트리에 없으므로 문제가 발생한다. 호출 순서는 이러할 것이다.

```
commonAnc(node 3, node 5, node 7) // -> 5
    calls commonAnc(node 1, node 5, node 7) // -> null
    calls commonAnc(node 5, node 5, node 7) // -> 5
```

```
            calls commonAnc(node 8, node 5, node 7) // -> null
```

다시 말해, 오른쪽 하위 트리에 commonAncestor를 호출하면 코드는 노드 5를 반환할 것이다. 문제는 p와 q의 공통 조상을 찾아낼 때, 호출하는 함수가 다음의 두 가지 경우를 구분하지 못한다는 점이다.

· 첫 번째 경우: p가 q의 자식(또는, q가 p의 자식)
· 두 번째 경우: p는 트리 안에 있지만 q는 그렇지 않음(또는 그 반대)

이 두 가지 경우에 commonAncestor는 p를 반환한다. 첫 번째 경우라면 맞는 결과겠지만 두 번째 경우라면 null이 반환되어야 한다.

따라서 위의 두 가지 경우를 구별해야 하는데, 바로 아래 코드가 그것을 가능하게 해 준다. 이를 위해 아래 코드는 두 가지 값을 반환한다. 노드 자신 그리고 그 노드가 공통 조상인지를 나타내는 플래그.

```java
class Result {
    public TreeNode node;
    public boolean isAncestor;
    public Result(TreeNode n, boolean isAnc) {
        node = n;
        isAncestor = isAnc;
    }
}

TreeNode commonAncestor(TreeNode root, TreeNode p, TreeNode q) {
    Result r = commonAncestorHelper(root, p, q);
    if (r.isAncestor) {
        return r.node;
    }
    return null;
}

Result commonAncHelper(TreeNode root, TreeNode p, TreeNode q) {
    if (root == null) return new Result(null, false);

    if (root == p && root == q) {
        return new Result(root, true);
    }

    Result rx = commonAncHelper(root.left, p, q);
    if (rx.isAncestor) { // 공통 조상을 찾았다.
        return rx;
    }

    Result ry = commonAncHelper(root.right, p, q);
    if (ry.isAncestor) { // 공통 조상을 찾았다.
        return ry;
    }

    if (rx.node != null && ry.node != null) {
        return new Result(root, true); // 현재 노드가 공통 조상
```

```
    } else if (root == p || root == q) {
        /* 현재 노드가 p 혹은 q이고, 이들 중 하나가 부분 트리에 속해 있다면,
         * 현재 노드는 반드시 조상이어야 하며 플래그도 참이 되어야 한다. */
        boolean isAncestor = rx.node != null || ry.node != null;
        return new Result(root, isAncestor);
    } else {
        return new Result(rx.node!=null ? rx.node : ry.node, false);
    }
}
```

물론, 이 문제는 p나 q가 트리 안에 없을 때만 발생한다. 또 다른 방법으로는, 두 노
드가 트리 안에 실제로 존재하는지 사전에 트리를 뒤져 검사해 보는 것이다.

4.9 BST 수열: 배열의 원소를 왼쪽에서부터 차례로 트리에 삽입함으로써 이진
탐색 트리를 생성할 수 있다. 이진 탐색 트리 안에서 원소가 중복되지 않는
다고 할 때, 해당 트리를 만들어 낼 수 있는 가능한 배열을 모두 출력하라.

예제

입력:

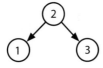

출력: {2, 1, 3}, {2, 3, 1}

163쪽

해법

이 문제는 괜찮은 예제와 함께 풀어 보는 것이 좋다.

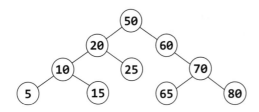

이진 탐색 트리의 노드의 순서도 함께 고려해 봐야 한다. 어떤 노드를 기준으로 왼
쪽에 있는 모든 노드는 오른쪽에 있는 모든 노드보다 반드시 작아야 한다. 노드가
없는 곳에 도달한다면, 그곳에 새로운 값을 넣어야 한다.

　무슨 말이냐면, 위의 트리를 만들기 위해선 배열의 첫 번째 원소는 무조건 50이
어야 한다는 것이다. 첫 번째 원소에 다른 값이 들어 있다면, 그 값이 루트가 되어야

할 것이다.

또 어떤 경우가 존재하는가? 누군가는 오른쪽 원소가 삽입되기 전에 왼쪽 원소가 전부 삽입되어야 한다고 성급한 결론을 내리기도 하는데 사실 그건 틀린 말이다. 오히려 그 반대가 맞다. 왼쪽과 오른쪽의 순서는 상관없다.

50이 삽입된다면, 50보다 작은 원소들은 모두 왼쪽으로 갈 테고 50보다 큰 원소들은 모두 오른쪽으로 갈 것이다. 60 혹은 20이 있을 때 누가 먼저 삽입되든 관계없다.

문제를 재귀적으로 생각해 보자. 20이 루트인 부분트리를 만들 수 있는 모든 배열(arraySet60)과, 60이 루트인 부분트리를 만들 수 있는 모든 배열(arraySet20)이 주어진다면 이것을 어떻게 이용할 수 있을까? 단순히 arraySet20과 arraySet60을 '엮어' 새로운 배열을 만든 뒤 앞에 50을 붙이면 된다.

우리가 말하는 엮어 만든다는 의미는 바로 이것이다. 각 배열에서 원소의 상대적인 순서는 유지한 채 모든 가능한 방법으로 두 배열을 합친다.

```
array1: {1, 2}
array2: {3, 4}
weaved: {1, 2, 3, 4}, {1, 3, 2, 4}, {1, 3, 4, 2},
        {3, 1, 2, 4}, {3, 1, 4, 2}, {3, 4, 1, 2}
```

기존 배열에 중복된 원소가 존재하지 않는 이상 엮어 만든 배열에도 중복된 원소는 없으므로 걱정하지 않아도 된다.

마지막으로 엮는 방식이 왜 동작하는지 이야기할 것이다. {1, 2, 3}과 {4, 5, 6}을 어떻게 엮을지 재귀적으로 생각해 보자. 여기서 부분 문제는 무엇이 되는가?

· {2, 3}과 {4, 5, 6}을 엮은 뒤에 1을 앞에 덧붙인다.
· {1, 2, 3}과 {5, 6}을 엮은 뒤에 4를 앞에 덧붙인다.

우리는 원소를 쉽게 추가하고 제거하기 위해 각각을 연결리스트에 저장할 것이다. 맨 앞에 덧붙일 원소를 뺀 나머지 원소를 이용해 재귀 호출을 할 것이다. 만약 first 혹은 second가 비면 나머지 원소를 모두 prefix에 넣고 그 결과를 저장할 것이다.

즉, 다음과 같이 동작한다.

```
weave(first, second, prefix):
    weave({1, 2}, {3, 4}, {})
        weave({2}, {3, 4}, {1})
            weave({}, {3, 4}, {1, 2})
                {1, 2, 3, 4}
            weave({2}, {4}, {1, 3})
```

```
            weave({}, {4}, {1, 3, 2})
                {1, 3, 2, 4}
            weave({2}, {}, {1, 3, 4})
                {1, 3, 4, 2}
    weave({1, 2}, {4}, {3})
        weave({2}, {4}, {3, 1})
            weave({}, {4}, {3, 1, 2})
                {3, 1, 2, 4}
            weave({2}, {}, {3, 1, 4})
                {3, 1, 4, 2}
        weave({1, 2}, {}, {3, 4})
            {3, 4, 1, 2}
```

자, 이제 {1, 2}에서 1을 삭제하는 것과 재귀를 구현하는 방법에 대해 생각해 보자. 예를 들어 weave({1, 2}, {4}, {3})을 호출하는 경우 1이 {1, 2} 안으로 되돌아와야 하기 때문에 리스트를 수정할 때는 좀 더 주의할 필요가 있다.

그래서 재귀 호출을 할 때 리스트를 복사해서 사용할 수도 있다. 혹은 리스트를 수정하고 재귀 호출이 끝난 뒤에 원래대로 복구할 수도 있다.

여기서는 두 번째 방법을 사용해서 구현할 것이다. 모든 재귀 호출 스택에서 first, second, prefix에 대한 같은 참조를 사용할 것이기 때문에 마지막 결과를 저장하기 바로 전에 prefix만 복사하면 된다.

```java
ArrayList<LinkedList<Integer>> allSequences(TreeNode node) {
    ArrayList<LinkedList<Integer>> result = new ArrayList>();

    if (node == null) {
        result.add(new LinkedList());
        return result;
    }

    LinkedList<Integer> prefix = new LinkedList();
    prefix.add(node.data);

    /* 왼쪽과 오른쪽 부분 트리에 대한 재귀 */
    ArrayList<LinkedList<Integer>> leftSeq = allSequences(node.left);
    ArrayList<LinkedList<Integer>> rightSeq = allSequences(node.right);

    /* 왼쪽과 오른쪽 결과 리스트를 엮어 하나로 만들기 */
    for (LinkedList left : leftSeq) {
        for (LinkedList right : rightSeq) {
            ArrayList<LinkedList<Integer>> weaved =
                new ArrayList<LinkedList<Integer>>();
            weaveLists(left, right, weaved, prefix);
            result.addAll(weaved);
        }
    }
    return result;
}

/* 모든 가능한 방법으로 리스트를 엮기. 이 방법은 한 리스트에서 첫 번째 원소를 제거한 뒤
 * 재귀 호출을 하고, 다른 리스트에서도 같은 방식으로 첫 번째 원소를 제거한 뒤 재귀 호출을
 * 하는 방식으로 동작한다. */
void weaveLists(LinkedList first, LinkedList second,
        ArrayList<LinkedList<Integer>> results, LinkedList prefix) {
```

```
/* 리스트 하나가 비어 있을 때. 나머지를 [복제된] prefix에 추가한 뒤 결과를 저장한다. */
if (first.size() == 0 || second.size() == 0) {
    LinkedList result = (LinkedList) prefix.clone();
    result.addAll(first);
    result.addAll(second);
    results.add(result);
    Return;
}

/* first의 첫 원소를 prefix로 옮긴 뒤 재귀.
 * first의 첫 원소를 삭제했으므로 재귀 호출이 끝난 후에는 이를 되돌려 놓아야 한다. */
int headFirst = first.removeFirst();
prefix.addLast(headFirst);
weaveLists(first, second, results, prefix);
prefix.removeLast();
first.addFirst(headFirst);

/* second에 대해서도 위와 같이 첫 원소를 삭제한 후 되돌린다. */
int headSecond = second.removeFirst();
prefix.addLast(headSecond);
weaveLists(first, second, results, prefix);
prefix.removeLast();
second.addFirst(headSecond);
}
```

두 가지 서로 다른 재귀 알고리즘을 설계하고 구현까지 해야 하기 때문에 이 문제를 어려워 하는 사람도 있다. 이들은 머릿속에서 두 알고리즘을 번갈아 돌려보며 이들이 어떻게 서로 상호작용하는지 헷갈려 할 것이다.

만약 여러분이 이런 상태라면 다음과 같이 해보길 바란다. 믿고 집중하라. 독립적인 메서드를 작성할 때는 다른 메서드가 제대로 동작한다고 믿으라. 그리고 독립적인 메서드가 어떻게 동작해야 할 것인지에 집중하라.

weaveLists를 보면 다음과 같은 일을 하고 있다. 리스트 두 개를 엮은 뒤 모든 가능한 리스트를 반환한다. allSequences의 존재와는 전혀 관련이 없다. weaveLists가 해야 할 일에 집중해서 알고리즘을 설계하라.

allSequences를 구현할 때도 마찬가지로 weaveLists가 제대로 동작할 것이라고 믿어야 한다. weaveLists와 완전히 독립된 메서드를 작성할 때는 weaveLists가 어떻게 동작할지 걱정하지 않아도 된다. 여러분이 하고 있는 것에 집중하면 된다.

사실, 화이트보드에 코딩하다가 혼란에 빠졌을 때 이 방법은 일반적으로 괜찮은 조언이 된다. 특정 함수가 어떻게 동작해야 하는지를 잘 이해하고 있어야 한다(예를 들어 "이 함수는 OO에 대한 리스트를 반환해야 해"라고 이해하고 있어야 한다). 실제로 여러분이 생각한 대로 동작하는지 검증도 해야 한다. 하지만 여러분이 다른 함수를 구현하고 있으면, 해당 함수가 제대로 동작할 것이라 믿고 현재 구현하는 함수에 집중해야 한다. 여러 개의 알고리즘을 한 번에 머릿속에서 구현하려고 하다 보면 머리에 과부하가 걸리기 쉽기 때문이다.

4.10 하위 트리 확인: 두 개의 커다란 이진 트리 T1과 T2가 있다고 하자. T1이 T2 보다 훨씬 크다고 했을 때, T2가 T1의 하위 트리(subtree)인지 판별하는 알 고리즘을 만들라. T1 안에 있는 노드 n의 하위 트리가 T2와 동일하면, T2는 T1의 하위 트리다. 다시 말해, T1에서 노트 n의 아래쪽을 끊어 냈을 때 그 결과가 T2와 동일해야 한다.

164쪽

해법

이런 문제를 풀 때에는 우선 자료의 양이 얼마 안 된다고 가정하고 풀기 시작하는 것이 좋다. 그러면 실제로 해법에 대한 기본적인 아이디어를 얻을 수 있을 것이다.

간단한 방법

이 작고 단순화된 문제를 풀기 위해서 각 트리의 순회 결과를 문자열로 나타낸 뒤 이 둘을 비교해 볼 수 있다. 만일 T2가 T1의 하위 트리라면, T2의 순회 결과가 T1 의 부분 문자열이 된다. 하지만 그 반대의 경우에도 맞을까? 만약 그렇다면 중위 순회(in-order traversal)를 해야 할까 전위 순회(pre-order traversal)를 해야 할까?

중위 순회는 절대 아닐 것이다. 이진 탐색 트리를 생각해 보자. 이진 탐색 트리를 중위 순회하면 항상 값이 정렬된 순서로 출력된다. 즉, 값은 같지만 구조가 다른 두 이진 탐색 트리를 중위 순회하면 언제나 같은 결과가 나온다.

전위 순회는 그래도 중위 순회보다는 좀 더 낫다. 적어도 전위 순회에서 첫 번째 원소가 루트라는 사실은 알 수 있지 않은가. 그다음에는 왼쪽과 오른쪽 원소들이 차례대로 나온다.

하지만 전위 순회에서도 트리의 구조가 다를 경우 같은 결과가 나오기도 한다.

이를 해결하는 간단한 방법이 있다. 'X'와 같이 널(NULL) 노드를 나타내는 특별한 문자를 문자열에 나타내는 것이다(여기서 이진 트리의 값은 모두 정수라고 가정할 것이다). 따라서 왼쪽 트리를 순회하면 {3, 4, X}가 될 것이고 오른쪽 트리를 순회하면 {3, X, 4}가 될 것이다.

널 노드를 사용하면 전위 순회의 결과를 유일하게 표현할 수 있다. 즉, 두 트리의 전위 순회 결과가 같다면 두 트리의 값과 구조는 동일하다고 말할 수 있다.

이를 확인하기 위해 널 노드가 포함된 전위 순회 결과로부터 트리를 재구성해 보자. 예: 1, 2, 4, X, X, X, 3, X, X.

루트는 1이 되고 루트의 왼쪽 노드는 2가 된다. 2의 왼쪽 자식은 4가 되고, 4는 두 개의 널 노드를 자식 노드로 갖고 있을 것이다. 4가 끝났으므로 4의 부모인 2로 되돌아간다. 2의 오른쪽 자식 또한 널 노드가 된다. 1의 왼쪽 하위 트리는 완성됐으므로 1의 오른쪽 자식으로 넘어간다. 1의 오른쪽 자식은 3이 되고, 3은 두 개의 널 노드를 자식 노드로 가진다. 이렇게 트리가 완성된다.

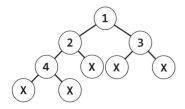

이 모든 과정이 결정론적(deterministic)이고, 다른 어떤 트리에 적용해도 같은 원리를 적용할 수 있다. 전위 순회는 항상 루트에서 시작하고, 순회의 결과를 사용해서 트리의 경로를 온전히 정의할 수 있다.

자, 이제 하위 트리 문제를 생각해 보자. 만일 T2의 전위 순회가 T1의 전위 순회의 부분 문자열이라면, T2의 루트는 반드시 T1에 존재한다. T1의 이 원소에서부터 전위 순회를 시작한다면, T2의 순회 결과와 동일한 결과를 얻을 수 있고, 따라서 T2는 T1의 하위 트리라고 말할 수 있다.

이에 대한 구현은 꽤 단순하다. 전위 순회를 한 뒤 비교하기만 하면 된다.

```java
boolean containsTree(TreeNode t1, TreeNode t2) {
    StringBuilder string1 = new StringBuilder();
    StringBuilder string2 = new StringBuilder();

    getOrderString(t1, string1);
    getOrderString(t2, string2);

    return string1.indexOf(string2.toString()) != -1;
}

void getOrderString(TreeNode node, StringBuilder sb) {
    if (node == null) {
        sb.append("X"); // 널(null) 표현 문자 추가
        Return;
    }
    sb.append(node.data + " "); // 루트 추가
    getOrderString(node.left, sb); // 왼쪽 추가
    getOrderString(node.right, sb); // 오른쪽 추가
}
```

이 방식은 O(n+m) 시간이 소요되고, O(n+m) 공간을 필요로 한다. 여기서 n과 m은 각각 T1과 T2의 노드의 개수가 된다. 노드의 개수가 백만 개가 넘어간다면 공간 복잡도를 줄여야 할지도 모른다.

다른 대안

이에 대한 대안은 더 큰 트리 T1을 탐색하는 것이다. T2의 루트와 같은 노드를 T1에서 발견할 때마다, matchTree를 호출한다. matchTree는 두 하위 트리가 동일한지 검사할 것이다.

실행 시간 분석은 다소 까다로울 수 있다. n이 T1의 노드 개수이고, m이 T2의 노드 개수일 때, 순진하게 실행 시간을 O(nm)이라고 답할 수도 있다. 기술적으로는 맞는 말이지만, 한번 더 생각해 보면 조금 더 정확한 상한을 찾아낼 수 있다.

사실 T1의 모든 노드에서 matchTree를 호출하지는 않는다. 대신, T2의 루트 노드 값이 T1에 등장하는 빈도 k만큼만 호출한다. 따라서 실행 시간은 O(n+km)에 가깝다.

하지만 그것조차도 이 알고리즘의 실행 시간을 과대평가한 것이다. 루트와 동일한 노드를 발견했다 하더라도, T1과 T2 간의 차이를 발견하는 순간 matchTree를 종료해버리기 때문이다. 따라서 matchTree에서 언제나 m개의 노드를 모두 살펴보는 것은 아니다.

아래는 이 알고리즘을 구현한 코드이다.

```java
boolean containsTree(TreeNode t1, TreeNode t2) {
    if (t2 == null) return true; // 비어 있는 트리는 언제나 하위 트리가 된다.
    return subTree(t1, t2);
}

boolean subTree(TreeNode r1, TreeNode r2) {
    if (r1 == null) {
        return false; // 큰 트리는 비어 있고 하위 트리를 여전히 찾지 못한다.
    } else if (r1.data == r2.data && matchTree(r1, r2)) {
        return true;
    }
    return subTree(r1.left, r2) || subTree(r1.right, r2);
}

boolean matchTree(TreeNode r1, TreeNode r2) {
    if (r1 == null && r2 == null) {
        return true; // 왼쪽에 하위 트리가 없다.
    } else if (r1 == null || r2 == null) {
        return false; // 트리가 완전히 비어 있을때, 따라서 둘이 같지 않을 때
    } else if (r1.data != r2.data) {
        return false; // 값이 다를 때
    } else {
        return matchTree(r1.left, r2.left) && matchTree(r1.right, r2.right);
    }
}
```

간단한 형태의 첫 번째 방법이 더 좋을 때는 언제고, 방금 살핀 대안이 더 나은 경우는 언제인가? 이는 면접관과 이야기하기 굉장히 좋은 주제다. 여기에 몇 가지 알아 두면 좋은 것이 있다.

1. 먼저 살펴본 간단한 형태의 첫 번째 방법은 O(n+m)의 메모리를 필요하다. 반면 두 번째 살펴본 방법은 O(log n + log m)의 메모리가 필요하다. 규모 확장성 측면에서는 메모리 사용량 문제가 굉장히 중요하다는 사실을 기억하라.

2. 첫 번째 해법의 수행 시간은 O(n+m)이지만 두 번째 살펴본 방법은 최악의 경우 O(nm)의 시간이 걸린다. 하지만 최악의 수행 시간은 시간 상한을 다소 느슨하게 표현하기도 한다. 따라서 그보다는 좀 더 정확한 상한을 깊이 있게 살펴볼 필요가 있다.

3. 좀 더 가까운 시간 상한은 앞서 설명한 대로 O(n+km)이다. 여기서 k는 T2의 루트가 T1에 출현하는 빈도다. T1과 T2의 노드에 저장되는 값이 0과 p 사이에서 생성된 난수값이라고 하자. 이때 k는 n/p에 가까울 것이다. 왜냐하면 T1의 노드 n개가 각각 T2의 루트와 같을 확률이 1/p이기 때문이다. 그러므로 T1의 노드 가운데 n/p 노드가 T2.root와 같을 것이다. 따라서 p=1,000, n=1,000,000이고 m=100일 때, 우리는 대략 1,100,000개의 노드를 검사해야 한다(1,100,000 = 1,000,000 + 100*1,000,000/1,000).

4. 복잡한 수식과 가정을 동원하면 좀 더 정확한 상한을 얻을 수 있다. 위 3번을 따라, matchTree를 호출하면 T2의 모든 노드(m개)를 순회하게 된다고 가정했다. 하지만 순회 직후에 두 트리의 차이점을 금방 발견하게 될 것이므로, 결과적으로는 훨씬 빨리 끝날 것이다.

요약하자면, 두 번째 살펴본 대안이 공간 효율성 측면에서 보다 최적의 해법이라는 사실은 분명하고, 시간적 측면에서도 보다 최적이다. 이 모두는 여러분이 어떤 가정을 하느냐와 최악의 시간은 좀 느리더라도 평균적 수행 시간을 줄이도록 할 것이냐의 여부에 달려 있다. 면접관에게 지적하기 좋은 부분이다.

4.11 **임의의 노드:** 이진 트리 클래스를 바닥부터 구현하려고 한다. 노드의 삽입, 검색, 삭제뿐만 아니라 임의의 노드를 반환하는 getRandomNode() 메서드도 구현한다. 모든 노드를 같은 확률로 선택해주는 getRandomNode 메서드를 설계하고 구현하라. 또한 나머지 메서드는 어떻게 구현할지 설명하라.

164쪽

해법

예제를 그려 보자.

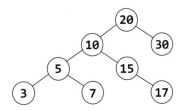

우리는 최적의 해법을 살펴보기 전에 다른 다양한 방법들을 다뤄 볼 것이다.

여기서 알아 둬야 할 점은 바로 이 문제가 굉장히 흥미롭게 쓰여 있다는 점이다. 단순히 "이진 트리에서 임의의 노드를 반환하는 알고리즘을 설계해 보라"라고 말하지 않았다. 클래스를 바닥부터 만든다고 했다. 문제에서 이렇게 말한 의도는 분명 존재한다. 아마도 자료구조의 내부를 접근해야 할 확률이 크다.

옵션 #1 [느리지만 동작하는]

한 가지 방법은 모든 노드를 배열에 복사한 뒤 임의의 원소를 반환하는 것이다. 이 방법은, N이 트리의 전체 노드의 개수라고 했을 때 O(N) 시간이 소요되고, O(N) 공간을 사용한다.

이 방법은 굉장히 간단하므로 (또한 주어진 이진 트리라는 정보를 사용하지 않았으므로) 면접관은 아마 좀 더 최적화된 해법을 요구할 것이다.

해법을 찾아 나가면서 트리의 내부 구조를 사용해야 할지도 모른다는 생각을 갖고 있어야 한다. 그렇지 않다면 문제에서 트리 클래스를 바닥부터 만들어 간다고 명시하지 않았을 것이기 때문이다.

옵션 #2 [느리지만 동작하는]

배열로 노드를 전부 복사하는 원래 방법으로 돌아와서, 배열에서 트리의 노드를 올바르게 유지할 수 있도록 해법을 좀 더 발전시킬 것이다. 한 가지 문제점은 트리에서 노드를 삭제할 때마다 배열에서도 해당 노드를 삭제해야 하는데, 이 삭제 연산이 O(N) 시간이 걸린다는 점이다.

옵션 #3 [느리지만 동작하는]

모든 노드에 1부터 N까지 라벨(label)을 이진 탐색 트리 순서대로, 즉 중위 순회에 따라서 붙인다. 그 다음에 getRandomNode가 호출되면 1부터 N 사이에서 임의의 숫자를 생성한다. 라벨을 올바르게 붙였다면 이진 탐색 트리를 사용해서 해당 인덱스의 노드를 찾을 수 있을 것이다.

하지만 이 방법은 앞의 해법과 비슷한 문제를 안고 있다. 노드를 삽입하거나 삭제할 때 모든 인덱스를 갱신해야 하는데 이 작업에 O(N) 시간이 걸린다.

옵션 #4 [빠르지만 동작하지 않는]

트리의 깊이를 이미 알고 있다면 어떨까? 우리가 해당 클래스를 직접 만들기 때문에 알고 있다고 가정해도 된다. 트리의 깊이는 쉽게 구할 수 있는 정보다.

임의의 깊이를 선택한 뒤, 해당 깊이에 도달할 때까지 임의의 왼쪽/오른쪽으로 순회해 나간다. 하지만 모든 노드가 같은 확률로 선택될 거란 보장은 없다.

첫 번째, 모든 깊이에서 노드의 개수가 같지는 않다. 따라서 노드가 적은 곳이 노드가 많은 곳보다 선택 받을 가능성이 크다.

두 번째, 목표가 되는 깊이에 도달하기도 전에 끝나는 경로가 있을 수 있다. 이런 경로는 어떻게 처리해야 하나? 우리가 찾은 마지막 노드를 반환할 수도 있지만, 그러면 각 노드가 선택될 확률이 달라질 것이다.

옵션 #5 [빠르지만 동작하지 않는]

단순히 아주 간단한 방법을 시도해 볼 수 있다. 트리를 임의의 방향으로 순회한다. 각 노드에서 하는 역할은 다음과 같다.

- 1/3의 확률로 현재 노드를 반환한다.
- 1/3의 확률로 왼쪽으로 순회한다.
- 1/3의 확률로 오른쪽으로 순회한다.

이 방법은 다른 것들과 마찬가지로 모든 노드를 같은 확률로 선택하지 않는다. 루트는 1/3의 확률로 선택된다. 이는 왼쪽의 모든 노드에서 선택될 확률을 모두 더한 것과 같다.

옵션 #6 [빠르게 동작하는]

계속 새로운 해법을 찾아보기보단 이전 해법에서 나타난 문제들을 고쳐 보자. 그러려면 현재 해법의 핵심 문제점이 무엇인지 깊게 생각해 봐야 한다.

옵션 #5에선 확률이 균일하게 분배되지 않는다는 문제가 있었다. 기본 알고리즘을 유지한 채 이 문제점을 해결할 수 있을까?

루트에서부터 시작해 보자. 루트가 반환될 확률은 얼마가 되어야 하는가? N개의 노드가 있기 때문에 루트가 반환될 확률은 1/N이 되어야 한다(사실 모든 노드가 1/N의 확률로 반환되어야 한다. 어쨌든 N개의 노드가 같은 확률로 반환되어야 하고, 전체 확률의 합은 1(100%)이므로 각 노드는 1/N 확률이 되어야 한다).

루트에서의 문제점은 해결했다. 다른 문제들은 어떻게 해결할 수 있을까? 즉, 얼마의 확률로 왼쪽 혹은 오른쪽을 순회해야 할까? 50/50은 아니다. 균형 잡힌 트리에서도 왼쪽과 오른쪽 트리의 노드의 개수는 다를 수 있다. 만약 왼쪽의 노드의 개수가 오른쪽의 노드의 개수보다 많다면 왼쪽으로 순회할 확률이 더 높아야 한다.

한 가지 생각해 볼 수 있는 점은 왼쪽으로 순회할 확률은 왼쪽의 모든 노드가 선택될 확률의 총합과 같아야 한다는 것이다. 각 노드가 선택될 확률은 1/N이므로 왼쪽으로 순회할 확률은 LEFT_SIZE * 1/N이 되어야 한다.

비슷하게 오른쪽으로 순회할 확률은 RIGHT_SIZE * 1/N이 되어야 한다.

즉, 각 노드는 왼쪽 트리와 오른쪽 트리의 크기 정보를 알고 있어야 한다. 다행히도 면접관이 우리가 트리 클래스를 직접 만들어야 한다고 했으므로 각 노드에 size 변수를 추가해서 크기 정보를 쉽게 파악하도록 만들 수 있다. 삽입할 때 size를 늘리고 삭제할 때 size를 줄이면 된다.

```java
class TreeNode {
    private int data;
    public TreeNode left;
    public TreeNode right;
    private int size = 0;
    public TreeNode(int d) {
        data = d;
        size = 1;
    }

    public TreeNode getRandomNode() {
        int leftSize = left == null ? 0 : left.size();
        Random random = new Random();
        int index = random.nextInt(size);
        if (index < leftSize) {
            return left.getRandomNode();
        } else if (index == leftSize) {
            return this;
        } else {
            return right.getRandomNode();
        }
    }

    public void insertInOrder(int d) {
        if (d <= data) {
            if (left == null) {
                left = new TreeNode(d);
            } else {
                left.insertInOrder(d);
            }
        } else {
```

```
            if (right == null) {
                right = new TreeNode(d);
            } else {
                right.insertInOrder(d);
            }
        }
        size++;
    }

    public int size() { return size; }
    public int data() { return data; }

    public TreeNode find(int d) {
        if (d == data) {
            return this;
        } else if (d <= data) {
            return left != null ? left.find(d) : null;
        } else if (d > data) {
            return right != null ? right.find(d) : null;
        }
        return null;
    }
}
```

이 알고리즘은 트리가 균형 잡혀 있을 때 O(log N)이다. 여기서 N은 노드의 개수를 뜻한다.

옵션 #7 [빠르게 동작하는]

임의의 수를 생성하는 함수를 호출하면 비용이 많이 든다. 따라서 이 함수를 호출하는 횟수를 가능한 줄이는 것이 좋다.

아래의 트리에서 getRandomNode를 호출한 뒤 왼쪽으로 순회한다고 생각해 보자.

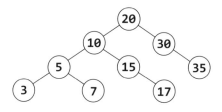

처음에 0과 5 사이의 숫자가 선택됐기 때문에 우리는 왼쪽으로 순회할 것이다. 그 뒤에 0에서 5 사이의 숫자를 다시 뽑는다. 그러지 말고 처음에 뽑은 숫자를 그대로 사용할 순 없을까?

오른쪽으로 순회하는 경우에는 어떻게 해야 할까? 7과 8 사이의 숫자를 뽑았지만 그다음에는 0과 1 사이의 숫자가 필요하다. 간단하게 LEFT_SIZE+1을 빼주면 된다.

이 알고리즘을 다른 방식으로 생각해 보면 우리가 처음에 생성한 임의의 수는 중위 순회를 했을 때 반환할 노드(i)의 인덱스를 의미한다. 또한 오른쪽으로 움직일 때 i에서 LEFT_SIZE+1을 뺀다는 것은 중위 순회에서 LEFT_SIZE+1만큼의 노드를 건너뛰겠다는 것을 의미한다.

```java
class Tree {
    TreeNode root = null;

    public int size() { return root == null ? 0 : root.size(); }

    public TreeNode getRandomNode() {
        if (root == null) return null;

        Random random = new Random();
        int i = random.nextInt(size());
        return root.getIthNode(i);
    }

    public void insertInOrder(int value) {
        if (root == null) {
            root = new TreeNode(value);
        } else {
            root.insertInOrder(value);
        }
    }
}

class TreeNode {
    /* 생성자와 변수명은 이전과 같다. */

    public TreeNode getIthNode(int i) {
        int leftSize = left == null ? 0 : left.size();
        if (i < leftSize) {
            return left.getIthNode(i);
        } else if (i == leftSize) {
            return this;
        } else {
            /* leftSize+1만큼의 노드를 건너뛸 것이므로 빼준다. */
            return right.getIthNode(i - (leftSize + 1));
        }
    }

    public void insertInOrder(int d) { /* 이전과 같다. */ }
    public int size() { return size; }
    public TreeNode find(int d) { /* 이전과 같다. */ }
}
```

이전 알고리즘과 마찬가지로 균형 잡힌 트리에서 O(log N) 시간이 걸린다. D를 트리의 최대 깊이라고 했을 때 O(D)로 표현할 수도 있다. 트리의 상태와 상관없이 O(D)는 수행 시간을 정확하게 나타내 준다.

4.12 **합의 경로:** 각 노드의 값이 정수(음수 및 양수)인 이진 트리가 있다. 이때 정수의 합이 특정 값이 되도록 하는 경로의 개수를 세려고 한다. 경로가 꼭 루트에서 시작해서 말단 노드에서 끝날 필요는 없지만 반드시 아래로 내려가

야 한다. 즉, 부모 노드에서 자식 노드로만 움직일 수 있다. 알고리즘을 어떻게 설계할 것인가?

164쪽

해법

합이 될 만한 숫자(예를 들어 8)를 하나 선택한 뒤 이 값을 바탕으로 이진 트리를 그려 보자.

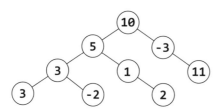

첫 번째 방법은 무식하게 다 돌려보는(brute force) 것이다.

해법 #1: 무식한 방법

우리는 단순히 모든 가능한 경로를 다 살펴볼 것이다. 그러기 위해선, 각 노드에서 재귀적으로 아래로 내려가면서 경로의 합을 구해 나간다. 경로의 합이 우리가 원하는 값이 되면 경로의 개수를 세어 준다.

```
int countPathsWithSum(TreeNode root, int targetSum) {
    if (root == null) return 0;

    /* 루트에서 시작해서 합의 조건을 만족하는 경로의 개수를 세준다. */
    int pathsFromRoot = countPathsWithSumFromNode(root, targetSum, 0);

    /* 같은 방법으로 왼쪽 노드와 오른쪽 노드에서 경로를 시작한다. */
    int pathsOnLeft = countPathsWithSum(root.left, targetSum);
    int pathsOnRight = countPathsWithSum(root.right, targetSum);

    return pathsFromRoot + pathsOnLeft + pathsOnRight;
}

/* 현재 노드에서 시작해서 합의 조건을 만족하는 경로의 개수를 반환한다. */
int countPathsWithSumFromNode(TreeNode node, int targetSum, int currentSum) {
    if (node == null) return 0;

    currentSum += node.data;

    int totalPaths = 0;
    if (currentSum == targetSum) { // 합의 조건을 만족하는 경로를 찾았다.
        totalPaths++;
    }

    totalPaths += countPathsWithSumFromNode(node.left, targetSum, currentSum);
    totalPaths += countPathsWithSumFromNode(node.right, targetSum, currentSum);
    return totalPaths;
}
```

이 알고리즘의 시간 복잡도는 어떻게 되는가?

깊이가 d인 곳에 놓인 노드는 countPathsWithSumFromNode에 의해 총 d번 방문하게 된다.

균형 이진 트리에서 d는 대략 log N이 된다. 따라서 전체 노드의 개수가 N인 트리에서 countPathsWithSumFromNode는 $O(N \log N)$번 호출된다. 따라서 시간 복잡도는 $O(N \log N)$이 된다.

또 다른 방식으로 시간 복잡도를 분석해 볼 수도 있다. 루트 노드에서는, countPathsWithSumFromNode를 통해 그 아래에 있는 N-1개의 노드를 접근한다. 루트 바로 아래 있는 두 개의 노드는 N-3개의 노드에 접근하고, 그 아래에 있는 네 개의 노드는 N-7개의 노드에 접근한다. 이 패턴을 수식으로 나타내면 대략 다음과 같다.

(N − 1) + (N − 3) + (N − 7) + (N − 15) + (N − 31) + ... + (N − N)

간단히 설명해 보면, 각 항의 왼쪽 값은 항상 N이고 오른쪽 값은 2의 거듭제곱에서 1을 뺀 값이다. 항의 개수는 트리의 깊이와 같은 $O(\log N)$이 된다. 사실 2의 거듭제곱보다 1이 작다는 사실은 무시해도 되므로 실제로는 다음과 같은 수식을 얻을 수 있다.

```
O(N * [항의 개수] − [1부터 N까지 2의 거듭제곱 합])
O(NlogN − N)
O(NlogN)
```

만약 2의 거듭제곱 합이 잘 이해가지 않는다면 이진법으로 2의 거듭제곱이 어떻게 표현되는지 생각해 보길 바란다.

```
  0001
+ 0010
+ 0100
+ 1000
= 1111
```

따라서 균형 트리에서의 시간 복잡도는 $O(N \log N)$이 된다.

트리가 균형 잡혀 있지 않다면 수행 시간은 더 늘어날 수 있다. 연결리스트처럼 일렬로 늘어선 트리를 생각해 보자. 루트에서 N-1개의 노드를 순회하고, 그다음 노드는 N-2개의 노드를 순회하고, 그다음 노드는 N-3개의 노드를 순회한다. 이 경우에 전체 순회 횟수는 1부터 N까지의 합과 같고 따라서 $O(N^2)$이 된다.

해법 #2: 최적화

바로 전 해법을 분석해 보면 같은 일을 반복적으로 하고 있다는 사실을 눈치챌 수 있다. 예를 들어 10→5→3→-2와 같은 경로가 있을 때 이 경로의 일부를 여러 번 반복해서 순회하고 있다. 즉, 노드 10에서 순회를 마친 뒤, 그다음 노드 5에서는 5→3→-2를, 노드 3에서는 3→-2를, 그리고 마지막으로 -2 노드를 재방문한다. 반복되는 부분을 줄일 수 있으면 좋을 것이다.

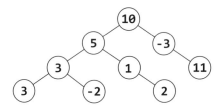

주어진 경로를 단순히 하나의 배열이라고 생각한다. 다음의 경로를 보자.

10→5→1→2→-1→-1→7→1→2

여기서 연속된 합이 8이 되는 수열의 개수는 몇 개가 있는가? 다시 말해 아래에서 y가 있을 때 x 값을 찾는 것과 같다(정확히 얘기해서 x 값의 개수).

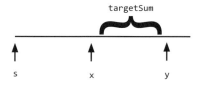

각 위치에서의 러닝합(running sum)을 미리 알고 있다면(s에서 현재까지의 합), 간단하게 $runningSum_x = runningSum_y - targetSum$의 수식을 이용해서 쉽게 구할 수 있을 것이다. 그 뒤에 x의 값을 찾으면 된다.

우리는 경로의 개수를 찾으면 되므로 해시테이블을 이용할 것이다. 배열을 순회하

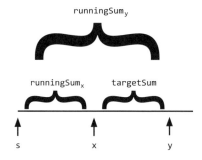

면서 runningSum과 이 값이 등장한 횟수를 저장할 것이다. 그 뒤에 해시테이블에서 $runningSum_y$ − targetSum의 위치에 있는 값을 찾아 y 위치에서 끝나면서, 그 합이 targetSum과 같은 경로의 개수를 찾는다.

아래의 예를 보자.

```
인덱스:    0    1    2    3    4    5    6    7    8
값:       10 →  5 →  1 →  2 → -1 → -1 →  7 →  1 →  2
합:       10   15   16   18   17   16   23   24   26
```

$runningSum_7$의 값은 24이다. targetSum이 8이라면 해시테이블에서 16을 찾으면 된다. 16 위치의 값은 2이다(2번과 5번 인덱스). 위에서 보듯이 3번에서 7번까지의 합과 6번에서 7번까지의 합은 8이 된다. 이 알고리즘을 배열이 아닌 트리에 적용해 보자.

여기에선 깊이 우선 탐색을 사용할 것이다. 각 노드에 방문할 때마다 아래와 같이 한다.

1. runningSum의 값을 알고 있어야 한다. 함수의 인자로 넘긴 뒤 node.value를 이용해서 바로 증가시킬 것이다.
2. runningSum − targetSum을 해시테이블에서 찾아본다. 전체 경로의 개수를 뜻한다. totalPaths에 이 값을 대입한다.
3. 만약 runningSum == targetSum이라면 루트에서 시작하는 경로가 하나 더 있다는 뜻이다. totalPaths를 증가시킨다.
4. runningSum을 해시테이블에 추가한다(이미 존재한다면 값을 증가시킨다).
5. 왼쪽과 오른쪽으로 재귀적으로 내려가면서 합이 targetSum인 경로의 개수를 센다.
6. 재귀가 끝난 뒤에는 해시테이블에서 runningSum의 값을 감소시킨다. 근본적으로 해시테이블을 재귀 안에 들어가기 전 단계로 돌려놓음으로써 다른 노드들이 엉뚱한 값을 참조하지 못하게 해야 한다.

이 알고리즘의 경우 유도하는 방법은 복잡해 보이지만 이를 구현하는 코드는 상대적으로 간단하다.

```
int countPathsWithSum(TreeNode root, int targetSum) {
    return countPathsWithSum(root, targetSum, 0, new HashMap());
}

int countPathsWithSum(TreeNode node, int targetSum, int runningSum,
                                    HashMap pathCount) {
```

```
    if (node == null) return 0; // 초기 사례

    /* 현재 노드에서 끝나면서 합의 조건을 만족하는 경로의 개수 */
    runningSum += node.data;
    int sum = runningSum - targetSum;
    int totalPaths = pathCount.getOrDefault(sum, 0);

    /* runningSum과 targetSum이 같다면, 루트에서 시작하는 경로가
     * 추가로 더 존재하는 것이다. 이 경로를 추가해 준다.*/
    if (runningSum == targetSum) {
        totalPaths++;
    }

    /* pathCount를 증가시키고, 재귀호출한 뒤, pathCount를 감소시킨다. */
    incrementHashTable(pathCount, runningSum, 1); // pathCount를 증가시킨다.
    totalPaths += countPathsWithSum(node.left, targetSum, runningSum, pathCount);
    totalPaths += countPathsWithSum(node.right, targetSum, runningSum, pathCount);
    incrementHashTable(pathCount, runningSum, -1); // pathCount를 감소시킨다.

    return totalPaths;
}

void incrementHashTable(HashMap hashTable, int key, int delta) {
    int newCount = hashTable.getOrDefault(key, 0) + delta;
    if (newCount == 0) { // 공간 절약을 위해 값이 0이 되면 제거한다.
        hashTable.remove(key);
    } else {
        hashTable.put(key, newCount);
    }
}
```

N이 트리의 노드의 개수일 때 이 알고리즘의 수행 시간은 O(N)이 된다. 왜냐하면 이 알고리즘은 각 노드를 한 번씩만 방문하고 각 노드에서 O(1)의 작업을 수행하기 때문이다. 해시테이블을 추가로 사용하기 때문에 균형 잡힌 트리에서 공간 복잡도는 O(logN)이 된다. 균형 잡히지 않은 트리에서 공간 복잡도는 O(N)으로 늘어날 수도 있다.

개념과 알고리즘

비트 조작 해법

5.1   **삽입:** 두 개의 32비트 수 N과 M이 주어지고, 비트 위치 i와 j가 주어졌을 때, M을 N에 삽입하는 메서드를 구현하라. M은 N의 j번째 비트에서 시작하여 i 번째 비트에서 끝난다. j번째 비트에서 i번째 비트까지에는 M을 담기 충분한 공간이 있다고 가정한다. 다시 말해, M = 10011이라면, j와 i 사이에 적어도 다섯 비트가 있다고 가정해도 된다는 것이다. j = 3이고 i = 2인 경우처럼 M을 삽입할 수 없는 상황은 생기지 않는다고 봐도 된다.

171쪽

해법

이 문제는 다음의 세 가지 핵심 단계에 따라 풀어 볼 것이다.

1. N의 j부터 i까지 비트를 0으로 만든다.
2. M을 시프트하여 j부터 i번 비트 자리에 오도록 만든다.
3. M과 N을 합한다.

까다로운 부분은 단계 #1이다. N의 비트를 어떻게 0으로 만들 수 있을까? 마스크 (mask)를 이용하면 된다. 이 마스크는 j부터 i까지의 비트만 0이고 나머지 비트들은 1이다. 이 마스크를 만들 때는 왼쪽 절반을 먼저 만들고, 그 다음에 오른쪽 절반을 만든다.

```
int updateBits(int n, int m, int i, int j) {
    /* n의 i부터 j 비트까지를 0으로 만들기 위한 마스크 생성
     * EXAMPLE: i = 2, j = 4. 결과는 11100011.
     * 여기서는 8비트 마스크를 만드는 것으로 가정 */
    int allOnes = ~0; // 모든 비트가 1이 된다.

    // j 앞에는 1을 두고 나머지는 0으로 설정. left = 11100000
    int left = allOnes << (j + 1);

    // i 뒤에는 1을 두고 나머지는 0으로 설정. right = 00000011
    int right = ((1 << i) - 1);

    //  i와 j 사이의 비트들을 제외한 나머지는 1. mask = 11100011
    int mask = left | right;

    /* j부터 i까지를 0으로 설정하고 m을 그 자리에 삽입 */
    int n_cleared = n & mask; // j부터 i까지 0으로 만든다.
    int m_shifted = m << i; // m을 올바른 위치로 옮긴다.
```

```
        return n_cleared | m_shifted; // OR하면 끝!
}
```

이런 문제를 풀 때는(다른 비트 조작 문제들도 마찬가지로), 철저히 테스트를 해봐야 한다. 실수로 한 비트를 빼먹는다거나 하는 일이 흔하다.

5.2 2진수를 문자열로: 0.72와 같이 0과 1 사이의 실수가 double 타입으로 주어졌을 때, 그 값을 2진수 형태로 출력하는 코드를 작성하라. 길이가 32 이하인 문자열로 2진수로 정확하게 표현할 수 없다면 ERROR를 출력하라.

171쪽

해법

해석이 애매한 경우가 아니라면, x_2와 x_{10}과 같은 표기법을 사용하여 밑수가 2인 수와 밑수가 10인 수를 나타내도록 하겠다.

우선, 정수가 아닌 수를 이진수로 표현하면 어떻게 되는지 살펴보자. 정수를 이진수로 표현하는 방법에 입각해서 살펴보면, 이진수 0.101_2은 다음과 같은 형태일 것이다.

$$0.101_2 = 1 * 1/2^1 + 0 * 1/2^2 + 1 * 1/2^3$$

소수점 아래 부분을 출력하기 위해서는, 2를 곱하여 2n이 1보다 크거나 같은지 확인한다. 2를 곱하는 연산은 사실 부분합을 시프트(shift)하는 것과 마찬가지다. 아래의 수식을 보자.

$$r = 2_{10} * n$$
$$= 2_{10} * 0.101_2$$
$$= 1 * 1/2^0 + 0 * 1/2^1 + 1 * 1/2^2$$
$$= 1.01_2$$

r >= 1이면 n의 소수점 바로 뒤에 1이 있다는 뜻이다. 이 작업을 반복하면 모든 자릿수를 검사할 수 있다.

```
String printBinary(double num) {
    if (num >= 1 || num <= 0) {
        return "ERROR";
    }

    StringBuilder binary = new StringBuilder();
    binary.append(".");
    while (num > 0) {
        /* 길이 제한 설정: 문자 단위로 32 */
```

```
        if (binary.length() >= 32) {
            return "ERROR";
        }

        double r = num * 2;
        if (r >= 1) {
            binary.append(1);
            num = r - 1;
        } else {
            binary.append(0);
            num = r;
        }
    }
    return binary.toString();
}
```

이처럼 주어진 수에 2를 곱하고 1과 비교하는 방법을 쓰는 대신, 0.5, 0.25와 비교해 나가는 방법을 사용할 수도 있다. 아래 코드를 참조하라.

```
String printBinary2(double num) {
    if (num >= 1 || num <= 0) {
        return "ERROR";
    }

    StringBuilder binary = new StringBuilder();
    double frac = 0.5;
    binary.append(".");
    while (num > 0) {
        /* 길이 제한 설정: 문자 단위로 32 */
        if (binary.length() > 32) {
            return "ERROR";
        }
        if (num >= frac) {
            binary.append(1);
            num -= frac;
        } else {
            binary.append(0);
        }
        frac /= 2;
    }
    return binary.toString();
}
```

이 둘은 동일한 방법이므로 편한 쪽으로 골라 사용하기 바란다.

어느 쪽을 택하건, 테스트 케이스를 완벽하게 준비해야 한다. 면접장에서 준비한 테스트 케이스를 사용해 프로그램을 실행하라.

5.3 비트 뒤집기: 어떤 정수가 주어졌을 때 여러분은 이 정수의 비트 하나를 0에서 1로 바꿀 수 있다. 이때 1이 연속으로 나올 수 있는 가장 긴 길이를 구하는 코드를 작성하라.

입력: 1775 (혹은 11011101111)

출력: 8

171쪽

해법

각각의 정수값을 연속된 0과 1의 반복으로 볼 수 있다. 이때 연속된 0의 개수가 1개인 부분을 1로 바꿔서 연속된 1의 길이를 늘릴 수 있다.

무식한 방법

정수값을 연속된 0수열과 1수열의 길이를 표현하는 배열로 바꿔서 생각해 볼 수 있다. 예를 들어, 11011101111을 오른쪽에서 왼쪽으로 읽으면 $[0_0, 4_1, 1_0, 3_1, 1_0, 2_1, 21_0]$으로 표현할 수 있다. 0수열이 언제나 먼저 시작된다면, 실제로는 0과 1이 항상 번갈아 나오기 때문에 0수열인지 1수열인지 표현하는 아래첨자는 필요하지 않다.

그 다음에는 이 배열을 읽으면서 0수열의 길이가 1인 경우 인접한 1수열을 합치는 경우를 따져 보면 된다.

```
int longestSequence(int n) {
    if (n == -1) return Integer.BYTES * 8;
    ArrayList sequences = getAlternatingSequences(n);
    return findLongestSequence(sequences);
}

/* 각 수열의 길이 리스트를 반환한다. 수열은 항상 0수열부터 시작한다.
 * (물론 그 길이가 0일 수도 있다) 그리고 각 수열의 길이를 번갈아서 배열에 저장한다. */
ArrayList getAlternatingSequences(int n) {
    ArrayList sequences = new ArrayList();

    int searchingFor = 0;
    int counter = 0;

    for (int i = 0; i < Integer.BYTES * 8; i++) {
        if ((n & 1) != searchingFor) {
            sequences.add(counter);
            searchingFor = n & 1; // 1을 0으로 혹은 0을 1로 뒤집기
            counter = 0;
        }
        counter++;
        n >>>= 1;
    }
    sequences.add(counter);

    return sequences;
}

/* 0수열과 1수열의 길이 값이 번갈아 저장된 배열이 주어졌을 때, 만들 수 있는 가장 긴 수열 찾기 */
int findLongestSequence(ArrayList seq) {
    int maxSeq = 1;

    for (int i = 0; i < seq.size(); i += 2) {
        int zerosSeq = seq.get(i);
```

```
        int onesSeqRight = i - 1 >= 0 ? seq.get(i - 1) : 0;
        int onesSeqLeft = i + 1 < seq.size() ? seq.get(i + 1) : 0;

        int thisSeq = 0;
        if (zerosSeq == 1) { // 합칠 수 있다.
            thisSeq = onesSeqLeft + 1 + onesSeqRight;
        } if (zerosSeq > 1) { // 0 하나를 뒤집은 뒤 양쪽 중 하나에 더한다.
            thisSeq = 1 + Math.max(onesSeqRight, onesSeqLeft);
        } else if (zerosSeq == 0) { // 0수열이 없으므로 양쪽 중 하나를 택한다.
            thisSeq = Math.max(onesSeqRight, onesSeqLeft);
        }
        maxSeq = Math.max(thisSeq, maxSeq);
    }

    return maxSeq;
}
```

꽤 괜찮은 방법이다. 수열의 길이를 b라 했을 때 O(b) 시간과 O(b) 공간이 필요하다.

> 시간 복잡도를 표현할 때 주의해야 한다. 예를 들어, O(n)에서 n이 무엇을 뜻하는가? 어떤 알고리즘의 시간 복잡도를 O(정수값)으로 표현하는 건 옳지 않은 표현법이다. 따라서 n이 무엇을 뜻하는지 애매한 것 같다면 n으로 표현하지 말아야 본인뿐 아니라 면접관도 헷갈리지 않을 것이다. 대신 다른 변수 이름을 사용하는 것이 좋다. 여기서는 비트의 개수를 표현할 때 'b'를 사용했는데, 뭔가 타당해 보이지 않는가.

더 나은 방법을 찾을 수 있을까? 가능한 최선의 수행 시간이라는 개념을 생각해 보자. 어쨌든 수열을 한 번은 읽어야 하기 때문에 이 문제의 B.C.R은 O(b)가 되고, 따라서 시간 부분을 더 최적화할 수는 없다. 하지만 메모리 사용량을 줄일 수는 있다.

최적 알고리즘

공간적인 면에서 현재 알고리즘은 사실 각 수열의 길이를 전부 알고 있을 필요는 없다. 단지 1수열과 바로 이전의 1수열의 길이만 알고 있으면 충분하다.

따라서 정수의 비트값을 읽어 나가면서 현재 1수열의 길이와 바로 이전 1수열의 길이만 저장하고 있으면 된다. 그러다 0비트를 만나면 previousLength를 갱신한다.

· 다음 비트가 1이면 previousLength는 currentLength가 되어야 한다.
· 다음 비트가 0이면 두 수열을 합칠 수 없으므로 previousLength를 0으로 세팅한다.

알고리즘을 진행해 나가다가 필요한 경우 maxLength를 갱신한다.

```java
int flipBit(int a) {
    /* 전부 1이면 그 자체가 가장 긴 수열이다. */
    if (~a == 0) return Integer.BYTES * 8;

    int currentLength = 0;
    int previousLength = 0;
    int maxLength = 1; // 적어도 1수열이 하나는 존재한다.
    while (a != 0) {
        if ((a & 1) == 1) { // 현재 비트가 1인 경우
            currentLength++;
        } else if ((a & 1) == 0) { // 현재 비트가 0인 경우
            /* 0으로 갱신(다음 비트가 0일 때) 혹은 currentLength로 갱신(다음 비트가 1일 때). */
            previousLength = (a & 2) == 0 ? 0 : currentLength;
            currentLength = 0;
        }
        maxLength = Math.max(previousLength + currentLength + 1, maxLength);
        a >>>= 1;
    }
    return maxLength;
}
```

이 알고리즘의 시간 복잡도는 여전히 O(b)이지만 메모리는 추가로 O(1)만큼만 사용한다.

5.4 **다음 숫자**: 양의 정수가 하나 주어졌다. 이 숫자를 2진수로 표기했을 때 1비트의 개수가 같은 숫자 중에서 가장 작은 수와 가장 큰 수를 구하라.

171쪽

해법

이 문제를 푸는 데는 여러 가지 방법이 있다. 무식한 방법(brute force), 비트 조작에 기반한 방법, 그리고 수학적 방법. 단, 수학적 해법은 비트 조작에 기반을 둔 방법을 이용하고 있다. 그러니 수학적 해법보다는 비트 조작에 의거한 해법을 먼저 살펴보는 것이 좋겠다.

> 이 문제에 나오는 용어가 헷갈릴 수도 있다. 여기서 getNext는 그다음으로 큰 숫자를, getPrev는 그다음으로 작은 숫자를 반환한다.

무식한 방법

가장 쉬운 방법이다. n 안에 있는 1의 개수를 센 뒤, 1의 개수가 같을 때까지 n을 증가시키거나 감소시킨다. 쉽지만 썩 매력적인 방법은 아니다. 최적의 방법은 없나? 있다!

getNext를 살펴본 뒤에 getPrev로 넘어가자.

비트 조작을 이용한 다음 수 구하기

다음 수는 무엇이 될까 생각해 보면, 다음과 같은 결과를 얻을 수 있다. 가령 13948 이란 숫자가 주어졌을 때 이 수를 이진수로 표현하면 다음과 같다.

1	1	0	1	1	0	0	1	1	1	1	1	0	0
13	12	11	10	9	8	7	6	5	4	3	2	1	0

1의 개수는 그대로 유지한 채 이 수를 크게(너무 크지는 않게) 만들어 보자.

다음을 유의하자. 어떤 수 n과 비트 위치 i와 j가 주어졌을 때, i번째 비트는 1에서 0으로 뒤집고 j번째 비트는 0에서 1로 뒤집어 본다. 만약 i > j라면 n은 감소할 것이고, i < j라면 n은 증가할 것이다.

따라서 다음이 성립한다.

1. 0 하나를 1로 뒤집었으면 반드시 1 하나를 0으로 뒤집어야 한다.
2. 만일 0에서 1로 뒤집은 비트가 1에서 0으로 뒤집은 비트보다 왼쪽에 있으면, 주어진 숫자는 커진다.
3. 숫자를 크게 만들고 싶지만, 불필요하게 크게 만들고 싶지는 않다. 따라서 0비트 중 맨 오른쪽에 위치하되 그보다 오른쪽에 1비트가 있는 0비트를 1로 바꿔야 한다.

이를 다른 말로 하면, 0수열로 끝나는 수열이 아닌 것 중에서 맨 오른쪽 0비트를 1로 뒤집어야 한다는 것이다. 위의 예제에서는, 0수열로 끝나지 않으면서 맨 오른쪽에 놓인 0은 7번 위치에 있다. 이 위치를 p라고 하자.

1단계: 0수열로 끝나지 않으면서 맨 오른쪽에 있는 0을 뒤집는다.

1	1	0	1	1	0	1	1	1	1	1	1	0	0
13	12	11	10	9	8	7	6	5	4	3	2	1	0

이렇게 함으로써 n의 크기는 커졌다. 하지만 1이 원래보다 하나 더 많고, 0은 원래보다 하나 더 적다. 이 상태를 유지한 채 n의 값을 가능한 한 많이 줄여야 한다.

p 오른쪽에 있는 0과 1을 재정렬하여, 0은 전부 왼쪽에 오고 1은 전부 오른쪽에 오도록 만들면 숫자의 크기를 줄일 수 있다. 그와 동시에 1 하나를 0으로 바꾸어야 한다.

이 작업을 상대적으로 쉽게 할 수 있는 방법 중 하나는, p 오른쪽에 있는 1의 수를 센 다음 0부터 p까지의 모든 비트를 0으로 만들고 (c1 − 1)개의 1을 다시 추가해 넣는 것이다. 여기서 c1은 p 오른쪽에 있는 1의 개수이고, c0은 p 오른쪽에 있는 0의 개수이다.

예제를 통해 살펴보자.

2단계: p의 오른쪽 비트들을 0으로 만든다. c0 = 2, c1 = 5, p = 7

1	1	0	1	1	0	1	0	0	0	0	0	0	0
13	12	11	10	9	8	7	6	5	4	3	2	1	0

비트들을 0으로 만들려면, 하위 비트 p개를 제외한 모든 위치가 1로 세팅된 마스크가 필요하다. 마스크를 다음과 같이 만들 수 있다.

```
a = 1 << p;     // p 위치를 제외한 나머지 비트는 모두 0
b = a - 1;      // 오른쪽 p개 비트는 1이고 나머지는 0
mask = ~b;      // 오른쪽 p개 비트는 0이고 나머지는 1
n = n & mask;   // 오른쪽 p개 비트를 0으로 만든다.
```

좀 더 간결히 표현하자면, 이렇게도 할 수 있다.

```
n &= ~((1 << p) - 1).
```

3단계: (c1 - 1)개의 1비트 추가

오른쪽에 (c1 − 1)개의 1비트를 삽입하기 위해 다음과 같이 한다.

```
a = 1 << (c1 - 1); // (c1 - 1)번 비트는 1, 나머지는 0
b = a - 1;         // 0부터 (c1 - 1)번째 비트까지는 1, 나머지는 0.
n = n | b;         // 0부터 (c1 - 1)번째 비트까지를 1로 만든다.
```

아래와 같이 간단히 줄여 쓸 수도 있다.

```
n |= (1 << (c1 - 1)) - 1;
```

이렇게 하면 1비트의 개수가 n과 같으면서 n보다 큰 수 가운데, 가장 작은 수를 얻을 수 있다.

getNext 코드는 다음과 같다.

```
int getNext(int n) {
    /* c0과 c1 계산 */
    int c = n;
    int c0 = 0;
    int c1 = 0;
    while (((c & 1) == 0) && (c != 0)) {
        c0++;
        c >>= 1;
    }
```

```
    while ((c & 1) == 1) {
        c1++;
        c >>= 1;
    }

    /* 에러: 만약 n == 11..1100...00이면, 1비트의 개수가 n과 같으면서
     * n보다 큰 수는 없다. */
    if (c0 + c1 == 31 || c0 + c1 == 0) {
        return -1;
    }

    int p = c0 + c1;          // 0수열로 끝나지 않으면서 가장 오른쪽에 놓인 0의 위치

    n |= (1 << p);            // 해당 0비트를 1로 바꾼다.
    n &= ~((1 << p) - 1);     // p 오른쪽의 모든 비트를 0으로 바꾼다.
    n |= (1 << (c1 - 1)) - 1; // (c1 - 1)개의 1비트를 넣는다.
    return n;
}
```

비트 조작을 이용한 이전 수 구하기

getPrev를 구현할 때도 비슷한 방법을 사용한다.

1. c_0과 c_1을 계산한다. c_1은 1수열로 끝날 때의 비트의 개수이고, c_0은 그 왼쪽에 있는 0비트 블록의 크기이다.

2. 1수열로 끝나지 않으면서 맨 오른쪽에 위치한 1비트를 0으로 만든다. 이 위치는 $p = c_1 + c_0$이다.

3. p 오른쪽의 모든 비트를 0으로 만든다.

4. p 바로 오른쪽에 $(c_1 + 1)$개의 1비트를 넣는다.

2단계에서는 p번째 비트를 0으로 만들고 3단계에서는 0부터 $(p - 1)$번째 비트까지를 0으로 만든다.

이 두 단계는 한 번에 수행할 수 있다. 예제와 함께 살펴보자.

1단계: 초기 상태. $p = 7$, $c_1 = 2$, $c_0 = 5$

1	0	0	1	1	1	1	0	0	0	0	0	1	1
13	12	11	10	9	8	7	6	5	4	3	2	1	0

2 & 3 단계: 0부터 p까지를 0으로 설정

1	0	0	1	1	1	0	0	0	0	0	0	0	0
13	12	11	10	9	8	7	6	5	4	3	2	1	0

다음과 같이 하면 된다.

```
int a = ~0;          // 모든 비트가 1인 수열
int b = a << (p + 1); // 연속된 1비트 다음에 (p + 1)개의 0비트 등장
n &= b;              // 0부터 p까지 비트를 모두 삭제
```

4단계: (c1 + 1)개의 1 비트를 p 바로 오른쪽에 삽입

1	0	0	1	1	1	0	1	1	1	0	0	0	0
13	12	11	10	9	8	7	6	5	4	3	2	1	0

p = c1 + c0이므로, (c1 + 1)개의 1 다음에 (c0 − 1)개의 0이 오게 된다.

다음과 같이 하면 된다.

```
int a = 1 << (c1 + 1); // (c1 + 1)번째 비트만 1, 나머지는 0
int b = a - 1;         // 오른쪽 (c1 + 1)개의 비트만 1, 나머지는 0
int c = b << (c0 - 1); // (c1 + 1)개의 1 다음에 (c0 - 1)개의 0
n |= c;
```

다음은 이를 구현한 코드이다.

```
int getPrev(int n) {
    int temp = n;
    int c0 = 0;
    int c1 = 0;
    while (temp & 1 == 1) {
        c1++;
        temp >>= 1;
    }

    if (temp == 0) return -1;

    while ((((temp & 1) == 0) && (temp != 0)) {
        c0++;
        temp >>= 1;
    }

    int p = c0 + c1; // 1수열로 끝나지 않으면서 맨 오른쪽에 위치한 1비트의 위치
    n &= ((~0) << (p + 1)); // p번째 비트부터 차례로 삭제
    int mask = (1 << (c1 + 1)) - 1; // 1비트가 (c1 + 1)개인 1수열
    n |= mask << (c0 - 1);
    return n;
}
```

수학적 해법을 이용한 다음 수 구하기

맨 오른쪽의 연속된 0비트 블록의 크기를 c0, 그 바로 왼쪽의 연속된 1비트 블록의 크기를 c1이라고 하고, p = c0 + c1이라고 했을 때, 앞서 살펴본 해법은 다음과 같이 기술할 수 있다.

1. p번째 비트를 1로 만든다.

2. 그 오른쪽의 모든 비트를 0으로 만든다.

3. 0부터 (c1 − 2)까지의 비트를 1로 만든다. 즉, 총 (c1 − 1)개의 비트를 1로 만든다.

1단계와 2단계를 수행하는 가장 빠르고 무식한 방법은 맨 오른쪽의 연속된 0비트를 전부 1로 만든 다음에(그러면 p개의 1비트로 이루어진 블록이 될 것이다) 1을 더하는 것이다. 그러면 그 연속된 1비트들이 전부 0으로 바뀌면서 마지막에는 p번째 비트가 1로 바뀔 것이다. 이 작업을 수학적으로 수행할 수 있다.

```
n += 2^c0 - 1;    // 맨 오른쪽 0 블록을 전부 1로 변경. p개의 1비트 블록이 만들어진다.
n += 1;           // p개의 1비트를 전부 0으로 변경. p번째 비트의 값은 1로 바뀐다.
```

이제 3단계를 수학적으로 수행해 보면 다음과 같다.

```
n += 2^(c1 - 1) - 1; // 오른쪽 (c1 - 1)개의 0비트를 1로 바꾼다.
```

이를 수학적으로 풀어 보면 다음과 같다.

```
next = n + (2^c0 - 1) + 1 + (2^(c1 - 1) - 1)
     = n + 2^c0 + 2^(c1 - 1) - 1
```

이 방법은 비트 조작 연산을 살짝 첨가하면 코딩하기도 간편하다는 장점이 있다.

```
int getNextArith(int n) {
    /* ... c0과 c1은 이전과 똑같이 계산 ... */
    return n + (1 << c0) + (1 << (c1 - 1)) - 1;
}
```

수학적 해법을 이용한 이전 수 구하기

맨 오른쪽의 연속된 1비트 블록 크기를 c_1, 그 왼쪽의 연속된 0비트 블록의 크기를 c_0라고 하고, $p = c_0 + c_1$이라고 했을 때, getPrev는 다음과 같이 기술할 수 있다.

1. p번째 비트의 값을 0으로 만든다.

2. p 오른쪽의 모든 비트를 1로 만든다.

3. (c_0 − 1)번째 비트부터 0번째 비트까지 전부 0으로 설정한다.

수학적으로는 다음과 같이 구현할 수 있다. 이해하기 쉽도록 하기 위해, n = 10000011이라고 하겠다. 따라서 $c_1 = 2$, $c_0 = 5$가 된다.

```
n -= 2^c1 - 1;      // 오른쪽 1비트 블록을 제거한다. n은 이제 10000000이 된다.
n -= 1;             // 연속된 모든 0을 뒤집는다. n은 이제 01111111이 된다.
n -= 2^(c0 - 1) - 1; // 마지막 (c0 - 1)개의 비트를 0으로 만든다. n은 이제 01110000이 된다.
```

이를 수식으로 간소화하면 다음과 같다.

```
next = n - (2^c1 - 1) - 1 - (2^c0 - 1 - 1)
     = n - 2^c1 - 2^c0 - 1 + 1
```

이 또한 다음과 같이 쉽게 구현할 수 있다.

```
int getPrevArith(int n) {
    /* ... c0와 c1은 이전과 똑같이 계산 ... */
    return n - (1 << c1) - (1 << (c0 - 1)) + 1;
}
```

휴! 만만치 않은 문제였다. 하지만 면접에서 이 전부를 대답하리라 기대하지는 않는다. 면접관이 많은 부분을 도와줄 것이다.

5.5 디버거: 다음 코드가 하는 일을 설명하라.

```
(( n & (n-1)) == 0 )
```

172쪽

해법

이 문제는 다음과 같이 거꾸로 풀어 나갈 수 있다.

A & B == 0은 어떤 의미인가

이 말은 A와 B에서 1비트의 위치가 같은 곳은 없다는 뜻이다. 따라서 n & (n-1) == 0이라면, n과 n-1에는 공통적으로 1인 비트가 없다.

n-1은 어떻게 생겼나(n과 비교해서)

2진수 혹은 10진수를 이용해서 수작업으로 뺄셈을 해 보자. 어떻게 되는가?

```
  1101011000 [2진수]          593100 [10진수]
-          1              -        1
= 1101010111 [2진수]       = 593099 [10진수]
```

어떤 수에서 1을 뺄 때, 최하위 비트(least significant bit)부터 보게 된다. 그 비트가 1이라면 0으로 바꾸면 끝이다. 0이라면, 상위 비트에서 수를 '빌려'와야 한다. 즉, 각 비트를 0에서 1로 바꾸면서 비트값이 1인 곳까지 점진적으로 상위 비트 쪽으로 전진한다. 그런 다음 1인 비트의 값을 0으로 바꾸면 끝난다.

따라서, n-1은 n과 형태가 비슷하다. 다만 n의 맨 오른쪽 0비트들이 n-1에서 1로 바뀌고, n의 맨 오른쪽 1비트는 n-1에서 0으로 바뀐다는 차이가 있을 뿐이다. 따라서 다음과 같다.

```
if     n = abcde1000
then n-1 = abcde0111
```

그렇다면 n & (n-1) == 0은 무슨 뜻인가

n과 n-1은 같은 위치에 1인 비트가 있으면 안 된다. 이에 따르면 이 둘은 다음과 같을 것이다.

```
if      n = abcde1000
then   n-1 = abcde0111
```

abcde는 전부 0이어야 한다. 즉, n은 00001000이 되고, 따라서 n은 2의 거듭제곱 꼴이 된다.

자, 이제 답이 나왔다. ((n & (n-1))==0)은 n이 2의 거듭제곱수인지 혹은 n이 0인지를 검사하는 것이다.

5.6 **변환**: 정수 A와 B를 2진수로 표현했을 때, A를 B로 바꾸기 위해 뒤집어야 하는 비트의 개수를 구하는 함수를 작성하라.

예제

입력: 29(혹은 11101), 15(혹은 01111)
출력: 2

172쪽

해법

언뜻 까다로워 보이지만, 실제로는 간단히 풀리는 문제다. 두 숫자가 주어졌을 때 다른 비트를 찾아내려면 어떻게 해야 하는지 생각해 보자. 간단하다. XOR를 쓰면 된다.

A와 B를 XOR했을 때 1인 비트는 해당 비트의 값이 다르다는 뜻이다. 그러므로 A와 B 사이에 서로 다른 비트의 개수를 구하기 위해서는 A^B를 한 후 1인 비트의 개수를 세면 된다.

```
int bitSwapRequired(int a, int b) {
    int count = 0;
    for (int c = a ^ b; c != 0; c = c >> 1) {
        count += c & 1;
    }
    return count;
}
```

위의 코드도 괜찮긴 하지만 조금 더 개선해 볼 수 있다. 최하위 비트(least significant bit)를 검사하면서 계속 c를 시프트해 나가는 대신, 최하위 비트를 뒤집어 나가면서 c가 0이 되는 데 얼마나 걸리는지를 따져도 된다. c = c & (c-1)을 하면 c의 최하위 비트를 0으로 뒤집을 수 있다.

다음은 이 방법을 구현한 코드이다.

```
int bitSwapRequired(int a, int b) {
    int count = 0;
    for (int c = a ^ b; c != 0; c = c & (c-1)) {
        count++;
    }
    return count;
}
```

위의 코드는 면접에 간간히 등장하는 비트 조작 문제 중 하나이다. 한번도 본 적이 없다면 단번에 해결책을 떠올리기 어려울 수 있으므로, 해법을 기억해 두자.

5.7　**쌍끼리 맞바꾸기**: 명령어를 가능한 한 적게 사용해서 주어진 정수의 짝수 번째 비트의 값과 홀수 번째 비트의 값을 바꾸는 프로그램을 작성하라(예: 0번째 비트와 1번째 비트를 바꾸고, 2번째 비트와 3번째 비트를 바꾸는 식으로).

172쪽

해법

앞서 살펴본 많은 문제와 마찬가지로, 이 문제를 풀 때도 좀 다른 방향에서 생각해 보는 게 효과적이다. 개별 비트 쌍 단위로 연산해 나가는 것은 어려울 수 있고, 그다지 효율적이지 않을 가능성도 높다. 뭔가 다른 방법은 없을까?

한 가지 방법은 홀수 번째 비트를 먼저 살펴본 뒤 짝수 번째 비트를 살펴보는 것이다. 입력으로 주어진 수 n의 홀수 번째 비트만 1씩 옮기는 것이 가능한가? 물론이다. 모든 홀수 비트를 10101010(0xAA)으로 마스킹한 다음에, 오른쪽으로 1만큼 시프트하여 짝수 번째 자리에 두면 된다. 짝수 번째 비트들도 비슷하다. 마지막엔 두 값을 합치면 된다.

이 작업을 수행하는 데 명령어 다섯 개만 있으면 된다. 아래는 이를 구현한 코드이다.

```
int swapOddEvenBits(int x) {
    return ( ((x & 0xaaaaaaaa) >>> 1) | ((x & 0x55555555) << 1) );
}
```

여기에선 부호비트가 0이 될 수도 있기 때문에 산술 시프트(arithmetic shift) 대신 논리 시프트(logical shift)를 사용했다.

위의 코드는 자바의 32비트 정수를 사용해서 작성된 코드이다. 64비트 정수에 적용하고 싶다면 마스크를 변경하여야 한다. 하지만 기본적인 로직은 그대로 적용할 수 있다.

5.8 선 그리기: 흑백 모니터 화면은 하나의 바이트 배열에 저장되는데, 인접한 픽셀 여덟 개를 한 바이트에 묶어서 저장한다. 화면의 폭은 w이며, w는 8로 나누어 떨어진다(따라서 어떤 바이트도 두 행에 걸치지 않는다). 물론, 화면 높이는 배열 길이와 화면 폭을 통해 유도해 낼 수 있다. 이때 (x1, y)에서 (x2, y)까지 수평선을 그려주는 함수를 작성하라. 메서드 용법(method signature)은 다음과 같다.

```
drawLine(byte[] screen, int width, int x1, int x2, int y)
```

172쪽

해법

이 문제를 대충 풀려고 한다면 정말 쉽게 풀 수 있다. x1에서 x2까지 for 문을 돌면서 픽셀을 하나씩 세팅해 나가면 된다. 그런데 그렇게 풀면 재미가 없다. 그렇지 않나(물론 효율적이지도 않다)?

이를 개선하기 위해선 x1과 x2가 멀리 떨어져 있을 경우 그 사이에 모든 비트가 1인 바이트(byte)가 존재할 수 있다는 사실을 인지해야 한다. 이들은 screen[byte_pos] = 0xFF를 통해 한 번에 바꾸어 버릴 수 있다. 시작 지점과 끝 지점의 남은 비트들은 마스크를 사용하여 세팅해 주면 된다.

```
void drawLine(byte[] screen, int width, int x1, int x2, int y) {
    int start_offset = x1 % 8;
    int first_full_byte = x1 / 8;
    if (start_offset != 0) {
        first_full_byte++;
    }

    int end_offset = x2 % 8;
    int last_full_byte = x2 / 8;
    if (end_offset != 7) {
        last_full_byte--;
    }

    // 모든 비트가 1인 바이트
    for (int b = first_full_byte; b <= last_full_byte; b++) {
        screen[(width / 8) * y + b] = (byte) 0xFF;
    }

    // 시작 부분과 끝부분의 남은 비트들을 설정하기 위한 마스크
    byte start_mask = (byte) (0xFF >> start_offset);
    byte end_mask = (byte) ~(0xFF >> (end_offset + 1));

    // 선의 시작 부분과 끝부분 설정
    if ((x1 / 8) == (x2 / 8)) { // x1과 x2가 같은 바이트 내에 있을 때
        byte mask = (byte) (start_mask & end_mask);
        screen[(width / 8) * y + (x1 / 8)] |= mask;
    } else {
        if (start_offset != 0) {
            int byte_number = (width / 8) * y + first_full_byte - 1;
            screen[byte_number] |= start_mask;
```

```
        }
        if (end_offset != 7) {
            int byte_number = (width / 8) * y + last_full_byte + 1;
            screen[byte_number] |= end_mask;
        }
    }
}
```

이 문제를 풀 때는 주의해야 한다. 직관에 의존하는 부분과 특별히 처리해야 하는
경우가 너무 많다. 예를 들어, x1과 x2가 같은 바이트 안에 있는 경우도 고려해야
한다. 주의 깊게 생각해야만 이 문제를 버그 없이 완벽히 풀어낼 수 있다.

06

수학 및 논리 퍼즐 해법

6.1 **무거운 알약:** 약병 20개가 있다. 이 중 19개에는 1.0그램짜리 알약들이 들어 있고, 하나에는 1.1그램짜리 알약들이 들어 있다. 정확한 저울 하나가 주어 졌을 때, 무거운 약병을 찾으려면 어떻게 해야 할까? 저울은 딱 한 번만 쓸 수 있다.

182쪽

해법

까다로운 제약조건이 주어졌을 때 그 자체가 실마리가 되기도 한다. 저울을 딱 한 번 쓸 수 있다는 제약조건이 그러하다.

저울을 한 번만 쓸 수 있기 때문에, 다음과 같은 흥미로운 사실을 알 수 있다. 여러 알약의 무게를 한 번에 측정해야 한다. 적어도 19개의 약병을 한 번에 저울에 달아야 한다. 그렇지 않으면, 그러니까 두 개 이상의 약병을 저울에 올리지 않는다면, 그 두 개 약병의 차이는 어떻게 구별해 낼 수 있겠는가? 저울을 딱 한 번만 쓸 수 있다는 점을 기억하자.

하나 이상의 약병의 무게를 재서 무거운 알약이 들어 있는 약병을 알아내려면 어떻게 해야 할까? 약병이 두 개만 있다고 하자. 둘 중 하나에 무거운 알약이 들어 있다. 각각의 약병에서 알약을 하나씩 꺼낸다면, 두 알약의 무게의 합은 2.1그램이 될 것이다. 하지만 어느 약병에서 꺼낸 알약이 0.1그램 더 무거운지는 모른다. 따라서 약병들을 어떻게든 구분할 수 있는 방법이 있어야 한다.

만일 약병 #1에서 알약을 하나 꺼내고 약병 #2에서 알약을 2개 꺼낸다면, 저울은 어떻게 되겠는가? 상황에 따라 다르다. 약병 #1이 무거운 쪽이었다면 3.1그램이 찍힐 테고, 약병 #2가 무거운 쪽이었다면 3.2그램이 찍힐 것이다. 바로 이 차이가 문제를 푸는 실마리다.

알약 무더기의 '예상' 무게를 알고 있다. 예상 무게와 실제 무게의 차이가 어느 약병에 무거운 알약들이 들어 있는지를 알려 줄 것이다. 각 약병에서 서로 다른 개수의 알약을 꺼낸다는 가정하에 말이다.

방금 한 이야기를 일반화해서 해법으로 만들어 보자. 약병 #1에서 알약 하나를 꺼내고, #2에서 두 개를 꺼내고, #3에서 세 개를 꺼내는 방식을 모든 약병에 반복한다. 그런 다음 꺼낸 알약들의 무게를 잰다. 만일 모든 알약의 무게가 각각 1.0그램이라면 저울에는 210그램이 찍힐 것이다(1+2+⋯+20=20*21/2=210). 이보다 많이 찍혔다면, 그것은 더 무거운 알약의 0.1그램 때문이다.

무거운 알약이 들어 있는 약병의 번호는 다음의 수식으로 구할 수 있다.

`(전체 무게-210그램)/0.1그램`

만약 전체 무게가 211.3그램이었다면, 무거운 알약은 13번 약병에 들어 있는 것이다.

6.2 **농구**: 농구 골대가 하나 있는데 다음 두 게임 중 하나를 해볼 수 있다.
게임 1: 슛을 한 번 쏴서 골대에 넣어야 한다.
게임 2: 슛을 세 번 쏴서 두 번 골대에 넣어야 한다.
슛을 넣을 확률이 p라고 했을 때 p가 어떤 값일 때 첫 번째 게임을, 혹은 두 번째 게임을 선택하겠는가?

182쪽

해법

이 문제를 풀기 위해 각 게임에서 이길 확률을 비교한 뒤 간단한 확률 법칙을 적용할 것이다.

게임 1에서 이길 확률

게임 1이 이길 확률은 문제의 정의에 따라 p가 된다.

게임 2에서 이길 확률

슛을 n번 쐈을 때 k번 골을 넣을 확률을 s(k, n)이라고 하자. 게임 2에서 이길 확률은 세 번 중 두 번 골을 넣을 확률과 세 번 모두 골을 넣을 확률의 합이다.

`P(승리) = s(2, 3) + s(3, 3)`

세 번 모두 골을 넣을 확률은 다음과 같다.

`s(3, 3) = p³`

두 번 골을 넣을 확률은 다음과 같다.

```
P(1, 2에 성공, 3에 실패)
    + P(1, 3에 성공, 2에 실패)
    + P(1에 실패, 2, 3에 성공)
 = p * p * (1 - p) + p * (1 - p) * p + (1 - p) * p * p
 = 3 (1 - p) p²
```

이 둘을 합치면 다음과 같다.

```
= p³ + 3 (1 - p) p²
= p³ + 3p² - 3p³
= 3p² - 2p³
```

어떤 게임을 선택해야 하나

P(게임 1) > P(게임 2)라면 게임 1을 선택해야 한다.

```
p > 3p² - 2p³.
1 > 3p - 2p²
2p² - 3p + 1 > 0
(2p - 1)(p - 1) > 0
```

맨 마지막의 두 항은 모두 양수거나 모두 음수여야 한다. 하지만 p < 1이므로 p-1 < 0이 되고, 따라서 두 항이 모두 음수라는 것을 알 수 있다.

```
2p - 1 < 0
2p < 1
p < 0.5
```

따라서 0 < p < 0.5라면 게임 1을 선택해야 하고 0.5 < p < 1이라면 게임 2를 선택해야 한다.

만약 p=0, 0.5, 1이라면 P(게임 1)=P(게임 2)이므로 아무거나 선택해도 상관 없다.

6.3 　**도미노:** 8×8 크기의 체스판이 있는데, 대각선 반대 방향 끝에 있는 셀(cell) 두 개가 떨어져 나갔다. 하나의 도미노로 정확히 두 개의 정사각형을 덮을 수 있을 때, 31개의 도미노로 보드 전체를 덮을 수 있겠는가? 여러분의 답이 옳다는 것을 증명하라. 예를 들거나, 왜 가능 혹은 불가능한지를 보이면 된다.

182쪽

해법

언뜻 가능해 보이긴 하다. 판은 크기가 8×8이고, 64개의 정사각형으로 구성되어 있다. 하지만 모서리 두 개는 떨어져 나갔으므로, 62개의 정사각형만 남는다. 따라서 31개의 도미노가 딱 들어맞을 것 같다. 맞는가?

그런데 도미노를 1번 행에 놓으려고 하면 정사각형이 7개밖에 없으므로 그중 하나는 2번 행에 걸쳐 두어야 한다. 그런 다음 2번 행에 도미노를 놓을 때도 마찬가지로 하나의 도미노는 3번 행에 걸쳐 두어야 한다.

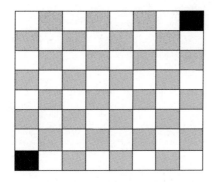

각 행에 도미노를 놓을 때마다, 하나의 도미노는 항상 다음 행에 걸쳐 놓아야만 한다. 아무리 다른 방법으로 찾아보려고 해도 이 문제는 피할 수 없다. 따라서 모든 도미노를 올바르게 배치할 수 없을 것이다.

보다 명료하게 증명할 수도 있다. 체스판에는 처음에 32개의 검은색 사각형과 32개의 흰색 사각형이 있다. 마주보는 대각선 자리의 사각형 하나씩을 제거하면 (같은 색이다) 30개의 검은색(또는 흰색) 사각형과, 32개의 흰색(또는 검은색) 사각형이 남는다. 설명을 쉽게 하기 위해 30개의 검은색 사각형과 32개의 흰색 사각형이 남아 있다고 가정하자.

도미노를 놓을 때마다 하나의 흰색 사각형과 검정 사각형이 사용된다. 다시 말해, 31개의 도미노를 놓으려면 31개의 흰색 사각형과 31개의 검은색 사각형이 필요하다. 하지만 이 보드에는 30개의 검정 사각형과 32개의 흰색 사각형이 남아 있으므로, 올바르게 배열하는 것은 불가능하다.

6.4 **삼각형 위의 개미:** 개미 세 마리가 삼각형의 각 꼭짓점에 있다. 개미 세 마리가 삼각형 모서리를 따라 걷기 시작했을 때, 두 마리 혹은 세 마리 전부가 충돌할 확률은 얼마인가? 각 개미는 자신이 움직일 방향을 임의로 선택할 수 있는데, 같은 확률로 두 방향 중 하나를 선택한다. 또한 그들은 같은 속도로 걷는다. 이 문제를 확장해서 n개의 개미가 n각형 위에 있을 때 그들이 충돌할 확률도 구하라.

183쪽

해법

두 개미가 충돌하려면 움직이는 방향이 서로를 향해야 한다. 따라서 개미가 충돌하지 않으려면 모두 같은 방향으로(시계방향 혹은 반시계방향) 움직여야 한다. 이 확률을 이용해서 개미가 서로 충돌할 확률을 구할 것이다.

각 개미가 두 방향 중 한쪽으로 움직이고 세 마리의 개미가 있으므로 이들이 서로 충돌하지 않을 확률은 다음과 같다.

```
P(시계방향) = (1 / 2)³
P(반시계방향) = (1 / 2)³
P(같은 방향) = (1 / 2)³ + (1 / 2)³ = 1 / 4
```

따라서 이들이 충돌할 확률은 개미가 같은 방향으로 움직이지 않는 것이므로,

```
P(충돌) = 1 - P(같은 방향) = 1 - 1 / 4 = 3 / 4
```

이를 n각형으로 일반화해도 여전히 충돌을 피할 방법은 두 가지 밖에 없다. 전체 움직임의 개수는 2^n개 존재하므로 개미가 충돌할 확률을 일반화해 보면 다음과 같다.

```
P(시계방향) = (1 / 2)ⁿ
P(반시계방향) = (1 / 2)ⁿ
P(같은 방향) = 2(1 / 2)ⁿ = (1 / 2)ⁿ⁻¹
P(충돌) = 1 - P(같은 방향) = 1 = (1 / 2)ⁿ⁻¹
```

6.5 **물병**: 5리터짜리 물병과 3리터짜리 물병이 있다. 물은 무제한으로 주어지지만 계량컵은 주어지지 않는다. 이 물병 두 개를 사용해서 정확히 4리터의 물을 계량하려면 어떻게 해야 할까? 물병의 형태가 좀 괴상해서, 물을 정확히 '절반만' 담는 것 따위는 불가능하다.

183쪽

해법

물병만 가지고 계량해야 하는 경우, 다음과 같은 순서로 물을 이리저리 옮겨 담으면 된다.

5리터	3리터	설명
5	0	5리터 물병을 채운다.
2	3	5리터 물병의 물로 3리터 물병을 채운다.
2	0	3리터 물병을 비운다.
0	2	5리터 물병의 물을 3리터 물병으로 옮긴다.
5	2	5리터 물병을 채운다.
4	3	5리터 물병의 물로 3리터 물병을 가득 채운다.
4		끝! 5리터 물병에 4리터만 남았다.

다른 수수께끼 문제들처럼 이 문제도 수학적 혹은 과학적 근거를 가지고 있다. 두 물병의 크기가 서로소인 경우, 물을 옮겨 담는 횟수는 1부터 두 물병 크기를 합한 값 사이에 있다.

6.6 **푸른 눈동자의 섬**: 어떤 섬에 이상한 명령서를 든 방문자가 찾아왔다. 이 섬에 사는 사람들 중에서 눈동자가 푸른 사람들은 매일 저녁 8시에 출발하는 비행기를 타고 섬을 떠나야 한다. 사람들은 남의 눈동자 색은 볼 수 있지만 자신의 눈동자 색은 볼 수 없다. 또한 다른 사람의 눈동자 색을 발설해서는 안 된다. 그들은 적어도 한 명의 눈동자 색이 푸르다는 사실은 알지만, 정확히 몇 명인지는 모른다. 눈동자가 푸른 사람을 모두 떠나보내는 데 최소 며칠이 필요하겠는가?

183쪽

해법

초기 사례(base case)로부터의 확장(build) 접근법을 적용해 보자. 섬에 n명의 사람이 있고, 그 가운데 c명은 푸른 눈을 가졌다. c > 0임은 알고 있다.

c=1인 경우: 한 사람만 푸른 눈

모든 사람이 똑똑하다는 가정하에, 푸른 눈을 가진 사람은 주변을 둘러보고는 푸른 눈을 가진 사람이 한 명도 없다는 사실을 알아챌 것이다. 적어도 한 사람의 눈동자 색이 푸르다는 사실을 알고 있으므로, 그는 자기 자신의 눈동자가 푸른색이라는 결론을 내릴 것이다. 따라서 그는 그날 밤 비행기를 타고 떠날 것이다.

c=2인 경우: 두 사람이 푸른 눈

이 두 명이 서로를 보면 c가 1인지 2인지 헷갈리게 된다. 그런데 앞선 사례로부터 유추할 수 있듯이, c = 1이었다면 푸른 눈을 가진 사람은 첫날에 비행기를 타고 떠났을 것이다. 그러므로 하룻밤이 지났는데도 상대방이 섬을 떠나지 않고 있다면, c = 2이고 자기 자신도 푸른 눈임을 깨닫게 된다. 따라서 이튿날 눈동자가 푸른색인 두 사람은 함께 비행기를 타고 떠날 것이다.

c>2인 경우: 일반화

c를 증가시키더라도 같은 논리를 적용할 수 있다. c = 3인 경우, 눈동자가 푸른색인 세 사람은 섬에 2 또는 3명의 푸른 눈이 있다는 사실을 바로 알게 된다. 푸른 눈을 가진 사람이 둘이었다면 두 번째 날에 그 둘은 비행기를 타고 떠났을 것이므로, 세

번째 날에도 그들이 떠나지 않고 있다면 c=3이고 자기 자신도 푸른 눈을 가진 사람이라고 결론 내리게 될 것이다. 따라서 그들은 세 번째 날 밤에 그 섬을 떠날 것이다.

같은 패턴을 어떤 c에도 적용할 수 있다. 따라서 만일 푸른 눈을 가진 사람이 c명 있다면, 그들 모두가 비행기를 타고 떠나는 데에는 c일이 필요하다. 전부가 같은 날 떠난다.

6.7 **대재앙:** 대재앙 이후에 여왕은 출산율 때문에 근심이 이만저만이 아니다. 그래서 그녀는 모든 가족은 여자 아이 하나를 낳거나 어마어마한 벌금을 내야 한다는 법령을 만들어 발표했다. 만약 모든 가족이 이 정책을 따른다면(즉, 여자 아이 한 명을 낳을 때까지 아이를 계속 낳는다면) 다음 세대의 남녀 비율은 어떻게 되겠는가? 남자 혹은 여자를 임신할 확률은 같다고 가정한다. 논리적으로 이 문제를 푼 뒤에 컴퓨터로 시뮬레이션해 보라.

183쪽

해법

모든 가족이 이 정책을 따른다면, 각 가족은 0명 이상의 남자 아이를 낳은 후에 한 명의 여자 아이를 낳을 것이다. 즉, 'G'를 여자 아이, 'B'를 남자 아이라고 한다면, 각 가정의 아이의 성별의 순서는 다음과 같을 것이다. G; BG; BBG; BBBG; BBBBG; …

다양한 방법으로 이 문제를 풀 수 있다.

수학적 방법
각 성별 수열이 나타날 확률을 구할 수 있다.

- $P(G) = 1/2$. 즉, 첫째 아이의 성별이 여성일 경우는 전체 가정의 50%이다. 나머지 가정은 두 명 이상의 아이를 가질 것이다.
- $P(BG) = 1/4$. 두 번째 아이가 있는 가정(50%) 중에서 50%는 둘째 아이의 성별이 여성일 것이다.
- $P(BBG) = 1/8$. 세 번째 아이가 있는 가정(25%) 중에서 50%는 셋째 아이의 성별이 여성일 것이다.

이렇게 계속 진행된다.

모든 가정의 딸 아이는 단 한 명이다. 평균적으로 각 가정에 남자 아이는 몇 명이 있을까? 남자 아이의 명수의 평균값을 계산해 볼 수 있다. 이 평균값은 각 성별 수열이 나타날 확률과 해당 수열에 들어 있는 B의 개수를 곱하면 된다.

성별 수열	남자 아이	확률	남자 아이 * 확률
G	0	1/2	0
BG	1	1/4	1/4
BBG	2	1/8	2/8
BBBG	3	1/16	3/16
BBBBG	4	1/32	4/32
BBBBBG	5	1/64	5/64
BBBBBBG	6	1/128	6/128

이를 풀어 써보면, i를 2^i으로 나눈 뒤 무한대까지 더한 것과 같다.

$$\sum_{i=0}^{\infty} \frac{i}{2^i}$$

머릿속에서 이 확률을 바로 구할 순 없겠지만, 예측해 볼 순 있다. 위의 분수를 $128(2^6)$로 통분해 보자.

$1/4 = 32/128$	$4/32 = 16/128$
$2/8 = 32/128$	$5/64 = 10/128$
$3/16 = 24/128$	$6/128 = 6/128$

$(32 + 32 + 24 + 16 + 10 + 6) / 128 = 120/128$

왠지 128/128에 가까워지는 것 같다. 이 직관은 그럴듯해 보이지만, 정확히 말해 수학적 개념은 아니다. 하지만 어떤 논리를 세울 수 있는 실마리는 될 수 있다. 과연 1로 수렴할까?

논리적 방법

위의 합이 1이라는 말은 성별의 비율이 같다는 말이다. 각 가정에는 평균적으로 한 명의 여자 아이와 한 명의 남자 아이가 있을 것이다. 따라서 이 출산 정책은 효과가 없다. 이해가 되는가?

언뜻 보면 틀린 것 같아 보인다. 이 정책은 모든 가정이 반드시 한 명의 여자 아이를 낳도록 설계되어 있다.

다른 한편으로 보면, 모든 가정이 잠재적으로 여러 명의 남자 아이를 출산하게 돼 버렸다. 이 점이 '한 명의 여자 아이' 정책의 효과를 상쇄해 버린 것이다.

한 가지 생각해 볼 수 있는 방법은 각 가정의 성별 수열을 하나의 기다란 문자열에 합치는 것이다. 즉, 1번 가족이 BG, 2번 가족이 BBG, 3번 가족이 G라면 BGBBGG가 되는 것이다.

사실 우리는 전체 인구 수가 중요하므로 각 가족의 상황은 크게 개의치 않아도 된다. 아이가 태어날 때마다 문자열에 성별(B 혹은 G)을 덧붙인다.

다음 문자가 G일 확률은 어떻게 되는가? 남자 아이일 확률과 여자 아이일 확률이 같다면 다음 문자가 G일 확률은 50%가 된다. 따라서 대략 문자열의 절반은 G, 절반은 B가 될 것이다.

이 방법이 이해하기 더 쉬워 보인다. 생물학적으로 바뀌는 건 없다. 신생아의 절반은 여자 아이가 되고, 나머지 절반은 남자 아이가 된다. 어느 시점에 출산을 그만둬야 한다는 법칙이 이 사실을 바꾸진 못한다.

따라서 성별 비율은 여자 아이 50%, 남자 아이 50%가 된다.

시뮬레이션

이 문제를 흉내 내는 코드를 간단하게 작성해 보았다.

```java
double runNFamilies(int n) {
    int boys = 0;
    int girls = 0;
    for (int i = 0; i < n; i++) {
        int[] genders = runOneFamily();
        girls += genders[0];
        boys += genders[1];
    }
    return girls / (double) (boys + girls);
}

int[] runOneFamily() {
    Random random = new Random();
    int boys = 0;
    int girls = 0;
    while (girls == 0) { // 여자 아이를 출산할 때까지
        if (random.nextBoolean()) { // 여자 아이
            girls += 1;
        } else { // 남자 아이
            boys += 1;
        }
    }
    int[] genders = {girls, boys};
    return genders;
}
```

n에 큰 값을 넣은 뒤 이 코드를 돌리면 0.5에 가까운 값이 나온다.

6.8 **계란 떨어뜨리기 문제:** 100층짜리 건물이 있다. N층 혹은 그 위 어딘가에서 계란이 떨어지면 그 계란은 부서진다. 하지만 N층 아래 어딘가에서 떨어지면 깨지지 않는다. 계란 두 개가 주어졌을 때, 최소 횟수로 계란을 떨어뜨려서 N을 찾으라.

184쪽

해법

계란1을 어디에서 떨어뜨리든 간에, 계란2는 낮은 층부터 높은 층까지, '깨지는 층'과 '깨지지 않는 곳 중 가장 높은 층' 사이에서 선형 탐색을 해야 한다. 가령, 계란1을 5층부터 10층까지 깨뜨리지 않고 떨어뜨렸는데 15층에서 떨어뜨리다 깨졌다고 해 보자. 그렇다면 최악의 경우 11층, 12층, 13층, 14층에서 차례로 계란2를 떨어뜨려 봐야 한다.

접근법

첫 번째 시도로, 계란을 10층, 20층, … 이런 식으로 10층 단위로 떨어뜨려 보자.

- 계란1이 10층에서 깨졌다면, 많아야 10번 떨어뜨려 보면 알 수 있다(10층에서 한 번, 1~9층에서 한 번씩).
- 계란1이 마지막 층, 그러니까 100층에서 깨졌다면, 많아야 19번 떨어뜨려 보면 알 수 있다는 결론이 나온다(10, 20, … , 90, 100층에서 떨어뜨리고, 그런 다음 91층에서 99층까지 떨어뜨려 본다).

꽤 괜찮은 방법이긴 하다. 하지만 우리가 고려해야 할 점은 절대적인 최악의 경우이다. 좋은 경우와 나쁜 경우를 좀 더 균등하게 만들 수 있는, 일종의 '부하 균등화(load balancing)' 방법이 필요하다.

우리의 목표는 계란1이 첫 번째에 깨지든 마지막에 깨지든 관계없이, 낙하 횟수가 가능한 한 일관적인 낙하 시스템을 만드는 것이다.

1. 완벽한 부하 균등화를 실현하는 시스템에서는 Drops(계란1) + Drops(계란2)는, 계란1이 언제 깨지는지와 관계없이 항상 같을 것이다.
2. 그러려면 계란1의 낙하 횟수가 하나 증가하면 계란2의 낙하 횟수는 하나 감소해야 한다.
3. 따라서 매번 계란1을 떨어뜨릴 때마다 계란2가 필요로 하는 낙하 횟수를 1씩 감소시켜야 한다. 계란1을 20층에서 떨어뜨린 뒤 30층에서 떨어뜨렸다고 하자. 이때 계란2를 낙하시켜 봐야 하는 잠재적 횟수는 9가 된다. 계란1을 한 번 더 떨

어뜨리면, 계란2를 낙하시켜 봐야 하는 잠재적 횟수는 8이 돼야 한다. 다시 말해, 계란1을 39층에서 떨어뜨려야 한다.

4. 그러므로 계란1을 떨어뜨리는 시작 위치를 X라고 하면 X-1층 올라가서 계란을 또 떨어뜨리고, X-2층 올라가서 또 떨어뜨리고, … 이런 식으로 100층에 도달해야 한다.

5. X를 풀어 보자.

$$X + (X-1) + (X-2) + \cdots + 1 = 100$$

$$X(X+1) / 2 = 100$$

$$X \sim= 13.65$$

여기서 X는 정수여야 한다. 이때 X를 올림해야 하나 내림해야 하나?

- X를 올림해서 14로 만들면 14층, 13층, 12층, … 이런 식으로 올라갈 것이다. 마지막엔 4층만큼 올라갈 것이고 이때 99층에 도착할 것이다. 계란1이 99층 이전의 어느 층에서 깨지더라도 계란1과 계란2를 던지는 횟수는 언제나 14가 된다. 만약 계란1이 99층에서도 깨지지 않는다면 마지막으로 한번 더 던져서 100층에서 깨지는지 확인해 봐야 한다. 그렇더라도 전체 던져 봐야 하는 횟수는 14를 넘지 않는다.

- X를 내림해서 13으로 만들면 13층, 12층, 11층, … 이런 식으로 올라갈 것이다. 마지막엔 1층만큼 올라갈 것이고 이때 91층에 도착할 것이다. 이때는 이미 13번 계란을 던진 후가 된다. 아직 92층부터 100층까지는 확인해 보지 못했을뿐더러 한 번만 던져서는 계란이 언제 깨지는지 확인할 수도 없다.

따라서 X를 14로 올림해야 한다. 즉, 14층, 27층, 39층, … 이렇게 올라가야 한다. 이때 14번이 최악의 경우에 던져 봐야 하는 횟수가 된다.

수많은 최대화(maximize)/최소화(minimize) 문제와 마찬가지로, 이 문제를 푸는 핵심은 '최악의 경우일 때 수행 시간을 균등화시키는 것(worst case balancing)'이다.

아래는 이 방법을 시뮬레이션하는 코드이다.

```
int breakingPoint = ...;
int countDrops = 0;

boolean drop(int floor) {
    countDrops++;
    return floor >= breakingPoint;
}
```

```
int findBreakingPoint(int floors) {
    int interval = 14;
    int previousFloor = 0;
    int egg1 = interval;

    /* 떨어뜨리는 높이를 감소시켜 가며 계란1을 떨어뜨린다. */
    while (!drop(egg1) && egg1 <= floors) {
        interval -= 1;
        previousFloor = egg1;
        egg1 += interval;
    }

    /* 한 개 층씩 올라가며 계란2를 떨어뜨린다. */
    int egg2 = previousFloor + 1;
    while (egg2 < egg1 && egg2 <= floors && !drop(egg2)) {
        egg2 += 1;
    }

    /* 깨지지 않으면 -1을 반환한다. */
    return egg2 > floors ? -1 : egg2;
}
```

빌딩의 높이에 대해서 일반화하고 싶다면 x를 다음과 같이 구할 수 있다.

$x(x+1)/2 = $ 층의 개수

2차 방정식으로 표현할 수 있다.

6.9 **100 라커**: 복도에 100개의 라커가 있다. 어떤 남자가 100개의 라커 문을 전부 연다. 그러고 나서 짝수 번호의 라커를 전부 닫는다. 그다음에는 번호가 3의 배수인 라커를 순서대로 찾아다니며 열려 있으면 닫고, 닫혀 있으면 연다. 이런 식으로 복도를 100번 지나가면(마지막에는 100번째 라커의 문을 열거나 닫을 것이다) 열린 라커문은 몇 개가 되겠는가?

184쪽

해법

라커의 상태를 바꾸는 것(toggling)이 무엇을 의미하는지 생각해 보면 해법을 찾을 수 있다. 그러면 마지막에 어떤 문들이 열려 있는지 쉽게 추론해 볼 수 있다.

질문: 문의 상태는 언제 바뀌는가?

라커 n은 n의 약수 번째에 그 상태가 바뀐다. 다시 말해, 15번째 문은 1, 3, 5, 15번째에 상태가 바뀐다.

질문: 문이 열린 상태로 남겨지는 것은 언제인가

문이 열린 상태로 남겨지는 것은 약수의 개수(x라고 하자)가 홀수일 때다. 약수들을 쌍으로 묶어서 하나는 여는 동작으로 다른 하나는 닫는 동작으로 생각하면 된다. 이때 하나 남는다면, 문은 열린 상태가 된다.

질문: x는 언제 홀수가 되는가

x는 n이 완전제곱수(perfect square)가 될 때 홀수가 된다. 왜 그런가? n의 약수를 해당 숫자의 보수와 쌍을 지어 보자. 예를 들어 n이 36일 때, 약수는 다음과 같다. (1, 36), (2, 18), (3, 12), (4, 9), (6, 6). 그런데 (6, 6)으로 찾을 수 있는 약수는 하나뿐이므로, 최종적으로 n의 약수의 개수는 홀수가 된다.

질문: 완전제곱수는 몇 개인가

10개의 완전제곱수가 있다. (1, 4, 9, 16, 25, 36, 49, 64, 81, 100). 혹은 1부터 10까지의 수를 제곱하면 쉽게 얻을 수 있다.

$1 \times 1, 2 \times 2, 3 \times 3, ..., 10 \times 10$

따라서 열린 상태로 남는 라커는 10개이다.

6.10 **독극물**: 1,000개의 음료수 중 하나에 독극물이 들어 있다. 그리고 독극물을 확인해 볼 수 있는 식별기 10개가 주어졌다. 독극물 한 방울을 식별기에 떨어뜨리면 식별기가 변한다. 만약 식별기에 독극물을 떨어뜨리지 않았다면 몇 번이든 재사용해도 된다. 하지만 이 테스트는 하루에 한 번만 할 수 있으며 결과를 얻기까지 일주일이 걸린다. 독극물이 든 음료수를 가능한 한 빨리 찾아내려면 어떻게 해야 할까?

> **연관문제**
> 여러분의 방법을 시뮬레이션하는 코드를 작성하라.

해법

184쪽

문제를 잘 읽어 보자. 왜 7일일까? 왜 결과를 바로 알 수 없는 걸까?

테스트를 시작하는 시점과 결과를 보는 시점 사이에 갭이 있다는 뜻은 보통 우리가 그 사이에 다른 일을 할 수도 있다는 뜻이다(추가 테스트를 돌린다든지). 이 생각을 가지고 먼저 단순한 방법으로 문제를 풀어 보자.

단순한 방법 (28일)

단순한 방법은 음료수를 10개의 식별기에 100개씩 나눠 놓은 뒤 7일을 기다리는 것이다. 양성 결과가 나온 음료수를 골라 낸 뒤 이 과정을 반복한다. 이렇게 테스트 용 음료수가 한 병만 남을 때까지 반복한다.

1. 테스트 식별기에 음료수 병을 나눠 놓는다. 한 방울을 식별기에 떨어뜨린다.
2. 7일 뒤에 식별기의 결과를 확인한다.
3. 양성 결과: 양성 결과가 나온 음료수 병들을 따로 모아 놓는다. 음료수 병이 한 개인 경우 이 음료수를 독극물이 들었다고 말할 수 있다. 하나 이상인 경우 1단 계로 돌아가 다시 이 과정을 반복한다.

시뮬레이션하기 위해서 문제의 기능을 구현하기 위한 Bottle과 TestStrip 클래스 를 만들 것이다.

```java
class Bottle {
    private boolean poisoned = false;
    private int id;

    public Bottle(int id) { this.id = id; }
    public int getId() { return id; }
    public void setAsPoisoned() { poisoned = true; }
    public boolean isPoisoned() { return poisoned; }
}

class TestStrip {
    public static int DAYS_FOR_RESULT = 7;
    private ArrayList<ArrayList<Bottle>> dropsByDay =
        new ArrayList<ArrayList<Bottle>>();
    private int id;

    public TestStrip(int id) { this.id = id; }
    public int getId() { return id; }

    /* dropsByDay의 크기가 충분하도록 재설정한다. */
    private void sizeDropsForDay(int day) {
        while (dropsByDay.size() <= day) {
            dropsByDay.add(new ArrayList());
        }
    }

    /* 특정한 날짜에 음료수를 한 방울 떨어뜨린다. */
    public void addDropOnDay(int day, Bottle bottle) {
        sizeDropsForDay(day);
        ArrayList drops = dropsByDay.get(day);
        drops.add(bottle);
    }

    /* 주어진 음료수병 중에 독극물이 있는지 확인한다. */
    private boolean hasPoison(ArrayList bottles) {
        for (Bottle b : bottles) {
            if (b.isPoisoned()) {
                return true;
            }
        }
        return false;
    }
```

```
    /* DAYS_FOR_RESULT 이전 날짜에 테스트했던 음료수병 반환한다. */
    public ArrayList getLastWeeksBottles(int day) {
        if (day < DAYS_FOR_RESULT) {
            return null;
        }
        return dropsByDay.get(day - DAYS_FOR_RESULT);
    }

    /* DAYS_FOR_RESULT 이전 날짜부터 독극물이 들어 있는 음료수병을 확인한다. */
    public boolean isPositiveOnDay(int day) {
        int testDay = day - DAYS_FOR_RESULT;
        if (testDay < 0 || testDay >= dropsByDay.size()) {
            return false;
        }
        for (int d = 0; d <= testDay; d++) {
            ArrayList bottles = dropsByDay.get(d);
            if (hasPoison(bottles)) {
                return true;
            }
        }
        return false;
    }
}
```

위 코드는 음료수병과 테스트 식별기를 이용한 시뮬레이션 방법 중 하나이다. 여기에는 장점도 있고 단점도 있다.

이제는 이 시뮬레이션 코드를 테스트하는 코드를 작성할 것이다.

```
int findPoisonedBottle(ArrayList bottles, ArrayList strips) {
    int today = 0;

    while (bottles.size() > 1 && strips.size() > 0) {
        /* 테스트 돌리기 */
        runTestSet(bottles, strips, today);

        /* 결과 기다리기 */
        today += TestStrip.DAYS_FOR_RESULT;

        /* 결과 확인하기 */
        for (TestStrip strip : strips) {
            if (strip.isPositiveOnDay(today)) {
                bottles = strip.getLastWeeksBottles(today);
                strips.remove(strip);
                Break;
            }
        }
    }

    if (bottles.size() == 1) {
        return bottles.get(0).getId();
    }
    return -1;
}

/* 테스트 식별기에 균등하게 음료수 병을 분배 */
void runTestSet(ArrayList bottles, ArrayList strips, int day) {
    int index = 0;
    for (Bottle bottle : bottles) {
        TestStrip strip = strips.get(index);
```

```
        strip.addDropOnDay(day, bottle);
        index = (index + 1) % strips.size();
    }
}
```

/* 전체 코드는 웹사이트에서 다운 받을 수 있다. */

여기에선 매 단계마다 테스트 식별기가 여러 개 주어진다고 가정했다. 그래서 1,000개의 음료수병과 10개의 테스트 식별기가 있는 상황에선 잘 동작한다.

이 가정이 없는 상황을 대비하여 보다 안전한 코드를 구현해 볼 수 있다. 만약 테스트 식별기가 하나밖에 없다면 한 번에 음료수병을 하나씩 사용해야 한다. 음료수병 하나를 테스트하고, 일주일을 기다리고, 다른 병을 테스트한다. 그러면 기껏해야 28일이 걸린다.

좀 더 최적화된 방법 (10일)

앞에서도 언급했듯 여러 테스트 식별기를 한 번에 돌릴 수 있으면 방법을 더 최적화할 수 있다.

병을 10개의 그룹으로 나눈다면(0-99는 0번, 100-199는 1번, 200-299는 2번, …), 7일 뒤에는 음료수 병의 첫 번째 자리 숫자가 무엇인지 알 수 있게 된다. 7일 뒤에 i번째 그룹에서 양성 반응이 나왔다면 음료수병의 첫 번째 자리수(100의 자리수)는 i가 된다.

다른 방식으로 음료수병을 나눈다면 두 번째, 세 번째 자릿수도 알아낼 수 있다. 다만 헷갈리지 않도록 서로 다른 날짜에 이 테스트를 동시에 수행한다.

	0일 → 7일	1일 → 8일	2일 → 9일
0번 식별기	0xx	x0x	xx0
1번 식별기	1xx	x1x	xx1
2번 식별기	2xx	x2x	xx2
3번 식별기	3xx	x3x	xx3
4번 식별기	4xx	x4x	xx4
5번 식별기	5xx	x5x	xx5
6번 식별기	6xx	x6x	xx6
7번 식별기	7xx	x7x	xx7
8번 식별기	8xx	x8x	xx8
9번 식별기	9xx	x9x	xx9

예를 들어 7일째에 4번 식별기에서, 8일째에 3번 식별기에서, 9일째에 8번 식별기에서 각각 양성 반응이 나왔다면 438번 음료수병에 독극물이 들어 있다고 말할 수 있다.

이 방법은 한 가지 예외 상황을 제외하곤 제대로 동작한다. 자릿수가 중복된 경우는 어떻게 해야 하나? 예를 들어 882번 혹은 383번과 같이 말이다.

사실 이렇게 자릿수가 중복되는 경우는 위에서 다루던 것들과는 아주 다르다. 8일째에 새로운 양성 반응이 없다면 두 번째 자릿수와 첫 번째 자릿수가 같다고 결론지어도 된다.

하지만 더 큰 문제는 9일째에 새로운 양성 반응이 나오지 않았을 때이다. 이 경우에는 세 번째 자릿수가 첫 번째 혹은 두 번째 자릿수와 같다. 그래서 독극물이 든 음료수 병이 383번인지 388번인지 구분할 수가 없다. 두 경우 모두 테스트 결과가 같기 때문이다.

그래서 추가로 테스트를 하나 더 돌릴 필요가 있다. 애매한 경우가 생긴다면, 그때서야 테스트를 실행할 수도 있지만 애매한 경우가 생길 것을 대비해서 3일째에 미리 돌릴 수도 있다. 우리가 해야 할 일은 마지막 자릿수를 하나씩 바꿔서 2일째와 다른 결과를 확인하는 것이다.

	0일 → 7일	1일 → 8일	2일 → 9일	3일 → 10일
0번 식별기	0xx	x0x	xx0	xx9
1번 식별기	1xx	x1x	xx1	xx0
2번 식별기	2xx	x2x	xx2	xx1
3번 식별기	3xx	x3x	xx3	xx2
4번 식별기	4xx	x4x	xx4	xx3
5번 식별기	5xx	x5x	xx5	xx4
6번 식별기	6xx	x6x	xx6	xx5
7번 식별기	7xx	x7x	xx7	xx6
8번 식별기	8xx	x8x	xx8	xx7
9번 식별기	9xx	x9x	xx9	xx8

자, 이제 383번 음료수병은 (7일→3번, 8일→8번, 9일→[NONE], 10일→4번)의 결과가 나타날 것이고 388번 음료수병은 (7일→3번, 8일→8번, 9일→[NONE], 10일→9번)의 결과가 나타날 것이다. 10일의 결과를 역으로 이용하면 이 두 음료수병을 구별할 수가 있다.

만약 10일에도 새로운 결과가 나타나지 않는다면 어떻게 될까? 이런 경우가 발생할 수 있긴 한가?

발생할 수 있다. 898번 병은 (7일→8번, 8일→9번, 9일→[NONE], 10일→[NONE])의 결과가 나올 것이다. 하지만 898번, 899번 병만 구분할 수 있으면 되기 때문에 괜찮다. 899번은 (7일→8번, 8일→9번, 9일→[NONE], 10일→0번)의 결과가 나올 것이다.

9일에 구분되지 않는 음료수 병들은 10일에 구분이 가능해진다. 그 논리는 다음과 같다.

· 3일→10일에 새로운 결과가 나왔다면 그 결과값을 통해 셋째 자릿수를 구할 수 있다.
· 그 외에는 셋째 자릿수가 첫째 자릿수 혹은 둘째 자릿수와 같다는 의미가 된다. 또한 셋째 자릿수를 바꾼 값이 여전히 첫째 자릿수 혹은 둘째 자릿수와 같아질 수도 있다. 따라서 첫 번째 자릿수를 바꿨을 때 그 값이 둘째 자릿수와 같은지 아닌지만 확인하면 된다. 만약 같다면 셋째 자릿수와 첫째 자릿수가 같은 것이고, 같지 않다면 셋째 자릿수와 둘째 자릿수가 같은 것이다.

사소한 실수를 하기 쉽기 때문에 이 알고리즘을 구현할 때는 조심해야 한다.

```
int findPoisonedBottle(ArrayList bottles, ArrayList strips) {
    if (bottles.size() > 1000 || strips.size() < 10) return -1;

    int tests = 4; // 자릿수 세 개, 그리고 추가로 하나 더
    int nTestStrips = strips.size();

    /* 테스트 수행 */
    for (int day = 0; day < tests; day++) {
        runTestSet(bottles, strips, day);
    }

    /* 결과값 구하기 */
    HashSet previousResults = new HashSet();
    int[] digits = new int[tests];
    for (int day = 0; day < tests; day++) {
        int resultDay = day + TestStrip.DAYS_FOR_RESULT;
        digits[day] = getPositiveOnDay(strips, resultDay, previousResults);
        previousResults.add(digits[day]);
    }

    /* 1일 결과가 0일 결과가 같다면 */
    if (digits[1] == -1) {
        digits[1] = digits[0];
    }

    /* 2일 결과가 0일 혹은 1일과 같다면, 3일 결과를 확인한다.
     * 3일 결과가 2일 결과와 같다면, 1만큼 증가시킨다. */
```

```
        if (digits[2] == -1) {
            if (digits[3] == -1) { /* 3일 결과에 양성 반응이 없다면 */
                /* 2번 자릿수는 0번 혹은 1번 자릿수와 같다. 그러나 2번 자릿수를 증가시켰을 때도
                 * 0번 혹은 1번과 같을 수 있다. 그 말은 0번을 증가시켰을 때 1번과 같다는 뜻이고
                 * 그게 아니라면 그 반대와 같다는 뜻이다. */
                digits[2] = ((digits[0] + 1) % nTestStrips) == digits[1] ?
                                digits[0] : digits[1];
            } else {
                digits[2] = (digits[3] - 1 + nTestStrips) % nTestStrips;
            }
        }
    }

    return digits[0] * 100 + digits[1] * 10 + digits[2];
}

/* 해당 날짜에 여러 개의 테스트를 동시에 수행한다. */
void runTestSet(ArrayList bottles, ArrayList strips, int day) {
    if (day > 3) return; // 3일 (자릿수) + 여부으로 하나 더

    for (Bottle bottle : bottles) {
        int index = getTestStripIndexForDay(bottle, day, strips.size());
        TestStrip testStrip = strips.get(index);
        testStrip.addDropOnDay(day, bottle);
    }
}

/* 특정 날짜에 특정 음료수 병에 사용될 테스트 식별기 구하기 */
int getTestStripIndexForDay(Bottle bottle, int day, int nTestStrips) {
    int id = bottle.getId();
    switch (day) {
        case 0: return id /100;
        case 1: return (id % 100) / 10;
        case 2: return id % 10;
        case 3: return (id % 10 + 1) % nTestStrips;
        default: return -1;
    }
}

/* 이전 결과는 제외하고, 특정 날짜에 양성 반응이 나온 결과 구하기 */
int getPositiveOnDay(ArrayList testStrips, int day,
                            HashSet previousResults) {
    for (TestStrip testStrip : testStrips) {
        int id = testStrip.getId();
        if (testStrip.isPositiveOnDay(day) && !previousResults.contains(id)) {
            return testStrip.getId();
        }
    }
    return -1;
}
```

이 방법을 쓰면 최악의 경우 독극물을 확인하기까지 10일이 걸린다.

최적의 방법 (7일)

사실, 7일 만에 알 수 있도록 결과를 조금 더 최적화할 수 있다. 7일은 결과를 얻을
수 있는 가장 빠른 기간이다.

각 테스트 식별기가 무엇을 의미하는지 생각해 보자. 이는 독극물이 있는지 없는
지, 두 가지 상황을 알려주는 지표와 같다. 1,000개의 키를 10개의 이진값으로 매

핑시킴으로써 각각의 키가 고유의 값을 갖도록 할 수 있을까? 물론이다. 2진법을 사용하면 된다.

각각의 음료수병 숫자를 2진수로 나타낼 수 있다. 만약 i번째 자릿수에 1이 있다면 해당 음료수병은 i번 식별기를 사용해 테스트하면 된다. 2^{10}은 1,024이므로 10개의 테스트 식별기만 있으면 1,024개의 음료수병을 다 다룰 수 있다.

7일을 기다린 뒤 결과값을 읽으면 된다. 만약 i번째 식별기에서 양성 반응이 나왔다면 i번째 비트에 값을 설정한다. 모든 테스트 식별기를 읽어 내면 독극물이 있는 음료수병의 ID를 알아낼 수 있을 것이다.

```
int findPoisonedBottle(ArrayList bottles, ArrayList strips) {
    runTests(bottles, strips);
    ArrayList positive = getPositiveOnDay(strips, 7);
    return setBits(positive);
}

/* 테스트 식별기에 음료수병의 내용물을 떨어뜨려 본다. */
void runTests(ArrayList bottles, ArrayList testStrips) {
    for (Bottle bottle : bottles) {
        int id = bottle.getId();
        int bitIndex = 0;
        while (id > 0) {
            if ((id & 1) == 1) {
                testStrips.get(bitIndex).addDropOnDay(0, bottle);
            }
            bitIndex++;
            id >>= 1;
        }
    }
}

/* 특정 날짜에 양성 반응이 나온 테스트 식별기를 구한다. */
ArrayList<Integer> getPositiveOnDay(ArrayList<TestStrip> testStrips, int day) {
    ArrayList<Integer> positive = new ArrayList<Integer>();
    for (TestStrip testStrip : testStrips) {
        int id = testStrip.getId();
        if (testStrip.isPositiveOnDay(day)) {
            positive.add(id);
        }
    }
    return positive;
}

/* 양성 반응이 나온 식별기에 상응하는 비트에 값을 설정해서 최종 숫자를 구한다. */
int setBits(ArrayList positive) {
    int id = 0;
    for (Integer bitIndex : positive) {
        id |= 1 << bitIndex;
    }
    return id;
}
```

T가 식별기의 개수이고 B가 음료수병의 개수라고 했을 때, $2^T >= B$를 만족한다면 이 방법은 제대로 동작한다.

07
객체 지향 설계 해법

7.1 **카드 한 벌**: 카드 게임에 쓰이는 카드 한 벌을 나타내는 자료구조를 설계하라. 그리고 블랙잭 게임을 구현하려면 이 자료구조의 하위 클래스를 어떻게 만들어야 하는지 설명하라.

188쪽

해법

우선, '일반적인' 카드 한 벌이 의미하는 바가 다양할 수 있다는 점을 인식할 필요가 있다. 포커 게임에 쓰이는 표준적인 카드 한 벌인가, 아니면 Uno 카드나 야구 게임 카드인가? 면접관에게 물어서 '일반적'이 무엇을 의미하는지 확인하는 것이 중요하다.

여기서는 '블랙잭이나 포커 게임에 사용되는 표준적 52-카드 세트'를 가정하고 설계하자. 그 설계 결과는 다음과 같다.

```java
public enum Suit {
    Club (0), Diamond (1), Heart (2), Spade (3);
    private int value;
    private Suit(int v) { value = v; }
    public int getValue() { return value; }
    public static Suit getSuitFromValue(int value) { ... }
}

public class Deck {
    private ArrayList cards; // 모든 카드
    private int dealtIndex = 0; // 돌리지 않은 첫 번째 카드

    public void setDeckOfCards(ArrayList deckOfCards) { ... }

    public void shuffle() { ... }
    public int remainingCards() {
        return cards.size() - dealtIndex;
    }
    public T[] dealHand(int number) { ... }
    public T dealCard() { ... }
}

public abstract class Card {
    private boolean available = true;

    /* 카드 숫자. 2부터 10까지는 숫자,
     * 11은 잭(Jack), 12는 퀸(Queen), 13은 킹(King), 1은 에이스(Ace) */
    protected int faceValue;
    protected Suit suit;

    public Card(int c, Suit s) {
        faceValue = c;
```

```
            suit = s;
        }

        public abstract int value();
        public Suit suit() { return suit; }

        /* 카드를 돌릴 수 있는 상태인지 확인 */
        public boolean isAvailable() { return available; }
        public void markUnavailable() { available = false; }
        public void markAvailable() { available = true; }
}
public class Hand {
    protected ArrayList cards = new ArrayList();

    public int score() {
        int score = 0;
        for (T card : cards) {
            score += card.value();
        }
        return score;
    }

    public void addCard(T card) {
        cards.add(card);
    }
}
```

위의 코드를 보면 Deck을 자바 제네릭(generic)으로 구현하되 T의 타입은 Card로
제한했음을 알 수 있다. Card는 추상 클래스(abstract class)로 구현했는데, value()
와 같은 메서드는 특정한 게임을 가정하지 않고서는 아무 의미가 없기 때문이다(표
준적 포커 규칙을 따르는 기본 메서드로서 구현을 해 두어야 한다는 상반된 주장을
할 수도 있겠다).

이제 블랙잭 게임을 만든다고 해 보자. 그러려면 각 카드의 값을 알 필요가 있다.
얼굴이 그려진 카드는 10이고 에이스는 11이다(대부분 그렇다. 하지만 그것은 아
래의 클래스가 결정할 문제는 아니고, Hand 클래스가 결정할 문제다).

```
public class BlackJackHand extends Hand {
    /* 블랙잭을 할 때 여러 가지 경우의 점수를 얻을 수 있는데,
     * 그 이유는 에이스가 1로도 쓰일 수 있기 때문이다.
     * 21이 넘지 않은 가장 큰 점수나, 21이 넘은 점수 중에 가장 작은 점수를 반환한다. */
    public int score() {
        ArrayList<Integer> scores = possibleScores();
        int maxUnder = Integer.MIN_VALUE;
        int minOver = Integer.MAX_VALUE;
        for (int score : scores) {
            if (score > 21 && score < minOver) {
                minOver = score;
            } else if (score <= 21 && score > maxUnder) {
                maxUnder = score;
            }
        }
        return maxUnder == Integer.MIN_VALUE ? minOver : maxUnder;
```

```
    }

    /* 카드를 받아들일 수 있는 모든 가능한 점수 리스트를 반환
     * (에이스를 1로 사용할 수도 있고 11로 사용할 수도 있다) */
    private ArrayList possibleScores() { ... }

    public boolean busted() { return score() > 21; }
    public boolean is21() { return score() == 21; }
    public boolean isBlackJack() { ... }
}

public class BlackJackCard extends Card {
    public BlackJackCard(int c, Suit s) { super(c, s); }
    public int value() {
        if (isAce()) return 1;
        else if (faceValue >= 11 && faceValue <= 13) return 10;
        else return faceValue;
    }

    public int minValue() {
        if (isAce()) return 1;
        else return value();
    }

    public int maxValue() {
        if (isAce()) return 11;
        else return value();
    }

    public boolean isAce() {
        return faceValue == 1;
    }

    public boolean isFaceCard() {
        return faceValue >= 11 && faceValue <= 13;
    }
}
```

에이스를 처리하는 한 가지 방법을 살펴보았다. BlackJackCard를 상속하는 Ace 클래스를 만들어서 처리하는 방법도 있다.

실행 가능하고 완전히 자동화된 블랙잭 코드를 웹사이트에서 다운받을 수 있으니 참고하기 바란다.

7.2 **콜 센터:** 고객 응대 담당자, 관리자, 감독관 이렇게 세 부류의 직원들로 구성된 콜 센터가 있다고 하자. 콜 센터로 오는 전화는 먼저 상담이 가능한 고객 응대 담당자로 연결돼야 한다. 고객 응대 담당자가 처리할 수 없는 전화는 관리자로 연결되고, 관리자가 처리할 수 없는 전화는 다시 감독관에게 연결된다. 이 문제를 풀기 위한 자료구조를 설계하라. 응대 가능한 첫 번째 직원에게 전화를 연결시키는 dispatchCall() 메서드를 구현하라.

188쪽

각 부류의 직원들은 서로 다른 업무를 수행해야 한다. 따라서 클래스를 구현할 때는 어떤 부류의 직원이냐에 따라 수행해야 하는 일이 달라져야 한다는 사실을 염두에 두어야 한다.

주소나 이름, 직함, 나이처럼 공통적인 속성들도 있다. 이런 것들은 한 클래스 안에 두고 다른 클래스가 상속받아 쓰도록 할 수 있다.

마지막으로, 걸려온 전화를 올바른 수신자에게 연결시켜주는 CallHandler 클래스가 있어야 한다.

객체 지향 설계와 관련된 문제를 풀 때는 다양한 설계 방식이 존재한다는 사실을 인지하길 바란다. 다양한 방법들 사이의 장단점에 대해서 면접관과 토론하라. 보통은 장기적인 관점에서 유지보수성이나 유연성이 높은 코드를 위한 설계를 해야 한다.

각 클래스에 대해서는 아래에서 자세히 설명한다.

CallHandler는 프로그램의 몸체에 해당하며, 걸려오는 모든 전화는 일단 이 클래스를 거쳐야 한다.

```java
public class CallHandler {
    /* 직급은 3레벨로 나뉜다. 고객 응대 담당자, 관리자, 감독관 */
    private final int LEVELS = 3;

    /* 10명의 담당자와 4명의 관리자, 2명의 감독관으로 초기화 */
    private final int NUM_RESPONDENTS = 10;
    private final int NUM_MANAGERS = 4;
    private final int NUM_DIRECTORS = 2;

    /* 직급별 직원 리스트
     * employeeLevels[0] = respondents
     * employeeLevels[1] = managers
     * employeeLevels[2] = directors
     */
    List<List<Employee>> employeeLevels;

    /* 직급별 수신 전화 대기 큐 */
    List<List<Call>> callQueues;

    public CallHandler() { ... }

    /* 전화 응대 가능한 첫 번째 직원 가져오기 */
    public Employee getHandlerForCall(Call call) { ... }

    /* 응대 가능한 직원에게 전화를 연결한다.
     * 응대 가능한 직원이 없으면 큐에 보관한다. */
    public void dispatchCall(Caller caller) {
        Call call = new Call(caller);
        dispatchCall(call);
    }
```

```
    /* 응대 가능한 직원에게 전화를 연결한다.
     * 응대 가능한 직원이 없으면 큐에 보관한다. */
    public void dispatchCall(Call call) {
        /* 직급이 가장 낮은 직원에게 연결 시도 */
        Employee emp = getHandlerForCall(call);
        if (emp != null) {
            emp.receiveCall(call);
            call.setHandler(emp);
        } else {
            /* 직급에 따라 대기 큐에 수신 전화를 삽입한다. */
            call.reply("Please wait for free employee to reply");
            callQueues.get(call.getRank().getValue()).add(call);
        }
    }

    /* 가용 직원을 발견한다. 해당 직원이 처리해야 할 전화를 탐색 후
     * 새로운 전화가 배정됐다면 true를, 그렇지 않다면 false를 반환한다. */
    public boolean assignCall(Employee emp) { ... }
}
```

Call은 사용자로부터 걸려온 전화를 나타낸다. 전화는 가장 낮은 직급을 속성으로 가지며 수신 가능한 첫 번째 직원에게 배정된다.

```
public class Call {
    /* 이 전화를 처리할 수 있는 가장 낮은 직급 */
    private Rank rank;

    /* 전화를 거는 사람 */
    private Caller caller;

    /* 전화를 받고 있는 직원 */
    private Employee handler;
    public Call(Caller c) {
        rank = Rank.Responder;
        caller = c;
    }

    /* 전화 받는 직원을 설정하기 */
    public void setHandler(Employee e) { handler = e; }

    public void reply(String message) { ... }
    public Rank getRank() { return rank; }
    public void setRank(Rank r) { rank = r; }
    public Rank incrementRank() { ... }
    public void disconnect() { ... }
}
```

Employee는 Director, Manager, Respondent의 상위 클래스다. Employee 객체를 직접 생성하는 것은 아무 의미가 없기 때문에 추상 클래스로 구현된다.

```
abstract class Employee {
    private Call currentCall = null;
    protected Rank rank;

    public Employee(CallHandler handler) { ... }

    /* 상담 시작 */
    public void receiveCall(Call call) { ... }
```

```
    /* 문제가 해결되면 상담 종료 */
    public void callCompleted() { ... }

    /* 문제가 해결되지 않았다.
     * 상위 직급으로 전화를 돌리고 현재 직원에게는 다른 전화를 배정 */
    public void escalateAndReassign() { ... }

    /* 직원이 상담 중이지 않은 경우 새로 걸려온 전화를 배정 */
    public boolean assignNewCall() { ... }

    /* 직원이 상담 중인지 아닌지를 반환 */
    public boolean isFree() { return currentCall == null; }
    public Rank getRank() { return rank; }
}
```

Respondent, Director, Manager는 Employee 클래스를 간단하게 확장했을 뿐이다.

```
class Director extends Employee {
    public Director() {
        rank = Rank.Director;
    }
}

class Manager extends Employee {
    public Manager() {
        rank = Rank.Manager;
    }
}

class Respondent extends Employee {
    public Respondent() {
        rank = Rank.Responder;
    }
}
```

지금까지 살펴본 코드는 이 문제를 푸는 설계 방법 중 하나일 뿐이다. 다른 좋은 방법들도 많다.

면접 도중에 작성하기에는 코드의 양이 너무 많아 보인다. 실제로 그러하다. 여기서 우리는 실제로 필요한 것보다 더 많은 코드를 보여 주고 있다. 면접장에서는 코드를 채워 넣을 시간이 얼마나 남았느냐에 따라 일부를 생략하고 진행할 수도 있다.

7.3 **주크박스**: 객체 지향 원칙에 따라 음악용 주크박스(musical jukebox)를 설계하라.

188쪽

해법

객체 지향 설계에 관한 질문을 받으면 면접관에게 질문을 던져 설계와 관련된 제약 사항을 명확하게 해두는 것이 좋다. CD를 재생하는 주크박스인가? 아니면 LP인가?

MP3 파일인가? 컴퓨터상의 시뮬레이션인가 아니면 실제 주크박스를 표현해야 하는가? 돈을 받고 음악을 재생해야 하나 아니면 무료인가? 돈을 받는다면 어느 나라 돈을 받는가? 잔돈은 거슬러 주는가?

불행하게도 지금 이 자리에는 이러한 대화를 이어나갈 면접관이 없다. 그러므로 질문을 던지는 대신 몇 가지 가정을 하도록 하겠다. 물리적인 주크박스와 거의 유사한 컴퓨터 시뮬레이션 프로그램을 만들되, 돈은 받지 않는다고 가정하자.

이제 문제를 명확히 했으니, 기본적인 시스템 컴포넌트들을 잡아 보자.

- Jukebox
- CD
- Song
- Artist
- Playlist
- Display (화면에 상세정보를 표현하기 위해서)

이제 이 컴포넌트들을 좀 더 세분화해 나가면서 가능한 액션들을 파악해 보자.

- Playlist 생성 (add, delete, shuffle도 포함)
- CD 선택
- Song 선택
- 큐에 Song을 삽입
- Playlist에서 다음 Song을 선택

사용자도 모델링이다.

- 사용자 추가
- 사용자 삭제
- 신용 정보

위에서 나열한 주요 시스템 컴포넌트들은 대략 하나의 객체에 대응되며, 각 액션은 하나의 메서드에 대응된다. 가능한 여러 가지 설계안 가운데 하나를 지금부터 살펴보자.

Jukebox 클래스는 몸체에 해당한다. 시스템을 구성하는 컴포넌트들은 이 클래스를 통해 상호 통신한다. 시스템과 사용자 사이의 통신도 마찬가지이다.

```
public class Jukebox {
    private CDPlayer cdPlayer;
    private User user;
    private Set<CD> cdCollection;
    private SongSelector ts;

    public Jukebox(CDPlayer cdPlayer, User user, Set<CD> cdCollection,
                   SongSelector ts) { ... }

    public Song getCurrentSong() { return ts.getCurrentSong(); }
    public void setUser(User u) { this.user = u; }
}
```

진짜 CD 플레이어와 마찬가지로 **CDPlayer** 클래스는 한 번에 하나의 CD만 저장할 수 있다. 재생 중이지 않은 CD는 주크박스에 보관되어 있다.

```
public class CDPlayer {
    private Playlist p;
    private CD c;

    /* 생성자 */
    public CDPlayer(CD c, Playlist p) { ... }
    public CDPlayer(Playlist p) { this.p = p; }
    public CDPlayer(CD c) { this.c = c; }

    /* 노래 재생 */
    public void playSong(Song s) { ... }

    /* 추출(getters)과 설정(setters) 메서드 */
    public Playlist getPlaylist() { return p; }
    public void setPlaylist(Playlist p) { this.p = p; }

    public CD getCD() { return c; }
    public void setCD(CD c) { this.c = c; }
}
```

Playlist 클래스는 현재 재생 중인 곡과 다음에 재생할 곡을 관리한다. 실제로는 큐를 감싸 만든 클래스(wrapper class)이며 편리하게 사용할 수 있는 부가적인 메서드를 제공한다.

```
public class Playlist {
    private Song song;
    private Queue queue;
    public Playlist(Song song, Queue queue) {
        ...
    }

    public Song getNextSToPlay() {
        return queue.peek();
    }

    public void queueUpSong(Song s) {
        queue.add(s);
    }
}
```

CD, Song, User 클래스는 전부 꽤 간단하다. 주로 멤버 변수와, 그에 대한 설정 (setter) 및 추출(getter) 함수들로 구성되어 있다.

```java
public class CD { /* id, artist, song 등의 정보를 보관 */ }

public class Song { /* id, CD(null일 수도 있다), title, length 등의 정보를 보관 */ }

public class User {
    private String name;
    public String getName() { return name; }
    public void setName(String name) { this.name = name; }
    public long getID() { return ID; }
    public void setID(long iD) { ID = iD; }
    private long ID;
    public User(String name, long iD) { ... }
    public User getUser() { return this; }
    public static User addUser(String name, long iD) { ... }
}
```

이 코드가 유일한 '정답'이라고 말할 수는 없다. 처음에 언급한 질문에 대한 면접관의 대답과 다른 제약조건들을 종합해서 주크박스 클래스에 대한 설계가 이루어지는 것이다.

7.4   주차장: 객체 지향 원칙에 따라 주차장(parking lot)을 설계하라.

188쪽

해법

일단 질문 자체가 모호하게 쓰여졌는데, 실제 면접에서도 그렇다. 그러므로 어떤 종류의 차량을 지원해야 하는지, 주차장이 여러층으로 이루어져 있는지 등등을 면접관과 이야기해서 확인해야 한다.

지금은 다음과 같은 가정을 하고 문제를 푼다. 이 구체적인 가정들은 문제를 약간 어렵게 할 것이다. 다른 가정을 하고 문제를 풀어도 좋다.

· 주차장은 복층이다. 층마다 주차 가능한 장소는 여러 줄이 있다.
· 주차 가능한 차량은 오토바이, 일반 차량, 버스이다.
· 주차 공간은 오토바이용, 소형, 대형으로 구분되어 있다.
· 오토바이는 아무 곳에나 주차할 수 있다.
· 일반 차량은 소형 주차 공간이나 대형 주차 공간 중 한 곳에 주차할 수 있다.
· 버스는 대형 주차 공간에 주차할 수 있다. 대형 주차 공간은 5개가 있으며, 한 줄에 연속하여 붙어 있다. 소형 주차 공간에는 주차할 수 없다.

구현하는 데 있어 추상 클래스 Vehicle을 만들었고, Car, Bus, Motorcycle은 전부 이

클래스를 상속받은 하위 클래스이다. ParkingSpot 클래스 안에 주차 공간 크기를
나타내는 멤버 변수를 두어 주차 공간의 크기를 표현했다.

```java
public enum VehicleSize { Motorcycle, Compact, Large }

public abstract class Vehicle {
    protected ArrayList parkingSpots = new ArrayList();
    protected String licensePlate;
    protected int spotsNeeded;
    protected VehicleSize size;

    public int getSpotsNeeded() { return spotsNeeded; }
    public VehicleSize getSize() { return size; }

    /* 주어진 주차 공간에 차량 주차(다른 차량 사이에 주차 가능함) */
    public void parkInSpot(ParkingSpot s) { parkingSpots.add(s); }

    /* 차를 뺀 다음 해당 공간이 비어 있다고 알려준다. */
    public void clearSpots() { ... }

    /* 주차하려는 차량을 수용할 수 있는 공간이 있는지, 비어 있는지 확인한다.
     * 단순히 크기만 비교한다. 주차 장소가 충분한지는 확인해주지 않는다. */
    public abstract boolean canFitInSpot(ParkingSpot spot);
}

public class Bus extends Vehicle {
    public Bus() {
        spotsNeeded = 5;
        size = VehicleSize.Large;
    }

    /* 주차 공간이 큰지 확인. 주차 공간 수는 확인하지 않는다. */
    public boolean canFitInSpot(ParkingSpot spot) { ... }
}

public class Car extends Vehicle {
    public Car() {
        spotsNeeded = 1;
        size = VehicleSize.Compact;
    }

    /* 공간 크기가 주차하기에 알맞은지 확인 */
    public boolean canFitInSpot(ParkingSpot spot) { ... }
}

public class Motorcycle extends Vehicle {
    public Motorcycle() {
        spotsNeeded = 1;
        size = VehicleSize.Motorcycle;
    }

    public boolean canFitInSpot(ParkingSpot spot) { ... }
}
```

ParkingLot 클래스는 실질적으로는 Levels라는 배열을 감싸 만든 클래스(wrapper
class)이다. 이런 식으로 구현하면 빈자리를 찾고 차량을 주차하는 코드를
ParkingLot이 수행해야 하는 광범위한 역할들로부터 분리해 낼 수 있다. 이런 식

으로 구현하지 않았다면 주차 장소를 모종의 이중 배열(또는 주차장 층수와 주차 장소 리스트 간의 연관관계를 유지하는 해시테이블) 안에 보관해야 했을 것이다. ParkingLot과 Level을 분리하는 쪽이 더 깔끔하다.

```java
public class ParkingLot {
    private Level[] levels;
    private final int NUM_LEVELS = 5;

    public ParkingLot() { ... }

    /* 주차 공간(혹은 여러 개에 걸쳐)에 주차한다. 실패하면 false를 반환한다. */
    public boolean parkVehicle(Vehicle vehicle) { ... }
}

/* 주차장 내의 한 층을 표현 */
public class Level {
    private int floor;
    private ParkingSpot[] spots;
    private int availableSpots = 0; // 빈자리 개수
    private static final int SPOTS_PER_ROW = 10;

    public Level(int flr, int numberSpots) { ... }

    public int availableSpots() { return availableSpots; }

    /* 주어진 차량을 주차할 장소를 찾는다. 실패하면 false 반환한다. */
    public boolean parkVehicle(Vehicle vehicle) { ... }

    /* 차량을 spotNumber가 가리키는 장소부터 vehicle.spotsNeeded만큼의 공간에 주차한다. */
    private boolean parkStartingAtSpot(int num, Vehicle v) { ... }

    /* 주차할 장소를 찾는다. 빈자리 인덱스를 반환하거나 실패했을 경우 -1을 반환한다. */
    private int findAvailableSpots(Vehicle vehicle) { ... }

    /* 차를 빼면 availableSpots을 증가시킨다. */
    public void spotFreed() { availableSpots++; }
}
```

ParkingSpot에 주차 장소 크기를 나타내는 변수가 있다. ParkingSpot의 하위 클래스로 LargeSpot, CompactSpot, MotorcycleSpot 등을 구현할 수도 있었겠지만, 지나친 감이 있다. 주차 장소의 크기만 다를 뿐 해야 할 일은 모두 같기 때문이다.

```java
public class ParkingSpot {
    private Vehicle vehicle;
    private VehicleSize spotSize;
    private int row;
    private int spotNumber;
    private Level level;

    public ParkingSpot(Level lvl, int r, int n, VehicleSize s) {...}

    public boolean isAvailable() { return vehicle == null; }

    /* 주차 공간이 충분히 크고 사용 가능한지 확인한다. */
    public boolean canFitVehicle(Vehicle vehicle) { ... }
```

```
        /* 해당 공간에 차를 주차한다. */
        public boolean park(Vehicle v) { ... }

        public int getRow() { return row; }
        public int getSpotNumber() { return spotNumber; }

        /* 차를 뺀 다음 주차 공간이 새로 생긴 층의 위치를 알린다. */
        public void removeVehicle() { ... }
}
```

실행 가능한 테스트 코드를 포함하여 소스코드 전부는 해당 웹사이트에서 다운받을 수 있다.

7.5 **온라인 북 리더:** 온라인 북 리더(online book reader) 시스템에 대한 자료구조를 설계하라.

189쪽

해법

수행해야 하는 기능에 대한 자세한 설명이 포함되어 있지 않으므로, 다음과 같은 기능을 제공하는 기본적인 온라인 북 리더를 설계한다고 가정을 하고 시작하자.

- 사용자 가입 정보 생성 및 확장(extension)
- 서적 데이터베이스 검색
- 책 읽기
- 한 번에 한 명의 사용자만 사용 가능함
- 해당 사용자는 한 번에 한 권의 책만 읽을 수 있음

이런 기능들을 구현하려면 get, set, update와 같은 다양한 메서드들이 필요하다. 또한 필요한 클래스들로는 User, Book, Library 등이 있을 것이다.

클래스 OnlineReaderSystem은 이 프로그램의 몸체에 해당한다. 이 클래스 내에서 책 정보 저장, 사용자 관리, 화면 갱신 등의 작업을 모두 처리할 수도 있겠지만, 그러다 보면 클래스가 지나치게 비대해질 것이다. 대신, 이런 작업들을 Library, UserManager, Display 클래스로 만들어 별도 컴포넌트로 분리하겠다.

```
public class OnlineReaderSystem {
    private Library library;
    private UserManager userManager;
    private Display display;

    private Book activeBook;
    private User activeUser;

    public OnlineReaderSystem() {
        userManager = new UserManager();
```

```
            library = new Library();
            display = new Display();
        }

        public Library getLibrary() { return library; }
        public UserManager getUserManager() { return userManager; }
        public Display getDisplay() { return display; }

        public Book getActiveBook() { return activeBook; }
        public void setActiveBook(Book book) {
            activeBook = book;
            display.displayBook(book);
        }

        public User getActiveUser() { return activeUser; }
        public void setActiveUser(User user) {
            activeUser = user;
            display.displayUser(user);
        }
    }
```

그런 다음에는 UserManager, Library, Display 컴포넌트를 구현한다.

```
public class Library {
    private HashMap books;

    public Book addBook(int id, String details) {
        if (books.containsKey(id)) {
            return null;
        }
        Book book = new Book(id, details);
        books.put(id, book);
        return book;
    }

    public boolean remove(Book b) { return remove(b.getID()); }
    public boolean remove(int id) {
        if (!books.containsKey(id)) {
            return false;
        }
        books.remove(id);
        return true;
    }

    public Book find(int id) {
        return books.get(id);
    }
}

public class UserManager {
    private HashMap users;

    public User addUser(int id, String details, int accountType) {
        if (users.containsKey(id)) {
            return null;
        }
        User user = new User(id, details, accountType);
        users.put(id, user);
        return user;
    }
}
```

```
        public User find(int id) { return users.get(id); }
        public boolean remove(User u) { return remove(u.getID()); }
        public boolean remove(int id) {
            if (!users.containsKey(id)) {
                return false;
            }
            users.remove(id);
            return true;
        }
    }

public class Display {
    private Book activeBook;
    private User activeUser;
    private int pageNumber = 0;

    public void displayUser(User user) {
        activeUser = user;
        refreshUsername();
    }

    public void displayBook(Book book) {
        pageNumber = 0;
        activeBook = book;

        refreshTitle();
        refreshDetails();
        refreshPage();
    }

    public void turnPageForward() {
        pageNumber++;
        refreshPage();
    }

    public void turnPageBackward() {
        pageNumber--;
        refreshPage();
    }

    public void refreshUsername() { /* 화면의 username 갱신하기 */ }
    public void refreshTitle() { /* 화면의 title 갱신하기 */ }
    public void refreshDetails() { /* 화면의 details 갱신하기 */ }
    public void refreshPage() { /* 화면의 page 갱신하기 */ }
}
```

User와 Book 두 클래스는 대체적으로 데이터를 저장하는 용도로만 사용되고, 약간
의 기능만 추가되어 있다.

```
public class Book {
    private int bookId;
    private String details;

    public Book(int id, String det) {
        bookId = id;
        details = det;
    }

    public int getID() { return bookId; }
    public void setID(int id) { bookId = id; }
```

```
    public String getDetails() { return details; }
    public void setDetails(String d) { details = d; }
}

public class User {
    private int userId;
    private String details;
    private int accountType;

    public void renewMembership() { }

    public User(int id, String details, int accountType) {
        userId = id;
        this.details = details;
        this.accountType = accountType;
    }

    /* 추출(getters) 및 설정(setters) 함수 */
    public int getID() { return userId; }
    public void setID(int id) { userId = id; }
    public String getDetails() {
        return details;
    }

    public void setDetails(String details) {
        this.details = details;
    }
    public int getAccountType() { return accountType; }
    public void setAccountType(int t) { accountType = t; }
}
```

OnllineReaderSystem 내부에 둘 수도 있었지만, 사용자 관리, 라이브러리, 화면 출력에 관련된 부분을 별도 클래스로 분리한 것은 흥미롭다. 작은 시스템의 경우에는 이렇게 했더라면 시스템이 필요 이상으로 복잡해졌을 것이다. 하지만 시스템이 커질 수 있고 더 많은 기능이 OnlineReaderSystem에 추가될 수 있는 상황에서는 이렇게 클래스를 나누는 방법이 한 클래스가 엄청나게 비대해지는 것을 방지해 준다.

7.6 **직소**: N×N 크기의 직소(jigsaw) 퍼즐을 구현하라. 자료구조를 설계하고, 퍼즐을 푸는 알고리즘을 설명하라. 두 조각의 퍼즐 모서리가 주어졌을 때 그들이 들어맞는지 아닌지 알려주는 fitsWith 메서드는 제공된다.

189쪽

해법

일반적인 직소 퍼즐이라고 가정하자. 이 퍼즐은 격자(grid) 형태로 행과 열로 주어져 있고, 각각의 퍼즐 조각은 특정 행과 열에 놓이게 되며 4개의 모서리를 가진다. 각 모서리는 오목(inner)하거나, 볼록(outer)하거나, 평평(flat)하다. 예를 들어 구석(corner)에 놓인 퍼즐은 두 개의 평평한 모서리와 두 개의 볼록한 혹은 오목한 모서리를 가진다.

직소 퍼즐을 풀려면(손으로 풀든 알고리즘적으로 풀든) 각 퍼즐 조각의 위치를 알고 있어야 한다. 위치는 절대 위치를 사용할 수도 있고 상대 위치를 사용할 수도 있다.

- 절대 위치(absolute position): "이 퍼즐 조각을 (12, 23)에 놓는다."
- 상대 위치(relative position): "이 퍼즐 조각의 정확한 위치는 모르겠지만, 어떤 조각 옆에 놓였는지는 안다."

여기서는 상대 위치를 사용하여 문제를 푼다.

Puzzle, Piece, Edge 클래스가 필요하다. 또한 각 모서리의 모양(inner, outer, flat)과 모서리의 방향(left, top, right, bottom)을 표현할 enum이 필요하다.

Puzzle은 퍼즐 조각의 리스트로 시작할 것이다. 최종적으로는 N×N 크기의 행렬을 퍼즐 조각으로 채워넣을 것이다.

Piece는 모서리의 방향과 모서리를 매핑하는 해시테이블을 갖고 있을 것이다. 퍼즐 조각을 회전시킬 수도 있으므로 해시테이블이 중간에 바뀔 수도 있다. 처음에는 모서리의 방향이 무작위로 놓여있다.

Edge는 모서리의 모양과 그의 부모 클래스인 Piece로의 포인터를 갖고 있을 것이다. 모서리의 방향 정보를 알지는 못한다.

이에 대한 객체 지향 설계는 다음과 같은 형태를 띤다.

```
public enum Orientation {
    LEFT, TOP, RIGHT, BOTTOM; // 이 순서대로 있어야 한다.

    public Orientation getOpposite() {
        switch (this) {
            case LEFT: return RIGHT;
            case RIGHT: return LEFT;
            case TOP: return BOTTOM;
            case BOTTOM: return TOP;
            default: return null;
```

```
            }
        }
    }

    public enum Shape {
        INNER, OUTER, FLAT;

        public Shape getOpposite() {
            switch (this) {
                case INNER: return OUTER;
                case OUTER: return INNER;
                default: return null;
            }
        }
    }

    public class Puzzle {
        private LinkedList pieces; /* 남아 있는 퍼즐 조각 */
        private Piece[][] solution;
        private int size;

        public Puzzle(int size, LinkedList pieces) { ... }

        /* 퍼즐 조각을 적절하게 회전시킨 뒤 내려 놓고, 리스트에서 삭제한다. */
        private void setEdgeInSolution(LinkedList pieces, Edge edge, int row,
                                      int column, Orientation orientation) {
            Piece piece = edge.getParentPiece();
            piece.setEdgeAsOrientation(edge, orientation);
            pieces.remove(piece);
            solution[row][column] = piece;
        }

        /* 알맞은 퍼즐 조각을 piecesToSearch에서 찾은 뒤 해당 행, 열에 넣는다. */
        private boolean fitNextEdge(LinkedList piecesToSearch, int row, int col);

        /* 퍼즐을 푼다. */
        public boolean solve() { ... }
    }

    public class Piece {
        private HashMap edges = new HashMap();

        public Piece(Edge[] edgeList) { ... }

        /* numberRotations만큼 회전시킨다. */
        public void rotateEdgesBy(int numberRotations) { ... }

        public boolean isCorner() { ... }
        public boolean isBorder() { ... }
    }

    public class Edge {
        private Shape shape;
        private Piece parentPiece;
        public Edge(Shape shape) { ... }
        public boolean fitsWith(Edge edge) { ... }
    }
```

퍼즐 푸는 알고리즘

어린 아이가 퍼즐을 풀 때처럼 구석 자리, 가장자리에 놓인 조각과 나머지 조각들을 분리한 후 시작할 것이다.

그 다음에는 구석 자리 퍼즐 중 하나를 집어 왼쪽 위에 놓는다. 그다음에는 차례로 퍼즐을 살펴보면서 조금씩 채워넣는다. 각 위치에 해당하는 퍼즐 조각을 알맞은 퍼즐 조각 그룹에서 찾는다. 퍼즐을 맞추기 위해서는 퍼즐 조각을 회전시켜야 할 수도 있다.

아래는 이 알고리즘을 표현한 코드이다.

```
/* 알맞은 퍼즐 조각을 piecesToSearch에서 찾은 뒤 해당 행, 열에 넣는다. */
boolean fitNextEdge(LinkedList piecesToSearch, int row, int column) {
    if (row == 0 && column == 0) { // 왼쪽 위 구석에 퍼즐 조각을 놓는다.
        Piece p = piecesToSearch.remove();
        orientTopLeftCorner(p);
        solution[0][0] = p;
    } else {
        /* 퍼즐을 맞출 모서리 구하기 */
        Piece pieceToMatch = column == 0 ? solution[row - 1][0] :
                                           solution[row][column - 1];
        Orientation orientationToMatch = column == 0 ? Orientation.BOTTOM :
                                                       Orientation.RIGHT;
        Edge edgeToMatch = pieceToMatch.getEdgeWithOrientation(orientationToMatch);

        /* 들어맞는 모서리 구하기 */
        Edge edge = getMatchingEdge(edgeToMatch, piecesToSearch);
        if (edge == null) return false; // Can't solve

        /* 퍼즐 조각과 모서리를 삽입 */
        Orientation orientation = orientationToMatch.getOpposite();
        setEdgeInSolution(piecesToSearch, edge, row, column, orientation);
    }
    return true;
}

boolean solve() {
    /* 퍼즐 조각들을 나누어 놓기 */
    LinkedList cornerPieces = new LinkedList();
    LinkedList borderPieces = new LinkedList();
    LinkedList insidePieces = new LinkedList();
    groupPieces(cornerPieces, borderPieces, insidePieces);

    /* 퍼즐을 살펴보면서 이전 조각과 들어맞는 퍼즐 조각 찾기 */
    solution = new Piece[size][size];
    for (int row = 0; row < size; row++) {
        for (int column = 0; column < size; column++) {
            LinkedList piecesToSearch = getPieceListToSearch(cornerPieces,
                borderPieces, insidePieces, row, column);
            if (!fitNextEdge(piecesToSearch, row, column)) {
                return false;
            }
        }
    }

    return true;
}
```

전체 코드는 이 책의 웹사이트에서 다운받을 수 있다.

7.7   **채팅 서버:** 채팅 서버를 어떻게 구현할 것인지 설명하라. 특히, 다양한 백엔드 컴포넌트, 클래스, 메서드에 대해 자세히 설명하라. 어떤 문제가 가장 풀기 어려울 것으로 예상되는가?

189쪽

해법

채팅 서버 구현은 대형 프로젝트로, 면접장에서 끝낼 수 있는 일의 범위를 한참 넘어선다. 여러 사람이 한 팀으로 달려들어 몇 달 혹은 몇 년이 걸려야 끝낼 수 있는 일이다. 지원자로서 여러분은 적당히 광범위하면서도 면접장에서 끝낼 수 있는 정도로 좁은 범위의 한 측면에 초점을 맞춰야 한다. 실제로 구현할 것과 정확히 일치할 필요는 없지만, 꽤 잘 반영된 수준은 되어야 한다.

여기서는 사용자 관리와 사용자 간 대화에 관련된 핵심 기능에 초점을 맞추도록 하겠다. 사용자를 추가하고, 대화를 시작하고, 사용자 상태를 갱신하는 등의 작업이 이에 해당한다. 설명하는 데 드는 시간과 지면 관계상, 네트워크와 관련된 부분이나 데이터가 클라이언트에게 실제로 어떻게 전달되는지와 관련된 부분은 다루지 않는다.

또한, '친구' 관계는 양방향으로 이루어진다고 가정할 것이다. 상대방이 내 친구여야 상대방도 나에게 메시지를 보낼 수 있다는 뜻이다. 우리가 구현할 채팅 시스템은 그룹 채팅뿐 아니라 일대일(private) 채팅도 지원한다. 음성 채팅이나 화상 채팅, 파일 전송 등의 기능은 제외한다.

어떤 종류의 기능을 지원해야 하는가?

이 또한 면접관과 상의해야 하는 문제이긴 하나, 다음과 같이 몇 가지 아이디어를 나열해 볼 수 있다.

- 온라인/오프라인 로그인
- 친구 추가 요청(요청 전송, 요청 수락, 요청 거부)
- 상태 메시지의 갱신
- 일대일 혹은 그룹 채팅방 생성
- 시작된 채팅창에 새로운 메시지 추가

이것은 그저 일부분일 뿐이다. 시간이 주어진다면, 더 많은 기능을 추가할 수 있다.

이런 요구사항으로부터 배울 수 있는 것은?

사용자, 요청 상태, 온라인 상태, 메시지 등의 개념을 정의해야 한다.

시스템의 핵심 컴포넌트는 무엇인가?

시스템은 아마도 데이터베이스, 사용자들, 서버들로 구성될 것이다. 이런 부분까지 객체 지향 설계에 포함시키지는 않을 거지만, 시스템의 전반적인 형태로서 토론할 수는 있다.

데이터베이스는 지속적으로 보관할 자료들, 즉 사용자 리스트나 채팅 내역 등을 보관하기 위해 사용될 것이다. SQL 데이터베이스도 좋지만 규모 확장성이 필요한 경우에는 BigTable 혹은 이와 유사한 시스템을 사용할 수도 있다.

클라이언트와 서버 간 통신에는 XML을 사용하면 좋을 것이다. 가장 잘 압축된 형태는 아니지만(이 점을 면접관에게 지적해야 한다) 컴퓨터와 사람 모두에게 읽기 편하다. XML을 사용하면 디버깅이 한층 쉬워질 것인데, 이는 꽤 중요한 이점이 된다.

서버는 여러 대로 구성한다. 데이터는 서버에 분할해 저장할 것이다. 따라서 데이터를 찾아 서버 사이를 오락가락해야 할 수도 있다. 가능하다면, 탐색 오버헤드를 최소화하기 위해 어떤 데이터를 여러 서버에 복사해 둘 수도 있다. 이때 중요하게 따져봐야 할 제약조건은 SPOF(single-point-of-failure)를 없애는 것이다. 예를 들어 서버 하나로 모든 사용자 로그인을 처리한다면, 해당 서버가 죽어버렸을 때 잠재적으로 수백만 사용자의 접속이 불가능해진다.

핵심 객체와 메서드는 무엇인가?

사용자, 대화, 상태 정보 메시지 등의 개념이 시스템의 핵심 객체들을 구성할 것이다. 앞에서 UserManagement 클래스를 구현했다. 하지만 네트워킹에 관련된 문제들, 또는 다른 컴포넌트들을 좀 더 깊이 살펴본다면 UserManagement 대신 다음 객체들로 나누었을지도 모른다.

```
/* UserManager는 사용자와 관련된 핵심적 기능을 구현하는 장소이다. */
public class UserManager {
    private static UserManager instance;
    /* 사용자 id를 사용자에 대응시킨다. */
    private HashMap<Integer, User> usersById;

    /* 계정 이름을 사용자에 대응시킨다. */
    private HashMap<String, User> usersByAccountName;

    /* 사용자 id를 온라인 상태인 사용자에 대응시킨다. */
    private HashMap onlineUsers;

    public static UserManager getInstance() {
        if (instance == null) instance = new UserManager();
        return instance;
    }
```

```
        public void addUser(User fromUser, String toAccountName) { ... }
        public void approveAddRequest(AddRequest req) { ... }
        public void rejectAddRequest(AddRequest req) { ... }
        public void userSignedOn(String accountName) { ... }
        public void userSignedOff(String accountName) { ... }
}
```

User 클래스의 메서드 receivedAddRequest는 사용자 A가 사용자 B에게 친구 승인을 요청했다는 사실을 알린다. 사용자 B는 그 요청을 승인하거나 거부할 수 있다(UserManager.approveAddRequest 혹은 rejectAddRequest를 사용해서). 그리고 UserManager는 다른 이의 연락처 목록에 사용자를 추가하는 일을 처리한다.

UserManager는 AddRequest를 사용자 A가 처리해야 하는 요청 목록에 추가하기 위해 User 클래스의 sentAddRequest를 호출한다. 따라서 다음과 같은 흐름으로 처리가 이루어진다.

1. 사용자 A가 'add user' 버튼을 클릭하면, 해당 요청은 서버로 날아간다.
2. 사용자 A가 requestAddUser(User B)를 호출한다.
3. 이 메서드는 다시 UserManager.addUser를 호출한다.
4. UserManager는 사용자 A.sentAddRequest와 사용자 B.receiveAddRequest를 호출한다.

다시 말하지만 이것은 사용자 간 상호작용을 설계하는 한 가지 방법일 뿐이다. 유일한 방법도 아니고, 다른 좋은 방법이 없는 것도 아니다.

```
public class User {
    private int id;
    private UserStatus status = null;

    /* 상대방의 id를 채팅방에 대응시킨다. */
    private HashMap<Integer, PrivateChat> privateChats;

    /* 그룹 채팅 리스트 */
    private ArrayList<GroupChat> groupChats;

    /* 다른 사용자의 id를 AddRequest 객체에 대응시킨다. */
    private HashMap<Integer, AddRequest> receivedAddRequests;

    /* 다른 사용자의 id를 AddRequest 객체에 대응시킨다. */
    private HashMap<Integer, AddRequest> sentAddRequests;

    /* 사용자 id를 사용자 객체에 대응시킨다. */
    private HashMap<Integer, User> contacts;

    private String accountName;
    private String fullName;

    public User(int id, String accountName, String fullName) { ... }
    public boolean sendMessageToUser(User to, String content){ ... }
```

```
        public boolean sendMessageToGroupChat(int id, String cnt){...}
        public void setStatus(UserStatus status) { ... }
        public UserStatus getStatus() { ... }
        public boolean addContact(User user) { ... }
        public void receivedAddRequest(AddRequest req) { ... }
        public void sentAddRequest(AddRequest req) { ... }
        public void removeAddRequest(AddRequest req) { ... }
        public void requestAddUser(String accountName) { ... }
        public void addConversation(PrivateChat conversation) { ... }
        public void addConversation(GroupChat conversation) { ... }
        public int getId() { ... }
        public String getAccountName() { ... }
        public String getFullName() { ... }
}
```

Conversation 클래스는 추상 클래스이다. 모든 Conversation은 반드시 GroupChat이거나 PrivateChat이어야 한다. 왜냐하면 이들은 각각 고유한 기능을 갖고 있기 때문이다.

```
public abstract class Conversation {
    protected ArrayList<User> participants;
    protected int id;
    protected ArrayList<Message> messages;

    public ArrayList getMessages() { ... }
    public boolean addMessage(Message m) { ... }
    public int getId() { ... }
}

public class GroupChat extends Conversation {
    public void removeParticipant(User user) { ... }
    public void addParticipant(User user) { ... }
}

public class PrivateChat extends Conversation {
public PrivateChat(User user1, User user2) { ... }
    public User getOtherParticipant(User primary) { ... }
}

public class Message {
    private String content;
    private Date date;
    public Message(String content, Date date) { ... }
    public String getContent() { ... }
    public Date getDate() { ... }
}
```

AddRequest와 UserStatus는 많은 기능을 포함하지 않은 간단한 클래스이다. 이들의 주된 목적은 다른 클래스들이 사용할 데이터를 한데 묶어 놓는 것이다.

```
public class AddRequest {
    private User fromUser;
    private User toUser;
    private Date date;
    RequestStatus status;
```

```
    public AddRequest(User from, User to, Date date) { ... }
    public RequestStatus getStatus() { ... }
    public User getFromUser() { ... }
    public User getToUser() { ... }
    public Date getDate() { ... }
}

public class UserStatus {
    private String message;
    private UserStatusType type;
    public UserStatus(UserStatusType type, String message) { ... }
    public UserStatusType getStatusType() { ... }
    public String getMessage() { ... }
}

public enum UserStatusType {
    Offline, Away, Idle, Available, Busy
}

public enum RequestStatus {
    Unread, Read, Accepted, Rejected
}
```

각 메서드가 실제로 구현된 형태를 포함해서 더 자세한 코드는 웹사이트에서 다운받을 수 있다.

가장 풀기 어려운 문제는? (또는, 가장 흥미로운 문제는?)

면접관과 다음과 같은 문제를 좀 더 토론해 보는 것도 흥미로울 수 있다.

Q1: 어떤 사용자가 온라인 상태인지 어떻게 알 수 있는가? 정말로 확실하게 알 수 있는 방법은?

사용자가 로그아웃할 때 시스템에 알리는 방법을 쓴다고 해도 확실하게는 알 수 없다. 사용자의 인터넷 연결이 갑자기 죽는 경우가 있을 수 있다. 주기적으로 사용자의 상태를 확인하는 방법(ping)을 사용하면 정확성을 높일 수 있을 것이다.

Q2: 정보 불일치 문제는 어떻게 처리해야 하는가?

어떤 정보는 메모리에 있고, 어떤 정보는 데이터베이스에 있다고 하자. 그 정보들이 동기화되지 않으면 어떻게 되겠는가? 어느 쪽이 맞다고 해야 하는가?

Q3: 서버의 규모 확장성은 어떻게 확보해야 하나?

지금까지 채팅 서버를 설계하면서 규모 확장성(scalability)에 대해서는 그다지 신경 쓰지 않았지만, 실제로는 꽤 중요한 문제다. 데이터를 여러 서버에 분할해서 저장해야 할 필요도 생길 것인데, 그러다 보면 분산된 정보 간 불일치 문제를 더 깊이 고민해 봐야 한다.

Q4: DoS(Denial of Service) 공격은 어떻게 막나?

클라이언트들이 서버로 데이터를 푸시(push)할 수 있다. 그들이 DoS(denial of service) 공격을 시도하면 어떻게 되나? 이러한 공격을 어떻게 막을 수 있나?

7.8 **오셀로:** 오셀로(Othello) 게임 규칙은 이러하다. 오셀로 말의 한쪽 면은 흰색, 반대 면은 검은색이다. 상대편 말에게 왼쪽과 오른쪽, 또는 위와 아래가 포위된 말은 색상을 뒤집어 상대편 말이 된 것으로 표시한다. 여러분은 여러분 차례에서 적어도 상대편 말 한 개를 획득해야 한다. 더 이상 진행이 불가능해지면 게임은 종료된다. 가장 많은 말을 획득한 사람이 승자가 된다. 이 게임을 객체 지향적으로 설계하라.

189쪽

해법

예제를 살펴보자. 오셀로 게임에서 말이 다음과 같이 움직인다고 해 보자.

1. 처음에 검은말 두 개와 흰말 두 개를 중앙에 놓는다. 검은말은 왼쪽 위와 오른쪽 아래 칸에 대각선으로 배치하고, 남은 두 자리에 흰말을 둔다.
2. 새로운 검은말을 (6행, 4열)에 놓는다. 그러면 (5행, 4열)에 놓인 흰말이 검은말로 바뀐다.
3. 새로운 흰말을 (4행, 3열)에 놓는다. 그러면 (4행, 4열)에 놓인 검은말이 흰말로 바뀐다.

이렇게 움직이고 나면 게임은 다음과 같은 상태가 된다.

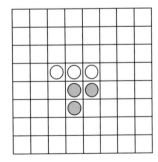

오셀로 게임을 구성하는 핵심 객체는 아마도 게임, 게임판, 말(검정 또는 흰색), 참가자 등이 될 것이다. 이들을 객체 지향적으로 우아하게 표현하려면 어떻게 해야 할까?

BlackPiece나 WhitePiece와 같은 클래스를 만들어야 하나?

Piece라는 추상 클래스를 만든 다음에 그 클래스를 상속받은 BlackPiece나 WhitePiece 같은 클래스가 있어야 하는 게 아닌가 하는 생각이 들 수도 있다. 하지만 이것은 좋은 생각이 아니다. 각각의 말은 자주 뒤집혀서 그 색상이 수시로 변하므로 그때마다 계속 객체를 생성했다가 지웠다가 하는 것이 현명한 방법은 아닐 것이다. 그냥 Piece라는 클래스 안에 현재 색상을 나타내는 플래그를 두는 것이 더 낫다.

Board와 Game 클래스를 별도로 분리해야 하는가?

엄밀하게 말하자면 Game 객체와 Board 객체를 동시에 유지할 필요는 없다. 그러나 두 객체를 별도로 나눠놓으면 게임판(말을 배치하는 것과 관계된)과 게임(시간, 게임 흐름 등과 관계된)을 논리적으로 나눌 수 있게 된다. 하지만 프로그램 내에 계층이 하나 더 생긴다는 단점이 있다. Game의 메서드가 곧바로 Board의 메서드 호출로 이어질 수도 있다. 여기서는 Game과 Board를 분리하는 쪽을 택했지만, 여러분은 면접관과 이에 관해서 상의해 봐야 한다.

누가 점수를 관리하나?

흰말의 개수와 검은말의 개수를 관리할 방법이 필요하다는 사실은 자명하다. 하지만 그 정보를 누가 관리해야 하는가? Game이나 Board에서 관리해야 한다는 생각이 먼저 들 테지만, Piece의 정적 메서드(static method)를 통해 관리하는 방법도 있을 수 있다. 여기서는 게임판과의 논리적 연결성 때문에 Board가 해당 정보를 관리하도록 했다. 점수는 Board에 정의된 colorChanged나 colorAdded 메서드 호출을 통해 Piece나 Board가 갱신된다.

Game은 싱글톤 클래스가 되어야 하는가?

Game을 싱글톤 클래스로 만들면 Game 객체에 대한 참조를 이리저리 전달하지 않고서도 Game의 메서드를 아무나 호출할 수 있다는 장점이 있다.

　하지만 Game을 싱글톤으로 정의하면 오직 하나의 객체만이 존재할 수 있다. 이렇게 가정해도 괜찮은가? 이에 대해서는 면접관과 상의해 봐야 한다.

　아래 코드는 가능한 설계 방법 중 하나다.

```
public enum Direction {
    left, right, up, down
}
```

```
public enum Color {
    White, Black
}

public class Game {
    private Player[] players;
    private static Game instance;
    private Board board;
    private final int ROWS = 10;
    private final int COLUMNS = 10;

    private Game() {
        board = new Board(ROWS, COLUMNS);
        players = new Player[2];
        players[0] = new Player(Color.Black);
        players[1] = new Player(Color.White);
    }

    public static Game getInstance() {
        if (instance == null) instance = new Game();
        return instance;
    }

    public Board getBoard() {
        return board;
    }
}
```

Board 클래스는 실제 말들을 관리한다. 게임 진행에는 관여하지 않는다. 게임 진행
과 관련된 사항은 Game 클래스에서 처리한다.

```
public class Board {
    private int blackCount = 0;
    private int whiteCount = 0;
    private Piece[][] board;
    public Board(int rows, int columns) {
        board = new Piece[rows][columns];
    }

    public void initialize() {
        /* 중앙에 검정 말과 흰색 말을 놓아 초기화한다. */
    }

    /* (행 row, 열 column)에 색상이 color인 말을 배치한다.
     * 제대로 배치됐으면 true를 반환한다. */
    public boolean placeColor(int row, int column, Color color) {
        ...
    }

    /* (행 row, 열 column)부터 시작해서 d 방향으로 진행하면서 말을 뒤집는다. */
    private int flipSection(int row, int column, Color color, Direction d) { ... }

    public int getScoreForColor(Color c) {
        if (c == Color.Black) return blackCount;
        else return whiteCount;
    }

    /* 색상이 newColor인 새로운 말들을 newPieces개만큼 더 놓아 게임판을 갱신한다.
     * 반대되는 색상의 점수는 감소시킨다. */
    public void updateScore(Color newColor, int newPieces) { ... }
}
```

앞서 설명한 대로, 검정말이건 흰말이건 상관없이 Pieces 클래스로 구현한다. 이 클래스는 현재 말이 검은색인지 흰색인지를 구별하는 Color 타입의 변수를 멤버로 갖는다.

```java
public class Piece {
    private Color color;
    public Piece(Color c) { color = c; }
    public void flip() {
        if (color == Color.Black) color = Color.White;
        else color = Color.Black;
    }
    public Color getColor() { return color; }
}
```

Player에는 아주 제한된 양의 정보만 들어 있다. 심지어 자기 점수조차 보관하지 않는다. 하지만 점수를 알아내기 위해 호출할 수 있는 메서드는 정의되어 있다. Player.getScore()는 Game 객체의 메서드를 호출하여 점수를 알아낸다.

```java
public class Player {
    private Color color;
    public Player(Color c) { color = c; }

    public int getScore() { ... }
    public boolean playPiece(int r, int c) {
        return Game.getInstance().getBoard().placeColor(r, c, color);
    }

    public Color getColor() { return color; }
}
```

웹사이트에서 자동으로 실행되는 전체 소스코드를 다운받을 수 있다.

대체적으로 많은 문제들에서 무엇을 했느냐보다 왜 했느냐가 더 중요하다는 것을 명심하자. 면접관은 Game을 싱글톤으로 구현했는지 아닌지는 별로 중요하게 생각하지 않을 것이다. 그에 관해 생각해 봤고 장단점에 대해 토론했는지를 더 중요하게 생각할 것이다.

7.9 **순환 배열**: CircularArray 클래스를 구현하라. 이 클래스는 배열과 비슷한 자료구조이지만 효과적으로 순환(rotate)이 가능해야 한다. 클래스는 가능하면 제네릭 타입(generic type) 혹은 템플릿(template)으로 구현되는 게 좋고, for (Obj o : circularArray)와 같이 표준 표기법으로 순회(iterate)가 가능해야 한다.

189쪽

해법

이 문제는 실제론 두 개의 영역으로 구분할 수 있다. 일단 CircularArray 클래스를 구현해야 하고, 그 다음에는 순회(iteration) 기능을 지원해야 한다. 이 두 가지를 따로 설명하려고 한다.

CircularArray 클래스 구현하기

CircularArray 클래스를 구현하는 한 가지 방법은 rotate(int shiftRight)를 호출할 때마다 실제 원소를 시프트하는 것이다. 하지만 그다지 효율적인 방법은 아니다.

아니면, head라는 멤버 변수를 이용해서 개념적으로 순환 배열의 시작점을 가리키게 할 수도 있다. 즉, 실제로 원소를 시프트하는 게 아니라 shiftRight만큼 head만 움직여주는 것이다.

아래는 이를 구현한 코드이다.

```java
public class CircularArray {
    private T[] items;
    private int head = 0;

    public CircularArray(int size) {
        items = (T[]) new Object[size];
    }

    private int convert(int index) {
        if (index < 0) {
            index += items.length;
        }
        return (head + index) % items.length;
    }

    public void rotate(int shiftRight) {
        head = convert(shiftRight);
    }

    public T get(int i) {
        if (i < 0 || i >= items.length) {
            throw new java.lang.IndexOutOfBoundsException("...");
        }
        return items[convert(i)];
    }

    public void set(int i, T item) {
        items[convert(i)] = item;
    }
}
```

여기에는 실수할 만한 것들이 몇 가지 존재한다. 아래의 예를 보자.

- 자바에서는 포괄 형태(generic type)의 배열을 만들 수 없다. 그 대신 배열을 형변환하거나 items을 List<T>형으로 정의해야 한다. 여기서는 배열을 형변환하는 방식을 사용했다.
- % 연산자는 negValue % posVal를 했을 때 음수값을 반환할 수도 있다. 예를 들

어 -8 % 3은 -2가 된다. 이는 수학자가 나머지 연산 함수를 어떻게 정의했는지에 따라 달라질 수 있다. 따라서 올바른 양수값을 얻기 위해선 `items.length`를 더해 줘야 한다.

- 기존 인덱스를 회전된 인덱스로 꾸준히 전환시켜줘야 한다. 이를 위해 convert 함수를 따로 구현했다. rotate 함수도 convert 함수를 사용한다. 이는 코드 재사용에 관한 좋은 예제이다.

이제 CircularArray에 대한 기본적인 코드를 작성했으니 순회하는 부분에 초점을 맞춰보자.

Iterator 인터페이스 구현하기

이 문제의 두 번째 질문은 다음과 같이 사용할 수 있는 CircularArray를 구현하는 것이다.

```
CircularArray<String> array = ...
for (String s : array) { ... }
```

그러기 위해선 Iterator 인터페이스를 구현해야 한다. 자바에 초점을 맞춰서 구현이 되었지만 다른 언어에서도 이와 비슷하게 구현할 수 있다.

Iterator 인터페이스를 구현하기 위해서는 다음의 과정이 필요하다.

- `implements Iterable<T>`를 CircularArray 클래스 정의에 추가한다. 그 뒤엔 `iterator()` 메서드를 `CircularArray<T>`에 추가한다.
- `Iterator<T>`를 구현한 `CreateArrayIterator<T>`를 만든다. 그 뒤엔 CreateArray Iterator 안에 `hasNext()`, `next()`, `remove()` 메서드를 구현해 놓는다.

위의 것들을 모두 완성하면 '마술처럼' for 루프가 동작할 것이다.

아래의 코드에서는 이전에 구현해 놓은 CircularArray 부분을 생략했다.

```
public class CircularArray implements Iterable {
    ...
    public Iterator iterator() {
        return new CircularArrayIterator(this);
    }

    private class CircularArrayIterator implements Iterator{
        /* current는 회전된 head로부터의 오프셋을 뜻한다.
         * 기존 배열에서부터의 시작점이 아니다. */
        private int _current = -1;
        private TI[] _items;

        public CircularArrayIterator(CircularArray array){
```

```
        _items = array.items;
    }

    @Override
    public boolean hasNext() {
        return _current < items.length - 1;
    }

    @Override
    public TI next() {
        _current++;
        TI item = (TI) _items[convert(_current)];
        return item;
    }

    @Override
    public void remove() {
        throw new UnsupportedOperationException("...");
    }
    }
}
```

위 코드의 첫 번째 for 루프에선 hasNext()를 호출한 다음에 next()를 호출한다. 여러분의 코드는 반드시 올바른 값을 반환해야 한다는 사실을 명심하라.

면접에서 이런 문제를 받았을 때 어떤 메서드들과 인터페이스들을 호출해야 할지 정확히 기억나지 않을 수도 있다. 그럴 경우엔 문제를 가능하면 자세히 살펴보길 바란다. 필요할 것 같은 메서드들을 도출해 내는 데 성공한다면 그것만으로도 여러분의 역량을 충분히 보여줄 수 있다.

7.10 **지뢰찾기**: 텍스트 기반의 지뢰찾기(Minesweeper) 게임을 설계하고 구현하라. 지뢰찾기는 N×N 격자판에 숨겨진 B개의 지뢰를 찾는 고전적인 컴퓨터 게임이다. 지뢰가 없는 셀(cell)에는 아무것도 적혀 있지 않거나 인접한 여덟 방향에 숨겨진 지뢰의 개수가 적혀 있다. 플레이어는 각 셀을 확인해 볼 수 있는데, 확인한 셀에 지뢰가 있다면 그 즉시 게임에서 진다. 확인한 셀에 숫자가 적혀 있다면 그 값이 공개된다. 해당 셀이 비어 있다면 인접한 비어 있는 셀(숫자로 둘러싸인 셀을 만나기 전까지) 또한 모두 공개된다. 지뢰가 없는 셀을 전부 공개된 상태로 바꿔 놓으면 플레이어가 이긴다. 지뢰가 있을 것 같은 위치에 깃발을 꽂아 표시해 둘 수 있는데, 깃발을 꽂는 것은 게임에 아무런 영향을 미치지 않는다. 실수로 잘못 클릭하는 상황을 방지하기 위한 기능일 뿐이다(이 게임에 대해 잘 모른다면, 미리 몇 번 해보길 바란다).

190쪽

지뢰 3개가 놓여 있는 모습이다.
플레이어에게는 보이지 않는다.

	1	1	1			
	1	*	1			
	2	2	2			
	1	*	1			
	1	1	1			
			1	1	1	
			1	*	1	

이처럼 격자판에 아무것도 드러나지
않은 상태에서 시작한다.

?	?	?	?	?	?	?
?	?	?	?	?	?	?
?	?	?	?	?	?	?
?	?	?	?	?	?	?
?	?	?	?	?	?	?
?	?	?	?	?	?	?
?	?	?	?	?	?	?

(행 = 1, 열 = 0)을 클릭하면
다음과 같아진다.

1	?	?	?	?	?
1	?	?	?	?	?
2	?	?	?	?	?
1	?	?	?	?	?
1	1	1	?	?	?
	1	?	?	?	?
	1	?	?	?	?

지뢰를 뺀 나머지를 모두 확인하면
플레이어가 이긴다.

	1	1	1			
	1	?	1			
	2	2	2			
	1	?	1			
	1	1	1			
			1	1	1	
			1	?	1	

해법

이 게임을 전부 코딩하려고 한다면 문자 기반으로 한다고 할지라도 면접에서 주어진 시간을 훨씬 넘길 것이다. 그렇다고 이 문제가 인터뷰에 적합하지 않다는 말은 아니다. 면접관들은 여러분이 면접 시간 내에 코드 전체를 작성하기를 기대하지는 않는다는 뜻이다. 대신 이 문제를 푸는 핵심 아이디어 혹은 구조를 찾는 데 시간을 할애하면 된다.

어떤 클래스들이 필요한지부터 생각해 보자. Cell과 Board 클래스는 당연히 필요할 것이다. 또한 Game 클래스도 필요할 것이다.

Board와 Game을 합칠 수도 있지만, 이 둘을 나눠 놓는 것이 더 좋을지도 모른다. 구조화를 더 한다고 해서 나쁠 건 없다. Board는 Cell 객체의 리스트를 갖고 있고, 간단하게 각 셀(cell)을 확인하고 그 움직임을 처리하는 역할을 할 것이다. Game은 게임의 상태와 함께 사용자의 입력을 처리할 것이다.

설계: Cell

Cell은 지뢰, 숫자, 빈칸 여부와 관련된 사실을 알고 있어야 한다. 이와 같은 데이터를 저장하기 위해 Cell의 서브 클래스(subclass)를 사용할 수도 있지만 그 방법이 얼마나 좋은지는 잘 모르겠다.

또한 enum TYPE {BOMB, NUMBER, BLANK}를 통해 셀을 표현할 수도 있다. 하지만 BLANK는 따지고 보면 NUMBER의 0 값으로 표현할 수 있으므로 enum으로 표현하지 않을 것이다. 사실 isBomb이라는 플래그만 있으면 충분하다.

그 외에 다른 방법으로 표현해도 좋다. 한 가지 방법만 있는 게 아니다. 여러분이 선택한 방법과 그에 따른 장단점을 면접관에게 설명하면 된다.

그리고 해당 셀이 뒤집혔는지 아닌지의 상태를 알고 있을 필요가 있다. ExposedCell이나 UnexposedCell과 같은 Cell의 서브 클래스를 이용한 방법을 택하진 않을 것이다. 이는 좋은 방법이 아니다. 왜냐하면 Board가 모든 셀을 참조하고 있어야 하는데, 이 방법을 사용한다면 셀을 뒤집을 때마다 참조 클래스를 바꿔줘야 하기 때문이다. 그리고 만약 다른 객체가 Cell 인스턴스를 참조하고 있으면 어떻게 할건가?

단순히 isExposed라는 불린(boolean) 플래그로 표현하는 것이 더 낫다. 비슷한 방식으로 isGuess를 사용할 것이다.

```
public class Cell {
    private int row;
    private int column;
    private boolean isBomb;
    private int number;
    private boolean isExposed = false;
    private boolean isGuess = false;

    public Cell(int r, int c) { ... }

    /* 추출(getters)과 설정(setters) 메서드 */
    ...

    public boolean flip() {
        isExposed = true;
        return !isBomb;
    }

    public boolean toggleGuess() {
        if (!isExposed) {
            isGuess = !isGuess;
        }
        return isGuess;
    }

    /* 전체 소스코드는 웹사이트에서 다운받을 수 있다. */
}
```

설계: Board

Board는 배열을 이용해서 모든 Cell 객체를 갖고 있어야 한다. 2차원 배열이 적합할 것이다.

Board는 아마도 얼마나 많은 셀이 노출됐는지 알고 있는 것이 좋을 것이다. 매번 하나씩 세기보단, 게임을 진행하면서 필요할 때마다 이 값을 갱신해나갈 것이다.

Board에서는 또한 다음과 같은 간단한 알고리즘이 처리될 것이다.

· 게임판을 초기화하고 지뢰를 놓는다.
· 셀 하나를 뒤집는다.
· 빈 공간은 사방으로 확장해 나간다.

Game 객체에서 게임 플레이어를 받아온 뒤 게임을 진행한다. 게임 시행의 결과를 반환해줘야 한다. 즉 지뢰를 밟았는지, 게임판의 경계를 넘어서 클릭했는지, 이미 노출된 공간을 클릭했는지, 빈 공간을 클릭했는지, 빈 공간을 클릭하고 게임에서 이겼는지, 숫자를 클릭하고 게임에서 이겼는지를 반환한다. 실제로는 두 개의 다른 변수를 반환해야 한다. 성공 여부(게임의 시행이 성공적으로 진행됐는지)와 게임 상태(이겼음, 졌음, 계속 진행) 같은 데이터를 넘겨주기 위해 추가로 GamePlay Result를 사용할 것이다.

GamePlay는 플레이어의 게임 움직임을 알려주는 클래스이다. 행, 열을 알려주고, 해당 셀을 실제로 뒤집었는지 아니면 지뢰가 있을 것 같아서 깃발을 꽂은 것인지 알려주는 플래그가 필요하다.

이 클래스의 기본적인 골격은 다음과 같을 것이다.

```java
public class Board {
    private int nRows;
    private int nColumns;
    private int nBombs = 0;
    private Cell[][] cells;
    private Cell[] bombs;
    private int numUnexposedRemaining;

    public Board(int r, int c, int b) { ... }

    private void initializeBoard() { ... }
    private boolean flipCell(Cell cell) { ... }
    public void expandBlank(Cell cell) { ... }
    public UserPlayResult playFlip(UserPlay play) { ... }
    public int getNumRemaining() { return numUnexposedRemaining; }
}

public class UserPlay {
    private int row;
```

```
    private int column;
    private boolean isGuess;
    /* 추출(getters)과 설정(setters) 메서드 */
}

public class UserPlayResult {
    private boolean successful;
    private Game.GameState resultingState;
    /* 추출(getters)과 설정(setters) 메서드 */
}
```

설계: Game

Game 클래스는 게임판과 게임의 상태에 관한 참조를 갖고 있을 것이다. 이는 사용자의 입력을 받아서 Board로 넘겨주는 일을 한다.

```
public class Game {
    public enum GameState { WON, LOST, RUNNING }

    private Board board;
    private int rows;
    private int columns;
    private int bombs;
    private GameState state;

    public Game(int r, int c, int b) { ... }

    public boolean initialize() { ... }
    public boolean start() { ... }
    private boolean playGame() { ... } // 게임이 끝날 때까지 반복
}
```

알고리즘

이 문제에서는 객체 지향 설계와 관련된 간단한 코드를 작성한다. 면접관은 몇 가지 흥미있을 만한 알고리즘의 구현에 관해서 물어 볼 수도 있다.

이 문제에서는 초기화(지뢰를 마구잡이로 놓는 방법), 숫자 셀의 값을 세팅하는 방법, 빈 영역을 확장해 나가는 방법, 이렇게 세 가지 알고리즘이 흥미 있는 부분이다.

지뢰 놓기

지뢰를 놓는 한 가지 방법은, 임의의 셀을 고른 뒤 지뢰를 놓을 수 있으면 놓고 아니면 다른 장소를 선택하는 것이다. 이 방법의 문제점은 지뢰가 아주 많을 경우 굉장히 느려질 수가 있다는 점이다. 이미 지뢰가 있는 셀을 반복해서 선택하는 상황에 놓일 수가 있다.

이 문제점을 해결하기 위해 카드 덱(deck)을 섞는 문제(691쪽)와 비슷한 방법을 사용하면 된다. K개의 지뢰를 첫 K개의 셀에 놓은 뒤 모든 셀의 위치를 뒤섞는 것이다.

배열을 뒤섞으려면 i가 0일 때부터 N-1이 될 때까지 배열을 순회하면서, 각 i에 대해 i부터 N-1까지의 인덱스 중 하나를 임의로 선택한 뒤 그 셀과 바꿔주면 된다.

격자 배열을 뒤섞을 때도 이와 비슷하게 할 수 있는데, 단지 인덱스를 행과 열의 위치로 바꿔주면 된다.

```java
void shuffleBoard() {
    int nCells = nRows * nColumns;
    Random random = new Random();
    for (int index1 = 0; index1 < nCells; index1++) {
        int index2 = index1 + random.nextInt(nCells - index1);
        if (index1 != index2) {
            /* index1의 셀을 갖고 온다. */
            int row1 = index1 / nColumns;
            int column1 = (index1 - row1 * nColumns) % nColumns;
            Cell cell1 = cells[row1][column1];

            /* index2의 셀을 갖고 온다. */
            int row2 = index2 / nColumns;
            int column2 = (index2 - row2 * nColumns) % nColumns;
            Cell cell2 = cells[row2][column2];

            /* 셀을 바꾼다. */
            cells[row1][column1] = cell2;
            cell2.setRowAndColumn(row1, column1);
            cells[row2][column2] = cell1;
            cell1.setRowAndColumn(row2, column2);
        }
    }
}
```

숫자 셀을 세팅하기

지뢰가 놓이면, 숫자 셀에 적절한 값을 적어줘야 한다. 각 셀의 위치에서 주변에 지뢰가 몇 개나 있는지 세어 보면 된다. 이 방법이 틀린 건 아니지만 필요 이상으로 느리다.

그 대신 각 지뢰의 위치에서 그 주변의 셀에 숫자를 하나씩 증가시켜주면 된다. 예를 들어 지뢰 3개에 둘러싸인 셀은 incrementNumber를 세 번 호출해서 3이라는 값을 얻어온다.

```java
/* 지뢰 주변의 셀에 알맞은 숫자를 세팅해준다. 지뢰가 뒤섞여 위치는 변했지만
 * 지뢰를 참조하고 있는 배열은 여전히 같은 객체에 있다. */
void setNumberedCells() {
    int[][] deltas = { // 주변 8방향으로의 오프셋
        {-1, -1}, {-1, 0}, {-1, 1},
        { 0, -1},          { 0, 1},
        { 1, -1}, { 1, 0}, { 1, 1}
    };
    for (Cell bomb : bombs) {
        int row = bomb.getRow();
        int col = bomb.getColumn();
        for (int[] delta : deltas) {
            int r = row + delta[0];
```

```
                    int c = col + delta[1];
                    if (inBounds(r, c)) {
                        cells[r][c].incrementNumber();
                    }
                }
            }
        }
```

빈 공간의 확장

빈 공간을 확장하는 것은 반복적 혹은 재귀적으로 수행할 수 있다. 여기서는 반복적으로 구현하였다.

알고리즘은 다음과 같다. 각 빈 셀의 주변 셀은 비어 있는 셀 아니면 숫자 셀이 된다(지뢰일 수는 없다). 둘 다 뒤집긴 해야 한다. 하지만 빈 셀을 뒤집었다면, 뒤집은 셀의 주변 셀도 뒤집어야 하므로 큐에 새로 넣어줘야 한다.

```
void expandBlank(Cell cell) {
    int[][] deltas = {
        {-1, -1}, {-1, 0}, {-1, 1},
        { 0, -1},          { 0, 1},
        { 1, -1}, { 1, 0}, { 1, 1}
    };

    Queue toExplore = new LinkedList();
    toExplore.add(cell);

    while (!toExplore.isEmpty()) {
        Cell current = toExplore.remove();
        for (int[] delta : deltas) {

            int r = current.getRow() + delta[0];
            int c = current.getColumn() + delta[1];
            if (inBounds(r, c)) {
                Cell neighbor = cells[r][c];
                if (flipCell(neighbor) && neighbor.isBlank()) {
                    toExplore.add(neighbor);
                }
            }
        }
    }
}
```

큐에 셀을 넣지 않고 재귀 호출을 함으로써 재귀적으로 구현할 수도 있다.

여러분의 클래스 설계 방식에 따라 알고리즘의 구현은 완전히 달라질 수가 있다.

7.11 **파일 시스템**: 메모리 상주형 파일 시스템(in-memory file system)을 구현하기 위한 자료구조와 알고리즘에 대해 설명해 보라. 가능하면 코드 예제를 들어 설명하라.

191쪽

해법

많은 지원자들이 이런 종류의 문제를 받으면 정신을 잃을지도 모른다. 파일 시스템은 너무 저수준(low level)처럼 보이니까 말이다!

하지만 성급하게 좌절할 필요는 없다. 파일 시스템을 구성하는 컴포넌트들에 관해 생각해 보면, 다른 객체 지향 설계 문제들과 마찬가지로 공략할 수 있을 것이다.

파일 시스템은, 가장 단순한 형태로 생각해 보면 File과 Directory로 구성된다고 볼 수 있다. 각 Directory에는 File 및 Directory 집합이 들어 있다. File과 Directory에는 공통적인 속성이 너무 많으므로, 여기서는 이런 공통 속성들을 Entry라는 상위 클래스에 구현할 것이다.

```java
public abstract class Entry {
    protected Directory parent;
    protected long created;
    protected long lastUpdated;
    protected long lastAccessed;
    protected String name;

    public Entry(String n, Directory p) {
        name = n;
        parent = p;
        created = System.currentTimeMillis();
        lastUpdated = System.currentTimeMillis();
        lastAccessed = System.currentTimeMillis();
    }

    public boolean delete() {
        if (parent == null) return false;
        return parent.deleteEntry(this);
    }

    public abstract int size();

    public String getFullPath() {
        if (parent == null) return name;
        else return parent.getFullPath() + "/" + name;
    }

    /* 추출(getters)과 설정(setters) 메서드 */
    public long getCreationTime() { return created; }
    public long getLastUpdatedTime() { return lastUpdated; }
    public long getLastAccessedTime() { return lastAccessed; }
    public void changeName(String n) { name = n; }
    public String getName() { return name; }
}

public class File extends Entry {
    private String content;
    private int size;

    public File(String n, Directory p, int sz) {
        super(n, p);
        size = sz;
    }
```

```
        public int size() { return size; }
        public String getContents() { return content; }
        public void setContents(String c) { content = c; }
    }

public class Directory extends Entry {
    protected ArrayList contents;

    public Directory(String n, Directory p) {
        super(n, p);
        contents = new ArrayList();
    }

    public int size() {
        int size = 0;
        for (Entry e : contents) {
            size += e.size();
        }
        return size;
    }

    public int numberOfFiles() {
        int count = 0;
        for (Entry e : contents) {
            if (e instanceof Directory) {
                count++; // 디렉터리도 파일로 취급한다.
                Directory d = (Directory) e;
                count += d.numberOfFiles();
            } else if (e instanceof File) {
                Count++;
            }
        }
        return count;
    }

    public boolean deleteEntry(Entry entry) {
        return contents.remove(entry);
    }

    public void addEntry(Entry entry) {
        contents.add(entry);
    }

    protected ArrayList getContents() { return contents; }
}
```

이렇게 하는 대신 Directory에 파일과 하위 디렉터리의 리스트를 둘 수도 있다. 그렇게 하면 instanceof 연산자를 사용할 필요가 없어지기 때문에 numberOfFiles() 메서드가 한결 간결해진다. 하지만 파일과 디렉터리를 날짜나 이름순으로 깔끔하게 정렬할 수가 없다는 단점이 있다.

7.12 **해시테이블**: 체인(chain 즉 연결리스트)을 사용해 충돌을 해결하는 해시테이블을 설계하고 구현하라.

191쪽

해법

Hash와 같은 해시테이블을 구현한다고 해 보자. 즉, 이 해시테이블은 타입 K의 객체를 타입 V 객체에 대응시킬 수 있어야 한다.

　우선, 다음과 같은 자료구조를 생각해 볼 수 있다.

```
class Hash<K, V> {
    LinkedList<V>[] items;
    public void put(K key, V value) { ... }
    public V get(K key) { ... }
}
```

items은 연결리스트의 배열이며, items[i]는 첨자 i에 대응되는 키를 갖는 모든 객체(다시 말해, i에서 충돌(collision)하는 모든 객체)의 연결리스트라는 점을 유의하자.

　충돌 문제를 깊이 고찰하기 전에는, 이 자료구조를 이용해도 잘 동작할 거라고 생각하기 쉽다.

　문자열의 길이를 활용하는 간단한 해시 함수를 생각해 보자.

```
int hashCodeOfKey(K key) {
    return key.toString().length() % items.length;
}
```

이렇게 하면 jim과 bob이 실제로는 다른 키이지만 배열 내의 같은 첨자에 대응된다. 따라서 각 키에 대응되는 실제 객체를 찾기 위해서는 연결리스트를 차례로 검색해야 한다. 하지만 어떻게 한다는 걸까? 연결리스트에 보관되는 것은 키가 아니라 그에 대응되는 값이다.

　따라서 값 외에 키도 함께 저장해야 한다.

　이를 처리하는 방법 중 하나는 Cell이라는 또 다른 클래스를 정의한 뒤, 해당 객체 내에 키와 값을 함께 보관해 두는 것이다. 따라서 Cell 타입의 연결리스트를 사용해야 한다.

　아래는 이를 구현한 코드이다.

```
public class Hasher<K, V> {
    /* node의 연결리스트 클래스. 해시테이블에서 사용한다.
     * 해시테이블 외에는 이 클래스에 접근할 수 없다. 양방향 연결리스트로 구현되어 있다. */
    private static class LinkedListNode<K, V> {
        public LinkedListNode<K, V> next;
        public LinkedListNode<K, V> prev;
        public K key;
        public V value;
        public LinkedListNode(K k, V v) {
            key = k;
            value = v;
```

```
        }
    }

    private ArrayList<LinkedListNode<K, V>> arr;
    public Hasher(int capacity) {
        /* 특정 크기만큼 연결리스트의 리스트를 만든다. 배열을 특정 크기만큼
         * 만들어 놓기 위해 리스트에 null 값을 채워 넣는다. */
        arr = new ArrayList<LinkedListNode<K, V>>();
        arr.ensureCapacity(capacity); // 선택적 최적화
        for (int i = 0; i < capacity; i++) {
            arr.add(null);
        }
    }

    /* 키와 값을 해시테이블에 삽입한다. */
    public void put(K key, V value) {
        LinkedListNode<K, V> node = getNodeForKey(key);
        if (node != null) { // 이미 존재한다.
            node.value = value; // 값만 갱신한다.
            return;
        }

        node = new LinkedListNode<K, V>(key, value);
        int index = getIndexForKey(key);
        if (arr.get(index) != null) {
            node.next = arr.get(index);
            node.next.prev = node;
        }
        arr.set(index, node);
    }

    /* 해당 키의 노드를 삭제한다. */
    public void remove(K key) {
        LinkedListNode<K, V> node = getNodeForKey(key);
        if (node.prev != null) {
            node.prev.next = node.next;
        } else {
            /* 헤드를 삭제 - 갱신 */
            int hashKey = getIndexForKey(key);
            arr.set(hashKey, node.next);
        }

        if (node.next != null) {
            node.next.prev = node.prev;
        }
    }

    /* 해당 키에 대한 값을 가져온다. */
    public V get(K key) {
        LinkedListNode<K, V> node = getNodeForKey(key);
        return node == null ? null : node.value;
    }

    /* 주어진 키와 연관된 연결리스트 노드를 가져온다. */
    private LinkedListNode<K, V> getNodeForKey(K key) {
        int index = getIndexForKey(key);
        LinkedListNode<K, V> current = arr.get(index);
        while (current != null) {
            if (current.key == key) {
                return current;
            }
            current = current.next;
```

```
        }
        return null;
    }

    /* 키를 인덱스에 대응하는 아주 어리석은 함수 */
    public int getIndexForKey(K key) {
        return Math.abs(key.hashCode() % arr.size());
    }
}
```

이 방법 대신에 이진 탐색 트리를 하위 자료구조로 사용해서, 해시테이블과 비슷하게 키에서 값을 찾는 자료구조를 구현할 수도 있다. 각 원소를 찾는 데 O(1) 시간이면 된다(기술적으로는 충돌이 많을 경우 O(1)을 보장하지 못한다). 이렇게 할 경우 원소들을 보관하는 배열을 불필요할 정도로 크게 잡지 않아도 된다.

재귀와 동적 프로그래밍 해법

8.1 **트리플 스텝**: 어떤 아이가 n개의 계단을 오른다. 한 번에 1계단 오르기도 하고, 2계단이나 3계단을 오르기도 한다. 계단을 오르는 방법이 몇 가지가 있는지 계산하는 메서드를 구현하라.

198쪽

해법

다음과 같이 생각해 보자. n번째 계단을 딛기 바로 직전에 마지막에 딛는 계단은 무엇일까?

n번째 계단에 다다르기 전에 아이는 3계단, 2계단, 혹은 1계단 전에 있었을 것이다.

그러면 n개의 계단을 오르는 방법은 몇 가지가 있겠는가? 아직은 모르겠지만, 부분 문제 형태로 만들 수 있다.

n개의 계단을 오르는 모든 경로를 생각해 본다면 1계단, 2계단, 3계단 전까지의 경로를 단순히 더해주면 된다. n번째 계단을 오르는 경우는 다음 중 하나가 된다.

· (n-1)번째 계단에서 한 계단 올라가기
· (n-2)번째 계단에서 두 계단 올라가기
· (n-3)번째 계단에서 세 계단 올라가기

따라서 이 세 가지 경우의 경로를 모두 더하면 된다.

하지만 조심해야 할 점이 있다. 많은 이들이 이 경우의 수를 곱해서 계산하는 오류를 범한다. 곱셈은 어떤 한 경로를 택한 뒤 다른 모든 경로를 선택하는 경우일 때 한다. 지금은 그런 경우가 아니다.

무식한 방법(brute force)

재귀로 구현하기 꽤 쉬운 알고리즘이다. 그냥 다음과 같이 하면 된다.

```
countWays(n-1) + countWays(n-2) + countWays(n-3)
```

한 가지 주의해야 할 부분은 초기 사례(base case)이다. 현재 딛고 있는 계단이 0번째 계단이라고 하면, 여기까지는 0개의 경로가 있는 걸까 아니면 1개의 경로가 있는 걸까? 즉, countWays(0)은 1이 되어야 할까 0이 되어야 할까?

정의하기 나름이다. 정답이 있는 건 아니다.

하지만 1로 정의하는 게 문제를 풀기 더 쉽다. 0으로 정의하면 또 다른 초기 사례가 필요할지도 모른다(아니면 0의 경우를 더해주든가).

아래는 이를 구현한 코드이다.

```
int countWays(int n) {
    if (n < 0) {
        return 0;
    } else if (n == 0) {
        return 1;
    } else {
        return countWays(n-1) + countWays(n-2) + countWays(n-3);
    }
}
```

피보나치 수열 문제와 마찬가지로, 이 알고리즘의 수행 시간은 지수적으로 증가한다(좀 더 구체적으로 말하자면, $O(3^n)$이다). 재귀 호출을 세 번하기 때문이다.

메모이제이션 방법

이전 해법에서는 같은 값을 구하기 위해 countWays가 불필요하게 중복 호출되는 경우가 있었다. 이는 메모이제이션 기법을 사용해 해결할 수 있다.

즉, n을 이전에 본 적이 있다면 캐시에 저장된 값을 반환해주면 된다. 값을 새로 계산할 때마다 이를 캐시에 저장해둔다.

일반적으로 캐시를 사용할 때 HashMap을 사용한다. 여기서는 키 값이 정확하게 1부터 n까지의 정수값이므로 정수 배열을 사용하는 게 공간 면에서 더 효율적이다.

```
int countWays(int n) {
    int[] memo = new int[n + 1];
    Arrays.fill(memo, -1);
    return countWays(n, memo);
}

int countWays(int n, int[] memo) {
    if (n < 0) {
        return 0;
    } else if (n == 0) {
        return 1;
    } else if (memo[n] > -1) {
        return memo[n];
    } else {
        memo[n] = countWays(n - 1, memo) + countWays(n - 2, memo) +
                        countWays(n - 3, memo);
        return memo[n];
    }
}
```

메모이제이션과 관계없이, 전체 경우의 수는 정수로 표현할 수 있는 범위를 금세 넘어선다. n=37만 돼도 오버플로(overflow)를 발생시킨다. long을 사용하는 방법을 생각해 볼 수 있지만 문제가 발생하는 시점을 늦출 뿐 이를 완벽히 해결하지는 못한다.

이 문제를 면접관에게 제기하자. 아마도 면접관이 해결방법을 물어보지는 않겠지만(BigInteger 클래스를 사용하면 된다), 여러분이 이 문제점을 인지하고 있다는 사실을 알리는 건 좋은 태도다.

8.2 **격자판(grid) 상의 로봇**: 행의 개수는 r, 열의 개수는 c인 격자판의 왼쪽 상단 꼭짓점에 로봇이 놓여 있다고 상상해 보자. 이 로봇은 오른쪽 아니면 아래쪽으로만 이동할 수 있다. 하지만 어떤 셀(cell)은 '금지 구역'으로 지정되어 있어서 로봇이 접근할 수 없다. 왼쪽 상단 꼭짓점에서 오른쪽 하단 꼭짓점으로의 경로를 찾는 알고리즘을 설계하라.

198쪽

해법

이 격자판에서 (r, c)로 가려면 결국 (r-1, c) 또는 (r, c-1)로 먼저 가야 한다. 따라서 (r-1, c)나 (r, r-1)로 가는 경로를 찾아야 한다.

이 두 점으로 가는 경로는 어떻게 찾을 수 있을까? (r-1, c)나 (r, c-1)로 가는 경로를 찾으려면 우선 그 인접 지점으로 이동해야 한다. (r-1, c)로 가는 경로의 경우, 그 인접 지점인 (r-2, c), (r-1, c-1)로 가는 경로를 먼저 찾아야 하고, (r, c-1)로 가는 경로의 경우에는 (r-1, c-1), (r, c-2)를 먼저 찾아야 한다. 여기서 (r-1, c-1)이 두 번 언급되었다는 사실에 주목하자. 이 문제는 조금 이따가 다룰 것이다.

> 팁: 많은 사람들이 2차원 배열을 다룰 때 x와 y라는 변수명을 사용한다. 하지만 이 때문에 버그가 발생하기 쉽다. 사람들은 보통 matrix[x][y]처럼 배열의 첫 번째 차원을 x, 두 번째 차원을 y로 사용한다. 하지만 사실 첫 번째 차원은 수직을 뜻하는 y 값, 즉 행을 나타낸다. 따라서 matrix[y][x]라고 써야 옳다. 아니면 그냥 행을 뜻하는 r(row)과 열을 뜻하는 c(column)로 표기하도록 하자.

출발점에서 목적지까지의 경로를 찾기 위해서는 목적지부터 출발점까지 거꾸로 찾아 나가면 된다. 목적지에서 시작해서 인접 지점으로 가는 경로를 찾는다. 아래는 이 알고리즘을 재귀적으로 구현한 코드다.

```
ArrayList<Point> getPath(boolean[][] maze) {
    if (maze == null || maze.length == 0) return null;
    ArrayList<Point> path = new ArrayList<Point>();
    if (getPath(maze, maze.length - 1, maze[0].length - 1, path)) {
        return path;
    }
    return null;
}

boolean getPath(boolean[][] maze, int row, int col, ArrayList<Point> path) {
    /* 범위를 벗어났거나 지나갈 수 없으면 false를 반환한다. */
    if (col < 0 || row < 0 || !maze[row][col]) {
        return false;
    }

    boolean isAtOrigin = (row == 0) && (col == 0);

    /* 경로가 존재하면 현재 위치를 더한다. */
    if (isAtOrigin || getPath(maze, row, col - 1, path) ||
       getPath(maze, row - 1, col, path)) {
        Point p = new Point(row, col);
        path.add(p);
        return true;
    }

    return false;
}
```

경로의 길이가 r+c이고, 각 위치에서 두 가지 경우의 수가 존재하므로 시간 복잡도는 $O(2^{r+c})$이 된다.

더 빠른 방법을 찾아 보자.

대개 지수 알고리즘을 최적화하려면 중복된 부분을 찾으면 된다. 어떤 일을 중복해서 하고 있는가?

알고리즘을 살펴보면 각 셀(cell)을 여러 번 방문하고 있다는 사실을 발견할 것이다. 엄청나게 중복해서 방문하고 있다. 전체 셀의 개수는 rc뿐인데 $O(2^{r+c})$만큼의 일을 하고 있다. 알고리즘이 각 지점을 방문할 때마다 하는 일이 그다지 많지 않으므로, 각 지점을 한 번씩만 방문할 수 있다면 알고리즘의 시간 복잡도를 O(rc)로 줄일 수 있을 것이다.

현재 알고리즘은 어떻게 동작하는가? (r, c)로 가는 경로를 찾을때, 인접한 지점인 (r-1, c)와 (r, c-1)로의 경로를 확인한다. 물론 인접 지점이 지나갈 수 없는 곳이라면 무시하면 된다. 그다음에는 그들의 인접 경로를 확인한다. (r-2, c), (r-1, c-1), (r-1, c-1), (r, c-2)이다. 여기에 (r-1, c-1)이 두 번 나왔는데, 이게 바로 중복된 경우다. (r-1, c-1)을 이미 방문했다는 사실을 기억하고 있으면 시간을 줄일 수 있다.

아래는 동적 프로그래밍 알고리즘을 적용한 결과이다.

```
ArrayList<Point> getPath(boolean[][] maze) {
    if (maze == null || maze.length == 0) return null;
    ArrayList<Point> path = new ArrayList<Point>();
    HashSet<Point> failedPoints = new HashSet<Point>();
    if (getPath(maze, maze.length - 1, maze[0].length - 1, path, failedPoints)) {
        return path;
    }
    return null;
}

boolean getPath(boolean[][] maze, int row, int col, ArrayList<Point> path,
                HashSet<Point> failedPoints) {
    /* 범위를 벗어났거나 지나갈 수 없으면 false를 반환한다. */
    if (col < 0 || row < 0 || !maze[row][col]) {
        return false;
    }

    Point p = new Point(row, col);

    /* 이미 방문했다면 false를 반환한다. */
    if (failedPoints.contains(p)) {
        return false;
    }

    boolean isAtOrigin = (row == 0) && (col == 0);

    /* 경로가 존재하면 현재 위치를 더한다. */
    if (isAtOrigin || getPath(maze, row, col - 1, path, failedPoints) ||
        getPath(maze, row - 1, col, path, failedPoints)) {
        path.add(p);
        return true;
    }

    failedPoints.add(p); // 캐시 결과
    return false;
}
```

원래 코드를 간단히 수정했을 뿐인데, 실행 속도는 엄청 빨라진다. 각 셀을 한 번씩
만 방문하기 때문에 이 알고리즘의 시간 복잡도는 O(rc)가 된다.

8.3 **마술 인덱스**: 배열 A[0 ... n-1]에서 A[i] = i인 인덱스를 마술 인덱스(magic
index)라 정의한다. 정렬된 상태의 배열이 주어졌을 때, 마술 인덱스가 존
재한다면 그 값을 찾는 메서드를 작성하라. 배열 안에 중복된 값은 없다.

> **연관문제**
> 중복된 값을 허용한다면 어떻게 풀겠는가?

198쪽

> **해법**

이 문제를 보면 무식한 방법(brute force) 하나가 바로 머릿속에 떠오를 것이다. 그
방법을 언급한다고 해서 부끄러워할 것도 없다. 이 방법은 단순히 배열을 순회하면
서 조건에 맞는 원소를 찾아 반환한다.

```
int magicSlow(int[] array) {
    for (int i = 0; i < array.length; i++) {
        if (array[i] == i) {
            return i;
        }
    }
    return -1;
}
```

그런데 배열이 정렬된 상태로 주어진다고 했으므로, 그 조건을 이용하면 좋을 것이다.

이 문제는 고전적인 이진 탐색(binary search) 문제인 것처럼 보인다. 패턴 매칭을 사용해 알고리즘을 설계한다면, 이진 탐색은 어떻게 적용하면 좋을까?

이진 탐색에서 원소 k를 찾을 때는 우선 가운데 지점의 원소 x와 값을 비교한 뒤 k가 x의 왼쪽에 있는지 오른쪽에 있는지 알아보는 방법을 반복 적용한다.

이 방법으로부터 알고리즘을 만들어 나가보자. 가운데 지점 원소를 보고 '마술 인덱스'가 어디 있는지를 알아낼 수 있을까? 아래의 배열 예제를 보자.

-40	-20	-1	1	2	3	5	7	9	12	13
0	1	2	3	4	5	6	7	8	9	10

가운데 원소가 A[5]=3이고 A[mid] < mid이므로, 마술 인덱스는 그 오른쪽에 있음을 알 수 있다.

그런데 정말 왼쪽에 있을 수는 없을까? i에서 i-1로 움직인다고 가정해 보자. 이때 배열의 원소값은 적어도 1만큼 감소한다(배열이 정렬되어 있고, 모든 원소는 서로 다른 값을 갖고 있으므로). 따라서 가운데 원소의 값이 이미 마술 인덱스가 되기에 작다면, k만큼 왼쪽으로 진행할 경우 그 위치의 배열 원소 값은 적어도 k만큼 작아지므로, 결국 마술 인덱스가 되기에는 너무 작은 값이 된다.

이 방법을 재귀 알고리즘에 적용하면 이진 탐색과 아주 유사한 코드가 만들어진다.

```
int magicFast(int[] array) {
    return magicFast(array, 0, array.length - 1);
}

int magicFast(int[] array, int start, int end) {
    if (end < start) {
        return -1;
    }
    int mid = (start + end) / 2;
    if (array[mid] == mid) {
        return mid;
```

```
        } else if (array[mid] > mid){
            return magicFast(array, start, mid - 1);
        } else {
            return magicFast(array, mid + 1, end);
        }
}
```

연관 문제: 중복된 값을 허용한다면 어떻게 풀겠는가?

원소들이 중복되어 나타나면 이 알고리즘은 제대로 동작하지 않는다. 다음의 배열을 보자.

-10	-5	2	2	2	3	4	7	9	12	13
0	1	2	3	4	5	6	7	8	9	10

A[mid] < mid일 때도, 마술 인덱스가 어디에 놓일지 알 수 없다. 이전처럼 오른쪽에 있을 거라고 생각할 수도 있지만, 왼쪽에 있을 수도 있다(사실 왼쪽에 있다).

왼쪽 어디에나 있을 수 있나? 그렇지는 않다. A[5] = 3이므로, A[4]는 마술 인덱스일 리가 없다. 마술 인덱스가 되려면 A[4] = 4여야 하는데, A[4]의 값은 A[5]보다는 같거나 작아야 한다.

사실, A[5] = 3이라면 오른쪽 부분은 이전과 같이 재귀적으로 탐색해야 한다. 하지만 왼쪽을 탐색할 때는, 생략해도 되는 원소들은 건너뛰고 A[0]부터 A[3]까지만 재귀적으로 탐색한다. 여기서 A[3]은 마술 인덱스일 가능성이 있는 첫 번째 원소이다.

여기서 알 수 있는 일반적 패턴은 midIndex와 midValue가 같은지 우선 검사하고, 같지 않을 경우 다음 규칙에 따라 midIndex의 왼쪽과 오른쪽을 재귀적으로 탐색하는 것이다.

- 왼쪽: start부터 Math.min(midIndex - 1, midValue)까지 탐색한다.
- 오른쪽: Math.max(midIndex + 1, midValue)부터 end까지 탐색한다.

아래는 이 알고리즘을 구현한 코드이다.

```
int magicFast(int[] array) {
    return magicFast(array, 0, array.length - 1);
}

int magicFast(int[] array, int start, int end) {
    if (end < start) return -1;

    int midIndex = (start + end) / 2;
```

```
    int midValue = array[midIndex];
    if (midValue == midIndex) {
        return midIndex;
    }

    /* 왼쪽 탐색 */
    int leftIndex = Math.min(midIndex - 1, midValue);
    int left = magicFast(array, start, leftIndex);
    if (left >= 0) {
        return left;
    }

    /* 오른쪽 탐색 */
    int rightIndex = Math.max(midIndex + 1, midValue);
    int right = magicFast(array, rightIndex, end);
    return right;
}
```

위의 코드는 모든 원소가 전부 다른 값을 갖는 경우 첫 번째 해답과 거의 동일하게 동작한다.

8.4 부분집합: 어떤 집합의 부분집합을 전부 반환하는 메서드를 작성하라.

해법

199쪽

우선 시간 복잡도와 공간 복잡도가 얼마나 될 것인지 적절한 예측값을 구해야 한다.

한 집합의 부분집합의 개수는 얼마나 되나? 부분집합을 생성할 때는 각 원소가 해당 부분집합에 속하는지 아닌지를 결정해야 한다. 다시 말해, 첫 번째 원소의 경우 둘 중 하나에 속한다. 그 집합에 속하든지, 속하지 않든지. 두 번째 원소의 경우도 마찬가지다. 따라서 $\{2*2*\cdots\}$를 n번 해야 하므로 2^n개의 부분집합이 존재한다.

부분집합의 리스트를 반환하는 경우를 생각해 보자. 아무리 잘해도 전체 부분집합의 원소 개수만큼은 소요될 것이다. 전체 부분집합의 개수는 2^n이고, 각 원소는 전체 부분집합의 절반(2^{n-1})에는 속하게 된다. 따라서 전체 부분집합의 총 원소의 개수는 $n*2^{n-1}$이 된다.

따라서 시간 복잡도와 공간 복잡도가 $O(n*2^n)$보다 나을 수는 없다.

$\{a_1, a_2, \cdots, a_n\}$의 부분집합은 멱집합(powerset)이라고 부르며, $P(\{a_1, a_2, \cdots, a_n\})$ 혹은 $P(n)$과 같이 표기한다.

해법 #1: 재귀

이 문제는 '초기 사례로부터의 확장' 접근법을 적용하기 좋은 문제이다. $S = \{a_1, a_2, \cdots, a_n\}$의 모든 부분집합을 구한다고 하자. 다음의 초기 조건으로부터 시작할 수 있다.

초기 사례: n = 0

이 집합의 부분집합은 공집합이다. {}

사례: n = 1

집합 {a_1}의 부분집합은 두 개다. {}, {a_1}

사례: n = 2

부분집합은 다음 네 개다. {}, {a_1}, {a_2}, {a_1, a_2}

사례: n = 3

여기부터 재미있어진다. N = 3에 대한 답을 앞선 두 사례를 사용해서 만들어 보자.

n = 3과 n = 2의 차이는 무엇인가? 좀 더 깊이 들어가 보자.

P(2) = {}, {a_1}, {a_2}, {a_1, a_2}
P(3) = {}, {a_1}, {a_2}, {a_3}, {a_1, a_2}, {a_1, a_3}, {a_2, a_3}, {a_1, a_2, a_3}

이 둘의 차이는, P(2)에는 a_3이 존재하는 부분집합이 없다는 것이다.

P(3) - P(2) = {a_3}, {a_1, a_3}, {a_2, a_3}, {a_1, a_2, a_3}

P(2)를 사용하여 P(3)을 만들어 내려면 어떻게 하면 되겠는가? P(2)에 있는 부분집합들을 복사해 넣은 다음에 a_3을 추가하면 된다.

P(2)　　　 = {} , {a_1}, {a_2}, {a_1, a_2}
P(2) + a_3 = {a_3}, {a_1, a_3}, {a_2, a_3}, {a_1, a_2, a_3}

그런 다음 이 둘을 합하면 P(3)을 얻을 수 있다.

사례: n > 0

방금 살펴본 사례들을 간단히 일반화하면 P(n)를 생성하는 일반적 알고리즘을 얻을 수 있다. 즉, P(n-1)을 계산한 다음, 그 결과를 복사하고 복사된 부분집합 각각에 a_n을 추가하면 된다.

다음은 이 알고리즘을 구현한 코드이다.

```
ArrayList<ArrayList<Integer>> getSubsets(ArrayList<Integer> set, int index) {
    ArrayList<ArrayList<Integer>> allsubsets;
    if (set.size() == index) { // 초기 사례 - 공집합 추가
        allsubsets = new ArrayList<ArrayList<Integer>>();
```

```
            allsubsets.add(new ArrayList<Integer>()); // 공집합
    } else {
        allsubsets = getSubsets(set, index + 1);
        int item = set.get(index);
        ArrayList<ArrayList<Integer>> moresubsets =
            new ArrayList<ArrayList<Integer>>();
        for (ArrayList<Integer> subset : allsubsets) {
            ArrayList<Integer> newsubset = new ArrayList<Integer>();
            newsubset.addAll(subset);
            newsubset.add(item);
            moresubsets.add(newsubset);
        }
        allsubsets.addAll(moresubsets);
    }
    return allsubsets;
}
```

이 알고리즘의 시간 복잡도와 공간 복잡도는 $O(n*2^n)$으로, 가능한 최선의 복잡도이다. 약간 더 최적화를 하고 싶다면 재귀가 아닌 반복문을 사용해서 구현하면 된다.

해법 #2: 조합론(combinatorics)

방금 살펴본 방법이 틀린 건 아니지만, 이 문제를 푸는 또 다른 접근법이 있다.

앞서, 집합을 생성할 때 원소 각각에 대해 두 가지 중 한 가지를 결정해야 했다. 집합에 속하는지('yes' 상태) 혹은 속하지 않는지('no' 상태). 일련의 부분집합은 'yes, yes, no, no, yes, no'처럼 표현할 수 있다.

이렇게 하면 2^n개의 모든 가능한 부분집합을 구할 수 있다. 그런데 모든 원소에 대해서, 가능한 모든 'yes'/'no' 순열은 어떻게 만들어낼 수 있는가? 만일 'yes'를 1로, 'no'를 0으로 표현한다면, 각 부분집합은 이진 문자열로 표현할 수 있다.

그러므로 모든 부분집합을 만들어 내는 것은 사실 모든 이진수(그러니까, 모든 정수)를 만들어 내는 문제와 같다. 따라서 1부터 2^n까지의 모든 정수의 이진 표현을 집합으로 변환하면 된다. 간단하다!

```
ArrayList<ArrayList<Integer>> getSubsets2(ArrayList<Integer> set) {
    ArrayList<ArrayList<Integer>> allsubsets = new ArrayList<ArrayList<Integer>>();
    int max = 1 << set.size(); /* 2^n 계산 */
    for (int k = 0; k < max; k++) {
        ArrayList<Integer> subset = convertIntToSet(k, set);
        allsubsets.add(subset);
    }
    return allsubsets;
}

ArrayList<Integer> convertIntToSet(int x, ArrayList<Integer> set) {
    ArrayList<Integer> subset = new ArrayList<Integer>();
    int index = 0;
    for (int k = x; k > 0; k >>= 1) {
        if ((k & 1) == 1) {
            subset.add(set.get(index));
        }
```

```
        Index++;
    }
    return subset;
}
```

이 해법은 앞서 살펴본 해법과 비교해 특별히 더 좋거나 나쁘지는 않다.

8.5 **재귀 곱셈:** * 연산자를 사용하지 않고 양의 정수 두 개를 곱하는 재귀 함수를 작성하라. 덧셈(addition), 뺄셈(subtraction), 비트 시프팅(bit shifting) 연산자를 사용할 수 있지만 이들의 사용 횟수를 최소화해야 한다.

199쪽

해법

잠시 멈춰서 곱셈이 무엇을 의미하는지 생각해 보자.

> 이런 자세는 다른 면접 문제를 풀 때도 적용할 수 있다. 뻔해 보인다 할지라도 그게 실제로 무엇을 의미하는지 생각해 보는 게 유용할 때가 많다.

8×7은 8+8+8+8+8+8+8(8을 7번 더하기)이라고 생각해 볼 수 있다. 아니면 8×7 격자판에서 각 셀의 개수라고 생각할 수도 있다.

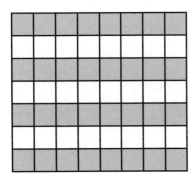

해법 #1

격자판에서 셀의 개수는 어떻게 세야 할까? 단순히 셀을 하나씩 세어도 되지만, 너무 느리다.

　절반을 센 뒤 이를 곱절로 만드는 과정을 재귀적으로 처리해 나갈 수도 있다.

　물론 값이 짝수일 경우에만 '곱절'을 하는 방법이 제대로 동작할 것이다. 짝수가 아닌 경우에는 곱절을 할 수 없으므로 하나씩 세서 더해줘야 한다.

```
int minProduct(int a, int b) {
    int bigger = a < b ? b : a;
```

```
        int smaller = a < b ? a : b;
        return minProductHelper(smaller, bigger);
}

int minProductHelper(int smaller, int bigger) {
    if (smaller == 0) { // 0 * bigger = 0
        return 0;
    } else if (smaller == 1) { // 1 * bigger = bigger
        return bigger;
    }

    /* 절반을 구한다. 짝수가 아니라면, 나머지 절반도 구한다. 짝수라면, 곱절을 한다. */
    int s = smaller >> 1; // 2로 나눈다.
    int side1 = minProduct(s, bigger);
    int side2 = side1;
    if (smaller % 2 == 1) {
        side2 = minProductHelper(smaller - s, bigger);
    }

    return side1 + side2;
}
```

이보다 잘할 수 있을까? 그렇다.

해법 #2

위의 해법에서 재귀의 동작을 살펴보면 중복된 부분을 찾을 수 있다. 다음 예제를
살펴보자.

```
minProduct(17, 23)
    minProduct(8, 23)
        minProduct(4, 23) * 2
            ...
    + minProduct(9, 23)
        minProduct(4, 23)
            ...
        + minProduct(5, 23)
            ...
```

두 번째 minProduct(4, 23)은 이전 호출이 있었는지 모르기 때문에 같은 일을 반복
하게 된다. 따라서 그 결과를 캐시에 넣어줄 것이다.

```
int minProduct(int a, int b) {
    int bigger = a < b ? b : a;
    int smaller = a < b ? a : b;
    int memo[] = new int[smaller + 1];
    return minProduct(smaller, bigger, memo);
}

int minProduct(int smaller, int bigger, int[] memo) {
    if (smaller == 0) {
        return 0;
    } else if (smaller == 1) {
        return bigger;
    } else if (memo[smaller] > 0) {
        return memo[smaller];
    }
```

```
    /* 절반을 구한다. 짝수가 아니라면, 나머지 절반도 구한다. 짝수라면, 곱절을 한다. */
    int s = smaller >> 1; // 2로 나눈다.
    int side1 = minProduct(s, bigger, memo); // 절반을 구한다.
    int side2 = side1;
    if (smaller % 2 == 1) {
        side2 = minProduct(smaller - s, bigger, memo);
    }

    /* 더해서 캐시에 넣는다.*/
    memo[smaller] = side1 + side2;
    return memo[smaller];
}
```

이보다 더 빠르게 할 수 있는 방법이 아직 남아 있다.

해법 #3

이 코드를 살펴보면 짝수일 때 minProduct를 호출하는 경우가 홀수일 때보다 더 빠르다는 것을 알 수 있다. 예를 들어 minProduct(30, 35)를 호출하면 minProduct(15, 35)를 호출한 뒤 결과에 두 배를 한다. 하지만 minProduct(31, 35)를 호출하면 minProduct(15, 35)와 minProduct(16, 35) 두 개를 호출해야 한다.

이는 불필요한 연산이다. 그 대신 이렇게 할 수 있다.

minProduct(31, 35) = 2 * minProduct(15, 35) + 35

결국 31 = 2*15+1이고, 따라서 31*35 = 2*15*35+35가 된다.

최종 해법은 이렇다. 짝수일 경우엔 재귀적으로 smaller를 2로 나눈 뒤에 그 결과를 곱절해준다. 홀수인 경우엔 짝수인 경우와 똑같이 동작하지만 마지막에 bigger를 한 번 더 더해준다.

이렇게 하면 예상치 못하게 효율을 높일 수 있다. minProduct 함수는 매 단계에서 재귀 호출을 한 번만 하고, 호출을 할 때마다 숫자도 점점 작아진다. 같은 호출을 반복하지 않으므로 캐시를 할 필요도 없다.

```
int minProduct(int a, int b) {
    int bigger = a < b ? b : a;
    int smaller = a < b ? a : b;
    return minProductHelper(smaller, bigger);
}

int minProductHelper(int smaller, int bigger) {
    if (smaller == 0) return 0;
    else if (smaller == 1) return bigger;
    int s = smaller >> 1; // 반으로 나눈다.
    int halfProd = minProductHelper(s, bigger);
    if (smaller % 2 == 0) {
        return halfProd + halfProd;
    } else {
```

```
        return halfProd + halfProd + bigger;
    }
}
```

s가 주어진 숫자 중 더 작은 숫자라고 할 때 이 알고리즘의 시간 복잡도는 O(log s)가 된다.

8.6   **하노이타워**: 전형적인 하노이타워(Towers of Hanoi)에서는 크기가 서로 다른 N개의 원반을 세 개의 기둥 중 아무 곳으로나 옮길 수 있다. 초기에 원반은 크기가 맨 위에서부터 아래로 커지는 순서대로 쌓여 있다. 그리고 이 문제에는 다음과 같은 제약조건이 있다.

(1) 원반을 한 번에 하나만 옮길 수 있다.
(2) 맨 위에 있는 원반 하나를 다른 기둥으로 옮길 수 있다.
(3) 원반은 자신보다 크기가 작은 디스크 위에 놓을 수 없다.

스택을 사용하여 모든 원반을 첫 번째 기둥에서 마지막 기둥으로 옮기는 프로그램을 작성하라.

199쪽

해법

이 문제는 초기 사례로부터의 확장법을 적용하기에 좋아 보인다.

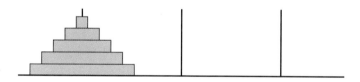

가장 작은 경우에서부터 시작해 보자. n = 1

사례 n = 1

원판 1을 기둥 1에서 기둥 3으로 옮길 수 있나? 있다.

1.   원판 1을 기둥 1에서 기둥 3으로 옮긴다.

사례 n = 2

원판 1과 원판 2를 기둥 1에서 기둥 3으로 옮길 수 있나? 있다.

1.   원판 1을 기둥 1에서 기둥 2로 옮긴다.

2. 원판 2를 기둥 1에서 기둥 3으로 옮긴다.

3. 원판 1을 기둥 2에서 기둥 3으로 옮긴다.

위의 과정을 보면 기둥 2는 다른 원판을 기둥 3으로 옮기기 전에 잠시 보관해 놓는 버퍼(buffer)와 같은 역할을 한다는 것을 알 수 있다.

사례 n = 3

원판 1, 2, 3을 기둥 1에서 기둥 3으로 옮길 수 있나? 그렇다.

1. 우리는 원판 두 개를 한 기둥에서 다른 기둥으로 옮길 수 있다는 사실을 알고 있다. 이미 원판 두 개를 기둥 2로 옮겼다고 가정하자.

2. 원판 3을 기둥 3으로 옮긴다.

3. 원판 1과 원판 2를 기둥 3으로 옮긴다. 이 작업을 어떻게 해야 하는지 이미 알고 있다. 그냥 1단계를 반복하면 된다.

사례 n = 4

원판 1, 2, 3, 4를 기둥 1에서 기둥 3으로 옮길 수 있나? 있다.

1. 원판 1, 2, 3을 기둥 2로 옮긴다. 위의 예제에 어떻게 하는지 나온다.

2. 원판 4를 기둥 3으로 옮긴다.

3. 원판 1, 2, 3을 기둥 3으로 옮긴다.

기둥의 번호는 사실 중요하지 않다. 사실 모두 같은 기둥이다. 기둥 2를 버퍼로 사용해서 원판을 기둥 3으로 옮기는 것과 기둥 3을 버퍼로 사용해서 원판을 기둥 2로 옮기는 것은 똑같은 작업이다.

이 방법은 자연스럽게 재귀 알고리즘을 사용하게 된다. 매번 다음 단계를 수행하고, 이를 의사코드로 나타내면 다음과 같다.

```
moveDisks(int n, Tower origin, Tower destination, Tower buffer) {
    /* 초기 사례 */
    if (n <= 0) return;

    /* destination을 버퍼로 사용해서 맨 위 n-1개의 원판을 origin에서 buffer로 옮긴다. */
    moveDisks(n - 1, origin, buffer, destination);

    /* 가장 윗 원판을 origin에서 destination으로 옮긴다.
    moveTop(origin, destination);

    /* origin을 버퍼로 사용해서 맨 위 n-1개의 원판을 buffer에서 destination으로 옮긴다. */
    moveDisks(n - 1, buffer, destination, origin);
}
```

다음은 객체 지향 설계의 개념을 적용해서 이 알고리즘을 더 자세하게 구현한 코드이다.

```
void main(String[] args) {
    int n = 3;
    Tower[] towers = new Tower[n];
    for (int i = 0; i < 3; i++) {
        towers[i] = new Tower(i);
    }

    for (int i = n - 1; i >= 0; i--) {
        towers[0].add(i);
    }
    towers[0].moveDisks(n, towers[2], towers[1]);
}

class Tower {
    private Stack disks;
    private int index;
    public Tower(int i) {
        disks = new Stack();
        index = i;
    }

    public int index() {
        return index;
    }

    public void add(int d) {
        if (!disks.isEmpty() && disks.peek() <= d) {
            System.out.println("Error placing disk " + d);
        } else {
            disks.push(d);
        }
    }

    public void moveTopTo(Tower t) {
        int top = disks.pop();
        t.add(top);
    }

    public void moveDisks(int n, Tower destination, Tower buffer) {
        if (n > 0) {
            moveDisks(n - 1, buffer, destination);
            moveTopTo(destination);
            buffer.moveDisks(n - 1, destination, this);
        }
    }
}
```

기둥을 하나의 객체로 구현할 필요는 없지만 코드를 좀 더 깔끔하게 하는 데는 도움이 될 수 있다.

8.7 **중복 없는 순열**: 문자열이 주어졌을 때 모든 경우의 순열을 계산하는 메서드를 작성하라. 단, 문자는 중복되어 나타날 수 없다.

199쪽

많은 다른 재귀 문제와 마찬가지로, 초기 사례로부터의 확장 접근법을 사용하면 좋을 것 같다. 문자 $a_1a_2 \cdots a_n$으로 표현된 문자열 S가 있다고 하자.

방법 1: 첫 n-1개 문자의 순열을 이용해서 만들기

초기 사례: 첫 문자의 순열

a_1의 순열은 a_1밖에 없다. 따라서,

$P(a_1) = a_1$

사례: a_1a_2의 순열

$P(a_1a_2) = a_1a_2,\ a_2a_1$

사례: $a_1a_2a_3$의 순열

$P(a_1a_2a_3) = a_1a_2a_3,\ a_1a_3a_2,\ a_2a_1a_3,\ a_2a_3a_1,\ a_3a_1a_2,\ a_3a_2a_1,$

사례: $a_1a_2a_3a_4$의 순열

이제 재밌어진다. $a_1a_2a_3$의 순열을 이용해서 $a_1a_2a_3a_4$의 순열을 어떻게 만들 수 있을까?

$a_1a_2a_3a_4$의 순열은 $a_1a_2a_3$의 순서로 표현된다. 예를 들어 $a_2a_4a_1a_3$은 $a_2a_1a_3$의 순서로 표현된 경우이다.

따라서 $a_1a_2a_3$의 모든 순열에서 모든 위치에 a_4를 넣어주면 $a_1a_2a_3a_4$의 모든 순열을 얻을 수 있다.

```
a1a2a3 → a4a1a2a3, a1a4a2a3, a1a2a4a3, a1a2a3a4
a1a3a2 → a4a1a3a2, a1a4a3a2, a1a3a4a2, a1a3a2a4
a3a1a2 → a4a3a1a2, a3a4a1a2, a3a1a4a2, a3a1a2a4
a2a1a3 → a4a2a1a3, a2a4a1a3, a2a1a4a3, a2a1a3a4
a2a3a1 → a4a2a3a1, a2a4a3a1, a2a3a4a1, a2a3a1a4
a3a2a1 → a4a3a2a1, a3a4a2a1, a3a2a4a1, a3a2a1a4
```

이제 이 알고리즘을 재귀로 구현할 수 있다.

```java
ArrayList<String> getPerms(String str) {
    if (str == null) return null;

    ArrayList<String> permutations = new ArrayList<String>();
    if (str.length() == 0) { // 초기 사례
        permutations.add("");
        return permutations;
    }

    char first = str.charAt(0); // 첫 번째 문자를 알아낸다.
```

```
        String remainder = str.substring(1); // 첫 번째 문자를 지운다.
        ArrayList<String> words = getPerms(remainder);
        for (String word : words) {
            for (int j = 0; j <= word.length(); j++) {
                String s = insertCharAt(word, first, j);
                permutations.add(s);
            }
        }
        return permutations;
    }

    /* 문자 c를 i번째 인덱스에 넣는다. */
    String insertCharAt(String word, char c, int i) {
        String start = word.substring(0, i);
        String end = word.substring(i);
        return start + c + end;
    }
```

방법 2: 모든 n-1개 문자의 부분 문자열의 순열을 이용해서 만들기

초기 사례: 길이가 1인 문자열

a_1의 순열은 a_1뿐이다. 따라서 아래와 같다.

$P(a_1) = a_1$

사례: 길이가 2인 문자열

$P(a_1a_2) = a_1a_2, a_2a_1$
$P(a_2a_3) = a_2a_3, a_3a_2$
$P(a_1a_3) = a_1a_3, a_3a_1$

사례: 길이가 3인 문자열

여기가 바로 재밌어지는 지점이다. 길이가 2인 문자열의 순열이 주어졌을 때 $a_1a_2a_3$처럼 길이가 3인 문자열의 순열을 어떻게 만들 수 있을까?

　본질적으로는 모든 문자를 첫 번째 문자로 놓아 보고 그 뒤에 순열을 덧붙이면 된다.

$P(a_1a_2a_3) = \{a_1 + P(a_2a_3)\} + a_2 + P(a_1a_3)\} + \{a_3 + P(a_1a_2)\}$
$\quad \{a_1 + P(a_2a_3)\} \rightarrow a_1a_2a_3, a_1a_3a_2$
$\quad \{a_2 + P(a_1a_3)\} \rightarrow a_2a_1a_3, a_2a_3a_1$
$\quad \{a_3 + P(a_1a_2)\} \rightarrow a_3a_1a_2, a_3a_2a_1$

이제 길이가 3인 모든 순열을 만들 수 있다. 이를 이용해서 길이가 4인 순열도 만들 수 있다.

$P(a_1a_2a_3a_4) = \{a_1 + P(a_2a_3a_4)\} + \{a_2 + P(a_1a_3a_4)\} + \{a_3 + P(a_1a_2a_4)\} + \{a_4 + P(a_1a_2a_3)\}$

이제 이 알고리즘을 구현한 코드가 꽤 단순해졌다.

```
ArrayList<String> getPerms(String remainder) {
    int len = remainder.length();
    ArrayList<String> result = new ArrayList<String>();

    /* 초기 사례 */
    if (len == 0) {
        result.add(""); // 길이가 0인 문자열을 반환해야 한다!
        return result;
    }

    for (int i = 0; i < len; i++) {
        /* i번째 문자를 지운 뒤 나머지의 순열을 구한다.*/
        String before = remainder.substring(0, i);
        String after = remainder.substring(i + 1, len);
        ArrayList partials = getPerms(before + after);
        /* i를 각 순열의 앞에 덧붙인다. */
        for (String s : partials) {
            result.add(remainder.charAt(i) + s);
        }
    }

    return result;
}
```

순열을 스택에 남기지 않고 prefix를 스택 아래로 보낼 수도 있다. 초기 사례에 도
달했을 때 prefix에는 순열 하나가 완성되어 있을 것이다.

```
ArrayList<String> getPerms(String str) {
    ArrayList<String> result = new ArrayList<String>();
    getPerms("", str, result);
    return result;
}

void getPerms(String prefix, String remainder, ArrayList<String> result) {
    if (remainder.length() == 0) result.add(prefix);

    int len = remainder.length();
    for (int i = 0; i < len; i++) {
        String before = remainder.substring(0, i);
        String after = remainder.substring(i + 1, len);
        char c = remainder.charAt(i);
        getPerms(prefix + c, before + after, result);
    }
}
```

이 알고리즘의 수행 시간에 대한 내용은 78쪽의 예제 12를 참조하길 바란다.

8.8 **중복 있는 순열**: 문자열이 주어졌을 때 모든 경우의 순열을 계산하는 메서드
를 작성하라. 문자는 중복되어 나타날 수 있지만, 나열된 순열은 서로 중복
되면 안 된다.

199쪽

해법

이전 문제와 비슷하지만 문자가 중복돼서 나타날 수 있다는 점이 다르다.

이 문제를 해결할 수 있는 간단한 방법 중 하나는 현재 순열이 이전에 이미 만들어졌는지 확인하고 만들어진 적이 없다면 리스트에 더해주는 것이다. 해시테이블을 사용하면 쉽게 해결할 수 있다. 이 방법은 최악의 경우에 $O(n!)$ 시간이 걸린다.

최악의 경우를 개선시킬 수는 없지만, 그 외 다른 여러 가지 경우에서 시간이 덜 걸리는 알고리즘을 설계할 수는 있다. 예를 들어 aaaaaaaaaaaaaaa처럼 모든 문자가 중복된 경우를 생각해 보자. 길이가 13인 문자열의 순열의 개수는 60억이 넘는다. 따라서 굉장히 오래 걸릴 거라 생각하겠지만, 실제로 이 문자열에서 가능한 순열은 단 한 개다.

이상적으로는, 모든 순열을 나열한 뒤 중복된 경우를 제하기보단 중복되지 않은 순열만을 나열하는 것이 더 효율적이다.

그러기 위해서 각 문자가 몇 번 등장했는지부터 세어 볼 것이다(단순하게 해시테이블을 사용하면 된다). 예를 들어 문자열 aabbbbc는 이렇게 될 것이다.

a→2 | b→4 | c→1

이제 이 해시테이블을 이용해서 문자열 순열을 나열하는 방법을 생각해 보자. 먼저 a, b, c 중에 어떤 문자를 사용할 것인지 결정해야 한다. 그 뒤에는 다음과 같이 부분문제로 만들 수 있다. 남아 있는 문자들로 가능한 모든 순열을 만든 뒤에 이미 뽑은 prefix 뒤에 덧붙이면 된다.

```
P(a→2 | b→4 | c→1) = {a + P(a→1 | b→4 | c→1)} +
                     {b + P(a→2 | b→3 | c→1)} +
                     {c + P(a→2 | b→4 | c→0)}
P(a→1 | b→4 | c→1) = {a + P(a→0 | b→4 | c→1)} +
                     {b + P(a→1 | b→3 | c→1)} +
                     {c + P(a→1 | b→4 | c→0)}
P(a→2 | b→3 | c→1) = {a + P(a→1 | b→3 | c→1)} +
                     {b + P(a→2 | b→2 | c→1)} +
                     {c + P(a→2 | b→3 | c→0)}
P(a→2 | b→4 | c→0) = {a + P(a→1 | b→4 | c→0)} +
                     {b + P(a→2 | b→3 | c→0)}
```

이를 반복하면 남는 문자가 그다지 많지 않을 것이다.

아래는 이 알고리즘을 구현한 코드이다.

```
ArrayList<String> printPerms(String s) {
    ArrayList<String> result = new ArrayList<String>();
    HashMap<Character, Integer> map = buildFreqTable(s);
    printPerms(map, "", s.length(), result);
    return result;
}

HashMap<Character, String> buildFreqTable(String s) {
    HashMap<Character, String> map = new HashMap();
```

```
        for (char c : s.toCharArray()) {
            if (!map.containsKey(c)) {
                map.put(c, 0);
            }
            map.put(c, map.get(c) + 1);
        }
        return map;
}

void printPerms(HashMap<Character, Integer> map, String prefix, int remaining,
                        ArrayList<String> result) {
    /* 초기 사례. 순열이 완성되었다. */
    if (remaining == 0) {
        result.add(prefix);
        return;
    }

    /* 남은 문자들을 이용해서 나머지 순열을 만들어 낸다. */
    for (Character c : map.keySet()) {
        int count = map.get(c);
        if (count > 0) {
            map.put(c, count - 1);
            printPerms(map, prefix + c, remaining - 1, result);
            map.put(c, count);
        }
    }
}
```

문자열에 중복된 문자가 많을수록 해당 알고리즘은 더 빨리 끝난다.

8.9 **괄호**: n-쌍의 괄호로 만들 수 있는 모든 합당한(괄호가 적절히 열리고 닫힌) 조합을 출력하는 알고리즘을 구현하라.

예제

입력: 3

출력: ((())), (()()), (())(), ()(()), ()()()

200쪽

해법

우선 생각해 볼 수 있는 해법은 f(n-1)의 결과로 만들어낸 괄호쌍에 새로운 괄호쌍을 더해서 f(n)을 만드는 재귀적인 접근법이다. 분명 좋은 생각이다.

  n = 3인 경우를 살펴보자.

(())() ((())) ()(()) (())() ()()()

이를 n = 2인 경우에서 어떻게 이끌어 낼 수 있을까?

(()) ()()

괄호쌍을 모든 괄호쌍 안에 넣고, 문자열 시작 지점에도 넣어주면 된다. 문자열 마지막과 같은 지점들은 이전 사례에 수렴할 것이다.

따라서 다음과 같은 결과를 얻을 수 있다.

```
(()) → (()()) /* 괄호쌍을 첫 번째 왼쪽 괄호 뒤에 넣는다. */
     → ((())) /* 괄호쌍을 두 번째 왼쪽 괄호 뒤에 넣는다. */
     → ()(()) /* 괄호쌍을 문자열 시작 지점에 넣는다. */
()() → (())() /* 괄호쌍을 첫 번째 왼쪽 괄호 뒤에 넣는다. */
     → ()(()) /* 괄호쌍을 두 번째 왼쪽 괄호 뒤에 넣는다. */
     → ()()() /* 괄호쌍을 문자열 시작 지점에 넣는다. */
```

그런데 잠깐, 중복이 있다. 문자열 ()(())이 두 번 등장했다.

따라서 이 접근법을 사용하려면, 문자열을 리스트에 추가하기 전에 중복이 있는지를 먼저 검사해야 한다.

```java
Set<String> generateParens(int remaining) {
    Set<String> set = new HashSet();
    if (remaining == 0) {
        set.add("");
    } else {
        Set<String> prev = generateParens(remaining - 1);
        for (String str : prev) {
            for (int i = 0; i < str.length(); i++) {
                if (str.charAt(i) == '(') {
                    String s = insertInside(str, i);
                    /* s가 처음 등장했다면 set에 넣는다. 단, HashSet은
                     * 현재 추가된 원소가 중복되어 있는지 자동으로 검사한다.
                     * 따라서 우리가 추가로 해당 검사를 할 필요는 없다. */
                    set.add(s);
                }
            }
            set.add("()" + str);
        }
    }
    return set;
}

String insertInside(String str, int leftIndex) {
    String left = str.substring(0, leftIndex + 1);
    String right = str.substring(leftIndex + 1, str.length());
    return left + "()" + right;
}
```

동작하긴 하지만, 그다지 효율적이진 않다. 중복 문자열을 처리하느라 많은 시간을 낭비한다.

문자열 중복 문제는, 문자열을 처음부터 만들어 나가는 방법을 쓰면 피할 수 있다. 문자열 문법에 어긋나지 않는지 체크하며 왼쪽과 오른쪽 괄호를 더해 나간다.

재귀 호출을 할 때, 문자열 내의 특정한 문자에 대한 인덱스를 전달한다. 그 상태에서 왼쪽 괄호나 오른쪽 괄호 중에 하나를 선택해야 하는데, 언제 왼쪽 괄호를 선택하고 언제 오른쪽 괄호를 선택해야 할까?

1. 왼쪽 괄호: 왼쪽 괄호를 다 소진하지 않은 한, 왼쪽 괄호는 항상 삽입할 수 있다.

2. 오른쪽 괄호: 오른쪽 괄호는 문법 오류(syntax error)가 발생하지 않을 때만 넣을 수 있다. 언제 문법 오류가 발생하는가? 오른쪽 괄호 개수가 왼쪽 괄호보다 많아지면 발생한다.

그러니 단순히 왼쪽 괄호의 수와 오른쪽 괄호의 수를 추적하면 된다. 왼쪽 괄호가 남아 있는 경우, 왼쪽 괄호를 삽입하고 재귀 호출을 시행한다. 남은 오른쪽 괄호의 수가 왼쪽 괄호의 수보다 많은 경우(다시 말해, 사용된 왼쪽 괄호의 수가 오른쪽 괄호 수보다 많은 경우)에는 오른쪽 괄호를 삽입하고 재귀 호출을 시행한다.

```
void addParen(ArrayList<String> list, int leftRem, int rightRem, char[] str,
              int index) {
    if (leftRem < 0 || rightRem < leftRem) return; // 잘못된 상태

    if (leftRem == 0 && rightRem == 0) { /* 남은 괄호가 없음 */
        list.add(String.copyValueOf(str));
    } else {
        str[index] = '('; // 왼쪽 추가하고 재귀
        addParen(list, leftRem - 1, rightRem, str, index + 1);

        str[index] = ')'; // 오른쪽 추가하고 재귀
        addParen(list, leftRem, rightRem - 1, str, index + 1);
    }
}

ArrayList<String> generateParens(int count) {
    char[] str = new char[count*2];
    ArrayList<String> list = new ArrayList<String>();
    addParen(list, count, count, str, 0);
    return list;
}
```

왼쪽 괄호와 오른쪽 괄호를 문자열의 모든 위치에 삽입하므로 특정 인덱스를 반복할 일은 없다. 따라서 각 문자열은 유일하다고 보장할 수 있다.

8.10 **영역 칠하기**: 이미지 편집 프로그램에서 흔히 쓰이는 '영역 칠하기(paint fill)' 함수를 구현하라. 영역 칠하기 함수는 화면(색이 칠해진 이차원 배열)과 그 화면상의 한 지점, 그리고 새로운 색상이 주어졌을 때, 주어진 지점과 색이 같은 주변 영역을 새로운 색상으로 다시 색칠한다.

200쪽

해법

우선, 이 메서드가 어떻게 작동할 것인지 그려보자. paintFill을 녹색 픽셀 위에서 호출하면(즉, 이미지 편집 프로그램에서 영역 칠하기 버튼을 클릭하면) 색상이 점차적으로 바깥으로 확장될 것이다. 색상을 확장해나가기 위해선 클릭한 픽셀을 둘

러싼 픽셀에서 paintFill을 반복적으로 호출하고, 녹색이 아닌 픽셀을 만나면 중단한다.

이 알고리즘을 재귀적으로 구현할 수 있다.

```java
enum Color { Black, White, Red, Yellow, Green }

boolean PaintFill(Color[][] screen, int r, int c, Color ncolor) {
    if (screen[r][c] == ncolor) return false;
    return PaintFill(screen, r, c, screen[r][c], ncolor);
}

boolean PaintFill(Color[][] screen, int r, int c, Color ocolor, Color ncolor) {
    if (r < 0 || r >= screen.length || c < 0 || c >= screen[0].length) {
        return false;
    }

    if (screen[r][c] == ocolor) {
        screen[r][c] = ncolor;
        PaintFill(screen, r - 1, c, ocolor, ncolor); // 위
        PaintFill(screen, r + 1, c, ocolor, ncolor); // 아래
        PaintFill(screen, r, c - 1, ocolor, ncolor); // 왼쪽
        PaintFill(screen, r, c + 1, ocolor, ncolor); // 오른쪽
    }
    return true;
}
```

변수명을 x와 y로 사용할 때는 그 변수의 순서가 screen[y][x]와 같다는 사실에 유의하길 바란다. 왜냐하면 x는 화면의 x축을 의미하는 것이므로(왼쪽에서 오른쪽 방향) 픽셀의 열(column) 위치에 해당하는 것이지 행(row)에 대응되지 않기 때문이다. 반면 y는 픽셀의 행에 대응된다. 면접 때뿐 아니라 실제 생활에서도 저지르기 쉬운 실수다. 따라서 이전에도 언급했듯이 x와 y 대신 r(행)과 c(열)을 사용하는 것이 더 깔끔하다.

이 알고리즘이 어쩐지 익숙하지 않은가? 그럴 것이다! 이 알고리즘은 결국 그래프에서의 깊이 우선 탐색(depth-first search)과 같다. 각각에서 출발해 주변을 둘러싼 픽셀 쪽으로 탐색을 해 나간다. 픽셀이 모두 해당 색깔로 둘러싸여 있다면 때 탐색을 중지한다.

물론 너비 우선 탐색(breadth-first search)으로도 구현할 수 있다.

8.11 **코인:** 쿼터(25센트), 다임(10센트), 니켈(5센트), 페니(1센트)의 네 가지 동전이 무한히 주어졌을 때, n센트를 표현하는 모든 방법의 수를 계산하는 코드를 작성하라.

200쪽

이 문제는 재귀 문제로 풀 수 있으므로 부분 문제를 통해 makeChange(n)을 계산하는 법을 생각해 보자.

n=100이라고 해 보자. 도합 100센트의 잔돈을 만드는 방법을 계산해야 한다. 이 문제와 부분 문제들은 어떤 연관성을 가지는가?

100센트의 잔돈에는 쿼터가 0개, 1개, 2개, 3개, 4개 있을 수 있다. 그러므로 아래와 같이 정리할 수 있다.

```
makeChange(100) = makeChange(0개의 쿼터로 100을 만듦) +
                  makeChange(1개의 쿼터로 100을 만듦) +
                  makeChange(2개의 쿼터로 100을 만듦) +
                  makeChange(3개의 쿼터로 100을 만듦) +
                  makeChange(4개의 쿼터로 100을 만듦)
```

이 결과를 좀 더 들여다보면, 문제의 크기를 줄일 수 있는 지점을 발견할 수 있다. 가령 makeChange(1개의 쿼터로 100을 만듦)은 makeChange(0개의 쿼터로 75을 만듦)과 동일하다. 왜냐하면 쿼터를 하나 사용해서 100센트를 만드는 방법과 75센트를 만드는 방법은 같기 때문이다.

이 논리를 makeChange(2개의 쿼터로 100을 만듦), makeChange(3개의 쿼터로 100을 만듦), makeChange(4개의 쿼터로 100을 만듦)에도 적용하면 다음의 결과를 얻을 수 있다.

```
makeChange(100) = makeChange(0개의 쿼터로 100을 만듦) +
                  makeChange(0개의 쿼터로 75를 만듦) +
                  makeChange(0개의 쿼터로 50을 만듦) +
                  makeChange(0개의 쿼터로 25를 만듦) +
                  1
```

makeChange(4개의 쿼터로 100을 만듦)은 1이다. 이 경우는 문제 줄이기가 완전히 끝난 (fully reduced) 경우다.

그럼 이제는 뭘 해야 하나? 쿼터는 다 썼으니, 다음으로 큰 단위인 다임(dime) 동전을 가지고 비슷한 일을 해야 한다.

쿼터에 적용했던 접근법을 다임에도 그대로 쓸 수 있다. 여기에선 위의 5개 수식 중 4개에만 적용할 것이다. 그 결과 다음과 같은 결과를 얻을 수 있다.

```
makeChange(0개의 쿼터로 100을 만듦) = makeChange(0쿼터, 0다임으로 100을 만듦) +
                                      makeChange(0쿼터, 1다임으로 100을 만듦) +
                                      makeChange(0쿼터, 2다임으로 100을 만듦) +
                                      ...
                                      makeChange(0쿼터, 10다임으로 100을 만듦)

makeChange(0개의 쿼터로 75를 만듦) = makeChange(0쿼터, 0다임으로 75를 만듦) +
                                     makeChange(0쿼터, 1다임으로 75를 만듦) +
                                     makeChange(0쿼터, 2다임으로 75를 만듦) +
                                     ...
```

$$makeChange(0쿼터, 7다임으로 75를 만듦)$$

$$makeChange(0개의 쿼터로 50을 만듦) = \begin{matrix} makeChange(0쿼터, 0다임으로 50을 만듦) + \\ makeChange(0쿼터, 1다임으로 50을 만듦) + \\ makeChange(0쿼터, 2다임으로 50을 만듦) + \\ ... \\ makeChange(0쿼터, 5다임으로 50을 만듦) \end{matrix}$$

$$makeChange(0개의 쿼터로 25를 만듦) = \begin{matrix} makeChange(0쿼터, 0다임으로 25를 만듦) + \\ makeChange(0쿼터, 1다임으로 25를 만듦) + \\ makeChange(0쿼터, 2다임으로 25를 만듦) \end{matrix}$$

각각을 확장한 다음에 니켈(nickel)에 대해서도 똑같이 적용한다. 결국 트리처럼 생긴 재귀 호출 구조가 만들어지는데, 한 번의 재귀 호출이 네 번 이상의 재귀 호출을 한다.

이 재귀 호출 알고리즘의 초기 사례는 makeChange(0쿼터, 5다임으로 50 만듦)과 같이 1로 완전히 줄일 수 있다. 5다임은 50센트와 같기 때문이다.

그러므로 다음과 같이 구현할 수 있다.

```
int makeChange(int amount, int[] denoms, int index) {
    if (index >= denoms.length - 1) return 1; // 마지막 denom
    int denomAmount = denoms[index];
    int ways = 0;
    for (int i - 0; i * denomAmount <= amount; i++) {
        int amountRemaining = amount - i * denomAmount;
        ways += makeChange(amountRemaining, denoms, index + 1);
    }
    return ways;
}

int makeChange(int n) {
    int[] denoms = {25, 10, 5, 1};
    return makeChange(n, denoms, 0);
}
```

이 방법도 잘 동작하긴 하지만 최적의 상태라고 하긴 어렵다. 동일한 amount와 index에 대해서 makeChange를 재귀적으로 여러 번 호출하기 때문이다.

이 문제는 이미 계산한 값을 저장함으로써 해결할 수 있다. (amount, index)의 쌍에 대해 계산된 값을 저장해두고 재사용한다.

```
int makeChange(int n) {
    int[] denoms = {25, 10, 5, 1};
    int[][] map = new int[n + 1][denoms.length]; // 이미 계산된 값
    return makeChange(n, denoms, 0, map);
}

int makeChange(int amount, int[] denoms, int index, int[][] map) {
    if (map[amount][index] > 0) { // 계산된 값 반환
        return map[amount][index];
    }
    if (index >= denoms.length - 1) return 1; // denom이 하나 남음
    int denomAmount = denoms[index];
```

```
    int ways = 0;
    for (int i = 0; i * denomAmount <= amount; i++) {
        // 다음 denom으로 진행한다. denomAmount짜리 동전 i개가 있다고 가정
        int amountRemaining = amount - i * denomAmount;
        ways += makeChange(amountRemaining, denoms, index + 1, map);
    }
    map[amount][index] = ways;
    return ways;
}
```

계산이 이미 끝난 값을 저장하기 위해 2차원 배열을 사용하였다. 간단한 해결책이 지만, 이 2차원 배열 때문에 공간을 조금 더 사용하게 되었다. 2차원 배열 대신 다른 자료구조를 사용할 수도 있다. 해시테이블을 중첩해서 사용하는 것도 한 가지 방법이다. 이 외에 다른 자료구조도 얼마든지 사용할 수 있다.

8.12 **여덟 개의 퀸**: 8×8 체스판 위에 여덟 개의 퀸(queen)이 서로 잡아 먹히지 않도록 놓을 수 있는 모든 가능한 방법을 출력하는 알고리즘을 작성하라. 즉, 퀸은 서로 같은 행, 열, 대각선 상에 놓이면 안 된다. 여기서 '대각선'은 모든 대각선을 의미하는 것으로, 체스판을 양분하는 대각선 두 개로 한정하지 않는다.

200쪽

해법

여덟 개의 퀸이 8×8 체스판에 서 있는데, 그중 어느 것도 같은 행, 열, 대각선상에 놓이면 안 된다. 즉, 각 행, 열, 대각선은 단 한 번만 사용되어야 한다.

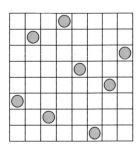

8퀸을 놓는 한 가지 방법

마지막에 놓은 퀸이 8행에 놓인 퀸이라고 해 보자(퀸을 놓는 순서는 아무 상관이 없으므로, 이렇게 가정해도 괜찮다). 이 퀸은 8행 어느 열에 있나? 8가지 가능성이 있다(열 하나당 하나).

이 사실을 이용해 8×8 체스판에 8개의 퀸을 놓는 방법을 구하면 다음과 같다.

8개의 퀸을 8×8 체스판에 놓는 방법 =
　　하나의 퀸을 (7, 0)에 둔 상태에서 8개의 퀸을 8×8 체스판에 배치하는 방법 +
　　하나의 퀸을 (7, 1)에 둔 상태에서 8개의 퀸을 8×8 체스판에 배치하는 방법 +
　　하나의 퀸을 (7, 2)에 둔 상태에서 8개의 퀸을 8×8 체스판에 배치하는 방법 +
　　하나의 퀸을 (7, 3)에 둔 상태에서 8개의 퀸을 8×8 체스판에 배치하는 방법 +
　　하나의 퀸을 (7, 4)에 둔 상태에서 8개의 퀸을 8×8 체스판에 배치하는 방법 +
　　하나의 퀸을 (7, 5)에 둔 상태에서 8개의 퀸을 8×8 체스판에 배치하는 방법 +
　　하나의 퀸을 (7, 6)에 둔 상태에서 8개의 퀸을 8×8 체스판에 배치하는 방법 +
　　하나의 퀸을 (7, 7)에 둔 상태에서 8개의 퀸을 8×8 체스판에 배치하는 방법

이 수식에서의 각 항은 이와 비슷한 방법으로 계산할 수 있다.

하나의 퀸을 (7, 3)에 둔 상태에서 8개의 퀸을 8×8 체스판에 배치하는 방법 =
　　퀸을 (7, 3), (6, 0)에 둔 상태에서 8개의 퀸을 8×8 체스판에 배치하는 방법 +
　　퀸을 (7, 3), (6, 1)에 둔 상태에서 8개의 퀸을 8×8 체스판에 배치하는 방법 +
　　퀸을 (7, 3), (6, 2)에 둔 상태에서 8개의 퀸을 8×8 체스판에 배치하는 방법 +
　　퀸을 (7, 3), (6, 4)에 둔 상태에서 8개의 퀸을 8×8 체스판에 배치하는 방법 +
　　퀸을 (7, 3), (6, 5)에 둔 상태에서 8개의 퀸을 8×8 체스판에 배치하는 방법 +
　　퀸을 (7, 3), (6, 6)에 둔 상태에서 8개의 퀸을 8×8 체스판에 배치하는 방법 +
　　퀸을 (7, 3), (6, 7)에 둔 상태에서 8개의 퀸을 8×8 체스판에 배치하는 방법

퀸을 (7, 3), (6, 3)에 두는 경우는 고려하지 않아도 된다. 이렇게 둔다면 행과 열, 그리고 대각선에 중복이 있어서는 안 된다는 규칙이 깨지기 때문이다.

구현 자체는 꽤 간단하다.

```
int GRID_SIZE = 8;

void placeQueens(int row, Integer[] columns, ArrayList results) {
    if (row == GRID_SIZE) { // 올바른 결과를 찾음
        results.add(columns.clone());
    } else {
        for (int col = 0; col < GRID_SIZE; col++) {
            if (checkValid(columns, row, col)) {
                columns[row] = col; // 퀸을 놓는다.
                placeQueens(row + 1, columns, results);
            }
        }
    }
}

/* (row1, column1)이 퀸을 놓기 좋은 자리인지 확인한다. 현재와 같은 열 혹은
 * 대각선에 다른 퀸이 있는지 확인한다. 퀸이 같은 행에 있는지는 확인하지 않아도 된다.
 * 왜냐하면 placeQueen은 한 번에 하나의 퀸만 배치하기 때문이다.
 * 따라서 현재 행은 언제나 비어 있다. */
boolean checkValid(Integer[] columns, int row1, int column1) {
    for (int row2 = 0; row2 < row1; row2++) {
        int column2 = columns[row2];
        /* (row2, column2) 때문에 (row1, column1)에 퀸을 놓을 수 없는지 확인한다. */
        /* 같은 열에 퀸이 있는지 확인한다. */
        if (column1 == column2) {
            return false;
        }

        /* 대각선 검사: 열 사이의 거리 차이와 행 사이의 거리 차이가 같으면
         * 이들은 같은 대각선 상에 있다고 말할 수 있다. */
        int columnDistance = Math.abs(column2 - column1);
```

```
        /* row1 > row2라면 abs를 사용할 필요가 없다. */
        int rowDistance = row1 - row2;
        if (columnDistance == rowDistance) {
            return false;
        }
    }
    return true;
}
```

각 행에 하나의 퀸만 놓을 수 있으므로 8×8 행렬 전체를 사용해서 체스판을 표현하지 않아도 된다. 그 대신에 1차원 배열 하나만 있으면 되는데, column[r] = c와 같이 하면 행 r, 열 c에 퀸을 두었다는 사실을 표현할 수 있다.

8.13 **박스 쌓기**: 너비 w_i, 높이 h_i, 깊이 d_i인 박스 n개가 있다. 상자는 회전시킬 수 없으며, 다른 상자 위에 올려 놓을 수 있다. 단, 아래 놓인 상자의 너비, 높이, 깊이가 위에 놓인 상자의 너비, 높이, 깊이보다 더 클 때에만 가능하다. 이 상자들로 쌓을 수 있는 가장 높은 탑을 구하는 메서드를 작성하라. 탑의 높이는 탑을 구성하는 모든 상자 높이의 합이다.

200쪽

해법

이 문제를 풀기 위해서는 서로 다른 부분 문제 사이의 관계를 파악해야 한다.

해법 #1

상자 b_1, b_2, …, b_n이 있다고 하자. 이 상자들로 쌓을 수 있는 가장 높은 탑은 (b_1을 바닥에 두었을 때 쌓을 수 있는 가장 높은 탑, b_2를 바닥에 두었을 때 쌓을 수 있는 가장 높은 탑, …, b_n을 바닥에 두었을 때 쌓을 수 있는 가장 높은 탑) 가운데 최댓값일 것이다. 다시 말해, 각각의 상자를 맨 밑에 두고 그 상태에서 쌓을 수 있는 가장 높은 탑을 구해 보면, 결국 가능한 가장 높은 탑을 구할 수 있다는 말이다.

하지만 어떤 상자를 바닥에 둔 상태에서 쌓을 수 있는 가장 높은 탑은 어떻게 구할 수 있을까? 방금 살펴본 방법과 같은 방식으로 구할 수 있다. 그 위에 놓을 수 있는 상자 각각에 대해서 동일한 과정을 반복하고, 계속 그다음 위치로 진행하면 된다.

물론, 상자를 놓을 때에는 올려 놓을 수 있는지부터 검사해야 한다. b_5가 b_1보다 크다면 b_1이 b_5 아래에 올 수 없기 때문에 {b_1, b_5, …}와 같이 배열할 수는 없다.

여기서 최적화를 약간 해 볼 수 있다. 문제의 조건을 살펴보면 아래에 놓인 상자는 모든 면에서 위에 놓인 박스보다 치수가 커야 한다. 따라서 너비, 높이, 깊이 중 하나를 기준으로 내림차순으로 정렬하면 상자를 쌓을 때 뒤를 돌아 볼 필요가 없어진다. 상자 b_1의 높이가 b_5의 높이보다 높으므로 b_1은 b_5 위에 놓을 수 없다.

아래는 이 알고리즘을 재귀로 구현한 코드이다.

```java
int createStack(ArrayList<Box> boxes) {
    /* 높이를 기준으로 내림차순으로 정렬하기 */
    Collections.sort(boxes, new BoxComparator());
    int maxHeight = 0;
    for (int i = 0; i < boxes.size(); i++) {
        int height = createStack(boxes, i);
        maxHeight = Math.max(maxHeight, height);
    }
    return maxHeight;
}

int createStack(ArrayList<Box> boxes, int bottomIndex) {
    Box bottom = boxes.get(bottomIndex);
    int maxHeight = 0;
    for (int i = bottomIndex + 1; i < boxes.size(); i++) {
        if (boxes.get(i).canBeAbove(bottom)) {
            int height = createStack(boxes, i);
            maxHeight = Math.max(height, maxHeight);
        }
    }
    maxHeight += bottom.height;
    return maxHeight;
}

class BoxComparator implements Comparator<Box> {
    @Override
    public int compare(Box x, Box y){
        return y.height - x.height;
    }
}
```

이 코드의 문제점은 지극히 비효율적이라는 것이다. b_4를 밑바닥에 두고서 얻을 수 있는 가장 좋은 방법을 이미 찾았더라도, 계속해서 $\{b_3, b_4, \cdots\}$와 같은 방법을 찾으려고 시도하게 된다. 동적 프로그래밍을 사용하여 계산 결과를 캐시해 두면, 해답을 처음부터 다시 찾으려고 시도하는 일을 막을 수 있다.

```java
int createStack(ArrayList<Box> boxes) {
    Collections.sort(boxes, new BoxComparator());
    int maxHeight = 0;
    int[] stackMap = new int[boxes.size()];
    for (int i = 0; i < boxes.size(); i++) {
        int height = createStack(boxes, i, stackMap);
        maxHeight = Math.max(maxHeight, height);
    }
    return maxHeight;
}

int createStack(ArrayList<Box> boxes, int bottomIndex, int[] stackMap) {
    if (bottomIndex < boxes.size() && stackMap[bottomIndex] > 0) {
        return stackMap[bottomIndex];
    }
```

```
        Box bottom = boxes.get(bottomIndex);
        int maxHeight = 0;
        for (int i = bottomIndex + 1; i < boxes.size(); i++) {
            if (boxes.get(i).canBeAbove(bottom)) {
                int height = createStack(boxes, i, stackMap);
                maxHeight = Math.max(height, maxHeight);
            }
        }
        maxHeight += bottom.height;
        stackMap[bottomIndex] = maxHeight;
        return maxHeight;
}
```

인덱스에서 높이로의 대응만 존재하기 때문에 해시테이블 대신 정수 배열을 사용해도 괜찮다.

해시테이블을 표현하는 각 부분을 주의 깊게 살펴보길 바란다. 이 코드에서 stackMap[i]는 상자 i를 바닥에 놓았을 때 가장 높게 쌓을 수 있는 높이를 뜻한다. 해시테이블에서 값을 읽어오기 전에 i번째 상자가 현재 가장 밑에 놓여있는지 확인해야 한다.

그래서 해시테이블에 접근했던 변수를 그대로 값을 갱신할 때 사용하면 도움이 된다. 예를 들어, 이 코드의 createStack 메서드는 맨 처음에 bottomIdex라는 변수로 해시테이블에 접근한 뒤 마지막에 bottomIndex 위치에서 값을 갱신한다.

해법 #2

재귀 알고리즘의 각 단계에서 실제 박스를 스택에 쌓는 것이 아니라 선택만 하게 할 수도 있다(높이를 기준으로 상자를 다시 내림차순 정렬할 것이다).

먼저 0번 상자를 스택에 넣을지 말지 결정해야 한다. 0번 상자를 바닥에 놓고 시작하는 재귀와 0번 상자를 바닥에 놓지 않고 시작하는 재귀를 수행한다. 그리고 둘 중 더 높이가 높은 경우를 반환하면 된다.

그 다음에 1번 박스를 스택에 넣을지 말지 결정한다. 1번 상자를 바닥에 놓고 시작하는 재귀와 1번 상자를 바닥에 놓지 않고 시작하는 재귀를 수행한다. 그리고 둘 중에 더 나은 경우를 반환한다.

위와 마찬가지로 메모이제이션을 사용해서 각 경우에 대해 가장 높이가 높은 값을 캐시에 저장해 둘 것이다.

```
01   int createStack(ArrayList<Box> boxes) {
02       Collections.sort(boxes, new BoxComparator());
03       int[] stackMap = new int[boxes.size()];
04        return createStack(boxes, null, 0, stackMap);
05   }
06
07   int createStack(ArrayList<Box> boxes, Box bottom, int offset, int[] stackMap) {
```

```
08          if (offset >= boxes.size()) return 0; // 초기 사례
09          /* 현재 상자가 바닥일 때의 높이 */
10          Box newBottom = boxes.get(offset);
11          int heightWithBottom = 0;
12          if (bottom == null || newBottom.canBeAbove(bottom)) {
13              if (stackMap[offset] == 0) {
14                  stackMap[offset] = createStack(boxes, newBottom, offset + 1, stackMap);
15                  stackMap[offset] += newBottom.height;
16              }
17              heightWithBottom = stackMap[offset];
18          }
19
20          /* 바닥이 아닐 때 */
21          int heightWithoutBottom = createStack(boxes, bottom, offset + 1, stackMap);
22          /* 둘 중 더 나은 것을 반환 */
23          return Math.max(heightWithBottom, heightWithoutBottom);
24      }
```

해시테이블에서 값을 읽을 때와 값을 갱신할 때를 잘 살펴보라. 15번째 줄과 16~18번째 줄에서처럼 이 둘을 같은 변수명으로 지정하는 것이 일반적으로 좋다.

8.14 불린값 계산: 0(false), 1(true), &(AND), |(OR), ^(XOR)로 구성된 불린 표현식과, 원하는 계산 결과(역시 불린 값)가 주어졌을 때, 표현식에 괄호를 적절하게 추가하여 그 값이 원하는 결과값과 같게 만들 수 있는 모든 경우의 개수를 출력하는 함수를 구현하라.

> **예제**
>
> ```
> countEval("1^0|0|1", false) → 2
> countEval("0&0&0&1^1|0", true) → 10
> ```

201쪽

> **해법**

다른 재귀적 문제와 마찬가지로, 이 문제를 푸는 핵심은 문제와 그 부분 문제 사이의 관계를 알아내는 것이다.

무식한 방법

표현식이 0^0&0^1|1이고 원하는 결과가 true인 경우를 생각해 보자. countEval (00&01|1, true)를 어떻게 부분 문제로 쪼갤 수 있을까?

괄호를 가능한 위치에 모두 넣어보는 방식을 시도해 볼 수 있다.

```
countEval(0^0&0^1|1, true) =
    countEval(0^0&0^1|1 괄호가 1번 문자 위치에 있을 때, true)
  + countEval(0^0&0^1|1 괄호가 3번 문자 위치에 있을 때, true)
  + countEval(0^0&0^1|1 괄호가 5번 문자 위치에 있을 때, true)
  + countEval(0^0&0^1|1 괄호가 7번 문자 위치에 있을 때, true)
```

그 다음엔 뭘 할까? 3번 문자 위치에 괄호를 넣는 표현식을 살펴보자. (0^0)&(0^1) 이 수식이 참이 되기 위해선 왼쪽과 오른쪽 모두 참이 되어야 한다.

```
left = "0^0"
right = "0^1|1"
countEval(left & right, true) = countEval(left, true) * countEval(right, true)
```

왼쪽과 오른쪽의 결과를 곱하는 이유는 이렇게 하면 양쪽의 결과를 쌍으로 묶어서 하나의 고유한 조합으로 만들 수 있기 때문이다.

각 항은 위와 비슷한 방식을 통해 부분 문제로 분해될 수 있다.

만약 |(OR)이나 ^(XOR)가 있다면 어떻게 해야 할까? OR인 경우에는, 둘 중 하나만(혹은 둘 다) 참이면 된다.

```
countEval(left | right, true) = countEval(left, true) * countEval(right, false)
                              + countEval(left, false) * countEval(right, true)
                              + countEval(left, true) * countEval(right, true)
```

XOR인 경우에는, 왼쪽 혹은 오른쪽이 참이면 괜찮지만, 둘 다 참이면 안 된다.

```
countEval(left ^ right, true) = countEval(left, true) * countEval(right, false)
                              + countEval(left, false) * countEval(right, true)
```

만약 이 결과를 거짓으로 만들고 싶다면 어떻게 해야 할까? 위의 논리식을 다음과 같이 바꾸면 된다.

```
countEval(left & right, false) = countEval(left, true) * countEval(right, false)
                               + countEval(left, false) * countEval(right, true)
                               + countEval(left, false) * countEval(right, false)
countEval(left | right, false) = countEval(left, false) * countEval(right, false)
countEval(left ^ right, false) = countEval(left, false) * countEval(right, false)
                               + countEval(left, true) * countEval(right, true)
```

아니면 위와 같은 논리식을 사용하되 전체 결과에서 논리식의 결과를 빼도 괜찮다.

```
totalEval(left) = countEval(left, true) + countEval(left, false)
totalEval(right) = countEval(right, true) + countEval(right, false)
totalEval(expression) = totalEval(left) * totalEval(right)
countEval(expression, false) = totalEval(expression) - countEval(expression, true)
```

이렇게 하면 코드가 더 간단해진다.

```
int countEval(String s, boolean result) {
    if (s.length() == 0) return 0;
    if (s.length() == 1) return stringToBool(s) == result ? 1 : 0;

    int ways = 0;
    for (int i = 1; i < s.length(); i += 2) {
        char c = s.charAt(i);
        String left = s.substring(0, i);
        String right = s.substring(i + 1, s.length());

        /* 양쪽에서 각각의 결과를 구하기 */
        int leftTrue = countEval(left, true);
```

```
        int leftFalse = countEval(left, false);
        int rightTrue = countEval(right, true);
        int rightFalse = countEval(right, false);
        int total = (leftTrue + leftFalse) * (rightTrue + rightFalse);

        int totalTrue = 0;
        if (c == '^') { // 필요조건: 하나는 true, 나머지 하나는 false
            totalTrue = leftTrue * rightFalse + leftFalse * rightTrue;
        } else if (c == '&') { // 필요조건: 모두 true
            totalTrue = leftTrue * rightTrue;
        } else if (c == '|') { // 필요조건: 모두 false만 아니면 아무거나
            totalTrue = leftTrue * rightTrue + leftFalse * rightTrue +
            leftTrue * rightFalse;
        }

        int subWays = result ? totalTrue : total - totalTrue;
        ways += subWays;
    }

    return ways;
}

boolean stringToBool(String c) {
    return c.equals("1") ? true : false;
}
```

true로부터 false 결과를 계산하는 일이나, 미리 {leftTrue, rightTrue, leftFalse, rightFalse}를 계산해 놓는 것은 경우에 따라 일을 더 하는 꼴이 되기도 한다. 예를 들어 AND(&)가 참이 되는 경우를 찾고자 할 때 leftFalse와 rightFalse의 결과는 필요 없다. 마찬가지로 OR(|)가 거짓이 되는 경우를 찾을 때도 leftTrue와 rightTrue의 결과는 필요 없다.

위의 코드는 현재 우리가 필요한 게 무엇인지 알지 못하고 모든 값을 계산하고 있다. 물론 이 방법은 특히 화이트보드에 코딩하는 제약 상황에서 코드의 길이를 현저히 줄여주거나 쉽게 작성할 수 있다는 장점이 있긴 하다. 어떤 방법을 선택하든 그에 관한 장단점을 면접관과 이야기하는 것이 중요하다.

여기서 끝이 아니다. 이보다 더 최적화할 수 있는 중요한 부분이 남아 있다.

최적화된 해법

재귀를 따라가다 보면 같은 연산을 반복한다는 사실을 알 수 있을 것이다.

0^0&0^1|1 표현식으로 재귀를 수행하는 경우를 생각해 보자.

- 괄호를 1번 문자 주변에 추가한다. (0)^(0&0^1|1)
  - 괄호를 3번 문자 주변에 추가한다. (0)^((0)&(0^1|1))
- 괄호를 3번 문자 주변에 추가한다. (0^0)&(0^1|1)
  - 괄호를 1번 문자 주변에 추가한다. ((0)^(0))&(0^1|1)

두 표현식이 다르지만 비슷한 항목을 갖고 있다. (0^1|1). 이 부분을 재사용해야 한다.

메모이제이션 혹은 해시테이블을 사용하면 된다. 단순히 countEval(expression, result)의 결과를 저장할 무엇인가가 필요하다. 이전에 계산한 결과값이 존재한다면 캐시에서 단순히 그 값을 반환해주면 된다.

```
int countEval(String s, boolean result, HashMap memo) {
    if (s.length() == 0) return 0;
    if (s.length() == 1) return stringToBool(s) == result ? 1 : 0;
    if (memo.containsKey(result + s)) return memo.get(result + s);

    int ways = 0;

    for (int i = 1; i < s.length(); i += 2) {
        char c = s.charAt(i);
        String left = s.substring(0, i);
        String right = s.substring(i + 1, s.length());
        int leftTrue = countEval(left, true, memo);
        int leftFalse = countEval(left, false, memo);
        int rightTrue = countEval(right, true, memo);
        int rightFalse = countEval(right, false, memo);
        int total = (leftTrue + leftFalse) * (rightTrue + rightFalse);

        int totalTrue = 0;
        if (c == '^') {
            totalTrue = leftTrue * rightFalse + leftFalse * rightTrue;
        } else if (c == '&') {
            totalTrue = leftTrue * rightTrue;
        } else if (c == '|') {
            totalTrue = leftTrue * rightTrue + leftFalse * rightTrue +
            leftTrue * rightFalse;
        }

        int subWays = result ? totalTrue : total - totalTrue;
        ways += subWays;
    }

    memo.put(result + s, ways);
    return ways;
}
```

실제로는 수식의 다양한 부분에서 같은 부분 문자열이 나올 수 있기 때문에 추가로 이득을 보는 면이 있다. 예를 들어 0^1^0&0^1^0과 같은 표현식에는 0^1^0을 두 군데서 볼 수 있다. 메모이제이션 테이블에 부분 문자열의 결과를 저장하고 있으면 왼쪽 부분에서 해당 값을 계산한 뒤 오른쪽 부분에서 이를 재사용할 수 있다.

최적화를 하긴 했지만, 아직 더 할 수 있다. 어떤 표현식에 괄호를 추가할 수 있는 경우의 수는 폐형(closed form) 수식으로 구할 수 있다. 하지만 이는 일반 기대치를 넘어서는 지식이다. 카탈란의 수(Catalan number)에서 n이 연산의 개수일 때 다음과 같다.

$$C_n = \frac{(2n)!}{(n+1)! \times n!}$$

확인해야 할 전체 표현식을 계산할 때 이 수식을 사용할 수 있다. 그 다음엔 leftTrue
와 leftFalse를 계산하기보단, 이중 하나를 계산하고 나머지는 카탈란의 수로 구하
면 된다. 같은 방식을 오른쪽 항에 대해서도 적용할 수 있다.

시스템 설계 및 규모 확장성 해법

9.1 **주식 데이터**: 서비스를 하나 구현한다고 하자. 이 서비스는 폐장 시점에 주가 정보(시작가, 종가, 최고가, 최저가)를 최대 1,000개의 클라이언트에게 제공한다. 데이터는 이미 주어져 있고, 어떤 형태로든 저장할 수 있다고 가정해도 좋다. 이 서비스를 어떻게 설계하면 좋겠는가? 여러분은 개발과 배포를 책임져야 하고, 지속적으로 시스템을 모니터링하는 한편 사용자에게 전송되는 정보를 관리해야 한다. 여러분이 생각하는 방법을 설명한 다음, 어떤 접근법을 택했는지 그 접근법을 선택한 이유는 무엇인지 설명하라. 어떤 기술을 사용해도 좋다. 클라이언트 프로그램에 정보를 전송하는 방법도 원하는 대로 선택할 수 있다.

214쪽

해법

문제에 쓰인 대로 자료를 클라이언트에게 어떻게 전송할 것인지를 집중해서 살펴볼 것이다. 전송할 자료를 수집하는 스크립트는 이미 주어져 있다고 가정한다.

우선은 어떤 측면에 집중해야 하는지 생각해 보자.

- **클라이언트 측의 사용 편의성**: 클라이언트가 구현하기에 쉬운 서비스가 되어야 하고 유용해야 한다.
- **서버 측 편의성**: 이 서비스는 우리가 구현하기도 편해야 한다. 불필요한 작업을 하고 싶지 않을 것이다. 구현 비용 측면뿐만 아니라, 유지보수 비용 측면에서도 그러하다.
- **나중에 생길 수 있는 요구를 수용하기에 유연한 구조**: 실제 상황이라면 어떻게 할 것인지 묻는 방식의 문제이므로, 실제 상황에서의 관점으로 생각해 봐야 한다. 요구사항의 변화를 수용할 수 없으면 곤란하므로, 지나치게 구현 측면에만 집중하면 곤란하다.
- **규모 확장성과 효율성**: 서비스에 과도한 부하가 가해지지 않도록, 효율성에 대해서도 신경을 써야 한다.

이런 측면들을 고려해야 한다는 사실을 기억하면서 다양한 방안을 검토해야 한다.

방안 #1

한 가지 방법은 데이터를 간단한 텍스트 파일에 보관하고 클라이언트가 그 데이터를 FTP 서버에서 다운받도록 하는 것이다. 텍스트 파일에 저장하면 내용을 살펴보기도 쉽고 백업하기도 편하다는 측면에서는 유지보수성이 높은 편이지만, 쿼리를 날리려면 텍스트 파일을 파싱(parsing)해야 하는 등 과정이 복잡하다. 또한, 새로운 데이터가 텍스트 파일에 추가되면 클라이언트 측에 구현된 기존 파싱 방법이 더 이상 동작하지 않을지도 모른다.

방안 #2

표준적인 SQL 데이터베이스를 이용해서 클라이언트가 해당 데이터베이스를 직접 사용하도록 만들 수도 있다. 이 방법의 장점은 다음과 같다.

- 클라이언트에 부가 기능을 제공할 필요가 있을 경우, 클라이언트가 쿼리를 날리기 쉬워진다. 예를 들어 "시작가가 N보다 크고 종가가 M보다 작은 모든 주식 목록을 구하라"와 같은 쿼리를 간단하면서도 효율적으로 처리할 수 있다.
- 쿼리를 취소하고, 데이터를 백업하고, 보안을 유지하는 등의 기능이 표준적인 데이터베이스 기능에 포함되어 있으므로, 처음부터 전부 개발할 필요가 없다. 따라서 구현이 쉬워진다.
- 클라이언트가 서비스를 기존 애플리케이션에 통합하기 쉬워진다. SQL을 통한 기능 통합은 소프트웨어 개발 환경이 표준적으로 제공하는 기능 중 하나다.

SQL 데이터베이스를 사용하는 방법의 단점은 무엇인가?

- 개발된 결과물이 필요 이상으로 무거워(heavier)진다. 약간의 정보를 처리하기 위해 SQL 시스템을 꼭 붙여야 할 필요가 있을까?
- 사람이 이해하기 어려운 형태로 데이터가 저장되므로, 데이터를 조회하고 관리할 수 있도록 추가적으로 구현해야 한다. 따라서 구현 비용이 증가한다.
- 보안 문제가 있다. SQL 데이터베이스가 꽤 잘 정의된 보안 계층(layer)을 제공하고는 있지만, 클라이언트에게 지정된 권한 이상을 주지 않도록 조심해야 할 필요가 있다. 또한, 클라이언트가 악의적인 일을 할리는 없다손 치더라도, 실행 비용이 높고 비효율적인 쿼리를 날릴 수 있다는 사실은 알고 있어야 한다. 그 비용은 고스란히 서버가 감당해야 한다.

이런 단점이 있다고 해서 SQL을 사용한 방안을 완전히 배제해야 한다는 것은 아니다. 그보다는 SQL을 사용할 때 이런 단점들을 인지하고 있어야 한다는 뜻이다.

방안 #2

XML은 정보를 전송하기에 좋은 포맷 가운데 하나다. 우리가 전송해야 하는 데이터의 포맷은 고정되어 있고, 그 크기도 일정하다. company_name, open, high, low, closing_price 등의 정보를 담는 XML 파일은 다음과 같은 형태가 될 것이다.

```
<root>
    <date value="2008-10-12">
        <company name="foo">
            <open>126.23</open>
            <high>130.27</high>
            <low>122.83</low>
            <closingPrice>127.30</closingPrice>
        </company>
        <company name="bar">
            <open>52.73</open>
            <high>60.27</high>
            <low>50.29</low>
            <closingPrice>54.91</closingPrice>
        </company>
    </date>
    <date value="2008-10-11"> . . . </date>
</root>
```

이 방법의 장점은 다음과 같다.

- 전송하기 쉽다. 사람이 살펴보기에도 쉽고, 기계가 처리하기에도 쉽다. 왜냐하면 XML이 데이터를 공유하고 전송하는 데 쓰이는 표준 모델이기 때문이다.
- 대부분의 프로그래밍 언어에는 XML을 처리하기 위한 라이브러리가 포함되어 있다. 따라서 클라이언트가 관련 기능을 구현하기도 쉽다.
- 새로운 노드를 추가하면 기존 XML 파일에 새로운 데이터를 삽입할 수 있다. 그래도 클라이언트 파서가 깨지지 않는다(애초에 파서가 제대로 구현되어 있다면 말이다).
- 데이터가 XML 형태로 저장되기 때문에, 기존의 백업 도구를 사용할 수 있다. 즉, 백업 도구를 새롭게 구현할 필요가 없다.

다음과 같은 단점도 있다.

- 클라이언트가 필요한 게 자료 중 일부라고 하더라도 모든 자료를 클라이언트에게 전송한다. 그런 측면에서 보면 비효율적이다.

· 쿼리를 수행하려면 전체 파일을 파싱해야 한다.

데이터를 저장하기 위해 어떤 솔루션을 사용하건, 클라이언트에게 웹서비스(예를 들어, SOAP)를 제공할 수 있다. 그렇게 하면 구현해야 할 계층이 하나 더 늘어나긴 하지만 보안성을 높일 수 있고, 클라이언트가 서비스를 시스템에 통합하기도 더 쉬워진다.

하지만 클라이언트는 정해진 방식으로만 데이터를 취득해야 한다는 제약이 있다. 이는 장점이 되기도 하고 단점이 되기도 한다. 반면에 SQL을 사용한다면, 클라이언트는 정해진 방식 이외의 방식으로도 최고가를 조회할 수 있다.

그렇다면 어떤 게 바람직한 방법인가? 정답은 없다. 텍스트 파일을 사용하는 방안은 분명 나쁜 선택일 테지만, XML과 SQL 사이에서 선택해야 한다면 웹 서비스가 있건 없건 꽤나 갈등하게 될 것이다. 어느 쪽이든 설득력 있는 이유를 댈 수 있다.

이런 문제의 목적은 여러분이 정답을 맞추는지 보기 위한 것이 아니다(애초에 정답이 없다). 오히려 여러분이 어떻게 시스템을 설계하고 어떻게 다양한 방안들의 장단점을 평가하고 있는지를 보기 위한 것이다.

9.2 **소셜 네트워크:** 페이스북이나 링크드인과 같은 대규모 소셜 네트워크를 위한 자료구조는 어떻게 설계하겠는가? 두 사람 사이의 최단 경로를 보여 주는 알고리즘은 어떻게 설계하겠는가? (가령, 나→밥→수잔→제이슨→당신)

214쪽

해법

이 문제를 푸는 방법 중 하나는 우선 요구사항 가운데 몇 가지를 제거하고 풀어보는 것이다.

단계 #1: 문제를 단순화하라 - 수백만의 사용자는 잊으라
우선, 수백만의 사용자를 처리해야 한다는 것은 잠깐 잊어버리고 간단하게 설계를 시작해 보자.

각 사용자를 노드, 친구 관계를 간선으로 설정해서 하나의 그래프를 만들 수 있다.

두 사용자 간의 경로를 알고 싶으면, 한 사용자에서 시작해서 너비 우선 탐색을 돌려보면 된다.

깊이 우선 탐색을 사용하지 않는 이유는 무엇인가? 첫 번째, 깊이 우선 탐색은 단순히 경로 하나를 찾기 때문이다. 이 경로가 가장 짧은 경로가 아닐 수도 있다. 두 번째, 경로 하나를 찾는 과정도 굉장히 비효율적이기 때문이다. 두 사용자가 1촌 관계라 하더라도 하위 트리에 존재하는 수백만 개의 노드를 탐색하게 될 수 있다. 찾고자 하는 사용자가 상대적으로 가까운 곳에 있다고 해도 말이다.

혹은 양방향 너비 우선 탐색(bidirectional breadth-first search)을 할 수도 있다. 하나는 출발지에서, 나머지 하나는 도착지에서 시작해서 너비 우선 탐색 두 개를 동시에 돌리는 것을 말한다. 두 탐색이 어느 지점에서 충돌하는 순간 경로를 찾은 것이다.

구현 단계에선 클래스 두 개를 사용할 것이다. BFSData는 해시테이블(isVisited)과 큐(toVisit)와 같이 너비 우선 탐색에 필요한 자료를 저장하고 있는 클래스이다. PathNode는 우리가 탐색하는 경로를 표현하는 클래스로써 방문했던 경로를 저장하는 previousNode와 Person을 저장할 것이다.

```
LinkedList<Person> findPathBiBFS(HashMap<Integer, Person> people, int source,
                                 int destination) {
    BFSData sourceData = new BFSData(people.get(source));
    BFSData destData = new BFSData(people.get(destination));

    while (!sourceData.isFinished() && !destData.isFinished()) {
        /* 출발점에서 탐색 시작 */
        Person collision = searchLevel(people, sourceData, destData);
        if (collision != null) {
            return mergePaths(sourceData, destData, collision.getID());
        }

        /* 도착지에서 탐색 시작 */
        collision = searchLevel(people, destData, sourceData);
        if (collision != null) {
            return mergePaths(sourceData, destData, collision.getID());
        }
    }
    return null;
}

/* 한 단계 탐색을 마친 뒤 충돌한 지점을 반환 */
Person searchLevel(HashMap<Integer, Person> people, BFSData primary,
                   BFSData secondary) {
    /* 우리는 한 번에 한 단계씩만 탐색할 것이다. 현재 단계에 얼마나 많은 노드가
     * 존재하는지 세어 보고 그만큼의 노드에 대해서만 탐색을 수행한다.
     * 그러고선 큐에 계속해서 노드를 추가해준다. */
    int count = primary.toVisit.size();
    for (int i = 0; i < count; i++) {
        /* 첫 번째 노드를 빼낸다. */
        PathNode pathNode = primary.toVisit.poll();
        int personId = pathNode.getPerson().getID();

        /* 이미 방문한 적이 있는지 확인한다. */
        if (secondary.visited.containsKey(personId)) {
```

```
                return pathNode.getPerson();
            }

            /* 인접한 노드들을 큐에 추가한다. */
            Person person = pathNode.getPerson();
            ArrayList<Integer> friends = person.getFriends();
            for (int friendId : friends) {
                if (!primary.visited.containsKey(friendId)) {
                    Person friend = people.get(friendId);
                    PathNode next = new PathNode(friend, pathNode);
                    primary.visited.put(friendId, next);
                    primary.toVisit.add(next);
                }
            }
        }
        return null;
}

/* 두 탐색 지점이 만난 경로를 병합한다. */
LinkedList<Person> mergePaths(BFSData bfs1, BFSData bfs2, int connection) {
    PathNode end1 = bfs1.visited.get(connection); // end1 → 출발 지점
    PathNode end2 = bfs2.visited.get(connection); // end2 → 도착 지점
    LinkedList<Person> pathOne = end1.collapse(false);
    LinkedList<Person> pathTwo = end2.collapse(true); // 순서를 뒤집는다
    pathTwo.removeFirst(); // 만난 지점을 제거한다.
    pathOne.addAll(pathTwo); // 두 번째 경로를 추가한다.
    return pathOne;
}

class PathNode {
    private Person person = null;
    private PathNode previousNode = null;
    public PathNode(Person p, PathNode previous) {
        person = p;
        previousNode = previous;
    }

    public Person getPerson() { return person; }

    public LinkedList<Person> collapse(boolean startsWithRoot) {
    LinkedList<Person> path = new LinkedList<Person>();
            PathNode node = this;
        while (node != null) {
            if (startsWithRoot) {
                path.addLast(node.person);
        } else {
                path.addFirst(node.person);
            }
            node = node.previousNode;
        }
        return path;
    }
}

class BFSData {
    public Queue<PathNode> toVisit = new LinkedList<PathNode>();
    public HashMap<Integer, PathNode> visited =
        new HashMap<Integer, PathNode>();

    public BFSData(Person root) {
        PathNode sourcePath = new PathNode(root, null);
        toVisit.add(sourcePath);
```

```
        visited.put(root.getID(), sourcePath);
    }

    public boolean isFinished() {
        return toVisit.isEmpty();
    }
}
```

이 방법이 더 빠르다는 사실에 놀라는 독자들도 있을 것이다. 어떤 원리인지 간단한 수학을 통해 살펴보자.

모든 사용자에게 k명의 친구가 있고, 노드 S와 노드 D가 친구 C를 공유한다고 가정하자.

· 일반적인 너비 우선 탐색으로 S에서 D로 가려면: 대략 k+k*k개의 노드를 거쳐야 한다. S의 친구 k명과 각 k명의 친구들 k명.
· 양방향 너비 우선 탐색: 2k 노드만 거치면 된다. S의 친구 k명과 D의 친구 k명. 물론 2k가 k+k*k보다 훨씬 작다.

이를 경로의 길이 q에 대해 일반화해 보면 다음과 같다.

· 너비 우선 탐색: $O(k^q)$.
· 양방향 너비 우선 탐색: $O(k^{q/2} + k^{q/2})$, 즉 $O(k^{q/2})$.

각각의 노드에게 100명의 친구가 있을 때, A→B→C→D→E와 같은 경로를 생각해 보자. 이때는 완전히 달라진다. 너비 우선 탐색은 1억개(100^4)의 노드를 살펴봐야 하지만, 양방향 너비 우선 탐색은 2만개(2×100^2)의 노드만 살펴보면 된다.

양방향 너비 우선 탐색은 일반적으로 일반 너비 우선 탐색보다 빠르다. 하지만 양방향 너비 우선 탐색은 시작 지점과 도착 지점에 모두 접근 가능할 때에나 사용할 수 있는 방법이다. 따라서 항상 사용할 수 있는 건 아니다.

단계 #2: 수백만 사용자의 처리

링크드인이나 페이스북 규모의 서비스를 만들 때에는 컴퓨터 하나만으로는 부족하다. 다시 말해 Person을 위와 같이 단순하게 설계해서는 제대로 동작하지 않을 것이라는 뜻이다. 우리가 찾는 '친구'는 같은 서버에 있지 않을 수도 있다. 따라서 ID로 구성되는 친구 리스트를 만들고, 다음과 같이 탐색해야 한다.

1. 친구의 ID: int machine_index = getMachineIDForUser(personID);
2. #machine_index 컴퓨터로 간다.

3. 해당 컴퓨터에서 Person friend = getPersonWithID(personID);를 실행한다.

아래는 이 프로세스를 설계한 코드이다. 클래스 Server는 모든 서버의 리스트를 보관하고 있다. 클래스 Machine은 하나의 서버를 표현한다. 이 두 클래스는 데이터를 효율적으로 탐색하기 위해서 해시테이블을 사용한다.

```java
class Server {
    HashMap<Integer, Machine> machines = new HashMap<Integer, Machine>();
    HashMap<Integer, Integer> personToMachineMap = new HashMap<Integer, Integer>();

    public Machine getMachineWithId(int machineID) {
        return machines.get(machineID);
    }

    public int getMachineIDForUser(int personID) {
        Integer machineID = personToMachineMap.get(personID);
        return machineID == null ? -1 : machineID;
    }

    public Person getPersonWithID(int personID) {
        Integer machineID = personToMachineMap.get(personID);
        if (machineID == null) return null;

        Machine machine = getMachineWithId(machineID);
        if (machine == null) return null;

        return machine.getPersonWithID(personID);
    }
}

class Person {
    private ArrayList<Integer> friends = new ArrayList<Integer>();
    private int personID;
    private String info;

    public Person(int id) { this.personID = id; }
    public String getInfo() { return info; }
    public void setInfo(String info) { this.info = info; }
    public ArrayList<Integer> getFriends() { return friends; }
    public int getID() { return personID; }
    public void addFriend(int id) { friends.add(id); }
}
```

이와 관련하여 생각해 볼 만한 최적화 이슈나 연관 문제들이 있다. 그 중 몇 가지를 살펴보자.

최적화: 다른 서버에 대한 탐색을 줄인다

한 서버에서 다른 서버로 옮겨가는 비용은 만만치 않다. 무작위로 계속 다른 서버로 옮겨가는 대신, 옮겨가는 작업을 일괄(batch)적으로 처리하는 것을 생각해 볼수 있다. 예를 들어, 탐색해야 하는 친구 정보 가운데 다섯은 한 서버에 있다면, 그모두를 한 번에 조회하는 것이다.

최적화: 보다 나은 방법으로 사용자 정보를 분배한다

사람들은 같은 지역에 사는 사람들과 친구 관계를 더 많이 맺는 경향이 있다. 사용자 정보를 여러 서버에 나눌 때 무작위적으로 나누는 것이 아니라 사용자가 거주하는 나라나 시, 도, 군 등의 정보를 사용하라. 그러면 사용자를 찾아 서버에서 서버로 이동하는 일을 줄일 수 있을 것이다.

질문: 너비 우선 탐색을 하려면 통상적으로는 이미 방문한 노드에 표시를 해 두어야 한다. 이 문제의 경우에는 어떻게 방문한 노드에 표시를 할 것인가?

일반적으로 BFS를 시행할 때에는 해당 노드의 플래그 visited를 사용해서 방문 여부를 표시해 둔다. 하지만 여기서는 동시에 여러 개의 탐색이 진행될 수 있기 때문에, 데이터 자체를 변경하는 것은 좋은 생각이 아니다.

대신, 해시테이블을 사용해 어떤 ID의 노드를 방문했었는지 기록해두는 방법을 사용할 수 있다.

이 외에 다른 연관된 문제들

- 실제 세계에서는 서버가 죽을 수도 있다. 이런 일들이 여러분의 알고리즘에 어떠한 영향을 미치나?
- 캐싱을 이용하려면 어떻게 하면 되겠는가?
- 그래프의 끝을 만날 때까지(무한히) 탐색하는가? 탐색을 그만둘 시점은 어떻게 정하는가?
- 실제 세계에서는 다른 사람들보다 더 많은 친구의 친구 관계를 유지하는 사람들을 발견할 수 있다. 그런 사람들은 여러분과 다른 사람들 사이의 관계의 일부가 될 가능성도 높다. 탐색을 시작할 위치를 지정할 때 이런 사실을 활용할 수 있겠는가?

이것들은 면접관이 제기할 가능성이 있는 질문들 가운데 극소수일 뿐이다. 이 외에도 더 많은 질문이 있을 수 있다.

9.3   웹 크롤러: 웹에 있는 데이터를 긁어 오는 크롤러(crawler)를 설계할 때, 무한루프(infinite loop)에 빠지는 일을 방지하려면 어떻게 해야 하는가?

214쪽

해법

먼저, 무한루프가 어떻게 발생하는지부터 살펴봐야 한다. 단순하게 웹을 링크에 의

해 만들어지는 그래프로 볼 경우, 사이클(cycle)이 존재하면 무한루프가 발생할 수 있다.

따라서 무한루프를 막으려면 사이클을 탐지해야 한다. 그러기 위해선 해시테이블을 두고 이미 방문한 페이지 v의 hash[v] 값을 true로 바꿔줘야 한다.

이 해법은 웹을 너비 우선으로 탐색한다는 것을 의미한다. 새로운 페이지를 방문할 때마다, 해당 페이지에 포함된 모든 링크를 큐에 넣는다. 이미 방문한 페이지는 큐에 넣는 대신 무시한다.

좋은 방법이다. 그런데 페이지 v를 방문한다는 것은 무엇을 의미하는가? 페이지의 내용에 따라 방문 여부를 확인해야 하나, 아니면 단순히 URL을 기준으로 판단해야 하나?

URL을 기준으로 삼는다면, URL에 포함된 인자가 달라졌을 때 완전히 다른 페이지로 갈 수도 있다는 사실을 알고 있어야 한다. 가령 *www.careercup.com/page?id=microsoft-interview-questions*과 *www.careercup.com/page?id=google-interview-questions*은 완전히 다른 페이지를 가리킨다. 하지만 웹 애플리케이션이 인식하지 않는 인자는 URL 뒤에 갖다 붙여도 실세로 페이지는 달라지지 않는다. *www.careercup.com?foobar=hello*와 *www.careercup.com* 같은 페이지가 그렇다.

"그렇다면, 페이지의 내용을 기준으로 하면 되겠네"라고 생각할지도 모른다. 얼핏 그럴싸해 보이지만 실제로는 잘 동작하지 않는다. *careerup.com* 페이지에 무작위로 생성된 내용이 있다고 가정해보자. 그 페이지를 언제나 다른 페이지라고 해야 하나? 그렇지 않다.

결국, 이 페이지가 저 페이지와 '다른' 페이지인지 판단하는 완벽한 방법은 없는 셈이다. 그래서 이 문제가 까다롭다.

이 문제를 해결하는 한 가지 방법은 페이지 간의 유사성을 가늠해 보는 것이다. 만일 페이지의 내용과 URL을 토대로 검사하여 어떤 페이지가 다른 페이지들과 충분히 비슷하다고 판단되면, 그 페이지에 연결된 페이지를 탐색하는 우선순위를 낮춘다. 각 페이지에 대해서, 내용 일부와 URL을 토대로 모종의 시그너처(signature)를 생성하면 될 것이다.

이 방법이 어떻게 동작하는지 살펴보자.

크롤러가 탐색해야 하는 항목들을 데이터베이스에 저장해 둔다. 각 단계에서, 탐색 우선순위가 가장 높은 페이지를 고른 다음, 다음 과정을 시행한다.

1. 페이지를 열어 해당 페이지의 특정한 섹션과 URL을 토대로 시그너처를 생성한다.
2. 데이터베이스 쿼리를 통해 해당 시그너처의 페이지가 최근에 탐색된 적이 있는지 살핀다.
3. 만일 해당 시그너처를 갖는 페이지가 최근에 탐색된 적이 있으면 해당 페이지의 우선순위를 낮춰서 데이터베이스에 추가한다.
4. 그렇지 않다면 해당 페이지를 탐색하고, 그 페이지에 연결된 링크를 데이터베이스에 추가한다.

위와 같이 구현하게 되면 웹을 탐색하는 행위는 결코 '끝나지' 않겠지만 무한루프에 빠지는 것은 막을 수 있다. 웹을 탐색하는 작업이 '끝나도록' 하고 싶다면(탐색 대상 '웹'이 인트라넷과 같은 제한된 범위의 웹이라면 분명히 끝날 것이다), 탐색되기 위해 만족해야 하는 최소 우선순위를 설정해 둔다.

　이것은 그저 하나의 간단한 해결책이며, 다른 좋은 해결책은 얼마든지 더 있을 수 있다. 이런 문제를 푸는 과정은 면접관과 대화하는 과정과 비슷하여 어디로든 진행될 수 있다. 사실, 이 문제를 토론하다 보면 바로 다음에 살펴볼 문제에 도달할 수 있다.

9.4　**중복 URL:** 100억 개의 URL이 있다. 중복된 문서를 찾으려면 어떻게 해야 하는가? 여기서 '중복'이란 '같은 URL'이라는 뜻이다.

214쪽

해법

100억 개의 URL을 처리하려면 얼마나 많은 공간이 필요한가? 각각의 URL이 평균적으로 100개의 문자로 구성되어 있고 각 문자는 4바이트라고 하자. 그렇다면 100억 개의 URL은 4테라바이트 정도의 메모리가 필요할 것이다. 그만큼의 자료를 메모리에 보관할 수는 없다.

　하지만 일단은 그 모든 데이터를 메모리에 보관할 수 있다고 가정해 보자. 처음에는 단순한 해법을 생각해보는 것이 도움이 되기 때문이다. 그런 상황에서는 이미 살펴본 URL에 대해 true를 반환하는 해시테이블을 사용하여 문제를 해결할 수 있다(혹은 리스트를 정렬한 다음에 중복된 값이 있는지를 살펴볼 수도 있다. 그런데 그렇게 하면 시간이 더 들뿐 아니라 별다른 장점도 없다).

　이제 4TB의 데이터를 메모리에 전부 올릴 수는 없는 상황에서는 어떻게 해야 하는지 생각해 보자. 데이터 일부를 디스크에 저장하거나, 데이터를 여러 서버에 분할해서 보관하는 방법을 생각해 볼 수 있을 것이다.

해법 #1: 디스크 저장

모든 데이터를 한 서버에 저장한다면 문서 목록을 두 번 처리해야 한다. 첫 단계에서는 URL을 1GB 크기 4,000개로 분할한다. 각 URL을 .txt 파일에 저장하는 것이 한 가지 간단한 방법이다. x = hash(u) % 4000과 같이 결정하면 된다. 다시 말해, URL을 그 해시값(% 파일 개수)에 따라 분할하는 것이다. 따라서 같은 해시값을 갖는 URL은 같은 파일이 저장된다.

두 번째 단계에서는 앞서 살펴본 간단한 방법을 이용해서 처리하면 된다. 따라서 각 파일을 메모리에 올려 URL의 해시테이블을 생성한 다음에 중복이 존재하는지 찾는다.

해법 #2: 데이터를 여러 서버에 분할

또 다른 방법 하나를 살펴보자. 본질적으로는 앞에서 살펴본 것과 같지만, 여러 서버를 사용한다는 차이가 있나. URL을 .txt라는 파일에 저장하는 내신 서버 x에 전송하는 것이다.

여러 서버를 사용하는 것에는 장단점이 있다.

주된 장점은 연산을 병렬로 처리할 수 있다는 것이다. 즉 4,000개의 무더기를 전부 동시에 처리할 수 있다. 데이터가 많은 경우, 이 방법을 쓴다면 결과를 더 빨리 구할 수 있다.

단점은 4,000개의 서버가 완벽하게 동작해야 한다는 점이다. 실제로는 비현실적인 가정이다(데이터가 많아질수록, 서버가 많아질수록 더욱 그러하다). 따라서 서버에 장애가 생길 경우 어떻게 할 것인가를 고려해야 한다. 또한, 서버의 개수가 증가하면 시스템이 더욱 복잡해진다.

하지만 지금 살펴본 두 가지 해법 모두 좋은 방법이다. 면접관과 두 가지 방법 전부를 토론해 봐야 한다.

9.5 **캐시:** 간단한 검색 엔진으로 구현된 웹 서버를 생각해 보자. 이 시스템에선 100개의 컴퓨터가 검색 요청을 처리하는 역할을 하고 있다. 예를 들어 하나의 컴퓨터 집단(cluster of machines)에 processSearch(string query)라는 요청을 보내면 그에 상응하는 검색 결과를 반환해 준다. 하지만 어떤 컴퓨

터가 요청을 처리하게 될지는 그때그때 다르며, 따라서 같은 요청을 한다고 같은 컴퓨터가 처리할 거라고 장담할 수 없다. processSearch 메서드는 아주 고비용이다. 최근 검색 요청을 캐시에 저장하는 메커니즘을 설계하라. 데이터가 바뀌었을 때 어떻게 캐시를 갱신할 것인지 반드시 설명하라.

214쪽

해법

이 시스템을 설계하기 전에, 문제의 뜻을 먼저 이해해야 한다. 이런 문제의 경우 세부사항이 모호할 가능성이 크다. 여기서는 문제를 풀기 위해 몇 가지 가정을 하지만, 실제로는 반드시 이런 세부사항을 면접관과 깊이 있게 토론해야 한다.

가정

이 문제를 풀기 위해 다음과 같은 가정을 할 것이다. 물론 시스템 설계 방침이나 접근 방법에 따라 다른 가정을 세울 수도 있다. 어떤 접근법이 다른 접근법보다 더 좋을 순 있지만, 단 하나의 '정답'이 존재하는 것은 아니다.

- 필요할 때 processSearch를 호출하는 것 이외에도, 모든 쿼리는 최초로 호출된 서버에서 처리된다.
- 캐시하고자 하는 쿼리의 수는 굉장히 크다(수백만 개).
- 서버 간 호출은 상대적으로 빨리 처리된다.
- 쿼리의 결과는 정렬된 URL 리스트이다. 각 원소에는 최대 50글자의 제목과 200글자의 요약문이 따라 붙는다.
- 가장 인기 있는 쿼리의 경우 항상 캐시에 보관되어 있다.

다시 말하지만 위에서 세운 가정들만 유효한 것은 아니다. 적당한 것들을 골라 묶었을 뿐이다.

시스템 요구사항

캐시를 설계할 때에는 다음의 두 가지 주요 기능을 제공해야 한다.

- 주어진 키를 사용한 빠른 탐색
- 오래된 데이터를 버리고 새로운 데이터로 교체하는 기능

또한, 쿼리 결과가 변경될 경우 캐시를 변경하거나 지울 수도 있어야 한다. 어떤 쿼리는 아주 빈번해서 거의 영구적으로 캐시에 남아 있을 수도 있기 때문에, 그런 항

목은 시간이 지나 자연스럽게 소멸될 때까지 기다릴 수 없다.

단계 #1: 단일 시스템에 대한 캐시 설계

이 문제를 푸는 좋은 방법은 우선 서버를 한 대라고 가정하고 설계해 보는 것이다. 여기서 오래된 데이터를 쉽게 제거하는 동시에 주어진 키에 대응되는 값을 효율적으로 찾는 자료구조는 어떻게 만들 수 있겠는가?

- 연결리스트는 오래된 데이터를 쉽게 제거할 수 있어야 한다. 최근 데이터는 앞으로 옮기면 된다. 리스트가 지정된 크기를 넘어가면 연결리스트의 마지막 항목을 제거하도록 구현할 수 있다.
- 해시테이블을 사용하면 데이터의 효율적인 탐색이 가능하지만 오래된 데이터를 간단히 제거하기가 어렵다.

이 두 가지 방법의 장점을 취하려면 어떻게 해야 할까? 두 자료구조를 합치면 된다. 지금부터 그 방법을 살펴보자.

방금 살펴본 대로 데이터를 참조할 때마다 그 데이터에 대한 노드를 맨 앞으로 옮기는 연결리스트를 만든다. 그렇게 하면 연결리스트 마지막에 있는 원소는 항상 가장 오래된 원소가 된다.

또한, 어떤 쿼리를 연결리스트 내의 해당 노드로 대응시키는 해시 케이블을 둔다. 이렇게 하면 캐시된 결과를 효율적으로 반환할 수 있을 뿐 아니라, 그 노드를 리스트 앞으로 옮겨 '방금 참조된 데이터'임을 알리는 것도 효과적으로 처리할 수 있다.

아래는 이 캐시의 이해를 돕기 위한 개략적인 코드이다. 완전한 코드는 웹사이트에서 다운 받을 수 있다. 면접에서 이보다 더 큰 시스템의 설계를 하라거나, 완벽한 코드를 작성하라고 요구하는 일은 거의 없을 것이다.

```java
public class Cache {
    public static int MAX_SIZE = 10;
    public Node head, tail;
    public HashMap map;

    public int size = 0;
    public Cache() {
        map = new HashMap();
    }

    /* 노드를 연결리스트 앞으로 옮긴다. */
    public void moveToFront(Node node) { ... }
    public void moveToFront(String query) { ... }
```

```
/* 연결리스트에서 노드를 제거한다. */
public void removeFromLinkedList(Node node) { ... }
/* 캐시에서 결과를 받아 연결리스트에 갱신한다. */

public String[] getResults(String query) {
    if (!map.containsKey(query)) return null;

    Node node = map.get(query);
    moveToFront(node); // 최신 데이터로 갱신
    return node.results;
}

/* 결과를 연결리스트와 해시에 넣는다. */
public void insertResults(String query, String[] results) {
    if (map.containsKey(query)) { // 값을 갱신
        Node node = map.get(query);
        node.results = results;
        moveToFront(node); // 최신 데이터로 갱신
        Return;
    }

    Node node = new Node(query, results);
    moveToFront(node);
    map.put(query, node);

    if (size > MAX_SIZE) {
        map.remove(tail.query);
        removeFromLinkedList(tail);
    }
}
}
```

단계 #2: 여러 서버로 확장

앞에서는 서버 한 대를 가정하고 설계를 해 보았다. 이제는 여러 대의 서버로 쿼리를 보낼 수 있는 환경에서 어떻게 설계하면 좋을지 살펴보자. 특정한 쿼리가 항상 같은 서버로 전송된다고 가정할 수 없다는 사실을 기억하길 바란다.

가장 먼저 결정해야 하는 것은 서버 간 캐시를 어떻게 공유할 것인가 하는 것이다. 다음과 같은 방법들이 있을 수 있다.

방법 #1: 각 서버에 별도의 캐시를 둔다

이 방법은 각 서버에 별도의 캐시를 두는 것이다. 따라서 만일 'foo'라는 쿼리를 짧은 시간 내에 서버 1에 두 번 보내면, 두 번째 처리 결과는 캐시에서 가져올 것이다. 하지만 'foo'를 서버 1에 보냈다가 서버 2로 보내면 서버 2는 해당 쿼리를 새로운 쿼리로 처리한다.

이 방법은 서버 간에 통신을 할 필요가 없기 때문에 상대적으로 빠르다는 장점이 있다. 하지만 불행하게도 이런 캐시 방법은 같은 쿼리가 반복되더라도 새로운 쿼리로 인식하기 때문에 최적화를 위한 방법으로는 효과적이지 않다.

방법 #2: 각 서버에 캐시 복사본을 둔다

방금 살핀 방법과 정반대되는 방법은 각 서버에 전체 캐시의 완전한 복사본을 유지하는 것이다. 새로운 데이터가 캐시에 추가되는 순간 그 데이터는 모든 서버로 보내진다. 따라서 연결리스트와 해시테이블을 비롯한 모든 자료구조가 중복되어 저장된다.

캐시는 어느 서버에서도 동일하게 존재하기 때문에 빈번하게 사용되는 쿼리와 실행 결과는 거의 항상 캐시 내에 존재하게 된다. 하지만 이 방법의 최대 단점은 캐시를 갱신할 때마다 데이터를 N개의 서로 다른 서버로 전송해야 한다는 점이다. N은 응답 가능한 클러스터의 수이다. 또한, 각 항목을 저장하기 위해 N배 더 큰 공간이 필요하므로, 캐시에 저장 가능한 항목의 수가 줄어든다.

방법 #3: 각 서버에 캐시의 일부를 저장한다

세 번째 방법은 캐시를 분할하여 각 서버에 그 일부만을 보관하는 것이다. 예를 들어, 서버 i가 어떤 쿼리에 대한 결과를 알고 싶다고 하자. 캐시가 분할 저장되어 있으므로 해당 서버는 어떤 서버에 해당 쿼리에 대한 캐시가 저장되어 있는지 알아내야 하고(서버 j), 그 서버의 캐시값을 살펴봐야 한다.

그런데 해시테이블의 어느 부분이 어떤 서버에 보관되어 있는지를 서버 i는 어떻게 알 수 있을까?

공식 hash(query) % N을 사용해서 쿼리를 배정하는 것이 한 가지 방법이다. 이렇게 하면 서버 i는 같은 공식을 사용해서 어떤 쿼리의 결과가 어느 서버에 보관되어 있는지 알아낼 수 있다.

따라서 새로운 쿼리가 서버 i에 들어오면 공식을 통해 서버 j를 호출한다. 서버 j는 캐시를 뒤져 값을 반환하든지, 아니면 processSearch(query)를 실행하여 결과를 얻고, 서버 j는 캐시를 갱신한 다음에 그 결과를 서버 i에 반환한다.

아니면, 현재 캐시에 쿼리가 없을 경우 서버 j가 단순히 null을 반환하도록 시스템을 설계할 수도 있다. 그렇게 하면 서버 i는 processSearch를 호출한 다음에 그 결과를 서버 j에 보내 저장해야 한다. 그런데 이렇게 하면 서버 간 호출이 늘어나기 때문에 좋은 방법이 아니다.

단계 #3: 내용이 변경되면 결과를 갱신

캐시가 충분히 클 경우 어떤 쿼리는 너무 빈번해서 항상 캐시에 남아 있을 수 있다는 사실을 기억하자. 따라서 주기적으로 혹은 어떤 쿼리의 결과가 변경되었을 때마다 캐시에 보관된 결과를 갱신할 수 있는 방법이 필요하다.

이 질문에 답하기 위해서는 언제 쿼리의 결과가 바뀌는지 살펴봐야 한다(그리고 면접관과 상의해 봐야 한다). 쿼리의 결과가 바뀌는 순간은 주로 다음과 같다.

1. URL이 가리키는 페이지 내용이 바뀔 때(아니면 해당 URL이 가리키는 페이지가 삭제되었을 때)
2. 페이지의 랭킹(ranking)이 바뀌어서 결과의 순서가 변경될 때
3. 특정한 쿼리에 관련있는 새로운 페이지가 등장할 때

상황 #1과 #2를 처리하기 위해서는 캐시된 쿼리가 어떤 URL에 대한 것인지를 알려줄 수 있는 별도의 해시테이블이 필요하다. 이 과정은 다른 캐시들과는 다른 서버에서 독립적으로 실행될 수 있다. 하지만 이렇게 하려면 저장 공간이 많이 필요하다.

만약 데이터를 곧바로 갱신할 필요가 없다면(아마도 그럴 것인데), 각 서버에 저장된 캐시를 주기적으로 탐색한 뒤 갱신된 URL에 대해서는 캐시 결과를 비울 수도 있다.

상황 #3은 처리하기가 더 까다롭다. 한 단어짜리 쿼리라면 새로운 URL이 가리키는 페이지의 내용을 파싱한 뒤 해당 쿼리에 관련된 한 단어짜리 쿼리들을 캐시에서 버림으로써 갱신할 수 있다. 하지만 이렇게 처리할 수 있는 것은 한 단어짜리 질의 뿐이다.

상황 #3을 처리하는 좋은 방법은(결국에는 그렇게 하게 될 것이다) 캐시에 저장된 데이터를 시간이 지나면 자동으로 버리는 것이다. 다시 말해, 얼마나 인기 있는 항목인지의 여부에 관계없이, 어떤 쿼리도 캐시 안에 x분 이상 머무를 수 없도록 만든다. 이렇게 하면 모든 데이터를 주기적으로 갱신할 수 있다.

단계 #4: 개선

어떤 가정을 하느냐 그리고 어떤 상황에 대해 최적화를 하느냐에 따라, 위의 설계를 여러 가지 방법으로 개선하고 뒤틀 수 있다.

생각해 볼 수 있는 한 가지 최적화 방법은, 아주 빈번한 쿼리가 존재한다는 사실을 이용하는 것이다. 가령, (극단적인 예로) 모든 쿼리의 1%에 등장하는 어떤 문자열이 있다고 하자. 서버 i가 해당 쿼리를 매번 서버 j에게 전달하는 대신 쿼리를 딱한 번만 전달하고, 그 결과를 i의 캐시에도 저장해도 될 것이다.

아니면 무작위로 선택된 서버에 쿼리를 전송하는 대신, 쿼리의 해시값(그리고 캐시의 위치)에 따라 선택한 쿼리에 전송하도록 기존 시스템을 재설계하는 방법도 있다. 하지만 이런 방법도 장단점이 있기 때문에 잘 비교해서 따져 봐야 한다.

또 다른 최적화 방안은 '시간이 지나면 캐시에서 버리는' 방법을 이용하는 것이다. 앞에서 설명한 방법은 어떤 데이터를 x분이 지난 뒤에 캐시에서 버리는 방법이었다. 하지만 어떤 데이터(뉴스 같은 것)는 다른 데이터(과거 주식 정보)보다 더 자주 갱신되어야 한다. 따라서 주제나 URL을 바탕으로 캐시에서 버리는 과정을 구현할 수 있다. URL을 사용한 방법의 경우에는 각 URL이 과거에 얼마나 자주 갱신되었는지에 따라 주기를 결정할 수 있다. 쿼리를 캐시에 보관하는 기간은, 각 URL을 보관하는 기간의 최솟값이 될 것이다.

이것은 가능한 개선 방안 가운데 일부일 뿐이다. 이런 문제를 받았을 때 유일한 정답은 없다는 사실을 반드시 기억하길 바란다. 이런 문제가 요구하는 것은 여러분이 면접관과 토론하여 설계 기준을 잡을 능력이 있고, 문제를 일반적이고도 조직적인 방식으로 풀어나갈 수 있는 능력이 있는지를 보기 위함이다.

9.6 **판매 순위**: 한 전자상거래 회사는 가장 잘 팔리는 제품의 리스트(전체에서 그리고 각 목록별로)를 알고 싶어 한다. 예를 들어, 어떤 제품은 전체 제품 중에서 1,056번째로 잘 팔리지만 운동 장비 중에서는 13번째로 잘 팔리고, 안전용품 중에서는 24번째로 잘 팔릴 수 있다. 이 시스템을 어떻게 설계할지 설명하라.

215쪽

해법

먼저 문제를 정확히 정의하기 위해 몇 가지 가정을 하자.

1단계: 문제의 범위 한정하기

우선 우리가 무엇을 만들려고 하는지 정확히 할 필요가 있다.

- 우리는 전자상거래(eCommerce) 시스템 전체를 설계하려는 것이 아니므로 이 문제와 관련있는 몇 가지 컴포넌트만 집중적으로 설계해 볼 것이다. 판매 순위에 영향을 끼칠 수 있는 프론트엔드와 구매 부분을 다룰 것이다.

- 잘팔린다는 것이 어떤 의미인지 명확히 정의해야 한다. 평생에 걸쳐 팔린 총량인가? 아니면 지난달 혹은 저번 주? 그것도 아니면 지수함수형 붕괴방식(exponential decay)과 같은 복잡한 함수를 사용한 것인가? 면접관과 토의해 볼 만한 내용이다. 여기서는 단순히 지난주 전체 판매량이라고 가정한다.

- 각각의 제품은 여러 목록에 포함될 수 있고 하위목록(subcategory)이라는 개념은 없다고 가정할 것이다.

이러한 가정은, 문제가 무엇이고 우리가 다뤄야 할 범위가 어디까지인지 알 수 있게 해준다.

2단계: 합리적인 가정을 하자

이번 단계에 나오는 것들은 면접관과 토의해 볼 만한 종류의 것들이다. 지금 우리 앞에 면접관이 있는 게 아니므로 여기서는 우리가 직접 가정을 만들 것이다.

- 통계 결과가 언제나 100% 최신 데이터가 아닐 수 있다고 가정할 것이다. 인기 있는 제품(예를 들어 각 목록에서 가장 잘 팔리는 100개 항목)은 1시간 전의 데이터일 수도 있고, 그보다 인기가 없는 제품은 하루 전의 데이터일 수도 있다. 실제로는 #2,809,132번째로 잘팔리는 항목을 #2,789,158번째로 잘팔린다고 했다고 해도 신경 쓸 사람은 별로 없다.
- 인기 있는 제품의 경우 정확도가 중요하지만 인기가 별로 없는 제품의 경우엔 약간의 오차가 있어도 괜찮다.
- 가장 인기 있는 제품의 경우 한 시간마다 갱신이 이루어진다고 가정한다. 하지만 데이터의 시간 범위가 정확히 지난 7일(168시간)일 필요는 없다. 가끔 150시간이 지난 후에 이뤄져도 괜찮다.
- 목록별 분류는 매매를 하는 주체(예를 들어, 판매자 이름)를 기준으로 하지, 가격이나 날짜를 기준으로 하지 않는다.

각각의 사안마다 여러분이 어떤 결정을 내리는지는 중요하지 않다. 그보다는 어떻게 그러한 가정에 도달했는지가 중요하다. 초반에는 이러한 가정을 가능한 한 많이 만들어야 한다. 중간중간에 다른 가정을 추가해도 괜찮다.

3단계: 주요 구성요소 그리기

이제는 주요한 부분을 설명하는 간단하면서도 기본적인 시스템을 설계해야 한다. 여러분이 직접 화이트보드에 그려볼 차례다.

이 간단한 설계상에서는, 데이터베이스에 들어오는 모든 주문을 저장한다. 매 시간마다 각 목록별로 데이터베이스에서 판매 데이터를 읽어와서 전체 판매량을 계

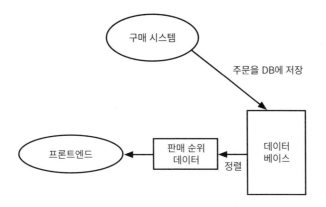

산하고 정렬한 뒤 판매 순위 데이터 캐시(아마도 메모리 위에 있는) 같은 곳에 저장한다. 프론트엔드에서는 표준 데이터베이스를 통해 분석을 하는 게 아니라, 단순히 캐시 테이블에서 판매 순위 자료를 가져오는 것이다.

4단계: 핵심 문제 파악하기

분석은 비용이 비싸다

간단한 시스템에서는 주기적으로 데이터베이스에 쿼리를 날려서 각 제품의 지난주 판매량을 가져올 수 있다. 이 작업은 비용이 꽤 많이 든다. 매번 전체 판매에 대해서 쿼리를 날려야 한다.

데이터베이스는 단순히 전체 판매량만 알고 있으면 된다. 앞에서 언급했던 것처럼 과거 구매 기록을 저장하는 부분은 다른 시스템이 맡고 있다고 가정하고, 우리는 판매 데이터 분석에만 초점을 맞추자.

데이터베이스에 모든 구매목록을 나열하기보단 지난주의 전체 판매에 관한 부분만 저장할 것이다. 따라서 물건을 구매하면 지난주 전체 판매 정보를 갱신한다.

전체 판매를 기록하는 부분에서는 좀 생각해야 할 것이 있다. 단순히 열(column) 하나를 사용해서 지난주 판매량을 기록한다면 매일 전체 판매량을 다시 계산해야 한다(왜냐하면 매일 최근 7일의 결과가 달라지기 때문이다). 쓸데없는 연산이다.

그 대신 다음과 같이 테이블을 사용하자.

제품 ID	총량	일요일	월요일	화요일	수요일	목요일	금요일	토요일

기본적으로 환형 배열(circular array)과 같다. 매일 해당 날짜의 데이터를 지우고, 구매를 할 때마다 해당 날짜의 판매 정보와 총량 정보를 갱신한다.

이와 별개로 제품 ID와 그 제품의 목록을 저장하고 있는 테이블이 필요하다.

제품 ID	목록 ID

목록별로 판매 순위를 얻고 싶으면 두 테이블을 join하면 된다.

데이터베이스에 너무 자주 기록한다

위와 같이 수정했더라도 여전히 데이터베이스를 너무 자주 접근하고 있다. 구매 액수에 대한 정보가 매 초마다 들어오기 때문에 이를 일괄적(batch)으로 모아서 한 번에 데이터베이스에 쓸 수도 있다.

곧바로 데이터베이스에 자료를 집어넣기보단, 메모리 내의 캐시(in-memory cache)와 같은 저장소에 구매 정보와 백업용 로그 파일을 저장해 놓은 뒤 주기적으로 로그/캐시 데이터를 모아서 한 번에 데이터베이스에 넣을 것이다.

> 메모리에 올릴 수 있는지 없는지 재빠르게 생각해 봐야 한다. 시스템에 천만 개의 제품이 있고 구매량을 저장하고 싶다고 한다면 이들을 해시테이블에 모두 담을 수 있을까? 담을 수 있다. 만약 제품 ID가 4바이트(40억 개의 고유한 ID를 표현하기에 충분한 크기)이고 구매량을 4바이트로 표현한다고 했을 때 필요한 해시테이블의 크기는 고작 40메가바이트(megabytes)이다. 추가적인 오버헤드나 시스템이 갑자기 커진다고 할지라도 여전히 모두 메모리에 담을 수 있을 만한 크기이다.

데이터베이스를 갱신한 뒤에 판매 순위 데이터를 다시 구할 수 있다.

하지만 여기서 약간 조심해야 할 부분이 있다. 만약 어떤 제품의 로그를 다른 제품보다 먼저 처리하고서 이 둘 사이의 통계 자료를 다시 구한다면, 두 제품의 판매 기간에 커다란 차이가 생기기 때문에 편향된 자료가 나올 수 있다.

이 문제점을 해결하기 위해서는 모든 데이터를 처리하기 전까지 판매 순위 데이터를 구하지 못하도록 하든가(이 방법은 더 많은 구매 자료가 유입될수록 사용하기 어려워진다), 메모리 내의 캐시를 시간대에 따라 나눠서 따로 처리하든가 해야 한다. 만약 특정 시점까지의 자료만 데이터베이스에 넣는다면 데이터베이스가 편향되지 않는다고 보장할 수 있다.

join은 비용이 비싸다

아마도 수천 개의 제품 목록이 있을 것이다. 각 목록마다 제품들의 정보를 읽어온 뒤 아마도 값비싼 join 연산을 통해 이들을 정렬해야 할 것이다.

혹은 제품과 목록에 대한 join 연산을 한 번 해서 각 제품이 목록에 한 번씩만 나타나게 한다. 그 뒤에 목록별, 그리고 제품 ID별로 정렬을 한다면 차례대로 각 목록의 판매 순위에 대한 결과를 얻을 수 있을 것이다.

제품 ID	목록	전체	일요일	월요일	화요일	수요일	목요일	금요일	토요일
1423	sportsseq	13	4	1	4	19	322	32	232
1423	safety	13	4	1	4	19	322	32	232

수천 개의 쿼리를 날리는 대신에 목록별로 데이터를 정렬한 뒤 판매 크기별로 정렬할 수도 있다. 그렇게 한 뒤에 결과를 살펴보면 각 목록별 판매 순위 정보를 얻을 수 있다. 전체 순위를 구하기 위해서는 판매량에 대한 전체 테이블을 한번 더 정렬할 필요가 있다.

join을 하지 않고 애초에 처음부터 테이블에 이런 방식으로 데이터를 저장할 수도 있다. 대신 각 제품마다 여러 행을 한 번에 갱신해야 한다.

데이터베이스 쿼리는 여전히 비싸다

만약 쿼리와 쓰기 연산이 굉장히 비싸다면 데이터베이스를 전혀 사용하지 않고 로그 파일만 사용할 수도 있다. 그러면 MapReduce와 같은 것을 사용할 수 있는 이점이 생긴다.

이 시스템에서는 제품 ID 및 타임 스탬프(timestamp)와 같은 구매 정보를 간단한 텍스트 파일에 쓰면 된다. 목록은 디렉터리로 구분되고 각 구매 내용은 해당 제품과 연관 있는 모든 목록에 쓰여진다.

제품 ID와 시간 범위를 이용해서 파일을 합치기 위해 주기적으로 프로그램을 수행해야 한다. 그래야 주어진 날짜(혹은 시간)의 모든 구매 자료를 하나로 합칠 수 있다.

```
/sportsequipment
    1423,Dec 13 08:23-Dec 13 08:23,1
    4221,Dec 13 15:22-Dec 15 15:45,5
    ...
```

```
/safety
    1423,Dec 13 08:23-Dec 13 08:23,1
    5221,Dec 12 03:19-Dec 12 03:28,19
    ...
```

각 목록에서 가장 잘 팔리는 제품을 구하려면 각 목록별로 정렬하기만 하면 된다.

전체 순위는 어떻게 구할 수 있을까? 두 가지 방법이 있다.

- 일반적인 목록을 위한 새로운 디렉터리를 만든 뒤 이 안에 모든 구매 정보를 쓴다. 그러면 이 디렉터리 안에 굉장히 많은 파일이 생성될 것이다.
- 이미 각 목록의 제품 판매량을 정렬한 자료가 있기 때문에 N-way 합병(merge)을 통해 전체 순위를 구하는 방법을 쓸 수도 있다.

아니면 앞에서 세운 가정대로 모든 자료가 언제나 100% 최신(up-to-date)일 필요는 없다는 사실을 이용할 수도 있다. 단지 가장 인기 있는 제품들의 자료만 최신으로 유지하면 된다.

각 목록별로 가장 인기 있는 제품들을 쌍별(pairwise)로 합친다. 즉, 두 개의 목록을 하나의 쌍으로 만든 뒤 가장 인기 있는 제품 100개를 하나로 합치는 것이다. 인기 순서대로 100개의 제품의 쌍을 만들었다면 이제 다음 목록 쌍에 대해서도 똑같이 합쳐준다.

모든 제품에 대한 순위를 구하는 작업은 좀 더 게으른 방식을 써서 하루에 한 번 정도만 돌려준다.

이 방법의 장점은 확장이 용이하다는 점이다. 서로 의존 관계가 없기 때문에 파일을 여러 서버에 나눠서 작업하기가 쉽다.

연관된 문제들

면접관은 이 설계를 여러 방향으로 물어볼 수 있다.

- 다음 병목 현상은 어디서 나타날 것 같은가? 이를 어떻게 해결할 것인가?
- 하위 목록이 있으면 어떻게 할텐가? 즉, 제품의 위치가 "스포츠 > 스포츠 용품 > 테니스 > 라켓" 아래라면 어떻게 할 텐가?
- 데이터가 좀 더 정확해야 한다면 어떻게 할 것인가? 모든 제품의 정확도가 적어도 30분 이내에 갱신된 것이어야 한다면 어떻게 할 것인가?

여러분의 설계에 대해 주의 깊게 생각해 보고 그 장단점을 분석해 보길 바란다. 어떤 제품의 구체적인 측면에 대해 자세하게 질문할 수도 있다.

9.7 **개인 재정 관리자:** 개인 재정 관리 시스템(*mint.com*과 같은)을 어떻게 설계할 지 설명하라. 이 시스템은 여러분의 은행 계정과 연동되어 있어야 하며 소 비 습관을 분석하고 그에 맞게 적절하게 추천할 수 있어야 한다.

215쪽

해법

처음에는 우리가 만들어야 하는 것이 무엇인지 정의할 필요가 있다.

1단계: 문제의 범위 한정하기

일반적으로 면접관에게 설계하고자 할 시스템에 대해 명확히 설명해줘야 한다. 다음과 같이 문제의 범위를 한정할 것이다.

- 계정을 만들고 은행 계좌를 추가한다. 여러 은행의 계좌를 추가할 수 있다. 나중에 추가할 수도 있다.
- 은행이 허락하는 한 여러분의 금융 기록은 모두 불러올 수 있다.
- 금융 기록은 출금 기록(구매 혹은 지불), 입금 기록(월급 혹은 다른 지급금), 현재 잔액(은행 계좌와 투자한 곳에 있는 돈)을 포함한다.
- 가각의 금융 거래는 제품의 '목록'(음식, 여행, 의류 등)과 연관되어 있다.
- 몇 가지 종류의 데이터 출처가 제공되어서 각 거래와 연관된 목록의 내용이 어느 정도 신뢰도를 갖게 된다. 목록이 잘못 연결되어 있다면 사용자는 해당 목록을 다른 목록으로 바꿀 수 있다(가령, 백화점 식당에서 음식을 먹는 것은 '의류'보다는 '음식'에 연결이 되어 있어야 한다).
- 해당 시스템은 사용자에게 지출액을 추천해줄 것이다. 이 추천은 '일반적인' 사용자의 행동(사람들은 일반적으로 의류를 사는 데 소득의 X%를 쓰지는 않는다)에 기인하지만, 사용자의 입맛에 맞게 예산을 수정할 수 있다. 하지만 이 부분이 현재 주된 관심사는 아니다.
- 현재는 단순히 웹사이트를 가정하고 있지만 잠재적으로는 모바일 앱에 대해서도 이야기할 수 있다.
- 이메일 공지사항을 주기적으로 받거나 혹은 특정한 경우에만 받아볼 수 있다(지출액이 특정 한계점을 넘었다든가, 주어진 예산을 최대로 사용했다든가 등등).
- 목록과 거래를 연결 짓는 사용자 특유의 규칙같은 것은 없다고 가정한다.

이는 우리가 무엇을 만들 것인지에 대한 기본적인 목표를 세우게 해준다.

2단계: 합리적인 가정을 하자

시스템에 대한 기본적인 목표를 세웠으므로 이제는 시스템의 특성에 관한 가정을 좀 더 세울 필요가 있다.

- 은행 계좌를 추가하거나 삭제하는 건 상대적으로 흔치 않다.
- 이 시스템은 쓰기 연산이 많다. 일반적인 사용자는 하루에 여러 번 거래를 하지만 몇몇 사용자는 웹사이트에 일주일에 한 번 정도 방문한다. 사실 많은 사람들이 주로 이메일 공지를 받고나서 시스템에 접속한다.
- 거래가 목록에 배치된 후에는 사용자가 요청하지 않는 이상 바꿀 수 없다. 규칙이 중간에 바뀌었다고 할지라도 시스템이 멋대로 해당 거래를 다른 목록에 배치시킬 수 없다. 이 말은 두 개의 동일한 거래가 다른 날짜에 이루어졌고 그 사이에 규칙이 바뀌었다면 이 둘은 다른 목록에 배치될 수도 있다는 뜻이다. 이렇게 하는 이유는 아무것도 바꾸지 않았는데 갑자기 목록별 지출액이 바뀌어서 사용자를 혼란에 빠뜨리는 상황을 방지하기 위함이다.
- 은행이 우리 시스템에 자료를 넣어주진 않을 것이다. 다시 말해 우리가 직접 은행에 데이터를 요청해야 한다.
- 예산을 넘어선 경고 메일은 그 즉시 보내지 않아도 된다(거래 데이터를 바로 받을 수 없으므로 현실적이지도 않다). 최대 24시간 정도 기다렸다가 보내면 어느 정도 안전을 담보할 수 있다.

여기서 다른 가정을 세워도 괜찮지만 면접관에게 명확하게 언급해야 한다는 사실을 명심하라.

3단계: 주요 구성요소 그리기

가장 단순한 시스템은 아마도 접속할 때마다 은행에서 데이터를 받아오고, 모든 데이터를 목록별로 나누고, 사용자의 예산을 분석하는 것일 게다. 하지만 특정한 상황에 이메일 알림을 보내야 하기 때문에 실제 요구사항에 맞지 않는 시스템이다.

이보다 더 괜찮은 시스템을 만들 수 있다.

이 기본 설계 위에 은행 데이터를 주기적으로(매일 혹은 매 시간) 받아오게 한다. 이 주기는 사용자의 행동 패턴에 따라 달라질 것이다. 자주 사용하지 않는 고객일수록 계좌도 덜 주기적으로 확인할 것이다.

새로운 데이터가 들어오면 아직 처리되지 않은 거래 리스트에 가공하지 않은 채로 저장해 놓는다. 그 뒤에는 데이터를 목록별로 분류하고, 목록별 거래를 다른 저

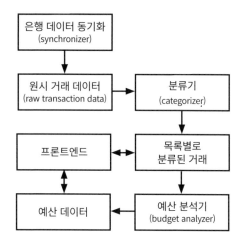

장소에 저장해주는 분류기(categorizer)로 밀어 넣는다.

예산 분석기(budget analyzer)는 목록별 거래 데이터를 가져와서 사용자의 목록
별 예산을 갱신하고 저장한다.

프론트엔드는 목록별 거래 저장소와 예산 저장소에서 데이터를 가져온다. 그리
고 사용자는 이를 통해 예산이나 거래의 목록을 수성하는 일을 할 수 있다.

4단계: 핵심 문제 파악하기

이제는 주요 문제점이 무엇이 있을지 생각해 봐야 한다.

이 시스템은 데이터를 굉장히 많이 사용한다. 하지만 우리는 좀 더 가볍고 즉각
적으로 반응할 수 있고, 그로 인해 가능한 한 비동기(asynchronous) 처리를 많이
할 수 있는 시스템을 원한다.

우리는 기껏해야 작업 큐 하나를 사용해서 해야 할 모든 작업을 해당 큐에 넣을
수 있는 시스템을 원한다. 여기서 작업이란 새로운 은행 데이터를 가져오거나, 예
산을 재분석하거나, 새로운 은행 데이터를 목록별로 분리하는 작업을 모두 포함한
다. 또한 해당 일이 실패했을 경우 재시도하는 작업도 포함할 수도 있다.

어떤 작업들은 다른 작업들보다 더 자주 실행될 필요가 있으므로 작업에는 우선
순위 같은 것이 붙어 있을 것이다.

우리가 아직 언급하지는 않았지만 이 시스템에서 중요한 부분 중 하나는 이메일
시스템이다. 주기적으로 사용자의 데이터를 긁어 모아서 예산을 초과해서 썼는지
확인하는 작업을 돌릴 수도 있다. 하지만 이는 모든 사용자 하나하나를 매일 확인
해 봐야 한다는 뜻이다. 이렇게 하는 대신 예산을 초과할법한 거래가 발생했을 경

우 작업 큐에 필요한 작업을 넣자. 이해를 돕기 위해 새로 들어온 거래가 예산을 초과했을 경우 목록 옆에 현재 총 예산을 저장해서 보여줄 수 있다.

이와 같은 시스템에 비활성화된 사용자가 굉장히 많은 상황 또한 생각해 봐야 한다. 비활성화된 사용자란 가입한 뒤 시스템에 전혀 접속하지 않은 사용자를 말한다. 이들을 시스템에서 완전히 지우거나 그들 계정의 우선순위를 낮게 설정할 수도 있다. 사용자 계정이 얼마나 활성화됐는지 확인하고 우선순위를 부여하는 시스템이 필요하다.

우리 시스템의 가장 큰 병목점은 거대한 데이터를 읽어온 뒤 분석하는 부분이다. 은행 데이터를 비동기식(asynchronously)으로 여러 서버를 통해 가져올 수 있으면 좋다. 분류기(categorizer)와 예산 분석기(budget analyzer)가 어떻게 동작하는지 좀 더 깊게 살펴볼 것이다.

분류기(categorizer)와 예산 분석기(budget analyzer)

여기서 알아둬야 할 것은 각각의 거래는 서로 의존하지 않는다는 사실이다. 거래 자료를 받자마자 목록별로 나누고 그 자료를 통합시킬 수 있다. 물론 이렇게 하면 비효율적이겠지만 그렇다고 정확도가 변하는 건 아니다.

여기서 표준 데이터베이스를 사용해야 하나? 많은 거래 내역이 한 번에 들어오는 상황에선 그렇게 효율적이지 않을 수 있다. 다수의 join 연산을 하는 걸 원치는 않는다.

그보다는 거래 내역을 평범한 텍스트 파일로 저장하는 것이 더 나을 수 있다. 이전에 목록별 분류는 판매자의 이름으로만 이루어질 것이라고 가정을 세운 적이 있다. 사용자가 굉장히 많다면 거기에는 많은 판매자 중복이 있을 것이다. 거래 내역 파일을 판매자의 이름으로 한다면 중복되는 이점을 챙길 수 있다.

분류기는 다음과 같은 일을 한다.

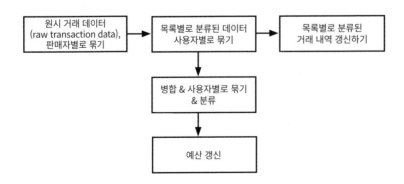

처음엔 원시 거래 데이터를 받은 뒤 판매자별로 묶는다. 판매자에 적합한 목록을 선택하고 (가장 흔한 판매자는 캐시에 저장될 것이다), 해당 목록을 모든 거래에 적용한다.

목록을 적용한 후에 사용자별로 거래를 다시 묶는다. 그런 다음 거래 내역은 해당 사용자의 저장소에 입력된다.

분류기 이전	분류기 이후

`amazon/`
`    user121,$5.43,Aug 13`
`    user922,$15.39,Aug 27`
`    ...`
`comcast/`
`    user922,$9.29,Aug 24`
`    user248,$40.13,Aug 18`
`    ...`
	`user121/`
	`    amazon,shopping,$5.43,Aug 13`
	`    ...`
	`user922/`
	`    amazon,shopping,$15.39,Aug 27`
	`    comcast,utilities,$9.29,Aug 24`
	`    ...`
	`user248/`
	`    comcast,utilities,$40.13,Aug 18`
	`    ...`

그 다음 예산 분석기(budget analyzer)가 들어온다. 이는 사용자별로 묶여있는 자료를 목록별로 합친 후(주어진 기간에 있는 어떤 사용자의 모든 쇼핑 작업이 하나로 합쳐진다), 예산을 갱신한다.

대부분의 이러한 작업들은 로그 파일을 통해 처리된다. 마지막 데이터(분류된 거래 내역과 예산 분석 자료)만이 데이터베이스에 저장된다. 이렇게 하면 데이터베이스에서 읽고 쓰는 작업을 최소화할 수 있다.

사용자가 목록을 변경한 경우

사용자가 몇 가지 특정 거래 내역을 선택해서 다른 목록으로 배치시킬 수도 있다. 이런 경우에는 해당 거래 내용이 들어 있는 저장소를 갱신해야 한다. 또한 이전 목록에서 해당 건에 대한 예산을 줄이고 새로운 목록에서 해당 건에 대한 예산을 늘리는 연산을 재빨리 해야 한다.

아니면 단순하게 예산을 처음부터 다시 계산할 수도 있다. 예산 분석기는 단순히 사용자 한 명에 대해서 과거 몇 주의 거래 내역을 훑어 보면 되므로 꽤 빠르게 작동한다.

연관된 문제들

- 모바일 앱을 사용하려면 위의 설계에서 어떤 부분을 바꿔야 하나?
- 항목을 개별 목록으로 배치하는 부분을 어떻게 설계할 것인가?

- 적정 예산을 추천하는 부분은 어떻게 설계할 것인가?
- 사용자가 특정 판매자에 대해 거래 내역을 분류하는 규칙을 만들 수 있게 하려면 위의 설계를 어떻게 바꿔야 할까?

9.8 Pastebin: Pastebin과 같은 시스템을 설계하라. Pastebin은 텍스트를 입력하면 접속 가능한 임의의 URL을 생성한 뒤 반환해 주는 시스템이다.

215쪽

해법

먼저 이 시스템의 세부사항을 명확히 해 보자.

1단계: 문제의 범위 한정하기
- 이 시스템은 사용자 계정이나 문서 수정 작업을 지원하지 않는다.
- 이 시스템은 각 페이지에 얼마나 많이 접근했는지에 대한 분석 결과를 알고 있다.
- 오랫동안 접속하지 않았던 문서는 자동으로 삭제한다.
- 문서에 접근하는 인증 과정이 있는 건 아니지만 사용자가 문서의 URL을 쉽게 '유추'할 수 없다.
- 이 시스템은 프론트엔드와 API를 제공한다.
- 각 URL에 대한 분석 결과는 각 페이지의 'stats' 링크를 통해 볼 수 있다. 기본적으로는 보이지 않는다.

2단계: 합리적인 가정을 하자
- 시스템은 수백만 개의 문서를 갖고 있고 많은 요청(heavy traffic)을 처리해야 한다.
- 문서에 대한 요청이 균등하게 분배돼서 들어오지 않는다. 어떤 문서는 다른 문서보다 접근 요청을 더 자주 받는다.

3단계: 주요 구성요소 그리기

간단한 설계를 그려 보자. URL과 그와 연관된 파일을 알고 있어야 하고 해당 파일이 얼마나 자주 접근 요청을 받는지에 대한 분석 결과도 알고 있어야 한다.

문서를 어떻게 저장해야 할까? 두 가지 방법이 있다. 데이터베이스에 저장하거나 파일로 저장하는 것이다. 문서의 크기가 클 가능성도 있고 또한 문서에 대한 검색 기능을 제공할 필요가 없으므로, 파일로 저장하는 게 아마도 더 나은 선택일 것이다.

다음과 같이 간단히 설계할 수 있다.

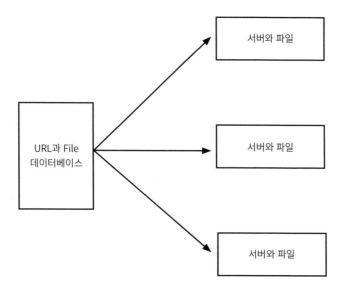

여기에 파일의 위치(서버와 경로)를 찾는 간단한 데이터베이스가 있다. 어떤 URL 로 요청이 들어오면 저장소에서 URL의 위치를 찾은 뒤 파일에 접근한다.

추가로 분석 결과를 저장하는 데이터베이스가 필요하다. 방문 기록(타임스탬프, IP 주소, 위치 등)을 데이터베이스의 행에 기록하는 간단한 저장소를 사용할 수 있 다. 방문 기록에 대한 통계 자료가 필요할 때는 이 데이터베이스를 사용해서 필요 한 데이터를 읽어가면 된다.

4단계: 핵심 문제 파악하기

바로 생각나는 첫 번째 문제점은 특정 문서들은 다른 문서들보다 더 자주 접근 요 청을 받는다는 점이다. 파일 시스템에서 데이터를 읽는 건 메모리에서 읽는 것과 비교해서 상대적으로 느린 작업이다. 따라서 가장 최근에 방문한 문서를 캐시에 저 장하면 좋을 것이다. 이렇게 하면 자주(혹은 최근에) 접근한 항목을 빠르게 읽을 수 있다. 문서를 수정할 수 없으므로 캐시 무효화(cache invalidate)를 걱정할 필요는 없다.

또한 잠재적으로 데이터베이스를 샤딩(sharding)하는 것도 고려해 봐야 한다. URL 매핑을 통해 샤딩하면(예를 들어 URL의 해시 코드값을 어떤 정수값으로 나눈 나머지) 해당 파일이 들어 있는 데이터베이스의 위치를 쉽게 알아낼 수 있다.

사실은 이것보다 더 잘할 수 있다. 데이터베이스를 완전히 건너뛰고 URL의 해시값을 통해 어떤 서버가 어떤 문서를 갖고 있는지 찾을 수 있다. URL 그 자체가 문서의 위치를 알려주는 존재가 될 수 있다. 하지만 이렇게 하면 서버를 추가했을 경우 문서를 재분배하기 어렵다.

URL 생성하기

아직 어떻게 URL을 생성할지 얘기해 보지 않았다. 정수값을 단조 증가(monotonically increasing)시키는 것은 좋은 방법이 아니다. 왜냐하면 이렇게 하면 사용자가 쉽게 '유추'할 수 있기 때문이다. 링크가 제공되지 않으면 쉽게 접근할 수 없도록 URL을 만들고 싶다.

한 가지 간단한 방법은 임의의 GUID(가령, 5d50e8ac-57cb-4a0d-8661-bcdee2548979)를 생성하는 것이다. 이는 128비트 값으로써 엄밀히 말하면 유일하게 생성된 값이라고 보장할 수는 없지만 유일한 값으로 다뤄도 될 만큼 충돌할 가능성이 충분히 작다. 이 방법의 단점은 URL이 사용자 입장에서 '예쁘지 않다'는 점이다. 해시를 통해 더 작은 값을 얻을 수 있지만 그러면 충돌할 가능성이 커진다.

이와 비슷하게 할 수 있다. 문자와 숫자로 이루어진 길이가 10인 수열을 생성한다. 이 수열의 전체 경우의 수는 36^{10}이다. 따라서 URL이 십억 개가 되어도 두 URL이 충돌할 가능성은 굉장히 낮다.

> 우리는 시스템 전체에서 충돌할 가능성이 낮다는 말을 하려는 게 아니다. 특정 URL이 충돌할 확률이 낮다는 말을 하는 것이다. 십억 개의 URL이 있다면 특정 지점에서 충돌할 가능성은 굉장히 크다.

주기적인(드문 경우라 할지라도) 데이터 손실이 있어서는 안 된다고 가정하자. 따라서 두 URL이 충돌하는 경우를 해결해야 한다. 해당 URL이 이미 존재하는지 저장소를 확인해 볼 수 있다. 혹은 URL이 특정 서버로 매핑된다면 해당 서버에 파일이 이미 존재하는지 확인해 볼 수도 있다.

충돌이 일어나면 새로운 URL을 생성해야 한다. 가능한 URL이 36^{10}개나 되므로 충돌하는 경우는 드물다. 따라서 충돌이 일어난 후에 새 URL을 다시 찾도록 대처하는 것만으로도 충분하다.

분석

마지막으로 이야기할 부분은 분석이다. 아마도 방문 횟수를 보여 주고 이를 시간별, 위치별로 보여 주는 게 좋을 것이다.

여기 두 가지 방법이 있다.

· 방문할 때마다 원시 데이터(raw data)를 저장하기
· 우리가 사용하게 될 데이터(방문 횟수 등)를 저장하기

면접관과 상의해 봐야겠지만, 원시 데이터를 저장하는 것도 타당하다. 나중에 어떤 분석 방법을 추가할지 현재로는 알 수 없다. 원시 데이터를 갖고 있으면 나중에 좀 더 유연하게 대처할 수 있다.

하지만 원시 데이터를 쉽게 검색하고 접근할 수 있다는 뜻은 아니다. 방문할 때마다 파일에 로그를 저장하고 이를 서버에 저장해 놓는 것이다.

한 가지 문제는 데이터의 양이 상당할 수 있다는 점이다. 확률적인 방법으로 데이터를 저장함으로써 잠재적 사용 공간을 상당히 줄일 수 있다. 각각의 URL은 storage_probability와 연결되어 있다. 사이트의 인기도가 상승하면 storage_probability가 낮아진다. 예를 들어 인기 있는 문서의 경우에는 10번 중 한 번 정도만 임의로 로그를 기록할지도 모른다. 해당 사이트의 방문 횟수를 찾을 때는 확률적으로 해당 값을 조정하면 된다(예를 들면, 10을 곱한다든지). 정확성이 조금 떨어질 수는 있지만 용인할 수 있는 방법이다.

로그 파일은 자주 사용될 용도로 설계되지 않는다. 이렇게 미리 계산된 데이터를 저장소에 저장할 것이다. 만약 단순히 방문 횟수와 시간에 따른 그래프를 보여 주기만 한다면 별개의 데이터베이스에 저장해도 된다.

URL	달(month)과 연도(year)	방문
12ab31b92p	December 2013	242119
12ab31b92p	January 2014	429918
...	...	...

URL을 방문할 때마다 적절한 행과 열의 값을 증가시키면 된다. 이 또한 URL을 사용하여 샤딩해서 저장할 수 있다.

통계 자료는 기본 페이지에 나타나지 않고 일반적으로 큰 흥미가 있는 부분이 아니므로 요청이 그렇게 많이 들어오지 않을 것이다. 그래도 여전히 HTML을 프론트엔드 서버에 캐시로 저장해놓음으로써 가장 인기 있는 URL의 데이터를 계속 다시 읽지 않게 할 수도 있다.

이 외에 다른 연관된 문제들

· 사용자 계정을 지원하려면 어떻게 해야 할까?

· 통계 페이지에 새로운 분석 자료(예를 들어, 페이지를 언급한 위치)를 추가하려
  면 어떻게 해야 할까?

· 각 문서에 통계 자료를 같이 보이게 하려면 설계를 어떻게 바꿔야 할까?

10

정렬과 탐색 해법

10.1 **정렬된 병합**: 정렬된 배열 A와 B가 주어진다. A의 끝에는 B를 전부 넣을 수
있을 만큼 충분한 여유 공간이 있다. B와 A를 정렬된 상태로 병합하는 메서
드를 작성하라.

220쪽

해법

배열 A의 끝부분에 충분한 여유 공간이 있으므로 추가로 공간을 할당할 필요는 없
다. A와 B의 모든 원소를 다 소진할 때까지 이 둘을 비교해 가면서 순서에 맞게 삽
입하기만 하면 된다.

여기에는 어떤 원소를 A의 앞에 삽입해야 할 경우 삽입할 공간을 만들기 위해 기
존 원소들을 뒤로 옮겨야 한다는 문제가 있다. 그래서 여유 공간이 있는 배열 뒤쪽
부터 삽입하는 것이 좋다.

아래는 이를 구현한 코드이다. A와 B의 뒷부분부터 살펴보면서 가장 큰 원소를
A의 뒤에 넣는다.

```
void merge(int[] a, int[] b, int lastA, int lastB) {
    int indexA = lastA - 1; /* 배열 a의 마지막 원소 인덱스 */
    int indexB = lastB - 1; /* 배열 b의 마지막 원소 인덱스 */
    int indexMerged = lastB + lastA - 1; /* 병합된 배열의 마지막 위치 */

    /* a와 b를 마지막 원소부터 병합해 나간다. */
    while (indexB >= 0) {
        /* a의 마지막 원소 > b의 마지막 원소 */
        if (indexA >= 0 && a[indexA] > b[indexB]) {
            a[indexMerged] = a[indexA]; // 복사
            indexA--;
        } else {
            a[indexMerged] = b[indexB]; // 복사
            indexB--;
        }
        indexMerged--; // 인덱스 이동
    }
}
```

배열 B의 원소들이 먼저 소진된 경우, A의 남은 원소들은 이미 제자리에 있기 때문
에 다시 복사할 필요는 없다.

10.2 Anagram 묶기: 철자 순서만 바꾼 문자열(anagram)이 서로 인접하도록 문자열 배열을 정렬하는 메서드를 작성하라.

220쪽

해법

이 문제는 철자만 바꿔 만든 문자열들이 서로 인접하도록 묶어 주는 문제이다. 단어의 순서를 지켜야 한다는 말은 없다.

우리는 두 문자열의 철자 순서만 바꿨을 때 이 둘이 같은 문자열인지 확인할 수 있는 쉽고 빠른 방법이 필요하다. 두 단어의 경우에는 이를 어떻게 정의할 수 있을까? 두 단어가 같은 문자로 이루어져 있지만 그 순서만 다르게 쓰여 있으면 가능하다. 즉, 문자를 같은 순서로 배열할 수 있으면 두 단어가 서로 같은지 아닌지 쉽게 확인할 수 있다.

이를 해결하는 방법 하나는 비교 연산자(comparator)를 변경한 뒤 표준적인 정렬 알고리즘, 즉 병합 정렬이나 퀵 정렬 등을 그대로 사용하는 것이다. 이 비교 연산자는 비교 대상으로 주어진 두 개의 문자열이 철자 순서만 바꿔 만든(anagram) 문자열일 경우 참을 반환한다.

그런데 두 문자열이 철자 순서만 바꿔 만든 관계라는 것을 알 수 있는 가장 쉬운 방법은 무엇인가? 각 문자열의 문자 출현 빈도를 센 다음에 그 결과가 같으면 참을 반환해도 된다. 아니면, 그냥 문자열을 정렬한 다음에 비교하는 방법을 사용할 수도 있다. 두 문자열이 철자 순서만 바꿔 만든 관계라면, 정렬한 이후에는 정확히 같은 문자열이 될 것이다.

아래는 비교 연산자를 구현한 코드이다.

```java
class AnagramComparator implements Comparator<String> {
    public String sortChars(String s) {
        char[] content = s.toCharArray();
        Arrays.sort(content);
        return new String(content);
    }

    public int compare(String s1, String s2) {
        return sortChars(s1).compareTo(sortChars(s2));
    }
}
```

이제 일반적인 비교 연산자 대신 위의 compareTo를 사용해 정렬하면 된다.

```java
Arrays.sort(array, new AnagramComparator());
```

이 알고리즘의 시간 복잡도는 $O(n \log(n))$이다.

일반적인 정렬 알고리즘의 경우라면 이것이 최선일 것이다. 하지만 여기서는 배열을 완전히 정렬할 필요가 없다. 오직 철자 순서만 바꾼 문자열이 서로 인접하도록 묶기만 하면 된다.

해시테이블을 사용해서 정렬된 단어로부터 실제 단어로의 매핑을 만들어줄 수 있다. 예를 들면 문자열 acre는 리스트 {acre, race, care}에 대응되도록 묶을 수 있을 것이다. 이런 식으로 모든 인접 문자열을 리스트로 묶고 난 뒤에 다시 배열에 집어 넣으면 된다.

아래는 이 알고리즘을 구현한 코드이다.

```
void sort(String[] array) {
    HashMapList<String, String> mapList = new HashMapList<String, String>();

    /* anagram 단어 그룹 생성 */
    for (String s : array) {
        String key = sortChars(s);
        mapList.put(key, s);
    }

    /* 해시테이블을 배열로 변환 */
    int index = 0;
    for (String key : mapList.keySet()) {
        ArrayList<String> list = mapList.get(key);
        for (String t : list) {
            array[index] = t;
            Index++;
        }
    }
}

String sortChars(String s) {
    char[] content = s.toCharArray();
    Arrays.sort(content);
    return new String(content);
}

/* HashMapList<String, Integer>는 HashMap의 일종으로 String을
 * ArrayList<Integer>로 대응시켜준다. 부록에 자세히 구현되어 있다. */
```

이 알고리즘은 사실 버킷 정렬을 변형한 것과 같다.

10.3 **회전된 배열에서 검색:** n개의 정수로 구성된 정렬 상태의 배열을 임의의 횟수만큼 회전시켜 얻은 배열이 입력으로 주어진다고 하자. 이 배열에서 특정한 원소를 찾는 코드를 작성하라. 회전시키기 전, 원래 배열은 오름차순으로 정렬되어 있었다고 가정한다.

예제

입력: {15, 16, 19, 20, 25, 1, 3, 4, 5, 7, 10, 14}에서 5를 찾으라.
출력: 8 (배열에서 5가 위치한 인덱스)

221쪽

해법

이 문제에서 이진 탐색의 냄새를 맡으셨다면 제대로 맡은 것이다!

고전적인 이진 탐색은 어떤 값 x가 왼쪽에 있는지 아니면 오른쪽에 있는지 판단하기 위해 x를 배열의 중간 원소와 비교한다. 하지만 이 문제는, 배열이 회전된 상태라서 까다롭다. 가령, 다음의 두 배열을 살펴보자.

```
배열1: {10, 15, 20, 0, 5}
배열2: {50, 5, 20, 30, 40}
```

이 두 배열이 모두 20이 중간에 있지만, 5는 왼쪽에 있을 수도 있고 오른쪽에 있을 수도 있다. 그러므로 가운데 원소와 x를 비교하는 것만으로는 충분하지 않다.

하지만 좀 더 자세히 들여다 보면 배열의 반은 정상적인 순서(오름차순)로 배열되어 있다는 것을 알 수 있다. 그러므로 정상적으로 나열된 부분을 살펴보면 배열의 왼쪽 절반을 탐색해야 하는지 오른쪽 절반을 탐색해야 하는지 결정할 수 있다.

예를 들어 **배열1**에서 5를 찾을 때는 맨 왼쪽 원소(10)와 가운데 원소(20)를 비교한다. 10 < 20이므로 왼쪽 절반은 정상 순서다. 그런데 5는 그 범위 안에 있지 않으므로, 오른쪽을 뒤져야 한다고 판단할 수 있다.

배열2의 경우 50 > 20이므로, 오른쪽 절반은 정상 순서로 정렬되어 있다. 그런데 5는 가운데 원소(20)와 맨 오른쪽 원소(40) 사이에 있지 않으므로, 왼쪽 절반을 탐색해야 한다.

{2, 2, 2, 3, 4, 2}에서처럼 가운데 원소와 맨 왼쪽 원소의 값이 같은 경우에는 어떻게 할까? 이 경우엔 맨 오른쪽 원소의 값이 다른지를 살펴서, 다르다면 오른쪽 절반을 탐색하고, 아니라면 양쪽을 전부 탐색하는 수밖에 없다.

```
int search(int a[], int left, int right, int x) {
    int mid = (left + right) / 2;
    if (x == a[mid]) { // 원소를 찾았음
        return mid;
    }
    if (right < left) {
        return -1;
    }

    /* 왼쪽 절반이나 오른쪽 절반 중 하나는 정상적으로 정렬된 상태여야 한다. 어느 쪽이
     * 정상적으로 정렬되어 있는지 확인하고, 정상적으로 정렬된 부분을 이용해서
     * 어느 쪽에서 x를 찾아야 하는지 알아낸다. */
    if (a[left] < a[mid]) { // 왼쪽이 정상적으로 정렬된 상태
        if (x >= a[left] && x < a[mid]) {
            return search(a, left, mid - 1, x);  // 왼쪽을 탐색
        } else {
            return search(a, mid + 1, right, x); // 오른쪽을 탐색
        }
    } else if (a[mid] < a[left]) { // 오른쪽이 정상적으로 정렬된 상태
```

```
        if (x > a[mid] && x <= a[right]) {
            return search(a, mid + 1, right, x); // 오른쪽을 탐색
        } else {
            return search(a, left, mid - 1, x);  // 왼쪽을 탐색
        }
    } else if (a[left] == a[mid]) { // 왼쪽 혹은 오른쪽 절반이 전부 반복된다.
        if (a[mid] != a[right]) {    // 오른쪽이 다르다면 오른쪽 탐색
            return search(a, mid + 1, right, x); // 오른쪽 탐색
        } else { // 아니라면 양쪽 모두 탐색
            int result = search(a, left, mid - 1, x); // 왼쪽 탐색
            if (result == -1) {
                return search(a, mid + 1, right, x); // 오른쪽 탐색
            } else {
                return result;
            }
        }
    }
    return -1;
}
```

중복된 원소가 없다고 했을 때 이 코드는 O(log n)에 동작한다. 하지만 중복된 원소가 많을 때는 O(n)이 소요된다. 중복된 원소가 많다면 배열의 양쪽 모두 탐색해야 할 경우가 많기 때문이다.

이 문제가 개념적으로는 그다지 까다롭지 않은데도 버그 없이 구현하기는 아주 어렵다는 사실에 유의하자. 약간의 버그가 발생하더라도 너무 낙담하지는 말자. +1/-1의 차이 혹은 다른 사잘한 실수는 쉽게 할 수 있기에 테스트를 완벽하게 해야 한다.

10.4 **크기를 모르는 정렬된 원소 탐색**: 배열과 비슷하지만 size 메서드가 없는 Listy라는 자료구조가 있다. 여기에는 i 인덱스에 위치한 원소를 O(1) 시간에 알 수 있는 elementAt(i) 메서드가 존재한다. 만약 i가 배열의 범위를 넘어섰다면 -1을 반환한다(이 때문에 이 자료구조는 양의 정수만 지원한다). 양의 정수가 정렬된 Listy가 주어졌을 때, 원소 x의 인덱스를 찾는 알고리즘을 작성하라. 만약 x가 여러 번 등장한다면 아무거나 하나 반환하면 된다.

221쪽

해법

처음 드는 생각은 이진 탐색이다. 하지만 이진 탐색에선 리스트의 길이를 미리 알고 있어야 중간 지점과 비교할 수 있을 텐데 여기선 그렇지 않다.

길이를 구할 수 있을까? 있다!

i가 너무 클 경우에 elementAt은 -1을 반환한다. 따라서 리스트의 범위를 벗어날 때까지 점점 더 큰 값을 사용해 볼 수 있다.

그런데 얼마나 더 크게 해야 하나? 길이를 1, 2, 3, 4와 같이 선형적으로 늘려나가면 결국엔 선형 시간 알고리즘이 될 것이다. 우리는 이보다 좀 더 빠른 걸 원한다. 그렇지 않았다면, 리스트가 정렬되어 있다고 말했을 이유가 없다.

1, 2, 4, 8, 16과 같이 기하급수적으로 커지는 것이 더 낫다. 이렇게 크기를 키운다면, 리스트의 길이가 n일 때 O(log n) 시간 안에 길이를 구할 수 있다.

> 왜 O(log n)인가? q=1에서 시작한다고 생각해 보자. q가 n보다 커질 때까지 q는 두 배씩 증가한다. n보다 커지기 위해서 q를 몇 번이나 증가시켜야 하는가? 다시 말하면 $2^k=n$이 되는 k값은 무엇인가? log의 정의에 따라 이 수식은 k=log(n)과 같다. 따라서 그 길이를 찾는 데 O(log n)이 걸린다.

길이를 찾은 다음엔 일반적인 이진 탐색과 거의 비슷하게 수행하면 된다. '거의'라고 말한 이유는 약간의 변형이 필요하기 때문이다. 만약 중간 지점이 -1이라면 오른쪽을 탐색할 필요가 없으므로 항상 왼쪽을 탐색하도록 만들어줘야 한다. 아래 코드에서 16번째 줄이다.

살짝 변형할 부분이 하나 더 있다. 위에서 얘기했듯이 우리는 elementAt을 -1과 비교해서 길이를 찾아 나갈 것이다. 길이를 찾는 도중에 우리가 찾고자 하는 값 x보다 큰 값을 발견하게 되면 바로 이진 탐색을 수행하도록 만들어줄 것이다.

```
01   int search(Listy list, int value) {
02       int index = 1;
03       while (list.elementAt(index) != -1 && list.elementAt(index) < value) {
04           index *= 2;
05       }
06       return binarySearch(list, value, index / 2, index);
07   }
08
09   int binarySearch(Listy list, int value, int low, int high) {
10       int mid;
11
12       while (low <= high) {
13           mid = (low + high) / 2;
14           int middle = list.elementAt(mid);
15           if (middle > value || middle == -1) {
16               high = mid - 1;
17           } else if (middle < value) {
18               low = mid + 1;
19           } else {
20               return mid;
21           }
22       }
23       return -1;
24   }
```

애초에 길이를 모르더라도 탐색 알고리즘의 전체 수행 시간에는 아무 영향을 끼치지 않는다. 길이를 찾는 데 O(log n) 시간이 필요하고 탐색을 하는데 O(log n) 시간이 필요하다. 따라서 평범한 배열에서 이진 탐색을 하는 것과 마찬가지로 전체 수행 시간은 O(log n)이 된다.

10.5 **드문드문 탐색**: 빈 문자열이 섞여 있는 정렬된 문자열 배열이 주어졌을 때, 특정 문자열의 위치를 찾는 메서드를 작성하라.

> **예제**
>
> **입력:** ball, {"at", "", "", "", "ball", "", "", "car", "", "", "dad", "", ""}
> **출력:** 4

해법

221쪽

빈 문자열이 없었다면 그냥 이진 탐색을 적용하면 됐을 것이다. 찾아야 할 문자열 str을 배열 중간 지점의 문자열과 비교한 다음에 그 결과에 따라 탐색을 진행하는 것이다.

그런데 빈 문자열이 뒤섞여 있으므로, 이진 탐색을 조금 수정해야 한다. 수정해야 하는 곳은 mid 지점의 원소가 빈 문자열일 경우 mid를 가장 가까운 일반 문자열을 가리키도록 이동시키는 부분이다.

아래의 재귀적 코드는 쉽게 순환적 코드로 변경할 수 있다. 순환적으로 구현된 코드는 웹사이트에서 다운받을 수 있다.

```
int search(String[] strings, String str, int first, int last) {
    if (first > last) return -1;
    /* mid를 중간 지점으로 옮긴다. */
    int mid = (last + first) / 2;

    /* mid가 비어 있다면 mid와 가장 가까운 일반 문자열을 찾는다. */
    if (strings[mid].isEmpty()) {
        int left = mid - 1;
        int right = mid + 1;
        while (true) {
            if (left < first && right > last) {
                return -1;
            } else if (right <= last && !strings[right].isEmpty()) {
                mid = right;
                break;
            } else if (left >= first && !strings[left].isEmpty()) {
                mid = left;
                break;
            }
            right++;
            left--;
        }
    }

    /* 문자열을 확인한 뒤 필요하면 재귀 호출을 수행한다. */
    if (str.equals(strings[mid])) { // 찾았다!
```

```
        return mid;
    } else if (strings[mid].compareTo(str) < 0) { // 오른쪽 탐색
        return search(strings, str, mid + 1, last);
    } else { // 왼쪽 탐색
        return search(strings, str, first, mid - 1);
    }
}

int search(String[] strings, String str) {
    if (strings == null || str == null || str == "") {
        return -1;
    }
    return search(strings, str, 0, strings.length - 1);
}
```

최악의 경우에 이 알고리즘의 시간 복잡도는 O(n)이다. 사실, 이 문제를 최악의 경우에 O(n)보다 더 빠르게 풀기란 불가능하다. 결국 배열에서 하나만 제대로 된 문자열이고 나머지는 모두 빈 문자열로 채워져 있을 경우엔 빈 문자열이 아닌 부분을 찾는 '참신한' 방법은 없다. 최악의 경우에는 배열의 모든 원소를 살펴봐야 한다.

빈 문자열을 찾고자 하는 경우를 처리하는 방법은 조금 주의 깊게 생각해 봐야 한다. O(n)의 연산을 통해 어떤 위치를 찾아야 하는가? 아니면 에러로 처리해야 하는가? 정답은 없으므로 면접관과 상의한다. 이런 질문을 던지는 것만으로도, 여러분이 세심한 프로그래머라는 인상을 남길 수 있을 것이다.

10.6 **큰 파일 정렬**: 한 줄에 문자열 하나가 쓰여 있는 20GB짜리 파일이 있다고 하자. 이 파일을 정렬하려면 어떻게 해야 할지 설명하라.

221쪽

해법

면접관이 20GB의 제한이 있다고 말했다면 그 말 자체가 힌트이다. 이 경우에는 모든 데이터를 메모리에 올려둘 수 없다는 것을 뜻한다. 그렇다면 어떻게 해야 하나? 일부분만 올려야 한다.

x를 가용한 메모리의 크기라고 했을 때, 파일을 x메가바이트 단위로 쪼갤 것이다. 그리고 각 파일을 개별적으로 정렬하고 정렬이 끝나면 파일 시스템에 저장할 것이다. 모든 파일의 정렬이 끝나면, 하나씩 병합한다. 모든 파일의 병합이 끝나 완벽히 정렬된 파일을 얻는다. 이런 알고리즘을 외부 정렬(external sort)이라고 부른다.

10.7 **빠트린 정수**: 음이 아닌 정수 40억 개로 이루어진 입력 파일이 있다. 이 파일에 없는 정수를 생성하는 알고리즘을 작성하라. 단, 메모리는 1GB만 사용할 수 있다.

메모리 제한이 10MB라면 어떻게 풀 수 있을까? 중복되는 값은 없으며, 이번에는 정수가 10억 개만 있다고 가정하자.

해법

221쪽

총 2^{32}(40억)개의 정수가 존재하므로 음이 아닌 정수는 2^{31}개가 있을 것이다. 따라서 long이 아니라 int형이라고 가정하면 입력 파일에는 중복된 정수가 포함되어 있을 것이다.

제공된 메모리는 1GB, 즉 비트로는 80억 비트가 있으므로, 모든 정수값을 메모리의 각 비트로 대응시킬 수 있다. 그 논리는 다음과 같다.

1. 40억 비트의 크기인 비트 벡터(bit vector(BV))를 만든다. 비트 벡터란 int형(혹은 다른 자료형) 배열의 각 비트에 불린(boolean)값을 압축해서 저장하는 배열을 뜻한다. 각 int는 32개의 불린값을 저장할 수 있다.

2. BV를 0으로 초기화한다.

3. 파일의 모든 숫자를 읽어 나가면서 BV.set(num, 1)을 호출한다.

4. 이제 0번째 인덱스부터 BV를 다시 훑는다.

5. 값이 0인 첫 번째 인덱스를 반환한다.

아래는 이 알고리즘을 구현한 코드이다.

```
long numberOfInts = ((long) Integer.MAX_VALUE) + 1;
byte[] bitfield = new byte [(int) (numberOfInts / 8)];
String filename = ...

void findOpenNumber() throws FileNotFoundException {
    Scanner in = new Scanner(new FileReader(filename));
    while (in.hasNextInt()) {
        int n = in.nextInt ();
        /* OR 연산을 사용해서 bitfield에 상응하는 숫자를 찾아 n번째
         * 위치에 값을 넣는다(예를 들어 숫자 10은 바이트(byte)
         * 배열에서 두 번째 인덱스의 2번째 비트의 위치를 의미한다). */
        bitfield [n / 8] |= 1 << (n % 8);
    }

    for (int i = 0; i < bitfield.length; i++) {
        for (int j = 0; j < 8; j++) {
            /* 각 바이트의 비트를 개별적으로 확인한다.
             * 만약 0번째 비트가 찾고자 하는 비트라면 그에 상응하는 값을 출력한다. */
            if ((bitfield[i] & (1 << j)) == 0) {
                System.out.println (i * 8 + j);
                return;
            }
        }
    }
}
```

연관 문제: 만약 메모리가 10MB뿐이라면?

전체 데이터를 두 번 읽으면 빠진 정수값이 무엇인지 찾을 수 있다. 전체 데이터를 특정 크기만큼 분할할 수 있다(그 크기를 어떻게 결정할 것인지는 나중에 얘기할 것이다). 그냥 정수값을 1000개씩 나눈다고 가정하자. 0번째 블록에는 0부터 999까지, 1번째 블록에는 1000부터 1999까지 … 이런 식으로 나뉘어 있다.

중복된 값은 없으므로 각 블록에서 찾아야 하는 원소가 몇 개인지 알 수 있다. 따라서 파일을 탐색해 나가면서 0과 999 사이에는 얼마나 많은 숫자가 들어 있는지, 1000과 1999 사이에는 얼마나 많은 숫자가 들어 있는지 알아보는 방식으로 모든 영역을 검색해 볼 수 있다. 특정 영역에 숫자가 999개밖에 들어 있지 않다면 해당 영역 안에 빠뜨린 정수값이 있다고 생각할 수 있다.

데이터를 두 번째 읽을 때는 각 영역에서 실제로 어떤 숫자가 빠져있는지 찾아볼 것이다. 앞에서 사용한 비트 벡터를 이용해서 특정 영역을 넘어간 숫자는 무시하고서 빠진 숫자를 찾아낼 수 있다.

자, 이제 적당한 블록의 크기를 어떻게 구할까? 몇 가지 변수를 정의해 보자.

- rangeSize는 각 블록의 크기를 뜻한다.
- arraySize는 전체 블록의 개수를 나타낸다. 음이 아닌 정수가 2^{31}개 존재하므로 arraySize = 2^{31}/rangeSize가 된다.

위에서 사용한 배열과 비트 벡터를 메모리에서 전부 올릴 수 있을 만한 크기의 rangeSize를 구한다.

처음 읽을 때: 배열

처음 데이터를 읽을 때 사용할 수 있는 배열의 크기는 10메가바이트, 혹은 대략 2^{23} 바이트가 된다. 정수형 배열의 각 원소는 4바이트를 사용하므로 대략 2^{21}개의 원소를 배열에 저장할 수 있다. 따라서 다음과 같은 추론이 가능하다.

```
arraySize = 2³¹/rangeSize <= 2²¹
rangeSize >= 2³¹/2²¹
rangeSize >= 2¹⁰
```

두 번째 읽을 때 비트 벡터

rangeSize의 비트를 저장하기에 충분한 공간이 필요하다. 2^{23}바이트를 메모리에 올릴 수 있다는 말은 2^{26}비트를 메모리에 올릴 수 있다는 말과 같다. 따라서 다음과 같은 결론에 도달할 것이다.

$2^{11} \leq$ rangeSize $\leq 2^{26}$

이 조건을 통해 쓸 만한 '해석의 폭'을 얻을 수 있다. 하지만 중간에 가까운 값일수록 메모리가 덜 사용될 것이다.

아래는 이 알고리즘을 구현한 코드이다.

```
int findOpenNumber(String filename) throws FileNotFoundException {
    int rangeSize = (1 << 20); // 2^20 bits (2^17 bytes)

    /* 각 블록 안에 있는 숫자의 개수 세기 */
    int[] blocks = getCountPerBlock(filename, rangeSize);

    /* 빠진 숫자가 있는 블록 찾기 */
    int blockIndex = findBlockWithMissing(blocks, rangeSize);
    if (blockIndex < 0) return -1;

    /* 해당 영역에서 사용될 비트 벡터 생성하기 */
    byte[] bitVector = getBitVectorForRange(filename, blockIndex, rangeSize);

    /* 비트 벡터에서 0인 위치 찾기 */
    int offset = findZero(bitVector);
    if (offset < 0) return -1;

    /* 빠진 값 계산하기 */
    return blockIndex * rangeSize + offset;
}

/* 해당 영역에 들어 있는 원소의 개수 세기 */
int[] getCountPerBlock(String filename, int rangeSize)
        throws FileNotFoundException {
    int arraySize = Integer.MAX_VALUE / rangeSize + 1;
    int[] blocks = new int[arraySize];

    Scanner in = new Scanner (new FileReader(filename));
    while (in.hasNextInt()) {
        int value = in.nextInt();
        blocks[value / rangeSize]++;
    }
    in.close();
    return blocks;
}

/* 숫자를 센 다음, 값이 작은 블록을 찾기 */
int findBlockWithMissing(int[] blocks, int rangeSize) {
    for (int i = 0; i < blocks.length; i++) {
        if (blocks[i] < rangeSize){
            return i;
        }
    }
    return -1;
}

/* 해당 영역에서 사용될 비트 벡터 생성하기 */
byte[] getBitVectorForRange(String filename, int blockIndex, int rangeSize)
        throws FileNotFoundException {
    int startRange = blockIndex * rangeSize;
    int endRange = startRange + rangeSize;
    byte[] bitVector = new byte[rangeSize/Byte.SIZE];
```

```
        Scanner in = new Scanner(new FileReader(filename));
        while (in.hasNextInt()) {
            int value = in.nextInt();
            /* 숫자가 블록 안에 존재한다면 그 숫자를 기록한다. */
            if (startRange <= value && value < endRange) {
                int offset = value - startRange;
                int mask = (1 << (offset % Byte.SIZE));
                bitVector[offset / Byte.SIZE] |= mask;
            }
        }
        in.close();
        return bitVector;
    }

    /* 바이트에 0이 들어 있는 비트의 인덱스 찾기 */
    int findZero(byte b) {
        for (int i = 0; i < Byte.SIZE; i++) {
            int mask = 1 << i;
            if ((b & mask) == 0) {
                return i;
            }
        }
        return -1;
    }

    /* 비트 벡터에서 0을 찾고 해당 인덱스를 반환 */
    int findZero(byte[] bitVector) {
        for (int i = 0; i < bitVector.length; i++) {
            if (bitVector[i] != ~0) { // If not all 1s
                int bitIndex = findZero(bitVector[i]);
                return i * Byte.SIZE + bitIndex;
            }
        }
        return -1;
    }
```

만약 이보다 더 작은 메모리에서 풀어야 한다면 어떻게 해야 할까? 그럴 경우에는
첫 번째 단계해서 했던 여러 번 반복해서 읽는 방법을 사용하면 된다. 먼저 백만 개
의 원소에서 얼마나 많은 정수값을 찾았는지 확인한다. 그 다음에는 천개의 원소에
서 얼마나 많은 정수값을 찾았는지 확인한다. 그리고 마지막으로 비트 벡터를 적용
한다.

10.8　중복 찾기: 1부터 N(<=32,000)까지의 숫자로 이루어진 배열이 있다. 배열엔
　　　중복된 숫자가 나타날 수 있고, N이 무엇인지는 알 수 없다. 사용 가능한 메
　　　모리가 4KB일 때, 중복된 원소를 모두 출력하려면 어떻게 해야 할까?

222쪽

해법

4킬로바이트의 메모리가 있으니 $8*4*2^{10}$비트의 주소 공간을 사용할 수 있다. 32
$*2^{10}$비트는 32,000보다 크다. 따라서 32,000비트로 구성된 비트 벡터를 생성하고,

그 각 비트가 하나의 정수를 나타내도록 만들 수 있다.

이 비트 벡터를 사용해서, 배열을 순회하면서, 각 원소 v에 상응하는 비트 벡터의 비트를 1로 만든다. 그러다가 중복된 원소를 만나면 출력한다.

```java
void checkDuplicates(int[] array) {
    BitSet bs = new BitSet(32000);
    for (int i = 0; i < array.length; i++) {
        int num = array[i];
        int num0 = num - 1; // bitset은 0에서 시작하고, 숫자는 1에서 시작한다.
        if (bs.get(num0)) {
            System.out.println(num);
        } else {
            bs.set(num0);
        }
    }
}

class BitSet {
    int[] bitset;

    public BitSet(int size) {
        bitset = new int[(size >> 5) + 1]; // 32로 나눈다.
    }

    boolean get(int pos) {
        int wordNumber = (pos >> 5); // 32로 나눈다.
        int bitNumber = (pos & 0x1F); // 32로 나눈 나머지
        return (bitset[wordNumber] & (1 << bitNumber)) != 0;
    }

    void set(int pos) {
        int wordNumber = (pos >> 5); // 32로 나눈다.
        int bitNumber = (pos & 0x1F); // 32로 나눈 나머지
        bitset[wordNumber] |= 1 << bitNumber;
    }
}
```

특별히 어려울 것 없는 문제이지만, 깔끔하게 구현하는 것이 중요하다. 큰 비트 벡터를 보관할 비트 벡터 클래스를 따로 정의한 것은 그래서이다. 면접관이 허락한다면, Java의 내장 클래스 BitSet을 이용할 수도 있을 것이다.

10.9 정렬된 행렬 탐색: 각 행과 열이 오름차순으로 정렬된 M×N 행렬이 주어졌을 때, 특정한 원소를 찾는 메서드를 구현하라.

222쪽

해법

두 가지 해법이 존재할 수 있다. 정렬의 한 가지 이점만 취하는 쉬운 해법과 정렬의 두 가지 이점을 동시에 취하는 좀 더 최적화된 해법이 있다.

해법 #1: 쉬운 해법

첫 번째 방법에서는 행마다 이진 탐색을 해볼 수 있다. 총 M개의 행이 있고, 각 행을 탐색하는 데 O(logN) 시간이 걸리기 때문에 이 알고리즘의 시간 복잡도는 O(MlogN)이 된다. 더 나은 알고리즘을 제시하기 전에 이런 방법이 있다는 사실을 면접관에게 언급하는 것도 좋다.

알고리즘을 더 발전시켜나가기 전에, 간단한 예제부터 하나 살펴보자.

15	20	40	85
20	35	80	95
30	55	95	105
40	80	100	200

이 행렬에서 55를 찾는다고 하자. 어떻게 하면 찾을 수 있나?

행의 시작점이나 열의 시작점을 보면 위치를 유추해 볼 수 있다. 열의 시작점 원소의 값이 55보다 크다면, 해당 열에는 55가 있을 리 없다. 시작점 원소의 값은 언제나 해당 열의 최솟값이기 때문이다. 또한, 각 열의 시작 원소의 값은 왼쪽에서 오른쪽으로 오름차순 정렬되어 있기 때문에 그 오른쪽에는 55가 있을 리 없다. 따라서 열의 첫 번째 원소의 값이 찾는 값 x보다 크다면 그 이상은 진행할 필요가 없다.

같은 논리를 각 행에도 똑같이 적용할 수 있다. 어떤 행의 시작점 원소의 값이 x보다 크다면, 그 이상은 탐색을 진행할 필요가 없다.

이런 논리는 행이나 열의 마지막 원소에도 동일하게 적용할 수 있다. 어떤 행이나 열의 마지막 원소 값이 x보다 작다면 다음 행이나 열로 진행해야 한다. 마지막 원소는 항상 최댓값이기 때문이다.

이런 사실들을 한데 묶어 해답을 만들어 낼 수 있다. 지금까지 발견한 사실들은 다음과 같다.

- 어떤 열의 시작점 원소 값이 x보다 크면, x는 해당 열 왼쪽에 있다.
- 어떤 열의 마지막 원소 값이 x보다 작으면, x는 해당 열 오른쪽에 있다.
- 어떤 행의 시작점 원소 값이 x보다 크면, x는 해당 행 위에 있다.
- 어떤 행의 마지막 원소 값이 x보다 작으면, x는 해당 행 아래에 있다.

어떤 위치에서 시작해도 상관없지만, 열의 시작점 원소들의 값부터 먼저 살펴보자.

가장 큰 값을 갖는 열부터 시작해서 좌측으로 진행할 필요가 있다. 즉, 첫 번째 비교 대상 원소는 array[0][c-1]이라는 뜻이다. 여기서 c는 열의 개수이다. 열의 시작점 원소들을 x(여기서는 55)와 비교해 보면, x는 0, 1, 2열에 있을 수 있다는 사실을 알 수 있다. 따라서 array[0][2]에서 진행을 멈춘다.

array[0][2]는 전체 행렬 기준으로 보면 해당 원소가 속한 행의 마지막 원소는 아니지만, 부분 행렬 관점에서는 해당 행의 마지막 원소라고 볼 수 있다. 이제 같은 조건을 적용하여 행 단위의 탐색을 시작해 보자. array[0][2]는 40(< 55)이므로, 아래쪽으로 진행한다.

이런 식으로 하면 다음과 같은 부분 행렬을 얻을 수 있다(회색으로 표시된 부분은 '제거'되었다).

15	20	40	85
20	35	80	95
30	55	95	105
40	80	100	200

이 과정을 반복해서 55를 찾는다. 앞에서 제시한 조건들 가운데 1번과 4번만 사용했다.

아래는 이 제거 알고리즘을 구현한 코드이다.

```
boolean findElement(int[][] matrix, int elem) {
    int row = 0;
    int col = matrix[0].length - 1;
    while (row < matrix.length && col >= 0) {
        if (matrix[row][col] == elem) {
            return true;
        } else if (matrix[row][col] > elem) {
            col--;
        } else {
            Row++;
        }
    }
    return false;
}
```

이진 탐색과 좀 더 직접적으로 비슷한 해법도 있다. 코드는 꽤 복잡하지만, 앞에서 제시한 조건들 가운데 많은 것을 활용한 방법이다.

해법 #2: 이진 탐색
다시 간단한 예제 하나를 살펴보자.

15	20	70	85
20	35	80	95
30	55	95	105
40	80	100	200

원소를 찾을 때, 정렬이 되어 있다는 사실을 보다 효율적으로 활용하고 싶다. 이 행렬에 있는 고유한 순서 관계로부터 유추해 낼 수 있는 정보는 무엇인가? 그 정보를 원소 탐색 문제에 어떻게 활용할 수 있겠는가?

우리가 아는 것은, 모든 행과 열이 정렬된 상태라는 것이다. 따라서 $a[i][j]$의 값은 같은 행에 속한 0부터 $j-1$ 사이에 있는 원소들보다 크고, 같은 열에 속한 0부터 $i-1$ 사이에 있는 원소들보다 크다.

즉, 아래의 코드와 같다.

```
a[i][0] <= a[i][1] <= ... <= a[i][j-1] <= a[i][j]
a[0][j] <= a[1][j] <= ... <= a[i-1][j] <= a[i][j]
```

이를 시각적으로 나타내보면, 짙은 회색으로 칠해진 원소의 값은 연한 회색으로 칠해진 원소의 값보다 크다.

15	20	70	85
20	35	80	95
30	55	95	105
40	80	100	200

옅은 회색으로 칠해진 원소들 사이에도 순서가 있다. 각 원소는 그 왼쪽에 있는 원소들보다 크고, 또한 그 위에 있는 원소들보다도 크다. 그러므로 이행성(transitivity) 원칙에 의거해서 짙은 회색 원소의 값은 아래의 사각형 내에 있는 전체 원소들보다 크다.

15	20	70	85
20	35	80	95
30	55	95	105
40	80	100	200

따라서 주어진 행렬 위에 어떤 사각형을 그려도 오른쪽 아래에 있는 원소가 항상 최댓값이 된다.

마찬가지로, 왼쪽 상단 구석에 있는 원소는 항상 최솟값이 된다. 아래의 그림에 사용된 색상은 원소 사이의 대소 관계를 표현한다(옅은 회색〈 짙은 회색〈 검정).

15	20	70	85
20	35	80	95
30	55	95	105
40	80	100	200

이제 원래 문제로 돌아가 보자. 여기서 85를 찾는다고 했을 때, 좌측 상단부터 오른쪽 하단을 잇는 대각선을 따라가면 35와 95를 만난다. 이 정보가 85의 위치에 대해 암시하는 것은 무엇인가?

15	20	70	85
20	35	80	95
30	55	95	105
40	80	100	200

왼쪽 위에 있는 숫자 95가 해당 영역의 최솟값이기 때문에 85는 검은색 영역에 있을 리 없다. 옅은 회색 영역의 최댓값이 35이기 때문에 85는 이 영역에 있을 리도 없다. 따라서 85는 남은 흰색 영역 어딘가에 있다.

따라서 위의 행렬을 네 개의 사분면으로 재귀적으로 나누어서 왼쪽 하단 사분면과 오른쪽 상단 사분면을 재귀적으로 탐색할 것이다. 이 두 사분면 역시도 다시 사분면으로 분할하여 탐색할 것이다.

대각선에 위치하는 원소도 정렬되어 있다는 특성을 이용하면 이진 탐색도 적용할 수 있다. 아래는 이 알고리즘을 구현한 코드이다.

```
Coordinate findElement(int[][] matrix, Coordinate origin, Coordinate dest, int x){
    if (!origin.inbounds(matrix) || !dest.inbounds(matrix)) {
        return null;
    }
    if (matrix[origin.row][origin.column] == x) {
        return origin;
    } else if (!origin.isBefore(dest)) {
        return null;
    }
```

10 정렬과 탐색 해법

```
        /* start를 대각선 시작 지점으로 설정하고 end를 대각선의 마지막 지점으로 설정한다.
         * 주어진 행렬이 정사각형이 아닐 수도 있기 때문에, 마지막 지점은 dest와 다를 수 있다. */
        Coordinate start = (Coordinate) origin.clone();
        int diagDist = Math.min(dest.row - origin.row, dest.column - origin.column);
        Coordinate end = new Coordinate(start.row + diagDist, start.column + diagDist);
        Coordinate p = new Coordinate(0, 0);

        /* 대각선 원소들로 이진 탐색을 수행한 뒤 x보다 큰 첫 번째 원소를 찾는다. */
        while (start.isBefore(end)) {
            p.setToAverage(start, end);
            if (x > matrix[p.row][p.column]) {
                start.row = p.row + 1;
                start.column = p.column + 1;
            } else {
                end.row = p.row - 1;
                end.column = p.column - 1;
            }
        }

        /* 행렬을 사분면으로 분할한다. 왼쪽 하단과 오른쪽 상단을 탐색한다. */
        return partitionAndSearch(matrix, origin, dest, start, x);
    }

Coordinate partitionAndSearch(int[][] matrix, Coordinate origin, Coordinate dest,
                              Coordinate pivot, int x) {
    Coordinate lowerLeftOrigin = new Coordinate(pivot.row, origin.column);
    Coordinate lowerLeftDest = new Coordinate(dest.row, pivot.column - 1);
    Coordinate upperRightOrigin = new Coordinate(origin.row, pivot.column);
    Coordinate upperRightDest = new Coordinate(pivot.row - 1, dest.column);

    Coordinate lowerLeft = findElement(matrix, lowerLeftOrigin, lowerLeftDest, x);
    if (lowerLeft == null) {
        return findElement(matrix, upperRightOrigin, upperRightDest, x);
    }
    return lowerLeft;
}

Coordinate findElement(int[][] matrix, int x) {
    Coordinate origin = new Coordinate(0, 0);
    Coordinate dest = new Coordinate(matrix.length - 1, matrix[0].length - 1);
    return findElement(matrix, origin, dest, x);
}

public class Coordinate implements Cloneable {
    public int row, column;
    public Coordinate(int r, int c) {
        row = r;
        column = c;
    }

    public boolean inbounds(int[][] matrix) {
        return row >= 0 && column >= 0 &&
                row < matrix.length && column < matrix[0].length;
    }

    public boolean isBefore(Coordinate p) {
        return row <= p.row && column <= p.column;
    }

    public Object clone() {
        return new Coordinate(row, column);
    }
```

```
public void setToAverage(Coordinate min, Coordinate max) {
    row = (min.row + max.row) / 2;
    column = (min.column + max.column) / 2;
}
}
```

이 코드를 읽고 나면 이런 생각이 들지 모르겠다. "면접장에서 이 많은 코드를 어떻게 다 쓰지?" 사실 다 쓰는 건 불가능하다. 하지만 여러분의 점수는 어디까지나 상대적으로 매겨진다. 여러분이 불가능하다고 느낀다면, 다른 사람들도 마찬가지일 것이다. 까다로운 문제를 만나는 게 여러분에게만 불리한 것은 아니다.

어떤 코드의 경우 별도 메서드로 분리하면 일이 조금 쉬워진다. 예를 들어 partitionAndSearch를 별도 메서드로 분리하면 핵심 코드를 설계하기 쉽다. 시간이 남을 때 partitionAndSearch를 마저 구현하면 된다.

10.10 스트림에서의 순위: 정수 스트림을 읽는다고 하자. 주기적으로 어떤 수 x의 랭킹(x보다 같거나 작은 수의 개수)을 확인하고 싶다. 해당 연산을 지원하는 자료구조와 알고리즘을 구현하라. 수 하나를 읽을 때마다 호출되는 메서드 track(int x)와, x보다 같거나 작은 수의 개수(x 자신은 제외)를 반환하는 메서드 getRankOfNumber(int x)를 구현하면 된다.

> **예제**
>
> **입력 스트림(stream)**: 5, 1, 4, 4, 5, 9, 7, 13, 3
>
> ```
> getRankOfNumber(1) = 0
> getRankOfNumber(3) = 1
> getRankOfNumber(4) = 3
> ```

222쪽

> **해법**

모든 원소를 정렬된 상태로 보관하는 배열을 사용하면 구현하기가 상대적으로 간단해진다. 새로운 원소를 추가할 때마다 다른 원소들을 옆으로 옮겨 공간을 확보해야 한다. getRankOfNumber는 꽤 효율적으로 구현할 수 있을 것이다. 이진 탐색으로 n을 찾아 그 인덱스를 반환하면 된다.

하지만 새 원소를 삽입할 때 효율성이 떨어진다(함수 track(int x)). 원소 간의 상대적 순서를 유지할 수 있으면서도 새로운 원소를 삽입하기에도 효율적인 자료구조가 필요한데, 이진 탐색 트리가 적당하다.

원소들을 배열에 보관하는 대신, 이진 탐색 트리에 삽입한다. 그러면 track(int x)는 $O(\log n)$ 시간에 수행 가능하다. 여기서 n은 트리의 크기이다(물론, 트리의 균형이 유지된다는 가정이 필요하다).

어떤 수의 랭킹을 알아내려면 중위 순회(in-order traversal)를 수행하면서 카운터(counter) 변수를 증가시키면 된다. x를 찾았을 때 counter의 값이 x보다 작은 원소의 개수와 같게 만들고 싶다.

그런데 트리의 왼쪽을 탐색할 때에는 카운터 변수를 변경할 필요가 없다. 오른쪽에 있는 모든 원소의 값이 x보다 크기 때문이다. 결국, 최솟값 원소(랭킹이 1)는 트리의 가장 왼쪽 노드가 된다.

하지만 오른쪽으로 진행할 때에는 왼쪽에 있는 많은 원소들을 세지 않고 건너뛴다. 그러므로 트리 왼쪽에 있는 노드 수만큼 counter를 증가시킬 필요가 있다. 왼쪽 하위 트리의 크기를 따지는 대신(효율성이 매우 떨어지는 작업이다) 새로운 정보를 트리에 추가할 때마다 그 정보를 갱신하게 할 수 있다.

아래의 예제 트리를 따라가 보자. 아래의 그림에서 괄호 안에 있는 숫자는 해당 노드의 왼쪽 부분 트리 안에 있는 노드 개수이다(다른 말로 하면, 그 하위 트리에 상대적인 노드의 랭킹이 된다).

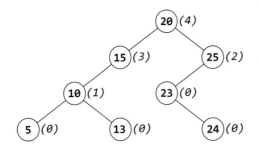

24의 랭킹을 구해 보자. 24를 루트(20)와 비교해 보면 24는 트리 오른쪽에 있어야 한다. 루트 노드 왼쪽 하위 트리에 네 개의 원소가 있으므로, 루트 노드를 포함하여 24보다 작은 원소의 개수는 5가 된다. 따라서 counter를 5로 설정한다.

그런 다음 24를 25와 비교한다. 24는 분명 해당 노드의 왼쪽에 있어야 한다. 24보다 값이 작은 노드를 건너뛰는 것이 아니기 때문에 counter는 갱신하지 않는다. 따라서 counter의 값은 여전히 5이다.

그다음 24를 23과 비교한다. 24는 그 오른쪽에 있어야 하므로 counter의 값을 1만큼 증가시킨다(따라서 6이 된다). 왜냐하면 23에는 왼쪽 노드가 없기 때문이다.

마지막으로 24를 찾으면 counter에 보관된 값 6을 반환한다.

이 알고리즘을 재귀적으로 구현하면 다음과 같다.

```
int getRank(Node node, int x) {
    x가 node.data라면, node.leftSize()를 반환
    x가 node의 왼쪽에 있다면, getRank(node.left, x)를 반환
    x가 node의 오른쪽에 있다면, node.leftSize() + 1 + getRank(node.right, x)를 반환
}
```

아래는 전체 코드이다.

```
RankNode root = null;

void track(int number) {
    if (root == null) {
        root = new RankNode(number);
    } else {
        root.insert(number);
    }
}

int getRankOfNumber(int number) {
    return root.getRank(number);
}

public class RankNode {
    public int left_size = 0;
    public RankNode left, right;
    public int data = 0;
    public RankNode(int d) {
        data = d;
    }

    public void insert(int d) {
        if (d <= data) {
            if (left != null) left.insert(d);
            else left = new RankNode(d);
            Left_size++;
        } else {
            if (right != null) right.insert(d);
            else right = new RankNode(d);
        }
    }

    public int getRank(int d) {
        if (d == data) {
            return left_size;
        } else if (d < data) {
            if (left == null) return -1;
            else return left.getRank(d);
        } else {
            int right_rank = right == null ? -1 : right.getRank(d);
            if (right_rank == -1) return -1;
            else return left_size + 1 + right_rank;
        }
    }
}
```

track 메서드와 getRankOfNumber 메서드 모두 균형 잡힌 트리에서 $O(\log N)$에 동작하고 균형 잡히지 않은 트리에서 $O(N)$에 동작한다.

트리 안에 d가 없는 경우를 어떻게 처리했는지 눈여겨보기 바란다. 반환값이 -1

인지 확인하고 이 값을 위로 올려준다. 이런 경우를 올바르게 처리하는 것은 중요하다.

10.11 Peak과 Valley: 정수 배열에서 'peak'란 현재 원소가 인접한 정수보다 크거나 같을 때를 말하고, 'valley'란 현재 원소가 인접한 정수보다 작거나 같을 때를 말한다. 예를 들어 {5, 8, 6, 2, 3, 4, 6}이 있으면, {8, 6}은 'peak'가 되고, {5, 2}는 'valley'가 된다. 정수 배열이 주어졌을 때, 'peak'와 'valley'가 번갈아 등장하도록 정렬하는 알고리즘을 작성하라.

예제

입력: {5, 3, 1, 2, 3}
출력: {5, 1, 3, 2, 3}

222쪽

해법

배열을 특별한 방법으로 정렬하는 문제이므로 평범하게 정렬을 한 뒤에 배열에서 'peak'와 'valley'가 나오도록 '수정'할 수 있다.

부분 최적 해법

정렬되지 않은 배열이 주어졌고 그 배열을 다음과 같이 정렬했다고 생각해 보자.

```
0 1 4 7 8 9
```

이 배열은 오름차순으로 정렬된 정수 배열이다.

'peaks'와 'valleys'의 순열로 나타내려면 어떻게 재배치해야 할까? 배열을 차례로 읽어 나가면서 다음과 같이 시도해 보자.

· 0은 괜찮다.
· 1은 잘못 놓였다. 1의 위치를 0 또는 4와 바꿀 수 있다. 0과 바꾸자.

```
1 0 4 7 8 9
```

· 4는 괜찮다.
· 7도 잘못 놓여졌다. 4 혹은 8과 바꿀 수 있다. 4랑 바꾸자.

```
1 0 7 4 8 9
```

· 9도 잘못 놓여졌다. 8과 바꾸자.

```
1 0 7 4 9 8
```

배열의 값 자체가 특별하게 사용되지 않았다. 원소의 상대적인 크기가 중요한데, 정렬된 배열의 상대적인 크기는 언제나 같다. 따라서 배열이 정렬되어 있으면 이 방법을 똑같이 적용할 수 있다.

코딩에 들어가기 전에 알고리즘을 정확히 명시해야 한다.

1. 배열을 오름차순으로 정렬한다.
2. 인덱스 1(0이 아닌)에서부터 원소를 두 개씩 건너뛰면서 읽어 나간다.
3. 각 원소를 이전 원소와 바꾼다. 세 개의 원소가 항상 small <= medium <= large 순서로 놓여 있기 때문에 원소를 맞바꾸면 중간값이 언제나 'peak'가 된다. medium <= small <= large.

이 방법을 사용하면 'peak'는 항상 인덱스 1, 3, 5, ...의 위치에 올바르게 놓인다. 홀수 위치('peak')의 원소가 인접한 원소보다 크다면 짝수 위치('valley')의 원소는 인접한 원소보다 작게 된다.

아래는 이를 구현한 코드이다.

```
void sortValleyPeak(int[] array) {
    Arrays.sort(array);
    for (int i = 1; i < array.length; i += 2) {
        swap(array, i - 1, i);
    }
}

void swap(int[] array, int left, int right) {
    int temp = array[left];
    array[left] = array[right];
    array[right] = temp;
}
```

이 알고리즘은 O(n log n)이 소요된다.

최적 해법

이전 해법을 더 최적화하려면 정렬하는 부분을 제거해야 한다. 즉, 알고리즘이 정렬되지 않은 배열에서도 동작할 수 있어야 한다.

다음의 예제를 다시 살펴보자.

9 1 0 4 8 7

각 원소의 인접한 원소들을 살펴보자. 어떤 수열을 생각해 본다. 숫자는 0, 1, 2만 사용할 것이다. 숫자의 값 자체는 아무 의미 없다.

0 1 2

```
0 2 1  // 'peak'
1 0 2
1 2 0  // 'peak'
2 1 0
2 0 1
```

가운데 원소가 'peak'가 되는 수열은 위의 두 가지 경우이다. 다른 수열들도 수정해서 가운데가 'peak'가 되게 할 수 있을까?

할 수 있다. 가운데 원소와 인접한 원소 중 가장 큰 원소를 맞바꾸면 된다.

```
0 1 2  →  0 2 1
0 2 1  // 'peak'
1 0 2  →  1 2 0
1 2 0  // 'peak'
2 1 0  →  1 2 0
2 0 1  →  0 2 1
```

이전에 언급했듯이 'peak'가 제자리에 놓이면 'valley' 또한 제자리에 놓인다.

> 두 원소를 맞바꿨을 때 이전에 처리했던 수열의 규칙이 깨지는 경우가 있지는 않을까? 좋은 지적이지만, 여기에선 이 문제가 발생하지 않는다. 중간값과 왼쪽값을 맞바꾸면 왼쪽은 'valley'가 된다. 중간값이 왼쪽값보다 작으므로 'valley'에 그보다 더 작은 값을 놓게 되는 꼴이다. 결국 규칙은 깨지지 않는다.

아래는 이를 구현한 코드이다.

```java
void sortValleyPeak(int[] array) {
    for (int i = 1; i < array.length; i += 2) {
        int biggestIndex = maxIndex(array, i - 1, i, i + 1);
        if (i != biggestIndex) {
            swap(array, i, biggestIndex);
        }
    }
}

int maxIndex(int[] array, int a, int b, int c) {
    int len = array.length;
    int aValue = a >= 0 && a < len ? array[a] : Integer.MIN_VALUE;
    int bValue = b >= 0 && b < len ? array[b] : Integer.MIN_VALUE;
    int cValue = c >= 0 && c < len ? array[c] : Integer.MIN_VALUE;

    int max = Math.max(aValue, Math.max(bValue, cValue));
    if (aValue == max) return a;
    else if (bValue == max) return b;
    else return c;
}
```

이 알고리즘은 O(n) 시간이 걸린다.

11
테스팅 해법

11.1 오류: 다음 코드에서 오류를 찾아내라.

```
unsigned int i;
for (i = 100; i >= 0; --i)
    printf("%d\n", i);
```

231쪽

해법

이 코드에는 두 가지 오류가 있다.

우선, unsigned int는 그 정의상 항상 0보다 같거나 큰 값을 갖는다. 따라서 for 문에 사용된 조건은 항상 참이 되어 무한루프가 발생한다.

100부터 1까지의 모든 수를 출력하는 코드를 작성하려면 for 문의 조건을 i > 0 으로 바꿔야 한다. 0을 출력하고자 한다면, for 문이 끝난 다음에 printf를 한 번 더 사용하자.

```
unsigned int i;
for (i = 100; i > 0; --i)
    printf("%d\n", i);
```

한 가지 더, unsigned int를 출력하는 것이기 때문에 %d를 %u로 바꾸어야 한다.

```
unsigned int i;
for (i = 100; i > 0; --i)
    printf("%u\n", i);
```

이제 이 코드는 정상적으로 100부터 1까지의 모든 수를 내림차순으로 출력할 것이다.

11.2 **무작위 고장**: 실행 중 죽어 버리는 프로그램의 소스코드가 있다. 디버거에서 열 번 실행해 본 결과, 같은 지점에서 죽는 일은 없었다. 이 프로그램은 단일 스레드(thread) 프로그램이고, C의 표준 라이브러리만 사용한다. 프로그램에 어떤 오류가 있으면 이런 식으로 죽겠는가? 그 오류들을 각각 어떻게 테스트해 볼 수 있겠는가?

232쪽

해법

이 문제를 어떻게 푸느냐는 어떤 프로그램을 디버깅하고 있느냐에 크게 좌우된다.

하지만 프로그램이 무작위적으로 죽는 데는 몇 가지 일반적인 원인이 있다.

1. 랜덤 변수(random variable): 프로그램 안에서 난수를 사용하거나, 프로그램을 실행할 때마다 똑같은 경로로 실행되지 않는 컴포넌트를 사용하고 있을 수 있다. 예를 들어 사용자 입력, 프로그램에서 생성된 난수, 프로그램 실행 시각 등이 이에 해당한다.

2. 초기화하지 않은 변수: 변수의 값이 초기화되지 않은 응용 프로그램의 경우, 어떤 프로그래밍 언어는 임의의 값을 해당 변수에 할당해 버린다. 그러다 보면 실행할 때마다 프로그램이 살짝 다른 경로로 실행될 수 있다.

3. 메모리 누수(memory leak): 프로그램의 메모리가 부족한 경우일 수 있다. 다른 원인으로는, 프로그램이 죽는 시점에 몇 개나 되는 프로세스가 돌고 있느냐에 따라서 다르기 때문에 완전히 랜덤이다. 힙 오버플로(heap overflow)나 데이터 손상(corruption of data) 등도 메모리 누수 범주에 포함된다.

4. 외부 의존성(external dependency): 프로그램이 다른 응용프로그램, 컴퓨터, 자원에 의존하고 있을 수 있다. 의존 관계가 많다면, 프로그램은 언제든지 죽을 수 있다.

문제를 추적하려면 응용 프로그램에 대한 정보를 가능한 한 많이 알아야 한다. 누가 실행하나? 그들이 하는 일은 무엇인가? 그 응용 프로그램은 어떤 종류의 프로그램인가?

프로그램이 정확히 같은 지점에서 죽지 않는다고 하더라도, 특정 컴포넌트나 시나리오를 실행할 때마다 죽는 경우가 있을 수 있다. 예를 들어, 프로그램을 실행하고 가만히 두면 절대로 죽지 않는다. 그런데 파일을 전부 로드하면 좀 있다가 죽는다고 가정하자. 그렇다면 그 이유는 파일 I/O와 같은 저수준 컴포넌트(lower level component) 때문일 수 있다.

이럴 때는 제외(elimination) 기법을 사용하면 좋다. 시스템에 깔린 다른 모든 프로그램을 닫는다. 사용 중인 자원을 조심스럽게 추적해 보자. 프로그램에 비활성화할 수 있는 부분이 있다면 그렇게 하라. 그런 다음 여러 다른 컴퓨터에서 실행해 보면서 같은 문제가 발생하는지 살펴본다. 더 많은 부분을 제외해 보면(혹은 바꾸어 보면) 문제를 추적하기도 더 쉽다.

특정한 상황의 발생 여부를 검사해주는 도구를 활용할 수도 있다. 예를 들어, 위의 2번 문제에 대해 조사하고자 한다면, 초기화되지 않은 변수가 있는지 검사하는 실행 시간(runtime) 도구를 활용할 수 있다.

이런 문제들은 오류에 접근하기 위해 이리저리 따져 사고할 능력이 지원자에게 있는지 알아보기 위한 문제이다. 아무 제안이나 생각나는 대로 던지면서 이곳저곳 찔러보기만 하는가? 아니면 논리적이고도 구조적인 형태로 문제를 살펴보는가? 후자가 바람직하다.

11.3 **체스 테스트:** 체스 게임에 다음과 같은 메서드가 있다. `boolean canMoveTo (int x, int y)`. 이 메서드는 Piece 클래스의 일부로, 체스 말이 (x, y) 지점으로 이동할 수 있는지 여부를 알려준다. 이 메서드를 어떻게 테스트할 것인지 설명하라.

232쪽

해법

이 문제를 풀 때에는 두 가지 주요 테스팅 기법을 활용해야 한다. 잘못된 입력에 대해서 비정상 종료되지 않음을 확인하기 위한 극단적 경우에 대한 검증(extreme case validation)과, 일반적 경우에 대한 테스팅(general case testing)을 시행한다. 우선 첫 번째 기법부터 적용해 보자.

테스팅 유형 #1: 극단적 경우에 대한 검증

입력이 잘못되거나 평범하지 않게 주어져도 프로그램은 우아하게 처리돼야 한다. 따라서 다음과 같은 조건들이 충족되는지 확인해야 한다.

- x나 y가 음수인 경우 테스트
- x가 체스판 폭보다 큰 경우 테스트
- y가 체스판 높이보다 큰 경우 테스트
- 체스판이 꽉 찬 경우 테스트
- 완전히 또는 거의 비어 있는 체스판 테스트
- 검은색 말보다 흰색 말이 훨씬 많은 경우 테스트
- 검은색 말이 흰색 말보다 훨씬 많은 경우 테스트

위의 오류 조건 각각에 대해서, 면접관에게 물어서 false를 반환하는지 아니면 예외를 던져야 하는지 확인한다. 그리고 그에 맞게 테스트한다.

테스팅 유형 #2: 일반적 테스팅

일반적 테스팅은 훨씬 포괄적이다. 이상적으로는 말을 놓을 수 있는 가능한 모든 방법을 두고 테스트해 보는 것이 좋지만, 그렇게 하면 테스트해야 할 것이 너무 많아진다. 대신, 적절한 범위의 표본들에 대해서 테스트를 시행한다.

체스에서는 여섯 종류의 말이 사용된다. 그러므로 하나의 말에 대해 가능한 모든 방향으로 나머지 말을 검사한다. 이 작업을 6 종류의 말에 대해 모두 한다. 대략 다음과 같은 코드를 사용하면 된다.

```
foreach 말 a에 대해:
    for each 다른 종류의 말 b에 대해 (6종류 + 빈 공간)
        foreach 방향 d에 대해
            a 말이 놓인 체스판 생성
            b 말을 d 방향에 놓는다.
            말을 이동시켜보고 반환값을 검사
```

이 문제를 풀 때의 핵심은 모든 가능한 시나리오를 전부 테스트할 수는 없음을 인식하는 것이다. 대신, 핵심적 영역에만 집중한다.

11.4 No 테스트 도구: 테스트 도구를 사용하지 않고 웹 페이지에 부하 테스트 (load test)를 실행하려면 어떻게 하면 되는가?

232쪽

해법

부하 테스트(load test)를 시행하면 어떤 웹 프로그램이 최대로 감당할 수 있는 용량이 얼마인지 알아낼 수 있고, 성능을 저해하는 병목 구간이 어디인지도 알아낼 수 있다. 마찬가지로, 부하 테스트를 통해 응용 프로그램이 부하 변동에 어떻게 반응하는지 살펴볼 수 있다.

부하 테스트를 하려면 성능이 중요한 시나리오를 찾고, 성능 목표치를 충족했는지 알아보는 데 사용되는 지표들을 확인해야 한다. 주로 사용되는 성능 지표들에는 다음과 같은 것들이 있다.

- 반응 시간(response time)
- 처리량(throughput)
- 자원 사용률(resource utilization)
- 시스템이 감내해낼 수 있는 최대 부하(maximum load)

그런 다음 부하를 가할 수 있는 테스트를 설계하여 이들 지표들의 대한 성능 수치를 얻는다.

형식화된 테스트 도구가 없는 경우 기본적으로는 스스로 만들어 내야 한다. 예를 들어, 동시 사용자에 관계된 부하는 수천 명의 가상 사용자를 만들어서 시뮬레이션해 볼 수 있다. 수천 개 스레드를 갖는 다중 스레드(multi-thread) 프로그램을 만들어서 스레드 각각이 페이지를 로드하는 실제 사용자를 시뮬레이션하게 만들면 된다. 그리고 각 가상 사용자가 프로그램적으로 응답 시간이나 I/O 속도 등을 측정하도록 한다.

그런 다음에는 테스트 동안 수집된 데이터를 분석하여 수용 가능한 기준 수치(accepted value)와 비교한다.

11.5 펜 테스트: 펜을 어떻게 테스트하겠는가?

232쪽

해법

이 문제는 제약조건을 이해하고 문제에 구조적으로 접근할 수 있는지를 확인하는 문제이다.

제약조건을 이해하려면 우선 여러분은 문제를 육하원칙 "누가, 무엇을, 어디서, 언제, 어떻게, 왜"에 따라 많은 질문을 던져야 한다. 좋은 테스터는 작업을 시작하기 전에 지금 테스트하는 것이 무엇인지부터 정확하게 이해하고 시작한다는 점을 기억하자.

이 문제를 푸는 데 사용된 기법을 설명하기 위해, 면접관과 다음과 같은 가상의 대화를 주고받았다고 가정한다.

- **면접관**: 펜을 테스트한다면 어떻게 하시겠습니까?
- **지원자**: 테스트할 펜에 대해 몇 가지 알아 보죠. 누가 사용하는 펜입니까?
- **면접관**: 아마도 아이들입니다.
- **지원자**: 재미있네요. 아이들은 펜으로 무엇을 합니까? 글씨를 쓰나요, 그림을 그리나요, 아니면 다른 일을 하나요?
- **면접관**: 그림을 그립니다.
- **지원자**: 아, 그렇군요. 어디다 그리나요? 종이입니까 옷입니까, 아니면 벽입니까?
- **면접관**: 옷에 그립니다.
- **지원자**: 그렇군요. 펜의 끝은 어떤 재질로 되어 있습니까? 펠트(felt)입니까? 아니면 볼펜 종류입니까? 그린 그림은 지워져야 합니까, 아니면 지워지지 않아야 합니까?
- **면접관**: 펠트 재질이고, 지울 수 있어야 합니다.

많은 질문이 오고 간 끝에, 여러분은 다음의 결론에 도달했다.

- **지원자**: 좋습니다. 제가 이해하기로는, 이 펜은 5살에서 10살의 어린아이들이 사용하는 펜이로군요. 펜의 글 쓰는 부분은 펠트 재질이고, 빨간색, 초록색, 파란색, 검은색의 펜을 사용할 수 있습니다. 그림을 그린 옷감을 세척하면 그림은 지워집니다. 맞습니까?

이제 지원자는 처음에 이해했던 것과는 완전히 달라진 문제를 풀어야 한다. 드문 상황이 아니다. 사실 많은 면접관은 명확해 보이는 질문을 의도적으로 던진다(펜이 무엇인지는 누구나 알고 있지 않은가!). 여러분이 보이는 것 이면에 숨은 의도를 발견할 자질이 있는지 보기 위해서다. 그들은 사용자도 마찬가지일 것이라 믿는다. 물론 사용자의 행동은 우연히 나오는 것이긴 하지만 말이다.

이제 테스트 대상에 대해 이해했으니, 어떻게 풀지 생각해 볼 차례이다. 핵심은 구조(structure)다.

문제나 테스트 대상의 구성요소들로 무엇이 있는지 살펴보고, 거기서부터 출발하라. 이 문제에서 고려해야 할 구성요소에는 다음과 같은 것들이 있다.

- **사실 검사**(fact check): 글 쓰는 부분이 펠트 재질인지 확인하고, 지정된 색의 잉크가 들어 있는지 확인한다.
- **의도된 사용법**(intended use): 이 펜이 옷감 위에 잘 써지는가?
- **의도된 사용법**(intended use): 옷에 그린 그림이 (설사 그린지 한참 지났다고 해도) 잘 지워지는가? 뜨거운 물, 미지근한 물, 찬물에서 지워지는가?
- **안전성**(safety): 펜이 아이들에게 무해한 물질로 만들어져 있는가?
- **의도하지 않은 사용**(unintended use): 아이들이 이 펜을 다른 용도로 사용하지는 않는가? 옷감이 아닌 다른 재질에서 펜을 사용할 수도 있으므로, 그런 상황에서 펜이 정상적으로 동작하는지를 확인해야 한다. 펜을 밟을 수도 있고, 던질 수도 있다. 이런 상황을 정상적으로 감내하는지도 확인해야 한다.

어떤 테스트 문제를 받더라도, 정상적으로 사용하는 경우와 비정상적으로 사용하는 경우를 함께 테스트해야 한다. 사람들은 제품을 의외의 방법으로 사용하기도 한다.

11.6 **ATM 테스트**: 분산 은행 업무 시스템을 구성하는 ATM을 어떻게 테스트하겠는가?

232쪽

해법

이 문제를 풀 때 첫 번째로 해야 하는 일은 가정을 분명히 하는 것이다. 다음과 같은 질문을 던져라.

· ATM의 사용자는 누구인가? '아무나'일 수도 있고, '시각 장애인'일 수도 있다. 답은 다양하다.
· 무슨 용도로 사용하는가? '인출', '이체', '조회' 등등
· 테스트에 사용할 수 있는 도구로는 어떤 것이 있나? 코드를 살펴볼 수 있나? 아니면 ATM 기계만 통째로 주어지나?

기억하라. 훌륭한 테스터는 자신이 무엇을 테스트하는지 이해하고 있다!

시스템의 형상을 이해하고 나면, 문제를 테스트 가능한 컴포넌트로 나누어야 한다. 다음과 같은 컴포넌트들이 있을 수 있다.

· 로그인
· 인출
· 입금
· 조회
· 이체

수동 테스트(manual test)와 자동화된 테스트(automated test)를 혼합하여 테스트할 것이다.

수동으로 위에 언급한 컴포넌트들을 단계적으로 테스트한다면 모든 오류의 경우를 검사할 수 있어야 한다(잔액 부족, 신규 계좌, 존재하지 않는 계좌 등등).

자동화된 테스트는 좀 더 까다롭다. 앞서 살핀 모든 표준적 시나리오들을 자동화해야 하고, 경쟁 상태(race condition)와 같은 특별한 상황에서의 문제가 발생하지 않는지 살펴봐야 한다. 이상적으로는 가장 계좌들로 구성된 폐쇄 시스템(closed system)을 구성하여, 서로 다른 지역에 있는 누군가가 자금을 빠른 속도로 인출하고 입금하더라도 비정상적으로 많은 돈이 인출되거나 자금이 사라지는 일이 벌어지지는 않는지 확인해야 한다.

그리고 무엇보다도, 보안(security)과 안정성(reliability)을 최우선으로 테스트해야 한다. 고객의 계좌는 항상 안전해야 하며, 현금 액수도 정확하게 유지되어야 한다. 에러 때문에 자금 손실을 겪는 고객이 있어서는 안 된다. 훌륭한 테스터는 시스템에 관계된 이러한 우선순위를 이해하고 있어야만 한다.

지식 기반

12
C와 C++ 해법

12.1 **마지막 K줄**: C++를 사용하여 입력 파일의 마지막 K줄을 출력하는 메서드를 작성하라.

240쪽

해법

생각할 수 있는 무식한 방법은 파일의 행 수(N)를 센 다음에 N-K부터 N행까지를 출력하는 것이다. 하지만 이렇게 하려면 파일을 두 번 읽어야 하므로, 불필요한 비용이 발생한다. 한 번만 읽고도 마지막 K행을 출력할 수 있는 방법이 필요하다.

마지막 K개의 행을 보관할 수 있는 배열을 사용하면 된다. 새로운 행을 읽을 때마다, 가장 오래된 행을 배열에서 제거한다.

그러려면 배열 내의 원소를 매번 이동시켜야 하는데 이렇게 구현하면 아주 비효율적이다. 하지만 비효율적이지 않게 할 수 있는 방법이 있다. 배열을 매번 옮기는 대신, 환형 배열(circular array)을 사용하면 된다.

환형 배열을 만들고, 가장 오래된 배열 원소를 새로 읽은 행으로 바꿔치기 한다. 가장 오래된 배열 원소는 별도의 변수로 추적한다. 그리고 새로운 항목이 추가될 때마다 그 값을 갱신한다.

아래는 환형 배열에 대한 예제이다.

```
단계 #1 (초기):   array = {a, b, c, d, e, f}. p = 0
단계 #2 (g 삽입): array = {g, b, c, d, e, f}. p = 1
단계 #3 (h 삽입): array = {g, h, c, d, e, f}. p = 2
단계 #4 (i 삽입): array = {g, h, i, d, e, f}. p = 3
```

아래는 이 알고리즘을 구현한 코드이다.

```
void printLast10Lines(char* fileName) {
    const int K = 10;
    ifstream file (fileName);
    string L[K];
    int size = 0;

    /* 파일을 한 줄씩 읽어서 환형 배열에 넣는다. */
    /* peek()가 EOF인 경우에 별도의 줄로 인식하지 않는다. */
    while (file.peek() != EOF) {
        getline(file, L[size % K]);
        size++;
    }

    /* 환형 배열의 시작점과 크기 계산 */
```

```
    int start = size > K ? (size % K) : 0;
    int count = min(K, size);
    /* 읽은 순서대로 원소의 값을 출력 */
    for (int i = 0; i < count; i++) {
        cout << L[(start + i) % K] << endl;
    }
}
```

전체 파일을 읽을 것이지만, 메모리에는 그중 열 개의 행만 보관될 것이다.

12.2 **문자열 뒤집기:** C 혹은 C++를 사용하여 null로 끝나는 문자열을 뒤집는 함
수 void reverse(char* str)을 작성하라.

240쪽

해법

전형적인 면접 문제다. 유일하게 신경 쓸 점은 제자리(in-place)에서 뒤집기를 시
도해야 한다는 것과 null 문자에 유의해야 한다는 것이다.

  C로 구현할 것이다.

```
void reverse(char *str) {
    char* end = str;
    char tmp;
    if (str) {
        while (*end) { /* 문자열의 마지막 지점 찾기 */
            ++end;
        }
        --end; /* 마지막 문자는 null이므로 하나 뒤로 간다. */

        /* 두 포인터가 가운데서 만날 때까지 문자열의 시작 문자와 마지막 문자를
         * 서로 바꿔준다. */
        while (str < end) {
            tmp = *str;
            *str++ = *end;
            *end-- = tmp;
        }
    }
}
```

이 코드는 문제를 푸는 여러 가지 방법 중 하나에 불과하다. 좋은 방법은 아니지만
심지어 재귀로도 이 문제를 풀 수 있다.

12.3 **해시테이블 vs. STL map:** 해시테이블과 STL map을 비교하고 장단점을 논하
라. 해시테이블은 어떻게 구현되는가? 입력의 개수가 적다면, 해시테이블
대신 어떤 자료구조를 활용할 수 있겠는가?

240쪽

해법

해시테이블의 값(value)은 키(key)에 대한 해시 함수를 호출하여 저장한다. 값은

정렬된 순서로 보관되지 않는다. 또한, 해시테이블은 값을 저장한 인덱스를 찾기 위해 키를 사용한다. 삽입 및 탐색 연산은 분할상환(amortized)적으로 O(1) 시간에 수행된다(충돌이 적다는 가정하에). 해시테이블의 경우, 잠재적 충돌을 고려해서 구현해야 한다. 보통은 충돌되는 값을 서로 연결하여(chaining) 이 문제를 해결한다. 즉, 특정 키에 대응되는 인덱스 위치에 모든 값을 연결리스트로 묶는다.

STL map은 키를 기준으로 만든 이진 탐색 트리에 키(key)/값(value) 쌍을 보관한다. 충돌을 처리할 필요가 없고, 트리의 균형이 유지되므로 삽입 및 탐색 시간은 O(logN)이 보장된다.

해시테이블은 어떻게 구현하나?

해시테이블은 보통 연결리스트 배열로 구현한다. 키와 값의 쌍을 저장하려면 해시 함수를 사용해서 키값을 배열의 인덱스 값으로 대응시킨 다음에 해당 위치에 있는 연결리스트에 값을 삽입한다.

배열 내 특정 인덱스의 연결리스트에 보관되는 값들은 동일한 키를 갖고 있지 않다. 같은 것은 hashFunction(key) 값뿐이다. 따라서 특정 키 값을 가지고 그에 상응하는 값을 추출하기 위해서는 각각의 노드에 값뿐만 아니라 키도 저장해야 한다.

요약하자면, 해시테이블은 연결리스트의 배열이며 연결리스트의 각 노드는 키와 값이 함께 저장되어 있다. 설계 시 유의해야 할 사항은 다음과 같다.

1. 키들이 잘 분배되도록 좋은 해시 함수를 사용해야 한다. 키 값이 잘 분배되지 않으면 충돌이 많이 생기고 그러면 원소를 찾는 성능이 떨어진다.
2. 아무리 우수한 해시 함수를 쓰더라도 충돌을 피할 수는 없기 때문에, 충돌을 처리하는 방법을 구현해야 한다. 이 뜻은 대개 연결리스트를 사용한다는 말이지만, 다른 방법도 있다.
3. 용량에 따라 해시테이블의 크기를 동적으로 늘리고 줄일 수 있어야 한다. 예를 들어, 테이블 크기와 저장된 원소의 개수의 비율이 특정한 임계치(threshold)를 초과하면 해시테이블 크기를 늘려야 한다. 그러려면 새로운 해시테이블을 생성한 뒤 이전 테이블에서 새 테이블로 원소들을 옮겨야 할 수 있다. 이 연산에 따르는 비용이 비싸므로 너무 자주하지 않도록 한다.

입력되는 항목의 수가 적다면 해시테이블 대신 무엇을 사용할 수 있겠는가?

STL map이나 이진 트리를 사용할 수 있다. 물론 O(logN) 시간이 걸리겠지만, 입력되는 데이터의 수가 적으므로 성능 저하는 무시할 만하다.

12.4 가상 함수: C++의 가상 함수 동작 원리는?

해법

가상 함수는 'vtable', 혹은 가상 테이블(virtual table)에 의존한다. 어떤 클래스의 함수가 virtual로 선언되어 있으면, 해당 클래스의 가상 함수 주소를 보관하는 vtable이 만들어진다. 컴파일러는 또한 해당 클래스의 vtable을 가리키는 vptr이라는 숨겨진 변수(hidden variable)를 해당 클래스에 추가한다. 하위 클래스가 상위 클래스의 가상 함수를 오버라이드(override)하지 않으면 하위 클래스의 vtable은 상위 클래스의 가상 함수 주소를 보관한다. 이 vtable을 사용하여 가상 함수가 호출될 때 어느 주소에 있는 함수가 호출되어야 하는지를 결정한다. C++의 동적 바인딩(dynamic binding)은 이 가상 테이블 메커니즘을 사용하여 실행된다.

따라서 하위 클래스 객체에 대한 포인터를 상위 클래스 객체에 대한 포인터에 할당하면, vptr 변수는 하위 클래스의 vtable을 가리킨다. 이렇게 배정되므로 최하위 클래스의 가상 함수가 호출되는 것이다.

아래의 코드를 보자.

```cpp
class Shape {
  public:
    int edge_length;
    virtual int circumference () {
        cout << "Circumference of Base Class\n";
        return 0;
    }
};

class Triangle: public Shape {
  public:
    int circumference () {
        cout << "Circumference of Triangle Class\n";
        return 3 * edge_length;
    }
};

void main() {
    Shape * x = new Shape();
    x->circumference(); // "Circumference of Base Class"
    Shape *y = new Triangle();
    y->circumference(); // "Circumference of Triangle Class"
}
```

위의 예제에서 circumference는 Shape 클래스의 가상 함수다. 따라서 모든 하위 클래스(Triangle 등)에서도 circumference는 가상 함수가 된다. C++의 비가상 함수에 대한 호출은 컴파일 시간에 정적 바인딩을 통해 처리되지만, 가상 함수에 대한 호출은 동적 바인딩을 통해 처리된다.

12.5 얕은 복사 vs. 깊은 복사: 얕은 복사(shallow copy)와 깊은 복사(deep copy)는 어떻게 다른가? 이 각각을 어떻게 사용할 것인지 설명하라.

241쪽

해법

얕은 복사(shallow copy)는 한 객체의 모든 멤버 변수의 값을 다른 객체로 복사한다. 깊은 복사(deep copy)의 경우에는 그뿐 아니라 포인터 변수가 가리키는 모든 객체에 대해서도 시행한다.

아래는 얕은 복사와 깊은 복사에 대한 예제이다.

```
struct Test {
    char * ptr;
};

void shallow_copy(Test & src, Test & dest) {
    dest.ptr = src.ptr;
}

void deep_copy(Test & src, Test & dest) {
    dest.ptr = (char*)malloc(strlen(src.ptr) + 1);
    strcpy(dest.ptr, src.ptr);
}
```

shallow_copy를 사용할 경우 객체 생성과 삭제에 관련된 많은 프로그래밍 오류가 프로그램 실행 시간에 발생할 수 있다. 따라서 얕은 복사는 프로그래머 자신이 무엇을 하려고 하는지 잘 이해하고 있는 상황에서 주의하여 사용해야 한다. 대부분의 경우, 얕은 복사는 실제 데이터를 복제하지 않고서 복잡한 자료구조에 관한 정보를 전달하고자 할 때 사용한다. 얕은 복사로 만들어진 객체를 삭제할 때에는 조심해야 한다.

실제로는 얕은 복사는 거의 사용되지 않는다. 대부분의 경우에는 깊은 복사를 사용해야 하는데, 복사되는 자료구조의 크기가 작을 때에는 더더욱 그러하다.

12.6 Volatile: C에서 volatile이라는 키워드는 어떤 중요한 의미를 갖는가?

241쪽

해법

volatile 키워드는 컴파일러에게 해당 변수의 값이 외부에 의해 바뀔 수 있음을 알려준다. 해당 변수를 선언한 코드 내에서 변경하지 않아도 바뀔 수 있다. 해당 변수의 값은 운영체제에 의해, 하드웨어에 의해, 아니면 다른 스레드에 의해 변경될 수 있다. 그 값이 예상치 않은 순간에 변경될 수 있으므로, 컴파일러는 항상 메모리에서 해당 변수의 값을 다시 읽어온다.

volatile 정수 변수는 다음과 같이 선언한다.

```
int volatile x;
volatile int x;
```

volatile 정수 변수에 대한 포인터는 다음과 같이 선언한다.

```
volatile int * x;
int volatile * x;
```

volatile 포인터가 volatile이 아닌 데이터를 가리키는 일은 별로 없지만, 어쨌던 수행할 수는 있다.

```
int * volatile x;
```

volatile 메모리에 대한 volatile 포인터를 선언하고 싶으면(포인터 주소와 메모리 모두 volatile) 다음과 같이 하면 된다.

```
int volatile * volatile x;
```

volatile 변수는 최적화되지 않는데, 그래서 매우 유용하게 사용할 수도 있다. 아래의 함수를 보자.

```
int opt = 1;
void Fn(void) {
  start:
    if (opt == 1) goto start;
    else break;
}
```

언뜻 보기에 이 코드는 무한루프에 빠질 것 같다. 컴파일러는 이 코드를 다음과 같이 최적화할 것이다.

```
void Fn(void) {
  start:
    int opt = 1;
    if (true)
    goto start;
}
```

무한루프에 빠지기는 하지만 외부에서 opt의 값을 0으로 변경하면 무한루프를 빠져나올 수 있다.

　컴파일러가 이런 최적화를 하는 것을 방지하기 위해 시스템의 다른 부분이 특정한 변수의 값을 변경할 수 있다고 알려줄 수가 있는데, 이때 volatile을 사용한다. 아래의 코드를 보자.

```
volatile int opt = 1;
void Fn(void) {
  Start:
    if (opt == 1) goto start;
```

```
      else break;
}
```

volatile 변수는 다중 스레드 프로그램에 전역 변수가 존재하고 아무 스레드나 값을 바꿀 수 있도록 허용하고자 할 때 유용하다. 이런 변수에는 최적화가 적용되면 안 된다.

12.7 가상 상위 클래스: 상위 클래스의 소멸자를 virtual로 선언해야 하는 이유는 무엇인가?

241쪽

해법

가상 메서드라는 것이 왜 필요한 것인지부터 따져 본다. 다음과 같은 코드를 예로 들어 보자.

```
class Foo {
  public:
    void f();
};

class Bar : public Foo {
  public:
    void f();
}

Foo * p = new Bar();
p->f();
```

p->f()를 호출하면 Foo::f()가 호출된다. p가 Foo에 대한 포인터이며, f()가 virtual로 선언되어 있지 않기 때문이다.

p->f()가 Bar::f()를 호출하도록 하기 위해서는 f()를 가상 함수로 선언해야 한다.

이제 소멸자(destructor) 문제로 되돌아가 보자. 소멸자는 메모리와 자원을 반환하기 위해 쓰인다. Foo의 소멸자가 가상 소멸자로 선언되어 있지 않으면 Foo의 소멸자가 호출될 것이다. p가 Bar 객체를 가리키고 있다고 하더라도 말이다.

소멸자를 가상 메서드로 선언해야 하는 이유가 바로 이것 때문이다. 포인터가 가리키는 객체의 실제 소멸자가 호출되도록 보장하고 싶은 것이다.

12.8 노드 복사: Node의 포인터를 인자로 받은 뒤 해당 포인터가 가리키는 객체를 완전히 복사하고 복사된 객체를 반환하는 메서드를 작성하라. Node 객체 안에는 다른 Node 객체를 가리키는 포인터가 두 개 있다.

241쪽

해법

이 알고리즘은 원래 자료구조의 노드 주소를 새로운 자료구조의 어떤 노드에 대응시켰는지를 저장한다. 이 대응 관계를 통해 해당 구조에 대한 깊이 우선 탐색을 진행하는 동안 이전에 복사를 마친 노드를 식별해 낼 수 있다. 탐색을 진행하다 보면 방문한 노드를 표시해 두어야 하는 일이 발생하는데, 표시해 두는 방법은 여러 가지가 있으며 꼭 노드에 그 표시를 저장해 둘 필요는 없다.

따라서 다음과 같은 간단한 재귀적 알고리즘으로 구현할 수 있다.

```
typedef map NodeMap;

Node * copy_recursive(Node * cur, NodeMap & nodeMap) {
    if (cur == NULL) {
        return NULL;
    }

    NodeMap::iterator i = nodeMap.find(cur);
    if (i != nodeMap.end()) {
        // 방문한 적이 있으므로 복사본을 반환한다.
        return i->second;
    }

    Node * node = new Node;
    nodeMap[cur] = node; // 링크를 탐색하기 전에 현재의 대응 관계를 저장한다.
    node->ptr1 = copy_recursive(cur->ptr1, nodeMap);
    node->ptr2 = copy_recursive(cur->ptr2, nodeMap);
    return node;
}

Node * copy_structure(Node * root) {
    NodeMap nodeMap; // 비어 있는 상태의 map이 필요하다.
    return copy_recursive(root, nodeMap);
}
```

12.9　스마트 포인터: 스마트 포인터(smart pointer) 클래스를 작성하라. 스마트 포인터는 보통 템플릿으로 구현되는 자료형인데, 포인터가 하는 일을 흉내 내면서 쓰레기 수집(garbage collection)과 같은 작업을 처리한다. 즉, 스마트 포인터는 SmartPointer 타입의 객체에 대한 참조 횟수를 자동으로 센 뒤, T 타입 객체에 대한 참조 개수가 0에 도달하면 해당 객체를 반환한다.

해법

스마트 포인터는 일반 포인터와 같지만 자동적으로 메모리를 관리할 수 있는 기능 덕에 좀 더 안전하다. 끊긴 포인터(dangling pointer), 메모리 누수, 할당 오류 등의 문제를 피할 수 있다. 스마트 포인터는 주어진 객체에 대한 모든 참조에 대해, 하나의 참조 카운터(counter)를 유지해야 한다.

얼핏 문제가 대단히 어려워 보인다. C++ 전문가가 아니라면 더더욱 그렇게 느낄 것이다. 이 문제를 푸는 방법 중 하나는 문제를 두 단계로 나누는 것이다. (1) 의사 코드를 사용해 얼개를 잡고 (2) 상세 코드를 구현해 나간다.

접근 방법은 다음과 같다. 새로운 참조를 추가하면 참조 카운터 변수를 증가시키고, 참조를 제거하면 감소시킨다. 의사코드로 표현하면 다음과 같다.

```
template class SmartPointer {
    /* 스마트 포인터 클래스는 객체 자신과 참조 카운터 변수에 대한 포인터 두 개가
     * 필요하다. 실제 객체 혹은 참조 카운터 값을 사용하는 대신 반드시 포인터를
     * 사용해야 하는데, 스마트 포인터를 쓰는 목적이 여러 스마트 포인터가 하나의
     * 객체에 대한 참조 카운터를 추적하려는 것이기 때문이다. */
    T * obj;
    unsigned * ref_count;
}
```

생성자와 소멸자가 필요하다는 것을 알고 있으므로, 그것부터 추가하자.

```
SmartPointer(T * object) {
    /* T * obj의 값을 설정하고, 참조 카운터를 1로 설정한다. */
}

SmartPointer(SmartPointer& sptr) {
    /* 이 생성자는 기존 객체를 가리키는 새로운 스마트 포인터를 생성한다.
     * 우선 obj와 ref_count를 sptr의 obj와 ref_count와 같게 설정한다.
     * 그런 다음에는 obj에 대한 새로운 참조를 만들어야 하므로 ref_count를 하나
     * 증가시켜야 한다. */
}

~SmartPointer(SmartPointer sptr) {
    /* 객체에 대한 참조를 삭제한다. ref_count를 감소시킨다.
     * 만약에 ref_count가 0이 된다면, 해당 정수값에 의해 생성된 메모리 주소를
     * 반환하고 해당 객체를 삭제한다. */
}
```

참조를 만드는 방법이 하나 더 있다. 하나의 SmartPointer를 다른 SmartPointer에 대입하는 것이다. = 연산자를 오버로딩하여 구현할 수도 있지만 지금은 아래와 같이 스케치해 두자.

```
onSetEquals(SmartPoint ptr1, SmartPoint ptr2) {
    /* 만약 ptr1에 어떤 값이 배정되어 있으면, 참조 카운트를 감소시킨다.
     * 그런 다음, 포인터를 obj와 ref_count에 복사한다.
     * 마지막으로, 새로운 참조를 생성했으므로 ref_count를 증가시킨다. */
}
```

이런 접근법을 취하면, 복잡한 C++ 코드를 채워넣지 않고서도 꽤 많은 것을 해낼 수 있다. 세부사항들을 채워 넣기만 하면 이 코드는 완성된다.

```
template <class T> class SmartPointer {
  public:
    SmartPointer(T * ptr) {
        ref = ptr;
```

```
        ref_count = (unsigned*)malloc(sizeof(unsigned));
        *ref_count = 1;
    }

    SmartPointer(SmartPointer<T> & sptr) {
        ref = sptr.ref;
        ref_count = sptr.ref_count;
        ++(*ref_count);
    }

    /* = 연산자를 오버라이드해서 하나의 스마트 포인터를 다른 스마트 포인터에
     * 대입하려는 경우 이전의 참조 카운터는 하나 감소시키고 새로운 스마트 포인터의
     * 참조 포인터는 증가시킨다. */
    SmartPointer<T> & operator=(SmartPointer<T> & sptr) {
        if (this == &sptr) return *this;

        /* 이미 객체에 할당되어 있으며, 참조를 하나 삭제한다. */
        if (*ref_count > 0) {
            remove();
        }

        ref = sptr.ref;
        ref_count = sptr.ref_count;
        ++(*ref_count);
        return *this;
    }

    ~SmartPointer() {
        remove(); // 객체에 대한 참조를 하나 삭제한다.
    }

    T getValue() {
        return *ref;
    }

protected:
    void remove() {
        --(*ref_count);
        if (*ref_count == 0) {
            delete ref;
            free(ref_count);
            ref = NULL;
            ref_count = NULL;
        }
    }

    T * ref;
    unsigned * ref_count;
};
```

이 코드는 꽤나 복잡해서, 면접관도 여러분이 이 코드를 완벽하게 작성하리라고 기대하지 않을 것이다.

12.10 메모리 할당: 반환되는 메모리의 주소가 2의 승수(power of two)로 나누어 지도록 메모리를 할당하고 반환하는 malloc과 free 함수를 구현하라.

align_malloc(1000,128)은 1000바이트 크기의 메모리를 반환하는데, 이 메모리의 주소는 128의 배수다.

aligned_free()는 align_malloc이 할당한 메모리를 반환한다.

241쪽

해법

보통 malloc을 사용하면 메모리가 힙(heap) 내부에 할당될 위치를 선택할 수 없다. 힙 내부의 임의 주소에서 시작하는 메모리 블록 하나에 대한 포인터를 얻을 수 있을 뿐이다.

따라서 주어진 값으로 나눌 수 있는 메모리 주소를 반환할 수 있도록 충분한 크기의 메모리를 요구하여 이 제약조건을 극복해야 한다.

우리가 100바이트 크기의 메모리를 요청하며, 이 메모리의 시작 주소가 16으로 나누어 떨어지도록 한다고 하자. 그러려면 추가로 15바이트의 메모리가 더 필요하다. 이 15바이트와 100바이트를 연속되도록 할당하면 100바이트의 여유 공간과 16으로 나누어지는 메모리 시작 주소를 얻을 수 있다.

다음과 같이 하면 된다.

```
void* aligned_malloc(size_t required_bytes, size_t alignment) {
    int offset = alignment - 1;
    void* p = (void*) malloc(required_bytes + offset);
    void* q = (void*) (((size_t)(p) + offset) & ~(alignment - 1));
    return q;
}
```

네 번째 줄은 좀 까다로워서 설명이 필요하다. alignment가 16이라고 가정하자. p의 첫 16 메모리 주소 가운데 어딘가는 16으로 나누어지는 값일 것이다. (p+ 15) & 11..10000으로 해당 주소에 접근할 수 있다. p + 15의 마지막 4비트와 0000을 AND하면 값은 16으로 나누어 떨어진다(p이거나 아니면 뒤따라오는 주소 15개 중 하나).

이 해법은 '거의' 완벽한데, 문제가 하나 있다. 할당받은 메모리는 어떻게 반환할지에 대한 것이다.

추가로 15바이트를 할당하였으므로, '실제' 메모리를 반환할 때 15 바이트도 함께 반환해야 한다.

이 '추가' 메모리에 전체 메모리 블록의 시작 주소를 저장해 두면 그 문제를 해결할 수 있다. 메모리 블록 시작 위치 바로 앞에 저장할 것이다. 물론 그러려면 이 포인터를 저장할 공간을 확보하기 위해 필요한 것보다 더 많은 메모리를 할당해야 할 수도 있다.

결국 해당 포인터를 위한 조정된 주소와 공간을 모두 확보하려면 alignment - 1 + sizeof(void*)만큼의 추가 메모리가 필요하다.

아래는 이 방법을 구현한 코드이다.

```
void* aligned_malloc(size_t required_bytes, size_t alignment) {
    void* p1; // 초기 블록
    void* p2; // 초기 블록 안에서 위치가 조정된 블록
    int offset = alignment - 1 + sizeof(void*);
    if ((p1 = (void*)malloc(required_bytes + offset)) == NULL) {
        return NULL;
    }
    p2 = (void*)(((size_t)(p1) + offset) & ~(alignment - 1));
    ((void **)p2)[-1] = p1;
    return p2;
}

void aligned_free(void *p2) {
    /* 일관성 유지를 위해 aligned_malloc과 같은 이름 사용 */
    void* p1 = ((void**)p2)[-1];
    free(p1);
}
```

포인터 연산이 나와 있는 9번째 줄부터 15번째 줄까지를 살펴보자. p2를 void**로 처리하거나 void*'s로 처리한다면, index - 1을 통해 p1을 가져올 수 있다.

aligned_free가 어떻게 동작하는지 살펴보자. aligned_free 메서드에서 반환되는 값과 같은 p2를 인자로 전달한다. 전체 메모리 블록의 앞부분을 가리키는 p1의 값은 p2 바로 앞에 저장되어 있다. p1을 반환하면 전체 메모리 블록의 할당을 해제한다.

12.11 2D 할당: my2DAlloc이라는 함수를 C로 작성하라. 이 함수는 2차원 배열을 할당하는데, malloc 호출 횟수는 최소화하고 반환된 메모리를 arr[i][j]와 같은 형태로 사용할 수 있어야 한다.

242쪽

해법

아는 내용이겠지만, 2차원 배열은 결국 배열의 배열이다. 배열에 포인터를 사용하므로, 2차원 배열을 생성하려면 포인터의 포인터가 필요하다.

기본 아이디어는 포인터의 1차원 배열을 만드는 것이다. 그리고 그 포인터 각각에 새로운 1차원 배열을 생성하여 할당하는 것이다. 이렇게 하면 배열 인덱스를 통해 접근 가능한 2차원 배열을 얻을 수 있다.

다음은 이를 구현한 코드이다.

```
int** my2DAlloc(int rows, int cols) {
    int** rowptr;
    int i;
    rowptr = (int**) malloc(rows * sizeof(int*));
    for (i = 0; i < rows; i++) {
        rowptr[i] = (int*) malloc(cols * sizeof(int));
    }
    return rowptr;
}
```

위의 코드에서 rowptr의 각 인덱스에 새로운 1차원 배열을 할당하고 있음을 눈여겨 보기 바란다. 다음의 다이어그램은 메모리에 어떻게 할당이 되었는지를 표현하고 있다.

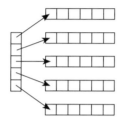

이 메모리를 반환한다고 rowptr에 그냥 free를 호출해서는 안 된다. 첫 malloc 호출에 의한 메모리뿐만 아니라 이어서 호출된 부분에 대해서도 반환해야 하기 때문이다.

```
void my2DDealloc(int** rowptr, int rows) {
    for (i = 0; i < rows; i++) {
        free(rowptr[i]);
    }
    free(rowptr);
}
```

메모리를 여러 블록으로 나누어 할당하는 대신(행별로 한 블록을 할당하고, 그 각 행의 위치를 보관하는 블록 하나를 추가로 할당) 이를 연속된 메모리 블록에 할당할 수도 있다. 개념적으로 보면, 다섯 개 행과 여섯 개 열로 구성된 2차원 배열은 다음과 같이 구성할 수 있다.

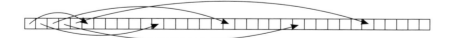

2차원 배열이 이런 식으로 표현된 것이 이상해 보일 수도 있겠지만, 기본적으로 아까 살펴본 다이어그램과 별 차이가 없다. 유일한 차이점이라면 메모리가 하나의 연

속된 블록으로 구성되어 있다는 것이다. 따라서 처음 다섯 원소는 같은 메모리 블록 내의 어딘가를 가리키게 된다.

이를 구현하면 다음과 같다.

```
int** my2DAlloc(int rows, int cols) {
    int i;
    int header = rows * sizeof(int*);
    int data = rows * cols * sizeof(int);
    int** rowptr = (int**)malloc(header + data);
    if (rowptr == NULL) return NULL;

    int* buf = (int*) (rowptr + rows);
    for (i = 0; i < rows; i++) {
        rowptr[i] = buf + i * cols;
    }
    return rowptr;
}
```

위의 코드에서 11번째 줄부터 13번재 줄까지를 주의 깊게 살펴보자. 행이 5개, 열이 6개라면, array[0]은 array[5]를 가리키고, array[1]은 array[11]을 가리킨다.

따라서 array[1][3]을 호출하면 컴퓨터는 array[1]을 뒤져보는데, 사실 array[1]은 메모리 내의 다른 위치, 즉 array[5]를 가리키는 포인터다. 이 원소는 자체 배열로 취급되고, 따라서 해당 배열의 3번째 원소(0부터 시작해서)를 취하면 된다.

2차원 배열을 이렇게 malloc을 한 번만 사용해서 구성하면 좋은 점이 있다. 메모리를 반환할 때도 남은 데이터 블록을 반환해주는 특별한 함수를 사용하는 대신 free를 단 한 번만 호출하여 반환할 수 있다.

13
자바 해법

13.1 private 생성자: 상속 관점에서 생성자를 private로 선언하면 어떤 효과가 있나?

246쪽

해법

생성자가 private으로 선언된 class A는, A의 private 메서드에 접근이 가능해야만 생성자를 호출할 수 있다는 것을 의미한다. A가 아닌 누군가가 A의 private 메서드와 생성자에 접근할 수 있을까? A의 내부 클래스만이 할 수 있다. 또한 A가 Q의 내부 클래스라면 Q의 다른 내부 클래스도 호출할 수 있다.

부분 클래스가 부모의 생성자를 호출할 수 있기 때문에 이는 상속에 직접적인 영향을 끼친다. 클래스 A는 상속받을 수 있는데, 자기 자신 아니면 부모의 내부 클래스에 의해서만 가능하다.

13.2 finally에서의 반환: 자바의 finally 블록은 try-catch-finally의 try 블록 안에 return 문을 넣어도 실행되는가?

246쪽

해법

실행된다. finally 블록은 try 블록이 종료되는 순간 실행된다. try 블록에서 벗어나려고 해도(return, continue, break 혹은 exception을 통해서), finally 블록은 실행될 것이다.

다음과 같은 경우에는 finally 블록이 실행되지 않는다.

· try/catch 블록 수행 중에 가상 머신(virtual machine)이 종료됨
· try/catch를 수행하고 있던 스레드가 죽어버림(killed)

13.3 final과 그 외: final, finally, finalize의 차이는?

246쪽

해법

final, finally, finalize는 비슷한 키워드임에도 용도는 아주 다르다. 아주 일반적인 용어로 설명하자면, final은 변수나 메서드 또는 클래스가 '변경 불가능'하도록

만든다. finally 키워드는 try/catch 블록이 종료될 때 항상 실행될 코드 블록을 정의하기 위해 사용된다. finalize() 메서드는 쓰레기 수집기(garbage collector)가 더 이상의 참조가 존재하지 않는 객체를 메모리에서 삭제하겠다고 결정하는 순간 호출된다.

다음은 이 키워드와 메서드에 대한 상세한 설명이다.

final

final은 사용되는 문맥에 따라 그 의미가 다르다.

- 원시(primitive) 변수에 적용하면: 해당 변수의 값은 변경이 불가능하다.
- 참조(reference) 변수에 적용하면: 참조 변수가 힙 내의 다른 객체를 가리키도록 변경할 수 없다.
- 메서드에 적용하면: 해당 메서드를 오버라이드할 수 없다.
- 클래스에 적용하면: 해당 클래스의 하위 클래스를 정의할 수 없다.

finally

finally는 선택적으로 try 혹은 catch 블록 뒤에 정의할 때 사용한다. finally 블록은 예외가 발생하더라도 항상 실행된다(자바 가상 머신(JVM)이 try 블록 실행 중에 종료되는 경우는 제외한다). finally 블록은 종종 뒷마무리 코드를 작성하는 데 사용된다. finally 블록은 try와 catch 블록 다음과, 통제권이 이전으로 다시 돌아가기 전 사이에 실행된다.

아래 예제를 통해 어떻게 사용되는지 살펴보라.

```
public static String lem() {
    System.out.println("lem");
    return "return from lem";
}

public static String foo() {
    int x = 0;
    int y = 5;
    try {
        System.out.println("start try");
        int b = y / x;
        System.out.println("end try");
        return "returned from try";
    } catch (Exception ex) {
        System.out.println("catch");
        return lem() + " | returned from catch";
    } finally {
        System.out.println("finally");
    }
}
```

```java
public static void bar() {
    System.out.println("start bar");
    String v = foo();
    System.out.println(v);
    System.out.println("end bar");
}

public static void main(String[] args) {
    bar();
}
```

이 코드의 출력은 다음과 같다.

```
start bar
start try
catch
lem
finally
return from lem | returned from catch
end bar
```

출력의 3번 줄부터 5번 줄까지를 자세히 살펴보라. 함수 호출 내부에 있는 return 문을 포함해서 catch 블록이 완전히 실행된 후에 실제로 반환한다.

finalize()

finalize() 메서드는 쓰레기 수집기가 객체를 해제하기 전에 호출하는 메서드다. Object 클래스의 finalize() 메서드를 오버라이드해서 맞춤별 쓰레기 수집기를 정의할 수도 있다.

```java
protected void finalize() throws Throwable {
    /* 파일 닫기, 자원 반환 등등 */
}
```

13.4 **제네릭 vs. 템플릿**: 자바 제네릭(generic)과 C++ 템플릿(template)의 차이를 설명하라.

246쪽

해법

많은 프로그래머들은 List<String>처럼 코드를 작성할 수 있다는 이유에서 템플릿과 제네릭을 동등한 개념으로 본다. 하지만 두 언어가 이를 처리하는 방법은 아주 많이 다르다.

자바의 제네릭은 타입 제거(type erasure)라는 개념에 근거한다. 이 기법은 소스 코드를 자바 가상 머신(JVM)이 인식하는 바이트 코드로 변환할 때 인자로 주어진 타입을 제거하는 기술이다.

예를 들어, 다음과 같은 자바 코드가 있다고 해 보자.

```java
Vector<String> vector = new Vector<String>();
vector.add(new String("hello"));
String str = vector.get(0);
```

컴파일러는 이 코드를 다음과 같이 변환한다.

```java
Vector vector = new Vector();
vector.add(new String("hello"));
String str = (String) vector.get(0);
```

자바 제네릭이 있다고 해서 크게 달라지는 것은 없다. 코드를 좀 더 예쁘게 할 뿐이다. 그래서 자바 제네릭을 때로는 문법적 양념(syntactic sugar)이라고 부른다.

C++의 경우에는 상황이 좀 다르다. C++에서 템플릿은 좀 더 우아한 형태의 매크로다. 컴파일러는 인자로 주어진 각각의 타입에 대해 별도의 템플릿 코드를 생성한다. 이를 증명할 한 가지 사실은 MyClass<Foo>가 MyClass<Bar>와 정적 변수(static variable)를 공유하지 않는다는 사실이다. 하지만 MyClass<Foo>로 만들어진 두 객체는 정적 변수를 공유한다.

아래 코드는 이를 설명해준다.

```cpp
/*** MyClass.h ***/
template<class T> class MyClass {
  public:
    static int val;
    MyClass(int v) { val = v; }
};

/*** MyClass.cpp ***/
template<typename T>
int MyClass<T>::bar;

template class MyClass<Foo>;
template class MyClass<Bar>;

/*** main.cpp ***/
MyClass<Foo> * foo1 = new MyClass<Foo>(10);
MyClass<Foo> * foo2 = new MyClass<Foo>(15);
MyClass<Bar> * bar1 = new MyClass<Bar>(20);
MyClass<Bar> * bar2 = new MyClass<Bar>(35);

int f1 = foo1->val; // 15
int f2 = foo2->val; // 15
int b1 = bar1->val; // 35
int b2 = bar2->val; // 35
```

자바에서 정적 변수는 MyClass로 만든 모든 객체가 공유한다. 제네릭 인자로 어떤 타입을 주었는지에 관계없이 말이다.

이러한 구조적 차이 때문에 자바 제네릭과 C++ 템플릿에는 다른 점이 많다. 그중 일부는 다음과 같다.

- C++ 템플릿에는 int와 같은 기본 타입을 인자로 넘길 수 있다. 하지만 자바 제네릭에서는 불가능하다. Integer를 대신 사용해야 한다.
- 자바의 경우, 제네릭 타입 인자를 특정한 타입이 되도록 제한할 수 있다. 예를 들어 CardDeck을 제네릭 클래스로 정의할 때 CardGame의 하위 클래스만 사용되도록 제한할 수 있다.
- C++ 템플릿은 인자로 주어진 타입으로부터 객체를 만들어 낼 수 있지만, 자바에서는 불가능하다.
- 자바에서 제네릭 타입의 인자는(예를 들어 MyClass<Foo>에서 Foo) 정적 메서드나 변수를 선언하는 데 사용될 수 없다. 왜냐하면 MyClass<Foo>나 MyClass<Bar>가 이 메서드와 변수를 공유하기 때문이다. 하지만 C++에서는 이 두 클래스를 다른 클래스로 처리하므로 템플릿 타입 인자를 정적 메서드나 변수를 선언하는 데 사용할 수 있다.
- 자바에서 MyClass로 만든 모든 객체는 제네릭 타입 인자가 무엇이냐에 관계없이 전부 동등한 타입이다. 실행 시간에 타입 인자 정보는 삭제된다. C++에서는 다른 템플릿 타입 인자를 사용해 만든 객체는 서로 다른 타입의 객체이다.

자바 제네릭과 C++ 템플릿은 비슷해 보이지만 아주 다르기도 하다는 것을 기억하자.

13.5 TreeMap, HashMap, LinkedHashMap: TreeMap, HashMap, LinkedHashMap의 차이를 설명하라. 언제 무엇을 사용하는 것이 좋은지 예를 들어 설명하라.

246쪽

해법

위의 세 가지 모두 키(key)에서 값(value)으로의 대응 관계가 있고 키를 기준으로 순회할 수 있다. 이 클래스들의 가장 큰 차이점은 시간 복잡도와 키가 놓이는 순서에 있다.

- HashMap은 검색과 삽입에 O(1) 시간이 소요된다. 그렇지만 키를 기준으로 순회할 때 키의 순서는 무작위로 섞여 있다. 그리고 이 클래스의 구현은 연결리스트로 이루어진 배열로 되어 있다.

- TreeMap은 검색과 삽입에 O(logN) 시간이 소요된다. 키는 정렬되어 있으므로 정렬된 순서로 키를 순회할 수가 있다. 즉, 키는 반드시 Comparable 인터페이스를 구현하고 있어야 한다. TreeMap은 레드-블랙 트리로 구현되어 있다.
- LinkedHashMap은 검색과 삽입에 O(1) 시간이 소요된다. 키는 삽입한 순서대로 정렬되어 있고, 양방향 연결 버킷(double-linked bucket)으로 구현되어 있다.

다음과 같은 함수에 비어 있는 TreeMap, HashMap, LinkedHashMap을 인자로 넘긴다고 생각해 보자.

```java
void insertAndPrint(AbstractMap<Integer, String> map) {
    int[] array = {1, -1, 0};
    for (int x : array) {
        map.put(x, Integer.toString(x));
    }
    for (int k : map.keySet()) {
        System.out.print(k + ", ");
    }
}
```

그러면 각각의 출력 결과는 다음과 같을 것이다.

HashMap	LinkedHashMap	TreeMap
(임의의 순서)	{1, -1, 0}	{-1, 0, 1}

여기에 중요한 사실이 있다. LinkedHashMap과 TreeMap의 출력 결과는 위와 같다. HashMap의 출력 결과는, 우리가 테스트했을 때 {0, 1, -1}로 나왔지만 다른 순서로 나올 수도 있다. 정해진 순서가 없다.

실제론 언제 순서가 필요할까?

- 이름과 Person이라는 객체 사이에 대응 관계를 만든다고 해 보자. 그리고 주기적으로 이름순으로 사람을 출력하고 싶다면 Treemap을 사용하는 것이 좋다.
- 또한 TreeMap은 이름이 주어졌을 때 그다음 10명의 사람도 출력할 수 있다. 이는 많은 프로그램에서 사용하는 'More' 기능을 구현할 때 유용할 수 있다.
- LinkedHashMap은 삽입한 순서대로 키를 정렬하고 싶을 때 유용하다. 아마도 캐시를 구현할 때 가장 오래된 아이템을 먼저 삭제하고 싶은 경우에 유용할 수 있다.

일반적으로 별다른 이유가 없으면 HashMap을 사용하는 것이 좋다. 즉, 삽입한 순서대로 키 정보를 얻고 싶다면 LinkedHashMap을 사용하면 되고, 실제적인/자연스러운 순서대로 키 정보를 얻고 싶다면 TreeMap을 사용하면 된다. 그게 아니라면 HashMap 을 사용하는 것이 가장 좋다. 일반적으로 빠르고 오버헤드가 적다.

13.6 객체 리플렉션: 자바의 객체 리플렉션(object reflection)을 설명하고, 이것이 유용한 이유를 나열하라.

246쪽

해법

객체 리플렉션은 자바 클래스와 객체에 대한 정보를 프로그램 내에서 동적으로 알 아낼 수 있도록 하는 기능이다. 리플렉션을 이용하면 다음과 같은 작업을 할 수 있다.

1. 프로그램 실행 시간(runtime)에 클래스 내부의 메서드와 필드에 대한 정보를 얻을 수 있다.
2. 클래스의 객체를 생성할 수 있다.
3. 객체 필드의 접근 제어자(access modifier)에 관계없이, 그 필드에 대한 참조를 얻어내어 값을 가져오거나(getting) 설정(setting)할 수 있다.

아래는 객체 리플렉션에 대한 예제이다.

```
/* 인자(parameters) */
Object[] doubleArgs = new Object[] { 4.2, 3.9 };

/* 클래스 가져오기 */
Class rectangleDefinition = Class.forName("MyProj.Rectangle");

/* Rectangle rectangle = new Rectangle(4.2, 3.9);와 같다. */
Class[] doubleArgsClass = new Class[] {double.class, double.class};
Constructor doubleArgsConstructor =
    rectangleDefinition.getConstructor(doubleArgsClass);
Rectangle rectangle = (Rectangle) doubleArgsConstructor.newInstance(doubleArgs);

/* Double area = rectangle.area();와 같다. */
Method m = rectangleDefinition.getDeclaredMethod("area");
Double area = (Double) m.invoke(rectangle);
```

위의 코드는 아래 코드와 같다.

```
Rectangle rectangle = new Rectangle(4.2, 3.9);
Double area = rectangle.area();
```

객체 리플렉션은 왜 유용한가?

위의 예제가 그다지 쓸모 있어 보이지 않는다. 하지만 어떤 경우에는 굉장히 유용 하게 쓰이는데, 그 주된 이유는 다음과 같다.

1. 프로그램이 어떻게 동작하는지 실행 시간에 관측하고 조정할 수 있도록 해준다.

2. 메서드나 생성자, 필드에 직접 접근할 수 있기 때문에 프로그램을 디버깅하거나 테스트할 때 유용하다.

3. 호출할 메서드를 미리 알고 있지 않더라도 그 이름을 사용해서 호출할 수 있다. 예를 들어, 사용자가 클래스 이름, 생성자에 전달할 인자, 메서드 이름을 주면 그 정보를 사용해 객체를 생성하고 메서드를 호출할 수 있다. 리플렉션 없이 이런 절차를 구현하려면 if 문을 복잡하게 사용해야 할 것이다. 물론 그렇게 해서 문제를 해결할 수 있는 경우에만 말이다.

13.7 람다표현식: Country라는 클래스에 getContinent()와 getPopulation()이라는 메서드가 있다. 대륙의 이름과 국가의 리스트가 주어졌을 때 주어진 대륙의 총 인구수를 계산하는 메서드 getPopulation(List<Contry> countries, String continent)를 작성하라.

246쪽

해법

이 문제를 두 부분으로 나누어 볼 수 있다. 우선, 북미에 있는 국가를 나열한 뒤, 그들의 전체 인구수를 계산할 것이다.

람다표현식(lambda expression)을 사용하지 않는다면 꽤나 간단하게 구현할 수 있다.

```
int getPopulation(List<Country> countries, String continent) {
    int sum = 0;
    for (Country c : countries) {
        if (c.getContinent().equals(continent)) {
            sum += c.getPopulation();
        }
    }
    return sum;
}
```

람다표현식으로 구현할 때는 위 코드를 여러 부분으로 나눠야 한다.

일단 filter를 사용해서 특정 대륙의 국가 리스트를 가져올 것이다.

```
Stream<Country> northAmerica = countries.stream().filter(
    country -> { return country.getContinent().equals(continent);}
);
```

그 다음엔 map을 이용해서 인구수의 리스트로 변환할 것이다.

```
Stream<Integer> populations = northAmerica.map(
    c -> c.getPopulation()
);
```

마지막으로 reduce를 사용해서 인구수의 합을 구할 것이다.

```
int population = populations.reduce(0, (a, b) -> a + b);
```

아래 함수는 이들을 모두 합한 것이다.

```
int getPopulation(List<Country> countries, String continent) {
    /* 국가 필터 */
    Stream<Country> sublist = countries.stream().filter(
        country -> { return country.getContinent().equals(continent);}
    );

    /* 인구수 리스트로 변환 */
    Stream<Integer> populations = sublist.map(
        c -> c.getPopulation()
    );

    /* 리스트를 합한다. */
    int population = populations.reduce(0, (a, b) -> a + b);
    return population;
}
```

문제의 특성을 고려해 filter를 없애는 방법을 생각할 수도 있다. reduce 연산을 할 때 해당 대륙에 있지 않은 국가의 인구수를 0으로 대응시키면 된다. 그러면 전체 인구수를 구할 때 해당 대륙에 있지 않은 국가는 제외하고 구할 수 있다.

```
int getPopulation(List<Country> countries, String continent) {
    Stream<Integer> populations = countries.stream().map(
        c -> c.getContinent().equals(continent) ? c.getPopulation() : 0);
    return populations.reduce(0, (a, b) → a + b);
}
```

람다 함수는 자바 8에서 새롭게 등장한 개념이라서 아마 몰랐을 수도 있다. 지금 새롭게 배우면 된다!

13.8 **람다 랜덤**: 람다(lambda)표현식을 사용해서 임의의 부분집합을 반환하는 함수 List getRandomSubset(List<Integer> list)를 작성하라. 공집합을 포함한 모든 부분집합이 선택될 확률은 같아야 한다.

247쪽

해법

부분집합의 크기를 0에서 N 사이로 정한 후 해당 크기의 부분집합을 임의로 생성하는 방법이 먼저 생각날 것이다.

하지만 이 방법에는 두 가지 문제점이 있다.

1. 확률에 가중치를 줘야 한다. N > 1일 때 크기가 N/2인 부분집합의 개수는 N인 부분집합의 개수보다 많다.

2. 실제로 부분집합의 크기가 정해져 있지 않았을 때보다 크기가 정해졌을 때 임의의 부분집합을 생성하기가 더 어렵다.

크기를 바탕으로 부분집합을 생성하기보단 원소를 기준으로 생각해 보자. 람다표현식을 사용해야 한다는 사실 또한 힌트가 될 수 있다. 그러려면 순회를 하거나 원소들을 차례로 처리하는 방식으로 생각해봐야 하기 때문이다.

{1, 2, 3}을 차례로 순회하면서 부분집합을 생성한다고 생각해 보자. 1은 부분집합에 들어가야 하나?

두 가지 경우의 수가 존재한다. 들어가거나 들어가지 않거나. 1을 포함하는 부분집합의 비율에 따라서 들어갈 확률과 들어가지 않을 확률에 가중치를 줘야 한다. 그래서 1을 포함하는 경우의 비율은 얼마나 될까?

어떤 원소든지 해당 원소를 포함하는 부분집합의 개수는 해당 원소를 포함하지 않는 부분집합의 개수와 같다. 다음을 생각해 보자.

```
{}        {1}
{2}       {1, 2}
{3}       {1, 3}
{2, 3}    {1, 2, 3}
```

왼쪽 부분집합과 오른쪽 부분집합의 차이는 1이 있느냐 없느냐이다. 왼쪽에서 1만 추가하면 오른쪽으로 만들 수 있으므로 왼쪽과 오른쪽 부분집합의 개수는 같아야 한다.

이 말은 임의의 부분집합을 만들 때, 리스트를 읽어 나가면서 각 원소를 포함시킬 것인지 말 것인지 동전을 던져서(50/50 확률) 결정하는 방식으로 만들어도 된다는 뜻이다.

람다표현식을 사용하지 않고서 다음과 같이 작성할 수 있다.

```java
List<Integer> getRandomSubset(List<Integer> list) {
    List<Integer> subset = new ArrayList<Integer>();
    Random random = new Random();
    for (int item : list) {
        /* 동전 던지기 */
        if (random.nextBoolean()) {
            subset.add(item);
        }
    }
    return subset;
}
```

이를 람다표현식을 사용해서 구현하면 다음과 같다.

```
List<Integer> getRandomSubset(List<Integer> list) {
    Random random = new Random();
    List<Integer> subset = list.stream().filter(
        k -> { return random.nextBoolean(); /* 동전 던지기 */
    }).collect(Collectors.toList());
    return subset;
}
```

혹은 함수 혹은 클래스 내부에 정의된 Predicate를 사용할 수도 있다.

```
Random random = new Random();
Predicate<Object> flipCoin = o -> {
    return random.nextBoolean();
};

List<Integer> getRandomSubset(List<Integer> list) {
    List<Integer> subset = list.stream().filter(flipCoin).
        collect(Collectors.toList());
    return subset;
}
```

이와 같은 구현 방식은 flipCoin을 다른 곳에도 사용할 수 있다는 장점이 있다.

14

데이터베이스 해법

질문 1부터 3까지는 다음의 데이터베이스 스키마(database schema)를 사용한다고 가정한다.

Apartments	
AptID	int
UnitNumber	varchar(10)
BuildingID	int

Buildings	
BuildingID	int
ComplexID	int
BuildingName	varchar(100)
Address	varchar(500)

Requests	
RequestID	int
Status	varchar(100)
AptID	int
Description	varchar(500)

Complexes	
ComplexID	int
ComplexName	varchar(100)

AptTenants	
TenantID	int
AptID	int

Tenants	
TenantID	int
TenantName	varchar(100)

한 아파트(apartment)에 거주자(tenant)는 여럿일 수 있고, 각 거주자는 하나 이상의 집을 소유할 수 있다. 한 아파트는 한 건물(building)에 속하고, 각 건물은 어떤 단지(complex)에 속한다.

14.1 하나 이상의 집: 하나 이상의 집을 대여한 모든 거주자의 목록을 구하는 SQL 질의문을 작성하라.

253쪽

해법

이 문제를 풀려면 HAVING절과 GROUP BY절을 사용한 뒤 Tenants에 대해 INNER JOIN 을 시행해야 한다.

```
SELECT TenantName
FROM Tenants
INNER JOIN
    (SELECT TenantID FROM AptTenants GROUP BY TenantID HAVING count(*) > 1) C
ON Tenants.TenantID = C.TenantID
```

면접 때나 실제 상황에서 GROUP BY절을 사용할 때에는 SELECT절 안에는 집합 함수 (aggregate function) 혹은 GROUP BY절에 사용한 열만 두도록 하라.

14.2 Open 상태인 Request: 모든 건물 목록과 Status가 Open인 모든 Request의 개수를 구하라.

253쪽

해법

Requests와 Apartments 테이블을 단순히 JOIN한 뒤 빌딩 ID 목록과 Open 상태의 Request의 수를 구하면 된다. 이 리스트를 구한 다음에 Buildings 테이블과 다시 조인한다.

```
SELECT BuildingName, ISNULL(Count, 0) as 'Count'
FROM Buildings
LEFT JOIN
    (SELECT Apartments.BuildingID, count(*) as 'Count'
    FROM Requests INNER JOIN Apartments
    ON Requests.AptID = Apartments.AptID
    WHERE Requests.Status = 'Open'
    GROUP BY Apartments.BuildingID) ReqCounts
ON ReqCounts.BuildingID = Buildings.BuildingID
```

이처럼 쿼리문을 중첩하여 사용하는 경우에는 테스트를 꼼꼼히 해야 한다. 설사 종이와 펜으로 코딩하고 있더라도 말이다. 안쪽 쿼리문을 먼저 테스트하고 바깥쪽 쿼리문을 테스트하면 쉬워질 것이다.

14.3 Request를 Close로 바꾸기: 11번 빌딩에서 대규모 리모델링 공사를 진행 중이다. 이 건물에 있는 모든 집에 대한 모든 Request의 Status를 Close로 변경해주는 질의문을 작성하라.

253쪽

해법

SELECT 쿼리와 마찬가지로 UPDATE 쿼리도 WHERE절을 가질 수 있다. 이 쿼리를 작성하려면 건물 #11에 속한 모든 아파트의 ID를 구하고 그 아파트 각각에 대해 상태를 변경해야 한다.

```
UPDATE Requests
SET Status = 'Closed'
WHERE AptID IN (SELECT AptID FROM Apartments WHERE BuildingID = 11)
```

14.4 JOIN: 서로 다른 종류의 JOIN은 어떤 것들이 있는가? 각각이 어떻게 다르고, 어떤 상황에서 어떤 JOIN과 어울리는지 설명하라.

253쪽

해법

JOIN은 두 테이블을 결합한 결과를 얻을 때 사용된다. JOIN을 실행하려면 두 테이

블에서 대응되는 레코드들을 찾는 데 쓰일 필드가 하나 이상 있어야 한다. JOIN은
어떤 레코드가 결과 테이블에 포함될지에 따라서 여러 가지 부류로 나뉜다.

예를 들어 설명해 보자. 테이블이 두 개가 있다. 하나는 '일반적인' 음료수 정보가
들어 있고, 다른 하나는 칼로리가 0인 음료수 정보가 들어 있다. 두 테이블 모두 음
료수 이름과 제품 코드(product code) 두 가지 필드를 갖고 있다. 제품 코드 필드
를 사용해서 JOIN을 수행할 것이다.

일반적인 음료수의 정보

Name	Code
Budweiser	BUDWEISER
Coca-Cola	COCACOLA
Pepsi	PEPSI

칼로리 0 음료수의 정보

Name	Code
Diet Coca-Cola	COCACOLA
Fresca	FRESCA
Diet Pepsi	PEPSI
Pepsi Light	PEPSI
Purified Water	WATER

일반적인 음료수와 칼로리 0 음료수 테이블을 JOIN하는 방법에는 다음과 같이 여
러 가지가 있다.

- 내부 조인(INNER JOIN): 조건에 부합하는 데이터만 결과 집합에 포함된다. 위 예
  제는 COCACOLA 하나와 PEPSI 두 개, 이렇게 세 가지 레코드를 얻을 수 있다.
- 외부 조인(OUTER JOIN): 외부 조인 결과 집합에는 내부 조인의 모든 결과가 포함
  되고, 추가로 조건에 부합하지 않는 레코드도 일부 포함된다. 외부 조인에는 다
  음과 같은 종류가 있다.
  ◦ 좌측 외부 조인(LEFT OUTER JOIN), 간단히 좌측 조인(LEFT JOIN): 이 조인의
    결과 집합에는 왼쪽 테이블의 모든 레코드가 포함된다. 오른쪽 테이블에서
    대응되는 레코드를 찾지 못한 경우, 그 필드들의 값은 NULL로 채워진다. 위

의 예제에서 좌측 외부 조인을 시행하면 네 개의 레코드를 얻는다. 내부 조인으로 얻는 결과 이외에도 왼쪽 테이블에 있는 BUDWISER가 결과 집합에 포함된다.

◦ 우측 외부 조인(RIGHT OUTER JOIN), 간단히 우측 조인(RIGHT JOIN): 이 조인은 좌측 조인의 반대이다. 즉, 결과 집합에는 오른쪽 테이블의 모든 레코드가 포함된다. 왼쪽 테이블에서 대응되는 레코드를 찾지 못한 경우 그 필드의 값은 NULL로 채워진다. A와 B라는 두 테이블이 있을 때 A LEFT JOIN B의 결과는 B RIGHT JOIN A와 동일하다. 위 예제의 경우, 우측 조인을 실행하면 다섯 개의 레코드를 얻는다. INNER JOIN 결과에 FRESCA와 WATER 레코드가 추가된다.

◦ 완전 외부 조인(FULL OUTER JOIN): 이 조인은 좌측 조인과 우측 조인의 결과를 결합한 것이다. 대응되는 레코드가 있건 없건 간에, 두 테이블의 모든 레코드가 결과 집합에 포함된다. 대응되는 레코드를 찾지 못한 경우 결과 집합 내의 해당 필드는 NULL로 채워진다. 위의 예제의 경우, 완전 외부 조인을 시행하면 여섯 개의 레코드를 얻는다.

14.5 비정규화: 비정규화(denormalization)란 무엇인가? 그 장단점을 설명하라.

253쪽

해법

비정규화(denormalization)는 하나 이상의 테이블에 데이터를 중복해 배치하는 최적화 기법이다. 관계형 데이터베이스(relational database)를 사용하는 경우, 비정규화를 통해 조인 연산의 비용을 줄일 수 있다.

그와 반대로 통상적인 정규화된 데이터베이스(normalized database)의 경우, 데이터의 중복을 가능한 한 최소화하려고 한다. 같은 데이터는 데이터베이스 내에 하나 정도만 놓으려고 노력한다.

예를 들어, Courses와 Teachers라는 테이블로 이루어진 정규화된 데이터베이스를 생각해 보자. Courses 테이블에는 teacherID를 둘 수는 있어도, teacherName이라는 필드를 두지는 않을 것이다. 따라서 강좌 정보와 교사 이름을 함께 나열하고 싶은 경우에는 두 테이블을 조인해야 한다.

어떤 면에서는 멋진 방법이다. 교사가 자신의 이름을 바꿀 경우, 한 곳의 데이터만 갱신하면 된다.

하지만 이 방법의 단점은 테이블이 아주 클 경우 조인을 하느라 불필요할 정도로 많은 시간을 낭비하게 된다는 것이다.

비정규화는 다른 타협안을 내놓음으로써 그런 단점을 해소하고자 한다. 어느 정도의 데이터 중복이나 그로 인해 발생하는 데이터 갱신 비용은 감수하는 대신 조인 횟수를 줄여 한층 효율적인 쿼리를 날릴 수 있도록 하겠다는 것이다.

비정규화의 단점	비정규화의 장점
데이터 갱신이나 삽입 비용이 높다.	조인 비용이 줄어들기 때문에 데이터 조회가 빠르다.
데이터 갱신 또는 삽입 코드를 작성하기가 어려워진다.	살펴볼 테이블이 줄어들기 때문에 데이터 조회 쿼리가 간단해진다(따라서 버그 발생 가능성도 줄어든다).
데이터 간의 일관성이 깨어질 수 있다. 어느 쪽이 올바른 값인가?	
데이터를 중복하여 저장하므로 더 많은 저장 공간이 필요하다.	

대부분의 대규모 IT 업체의 경우처럼, 규모 확장성(scalability)을 요구하는 시스템의 경우 거의 항상 정규화된 데이터베이스와 비정규화된 데이터베이스를 섞어 사용한다.

14.6 **개체-관계 다이어그램**: 회사, 사람, 직원으로 구성된 데이터베이스의 ER (entity-relationship) 다이어그램을 그리라.

253쪽

해법

회사(Companies)를 위해 일하는 사람(People)을 직원(Professionals)이라 칭한다. 따라서 Peoples와 Professionals 사이에는 ISA("is a") 관계가 존재한다(혹은 Professionals이 People로부터 유래됐다고 하기도 한다).

모든 Professional은 People로부터 유래된 속성 이외에 학위나 업무 경험과 같은 부가 정보를 갖고 있다.

한 직원(Professional)은 동시에 한 회사(Company)에서만 근무할 수 있다. 하지만 한 회사(Company)는 많은 직원(Professional)을 고용할 수 있다. 따라서 Professionals과 Companies 사이에는 다-대-일(many-to-one) 관계가 존재한다. 이 'Works For' 관계에도 근무 시작일이나 급여와 같은 정보를 저장할 수 있다. 이런 속성들은 Professionals과 Companies 사이의 관계가 필요한 경우에만 정의된다.

모든 사람은 하나 이상의 전화번호를 갖는다. 그래서 Phone은 여러 개의 값을 가질 수 있는 속성으로 정의되어 있다.

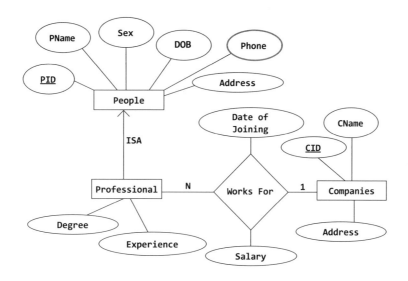

14.7 성적 데이터베이스 설계: 학생들의 성적을 저장하는 간단한 데이터베이스를 생각해 보자. 이 데이터베이스를 설계하고, 성적이 우수한 학생(상위 10%) 목록을 반환하는 SQL 질의문을 작성하라. 단, 학생 목록은 평균 성적에 따라 내림차순으로 정렬되어야 한다.

254쪽

해법

아주 간단하게 만든다고 해도 세 개의 객체가 필요하다. Students, Courses, CourseEnrollment. Students에는 적어도 학생 이름과 ID가 있어야 하고, 다른 신상 정보가 있을 수 있다. Courses에는 강좌 이름과 ID가 있어야 하고, 강좌 명세, 담당 교수 등의 정보가 포함될 것이다. CourseEnrollment는 Students와 Courses 테이블을 묶는 용도로 사용되며, CourseGrade를 저장하기 위한 필드가 있을 것이다.

Students	
StudentID	int
StudentName	varchar(100)
Address	varchar(500)

Courses	
CourseID	int
CourseName	varchar(100)
ProfessorID	int

CourseEnrollment	
CourseID	int
StudentID	int
Grade	float
Term	int

교수 정보, 급여 정보 등의 다른 데이터를 첨가한다면 이 데이터베이스는 아마 더 복잡해질 것이다.

Microsoft SQL Server의 **TOP ... PERCENT** 함수를 사용하여 아래와 같은 쿼리를 만들면 해결될 것 같아 보인다(하지만 틀렸다).

```
SELECT TOP 10 PERCENT AVG(CourseEnrollment.Grade) AS GPA,
                                        CourseEnrollment.StudentID
FROM CourseEnrollment
GROUP BY CourseEnrollment.StudentID
ORDER BY AVG(CourseEnrollment.Grade)
```

위 코드의 문제점은 GPA를 기준으로 정렬했을 때 최상위 10%의 행만을 뚝 잘라서 반환한다는 점이다. 100명의 학생 가운데 상위 15명의 학생의 학점이 전부 GPA 4.0이라고 해 보자. 위의 함수는 15명 가운데 10명의 학생만 반환할 것이다. 우리가 원하는 결과가 아니다. 설사 최종 결과의 수가 10%를 넘게 되더라도 상위 10%의 동점자들 모두 목록에 포함시켜야 한다.

이 문제를 해결하기 위해서는 위와 비슷한 쿼리를 작성하면 되지만, 우선 GPA의 최소 학점을 먼저 구해야 한다.

```
DECLARE @GPACutOff float;
SET @GPACutOff = (SELECT min(GPA) as 'GPAMin' FROM (
    SELECT TOP 10 PERCENT AVG(CourseEnrollment.Grade) AS GPA
    FROM CourseEnrollment
    GROUP BY CourseEnrollment.StudentID
    ORDER BY GPA desc) Grades);
```

이렇게 @GPACutOff를 정의하고 나면 해당 학점 이상을 받은 학생들을 골라내는 건 꽤 간단하다.

```
SELECT StudentName, GPA
FROM (SELECT AVG(CourseEnrollment.Grade) AS GPA, CourseEnrollment.StudentID
    FROM CourseEnrollment
    GROUP BY CourseEnrollment.StudentID
    HAVING AVG(CourseEnrollment.Grade) >= @GPACutOff) Honors
INNER JOIN Students ON Honors.StudentID = Student.StudentID
```

어떤 묵시적인 가정을 했다면, 주의하라. 위의 데이터베이스에서 문제의 소지가 있는 가정을 찾을 수 있는가? 잘못된 가정 하나는, 한 강의의 담당 교수는 오직 한 명이어야 한다는 것이다. 어떤 학교에서는 한 강의의 담당 교수가 여러 명인 경우도 있기 때문이다.

하지만 필요에 따라 결국은 이런저런 가정을 해야 한다. 아니면 미쳐버릴 테니까. 중요한 것은 '어떤 가정을 했느냐' 하는 것보다 '어떤 가정을 했는지 아는 것'이다. 잘못된 가정이라고 해도, 그런 가정을 했다는 사실을 인지하고 있다면 나중에라도 고칠 방도를 찾을 수 있다(실제 상황에서건, 아니면 면접장에서건).

또한, 유연성(flexibility)과 복잡성(complexity) 사이에서 적절한 타협점을 찾아야 한다는 것을 기억하라. 한 강의에 담당 교수를 여러 명 둘 수 있으면 데이터베이스의 유연성은 증가하지만, 그만큼 복잡성도 증가한다. 가능한 모든 상황에서 유연하게 대처할 수 있는 데이터베이스를 만들려다 보면, 감당할 수 없이 복잡한 테이블과 씨름하게 된다.

적절한 수준의 유연성을 담보하는 설계를 하고, 설계 도중에 했던 가정이나 제약 조건들은 명시하라. 이것은 단순히 데이터베이스를 설계할 때만 지켜야 하는 원칙이 아니라, 객체 지향 설계를 하거나 프로그래밍을 할 때도 지켜야 하는 원칙이다.

15
스레드와 락 해법

15.1 프로세스 vs. 스레드: 프로세스와 스레드의 차이는 무엇인가?

261쪽

해법

프로세스와 스레드는 서로 관련은 있지만 기본적으로 다르다.

프로세스는 실행되고 있는 프로그램의 인스턴스라고 생각할 수 있다. 프로세스는 CPU 시간이나 메모리 등의 시스템 자원이 할당되는 독립적인 개체이다. 각 프로세스는 별도의 주소 공간에서 실행되며, 한 프로세스는 다른 프로세스의 변수나 자료구조에 접근할 수 없다. 한 프로세스가 다른 프로세스의 자원에 접근하려면 프로세스 간 통신(inter-process communication)을 사용해야 한다. 프로세스 간 통신 방법으로는 파이프, 파일, 소켓 등을 이용한 방법이 있다.

스레드는 프로세스 안에 존재하며 프로세스의 자원(힙 공간 등)을 공유한다. 같은 프로세스 안에 있는 여러 스레드들은 같은 힙 공간을 공유한다. 반면에 프로세스는 다른 프로세스의 메모리에 직접 접근할 수 없다. 각각의 스레드는 별도의 레지스터와 스택을 갖고 있지만, 힙 메모리는 서로 읽고 쓸 수 있다.

스레드는 프로세스의 특정한 수행 경로와 같다. 한 스레드가 프로세스 자원을 변경하면, 다른 이웃 스레드(sibling thread)도 그 변경 결과를 즉시 볼 수 있다.

15.2 문맥 전환: 문맥 전환(context switch)에 소요되는 시간을 측정하려면 어떻게 해야 할까?

261쪽

해법

까다로운 질문이지만 한 가지 가능한 방법부터 알아보자.

문맥 전환은 두 프로세스를 전환하는 데 드는 시간이다(즉, 대기 중인 프로세스를 실행 상태로 전환하고, 실행 중인 프로세스를 대기 상태나 종료 상태로 전환하는 데 드는 시간이다). 멀티태스킹을 할 때 이런 일이 발생한다. 운영체제는 대기 중인 프로세스의 상태 정보를 메모리에 올리고, 현재 실행 중인 프로세스의 상태 정보는 저장해야 한다.

이 문제를 풀려면 상태를 전환할 두 프로세스의 마지막과 첫 번째 명령어의 타임스탬프를 기록해야 한다. 문맥 전환에 걸리는 시간은 그 두 프로세스의 타임스탬프의 차이와 같다.

쉬운 예를 하나 들어 살펴보자. P_1과 P_2의 두 프로세스가 있다고 하자.

P_1은 실행 중이고 P_2는 실행 대기 중이다. 그리고 운영체제는 특정 시점에 이 두 프로세스의 상태를 바꾸려고 한다. 이 전환이 P_1의 N번째 명령어를 수행할 때 발생했다고 하자. $t_{x,k}$는 프로세스 x의 k번째 명령어가 실행되는 시간의 마이크로초(microsecond) 단위의 타임스탬프라고 하자. 그렇다면 문맥 전환을 실행하는 데 드는 시간은 $t_{2,1} - t_{1,n}$ 마이크로초가 된다.

여기서 까다로운 부분은, 문맥 전환이 발생하는 시점을 어떻게 아느냐이다. 물론, 프로세스가 실행하는 모든 명령어에 대해서 타임스탬프를 기록할 수도 없다.

또 다른 문제는 문맥 전환은 운영체제의 스케줄링 알고리즘에 의해 실행되고, 많은 커널 수준의 스레드들도 함께 문맥 전환에 가담한다는 사실이다. CPU를 차지하려는 다른 프로세스가 있을 수도 있고, 커널이 인터럽트를 처리하고 있을 수도 있다. 이와 같이 부가적으로 발생하는 문맥 진환에 대해서 사용자는 아무런 세어도 할 수 없다. 예를 들어 $t_{1,n}$ 시점에 커널이 인터럽트를 처리하기로 결정한다면, 문맥 전환 시간은 예상보다 늘어난다.

이런 장애물들을 극복하기 위해서는 스케줄러가 P_1이 실행된 다음에 바로 P_2 프로세스를 실행하도록 해야 한다. 파이프와 같은 데이터 전송 경로를 P_1과 P_2 사이에 설정하고 그 두 프로세스가 데이터 토큰을 주고받는 게임을 하게 하면 그렇게 할 수 있을 것이다.

다시 말해, 처음에는 P_1이 송신자가 되도록 하고 P_2가 수신자가 되도록 한다. 초기에 P_2는 데이터 토큰이 오기를 기다리면서 대기 상태로 기다리고 있다. P_1이 실행되면 토큰은 데이터 채널을 통해 P_2로 전송되며, 응답 토큰을 곧바로 읽으려고 시도한다. 하지만 P_2가 아직 실행되지 않았으므로 P_1이 읽을 토큰은 만들어지지 않은 상태이다. 따라서 프로세스 P_1은 블록(block)되고, CPU를 양보한다.

그 결과 문맥 전환이 발생하고 스케줄러는 실행할 다른 프로세스를 선택해야 한다. P_2가 실행 준비가 완료된 상태이므로, 다음에 실행할 좋은 후보감이다. P_2가 실행되면 P_1과 P_2의 역할은 바뀐다. 이제 P_2가 송신자 역할을 하고 P_1은 블록 상태의 수신자가 된다. P_2가 토큰을 P_1에게 보내면 게임은 끝난다.

요약하자면, 한 판의 게임이 다음과 같은 절차로 실행되도록 하면 된다.

1. P_2는 P_1의 데이터를 기다리며 블록된다.

2. P_1이 시작 시간을 기록한다.

3. P_1이 P_2에게 토큰을 보낸다.

4. P_1은 P_2가 보내는 응답 토큰을 읽으려 한다. 그 순간 문맥 전환이 발생한다.

5. P_2가 스케줄링되고 토큰을 수신한다.

6. P_2가 응답 토큰을 P_1에게 보낸다.

7. P_2는 P_1이 보내는 응답 토큰을 읽으려 한다. 그 순간 다시 문맥 전환이 발생한다.

8. P_1이 스케줄링되어 토큰을 받는다.

9. P_1이 종료 시간을 기록한다.

이 과정의 핵심은 데이터 토큰을 보내는 과정이 문맥 전환을 유발한다는 것이다. T_d와 T_r이 각각 데이터 토큰을 보내고 받는 시간이라고 하고, T_c가 문맥 전환을 하는 데 드는 시간이라고 하자. 사건 #2에서, P_1은 토큰을 보내는 시점의 타임스탬프를 기록한다. 사건 #9에서는 응답을 받은 타임스탬프를 기록한다. 이 두 사건 사이에 소요된 시간 T는 다음과 같이 표현할 수 있다.

$$T = 2 * (T_d + T_c + T_r)$$

이 공식은 다음과 같은 사건들 때문에 도출된 것이다. 즉, P_1이 토큰을 보내고 (3), CPU의 문맥 전환이 발생하며 (4), P_2가 토큰을 받는다 (5). P_2는 응답 토큰을 보내고 (6), CPU 문맥 전환이 발생하며 (7), 최종적으로 P_1이 응답 토큰을 수신한다 (8).

P_1은 쉽게 T를 계산할 수 있다. 왜냐하면 이 시간은 사건 #3과 #8 사이의 시간이기 때문이다. 따라서 T_c를 구하기 위해서는 $T_d + T_r$의 값을 알아내야 한다.

어떻게 구할 수 있을까? P_1이 자기 자신에게 토큰을 보내고 받는 시간을 재보면 된다. P_1이 토큰을 보내는 시점에는 CPU 위에서 돌고 있고 토큰을 받을 때도 블록되지 않을 것이므로 문맥 전환은 발생하지 않을 것이다.

이 게임을 여러 번 실행해서 걸린 시간의 평균치를 측정한다. 여러 번 실행하는 이유는, 사건 #2와 #9 사이에 커널 인터럽트가 발생하거나 다른 커널 스레드가 끼어들거나 할 수 있으므로 이에 대한 영향을 제거하기 위함이다. 측정된 값 가운데 최솟값을 최종적인 해답으로 한다.

하지만 이것은 그저 근사치일 뿐이다. 어떤 시스템에서 실험했느냐에 따라 달라질 수 있다. 예를 들어 우리는 데이터 토큰이 전송되고 나면 스케줄러가 P₂를 바로 다음에 실행할 프로세스로 선택할 거라고 가정했다. 하지만 스케줄러의 구현 방식에 따라서는 그렇지 않을 수도 있기 때문에, 보장할 수 없다.

하지만 그렇더라도 괜찮다. 중요한 것은 여러분의 해답이 완벽하지 않을 수 있다는 사실을 인식하는 것이다.

15.3 **철학자의 만찬**: 유명한 철학자의 만찬 문제(dining philosophers problem)를 떠올려 보자. 철학자들은 원형 테이블에 앉아 있고 그들 사이에 젓가락 한 짝이 놓여 있다. 음식을 먹으려면 젓가락 두 짝이 전부 필요한데, 철학자들은 언제나 오른쪽 젓가락을 집기 전에 왼쪽 젓가락을 먼저 집는다. 모든 철학자들이 왼쪽에 있는 젓가락을 동시에 집으려고 하면, 교착상태에 빠질 수 있다. 철학자들의 만찬 문제를 시뮬레이션하는 프로그램을 작성하라. 단, 스레드와 락을 사용하여 이 프로그램이 교착상태에 빠지지 않도록 하라.

262쪽

해법

우선, 교착상태(deadlock)에 대해서는 고려하지 않은 채로 간단히 시뮬레이션해 보자. Thread를 상속받은 Philosopher 클래스를 만들고, Chopstick 클래스는 젓가락을 집으면 lock.lock()을 호출하고, 내려놓으면 lock.unlock()을 호출하도록 한다.

```
class Chopstick {
    private Lock lock;

    public Chopstick() {
        lock = new ReentrantLock();
    }

    public void pickUp() {
        lock.lock();
    }

    public void putDown() {
        lock.unlock();
    }
}

class Philosopher extends Thread {
    private int bites = 10;
    private Chopstick left, right;

    public Philosopher(Chopstick left, Chopstick right) {
        this.left = left;
```

```
            this.right = right;
    }

    public void eat() {
        pickUp();
        chew();
        putDown();
    }

    public void pickUp() {
        left.pickUp();
        right.pickUp();
    }

    public void chew() { }

    public void putDown() {
        right.putDown();
        left.putDown();
    }

    public void run() {
        for (int i = 0; i < bites; i++) {
            eat();
        }
    }
}
```

위의 코드를 실행한 뒤 모든 철학자가 왼쪽 젓가락을 집은 다음에 오른쪽 젓가락을 기다리도록 하면 교착상태가 발생한다.

해법 #1: 전부 혹은 아무것도 아닌 것

교착상태가 발생하지 않도록 하려면, 오른쪽 젓가락을 집을 수 없을 경우 왼쪽 젓가락을 내려놓도록 해야 한다.

```
public class Chopstick {
    /* 이전과 같다. */

    public boolean pickUp() {
        return lock.tryLock();
    }
}

public class Philosopher extends Thread {
    /* 이전과 같다. */

    public void eat() {
        if (pickUp()) {
            chew();
            putDown();
        }
    }

    public boolean pickUp() {
        /* 젓가락을 집으려고 한다. */
        if (!left.pickUp()) {
```

```
            return false;
        }
        if (!right.pickUp()) {
            left.putDown();
            return false;
        }
        return true;
    }
}
```

위의 코드에서 오른쪽 젓가락을 집을 수 없으면 왼쪽 젓가락을 놓게 했다. 또한 처음에 젓가락을 집지 않았으면 putDown()을 호출하지 못하게 했다.

 하지만 철학자들이 완벽하게 동기화되었을 경우에는, 철학자들이 모두 동시에 왼쪽 젓가락을 집고, 오른쪽 젓가락은 집을 수 없으므로 왼쪽 젓가락을 모두 내려 놓는 과정을 계속 반복하는 문제가 발생한다.

해법 #2: 젓가락에 우선순위 두기

아니면, 젓가락에 0부터 N-1까지 숫자를 매긴 뒤 숫자가 작은 젓가락을 먼저 집도록 한다. 즉, 마지막 철학자를 제외한 모든 철학자들이 오른쪽보다 왼쪽 젓가락을 먼저 집게 된다는 뜻이다(그렇게 숫자를 매겼다고 가정하자). 이렇게 하면 사이클을 없앨 수 있다.

```
public class Philosopher extends Thread {
    private int bites = 10;
    private Chopstick lower, higher;
    private int index;
    public Philosopher(int i, Chopstick left, Chopstick right) {
        index = i;
        if (left.getNumber() < right.getNumber()) {
            this.lower = left;
            this.higher = right;
        } else {
            this.lower = right;
            this.higher = left;
        }
    }

    public void eat() {
        pickUp();
        chew();
        putDown();
    }

    public void pickUp() {
        lower.pickUp();
        higher.pickUp();
    }

    public void chew() { ... }

    public void putDown() {
```

```
            higher.putDown();
            lower.putDown();
        }

        public void run() {
            for (int i = 0; i < bites; i++) {
                eat();
            }
        }
    }

public class Chopstick {
    private Lock lock;
    private int number;

    public Chopstick(int n) {
        lock = new ReentrantLock();
        this.number = n;
    }

    public void pickUp() {
        lock.lock();
    }

    public void putDown() {
        lock.unlock();
    }

    public int getNumber() {
        return number;
    }
}
```

여기에선 숫자가 작은 젓가락을 들고 있지 않는 이상 숫자가 큰 젓가락을 들 수 없다. 사이클이란 숫자가 큰 젓가락이 작은 것을 가리키고 있는 상황을 의미하므로, 이렇게 하면 사이클을 방지할 수 있다.

15.4 **교착상태 없는 클래스:** 교착상태에 빠지지 않는 경우에만 락을 제공해주는 클래스를 설계해 보라.

262쪽

해법

교착상태를 방지하기 위해 널리 사용되는 방법이 몇 가지 있다. 한 가지 방법은 프로세스가 어떤 락이 필요할지 사전에 선언하도록 하는 것이다. 그런 다음에 이 때문에 교착상태에 빠지게 되는지 확인하고, 그렇게 된다면 락을 허락하지 않는다.

　이 제약사항을 염두에 두고, 어떻게 교착상태를 발견해내는지 알아보자. 아래에 제시한 순서대로 락이 요청된다고 하자.

```
A = {1, 2, 3, 4}
B = {1, 3, 5}
C = {7, 5, 9, 2}
```

다음과 같은 시나리오에서는 교착상태가 발생할 수 있다.

```
A가 2를 사용하고, 3을 기다린다.
B가 3을 사용하고, 5를 기다린다.
C가 5를 사용하고, 2를 기다린다.
```

그래프로 표현하자면 2는 3이랑 연결되어 있고, 3은 5와 연결되어 있으며, 5는 2와 연결되어 있다. 교착상태를 그래프로 표현하면 사이클(cycle)이 된다. 어떤 프로세스가 w에 대한 락을 획득한 다음에 v에 대한 락을 요구하는 경우를 그래프로 표현하면, 노드 w와 v 사이에 간선이 존재하도록 표현할 수 있는데 이를 (w, v)로 표기하겠다. 앞서 살펴본 시나리오의 경우 그래프에 포함되는 간선은 다음과 같다. (1, 2), (2, 3), (3, 4), (1, 3), (3, 5), (7, 5), (5, 9), (9, 2). 간선의 소유자가 누구인지는 중요하지 않다.

우리가 구현할 클래스는 declare라는 메서드를 갖고 있다. 이 메서드는 어떤 순서로 자원을 요청할 것인지를 알려준다. 이 메서드는 선언되는 순서대로 순회하면서 그래프에 (v, w) 쌍을 추가한다. 그런 다음 사이클이 발생하는지 살펴본다. 사이클이 발생하면 이전 상태로 돌아가 추가했던 간선들을 제거하고 종료한다.

마지막으로 한 가지 더 생각해 봐야 할 부분이 있다. 사이클은 어떻게 발견할지에 대한 것이다. 그래프의 연결된 부분들(connected component)을 기준으로 깊이 우선 탐색을 실행하면 사이클을 찾을 수 있다. 모든 연결된 부분을 찾는 복잡한 알고리즘이 존재하지만, 이 문제의 경우에는 그 정도로 복잡한 알고리즘까지 동원할 필요는 없다.

사이클이 발생한다면, 새로 추가한 간선들 가운데 하나 때문이다. 따라서 깊이 우선 탐색이 새로 추가한 간선들을 모두 발견한다면, 사이클을 완전히 찾아 보았다고 할 수 있다.

다음은 이 특수한 종류의 사이클 탐색 알고리즘의 의사코드다.

```
boolean checkForCycle(locks[] locks) {
    touchedNodes = hash table(lock -> boolean)
    initialize touchedNodes to false for each lock in locks
    for each (lock x in process.locks) {
        if (touchedNodes[x] == false) {
            if (hasCycle(x, touchedNodes)) {
                return true;
            }
        }
    }
    return false;
}

boolean hasCycle(node x, touchedNodes) {
```

```
        touchedNodes[r] = true;
        if (x.state == VISITING) {
            return true;
        } else if (x.state == FRESH) {
            ... (아래의 전체 코드 참조)
        }
    }
```

위의 코드에서 깊이 우선 탐색을 여러 번 실행하더라도 touchedNodes는 단 한 번만 초기화된다는 사실을 확인하길 바란다. touchedNodes에 보관된 모든 값이 false가 될 때까지 반복한다.

아래는 상세한 부분까지 완성한 코드이다. 단순화하기 위해 모든 락과 프로세스 (소유자)는 순차적으로 배열된다고 가정했다.

```java
class LockFactory {
    private static LockFactory instance;

    private int numberOfLocks = 5; /* 기본값 */
    private LockNode[] locks;

    /* 프로세스(또는 소유자)가 어떤 순서로 락을 획득할 것이라 선언했는지에 대한
     * 대응 정보를 보관한다. */
    private HashMap<Integer, LinkedList<LockNode>> lockOrder;

    private LockFactory(int count) { ... }
    public static LockFactory getInstance() { return instance; }

    public static synchronized LockFactory initialize(int count) {
        if (instance == null) instance = new LockFactory(count);
        return instance;
    }

    public boolean hasCycle(HashMap<Integer, Boolean> touchedNodes,
                                          int[] resourcesInOrder) {
        /* 사이클 체크 */
        for (int resource : resourcesInOrder) {
            if (touchedNodes.get(resource) == false) {
                LockNode n = locks[resource];
                if (n.hasCycle(touchedNodes)) {
                    return true;
                }
            }
        }
        return false;
    }

    /* 교착 상태를 방지하기 위해 프로세스가 사전에 어떤 순서로 락을 요청할지
     * 선언하게 한다. 선언한 순서가 교착 상태를 만들어 내지 않는지(방향 그래프에서
     * 사이클이 존재하는지) 확인한다. */
    public boolean declare(int ownerId, int[] resourcesInOrder) {
        HashMap<Integer, Boolean> touchedNodes = new HashMap<Integer, Boolean>();

        /* 그래프에 노드를 추가한다. */
        int index = 1;
        touchedNodes.put(resourcesInOrder[0], false);
        for (index = 1; index < resourcesInOrder.length; index++) {
```

```
                    LockNode prev = locks[resourcesInOrder[index - 1]];
                    LockNode curr = locks[resourcesInOrder[index]];
                    prev.joinTo(curr);
                    touchedNodes.put(resourcesInOrder[index], false);
                }

                /* 사이클이 생겼다면, 자원 리스트를 삭제하고 false를 반환한다. */
                if (hasCycle(touchedNodes, resourcesInOrder)) {
                    for (int j = 1; j < resourcesInOrder.length; j++) {
                        LockNode p = locks[resourcesInOrder[j - 1]];
                        LockNode c = locks[resourcesInOrder[j]];
                        p.remove(c);
                    }
                    return false;
                }

                /* 사이클이 탐지되지 않았다. 선언된 순서를 저장해서, 나중에
                 * 프로세스가 요청한 순서대로 실제로 락을 요청하는지 확인할
                 * 수 있도록 한다. */
                LinkedList<LockNode> list = new LinkedList<LockNode>();
                for (int i = 0; i < resourcesInOrder.length; i++) {
                    LockNode resource = locks[resourcesInOrder[i]];
                    list.add(resource);
                }
                lockOrder.put(ownerId, list);

                return true;
            }

            /* 프로세스가 선언한 순서대로 락을 요구하는지 확인한 다음에 락을 획득한다. */
            public Lock getLock(int ownerId, int resourceID) {
                LinkedList<LockNode> list = lockOrder.get(ownerId);
                if (list == null) return null;

                LockNode head = list.getFirst();
                if (head.getId() == resourceID) {
                    list.removeFirst();
                    return head.getLock();
                }
                return null;
            }
        }

        public class LockNode {
            public enum VisitState { FRESH, VISITING, VISITED };

            private ArrayList<LockNode> children;
            private int lockId;
            private Lock lock;
            private int maxLocks;

            public LockNode(int id, int max) { ... }

            /* 사이클이 생기지 않는지 확인하고 "this"를 "node"에 연결한다. */
            public void joinTo(LockNode node) { children.add(node); }
            public void remove(LockNode node) { children.remove(node); }

            /* 깊이 우선 탐색을 사용해서 사이클을 확인한다. */
            public boolean hasCycle(HashMap<Integer, Boolean> touchedNodes) {
                VisitState[] visited = new VisitState[maxLocks];
                for (int i = 0; i < maxLocks; i++) {
```

```
            visited[i] = VisitState.FRESH;
        }
        return hasCycle(visited, touchedNodes);
    }

    private boolean hasCycle(VisitState[] visited,
                             HashMap<Integer, Boolean> touchedNodes) {
        if (touchedNodes.containsKey(lockId)) {
            touchedNodes.put(lockId, true);
        }
        if (visited[lockId] == VisitState.VISITING) {
            /* 방문한 적이 있는 노드로 되돌아왔다.
             * 따라서 사이클이 존재한다는 사실을 알게 됐다. */
            return true;
        } else if (visited[lockId] == VisitState.FRESH) {
            visited[lockId] = VisitState.VISITING;
            for (LockNode n : children) {
                if (n.hasCycle(visited, touchedNodes)) {
                    return true;
                }
            }
            visited[lockId] = VisitState.VISITED;
        }
        return false;
    }

    public Lock getLock() {
        if (lock == null) lock = new ReentrantLock();
        return lock;
    }

    public int getId() { return lockId; }
}
```

계속 강조했듯이, 면접할 때 이렇게 길고 복잡한 코드를 작성해야 할 일은 없다. 의
사코드를 작성하고 그 메서드 가운데 한두 개 정도만 작성하는 것으로도 충분하다.

15.5 순서대로 호출: 다음과 같은 코드가 있다고 하자.

```
public class Foo {
    public Foo() { ... }
    public void first() { ... }
    public void second() { ... }
    public void third() { ... }
}
```

Foo 인스턴스 하나를 서로 다른 세 스레드에 전달한다. threadA는 first를
호출할 것이고, threadB는 second를 호출할 것이며, threadC는 third를 호출
할 것이다. first가 second보다 먼저 호출되고, second가 third보다 먼저 호
출되도록 보장하는 메커니즘을 설계하라.

262쪽

해법

second()를 실행하기 전에 first()가 끝났는지 확인한다. third()를 호출하기 전에 second()가 끝났는지 확인한다. 스레드 안전성(thread safety)에 대해 각별히 유의 해야 하는데, 단순히 불린(boolean) 타입의 플래그 변수만으로는 스레드 안전성을 확보할 수 없다.

lock을 써서 다음과 같은 코드를 만든다면 어떨까?

```java
public class FooBad {
    public int pauseTime = 1000;
    public ReentrantLock lock1, lock2;

    public FooBad() {
        try {
            lock1 = new ReentrantLock();
            lock2 = new ReentrantLock();
            lock1.lock();
            lock2.lock();
        } catch (...) { ... }
    }

    public void first() {
        try {
            ...
            lock1.unlock(); // first()가 끝났다고 표시
        } catch (...) { ... }
    }

    public void second() {
        try {
            lock1.lock(); // first()가 끝날 때까지 대기
            lock1.unlock();
            ...
            lock2.unlock(); // second()가 끝났다고 표시
        } catch (...) { ... }
    }

    public void third() {
        try {
            lock2.lock(); // third()가 끝날 때까지 대기
            lock2.unlock();
            ...
        } catch (...) { ... }
    }
}
```

그런데 이 코드는 락 소유권(lock ownership) 문제 때문에 정상적으로 동작하지 않는다. 한 스레드가 락을 수행했지만(FooBad의 생성자), 다른 스레드가 해당 락을 풀려고 시도하고 있다. 그렇게 하려고 하면 예외(exception)가 발생한다. 자바에서 락은 락을 건 스레드가 소유한다.

대신, 세마포어(semaphores)를 사용하면 이 문제를 해결할 수 있다. 논리는 동 일하다.

```
public class Foo {
    public Semaphore sem1, sem2;

    public Foo() {
        try {
            sem1 = new Semaphore(1);
            sem2 = new Semaphore(1);

            sem1.acquire();
            sem2.acquire();
        } catch (...) { ... }
    }

    public void first() {
        try {
            ...
            sem1.release();
        } catch (...) { ... }
    }

    public void second() {
        try {
            sem1.acquire();
            sem1.release();
            ...
            sem2.release();
        } catch (...) { ... }
    }

    public void third() {
        try {
            sem2.acquire();
            sem2.release();
            ...
        } catch (...) { ... }
    }
}
```

15.6 **동기화된 메서드:** 동기화된 메서드 A와 일반 메서드 B가 구현된 클래스가 있다. 같은 프로그램에서 실행되는 스레드가 두 개 존재할 때 A를 동시에 실행할 수 있는가? A와 B는 동시에 실행될 수 있는가?

262쪽

해법

메서드에 synchronized를 적용하면 두 스레드가 동일한 객체의 메서드를 동시에 실행하지 못하도록 할 수 있다.

따라서 첫 질문에 대한 답은 '상황에 따라 다르다'이다. 두 스레드가 같은 객체를 갖고 있다면 답은 NO이다. 메서드 A를 동시에 실행할 수 없다. 하지만 다른 객체라면 YES이다. 동시에 실행할 수 있다.

개념적으로 보면 락(lock)과 같다. synchronized 메서드를 호출하면, 동일한 객체에 정의된 모든 synchronized 메서드에 락이 걸리는 것과 같다. 따라서 해당 객체의 synchronized 메서드를 실행하려는 다른 스레드는 모두 블록된다.

두 번째 질문에서, thread2가 synchronized로 선언되지 않은 메서드 B를 실행하는 동안, thread1은 synchronized로 선언된 메서드 A를 실행할 수 있나? B가 synchronized로 선언되지 않았으므로, thread1이 A를 실행하지 못할 이유가 없다. 따라서 thread1과 thread2가 같은 객체를 가리킨다고 하더라도 실행할 수 있다.

여기서 기억해 두어야 할 가장 핵심적인 개념은, 객체별로 실행 가능한 synchronized 메서드는 하나뿐이라는 것이다. 다른 스레드는 해당 객체의 비-synchronized 메서드 혹은 다른 객체의 메서드는 실행할 수 있다.

15.7 FizzBuzz: FizzBuzz라는 고전적인 문제가 있다. 여러분은 1부터 n까지 출력하는 프로그램을 작성해야 한다. 3으로 나누어 떨어질 땐 "Fizz"를, 5로 나누어 떨어질 땐 "Buzz"를 출력해야 하고, 3과 5 둘 다로 나누어 떨어지면 "FizzBuzz"를 출력해야 한다. 여기에선 다중 스레드(multi-thread)를 이용해서 문제를 풀어 볼 것이다. 여러분은 4개의 스레드를 사용해야 하는데, 첫 번째 스레드는 3으로 나누어 떨어지는지 확인한 뒤 나누어 떨어지면 "Fizz"를 출력해야 하고, 두 번째 스레드는 5로 나누어 떨어지는지 확인한 뒤 나누어 떨어지면 "Buzz"를 출력해야 하고, 세 번째 스레드는 동시에 3과 5로 나누어 떨어지는지 확인한 뒤 나누어 떨어지면 "FizzBuzz"를 출력해야 하고, 네 번째 스레드는 그 외의 숫자를 출력해야 한다.

263쪽

해법

우선 단일 스레드를 사용해서 FizzBuzz를 구현해 보자.

단일 스레드

단일 스레드 버전의 문제는 그렇게 어렵지 않지만 많은 지원자들은 너무 복잡하게 생각한다. 이들은 3과 5로 나누어 떨어지는 경우("FizzBuzz")가 각각으로 나누어 떨어지는 경우("Fizz"와 "Buzz")와 비슷하기 때문에 이를 재사용할 수 있는 뭔가 '아름다운' 방법을 찾으려고 한다.

그러나 가독성(readability)과 효율성(efficiency)를 따져봤을 때 가장 좋은 방법은 그냥 단순하게 푸는 것이다.

```
void fizzbuzz(int n) {
    for (int i = 1; i <= n; i++) {
        if (i % 3 == 0 && i % 5 == 0) {
            System.out.println("FizzBuzz");
        } else if (i % 3 == 0) {
            System.out.println("Fizz");
        } else if (i % 5 == 0) {
            System.out.println("Buzz");
        } else {
            System.out.println(i);
        }
    }
}
```

주의해야 할 점은 각 구문의 순서이다. 3으로 나누어 떨어지는지 확인하는 부분을 3과 5로 나누어 떨어지는지 확인하는 부분 전에 놓는다면 제대로 출력되지 않는다.

다중 스레드

다중 스레드를 사용했을 때 그 구조는 다음과 같을 것이다.

FizzBuzz Thread	Fizz Thread

if i div by 3 && 5
    print FizzBuzz
    increment i
repeat until i > n
	if i div by only 3
	    print Fizz
	    increment i
	repeat until i > n

Buzz Thread	Number Thread

if i div by only 5
    print Buzz
    increment i
repeat until i > n
	if i not div by 3 or 5
	    print i
	    increment i
	repeat until i > n

코드는 다음과 같을 것이다.

```
while (true) {
    if (current > max) {
        return;
    }
    if (/* 나누어 떨어지는지 확인 */) {
        System.out.println(/* 출력 */);
        current++;
    }
}
```

루프 안에 동기화하는 부분을 추가해야 한다. 그렇지 않으면 current가 2~4줄과 5~8줄에서 바뀌고 자신도 모르게 정해진 범위를 벗어날 것이다. 또한 숫자를 증가하는 부분의 스레드 안정성(thread-safe)이 보장되지 않는다.

이 개념을 실제로 구현하는 방법은 여러 가지가 있다. 한 가지 방법은 완전히 독립된 스레드 클래스 4개가 current 변수의 참조를 공유하는 것이다.

각 스레드의 루프는 거의 비슷하다. 나누어 떨어지는지 확인하는 부분과 출력하는 부분만 다를 것이다.

	FizzBuzz	Fizz	Buzz	Number
current % 3 == 0	true	true	false	false
current % 5 == 0	true	false	true	false
to print	FizzBuzz	Fizz	Buzz	current

대부분은 필요한 인자와 출력할 값을 받아서 처리된다. Number 스레드의 출력 부분을 덮어써야(overwrite) 하지만 문자열로 고정되어 있어서 쉽지 않을 것이다.

FizzBuzzThread 클래스는 대부분의 것을 처리한다. NumberThread 클래스는 FizzBuzzThread 클래스를 상속받은 뒤 print 메서드를 오버라이드(override)했다.

```
Thread[] threads = {new FizzBuzzThread(true, true, n, "FizzBuzz"),
                    new FizzBuzzThread(true, false, n, "Fizz"),
                    new FizzBuzzThread(false, true, n, "Buzz"),
                    new NumberThread(false, false, n)};
for (Thread thread : threads) {
    thread.start();
}

public class FizzBuzzThread extends Thread {
    private static Object lock = new Object();
    protected static int current = 1;
    private int max;
    private boolean div3, div5;
    private String toPrint;

    public FizzBuzzThread(boolean div3, boolean div5, int max, String toPrint) {
        this.div3 = div3;
        this.div5 = div5;
        this.max = max;
        this.toPrint = toPrint;
    }

    public void print() {
        System.out.println(toPrint);
    }

    public void run() {
        while (true) {
            synchronized (lock) {
                if (current > max) {
                Return;
                    }

                if ((current % 3 == 0) == div3 &&
                    (current % 5 == 0) == div5) {
                    print();
                    current++;
                }
```

```
            }
        }
    }
}

public class NumberThread extends FizzBuzzThread {
    public NumberThread(boolean div3, boolean div5, int max) {
        super(div3, div5, max, null);
    }

    public void print() {
        System.out.println(current);
    }
}
```

if문 이전에 current와 max를 비교하는 부분이 있다. 이 부분은 current가 max와 같
거나 작은 경우에만 출력하도록 하기 위함이다.

만약 이러한 기능을 제공하는 언어를 사용하고 있다면 (자바 8을 포함한 많은
언어가 이미 제공하고 있다), validate 메서드와 print 메서드를 인자로 전달하면
된다.

```
int n = 100;
Thread[] threads = {
    new FBThread(i -> i % 3 == 0 && i % 5 == 0, i -> "FizzBuzz", n),
    new FBThread(i -> i % 3 == 0 && i % 5 != 0, i -> "Fizz", n),
    new FBThread(i -> i % 3 != 0 && i % 5 == 0, i -> "Buzz", n),
    new FBThread(i -> i % 3 != 0 && i % 5 != 0, i -> Integer.toString(i), n)};
for (Thread thread : threads) {
    thread.start();
}

public class FBThread extends Thread {
    private static Object lock = new Object();
    protected static int current = 1;
    private int max;
    private Predicate<Integer> validate;
    private Function<Integer, String> printer;
    int x = 1;

    public FBThread(Predicate<Integer> validate,
                    Function<Integer, String> printer, int max) {
        this.validate = validate;
        this.printer = printer;
        this.max = max;
    }

    public void run() {
        while (true) {
            synchronized (lock) {
                if (current > max) {
                    return;
                }
                if (validate.test(current)) {
                    System.out.println(printer.apply(current));
                    current++;
                }
```

```
                    }
                }
            }
        }
```

물론 이를 구현하는 방법도 여러 가지가 있다.

추가 연습문제

16
중간 난이도 연습문제 해법

16.1 **숫자 교환**: 임시 변수를 사용하지 않고 숫자를 교환(swap)하는 함수를 작성하라.

265쪽

해법

이 문제는 꽤 고전적이며, 간단하게 풀 수 있다. a_0이 a의 원래 값이고, b_0이 b의 원래 값이며, diff는 $a_0 - b_0$이라고 하자.

a > b일 경우 이 관계를 시각적으로 표현해 보면 다음과 같다.

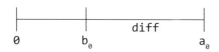

a를 diff로 설정한다. 이 diff는 윗 그림의 오른쪽에 나와 있다. 그런 다음 b와 diff를 더하여 b에 저장한다. 이 값은 a_0이므로, b = a_0과 a = diff인 상태가 된다. 남은 일은 a를 a_0 - diff, 즉 b - a로 설정하는 일이다. 그러면 a = b_0이 된다.

아래는 이를 구현한 코드이다.

```
// 예제: a = 9, b = 4
a = a - b; // a = 9 - 4 = 5
b = a + b; // b = 5 + 4 = 9
a = b - a; // a = 9 - 5
```

이와 유사하게 비트 조작(bit manipulation)을 사용할 수도 있다. 이 방법의 좋은 점은, 정수 이외의 자료형에 대해서도 동작한다는 것이다.

```
// 예제: a = 101(2진수) 그리고 b = 110
a = a^b; // a = 101^110 = 011
b = a^b; // b = 011^110 = 101
a = a^b; // a = 011^101 = 110
```

이 코드는 XOR 연산자를 사용해서 작성되었다. 이 방법이 어떻게 동작하는지 알고 싶으면 비트 하나를 유심히 살펴보면 된다. 두 비트가 제대로 교환되었다면, 전체 연산도 올바르게 동작하리라 짐작할 수 있다.

두 비트 x와 y를 선택한 뒤 다음의 과정을 따라가 보자.

1. x = x ^ y

   x와 y의 값이 같은지 다른지 확인하는 부분이다. x != y라면 1을 반환할 것이다.

2. y = x ^ y

   또는: y = {애초에 같았다면 0, 달랐다면 1} ^ {기존 y값}

   1과 XOR 연산을 하면 비트값이 항상 바뀌지만, 0과 XOR 연산을 하면 비트값이
   바뀌지 않는다.

   x != y일 때 수식이 y = 1 ^ {기존 y값}이 되므로 y의 비트가 뒤집히고 따라서
   기존 x값이 된다.

   반면에, 수식이 x == y일 때는 y = 0 ^ {기존 y값}이 되고 따라서 y의 값은 변
   하지 않는다.

   두 경우 모두 y는 기존 x값과 같아진다.

3. x = x ^ y

   또는: x = {애초에 같았다면 0, 달랐다면 1} ^ {기존 x값}

   이제 y에는 x의 기존값이 들어 있게 된다. 이번 수식은 바로 이전 수식과 동일
   하지만 의미하는 변수값이 다르다.

   값이 다르다면 수식은 x = 1 ^ {기존 x값}이 되고, 따라서 x는 바뀔 것이다.

   값이 같다면 수식은 x = 0 ^ {기존 x값}이 되고, 따라서 x는 바뀌지 않을 것이다.

이 연산은 각 비트에서 행해진다. 각 비트의 값을 올바르게 교환하므로 모든 비트
에 대해서도 올바르게 교환해나갈 것이다.

16.2 단어 출현 빈도: 어떤 책에 나타난 단어의 출현 빈도를 계산하는 메서드를
설계하라. 이 알고리즘을 여러 번 수행해야 한다면 어떻게 해야 할까?

265쪽

`해법`

간단한 경우를 먼저 생각해 보자.

해법: 1회성 쿼리

이 경우에는 책 전체를 단어 단위로 읽어 나가면서 단어의 출현 빈도를 센다. O(n)
시간이 걸릴 것이다. 책에 등장하는 단어를 모두 살펴봐야 하기 때문에 이보다 더
잘할 수는 없다.

```
int getFrequency(String[] book, String word) {
    word = word.trim().toLowerCase();
    int count = 0;
    for (String w : book) {
        if (w.trim().toLowerCase().equals(word)) {
            count++;
        }
    }
    return count;
}
```

또한 문자열을 소문자로 바꾸고 양 끝의 공백은 잘라냈다. 필요하다면 이 부분에 대해 면접관과 얘기해 봐도 좋다.

해법: 반복적 쿼리

쿼리를 반복적으로 날린다면, 시간과 메모리를 투자해서 책을 전처리(pre-processing)하는 게 좋을 것이다. 각 단어를 그 출현 빈도에 대응시키는 해시테이블을 만들 수 있다. 이 테이블을 이용하면 어떤 단어의 출현 빈도를 O(1) 시간 안에 알아낼 수 있다. 아래는 이를 구현한 코드이다.

```
HashMap<String, Integer> setupDictionary(String[] book) {
    HashMap<String, Integer> table =
        new HashMap<String, Integer>();
    for (String word : book) {
        word = word.toLowerCase();
        if (word.trim() != "") {
            if (!table.containsKey(word)) {
                table.put(word, 0);
            }
            table.put(word, table.get(word) + 1);
        }
    }
    return table;
}

int getFrequency(HashMap<String, Integer> table, String word) {
    if (table == null || word == null) return -1;
    word = word.toLowerCase();
    if (table.containsKey(word)) {
        return table.get(word);
    }
    return 0;
}
```

이런 문제는 사실 상대적으로 쉽다. 그러므로 면접관은 여러분이 얼마나 주의 깊은 지를 꼼꼼히 살필 것이다. 오류를 검사하는 것을 잊지는 않았는가?

16.3 **교차점:** 시작점과 끝점으로 이루어진 선분 두 개가 주어질 때, 이 둘의 교차점을 찾는 프로그램을 작성하라.

265쪽

해법

먼저 두 선분이 교차한다는 게 무슨 뜻인지 생각해 봐야 한다.

무한한 길이의 두 선분이 교차하려면 둘의 기울기만 다르면 된다. 기울기가 같고 y절편이 같다면 둘은 같은 선분일 것이다. 즉,

```
slope 1 != slope 2
OR
slope 1 == slope 2 AND intersect 1 == intersect 2
```

두 직선이 교차하려면 위의 조건을 만족함과 동시에 교차점이 선분의 범위 안에 있어야 한다.

```
무한한 길이의 선분이 교차
AND
첫 번째 선분의 범위 안에서 교차 (x와 y좌표 모두)
AND
두 번째 선분의 범위 안에서 교차 (x와 y좌표 모두)
```

길이가 무한한 두 선분이 같은 경우엔 어떻게 해야 할까? 이 경우엔 특정 부분이 겹치는지 살펴봐야 한다. 선분을 x 좌표로 정렬했을 때(시작점이 끝점보다 먼저, 1번 꼭지점이 2번 꼭지점보다 먼저 오게 한다), 다음과 같은 상황에서만 두 선분이 교차한다.

```
가정:
    start1.x < start2.x && start1.x < end1.x && start2.x < end2.x
다음의 경우에 교차가 발생한다:
    start2가 start1과 end1 사이에 있을 때
```

이제 이 알고리즘을 구현할 수 있다.

```
Point intersection(Point start1, Point end1, Point start2, Point end2) {
    /* x 값을 기준으로 다음과 같이 정렬한다. start는 end 이전에 나와야 하고,
     * point1은 point2 이전에 나와야 한다. 이렇게 정렬하면 코드 로직이 간단해진다. */
    if (start1.x > end1.x) swap(start1, end1);
    if (start2.x > end2.x) swap(start2, end2);
    if (start1.x > start2.x) {
        swap(start1, start2);
        swap(end1, end2);
    }

    /* 선분의 기울기와 y 절편을 계산한다. */
    Line line1 = new Line(start1, end1);
    Line line2 = new Line(start2, end2);

    /* 두 선분의 기울기가 같을 땐, y 절편이 같고 start2가 line1 안에 있는 경우에만
     * 두 선분이 겹친다고 말할 수 있다. */
    if (line1.slope == line2.slope) {
        if (line1.yintercept == line2.yintercept &&
            isBetween(start1, start2, end1)) {
            return start2;
        }
```

```
                return null;
        }

        /* 겹치는 지점을 구한다. */
        double x = (line2.yintercept - line1.yintercept) / (line1.slope - line2.slope);
        double y = x * line1.slope + line1.yintercept;
        Point intersection = new Point(x, y);

        /* 겹치는 지점이 선분 위에 있는지 확인한다. */
        if (isBetween(start1, intersection, end1) &&
            isBetween(start2, intersection, end2)) {
            return intersection;
        }
        return null;
    }

    /* middle이 start와 end 사이에 있는지 확인한다. */
    boolean isBetween(double start, double middle, double end) {
        if (start > end) {
            return end <= middle && middle <= start;
        } else {
            return start <= middle && middle <= end;
        }
    }

    /* middle이 start와 end 사이에 있는지 확인한다. */
    boolean isBetween(Point start, Point middle, Point end) {
        return isBetween(start.x, middle.x, end.x) &&
                   isBetween(start.y, middle.y, end.y);
    }

    /* 지점 one과 two를 교환한다. */
    void swap(Point one, Point two) {
        double x = one.x;
        double y = one.y;
        one.setLocation(two.x, two.y);
        two.setLocation(x, y);
    }

    public class Line {
        public double slope, yintercept;
        public Line(Point start, Point end) {
            double deltaY = end.y - start.y;
            double deltaX = end.x - start.x;
            slope = deltaY / deltaX; // deltaX = 0인 경우에는 무한대 값이 된다.
            yintercept = end.y - slope * end.x;
        }
    }

    public class Point {
        public double x, y;
        public Point(double x, double y) {
            this.x = x;
            this.y = y;
        }

        public void setLocation(double x, double y) {
            this.x = x;
            this.y = y;
        }
    }
```

코드를 간단하고 짧게 하기 위해(실제로 코드 가독성이 올라간다), Point와 Line의 변수들을 public으로 설정했다. 면접관과 이 선택의 장단점에 대해 토론해 볼 수 있다.

16.4 틱-택-토의 승자: 틱-택-토(tic-tac-toe) 게임의 승자를 알아내는 알고리즘을 설계하라.

265쪽

해법

처음에 이 문제는 아주 간단해 보인다. 틱-택-토 게임판을 본 적이 있나? 어려워 봐야 얼마나 어렵겠나? 하지만 이 문제는 생각보다 까다롭고, 완벽한 정답도 없다. 여러분 취향에 따라 최적 해법도 크게 달라진다.

설계할 때 다음의 몇 가지를 따져 봐야 한다.

1. hasWon이 한 번만 호출되나 아니면 여러 번 호출되나? 예를 들어, 틱-택-토 웹사이트의 일부분이라면? 여러 번 호출된다면, hasWon의 수행 속도를 최적화하기 위해 전처리(pre-processing)를 하는 것이 좋을 것이다.
2. 마지막 움직임을 알고 있나?
3. 틱-택-토 게임은 보통 3×3 크기의 게임판에서 한다. N×N 크기의 게임판에 대한 해법까지 구하도록 설계해야 하는가?
4. 일반적으로, 코드의 길이 vs. 수행 시간 vs. 코드 가독성 사이에 어떤 우선순위가 있는가? 가장 효율적인 코드가 가장 좋은 코드는 아닐 수 있다. 코드를 이해하고 유지보수할 수 있도록 하는 것도 중요하다.

해법 #1: hashWon이 여러 번 호출된다면

틱-택-토 게임(3×3 게임판이라고 가정하자)을 하는 모든 경우의 수를 따져보면 3^9, 그러니까 20,000개 정도뿐이다. 따라서 틱-택-토 게임판을 표현하는 데 정수 하나면 된다. 이 정수의 각 자리는 어떤 말이 놓여 있는지를 나타낸다(0은 비어 있는 것, 1은 파란색 말, 2는 빨간색 말). 모든 가능한 보드판의 경우를 키(key), 그 게임 결과를 값(value)으로 설정해서 미리 해시테이블 혹은 해시 배열에 저장해 둔다. 함수는 다음과 같이 간단하게 구현된다.

```
Piece hasWon(int board) {
    return winnerHashtable[board];
}
```

문자 배열로 표현된 게임판을 정수값으로 변환하기 위해서는, 3진법을 사용해야 한다. 각 게임판 상태는 다음의 다항식으로 표현된다: $3^0 v_0 + 3^1 v_1 + 3^2 v_2 + \cdots + 3^8 v_8$. 여기서 v_i는 해당 위치가 비어 있을 때 0이고, 파란색 말이 놓여 있을 때 1, 빨간색 말이 놓여 있을 때 2가 된다.

```
enum Piece { Empty, Red, Blue };

int convertBoardToInt(Piece[][] board) {
    int sum = 0;
    for (int i = 0; i < board.length; i++) {
        for (int j = 0; j < board[i].length; j++) {
            /* enum의 각 값은 정수값과 연관되어 있다.
             * 따라서 그 값을 그대로 사용하면 된다. */
            int value = board[i][j].ordinal();
            sum = sum * 3 + value;
        }
    }
    return sum;
}
```

이렇게 하면 단순히 해시테이블을 살펴봄으로써 게임 결과를 알아낼 수 있다.

물론, 승자를 찾을 때마다 게임판을 이런 식으로 변환했더라면 다른 방법들보다 더 빠르게 할 수 없었을 것이다. 하지만 애초에 모든 게임과 그 결과를 이런 식으로 저장해 두면, 아주 효율적으로 결과를 찾아낼 수 있다.

해법 #2: 마지막 움직임을 알고 있는 경우

마지막에 말이 어떻게 움직였는지 알고 있다면(그리고 현재까지의 승자가 누구인지 확인하고 있었다면), 현재 위치와 겹치는 행, 열, 대각선만 확인해 보면 된다.

```
Piece hasWon(Piece[][] board, int row, int column) {
    if (board.length != board[0].length) return Piece.Empty;

    Piece piece = board[row][column];

    if (piece == Piece.Empty) return Piece.Empty;

    if (hasWonRow(board, row) || hasWonColumn(board, column)) {
        return piece;
    }

    if (row == column && hasWonDiagonal(board, 1)) {
        return piece;
    }

    if (row == (board.length - column - 1) && hasWonDiagonal(board, -1)) {
        return piece;
    }

    return Piece.Empty;
}
```

```
boolean hasWonRow(Piece[][] board, int row) {
    for (int c = 1; c < board[row].length; c++) {
        if (board[row][c] != board[row][0]) {
            return false;
        }
    }
    return true;
}

boolean hasWonColumn(Piece[][] board, int column) {
    for (int r = 1; r < board.length; r++) {
        if (board[r][column] != board[0][column]) {
            return false;
        }
    }
    return true;
}

boolean hasWonDiagonal(Piece[][] board, int direction) {
    int row = 0;
    int column = direction == 1 ? 0 : board.length - 1;
    Piece first = board[0][column];
    for (int i = 0; i < board.length; i++) {
        if (board[row][column] != first) {
            return false;
        }
        row += 1;
        column += direction;
    }
    return true;
}
```

몇 가지 중복된 부분을 없애서 코드를 좀 더 깨끗하게 만들 수 있다. 뒤에 나오는 함수에서 이에 대해 살펴볼 것이다.

해법 #3: 3×3 게임판만 고려한 설계

3×3 게임판만 고려해 구현한다면 코드를 상대적으로 짧고 간단하게 만들 수 있다. 코드를 중복해서 작성하지 않은 채 깔끔하고 잘 조직된 코드를 만드는 것이 어려운 부분이다.

　아래는 행, 열, 대각선을 보고 누가 이겼는지 확인하는 코드이다.

```
Piece hasWon(Piece[][] board) {
    for (int i = 0; i < board.length; i++) {
        /* 행 체크 */
        if (hasWinner(board[i][0], board[i][1], board[i][2])) {
            return board[i][0];
        }

        /* 열 체크 */
        if (hasWinner(board[0][i], board[1][i], board[2][i])) {
            return board[0][i];
        }
    }

    /* 대각선 체크 */
```

```
    if (hasWinner(board[0][0], board[1][1], board[2][2])) {
        return board[0][0];
    }

    if (hasWinner(board[0][2], board[1][1], board[2][0])) {
        return board[0][2];
    }

    return Piece.Empty;
}
boolean hasWinner(Piece p1, Piece p2, Piece p3) {
    if (p1 == Piece.Empty) {
        return false;
    }
    return p1 == p2 && p2 == p3;
}
```

이 방법은 꽤 괜찮은 해법이며 어떻게 작동하는지 이해하기도 상대적으로 쉽다. 문제는 모든 값이 하나하나 직접 쓰여 있다는 점이다. 이러면 잘못된 인덱스에 접근하는 실수를 하기 쉽다.

또한 N×N 크기의 게임판으로 확장하기가 쉽지 않다.

해법 #4: N×N 게임판을 고려한 설계

N×N 크기의 게임판을 구현하는 방법은 여러 가지다.

내포된 for-루프

가장 뻔한 방법은 내포된 for-루프를 연속으로 사용하는 것이다.

```
Piece hasWon(Piece[][] board) {
    int size = board.length;
    if (board[0].length != size) return Piece.Empty;
    Piece first;

    /* 행 체크 */
    for (int i = 0; i < size; i++) {
        first = board[i][0];
        if (first == Piece.Empty) continue;
        for (int j = 1; j < size; j++) {
            if (board[i][j] != first) {
                Break;
            } else if (j == size - 1) { // 마지막 원소
                return first;
            }
        }
    }

    /* 열 체크 */
    for (int i = 0; i < size; i++) {
        first = board[0][i];
        if (first == Piece.Empty) continue;
        for (int j = 1; j < size; j++) {
            if (board[j][i] != first) {
                break;
```

```
            } else if (j == size - 1) { // 마지막 원소
                return first;
            }
        }
    }

    /* 대각선 체크 */
    first = board[0][0];
    if (first != Piece.Empty) {
        for (int i = 1; i < size; i++) {
            if (board[i][i] != first) {
                Break;
            } else if (i == size - 1) { // 마지막 원소
                return first;
            }
        }
    }

    first = board[0][size - 1];
    if (first != Piece.Empty) {
        for (int i = 1; i < size; i++) {
            if (board[i][size - i - 1] != first) {
                break;
            } else if (i == size - 1) { // 마지막 원소
                return first;
            }
        }
    }

    return Piece.Empty;
}
```

이 코드는 그다지 깔끔하지 않은 방법으로 구현되었다. 매번 거의 같은 일을 반복하고 있다. 코드를 재사용할 수 있는 방법을 찾아야 한다.

증가 및 감소 함수

코드를 재사용할 수 있는 좋은 방법은 다른 함수에 값을 전달해서 행과 열을 증가시키거나 감소시키는 것이다. hasWon 함수에 시작 위치와 행과 열에 각각 얼마큼 증가시킬 것인지 전달하면 된다.

```
class Check {
    public int row, column;
    private int rowIncrement, columnIncrement;
    public Check(int row, int column, int rowI, int colI) {
        this.row = row;
        this.column = column;
        this.rowIncrement = rowI;
        this.columnIncrement = colI;
    }

    public void increment() {
        row += rowIncrement;
        column += columnIncrement;
    }

    public boolean inBounds(int size) {
```

```
            return row >= 0 && column >= 0 && row < size && column < size;
        }
    }

    Piece hasWon(Piece[][] board) {
        if (board.length != board[0].length) return Piece.Empty;
        int size = board.length;

        /* 체크할 리스트 만들기 */
        ArrayList<Check> instructions = new ArrayList<Check>();
        for (int i = 0; i < board.length; i++) {
            instructions.add(new Check(0, i, 1, 0));
            instructions.add(new Check(i, 0, 0, 1));
        }
        instructions.add(new Check(0, 0, 1, 1));
        instructions.add(new Check(0, size - 1, 1, -1));

        /* 체크하기 */
        for (Check instr : instructions) {
            Piece winner = hasWon(board, instr);
            if (winner != Piece.Empty) {
                return winner;
            }
        }
        return Piece.Empty;
    }

    Piece hasWon(Piece[][] board, Check instr) {
        Piece first = board[instr.row][instr.column];
        while (instr.inBounds(board.length)) {
            if (board[instr.row][instr.column] != first) {
                return Piece.Empty;
            }
            instr.increment();
        }
        return first;
    }
```

Check 함수는 원소를 순회하면서 연산 작업을 해야 한다.

반복자

반복자(iterator)를 직접 만드는 방법을 써 보자.

```
    Piece hasWon(Piece[][] board) {
        if (board.length != board[0].length) return Piece.Empty;
        int size = board.length;

        ArrayList<PositionIterator> instructions = new ArrayList<PositionIterator>();
        for (int i = 0; i < board.length; i++) {
            instructions.add(new PositionIterator(new Position(0, i), 1, 0, size));
            instructions.add(new PositionIterator(new Position(i, 0), 0, 1, size));
        }
        instructions.add(new PositionIterator(new Position(0, 0), 1, 1, size));
        instructions.add(new PositionIterator(new Position(0, size - 1), 1, -1, size));

        for (PositionIterator iterator : instructions) {
            Piece winner = hasWon(board, iterator);
            if (winner != Piece.Empty) {
                return winner;
            }
```

```
        }
        return Piece.Empty;
    }

Piece hasWon(Piece[][] board, PositionIterator iterator) {
    Position firstPosition = iterator.next();
    Piece first = board[firstPosition.row][firstPosition.column];
    while (iterator.hasNext()) {
        Position position = iterator.next();
        if (board[position.row][position.column] != first) {
            return Piece.Empty;
        }
    }
    return first;
}

class PositionIterator implements Iterator<Position> {
    private int rowIncrement, colIncrement, size;
    private Position current;
    public PositionIterator(Position p, int rowIncrement,
                            int colIncrement, int size) {
        this.rowIncrement = rowIncrement;
        this.colIncrement = colIncrement;
        this.size = size;
        current = new Position(p.row - rowIncrement, p.column - colIncrement);
    }

    @Override
    public boolean hasNext() {
        return current.row + rowIncrement < size &&
            current.column + colIncrement < size;
    }

    @Override
    public Position next() {
        current = new Position(current.row + rowIncrement,
                               current.column + colIncrement);
        return current;
    }
}

public class Position {
    public int row, column;
    public Position(int row, int column) {
        this.row = row;
        this.column = column;
    }
}
```

좀 과하게 느껴질 수도 있지만, 면접관과 토론해 볼 만한 가치는 있다. 이 문제의
요점은 여러분이 어떻게 코드를 깔끔하고 유지보수 가능하게 할 수 있는지에 대한
이해도를 평가하는 것이다.

16.5 **계승(factorial)의 0:** n!의 계산 결과에서 마지막에 붙은 연속된 0의 개수를
계산하는 알고리즘을 작성하라.

265쪽

해법

가장 단순한 해법은 계승(factorial)의 계산 결과를 구한 다음에 10으로 나누면서 0의 개수를 세는 것이다. 그런데 이 방법의 단점은, 계승을 계산하다 보면 int로 표현할 수 있는 값의 한계를 순식간에 넘는다는 점이다. 이런 문제를 해결하기 위해, 수학적으로 접근해 볼 수 있다.

19!을 계산한다고 하자.

19! = 1*2*3*4*5*6*7*8*9*10*11*12*13*14*15*16*17*18*19

여기서 꽁무니에 붙는 0은 10의 배수라는 뜻이고, 10의 배수는 5의 배수인 동시에 2의 배수라는 뜻이다.

예를 들어 19!의 경우 다음과 같은 항들이 꽁무니에 붙은 0을 만들어 낸다.

19! = 2 * ... * 5 * ... * 10 * ... * 15 * 16 * ...

그러므로 0의 개수를 세려면 5와 2가 얼마나 포함되어 있는지를 세면 된다. 그런데 5보다는 2의 배수의 개수가 훨씬 많을 것이므로, 5의 배수 개수만 세면 충분할 것이다.

한 가지 유의할 점은, 15에는 5가 하나이므로 꽁무니 0을 하나만 만들면 되겠지만, 25에는 두 개 들어 있으므로 두 개를 만들 거라는 사실이다.

이를 구현하는 방법은 두 가지다.

첫 번째 방법은 2부터 n까지 모든 수를 살펴보면서 5가 몇 개나 포함되어 있는지 세어 보는 것이다.

```
/* 숫자가 5로 나누어 떨어지면, 5의 계수를 반환해준다.
 * 예를 들어: 5 → 1, 25 → 2 등등 */
int factorsOf5(int i) {
    int count = 0;
    while (i % 5 == 0) {
        count++;
        i /= 5;
    }
    return count;
}

int countFactZeros(int num) {
    int count = 0;
    for (int i = 2; i <= num; i++) {
        count += factorsOf5(i);
    }
    return count;
}
```

나쁘지 않은 방법이지만, 숫자에 포함된 5의 개수가 몇 개인지를 직접 세면 더 효율적이다. 이렇게 하면, 처음에는 1과 n 사이에 5의 배수가 몇 개 있는지 세고, 그다음에는 25의 배수(n/25)가 몇 개 있는지 세고, 그다음에는 125의 배수(n/125)가 몇 개 있는지 세는 작업을 반복하면 된다.

n에 m이 얼마나 들어 있는지 알아보려면, n을 m으로 나누면 된다.

```
int countFactZeros(int num) {
    int count = 0;
    if (num < 0) {
        return -1;
    }
    for (int i = 5; num / i > 0; i *= 5) {
        count += num / i;
    }
    return count;
}
```

수수께끼 같아 보이는 문제이지만, 위에 보인 것처럼 논리적으로 공략이 가능하다. 0을 만들어 내는 것이 정확히 무엇인지 생각해 보면 해답을 찾을 수 있다. 사전에 그 규칙을 명확히 해 두어야 정확히 구현할 수 있다.

16.6 **최소의 차이**: 두 개의 정수 배열이 주어져 있다. 각 배열에서 숫자를 하나씩 선택했을 때 두 숫자의 차이의 절댓값이 최소가 되도록 하라.

예제

입력: {1, 3, 15, 11, 2}, {23, 127, 235, 19, 8}
출력: 3. 즉, (11, 8) 쌍을 말한다.

265쪽

해법

무식한 방법으로 먼저 풀어 보자.

무식한 방법

무식한 방법은 모든 쌍을 순회하면서 그 차이를 구하고 그중 차이가 가장 작은 것을 구하는 방법이다.

```
int findSmallestDifference(int[] array1, int[] array2) {
    if (array1.length == 0 || array2.length == 0) return -1;

    int min = Integer.MAX_VALUE;
    for (int i = 0; i < array1.length; i++) {
        for (int j = 0; j < array2.length; j++) {
            if (Math.abs(array1[i] - array2[j]) < min) {
                min = Math.abs(array1[i] - array2[j]);
            }
        }
    }
    return min;
}
```

최적의 답은 차이가 0일 때이므로 차이가 0이 되는 순간 바로 반환하도록 약간의 최적화를 해볼 수도 있다. 하지만 이 시도는 입력에 따라서 더 느려질 수도 있다.

이 최적화는 차이가 0이 되는 쌍이 리스트의 앞부분에 존재할 때에만 빨라진다. 하지만 이를 추가하면 매번 실행해야 할 코드가 추가되기 때문에 어떤 입력에 대해서는 빨라지지만 어떤 입력에 대해서는 느려진다. 코드가 읽기 복잡해진다는 면에서 오히려 이를 추가하지 않는 게 더 낫다.

'최적화'가 있든지 없든지 이 알고리즘은 O(AB) 시간이 걸린다.

최적 해법

더 최적화된 방법은 배열을 정렬하는 것이다. 배열이 정렬되어 있으면 각 배열을 순회하면서 차이가 최소가 되는 쌍을 찾을 수 있다.

다음과 같은 배열 두 개가 있다고 가정하자.

```
A: {1, 2, 11, 15}
B: {4, 12, 19, 23, 127, 235}
```

다음을 차례로 시도한다.

1. 포인터 a는 A의 앞부분을 가리키고 포인터 b는 B의 앞부분을 가리킨다. 현재 a와 b의 차이는 3이다. 이를 min에 저장한다.

2. 어떻게 잠재적인 차이를 적게 만들 수 있을까? b가 a보다 크기 때문에 b를 움직이면 차이가 더 커지게 마련이다. 따라서 a를 움직이면 된다.

3. 이제 a는 2를 가리키고 b는 (여전히) 4를 가리킨다. 차이가 2이므로 min을 갱신한다. a가 더 작으므로 a를 움직인다.

4. 이제 a는 11을 가리키고 b는 4를 가리킨다. b를 움직인다.

5. a는 11이고 b는 12이다. min을 1로 갱신하고 b를 움직인다.

이렇게 하면 된다.

```
int findSmallestDifference(int[] array1, int[] array2) {
    Arrays.sort(array1);
    Arrays.sort(array2);
    int a = 0;
    int b = 0;
    int difference = Integer.MAX_VALUE;
    while (a < array1.length && b < array2.length) {
        if (Math.abs(array1[a] - array2[b]) < difference) {
            difference = Math.abs(array1[a] - array2[b]);
        }

        /* 값이 작은 것을 움직인다. */
```

```
            if (array1[a] < array2[b]) {
                a++;
            } else {
                b++;
            }
        }
        return difference;
}
```

이 알고리즘은 정렬하는 데 $O(A \log A + B \log B)$ 시간이 걸리고 차이가 최소가 되는 부분을 찾는 데 $O(A + B)$ 시간이 걸린다. 따라서 총 수행 시간은 $O(A \log A + B \log B)$이 된다.

16.7 **최대 숫자**: 주어진 두 수의 최댓값을 찾는 메서드를 작성하라. 단, if-else나 비교 연산자는 사용할 수 없다.

266쪽

해법

max를 구현하는 흔한 방법은 a-b 결과의 부호를 살피는 것이다. 그런데 지금은 비교 연산자를 사용할 수 없으므로, 대신 곱셈을 사용해 구현하겠다.

a-b >= 0일 때 k는 1이라고 하자. 그 외의 경우에는 0이다. q의 값은 k의 반대값이라고 하자.

아래와 같이 코드를 구현할 수 있다.

```
/* 1은 0으로 바꾸고 0은 1로 바꾼다. */
int flip(int bit) {
    return 1^bit;
}

/* a가 양수일 때는 1을 반환, 음수일 때는 0을 반환한다. */
int sign(int a) {
    return flip((a >> 31) & 0x1);
}

int getMaxNaive(int a, int b) {
    int k = sign(a - b);
    int q = flip(k);
    return a * k + b * q;
}
```

이 코드는 거의 제대로 동작한다. 하지만 a-b에 오버플로가 발생하면 문제가 생긴다. 예를 들어 a가 INT_MAX-2이고, b가 -15라면 a-b가 INT_MAX보다 커지므로 오버플로가 발생한다.

같은 방법을 사용하여 이 문제에 대한 해결책을 구현할 수 있다. a > b일 때 k를 1로 유지해야 하는데, 그러기 위해선 좀 더 복잡한 논리를 적용해야 한다.

a-b가 오버플로되는 시점은 언제인가? a가 양수이고 b가 음수일 때, 또는 a가 음수이고 b가 양수일 때 이런 일이 발생한다. 오버플로가 발생하는 조건을 감지하는 게 어려울 수 있지만, a와 b의 부호가 다른지는 간단하게 검사할 수 있다. a와 b의 부호가 다를 경우 k의 값은 sign(a)의 값과 같아야 한다.

그 논리는 다음과 같다.

```
if a와 b의 부호가 다르다면
    // a > 0이면, b < 0, 따라서 k = 1.
    // a < 0이면, b > 0, 따라서 k = 0.
    // 둘 다, k = sign(a)
    let k = sign(a)
else
    let k = sign(a - b) // 오버플로는 불가능하다.
```

아래는 이 로직을 구현한 코드이다. if-문 대신 곱셈을 사용하였다.

```
int getMax(int a, int b) {
    int c = a - b;

    int sa = sign(a); // a >= 0이라면 1, 그렇지 않으면 0
    int sb = sign(b); // b >= 0이라면 1, 그렇지 않으면 0
    int sc = sign(c); // a-b에 오버플로가 발생하느냐의 여부에 따라 다르다.

    /* 목표: a > b일 때 1이고 a < b일 때 0이 되는 k 정의하기
     * (만약 a = b이면, k의 값은 상관없음) */

    // a와 b의 부호가 다르면 k = sign(a)
    int use_sign_of_a = sa ^ sb;

    // a와 b가 같은 부호이면 k = sign(a - b)
    int use_sign_of_c = flip(sa ^ sb);

    int k = use_sign_of_a * sa + use_sign_of_c * sc;
    int q = flip(k); // k의 반대값

    return a * k + b * q;
}
```

가독성을 높이기 위해 코드를 여러 다른 메서드와 변수들로 나누었다. 가장 압축적이고 효율적인 방법이라고 할 수는 없지만, 뭘 하고 있는지 명확히 표현할 수 있다.

16.8 **정수를 영어로:** 정수가 주어졌을 때 이 숫자를 영어 구문으로 표현해주는 프로그램을 작성하라. 예를 들어 1,000이 입력되면 'One Thousand', 234가 입력되면 'Two Hundred Thirty Four'를 출력한다.

266쪽

해법

특별히 도전적이지는 않은 문제다. 너무 쉬워 보이기까지 할 정도이다. 이 문제를 풀 때 유의할 점은 문제를 조직적으로 접근해 나가는 것이다. 테스트 케이스들도

잘 만들어 두어야 한다.

19,323,984와 같은 수를 변환할 때는 쉼표로 구분되는 세 자리씩 끊어서 변환하고, 그 사이에 적절히 "thousands"나 "millions"를 넣어주면 된다. 다음과 같이 구현한다.

```
convert(19,323,984) = convert(19) + " million " + convert(323) + " thousand " +
                      convert(984)
```

아래는 이 알고리즘을 구현한 코드이다.

```java
String[] smalls = {"Zero", "One", "Two", "Three", "Four", "Five", "Six", "Seven",
    "Eight", "Nine", "Ten", "Eleven", "Twelve", "Thirteen", "Fourteen", "Fifteen",
    "Sixteen", "Seventeen", "Eighteen", "Nineteen"};
String[] tens = {"", "", "Twenty", "Thirty", "Forty", "Fifty", "Sixty", "Seventy",
    "Eighty", "Ninety"};
String[] bigs = {"", "Thousand", "Million", "Billion"};
String hundred = "Hundred";
String negative = "Negative";

String convert(int num) {
    if (num == 0) {
        return smalls[0];
    } else if (num < 0) {
        return negative + " " + convert(-1 * num);
    }

    LinkedList<String> parts = new LinkedList<String>();
    int chunkCount = 0;

    while (num > 0) {
        if (num % 1000 != 0) {
            String chunk = convertChunk(num % 1000) + " " + bigs[chunkCount];
            parts.addFirst(chunk);
        }
        num /= 1000; // 3자리 시프트
        chunkCount++;
    }

    return listToString(parts);
}

String convertChunk(int number) {
    LinkedList<String> parts = new LinkedList<String>();

    /* 100의 자리 변환 */
    if (number >= 100) {
        parts.addLast(smalls[number / 100]);
        parts.addLast(hundred);
        number %= 100;
    }

    /* 10의 자리 변환 */
    if (number >= 10 && number <= 19) {
        parts.addLast(smalls[number]);
    } else if (number >= 20) {
        parts.addLast(tens[number / 10]);
        number %= 10;
```

```
    }

    /* 1의 자리 변환 */
    if (number >= 1 && number <= 9) {
        parts.addLast(smalls[number]);
    }

    return listToString(parts);
}

/* 문자열의 연결리스트를 문자열로 변환, 공백으로 구분한다. */
String listToString(LinkedList<String> parts) {
    StringBuilder sb = new StringBuilder();
    while (parts.size() > 1) {
        sb.append(parts.pop());
        sb.append(" ");
    }
    sb.append(parts.pop());
    return sb.toString();
}
```

이런 문제를 풀 때는 특별한 경우를 올바르게 처리하도록 주의해야 한다. 이 문제의 경우도 유의해야 할 부분이 많다.

16.9 연산자: 덧셈 연산자만을 사용하여 정수에 대한 곱셈, 뺄셈, 나눗셈 연산을 수행하는 메서드를 작성하라. 이들 연산에 대한 결과는 항상 정수가 되어야 한다.

266쪽

해법

사용할 수 있는 연산자는 더하기뿐이다. 구현해야 할 각 연산에 대해, 그 연산들이 실제로 하는 일은 무엇인지, 다른 연산자로 어떻게 표현할지(add 혹은 이미 구현한 다른 연산자를 사용해) 깊이 있게 생각해 보면 도움이 될 것이다.

뺄셈

어떻게 하면 빼기를 더하기로 표현할 수 있겠는가? 단순하게 a-b는 a + (-1)*b와 같다는 점을 이용하면 된다. 하지만 *(곱하기)를 사용할 수 없으므로, negate 함수를 구현해야 한다.

```
/* 양의 부호를 음의 부호로 혹은 음의 부호를 양의 부호로 바꾼다. */
int negate(int a) {
    int neg = 0;
    int newSign = a < 0 ? 1 : -1;
    while (a != 0) {
        neg += newSign;
        a += newSign;
    }
    return neg;
}
```

```
/* b를 negate한 다음에 두 수의 차를 계산한다. */
int minus(int a, int b) {
    return a + negate(b);
}
```

k 값의 부호를 바꾸는 것은 -1을 k번 더하여 구현한다. 이 방법은 O(k)의 시간이 소요될 것이다.

최적화에 가치를 둔다면 a가 빨리 0이 되도록 할 수 있다(a는 양수라고 가정하자). 그러기 위해선 a를 줄여 나갈 때 1, 2, 4, 8과 같은 값으로 빼 나가면 된다. 이 값을 delta라고 하자. 우리는 a를 정확히 0으로 만들고 싶다. 만약 다음 delta로 a를 뺐을 때 a의 부호가 바뀐다면 delta를 1로 세팅한 뒤에 위의 과정을 반복하면 된다.

예를 들어 아래와 같다.

```
a:      29    28    26    22    14    13    11    7     6     4     0
delta:  -1    -2    -4    -8    -1    -2    -4    -1    -2    -4
```

아래는 이를 구현한 코드이다.

```
int negate(int a) {
    int neg = 0;
    int newSign = a < 0 ? 1 : -1;
    int delta = newSign;
    while (a != 0) {
        boolean differentSigns = (a + delta > 0) != (a > 0);
        if (a + delta != 0 && differentSigns) { // delta가 너무 크면 1로 다시 세팅한다.
            delta = newSign;
        }
        neg += delta;
        a += delta;
        delta += delta; // delta를 두 배로 키운다.
    }
    return neg;
}
```

수행 시간을 구하려면 약간의 계산이 필요하다.

a를 절반씩 줄여 나가는 방법은 O(log a) 시간이 걸린다. a를 절반씩 줄일 때마다 a와 delta의 절댓값은 항상 같은 값이기 때문이다. delta와 a의 값은 a/2로 수렴한다. delta가 매번 두 배로 증가하기 때문에 a의 절반에 도달하기까지 O(log a) 시간이 걸린다.

다음을 O(log a)번 수행한다.

1. a가 a/2가 되는 데 O(log a) 시간이 걸린다.
2. a/2가 a/4가 되는 데 O(log (a/2)) 시간이 걸린다.

3. a/4가 a/8가 되는 데 O(log(a/4)) 시간이 걸린다.

이런 식으로 O(loga)번 수행되는 것이다.

따라서 수행 시간은 O(loga + log(a/2) + log(a/4) + ...)이고, 이런 항이 O(loga)개 있다고 생각하면 된다.

로그의 두 가지 법칙을 다시 생각해 보자.

· $\log(xy) = \log x + \log y$
· $\log(x/y) = \log x - \log y$

이 법칙을 위 수식에 적용하면 다음과 같다.

1. $O(\log a + \log(a/2) + \log(a/4) + \cdots)$
2. $O(\log a + (\log a - \log 2) + (\log a - \log 4) + (\log a - \log 8) + \cdots$
3. $O((\log a) * (\log a) - (\log 2 + \log 4 + \log 8 + \ldots + \log a))$ // O(loga)개의 항
4. $O((\log a) * (\log a) - (1 + 2 + 3 + \ldots + \log a))$ // 로그 값 계산하기
5. $O((\log a) * (\log a) - (\log a)(1 + \log a)/2)$ // 1부터 k까지 합 구하는 공식 적용
6. $O((\log a)^2)$ // 5단계에서 두 번째 항 제거

따라서 수행 시간은 $O((\log a)^2)$이 된다.

대부분의 경우 면접에서 다루는 수학이 이렇게 복잡하지는 않다. 이 수식을 간단하게 만들어 보자. 항의 개수는 O(loga)이고, 가장 긴 항의 길이가 O(loga)이므로 negate의 상한은 $O((\log a)^2)$이 된다. 이 경우에는 상한이 실제 수행 시간이 될 수 있다.

이보다 더 빠른 방법도 존재한다. 예를 들어 delta를 1로 다시 세팅하지 않고 그 이전 delta 값을 사용할 수도 있다. 이렇게 하면 delta를 두 배씩 증가시키고 두 배씩 감소시키는 효과를 얻을 수 있다. 이 방법의 수행 시간은 O(loga)가 될 것이다. 하지만 이를 구현하기 위해선 스택, 나눗셈, 비트 시프트 등이 필요한데, 이들이 이 문제에서 중요한 것들은 아니다. 하지만 면접관과 이런 구현 방법에 대해서 토론해 볼 수는 있다.

곱셈

덧셈과 곱셈 간의 관계는 단순하다. a에 b를 곱하고 싶으면, a를 b번 더하면 된다.

```
/* a를 b번 더하는 방식으로 a와 b의 곱셈을 수행한다. */
int multiply(int a, int b) {
    if (a < b) {
        return multiply(b, a); // b < a인 경우에 알고리즘이 더 빠르다.
    }
    int sum = 0;
    for (int i = abs(b); i > 0; i = minus(i, 1)) {
        sum += a;
    }
    if (b < 0) {
        sum = negate(sum);
    }
    return sum;
}

/* 절댓값을 반환한다. */
int abs(int a) {
    if (a < 0) {
        return negate(a);
    } else {
        return a;
    }
}
```

주의해야 할 점은 음수의 곱셈을 처리하는 방식이다. b가 음수라면 sum의 부호를 뒤집어야 한다. 따라서 위의 코드는 실제로 다음과 같이 동작한다.

multiply(a, b) ← abs(b) * a * (–1 if b < 0).

코드를 위해 abs 함수를 간단히 구현했다.

나눗셈

세 가지 연산 중에서 단연코 나눗셈이 가장 어렵다. 그렇지만 다행히도 divide를 구현할 때 이미 만들어 둔 multiply, subtract, negate 메서드를 사용할 수 있다.

x=a/b인 x를 계산해 보자. 즉, a=bx인 x를 찾으려고 한다. 이 문제를 우리가 이미 아는 방법, 즉 곱셈의 관점에서 기술해 볼 수 있다.

한 가지 방법은 b에 점진적으로 높은 값을 곱해 나가면서 a에 도달했는지 살피는 것이다. multiply를 구현할 때 덧셈을 많이 사용하기 때문에 이 방법은 굉장히 비효율적이다.

대신, a에 도달할 때까지 b를 계속 더해 나가면서 a=xb를 만족하는 x를 찾는 방법도 있다. 더해야 하는 횟수는 x와 같다.

물론, a가 b로 나누어 떨어지지 않는 경우도 있다. 하지만 그래도 괜찮다. 우리가 구현할 정수 나눗셈은 소숫점 아래 결과를 내림할 것이기 때문이다.

아래는 이를 구현한 코드이다.

```
int divide(int a, int b) throws java.lang.ArithmeticException {
    if (b == 0) {
        throw new java.lang.ArithmeticException("ERROR");
    }
    int absa = abs(a);
    int absb = abs(b);

    int product = 0;
    int x = 0;
    while (product + absb <= absa) { /* a를 넘지 않게 한다. */
        product += absb;
        x++;
    }

    if ((a < 0 && b < 0) || (a > 0 && b > 0)) {
        return x;
    } else {
        return negate(x);
    }
}
```

이 문제를 풀 때 다음을 반드시 명심하고 있어야 한다.

- 곱셈과 나눗셈이 정확하게 무슨 일을 하는지 되돌아 보는 논리적인 방법을 취하라. 좋은 면접 문제라면 대부분 논리적이고도 질서 정연한 방식으로 접근해 풀수 있다는 사실을 명심하라.
- 면접관들은 여러분이 스스로 논리적 해결책을 찾을 능력이 있는지 보려 한다.
- 이 문제는 여러분에게 명료한 코드를 작성할 능력이 있는지 보여주기에 좋은 문제다. 특히, 코드를 재사용할 능력이 있는지 보여주기에 좋다. 예를 들어, negate 메서드를 별도의 메서드로 분리하고 있지 않은 경우, 해당 코드가 여러 번 사용되는 것을 발견하는 순간 즉시 별도 메서드로 분리해야만 한다.
- 올바른 가정인지 주의하라. 인자로 주어진 수가 전부 양수라거나, 아니면 a가 b 보다 크다거나 하는 가정은 하지 않도록 하라.

16.10 살아 있는 사람: 사람의 태어난 연도와 사망한 연도가 리스트로 주어졌을 때, 가장 많은 사람이 동시에 살았던 연도를 찾는 메서드를 작성하라. 모든 사람이 1900년도에서 2000년도 사이에 태어났다고 가정해도 좋다. 또한 해당 연도의 일부만 살았더라도 해당 연도에 살아 있었다고 봐야 한다. 예를 들어 어떤 사람이 1908년에 태어나서 1909년에 사망했다면 이 사람은 1908년과 1909년 모두에 삶을 살았던 사람이 된다.

266쪽

먼저 해 봐야 할 것은 해법이 어떻게 생겼을지 윤곽을 그려보는 것이다. 면접 문제
는 입력 형태를 정확하게 알려주지 않는다. 실제 면접에선 입력이 어떤 구조로 되
어 있는지 면접관에게 물어 봐야 한다. 혹은 여러분이 세운 합리적인 가정들을 명
확하게 얘기할 수도 있다.

여기, 몇 가지 가설을 세울 필요가 있다. 간단한 Person 객체로 이루어진 배열이
있다고 가정하자.

```java
public class Person {
    public int birth;
    public int death;
    public Person(int birthYear, int deathYear) {
        birth = birthYear;
        death = deathYear;
    }
}
```

Person 객체 내부에 getBirthYear()나 getDeathYear() 메서드가 있어야 할 수도 있
다. 하지만 여기서는 코드를 좀 더 간략하고 명확하게 하기 위해 변수를 public으
로 선언하기로 했다.

여기서 중요한 점은 실제 Person 객체를 사용하는 것이다. 정수형 배열에 태어난
연도와 사망한 연도를 저장하는 것보다(births[i]와 deaths[i]가 같은 사람을 가리
킨다고 암묵적으로 동의한 채) 보기에 훨씬 낫다. 훌륭한 코딩 스타일을 보여줄 기
회가 많지 않으므로 기회가 있을 때 보여주는 것이 좋다.

이 사실을 인지한 채 무식한 방법으로 먼저 접근해 보자.

무식한 방법

무식한 방법은 문제에 적힌 그대로 살펴보는 것이다. 가장 많은 인구가 살고 있는
연도를 구한다. 즉, 매 해마다 얼마나 많은 사람이 살아 있는지를 확인한다.

```java
int maxAliveYear(Person[] people, int min, int max) {
    int maxAlive = 0;
    int maxAliveYear = min;

    for (int year = min; year <= max; year++) {
        int alive = 0;
        for (Person person : people) {
            if (person.birth <= year && year <= person.death) {
                Alive++;
            }
        }
        if (alive > maxAlive) {
            maxAlive = alive;
            maxAliveYear = year;
```

```
            }
        }
        return maxAliveYear;
}
```

최소 연도수(1900)와 최대 연도수(2000)의 값을 인자로 넘겨줬다. 이 값을 숫자 그대로 코드에 적지 않았다.

R이 가능한 연도의 범위(이 문제에선 100)이고 P가 사람의 수라고 했을 때 시간 복잡도는 O(RP)가 된다.

무식한 방법보다 약간 나은 방법

이보다 약간 나은 방법은 매 해마다 태어난 인구수를 기록하는 배열을 만드는 것이다. 그 뒤 인구 리스트를 살펴보면서 해당 사람이 살아있음을 배열에 기록할 수 있다.

```
01    int maxAliveYear(Person[] people, int min, int max) {
02        int[] years = createYearMap(people, min, max);
03        int best = getMaxIndex(years);
04        return best + min;
05    }
06
07    /* 사람이 살아 있던 연도를 연도 맵에 추가한다. */
08    int[] createYearMap(Person[] people, int min, int max) {
09        int[] years = new int[max - min + 1];
10        for (Person person : people) {
11            incrementRange(years, person.birth - min, person.death - min);
12        }
13        return years;
14    }
15
16    /* left와 right 사이의 값을 배열에서 증가시킨다. */
17    void incrementRange(int[] values, int left, int right) {
18        for (int i = left; i <= right; i++) {
19            values[i]++;
20        }
21    }
22
23    /* 배열에서 값이 가장 큰 원소의 인덱스를 구한다. */
24    int getMaxIndex(int[] values) {
25        int max = 0;
26        for (int i = 1; i < values.length; i++) {
27            if (values[i] > values[max]) {
28                max = i;
29            }
30        }
31        return max;
32    }
```

9번째 줄에서 배열의 크기를 잡을 때 주의하라. 살펴볼 연도는 1900년도부터 2000년도까지이므로 배열의 크기는 100이 아닌 101이 되야 한다. 그래서 배열의 크기가 max − min + 1이 된다.

이 알고리즘을 여러 부분으로 나눠서 수행 시간을 분석해 보자.

- R이 확인해 볼 최대 연도와 최소 연도의 차이라고 했을 때, 우리는 크기가 R인 배열을 생성했다.
- 그 다음 P명의 사람에 대해서 그 사람이 살아 있었던 구간 Y만큼 순회를 했다.
- 마지막으로 크기가 R인 배열을 다시 순회했다.

전체 수행 시간은 O(PY + R)이 된다. 최악의 경우는 Y가 R과 같을 때이고, 그러면 첫 번째 알고리즘보다 나아진 점이 없다.

더 최적화

예제를 만들어 보자(사실 거의 모든 문제에서 예제를 사용해 보는 건 꽤 유용하다. 여태까지 그렇게 해왔다). 아래의 각 열은 같은 사람의 정보를 나타낸다. 간략히 보여 주기 위해 연도의 마지막 두 숫자만을 사용했다.

```
birth: 12 20 10 01 10 23 13 90 83 75
death: 15 90 98 72 98 82 98 98 99 94
```

여기서 알아두면 좋은 점은 각 열의 정보가 달라져도 된다는 사실이다. birth는 단순히 사람 한 명을 더하는 것이고 death는 사람 한 명을 빼는 것일 뿐이다.

한 사람의 birth와 death 정보를 맞출 필요가 없으므로 각각을 따로 정렬해 보자. 정렬해 보면 문제를 푸는 실마리를 찾을 수 있을지도 모른다.

```
birth: 01 10 10 12 13 20 23 75 83 90
death: 15 72 82 90 94 98 98 98 98 99
```

해당 연도를 하나씩 살펴볼 수 있다.

- 0년에는 아무도 살지 않았다.
- 1년에는 한 명이 태어났다.
- 2년에서 9년 사이에는 아무 일도 일어나지 않았다.
- 10년에는 두 명이 태어났다. 이제 세 명이 살아 있다.
- 15년에 한 명이 죽었다. 이제 두 명이 살아 있다.
- 이렇게 계속 한다.

이렇게 두 배열을 살펴보면서 각 시점에 몇 명이 살아있는지 확인해 볼 수 있다.

```
01   int maxAliveYear(Person[] people, int min, int max) {
02       int[] births = getSortedYears(people, true);
03       int[] deaths = getSortedYears(people, false);
04
05       int birthIndex = 0;
06       int deathIndex = 0;
07       int currentlyAlive = 0;
08       int maxAlive = 0;
09       int maxAliveYear = min;
10
11       /* 배열을 차례로 살펴본다. */
12       while (birthIndex < births.length) {
13           if (births[birthIndex] <= deaths[deathIndex]) {
14               currentlyAlive++; // birth 포함
15               if (currentlyAlive > maxAlive) {
16                   maxAlive = currentlyAlive;
17                   maxAliveYear = births[birthIndex];
18               }
19               birthIndex++;      // birth 인덱스 옮긴다.
20           } else if (births[birthIndex] > deaths[deathIndex]) {
21               currentlyAlive--; // death 포함
22               deathIndex++;      // death 인덱스 옮긴다.
23           }
24       }
25
26       return maxAliveYear;
27   }
28
29   /* 태어난 연도와 사망한 연도를 복사한다. copyBirthYear의 값이 무엇이냐에 따라
30    * 정수 배열에 넣는 값이 달라진다. 그리고 배열을 정렬한다. */
31   int[] getSortedYears(Person[] people, boolean copyBirthYear) {
32       int[] years = new int[people.length];
33       for (int i = 0; i < people.length; i++) {
34           years[i] = copyBirthYear ? people[i].birth : people[i].death;
35       }
36       Arrays.sort(years);
37       return years;
38   }
```

실수하기 쉬운 몇 가지 것들을 이야기해 보자.

13번째 줄에서 '~보다 작다(<)'인지 '작거나 같다(<=)'인지를 신중하게 고려해야
한다. 우려되는 상황은 태어난 연도와 사망한 연도가 같은 경우다(한 사람일 경우
에는 문제가 되지 않는다).

같은 연도에 태어난 사람과 사망한 사람이 함께 존재한다면 태어난 사람을 사망
한 사람보다 먼저 더해줘야 한다. 그래야 해당 연도에 살아있는 사람의 숫자를 제
대로 더할 수 있게 된다. 그게 바로 13번째 줄에서 <=를 사용한 이유이다.

maxAlive와 maxAliveYear를 갱신할 때도 주의할 필요가 있다. currentAlive++ 전에
해야만 갱신된 전체 값을 얻을 수 있다. 하지만 제대로 된 연도를 사용하기 위해선
birthIndex++ 전에 해줘야 한다.

P를 전체 인구수라고 했을 때 이 알고리즘의 시간 복잡도는 $O(P \log P)$가 된다.

더 최적화하기(아마도)

더 최적화할 수 있을까? 이보다 더 최적화하려면 정렬하는 부분을 없앨 수 있어야 한다. 정렬되지 않은 경우를 다시 살펴보자.

```
birth: 12 20 10 01 10 23 13 90 83 75
death: 15 90 98 72 98 82 98 98 99 94
```

이전에 birth는 단순히 사람 한 명을 더하는 것이고 death는 사람 한 명을 빼는 것이라고 했었다. 따라서 이 논리를 사용해서 데이터를 표현해 보자.

```
01: +1    10: +1    10: +1    12: +1    13: +1
15: -1    20: +1    23: +1    72: -1    75: +1
82: -1    83: +1    90: +1    90: -1    94: -1
98: -1    98: -1    98: -1    98: -1    99: -1
```

연도 배열을 만든 뒤, array[year]에는 해당 연도에 인구수가 어떻게 변화했는지에 대한 정보를 넣는다. 인구 리스트를 하나씩 살펴보면서 태어났을 때 증가시켜 주고 사망했을 때 감소시켜 준다.

　이 배열만 있으면 array[year]를 더해줌으로써 각 연도의 인구수가 어땠는지 추적해 볼 수 있다.

　이 논리가 꽤 괜찮기는 하지만, 실제로 동작하는지는 좀 더 생각해 봐야 한다.

　한 가지 엣지 케이스(edge case)는 한 사람이 같은 연도에 태어났다가 사망한 경우이다. 증가와 감소 연산이 이 둘을 상쇄시켜서 실제론 아무 변화가 일어나지 않는다. 이 문제에 쓰여진 바에 따르면 이 경우에 사람이 살았었다고 세어줘야 한다.

　사실 이 알고리즘의 '버그'는 이보다 더 일반적으로 나타난다. 모든 사람에게 같은 문제가 발생할 수 있다. 1908년에 사망한 사람은 1909년의 인구수를 더해주기 전까진 제거되지 않는다.

　간단하게 고칠 수 있는 방법이 있다. array[deathYear]에서 감소시키지 않고 array[deathYear + 1]에서 감소시키면 된다.

```
int maxAliveYear(Person[] people, int min, int max) {
    /* 인구수 델타(delta) 배열을 만든다. */
    int[] populationDeltas = getPopulationDeltas(people, min, max);
    int maxAliveYear = getMaxAliveYear(populationDeltas);
    return maxAliveYear + min;
}

/* birth와 death를 델타 배열에 더해준다. */
int[] getPopulationDeltas(Person[] people, int min, int max) {
    int[] populationDeltas = new int[max - min + 2];
    for (Person person : people) {
        int birth = person.birth - min;
        populationDeltas[birth]++;
```

```
        int death = person.death - min;
        populationDeltas[death + 1]--;
    }
    return populationDeltas;
}

/* 합을 더해주고 최댓값의 인덱스를 반환해준다. */
int getMaxAliveYear(int[] deltas) {
    int maxAliveYear = 0;
    int maxAlive = 0;
    int currentlyAlive = 0;
    for (int year = 0; year < deltas.length; year++) {
        currentlyAlive += deltas[year];
        if (currentlyAlive > maxAlive) {
            maxAliveYear = year;
            maxAlive = currentlyAlive;
        }
    }

    return maxAliveYear;
}
```

R이 고려해 볼 연도의 영역이고 P가 전체 인구수일 때 이 알고리즘의 시간 복잡도는 O(R+P)가 된다. O(R+P)가 O(P log P)보다 많은 입력에 대해 빠르게 동작하지만 어떤 알고리즘이 더 빠르다고 직접적으로 비교할 수는 없다.

16.11 다이빙 보드: 다량의 널빤지를 이어 붙여서 다이빙 보드를 만들려고 한다. 널빤지는 길이가 긴 것과 짧은 것 두 가지 종류가 있는데, 정확히 K개의 널빤지를 사용해서 다이빙 보드를 만들어야 한다. 가능한 다이빙 보드의 길이를 모두 구하는 메서드를 작성하라.

266쪽

해법

다이빙 보드를 만들면서 어떤 선택을 해 나가는지 생각해 봄으로써 문제를 풀 수 있다. 재귀적 알고리즘으로 해결할 수 있다.

재귀적 해법

재귀적으로 문제를 풀 때 우리가 다이빙 보드를 어떻게 만들어 나가는지 상상해 보자. 매번 어떤 널빤지를 선택해야 할지 K번의 고민이 필요하다. K개의 널빤지를 선택하면 다이빙 보드를 완성할 수 있고 완성된 보드를 리스트에 추가하면 된다.

이 논리를 이용해서 재귀적 코드를 작성할 수 있다. 널빤지의 순서를 고려할 필요는 없다. 단지 현재 길이와 몇 개의 널빤지가 남아있는지만 알고 있으면 된다.

```
HashSet<Integer> allLengths(int k, int shorter, int longer) {
    HashSet<Integer> lengths = new HashSet<Integer>();
    getAllLengths(k, 0, shorter, longer, lengths);
```

```
        return lengths;
}

void getAllLengths(int k, int total, int shorter, int longer,
                   HashSet<Integer> lengths) {
    if (k == 0) {
        lengths.add(total);
        Return;
    }
    getAllLengths(k - 1, total + shorter, shorter, longer, lengths);
    getAllLengths(k - 1, total + longer, shorter, longer, lengths);
}
```

길이를 해시 셋에 추가하면 자동적으로 중복 처리를 해줄 것이다.

매번 재귀 호출을 할 때마다 2가지 경우의 수가 존재하고 K번 선택해야 하므로 이 알고리즘의 시간 복잡도는 $O(2^K)$이 된다.

메모이제이션 해법

많은 재귀 알고리즘처럼(특히 지수 시간 알고리즘들), 이 또한 메모이제이션(동적 프로그래밍의 한 형태)을 통해 최적화할 수 있다.

몇 가지 재귀 호출은 결과적으로 동일할 때가 있다. 예를 들어 널빤지 1을 선택한 뒤 널빤지 2를 선택한 것과 널빤지 2를 선택한 뒤 널빤지 1을 선택한 것은 동일하다.

따라서 이 전에 (total, plank count)를 본 적이 있다면 호출을 중단한다. 매 호출마다 HashSet에 (total, plank count)를 저장해 놓으면 된다.

> 많은 지원자들이 여기서 실수를 한다. 재귀 호출을 중단할 때 (total, plank count)가 아닌 total만으로 결정을 내리곤 한다. 그러면 안 된다. 남아 있는 널빤지의 개수가 다르므로 길이가 1인 널빤지 두 개와 길이가 2인 널빤지 하나는 엄연히 다른 경우의 수이다. 메모이제이션에서는 키(key)를 결정할 때 굉장히 주의를 기울여야 한다.

이 코드의 형태는 이전 방법과 굉장히 비슷하다.

```
HashSet<Integer> allLengths(int k, int shorter, int longer) {
    HashSet<Integer> lengths = new HashSet<Integer>();
    HashSet<String> visited = new HashSet<String>();
    getAllLengths(k, 0, shorter, longer, lengths, visited);
    return lengths;
}

void getAllLengths(int k, int total, int shorter, int longer,
                   HashSet<Integer> lengths, HashSet<String> visited) {
    if (k == 0) {
        lengths.add(total);
```

```
        return;
    }
    String key = k + " " + total;
    if (visited.contains(key)) {
        return;
    }
    getAllLengths(k - 1, total + shorter, shorter, longer, lengths, visited);
    getAllLengths(k - 1, total + longer, shorter, longer, lengths, visited);
    visited.add(key);
}
```

코드를 간략히 하기 위해 total과 현재 널빤지의 개수를 문자열로 표현해서 키를 만들었다. 두 쌍을 표현하는 자료구조를 사용하는 것이 더 낫지 않냐고 의심할 수도 있다. 물론 그에 따르는 장점이 있지만 단점 또한 존재한다. 면접관과 그 장단점에 대해 토론해 보는 것도 좋다.

알고리즘의 수행 시간을 구하는 건 약간 까다롭다.

수행 시간에 대해 생각해볼 수 있는 한 가지 방법은 우리가 기본적으로 SUMS x PLANK COUNTS 크기의 테이블을 채운다는 사실을 이해하는 데 있다. 가능한 가장 큰 합은 K * LONGER이고 가능한 가장 큰 널빤지의 개수는 K이다. 따라서 최악의 경우에 시간 복잡도는 $O(K^2 * LONGER)$가 된다.

물론 이만큼의 합에 실제로 도달하진 않을 것이다. 고유의 합의 개수가 몇 개나 될까? 같은 널빤지를 어떻게 선택하든 그 합은 항상 같다. 기껏해야 K개의 널빤지가 있으므로 고작 K개의 서로 다른 합을 만들 수 있다. 따라서 테이블의 실제 크기는 K×K가 되고 수행 시간은 $O(K^2)$가 된다.

최적 해법

이전 문단을 다시 읽어 보면 뭔가 흥미로운 사실을 발견할지도 모른다. 고유한 합의 개수가 고작 K개라고 했었다. 이게 바로 가능한 모든 합을 찾아야 하는 이 문제의 전부 아닌가?

실제로 널빤지들을 전부 배치해 볼 필요가 없다. K개 널빤지의 고유한 집합만을 살펴보면 된다. 널빤지의 종류가 2개뿐이라면 K개의 널빤지를 고르는 방법은 K개뿐이다. {A타입의 널빤지 0, B타입의 널빤지 K}, {A타입의 널빤지 1, B타입의 널빤지 K-1}, {A타입의 널빤지 2, B타입의 널빤지 K-2}, …

간단히 루프를 하나 이용해서 구현할 수 있다. 매 널빤지의 '수열'마다 합을 계산하면 된다.

```
HashSet<Integer> allLengths(int k, int shorter, int longer) {
    HashSet<Integer> lengths = new HashSet<Integer>();
    for (int nShorter = 0; nShorter <= k; nShorter++) {
```

```
            int nLonger = k - nShorter;
            int length = nShorter * shorter + nLonger * longer;
            lengths.add(length);
        }
        return lengths;
    }
```

이전 해법과의 일관성을 위해 HashSet을 사용하였다. 하지만 중복되는 경우가 없으므로 실제로 해시를 사용하지 않아도 된다. 대신 ArrayList를 사용할 수 있다. 하지만 이 경우엔 두 널빤지의 길이가 같은 경우를 따로 처리해야 한다. 이때는 길이가 1인 ArrayList를 반환하면 된다.

16.12 XML 인코딩: XML은 너무 장황하게 표현된 경우가 많다. 그래서 그 크기를 줄이기 위해 각각의 태그를 지정된 정수 값으로 대응시키는 인코딩 (encoding) 방법을 사용하곤 한다. 그 문법은 다음과 같다.

```
Element → Tag Attribute END Children END
Attribute → Tag Value
END → 0
Tag → 미리 지정된 정수값으로 매핑
Value → 문자열 값
```

예를 들어, 아래의 XML은 family→1, person→2, firstName→3, lastName →4, state→5로 대응시킴으로써 압축된 형태의 문자열로 변환할 수 있다.

```
<family lastName="McDowell" state="CA">
    <person firstName="Gayle">Some Message</person>
</family>
```

위의 XML은 다음과 같이 변환될 수 있다.

```
1 4 McDowell 5 CA 0 2 3 Gayle 0 Some Message 0 0
```

XML 요소(element)가 주어졌을 때, 해당 요소를 인코딩한 문자열을 출력하는 메서드를 작성하라.

266쪽

해법

각 원소는 Element와 Attribute로 전달되므로 코드는 상당히 간단해진다. 트리와 같은 방법을 사용해서 구현할 수 있다.

XML 구조에서 반복적으로 encode()를 호출하는데, XML 원소의 종류에 따라 코드를 살짝 다르게 처리하기 위해서다.

```
01    void encode(Element root, StringBuilder sb) {
02        encode(root.getNameCode(), sb);
03        for (Attribute a : root.attributes) {
04            encode(a, sb);
05        }
06        encode("0", sb);
07        if (root.value != null && root.value != "") {
08            encode(root.value, sb);
09        } else {
10            for (Element e : root.children) {
11                encode(e, sb);
12            }
13        }
14        encode("0", sb);
15    }
16
17    void encode(String v, StringBuilder sb) {
18        sb.append(v);
19        sb.append(" ");
20    }
21
22    void encode(Attribute attr, StringBuilder sb) {
23        encode(attr.getTagCode(), sb);
24        encode(attr.value, sb);
25    }
26
27    String encodeToString(Element root) {
28        StringBuilder sb = new StringBuilder();
29        encode(root, sb);
30        return sb.toString();
31    }
```

17번째 줄을 보면 문자열을 사용해서 인코딩을 굉장히 간단하게 했다는 것을 알 수 있다. 사실 이 부분이 꼭 필요한 건 아니다. 단순히 문자열을 삽입하고 그 뒤에 공백을 더해주는 역할을 할 뿐이다. 하지만 이렇게 하면 원소가 삽입될 때마다 양 옆에 공백을 함께 넣어준다는 사실을 보장해주기 때문에 좋은 방법이다. 반면에 공백 문자열을 덧붙이는 것을 까먹어서 쉽게 인코딩 방식을 깨뜨릴지도 모른다.

16.13 정사각형 절반으로 나누기: 2차원 평면 위에 정사각형 두 개가 주어졌을 때, 이들을 절반으로 가르는 직선 하나를 찾으라. 정사각형은 x축에 평행하다고 가정해도 좋다.

267쪽

해법

시작하기 전에 '직선'이 의미하는 바가 정확히 무엇인지 생각해 봐야 한다. 직선이 기울기와 y 절편에 의해 정의되는가? 아니면 직선 위의 두 점에 의해 정의되는가? 그것도 아니라면 정사각형의 변에서 시작하고 변에서 끝나는 일부분으로 정의되어야 하나?

여기서는 세 번째 정의인, '정사각형의 변에서 시작하고 변에서 끝나는 일부분'을 직선으로 정의할 것이다. 그래야 문제가 좀 더 흥미로워지기 때문이다. 물론 실제 면접에서라면, 면접관과 상의해야 한다.

두 개의 정사각형을 분할하는 이 직선은 반드시 두 정사각형의 중심점을 지나야 한다. 기울기는 수식 (y1-y2)/(x1-x2)를 이용해서 쉽게 계산할 수 있다. 두 중심점을 사용해서 기울기를 계산한 다음에는, 같은 수식을 통해 직선의 시작점과 끝점을 알아낼 수 있다.

아래의 코드에서는 좌측 상단 모서리의 위치를 (0, 0)이라고 가정할 것이다.

```java
public class Square {
    ...
    public Point middle() {
        return new Point((this.left + this.right) / 2.0,
                         (this.top + this.bottom) / 2.0);
    }

    /* mid1과 mid2를 연결하는 직선이 정사각형 1의 변과 만나는 지점을 찾는다.
     * 다시 말해, mid2에서 mid1로의 선분을 그린 뒤 이 선분이
     * 사각형의 변에 닿을 때까지 늘려나간다. */
    public Point extend(Point mid1, Point mid2, double size) {
        /* mid2 → mid1 선분의 방향이 어느쪽인지 찾는다. */
        double xdir = mid1.x < mid2.x ? -1 : 1;
        double ydir = mid1.y < mid2.y ? -1 : 1;

        /* mid1과 mid2의 x 좌표가 같다면, 기울기를 계산할 때
         * 'divide by 0' 에러가 발생한다. 따라서 이는 특별 취급해야 한다. */
        if (mid1.x == mid2.x) {
            return new Point(mid1.x, mid1.y + ydir * size / 2.0);
        }

        double slope = (mid1.y - mid2.y) / (mid1.x - mid2.x);
        double x1 = 0;
        double y1 = 0;
        /* 수식 (y1 - y2) / (x1 - x2)를 사용해서 기울기를 계산한다.
         * 노트: 기울기가 너무 '가파르면' (>1) 끝부분이 y축 가운데 지점에서
         * size / 2 만큼 떨어진 부분과 만나게 된다. 반면에 기울기가 너무 '완만하면' (<1)
         * x축의 가운데 지점에서 size / 2 만큼 떨어진 부분과 만나게 된다. */
        if (Math.abs(slope) == 1) {
            x1 = mid1.x + xdir * size / 2.0;
            y1 = mid1.y + ydir * size / 2.0;
        } else if (Math.abs(slope) < 1) { // 완만한 기울기
            x1 = mid1.x + xdir * size / 2.0;
            y1 = slope * (x1 - mid1.x) + mid1.y;
        } else { // 가파른 기울기
            y1 = mid1.y + ydir * size / 2.0;
            x1 = (y1 - mid1.y) / slope + mid1.x;
        }
        return new Point(x1, y1);
    }

    public Line cut(Square other) {
        /* 각 중간 지점을 이은 선분이 정사각형의 어느 변과 만나게 되는지 계산한다. */
        Point p1 = extend(this.middle(), other.middle(), this.size);
        Point p2 = extend(this.middle(), other.middle(), -1 * this.size);
```

```
        Point p3 = extend(other.middle(), this.middle(), other.size);
        Point p4 = extend(other.middle(), this.middle(), -1 * other.size);

        /* 계산된 점들 중에서 직선들의 시작 지점과 끝 지점을 찾는다.
         * 시작점은 가장 왼쪽(같은 점이 여러 개인 경우에는 가장 윗점),
         * 끝점은 가장 오른쪽(같은 점이 여러 개인 경우에는 가장 아랫점). */
        Point start = p1;
        Point end = p1;
        Point[] points = {p2, p3, p4};
        for (int i = 0; i < points.length; i++) {
            if (points[i].x < start.x ||
                (points[i].x == start.x && points[i].y < start.y)) {
                start = points[i];
            } else if (points[i].x > end.x ||
                        (points[i].x == end.x && points[i].y > end.y)) {
                end = points[i];
            }
        }

        return new Line(start, end);
}
```

이 문제의 주된 목적은 여러분이 코딩을 얼마나 주의 깊게 하는지 보는 것이다. 두 사각형의 중심점이 같은 경우처럼 특별한 경우들을 간과하기 쉽다. 문제를 풀기 전에 이와 같은 특별한 사례들의 목록을 만들어 놓고, 그들을 모두 적절하게 처리했는지 확인하는 것이 좋다. 이 문제는 주의 깊고도 완벽한 테스트가 필요하다.

16.14 최고의 직선: 2차원 평면 위에 점이 여러 개 찍혀 있을 때 가장 많은 수의 점을 동시에 지나는 직선을 구하라.

267쪽

해법

언뜻 보기에는 꽤 직관적으로 풀 수 있을 것 같다. 어느 정도는 맞는 느낌이다.

모든 두 점을 통과하는 무한 길이의 직선(선분이 아니라)을 그린 다음에 해시테이블을 사용해서 어떤 직선이 가장 빈번히 나타나는지 추적하면 된다. 총 직선의 개수가 N^2개이므로 이 알고리즘의 수행 시간은 $O(N^2)$이 된다.

그리고 기울기와 y-절편으로 직선을 표현하면, (x1, y1)과 (x2, y2)를 통과하는 직선이 (x3, y3)과 (X4, y4)를 통과하는 직선과 동일한지 쉽게 검사할 수 있다.

가장 많은 점을 통과하는 직선을 찾으려면, 모든 직선을 검사해 나가면서 같은 직선이 몇 번이나 등장했는지 해시테이블을 통해 세어 보면 된다. 간단하다!

하지만 약간 복잡한 부분이 있다. 두 직선이 같으려면 기울기와 y 절편이 같아야 한다고 정의했다. 그러고선 이 직선들을(특히 기울기) 해시에 넣는다. 여기서 문제점은 이진수로 부동 소수점을 항상 정확하게 표현할 수가 없다는 점이다. 이 문제를 해결하기 위해, 두 부동 소수점이 epsilon 편차 안에 있으면 같은 것으로 취급하도록 했다.

여기서 해시테이블은 무엇을 의미하는가? 기울기가 '같은' 두 직선의 해시값이 같지 않을 수도 있다는 뜻이다. 이를 해결하기 위해, 기울기 값을 다음 입실론만큼 내림한 flooredSlope를 해시 키로 사용하도록 했다. 그 뒤에, 같을 가능성이 있는 모든 직선을 추출하기 위해 해시테이블의 세 지점을 탐색하도록 했다. flooredSlope, flooredSlope - epsilon, flooedSlope + epsilon). 그렇게 하면 동일한 직선일 가능성이 있는 모든 직선을 검사할 수 있다.

```java
/* 가장 많은 점을 통과하는 직선 찾기 */
Line findBestLine(GraphPoint[] points) {
    HashMapList<Double, Line> linesBySlope = getListOfLines(points);
    return getBestLine(linesBySlope);
}

/* 직선을 표현하는 한 쌍의 점을 리스트에 추가 */
HashMapList<Double, Line> getListOfLines(GraphPoint[] points) {
    HashMapList<Double, Line> linesBySlope = new HashMapList<Double, Line>();
    for (int i = 0; i < points.length; i++) {
        for (int j = i + 1; j < points.length; j++) {
            Line line = new Line(points[i], points[j]);
            double key = Line.floorToNearestEpsilon(line.slope);
            linesBySlope.put(key, line);
        }
    }
    return linesBySlope;
}

/* 동일한 직선이 많은 라인 반환하기 */
Line getBestLine(HashMapList<Double, Line> linesBySlope) {
    Line bestLine = null;
    int bestCount = 0;

    Set<Double> slopes = linesBySlope.keySet();

    for (double slope : slopes) {
        ArrayList<Line> lines = linesBySlope.get(slope);
        for (Line line : lines) {
            /* 현재 직선과 같은 직선 세기 */
            int count = countEquivalentLines(linesBySlope, line);
            /* 현재 직선보다 더 많다면 바꾼다. */
            if (count > bestCount) {
                bestLine = line;
                bestCount = count;
                bestLine.Print();
                System.out.println(bestCount);
            }
        }
    }
    return bestLine;
}

/* 직선이 동일한지 hashmap을 통해 확인한다. 두 직선이 동일한지를 판단할 때,
 * 두 직선이 epsilon 편차 안에 들어 있으면 같다고 정의했으므로
```

```
   * 실제 기울기보다 epsilon만큼 크거나 작은 기울기도 확인해 줘야 한다. */
 int countEquivalentLines(HashMapList<Double, Line> linesBySlope, Line line) {
     double key = Line.floorToNearestEpsilon(line.slope);
     int count = countEquivalentLines(linesBySlope.get(key), line);
     count += countEquivalentLines(linesBySlope.get(key - Line.epsilon), line);
     count += countEquivalentLines(linesBySlope.get(key + Line.epsilon), line);
     return count;
 }

 /* 배열에 있는 직선 중에서 인자로 주어진 직선과 동일한(기울기와 y 절편이
  * epsilon 안에 있음) 직선의 개수 세기 */
 int countEquivalentLines(ArrayList<Line> lines, Line line) {
     if (lines == null) return 0;

     int count = 0;
     for (Line parallelLine : lines) {
         if (parallelLine.isEquivalent(line)) {
             count++;
         }
     }
     return count;
 }

 public class Line {
     public static double epsilon = .0001;
     public double slope, intercept;
     private boolean infinite_slope = false;

     public Line(GraphPoint p, GraphPoint q) {
         if (Math.abs(p.x - q.x) > epsilon) { // x가 다르다면
             slope = (p.y - q.y) / (p.x - q.x); // 기울기 계산
             intercept = p.y - slope * p.x; // y=mx+b를 이용해서 y 절편 계산
         } else {
             infinite_slope = true;
             intercept = p.x; // 기울기가 무한대이므로 x 절편
         }
     }

     public static double floorToNearestEpsilon(double d) {
         int r = (int) (d / epsilon);
         return ((double) r) * epsilon;
     }

     public boolean isEquivalent(double a, double b) {
         return (Math.abs(a - b) < epsilon);
     }

     public boolean isEquivalent(Object o) {
         Line l = (Line) o;
         if (isEquivalent(l.slope, slope) && isEquivalent(l.intercept, intercept) &&
             (infinite_slope == l.infinite_slope)) {
             return true;
         }
         return false;
     }
 }

 /* HashMapList<String, Integer>는 문자열에서 ArrayList<Integer>로 대응되는
  * HashMap이다. 자세한 구현은 부록을 살펴보라. */
```

직선의 기울기를 계산할 때는 주의해야 한다. 직선이 y축에 평행하여 y 절편이 존재하지 않는 경우 기울기는 무한대이다. 따라서 infinite_slope라는 별도 플래그를 사용해서 이를 확인할 수 있도록 했다. equals 메서드에서 이를 통해 직선의 일치 여부를 검사한다.

16.15 Master Mind: Master Mind 게임의 룰은 다음과 같다. 빨간색(R), 노란색(Y), 초록색(G), 파란색(B) 공이 네 개의 구멍에 하나씩 들어 있다. 예를 들어 RGGB는 각 구멍에 차례대로 빨간색, 초록색, 초록색, 파란색 공이 들어 있다는 뜻이다. 여러분은 공의 색깔을 차례대로 맞춰야 한다. 구멍에 들어 있는 공의 색깔을 정확히 맞췄다면 '히트'를 얻게 되고, 공의 색깔은 맞췄지만 구멍의 위치는 틀렸다면 '슈도-히트'를 얻는다. 단, '히트'는 '슈도-히트'에 중복되어 나타나지 않는다. 예를 들어 RGBY가 정답이고 여러분이 GGRR로 추측을 했다면 '히트' 하나와 '슈도-히트' 하나를 얻는다. 정답값과 추측값이 주어졌을 때 '히트'의 개수와 '슈도-히트'의 개수를 반환하는 메서드를 작성하라.

267쪽

해법

문제 자체는 단순한데 사소한 실수를 저지를 가능성이 아주 높다. 많은 테스트 케이스를 사용해서 코드를 철저히 검토해야 한다.

우선 solution 안에 글자가 나타나는 빈도수를 보관하는 배열을 만든다. 슬롯이 '히트'된 경우는 제외한다. 그런 다음에 guess를 순회하면서 '슈도-히트' 횟수를 센다.

아래는 이를 구현한 코드이다.

```java
class Result {
    public int hits = 0;
    public int pseudoHits = 0;
    public String toString() {
        return "(" + hits + ", " + pseudoHits + ")";
    }
}

int code(char c) {
    switch (c) {
        case 'B':
            return 0;
        case 'G':
            return 1;
        case 'R':
            return 2;
```

```
            case 'Y':
                return 3;
            default:
                return -1;
        }
    }
}

int MAX_COLORS = 4;

Result estimate(String guess, String solution) {
    if (guess.length() != solution.length()) return null;

    Result res = new Result();
    int[] frequencies = new int[MAX_COLORS];

    /* 히트(hits)를 계산하고 빈도수 테이블을 만든다. */
    for (int i = 0; i < guess.length(); i++) {
        if (guess.charAt(i) == solution.charAt(i)) {
            res.hits++;
        } else {
            /* 히트가 아닌 경우(슈도-히트에 사용될 것)에만 빈도수 테이블을 증가시킨다.
             * 히트인 경우에는 해당 슬롯이 이미 '사용된' 것이다. */
            int code = code(solution.charAt(i));
            Frequencies[code]++;
        }
    }

    /* 슈도-히트 계산하기 */
    for (int i = 0; i < guess.length(); i++) {
        int code = code(guess.charAt(i));
        if (code >= 0 && frequencies[code] > 0 &&
            guess.charAt(i) != solution.charAt(i)) {
            res.pseudoHits++;
            frequencies[code]--;
        }
    }
    return res;
}
```

알고리즘이 쉬울수록 깔끔하고 정확한 코드를 작성하는 것이 중요하다. 위의 경우, code(char c)를 별도 메서드로 분리하고, 결과를 그냥 출력하는 대신 Result 클래스를 만들어서 보관하였다.

16.16 부분 정렬: 정수 배열이 주어졌을 때, m부터 n까지의 원소를 정렬하기만 하면 배열 전체가 정렬되는 인덱스 m과 n을 찾으라. 단, n-m을 최소화하라 (다시 말해, 그런 순열 중 가장 짧은 것을 찾으면 된다).

예제

입력: 1, 2, 4, 7, 10, 11, 7, 12, 6, 7, 16, 18, 19
출력: (3, 9)

268쪽

해법

시작하기 전에, 우리 해법이 어떻게 생겼을지 생각해 보자. 두 개의 인덱스를 찾아야 하는데, 이 두 인덱스는 배열의 가운데 부분을 가리키며, 이 부분을 제외한 앞 부분과 뒷 부분은 이미 정렬된 상태이다.

이제 예제를 통해 이 문제를 어떻게 풀어야 할지 살펴보자.

```
1, 2, 4, 7, 10, 11, 8, 12, 5, 6, 16, 18, 19
```

우선 생각할 수 있는 것은, 앞과 뒤에서 각각 가장 긴 오름차순 부분수열을 찾는 것이다.

```
left: 1, 2, 4, 7, 10, 11
middle: 8, 12
right: 5, 6, 16, 18, 19
```

이 부분수열들은 만들기 쉽다. 왼쪽과 오른쪽 끝에서 시작해서 안쪽으로 파고들어가면 된다. 정렬이 제대로 되어 있지 않은 원소를 발견하면, 오름차순/내림차순 부분수열이 완성된다.

하지만 이 문제를 풀기 위해서는 배열의 가운데 부분을 정렬할 수 있어야 하고 정렬했을 때 배열의 모든 원소가 정렬된 상태로 바뀌어야 한다. 그러려면 다음의 조건이 만족되어야 한다.

```
/* 배열 왼쪽의 모든 원소가 가운데 부분 원소들보다 작다. */
min(middle) > end(left)

/* 배열 오른쪽의 모든 원소가 가운데 부분 원소들보다 작다. */
max(middle) < start(right)
```

즉, 모든 원소에 대해 다음의 조건을 만족한다.

```
left < middle < right
```

그런데 이 조건은 절대 만족되지 않는다. 정의에 의하면 중간 부분은 정렬되지 않은 원소들을 말하기 때문이다. 즉, 언제나 `left.end` > `middle.start`와 `middle.end` > `right.start`를 만족하는 경우뿐이다. 따라서 가운데 부분을 정렬한다고 해서 전체 배열이 정렬될 수 없다.

그러나 우리가 할 수 있는 일은 왼쪽과 오른쪽 부분수열들을 위의 조건이 만족될 때까지 줄이는 것이다. 왼쪽 부분이 중간과 오른쪽의 모든 원소들보다 작고, 오른쪽 부분이 왼쪽과 중간의 모든 원소들보다 크게 만들 것이다.

min은 min(middle and right side)와 같고, max는 max(middle and left side)와 같다고 하자. 왼쪽과 오른쪽은 이미 정렬되어 있으므로 실제로는 그들의 시작점과 끝점만을 확인하면 된다.

왼쪽은 부분수열의 끝점(5번째 원소, 11)에서 시작해서 왼쪽으로 움직인다. min 은 5이다. array[i] < min을 만족하는 i를 찾으면 중간 지점을 정렬할 수 있고 배열 의 해당 부분을 정렬된 상태로 만들 수 있다.

그런 다음 오른쪽 부분수열에 대해서도 비슷한 절차를 수행한다. max는 12이다. 오른쪽 부분수열의 시작점(값 6)부터 시작해서 오른쪽으로 움직인다. max를 12, 6, 7, 16과 비교한다. 부분수열은 증가수열이기 때문에 16을 만나면 그 지점부터 뒤에 있는 원소는 12보다 작을 수 없다. 따라서 배열의 중간부분을 정렬하면 전체 배열 이 정렬 상태가 된다.

아래는 이 알고리즘을 구현한 코드이다.

```java
void findUnsortedSequence(int[] array) {
    // 왼쪽 부분수열 찾기
    int end_left = findEndOfLeftSubsequence(array);
    if (end_left >= array.length - 1) return; // Already sorted

    // 오른쪽 부분수열 찾기
    int start_right = findStartOfRightSubsequence(array);

    // 최솟값과 최댓값 찾기
    int max_index = end_left; // 왼쪽 부분의 최댓값
    int min_index = start_right; // 오른쪽 부분의 최솟값
    for (int i = end_left + 1; i < start_right; i++) {
        if (array[i] < array[min_index]) min_index = i;
        if (array[i] > array[max_index]) max_index = i;
    }

    // array[min_index]보다 작을 때까지 왼쪽으로 움직이기
    int left_index = shrinkLeft(array, min_index, end_left);

    // array[max_index]보다 클 때까지 오른쪽으로 움직이기
    int right_index = shrinkRight(array, max_index, start_right);

    System.out.println(left_index + " " + right_index);
}

int findEndOfLeftSubsequence(int[] array) {
    for (int i = 1; i < array.length; i++) {
        if (array[i] < array[i - 1]) return i - 1;
    }
    return array.length - 1;
}

int findStartOfRightSubsequence(int[] array) {
    for (int i = array.length - 2; i >= 0; i--) {
        if (array[i] > array[i + 1]) return i + 1;
    }
    return 0;
}

int shrinkLeft(int[] array, int min_index, int start) {
    int comp = array[min_index];
    for (int i = start - 1; i >= 0; i--) {
        if (array[i] <= comp) return i + 1;
```

```
    }
    return 0;
}

int shrinkRight(int[] array, int max_index, int start) {
    int comp = array[max_index];
    for (int i = start; i < array.length; i++) {
        if (array[i] >= comp) return i - 1;
    }
    return array.length - 1;
}
```

메서드를 어떻게 분리하였는지 잘 살펴보기 바란다. 모든 코드를 한 메서드에 욱여
넣을 수도 있겠지만, 그러면 이해하기도, 유지보수나 테스트하기도 어려워진다. 면
접에서 코딩할 때에는 이런 점에 우선순위를 두어야 한다.

16.17 연속 수열: 정수 배열이 주어졌을 때 연속한 합이 가장 큰 수열을 찾고, 그
합을 반환하라.

예제

입력: 2, -8, 3, -2, 4, -10
출력: 5 (예를 들어, {3, -2, 4})

268쪽

해법

도전적이기는 하지만 아주 흔한 문제다. 아래의 예를 통해 살펴보자.

2 3 -8 -1 2 4 -2 3

입력으로 주어지는 배열에는 양수와 음수들이 등장한다. 그런데 이 가운데 음수가
연속된 부분만 사용하거나, 양수가 연속된 부분만 사용해서 답을 만드는 것은 말이
되지 않는다. 음수로 구성된 부분만 사용하는 것은, 아예 사용하지 않는 것보다 못
하니 말이다. 양수로 구성된 부분만 사용하여 답을 만드는 것도 이상한데, 다른 모
든 수까지 전부 더하면 해당 부분의 합보다 클 수도 있기 때문이다.

　알고리즘을 떠올리기 위해, 입력으로 주어지는 배열이 음수와 양수가 교대로 등
장하는 배열이라고 해 보자. 각각의 숫자는 양수로만 구성된 부분수열의 합이거나
음수로만 구성된 부분수열의 합이다. 앞서 살펴본 예제 배열을 변환해 보면 다음과
같다.

5 -9 6 -2 3

여기서 괜찮은 알고리즘을 바로 알아낼 수는 없지만, 이렇게 변환해 두면 우리가
어떤 배열을 대상으로 작업하고 있는 것인지 더 잘 이해할 수 있다.

앞의 배열을 생각해 보자. 결과로 만들어 낼 부분수열에 {5, -9}가 있는 것이 말이 될까? 안 된다. 이 부분수열의 합은 -4이므로 {5, -9}는 포함시키지 않거나, 차라리 {5}로만 하는 편이 더 낫다.

그렇다면 부분수열에 음수를 포함시켜도 좋은 경우는 언제일까? 해당 음수보다 두 양의 부분수열의 합이 더 클 때에만 가능하다.

이 접근법을 배열의 첫 번째 원소부터 시작하여 단계적으로 적용해 보자.

5는 우리가 지금까지 본 가장 큰 합이다. 따라서 maxSum은 5가 되고, sum도 5가 된다. 그다음에 -9를 보자. 이를 sum과 합하면 음수가 되므로 부분수열을 5부터 -9 까지 연장시키는 것은 의미가 없다(합이 -4인 부분수열이 된다). 따라서 sum 값을 초기화한다.

다음 수는 6이다. 이 수는 5보다 크므로 maxSum과 sum을 6으로 갱신한다.

그다음은 -2이다. 이를 6과 합하면 4가 된다. 4는 다른 양수와 결합하면 더 큰 합을 얻을 수 있으므로, {6, -2}를 최대 부분수열에 추가해도 될 것 같다. 따라서 sum은 갱신하되, maxSum은 갱신하지 않는다.

마지막으로 3을 보자. 3과 sum(4)를 더하면 7이 된다. 그러므로 maxSum을 갱신한다. 따라서 가장 큰 합을 갖는 부분수열은 {6, -2, 3}이 된다.

이 알고리즘은 음수와 양수가 교대로 등장하는 배열이 아닌, 다른 일반 배열에도 적용할 수 있다. 아래는 이 알고리즘을 구현한 코드이다.

```
int getMaxSum(int[] a) {
    int maxsum = 0;
    int sum = 0;
    for (int i = 0; i < a.length; i++) {
        sum += a[i];
        if (maxsum < sum) {
            maxsum = sum;
        } else if (sum < 0) {
            sum = 0;
        }
    }
    return maxsum;
}
```

배열이 전부 음수면 어떻게 동작하나? {-3, -10, -5}와 같은 배열이 있다고 하자. 최대 합은 다음 중 하나가 될 수 있다.

1. -3 (부분수열이 비어 있을 수 없다고 가정했다면)
2. 0 (부분수열의 길이는 0)
3. MINIMUM_INT (오류에 해당하는 경우)

이 책에서는 2번을 택했지만(maxSum = 0) 정답은 없다. 따라서 면접관과 토론해 보기 좋은 문제다. 여러분이 세부사항에 얼마나 신경 쓰는지를 보여줄 수 있는 기회다.

16.18 패턴 매칭: 패턴 문자열과 일반 문자열 두 개가 주어져 있다. a와 b로 이루어진 패턴 문자열은 일반 문자열을 표현하는 역할을 한다. 예를 들어 catcatgocatgo는 aabab 패턴과 일치한다(여기서 a는 cat이 되고, b는 go가 된다). 이 문자열은 a, ab, b 패턴과도 일치한다. 일반 문자열이 패턴 문자열과 일치하는지 판단하는 메서드를 작성하라.

268쪽

해법

언제나처럼 간단하게 무식한 방법으로 먼저 살펴보자.

무식한 방법

무식한 방법은 그냥 가능한 모든 a와 b를 시도해서 일치하는 문자열을 찾아 보는 것이다.

a의 모든 부분 문자열과 b의 모든 부분 문자열을 순회할 수 있다. 길이가 n인 문자열은 모두 $O(n^2)$의 부분 문자열을 갖고 있으므로 실제로는 $O(n^4)$의 시간이 걸린다. 하지만 각각의 a와 b에 대한 문자열을 새로 만들고 같은지 비교해 봐야 한다. 이 과정에서 $O(n)$ 시간이 소요되므로 전체 수행 시간은 $O(n^5)$가 된다.

```
for each possible substring a
    for each possible substring b
        candidate = buildFromPattern(pattern, a, b)
        if candidate equals value
            return true
```

맙소사.

간단히 최적화를 한번 해 볼 수 있다. 만약 패턴 문자열이 a로 시작한다면 a 문자열이 반드시 먼저 나와야 한다(그렇지 않다면 b 문자열이 먼저 나와야 한다). 따라서 가능한 모든 a는 $O(n^2)$이 아니라 $O(n)$이 된다.

이제 패턴이 a로 시작하는지 b로 시작하는지 확인해야 한다. 만약 b로 시작한다면 '뒤집어서'('a'를 'b'로, 'b'를 'a'로) 'a'로 시작하게끔 만든다. 그리고 가능한 a의 모든 부분 문자열(인덱스 0에서 시작)과 가능한 b의 모든 부분 문자열(a 이후에 시작)을 순회한다. 그리고 앞에서처럼 기존 문자열과 패턴을 비교한다. 이제 이 알고리즘은 $O(n^4)$ 시간이 걸린다.

사소한 부분에서 한 가지 더 최적화를 해 볼 수 있다. 실제로는 'b'를 'a'로 바꾸는 '뒤집는' 작업을 할 필요가 없는데 buildFromPattern 메서드가 이를 처리한다. 패턴의 첫 번째 문자를 '주요' 문자로, 그리고 다른 문자를 대체 문자로 생각한다. buildFromPattern은 a가 주요 문자인지 아니면 대체 문자인지에 따라서 적절한 문자열을 만들어낼 것이다.

```java
boolean doesMatch(String pattern, String value) {
    if (pattern.length() == 0) return value.length() == 0;
    int size = value.length();
    for (int mainSize = 0; mainSize < size; mainSize++) {
        String main = value.substring(0, mainSize);
        for (int altStart = mainSize; altStart <= size; altStart++) {
            for (int altEnd = altStart; altEnd <= size; altEnd++) {
                String alt = value.substring(altStart, altEnd);
                String cand = buildFromPattern(pattern, main, alt);
                if (cand.equals(value)) {
                    return true;
                }
            }
        }
    }
    return false;
}

String buildFromPattern(String pattern, String main, String alt) {
    StringBuffer sb = new StringBuffer();
    char first = pattern.charAt(0);
    for (char c : pattern.toCharArray()) {
        if (c == first) {
            sb.append(main);
        } else {
            sb.append(alt);
        }
    }
    return sb.toString();
}
```

더욱 최적화된 알고리즘을 찾아 보자.

최적화

현재 알고리즘을 생각해 보자. main 문자열에 대한 모든 값을 탐색해 보는 건 꽤 빠르다(O(n) 시간이 걸린다). 대체 문자열이 $O(n^2)$ 시간으로 느리다. 이를 어떻게 최적화할지 생각해 봐야 한다.

aabab와 같은 패턴이 있고 이를 catcatgocatgo라는 문자열과 비교한다고 해 보자. a가 cat이라면 a 문자열들은 아홉 개의 문자로 이루어진다(길이가 3인 a 문자열 3개). 따라서 b 문자열들은 각각의 길이가 2인 문자열로 총 네 개의 문자로 이루어진다. 게다가 우리는 그들이 어디에 놓여야 하는지 위치를 정확히 알고 있다. a가 cat이라면 패턴은 aabab가 되고 b는 go가 되어야 한다.

다시 말해 a를 선택하면 b도 함께 선택된다. 순회할 필요가 없다. 패턴에 대한 간단한 통계 정보(a의 개수, b의 개수, 처음 나타난 위치)를 모으고 a에 대해서 순회하는 것만으로도 충분하다.

```java
boolean doesMatch(String pattern, String value) {
    if (pattern.length() == 0) return value.length() == 0;

    char mainChar = pattern.charAt(0);
    char altChar = mainChar == 'a' ? 'b' : 'a';
    int size = value.length();

    int countOfMain = countOf(pattern, mainChar);
    int countOfAlt = pattern.length() - countOfMain;
    int firstAlt = pattern.indexOf(altChar);
    int maxMainSize = size / countOfMain;

    for (int mainSize = 0; mainSize <= maxMainSize; mainSize++) {
        int remainingLength = size - mainSize * countOfMain;
        String first = value.substring(0, mainSize);
        if (countOfAlt == 0 || remainingLength % countOfAlt == 0) {
            int altIndex = firstAlt * mainSize;
            int altSize = countOfAlt == 0 ? 0 : remainingLength / countOfAlt;
            String second = countOfAlt == 0 ? "" :
                            value.substring(altIndex, altSize + altIndex);

            String cand = buildFromPattern(pattern, first, second);
            if (cand.equals(value)) {
                return true;
            }
        }
    }
    return false;
}

int countOf(String pattern, char c) {
    int count = 0;
    for (int i = 0; i < pattern.length(); i++) {
        if (pattern.charAt(i) == c) {
            count++;
        }
    }
    return count;
}

String buildFromPattern(...) { /* 이전과 같다. */ }
```

가능한 주요 문자열 $O(n)$개에 대해 순회하고 새로운 문자열을 만들고 비교하는 데 $O(n)$이 걸리므로 총 $O(n^2)$ 시간이 걸린다.

우리가 시도해 봐야 할 가능한 주요 문자열의 개수 또한 줄였다. 주요 문자열에 세 개의 인스턴스가 있었다면 그 길이는 value의 1/3 이상이 될 수 없다.

최적화 (다른 방법)

단순히 비교를 위해서 문자열을 만드는 게 내키지 않는다면 이 과정을 없앨 수 있다.

이전의 방식과 마찬가지로 a와 b에 대해 순회를 한다. 하지만 이번에는 패턴과 일치하는지 확인할 때 value를 살펴보면서 각각의 부분 문자열이 a와 b 문자열의 첫 번째 인스턴스와 같은지 비교한다.

```java
boolean doesMatch(String pattern, String value) {
    if (pattern.length() == 0) return value.length() == 0;

    char mainChar = pattern.charAt(0);
    char altChar = mainChar == 'a' ? 'b' : 'a';
    int size = value.length();

    int countOfMain = countOf(pattern, mainChar);
    int countOfAlt = pattern.length() - countOfMain;
    int firstAlt = pattern.indexOf(altChar);
    int maxMainSize = size / countOfMain;

    for (int mainSize = 0; mainSize <= maxMainSize; mainSize++) {
        int remainingLength = size - mainSize * countOfMain;
        if (countOfAlt == 0 || remainingLength % countOfAlt == 0) {
            int altIndex = firstAlt * mainSize;
            int altSize = countOfAlt == 0 ? 0 : remainingLength / countOfAlt;
            if (matches(pattern, value, mainSize, altSize, altIndex)) {
                return true;
            }
        }
    }
    return false;
}

/* pattern과 value를 순회한다. 패턴 안의 각 문자에 대해서,
 * 해당 문자가 주요 문자열인지 대체 문자열인지 체크한다.
 * 그리고 value에 나오는 다음 문자들이 기존 집합의
 * 문자들(주요 문자인지 아니면 대체 문자인지)과 일치하는지 확인한다. */
boolean matches(String pattern, String value, int mainSize, int altSize,
                int firstAlt) {
    int stringIndex = mainSize;
    for (int i = 1; i < pattern.length(); i++) {
        int size = pattern.charAt(i) == pattern.charAt(0) ? mainSize : altSize;
        int offset = pattern.charAt(i) == pattern.charAt(0) ? 0 : firstAlt;
        if (!isEqual(value, offset, stringIndex, size)) {
            return false;
        }
        stringIndex += size;
    }
    return true;
}

/* 두 부분 문자열이 같은지 확인한다.
 * 주어진 오프셋에서 시작하고 주어진 크기만큼 같은지 비교한다. */
boolean isEqual(String s1, int offset1, int offset2, int size) {
    for (int i = 0; i < size; i++) {
        if (s1.charAt(offset1 + i) != s1.charAt(offset2 + i)) {
            return false;
        }
    }
    return true;
}
```

이 알고리즘은 O(n^2) 시간이 걸리지만 조기에 패턴 매칭이 이루어지지 않는다면 빠르게 중단한다는 장점이 있다. 이전 알고리즘에서는 패턴 매칭이 실패하는지 확인하기 전에 문자열을 만들기 위해 모든 일을 다 해 봐야 했다.

16.19 연못 크기: 대륙의 해면고도를 표현한 정수형 배열이 주어졌다. 여기서 0은 수면을 나타내고, 연못은 수직, 수평, 대각선으로 연결된 수면의 영역을 나타낸다. 연못의 크기는 연결된 수면의 개수라고 했을 때, 모든 연못의 크기를 계산하는 메서드를 작성하라. 출력의 순서는 상관 없다.

예제

입력:

```
0 2 1 0
0 1 0 1
1 1 0 1
0 1 0 1
```

출력: 2, 4, 1

268쪽

해법

먼저 시도해 볼 만한 방법으로는 배열을 전부 훑어보는 것이 있다. 값이 0이면 물이기 때문에 수면을 찾는 건 쉽다.

어떤 지점이 물이라고 했을 때 주변에 물의 양이 얼마나 되는지 어떻게 계산할 수 있을까? 해당 지점과 인접한 셀(cell)이 0이 아니라면 연못의 크기는 1이다. 만약 0인 셀이 인접해 있다면 인접한 셀을 추가하고 해당 셀과 인접한 또 다른 물인 지점도 추가해준다. 물론 같은 셀을 중복해서 세지 않도록 조심해야 한다. 수정된 너비 우선 탐색 혹은 깊이 우선 탐색을 사용해서 해결할 수 있다. 어떤 셀을 방문했다면 해당 셀을 방문했다고 표시해두면 된다.

각각의 셀에 대해 여덟 개의 인접한 셀 또한 확인한다. 위, 아래, 왼쪽, 오른쪽, 그리고 대각선 네 방향을 확인하는 코드를 넣어줘야 한다. 루프를 사용하면 좀 더 쉽다.

```
ArrayList<Integer> computePondSizes(int[][] land) {
    ArrayList<Integer> pondSizes = new ArrayList<Integer>();
    for (int r = 0; r < land.length; r++) {
        for (int c = 0; c < land[r].length; c++) {
            if (land[r][c] == 0) { // 선택 사항이며, 어쨌든 반환한다.
                int size = computeSize(land, r, c);
                pondSizes.add(size);
            }
        }
    }
```

```
        return pondSizes;
}

int computeSize(int[][] land, int row, int col) {
    /* 지정된 영역을 벗어나거나 이미 방문했다면 */
    if (row < 0 || col < 0 || row >= land.length || col >= land[row].length ||
        land[row][col] != 0) { // 방문한 적이 있거나 물이 아니다.
        return 0;
    }
    int size = 1;
    land[row][col] = -1; // 방문했다고 표시
    for (int dr = -1; dr <= 1; dr++) {
        for (int dc = -1; dc <= 1; dc++) {
            size += computeSize(land, row + dr, col + dc);
        }
    }
    return size;
}
```

여기서는 방문한 셀을 -1로 표시함으로써 방문 사실을 표시했다. -1로 표시하면 코드 한 줄에서(land[row][col] != 0) 방문한 적이 있었는지, 물이 아닌지를 한 번에 확인할 수 있다. 셀의 값은 항상 0이어야 하기 때문이다.

for 루프가 8개가 아닌 9개의 셀에 대해 순회를 하는 걸 봤을 것이다. 현재 셀도 포함하고 있기 때문이다. 따라서 현재 지점은 확인하지 않도록 if dr == 0 and dc == 0을 추가할 수도 있다. 하지만 큰 도움이 되지는 않는다. 한 가지 경우를 피하기 위해 8번의 불필요한 if 문을 실행해야 하기 때문이다. 현재 셀은 방문했었다고 표시되어 있기 때문에 재귀 호출을 하더라도 금방 반환될 것이다.

입력 행렬을 수정하고 싶지 않다면 추가로 방문용 행렬을 만들어서 사용해도 된다.

```
ArrayList<Integer> computePondSizes(int[][] land) {
    boolean[][] visited = new boolean[land.length][land[0].length];
    ArrayList<Integer> pondSizes = new ArrayList<Integer>();
    for (int r = 0; r < land.length; r++) {
        for (int c = 0; c < land[r].length; c++) {
            int size = computeSize(land, visited, r, c);
            if (size > 0) {
                pondSizes.add(size);
            }
        }
    }
    return pondSizes;
}

int computeSize(int[][] land, boolean[][] visited, int row, int col) {
    /* 지정된 영역을 벗어났거나 이미 방문한 적이 있다면 */
    if (row < 0 || col < 0 || row >= land.length || col >= land[row].length ||
        visited[row][col] || land[row][col] != 0) {
        return 0;
    }
    int size = 1;
    visited[row][col] = true;
```

```
    for (int dr = -1; dr <= 1; dr++) {
        for (int dc = -1; dc <= 1; dc++) {
            size += computeSize(land, visited, row + dr, col + dc);
        }
    }
    return size;
}
```

두 방법 모두 O(WH)가 걸린다. 여기서 W는 행렬의 너비(width), H는 높이 (height)다.

> 주의: 많은 사람들이 N에 어떤 내포된 의미가 있는 것처럼 O(N) 혹은 O(N²) 같은 표현을 자주 쓰는데 그러면 안 된다. 정방행렬이 주어졌다면 수행 시간은 O(N)이나 O(N²)이 될 수 있다. N이 무엇을 의미하느냐에 따라 둘 다 맞는 말이 될 수 있다. N이 한 변의 크기라고 했을 때 수행 시간은 O(N²)이 된다. 혹은 N을 셀의 개수라 할 때는 O(N)이 된다. N이 무엇을 의미하는지 잘 확인하길 바란다. N에 어떤 애매한 뜻이 있을 수 있으므로 확인이 안 된 상태에서는 N이라는 표현을 아예 사용하지 않는 것이 안전하다.

누군가는 computeSize 메서드가 O(N²) 시간이 걸리고 총 O(N²)번 호출할지도 모른다고 잘못 계산해서(행렬도 정방행렬이라고 잘못 가정하고) 전체 수행 시간을 O(N⁴)으로 잘못 계산할 수도 있다. 각각의 복잡도는 제대로 계산했지만 이 둘을 곱하면 안 된다. 왜냐하면 computerSize를 한 번 호출하는 비용이 많아질수록 호출 횟수는 줄어들기 때문이다.

예를 들어 전체 행렬을 훑는 제일 처음 computeSize 호출을 생각해 보자. 이때는 O(N²) 시간이 걸리지만 computeSize는 다시 호출되지 않는다.

복잡도를 계산하는 또 다른 방법은 각각의 셀이 몇 번 '사용됐는지' 생각해 보는 것이다. computePoondSizes 함수에서 각 셀은 한 번만 사용됐다. 추가로, 각 셀은 인접한 셀에 의해 한 번만 사용됐을 것이다. 하지만 각 셀이 사용됐을 횟수는 여전이 상수일 뿐이다. 따라서 N×N 행렬에서 전체 수행 시간은 O(N²)이 되고, 이를 일반화하면 O(WH)가 된다.

16.20 T9: 과거 핸드폰에서 문자 입력을 돕기 위해 각 숫자에 0~4개의 알파벳을 대응시켰다. 이에 따라 어떤 수열이 주어지면 그 수열에 대응되는 단어 리스트를 만들 수 있었다. 유효한 단어 리스트(여러분이 원하는 방식으로 자료구조가 주어진다)와 어떤 수열이 주어졌을 때, 해당 수열에 매핑되는 단

어 리스트를 출력하는 알고리즘을 작성하라. 각 숫자에 대응되는 알파벳은
다음과 같다.

예제

1	2 abc	3 def
4 ghi	5 jkl	6 mno
7 pqrs	8 tuv	9 wxyz
	0	

입력: 8733

출력: tree, used

269쪽

해법

다양한 방법으로 풀 수 있다. 먼저 무식한 방법으로 풀어 보자.

무식한 방법

손으로 풀 때는 어떻게 하는지 생각해 보자. 아마도 각 숫자에 대응하는 모든 가능
한 값을 시도해 볼 것이다.

이게 바로 우리가 만들려는 알고리즘이다. 첫 번째 숫자를 보고 이와 대응되는
모든 문자를 살펴본다. 각각의 문자를 prefix 변수에 추가하고 이 변수를 재귀적으
로 넘긴다. 모든 문자를 다 사용한 뒤에는 해당 문자열이 유효한 단어인지 확인하
고 그렇다면 prefix를 출력한다.

단어는 HashSet으로 주어진다고 가정한다. HashSet은 해시테이블과 비슷하게 동
작하지만 키→값으로 살펴보지 않고 현재 단어가 집합 안에 들어 있는지 O(1) 시
간에 알려준다.

```
ArrayList<String> getValidT9Words(String number, HashSet<String> wordList) {
    ArrayList<String> results = new ArrayList<String>();
    getValidWords(number, 0, "", wordList, results);
    return results;
}

void getValidWords(String number, int index, String prefix,
                   HashSet<String> wordSet, ArrayList<String> results) {
```

```
        /* 단어가 완성됐으면 출력한다. */
        if (index == number.length() && wordSet.contains(prefix)) {
            results.add(prefix);
            return;
        }

        /* 숫자와 대응되는 문자들 가져오기 */
        char digit = number.charAt(index);
        char[] letters = getT9Chars(digit);

        /* 남아 있는 문자를 모두 살펴본다. */
        if (letters != null) {
            for (char letter : letters) {
                getValidWords(number, index + 1, prefix + letter, wordSet, results);
            }
        }
    }

/* 해당 숫자와 대응되는 문자들의 배열을 반환 */
char[] getT9Chars(char digit) {
    if (!Character.isDigit(digit)) {
        return null;
    }
    int dig = Character.getNumericValue(digit) - Character.getNumericValue('0');
    return t9Letters[dig];
}

/* 숫자와 문자의 대응 관계 */
char[][] t9Letters = {null, null, {'a', 'b', 'c'}, {'d', 'e', 'f'},
    {'g', 'h', 'i'}, {'j', 'k', 'l'}, {'m', 'n', 'o'}, {'p', 'q', 'r', 's'},
    {'t', 'u', 'v'}, {'w', 'x', 'y', 'z'}
};
```

N이 문자열의 길이라고 했을 때 이 알고리즘은 $O(4^N)$ 시간이 걸린다. 왜냐하면 getValidWords를 호출할 때마다 4번의 재귀 호출이 불리고 이 호출을 스택의 깊이가 N이 될 때까지 수행하기 때문이다.

이 방법은 문자열의 길이가 길어지면 굉장히 느려진다.

최적화

여러분이 손으로 직접 푼다면 어떻게 할 건지 다시 생각해 보자. 33835676368이 예제로 주어졌다. 해당 숫자를 문자로 하나씩 대응해볼 때 fftf [3383]으로 시작하는 것들은 애초에 건너뛰었을 것이다. 왜냐하면 해당 문자열로 시작하는 단어는 없다는 것을 여러분은 이미 알고 있기 때문이다.

이상적으로 우리 프로그램에 같은 방식의 최적화를 적용하면 좋다. 더 이상 진행해도 단어가 없을 것이 뻔하면 그만두는 것 말이다. 구체적으로 말하면 사전에 prefix로 시작하는 단어가 존재하지 않으면 재귀 호출을 중단한다.

Trie 자료구조(155쪽의 "트라이(접두사 트리)"를 확인하라)를 사용하면 된다. 유효하지 않은 접두사를 만들게 되는 순간 빠져나온다.

```java
ArrayList<String> getValidT9Words(String number, Trie trie) {
    ArrayList<String> results = new ArrayList<String>();
    getValidWords(number, 0, "", trie.getRoot(), results);
    return results;
}

void getValidWords(String number, int index, String prefix, TrieNode trieNode,
                   ArrayList<String> results) {
    /* 단어가 완성되면 출력한다. */
    if (index == number.length()) {
        if (trieNode.terminates()) { // 단어가 완성됐는가?
            results.add(prefix);
        }
        return;
    }

    /* 숫자와 대응되는 문자들 갖고오기 */
    char digit = number.charAt(index);
    char[] letters = getT9Chars(digit);
    /* 남아 있는 문자를 모두 살펴본다. */
    if (letters != null) {
        for (char letter : letters) {
            TrieNode child = trieNode.getChild(letter);
            /* prefix + letter로 시작하는 단어가 존재한다면 재귀 호출을 계속한다. */
            if (child != null) {
                getValidWords(number, index + 1, prefix + letter, child, results);
            }
        }
    }
}
```

어떤 언어를 사용하느냐에 따라 이 알고리즘의 수행 시간이 달라질 수 있기 때문에 수행 시간을 정확히 설명하기는 어렵다. 하지만 이 최적화를 사용하면 실제로 굉장히 많이 빨라진다.

가장 최적화된 방법

믿든지 말든지 이보다 더 빠르게 만들 수 있다. 약간의 전처리가 필요하지만 그다지 큰 일은 아니다. 트라이를 만들 때 했던 작업이다.

이 문제는 T9의 숫자로 표현되는 모든 단어를 나열하는 문제이다. 이 작업을 그때그때 처리하는 대신(모든 가능한 경우를 시도해 봐야 하는데, 경우의 수가 너무 많고 대부분의 경우가 정답에서 제외된다) 미리 해놓는 것이다.

이 알고리즘은 다음의 몇 가지 단계를 거친다.

미리 계산하기

1. 해시테이블을 이용해 수열과 가능한 문자열 리스트의 대응 관계를 만든다.
2. 사전의 각 단어를 T9 표현법으로 변환한다(예를 들어 APPLE→277535). 이를 해시테이블에 저장한다. 예를 들어 8733은 {used, tree}로 대응된다.

단어 검색

1. 단순하게 해시테이블을 검색해서 리스트를 반환한다.

이게 전부다!

```
/* 단어 검색 */
ArrayList<String> getValidT9Words(String numbers,
                                  HashMapList<String, String> dictionary) {
    return dictionary.get(numbers);
}

/* 미리 계산하기 */

/* 해시테이블을 만들고 숫자와 이 숫자로 표현 가능한 단어 사이에 대응 관계를 만들어준다. */
HashMapList<String, String> initializeDictionary(String[] words) {
    /* 해시테이블을 만들어서 단어와 숫자 간의 대응 관계를 만든다. */
    HashMap<Character, Character> letterToNumberMap = createLetterToNumberMap();
    /* 단어 → 숫자 대응 관계 만들기 */
    HashMapList<String, String> wordsToNumbers = new HashMapList<String, String>();

    for (String word : words) {
        String numbers = convertToT9(word, letterToNumberMap);
        wordsToNumbers.put(numbers, word);
    }
    return wordsToNumbers;
}

/* 숫자 → 단어를 단어 → 숫자로 변환하기 */
HashMap<Character, Character> createLetterToNumberMap() {
    HashMap<Character, Character> letterToNumberMap =
        new HashMap<Character, Character>();
    for (int i = 0; i < t9Letters.length; i++) {
        char[] letters = t9Letters[i];
        if (letters != null) {
            for (char letter : letters) {
                char c = Character.forDigit(i, 10);
                letterToNumberMap.put(letter, c);
            }
        }
    }
    return letterToNumberMap;
}

/* 문자열을 T9 표현법으로 변환 */
String convertToT9(String word, HashMap<Character, Character> letterToNumberMap)
{
    StringBuilder sb = new StringBuilder();
    for (char c : word.toCharArray()) {
        if (letterToNumberMap.containsKey(c)) {
            char digit = letterToNumberMap.get(c);
            sb.append(digit);
        }
    }
    return sb.toString();
}

char[][] t9Letters = /* 이전과 같다. */
/* HashMapList<String, Integer>는 String을 ArrayList<Integer>로 대응시키는
 * HashMap과 같다. 자세한 구현은 부록을 참조하길 바란다. */
```

숫자의 길이를 N이라고 할 때 해당 숫자로 대응되는 단어를 찾는 데 O(N) 시간이 걸린다. 해시테이블을 검색하는 데는 O(N)이 소요된다(숫자를 해시테이블로 변환해야 한다). 단어들이 특정 크기보다 길어질 수 없다면 이 수행 시간을 O(1)이라고 표현해도 좋다.

"선형시간이 그렇게 빠르지 않네"라고 쉽게 생각할 수도 있다. 하지만 무엇에 대한 선형인지에 따라 달라진다. 단어의 길이에 선형적이라면 굉장히 빠른 것이다. 하지만 사전의 길이에 선형적이라면 그렇게 빠른 것은 아니다.

16.21 합의 교환: 정수형 배열 두 개가 주어졌을 때, 각 배열에서 원소를 하나씩 교환해서 두 배열의 합이 같아지게 만들라.

예제

입력: {4, 1, 2, 1, 1, 2}와 {3, 6, 3, 3}
출력: {1, 3}

269쪽

해법

우리가 무엇을 찾고 싶어하는지 먼저 이해해야 한다.

배열 두 개와 그들의 합이 주어져 있다. 물론 합이 주어져 있는 것은 아니지만 주어져 있는 것처럼 만들 수 있다. 이 문제를 푸는 어떤 알고리즘도 O(N)보다 빠를 수 없다는 걸 알기 때문에 O(N)에 합을 미리 계산해 놓을 수 있다. 따라서 합을 계산하는 것은 수행 시간에 아무런 영향도 미치지 않는다.

양수를 배열 A에서 B로 옮길 때 A의 합은 a만큼 줄어들고 B의 합은 a만큼 증가한다.

다음을 만족하는 a와 b의 값을 찾으려고 한다.

```
sumA - a + b = sumB - b + a
```

간단한 산수를 계산해 보면 다음과 같다.

```
2a - 2b = sumA - sumB
a - b = (sumA - sumB) / 2
```

따라서 우리는 차이가 (sumA - sumB)/2가 되는 두 값을 찾으려고 한다.

두 수의 차이는 반드시 정수여야 하므로(정수 두 개를 맞바꾸면 그 차이도 여전히 정수일 수밖에 없다) 두 합의 차이가 짝수가 되어야 한다는 사실을 알 수 있다.

무식한 방법

무식한 방법은 굉장히 간단하다. 배열을 순회하면서 모든 가능한 쌍을 확인해 보는 것이다.

단순하게 할 수도 있고(합을 비교하는 방법) 두 쌍의 차이를 찾아볼 수도 있다.

단순한 방법

```java
int[] findSwapValues(int[] array1, int[] array2) {
    int sum1 = sum(array1);
    int sum2 = sum(array2);

    for (int one : array1) {
        for (int two : array2) {
            int newSum1 = sum1 - one + two;
            int newSum2 = sum2 - two + one;
            if (newSum1 == newSum2) {
                int[] values = {one, two};
                return values;
            }
        }
    }

    return null;
}
```

차이를 찾아 보는 방법

```java
int[] findSwapValues(int[] array1, int[] array2) {
    Integer target = getTarget(array1, array2);
    if (target == null) return null;

    for (int one : array1) {
        for (int two : array2) {
            if (one - two == target) {
                int[] values = {one, two};
                return values;
            }
        }
    }

    return null;
}

Integer getTarget(int[] array1, int[] array2) {
    int sum1 = sum(array1);
    int sum2 = sum(array2);

    if ((sum1 - sum2) % 2 != 0) return null;
    return (sum1 - sum2) / 2;
}
```

getTarget의 반환값으로 Integer(포장된 자료형(boxed data type))를 사용했다. 이렇게 하면 '에러'를 구분할 수 있다.

이 알고리즘은 O(AB) 시간이 걸린다.

최적화 해법

이 문제는 두 값의 차이가 특정 값이 되는 쌍을 찾는 문제로 바꿀 수 있다. 이를 염두에 두고 무식한 방법을 다시 생각해 보자.

무식한 방법은 A의 각 원소에 대해 원하는 차이를 만들어 내는 원소를 B에서 찾는다. 만약 A가 5이고 원하는 차이가 3이라면 2를 찾아야 한다. 오직 2만이 차이 3을 만들어낼 수 있는 값이다.

즉, one - two == target 대신에 two == one - target이라고 쓸 수도 있다. 값이 one - target이 되는 원소를 B에서 어떻게 빠르게 찾을 수 있을까?

해시테이블을 사용하면 된다. B의 모든 원소를 해시테이블에 넣고 A를 순회하면서 원하는 원소가 B에 있는지 찾아 본다.

```
int[] findSwapValues(int[] array1, int[] array2) {
    Integer target = getTarget(array1, array2);
    if (target == null) return null;
    return findDifference(array1, array2, target);
}

/* 특정 차이를 만들어 내는 한 쌍의 값 찾기 */
int[] findDifference(int[] array1, int[] array2, int target) {
    HashSet<Integer> contents2 = getContents(array2);
    for (int one : array1) {
        int two = one - target;
        if (contents2.contains(two)) {
            int[] values = {one, two};
            return values;
        }
    }

    return null;
}

/* 배열의 값을 해시에 넣기 */
HashSet<Integer> getContents(int[] array) {
    HashSet<Integer> set = new HashSet<Integer>();
    for (int a : array) {
        set.add(a);
    }
    return set;
}
```

이 방법은 $O(A+B)$ 시간이 걸린다. 적어도 두 배열의 모든 원소를 한 번은 확인해봐야 하므로 이 수행 시간은 가능한 최선의 수행 시간(BCR)이 된다.

다른 해법

배열이 정렬되어 있다면 한 쌍을 찾을 때 순회하면서 찾을 수 있다. 이렇게 하면 공간을 절약할 수 있다.

```
int[] findSwapValues(int[] array1, int[] array2) {
    Integer target = getTarget(array1, array2);
    if (target == null) return null;
    return findDifference(array1, array2, target);
}

int[] findDifference(int[] array1, int[] array2, int target) {
    int a = 0;
    int b = 0;
    while (a < array1.length && b < array2.length) {
        int difference = array1[a] - array2[b];
        /* difference와 target을 비교한다. 만약 difference가 너무 작으면,
         * a를 더 큰 값 쪽으로 옮겨서 difference를 더 크게 만든다.
         * 만약 difference가 너무 크다면 b를 더 큰 값쪽으로 옮겨서 더 크게 만든다.
         * 두 값이 같다면, 해당 쌍을 반환한다. */
        if (difference == target) {
            int[] values = {array1[a], array2[b]};
            return values;
        } else if (difference < target) {
            a++;
        } else {
            b++;
        }
    }

    return null;
}
```

이 알고리즘은 O(A+B) 시간이 걸리지만 배열이 정렬되어 있을 때만 적용 가능하다. 만약 배열이 정렬되어 있지 않다면 배열을 먼저 정렬한 후에 이 알고리즘을 적용해야 한다. 그랬을 때 전체 수행 시간은 O(A log A + B log B)가 될 것이다.

16.22 랭턴 개미: 검은색과 하얀색 셀(cell)로 이루어진 격자판이 무한히 펼쳐져 있고 여기 어딘가에 개미 한 마리가 기어다니고 있다. 이 개미는 오른쪽을 바라보고 있고, 다음과 같이 움직인다.

(1) 하얀색 셀에선 이 셀의 색깔을 검은색으로 바꾸고 오른쪽(시계방향)으로 90도 방향을 튼 뒤 한 칸 앞으로 나아간다.

(2) 검은색 셀에선 이 셀의 색깔을 하얀색으로 바꾸고 왼쪽(시계 반대방향)으로 90도 방향을 튼 뒤 한 칸 앞으로 나아간다.

이 개미의 첫 K번의 움직임을 시뮬레이션하는 프로그램을 작성하고 최종 격자판을 출력하는 프로그램을 작성하라. 이 격자판을 표현하는 자료구조는 여러분이 직접 설계해야 한다. K를 입력으로 받은 뒤, 최종 격자판을 출

력한다. 메서드 용법(method signature)은 void printKMoves(int K)와 같을 것이다.

270쪽

해법

처음엔 문제가 굉장히 간단해 보인다. 격자셀을 만들고, 개미의 위치와 방향을 기억하고, 셀을 뒤집고, 방향을 틀고, 움직인다. 재미있는 부분은 격자가 무한할 때 어떻게 처리할 것인지가 되겠다.

해법 #1: 고정된 배열

기술적으로 K번만 움직이면 되므로 격자의 최대 크기를 구할 수 있다. 개미는 모든 방향으로 K번 이상 움직일 수 없다. 따라서 개미를 중앙에 놓고 너비와 높이가 2K인 격자를 만들면 충분하다.

하지만 이 방법은 확장이 불가능하다는 문제가 있다. 만약 K번 움직인 후에 또 K번 움직이고 싶다면 격자의 크기가 부족하다.

추가로 이 해법은 많은 공간을 낭비하고 있다. 한 방향으로 최대 K번 움직일 수 있지만 개미는 특정한 위치에서 빙글빙글 돌고 있을 수도 있다. 이런 경우에 모든 공간이 필요하지 않다.

해법 #2: 크기 조절이 가능한 배열

한 가지 방법은 자바의 ArrayList 클래스처럼 크기를 조절할 수 있는 배열을 사용하는 것이다. 필요한 만큼 배열을 늘릴 수 있고 분할 상환적 삽입도 여전히 O(1)에 수행할 수 있다.

이 방법의 문제점은 격자는 2차원의 크기로 늘어나는 데 반해 ArrayList는 1차원 배열이라는 점이다. 또한 음수의 방향인 반대 방향으로 크기를 키워야 할 수도 있다. ArrayList 클래스는 이런 기능을 지원하지 않는다.

하지만 우리가 직접 크기를 조절할 수 있는 격자를 만들어서 비슷하게 구현할 수 있다. 개미가 끝자락에 도달할 때마다 해당 차원의 크기를 두 배로 키운다.

음의 방향으로의 확장은 어떻게 할 수 있을까? 개념적으로는 무엇인가가 음수의 방향에 있다고 얘기할 수 있지만, 실제 배열의 인덱스가 음수의 영역을 접근하기란 불가능하다.

이를 처리하기 위한 한 가지 방법은 '가짜 인덱스'를 만드는 것이다. 개미가 (-3, -10) 위치에 있다면 오프셋이나 델타를 통해 이 위치를 배열의 접근 가능한 인덱스로 변환한다.

하지만 실제로 이럴 필요는 없다. 개미의 위치가 공개적으로 노출되거나 일관될 필요가 없다(물론 면접관이 그래야 한다고 말하지 않았다면). 개미가 음수 영역으로 움직일 때 배열의 크기를 두 배로 늘려주고 개미를 양수 방향으로 옮겨준다. 물론 모든 인덱스를 다시 설정해줘야 한다.

새로운 배열을 만드는 작업이 필요하므로 인덱스를 다시 설정하는 작업은 big-O 시간에 아무런 영향을 끼치지 않는다.

```java
public class Grid {
    private boolean[][] grid;
    private Ant ant = new Ant();

    public Grid() {
        grid = new boolean[1][1];
    }

    /* 오래된 값을 새로운 배열에 복사하고, 행과 열에 오프셋/시프트 연산을 적용한다. */
    private void copyWithShift(boolean[][] oldGrid, boolean[][] newGrid,
                              int shiftRow, int shiftColumn) {
        for (int r = 0; r < oldGrid.length; r++) {
            for (int c = 0; c < oldGrid[0].length; c++) {
                newGrid[r + shiftRow][c + shiftColumn] = oldGrid[r][c];
            }
        }
    }

    /* 현재 위치가 현재 배열 크기에 맞는지 확인한다.
     * 만약 필요하다면 배열의 크기를 두 배로 늘리고, 값들을 복사하고,
     * 개미의 위치를 적절하게 조절해서 양수의 영역에 놓이도록 만든다. */
    private void ensureFit(Position position) {
        int shiftRow = 0;
        int shiftColumn = 0;

        /* 행의 새로운 숫자를 계산한다. */
        int numRows = grid.length;
        if (position.row < 0) {
            shiftRow = numRows;
            numRows *= 2;
        } else if (position.row >= numRows) {
            numRows *= 2;
        }

        /* 열의 새로운 숫자를 계산한다. */
        int numColumns = grid[0].length;
        if (position.column < 0) {
            shiftColumn = numColumns;
            numColumns *= 2;
        } else if (position.column >= numColumns) {
            numColumns *= 2;
        }

        /* 필요하다면 배열 크기를 키운다. 개미의 위치도 함께 옮겨준다. */
        if (numRows != grid.length || numColumns != grid[0].length) {
            boolean[][] newGrid = new boolean[numRows][numColumns];
            copyWithShift(grid, newGrid, shiftRow, shiftColumn);
            ant.adjustPosition(shiftRow, shiftColumn);
```

```
            grid = newGrid;
        }
    }

    /* 셀의 색깔을 바꿔준다. */
    private void flip(Position position) {
        int row = position.row;
        int column = position.column;
        grid[row][column] = grid[row][column] ? false : true;
    }

    /* 개미를 움직인다. */
    public void move() {
        ant.turn(grid[ant.position.row][ant.position.column]);
        flip(ant.position);
        ant.move();
        ensureFit(ant.position); // 배열의 크기를 키운다.
    }

    /* 격자판을 출력한다. */
    public String toString() {
        StringBuilder sb = new StringBuilder();
        for (int r = 0; r < grid.length; r++) {
            for (int c = 0; c < grid[0].length; c++) {
                if (r == ant.position.row && c == ant.position.column) {
                    sb.append(ant.orientation);
                } else if (grid[r][c]) {
                    sb.append("X");
                } else {
                    sb.append("_");
                }
            }
            sb.append("\n");
        }
        sb.append("Ant: " + ant.orientation + ". \n");
        return sb.toString();
    }
}
```

Ant 코드를 별개의 클래스로 나누었다. 이렇게 하면 개미가 여러 마리로 늘어났을 경우에 이를 손쉽게 확장할 수 있다는 장점이 있다.

```
public class Ant {
    public Position position = new Position(0, 0);
    public Orientation orientation = Orientation.right;

    public void turn(boolean clockwise) {
        orientation = orientation.getTurn(clockwise);
    }

    public void move() {
        if (orientation == Orientation.left) {
            position.column--;
        } else if (orientation == Orientation.right) {
            position.column++;
        } else if (orientation == Orientation.up) {
            position.row--;
        } else if (orientation == Orientation.down) {
            position.row++;
        }
```

```
        }

        public void adjustPosition(int shiftRow, int shiftColumn) {
            position.row += shiftRow;
            position.column += shiftColumn;
        }
    }
```

Orientation은 유용한 함수로 구성된 enum이다.

```
public enum Orientation {
    left, up, right, down;

    public Orientation getTurn(boolean clockwise) {
        if (this == left) {
            return clockwise ? up : down;
        } else if (this == up) {
            return clockwise ? right : left;
        } else if (this == right) {
            return clockwise ? down : up;
        } else { // 아래
            return clockwise ? left : right;
        }
    }

    @Override
    public String toString() {
        if (this == left) {
            return "\u2190";
        } else if (this == up) {
            return "\u2191";
        } else if (this == right) {
            return "\u2192";
        } else { // 아래
            return "\u2193";
        }
    }
}
```

Position을 위한 간단한 클래스를 만들었다. 열과 행을 별개로 손쉽게 추적할 수
있다.

```
public class Position {
    public int row;
    public int column;

    public Position(int row, int column) {
        this.row = row;
        this.column = column;
    }
}
```

이 방법은 제대로 동작하긴 하지만 필요 이상으로 복잡하다.

해법 #3: HashSet

격자판을 표현하기 위해 행렬을 사용하는 게 어쩌면 당연해 보일 수도 있지만 실제

로는 행렬을 사용하지 않는 편이 더 쉽다. 우리가 알아야 할 정보는 모든 하얀색 셀과 개미의 위치, 방향이다.

HashSet을 사용해서 하얀색 셀을 표현할 수 있다. 만약 현재 위치가 해시에 들어있다면 해당 위치는 하얀색이고 그렇지 않으면 검은색이다.

한 가지 까다로운 곳은 격자판을 출력하는 부분이다. 어디서부터 격자판을 출력해야 하나? 어디서 출력을 멈춰야 하나?

격자판을 출력하기 위해서 격자판의 좌측 위(top-left)와 우측 아래(bottom-right)의 위치를 기억하고 있어야 한다. 개미가 움직일 때마다 개미의 위치를 이 둘과 비교한 뒤 필요에 따라 갱신해줘야 한다.

```
public class Board {
    private HashSet<Position> whites = new HashSet<Position>();
    private Ant ant = new Ant();
    private Position topLeftCorner = new Position(0, 0);
    private Position bottomRightCorner = new Position(0, 0);

    public Board() { }

    /* 개미 움직이기 */
    public void move() {
        ant.turn(isWhite(ant.position)); // 방향 전환
        flip(ant.position);              // 뒤집기
        ant.move();                      // 움직임
        ensureFit(ant.position);
    }

    /* 셀 색깔 바꾸기 */
    private void flip(Position position) {
        if (whites.contains(position)) {
            whites.remove(position);
        } else {
            whites.add(position.clone());
        }
    }

    /* 좌측 위와 우측 아래 위치를 추적하면서 격자판의 크기 키우기 */
    private void ensureFit(Position position) {
        int row = position.row;
        int column = position.column;

        topLeftCorner.row = Math.min(topLeftCorner.row, row);
        topLeftCorner.column = Math.min(topLeftCorner.column, column);

        bottomRightCorner.row = Math.max(bottomRightCorner.row, row);
        bottomRightCorner.column = Math.max(bottomRightCorner.column, column);
    }

    /* 현재 셀이 하얀색인지 확인 */
    public boolean isWhite(Position p) {
        return whites.contains(p);
    }

    /* 현재 셀이 하얀색인지 확인 */
```

```
        public boolean isWhite(int row, int column) {
            return whites.contains(new Position(row, column));
        }

        /* 격자판 출력 */
        public String toString() {
            StringBuilder sb = new StringBuilder();
            int rowMin = topLeftCorner.row;
            int rowMax = bottomRightCorner.row;
            int colMin = topLeftCorner.column;
            int colMax = bottomRightCorner.column;
            for (int r = rowMin; r <= rowMax; r++) {
                for (int c = colMin; c <= colMax; c++) {
                    if (r == ant.position.row && c == ant.position.column) {
                        sb.append(ant.orientation);
                    } else if (isWhite(r, c)) {
                        sb.append("X");
                    } else {
                        sb.append("_");
                    }
                }
                sb.append("\n");
            }
            sb.append("Ant: " + ant.orientation + ". \n");
            return sb.toString();
        }
    }
```

Ant와 Orientation의 구현은 동일하다.

HashSet 기능 때문에 Position의 구현이 약간 바뀌었다. 위치가 키가 되므로 hashCode() 함수를 구현해야 한다.

```
public class Position {
    public int row;
    public int column;

    public Position(int row, int column) {
        this.row = row;
        this.column = column;
    }

    @Override
    public boolean equals(Object o) {
        if (o instanceof Position) {
            Position p = (Position) o;
            return p.row == row && p.column == column;
        }
        return false;
    }

    @Override
    public int hashCode() {
        /* 다양한 방식의 해시 함수가 존재한다. 그중 하나이다. */
        return (row * 31) ^ column;
    }

    public Position clone() {
        return new Position(row, column);
    }
}
```

이렇게 구현하면 다른 어딘가에 있는 특정 셀을 접근할 필요가 있을 때에도 행과 열의 번호를 일관되게 유지할 수 있다는 장점이 있다.

16.23 Rand5로부터 Rand7: rand5()를 사용해서 rand7() 메서드를 구현하라. 즉, 0 부터 4까지 숫자 중에서 임의의 숫자를 반환하는 메서드를 이용해서 0부터 6까지의 숫자 중에서 임의의 숫자를 반환하는 메서드를 작성하라.

270쪽

해법

이 함수를 제대로 구현하려면 0부터 6까지의 수가 1/7 확률로 반환되도록 해야 한다.

첫 번째 시도(호출 횟수는 고정됨)

첫 번째 시도로, 0부터 9 사이의 모든 수를 생성한 다음에 그 결과를 7로 나눈 나머지를 구하는 식으로 구현해 볼 것이다. 코드는 다음과 같은 형태일 것이다.

```
int rand7() {
    int v = rand5() + rand5();
    return v % 7;
}
```

불행히도, 위의 코드는 모든 값을 같은 확률로 내놓지 않는다. rand5() 호출 결과가 rand7() 반환값에 어떻게 대응되는지를 살펴보면 알 수 있다.

첫 번째 호출	두 번째 호출	결과	첫 번째 호출	두 번째 호출	결과
0	0	0	2	3	5
0	1	1	2	4	6
0	2	2	3	0	3
0	3	3	3	1	4
0	4	4	3	2	5
1	0	1	3	3	6
1	1	2	3	4	0
1	2	3	4	0	4
1	3	4	4	1	5
1	4	5	4	2	6
2	0	2	4	3	0
2	1	3	4	4	1
2	2	4			

각 행은 1/25 확률로 나타난다. rand5()가 두 번 호출되는데, 각 호출이 5/25 확률로 결과를 만들어 내기 때문이다. 각각의 수가 나타나는 횟수를 따져 보면, rand7()이 4를 5/25 확률로 반환하는데, 0은 3/25 확률로 반환하는 것을 볼 수 있다. 따라서 결과는 1/7의 확률을 따르지 않는다.

이제 이 함수를 변경하여 if 문을 추가하고, 계수(constant multiplier)를 변경하거나, rand5()를 호출하는 부분을 새롭게 추가한다고 생각해 보자. 위와 유사한 테이블을 작성할 수 있을 것인데, 해당 테이블의 각 행이 나타날 수 있는 확률은 $1/5^k$이다. 여기서 k는 해당 행에서 rand5()를 호출한 횟수다. 행마다 호출 횟수는 달라질 수 있다.

rand7()의 결과가 어떤 특정한 값(가령, 6)이 될 확률은, 각 행이 6이 될 확률을 더한 값과 같다. 다시 말해서, 다음과 같다.

$$P(rand7() = 6) = 1/5^1 + 1/5^2 + \cdots + 1/5^m$$

우리 함수가 정확하게 동작하기 위해서는 이 확률이 1/7이 되어야 한다. 하지만 불가능하다. 왜냐하면 5와 7이 서로소(relatively prime)이기 때문에, 아무리 5의 승수의 역수항을 추가한다고 해도 1/7이 될 수는 없기 때문이다.

그렇다면 이 문제를 푸는 것이 불가능한가? 꼭 그렇지는 않다. 엄밀하게 이야기해서 이 결과가 이야기하는 것은, rand5()를 어떻게 조합해서 rand7()의 결과를 만들어 내더라도, 그 결과의 분포가 고르지 않다는 것이다.

while 문을 사용하고, 값을 반환하기까지 루프를 얼마나 돌아야 하는지 미리 알 수 없다는 것만 깨달으면, 이 문제를 풀 수 있다.

두 번째 시도(호출 횟수 미정)

while 문을 사용할 수 있다면 문제는 훨씬 쉬워진다. 출현 확률이 같은 숫자 영역을 생성해 내기만 하면 된다(그리고 생성되는 범위는 적어도 7개는 되어야 한다). 그렇게 할 수 있다면, 7배수보다 큰 수들은 버리고 그 나머지를 7로 나눈 나머지를 취하면 된다. 그렇게 하면 0부터 6까지의 수를 전부 같은 확률로 만들어 낼 수 있다.

아래의 코드에서는 0부터 24까지의 난수를 5 * rand5() + rand5()로 만들어 낸다. 그런 다음 21에서 24까지의 수는 버린다. 왜냐하면 그 수들을 포함시키면 0부터 3까지의 수가 다른 수보다 더 많이 만들어지기 때문이다. 그런 다음에, 7로 나눈 나머지를 이용해 0부터 6까지의 수를 같은 확률로 구한다.

숫자를 버리는 방법을 택했기 때문에 rand5()가 몇 번 호출될지는 알 수 없다. 그래서 '호출 횟수 미정(nondeterministic)'이라고 했던 것이다.

```
int rand7() {
    while (true) {
        int num = 5 * rand5() + rand5();
        if (num < 21) {
            return num % 7;
        }
    }
}
```

`5 * rand5() + rand5()`는 0부터 24까지의 수를 같은 확률로 구하는 방법이다. 이 수식은 모든 값을 같은 확률로 생성한다.

그런데 `2 * rand5() + rand5()`라고 해도 되나? 안 된다. 왜냐하면 만들어지는 값이 같은 확률로 분포되지 않기 때문이다. 예를 들어, 6을 만들어 내는 방법은 3가지($6 = 2*1+4, 6 = 2*2+2, 6 = 2*3+0$)인데 반해, 0을 만들어 내는 방법은 하나뿐이다($0 = 2*0+0$). 따라서 각각의 수가 만들어질 확률이 균등하게 분포되지 않는다.

`2 * rand5()`를 사용하면서도 확률적으로 균등하게 분포하는 숫자를 만들어 내는 방법도 있는데, 훨씬 더 복잡하다. 아래의 코드를 보자.

```
int rand7() {
    while (true) {
        int r1 = 2 * rand5();    /* 0부터 9까지의 수를 균등하게 만든다. */
        int r2 = rand5();        /* 0이나 1을 만들기 위해 나중에 사용한다. */
        if (r2 != 4) {           /* r2는 여분의 짝수이다 - 제거한다. */
            int rand1 = r2 % 2;  /* 0 혹은 1을 생성한다. */
            int num = r1 + rand1; /* 0부터 9까지의 숫자가 된다. */
            if (num < 7) {
                return num;
            }
        }
    }
}
```

사실 사용할 수 있는 범위는 무한히 많다. 중요한 것은, 그 범위를 충분히 넓게 잡고, 모든 값이 같은 확률로 나오게 하는 것이다.

16.24 합이 되는 쌍: 정수형 배열이 주어졌을 때, 두 원소의 합이 특정 값이 되는 모든 원소 쌍을 출력하는 알고리즘을 설계하라.

270쪽

해법

정의부터 세워보자. 합이 z가 되는 한 쌍을 찾고자 한다면 x의 보수(complement)는 z - x가 될 것이다(즉, z를 만들기 위해 x에 더해야 하는 수). 예를 들어 합이 12

가 되는 쌍을 찾을 때 -5의 보수는 17이 된다.

무식한 방법

무식한 방법은 모든 가능한 쌍을 순회하면서 두 수의 합이 특정한 값이 되면 출력하는 방법이다.

```java
ArrayList<Pair> printPairSums(int[] array, int sum) {
    ArrayList<Pair> result = new ArrayList<Pair>();
    for (int i = 0 ; i < array.length; i++) {
        for (int j = i + 1; j < array.length; j++) {
            if (array[i] + array[j] == sum) {
                result.add(new Pair(array[i], array[j]));
            }
        }
    }
    return result;
}
```

만약 배열에 중복된 값이 있다면(예를 들어 {5, 6, 5}) 같은 결과를 두 번 출력할 것이다. 면접관과 이에 대해 토론해 봐야 한다.

최적화 해법

해시맵을 사용해서 키와 키값의 보수 중에서 짝이 없는 숫자의 개수를 값으로 저장한다. 이 알고리즘은 배열을 순회하면서 동작한다. 각 배열의 원소 x에 대해, 짝이 없는 x의 보수가 해시테이블에 있는지 확인한다. 만약 값이 1 이상이라면 짝이 없는 x의 보수가 있다는 뜻이다. 해당 쌍을 추가하고 x의 보수의 개수를 해시맵에서 감소시킨다. 만약 값이 0이라면 x의 짝이 없다는 것을 표시하기 위해 x의 값을 해시테이블에 넣는다.

```java
ArrayList<Pair> printPairSums(int[] array, int sum) {
    ArrayList<Pair> result = new ArrayList<Pair>();
    HashMap<Integer, Integer> unpairedCount = new HashMap<Integer, Integer>();
    for (int x : array) {
        int complement = sum - x;
        if (unpairedCount.getOrDefault(complement, 0) > 0) {
            result.add(new Pair(x, complement));
            adjustCounterBy(unpairedCount, complement, -1); // 보수 감소
        } else {
            adjustCounterBy(unpairedCount, x, 1); // 개수 증가
        }
    }
    return result;
}
void adjustCounterBy(HashMap<Integer, Integer> counter, int key, int delta) {
    counter.put(key, counter.getOrDefault(key, 0) + delta);
}
```

이 방법도 중복된 쌍을 여러 번 출력할 수 있지만 같은 원소를 여러 번 사용하지는 않는다. 시간 복잡도는 O(N)이고 공간복잡도도 O(N)이다.

다른 방법

아니면 배열을 정렬한 뒤에 한 번만 읽어서 해당 쌍을 찾아낼 수 있다. 다음의 배열을 보자.

{-2, -1, 0, 3, 5, 6, 7, 9, 13, 14}

first는 배열의 시작 부분을 가리키도록 하고, last는 배열의 끝을 가리키도록 한다. first의 보수를 찾으려면 last를 반대 방향으로 계속 움직여 봐야 한다. first +last < sum이라면 first의 보수는 배열 내에 존재하지 않는 것이므로 first를 앞으로 전진시킨다. 이를 반복하다가 first가 last보다 커지면 중단한다.

어떻게 이 방법으로 first의 모든 보수를 찾을 수 있을까? 배열이 정렬되어 있고, 점진적으로 더 작은 수를 탐색해 나가기 때문이다. first와 last의 합이 sum보다 작아지면, last에 더 작은 수를 대입해 봤자 보수는 찾을 수 없다.

어떻게 이 방법으로 last의 모든 보수를 찾을 수 있을까? 모든 정수 쌍이 first와 last로 구성되기 때문이다. first의 모든 보수를 찾았으므로, 결국 last의 모든 보수도 찾은 것이나 마찬가지이다.

```java
void printPairSums(int[] array, int sum) {
    Arrays.sort(array);
    int first = 0;
    int last = array.length - 1;
    while (first < last) {
        int s = array[first] + array[last];
        if (s == sum) {
            System.out.println(array[first] + " " + array[last]);
            first++;
            last--;
        } else {
            if (s < sum) first++;
            else last--;
        }
    }
}
```

이 알고리즘은 정렬하는 데 O(N log N) 시간이 걸리고 쌍을 찾는 데 O(N) 시간이 걸린다.

배열은 미리 정렬되어 있지 않을 것이다. 따라서 각 원소의 그 보수를 찾기 위해 이진 탐색을 하는 것과 big-O 관점에서는 동일하다. 이는 각 단계가 O(N log N)인 두 단계 알고리즘을 보여 준다.

16.25 LRU 캐시: 가장 오래된 아이템을 제거하는 '최저 사용 빈도(least recently used)' 캐시를 설계하고 구현하라. 캐시는 특정 키와 연관된 값을 입력하거

나 읽어 들일 수 있어야 하며 그 크기는 최대로 초기화되어 있다. 캐시가 꽉 차면 가장 오래된 아이템을 제거하고 새 아이템을 입력해야 한다.

힌트: *#524, #630, #694*

270쪽

해법

먼저 이 문제의 범위에 대해 정의를 내려야 한다. 우리가 하고자 하는 것이 정확히 무엇인가?

· **키와 값의 쌍 삽입하기:** (키, 값)의 쌍을 삽입할 수 있어야 한다.
· **키를 사용해서 값 가져오기:** 키를 통해 값을 가져올 수 있어야 한다.
· **최저 사용 빈도 찾기:** 최저 사용 빈도의 항목을 알 수 있어야 한다(그리고 모든 항목의 사용 순서).
· **최고 사용 빈도(most recently used) 갱신:** 키를 통해 값을 가져왔을 때 최고 사용 빈도의 순서를 갱신해야 한다.
· **제거:** 캐시는 최대 용량이 있고 이 용량이 꽉 차면 최저 사용 빈도의 항목을 제거해야 한다.

(키, 값)을 대응시키기 위해 해시테이블을 사용할 것을 제안한다. 특정 키와 연관된 값을 찾기 쉽게 해준다.

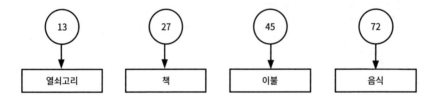

불행하게도 해시테이블은 보통 최고 사용 빈도의 항목을 빠르게 제거하는 기능을 제공하지 않는다. 각 항목에 타임스탬프를 적고 해시테이블을 순회한 뒤에 이 값이 가장 작은 항목을 제거할 수 있다. 하지만 이렇게 하면 삽입에 O(N) 시간이 걸리므로 상당히 느려진다.

대신 연결리스트를 사용해서 최고 사용 빈도의 순서를 나타낼 수 있다. 이렇게 하면 최고 사용 빈도의 항목을 표시하기 쉬워지고(리스트의 앞에 넣으면 된다) 최저 사용 빈도의 항목을 제거하기도 쉬워진다(마지막 원소를 삭제하면 된다).

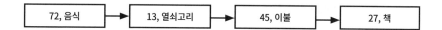

불행하게도 이 방법은 키를 이용해서 항목을 빠르게 검색할 수는 없다. 연결리스트를 순회하면서 항목을 찾아야 한다. 이 방법은 자료를 가져오는 데 O(N)이 걸리므로 굉장히 느려진다.

해시테이블과 연결리스트를 사용한 방법 모두 장점과 단점을 동시에 갖고 있다. 두 가지 방법을 혼합해서 사용함으로써 각각의 방법에서 장점만 취하여 보자!

이전 예제에서는 단방향 연결리스트를 사용했지만 여기서는 양방향 연결리스트를 사용할 것이다. 양방향 연결리스트는 리스트의 중간에서 원소를 쉽게 삭제할 수 있다. 이제 해시테이블은 값 대신 연결리스트의 노드로 대응시킬 것이다.

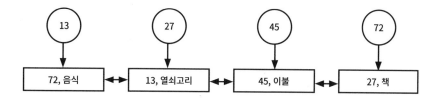

알고리즘은 다음과 같이 동작한다.

- **키와 값의 쌍 삽입하기**: 키와 값으로 연결리스트의 노드를 만든다. 연결리스트의 헤드에 삽입한다. 키 → 노드의 대응관계를 해시테이블에 삽입한다.
- **키를 사용해서 값 가져오기**: 해시테이블에서 노드를 찾은 뒤 값을 반환한다. 최고 사용 빈도의 항목을 갱신한다(다음을 보라).
- **최저 사용 빈도 찾기**: 최저 사용 빈도의 항목은 연결리스트의 마지막에서 찾을 수 있다.
- **최고 사용 빈도(most recently used) 갱신**: 연결리스트의 앞부분으로 노드를 옮긴다. 해시테이블은 갱신할 필요 없다.
- **제거**: 연결리스트의 테일(tail)을 제거한다. 연결리스트의 노드에서 키를 가져오고 해시테이블에서 키를 제거한다.

아래는 이런 클래스와 알고리즘을 구현한 코드이다.

```
public class Cache {
    private int maxCacheSize;
    private HashMap<Integer, LinkedListNode> map =
        new HashMap<Integer, LinkedListNode>();
```

```
        private LinkedListNode listHead = null;
        public LinkedListNode listTail = null;

        public Cache(int maxSize) {
            maxCacheSize = maxSize;
        }

        /* 키에 대응되는 값을 가져오고 최고 사용 빈도라고 표시한다. */
        public String getValue(int key) {
            LinkedListNode item = map.get(key);
            if (item == null) return null;

            /* 리스트의 앞으로 옮기고 최고 사용 빈도라고 표시한다. */
            if (item != listHead) {
                removeFromLinkedList(item);
                insertAtFrontOfLinkedList(item);
            }
            return item.value;
        }

        /* 연결리스트에서 노드를 삭제한다. */
        private void removeFromLinkedList(LinkedListNode node) {
            if (node == null) return;

            if (node.prev != null) node.prev.next = node.next;
            if (node.next != null) node.next.prev = node.prev;
            if (node == listTail) listTail = node.prev;
            if (node == listHead) listHead = node.next;
        }

        /* 연결리스트의 앞부분에 노드를 삽입한다. */
        private void insertAtFrontOfLinkedList(LinkedListNode node) {
            if (listHead == null) {
                listHead = node;
                listTail = node;
            } else {
                listHead.prev = node;
                node.next = listHead;
                listHead = node;
            }
        }

        /* 캐시, 즉 해시테이블과 연결리스트에서 키, 값의 쌍을 제거한다. */
        public boolean removeKey(int key) {
            LinkedListNode node = map.get(key);
            removeFromLinkedList(node);
            map.remove(key);
            return true;
        }

        /* 캐시에 키, 값의 쌍을 넣는다. 필요하다면 키와 대응된 오래된 값을 삭제한다.
         * 쌍을 연결리스트와 해시테이블에 넣는다.*/
        public void setKeyValue(int key, String value) {
            /* 이미 있다면 제거한다. */
            removeKey(key);

            /* 꽉 찼다면, 최저 사용 빈도의 항목을 캐시에서 삭제한다. */
            if (map.size() >= maxCacheSize && listTail != null) {
                removeKey(listTail.key);
            }

            /* 새로운 노드를 삽입한다. */
```

```
            LinkedListNode node = new LinkedListNode(key, value);
            insertAtFrontOfLinkedList(node);
            map.put(key, node);
        }

    private static class LinkedListNode {
        private LinkedListNode next, prev;
        public int key;
        public String value;
        public LinkedListNode(int k, String v) {
            key = k;
            value = v;
        }
    }
}
```

LinkedListNode를 Cache의 내부 클래스로 만들었다. 왜냐하면 Cache 클래스가 아닌 다른 클래스는 이 클래스에 접근할 필요가 없고 Cache의 영역 내에서만 존재하기 때문이다.

16.26 계산기: 양의 정수, +, -, *, / (괄호는 없음)로 구성된 수식을 계산하는 프로그램을 작성하라.

`예제`

입력: 2*3+5/6*3+15
출력: 23.5

271쪽

`해법`

무작정 왼쪽에서 오른쪽으로 순서대로 연산하는 실수를 범하면 안 된다. 곱셈과 나눗셈 연산의 우선순위가 더 높으므로 덧셈이나 뺄셈보다 먼저 사용되어야 한다.

예를 들어 간단한 수식 3+6*2에선 곱셈을 먼저 한 다음에 덧셈을 해야 한다. 단순히 왼쪽에서 오른쪽 순서대로 적용해 나가면 결과는 15가 아닌 18이라는 엉뚱한 값을 출력할 것이다. 물론 여러분도 이미 알고 있겠지만 그 의미를 실제로 입밖으로 내뱉어 보는 것은 그만한 가치가 있다.

해법 #1

여전히 왼쪽에서 오른쪽 순서대로 수식을 처리해나갈 수 있다. 그러기 위해선 약간 참신한 방법을 사용해야 한다. 곱셈과 나눗셈은 하나로 묶고 해당 연산자가 보일 때마다 양 옆의 항을 이용해서 곧바로 연산을 수행한다.

예를 들어 다음의 수식을 보자.

2 - 6 - 7 * 8 / 2 + 5

2-6은 바로 계산해도 괜찮다. 그 결과를 변수에 저장한다. 하지만 7*(어떤 수)을 보면 결과에 더해주기 전에 해당 항을 완전히 처리해야 한다.

두 변수를 유지한 채 왼쪽에서 오른쪽으로 읽어 나가면서 처리할 수 있다.

- 첫 번째 변수는 processing이다. 이 변수는 현재 항목 집단의 결과를(연산자와 값을 함께) 갖고 있다. 덧셈과 뺄셈의 경우에 항목 집단은 현재 항목이 될 것이다. 곱셈과 나눗셈의 경우에 항목 집단은 그다음 덧셈과 뺄셈 연산자가 나오기 전까지의 전체 시퀀스가 될 것이다.
- 두 번째 변수는 result이다. 만약 다음 항이 덧셈 혹은 뺄셈(혹은 다음 항이 없다면)이라면 processing을 result에 바로 적용한다.

위의 예제는 다음과 같이 진행된다.

1. +2를 읽는다. processing에 적용한다. processing을 result에 적용한다. processing을 비운다.

   ```
   processing = {+, 2} → null
   result = 0          → 2
   ```

2. -6을 읽는다. processing에 적용한다. processing을 result에 적용한다. processing을 비운다.

   ```
   processing = {-, 6} → null
   result = 2          → -4
   ```

3. -7을 읽는다. processing에 적용한다. 다음 연산자가 *이기 때문에 계속 진행한다.

   ```
   processing = {-, 7}
   result = -4
   ```

4. *8을 읽는다. processing에 적용한다. 다음 연산자가 /이기 때문에 계속 진행한다.

   ```
   processing = {-, 56}
   result = -4
   ```

5. /2를 읽는다. processing에 적용한다. 다음 연산자가 +이므로 곱셈과 나눗셈 집단을 종료한다. processing을 result에 적용한다. processing을 비운다.

   ```
   processing = {-, 28} → null
   result = -4          → -32
   ```

6. +5를 읽는다. processing에 적용한다. processing을 result에 적용한다.

   processing을 비운다.

   ```
   processing = {+, 5} → null
   result = -32        → -27
   ```

아래는 이 알고리즘을 구현한 코드이다.

```
/* 산술 수식의 결과를 계산한다. 이를 계산하기 위해 수식을 왼쪽에서
 * 오른쪽으로 읽으며 각 항을 result에 적용해준다. 곱셈이나 덧셈을 만났을 때는
 * 해당 시퀀스를 바로 적용하는 대신 임시 변수에 적용해준다. */
double compute(String sequence) {
    ArrayList<Term> terms = Term.parseTermSequence(sequence);
    if (terms == null) return Integer.MIN_VALUE;

    double result = 0;
    Term processing = null;
    for (int i = 0; i < terms.size(); i++) {
        Term current = terms.get(i);
        Term next = i + 1 < terms.size() ? terms.get(i + 1) : null;

        /* 현재 항을 "processing"에 적용한다. */
        processing = collapseTerm(processing, current);

        /* 다음 항이 + 혹은 -라면, 현재 집단의 계산을 끝내고 "processing"의 결과를
         * "result"에 적용해야 한다. */
        if (next == null || next.getOperator() == Operator.ADD
            || next.getOperator() == Operator.SUBTRACT) {
            result = applyOp(result, processing.getOperator(), processing.
                        getNumber());
            processing = null;
        }
    }

    return result;
}

/* secondary에 있는 연산자와 각각에 들어 있는 숫자를 사용해서 두 항을 하나로 합친다. */
Term collapseTerm(Term primary, Term secondary) {
    if (primary == null) return secondary;
    if (secondary == null) return primary;

    double value = applyOp(primary.getNumber(), secondary.getOperator(),
                    secondary.getNumber());
    primary.setNumber(value);
    return primary;
}

double applyOp(double left, Operator op, double right) {
    if (op == Operator.ADD) return left + right;
    else if (op == Operator.SUBTRACT) return left - right;
    else if (op == Operator.MULTIPLY) return left * right;
    else if (op == Operator.DIVIDE) return left / right;
    else return right;
}

public class Term {
    public enum Operator {
        ADD, SUBTRACT, MULTIPLY, DIVIDE, BLANK
    }
```

```
        private double value;
        private Operator operator = Operator.BLANK;

        public Term(double v, Operator op) {
            value = v;
            operator = op;
        }

        public double getNumber() { return value; }
        public Operator getOperator() { return operator; }
        public void setNumber(double v) { value = v; }

        /* 산술 수식을 Terms의 리스트로 파싱한다. 예를 들어, 수식 3-5*6은
         * 다음과 같이 변환된다: [{BLANK,3}, {SUBTRACT, 5}, {MULTIPLY, 6}]
         * 형식이 잘못되면 null을 반환한다. */
        public static ArrayList<Term> parseTermSequence(String sequence) {
            /* 코드는 웹사이트에 다운받을 수 있다. */
        }
}
```

N이 초기 문자열의 길이라고 했을 때 이 알고리즘은 O(N) 시간이 걸린다.

해법 #2

스택 두 개를 사용해서 문제를 풀 수도 있다. 하나는 숫자를 저장하고 하나는 연산자를 저장한다.

2 - 6 - 7 * 8 / 2 + 5

처리 과정은 다음과 같다.

- 숫자를 만나면 numberStack에 넣는다.
- 연산자는 operatorStack에 넣는다. 넣으려는 연산자가 스택의 맨 위에 있는 연산자보다 우선순위가 높을 때만 넣는다. 만약 priority(currentOperator) <= priority(operatorStack.top())이라면 스택의 맨 위에 있는 항목들을 다음과 같이 합친다.
  - 합치기: numberStack에서 원소 두 개를 꺼내고 operatorStack에서 연산자 하나를 꺼낸 뒤 이들 간에 연산을 하고 numberStack에 그 결과를 넣는다.
  - 우선순위: 덧셈과 뺄셈의 우선순위는 같고, 이 둘은 곱셈과 나눗셈보다 우선순위가 낮다(곱셈과 나눗셈의 우선순위도 같다.)

합치는 작업은 위의 부등식이 깨질 때까지 계속된다. 매 단계에서 currentOperator는 operatorStack에 넣어준다.

- 마지막에는 스택에 있는 모든 원소들을 합친다.

다음의 예제를 보자.

```
2 - 6 - 7 * 8 / 2 + 5
```

	수행 작업	numberStack	operatorStack
2	numberStack.push(2)	2	[empty]
-	operatorStack.push(-)	2	-
6	numberStack.push(6)	6, 2	-
-	collapseStacks [2 - 6] operatorStack.push(-)	-4 -4	[empty] -
7	numberStack.push(7)	7, -4	-
*	operatorStack.push(*)	7, -4	*, -
8	numberStack.push(8)	8, 7, -4	*, -
/	collapseStack [7 * 8] numberStack.push(/)	56, -4 56, -4	- /, -
2	numberStack.push(2)	2, 56, -4	/, -
+	collapseStack [56 / 2] collapseStack [-4 - 28] operatorStack.push(+)	28, -4 -32 -32	- [empty] +
5	numberStack.push(5)	5, -32	+
	collapseStack [-32 + 5]	-27	[empty]
	return -27		

아래는 이 알고리즘을 구현한 코드이다.

```java
public enum Operator {
    ADD, SUBTRACT, MULTIPLY, DIVIDE, BLANK
}

double compute(String sequence) {
    Stack<Double> numberStack = new Stack<Double>();
    Stack<Operator> operatorStack = new Stack<Operator>();

    for (int i = 0; i < sequence.length(); i++) {
        try {
            /* 숫자를 가져와서 스택에 넣는다. */
            int value = parseNextNumber(sequence, i);
            numberStack.push((double) value);

            /* 연산자 쪽으로 움직인다. */
            i += Integer.toString(value).length();
            if (i >= sequence.length()) {
                break;
            }

            /* 연산자를 가져온 뒤 스택에 넣는다. 필요하면 합친다. */
            Operator op = parseNextOperator(sequence, i);
            collapseTop(op, numberStack, operatorStack);
```

```
                operatorStack.push(op);
            } catch (NumberFormatException ex) {
                return Integer.MIN_VALUE;
            }
        }

        /* 마지막 합치는 작업 */
        collapseTop(Operator.BLANK, numberStack, operatorStack);
        if (numberStack.size() == 1 && operatorStack.size() == 0) {
            return numberStack.pop();
        }
        return 0;
    }

/* priority(futureTop) > priority(top)이 될 때까지 합치는 작업을 한다.
 * 합친다는 작업의 의미는 스택의 가장 위에 있는 숫자 두 개를 꺼내고 스택의 가장
 * 위에 있는 연산자와 연산을 수행한 뒤 다시 숫자 스택에 집어넣는 과정을 말한다. */
void collapseTop(Operator futureTop, Stack<Double> numberStack,
                 Stack<Operator> operatorStack) {
    while (operatorStack.size() >= 1 && numberStack.size() >= 2) {
        if (priorityOfOperator(futureTop) <=
            priorityOfOperator(operatorStack.peek())) {
            double second = numberStack.pop();
            double first = numberStack.pop();
            Operator op = operatorStack.pop();
            double collapsed = applyOp(first, op, second);
            numberStack.push(collapsed);
        } else {
            break;
        }
    }
}

/* 연산자의 우선순위를 반환한다. 다음과 같이 대응된다.
 * 덧셈 == 뺄셈 < 곱셈 == 나눗셈 */
int priorityOfOperator(Operator op) {
    switch (op) {
        case ADD: return 1;
        case SUBTRACT: return 1;
        case MULTIPLY: return 2;
        case DIVIDE: return 2;
        case BLANK: return 0;
    }
    return 0;
}

/* 연산을 수행한다: left [op] right. */
double applyOp(double left, Operator op, double right) {
    if (op == Operator.ADD) return left + right;
    else if (op == Operator.SUBTRACT) return left - right;
    else if (op == Operator.MULTIPLY) return left * right;
    else if (op == Operator.DIVIDE) return left / right;
    else return right;
}

/* 해당 오프셋에서 시작하는 숫자를 반환한다. */
int parseNextNumber(String seq, int offset) {
    StringBuilder sb = new StringBuilder();
    while (offset < seq.length() && Character.isDigit(seq.charAt(offset))) {
        sb.append(seq.charAt(offset));
        offset++;
    }
```

```
        return Integer.parseInt(sb.toString());
}

/* 해당 오프셋에 있는 연산자를 반환한다. */
Operator parseNextOperator(String sequence, int offset) {
    if (offset < sequence.length()) {
        char op = sequence.charAt(offset);
        switch(op) {
            case '+': return Operator.ADD;
            case '-': return Operator.SUBTRACT;
            case '*': return Operator.MULTIPLY;
            case '/': return Operator.DIVIDE;
        }
    }
    return Operator.BLANK;
}
```

N을 문자열의 길이라 할 때 이 코드는 O(N) 시간이 걸린다.

이 코드에는 꽤 많은 양의 문자열 파싱 부분이 존재한다. 면접에서 이 모든 세세한 부분들이 중요한 게 아니라는 걸 명심하길 바란다. 수식은 이미 파싱되었고 특정한 자료구조로 전달된다고 가정해도 된다고 할지도 모른다.

애초에 코드를 모듈화하는 데 집중하고 당연하거나 크게 흥미 없는 부분을 다른 함수로 빼내는 작업에 집중하라. 핵심 함수가 제대로 작동하게 만드는 일에 집중해야 한다. 세세한 부분은 나중에 해도 된다.

17
어려운 연습문제 해법

17.1 덧셈 없이 더하기: 두 수를 더하는 함수를 작성하라. 단, +를 비롯한 어떤 연
산자도 사용할 수 없다.

272쪽

해법

이런 문제를 보면 비트 조작을 해야 한다는 생각이 바로 떠 오르도록 감이 생겨야
한다. 왜인가? + 연산자를 사용할 수 없다면 달리 할 수 있는 일이 뭐가 있겠는가?
게다가 그게 바로 컴퓨터가 작업을 수행하는 방법이다!

그 다음으로는 덧셈이 어떻게 이루어지는지 완벽하게 이해해야겠다는 생각이 들
어야 한다. 덧셈 문제를 재검토해 보면서 뭔가 새로운 것(어떤 패턴)을 배울 수 있
는지 알아보고, 그 새로운 사실을 코드에 반영할 수 있을지 알아 보자.

이제 덧셈 문제를 재검토해 보자. 10진수를 대상으로 할 것이다. 그 편이 이해하
기 쉬울 것이다.

759+674를 계산할 때 우리는 보통 두 숫자의 digit[0]을 더하고, 올림수를 계산
하고, digit[1]을 더하고, 또 올림수를 계산하는 과정을 반복한다. 이진수를 더할
때에도 같은 과정을 거친다. 각 자릿수를 더하고, 필요하다면 1만큼을 다음 자리로
옮긴다.

이 작업을 좀 더 쉽게 만들 수는 없을까? 가능하다! 덧셈 부분과 올림수 부분을
분리한다고 생각해 보자. 다시 말해, 다음과 같이 하겠다는 것이다.

1. 올림수를 생략하고 759+674를 더한다. 그러면 323이 된다.
2. 759+674에서 올림수만 계산한다. 그러면 1110이 된다.
3. 이 두 계산 결과를 더한다(1단계와 2단계의 수행 결과를 재귀적으로 반복한
   다). 1110+323=1433

그렇다면 이진수에 대해서는 어떻게 하면 되겠는가?

1. 두 이진수를 올림수 없이 더하는 과정은 본질적으로 XOR 연산과 같다. 즉, i번
   째 비트는 a와 b가 같을 때에만(둘 다 0이거나 1) 0이 된다.
2. 두 이진수에서 올림수만 계산한다면, 그 과정은 본질적으로 AND 연산과 같다.
   즉, i번째 비트의 값은 a와 b의 i − 1번째 비트의 값이 전부 1일 경우에만 1이다.

다시 말해, AND 계산 결과를 왼쪽으로 1비트 시프트한 것이다.

3. 위의 과정을 더 이상의 올림수가 없을 때까지 반복한다.

아래는 이를 구현한 코드이다.

```
int add(int a, int b) {
    if (b == 0) return a;
    int sum = a ^ b; // 올림수 없이 더하기
    int carry = (a & b) << 1; // 올림수만 계산하기
    return add(sum, carry); // 재귀적으로 sum + carry
}
```

혹은 다음과 같이 순환적으로 구현할 수도 있다.

```
int add(int a, int b) {
    while (b != 0) {
        int sum = a ^ b; // 올림수 없이 더하기
        int carry = (a & b) << 1; // 올림수만 계산하기
        a = sum;
        b = carry;
    }
    return a;
}
```

덧셈이나 뺄셈과 같이 중요한 연산들을 직접 구현해 보라는 면접 문제는 상대적으로 흔하게 출제된다. 이런 문제를 풀 때 핵심은 이런 연산들이 보통 어떻게 구현되는지를 파헤쳐, 문제에서 제시하는 제약조건을 준수하면서 다시 구현할 방법이 없는지 알아내는 것이다.

17.2 섞기: 카드 한 벌을 '완벽히' 섞는 메서드를 작성하라. 여기서 '완벽'의 의미는, 카드 한 벌을 섞는 방법이 52!가지가 있는데 이 각각이 전부 같은 확률로 나타날 수 있어야 한다는 뜻이다. 단, '완벽한' 난수 생성기(random number generator)는 주어져 있다고 가정해도 좋다.

272쪽

해법

이 문제는 유명한 면접 문제이고, 아주 잘 알려진 알고리즘을 사용한다. 이 알고리즘을 이미 알고 있는 행운아가 아니라면 계속 읽기를 바란다.

우선 n개의 원소로 이루어진 배열을 하나 상상해 보자. 아래를 예로 들자.

[1] [2] [3] [4] [5]

초기 사례로부터의 확장 접근법을 사용하면 이런 질문을 던져볼 수 있다. n-1개의 원소에 대해 올바르게 동작하는 shuffle(...) 메서드가 있다면, 이 메서드를 n개의

원소를 섞는 데 사용할 수 있을까?

물론이다. 사실, 꽤 쉽게 풀 수 있다. 먼저, 첫 n-1개의 원소들을 섞는다. 그런 다음, n-1개의 원소 가운데 하나를 무작위로 선택한 뒤 n번째 원소와 바꾼다. 그게 끝이다!

재귀적으로 이 알고리즘은 다음과 같이 생겼다.

```
/* lower와 higher 사이에서 임의의 숫자 선택하기 */
int rand(int lower, int higher) {
    return lower + (int)(Math.random() * (higher - lower + 1));
}

int[] shuffleArrayRecursively(int[] cards, int i) {
    if (i == 0) return cards;

    shuffleArrayRecursively(cards, i - 1); // 앞부분 섞기
    int k = rand(0, i); // 맞바꿀 인덱스를 임의로 고르기

    /* 원소 k와 i를 맞바꾼다. */
    int temp = cards[k];
    cards[k] = cards[i];
    cards[i] = temp;

    /* 완벽하게 섞인 배열을 반환 */
    return cards;
}
```

이 알고리즘을 순환적으로 구현하려면 어떻게 하면 될까? 생각해 보자. 배열을 훑어나가면서 모든 i번째 원소, array[i]를 0부터 i번째 원소 가운데 임의의 원소와 바꾸면 될 것 같다.

이 알고리즘은 순환적으로 아주 깔끔하게 구현할 수 있다.

```
void shuffleArrayIteratively(int[] cards) {
    for (int i = 0; i < cards.length; i++) {
        int k = rand(0, i);
        int temp = cards[k];
        cards[k] = cards[i];
        cards[i] = temp;
    }
}
```

순환적 방법이 이 알고리즘을 작성하는 흔한 방법이다.

17.3 임의의 집합: 길이가 n인 배열에서 m개의 원소를 무작위로 추출하는 메서드를 작성하라. 단, 각 원소가 선택될 확률은 동일해야 한다.

272쪽

해법

앞서 봤던 비슷한 문제처럼(691쪽에 있는 문제 17.2), 이 문제는 재귀적으로 초기

사례로부터의 확장 접근법을 적용할 수 있다.

크기가 n-1인 배열에서 m개의 원소들을 무작위로 추출하는 알고리즘이 있다고 하자. 이 알고리즘을 사용하면 크기가 n인 배열에서 무작위로 m개의 원소들을 추출하는 알고리즘을 만들 수 있을까?

우선 처음 n-1개의 원소에서 무작위로 m개의 원소를 추출한다. 그 다음엔 array[n]을 해당 집합에 포함시킬지 결정해야 한다(포함시켜야 한다면 부분집합 안에 있는 수 가운데 하나는 제거해야 할 것이다). 이를 위한 쉬운 방법 중 하나는 0부터 n까지의 숫자 가운데 하나(k)를 무작위로 선택한 뒤 k < m이면 array[n]을 subset[k]에 넣는 것이다. 그렇게 하면 array[n]을 집합에 넣는 것이나 임의 원소를 제거할 확률이 공평해진다(문제 크기에 비례하는 확률로 따졌을 때).

이를 재귀적으로 구현한 의사코드는 아래와 같다.

```
int[] pickMRecursively(int[] original, int m, int i) {
    if (i + 1 == m) { // 초기 사례
        /* 원래 배열에서 첫 m개의 원소를 반환 */
    } else if (i + 1 > m) {
        int[] subset = pickMRecursively(original, m, i - 1);
        int k = random value between 0 and i, inclusive
        if (k < m) {
            subset[k] = original[i];
        }
        return subset;
    }
    return null;
}
```

이 알고리즘은 순환적으로 구현하면 더 깔끔해진다. 우선 배열 subset을 original의 첫 m개 원소로 초기화한다. 그 뒤, m번째 원소부터 배열을 순회하면서 k < m이 만족되면 array[i]를 임의의 subset[k]에 넣는다.

```
int[] pickMIteratively(int[] original, int m) {
    int[] subset = new int[m];
    /* subset 배열을 original 배열로 채운다. */
    for (int i = 0; i < m ; i++) {
        subset[i] = original[i];
    }

    /* original 배열의 나머지 부분을 하나씩 확인한다. */
    for (int i = m; i < original.length; i++) {
        int k = rand(0, i); // 0과 i 사이의 임의의 숫자
        if (k < m) {
            subset[k] = original[i];
        }
    }

    return subset;
}
```

두 해법 모두 당연하게도 배열을 뒤섞는(shuffle) 알고리즘과 아주 유사하다.

17.4 **빠진 숫자**: 배열 A에는 0부터 n까지의 숫자 중 하나를 뺀 나머지가 모두 들어 있다. 여기에선 원소의 값을 읽는 데 여러 번의 연산이 필요하다. 각 원소는 2진수로 표현되어 있고, 상수 시간에 수행할 수 있는 연산은 'A[i]의 j번째 비트 확인하기'뿐이다. 배열 A에서 빠진 숫자가 무엇인지 확인하는 코드를 작성하라. O(n) 시간에 할 수 있겠는가?

272쪽

해법

유사한 문제에서 시작해 보자. 0부터 n까지의 숫자 중에서 빠진 숫자를 찾으라. 이 문제는 주어진 숫자를 전부 합한 다음에, 0부터 n까지의 모든 수를 합한 결과(n * (n + 1) / 2)와 비교해서 답을 찾을 수 있다. 두 합의 차이가 바로 빠진 숫자이다. 이 문제는 숫자를 이진수로 표현한 뒤 이들을 더해서 풀 수 있다.

이 방법의 수행 시간은 n * length(n)이고 여기서 length는 n의 비트 단위의 길이이다. 그런데 length(n) = $\log_2(n)$이므로, 실제 수행 시간은 O(n log n)이다. 충분하진 않다.

그렇다면 다른 방법은 없나?

비슷한 방법을 사용하되, 비트를 좀 더 직접적으로 사용해서 풀 수 있다.

다음과 같은 2진수 리스트가 있다고 해 보자(----는 우리가 찾아야 하는, 빠진 숫자이다).

```
00000    00100    01000    01100
00001    00101    01001    01101
00010    00110    01010
-----    00100    01011
```

저렇게 숫자 하나를 빼면 최하위 비트(Least Significant Bit. LSB_1이라고 하겠다)에 있는 1과 0의 개수에 균형이 깨진다. 0부터 n까지의 숫자 리스트가 있으면 n이 홀수일 때는 0과 1은 개수가 같을 것이고, n이 짝수라면 0이 하나 더 많을 것이다. 다시 말해서, 다음의 관계가 성립한다.

· 만약 n % 2 == 1 이라면 count(0s) = count(1s)이 된다.
· 만약 n % 2 == 0 이라면 count(0s) = 1 + count(1s)이 된다.

count(0s)의 값이 count(1s)에 비해 항상 같거나 크다는 사실에 유의하자.

어떤 값 v를 리스트에서 제거하면, v가 홀수인지 짝수인지는 리스트 내의 모든 다른 값의 최하위 비트를 살펴봄으로써 알아낼 수 있다.

	n % 2 == 0 count(0s) = 1 + count(1s)	n % 2 == 1 count(0s) = count(1s)
v % 2 == 0 $LSB_1(v) = 0$	0을 제거한다. count(0s) = count(1s)	0을 제거한다. count(0s) < count(1s)
v % 2 == 1 $LSB_1(v) = 1$	1을 제거한다. count(0s) > count(1s)	1을 제거한다. count(0s) > count(1s)

따라서 count(0s) <= count(1s)이면 v는 짝수다. count(0s) > count(1s)이면 v는 홀수다.

이제 짝수를 모두 지우고 홀수를 집중적으로 살펴보거나 홀수를 모두 지우고 짝수를 집중적으로 살펴보면 된다.

자, 그런데 v의 다음 비트는 어떻게 알아낼 수 있을까? v가 리스트 안에 있었다면, 다음을 만족했을 것이다($count_2$는 두 번째 최하위 비트에 있는 0과 1의 개수이다).

$count_2(0s) = count_2(1s)$ 혹은 $count_2(0s) = 1 + count_2(1s)$

방금 본 예제와 마찬가지로, v의 LSB_2(두 번째 최하위 비트) 값을 유추해 낼 수 있다.

	$count_2(0s) = 1 + count_2(1s)$	$count_2(0s) = count_2(1s)$
$LSB_2(v) == 0$	0을 제거한다. $count_2(0s) = count_2(1s)$	0을 제거한다. $count_2(0s) < count_2(1s)$
$LSB_2(v) == 1$	1을 제거한다. $count_2(0s) > count_2(1s)$	1을 제거한다. $count_2(0s) > count_2(1s)$

결국, 다음과 같은 결론에 이른다.

· 만약 $count_2(0s) <= count_2(1s)$이라면, $LSB_2(v) = 0$이 된다.
· 만약 $count_2(0s) > count_2(1s)$이라면, $LSB_2(v) = 1$이 된다.

이 과정을 모든 비트에 반복한다. 즉, i번째 비트의 0비트 개수와 1비트 개수를 세면 $LSB_i(v)$가 0인지 1인지 알 수 있다. $LSB_i(x)$!= $LSB_i(v)$인 숫자는 버린다. 즉, v가 짝수면 홀수를 버리고, v가 홀수면 짝수를 버린다. 이런 식으로 모든 i 비트에 대해 반복하면 된다.

이 모든 과정이 끝나면, v의 모든 비트를 계산하게 된다. 매번 비트를 이동할 때마다 n, n / 2, n / 4 …개의 비트를 검사하게 되므로, 실행 시간은 O(N)이 된다.

이해를 돕고자 이를 좀 더 시각적으로 표현해 보았다. 가능한 모든 숫자 집합에서 시작해서 필요 없는 숫자들을 조금씩 지워나갈 것이다.

```
00000     00100     01000     01100
00001     00101     01001     01101
00010     00110     01010
-----     00100     01011
```

$count_1(0s) > count_1(1s)$이므로 $LSB_1(v)=1$이다. 이제 $LSB_1(x) \; != \; LSB_1(v)$인 모든 x를 버린다.

```
00000     00100     01000     01100
00001     00101     01001     01101
00010     00110     01010
-----     00100     01011
```

이제 $count_2(0s) > count_2(1s)$이므로 $LSB_2(v)=1$이다. 따라서 $LSB_2(x) \; != \; LSB_2(v)$인 모든 x를 버린다.

```
00000     00100     01000     01100
00001     00101     01001     01101
00010     00110     01010
-----     00100     01011
```

이제 $count_3(0s) \; <= \; count_3(1s)$이므로 $LSB_3(v)=0$이다. 이제 $LSB_3(x) \; != \; LSB_3(v)$인 모든 x를 버린다.

```
00000     00100     01000     01100
00001     00101     01001     01101
00010     00110     01010
-----     00100     01011
```

이제 살펴볼 수가 하나 남았다. $count_4(0s) \; <= \; count_4(1s)$이므로, $LSB_4(v)=0$이다.

$LSB_4(v)!=0$인 숫자를 모두 버리면, 리스트는 비워진다. 리스트가 비면, $count_1(0s) \; <= \; count_1(1s)$의 관계가 무조건 성립하므로 $LSB_1(v)=0$이 된다. 즉, 리스트가 비워지고 난 뒤에는 v의 나머지 비트를 무조건 0으로만 채우면 된다.

따라서 위의 예제를 푼 결과는 v = 00011이 된다.

아래는 이 알고리즘을 구현한 코드이다. 숫자를 제거해 나가는 부분은 배열을 비트에 따라 분할해 나가면서 처리하도록 했다.

```
01    int findMissing(ArrayList<BitInteger> array) {
02        /* 최하위 비트부터 시작해서 올라간다. */
03        return findMissing(array, 0);
04    }
05
```

```
06    int findMissing(ArrayList<BitInteger> input, int column) {
07        if (column >= BitInteger.INTEGER_SIZE) { // 끝났다!
08            return 0;
09        }
10        ArrayList<BitInteger> oneBits = new ArrayList<BitInteger>(input.size()/2);
11        ArrayList<BitInteger> zeroBits = new ArrayList<BitInteger>(input.size()/2);
12
13        for (BitInteger t : input) {
14            if (t.fetch(column) == 0) {
15                zeroBits.add(t);
16            } else {
17                oneBits.add(t);
18            }
19        }
20        if (zeroBits.size() <= oneBits.size()) {
21            int v = findMissing(zeroBits, column + 1);
22            return (v << 1) | 0;
23        } else {
24            int v = findMissing(oneBits, column + 1);
25            return (v << 1) | 1;
26        }
27    }
```

24번째 줄과 27번째 줄에서 v의 나머지 비트를 재귀적으로 계산했다. 그런 다음 $count_1(0s) <= count_1(1s)$가 성립하느냐에 따라 0 혹은 1을 채운다.

17.5 **문자와 숫자**: 문자와 숫자로 채워진 배열이 주어졌을 때 문자와 숫자의 개수가 같으면서 가장 긴 부분배열을 구하라.

272쪽

해법

서론에서 일반적인 목적의 아주 좋은 예제를 사용하는 것이 중요하다고 얘기했다. 완전히 맞는 말이다. 하지만 무엇이 중요한지 이해하는 것 또한 중요하다.

이 경우에는 같은 개수의 문자와 숫자를 원한다. 모든 문자와 숫자는 다른 것으로 취급한다. 따라서 예제를 만들 때 문자 하나와 숫자 하나를 사용할 수 있다. 혹은 A와 B, 0과 1, Thing1s와 Thing2s.

이를 바탕으로 예제를 만들어 보자.

[A, B, A, A, A, B, B, B, A, B, A, A, B, B, A, A, A, A, A, A, A]

count(A, subarray) = count(B, subarray)를 만족하는 가장 작은 부분배열을 만들려고 한다.

무식한 방법

뻔한 해법부터 살펴보자. 모든 부분배열을 살펴보면서 A와 B의 개수를 센 뒤 그 개수가 같은 수열 중에서 길이가 가장 긴 것을 찾으면 된다.

약간의 최적화를 해볼 수 있다. 애초에 길이가 긴 부분배열부터 살펴보면서 조건이 맞는 순간 바로 반환하면 된다.

```java
/* 0과 1의 개수가 같은 부분배열 중에서 길이가 가장 긴 부분배열을 반환한다.
 * 모든 부분배열 중에서 길이가 긴 것부터 시작한다. 개수가 같은 부분배열을
 * 찾으면 그 부분배열을 바로 반환한다.
char[] findLongestSubarray(char[] array) {
    for (int len = array.length; len > 1; len--) {
        for (int i = 0; i <= array.length - len; i++) {
            if (hasEqualLettersNumbers(array, i, i + len - 1)) {
                return extractSubarray(array, i, i + len - 1);
            }
        }
    }
    return null;
}

/* 부분배열의 숫자의 개수와 문자의 개수가 같은지 확인한다. */
boolean hasEqualLettersNumbers(char[] array, int start, int end) {
    int counter = 0;
    for (int i = start; i <= end; i++) {
        if (Character.isLetter(array[i])) {
            counter++;
        } else if (Character.isDigit(array[i])) {
            counter--;
        }
    }
    return counter == 0;
}

/* start와 end 사이의 부분배열을 반환한다. */
char[] extractSubarray(char[] array, int start, int end) {
    char[] subarray = new char[end - start + 1];
    for (int i = start; i <= end; i++) {
        subarray[i - start] = array[i];
    }
    return subarray;
}
```

최적화를 했지만 알고리즘의 시간 복잡도는 여전히 $O(N^2)$이다. 여기서 N은 배열의 길이를 뜻한다.

최적 해법

우리가 찾고자 하는 부분배열은 문자와 숫자의 개수가 같은 것이다. 앞에서부터 시작해서 문자와 숫자의 개수를 세어 나가면 어떨까?

	a	a	a	a	1	1	a	1	1	a	a	1	a	a	1	a	a	a	a	a
#a	1	2	3	4	4	4	5	5	5	6	7	7	8	9	9	10	11	12	13	14
#1	0	0	0	0	1	2	2	3	4	4	4	5	5	5	6	6	6	6	6	6

확실히 숫자와 문자의 개수가 같아지는 순간, 0번 인덱스에서 같아지는 순간까지의 인덱스를 '동일한' 부분배열이라고 말힐 수 있다.

하지만 이 경우에는 인덱스 0번에서 시작한 부분배열밖에 고려하지 못한다. 모든 '동일한' 부분배열을 어떻게 찾을 수 있을까?

다음을 보자. '동일한' 부분배열(a11a1a와 같은)을 a1aaa1과 같은 배열 뒤에 추가하면 문자와 숫자의 개수에는 어떤 영향을 미치겠는가?

	a 1 a a a 1	a 1 1 a 1 a
#a	1 1 2 3 4 4	5 5 5 6 6 7
#1	0 1 1 1 1 2	2 3 4 4 5 5

부분배열 (4, 2) 이전과 마지막 (7, 5)의 숫자를 살펴보자. 개수가 동일하지 않더라도 그 차이는 같다는 것을 눈치챘을 것이다. 4-2=7-5. 그럴듯한 결과다. 같은 개수의 문자와 숫자를 더했으므로 그 차이는 같게 유지되어야 한다.

> 두 값의 차이가 같을 때, '동일한' 부분배열은 첫 번째 인덱스의 다음부터 시작해서 마지막 인덱스까지가 된다. 아래 코드의 10번째 줄이 이를 나타낸다.

이전의 배열에 그 차이를 같이 적어 보자.

	a	a	a	a	1	1	a	1	1	a	a	1	a	a	1	a	a	a	a
#a	1	2	3	4	4	4	5	5	5	6	7	7	8	9	9	10	11	12	13	14
#1	0	0	0	0	1	2	2	3	4	4	4	5	5	5	6	6	6	6	6	6
–	1	2	3	4	3	2	3	2	1	2	3	2	3	4	3	4	5	6	7	8

두 위치의 차이가 같은 경우는 모두 '동일한' 부분배열을 만들 수 있다. 길이가 가장 긴 부분배열을 찾기 위해서는 두 인덱스의 거리가 가장 길면서 차이가 같은 것을 찾아야 한다.

이 작업을 위해 처음 본 차이값은 해시테이블에 넣는다. 그리고 나중에 해시에 있는 값과 같은 값을 만났을 때 이 부분배열의 길이(현재 인덱스에서 처음 인덱스까지의 거리)가 현재 최댓값보다 길다면 최댓값을 갱신한다.

```
char[] findLongestSubarray(char[] array) {
    /* 숫자의 개수와 문자의 개수 사이의 차이(delta)를 계산한다. */
    int[] deltas = computeDeltaArray(array);

    /* delta의 값이 같으면서 길이가 가장 긴 쌍을 찾는다. */
    int[] match = findLongestMatch(deltas);

    /* 부분배열을 반환한다. delta의 처음 인덱스의 바로 '다음'부터
     * 시작해야 한다는 사실을 조심하길 바란다. */
    return extract(array, match[0] + 1, match[1]);
}

/* 문자의 개수와 숫자의 개수 사이의 차이를 계산한다.
 * 배열의 처음 위치부터 시작해서 각 인덱스에 대해 모두 구한다. */
int[] computeDeltaArray(char[] array) {
    int[] deltas = new int[array.length];
```

```
    int delta = 0;
    for (int i = 0; i < array.length; i++) {
        if (Character.isLetter(array[i])) {
            delta++;
        } else if (Character.isDigit(array[i])) {
            delta--;
        }
        deltas[i] = delta;
    }
    return deltas;
}

/* 개수의 차이를 나타내는 값이 동일한 쌍 중에서 두 인덱스의
 * 거리 차이가 가장 긴 쌍을 찾는다. */
int[] findLongestMatch(int[] deltas) {
    HashMap<Integer, Integer> map = new HashMap<Integer, Integer>();
    map.put(0, -1);
    int[] max = new int[2];
    for (int i = 0; i < deltas.length; i++) {
        if (!map.containsKey(deltas[i])) {
            map.put(deltas[i], i);
        } else {
            int match = map.get(deltas[i]);
            int distance = i - match;
            int longest = max[1] - max[0];
            if (distance > longest) {
                max[1] = i;
                max[0] = match;
            }
        }
    }
    return max;
}

char[] extract(char[] array, int start, int end) { /* 동일 */ }
```

배열의 크기가 N일 때 이 해법은 O(N) 시간이 걸린다.

17.6 숫자 2 세기: 0부터 n까지의 수를 나열했을 때 2가 몇 번이나 등장했는지 세는 메서드를 작성하라.

예제

입력: 25

출력: 9 (2, 12, 20, 21, 22, 23, 24, 25. 22에선 2가 두 번 등장했다.)

272쪽

해법

쉽게 떠올릴 수 있는 무식한 방법(brute force)부터 살펴보자. 면접관은 여러분이 문제를 어떻게 풀어 나가는지를 보고 싶어 한다. 무식한 방법부터 시작하는 것도 꽤 훌륭한 전략이다.

```
/* 0과 n 사이에서 '2'가 자릿수에 몇 번이나 등장하는지 세어준다. */
int numberOf2sInRange(int n) {
    int count = 0;
```

```
    for (int i = 2; i <= n; i++) { // 2부터 시작해도 괜찮을 것이다.
        count += numberOf2s(i);
    }
    return count;
}

/* 주어진 숫자에서 '2'가 자릿수로 몇 번이나 등장하는지 세어준다. */
int numberOf2s(int n) {
    int count = 0;
    while (n > 0) {
        if (n % 10 == 2) {
            count++;
        }
        n = n / 10;
    }
    return count;
}
```

이 코드에서 유일하게 흥미로운 부분은 numberOf2s를 별도 메서드로 분리하여 좀 더 깔끔한 코드를 만들었다는 것 정도다. 이렇게 하면 코드를 깔끔하게 만들 능력이 있다는 것을 보여줄 수 있다.

개선된 해법

숫자의 범위라는 관점에서 문제를 보지 말고, 자릿수 관점에서 문제를 따져 보자. 그 수열을 그려 보면 다음과 같다.

```
  0   1   2   3   4   5   6   7   8   9
 10  11  12  13  14  15  16  17  18  19
 20  21  22  23  24  25  26  27  28  29
...
110 111 112 113 114 115 116 117 118 119
```

마지막 자릿수가 2가 될 확률은, 10개의 숫자 중 하나를 선택해야 하므로 대충 1/10이다. 사실, 어떤 자릿수라도 해당 자릿수가 2가 될 확률은 '대강' 1/10이다.

'대강'이라고 말한 이유는, 경계 조건(boundary condition) 때문이다. 예를 들어 1~100까지의 숫자 중에서 십의 자릿수가 2가 될 확률은 정확히 1/10이다. 하지만 1~37까지의 숫자 중에서 10의 자릿수가 2일 확률은 1/10보다 크다.

그 확률이 정확히 얼마가 될지는 자릿수 < 2, 자릿수 = 2, 자릿수 > 2, 이렇게 세 가지 경우로 나누어서 따져보면 정확하게 알 수 있다.

자릿수 < 2인 경우

x = 61523이고 d = 3인 경우를 생각해 보자. x[d] = 1이다(즉, x의 d번째 자릿수는 1이다). 따라서 세 번째 자릿수가 2가 되는 숫자의 범위는 2000-2999, 12000-12999, 22000-22999, 32000-32999, 42000-42999, 52000-52999가 된다. 62000-

62999까지는 가지 못했으므로 제외한다. 그러므로 세 번째 자리에는 전부 6000개의 2가 있다. 이 결과는 1부터 60000까지의 숫자 중에서 세 번째 자릿수가 2인 개수와 같은 결과다.

따라서 그냥 가장 가까운 10^{d+1}으로 내림한 다음에 10으로 나누어 반환하면 d번째 자릿수에 있는 2의 개수를 계산할 수 있다.

```
if x[d] < 2: count2sInRangeAtDigit(x, d) =
    y = 가장 가까운 10^(d+1)으로 내림
    return y / 10
```

자릿수 > 2인 경우

이제, x의 d번째 자릿수가 2보다 큰 경우를 따져보자(x[d]>2). 앞서 살펴본 것과 거의 같은 논리를 적용해 보면, 0-63525 범위에 있는 숫자 중에서 세 번째 자리에 2가 등장하는 횟수는, 0-70000 범위에 있는 숫자 중에서 세 번째 자릿수에 2가 등장하는 횟수와 같다. 그러니 내림하는 대신 올림하면 된다.

```
 if x[d] > 2: count2sInRangeAtDigit(x, d) =
    y = 가장 가까운 10^(d+1)로 올림
    return y / 10
```

자릿수 = 2인 경우

마지막 경우가 가장 까다롭지만, 앞서 살펴봤던 논리를 그대로 따라가면 된다. x=62523이고 d=3이라고 하자. 앞에서처럼, 세 번째 자릿수가 2인 경우는 2000-2999, 12000-12999, ..., 52000-52999 등이 된다. 그런데 마지막의 62000-62523의 범위는 어떻게 해야 할까? 꽤 쉽다. 524개이다(62000, 62001, ..., 62523).

```
if x[d] = 2: count2sInRangeAtDigit(x, d) =
    y = 가장 가까운 10^(d+1)로 내림
    z = x의 오른쪽에 오는 값 (즉, x % 10^d)
    return y / 10 + z + 1
```

이제는, 각 자릿수를 순회하면서 위의 논리를 적용한다. 이를 구현하는 코드는 상당히 간단하다.

```java
int count2sInRangeAtDigit(int number, int d) {
    int powerOf10 = (int) Math.pow(10, d);
    int nextPowerOf10 = powerOf10 * 10;
    int right = number % powerOf10;

    int roundDown = number - number % nextPowerOf10;
    int roundUp = roundDown + nextPowerOf10;

    int digit = (number / powerOf10) % 10;
    if (digit < 2) { // 만약 해당 자릿수의 숫자가
```

```
        return roundDown / 10;
    } else if (digit == 2) {
        return roundDown / 10 + right + 1;
    } else {
        return roundUp / 10;
    }
}

int count2sInRange(int number) {
    int count = 0;
    int len = String.valueOf(number).length();
    for (int digit = 0; digit < len; digit++) {
        count += count2sInRangeAtDigit(number, digit);
    }
    return count;
}
```

이 문제를 테스트할 때는 아주 조심해야 한다. 테스트 케이스들을 만들고, 그에 따라 테스트하도록 하라.

17.7 아기 이름: 정부는 매년 가장 흔한 아기 이름 10,000개와 그 이름의 빈도수를 발표한다. 빈도수를 세는 데 아기 이름의 철자가 다르면 문제가 될 수 있다. 예를 들어 'John'과 'Jon'은 실제로는 같은 이름이지만 다르게 분류되는 것이다. 이름/빈도수 리스트와 같은 이름의 쌍이 리스트로 주어졌을 때 '실제' 빈도수의 리스트를 출력하는 알고리즘을 작성하라. 만약 John과 Jon이 동의어이고, Jon과 Johnny가 동의어라면 John과 Johnny도 동의어가 되어야 한다(이행성(transitive)과 대칭성(symmetric)을 만족한다). 최종 리스트에서는 동일하다면 아무 이름이나 사용해도 된다.

> **예제**
> **입력:** 이름: John (15), Jon (12), Chris (13), Kris (4), Christopher (19)
>   동의어: (Jon, John), (John, Johnny), (Chris, Kris), (Chris, Christopher)
> **출력:** John (27), Kris (36)

273쪽

> **해법**

괜찮은 예제로 먼저 시작해 보자. 몇 개의 이름은 동의어가 존재하고 몇 개는 존재하지 않는다. 또한 동의어 리스트가 다양해서 같은 이름이 왼쪽에 있는 것도 있고 오른쪽에 있는 것도 있다. 예를 들어 (John, Jonathan, Jon, and Johnny)라는 그룹을 만들었는데 Johnny가 언제나 왼쪽에 있다고 가정하지 않는다.

이 리스트는 꽤 괜찮은 예제이다.

Name	Count
John	10
Jon	3
Davis	2
Kari	3
Johnny	11
Carlton	8
Carleton	2
Jonathan	9
Carrie	5

Name	Alternate
Jonathan	John
Jon	Johnny
Johnny	John
Kari	Carrie
Carleton	Carlton

최종 리스트는 다음과 같다. John (33), Kari (8), Davis(2), Carleton(10).

해법 #1

아기 이름이 해시테이블로 주어진다고 가정하자(만약 주어지지 않는다면 하나 만들어도 된다).

동의어 리스트에서 각 이름의 쌍을 읽어 나간다. (Jonathan, John)의 쌍을 읽을 때, Jonathan과 John의 개수를 합쳐준다. 그렇지만 이 이름의 쌍을 읽었다는 사실을 기억하고 있어야 한다. 그래야 Jonathan과 같은 이름을 만났을 때 알 수 있다.

해시테이블(L1)을 사용해서 이름과 '실제' 이름을 대응시켜준다. 또한 '실제' 이름이 주어졌을 때 이 이름과 같은 모든 이름을 알 수 있어야 한다. 이 정보는 L2에 보관한다. L2는 L1을 뒤집어 놓은것과 같다.

```
READ (Jonathan, John)
    L1.ADD Jonathan → John
    L2.ADD John → Jonathan
READ (Jon, Johnny)
    L1.ADD Jon → Johnny
    L2.ADD Johnny → Jon
READ (Johnny, John)
    L1.ADD Johnny → John
    L1.UPDATE Jon → John
    L2.UPDATE John → Jonathan, Johnny, Jon
```

나중에 John이 Jonny와 같다는 사실을 발견하면 L1과 L2에서 그 이름을 찾아서 이들과 동일한 모든 사람의 경우를 다 합쳐줘야 한다.

이렇게 하면 돌아가긴 하지만 두 리스트를 모두 유지하고 있어야 해서 쓸데없이 복잡하다.

그 대신, 이 이름들을 '동치류(equivalence classes)'라고 생각할 수도 있다.

(Jonathan, John)의 이름 쌍을 찾으면 이들을 같은 집합(혹은 동치류)에 넣는다. 각 이름은 그 이름의 동치류에 대응된다. 집합 안의 모든 원소는 같은 집합을 가리키게 된다.

두 집합을 합칠 때는 한 집합을 다른 집합으로 복사한 후에 해시테이블이 새로운 집합을 가리키게끔 갱신해준다.

```
READ (Jonathan, John)
    CREATE Set1 = Jonathan, John
    L1.ADD Jonathan → Set1
    L1.ADD John → Set1
READ (Jon, Johnny)
    CREATE Set2 = Jon, Johnny
    L1.ADD Jon → Set2
    L1.ADD Johnny → Set2
READ (Johnny, John)
    COPY Set2 into Set1.
        Set1 = Jonathan, John, Jon, Johnny
    L1.UPDATE Jon → Set1
    L1.UPDATE Johnny → Set1
```

마지막 단계에서는 Set2에 있는 모든 원소를 순회하면서 참조가 Set1을 가리키게 끔 갱신해준다. 이렇게 하면 이름의 총 빈도수를 추적할 수가 있다.

```
HashMap<String, Integer> trulyMostPopular(HashMap<String, Integer> names,
                                String[][] synonyms) {
    /* 리스트를 파싱하고 동치류(equivalence classes)를 초기화한다. */
    HashMap<String, NameSet> groups = constructGroups(names);

    /* 동치류를 합병한다. */
    mergeClasses(groups, synonyms);

    /* 해시맵을 뒤집어준다. */
    return convertToMap(groups);
}

/* 이것이 바로 이 알고리즘의 핵심 부분이다. 각 쌍의 정보를 차례로 읽는다.
 * 그들의 동치류를 하나로 합병하고 두 번째 클래스의 대응관계가
 * 첫 번째 집합을 가리키도록 갱신한다.*/
void mergeClasses(HashMap<String, NameSet> groups, String[][] synonyms) {
    for (String[] entry : synonyms) {
        String name1 = entry[0];
        String name2 = entry[1];
        NameSet set1 = groups.get(name1);
        NameSet set2 = groups.get(name2);
        if (set1 != set2) {
            /* 언제나 작은 집합을 큰 집합으로 합친다. */
            NameSet smaller = set2.size() < set1.size() ? set2 : set1;
            NameSet bigger = set2.size() < set1.size() ? set1 : set2;

            /* 리스트를 합친다. */
            Set<String> otherNames = smaller.getNames();
            int frequency = smaller.getFrequency();
            bigger.copyNamesWithFrequency(otherNames, frequency);

            /* 대응관계를 갱신한다. */
```

```
                for (String name : otherNames) {
                    groups.put(name, bigger);
                }
            }
        }
    }

    /* (name, frequency)의 쌍을 차례로 읽어 나가면서 이름에서
     * NameSets(동치류)으로의 대응관계를 갱신한다. */
    HashMap<String, NameSet> constructGroups(HashMap<String, Integer> names) {
        HashMap<String, NameSet> groups = new HashMap<String, NameSet>();
        for (Entry<String, Integer> entry : names.entrySet()) {
            String name = entry.getKey();
            int frequency = entry.getValue();
            NameSet group = new NameSet(name, frequency);
            groups.put(name, group);
        }
        return groups;
    }

    HashMap<String, Integer> convertToMap(HashMap<String, NameSet> groups) {
        HashMap<String, Integer> list = new HashMap<String, Integer>();
        for (NameSet group : groups.values()) {
            list.put(group.getRootName(), group.getFrequency());
        }
        return list;
    }

    public class NameSet {
        private Set<String> names = new HashSet<String>();
        private int frequency = 0;
        private String rootName;

        public NameSet(String name, int freq) {
            names.add(name);
            frequency = freq;
            rootName = name;
        }

        public void copyNamesWithFrequency(Set<String> more, int freq) {
            names.addAll(more);
            frequency += freq;
        }

        public Set<String> getNames() { return names; }
        public String getRootName() { return rootName; }
        public int getFrequency() { return frequency; }
        public int size() { return names.size(); }
    }
```

이 알고리즘의 수행 시간을 계산하기란 꽤 까다롭다. 이를 구하는 한 가지 방법은 최악의 경우가 무엇인지 생각해 보는 것이다.

이 알고리즘에서 최악의 경우는 모든 이름이 같아서 계속 집합을 합쳐야 하는 경우이다. 최악의 경우가 되기 위해선, 합치는 방법 또한 최악이어야 한다. 즉, 집합을 쌍별로(pairwise) 반복해서 합쳐야 한다. 합병을 할 때는, 한 집합의 원소를 다른 집합으로 복사하고 이들의 포인터를 갱신하는 과정이 요구된다. 이 과정은 집합

의 크기가 커지면 느려진다.

합병 정렬의 병렬화를 알아챘다면, 아마도 시간복잡도를 O(N log N)이라고 추측했을 것이다. 맞았다.

병렬화를 알아채지 못했다면, 다른 방법으로 생각해 볼 수도 있다.

(a, b, c, d, ..., z) 이런 이름이 있다고 생각해 보자. 최악의 경우는, 먼저 (a, b), (c, d), (e, f), ..., (y, z)와 같이 한 쌍을 동치류에 넣는다. 그리고 (a, b, c, d), (e, f, g, h), ..., (w, x, y, z)와 같이 각 쌍을 하나로 합친다. 이렇게 모든 원소가 하나의 클래스가 될 때까지 반복한다.

매번 집합을 합쳐나갈 때마다 절반의 원소가 새로운 집합으로 옮겨간다. 이 과정은 O(N) 시간이 걸린다(합병할 때마다 집합의 개수는 줄지만 집합의 크기는 커진다).

합병 과정을 얼마나 많이 거쳐야 할까? 매번 집합의 개수가 절반씩 줄어들게 되므로 총 O(log N)번의 과정이 필요하다.

O(N) 작업을 O(log N)번 해야 하므로 총 수행 시간은 O(N log N)이 된다.

꽤 괜찮은 방법이다. 하지만 더 빠르게 할 수 있는 방법이 있는지 살펴보자.

최적 해법

이전 해법을 최적화하려면 정확히 무엇 때문에 느린지를 먼저 생각해 봐야 한다. 근본적으로는, 합병과 포인터 갱신 부분이다.

이 작업을 하지 않으면 어떻게 될까? 두 이름이 같은 관계에 있다고 표시만 하고 정보에 관한 부분은 가만히 놔두면 어떻게 될까?

이 경우에는 그래프를 그려 보는 것이 좋다.

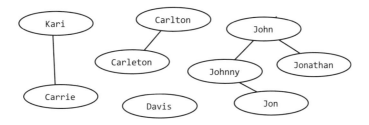

이제 뭐가 보이는가? 보기에는 충분히 쉬워보인다. 하나의 컴포넌트는 같은 이름의 집합이다. 각 컴포넌트별로 이름을 묶고, 빈도수를 더하고, 각 그룹에서 임의의 이름 하나를 선택한 뒤에 리스트를 반환해준다.

실제로 이게 어떻게 동작할까? 이름 하나를 선택한 다음에 깊이 우선 탐색(혹은 너비 우선 탐색)을 통해 한 컴포넌트 안에 있는 모든 이름의 빈도수를 더한다. 각각의 컴포넌트는 반드시 한 번만 건드려야 한다. 한 번만 건드리는 방법은 아주 쉽다. 방문했던 노드에 표시를 해둔 뒤에 방문한 적이 없는 노트부터 탐색을 시작하면 된다.

```
HashMap<String, Integer> trulyMostPopular(HashMap<String, Integer> names,
                                          String[][] synonyms) {
    /* 데이터 만들기 */
    Graph graph = constructGraph(names);
    connectEdges(graph, synonyms);

    /* 컴포넌트 찾기 */
    HashMap<String, Integer> rootNames = getTrueFrequencies(graph);
    return rootNames;
}

/* 모든 이름을 그래프의 노드로 등록하기 */
Graph constructGraph(HashMap<String, Integer> names) {
    Graph graph = new Graph();
    for (Entry<String, Integer> entry : names.entrySet()) {
        String name = entry.getKey();
        int frequency = entry.getValue();
        graph.createNode(name, frequency);
    }
    return graph;
}

/* 동의어들을 이어주기 */
void connectEdges(Graph graph, String[][] synonyms) {
    for (String[] entry : synonyms) {
        String name1 = entry[0];
        String name2 = entry[1];
        graph.addEdge(name1, name2);
    }
}

/* 각 컴포넌트에서 DFS를 수행한다. 만약 노드가 예전에 방문한 적이
 * 있는 노드라면, 해당 컴포넌트는 이미 계산이 되어 있다. */
HashMap<String, Integer> getTrueFrequencies(Graph graph) {
    HashMap<String, Integer> rootNames = new HashMap<String, Integer>();
    for (GraphNode node : graph.getNodes()) {
        if (!node.isVisited()) { // 이미 방문한 적이 있는 컴포넌트
            int frequency = getComponentFrequency(node);
            String name = node.getName();
            rootNames.put(name, frequency);
        }
    }
    return rootNames;
}

/* 현재 컴포넌트의 총 빈도수를 계산하기 위해 깊이 우선 탐색을 수행하고,
 * 방문한 노드를 방문했다고 표시한다. */
int getComponentFrequency(GraphNode node) {
    if (node.isVisited()) return 0; // 이미 방문했음

    node.setIsVisited(true);
    int sum = node.getFrequency();
    for (GraphNode child : node.getNeighbors()) {
        sum += getComponentFrequency(child);
```

```
    }
    return sum;
}
```

```
/* GraphNode와 Graph에 대한 코드는 설명할 필요가 없어 보인다.
 * 이 해법의 코드는 웹사이트에서 다운 받을 수 있다. */
```

효율성을 분석하기 위해서는, 알고리즘의 각 부분을 따로 생각해 봐야 한다.

- 데이터를 읽는 부분은 데이터의 크기에 비례한다. 따라서 아기 이름의 개수를 B, 동의어 쌍의 개수를 P라고 했을 때 $O(B+P)$ 시간이 걸린다. 왜냐하면 각 입력 데이터에 대해서 상수 시간만큼의 일만 하기 때문이다.

- 빈도수를 계산할 때, 모든 그래프 탐색 과정에서 각 선분을 정확히 한 번만 '건드렸고' 각 노드 또한 방문 확인을 위해 한 번만 건드렸으므로 이 부분의 시간 복잡도는 $O(B+P)$가 된다.

따라서 이 알고리즘의 총 수행 시간은 $O(B+P)$가 된다. 적어도 B+P개의 데이터를 읽어야 하기 때문에 이보다 잘할 순 없다.

17.8 서커스 타워: 어느 서커스단은 한 사람 어깨 위에 다른 사람이 올라서도록 하는 '인간 탑 쌓기'를 공연한다. 실질적이면서도 미학적인 이유 때문에 어깨 위에 올라서는 사람은 아래 있는 사람보다 가벼우면서 키도 작아야 한다. 단원의 키와 몸무게가 주어졌을 때, 최대로 쌓을 수 있는 인원수를 계산하는 메서드를 작성하라.

예제

입력 (ht, wt): (65, 100) (70, 150) (56, 90) (75, 190) (60, 95) (68, 110)
출력: 최대 탑 높이는 6이며, 다음과 같다(위에서 아래로).
  (56, 90) (60, 95) (65,100) (68, 110) (70, 150) (75, 190)

273쪽

해법

문제를 푸는 데 도움이 되지 않는 부분을 걷어 내고 나면, 다음과 같이 고쳐 쓸 수 있다.

순서쌍 리스트가 주어진다. 이 순서쌍들을 가지고 만들 수 있는 리스트 가운데 가장 긴 리스트를 찾으라. 단, 첫 번째 원소와 두 번째 원소가 모두 오름차순으로 정렬되어야 한다.

한 가지 해 볼 수 있는 방법은 속성별로 원소를 정렬하는 것이다. 실제로는 유용하지만 완벽한 방법은 아니다.

키를 기준으로 정렬하면 원소가 나타나야 하는 상대적인 순서를 알 수 있다. 하지만 여전히 몸무게를 기준으로 가장 긴 부분수열을 찾아야 한다.

해법 #1: 재귀적 방법

근본적으로 모든 경우를 다 시도해 보는 방법이 있다. 키를 기준으로 정렬한 뒤에 배열을 순회한다. 각 원소마다 두 가지 선택사항이 존재한다. 해당 원소를 부분수열에 추가하거나 추가하지 않거나.

```java
ArrayList<HtWt> longestIncreasingSeq(ArrayList<HtWt> items) {
    Collections.sort(items);
    return bestSeqAtIndex(items, new ArrayList<HtWt>(), 0);
}

ArrayList<HtWt> bestSeqAtIndex(ArrayList<HtWt> array, ArrayList<HtWt> sequence,
                               int index) {
    if (index >= array.size()) return sequence;

    HtWt value = array.get(index);

    ArrayList<HtWt> bestWith = null;
    if (canAppend(sequence, value)) {
        ArrayList<HtWt> sequenceWith = (ArrayList<HtWt>) sequence.clone();
        sequenceWith.add(value);
        bestWith = bestSeqAtIndex(array, sequenceWith, index + 1);
    }

    ArrayList<HtWt> bestWithout = bestSeqAtIndex(array, sequence, index + 1);

    if (bestWith == null || bestWithout.size() > bestWith.size()) {
        return bestWithout;
    } else {
        return bestWith;
    }
}

boolean canAppend(ArrayList<HtWt> solution, HtWt value) {
    if (solution == null) return false;
    if (solution.size() == 0) return true;

    HtWt last = solution.get(solution.size() - 1);
    return last.isBefore(value);
}

ArrayList<HtWt> max(ArrayList<HtWt> seq1, ArrayList<HtWt> seq2) {
    if (seq1 == null) {
        return seq2;
    } else if (seq2 == null) {
        return seq1;
    }
    return seq1.size() > seq2.size() ? seq1 : seq2;
}

public class HtWt implements Comparable<HtWt> {
    private int height;
    private int weight;
    public HtWt(int h, int w) { height = h; weight = w; }
```

```
public int compareTo(HtWt second) {
    if (this.height != second.height) {
        return ((Integer)this.height).compareTo(second.height);
    } else {
        return ((Integer)this.weight).compareTo(second.weight);
    }
}

/* 'this'를 'other' 이전에 세울 수 있다면 참을 반환한다. 하지만
 * this.isBefore(other)와 other.isBefore(this)가 모두 거짓일 가능성이 존재한다는
 * 사실을 명심하라. 이것은 a<b와 b>a가 같게 동작하는 compareTo 메서드와는 다르다. */
public boolean isBefore(HtWt other) {
    if (height < other.height && weight < other.weight) {
        return true;
    } else {
        return false;
    }
}
}
```

이 알고리즘은 O(2^n) 시간이 걸린다. 메모이제이션(즉, 수열을 캐시에 넣음)을 통해 최적화를 할 수 있다.

하지만 이보다 더 깔끔한 방법이 존재한다.

해법 #2: 순환적 방법

A[0]에서 A[3]까지의 원소로 끝나는 부분수열 중 가장 긴 부분수열을 알고 있다고 해 보자. 이 정보를 이용해서 A[4]에서 끝나는 부분수열 중 가장 긴 부분수열을 구할 수 있을까?

```
Array: 13, 14, 10, 11, 12
Longest(ending with A[0]): 13
Longest(ending with A[1]): 13, 14
Longest(ending with A[2]): 10
Longest(ending with A[3]): 10, 11
Longest(ending with A[4]): 10, 11, 12
```

할 수 있다. 덧붙일 수 있는 가장 긴 부분수열 뒤에 A[4]를 그냥 추가하면 된다.

구현도 꽤 간단하다.

```
ArrayList<HtWt> longestIncreasingSeq(ArrayList<HtWt> array) {
    Collections.sort(array);

    ArrayList<ArrayList<HtWt>> solutions = new ArrayList<ArrayList<HtWt>>();
    ArrayList<HtWt> bestSequence = null;

    /* 각 원소로 끝나는 부분수열 중 가장 긴 부분수열을 찾는다.
     * 그와 동시에 그중에서 가장 긴 부분수열을 추적한다. */
    for (int i = 0; i < array.size(); i++) {
        ArrayList<HtWt> longestAtIndex = bestSeqAtIndex(array, solutions, i);
        solutions.add(i, longestAtIndex);
        bestSequence = max(bestSequence, longestAtIndex);
    }
```

```
        return bestSequence;
}

/* 각 원소로 끝나는 부분수열 중 가장 긴 부분수열을 찾는다. */
ArrayList<HtWt> bestSeqAtIndex(ArrayList<HtWt> array,
    ArrayList<ArrayList<HtWt>> solutions, int index) {
    HtWt value = array.get(index);

    ArrayList<HtWt> bestSequence = new ArrayList<HtWt>();

    /* 해당 원소를 덧붙일 수 있는 부분수열 중 가장 긴 부분수열을 찾는다. */
    for (int i = 0; i < index; i++) {
        ArrayList<HtWt> solution = solutions.get(i);
        if (canAppend(solution, value)) {
            bestSequence = max(solution, bestSequence);
        }
    }

    /* 원소를 덧붙인다. */
    ArrayList<HtWt> best = (ArrayList<HtWt>) bestSequence.clone();
    best.add(value);

    return best;
}
```

이 알고리즘은 $O(n^2)$ 시간에 작동한다. $O(n \log(n))$ 알고리즘도 있지만, 훨씬 복잡하고 도움을 받더라도 면접장에서 유도해낼 수는 없을 것이다. 연구해 보고 싶다면 인터넷에서 해당 알고리즘에 대한 설명을 참고하라.

17.9 k번째 배수: 소인수가 3, 5, 7로만 구성된 숫자 중 k번째 숫자를 찾는 알고리즘을 설계하라. 3, 5, 7이 전부 소인수로 포함되어야 하는 건 아니지만 3, 5, 7 외에 다른 소수가 포함되면 안 된다. 이 조건을 만족하는 숫자의 예를 몇 가지 나열해 보면 1, 3, 5, 7, 9, 15, 21이 있다.

273쪽

해법

먼저 문제가 원하는 게 무엇인지부터 이해해 보자. $3^a * 5^b * 7^c$을 만족하는 숫자 중에서 k번째 숫자를 찾는 것이다. 무식한 방법으로 먼저 시작해 보자.

무식한 방법

가장 큰 k번째 숫자로 $3^k * 5^k * 7^k$의 꼴을 만들 수 있다. 따라서 '무식'하게 해 보면 0부터 k 사이의 모든 숫자 a, b, c를 사용해서 $3^a * 5^b * 7^c$를 계산한다. 이들을 모두 리스트에 넣고 정렬한 다음에 k번째 작은 숫자를 선택하면 된다.

```
int getKthMagicNumber(int k) {
    ArrayList<Integer> possibilities = allPossibleKFactors(k);
    Collections.sort(possibilities);
    return possibilities.get(k);
}
```

```
ArrayList<Integer> allPossibleKFactors(int k) {
    ArrayList<Integer> values = new ArrayList<Integer>();
    for (int a = 0; a <= k; a++) { // 3 루프
        int powA = (int) Math.pow(3, a);
        for (int b = 0; b <= k; b++) { // 5 루프
            int powB = (int) Math.pow(5, b);
            for (int c = 0; c <= k; c++) { // 7 루프
                int powC = (int) Math.pow(7, c);
                int value = powA * powB * powC;

                /* 오버플로 확인 */
                if (value < 0 || powA == Integer.MAX_VALUE ||
                    powB == Integer.MAX_VALUE ||
                    powC == Integer.MAX_VALUE) {
                    value = Integer.MAX_VALUE;
                }
                values.add(value);
            }
        }
    }
    return values;
}
```

이 방법의 수행 시간은 어떻게 되는가? 내포된 for 루프(nest for loop)가 각각 k번 순회하므로 allPossibleKFactors의 시간 복잡도는 $O(k^3)$이 된다. 따라서 k^3개의 결과를 정렬하려면 $O(k^3 \log(k^3))$ (이는 $O(k^3 \log k)$와 같다) 시간이 걸린다. 따라서 수행 시간은 $O(k^3 \log k)$가 된다.

이 문제를 최적화하는 방법과 오버플로를 처리하는 더 좋은 방법이 있긴 하다. 하지만 이 알고리즘이 너무 느리기 때문에 우선은 알고리즘 자체를 고치는 방법에 초점을 맞출 것이다.

개선된 해법

결과가 어떻게 생겼을지 그려 보자.

1	–	$3^0 * 5^0 * 7^0$
3	3	$3^1 * 5^0 * 7^0$
5	5	$3^0 * 5^1 * 7^0$
7	7	$3^0 * 5^0 * 7^1$
9	3*3	$3^2 * 5^0 * 7^0$
15	3*5	$3^1 * 5^1 * 7^0$
21	3*7	$3^1 * 5^0 * 7^1$
25	5*5	$3^0 * 5^2 * 7^0$
27	3*9	$3^3 * 5^0 * 7^0$
35	5*7	$3^0 * 5^1 * 7^1$
45	5*9	$3^2 * 5^1 * 7^0$
49	7*7	$3^0 * 5^0 * 7^2$
63	3*21	$3^2 * 5^0 * 7^1$

여기서 질문을 하나 하겠다. 이 리스트의 다음 숫자는 무엇이 되겠는가? 그다음 값은 아래의 보기 중 하나가 될 것이다.

- 3*(리스트에 있는 값 중 하나)
- 5*(리스트에 있는 값 중 하나)
- 7*(리스트에 있는 값 중 하나)

아직 해법이 떠오르지 않는다면 다음의 방법으로 생각해 보라. 다음 값이 무엇이든지(nv라고 하자) 3으로 나눴을 때 그 값이 이전에 나왔던 숫자일까? 만약 nv가 3의 배수라면 그럴 것이다. 동일한 방법으로 5와 7로 나누어 볼 수 있겠다.

따라서 A_k는 (3 혹은 5 혹은 7)*({A_1, …, A_{k-1}}중 하나)로 표현할 수 있다. 또한 정의에 의해 A_k는 리스트의 다음 숫자가 된다. 따라서 A_k는 {A_1, …, A_{k-1}}에 3, 5, 7을 곱한 숫자 중에서 가장 작은 '새로운' 숫자가 된다.

A_k는 어떻게 찾을 수 있을까? 각각의 숫자에 3, 5, 7을 모두 곱한 뒤에 아직 리스트에 있지 않은 숫자 중 가장 작은 숫자를 고르면 된다. 이렇게 하면 $O(k^2)$ 시간이 걸린다. 지금도 나쁘진 않지만 이보다 더 잘할 수 있다.

A_k를 리스트의 이전 원소로부터 도출해내는 방법이 아니라 리스트의 각 숫자에서 그다음 숫자 3개를 제공하는 방법을 생각해 볼 수 있다. 즉, A_i는 나중에 다음의 형태로 리스트에서 사용될 것이다.

- $3*A_i$
- $5*A_i$
- $7*A_i$

이 방법을 사전에 계획해서 사용할 수 있다. A_i를 리스트에 넣을 때마다 $3A_i$, $5A_i$, $7A_i$를 임시 리스트에 저장해 놓는다. 그리고 A_{i+1}을 만들 때 이 임시 리스트에 있는 값 중에서 가장 작은 값을 검색한다.

코드는 다음과 같다.

```
int removeMin(Queue q) {
    int min = q.peek();
    for (Integer v : q) {
        if (min > v) {
            min = v;
        }
    }
    while (q.contains(min)) {
        q.remove(min);
```

```
    }
    return min;
}

void addProducts(Queue q, int v) {
    q.add(v * 3);
    q.add(v * 5);
    q.add(v * 7);
}

int getKthMagicNumber(int k) {
    if (k < 0) return 0;
    int val = 1;
    Queue q = new LinkedList();
    addProducts(q, 1);
    for (int i = 0; i < k; i++) {
        val = removeMin(q);
        addProducts(q, val);
    }
    return val;
}
```

이 알고리즘은 첫 번째 방법보다 훨씬 더 빠르지만 여전히 완벽한 방법은 아니다.

최적 알고리즘

원소 A_i를 만들어 내려면 연결리스트를 탐색해 나가면서 다음과 같은 원소를 찾으면 된다.

- 3*이전 원소
- 5*이전 원소
- 7*이전 원소

최적화해 볼 수 있는 불필요한 부분이 어디일까?

다음의 리스트를 생각해 보자.

$q_6 = \{7A_1 ,\ 5A_2 ,\ 7A_2 ,\ 7A_3 ,\ 3A_4 ,\ 5A_4 ,\ 7A_4 ,\ 5A_5 ,\ 7A_5\}$

이 리스트에서 min을 찾을 때 $7A_1 < min$와 $7A_5 < min$을 모두 확인해 볼 것이다. 좀 바보 같지 않나? 왜냐하면 이미 $A_1 < A_5$의 관계를 알고 있으므로, 실제로는 $7A_1$만 확인하면 되기 때문이다.

리스트를 앞부분의 상수항을 기준으로 나누면 3, 5, 7로 곱한 값의 첫 번째 원소만 확인해 보면 된다. 그다음 원소들은 모두 이보다 클 것이다.

즉, 위의 리스트는 다음과 같다.

```
Q36={3A₄}
Q56={5A₂, 5A₄, 5A₅}
Q76={7A₁, 7A₂, 7A₃, 7A₄, 7A₅}
```

min을 찾을 때는 각 큐의 첫 번째 원소만 확인한다.

```
y = min(Q3.head(), Q5.head(), Q7.head())
```

y를 계산한 뒤에는 3y를 Q3에, 5y를 Q5에, 7y를 Q7에 넣는다. 하지만 다른 리스트에 해당 원소가 없을 경우에만 삽입을 해야 한다.

예를 들어 3y가 왜 다른 큐에 이미 들어가 있을 수도 있는가? Q7에서 y를 꺼내서 이를 y = 7x로 표현했다고 하자. 7x가 가장 작은 값이라면 3x는 이미 나왔을 것이다. 그리고 3x를 확인했을 때 7 * 3x를 Q7에 넣는다. 7*3x=3*7x=3y가 된다는 사실을 명심하라.

이를 다른 방향으로 넣기 위해 Q7에서 원소를 꺼냈다면, 이는 7 * suffix로 표현될 것이고, 3 * suffix와 5 * suffix는 이미 처리됐을 것이다. 3 * suffix를 처리할 때 7 * 3 * suffix를 Q7에 삽입했을 것이고, 5 * suffix를 처리할 때 7 * 5 * suffix를 Q7에 삽입했을 것이다. 아직 확인하지 못한 값은 7 * 7 * suffix이므로 7 * 7 * suffix를 Q7에 넣으면 된다.

이해를 돕기 위해 예제를 통해 살펴보자.

```
초기화:
    Q3=3
    Q5=5
    Q7=7
min=3을 삭제. 3*3을 Q3에 삽입, 5*3을 Q5에 삽입, 7*3을 Q7에 삽입.
    Q3=3*3
    Q5=5, 5*3
    Q7=7, 7*3
min=5를 삭제. 5*3을 이미 했으므로 3*5는 중복이다. 5*5를 Q5에 삽입, 7*5를 Q7에 삽입.
    Q3=3*3
    Q5=5*3, 5*5
    Q7=7, 7*3, 7*5.
min=7을 삭제. 7*3과 7*5를 이미 했으므로 3*7과 5*7은 중복이다. 7*7을 Q7에 삽입.
    Q3=3*3
    Q5=5*3, 5*5
    Q7=7*3, 7*5, 7*7
min=3*3=9를 삭제. 3*3*3을 Q3에 삽입, 3*3*5를 Q5에 삽입, 3*3*7을 Q7에 삽입.
    Q3=3*3*3
    Q5=5*3, 5*5, 5*3*3
    Q7=7*3, 7*5, 7*7, 7*3*3
min=5*3=15를 삭제. 5*(3*3)을 이미 했으므로 3*(5*3)은 중복이다. 5*5*3을 Q5에 삽입, 7*5*3
을 Q7에 삽입.
    Q3=3*3*3
    Q5=5*5, 5*3*3, 5*5*3
    Q7=7*3, 7*5, 7*7, 7*3*3, 7*5*3
min=7*3=21을 삭제. 7*(3*3)과 7*(5*3)을 이미 했으므로 3*(7*3)과 5*(7*3)은 중복이다.
7*7*3을 Q7에 삽입.
    Q3=3*3*3
    Q5=5*5, 5*3*3, 5*5*3
    Q7=7*5, 7*7, 7*3*3, 7*5*3, 7*7*3
```

의사코드는 다음과 같다.

1. 배열과 큐 Q3, Q5, Q7을 초기화한다.

2. 1을 배열에 넣는다.

3. 1*3, 1*5, 1*7을 Q3, Q5, Q7 각각에 삽입한다.

4. x가 Q3, Q5, Q7에서 가장 작은 원소라고 하자. x를 magic에 추가한다.

5. 만약 x가 다음에서 발견됐다면,

    a. Q3 → x*3, x*5, x*7을 Q3, Q5, Q7에 추가한다. x를 Q3에서 제거한다.

    b. Q5 → x*5, x*7을 Q5, Q7에 추가한다. x를 Q5에서 제거한다.

    c. Q7 → x*7을 Q7에 추가한다. x를 Q5에서 제거한다.

6. k를 찾을 때까지 4~6단계를 반복한다.

아래는 이 알고리즘을 구현한 코드이다.

```java
int getKthMagicNumber(int k) {
    if (k < 0) {
        return 0;
    }
    int val = 0;
    Queue<Integer> queue3 = new LinkedList<Integer>();
    Queue<Integer> queue5 = new LinkedList<Integer>();
    Queue<Integer> queue7 = new LinkedList<Integer>();
    queue3.add(1);

    /* 0부터 k까지 순회한다. */
    for (int i = 0; i <= k; i++) {
        int v3 = queue3.size() > 0 ? queue3.peek() : Integer.MAX_VALUE;
        int v5 = queue5.size() > 0 ? queue5.peek() : Integer.MAX_VALUE;
        int v7 = queue7.size() > 0 ? queue7.peek() : Integer.MAX_VALUE;
        val = Math.min(v3, Math.min(v5, v7));
        if (val == v3) {          // Q3, Q5, Q7에 삽입한다.
            queue3.remove();
            queue3.add(3 * val);
            queue5.add(5 * val);
        } else if (val == v5) { // Q5, Q7에 삽입한다.
            queue5.remove();
            queue5.add(5 * val);
        } else if (val == v7) { // Q7에 삽입한다.
            queue7.remove();
        }
        queue7.add(7 * val);    // Q7에는 항상 삽입한다.
    }
    return val;
}
```

면접에서 이 문제를 받는다면 어렵더라도 최선을 다하라. 무식한 방법부터 시작해 볼 수 있다. 여기서부터 개선해나가자. 혹은 숫자에서 어떤 패턴을 찾아 보자.

문제를 풀다가 막히면 면접관이 힌트를 줄 것이다. 절대 포기하지 말라! 생각한 것과 궁금한 것을 소리내어 말하고 여러분의 사고 과정을 설명하라. 면접관은 아마도 여러분을 정답의 길로 안내해줄 것이다.

면접관은 여러분이 문제를 완벽하게 푸는 것을 기대하지 않는다는 것을 다시 한 번 떠올리라. 다른 지원자들과 상대적인 비교를 통해 평가한다. 모든 지원자가 까다로운 문제를 풀 때 어려워한다.

17.10 다수원소: 다수원소란 배열에서 그 개수가 절반 이상인 원소를 말한다. 양의 정수로 이루어진 배열이 주어졌을 때 다수원소를 찾으라. 다수원소가 없다면 -1을 반환하라. 알고리즘은 O(N) 시간과 O(1) 공간 안에 수행되어야 한다.

예제

입력: 1 2 5 9 5 9 5 5 5

출력: 5

274쪽

해법

예제를 먼저 시작해 보자.

3 1 7 1 3 7 3 7 1 7 7

여기서 알 수 있는 것은 다수원소(여기선 7)가 앞부분에서 많이 나오지 않았다면 뒷부분에서는 반드시 많이 나와야 한다는 사실이다. 좋은 발견이다.

문제 자체에서 정확하게 O(N) 시간과 O(1) 공간을 요구했다. 이 요구 중에서 하나 정도는 무시하고 알고리즘을 만들어 보는 것도 유용하다. 시간을 좀 더 여유있게 사용하고 공간은 O(1)을 유지한 채 문제에 접근해 보자.

해법 #1(느리다)

간단한 방법 중 하나는 배열의 원소를 모두 순회하면서 각각이 다수원소인지 아닌지 확인하는 것이다. $O(N^2)$ 시간이 걸리고 O(1) 공간을 사용한다.

```
int findMajorityElement(int[] array) {
    for (int x : array) {
        if (validate(array, x)) {
            return x;
        }
    }
    return -1;
}

boolean validate(int[] array, int majority) {
```

```
    int count = 0;
    for (int n : array) {
        if (n == majority) {
            count++;
        }
    }
    return count > array.length / 2;
}
```

이 방법은 시간 복잡도가 높지만 시작하기에 좋은 방법이다. 이를 개선하는 방법을 생각해 볼 수 있다.

해법 #2(최적)

특정한 예제를 이용해서 알고리즘이 어떻게 동작하는지 생각해 보자. 생략할 만한 부분이 있는가?

3	1	7	1	1	7	7	3	7	7	7
0	1	2	3	4	5	6	7	8	9	10

처음 타당성을 검증할 때 3이 다수원소인지 확인한다. 몇 개의 원소를 지나와도 3은 여전히 한 개뿐이고, 3이 아닌 원소는 여러 개다. 계속해서 3을 확인해 볼 필요가 있을까?

확인해 볼 필요가 있을 수 있다. 배열의 뒷부분에서 3의 무더기가 나와서 3이 다수원소가 될 수도 있다.

반면에 더 이상 확인할 필요가 없을 수도 있다. 만약 3이 다수원소가 됐다면 다음 번 타당성 검증 단계에서 3들이 나올 것이다. validate(3) 단계를 종료해도 된다.

첫 번째 원소에 대해선 이 논리가 먹히지만 다음 원소에 대해선 어떠한가? validate(1)과 validate(7) 등을 곧바로 종료해야 할 것이다.

이 논리가 첫 번째 원소에 대해서 동작하기 때문에, 모든 부분수열의 원소가 새로운 부분배열의 첫 번째 원소인 것처럼 다루면 어떨까? 그 말인즉슨, 인덱스 1에서 validate(array[1])을 수행하고, 인덱스 2에서 validate(array[2])를 수행하는 등의 방식이라는 뜻이다.

어떻게 될까?

```
validate(3)
    sees 3 → countYes = 1, countNo = 0
    sees 1 → countYes = 1, countNo = 1
    TERMINATE. 3은 더 이상 다수가 아니다.
validate(1)
    sees 1 → countYes = 0, countNo = 0
```

```
        sees 7 → countYes = 1, countNo = 1
        TERMINATE. 1은 더 이상 다수가 아니다.
validate(7)
        sees 7 → countYes = 1, countNo = 0
        sees 1 → countYes = 1, countNo = 1
        TERMINATE. 7은 더 이상 다수가 아니다.
validate(1)
        sees 1 → countYes = 1, countNo = 0
        sees 1 → countYes = 2, countNo = 0
        sees 7 → countYes = 2, countNo = 0
        sees 7 → countYes = 2, countNo = 1
        TERMINATE. 1은 더 이상 다수가 아니다.
validate(1)
        sees 1 → countYes = 1, countNo = 0
        sees 7 → countYes = 1, countNo = 1
        TERMINATE. 1은 더 이상 다수가 아니다.
validate(7)
        sees 7 → countYes = 1, countNo = 0
        sees 7 → countYes = 2, countNo = 0
        sees 3 → countYes = 2, countNo = 1
        sees 7 → countYes = 3, countNo = 1
        sees 7 → countYes = 4, countNo = 1
        sees 7 → countYes = 5, countNo = 1
```

이 시점에서 7이 다수원소라는 사실을 알 수 있을까? 아직 확실하지 않다. 7 이전
과 이후의 모든 원소를 제거했지만, 다수원소가 발견되지 않았다. validate(7)을
처음부터 다시 돌려보면 7이 다수원소라는 사실을 확인할 수 있다. 이 검증 단계는
O(N) 시간이 걸리는데, 이는 가능한 최선의 수행 시간이다. 따라서 마지막 검증 단
계는 최종 수행 시간에 아무런 영향을 미치지 않는다.

　꽤 괜찮은 방법이지만 조금 더 빠르게 할 수 있는지 살펴보자. 몇 가지 원소가 반
복적으로 검사되고 있는 걸 알 수 있다. 이 과정을 없앨 수 있을까?

　맨 처음 validate(3)을 살펴보자. 3이 다수원소가 아니므로 이는 부분배열 [3, 1]
이후에 실패한다. 하지만 해당 원소가 다수원소가 아니라서 실패했다는 말은 해당
부분배열에 있는 모든 원소가 다수원소가 될 수 없다는 말이 된다. 이 논리에 따라
서 validate(1)을 호출할 필요가 없게 된다. 해당 부분배열에서 1이 절반 이상 나오
지 않았다는 걸 알 수 있다. 만약 1이 다수원소라면 그 뒤에 확인될 것이다.

　이 방법을 다시 시도해 본 뒤에 잘 동작하는지 확인해 보자.

```
validate(3)
        sees 3 → countYes = 1, countNo = 0
        sees 1 → countYes = 1, countNo = 1
        TERMINATE. 3은 더 이상 다수가 아니다. 1을 건너뛴다.
validate(7)
        sees 7 → countYes = 1, countNo = 0
        sees 1 → countYes = 1, countNo = 1
        TERMINATE. 7은 더 이상 다수가 아니다. 1을 건너뛴다.
validate(1)
        sees 1 → countYes = 1, countNo = 0
        sees 7 → countYes = 1, countNo = 1
```

```
    TERMINATE. 1은 더 이상 다수가 아니다. 7을 건너뛴다.
validate(7)
    sees 7 → countYes = 1, countNo = 0
    sees 3 → countYes = 1, countNo = 1
    TERMINATE. 7은 더 이상 다수가 아니다. 3을 건너뛴다.
validate(7)
    sees 7 → countYes = 1, countNo = 0
    sees 7 → countYes = 2, countNo = 0
    sees 7 → countYes = 3, countNo = 0
```

정답이다! 정확히 동작하는 걸까 그냥 운이 좋았던 걸까?

잠깐 멈춘 뒤에 알고리즘을 생각해 봐야 한다.

1. [3]에서 시작해서 3이 다수원소가 아닐 때까지 이 부분배열을 확장해 나간다. [3, 1]에서 실패한다. 이때 부분배열에는 다수원소가 없다.

2. 이제 [7]에서 시작해서 [7, 1]까지 확장한다. 다시 종료하고 해당 부분배열에는 다수원소가 없다.

3. [1]에서 시작해서 [1, 7]로 확장한다. 종료한다. 다수원소가 없다.

4. [7]에서 [7, 3]으로 확장한다. 종료한다. 다수원소가 없다.

5. [7]에서 배열의 끝인 [7, 7, 7]까지 확장한다. 다수원소를 찾았다(반드시 검증을 해야 한다).

검증 단계를 끝낼 때마다 부분배열에는 다수원소가 없었다. 이 말은 7이 아닌 원소의 개수가 적어도 7인 원소의 개수와 같다는 뜻이다. 원래 배열에서 이 부분배열을 실제로 삭제하더라도, 나머지 배열에서 다수원소를 찾을 수 있을 것이다. 따라서 특정 지점에서 다수원소를 발견할 것이다.

이 알고리즘은 배열을 두 번 순회한다. 처음에는 가능한 다수원소를 찾고 그다음에는 검증한다. 변수를 두 개(countYes와 countNo) 사용하지 말고 하나만 사용해서 증가와 감소 연산을 수행해도 좋다.

```
int findMajorityElement(int[] array) {
    int candidate = getCandidate(array);
    return validate(array, candidate) ? candidate : -1;
}

int getCandidate(int[] array) {
    int majority = 0;
    int count = 0;
    for (int n : array) {
        if (count == 0) { // 이전 집합에서 다수원소가 없었다.
            majority = n;
        }
        if (n == majority) {
            count++;
        } else {
```

```
            count--;
        }
    }
    return majority;
}

boolean validate(int[] array, int majority) {
    int count = 0;
    for (int n : array) {
        if (n == majority) {
            count++;
        }
    }
    return count > array.length / 2;
}
```

이 알고리즘은 O(N) 시간과 O(1) 공간이 필요하다.

17.11 단어 간의 거리: 단어가 적혀 있는 아주 큰 텍스트 파일이 있다. 단어 두 개
가 입력으로 주어졌을 때, 해당 파일 안에서 그 두 단어 사이의 최단거리(단
어 수를 기준으로)를 구하는 코드를 작성하라. 같은 파일에서 단어 간 최단
거리를 구하는 연산을 여러 번 반복한다고 했을 때(서로 다른 단어 쌍을 사
용해서) 어떤 최적화 기법을 사용할 수 있겠는가?

274쪽

해법

word1과 word2가 등장하는 순서는 상관없다고 가정할 것이다. 사실 이런 질문은 여
러분이 면접관에게 던져야 하는 질문이다.

이 문제를 풀 때 파일을 한 번만 순회해서 풀 수 있다. 파일을 순회하는 동안
word1과 word2를 마지막으로 발견한 위치를 각각 location1과 location2에 저장한
다. 만약 현재 위치가 알려진 가장 좋은 위치보다 더 좋다면 가장 좋은 위치를 갱신
한다.

아래는 이 알고리즘을 구현한 코드이다.

```
LocationPair findClosest(String[] words, String word1, String word2) {
    LocationPair best = new LocationPair(-1, -1);
    LocationPair current = new LocationPair(-1, -1);
    for (int i = 0; i < words.length; i++) {
        String word = words[i];
        if (word.equals(word1)) {
            current.location1 = i;
            best.updateWithMin(current);
        } else if (word.equals(word2)) {
            current.location2 = i;
            best.updateWithMin(current); // 더 짧으면 갱신한다.
        }
    }
    return best;
```

```
    }
public class LocationPair {
    public int location1, location2;
    public LocationPair(int first, int second) {
        setLocations(first, second);
    }

    public void setLocations(int first, int second) {
        this.location1 = first;
        this.location2 = second;
    }

    public void setLocations(LocationPair loc) {
        setLocations(loc.location1, loc.location2);
    }

    public int distance() {
        return Math.abs(location1 - location2);
    }

    public boolean isValid() {
        return location1 >= 0 && location2 >= 0;
    }

    public void updateWithMin(LocationPair loc) {
        if (!isValid() || loc.distance() < distance()) {
            setLocations(loc);
        }
    }
}
```

다른 단어 쌍에 대해서도 이 작업을 반복할 필요가 있다면, 각 단어와 그 위치를 기록하는 해시테이블을 만들어도 된다. 단어 리스트를 단 한 번만 읽으면 된다. 그 다음에 위치를 직접 순회하면서 비슷한 알고리즘을 수행한다.

다음과 같은 리스트가 주어졌다고 가정하자.

```
listA: {1, 2, 9, 15, 25}
listB: {4, 10, 19}
```

각 리스트의 첫 번째 원소를 가리키는 포인터 pA와 pB를 그려보자. 우리의 목표는 pA와 pB가 가리키는 값이 가능한 가깝도록 만드는 것이다.

처음 쌍은 (1, 4)가 된다.

그다음 쌍은 무엇이 될까? pB를 움직이면 그 차이는 더 커진다. 하지만 pA를 움직이면 더 나은 쌍을 찾을 것이다. 그렇게 하자.

두 번째 쌍은 (2, 4)가 된다. 이전 쌍보다 더 나으므로 이를 가장 괜찮은 쌍이라고 기록해 두자.

pA를 다시 움직이면 (9, 4)가 된다. 이전보다 못하다.

이제 pA의 값이 pB보다 커졌으므로 pB를 움직인다. (9, 10)이 된다.

그다음에는 (15, 10), (15, 19), (25, 19)가 된다.

아래는 이 알고리즘을 구현한 코드이다.

```
LocationPair findClosest(String word1, String word2,
                         HashMapList<String, Integer> locations) {
    ArrayList<Integer> locations1 = locations.get(word1);
    ArrayList<Integer> locations2 = locations.get(word2);
    return findMinDistancePair(locations1, locations2);
}

LocationPair findMinDistancePair(ArrayList<Integer> array1,
                                 ArrayList<Integer> array2) {
    if (array1 == null || array2 == null || array1.size() == 0 ||
        array2.size() == 0) {
        return null;
    }

    int index1 = 0;
    int index2 = 0;
    LocationPair best = new LocationPair(array1.get(0), array2.get(0));
    LocationPair current = new LocationPair(array1.get(0), array2.get(0));

    while (index1 < array1.size() && index2 < array2.size()) {
        current.setLocations(array1.get(index1), array2.get(index2));
        best.updateWithMin(current); // 더 짧으면 갱신한다.
        if (current.location1 < current.location2) {
            index1++;
        } else {
            index2++;
        }
    }

    return best;
}

/* 사전 계산 */
HashMapList<String, Integer> getWordLocations(String[] words) {
    HashMapList<String, Integer> locations = new HashMapList<String, Integer>();
    for (int i = 0; i < words.length; i++) {
        locations.put(words[i], i);
    }
    return locations;
}

/* HashMapList<String, Integer>는 String에서 ArrayList<Interger>로 대응되는
 * HashMap과 동일하다. 자세한 구현은 부록을 참조하길 바란다. */
```

사전 계산 단계는 O(N) 시간이 걸린다. 여기서 N은 문자열에 등장하는 단어의 개수를 말한다.

가장 가까운 쌍을 구하는 데는 O(A+B) 시간이 걸린다. 여기서 A는 첫 번째 단어의 등장 횟수가 되고 B는 두 번째 단어의 등장 횟수가 된다.

17.12 BiNode: BiNode라는 간단한 자료구조가 있다. 이 자료구조 인에는 다른 두 노드에 대한 포인터가 들어 있다.

```
public class BiNode {
    public BiNode node1, node2;
    public int data;
}
```

BiNode 자료구조는 이진 트리를 표현하는 데 사용될 수도 있고(node1은 왼쪽 노드를, node2는 오른쪽 노드를 가리키게 만든다), 양방향 연결리스트를 만드는 데 사용할 수도 있다(node1은 이전 노드를, node2는 다음 노드를 가리키게 만든다). BiNode를 사용해서 구현된 이진 탐색 트리를 양방향 연결리스트로 변환하는 메서드를 작성하라. 값의 순서는 유지되어야 하며 모든 연산은 원래 자료구조 안에서(in place) 이루어져야 한다.

274쪽

해법

까다로워보이는 이 문제는 재귀를 사용하면 꽤 우아하게 풀 수 있다. 이 문제를 풀기 위해서는 재귀에 대해서 잘 알고 있어야 한다.

다음과 같은 간단한 이진 탐색 트리를 생각해 보자.

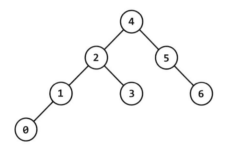

convert 메서드는 이를 다음과 같은 양방향 연결리스트로 변환한다.

$$0 \leftrightarrow 1 \leftrightarrow 2 \leftrightarrow 3 \leftrightarrow 4 \leftrightarrow 5 \leftrightarrow 6$$

이 문제를 루트 노드(4)부터 시작해서 재귀적으로 접근해 보자.

이 트리의 왼쪽과 오른쪽 절반이 연결리스트의 일부분이 된다는 사실을 알 수 있다(즉, 부분 트리는 연결리스트상의 연속된 노드로 나타난다). 따라서 왼쪽 트리와 오른쪽 트리를 재귀적으로 양방향 연결리스트로 변환하고 그 변환된 결과를 연결하면, 최종적으로 만들어야 하는 연결리스트를 구성할 수 있지 않을까?

그렇다! 각각의 연결리스트를 합하기만 하면 된다.

이를 의사코드로 표현하면 다음과 같다.

```
BiNode convert(BiNode node) {
    BiNode left = convert(node.left);
    BiNode right = convert(node.right);
    mergeLists(left, node, right);
    return left; // left의 앞쪽
}
```

그런데 이 의사코드를 실제로 상세한 부분까지 구현하려면 각 연결리스트의 헤드
와 테일을 알 필요가 있다. 그 방법에는 여러 가지가 있다.

해법 #1: 추가 자료구조 도입

우선 생각할 수 있는 상대적으로 쉬운 방법은 NodePair라는 새로운 자료구조를 만
들어 연결리스트의 헤드와 테일을 보관하는 것이다. convert 메서드는 NodePair 타
입의 무언가를 반환해야 한다.

아래는 이를 구현한 코드이다.

```
private class NodePair {
    BiNode head, tail;
    public NodePair(BiNode head, BiNode tail) {
        this.head = head;
        this.tail = tail;
    }
}

public NodePair convert(BiNode root) {
    if (root == null) return null;

    NodePair part1 = convert(root.node1);
    NodePair part2 = convert(root.node2);

    if (part1 != null) {
        concat(part1.tail, root);
    }

    if (part2 != null) {
        concat(root, part2.head);
    }

    return new NodePair(part1 == null ? root : part1.head,
                        part2 == null ? root : part2.tail);
}

public static void concat(BiNode x, BiNode y) {
    x.node2 = y;
    y.node1 = x;
}
```

위의 코드는 BiNode를 그대로 이용한다. NodePair는 추가 데이터를 반환하기 위해
서만 사용하였다. 이렇게 하는 대신 두 개의 원소로 이루어진 BiNode 배열을 반환
할 수도 있겠지만, 그렇게 하면 코드가 좀 지지분해 보일 것이다(깔끔한 코드가 좋
다. 면접 시에는 더욱 그렇다).

하지만 이렇게 추가 자료구조를 정의하지 않고서도 문제를 풀 수 있다면 더 좋을 것이다. 그리고 정말 그렇게 할 수 있다.

해법 #2: 테일 알아내기

NodePair를 사용해서 연결리스트의 헤드와 테일을 반환하는 대신, 헤드만 반환하고 그 헤드를 사용해서 테일을 찾아낼 수 있다.

```
BiNode convert(BiNode root) {
    if (root == null) return null;

    BiNode part1 = convert(root.node1);
    BiNode part2 = convert(root.node2);

    if (part1 != null) {
        concat(getTail(part1), root);
    }

    if (part2 != null) {
        concat(root, part2);
    }

    return part1 == null ? root : part1;
}
public static BiNode getTail(BiNode node) {
    if (node == null) return null;
    while (node.node2 != null) {
        node = node.node2;
    }
    return node;
}
```

getTail을 호출하는 부분을 제외하고는 첫 번째 해법과 거의 동일하다. 하지만 그다지 효율적이지는 않다. getTail 메서드는 깊이 d에 위치한 말단(leaf) 노드들을 d번 '건드린다'(말단 노드 위에 있는 노드 하나당 한 번씩). 따라서 실행 시간은 $O(N^2)$이 된다. N은 트리에 포함된 노드 개수이다.

해법 #3: 환형 연결리스트

우리의 최종적인 해법은 두 번째 해법으로부터 유도해 낼 수 있다.

여기서는 연결리스트의 헤드와 테일을 BiNode를 사용해서 반환한다. 각 리스트를 한형 연결리스트의 헤드로 반환하는 것이다. 테일을 알아내려면 head.node1을 호출하면 된다.

```
BiNode convertToCircular(BiNode root) {
    if (root == null) return null;

    BiNode part1 = convertToCircular(root.node1);
    BiNode part3 = convertToCircular(root.node2);
```

```
    if (part1 == null && part3 == null) {
        root.node1 = root;
        root.node2 = root;
        return root;
    }
    BiNode tail3 = (part3 == null) ? null : part3.node1;

    /* left를 root에 연결 */
    if (part1 == null) {
        concat(part3.node1, root);
    } else {
        concat(part1.node1, root);
    }

    /* right를 root에 연결 */
    if (part3 == null) {
        concat(root, part1);
    } else {
        concat(root, part3);
    }

    /* right를 left에 연결 */
    if (part1 != null && part3 != null) {
        concat(tail3, part1);
    }

    return part1 == null ? root : part1;
}

/* 리스트를 환형 연결리스트로 변환하고, 환형 연결 부분을 제거한다. */
BiNode convert(BiNode root) {
    BiNode head = convertToCircular(root);
    head.node1.node2 = null;
    head.node1 = null;
    return head;
}
```

핵심 부분을 convertToCircular로 이동시켰다. convert 메서드는 이 메서드를 호출하여 환형 연결리스트의 헤드를 가져온 다음에, 테일과의 연결을 끊어서 선형 연결리스트로 바꾼다.

이 방법의 수행 시간은 O(N)이다. 각 노드를 평균적으로 한 번만(좀 더 정확하게 이야기하자면, O(1)번만) 건드리기 때문이다.

17.13 공백 입력하기: 이런! 긴 문서를 편집하다가 실수로 공백과 구두점을 지우고, 대문자를 전부 소문자로 바꿔 버렸다. 그러니까 "I reset the computer. It still didn't boot!"과 같은 문장이 "iresetthecomputeritstilldidn'tboot"로 바뀐 것이다. 구두점과 대문자는 나중에 복원해도 괜찮지만 공백은 지금 당장 다시 입력해야 한다. 대부분의 단어는 사전에 등록되어 있지만 사전에 없는 단어도 몇 개 존재한다. 사전(단어 리스트)과 문서(문자열)가 주어졌을

때, 단어들을 원래대로 분리하는 최적의 알고리즘을 설계하라. 여기서 '최적'이란, 인식할 수 없는 문자열의 수를 최소화한다는 뜻이다.

예제

입력: jesslookedjustliketimherbrother
출력: jess looked just like tim her brother (이 경우에 인식할 수 없는 문자는 7개이다.)

275쪽

해법

어떤 면접관은 거두절미하고 딱 필요한 사항만 제시한다. 어떤 면접관은 이 문제처럼 불필요한 문맥이 뒤섞인 문제를 내놓는다. 불필요한 문맥이 뒤섞인 경우에는 실제 문제가 무엇인지 따져보는 것이 중요하다.

사실 이 문제는 문자열을 단어 단위로 분리하되, 인식하지 못하는 문자를 최소화하는 문제이다.

문자열의 의미를 '이해'하는 것이 목적이 아니다. 따라서 "thisisawesome"의 처리 결과는 "this is awesome"이 될 수도 있고, "this is a we some"이 될 수도 있다.

무식한 방법

이 문제를 부분문제로 나누어 생각하는 것이 핵심이다. 부분문제로 나누는 방법 중 하나는 문자열에 재귀를 적용하는 것이다.

처음 고민해야 할 것은 어디에 첫 번째 공백을 삽입하느냐이다. 첫 번째 문자 뒤에? 두 번째 문자 뒤에? 세 번째 문자 뒤에?

예를 들어 문자열 thisismikesfavoritefood를 생각해 보자. 어디에 첫 공백을 삽입해야 하는가?

- t 이후에 공백을 삽입한다면 인식 불가능한 문자가 하나 생긴다.
- th는 인식 불가능한 문자가 두 개 생긴다.
- thi는 인식 불가능한 문자가 세 개 생긴다.
- this는 인식 가능한 단어이다. 인식 불가능한 문자가 없다.
- thisi는 인식 불가능한 문자가 다섯 개 생긴다.
- 이런 식으로 나아간다.

첫 번째 공백을 선택한 뒤 세 번째 공백, 네 번째 공백 등을 문자열이 끝날 때까지 재귀적으로 선택한다.

모든 가능한 선택 중에서 최선(인식 불가능한 문자의 개수를 최소로 하는)의 선택을 반환한다.

함수는 무엇을 반환해야 하는가? 재귀 경로에서 인식 불가능한 문자의 개수와 실제 파싱 결과 모두 필요하다. 따라서 ParseResult라는 클래스를 만들어서 두 개를 모두 반환할 것이다.

```
01    String bestSplit(HashSet<String> dictionary, String sentence) {
02        ParseResult r = split(dictionary, sentence, 0);
03        return r == null ? null : r.parsed;
04    }
05
06    ParseResult split(HashSet<String> dictionary, String sentence, int start) {
07        if (start >= sentence.length()) {
08            return new ParseResult(0, "");
09        }
10
11        int bestInvalid = Integer.MAX_VALUE;
12        String bestParsing = null;
13        String partial = "";
14        int index = start;
15        while (index < sentence.length()) {
16            char c = sentence.charAt(index);
17            partial += c;
18            int invalid = dictionary.contains(partial) ? 0 : partial.length();
19            if (invalid < bestInvalid) { // 더 짧은 경로
20                /* 재귀적으로, 해당 문자 다음에 공백을 추가한다.
21                 * 이 결과가 현재의 최선보다 나으면, 현재의 최선을 갱신한다. */
22                ParseResult result = split(dictionary, sentence, index + 1);
23                if (invalid + result.invalid < bestInvalid) {
24                    bestInvalid = invalid + result.invalid;
25                    bestParsing = partial + " " + result.parsed;
26                    if (bestInvalid == 0) break; // 더 짧은 경로
27                }
28            }
29
30            index++;
31        }
32        return new ParseResult(bestInvalid, bestParsing);
33    }
34
35    public class ParseResult {
36        public int invalid = Integer.MAX_VALUE;
37        public String parsed = " ";
38        public ParseResult(int inv, String p) {
39            invalid = inv;
40            parsed = p;
41        }
42    }
```

더 나은 결과를 두 부분에서 갱신했다.

· 22번째 줄: 만약 현재 인식 불가능한 문자의 개수가 알려진 최선을 넘어서면 더 이상 해당 재귀 경로는 정답이 아니게 된다. 더 이상 진행할 의미가 없다.

· 30번째 줄: 불가능한 문자의 개수가 0개라면 이보다 더 잘할 수 없다. 아마도 이 경로를 선택할 것이다.

수행 시간은 어떻게 되는가? 언어(영어)에 따라 달라지므로 실제로는 이를 제대로 설명하기가 어렵다.

한 가지 방법은 모든 재귀 경로를 택해야 하는 아주 특이한 언어를 상상해 보는 것이다. 이 경우에는 각각의 문자에 대해 두 가지 선택을 하게 되므로 문자의 개수가 n일 때 $O(2^n)$이 된다.

최적화 해법

흔히 재귀 알고리즘이 지수의 수행 시간을 보일 때는 메모이제이션(결과를 캐시에 저장)을 통해 최적화할 수 있다. 그러기 위해선 공통된 부분문제를 찾아야 한다.

재귀 경로의 어느 부분이 겹치는가? 즉, 공통된 부분문제가 무엇인가?

문자열 thisismikesfavoritefood를 생각해 보자. 다시, 전체가 유효한 단어인 경우를 생각해 보자.

이 경우에는 첫 번째 공백을 t와 th 이후에(그리고 다른 많은 경우에) 삽입하려고 시도할 것이다. 그다음 선택은 무엇일지 생각해 보자.

```
split(thisismikesfavoritefood) →
      t + split(hisismikesfavoritefood)
  OR th + split(isismikesfavoritefood)
  OR ...

split(hisismikesfavoritefood) →
      h + split(isismikesfavoritefood)
  OR ...

...
```

t와 h 이후에 공백을 추가하는 경우와 th 이후에 공백을 추가하는 경우는 같은 재귀 경로를 갖는다. 같은 결과를 얻는다면 split(isismikesfavoritefood)를 두 번 계산할 이유가 없다.

대신 결과를 캐시에 저장한다. 부분 문자열에서 ParseResult 객체로 대응되는 해시테이블을 사용할 것이다.

실제로는 현재 부분 문자열을 키로 만들 필요가 없다. 문자열의 시작 인덱스만 있으면 부분 문자열을 충분히 표현해낼 수 있다. 결국 부분 문자열을 사용하려고 할 때 sentence.substring(start, sentencc.length)를 호출하면 된다. 해시테이블을 시작 인덱스에서 최선의 파싱 결과로 대응관계를 저장하고 있을 것이다.

시작 인덱스가 키가 되므로 실제로 해시테이블까진 필요 없다. ParseResult 객체를 저장할 배열만 있으면 된다. 그러면 인덱스에서 해당 객체로 대응관계를 만들어 낼 수 있다.

아래 코드는 이전 함수와 실제로는 동일하지만, 캐시를 위해서 memo을 사용하였다. 함수를 처음 호출할 때 이를 살펴보고 반환할 때 저장한다.

```java
String bestSplit(HashSet<String> dictionary, String sentence) {
    ParseResult[] memo = new ParseResult[sentence.length()];
    ParseResult r = split(dictionary, sentence, 0, memo);
    return r == null ? null : r.parsed;
}

ParseResult split(HashSet<String> dictionary, String sentence, int start,
                  ParseResult[] memo) {
    if (start >= sentence.length()) {
        return new ParseResult(0, "");
    } if (memo[start] != null) {
        return memo[start];
    }

    int bestInvalid = Integer.MAX_VALUE;
    String bestParsing = null;
    String partial = "";
    int index = start;
    while (index < sentence.length()) {
        char c = sentence.charAt(index);
        partial += c;
        int invalid = dictionary.contains(partial) ? 0 : partial.length();
        if (invalid < bestInvalid) { // 더 짧은 경로
            /* 재귀적으로, 해당 문자 다음에 공백을 추가한다.
             * 이 결과가 현재의 최선보다 나으면, 현재의 최선을 갱신한다. */
            ParseResult result = split(dictionary, sentence, index + 1, memo);
            if (invalid + result.invalid < bestInvalid) {
                bestInvalid = invalid + result.invalid;
                bestParsing = partial + " " + result.parsed;
                if (bestInvalid == 0) break; // 더 짧은 경로
            }
        }

        index++;
    }
    memo[start] = new ParseResult(bestInvalid, bestParsing);
    return memo[start];
}
```

이 방법의 수행 시간을 이해하는 것이 이전 해법보다 더 어렵다. 전체가 유효한 단어인 아주 특이한 경우를 다시 상상해 보자.

한 가지 알 수 있는 사실은 split(i)가 모든 i에 대해 한 번만 계산된다는 점이다. split(i+1)부터 split(n−1)까지는 이미 호출된 상황에서 split(i)를 호출하면 무슨 일이 발생하는가?

```
split(i) → calls:
    split(i+1)
    split(i+2)
    split(i+3)
    split(i+4)
    ...
    split(n−1)
```

각각의 재귀 호출은 이미 계산되었으므로 즉시 반환될 것이다. O(1) 시간을 n-i번 호출하면 O(n-i) 시간이 된다. 이 말은 split(i)가 최대 O(i) 시간이 걸린다는 뜻이다.

이제 split(i-1), split(i-2) 등에 대해 같은 논리를 적용할 수 있다. split(n-1)을 계산하는 데 1번 호출, split(n-2)를 계산하는 데 2번 호출, split(n-3)을 계산하는 데 3번 호출, …, split(0)을 계산하는 데 n번 호출한다. 얼마나 많이 호출하는가? 기본적으로 1부터 n까지의 합인 $O(n^2)$과 같다.

따라서 이 함수의 수행 시간은 $O(n^2)$이 된다.

17.14 가장 작은 숫자 k개: 배열에서 가장 작은 숫자 k개를 찾는 알고리즘을 설계하라.

275쪽

해법

이 문제를 푸는 방법은 여러 가지다. 세 가지를 살펴볼 것이다. 정렬, 최대 힙, 선택 순위(selection rank).

이 알고리즘 중 몇 개는 배열을 수정해야 한다. 이 부분은 면접관과 상의해야 한다. 하지만 기존 배열을 수정할 수 없다고 하더라도 배열을 복사한 뒤 복제된 배열을 수정하면 된다. 이렇게 하더라도 알고리즘의 big-O 시간에는 아무런 영향이 없다.

해법 1: 정렬

오름차순으로 정렬한 뒤 첫 백만 개의 숫자를 취하면 된다.

```
int[] smallestK(int[] array, int k) {
    if (k <= 0 || k > array.length) {
        throw new IllegalArgumentException();
    }

    /* 배열 정렬 */
    Arrays.sort(array);

    /* 첫 k개의 원소 복사 */
    int[] smallest = new int[k];
    for (int i = 0; i < k; i++) {
        smallest[i] = array[i];
    }
    return smallest;
}
```

시간 복잡도는 $O(n \log(n))$이 된다.

해법 2: 최대 힙

이 문제를 푸는 데 최대 힙을 사용할 수 있다. 먼저 첫 백만 개의 숫자를 넣기 위한 최대힙(가장 큰 원소가 위에 온다)을 만든다.

그 다음에 리스트를 순회한다. 각각의 원소가 루트보다 작으면 힙에 넣고 가장 큰 원소(아마도 루트)를 삭제한다.

순회가 끝난 다음에 힙에는 가장 작은 숫자 백만 개가 들어 있을 것이다. m을 우리가 원하는 값의 개수라고 할 때 이 알고리즘은 $O(n \log(m))$이 걸린다.

```
int[] smallestK(int[] array, int k) {
    if (k <= 0 || k > array.length) {
        throw new IllegalArgumentException();
    }

    PriorityQueue<Integer> heap = getKMaxHeap(array, k);
    return heapToIntArray(heap);
}

/* 가장 작은 k개의 원소를 넣기 위한 최대 힙 생성 */
PriorityQueue<Integer> getKMaxHeap(int[] array, int k) {
    PriorityQueue<Integer> heap =
        new PriorityQueue<Integer>(k, new MaxHeapComparator());
    for (int a : array) {
        if (heap.size() < k) { // 자리가 남아 있다면
            heap.add(a);
        } else if (a < heap.peek()) { // 꽉 찼고 top보다 작다면
            heap.poll(); // 가장 큰 원소를 삭제
            heap.add(a); // 새로운 원소를 삽입
        }
    }
    return heap;
}

/* 힙을 정수 배열로 변환 */
int[] heapToIntArray(PriorityQueue<Integer> heap) {
    int[] array = new int[heap.size()];
    while (!heap.isEmpty()) {
        array[heap.size() - 1] = heap.poll();
    }
    return array;
}

class MaxHeapComparator implements Comparator<Integer> {
    public int compare(Integer x, Integer y) {
        return y - x;
    }
}
```

자바에서는 힙과 같은 기능을 제공하는 PriorityQueue 클래스를 사용할 수 있다. 기본적으로 가장 작은 원소를 위로 올리는 최소 힙과 같이 동작한다. 가장 큰 원소를 위로 올리도록 바꾸고 싶으면 다른 비교연산자를 전달하면 된다.

해법 3: 선택 순위 알고리즘 (중복된 원소가 없을 때)

선택 순위(selection rank)는 배열에서 i번째 작은 원소를 선형 시간에 찾을 때 사용하는 아주 잘 알려진 알고리즘이다.

중복된 원소가 존재하지 않는다면 O(n) 시간에 i번째 작은 원소를 찾을 수 있다. 기본적인 알고리즘은 다음과 같이 동작한다.

1. 배열에서 임의의 원소를 선택한 뒤 '피벗'으로 사용한다. 피벗을 기준으로 원소를 나눈다. 이때 왼쪽에 위치한 원소의 개수를 추적한다.

2. 만약 왼쪽에 정확히 i개의 원소가 존재한다면 왼쪽에서 가장 큰 원소를 반환한다.

3. 만약 왼쪽이 i보다 크다면 같은 알고리즘을 왼쪽 배열에 대해 다시 반복한다.

4. 만약 왼쪽이 i보다 작다면 같은 알고리즘을 오른쪽에 대해 반복하는데, 이때는 i-leftSize번째 원소를 찾는다.

i번째로 작은 원소를 찾고 나면 해당 원소보다 작은 원소는 모두 왼쪽에 있다. 왜냐하면 그렇게 배열을 나누었기 때문이다. 이제 첫 i개의 원소를 반환할 수 있다.

아래는 이 알고리즘을 구현한 코드이다.

```java
int[] smallestK(int[] array, int k) {
    if (k <= 0 || k > array.length) {
        throw new IllegalArgumentException();
    }

    int threshold = rank(array, k - 1);
    int[] smallest = new int[k];
    int count = 0;
    for (int a : array) {
        if (a <= threshold) {
            smallest[count] = a;
            count++;
        }
    }
    return smallest;
}

/* rank에 해당하는 원소 구하기 */
int rank(int[] array, int rank) {
    return rank(array, 0, array.length - 1, rank);
}

/* left 인덱스와 right 인덱스에서 rank에 해당하는 원소 구하기 */
int rank(int[] array, int left, int right, int rank) {
    int pivot = array[randomIntInRange(left, right)];
    int leftEnd = partition(array, left, right, pivot);
    int leftSize = leftEnd - left + 1;
    if (rank == leftSize - 1) {
        return max(array, left, leftEnd);
```

```
        } else if (rank < leftSize) {
            return rank(array, left, leftEnd, rank);
        } else {
            return rank(array, leftEnd + 1, right, rank - leftSize);
        }
    }

/* 피벗을 기준으로 배열을 분할한다.
 * pivot보다 작거나 같은 원소(<=pivot)는 pivot보다 큰 원소(>pivot)보다 먼저 나와야 한다. */
int partition(int[] array, int left, int right, int pivot) {
    while (left <= right) {
        if (array[left] > pivot) {
            /* left에 위치한 원소가 피벗보다 크다.
             * 오른쪽에 있어야 하는 원소와 맞바꾼다. */
            swap(array, left, right);
            Right--;
        } else if (array[right] <= pivot) {
            /* right에 위치한 원소가 피벗보다 작다.
             * 왼쪽에 있어야 하는 원소와 맞바꾼다. */
            swap(array, left, right);
            left++;
        } else {
            /* left와 right의 위치가 올바르다. 양쪽으로 확장해 나간다. */
            left++;
            right--;
        }
    }
    return left - 1;
}

/* 해당 범위에서 임의의 정수를 선택한다. */
int randomIntInRange(int min, int max) {
    Random rand = new Random();
    return rand.nextInt(max + 1 - min) + min;
}

/* 인덱스 i와 j의 값을 맞바꾼다. */
void swap(int[] array, int i, int j) {
    int t = array[i];
    array[i] = array[j];
    array[j] = t;
}

/* left와 right 사이에서 가장 큰 원소를 구한다. */
int max(int[] array, int left, int right) {
    int max = Integer.MIN_VALUE;
    for (int i = left; i <= right; i++) {
        max = Math.max(array[i], max);
    }
    return max;
}
```

만약 원소가 중복되어 등장한다면 알고리즘을 살짝 바꿔야 한다.

해법 4: 선택 순위 알고리즘(중복된 원소가 있을 때)

주로 partition 함수를 바꾸면 된다. 피벗을 기준으로 배열을 나눌 때 세 부분으로 나눈다. 피벗보다 작은 곳, 피벗과 같은 곳, 피벗보다 큰 곳.

rank도 살짝 바꿀 필요가 있다. 왼쪽과 가운데 부분의 크기를 rank와 비교한다.

```java
class PartitionResult {
    int leftSize, middleSize;
    public PartitionResult(int left, int middle) {
        this.leftSize = left;
        this.middleSize = middle;
    }
}

int[] smallestK(int[] array, int k) {
    if (k <= 0 || k > array.length) {
        throw new IllegalArgumentException();
    }

    /* rank가 k - 1인 원소 가져오기 */
    int threshold = rank(array, k - 1);

    /* 한계점에 있는 원소보다 작은 원소 복사하기 */
    int[] smallest = new int[k];
    int count = 0;
    for (int a : array) {
        if (a < threshold) {
            smallest[count] = a;
            count++;
        }
    }

    /* 왼쪽에 공간이 남아있으면, 그 공간의 크기는 한계점에 있는
     * 원소의 개수와 같아야 한다. 이들을 복사한다. */
    while (count < k) {
        smallest[count] = threshold;
        cunt++;
    }

    return smallest;
}

/* 배열에서 rank가 k인 값 찾기 */
int rank(int[] array, int k) {
    if (k >= array.length) {
        throw new IllegalArgumentException();
    }
    return rank(array, k, 0, array.length - 1);
}

/* start와 end 사이에서 rank가 k인 값 찾기 */
int rank(int[] array, int k, int start, int end) {
    /* 임의의 피벗을 기준으로 배열 나누기 */
    int pivot = array[randomIntInRange(start, end)];
    PartitionResult partition = partition(array, start, end, pivot);
    int leftSize = partition.leftSize;
    int middleSize = partition.middleSize;

    /* 배열의 각 부분을 탐색 */
    if (k < leftSize) {                    // rank k가 왼쪽에 위치
        return rank(array, k, start, start + leftSize - 1);
    } else if (k < leftSize + middleSize) { // rank k가 가운데 위치
        return pivot;                       // middle은 전부 피벗과 값이 같다.
    } else { // rank k가 오른쪽에 위치
        return rank(array, k - leftSize - middleSize, start + leftSize + middleSize,
                end);
```

```
        }
    }

    /* 결과를 pivot보다 작은 그룹, pivot과 같은 그룹, pivot보다 큰 그룹으로 나눈다. */
    PartitionResult partition(int[] array, int start, int end, int pivot) {
        int left = start;    /* 오른쪽 그룹의 (왼쪽) 끝부분을 가리키는 변수 */
        int right = end;     /* 가운데 그룹의 (오른쪽) 끝부분을 가리키는 변수 */
        int middle = start; /* 가운데 부분에서 (오른쪽) 끝부분에 위치 */
        while (middle <= right) {
            if (array[middle] < pivot) {
                /* middle이 피벗보다 작은 경우를 말한다. left는 피벗보다
                 * 작거나 같은 경우가 된다. 무엇이 됐든 맞바꾸어야 한다.
                 * 그 다음에 middle과 left를 한 칸씩 움직인다. */
                swap(array, middle, left);
                middle++;
                left++;
            } else if (array[middle] > pivot) {
                /* middle이 피벗보다 큰 경우를 말한다. right에는 아무 값이나
                 * 들어가도 된다. 맞바꾼다. 이제 우리는 새로운 오른쪽 값이 피벗보다
                 * 크다는 사실을 알게 된다. right를 한 칸 움직인다. */
                swap(array, middle, right);
                right--;
            } else if (array[middle] == pivot) {
                /* middle이 피벗과 같다. 한 칸 움직인다. */
                middle++;
            }
        }

    }
    /* left와 middle의 크기를 반환한다. */
    return new PartitionResult(left - start, right - left + 1);
}
```

smallestK에서 수정된 부분도 확인하자. 단순하게 한계점보다 작거나 같은 모든 원소를 배열에 복사할 수 없다. 왜냐하면 중복된 원소들이 존재하기 때문에 한계점보다 작거나 같은 원소의 개수가 k보다 많을 수도 있기 때문이다("k개의 원소만 복사해"라고 말할 수 없다. 값이 '같은' 원소는 무작위로 배열에 채워 넣을 수 있지만 값이 작은 원소를 위해서는 공간을 비워놔야 한다).

이 해법은 꽤 간단하다. 값이 작은 원소를 먼저 복사한 뒤에 값이 같은 원소를 채워 넣는다.

17.15 가장 긴 단어: 주어진 단어 리스트에서, 다른 단어들을 조합하여 만들 수 있는 가장 긴 단어를 찾는 프로그램을 작성하라.

예제

입력: cat, banana, dog, nana, walk, walker, dogwalker
출력: dogwalker

275쪽

해법

복잡해 보이니 우선 단순화해 보자. 배열 내의 다른 단어 두 개를 조합하여 만들 수

있는 가장 긴 단어를 배열 안에서 찾는다면?

가장 긴 단어부터 가장 짧은 단어순으로 배열을 순회해 나가면 풀 수 있다. 각 단어를 가능한 모든 방법으로 나누고, 그 왼쪽과 오른쪽 단어가 배열 안에 있는지 검사해 보면 된다.

이 방법을 의사코드로 작성하면 다음과 같다.

```
String getLongestWord(String[] list) {
    String[] array = list.SortByLength();
    /* 탐색을 간편하게 하기 위한 map 객체 생성 */
    HashMap<String, Boolean> map = new HashMap<String, Boolean>;

    for (String str : array) {
        map.put(str, true);
    }

    for (String s : array) {
        // 가능한 모든 방법으로 나눈다.
        for (int i = 1; i < s.length(); i++) {
            String left = s.substring(0, i);
            String right = s.substring(i);
            // 두 부분이 배열 안에 있는지 살핀다.
            if (map[left] == true && map[right] == true) {
                return s;
            }
        }
    }
    return str;
}
```

두 단어만 연결하여 만든 단어를 찾는 경우에는 잘 동작하는 알고리즘이다. 그런데 연결할 단어의 개수에 제약이 없다면?

이 경우에는 비슷한 방법을 사용하지만, 하나만 바꾸면 된다. 오른쪽 부분이 배열 안에 있는지 보는 대신, 오른쪽 문자열을 배열 내 다른 원소들로 만들어 낼 방법이 없는지 재귀적으로 보는 것이다.

이 알고리즘을 코드로 구현하면 다음과 같다.

```
String printLongestWord(String arr[]) {
    HashMap<String, Boolean> map = new HashMap<String, Boolean>();
    for (String str : arr) {
        map.put(str, true);
    }
    Arrays.sort(arr, new LengthComparator()); // 길이로 정렬
    for (String s : arr) {
        if (canBuildWord(s, true, map)) {
            System.out.println(s);
            return s;
        }
    }
    return "";
}
```

```
boolean canBuildWord(String str, boolean isOriginalWord,
                      HashMap<String, Boolean> map) {
    if (map.containsKey(str) && !isOriginalWord) {
        return map.get(str);
    }
    for (int i = 1; i < str.length(); i++) {
        String left = str.substring(0, i);
        String right = str.substring(i);
        if (map.containsKey(left) && map.get(left) == true &&
            canBuildWord(right, false, map)) {
            return true;
        }
    }
    map.put(str, false);
    return false;
}
```

조금이나마 최적화를 한 부분이 한 군데 있다. 동적 프로그래밍/메모이제이션 방법을 사용하여 재귀 호출 결과를 캐싱해 둔 것이다. 그렇기 때문에 testingtester와 같은 문자열을 만들 방법이 있는지는 한 번만 계산하면 된다.

불린 플래그 isOrignalWord는 이 최적화를 완성하는 데 사용되었다. 메서드 canBuildWord는 원래 단어와 모든 부분 문자열에 대해서 호출되는데, 이 메서드가 처음으로 하는 일은 이전의 계산 결과가 캐시에 있는지 확인하는 것이다. 하지만 원래 단어들에 대해서 canBuildWord를 호출하는 경우에는 문제가 있다. map은 모든 단어에 대해 true로 초기화되어 있지만, true를 반환해서는 안 된다(자기 자신만 포함하는 단어를 찾는 것이 아니기 때문). 따라서 원래 단어들에 대해서는 isOriginalWord 플래그를 사용해서 해시테이블에 보관된 결과를 무시한다.

17.16 마사지사: 인기 있는 마사지사가 있다. 이 마사지사는 예약 사이에 15분간 휴식한다. 마사지 예약이 연달아 들어온다면 그중에서 어떤 예약을 받을지 선택해야 한다. 연달아 들어온 마사지 예약 리스트가 주어졌을 때(모든 예약 시간은 15분의 배수이며 서로 겹치지는 않고 한번 예약이 되면 변경이 불가능하다), 총 예약 시간이 가장 긴 최적의 마사지 예약 순서를 찾으라.

예제
입력: {30, 15, 60, 75, 45, 15, 15, 45}
출력: 180분 ({30, 60, 45, 45}).

275쪽

해법

예제를 먼저 생각해 보자. 문제의 이해를 돕기위해 그림으로 그려볼 것이다. 각각의 숫자는 예약된 시간(분)을 나타낸다.

$r_0 = 75$	$r_1 = 105$	$r_2 = 120$	$r_3 = 75$	$r_4 = 90$	$r_5 = 135$

아니면, 휴식 시간을 포함해서 모든 시간을 15분 단위로 나눌 수도 있다. 이랬을 때 위의 예약 상황을 {5, 7, 8, 5, 6, 9}로 나타낼 수 있다. 배열의 단위가 15분이므로 휴식 시간은 1분만큼 필요하다고 생각해야 한다.

이 예제의 최적의 예약시간은 총 300분이며 {$r_0 = 75$, $r_2 = 120$, $r_5 = 135$}가 된다. 최적의 예약시간을 고를 때 의도적으로 번갈아 나오는 형태를 피했다.

또한 탐욕적(greedy) 전략을 써서 가장 긴 예약시간을 먼저 선택하는 게 늘 최적은 아니라는 사실도 인지했을 것이다. 예를 들어 {45, 60, 45, 15}의 경우에 60이 해법 안에 들어가지 않는다.

해법 #1: 재귀적 방법

먼저 생각나는 방법은 재귀일 것이다. 근본적으로 예약 리스트를 하나씩 훑어나가면서 일련의 선택을 하면 된다. 이 예약을 받을 것인가 아니면 받지 않을 것인가? i번째 예약을 받는다면 곧바로 이어서 들어온 i+1번째 예약은 반드시 건너뛰어야 한다. i+2번째 예약은 받아도 되는 가능성이 존재한다.

```
int maxMinutes(int[] massages) {
    return maxMinutes(massages, 0);
}

int maxMinutes(int[] massages, int index) {
    if (index >= massages.length) { // 범위를 벗어남
        return 0;
    }

    /* 해당 예약을 포함한 최적 */
    int bestWith = massages[index] + maxMinutes(massages, index + 2);

    /* 해당 예약을 포함하지 않은 최적 */
    int bestWithout = maxMinutes(massages, index + 1);

    /* index에서 시작한 부분배열의 최적 반환 */
    return Math.max(bestWith, bestWithout);
}
```

각 원소에서 두 가지 선택이 존재하고 그 선택을 n번 수행하기 때문에 이 방법의 시간 복잡도는 $O(2^n)$이 된다.

재귀 호출 스택을 사용하기 때문에 공간 복잡도는 $O(n)$이 된다.

또한 길이가 5인 배열을 이용해서 재귀 호출 트리를 그려볼 수 있다. 각 노드에 적혀있는 숫자는 maxMinutes을 호출할 때의 index 값을 나타낸다. 예를 들면

maxMinutes(massages, 0)은 maxMinutes(massages, 1)과 maxMinutes(massages, 2)를 호출한다.

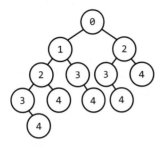

많은 재귀 문제와 마찬가지로 메모이제이션을 통해 반복되는 부분문제를 피할 수 있다. 이 문제에서도 역시 그럴 수 있다.

해법 #2: 재귀 + 메모이제이션

우리는 같은 입력에 대해 maxMinutes을 반복적으로 호출한다. 예를 들어, 0번째 예약을 받을지 말지 결정할 때 인덱스가 2인 경우를 호출한다. 또한 1번째 예약을 받을지 말지 결정할 때도 인덱스가 2인 경우를 호출한다. 메모이제이션을 사용해야 한다.

메모이제이션 테이블은 단순하게 인덱스에서 최대 시간(분)으로의 대응을 나타낸다. 따라서 단순한 배열만 있으면 충분하다.

```
int maxMinutes(int[] massages) {
    int[] memo = new int[massages.length];
    return maxMinutes(massages, 0, memo);
}

int maxMinutes(int[] massages, int index, int[] memo) {
    if (index >= massages.length) {
        return 0;
    }

    if (memo[index] == 0) {
        int bestWith = massages[index] + maxMinutes(massages, index + 2, memo);
        int bestWithout = maxMinutes(massages, index + 1, memo);
        memo[index] = Math.max(bestWith, bestWithout);
    }

    return memo[index];
}
```

수행 시간을 구하기 위해 위와 같이 재귀 호출 트리를 그려볼 것이다. 여기서 회색으로 칠해진 호출은 값을 곧바로 반환하는 부분이다. 호출이 없는 부분은 그림에서 완전히 지웠다.

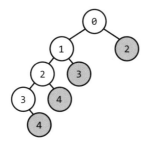

더 큰 트리를 그려보면 비슷한 패턴을 볼 수 있을 것이다. 왼쪽으로 뻗어 있는 가지를 제외하면 트리가 굉장히 선형적으로 생겼다. 따라서 이 해법의 수행 시간과 공간 모두 O(n)이 된다. 추가 공간은 재귀 호출 스택과 메모이제이션 테이블에서 사용했다.

해법 #3: 순환적 방법

더 나은 방법이 있을까? 각각의 예약을 적어도 한 번은 확인해야 하기 때문에 시간 복잡도를 더 개선할 수는 없다. 하지만 공간 복잡도는 개선할 수 있을지도 모른다. 즉, 재귀를 사용하지 않는 방법이다.

첫 번째 예제를 다시 살펴보자.

$r_0=30$	$r_1=15$	$r_2=60$	$r_3=75$	$r_4=45$	$r_5=15$	$r_6=15$	$r_7=45$

문제에 써 있듯이 인접한 예약은 동시에 받을 수 없다.

여기서 한 가지 더 알 수 있는 사실이 있다. 연속한 예약을 세 개 이상 건너뛰면 안 된다는 것이다. 즉, r_0과 r_3을 취하고 싶으면 r_1과 r_2를 건너뛰어야 한다. 하지만 절대 r_1, r_2, r_3을 동시에 건너뛰면 안 된다. 중간 원소를 추가로 사용함으로써 언제나 그보다 더 나은 해법을 만들 수 있다.

다시 말해 r_0을 취하고자 하면, r_1을 건너뛰고 r_2와 r_3 중에 하나를 취해야 한다. 이를 통해 우리가 각 단계에서 생각해 봐야 할 가능성에 상당한 제한이 가해지고, 따라서 순환적 해법을 생각해 보게 됐다.

재귀+메모이제이션 해법을 다시 생각해보고 이 로직을 반대로 해 보자. 즉, 순환적 방법을 적용해 보자.

이를 시도해 볼 수 있는 유용한 방법은 뒤에서부터 배열의 앞으로 채워나가는 방법이다. 각 지점에서 부분배열의 해법을 찾는다.

- best(7): $\{r_7 = 45\}$일 때 최적의 선택은 무엇인가? r_7을 취하면, 45분을 얻을 수 있다. 따라서 best(7) = 45.

- best(6): $\{r_6 = 15, \dots\}$일 때 최적의 선택은 무엇인가? 여전히 45분이다. 따라서 best(6) = 45.

- best(5): $\{r_5 = 15, \dots\}$일 때 최적의 선택은 무엇인가? 다음 둘 중에 하나를 선택할 수 있다.
  - $r_5 = 15$와 best(7) = 45를 합치거나
  - best(6) = 45를 취하거나
  - 첫 번째를 선택하면 60분이 되므로, best(5) = 60.

- best(4): $\{r_4 = 45, \dots\}$일 때 최적의 선택은 무엇인가? 다음 둘 중에 하나를 선택할 수 있다.
  - $r_4 = 45$와 best(6) = 45를 합치거나
  - best(5) = 60을 취하거나
  - 첫 번째를 선택하면 90분이 되므로, best(4) = 90.

- best(3): $\{r_3 = 75, \dots\}$일 때 최적의 선택은 무엇인가? 다음 둘 중에 하나를 선택할 수 있다.
  - $r_3 = 75$와 best(5) = 60을 합치거나
  - best(4) = 90을 취하거나
  - 첫 번째를 선택하면 135분이 되므로, best(3) = 135.

- best(2): $\{r_2 = 60, \dots\}$일 때 최적의 선택은 무엇인가? 다음 둘 중에 하나를 선택할 수 있다.
  - $r_2 = 60$과 best(4) = 90을 합치거나
  - best(3) = 135를 취하거나
  - 첫 번째를 선택하면 150분이 되므로, best(2) = 150.

- best(1): $\{r_1 = 15, \dots\}$일 때 최적의 선택은 무엇인가? 다음 둘 중에 하나를 선택할 수 있다.
  - $r_1 = 15$와 best(3) = 135를 합치거나
  - best(2) = 150을 취하거나

- 둘 다 best(1) = 150이 된다.

- best(0): {r_0 = 30, ...}일 때 최적의 선택은 무엇인가? 다음 둘 중에 하나를 선택할 수 있다.

  - r_0 = 30과 best(2) = 150을 합치거나
  - best(1) = 150을 취하거나
  - 첫 번째를 선택하면 180분이 되므로, best(0) = 180.

따라서 180분을 반환한다.

아래는 이 알고리즘을 구현한 코드이다.

```
int maxMinutes(int[] massages) {
    /* 배열을 초기에 할당할 때 필요한 길이보다 2만큼 더 많이 할당한다.
     * 이렇게 하면 7번째 줄과 8번째 줄에서 범위를 확인하지 않아도 된다. */
    int[] memo = new int[massages.length + 2];
    memo[massages.length] = 0;
    memo[massages.length + 1] = 0;
    for (int i = massages.length - 1; i >= 0; i--) {
        int bestWith = massages[i] + memo[i + 2];
        int bestWithout = memo[i + 1];
        memo[i] = Math.max(bestWith, bestWithout);
    }
    return memo[0];
}
```

이 방법의 수행 시간은 O(n)이고 공간복잡도는 O(n)이다.

순환적 방법이 좋긴 하지만 실제로 더 나아진 부분은 없다. 시간 및 공간복잡도를 비교했을 때 재귀적 해법과 동일하다.

해법 #4: 순환적 방법을 이용한 최적의 시간 및 공간

마지막 해법을 다시 살펴보면 메모이제이션 테이블의 값을 잠깐만 사용한다는 사실을 눈치챘을 것이다. 어떤 인덱스를 조금만 앞서 나간 뒤에는 다시 해당 인덱스를 사용하지 않는다.

실제로 어떤 인덱스 i에서는, i+1과 i+2의 최적값만 알고 있으면 된다. 따라서 메모이제이션을 제거하고 정수 변수 두 개만 사용하면 된다.

```
int maxMinutes(int[] massages) {
    int oneAway = 0;
    int twoAway = 0;
    for (int i = massages.length - 1; i >= 0; i--) {
        int bestWith = massages[i] + twoAway;
        int bestWithout = oneAway;
        int current = Math.max(bestWith, bestWithout);
        twoAway = oneAway;
        oneAway = current;
```

```
        }
        return oneAway;
}
```

이 방법은 시간과 공간 면에서 가장 최적화된 방법이다. O(n) 시간과 O(1) 공간이
필요하다.

그런데 배열의 뒤를 왜 살펴보는 걸까? 배열을 뒤에서부터 채워나가는 방법은 많
은 문제에서 사용되는 흔한 기술이다.

하지만 원한다면 앞에서부터 채워나갈 수도 있다. 누군가에게는 생각하기 쉬운
방법이고, 누군가에게는 어려운 방법이다. 이 경우에는 "a[i]에서 시작하는 최적의
집합은 무엇인가?"라고 질문하기 보단, "a[i]로 끝나는 최적의 집합은 무엇인가?"라
고 질문해야 한다.

17.17 다중 검색: 문자열 s와, s보다 짧은 길이를 갖는 문자열로 이루어진 배열 T가
주어졌을 때, T에 있는 각 문자열을 s에서 찾는 메서드를 작성하라.

276쪽

해법

먼저 예제를 통해 살펴보자.

```
T={"is", "ppi", "hi", "sis", "i", "ssippi"}
b="mississippi"
```

이 예제에서 어떤 문자열(가령 "is")이 b에 여러 번 등장할 수 있다는 사실에 주목
하라.

해법 #1

단순한 방법은 상당히 쉽다. 긴 문자열에서 짧은 문자열을 모두 찾아 보는 것이다.

```
HashMapList<String, Integer> searchAll(String big, String[] smalls) {
    HashMapList<String, Integer> lookup =
        new HashMapList<String, Integer>();
    for (String small : smalls) {
        ArrayList<Integer> locations = search(big, small);
        lookup.put(small, locations);
    }
    return lookup;
}

/* 긴 문자열에서 짧은 문자열이 등장하는 모든 위치를 찾는다. */
ArrayList<Integer> search(String big, String small) {
    ArrayList<Integer> locations = new ArrayList<Integer>();
    for (int i = 0; i < big.length() - small.length() + 1; i++) {
        if (isSubstringAtLocation(big, small, i)) {
            locations.add(i);
        }
```

```
    }
    return locations;
}

/* small이 big의 index에서 등장하는지 확인 */
boolean isSubstringAtLocation(String big, String small, int offset) {
    for (int i = 0; i < small.length(); i++) {
        if (big.charAt(offset + i) != small.charAt(i)) {
            return false;
        }
    }
    return true;
}

/* HashMapList<String, Integer>는 String에서 ArrayList<Integer>로 대응되는
 * HashMap과 같다. 자세한 구현은 부록을 참조하길 바란다. */
```

isAtLocation을 구현하지 않고 substring과 equals 함수를 사용했어도 됐다. 부분 문자열들을 매번 만들지 않아도 되기 때문에 이 방법이 약간 더 빠르다(하지만 big-O 표기법상으로는 동일하다).

k는 T에 속한 문자열 중 가장 긴 길이, b는 길이가 긴 문자열의 길이, t는 T에 들어 있는 짧은 문자열의 개수라고 했을 때, 이 해법은 O(kbt) 시간이 걸린다.

해법 #2

최적화하기 위해선, 어떻게 해야 T의 모든 원소를 한 번만 사용해야 하는지 생각해 보거나 어떻게 수행했던 일을 재사용할 수 있을지를 생각해 봐야 한다.

한 가지 방법은 길이가 긴 문자열의 접미사를 이용해서 trie와 같은 자료구조를 사용하는 것이다. 문자열 bibs가 있다고 하면 이 문자열의 접미사 리스트는 bibs, ibs, bs, s가 된다.

그 트리는 아래와 같다.

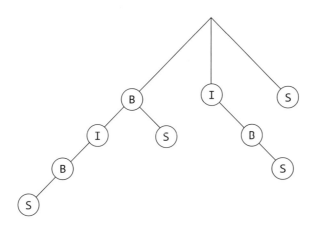

그 다음에 해야 할 일은 T 안의 문자열을 이용해서 접미사 트리를 탐색하는 것이다. 만약 'B'가 하나의 단어라면 두 가지 위치를 떠올려야 한다.

```java
HashMapList<String, Integer> searchAll(String big, String[] smalls) {
    HashMapList<String, Integer> lookup = new HashMapList<String, Integer>();
    Trie tree = createTrieFromString(big);
    for (String s : smalls) {
        /* 각 문자열이 나타나는 곳의 끝 위치 가져오기 */
        ArrayList<Integer> locations = tree.search(s);

        /* 시작 위치 조정하기 */
        subtractValue(locations, s.length());

        /* 삽입 */
        lookup.put(s, locations);
    }
    return lookup;
}

Trie createTrieFromString(String s) {
    Trie trie = new Trie();
    for (int i = 0; i < s.length(); i++) {
        String suffix = s.substring(i);
        trie.insertString(suffix, i);
    }
    return trie;
}

void subtractValue(ArrayList<Integer> locations, int delta) {
    if (locations == null) return;
    for (int i = 0; i < locations.size(); i++) {
        locations.set(i, locations.get(i) - delta);
    }
}

public class Trie {
    private TrieNode root = new TrieNode();

    public Trie(String s) { insertString(s, 0); }
    public Trie() {}

    public ArrayList<Integer> search(String s) {
        return root.search(s);
    }

    public void insertString(String str, int location) {
        root.insertString(str, location);
    }

    public TrieNode getRoot() {
        return root;
    }
}

public class TrieNode {
    private HashMap<Character, TrieNode> children;
    private ArrayList<Integer> indexes;
    private char value;

    public TrieNode() {
        children = new HashMap<Character, TrieNode>();
```

```
                    indexes = new ArrayList<Integer>();
            }

            public void insertString(String s, int index) {
                indexes.add(index);
                if (s != null && s.length() > 0) {
                    value = s.charAt(0);
                    TrieNode child = null;
                    if (children.containsKey(value)) {
                        child = children.get(value);
                    } else {
                        child = new TrieNode();
                        children.put(value, child);
                    }
                    String remainder = s.substring(1);
                    child.insertString(remainder, index + 1);
                } else {
                    children.put('\0', null); // 종료 문자
                }
            }

            public ArrayList<Integer> search(String s) {
                if (s == null || s.length() == 0) {
                    return indexes;
                } else {
                    char first = s.charAt(0);
                    if (children.containsKey(first)) {
                        String remainder = s.substring(1);
                        return children.get(first).search(remainder);
                    }
                }
                return null;
            }

            public boolean terminates() {
                return children.containsKey('\0');
            }
            public TrieNode getChild(char c) {
                return children.get(c);
            }
    }
}

/* HashMapList<String, Integer>는 String에서 ArrayList<Integer>로 대응되는
 * HashMap과 같다. 자세한 구현은 부록을 참조하길 바란다. */
```

트리를 만드는 데 $O(b^2)$ 시간이 걸리고 위치를 찾는 데 $O(kt)$ 시간이 걸린다.

다시 한번 언급한다. 여기에서 k는 T에 속한 문자열 중 가장 긴 길이를 뜻하고, b는 길이가 긴 문자열의 길이, t는 T에 들어 있는 짧은 문자열의 개수를 의미한다.

총 수행 시간은 $O(b^2+kt)$가 된다.

예상되는 입력이 무엇인지 모른다고 하더라도, 이전 해법의 시간 복잡도인 $O(bkt)$와 $O(b^2+kt)$를 곧바로 비교할 수는 없다. b가 굉장히 크다면 $O(bkt)$가 더 낫다. 하지만 짧은 문자열이 아주 많다면 $O(b^2+kt)$가 더 나을 것이다.

해법 #3

길이가 짧은 문자열을 트라이에 모두 넣는 방법을 쓸 수도 있다. 예를 들어 문자열 집합 {i, is, pp, ms}를 트라이에 넣으면 아래와 같다. 별표(*)는 단어의 끝을 나타내는 노드이다.

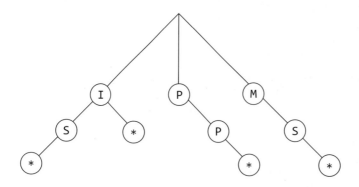

이제 mississippi에 있는 모든 단어를 찾으려면, 각 단어로 시작해서 트라이를 탐색하면 된다.

- m: 트라이에서 mississippi의 첫 번째 문자인 m으로 시작하는 단어를 찾아본다. mi로 가는 순간 종료한다.
- i: 그다음에 mississippi의 두 번째 문자인 i에서 시작한다. i 자체가 완성된 단어이므로 이를 리스트에 추가한다. 계속해서 i에서 is로 간다. 문자열 is 또한 완성된 단어이므로 리스트에 추가한다. 더 이상 자식 노드가 없으므로 mississippi의 다음 문자로 넘어간다.
- s: 이제 s에서 시작한다. s로 시작하는 노드가 없으므로 다음 문자로 넘어간다.
- s: 또 다른 s이다. 다음 문자로 넘어간다.
- i: 또 다른 i이다. 트라이의 i 노드에서 시작한다. i 자체가 완성된 단어이므로 이를 리스트에 추가한다. 계속해서 i에서 is로 넘어간다. 문자열 is 또한 완성된 단어이므로 리스트에 추가한다. 더 이상 자식 노드가 없으므로 mississippi의 다음 문자로 넘어간다.
- s: s에서 시작한다. s로 시작하는 노드가 없으므로 다음 문자로 넘어간다.
- s: 또 다른 s이다. 다음 문자로 넘어간다.
- i: i 노드로 넘어간다. i 자체가 완성된 단어이므로 리스트에 추가한다. mississippi의 다음 문자는 p이다. p 노드가 없으므로 다음 문자로 넘어간다.

- p: p로 시작하는 노드가 없다.
- p: 마찬가지로 p로 시작하는 노드가 없다.
- i: i 노드에서 시작한다. i 자체가 완성된 단어이므로 리스트에 추가한다.
  mississippi에 남아 있는 문자가 없으므로 여기서 중단한다.

완성된 '짧은' 단어를 찾으면 길이가 긴 문자열(mississippi)의 위치와 함께 이를 리스트에 추가한다.

아래는 이 알고리즘을 구현한 코드이다.

```
HashMapList<String, Integer> searchAll(String big, String[] smalls) {
    HashMapList<String, Integer> lookup = new HashMapList<String, Integer>();
    int maxLen = big.length();
    TrieNode root = createTreeFromStrings(smalls, maxLen).getRoot();
    for (int i = 0; i < big.length(); i++) {
        ArrayList<String> strings = findStringsAtLoc(root, big, i);
        insertIntoHashMap(strings, lookup, i);
    }

    return lookup;
}

/* 문자열을 트라이에 삽입한다(각 문자열은 maxLen보다 길지 않다고 가정). */
Trie createTreeFromStrings(String[] smalls, int maxLen) {
    Trie tree = new Trie("");
    for (String s : smalls) {
        if (s.length() <= maxLen) {
            tree.insertString(s, 0);
        }
    }
    return tree;
}

/* big의 인덱스 'start'에서 시작하는 문자열을 트라이에서 검색 */
ArrayList<String> findStringsAtLoc(TrieNode root, String big, int start) {
    ArrayList<String> strings = new ArrayList<String>();
    int index = start;
    while (index < big.length()) {
        root = root.getChild(big.charAt(index));
        if (root == null) break;
        if (root.terminates()) { // 완성된 문자열이면, 리스트에 추가
            strings.add(big.substring(start, index + 1));
        }
        index++;
    }
    return strings;
}

/* HashMapList<String, Integer>는 String에서 ArrayList<Integer>로 대응되는
 * HashMap과 같다. 자세한 구현은 부록을 참조하길 바란다. */
```

이 알고리즘은 트라이를 만드는 데 $O(kt)$ 시간이 걸리고 모든 문자열을 검색하는 데 $O(bk)$ 시간이 걸린다.

다시 한번 언급한다. 여기에서 k는 T에 속한 문자열 중 가장 긴 길이를 뜻하고, b는 길이가 긴 문자열의 길이, t는 T에 들어 있는 짧은 문자열의 개수를 의미한다.

이 문제의 총 수행 시간은 O(kt+bk)가 된다.

해법 #1은 O(kbt)이다. O(kt+bk)가 O(kbt)보다 빠르다.

해법 #2는 O(b²+kt)이다. b가 언제나 k보다 크기 때문에(만약 그렇지 않다면, 길이가 k인 문자열은 b에서 절대 찾을 수가 없다), 해법 #3 또한 해법 #2보다 빠르다.

17.18 가장 짧은 초수열: 작은 길이의 배열(모든 원소는 서로 다르다)과 그보다 긴 길이의 배열 두 개가 주어졌다. 길이가 긴 배열에서 길이가 작은 배열의 원소를 모두 포함하면서 길이가 가장 짧은 부분배열을 찾으라. 원소는 임의의 순서로 등장해도 괜찮다.

예제

입력: {1, 5, 9} | {7, 5, 9, 0, 2, 1, 3, 5, 7, 9, 1, 1, 5, 8, 8, 9, 7}
출력: [7, 10] (밑줄친 부분)

276쪽

해법

평소처럼 무식한 방법으로 시작하는 게 좋다. 손으로 직접 시도해 보라. 어떻게 하겠는가?

예제를 통해 알아 보자. 짧은 배열은 `smallArray`, 긴 배열은 `bigArray`로 나타낸다.

무식한 방법

느리면서도 '간단한' 방법은 `bigArray`를 순회하면서 반복적으로 모든 짧은 배열의 원소를 찾아 보는 것이다.

`bigArray`의 각 인덱스에서 앞으로 나아가면서, `smallArray`에서 각 원소가 등장하는 위치를 찾는다. 각 원소가 등장하는 위치 중 가장 큰 값을 통해 현재 인덱스에서 시작하는 가장 짧은 부분배열이 무엇인지 알 수 있다(이 개념을 '클로저(closure)'라고 부를 것이다. 즉, 클로저는 어떤 인덱스에서 시작하는 부분배열을 '닫음'으로써 완성시켜주는 원소를 뜻한다. 예를 들어, 이 예제에서 인덱스 3(값은 0)의 클로저는 인덱스 9가 된다).

각 인덱스에서의 클로저를 찾고 나면 전체 부분배열 중 가장 짧은 부분배열을 찾을 수 있다.

```
Range shortestSupersequence(int[] bigArray, int[] smallArray) {
    int bestStart = -1;
    int bestEnd = -1;
    for (int i = 0; i < bigArray.length; i++) {
        int end = findClosure(bigArray, smallArray, i);
        if (end == -1) break;
        if (bestStart == -1 || end - i < bestEnd - bestStart) {
            bestStart = i;
            bestEnd = end;
        }
    }
    return new Range(bestStart, bestEnd);
}

/* index가 주어졌을 때, 클로저를 찾는다(예를 들어, smallArray의
 * 모든 원소를 포함하는 부분배열을 완성시키는 종료 지점의 원소).
 * 이는 smallArray에 있는 원소의 다음 위치 중에서 최댓값을 뜻한다. */
int findClosure(int[] bigArray, int[] smallArray, int index) {
    int max = -1;
    for (int i = 0; i < smallArray.length; i++) {
        int next = findNextInstance(bigArray, smallArray[i], index);
        if (next == -1) {
            return -1;
        }
        max = Math.max(next, max);
    }
    return max;
}

/* index에서 시작할 때 element가 등장하는 다음 위치를 찾는다. */
int findNextInstance(int[] array, int element, int index) {
    for (int i = index; i < array.length; i++) {
        if (array[i] == element) {
            return i;
        }
    }
    return -1;
}

public class Range {
    private int start;
    private int end;
    public Range(int s, int e) {
        start = s;
        end = e;
    }

    public int length() { return end - start + 1; }
    public int getStart() { return start; }
    public int getEnd() { return end; }
    public boolean shorterThan(Range other) {
        return length() < other.length();
    }
}
```

B를 bigString의 길이, S를 smallString의 길이라고 했을 때 이 알고리즘의 시간 복잡도는 잠재적으로 $O(SB^2)$이 된다. 왜냐하면 각각의 문자 B개에 대해 $O(SB)$의 일을 수행하기 때문이다. B개의 문자에 대해 길이가 S인 나머지 문자열을 훑어 본다.

최적화 해법

어떻게 최적화할 수 있을지 생각해 보자. 이 방법이 느린 주된 이유는 탐색을 반복적으로 하기 때문이다. 인덱스가 주어졌을 때 특정 문자가 등장할 다음 위치를 빠르게 찾는 방법이 없을까?

예제를 통해 생각해 보자. 아래와 같은 배열이 주어졌을 때 각각의 위치에서 그 다음 5를 빠르게 찾는 방법은 무엇일까?

7, 5, 9, 0, 2, 1, 3, 5, 7, 9, 1, 1, 5, 8, 8, 9, 7

배열을 사용하면 반복적으로 탐색하는 부분을 없앨 수 있다. 배열을 뒤에서부터 앞으로 순회하면서 필요한 정보를 사전에 계산해 놓으면 된다. 즉, 여기에서는 마지막으로 등장한 5의 위치를 저장하고 있으면 된다.

값	7	5	9	0	2	1	3	5	7	9	1	1	5	8	8	9	7
인덱스	0	1	2	3	4	5	6	7	8	9	10	11	12	13	14	15	16
다음5	1	1	7	7	7	7	7	7	12	12	12	12	12	x	x	x	x

{1, 5, 9}에 대해서 이 작업을 수행하면 배열을 3번 뒤에서부터 앞으로 읽어야 한다.

이 작업을 하나로 합쳐서 한 번에 세 가지 경우를 모두 처리하고 싶을 수도 있다. 이렇게 하면 더 빠를 것 같이 보이지만, 실제론 그렇지 않다. 순회를 한 번 한다는 뜻은 매번 비교연산을 세 번 수행해야 한다는 뜻이다. 루프를 N번 돌고 매번 세 번의 비교연산을 수행하는 경우가 루프를 3N번 돌고 매번 비교 연산을 한 번 하는 것보다 더 빠르지 않다. 루프를 분리시켜 놓으면 코드를 깔끔하게 유지할 수 있는 장점도 있다.

값	7	5	9	0	2	1	3	5	7	9	1	1	5	8	8	9	7
인덱스	0	1	2	3	4	5	6	7	8	9	10	11	12	13	14	15	16
다음1	5	5	5	5	5	5	10	10	10	10	10	11	x	x	x	x	x
다음5	1	1	7	7	7	7	7	7	12	12	12	12	12	x	x	x	x
다음9	2	2	2	9	9	9	9	9	9	9	15	15	15	15	15	15	x

findNextInstance 함수는 이제 탐색을 하지 않고 이 테이블을 이용해서 다음에 등장할 위치를 찾을 수 있다.

하지만 이보다 더 간단하게 만들 수 있다. 위의 테이블에서 각 열(column)에서의 최댓값이 각 인덱스에서의 클로저이므로 이를 빠르게 계산할 수 있다. 만약 어떤 열이 x로 표시되어 있으면 해당 인덱스에는 클로저가 존재하지 않는다. 왜냐하면 이는 다음에 등장하는 문자가 없다는 뜻이기 때문이다.

인덱스와 클로저의 차이가 바로 해당 인덱스에서 시작하는 가장 작은 부분배열을 뜻한다.

값	7	5	9	0	2	1	3	5	7	9	1	1	5	8	8	9	7
인덱스	0	1	2	3	4	5	6	7	8	9	10	11	12	13	14	15	16
다음 1	5	5	5	5	5	5	10	10	10	10	10	11	x	x	x	x	x
다음 5	1	1	7	7	7	7	7	7	12	12	12	12	12	x	x	x	x
다음 9	2	2	2	9	9	9	9	9	9	9	15	15	15	15	15	15	x
클로저	5	5	7	9	9	9	10	10	12	12	15	15	x	x	x	x	x
차이	5	4	5	6	5	4	4	3	4	3	5	4	x	x	x	x	x

이제, 이 테이블에서 최단 거리를 찾기만 하면 된다.

```
Range shortestSupersequence(int[] big, int[] small) {
    int[][] nextElements = getNextElementsMulti(big, small);
    int[] closures = getClosures(nextElements);
    return getShortestClosure(closures);
}

/* 다음에 등장할 문자의 위치를 저장할 테이블 만들기 */
int[][] getNextElementsMulti(int[] big, int[] small) {
    int[][] nextElements = new int[small.length][big.length];
    for (int i = 0; i < small.length; i++) {
        nextElements[i] = getNextElement(big, small[i]);
    }
    return nextElements;
}

/* 배열을 뒤에서부터 앞으로 읽어 나가면서 각 인덱스에서
 * value가 등장할 다음의 위치를 구한다. */
int[] getNextElement(int[] bigArray, int value) {
    int next = -1;
    int[] nexts = new int[bigArray.length];
    for (int i = bigArray.length - 1; i >= 0; i--) {
        if (bigArray[i] == value) {
            next = i;
        }
        nexts[i] = next;
    }
    return nexts;
}

/* 각 인덱스에서의 클로저를 구한다. */
int[] getClosures(int[][] nextElements) {
    int[] maxNextElement = new int[nextElements[0].length];
    for (int i = 0; i < nextElements[0].length; i++) {
        maxNextElement[i] = getClosureForIndex(nextElements, i);
```

```
        }
        return maxNextElement;
    }

/* index와 nextElements 테이블이 주어졌을 때, 해당 인덱스의 클로저를 구한다.
 * 해당 열에서의 최솟값이 될 것이다. */
int getClosureForIndex(int[][] nextElements, int index) {
    int max = -1;
    for (int i = 0; i < nextElements.length; i++) {
        if (nextElements[i][index] == -1) {
            return -1;
        }
        max = Math.max(max, nextElements[i][index]);
    }
    return max;
}

/* 가장 짧은 클로저 구하기 */
Range getShortestClosure(int[] closures) {
    int bestStart = -1;
    int bestEnd = -1;
    for (int i = 0; i < closures.length; i++) {
        if (closures[i] == -1) {
            break;
        }
        int current = closures[i] - i;
        if (bestStart == -1 || current < bestEnd - bestStart) {
            bestStart = i;
            bestEnd = closures[i];
        }
    }
    return new Range(bestStart, bestEnd);
}
```

B를 bigString의 길이, S를 smallString의 길이라고 했을 때 이 알고리즘은 O(SB) 시간이 걸린다. 왜냐하면 다음에 등장할 문자의 위치를 저장하기 위해 길이 S를 한 번 훑어야 하고, 이 과정을 O(B)번 수행하기 때문이다.

O(SB)만큼의 공간을 사용한다.

더 최적화된 방법

현재 해법도 꽤 최적이지만 공간 사용량을 더 줄일 수 있다. 우리가 만든 테이블은 다음과 같다.

값	7	5	9	0	2	1	3	5	7	9	1	1	5	8	8	9	7
인덱스	0	1	2	3	4	5	6	7	8	9	10	11	12	13	14	15	16
다음 1	5	5	5	5	5	5	10	10	10	10	10	11	x	x	x	x	x
다음 5	1	1	7	7	7	7	7	7	12	12	12	12	12	x	x	x	x
다음 9	2	2	2	9	9	9	9	9	9	9	15	15	15	15	15	15	x
클로저	5	5	7	9	9	9	10	10	12	12	15	15	x	x	x	x	x

실제로 우리가 필요한 행은 다른 행의 최솟값을 나타내는 클로저 부분이다. 다음 문자가 나타날 위치를 모두 저장하고 있을 필요가 없다.

대신, 매번 배열을 훑어나갈 때 클로저를 최솟값으로 갱신하기만 하면 된다. 나머지 알고리즘은 이전과 동일하게 동작한다.

```
Range shortestSupersequence(int[] big, int[] small) {
    int[] closures = getClosures(big, small);
    return getShortestClosure(closures);
}

/* 각 인덱스에서의 클로저 구하기 */
int[] getClosures(int[] big, int[] small) {
    int[] closure = new int[big.length];
    for (int i = 0; i < small.length; i++) {
        sweepForClosure(big, closure, small[i]);
    }
    return closure;
}

/* 뒤에서부터 읽어 나가면서 만약 현재 클로저보다 뒤에 나타난다면,
 * 다음에 나타날 문자의 위치를 클로저 리스트에서 갱신한다. */
void sweepForClosure(int[] big, int[] closures, int value) {
    int next = -1;
    for (int i = big.length - 1; i >= 0; i--) {
        if (big[i] == value) {
            next = i;
        }
        if ((next == -1 || closures[i] < next) &&
            (closures[i] != -1)) {
            closures[i] = next;
        }
    }
}

/* 가장 짧은 클로저 구하기 */
Range getShortestClosure(int[] closures) {
    Range shortest = new Range(0, closures[0]);
    for (int i = 1; i < closures.length; i++) {
        if (closures[i] == -1) {
            break;
        }
        Range range = new Range(i, closures[i]);
        if (!shortest.shorterThan(range)) {
            shortest = range;
        }
    }
    return shortest;
}
```

시간 복잡도는 여전히 O(SB)이시만 추가 메모리는 O(B)만 사용한다.

대안 & 더 최적화된 해법

완전히 다른 방법으로 접근할 수 있다. smallArray의 각 원소가 등장한 리스트가 있다고 가정하자.

값	7	5	9	9	2	1	3	5	7	9	1	1	5	8	8	9	7
인덱스	0	1	2	3	4	5	6	7	8	9	10	11	12	13	14	15	16

```
1 → {5, 10, 11}
5 → {1, 7, 12}
9 → {2, 3, 9, 15}
```

1, 5, 9를 포함하면서 가장 처음 등장하는 부분수열은 무엇인가? 각 리스트의 앞부분에 있는 값을 통해 구할 수 있다. 가장 작은 값이 해당 범위의 시작 지점이 되고 가장 큰 값이 해당 범위의 종료 지점이 된다. 이 경우에 첫 번째 유효한 범위는 [1, 5]가 된다. 이것이 현재까지의 '최적'의 부분수열이다.

다음 범위는 어떻게 찾을 수 있을까? 다음 범위는 1번 인덱스를 포함하지 않을 것이므로 이를 리스트에서 삭제하자.

```
1 → {5, 10, 11}
5 → {7, 12}
9 → {2, 3, 9, 15}
```

그다음 부분수열은 [2, 7]이 된다. 이전 것보다 좋은 결과가 아니므로 무시한다.

이제, 그다음 부분수열은 무엇일까? 위의 리스트에서 최솟값을 제거한 다음에 찾아 보자.

```
1 → {5, 10, 11}
5 → {7, 12}
9 → {3, 9, 15}
```

다음 부분수열은 [3, 7]인데, 현재까지의 최적보다 더 낫지도 더 못하지도 않은 결과다.

계속 이 과정을 반복해서 수행한다. 결국 주어진 지점에서 시작하는 모든 '최소' 부분수열을 모두 순회하게 될 것이다.

1. 현재까지의 부분수열은 [앞부분의 최솟값, 앞부분의 최댓값]이다. 현재까지의 최적 부분수열과 비교한 뒤 필요하면 갱신한다.
2. 최솟값을 제거한다.
3. 반복한다.

이 방법의 시간 복잡도는 O(SB)이다. 왜냐하면 B개의 원소가 최솟값을 찾기 위해 S개의 다른 값들과 비교해야 하기 때문이다.

꽤 좋은 방법이지만, 최솟값을 구하는 계산을 좀 더 빠르게 할 수 있는지 생각해 보자.

우리는 다수의 원소 중에서 최솟값을 찾고, 그 값을 삭제하고, 다른 원소를 추가하고, 최솟값을 다시 찾는 과정을 반복하고 있다.

최소힙을 사용하면 이를 좀 더 빠르게 구할 수 있다. 먼저 리스트의 맨 앞에 놓인 원소를 최소힙에 모두 넣는다. 최솟값을 삭제한다. 해당 원소가 있었던 리스트를 찾은 뒤 새로운 원소를 힙에 다시 넣는다. 반복한다.

최솟값이 있었던 리스트를 구하기 위해선 locationWithinList(인덱스)와 listId를 모두 저장하고 있는 HeapNode 클래스를 사용해야 한다. 이렇게 하면, 최솟값을 제거했을 때, 원래 리스트로 돌아가서 새로운 값을 힙에 추가할 수 있다.

```
Range shortestSupersequence(int[] array, int[] elements) {
    ArrayList<Queue<Integer>> locations = getLocationsForElements(array, elements);
    if (locations == null) return null;
    return getShortestClosure(locations);
}

/* 인덱스를 갖고 있는 큐의 리스트(연결리스트)를 구한다.
 * 각각의 인덱스에서는 smallArray가 bigArray에 나타났다. */
ArrayList<Queue<Integer>> getLocationsForElements(int[] big, int[] small) {
    /* 원소의 값에서 위치로 대응되는 해시맵을 초기화한다. */
    HashMap<Integer, Queue<Integer>> itemLocations =
        new HashMap<Integer, Queue<Integer>>();
    for (int s : small) {
        Queue<Integer> queue = new LinkedList<Integer>();
        itemLocations.put(s, queue);
    }

    /* 길이가 긴 배열을 순회하면서, 원소의 위치를 해시맵에 추가한다. */
    for (int i = 0; i < big.length; i++) {
        Queue<Integer> queue = itemLocations.get(big[i]);
        if (queue != null) {
            queue.add(i);
        }
    }

    ArrayList<Queue<Integer>> allLocations = new ArrayList<Queue<Integer>>();
    allLocations.addAll(itemLocations.values());
    return allLocations;
}

Range getShortestClosure(ArrayList<Queue<Integer>> lists) {
    PriorityQueue<HeapNode> minHeap = new PriorityQueue<HeapNode>();
    int max = Integer.MIN_VALUE;

    /* 각각의 리스트에서 가장 작은 원소를 삽입한다. */
    for (int i = 0; i < lists.size(); i++) {
        int head = lists.get(i).remove();
        minHeap.add(new HeapNode(head, i));
        max = Math.max(max, head);
    }

    int min = minHeap.peek().locationWithinList;
    int bestRangeMin = min;
    int bestRangeMax = max;
```

```
    while (true) {
        /* 최소 노드를 제거한다. */
        HeapNode n = minHeap.poll();
        Queue<Integer> list = lists.get(n.listId);

        /* 최선의 범위와 현재 범위를 비교한다. */
        min = n.locationWithinList;
        if (max - min < bestRangeMax - bestRangeMin) {
            bestRangeMax = max;
            bestRangeMin = min;
        }

        /* 원소가 존재하지 않으면, 더 이상 부분수열이 없다는 뜻이고
         * 따라서 여기서 종료해도 된다. */
        if (list.size() == 0) {
            break;
        }

        /* 리스트에서 값을 새로 힙에 추가한다. */
        n.locationWithinList = list.remove();
        minHeap.add(n);
        max = Math.max(max, n.locationWithinList);
    }
    return new Range(bestRangeMin, bestRangeMax);
}
```

getShortestClosure에서 B개의 원소를 훑어봤고, 각각의 for 루프에서는 $O(\log S)$ 시간(힙에 삽입하거나 힙에서 삭제할 때 걸리는 시간)이 걸리므로, 이 알고리즘은 최악의 경우에 $O(B \log S)$ 시간이 걸린다.

17.19 빠진 숫자 찾기: 1부터 N까지 숫자 중에서 하나를 뺀 나머지가 정확히 한 번씩 등장하는 배열이 있다. 빠진 숫자를 $O(N)$ 시간과 $O(1)$ 공간에 찾을 수 있겠는가? 만약 숫자 두 개가 빠져 있다면 어떻게 찾겠는가?

276쪽

해법

1단계부터 시작해 본다. 빠진 숫자를 $O(N)$ 시간과 $O(1)$ 공간을 사용해서 찾아 보자.

1단계: 빠진 숫자 한 개 찾기

아주 제한된 문제이다. 모든 숫자를 다 저장하면 $O(N)$ 공간이 필요하므로 그렇게 하지는 못한다. 하지만, 어떻게든 빠진 숫자를 찾기 위해서 '기록'할 방법이 필요하다.

이는 숫자들을 이용해서 일종의 연산을 해야 한다는 사실을 암시한다. 어떤 특성이 있는 연산이어야 하는가?

- **유일성**: 만약 두 배열을 사용한 연산 결과가 같다면, 두 배열은 동일해야 한다(빠진 숫자가 같아야 한다). 즉, 배열의 빠진 숫자에 대해서 연산 결과는 유일해야 한다.
- **가역성**: 연산 결과를 통해 빠진 숫자를 찾을 수 있는 방법이 존재해야 한다.
- **상수 시간**: 연산 자체가 느릴순 있지만, 반드시 각 원소당 상수 시간이 걸려야 한다.
- **상수 공간**: 연산이 추가적인 메모리 공간을 요구할 수는 있지만, 반드시 O(1) 메모리 공간이어야 한다.

'유일성'을 지키는 것이 가장 흥미롭고 도전적인 요구사항이다. 숫자 집합에서 빠진 숫자를 찾을 수 있으려면 어떤 연산을 수행해야 할까?

실제로 몇 가지 가능성 있는 경우가 존재한다.

소수를 이용해서 뭔가를 해 볼 수 있다. 예를 들어, 배열의 각 원소 x와 x번째 소수를 곱할 수 있다. 서로 다른 소수를 곱셈에 사용하면 그 결과는 항상 유일하므로 실제로 유일한 값을 얻을 수 있다.

가역성의 측면은 어떤가? 되돌릴 수 있다. 결과를 2, 3, 5, 7과 같이 소수로 나눠볼 수 있다. i번째 소수를 사용했을 때 정수로 나누어 떨어지지 않는다면 i가 배열에서 빠진 숫자가 된다.

그런데 상수 시간과 상수 공간을 사용하는가? i번째 소수를 O(1) 시간과 O(1) 공간에 구할 수 있는 방법이 존재한다면 가능하겠지만, 실제론 그렇지 않다.

어떤 다른 연상 방법이 있을 수 있을까? 소수를 사용할 필요도 없다. 그냥 모든 숫자를 곱해버리면 어떨까?

- **유일한가?** 유일하다. 1*2*3*...*n을 생각해 보자. 이 중에 어떤 값을 빼더라도 항상 다른 값이 나온다.
- **상수 시간과 상수 공간인가?** 그렇다.
- **가역성?** 이 부분은 좀 생각해 보자. 빠진 숫자가 없었을 때와 빠진 숫자가 있을 때를 비교해보면 빠진 숫자를 찾을 수 있는가? 그렇다. full_product에서 actual_product를 나누기만 하면 된다. 그 결과가 actual_product에서 빠진 숫자이다.

한 가지 문제가 있다. 곱셈의 결과는 아주 아주 아주 크다. n이 20일 때의 곱셈 결과는 2,000,000,000,000,000,000 정도가 된다.

BigInteger 클래스를 사용하면 이 방법으로 문제를 풀 수 있다.

```
int missingOne(int[] array) {
    BigInteger fullProduct = productToN(array.length + 1);

    BigInteger actualProduct = new BigInteger("1");
    for (int i = 0; i < array.length; i++) {
        BigInteger value = new BigInteger(array[i] + "");
        actualProduct = actualProduct.multiply(value);
    }

    BigInteger missingNumber = fullProduct.divide(actualProduct);
    return Integer.parseInt(missingNumber.toString());
}

BigInteger productToN(int n) {
    BigInteger fullProduct = new BigInteger("1");
    for (int i = 2; i <= n; i++) {
        fullProduct = fullProduct.multiply(new BigInteger(i + ""));
    }
    return fullProduct;
}
```

하지만 이 모든 연산은 불필요하다. 곱셈 대신 덧셈을 사용하면 된다. 덧셈의 결과 역시 유일하다.

덧셈을 사용하면 1부터 n까지 더하는 폐형(closed form) 수식(n(n+1)/2)이 이미 존재한다는 또 다른 장점이 있다.

> 많은 지원자들이 1부터 n까지의 합을 구하는 수식을 기억하지 못할 수도 있다. 괜찮다. 하지만 면접관이 여러분에게 수식을 유도해보라고 물어볼 수도 있다. 이렇게 생각하면 된다. 수열 0+1+2+3+⋯+n에서 작은 숫자와 큰 숫자를 하나의 쌍으로 만들어서 (0, n)+(1, n-1)+(2, n-3)+⋯와 같이 표현한다. 각 쌍의 합은 n이되고, 이런 쌍이 (n+1)/2개 존재한다. 그런데 만약 n이 짝수라서 (n+1)/2가 정수로 나누어떨어지지 않으면 어떻게 될까? 이 경우에는 합이 n+1이 되는 쌍을 n/2개 만들도록 짝을 지어주면 된다. 두 경우 모두 수식으로 표현하면 n(n+1)/2가 된다.

곱셈에서 덧셈으로 바꾸면 오버플로 문제가 현저히 줄어들지만, 완전히 차단하지는 못한다. 면접관과 어떻게 처리하면 좋을지 토론해 봐야 한다. 많은 경우 이에 대해 언급하는 것만으로도 충분하다.

2단계: 빠진 숫자 두 개 찾기

이 문제는 첫 번째보다 많이 어렵다. 숫자가 두 개 빠져 있을 때 첫 번째 방법을 사용하면 어떻게 되는지부터 먼저 살펴보자.

- **덧셈**: 이 방법을 사용하면 빠진 숫자 두 개의 합을 구할 수 있다.
- **곱셈**: 이 방법을 사용하면 빠진 숫자 두 개의 곱을 구할 수 있다.

불행히도 합을 아는 것만으로는 빠진 숫자 두 개를 찾을 수 없다. 예를 들어 두 숫자의 합이 10이라고 하면, 이를 만족하는 쌍은 (1, 9), (2, 8) 외에도 아주 많기 때문이다. 곱셈의 경우도 마찬가지이다.

1단계 문제에서 마주쳤던 상황에 다시 놓였다. 모든 가능한 쌍에 대해 유일한 결과를 구할 수 있는 어떤 연산이 필요하다.

아마도 그런 연산 방식이 존재할 수도 있지만(소수 방식을 사용하면 가능하지만, 상수 시간이 아니다), 면접관은 여러분이 그런 수학적 접근법을 사용해서 문제를 풀 거라 예상하지 않을 것이다.

다른 어떤 방법이 있을까? 우리가 할 수 있는 연산 작업으로 돌아가자. 우리는 $x+y$와 $x*y$를 구할 수 있다. 각각의 결과만으로는 가능한 정답이 여러 개 존재하지만, 이 둘을 합치면 특정 숫자의 쌍을 구할 수 있다.

```
x + y = sum      → y = sum - x
x * y = product  → x(sum - x) = product
                   x * sum - x² = product
                   x * sum - x² - product = 0
                   -x² + x * sum - product = 0
```

여기서 2차방정식을 통해 x를 구할 수 있다. x를 구하면 y도 계산할 수 있다.

사실은, 이 외에 다른 방법으로 계산할 수도 있다. 실제로 대부분의 다른 많은 연산 방식('선형' 방정식을 제외하고)을 사용해서도 x와 y를 구할 수 있다.

여기서는 다른 방식의 연산을 사용할 것이다. $1*2*\cdots*n$의 곱셈 연산을 사용하는 대신 $1^2+2^2+\cdots+n^2$과 같이 제곱의 합을 사용할 것이다. 이렇게 하면 곱셈을 했을 때보다 더 큰 n에 대해 오버플로 걱정 없이 계산을 할 수 있으므로 BigInteger의 중요성이 덜해진다. 면접관과 이 부분이 중요한지 아닌지 얘기해 볼 수 있다.

```
x + y = s        → y = s - x
x² + y² = t      → x² + (s-x)² = t
                   2x² - 2sx + s² - t = 0
```

2차 방정식을 생각해 보면,

x=[-b +- sqrt(b2-4ac)]/2a

각각의 계수는 다음과 같다.

a = 2

```
b = -2s
c = s² - t
```

이제 구현은 꽤 간단해졌다.

```
int[] missingTwo(int[] array) {
    int max_value = array.length + 2;
    int rem_square = squareSumToN(max_value, 2);
    int rem_one = max_value * (max_value + 1) / 2;

    for (int i = 0; i < array.length; i++) {
        rem_square -= array[i] * array[i];
        rem_one -= array[i];
    }

    return solveEquation(rem_one, rem_square);
}

int squareSumToN(int n, int power) {
    int sum = 0;
    for (int i = 1; i <= n; i++) {
        sum += (int) Math.pow(i, power);
    }
    return sum;
}

int[] solveEquation(int r1, int r2) {
    /* ax^2 + bx + c
     * →
     * x = [-b +- sqrt(b^2 - 4ac)] / 2a
     * 여기선 -가 아니라 +여야 한다. */
    int a = 2;
    int b = -2 * r1;
    int c = r1 * r1 - r2;

    double part1 = -1 * b;
    double part2 = Math.sqrt(b*b - 4 * a * c);
    double part3 = 2 * a;

    int solutionX = (int) ((part1 + part2) / part3);
    int solutionY = r1 - solutionX;

    int[] solution = {solutionX, solutionY};
    return solution;
}
```

2차 방정식의 정답은 보통 (+)와 (-) 때문에 두 개가 나온다. 하지만 여기선 (+)만 사용하였다. (-)의 경우는 생각하지 않아도 된다. 왜인가?

'또 다른' 답이 있다는 말이 하나는 맞는 답이고 하나는 '가짜' 답이라는 뜻이 아니다. x를 만족하는 값이 두 개 존재하고 둘 다 우리의 수식 $2x^2 - 2sx + (s^2 - t) = 0$을 만족할 것이라는 뜻이다.

사실이다. 실제로 둘 다 만족한다. 다른 하나는 무엇을 의미하나? 바로 y다!

이게 바로 와닿지 않는다면 x와 y가 교체가능하다는 사실을 기억하길 바란다.

x 대신 y를 이용해서 문제를 풀었더라도 $2y^2 - 2sy + (s^2 - t) = 0$이라는 동일한 수식을 얻었을 것이다. 따라서 y 역시 x의 수식을 만족하고 x 역시 y의 수식을 만족한다. 이 둘은 정확히 동일한 수식이다. x와 y로 이루어진 수식 모두 2[어떤 수]^2 - 2s[어떤 수] + s^2 - t = 0과 같은 형태를 띠기 때문에 어떤 수를 만족하는 다른 미지수는 반드시 y가 되어야만 한다.

아직도 확신할 수 없겠는가? 좋다. 수학을 해 보자. (-)를 사용해서 x에 다른 값을 대입해 보자. 즉, $x = [-b - sqrt(b^2 - 4ac)] / 2a$. y는 무엇이 될까?

```
x + y = r₁
    y = r₁ - x
      = r₁ - [ -b - sqrt(b² - 4ac)]/2a
      = [2a*r₁ + b + sqrt(b² - 4ac)]/2a
```

a와 b에 값을 대입해보면 남은 수식은 다음과 같이 표현된다.

```
      = [2(2) * r₁ + (-2r₁) + sqrt(b²-4ac)]/2a
      = [2r₁ + sqrt(b² - 4ac)]/2a
```

$b = -2r_1$이었다는 사실을 기억하라. 이제 이 수식을 마무리 지으면 다음과 같다.

```
      = [-b + sqrt(b² - 4ac)]/2a
```

따라서 x = (part1 + part2) / part3을 사용하면 y는 (part1 - part2) / part3이 된다.

x와 y가 각각 무엇인지는 중요하지 않다. 둘 다 결과적으론 동일하게 동작한다.

17.20 연속된 중간값: 임의의 수열이 끊임없이 생성되고 이 값이 어떤 메서드로 전달된다고 할 때, 새로운 값이 생성될 때마다 현재까지의 중간값(median)을 찾고 그 값을 유지하는 프로그램을 작성하라.

276쪽

해법

한 가지 방법은 두 개의 우선순위 힙(priority heap)을 사용하는 것이다. 중간값보다 작은 값들은 최대힙에 넣고, 중간값보다 큰 값들은 최소힙에 넣는다. 그렇게 하면 원소들은 대략 절반가량으로 나누어진다. 그리고 중간값에 해당하는 두 원소는 두 힙의 꼭대기에 놓이므로, 이 특성을 사용하면 중간값을 쉽게 구할 수 있다.

그런데 '대략 절반'이라는 것은 무슨 의미인가? '대략'이라는 것은, 주어진 수의 개수가 홀수일 경우 한쪽 힙의 크기가 다른 힙보다 1만큼 커지게 될 것이라는 뜻이다. 다음에 유의하자.

- maxHeap.size() > minHeap.size()이면 maxHeap().top()이 중간값이 된다.
- maxHeap.size() == minHeap.size()이면 maxHeap().top()과 minHeap.top()의 평균이 중간값이다.

힙과 힙 사이의 균형을 맞추는 방법을 동원하면, maxHeap을 minHeap보다 항상 하나 정도 크게 유지할 수 있다.

이 알고리즘은 다음과 같이 동작한다. 새로운 수가 들어왔을 때, 이 값이 현재 중간값보다 작거나 같으면 maxHeap에 넣고, 그렇지 않으면 minHeap에 넣는다. 두 힙의 크기는 같을 수도 있고, maxHeap의 크기가 1만큼 클 수도 있다. 이 제약조건이 위배되는 경우에는 한 힙에서 다른 힙으로 원소를 이동시키면 된다. 중간값은 힙의 꼭대기 원소(들)만 보면 되기 때문에 언제나 상수 시간 안에 찾을 수 있다. 힙을 갱신하는 데는 O(log n) 만큼의 시간이 걸린다.

```java
Comparator<Integer> maxHeapComparator, minHeapComparator;
PriorityQueue<Integer> maxHeap, minHeap;

void addNewNumber(int randomNumber) {
    /* 노트: addNewNumber는 다음 조건을 유지한다.
     * maxHeap.size() >= minHeap.size() */
    if (maxHeap.size() == minHeap.size()) {
        if ((minHeap.peek() != null) &&
            randomNumber > minHeap.peek()) {
            maxHeap.offer(minHeap.poll());
            minHeap.offer(randomNumber);
        } else {
            maxHeap.offer(randomNumber);
        }
    } else {
        if(randomNumber < maxHeap.peek()) {
            minHeap.offer(maxHeap.poll());
            maxHeap.offer(randomNumber);
        }
        else {
            minHeap.offer(randomNumber);
        }
    }
}

double getMedian() {
    /* maxHeap의 크기는 적어도 언제나 minHeap의 크기보다 같거나 크다.
     * 따라서 maxHeap이 비어 있다면 minHeap도 비어 있다. */
    if (maxHeap.isEmpty()) {
        return 0;
    }
    if (maxHeap.size() == minHeap.size()) {
        return ((double)minHeap.peek()+(double)maxHeap.peek()) / 2;
    } else {
        /* maxHeap과 minHeap의 크기가 다를 경우에는 maxHeap이 원소를 항상
         * 하나만 더 갖고 있어야 한다. 이때는 maxHeap의 꼭대기 원소를 반환한다. */
        return maxHeap.peek();
    }
}
```

17.21 막대 그래프의 부피: 히스토그램(막대 그래프)을 상상해 보자. 누군가가 히스토그램 위에서 물을 부었을 때, 이 그래프가 저장할 수 있는 물의 양을 계산하는 알고리즘을 설계하라. 단, 막대의 폭은 1이라고 가정하자.

예제

입력: {0, 0, 4, 0, 0, 6, 0, 0, 3, 0, 5, 0, 1, 0, 0, 0}

(그림에서 검은색이 막대를 나타내고, 회색이 물을 나타낸다.)

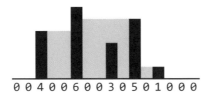

0 0 4 0 0 6 0 0 3 0 5 0 1 0 0 0

출력: 26

276쪽

해법

어려운 문제이므로 좋은 예제를 통해 문제를 풀어 보자.

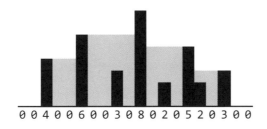

0 0 4 0 0 6 0 0 3 0 8 0 2 0 5 2 0 3 0 0

이 예제를 통해 무엇을 배울 수 있는지 생각해 보자. 회색 영역이 실제로 무엇을 의미하는가?

해법 #1

가장 길이가 긴 막대를 보자. 크기가 8이다. 이 막대에 주어진 역할은 무엇인가? 가장 높은 막대로서의 역할을 하지만 실제로 이 높이가 100이 된다고 해도 크게 달라질 건 없다. 전체 부피에는 영향을 미치지 않는다.

높이가 가장 높은 막대는 왼쪽과 오른쪽을 가르는 장벽 역할을 한다. 하지만 물의 부피는 왼쪽과 오른쪽에 위치한 그다음으로 높이가 높은 막대에 의해 결정된다.

- **높이가 가장 높은 막대 왼쪽:** 왼쪽에서 그다음으로 높이가 높은 막대의 높이는 6이다. 그 사이에 있는 공간에 물을 가득 채울 수 있지만, 그 사이에 있는 막대의

영역만큼은 빼줘야 한다. 따라서 왼쪽에 채울 수 있는 부피의 크기는 $(6-0)+(6-0)+(6-3)+(6-0)=21$이 된다.

- **높이가 가장 높은 막대 오른쪽**: 오른쪽에서 그다음으로 높은 막대의 높이는 5이다. 그 부피를 계산하면 $(5-0)+(5-2)+(5-0)=13$이 된다.

이는 전체 부피의 한 부분만을 나타낸다.

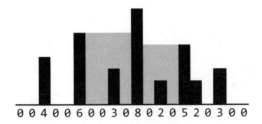

0 0 4 0 0 6 0 0 3 0 8 0 2 0 5 2 0 3 0 0

나머지 영역은 어떻게 채워야 하나?

왼쪽에 하나 오른쪽에 하나, 이렇게 두 개의 부분그래프가 남아 있다. 이들의 부피를 구하려면 비슷한 과정을 반복해야 한다.

1. 최대를 찾으라. 사실, 이 값은 이미 주어져 있다. 왼쪽 부분그래프의 최대 높이는 오른쪽 장벽(6)이고, 오른쪽 부분그래프의 최대 높이는 왼쪽 장벽(5)이다.
2. 각각의 부분그래프에서 두 번째로 높은 막대를 구하라. 왼쪽 부분그래프에선 4이고, 오른쪽 부분그래프에선 3이다.
3. 이들 사이에 있는 영역의 부피를 구하라.
4. 그래프의 가장자리에서 이를 재귀적으로 반복하라.

아래는 이 알고리즘을 구현한 코드이다.

```
int computeHistogramVolume(int[] histogram) {
    int start = 0;
    int end = histogram.length - 1;

    int max = findIndexOfMax(histogram, start, end);
    int leftVolume = subgraphVolume(histogram, start, max, true);
    int rightVolume = subgraphVolume(histogram, max, end, false);

    return leftVolume + rightVolume;
}

/* 히스토그램의 부분그래프의 부피를 계산한다. max는 start 혹은 end 중에 하나에
 * 놓인다(isLeft에 따라서 다르다). 두 번째로 높은 막대를 찾은 후 가장 높이가 높은 막대와
 * 그다음으로 높은 막대 사이의 부피를 구한다. 그리고 부분그래프의 부피를 구한다. */
int subgraphVolume(int[] histogram, int start, int end, boolean isLeft) {
    if (start >= end) return 0;
    int sum = 0;
```

```
        if (isLeft) {
            int max = findIndexOfMax(histogram, start, end - 1);
            sum += borderedVolume(histogram, max, end);
            sum += subgraphVolume(histogram, start, max, isLeft);
        } else {
            int max = findIndexOfMax(histogram, start + 1, end);
            sum += borderedVolume(histogram, start, max);
            sum += subgraphVolume(histogram, max, end, isLeft);
        }

        return sum;
}

/* start와 end 사이에서 가장 높이가 높은 막대를 구한다. */
int findIndexOfMax(int[] histogram, int start, int end) {
    int indexOfMax = start;
    for (int i = start + 1; i <= end; i++) {
        if (histogram[i] > histogram[indexOfMax]) {
            indexOfMax = i;
        }
    }
    return indexOfMax;
}

/* start와 end 사이의 부피를 계산한다. 가장 높이가 높은 막대는 start에 있고
 * 그다음으로 높은 막대는 end에 있다고 가정한다. */
int borderedVolume(int[] histogram, int start, int end) {
    if (start >= end) return 0;

    int min = Math.min(histogram[start], histogram[end]);
    int sum = 0;
    for (int i = start + 1; i < end; i++) {
        sum += min - histogram[i];
    }
    return sum;
}
```

이 알고리즘은 최악의 경우에 $O(N^2)$ 시간이 걸린다. 그 이유는 가장 높은 막대를 찾기 위해 반복적으로 히스토그램을 순회하기 때문이다. 여기서 N은 히스토그램에 있는 막대의 개수를 나타낸다.

해법 #2 (최적)

이를 개선하려면, 이 알고리즘이 비효율적으로 작동하는 정확한 이유가 무엇인지 생각해 봐야 한다. 주된 이유는 빈번하게 호출되는 findIndexOfMax 때문이다. 따라서 이 부분에 집중해서 최적화를 하면 된다.

한 가지 눈여겨볼 점은 findIndexOfMax 함수에 무작위의 영역정보를 인자로 넘기지 않는다는 사실이다. 언제나 최댓값은 오른쪽 아니면 왼쪽 가장자리에 위치한다. 주어진 위치에서 각 가장자리까지 최대 높이가 무엇인지 빠르게 알아낼 수 있는 방법이 있을까?

있다. 사전에 미리 계산해놓으면 된다. 이 작업은 $O(N)$ 시간이 소요된다.

히스토그램을 두 번 훑고 나면(한 번은 오른쪽에서 왼쪽으로, 다른 한 번은 왼쪽에서 오른쪽으로), 어떤 인덱스 i를 기준으로 왼쪽에서의 최대 높이의 인덱스와 오른쪽에서의 최대 높이의 인덱스 정보를 담고 있는 테이블을 만들 수 있다.

```
인덱스: 0 1 2 3 4 5 6 7 8 9
높이: 3 1 4 0 0 6 0 3 0 2
왼쪽의 최대 인덱스: 0 0 2 2 2 5 5 5 5 5
오른쪽의 최대 인덱스: 5 5 5 5 5 5 7 7 9 9
```

알고리즘의 나머지 부분은 본질적으로 같다.

HistogramData 객체를 사용해서 기타 정보를 저장할 것이다. 물론 2차원 배열을 사용할 수도 있다.

```java
int computeHistogramVolume(int[] histogram) {
    int start = 0;
    int end = histogram.length - 1;

    HistogramData[] data = createHistogramData(histogram);

    int max = data[0].getRightMaxIndex(); // 최댓값 구하기
    int leftVolume = subgraphVolume(data, start, max, true);
    int rightVolume = subgraphVolume(data, max, end, false);

    return leftVolume + rightVolume;
}

HistogramData[] createHistogramData(int[] histo) {
    HistogramData[] histogram = new HistogramData[histo.length];
    for (int i = 0; i < histo.length; i++) {
        histogram[i] = new HistogramData(histo[i]);
    }

    /* 왼쪽 최대 인덱스를 저장한다. */
    int maxIndex = 0;
    for (int i = 0; i < histo.length; i++) {
        if (histo[maxIndex] < histo[i]) {
            maxIndex = i;
        }
        histogram[i].setLeftMaxIndex(maxIndex);
    }

    /* 오른쪽 최대 인덱스를 저장한다. */
    maxIndex = histogram.length - 1;
    for (int i = histogram.length - 1; i >= 0; i--) {
        if (histo[maxIndex] < histo[i]) {
            maxIndex = i;
        }
        histogram[i].setRightMaxIndex(maxIndex);
```

```
    }

        return histogram;
}

/* 히스토그램의 부분그래프의 부피를 계산한다. max는 start 혹은 end 중에 하나에
 * 있다(isLeft에 따라서 다르다). 두 번째로 높은 막대를 찾은 후 가장 높이가 높은 막대와
 * 그다음으로 높은 막대 사이의 부피를 구한다. 그리고 부분그래프의 부피를 구한다. */
int subgraphVolume(HistogramData[] histogram, int start, int end,
                   boolean isLeft) {
    if (start >= end) return 0;
    int sum = 0;
    if (isLeft) {
        int max = histogram[end - 1].getLeftMaxIndex();
        sum += borderedVolume(histogram, max, end);
        sum += subgraphVolume(histogram, start, max, isLeft);
    } else {
        int max = histogram[start + 1].getRightMaxIndex();
        sum += borderedVolume(histogram, start, max);
        sum += subgraphVolume(histogram, max, end, isLeft);
    }

    return sum;
}

/* start와 end 사이의 부피를 계산한다. 가장 높이가 높은 막대는 start에 있고
 * 그다음으로 높은 막대는 end에 있다고 가정한다. */
int borderedVolume(HistogramData[] data, int start, int end) {
    if (start >= end) return 0;

    int min = Math.min(data[start].getHeight(), data[end].getHeight());
    int sum = 0;
    for (int i = start + 1; i < end; i++) {
        sum += min - data[i].getHeight();
    }
    return sum;
}

public class HistogramData {
    private int height;
    private int leftMaxIndex = -1;
    private int rightMaxIndex = -1;

    public HistogramData(int v) { height = v; }
    public int getHeight() { return height; }
    public int getLeftMaxIndex() { return leftMaxIndex; }
    public void setLeftMaxIndex(int idx) { leftMaxIndex = idx; };
    public int getRightMaxIndex() { return rightMaxIndex; }
    public void setRightMaxIndex(int idx) { rightMaxIndex = idx; };
}
```

이 알고리즘은 O(N) 시간이 걸린다. 모든 막대를 적어도 한 번은 살펴봐야 하기 때문에 이보다 더 잘할 수는 없다.

해법 #3 (최적 & 간략화)

big-O 표기법상으로는 이보다 더 빠른 결과물을 낼 수 없지만 더 간단하게는 만들 수 있다. 예제를 다시 살펴보면서 알고리즘에서 무엇을 배웠었는지 생각해 보자.

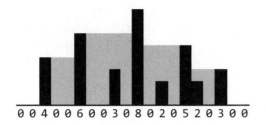

00400600030802052 0 3 0 0

이미 봤듯이, 특정 지역의 물의 부피는 왼쪽에서 가장 높은 막대와 오른쪽에서 가장 높은 막대에 의해서 결정된다(특히, 왼쪽에 있는 높은 막대 두 개중 짧은 것과 오른쪽에 있는 높은 막대). 예를 들어, 높이 6의 막대와 높이 8의 막대 사이의 영역을 물로 채우려고 할 때, 높이 6까지밖에 채울 수 없다. 따라서 두 번째로 높은 막대가 물의 높이를 결정한다.

전체 물의 부피는 각 히스토그램 막대 위에 있는 물의 부피와 같다. 각 히스토그램 막대 위에 얼마나 많은 물이 들어 있는지 효율적으로 계산할 수 있을까?

할 수 있다. 해법 #2에서 각 인덱스의 왼쪽과 오른쪽에 위치한 가장 높은 막대를 사전에 미리 계산할 수 있었다. 이 중에서 작은값이 각 막대 위치에서의 '수면(water level)'이 될 것이다. 따라서 이 수면과 각 막대의 높이의 차이가 해당 위치에서의 물의 부피가 될 것이다.

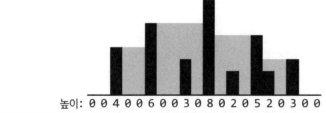

높이:	0 0 4 0 0 6 0 0 0 3 0 8 0 2 0 5 2 0 3 0 0
왼쪽의 최대 인덱스:	0 0 4 4 4 6 6 6 6 6 8 8 8 8 8 8 8 8 8 8
오른쪽의 최대 인덱스:	8 8 8 8 8 8 8 8 8 8 8 5 5 5 5 3 3 3 0 0
최솟값:	0 0 4 4 4 6 6 6 6 6 8 5 5 5 5 3 3 3 0 0
차이:	0 0 0 4 4 0 6 6 3 6 0 5 3 5 0 1 3 0 0 0

이 알고리즘은 다음과 같이 몇 가지 단계를 통해 동작한다.

1. 왼쪽에서 오른쪽으로 읽으면서, 최대 높이를 구하고 각 인덱스에 왼쪽의 최댓값을 저장한다.

2. 오른쪽에서 왼쪽으로 읽으면서, 최대 높이를 구하고 각 인덱스에 오른쪽의 최댓값을 저장한다.

3. 히스토그램을 전부 읽으면서, 각 인덱스에서 왼쪽 최댓값과 오른쪽 최댓값 중에 작은 값을 구한다.

4. 히스토그램을 전부 읽으면서, 막대의 높이와 위에서 구한 값과의 차이를 구한다. 이 차이를 전부 더한다.

실제로 구현할 때는 이렇게 많은 데이터를 저장하고 있을 필요가 없다. 2, 3, 4단계는 하나로 합칠 수 있다. 먼저 한 번 읽으면서 왼쪽 최댓값을 구하고 다시 반대로 읽으면서 오른쪽 최댓값을 구한다. 각 인덱스에서 왼쪽 최댓값과 오른쪽 최댓값 중에서 작은 값을 구하고, 막대 길이와의 차이를 구한 다음, 그 차이를 모두 합한다.

```java
/* 각 막대를 훑어가면서 막대 위에 있는 물의 부피를 계산한다.
 * 막대에 놓인 물의 부피 =
 *       막대 높이 – min(왼쪽의 최대 높이, 오른쪽의 최대 높이)
 *       [위의 수식이 양수인 경우에]
 * 히스토그램을 한 번 읽으면서 왼쪽 최댓값을 계산하고, 다시 반대로 읽으면서 오른쪽
 * 최댓값을 계산하고, 둘 중 최솟값을 구한 뒤에, 현재 막대와의 차이를 구한다. */
int computeHistogramVolume(int[] histo) {
    /* 왼쪽 최댓값 구하기 */
    int[] leftMaxes = new int[histo.length];
    int leftMax = histo[0];
    for (int i = 0; i < histo.length; i++) {
        leftMax = Math.max(leftMax, histo[i]);
        leftMaxes[i] = leftMax;
    }

    int sum = 0;

    /* 오른쪽 최댓값 구하기 */
    int rightMax = histo[histo.length - 1];
    for (int i = histo.length - 1; i >= 0; i--) {
        rightMax = Math.max(rightMax, histo[i]);
        int secondTallest = Math.min(rightMax, leftMaxes[i]);

        /* 왼쪽과 오른쪽이 현재보다 높이가 더 높으면 해당 막대 위에 물이 있을 수
         * 있다는 뜻이다. 그 부피를 구한 뒤에 sum에 더한다. */
        if (secondTallest > histo[i]) {
            sum += secondTallest - histo[i];
        }
    }

    return sum;
}
```

그렇다. 이게 전체 코드이다! 시간 복잡도는 여전히 O(N)이지만 읽고 쓰기에 훨씬 간단하다.

17.22 단어 변환: 사전에 등장하는 길이가 같은 단어 두 개가 주어졌을 때, 한 번에 글자 하나만 바꾸어 한 단어를 다른 단어로 변환하는 메서드를 작성하라. 변환 과정에서 만들어지는 각 단어도 사전에 있는 단어여야 한다.

> 예제
>
> **입력:** DAMP, LIKE
>
> **출력:** DAMP → LAMP → LIMP → LIME → LIKE

277쪽

> 해법

단순한 방법부터 시작해서 점차 최적화해 나가 보자.

무식한 방법

이 문제를 푸는 한 가지 방법은 단순하게 가능한 모든 단어로 변경해 보는 것이다 (물론 각 단계마다 해당 단어가 유효한 단어인지 확인해야 한다). 그리고 최종적으로 마지막 단어까지 도달할 수 있는지 확인하면 된다.

예를 들어 밑줄로 표시된 문자가 다음과 같이 변경될 것이다.

- a̲old, b̲old, ..., z̲old
- ba̲ld, bb̲ld, ..., bz̲ld
- boa̲d, bob̲d, ..., boz̲d
- bola̲, bolb̲, ..., bolz̲

만약 해당 문자열이 유효한 단어가 아니거나 이미 방문했었던 단어라면 탐색을 종료한다.

이 방법은 사실상 한 글자만 다른 두 단어를 간선으로 이어준 뒤에 깊이 우선 탐색을 수행한 것과 같다. 즉, 이 알고리즘이 최단 경로를 찾지는 않을 거라는 말이다. 이 알고리즘은 오직 경로만 찾는다.

최단 경로를 찾고 싶다면 너비 우선 탐색을 해야 한다.

```java
LinkedList<String> transform(String start, String stop, String[] words) {
    HashSet<String> dict = setupDictionary(words);
    HashSet<String> visited = new HashSet<String>();
    return transform(visited, start, stop, dict);
}

HashSet<String> setupDictionary(String[] words) {
    HashSet<String> hash = new HashSet<String>();
    for (String word : words) {
        hash.add(word.toLowerCase());
    }
    return hash;
}

LinkedList<String> transform(HashSet<String> visited, String startWord,
String stopWord, Set<String> dictionary) {
    if (startWord.equals(stopWord)) {
        LinkedList<String> path = new LinkedList<String>();
        path.add(startWord);
```

```
            return path;
        } else if (visited.contains(startWord) || !dictionary.contains(startWord)) {
            return null;
        }

        visited.add(startWord);
        ArrayList<String> words = wordsOneAway(startWord);

        for (String word : words) {
            LinkedList<String> path = transform(visited, word, stopWord, dictionary);
            if (path != null) {
                path.addFirst(startWord);
                return path;
            }
        }

        return null;
    }
}
ArrayList<String> wordsOneAway(String word) {
    ArrayList<String> words = new ArrayList<String>();
    for (int i = 0; i < word.length(); i++) {
        for (char c = 'a'; c <= 'z'; c++) {
            String w = word.substring(0, i) + c + word.substring(i + 1);
            words.add(w);
        }
    }
    return words;
}
```

한 가지 심각하게 비효율적인 부분은 한 글자 차이 나는 문자열을 모두 찾는다는 것이다. 한 글자 차이 나는 모든 문자열을 찾은 뒤에 유효하지 않은 것들을 제거하는 방식을 쓴다.

이상적으로는, 유효한 단어만을 사용하고 싶다.

최적화 해법

유효한 단어 내에서만 움직이고 싶다면, 각 단어에서 유효한 리스트 중에서 관련된 단어로 갈 수 있는 어떤 방법이 존재해야 한다.

여기서 두 단어가 '관련있다'라는 말이 무슨 뜻인가? 다른 문자는 모두 동일하고 한 글자만 다른 경우를 말한다. 예를 들어 ball과 bill은 모두 b_ll 꼴이므로 한 글자 차이가 난다. 따라서 b_ll처럼 생긴 모든 단어를 하나로 묶을 수도 있다.

전체 사전을 읽은 다음, '와일드카드 단어'(예를 들어, b_ll)에서 해당 꼴의 단어 리스트로의 대응관계를 만들 수 있다.

```
_il → ail
_le → ale
_ll → all,
ill _pe → ape
a_e → ape, ale
a_l → all, ail
```

```
i_l → ill
ai_ → ail
al_ → all, ale
ap_ → ape
il_ → ill
```

이제 ale라는 단어와 한 글자 차이 나는 단어를 찾으려면 해시테이블에서 _le, a_e, al_를 찾으면 된다.

알고리즘 자체는 본질적으로 동일하다.

```java
LinkedList<String> transform(String start, String stop, String[] words) {
    HashMapList<String, String> wildcardToWordList = createWildcardToWordMap(words);
    HashSet<String> visited = new HashSet<String>();
    return transform(visited, start, stop, wildcardToWordList);
}

/* startWord에서 stopWord까지 깊이 우선 탐색을 수행한다. 각 단어와 한 글자
 * 차이 나는 다른 글자로 이동할 수 있다. */
LinkedList<String> transform(HashSet<String> visited, String start, String stop,
                             HashMapList<String, String> wildcardToWordList) {
    if (start.equals(stop)) {
        LinkedList<String> path = new LinkedList<String>();
        path.add(start);
        return path;
    } else if (visited.contains(start)) {
        return null;
    }

    visited.add(start);
    ArrayList<String> words = getValidLinkedWords(start, wildcardToWordList);

    for (String word : words) {
        LinkedList<String> path = transform(visited, word, stop, wildcardToWordList);
        if (path != null) {
            path.addFirst(start);
            return path;
        }
    }

    return null;
}

/* 현재 단어를 사전에 집어 넣는다. 와일드카드 형태 → 단어 */
HashMapList<String, String> createWildcardToWordMap(String[] words) {
    HashMapList<String, String> wildcardToWords = new HashMapList<String,
String>();
    for (String word : words) {
        ArrayList<String> linked = getWildcardRoots(word);
        for (String linkedWord : linked) {
            wildcardToWords.put(linkedWord, word);
        }
    }
    return wildcardToWords;
}

/* 해당 단어와 연관된 와일드카드 리스트를 가져온다. */
ArrayList<String> getWildcardRoots(String w) {
    ArrayList<String> words = new ArrayList<String>();
    for (int i = 0; i < w.length(); i++) {
```

```
            String word = w.substring(0, i) + "_" + w.substring(i + 1);
            words.add(word);
        }
    return words;
}

/* 한 글자 차이 나는 단어 리스트를 반환한다. */
ArrayList<String> getValidLinkedWords(String word,
    HashMapList<String, String> wildcardToWords) {
    ArrayList<String> wildcards = getWildcardRoots(word);
    ArrayList<String> linkedWords = new ArrayList<String>();
    for (String wildcard : wildcards) {
        ArrayList<String> words = wildcardToWords.get(wildcard);
        for (String linkedWord : words) {
            if (!linkedWord.equals(word)) {
                linkedWords.add(linkedWord);
            }
        }
    }
    return linkedWords;
}

/* HashMapList<String, String>은 String에서 ArrayList<String>으로의 대응관계를
 * 나타내는 HashMap이다. 자세한 구현은 부록을 참조하길 바란다. */
```

이 알고리즘도 잘 동작하지만, 여전히 더 빠르게 만들 수 있다.

한 가지 개선할 수 있는 점은 깊이 우선 탐색을 너비 우선 탐색으로 바꾸는 것이다. 만약 경로가 없거나 하나뿐이라면, 두 알고리즘의 속도는 동일할 것이다. 하지만 경로가 여러 개 존재한다면 너비 우선 탐색이 더 빠를 수 있다.

너비 우선 탐색은 두 노드 사이의 최단 경로를 찾는 반면에, 깊이 우선 탐색은 임의의 경로를 찾는다. 따라서 깊이 우선 탐색을 수행하면 실제론 두 노드의 거리가 가깝더라도 아주 길고 빙빙 꼬인 경로를 선택할 수도 있다.

최적 해법

앞에서 언급했듯이 너비 우선 탐색을 사용해서 최적화를 시도할 수 있다. 이게 최대한 빠른 방법인가? 아니다.

길이가 4인 두 노드 사이의 경로를 생각해 보자. 너비 우선 탐색을 수행하면, 15^4개의 노드를 방문해야 할 것이다. 너비 우선 탐색은 아주 빠르게 퍼져나간다.

그 대신, 시작 지점과 종료 지점에서 동시에 탐색을 수행해나가면 어떨까? 그러면, 두 단계 정도 진행한 뒤에 두 너비 우선 탐색이 부딪칠 것이다.

- 시작 지점에서 탐색한 노드의 개수: 15^2
- 종료 지점에서 탐색한 노드의 개수: 15^2
- 전체 노드의 개수: $15^2 + 15^2$

일반적인 너비 우선 탐색보다 더 낫다.

각 노드에서 탐색했던 경로를 추적할 필요가 있다.

이를 구현할 때 BFSData라는 새로운 클래스를 사용하였다. BFSData는 구현을 더 깔끔하게 해주고, 동시에 두 가지 너비 우선 탐색을 수행하는 것과 유사한 프레임 워크를 유지하게 해준다. 이렇게 하지 않으면 한 무더기의 변수를 인자로 넘겨줘야 한다.

```java
LinkedList<String> transform(String startWord, String stopWord, String[] words) {
    HashMapList<String, String> wildcardToWordList = getWildcardToWordList(words);

    BFSData sourceData = new BFSData(startWord);
    BFSData destData = new BFSData(stopWord);

    while (!sourceData.isFinished() && !destData.isFinished()) {
        /* 시작 지점에서 탐색 시작 */
        String collision = searchLevel(wildcardToWordList, sourceData, destData);
        if (collision != null) {
            return mergePaths(sourceData, destData, collision);
        }

        /* 종료 지점에서 탐색 시작 */
        collision = searchLevel(wildcardToWordList, destData, sourceData);
        if (collision != null) {
            return mergePaths(sourceData, destData, collision);
        }
    }

    return null;
}

/* 한 단계 탐색한 뒤 충돌 지점이 있으면 반환 */
String searchLevel(HashMapList<String, String> wildcardToWordList,
                   BFSData primary, BFSData secondary) {
    /* 우리는 한 번에 한 단계씩만 탐색해 나갈 것이다. 현재 단계에 얼마나 많은
     * 노드가 존재하는지 센 뒤에 해당 노드 만큼만 수행한다. 그리고 끝에
     * 새로운 노드를 추가해 나간다. */
    int count = primary.toVisit.size();
    for (int i = 0; i < count; i++) {
        /* 첫 번째 노드를 가져온다. */
        PathNode pathNode = primary.toVisit.poll();
        String word = pathNode.getWord();
        /* 이미 방문한 적이 있는지 확인한다. */
        if (secondary.visited.containsKey(word)) {
            return pathNode.getWord();
        }

        /* 인접한 단어들을 큐에 추가한다. */
        ArrayList<String> words = getValidLinkedWords(word, wildcardToWordList);
        for (String w : words) {
            if (!primary.visited.containsKey(w)) {
                PathNode next = new PathNode(w, pathNode);
                primary.visited.put(w, next);
                primary.toVisit.add(next);
            }
        }
    }
```

```
            return null;
    }

    LinkedList<String> mergePaths(BFSData bfs1, BFSData bfs2, String connection) {
        PathNode end1 = bfs1.visited.get(connection); // end1 → 시작 지점
        PathNode end2 = bfs2.visited.get(connection); // end2 → 종료 지점
        LinkedList<String> pathOne = end1.collapse(false); // 앞으로
        LinkedList<String> pathTwo = end2.collapse(true);  // 반대로
        pathTwo.removeFirst();    // 연결을 제거한다.
        pathOne.addAll(pathTwo); // 두 번째 경로를 추가한다.
        return pathOne;
    }

    /* getWildcardRoots, getWildcardToWordList, getValidLinkedWords 메서드들은
     * 모두 이전과 동일하다. */

    public class BFSData {
        public Queue<PathNode> toVisit = new LinkedList<PathNode>();
        public HashMap<String, PathNode> visited = new HashMap<String, PathNode>();

        public BFSData(String root) {
            PathNode sourcePath = new PathNode(root, null);
            toVisit.add(sourcePath);
            visited.put(root, sourcePath);
        }

        public boolean isFinished() {
            return toVisit.isEmpty();
        }
    }

    public class PathNode {
        private String word = null;
        private PathNode previousNode = null;
        public PathNode(String word, PathNode previous) {
            this.word = word;
            previousNode = previous;
        }

        public String getWord() {
            return word;
        }

        /* 경로를 탐색하고 노드의 연결리스트를 반환한다. */
        public LinkedList<String> collapse(boolean startsWithRoot) {
            LinkedList<String> path = new LinkedList<String>();
            PathNode node = this;
            while (node != null) {
                if (startsWithRoot) {
                    path.addLast(node.word);
                } else {
                    path.addFirst(node.word);
                }
                node = node.previousNode;
            }
            return path;
        }
    }
}

/* HashMapList<String, Integer>는 String에서 ArrayList<Integer>로의 대응관계를
 * 나타내는 HashMap이다. 자세한 구현은 부록을 참조하길 바란다. */
```

이 알고리즘의 수행 시간은 설명하기가 약간 어렵다. 왜냐하면 수행 시간이 언어에 따라 달라지고 실제 시작 지점의 단어와 종료 지점의 단어가 무엇인지에 따라 달라지기 때문이다. 이를 표현할 수 있는 한 가지 방법이 있다. 각 단어와 한 글자 차이 나는 단어 개수를 E개라고 하고 시작 지점과 종료 지점의 거리를 D하고 하면, O(ED/2) 시간이 걸린다. 이게 바로 각각의 너비 우선 탐색이 해야 하는 일이다.

물론 면접에서 구현하기에는 코드가 너무 길다. 가능하지 않을 양이다. 더 현실적으로 말하자면, 많은 세부사항을 빠뜨릴 것이다. transform과 searchLevel의 골격을 잡는 코드 정도만 작성하면 되고, 나머지는 생략해도 괜찮을 것이다.

17.23 최대 검은색 정방행렬: 정방형의 행렬이 있다. 이 행렬의 각 셀(픽셀)은 검은색이거나 흰색이다. 네 가장자리가 전부 검은색인 최대 부분 정방행렬을 찾는 알고리즘을 설계하라.

277쪽

해법

다른 많은 문제와 같이, 이 문제도 쉽게 푸는 방법과 어렵게 푸는 방법이 존재한다. 둘 다 살펴볼 것이다.

'간단한' 해법: O(N⁴)

찾을 수 있는 가장 큰 정사각형의 크기는 한 변의 길이가 N일 때 N×N이고, 오직 하나밖에 존재하지 않는다. 이 정사각형이 위의 조건을 만족하는지 확인하는 일은 쉽다.

만약 N×N의 정사각형이 존재하지 않는다면 그다음으로 큰 정사각형의 크기는 (N-1)×(N-1)이다. 이 크기로 구할 수 있는 모든 가능한 정사각형을 확인해 본 뒤 위의 조건을 만족하는 것이 하나라도 있으면 그 정사각형을 반환한다. 그다음에는 N-2, N-3 등등에 대해서 해 본다. 점차적으로 작은 정사각형을 찾아 보기 때문에 처음으로 찾은 정사각형이 가장 큰 정사각형이 된다.

이 코드는 다음과 같다.

```
Subsquare findSquare(int[][] matrix) {
    for (int i = matrix.length; i >= 1; i--) {
        Subsquare square = findSquareWithSize(matrix, i);
        if (square != null) return square;
    }
    return null;
}

Subsquare findSquareWithSize(int[][] matrix, int squareSize) {
```

```
    /* 한 변의 길이가 N이라면, 길이가 sz인 정사각형은 (N - sz + 1)개 존재한다. */
    int count = matrix.length - squareSize + 1;

    /* 한 변의 길이가 squareSize인 모든 정사각형을 순회한다. */
    for (int row = 0; row < count; row++) {
        for (int col = 0; col < count; col++) {
            if (isSquare(matrix, row, col, squareSize)) {
                return new Subsquare(row, col, squareSize);
            }
        }
    }
    return null;
}

boolean isSquare(int[][] matrix, int row, int col, int size) {
    // 윗변과 아랫변을 확인한다.
    for (int j = 0; j < size; j++){
        if (matrix[row][col+j] == 1) {
            return false;
        }
        if (matrix[row+size-1][col+j] == 1){
            return false;
        }
    }

    // 왼쪽변과 오른쪽변을 확인한다.
    for (int i = 1; i < size - 1; i++){
        if (matrix[row+i][col] == 1){
            return false;
        }
        if (matrix[row+i][col+size-1] == 1) {
            return false;
        }
    }
    return true;
}
```

사전에 미리 계산해놓기: O(N³)

위의 '간단한' 해법을 느리게 하는 주된 이유는 매번 가능한 정사각형을 확인하는 작업이 O(N) 시간이 걸리기 때문이다. 사전에 미리 계산해놓음으로써 isSquare 시간을 O(1)로 줄일 수 있다. 알고리즘의 전체 시간은 O(N³)으로 줄어든다.

isSquare가 무슨 작업을 하는지 분석해 보면, 오른쪽과 아래쪽에 있는 다음 squareSize개의 셀에 0이 포함되어 있는지 확인하는 것이 전부라는 걸 알 수 있다. 순환적 방법을 사용하면 이 데이터를 쉽게 미리 구해 놓을 수 있다.

오른쪽에서 왼쪽으로, 아래에서 위로 순환한다. 각 셀에서 다음의 연산을 수행한다.

```
만약 A[r][c]가 하얀색이라면, 오른쪽과 아래쪽 0의 개수는 0개이다.
else A[r][c].zerosRight = A[r][c + 1].zerosRight + 1
     A[r][c].zerosBelow = A[r + 1][c].zerosBelow + 1
```

아래는 가능한 행렬의 값을 나타낸 예제이다.

(오른쪽 0의 개수, 아래쪽 0의 개수)

0, 0	1, 3	0, 0
2, 2	1, 2	0, 0
2, 1	1, 1	0, 0

실제 행렬

W	B	W
B	B	W
B	B	W

이제 O(N)개의 원소를 순환하지 않고, isSquare 메서드에서 zerosRight와 zeros Below의 값을 통해 가장자리의 색깔을 확인해 볼 수 있다.

아래는 이 알고리즘을 구현한 코드이다. findSquare와 findSquareWithSize는 processMatrix를 호출하고 그 이후에 새로운 데이터형을 사용한다는 것만 빼면 동일하다.

```java
public class SquareCell {
    public int zerosRight = 0;
    public int zerosBelow = 0;
    /* 선언, 추출(getters), 설정(setters) */
}

Subsquare findSquare(int[][] matrix) {
    SquareCell[][] processed = processSquare(matrix);
    for (int i = matrix.length; i >= 1; i--) {
        Subsquare square = findSquareWithSize(processed, i);
        if (square != null) return square;
    }
    return null;
}

Subsquare findSquareWithSize(SquareCell[][] processed, int size) {
    /* 첫 번째 알고리즘과 동일하다 */
}

boolean isSquare(SquareCell[][] matrix, int row, int col, int sz) {
    SquareCell topLeft = matrix[row][col];
    SquareCell topRight = matrix[row][col + sz - 1];
    SquareCell bottomLeft = matrix[row + sz - 1][col];

    /* 윗변, 왼쪽변, 오른쪽변, 아랫변을 차례로 확인한다. */
    if (topLeft.zerosRight < sz || topLeft.zerosBelow < sz ||
        topRight.zerosBelow < sz || bottomLeft.zerosRight < sz) {
        return false;
    }
    return true;
}

SquareCell[][] processSquare(int[][] matrix) {
    SquareCell[][] processed =
        new SquareCell[matrix.length][matrix.length];
```

```
    for (int r = matrix.length - 1; r >= 0; r--) {
        for (int c = matrix.length - 1; c >= 0; c--) {
            int rightZeros = 0;
            int belowZeros = 0;
            // 검은색일 경우에만 수행한다.
            if (matrix[r][c] == 0) {
                rightZeros++;
                belowZeros++;
                // 다음 열(column)은 동일한 행(row)에 놓인다.
                if (c + 1 < matrix.length) {
                    SquareCell previous = processed[r][c + 1];
                    rightZeros += previous.zerosRight;
                }
                if (r + 1 < matrix.length) {
                    SquareCell previous = processed[r + 1][c];
                    belowZeros += previous.zerosBelow;
                }
            }
            processed[r][c] = new SquareCell(rightZeros, belowZeros);
        }
    }
    return processed;
}
```

17.24 최대 부분행렬: 양의 정수와 음의 정수로 이루어진 N×N 행렬이 주어졌을 때, 모든 원소의 합이 최대가 되는 부분 행렬을 찾는 코드를 작성하라.

277쪽

해법

이 문제를 푸는 방법은 많다. 무식한 해법부터 알아보고, 그 다음에 그 해법을 최적화해 보겠다.

무식한 방법: O(N⁶)

'최댓값'을 찾는 많은 문제들과 마찬가지로, 이 문제에도 무식한 방법이 존재한다. 가능한 모든 부분행렬을 전부 순회하면서 합을 계산한 다음에 최댓값을 찾으면 된다.

　모든 가능한 부분행렬을 (중복 없이) 순회하려면, 정렬된 모든 행의 순서쌍을 순회한 다음, 정렬된 모든 열의 순서쌍을 순회한다.

　이 해법의 실행 시간은 $O(N^6)$이다. 부분 행렬을 전부 순회하는 데 $O(N^4)$의 시간이 필요하고, 각각의 영역을 계산하는 데 $O(N^2)$의 시간이 소요된다.

```
SubMatrix getMaxMatrix(int[][] matrix) {
    int rowCount = matrix.length;
    int columnCount = matrix[0].length;
    SubMatrix best = null;
    for (int row1 = 0; row1 < rowCount; row1++) {
        for (int row2 = row1; row2 < rowCount; row2++) {
            for (int col1 = 0; col1 < columnCount; col1++) {
```

```
                    for (int col2 = col1; col2 < columnCount; col2++) {
                        int sum = sum(matrix, row1, col1, row2, col2);
                        if (best == null || best.getSum() < sum) {
                            best = new SubMatrix(row1, col1, row2, col2, sum);
                        }
                    }
                }
            }
        }
        return best;
}

int sum(int[][] matrix, int row1, int col1, int row2, int col2) {
    int sum = 0;
    for (int r = row1; r <= row2; r++) {
        for (int c = col1; c <= col2; c++) {
            sum += matrix[r][c];
        }
    }
    return sum;
}

public class SubMatrix {
    private int row1, row2, col1, col2, sum;
    public SubMatrix(int r1, int c1, int r2, int c2, int sm) {
        row1 = r1;
        col1 = c1;
        row2 = r2;
        col2 = c2;
        sum = sm;
    }

    public int getSum() {
        return sum;
    }
}
```

합을 구하는 코드는 위의 로직과는 상당히 다르므로 별개의 함수로 빼내는 것이 좋다.

동적 계획법: $O(N^4)$

위의 해법에서는 부분행렬의 합을 계산하는 과정 때문에 $O(N^2)$만큼 느려졌다. 이 시간을 줄일 수 있을까? 가능하다! 실제로, 이 시간을 $O(1)$까지 줄일 수 있다.

다음과 같은 직사각형이 있다고 하자.

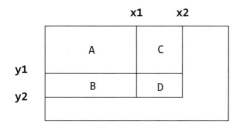

그리고 다음과 같은 값들을 알고 있다고 하자.

```
ValD = area(point(0, 0) → point(x2, y2))
ValC = area(point(0, 0) → point(x2, y1))
ValB = area(point(0, 0) → point(x1, y2))
ValA = area(point(0, 0) → point(x1, y1))
```

각각의 **Val***은 (0, 0)부터 시작해서 부분 직사각형의 오른쪽 하단 꼭지점에서 끝나는 영역을 나타낸다.

위의 값을 안다고 했을 때, 다음과 같은 사실도 역시 알 수 있다.

```
area(D) = ValD - area(A union C) - area(A union B) + area(A).
```

다르게 표현하면 다음과 같다.

```
area(D) = ValD - ValB - ValC + ValA
```

행렬 내의 모든 점에 대해 유사한 논리를 적용하여 이 값들을 구할 수 있다.

```
Val(x, y) = Val(x-1, y) + Val(y-1, x) - Val(x-1, y-1) + M[x][y]
```

이 값을 전부 미리 계산해 두면 최대 합을 갖는 부분행렬을 효율적으로 찾을 수 있다.

아래는 이 알고리즘을 구현한 코드이다.

```java
SubMatrix getMaxMatrix(int[][] matrix) {
    SubMatrix best = null;
    int rowCount = matrix.length;
    int columnCount = matrix[0].length;
    int[][] sumThrough = precomputeSums(matrix);

    for (int row1 = 0; row1 < rowCount; row1++) {
        for (int row2 = row1; row2 < rowCount; row2++) {
            for (int col1 = 0; col1 < columnCount; col1++) {
                for (int col2 = col1; col2 < columnCount; col2++) {
                    int sum = sum(sumThrough, row1, col1, row2, col2);
                    if (best == null || best.getSum() < sum) {
                        best = new SubMatrix(row1, col1, row2, col2, sum);
                    }
                }
            }
        }
    }
    return best;
}

int[][] precomputeSums(int[][] matrix) {
    int[][] sumThrough = new int[matrix.length][matrix[0].length];
    for (int r = 0; r < matrix.length; r++) {
        for (int c = 0; c < matrix[0].length; c++) {
            int left = c > 0 ? sumThrough[r][c - 1] : 0;
            int top = r > 0 ? sumThrough[r - 1][c] : 0;
            int overlap = r > 0 && c > 0 ? sumThrough[r-1][c-1] : 0;
            sumThrough[r][c] = left + top - overlap + matrix[r][c];
```

```
        }
    }
    return sumThrough;
}

int sum(int[][] sumThrough, int r1, int c1, int r2, int c2) {
    int topAndLeft = r1 > 0 && c1 > 0 ? sumThrough[r1-1][c1-1] : 0;
    int left = c1 > 0 ? sumThrough[r2][c1 - 1] : 0;
    int top = r1 > 0 ? sumThrough[r1 - 1][c2] : 0;
    int full = sumThrough[r2][c2];
    return full - left - top + topAndLeft;
}
```

모든 행의 쌍과 열의 쌍을 순회해야 하기 때문에, 결국 $O(N^4)$ 시간이 소요된다.

최적화 해법: $O(N^3)$

믿지 못하겠지만, 이보다 더 최적화된 해법도 존재한다. 행렬의 행과 열이 각각 R개, C개 있다면, $O(R^2C)$ 시간에 답을 구할 수 있다.

최대 부분배열 문제에 대한 방법을 생각해 보자. 정수 배열이 주어졌을 때, 가장 합이 큰 부분배열을 찾는 문제였다. 최대 합의 부분배열을 $O(N)$ 시간 만에 찾을 수 있었다. 이 방법을 이번 문제에도 응용해 보자.

모든 부분행렬은 연속된 행과 연속된 열로 표현할 수 있다. 각각의 연속된 행을 순회할 수 있다면, 그 각각에서 최대 합이 되는 열의 집합을 찾으면 될 것이다. 다시 말해서,

```
maxSum = 0
foreach rowStart in rows
    foreach rowEnd in rows
        /* 부분행렬의 위쪽 모서리와 아래쪽 모서리를 각각 rowStart와 rowEnd라고
         * 했을 때, 많은 경우의 부분행렬을 구할 수 있다. 여기서 합이 최대가 되는
         * 모서리 colStart와 colEnd를 찾으면 된다. */
        maxSum = max(runningMaxSum, maxSum)
return maxSum
```

여기서 문제는, 이제 '가장 좋은' colStart와 colEnd를 어떻게 찾을 수 있을가이다.

다음의 부분배열을 생각해 보자.

rowStart

9	-8	1	3	-2
-3	7	6	-2	4
6	-4	-4	8	-7
12	-5	3	9	-5

rowEnd

rowStart와 rowEnd가 주어졌을 때, 합이 최대가 되는 부분배열의 colStart와 colEnd를 찾아야 한다. 그러기 위해선 각 열의 합을 구한 뒤 앞에서 설명했던 maximumSubArray를 적용해야 한다.

앞서 살펴본 예제의 경우 합이 최대가 되는 부분배열은 첫 번째부터 네 번째까지의 열로 구성된 배열이다. 따라서 최대 합을 갖는 부분행렬은 rowsStart(첫 번째 열)부터 rowEnd(네 번째 열)까지가 된다.

따라서 다음과 같은 의사코드를 작성할 수 있다.

```
maxSum = 0
foreach rowStart in rows
    foreach rowEnd in rows
        foreach col in columns
            partialSum[col] = sum of matrix[rowStart, col]에서
                              matrix[rowEnd, col]까지의 합
        runningMaxSum = maxSubArray(partialSum)
        maxSum = max(runningMaxSum, maxSum)
return maxSum
```

5번째 행과 6번째 행에서 합을 계산할 때 R*C만큼의 시간이 걸린다(rowStart부터 rowEnd까지 순회하기 때문에). 따라서 수행 시간은 $O(R^3C)$가 된다. 아직 끝나지 않았다.

5번째 행과 6번째 행에서 우리는 기본적으로 a[0] … a[i]까지의 합을 항상 계산했다. 설사 이전에 바깥쪽 for 문을 수행하면서 a[0]…a[i-1]의 합을 계산했었더라도 말이다. 이 중복 작업을 제거해 보자.

```
maxSum = 0
foreach rowStart in rows
    clear array partialSum
    foreach rowEnd in rows
        foreach col in columns
            partialSum[col] += matrix[rowEnd, col]
        runningMaxSum = maxSubArray(partialSum)
    maxSum = max(runningMaxSum, maxSum)
return maxSum
```

최종 코드는 다음과 같다.

```
SubMatrix getMaxMatrix(int[][] matrix) {
    int rowCount = matrix.length;
    int colCount = matrix[0].length;
    SubMatrix best = null;

    for (int rowStart = 0; rowStart < rowCount; rowStart++) {
        int[] partialSum = new int[colCount];

        for (int rowEnd = rowStart; rowEnd < rowCount; rowEnd++) {
            /* rowEnd 행에 값을 추가한다. */
            for (int i = 0; i < colCount; i++) {
```

```
                    partialSum[i] += matrix[rowEnd][i];
            }

            Range bestRange = maxSubArray(partialSum, colCount);
            if (best == null || best.getSum() < bestRange.sum) {
                best = new SubMatrix(rowStart, bestRange.start, rowEnd,
                                     bestRange.end, bestRange.sum);
            }
        }
    }
    return best;
}

Range maxSubArray(int[] array, int N) {
    Range best = null;
    int start = 0;
    int sum = 0;

    for (int i = 0; i < N; i++) {
        sum += array[i];
        if (best == null || sum > best.sum) {
            best = new Range(start, i, sum);
        }

        /* 만약 running_sum < 0이라면, 더 이상 진행할 필요가 없다. 0으로 초기화한다. */
        if (sum < 0) {
            start = i + 1;
            sum = 0;
        }
    }
    return best;
}

public class Range {
    public int start, end, sum;
    public Range(int start, int end, int sum) {
        this.start = start;
        this.end = end;
        this.sum = sum;
    }
}
```

이 문제는 매우 복잡하다. 면접관이 아무 도움도 주지 않고 문제를 전부 해결하라고 하지는 않을 것이다.

17.25 단어 직사각형: 백만 개의 단어 목록이 주어졌을 때, 각 단어의 글자들을 사용하여 만들 수 있는 최대 크기 직사각형을 구하는 알고리즘을 설계하라. 이 직사각형의 각 행은 하나의 단어가 되어야 하고(왼쪽에서 오른쪽 방향) 모든 열 또한 하나의 단어가 되어야 한다(위에서 아래쪽 방향). 리스트에서 단어를 선정할 때 연속한 단어를 고를 필요는 없다. 단, 모든 행의 길이는 서로 같아야 하고, 모든 열의 길이도 서로 같아야 한다.

277쪽

해법

사전과 관련된 많은 문제들은 일종의 전처리(pre-processing)를 통해 해결할 수 있다. 어디에 전처리를 적용해야 할까?

단어로 직사각형을 만들어야 한다면, 행끼리 길이가 같아야 하고 열끼리도 길이가 같아야 한다. 따라서 일단 사전의 단어를 길이에 따라 서로 다른 그룹으로 나눈다. 이 그룹을 D라고 하고, D[i]에는 길이가 i인 단어들이 보관되어 있다고 하자.

이제, 이 중에서 가장 큰 직사각형을 찾아야 한다. 만들 수 있는 가장 큰 직사각형의 크기는 얼마인가? length(가장 긴 단어)^{2}일 것이다.

```
int maxRectangle = longestWord * longestWord;
for z = maxRectangle to 1 {
    for each pair of numbers (i, j) where i*j = z {
        /* 직사각형을 만들기에 성공했을 때 그것을 반환한다. */
    }
}
```

가장 큰 직사각형부터 가장 작은 직사각형까지를 순회한다. 이때 찾은 첫 번째 유효한 직사각형이 가장 큰 직사각형이다.

이제 가장 어려운 부분인 makeRectangle(int l, int h)를 해결할 순서이다. 이 메서드는 단어를 사용해서 길이가 l이고 높이가 h인 직사각형을 만들려고 한다.

한 가지 방법은 h개의 단어로 이루어진 모든(정렬된) 집합을 순회하면서 각각의 열이 유효한 단어가 되는지를 보는 것이다. 동작하기는 하겠지만, 효율적이지는 않은 방법이다.

앞부분이 다음과 같은 6×5 크기의 직사각형을 만든다고 생각해 보자.

```
there
queen
pizza
.....
```

여기서 첫 번째 열이 tqp로 시작한다는 것을 알 수 있다. 이 문자열로 시작하는 단어는 사전에 없다. 결국에는 유효한 직사각형을 만들어 내지 못할 것이므로, 계속 진행하는 것은 의미가 없다.

이를 깨달으면 한결 최적화된 해법을 구할 수 있다. 우선 어떤 부분 문자열이 사전에 있는 단어의 접두어(prefix)인지를 쉽게 판별할 수 있도록 하는 트라이를 만든다. 그런 다음 행별로 직사각형을 만들 때마다 모든 열의 접두어가 유효한지 검사한다. 그렇지 않다면 더 이상 진행하지 않고 즉시 중단한다.

아래는 이 알고리즘을 구현한 코드이다. 길고도 복잡한 코드이므로, 단계별로 살펴보겠다.

우선, 전처리 과정을 통해 단어들을 길이에 따라 서로 다른 그룹으로 나눈다. 그리고 각 그룹당 하나의 트라이를 생성한다. 그러나 트라이가 실제로 필요하기 전까지 내용을 채워넣지는 않는다.

```
WordGroup[] groupList = WordGroup.createWordGroups(list);
int maxWordLength = groupList.length;
Trie trieList[] = new Trie[maxWordLength];
```

maxRectangle 메서드는 이 코드의 핵심이다. 가능한 가장 큰 직사각형(maxWordLength^2)부터 시작해서 해당 크기의 직사각형을 만들어 본다. 만들 수 없으면 크기를 하나 줄여서 다시 시도한다. 가장 먼저 성공적으로 만들 수 있는 직사각형이 가장 큰 직사각형이 된다.

```
Rectangle maxRectangle() {
    int maxSize = maxWordLength * maxWordLength;
    for (int z = maxSize; z > 0; z--) { // 가장 큰 것부터 시작한다.
        for (int i = 1; i <= maxWordLength; i ++ ) {
            if (z % i == 0) {
                int j = z / i;
                if (j <= maxWordLength) {
                    /* 너비가 i, 높이가 j인 직사각형을 만들어본다. 즉, i * j = z. */
                    Rectangle rectangle = makeRectangle(i, j);
                    if (rectangle != null) return rectangle;
                }
            }
        }
    }
    return null;
}
```

makeRectangle 메서드는 maxRectangle이 호출하는 메서드로, 지정된 너비와 높이의 직사각형을 만들려고 시도한다.

```
Rectangle makeRectangle(int length, int height) {
    if (groupList[length-1] == null || groupList[height-1] == null) {
        return null;
    }

    /* 이미 존재하지 않을 경우, 길이가 length인 단어들로 트라이를 생성한다. */
    if (trieList[height - 1] == null) {
        LinkedList<String> words = groupList[height - 1].getWords();
        trieList[height - 1] = new Trie(words);
    }

    return makePartialRectangle(length, height, new Rectangle(length));
}
```

makePartialRectangle 메서드는 실제 작업이 이루어지는 곳이다. 만들어져야 할 직사각형의 최종 너비와 높이, 그리고 부분적으로 만들어진 직사각형이 인자로 주어진다. 주어진 직사각형의 높이가 이미 최종적으로 구해야 할 직사각형의 높이와 같다면 각 열이 유효하면서도 완전한 단어들인지 확인한 다음에 반환한다.

높이가 같지 않다면 각 열이 유효한 접두어들인지 확인한다. 유효한 접두어가 없는 열이 존재한다면, 이 부분 직사각형으로는 유효한 직사각형을 만들어 낼 방법이 없으므로 즉시 중단한다.

하지만 다른 문제가 없고 모든 열이 유효한 접두어들인 경우에는 필요한 너비에 맞는 길이를 갖는 모든 단어를 탐색하면서 그 각각을 현재 직사각형에 덧붙이고, {새로운 단어를 덧붙인 현재 직사각형}을 인자로 넘겨 재귀적으로 직사각형을 만들어 본다.

```
Rectangle makePartialRectangle(int l, int h, Rectangle rectangle) {
    if (rectangle.height == h) { // 직사각형이 완성됐는지 검사
        if (rectangle.isComplete(l, h, groupList[h - 1])) {
            return rectangle;
        }
        return null;
    }

    /* 각 열을 트라이와 비교하여 잠재적으로 유효한 부분사각형을 만든 것인지 검사 */
    if (!rectangle.isPartialOK(l, trieList[h - 1])) {
        return null;
    }

    /* 원하는 길이를 갖는 모든 단어를 검사한다. 각 단어를 하나씩 현재의 부분
     * 직사각형에 넣어 보면서, 재귀적으로 직사각형을 만들어 본다. */
    for (int i = 0; i < groupList[l-1].length(); i++) {
        /* 현재 직사각형 + 새로운 단어로 새로운 직사각형을 만든다. */
        Rectangle orgPlus = rectangle.append(groupList[l-1].getWord(i));

        /* 이 부분 직사각형을 사용해서 전체 직사각형을 만들어 본다. */
        Rectangle rect = makePartialRectangle(l, h, orgPlus);
        if (rect != null) {
            return rect;
        }
    }
    return null;
}
```

Rectangle은 부분적으로 또는 완전히 완성된 단어 직사각형을 나타내는 클래스이다. isPartialOk 메서드는 직사각형이 유효한지 검사한다(다시 말해, 모든 열이 유효한 접두어인지 확인한다). isComplete 메서드도 비슷한 기능을 하는데, 다만 각 열이 완전한 단어들인지를 검사한다.

```
public class Rectangle {
    public int height, length;
    public char[][] matrix;

    /* 빈 직사각형을 만든다. 너비는 고정되어 있지만, 높이는 단어를 추가해 나가면서 점점 변한다. */
    public Rectangle(int l) {
        height = 0;
        length = l;
    }
```

```
    /* 문자열 직사각형 배열의 너비가 인자로 주어진 length이고, 높이는 height가
     * 되는 문자열 직사각형 배열을 하나 만든다. 이 직사각형 배열이 바로
     * 인자로 주어진 letters라는 배열이다(인자로 주어진 너비와 높이의 크기는
     * 언제나 주어진 배열의 크기와 같다고 가정한다). */
    public Rectangle(int length, int height, char[][] letters) {
        this.height = letters.length;
        this.length = letters[0].length;
        matrix = letters;
    }

    public char getLetter (int i, int j) { return matrix[i][j]; }
    public String getColumn(int i) { ... }

    /* 모든 열이 유효한지 검사한다. 행을 추가할 때는 단어를 사전에서 바로 꺼내서
     * 만들었기 때문에 모든 행은 이미 유효하다. */
    public boolean isComplete(int l, int h, WordGroup groupList) {
        if (height == h) {
            /* 각 열의 단어가 사전 내에 있는지 검사한다. */
            for (int i = 0; i < l; i++) {
                String col = getColumn(i);
                if (!groupList.containsWord(col)) {
                    return false;
                }
            }
            return true;
        }
        return false;
    }

    public boolean isPartialOK(int l, Trie trie) {
        if (height == 0) return true;
        for (int i = 0; i < l; i++ ) {
            String col = getColumn(i);
            if (!trie.contains(col)) {
                return false;
            }
        }
        return true;
    }

    /* 현재 직사각형의 행와 새로 추가되는 문자열 s를 사용하여 새로운 직사각형
     * Rectangle을 만든다. */
    public Rectangle append(String s) { ... }
}
```

WordGroup 클래스는 단어의 길이가 특정 길이가 되는 모든 단어를 보관하는 간단한 클래스이다. 검색을 쉽게 하기 위해 단어들을 ArrayList뿐만 아니라 해시테이블에도 저장한다.

WordGroup에 있는 리스트는 정적 메서드인 createWordGroups을 통해 만들어진다.

```
public class WordGroup {
    private HashMap<String, Boolean> lookup = new HashMap<String, Boolean>();
    private ArrayList<String> group = new ArrayList<String>();
    public boolean containsWord(String s) { return lookup.containsKey(s); }
    public int length() { return group.size(); }
    public String getWord(int i) { return group.get(i); }
    public ArrayList<String> getWords() { return group; }
```

```
public void addWord (String s) {
    group.add(s);
    lookup.put(s, true);
}

public static WordGroup[] createWordGroups(String[] list) {
    WordGroup[] groupList;
    int maxWordLength = 0;
    /* 길이가 가장 긴 단어를 찾는다. */
    for (int i = 0; i < list.length; i++) {
        if (list[i].length() > maxWordLength) {
            maxWordLength = list[i].length();
        }
    }

    /* 사전에 있는 단어 중에서 길이 같은 단어들을 하나로 묶어 리스트를 만든다.
     * groupList[i]에는 길이가 (i+1)인 단어의 리스트가 들어 있다. */
    groupList = new WordGroup[maxWordLength];
    for (int i = 0; i < list.length; i++) {
        /* wordLength가 아닌 wordLength - 1을 사용하는 이유는 길이가 0인 단어는
         * 애초에 존재하지 않기 때문이다 */
        int wordLength = list[i].length() - 1;
        if (groupList[wordLength] == null) {
            groupList[wordLength] = new WordGroup();
        }
        groupList[wordLength].addWord(list[i]);
    }
    return groupList;
}
```

Trie와 TrieNode를 포함하는 전체 코드는 웹사이트에서 다운받을 수 있다. 이 정도로 복잡한 문제의 경우 보통은 의사코드만 작성해도 충분할 것이다. 면접을 보는 짧은 시간 내에 코드 전부를 작성하는 것은 거의 불가능하다.

17.26 드문드문 유사도: 서로 다른 단어로 구성된 두 문서의 유사도는 단어들의 교집합의 크기 나누기 합집합의 크기로 정의할 수 있다. 즉, 정수로 이루어진 두 문서 {1, 5, 3}과 {1, 7, 2, 3}의 유사도는 0.4가 된다. 왜냐하면 두 문서의 교집합의 크기는 2이고 합집합의 크기는 5이기 때문이다. 유사도의 밀도가 '희박'할 것 같은 문서가 굉장히 많이 주어져 있다(각 문서는 ID로 표현된다). 여기서 희박하다는 뜻은 임의의 두 문서의 유사도가 0이 될 확률이 높다는 뜻이다. 이때, 유사도가 0보다 큰 모든 문서 ID 쌍과 그들의 유사도를 반환하는 알고리즘은 설계하라. 비어 있는 문서를 출력해서는 안 된다. 각 문서는 서로 다른 정수로 이루어진 배열로 표현되었다고 가정해도 좋다.

예제

입력:

13: {14, 15, 100, 9, 3}

      16: {32, 1, 9, 3, 5}
      19: {15, 29, 2, 6, 8, 7}
      24: {7, 10}
   출력:
      ID1, ID2 : 유사도
      13, 19 : 0.1
      13, 16 : 0.25
      19, 24 : 0.14285714285714285

해법

얼핏 문제가 좀 까다로워 보인다. 무식한 방법을 먼저 사용해 보자. 무식한 방법은 다른 방법이 없을 때, 문제해결에 다가가는 데 도움이 된다.

각 문서는 서로 다른 '단어'의 배열이고 각각은 정수로 표현된다는 사실을 기억하라.

무식한 방법

무식한 방법은 간단하게 모든 배열을 다른 모든 배열과 비교하는 방법이다. 매번 비교할 때마다 두 배열의 교집합의 크기와 합집합의 크기를 계산한다.

유사도가 0보다 클 경우에만 두 문서 쌍을 출력할 것이다. 두 배열이 모두 비어 있지 않는 이상, 두 배열의 합집합의 크기가 0이 될 수는 없다. 따라서 교집합의 크기가 0보다 클 경우에만 그 유사도를 출력할 것이다.

교집합의 크기와 합집합의 크기는 어떻게 구할까?

교집합은 공통된 원소의 개수를 뜻한다. 따라서 첫 번째 배열(A)을 순회하면서 각각의 원소가 두 번째 배열(B)에도 존재하는지를 확인한다. 만약 존재한다면, intersection 변수를 증가시킨다.

합집합을 계산할 때는 동일한 원소를 두 번 세지 않도록 조심할 필요가 있다. 합집합을 계산하는 한 가지 방법은 B에 없는 A의 모든 원소를 센 뒤에 B의 모든 원소를 세는 것이다. 이렇게 하면 중복되는 원소를 한 번만 세기 때문에 두 번 세는 일을 방지할 수 있다.

아니면 다음과 같은 방법으로 생각해 볼 수도 있다. 원소를 두 번 더했다는 뜻은 A와 B의 교집합의 원소들을 두 번 셌다는 뜻이다. 따라서 중복으로 더한 원소의 개수를 빼주면 된다.

```
union(A, B)=A+B-intersection(A, B)
```

이 말은 교집합의 개수를 계산할 필요가 있다는 뜻이다. 따라서, 이를 통해 합집합을 구하면 유사도도 곧바로 구할 수 있다.

두 배열을 검사하는 데 O(AB) 시간이 걸린다.

하지만, D개 문서의 모든 쌍을 검사해야 한다. 각각의 문서에 최대 W개의 단어가 들어 있다고 하면 수행 시간은 $O(D^2W^2)$이 된다.

좀 더 나은 무식한 방법

빠른 개선을 위해서, 두 배열의 유사도 계산을 최적화할 수 있다. 특히, 교집합 계산을 최적화해야 할 필요가 있다.

두 배열에 공통으로 들어 있는 원소의 개수를 알아야 한다. A의 모든 원소를 해시테이블에 넣은 뒤 B를 순회하면서 A에 같은 원소가 있으면 intersection을 증가한다.

이 방법은 O(A+B) 시간이 걸린다. 배열의 크기가 W이고 배열의 개수가 D라고 한다면 $O(D^2W)$ 시간이 걸린다.

구현하기 전에 필요한 클래스가 무엇인지 먼저 생각해 보자.

문서 쌍의 리스트와 그들 간의 유사도를 반환해야 한다. 이를 위해 DocPair 클래스를 사용할 것이다. 그리고 DocPair에서 유사도 값으로 대응되는 해시테이블을 반환할 것이다.

```java
public class DocPair {
    public int doc1, doc2;

    public DocPair(int d1, int d2) {
        doc1 = d1;
        doc2 = d2;
    }

    @Override
    public boolean equals(Object o) {
        if (o instanceof DocPair) {
            DocPair p = (DocPair) o;
            return p.doc1 == doc1 && p.doc2 == doc2;
        }
        return false;
    }

    @Override
    public int hashCode() { return (doc1 * 31) ^ doc2; }
}
```

또한 문서를 표현하는 클래스가 있으면 유용할 것이다.

```java
public class Document {
    private ArrayList<Integer> words;
    private int docId;
```

```
        public Document(int id, ArrayList<Integer> w) {
            docId = id;
            words = w;
        }

        public ArrayList<Integer> getWords() { return words; }
        public int getId() { return docId; }
        public int size() { return words == null ? 0 : words.size(); }
}
```

엄밀히 말해서 이 클래스는 필요 없다. 하지만 가독성도 중요하다. ArrayList

<ArrayList<Integer>>보다 ArrayList<Document>를 읽는 게 훨씬 쉽다.

이런 류의 작업은 여러분의 좋은 코딩 스타일을 보여줄 뿐만 아니라, 면접을 더

쉽게 풀어나가는 데 도움을 준다.

```
01    HashMap<DocPair, Double> computeSimilarities(ArrayList<Document> documents) {
02        HashMap<DocPair, Double> similarities = new HashMap<DocPair, Double>();
03        for (int i = 0; i < documents.size(); i++) {
04            for (int j = i + 1; j < documents.size(); j++) {
05                Document doc1 = documents.get(i);
06                Document doc2 = documents.get(j);
07                double sim = computeSimilarity(doc1, doc2);
08                if (sim > 0) {
09                    DocPair pair = new DocPair(doc1.getId(), doc2.getId());
10                    similarities.put(pair, sim);
11                }
12            }
13        }
14        return similarities;
15    }
16
17    double computeSimilarity(Document doc1, Document doc2) {
18        int intersection = 0;
19        HashSet<Integer> set1 = new HashSet<Integer>();
20        set1.addAll(doc1.getWords());
21
22        for (int word : doc2.getWords()) {
23            if (set1.contains(word)) {
24                intersection++;
25            }
26        }
27
28        double union = doc1.size() + doc2.size() - intersection;
29        return intersection / union;
30    }
```

28번째 줄에서 무슨 일이 일어나고 있는지 확인하라. 합집합의 개수는 분명 정수

값일 텐데 double을 사용하는 이유는 뭘까?

바로 정수 나눗셈에서 발생할 수 있는 버그를 피하기 위해서이다. 정수를 사용한

다면, 나눗셈을 할 때 나머지 값을 버린다. 그렇게 하면 유사도가 대부분 0이 될 것

이다. 아뿔사!

좀 더 나은 (또 다른) 무식한 방법

문서가 정렬되어 있으면, 정렬된 두 배열을 합병할 때처럼 두 문서를 차례로 읽어 나가면서 교집합을 구할 수 있다.

이 방법은 $O(A+B)$ 시간이 걸린다. 위의 알고리즘과 시간 복잡도는 같지만 공간 은 더 적게 사용한다. 문서의 개수가 D이고 단어의 개수가 W일 때 $O(D^2W)$ 시간 이 걸린다.

하지만 배열이 정렬되어 있는지 아닌지 모르므로 먼저 정렬을 해야 한다. 정렬을 하는 데 $O(D*W\log W)$ 시간이 걸린다. 따라서 전체 수행 시간은 $O(D*W\log W + D^2W)$가 된다.

두 번째 항이 첫 번째 항보다 항상 두드러지게 크다고 단정 지을 수 없다. 그렇지 않은 경우도 있을 수 있다. D와 $\log W$의 상대적인 크기에 따라 달라진다. 따라서 수행 시간을 나타낼 때 두 항을 모두 써야 한다.

(어느 정도) 최적화 해법

문제를 실제로 이해하기 위해 더 큰 예제를 사용해 보는 것도 좋다.

```
13: {14, 15, 100, 9, 3}
16: {32, 1, 9, 3, 5}
19: {15, 29, 2, 6, 8, 7}
24: {7, 10, 3}
```

먼저 가능한 비교연산의 횟수를 더 빠르게 줄일 수 있는 다양한 기술들을 사용해 볼 것이다. 예를 들어 각 배열에서 최솟값과 최댓값을 구할 수 있을까? 만약 구할 수 있다면, 숫자 집합의 영역이 겹치지 않는 배열들은 비교하지 않을 수 있다.

하지만 이 방법의 문제는 실제 수행 시간을 개선할 수 없다는 점에 있다. 지금까 지 가장 좋은 수행 시간은 $O(D^2W)$이다. 위의 개선을 추가한다고 하더라도 여전히 $O(D^2)$ 쌍의 비교를 해야 한다. 하지만 $O(W)$항은 가끔 $O(1)$이 될 수도 있다. D의 개수가 커지면 $O(D^2)$항은 아주 커질 수 있다.

따라서 $O(D^2)$항을 줄이는 데 집중해 보자. 이 부분이 우리 해법의 '병목 지점'이 다. 특히, docA 문서가 주어졌을 때, 각 문서와 '소통'하지 않고 모든 문서와의 유사 도를 구할 수 있는 방법을 찾으려고 한다.

docA와의 유사도는 무엇을 통해 만들어지는가? 즉, 어떤 특성에 의해 docA와의 유사도가 0보다 커지는가?

docA가 {14, 15, 100, 9, 3}이라고 가정해 보자. 어떤 문서와 docA의 유사도가 0보 다 크기 위해선 해당 문서가 14, 15, 100, 9, 3 중에 하나를 갖고 있어야 한다. 각 원소를 포함하고 있는 모든 문서의 리스트를 어떻게 하면 **빠르게 가져올** 수 있을까?

아주 느린 한 가지 방법은 모든 문서에서 각각의 단어를 읽고 14, 15, 100, 9, 3 중에 하나를 포함하고 있는 문서를 찾는 것이다. 이 방법은 O(DW) 시간이 걸린다. 좋지 않다.

여기에 반복적인 작업이 포함되어 있다. 다음 작업을 위해 한번 호출했던 작업을 재사용할 수 있다.

만약 어떤 단어에서 해당 단어를 포함하는 모든 문서로의 대응관계를 나타내는 해시테이블을 만들 수 있다면 docA와 중복되는 문서들을 아주 **빠르게 찾아낼** 수 있을 것이다.

```
1 → 16
2 → 19
3 → 13, 16, 24
5 → 16
6 → 19
7 → 19, 24
8 → 19
9 → 13, 16
...
```

docA와 겹치는 모든 문서를 찾고 싶으면 docA의 원소들을 해시테이블에서 찾아 보면 된다. 이렇게 하면 겹치는 모든 문서 리스트를 얻을 수 있다. 이제, 우리가 해야할 일은 docA와 각각의 문서를 비교하는 것이다.

유사도가 0보다 큰 쌍의 개수가 P이고 각각의 문서는 W개의 단어를 갖고 있다면 O(PW) 시간이 걸린다(+ 해시테이블을 만들고 읽을 때 드는 O(DW) 시간). P가 D^2 보다 더 작기 때문에 이전보다 더 개선되었다고 말할 수 있다.

최적화 해법

이전 알고리즘을 생각해 보자. 더 개선할 수 있는 방법은 없을까?

시간 복잡도 O(PW+DW)를 생각해 보자. O(DW) 항은 아마 제거할 수 없을 것이다. 각각의 단어를 적어도 한 번은 살펴봐야 하는데, 전체 단어의 개수가 O(DW) 이기 때문이다. 따라서 더 최적화를 할 수 있는 부분은 O(PW) 항에서 찾을 수 있을 것이다.

적어도 P개의 쌍을 모두 살펴봐야 하기 때문에 O(PW)에서 P 부분을 제거하기도 힘들 것이다. 따라서 개선하기 좋은 부분은 W가 된다. 각각의 문서쌍의 유사도를 계산할 때 O(W)보다 더 잘할 수 있을까?

이 문제를 해결하는 한 가지 방법은 해시테이블이 제공하는 정보가 무엇인지 분석해 보는 것이다. 다음의 문서 리스트를 생각해 보자.

```
12: {1, 5, 9}
13: {5, 3, 1, 8}
14: {4, 3, 2}
15: {1, 5, 9, 8}
17: {1, 6}
```

문서 12의 원소들을 해시테이블에서 찾아 보면 다음과 같은 결과를 얻을 것이다.

```
1 → {12, 13, 15, 17}
5 → {12, 13, 15}
9 → {12, 15}
```

이 말은 문서 13, 15, 17과 어떤 유사도가 있다는 말이다. 현재 알고리즘에선, 문서 12와 공통된 원소를 찾기 위해서(즉, 교집합의 크기) 문서 13, 15, 17의 모든 원소를 살펴본다. 이전과 같이 합집합은 문서와 교집합의 크기를 통해 계산할 수 있다.

하지만 해시테이블에 문서 13은 두 번, 문서 15는 세 번, 문서 17번은 한 번 등장했다. 이 정보들을 사용하지 않았는데, 이를 사용해볼 수 있을까? 문서가 여러 번 등장했다는 사실이 무엇을 의미하나?

문서 13은 두 개의 원소(1, 5)를 공통으로 갖고 있기 때문에 두 번 등장했다. 문서 17은 하나의 원소(1)만 공통으로 갖고 있기 때문에 한 번 등장했다. 문서 15는 세 개의 원소(1, 5, 9)를 공통으로 갖고 있기 때문에 세 번 등장했다. 이 정보는 실제로 교집합의 크기를 직접적으로 알려준다.

각각의 문서에 있는 단어를 통해 해시테이블에서 문서 리스트를 찾고, 각각의 문서가 얼마나 많이 등장했는지를 세어준다. 이를 수행하는 더 직접적인 방법이 존재한다.

1. 이전과 같이, 문서 리스트에 대한 해시테이블을 만든다.
2. 문서 쌍에서 정수값(교집합의 크기)으로 대응되는 해시테이블을 새로 생성한다.
3. 첫 번째 해시테이블을 통해 문서 리스트를 차례로 읽어 나간다.
4. 각각의 문서 리스트에서, 문서 쌍을 차례로 읽어 나가면서 교집합의 크기를 증가시킨다.

이전 방법과 수행 시간을 명확하게 비교하기는 좀 어렵다. 그러나 대략적으로 무엇이 더 효율적인지는 비교해 볼 수 있다. 이전 방법에서는 등장하는 모든 단어를 살펴봐야 했기 때문에, 각 문서 쌍에 대해 $O(W)$의 작업이 필요했다. 하지만 이번 알고리즘에서는 실제로 겹치는 단어들만 살펴본다. 물론, 최악의 경우는 여전히 동일하지만 입력이 많은 경우라면 현재 방법이 더 빠를 것이다.

```
HashMap<DocPair, Double>
computeSimilarities(HashMap<Integer, Document> documents) {
    HashMapList<Integer, Integer> wordToDocs = groupWords(documents);
    HashMap<DocPair, Double> similarities = computeIntersections(wordToDocs);
    adjustToSimilarities(documents, similarities);
    return similarities;
}

/* 각 단어에서 문서로 해시테이블을 생성한다. */
HashMapList<Integer, Integer> groupWords(HashMap<Integer, Document> documents) {
    HashMapList<Integer, Integer> wordToDocs = new HashMapList<Integer,
Integer>();

    for (Document doc : documents.values()) {
        ArrayList<Integer> words = doc.getWords();
        for (int word : words) {
            wordToDocs.put(word, doc.getId());
        }
    }

    return wordToDocs;
}

/* 문서 간의 교집합을 계산한다. 각각의 문서 리스트 안에서 해당 리스트
 * 안에 있는 문서 쌍의 교집합을 구한다. */
HashMap<DocPair, Double> computeIntersections(
    HashMapList<Integer, Integer> wordToDocs {
    HashMap<DocPair, Double> similarities = new HashMap<DocPair, Double>();
    Set<Integer> words = wordToDocs.keySet();
    for (int word : words) {
        ArrayList<Integer> docs = wordToDocs.get(word);
        Collections.sort(docs);
        for (int i = 0; i < docs.size(); i++) {
            for (int j = i + 1; j < docs.size(); j++) {
                increment(similarities, docs.get(i), docs.get(j));
            }
        }
    }

    return similarities;
}

/* 문서 쌍의 교집합 크기를 증가시킨다. */
void increment(HashMap<DocPair, Double> similarities, int doc1, int doc2) {
    DocPair pair = new DocPair(doc1, doc2);
    if (!similarities.containsKey(pair)) {
        similarities.put(pair, 1.0);
    } else {
        similarities.put(pair, similarities.get(pair) + 1);
    }
}

/* 교집합의 크기를 통해 유사도를 구한다. */
void adjustToSimilarities(HashMap<Integer, Document> documents,
                          HashMap<DocPair, Double> similarities) {
    for (Entry<DocPair, Double> entry : similarities.entrySet()) {
        DocPair pair = entry.getKey();
        Double intersection = entry.getValue();
        Document doc1 = documents.gct(pair.doc1);
        Document doc2 = documents.get(pair.doc2);
        double union = (double) doc1.size() + doc2.size() - intersection;
        entry.setValue(intersection / union);
    }
```

```
    }
}
```

```
/* HashMapList<Integer, Integer>는 Integer에서 ArrayList<Integer>로 대응되는
 * HashMap과 같다. 자세한 구현은 부록을 참조하길 바란다. */
```

이 방법은 모든 문서의 쌍을 직접적으로 비교하기 때문에, 유사도가 드문드문 존재하는 문서 집합에서는 기존의 단순한 알고리즘보다 훨씬 빠르다.

(또 다른) 최적화 해법

어떤 지원자가 발견할 수 있는 또 다른 알고리즘이 존재한다. 약간 느리긴 하지만 여전히 괜찮은 방법이다.

두 문서의 유사도를 계산하기 위해 정렬을 했던 이전 알고리즘을 생각해 보자. 이 방법을 여러 문서에 대해 확장해 볼 수 있다.

모든 단어에 각각의 단어가 등장한 문서를 함께 적은 다음에 정렬을 해 보자. 그러면 이전의 문서 리스트는 다음과 같을 것이다.

1_{12}, 1_{13}, 1_{15}, 1_{16}, 2_{14}, 3_{13}, 3_{14}, 4_{14}, 5_{12}, 5_{13}, 5_{15}, 6_{16}, 8_{13}, 8_{15}, 9_{12}, 9_{15}

이제부터는 이전과 동일하게 동작한다. 위의 원소 리스트를 차례로 훑어 나간다. 동일한 단어 수열에 등장하는 모든 문서 쌍에 대해 교집합의 개수를 증가시킨다.

문서와 단어를 하나로 묶기 위해서 Element 클래스를 사용할 것이다. 리스트를 정렬할 때는 단어로 먼저 정렬을 하고, 단어가 같을 때는 문서 ID로 정렬할 것이다.

```java
class Element implements Comparable<Element> {
    public int word, document;
    public Element(int w, int d) {
        word = w;
        document = d;
    }

    /* 단어를 정렬할 때, 두 단어를 비교하는 용도로 이 함수가 사용된다. */
    public int compareTo(Element e) {
        if (word == e.word) {
            return document - e.document;
        }
        return word - e.word;
    }
}

HashMap<DocPair, Double> computeSimilarities(
        HashMap<Integer, Document> documents) {
    ArrayList<Element> elements = sortWords(documents);
    HashMap<DocPair, Double> similarities = computeIntersections(elements);
    adjustToSimilarities(documents, similarities);
    return similarities;
}
```

```
/* 모든 단어를 하나의 리스트에 넣고, 단어별로 정렬하고 단어가 같으면 문서별로 정렬한다. */
ArrayList<Element> sortWords(HashMap<Integer, Document> docs) {
    ArrayList<Element> elements = new ArrayList<Element>();
    for (Document doc : docs.values()) {
        ArrayList<Integer> words = doc.getWords();
        for (int word : words) {
            elements.add(new Element(word, doc.getId()));
        }
    }
    Collections.sort(elements);
    return elements;
}

/* 각 문서 쌍의 교집합 크기를 하나 증가시킨다. */
void increment(HashMap<DocPair, Double> similarities, int doc1, int doc2) {
    DocPair pair = new DocPair(doc1, doc2);
    if (!similarities.containsKey(pair)) {
        similarities.put(pair, 1.0);
    } else {
        similarities.put(pair, similarities.get(pair) + 1);
    }
}

/* 교집합의 크기를 통해 유사도를 계산한다. */
HashMap<DocPair, Double> computeIntersections(ArrayList<Element> elements) {
    HashMap<DocPair, Double> similarities = new HashMap<DocPair, Double>();

    for (int i = 0; i < elements.size(); i++) {
        Element left = elements.get(i);
        for (int j = i + 1; j < elements.size(); j++) {
            Element right = elements.get(j);
            if (left.word != right.word) {
                Break;
            }
            increment(similarities, left.document, right.document);
        }
    }
    return similarities;
}

/* 교집합의 크기를 통해 유사도를 계산한다. */
void adjustToSimilarities(HashMap<Integer, Document> documents,
                          HashMap<DocPair, Double> similarities) {
    for (Entry<DocPair, Double> entry : similarities.entrySet()) {
        DocPair pair = entry.getKey();
        Double intersection = entry.getValue();
        Document doc1 = documents.get(pair.doc1);
        Document doc2 = documents.get(pair.doc2);
        double union = (double) doc1.size() + doc2.size() - intersection;
        entry.setValue(intersection / union);
    }
}
```

이 알고리즘에선 이전처럼 리스트에 바로 추가하지 않고 정렬을 하기 때문에, 첫 단계는 이전 알고리즘보다 느리다. 두 번째 단계는 이전과 동일하다.

두 방법 모두 기존의 단순한 알고리즘보다 더 빠르다.

XI

고급 주제

이번 장은 대부분 면접의 범위를 벗어나지만 가끔 등장하는 주제들에 대해 다룰 것이다. 이번 장에 나오는 고급 주제를 잘 모르더라도 면접관이 의아하게 생각하지 않을 것이다. 여러분이 원한다면 자유롭게 고급 주제의 내용에 빠져들기 바란다. 시간의 압박이 있다면, 낮은 우선순위를 낮게 부여하라.

여섯 번째 개정판을 작업하면서 무엇을 넣어야 하고 빼야 하는지에 대한 논쟁이 있었다. 레드-블랙 트리? 다익스트라(Dijkstra) 알고리즘? 위상정렬(topological sort)?

한쪽에서는 이 주제들을 다뤄 달라는 요청이 있었다. 그들은 이에 관련된 문제가 '항상' 출제된다고 주장했다('항상'이라는 단어가 의미하는 바에 대해서 완전히 다른 생각을 갖고 있었다!). 적어도 몇 사람은 이 주제가 포함되길 명백히 바라고 있었고, 더 배운다고 나쁠 건 없지 않는가?

하지만 필자는 이런 주제가 거의 출제되지 않는다고 알고 있다. 물론 출제될 수도 있다. 면접관 각각은 독립된 사람이며, 무엇이 '공정한 게임'이고 '면접에 관련'이 있는지에 대한 자신만의 생각이 있을 것이다. 하지만 이런 주제가 출제되는 경우는 흔치 않다. 그리고 여러분이 해당 내용에 대해 모른다고 해서 안 좋은 평가를 받을 확률은 낮다.

> 면접관의 입장에서 필자도 이런 알고리즘 중 하나를 적용해야만 해결되는 문제를 출제해 본 적이 있다. 지원자가 해당 알고리즘에 대해 미리 알고 있는 경우도 있었다. 하지만 그 지식 자체가 면접 문제를 푸는 데는 아무 도움이 되지 않았다. 그리고 해당 지식을 알고 있는 경우 자체도 매우 드물었다. 면접관은 여러분이 이전에 풀어 본 적 없는 문제를 해결하는 능력을 평가하고 싶어 한다. 그래서 필자는 여러분이 이런 알고리즘을 미리 알고 있는 게 좋을지 아닐지 고민을 하게 된다.

면접 준비에 필요한 공부를 과도하게 부풀려 지원자에게 겁을 주고 싶은 게 아니다. 필자는 지원자에게 면접에 대한 공정한 기대감을 주는 것이 옳다고 믿는다. 또한 책 판매에 도움이 되도록 '고급' 주제를 더 많이 다루어 여러분의 시간과 에너지를 소비하게 하는 것에 별다른 흥미가 없다. 그건 공정하지도 않고 올바른 일도 아니다.

(또한, 이 책을 읽게 될 면접관들이 이런 고급 주제를 다뤄도 될 거라는 인상을 주고 싶지도 않다. 면접관들에게 한마디 하겠다. 만약 여러분이 이 주제에 대한 문제를 출제한다면 여러분은 알고리즘 지식을 테스트하고 있는 것이다. 그렇게 하면 아주 많은 똑똑한 사람들을 잃게 될 것이다.)

하지만 경계선에 걸쳐 있는 수많은 '중요한' 주제가 존재한다. 이들은 자주 출제되지는 않지만, 가끔 출제된다.

궁극적으로는, 여러분에게 결정을 맡길 것이다. 결국, 어떻게 준비하고 싶은지는 필자보다 여러분이 더 잘 알 것이다. 추가로 더 준비하고 싶다면, 이번 장을 읽으라. 자료구조와 알고리즘을 더 공부하고 싶다면, 이번 장을 읽으라. 문제에 접근하는 새로운 방법을 보고 싶다면, 이번 장을 읽으라.

하지만 시간의 압박이 있을 때는, 이번 장의 우선순위를 높게 두지 말라.

▶ 유용한 수학

여기에서는, 면접 문제에서 유용하게 사용할 수 있는 몇 가지 수학 내용을 다룬다. 자세한 증명은 인터넷에서 찾아보라. 여기서는 증명보다는 직관에 좀 더 집중할 것이다. 이들을 비공식적인 증명이라고 생각해도 좋다.

1부터 N까지의 합

$1+2+\ldots+n$은 무엇인가? 작은 값과 큰 값을 하나의 쌍으로 만들어서 생각해 보자.

만약 n이 짝수라면 1과 n, 2와 n-1의 순서대로 짝을 짓는다. 그러면 합이 n+1이 되는 쌍은 n/2개 나온다.

만약 n이 홀수라면 0과 n, 1과 n-1의 순서대로 짝을 짓는다. 그러면 합이 n이 되는 쌍이 (n+1)/2개 나온다.

n이 짝수				n이 홀수			
쌍 #	a	b	a+b	쌍 #	a	b	a+b
1	1	n	n+1	1	0	n	n
2	2	n-1	n+1	2	1	n-1	n
3	3	n-2	n+1	3	2	n-2	n
4	4	n-3	n+1	4	3	n-3	n
...	...	...	...	...	...	...	...
n/2	n/2	(n/2)+1	n+1	(n+1)/2	(n-1)/2	(n+1)/2	n
전체:		n/2*(n+1)		전체:		(n+1)/2*n	

두 경우 모두 합은 $n(n+1)/2$가 된다.

이런 추론은 중첩된 루프(nested loop)에서 많이 볼 수 있다. 예를 들어, 다음의 코드를 살펴보자.

```java
for (int i=0; i < n; i++) {
    for (int j=i+1; j < n; j++) {
        System.out.println(i+j);
    }
}
```

바깥 루프의 처음에는, 안쪽 루프가 n-1번 순회한다. 두 번째의 안쪽 루프는 n-2번 순회하고, 그다음에는 n-3, n-4, ⋯ 이런 식으로 나아간다. 안쪽 루프의 총 순회 횟수는 n(n-1)/2이고, 따라서 이 코드는 $O(n^2)$ 시간이 걸린다.

2의 승수의 합

$2^0 + 2^1 + 2^2 + ... + 2^n$의 수열을 생각해 보자. 결과는 무엇이 될까?

한 가지 훌륭한 방법은 이 값을 2진수로 생각해 보는 것이다.

	승수	2진수	10진수
	2^0	00001	1
	2^1	00010	2
	2^2	00100	4
	2^3	01000	8
	2^4	10000	16
합	$2^5 - 1$	11111	32-1=31

따라서 $2^0 + 2^1 + 2^2 + ... + 2^n$을 2진수로 표현하면 1이 연속으로 (n+1)개 나열된 값과 같다. 이는 $2^{n+1} - 1$과 같다.

알아둘 점: 2의 승수로 이루어진 수열의 합은 해당 수열의 다음 값과 거의 같다.

로그의 밑

어떤 $\log_2$(로그의 밑이 2)의 값이 있다고 해 보자. $\log_{10}$으로 어떻게 바꿀 수 있을까? 즉, $\log_b(k)$와 $\log_x(k)$ 사이에는 어떤 관련이 있을까?

수학을 해 보자. $c = \log_b(k)$이고 $y = \log_x(k)$라고 가정하자.

```
log_b(k)=c → b^c=k              // 로그의 정의
log_x(b^c)=log_x(k)             // b^c=k의 양변에 로그를 취한다.
c log_x(b)=log_x(k)             // 로그의 법칙. 지수항을 밖으로 뺄 수 있다.
c=log_b(k)=log_x(k)/log_x(b)    // 위의 log 값을 나누어 c를 구한다.
```

따라서, $\log_2(p)$를 $\log_{10}$으로 변환하고 싶으면, 다음과 같이 하면 된다.

$$\log_{10}(p) = \frac{\log_2 p}{\log_2 10}$$

알아둘 점: 밑이 다른 로그는 오직 상수항만큼만 차이가 난다. 따라서 big-O 표현식에서는 대부분 로그의 밑을 무시한다. 어차피 상수항은 버리기 때문에 로그의 밑이 무엇인지는 상관 없다.

순열

중복되는 문자가 없다고 했을 때, 길이가 n인 문자열을 재배열하는 방법은 몇 개나 존재할까? 첫 번째 위치에 놓을 수 있는 문자는 n개가 있고, 그다음에 두 번째 위치에 놓을 수 있는 문자는 n-1개가 있다. 그다음에 세 번째 위치에 놓을 수 있는 문자의 개수는 n-2개이고, 이런 식으로 나아간다. 따라서 가능한 전체 문자열의 개수는 n!이 된다.

$$n! = n*(n-1)*(n-2)*(n-3)*\cdots*1$$

총 n개의 문자로 길이가 k인 문자열을 만든다고 하면 어떻게 될까? 비슷한 논리를 적용해서 가능한 문자를 선택하고 곱해주면 된다.

$$\frac{n!}{(n-k)!} = n*(n-1)*(n-2)*(n-3)*\cdots*(n-k+1)$$

조합

n개의 문자의 집합이 있다고 해 보자. 이 중에서 k개의 문자를 선택해서 새로운 집합을 만들고자 한다면(순서에 관계없이) 얼마나 많이 만들 수 있을까? 즉, 중복이 없는 n개의 원소 중에서 크기가 k인 부분집합을 몇 개나 만들 수 있나? 이것이 바로 $_nC_k$가 의미하는 것이고 $\binom{n}{k}$라고 표기한다.

길이가 k인 부분 문자열의 리스트를 모두 나열한 뒤 중복된 부분을 없애려고 한다.

위의 순열 부분에서, 길이가 k인 부분 문자열의 개수는 n!/(n-k)!이라고 했다.

길이가 k인 부분집합을 재배치하여 만들 수 있는 문자열의 개수는 k!이므로, 부분 문자열의 리스트에는 각각의 부분집합이 k!번 반복적으로 사용되었다. 따라서, 이 중복된 부분을 없애려면 k!로 나누어야 한다.

$$\binom{n}{k} = \frac{1}{k!}*\frac{n!}{(n-k)!} = \frac{n!}{k!(n-k)!}$$

귀납법을 통한 증명

귀납법은 어떤 것이 실제로 참인지 증명하는 방법이다. 재귀와 관련된 부분이 상당히 많다. 다음과 같은 형태를 갖는다.

과제: 모든 k >= b에 대해서 P(k)가 참인지를 증명하라.

- **기본 사례**: P(b)가 참인지를 증명하라. 보통 숫자를 그냥 대입해 보면 된다.

- **가정**: P(n)을 참이라고 가정하자.
- **귀납적 단계**: P(n)이 참일 때 P(n+1) 또한 참이라는 것을 증명한다.

도미노와 같다. 첫 번째 도미노가 넘어지면 그다음 도미노도 넘어지고, 그 뒤의 모든 도미노가 넘어진다.

귀납법을 통해 n개의 원소로 이루어진 집합에는 2^n개의 부분집합이 있다는 사실을 증명하자.

- **정의**: n개의 원소로 이루어진 집합을 S = {a_1, a_2, a_3, ..., a_n}이라고 하자.
- **기본 사례**: {}의 부분집합의 개수는 2^0이라는 사실을 증명한다. {}의 부분집합은 {}밖에 없으므로 참이다.
- {a_1, a_2, a_3, ..., a_n}의 부분집합의 개수가 2^n이라고 가정하자.
- {a_1, a_2, a_3, ..., a_{n+1}}의 부분집합의 개수가 2^{n+1}인 것을 증명한다.
  - {a_1, a_2, a_3, ..., a_{n+1}}의 부분집합을 생각해 보자. 이 중에 절반은 a_{n+1}을 포함하고 있을 것이고 절반은 아닐 것이다. a_{n+1}을 포함하고 있지 않은 부분집합은 {a_1, a_2, a_3, ..., a_n}의 부분집합과 같다. 위의 가정을 통해 이 부분집합의 개수는 2^n이 된다.
  - x를 포함하고 있는 부분집합의 개수와 x를 포함하지 않은 부분집합의 개수는 동일하므로 a_{n+1}을 포함하고 있는 부분집합의 개수는 2^n이 된다.
  - 따라서 $2^n + 2^n$, 즉 2^{n+1}개의 부분집합이 있다.

많은 재귀 알고리즘은 귀납법을 사용해서 증명할 수 있다.

▶ 위상정렬

위상정렬(topological sort)은 방향 그래프(directed graph)에서 노드의 리스트에 순서를 매기는 방법이다. 그래프에 (a, b)라는 간선이 있을 때 a는 b보다 먼저 등장해야 한다. 그래프에 사이클이 존재하거나 방향 그래프가 아니라면 위상정렬은 존재하지 않는다.

이와 관련된 애플리케이션이 몇 가지 있다. 예를 들어, 이 그래프가 어떤 조립 라인(assembly line)을 나타낸다고 해 보자. 간선(핸들, 문짝)은 핸들이 문짝보다 먼저 조립되어야 한다는 것을 의미한다. 위상정렬은 조립 라인에서 조립해야 할 유효한 순서를 알려준다.

다음과 같이 위상정렬을 만들어 나가면 된다.

1. 유입 간선(incoming edge)이 없는 모든 노드를 찾은 뒤에 이들을 위상정렬에 추가한다.
   a. 이들보다 먼저 나와야 하는 노드는 없으므로 위상정렬에 바로 추가해도 안전하다. 그러니 안전하게 다음으로 넘어가도 된다!
   b. 사이클이 없다면 이런 노드는 반드시 존재해야 한다. 즉, 임의의 노드를 고른 뒤에, 아무 간선이나 하나를 선택해서 반대방향으로 걸어가면 된다. 결국 유입 간선이 없는 노드에서 멈추거나, 사이클이 존재한다면 이전에 방문했던 노드로 돌아올 것이다.
2. 그 다음에는 그래프에서 위 노드들의 유출 간선(outbound edge)을 제거한다.
   a. 이 노드들은 이미 위상정렬에 추가했으므로 아무 상관없다. 이 간선들은 아무 역할도 하지 않는다.
3. 위의 과정을 반복한다. 유입 간선이 없는 노드를 추가하고 그 노드의 유출 간선을 제거한다. 모든 노드가 위상정렬에 추가되면 알고리즘이 끝난다.

이 알고리즘을 더욱 형식적으로 표현하면 다음과 같다.

1. 위상정렬을 저장할 order라는 큐를 만든다. 처음에는 비어 있다.
2. 다음에 처리할 노드를 저장할 processNext라는 큐를 만든다.
3. 각 노드의 유입 간선의 개수를 node.inbound라는 클래스 변수에 대입한다. 보통 노드에는 유출 간선만 저장한다. 하지만 노드 n에 대한 유출 간선 (n, x)에서 x.inbound를 증가시킴으로써 유입 간선의 개수를 구할 수 있다.
4. 노드를 다시 하나씩 살펴보면서 x.inbound == 0인 노드를 processNext에 추가한다.
5. processNext가 비어 있지 않는 동안 다음을 수행한다.
   a. processNext에서 노드 n을 꺼낸다.
   b. 간선 (n, x)에서 x.inbound를 감소시킨다. 만약 x.inbound == 0이 되면 x를 processNext에 추가한다.
   c. n을 order에 추가한다.
6. 모든 노드를 order에 추가했으면 성공한 것이다. 그렇지 않으면, 사이클 때문에 위상정렬에 실패한 것이다.

이 알고리즘은 면접 문제에 가끔 등장한다. 여러분이 이를 곧바로 알아내리라고 기대하지는 않을 것이다. 하지만 이 알고리즘을 이전에 본적이 없다고 하더라도 충분히 유도해낼 수 있을 것이다.

▶ 다익스트라 알고리즘

그래프의 간선에 가중치를 부여해야 할 때도 있다. 만약 어떤 그래프가 도시를 표현한다고 했을 때, 이 그래프의 간선은 도로를 나타내고 그 가중치는 이동 시간을 나타낼 수 있다. 여기서 이런 질문을 할 수 있다. GPS 지도 시스템처럼, 현재 위치에서 p라는 지점까지의 최단 경로는 무엇인가? 여기에 다익스트라 알고리즘(Dijkstra's algorithm)이 쓰인다.

다익스트라 알고리즘은 사이클이 있을 수도 있는 가중 방향 그래프(weighted directed graph)에서 두 지점 간의 최단 경로를 찾는 방법이다.

다익스트라 알고리즘을 바로 설명하는 대신, 이를 유도해 보자. 위에서 언급한 그래프를 생각해 본다. s에서 t까지의 최단 경로를 찾기 위해선 실제 타이머를 사용해서 가능한 모든 경로를 동시에 지나간 뒤 그중 가장 빨리 도착한 경로를 택하면 된다(잠깐, 그러기 위해선 우리 자신을 복제할 수 있는 기계도 필요하다).

1. s에서 시작한다.
2. s의 유출 간선의 개수만큼 우리 자신을 복제한 뒤 해당 간선을 걸어간다. (s, x)의 가중치가 5라면 x에 도달하는 데 실제로 5분이 걸린다는 뜻이다.
3. 노드에 도착하면 이전에 누가 방문했었는지 확인한다. 만약 방문했었다면 거기서 멈춘다. s에서 시작한 다른 누군가가 이미 우리보다 빨리 도착했기 때문에 자동으로 현재 경로는 다른 경로보다 더 빠를 수 없게 된다. 아무도 도착한 적이 없다면, 다시 우리 자신을 복제한 뒤 가능한 모든 경로로 나아간다.
4. 먼저 t에 도착하는 사람이 이긴다.

이 방법은 잘 동작한다. 물론 실제 알고리즘에선 최단 경로를 찾기 위해 타이머를 사용할 수 없다.

각각의 복제 인간이 간선의 가중치에 상관없이 어떤 노드에서 인접한 노드로 바로 건너뛸 수 있다고 생각해 보자. 해당 경로를 '실제' 속도로 걸어갔을 때 걸린 시간을 time_so_far에 기록한다고 가정한다. 이때 복제 인간 중에서 time_so_far가 가장 작은 사람 한 명만 움직인다. 이게 바로 다익스트라 알고리즘이 동작하는 원리다.

다익스트라 알고리즘은 시작 지점 s에서 모든 노드로의 최단 경로를 찾는 알고리즘이다.

다음의 그래프를 생각해 보자.

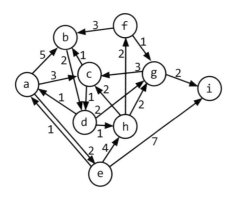

a에서 i로의 최단 경로를 찾는다고 생각해 보자. 다익스트라 알고리즘을 사용하면 a에서 모든 노드로의 최단 경로를 찾을 수 있다. 따라서 명백하게 a에서 i로의 최단 경로도 찾을 수 있다.

먼저 몇 가지 변수를 초기화할 것이다.

- `path_weight[node]`: 시작 지점에서 node로의 최단 경로의 길이가 적혀 있다. `path_weight[a]`만 0으로 초기화되어 있고, 나머지는 모두 무한대 값으로 초기화된다.
- `previous[node]`: 현재까지의 최단 경로가 주어졌을 때, 각 노드를 방문하기 이전 노드의 정보가 적혀 있다.
- `remaining`: 모든 노드에 대한 우선순위 큐(priority queue)이다. 각 노드의 우선순위는 `path_weight`에 의해 정의된다.

위의 변수들을 초기화하고 난뒤에는 `path_weight`를 조절할 수 있다.

> (최소) 우선순위 큐는 추상 데이터 형(abstract data type)으로 선언되며 객체와 키를 삽입할 수 있고, 가장 작은 키의 객체를 삭제할 수 있고, 키값을 감소시킬 수 있다(일반적인 큐를 생각해 보자. 가장 오래된 항목을 삭제하는 대신 우선순위가 가장 낮거나 가장 높은 항목을 삭제할 뿐이다). 큐의 행동 방식(연산)에 따라 정의되므로 우선순위 큐는 추상 데이터 형으로 선언된다. 우선

순위 큐는 다양하게 구현할 수 있다. 배열을 사용해서 구현할 수도 있고 최소 힙 혹은 최대힙을 사용해서 구현할 수도 있다(그 외에도 다른 많은 자료구조 를 사용해서 구현할 수도 있다).

remaining이 빌 때까지 노드를 꺼내 와서 다음을 수행한다.

1. remaining에서 path_weight가 가장 작은 노드를 선택한다. 이 노드를 n이라 하자.
2. 인접한 노드들에 대해서 path_weight[x](현재까지의 a에서 x로의 최단 경로)와 path_weight[n]+edge_weight[(n, x)]를 비교한다.a에서 x로 가는 현재까지의 경로보다 더 짧은 경로가 존재하는가? 만약 그렇다면, path_weight와 previous 를 갱신한다.
3. remaining에서 n을 삭제한다.

remining이 비면 path_weight에는 a에서 각각의 노드로의 최단 경로의 거리가 들어 있게 된다. previous를 쫓아가면서 최단 경로를 재구성할 수 있다.

위의 그래프에서 이를 재현해 보자.

1. n의 첫 번째 값은 a가 된다. 인접한 노드(b, c, e)를 보고 path_weight(각각 5, 3, 2)와 previous(a)를 갱신하고 remaining에서 a를 삭제한다.
2. 그다음으로 작은 노드인 e를 선택한다. path_weight[e]를 2로 갱신했었다. 그와 인접한 노드는 h와 i이므로 path_weight(각각 6, 2)와 previous를 갱신한다. 6 은 path_weight[e](2)+(e, h)(4)의 결과이다.
3. 그다음으로 작은 노드는 path_weight가 3인 c이다. 인접한 노드는 b와 d이다. path_weight[d]는 무한대 값이므로 4로 갱신한다. path_weight[c]+weight(c, d. path_weight[b]는 이전에 5였지만, path_weight[c]+weight(c, b) (3+1=4) 가 5보다 작으므로 path_weight[b]는 4로 갱신되고 previous는 c로 갱신된다. 이 말은 a에서 b로 가는 경로가 c를 통해서 가는 경로로 개선되었다는 뜻이다.

remaining이 완전히 빌 때까지 이 과정을 계속한다. 아래의 다이어그램은 path_weight(왼쪽)와 previous(오른쪽)가 변하는 것을 단계별로 보여 준다. 첫 번째 행은 n의 현재값(remaining에서 삭제한 노드)을 나타낸다. remaining에서 완전히 지운 행은 검게 표시했다.

	초기화		n=a		n=e		n=c		n=b		n=d		n=h		n=g		n=f		최종	
	wt	pr	wt	pr	wt	pr	wt	pr	wt	pr	wt	pr	wt	pr	wt	pr	wt	pr	wt	pr
a	0	-	삭제됨																0	-
b	∞	-	5	a			4	c	삭제됨										4	c
c	∞	-	3	a	삭제됨														3	a
d	∞	-					4	c	삭제됨										4	c
e	∞	-	2	a	삭제됨														2	a
f	∞	-											7	h			삭제됨		7	h
g	∞	-									6	d			삭제됨				6	d
h	∞	-			6	e					5	d	삭제됨						5	d
u	∞	-	∞	-	9	e									8	g			8	g

위 과정이 끝나면 실제 최단 경로를 찾기 위해 위의 도표를 i에서 시작해서 뒤로 읽어 나간다. 이 경우에 최단 경로의 거리는 8이 되고, 그 경로는 a→c→d→g→i가 된다.

우선순위 큐와 수행 시간

위에서 언급했듯이 이 알고리즘은 우선순위 큐(priority queue)를 사용한다. 하지만 다른 자료구조를 사용해서 다른 방식으로 구현할 수도 있다.

이 알고리즘의 수행 시간은 우선순위 큐의 구현 방식에 따라 완전히 달라진다. 노드의 개수는 v이고 간선의 개수는 e라고 가정하자.

- 우선순위 큐를 배열로 구현하면, remove_min은 최대 v번 호출한다. 각각의 연산은 $O(v)$ 시간이 걸리므로 remove_min을 호출하는 데 $O(v^2)$ 시간을 쓰게 된다. 또한, 각 간선마다 path_weight와 previous를 최대 한 번 갱신해야 하기 때문에 추가로 $O(e)$ 시간이 걸린다. 간선의 개수는 모든 노드의 쌍의 개수보다 작으므로 e는 v^2보다 작거나 같다. 따라서 전체 수행 시간은 $O(v^2)$이 된다.

- 우선순위 큐를 최소힙을 사용해서 구현하면 remove_min은 삽입(insert)과 갱신(update) 연산을 통해 구현할 수 있으므로 $O(\log v)$ 시간이 걸린다. 각 노드마다 remove_call은 한 번만 호출하므로 $O(v \log v)$ 시간이 걸린다. 또한, 각 간선마다 키값 갱신 연산과 삽입 연산을 한 번만 호출할 것이므로 추가로 $O(e \log v)$ 시간이 소요된다. 따라서 전체 수행 시간은 $O((v+e) \log v)$가 된다.

무엇이 더 나은가? 상황에 따라 다르다. 만약 그래프에 간선이 아주 많다면 v^2은 e와 비슷해진다. 이 경우에는 $O(v^2)$이 $O((v+v^2)\log v)$보다 나으므로 배열로 구현하는 것이 더 낫다. 하지만 그래프에 간선이 많지 않다면 e가 v^2보다 많이 작아지므로 최소힙을 사용한 방법을 쓰는 것이 더 낫다.

▶ 해시테이블에서 충돌을 해결하는 방법

근본적으로 모든 해시테이블에선 충돌이 발생할 수 있다. 이를 해결하는 몇 가지 방법이 존재한다.

연결리스트를 이용한 체이닝(chaining)

가장 흔하게 사용되는 이 방법은, 해시테이블의 각 원소가 연결리스트로 대응된 방법을 뜻한다. 데이터를 그냥 연결리스트에 추가하면 된다. 충돌되는 횟수가 꽤 작을 경우에는 이 방법만으로도 충분하다.

해시테이블에 n개의 원소가 있을 때, 최악의 경우에 원소를 찾는 데 $O(n)$ 시간이 걸린다. 이 경우는 데이터가 아주 이상하거나 해시 함수 성능이 아주 나쁠 때(혹은 둘 다일 때)만 발생한다.

이진 탐색 트리를 이용한 체이닝

충돌을 연결리스트에 저장하는 대신 이진 탐색 트리에 저장할 수도 있다. 그러면 최악의 경우에 수행 시간이 $O(\log n)$이 된다.

실제로는 데이터가 극단적으로 균일하게 분포되어 있지 않는 이상 이 방법을 사용하지 않는다.

▶ 선형 탐사법을 이용한 개방 주소법

선형 탐사법(linear probing)을 이용한 개방 주소법(open addressing)은 충돌이 발생했을 때(주어진 인덱스에 이미 데이터가 들어 있을 때), 비어 있는 인덱스를 찾을 때까지 다음 인덱스로 이동하는 방법을 말한다(index+5처럼 고정된 거리만큼 움직인다).

충돌 횟수가 작을 때, 이 방법은 아주 빠르고 공간 절약적이다.

하지만 해시테이블에 담을 수 있는 전체 데이터가 배열의 크기에 제한된다는 명백한 단점이 존재한다. 체이닝은 그렇지 않다.

또 다른 문제점이 있다. 배열의 크기가 100이고 인덱스 위치 20부터 29까지만 채워져 있는 해시테이블을 생각해 보자. 다음으로 삽입되는 데이터가 인덱스 30으로 갈 확률은 얼마일까? 10%이다. 왜냐하면 인덱스 20에서 30까지의 모든 데이터가 인덱스 30으로 대응되기 때문이다. 이 문제를 클러스터링(clustering)이라고 부른다.

2차 탐색(quadratic probing)과 2중 해시(double hashing)

탐색할 때의 거리가 항상 선형일 필요는 없다. 예를 들어 탐색 거리를 2차식으로 증가시킬 수도 있다. 혹은 탐사 거리를 결정할 때 두 번째 해시 함수를 사용할 수도 있다.

▶ Rabin-Karp 부분 문자열 탐색 알고리즘

무식한 방법을 사용해서 길이가 긴 문자열 B에서 부분 문자열 S를 찾으려면 $O(s(b-s))$ 시간이 걸린다. 이때 s는 S의 길이, b는 B의 길이를 말한다. 그 대신 B의 첫 $b-s+1$개의 문자만 검색하고 그 다음 s개의 문자가 S와 일치하는지 확인하면 된다.

Rabin-Karp 알고리즘은 약간의 트릭을 사용해서 이를 최적화했다. 만약 두 문자열의 길이가 같다면, 그들의 해시값은 같을 것이다(하지만 그 반대는 참이 아니다. 서로 다른 두 개의 문자열의 해시값이 같아질 수도 있다).

따라서 B에서 길이가 s인 부분 문자열의 해시값을 사전에 계산하면, 가능한 S의 위치를 $O(b)$ 시간에 찾을 수 있다. 그 다음에는 위치가 실제로 S와 일치하는지 확인하면 된다.

예를 들어, 해시 함수가 모든 문자의 합(공백 = 0, a = 1, b = 2, …)이 되는 간단한 해시함수를 생각해 보자. 만약 S가 ear이고, B = doe are hearing me라고 한다면, 합이 24(e + a + r)이 되는 부분 문자열만 살펴보면 된다. 세 부분에서 부분 문자열의 합이 24가 된다. 각각의 위치에서 시작하는 부분 문자열이 실제로 ear인지 확인하면 된다.

문자:	d	o	e		a	r	e		h	e	a	r	i	n	g		m	e
코드:	4	15	5	0	1	18	5	0	8	5	1	18	9	14	7	0	13	5
3개의 합:	24	20	6	19	24	23	13	13	14	24	28	41	30	21	20	18		

hash('doe'), hash('oe '), hash('e a')와 같은 방식으로 이 합을 계산하려면 여전히 $O(s(b-s))$ 시간이 걸린다.

그 대신, hash('oe ') = hash('doe') - code('d') + code(' ')라는 사실을 이용해서 해시값을 계산할 수 있다. 이렇게 하면 모든 해시값을 계산하는 데 $O(b)$ 시간이 걸린다.

하지만 많은 해시값이 충돌할 경우엔 여전히 $O(s(b-s))$ 시간이 걸리지 않느냐고 물어 볼 수도 있다. 완전히 맞는 말이다. 이 해시 함수에서는 그렇다.

　실제로는 Rabin 지문(fingerprint)과 같이 더 괜찮은 해시 함수를 사용한다. 이 해시 함수는 doe와 같은 문자열을 128진법(혹은 알파벳의 개수보다 많은 숫자)으로 나타낸다.

```
hash('doe')=code('d')*128²+code('o')*128¹+code('e')*128⁰
```

이 해시 함수에서도 d를 없애고 o와 e를 옮긴 뒤 공백을 추가하는 연산을 수행할 수 있다.

```
hash('oe ')=(hash('doe')-code('d')*128² )*128+code(' ')
```

이렇게 하면 잘못 대응되는 개수를 현저하게 줄일 수 있다. 이처럼 좋은 해시 함수를 사용했을 때의 평균 시간 복잡도는 $O(s+b)$가 된다. 하지만 여전히 최악의 경우는 $O(sb)$이다.

　면접을 볼 때 이 알고리즘을 사용해야 하는 경우는 꽤 자주 생긴다. 따라서 부분 문자열을 선형 시간에 찾는 방법을 알고 있으면 유용하다.

▶ AVL 트리

AVL 트리는 트리의 균형을 맞추는 흔한 방법 중 하나이다. 여기서는 삽입 연산만 다룰 것이다. 하지만 관심이 있으면 따로 삭제 연산에 관해서 찾아봐도 좋다.

속성

AVL 트리의 각 노드에는 현재 노드를 루트로 했을 때의 부분트리의 높이 정보가 들어 있다. 그래서 모든 노드에서 높이가 균형 잡혔는지 확인할 수 있다. 왼쪽 부분 트리의 높이랑 오른쪽 부분트리의 높이가 1 이상 차이나지 않아야 트리가 기울어지는 상황을 방지할 수 있다.

```
balance(n)=n.left.height-n.right.height
-1 <= balance(n) <= 1
```

삽입

노드를 삽입할 때 어떤 노드의 균형이 -2 혹은 2만큼 달라질 수가 있다. 따라서 재귀 스택을 빠져나올 때, 각 노드에서 균형을 확인하고 바로잡는다. 일련의 회전을 통해 균형을 바로잡을 수 있다.

　회전은 왼쪽으로도 오른쪽으로도 할 수 있다. 오른쪽 회전은 왼쪽 회전의 반대 과정이다.

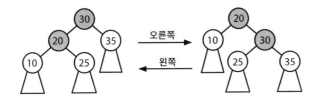

불균형한 곳이 어디인가에 따라서 균형을 바로잡는 방법이 다르다.

· **첫 번째 경우: 2만큼 불균형**

왼쪽의 높이가 오른쪽의 높이보다 2만큼 높은 경우를 말한다. 왼쪽이 더 높으면 왼쪽 부분트리로 추가된 노드가 왼쪽으로 달려있거나('왼쪽 왼쪽 형태'), 오른쪽으로 달려 있을 것이다('왼쪽 오른쪽 형태'). 만약 '왼쪽 오른쪽 형태'라면, '왼쪽 왼쪽 형태'로 회전시킨 뒤 '균형' 잡으면 된다. 이미 '왼쪽 왼쪽 형태'라면 바로 '균형' 잡으면 된다.

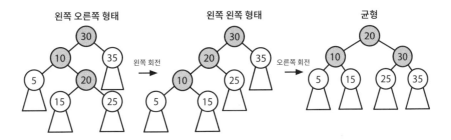

· **두 번째 경우: -2만큼 불균형**

이전의 상황을 거울을 통해 본 것처럼 좌우만 바꿔 생각하면 된다. 트리의 모양은 '오른쪽 왼쪽 형태' 혹은 '오른쪽 오른쪽 형태'가 될 것이다. 아래의 회전을 통해 '균형' 잡으면 된다.

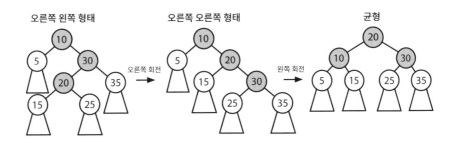

'균형'이란 트리의 높이의 차이가 -1에서 1 사이라는 뜻이다. 높이의 차이가 전혀 없이 균형 잡혔다는 말이 아니다.

재귀적으로 트리의 위로 올라가면서 불균형 상태를 바로잡으면 된다. 부분트리의 균형 상태가 0이라면, 완전히 모든 균형을 잡았다는 말이다. 부분트리의 균형상태가 0이라면, 이 부분트리 때문에 다른 상위 부분트리의 불균형 상태가 -2 혹은 2가 되지는 않는다. 비재귀로 이를 구현했을 때, 이 경우를 마주쳤다면, 루프를 빠져나와야 한다.

▶ 레드-블랙 트리

레드-블랙 트리(스스로 균형 잡은 이진 탐색 트리의 종류)는 엄격해서 균형을 잡지는 않지만 그 균형 상태가 삽입(insert), 삭제(delete), 검색(retrieval) 연산을 충분히 O(log N)에 수행하도록 보장한다.

레드-블랙 트리의 노드는 거의-번갈아가며(quasi-alternating) 빨간색과 검은색이어야 하고(아래에 쓰인 규칙에 따라) 어떤 노드에서 단말 노드까지의 모든 경로에 있는 검은색 노드의 개수가 같아야 한다. 이렇게 하면 꽤 균형 잡힌 트리가 된다.

아래의 트리가 레드-블랙 트리이다(레드 노드는 회색으로 칠했다).

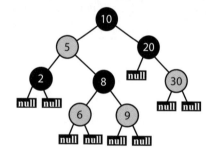

속성

1. 모든 노드는 빨간색 혹은 검은색으로 칠해져 있다.

2. 루트 노드는 검은색이다.

3. null로 표기된 단말 노드는 검은색이다.

4. 모든 빨간 노드는 두 개의 검은색 노드를 자식 노드로 갖고 있다. 즉, 빨간 노드가 빨간색의 자식 노드를 갖고 있을 수 없다. 하지만 검은색 노드는 검은색 노드를 자식 노드로 가질 수 있다.

5. 어떤 노드에서 단말 노드까지의 모든 경로에는 같은 개수의 검은색 자식 노드가 있어야 한다.

왜 균형 잡히는가

속성 4번은 두 개의 빨간색 노드가 경로상에서 인접할 수 없다는 사실을 말해준다. 따라서 빨간색 노드는 경로상 노드의 절반보다 많을 수 없다.

　루트에서 단말 노드까지의 두 가지 경로를 생각해 보자. 속성 #5에 의해 두 경로는 같은 개수의 검은색 노드를 갖고 있어야 한다. 따라서 빨간색 노드의 개수가 최대한 많이 다른 경로 두 가지를 가정해 보자. 하나는 빨간색 노드의 개수가 최소이고 다른 하나는 빨간색 노드의 개수가 최대이다.

- 1번 경로(최소): 빨간색 노드의 개수가 최소일 때는 0일 때이다. 따라서 1번 경로에는 총 b개의 노드가 있다.
- 2번 경로(최대): 빨간색 노드의 개수가 최대일 때는 b일 때다. 왜냐하면 빨간색 노드는 검은색 노드 다음에 나와야 하는데 검은색 노드의 개수는 b이기 때문이다. 따라서 2번 경로는 총 2b개의 노드를 갖고 있다.

따라서 최악의 경우에도 두 경로의 차이는 2배보다 많지 않다. 이는 검색과 삽입 연산이 $O(\log N)$ 안에 가능하다는 사실을 보여 주기에 충분하다.

　이 속성을 유지할 수 있으면, $O(\log N)$에 삽입과 검색 연산을 수행할 수 있는, 충분히 균형 잡힌 트리를 유지할 수 있다. 이제 문제는 어떻게 이 속성을 효과적으로 유지할 수 있느냐이다. 여기에서는 삽입 연산만 다룰 것이다. 삭제 연산에 대해서는 여러분 스스로 답을 찾아 보길 바란다.

삽입

레드-블랙 트리에 새로운 노드를 삽입하는 것은 일반적인 이진 탐색 트리의 삽입 연산에서부터 시작한다.

- 새로운 노드를 단말 노드에 삽입한다. 즉, 검은색 노드와 교체한다.
- 새로운 노드는 항상 빨간색이고 그 아래에 검은색 단말 노드(NULL) 두 개가 주어진다.

이렇게 한 뒤에는 레드-블랙 트리의 속성을 위반하는 부분을 고쳐나간다. 두 가지 가능한 속성 위반이 존재한다.

- 빨간색 위반: 빨간색 노드가 빨간색 자식 노드를 갖고 있다. (혹은 루트가 빨간색이다.)

- 검은색 위반: 어떤 경로가 다른 경로보다 더 많은 검은색 노드를 갖고 있다.

삽입된 노드의 색깔은 빨간색이다. 단말 노드로의 어떤 경로에서도 검은색 노드의 개수를 바꾸지 않았다. 따라서 검은색 위반은 새로 발생할 수가 없다. 하지만 빨간색 위반은 발생할 수 있다.

루트가 빨간색인 특별한 경우에는, 이 색깔을 검은색으로 바꾸기만 하면 다른 속성을 위반하지 않은 채 속성 2를 만족할 수 있다.

그 외의 빨간색 위반은 빨간색 노드가 빨간색 자식 노드를 갖고 있는 경우다. 아뿔사!

N을 현재 노드라고 하자. P는 N의 부모이고, G는 N의 조부모이다. U는 N의 삼촌이고, P의 형제이다. 우리는 다음의 사실을 알고 있다.

- 빨간색 위반이기 때문에, N이 빨간색이고 P가 빨간색이다.
- 그전에 빨간색 위반이 없었기 때문에 G는 반드시 검은색이다.

우리는 다음의 사실을 모르고 있다.

- U는 빨간색 혹은 검은색일 수 있다.
- U는 왼쪽 혹은 오른쪽 자식이다.
- N은 왼쪽 혹은 오른쪽 자식이다.

위의 경우를 간단히 조합해 보면 8가지 가능한 경우가 나온다. 운이 좋게도 몇 가지 경우는 동일한 사실을 말하고 있다.

첫 번째 경우: U가 빨간색

U와 P가 왼쪽 자식이든 오른쪽 자식이든 큰 상관이 없다. 여덟 개의 경우 중에서 네 개를 하나로 합칠 수 있다.

만약 U가 빨간색이라면 P, U, G의 색깔을 뒤집을 수 있다. G의 색깔을 검은색에서 빨간색으로 뒤집고, P와 U를 빨간색에서 검은색으로 뒤집는다. 이렇게 해도 경로 안의 검은색 노드 개수는 바뀌지 않는다.

하지만 G를 빨간색으로 바꾸면, G의 부모와 빨간색 위반을 만들어 낼지도 모른다. 만약 그렇다면, G를 새로운 N으로 가정한 채 빨간색 위반을 처리하는 전체 로직을 재귀적으로 적용해나간다.

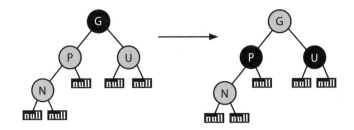

일반적인 재귀의 경우에 N, P, U가 검은색 NULL(단말노드) 대신에 부분트리를 갖고 있을 수도 있다. 이 경우에는, 트리의 구조가 바뀌지 않았으므로 부분트리들을 같은 부모 밑에 그대로 놔둔다.

두 번째 경우: U가 검은색

이번엔 N과 U의 배치 상태(오른쪽 vs. 왼쪽 자식)를 고려할 필요가 있다. 다음의 상황을 만들지 않고 빨간색 위반(빨간색 위에 빨간색)을 위로 고쳐나가는 것이 목표이다.

· 이진 탐색 트리의 순서를 망치는 상황
· 검은색 위반(특정 경로에 더 많은 검은색 노드가 있는 상황)을 발생시키는 상황

이렇게 할 수 있으면 좋다. 다음의 네 가지 사례에서, 회전을 통해 노드의 순서를 유지한 채 빨간색 위반을 고칠 수 있었다.

더 나아가, 아래에서 보여 주는 회전은 이전에 영향 받은 트리에서 각 경로의 검은색 노드의 개수를 정확하게 유지하고 있다.

사례 A: N과 P가 모두 왼쪽 자식

아래와 같이 N, P, G를 회전하고 색깔을 바꿈으로써 빨간색 위반을 해결할 수 있다. 중위 순회(in-order traversal)를 통해 노드의 순서가 그대로 유지되었다는 사실을 알 수 있다(a <= N <= b <= P <= c <= G <= U). 이 트리는 부분트리 a, b, c, U 까지의 경로에서도 동일한 개수의 검은색 노드를 유지하고 있다.

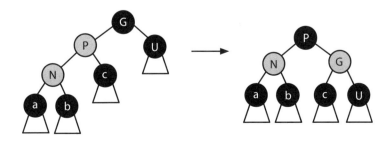

사례 B: P가 왼쪽 자식, N이 오른쪽 자식

이번에도 빨간색 위반을 해결하고 중위 순회의 속성도 유지하고 있다. a <= P <= b
<= N <= c <= G <= U. 또다시, 단말노드(혹은 부분트리)까지의 경로에서 변함없
이 동일한 개수의 검은색 노드를 유지하고 있다.

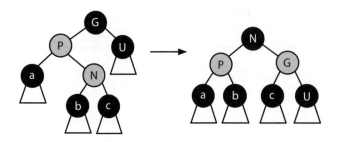

사례 C: N과 P가 모두 오른쪽 자식

거울을 통해 사례 A를 바라본 것과 같다.

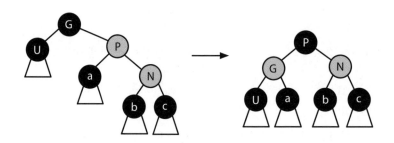

사례 D: N이 왼쪽 자식, P가 오른쪽 자식

거울을 통해 사례 B를 바라본 것과 같다.

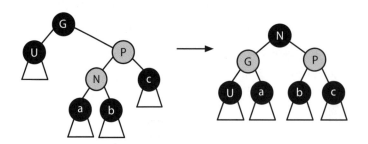

위의 네 가지 사례에서, 이전에는 G의 부분트리였던 N, P, G의 중간 원소가 회전을
통해 루트가 되었고, 그 노드와 G의 색깔이 바뀌었다.

모든 사례를 암기하려고 하지 말라. 대신 왜 이렇게 동작하는지 공부하라. 각각의 사례에서 빨간색 위반, 검은색 위반, 이진 탐색 트리의 속성 위반이 발생하지 않는다고 어떻게 확신할 수 있나?

▶ MapReduce

MapReduce는 크기가 아주 큰 데이터를 처리하는 시스템을 설계할 때 널리 사용된다. 그 이름이 말해주듯, MapReduce 프로그램을 돌리기 위해선 Map 단계와 Reduce 단계를 코딩해야 한다. 나머지는 시스템이 알아서 처리한다.

1. 시스템이 데이터를 여러 서버에 나눈다.
2. 각 서버는 사용자가 제공한 Map 프로그램을 실행한다.
3. Map 프로그램은 데이터를 입력으로 받아 <key, value> 쌍을 반환한다.
4. 시스템이 제공하는 Shuffle 프로세스는 키값이 같은 모든 쌍을 한 서버에 보내서 Reduce를 실행할 수 있도록 데이터를 재배치한다.
5. 사용자가 제공한 Reduce 프로그램은 키와 값을 통해 데이터를 어떤 방식으로든 '줄이고', 새로운 키와 값을 반환한다. 데이터를 더 줄이기 위해 해당 결과가 또 다른 Reduce 프로그램으로 보내질 수도 있다.

MapReduce를 사용하는 전형적인 예제는 문서 집합에서 단어의 빈도수를 세는 작업이다.

물론, 모든 데이터를 읽은 뒤 단어가 등장할 때마다 해시테이블을 통해 그 개수를 세어준 뒤, 최종 결과를 반환하는 함수 하나를 작성할 수도 있다.

MapReduce는 문서를 병렬로 처리하게 해준다. Map 함수는 문서를 읽은 뒤, 독립적으로 어떤 단어와 그 단어가 등장한 횟수(언제나 1)를 반환한다. Reduce 함수는 키(단어)와 값(등장 횟수)을 읽은 뒤, 등장 횟수의 합을 반환한다. 이 합은 다음의 다이어그램에서 보듯이, 또 다른 Reduce를 호출하기 위해 입력으로 다시 사용될 수도 있다.

```
void map(String name, String document):
    for each word w in document:
        emit(w, 1)

void reduce(String word, Iterator partialCounts):
    int sum=0
    for each count in partialCounts:
        sum += count
    emit(word, sum)
```

아래의 다이어그램은 이 예제가 어떻게 동작하는지 보여 준다.

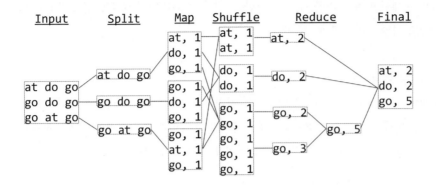

여기에 다른 예제가 있다. {도시, 온도, 날짜} 형태의 데이터가 리스트로 주어진다. 예를 들면 {(2012, Philadelphia, 58.2), (2011, Philadelphia, 56.6), (2012, Seattle, 45.1)} 같은 형태다. 매년 각 도시의 평균 기온을 계산하라.

- Map: Map 단계에서는 키를 City_Year, 값을 (기온, 1)로 하는 쌍을 반환한다. 여기서 '1'은 데이터가 한 개일 때의 평균 기온을 나타낸다. 이는 Reduce 단계에서 중요하게 사용된다.

- Reduce: Reduce 단계에서는 기온의 리스트와 그에 상응하는 도시와 연도가 주어진다. 평균 기온을 계산할 때 이 정보를 사용해야 한다. 단순히 기온을 모두 더한 뒤 그 개수로 나누면 안 된다. 특정 도시와 연도에 대한 데이터가 5개(25, 100, 75, 85, 50) 있다고 가정해 보자. Reduce 단계에서는 이 중에 데이터 몇 개만 입력으로 받을 수 있다. {75, 85}를 평균 내면 80이 된다. 또 다른 Reduce 단계에서 50이 입력으로 들어왔을 때, 단순하게 80과 50을 평균 내는 실수를 저지를 수도 있다. 80에 더 가중치가 있다. 따라서 Reduce 단계에서는 {(80, 2), (50, 1)}을 입력으로 받은 뒤 그 합을 구해야 한다. 따라서 $80*2+50*1$을 한 뒤에 $(2+1)$로 나눠서 평균 기온 70을 얻을 수 있다. 그 뒤에 (70, 3)을 반환한다. 또 다른 Reduce 단계에서는 {(25, 1), (100, 1)}을 입력으로 받아서 (62.5, 2)를 반환할지도 모른다. 이와 (70, 3)을 합치면 최종적으로 (67, 5)를 얻을 수 있다. 즉, 특정 연도에서 어떤 도시의 평균 기온은 67도이다.

또 다른 방법으로 할 수도 있다. 도시를 키로, (연도, 기온, 개수)를 값으로 할 수도 있다. Reduce 단계에서도 같은 작업을 하지만, 연도로 묶어야 한다.

많은 경우에 Reduce 단계에서 무엇을 할지 먼저 생각해 보고 Map 단계를 설계하는 것이 유용하다. 문제를 해결하기 위해 Reduce 단계에서는 무엇을 해야 하는가?

▶ 추가 공부거리

여기 나오는 내용을 모두 숙지했고 더 공부하고 싶은가? 좋다. 여기에 공부해 볼 만한 몇 가지 주제를 정리한다.

- **벨만-포드(Bellman-Ford) 알고리즘**: 간선의 가중치가 음수 혹은 양수인 가중 방향 그래프가 주어졌을 때 어떤 노드 하나에서 모든 최단 경로를 찾는다.
- **플로이드-워셜(Floyd-Warshall) 알고리즘**: 간선의 가중치가 음수 혹은 양수(단, 음수 사이클이 있으면 안 된다)인 가중 그래프에서 모든 최단 경로를 찾는다.
- **최소 스패닝 트리(minimum spanning tree)**: 가중치가 있는 연결된 무방향 그래프에서 스패닝 트리는 모든 노드를 연결하는 트리를 말한다. 최소 스패닝 트리는 스패닝 트리 중에서 그 가중치의 합이 최소가 되는 경우를 말한다. 최소 스패닝 트리를 구하는 알고리즘이 여러 개 존재한다.
- **B-Trees**: 디스크나 다른 저장장치에서 흔하게 사용되며, 스스로 균형 잡은 탐색 트리(이진 탐색 트리가 아니다)이다. 레드-블랙 트리와 비슷하지만 I/O의 횟수는 더 적다.
- **A***: 시작 노드에서 도착 노드까지의 경로 중에서 비용이 최소인 경로를 찾는다. 다익스트라 알고리즘의 확장 버전이며 휴리스틱(heuristic)을 사용하므로 성능이 더 낫다.
- **구간 트리(interval tree)**: 균형 잡힌 이진 탐색 트리의 확장 버전이다. 하지만 단순히 값을 저장하지 않고 구간의 정보를 저장한다. 호텔에서 모든 예약 정보를 저장하고 특정 시간에 호텔에 머무르는 사람을 효과적으로 찾고자 할 때 이 자료구조를 사용할 수 있다.
- **그래프 색칠(graph coloring)**: 인접한 두 노드가 다른 색이 되도록 그래프의 노드를 색칠하는 방법을 말한다. K개의 색깔로 그래프를 색칠할 수 있는지 확인하는 등의 알고리즘이 다수 존재한다.
- **P, NP, NP-Complete**: P, NP, NP-Complete는 문제의 집합을 일컫는다. P 문제는 빠르게 풀 수 있는 문제들을 말한다(여기서 '빠르게'란 다항 시간을 말한다). NP 문제는 정답이 주어졌을 때 그 정답을 빠르게 검증할 수 있는 문제들을 말한다. NP-Complete 문제는 NP 문제의 부분집합으로, 같은 집합 안에서 문제를 서

로 변형할 수 있는 문제들을 말한다(즉, 이 집합에 있는 어떤 문제의 해법을 발견했으면, 이 해법을 다항 시간 안에 고쳐서 이 집합에 있는 다른 문제도 풀 수 있다). P=NP인지 아닌지는 풀리지 않은 문제로, 아주 유명하다. 일반적으로 이 둘은 같지 않을거라고 믿고 있다.

- **조합론과 확률**: 여기서 다양한 것을 배울 수 있다. 랜덤변수(random variable), 기대값(expected value), $_nC_k$.
- **이분 그래프**(bipartite graph): 이분 그래프는 노드가 두 개의 집합으로 나뉜 그래프를 말한다. 이분 그래프의 간선은 같은 집합 내에서 존재할 수 없고, 항상 다른 집합 사이에서만 존재할 수 있다. 어떤 그래프가 이분 그래프인지 아닌지 확인하는 알고리즘이 있다. 이분 그래프와 두 개의 색깔로 색칠할 수 있는 그래프는 동일하다.
- **정규 표현식**(regular expression): 정규 표현식이 존재한다는 사실과 언제 사용되는지는 대충이라도 알고 있어야 한다. 또한 정규 표현식과 일치시키는 알고리즘이 어떻게 동작하는지도 공부할 수 있다. 정규 표현식을 지탱하는 몇 가지 기본적인 문법 역시 유용하다.

물론 세상에 훨씬 더 많은 자료구조와 알고리즘이 있다. 이 주제들을 더 깊이 있게 살펴보고 싶다면 두꺼운 *Introduction to Algorithms*(Cormen, Leiserson, Rivest, Stein의 이름을 따서 "CLRS"라고도 부른다) 혹은 *The Algorithm Design Manual* (Steven Skiena) 책을 읽어보길 바란다.

XII

코드 라이브러리

이 책의 코드를 작성하던 중 특정 패턴을 발견하였다. 가능하면 해법의 전체 코드를 모두 담으려고 했지만, 몇 가지 경우는 너무 불필요했다.

이 부록에서는 가장 유용한 몇 가지 코드를 제공한다.

해법에 대한 전체 코드는 *CrackingTheCodingInterview.com*에서 다운 받을 수 있다.

이 책의 코드를 작성하던 중 특정 패턴을 발견하였다. 가능하면 해법의 전체 코드를 모두 담으려고 했지만, 몇 가지 경우는 너무 불필요했다.

이 부록에서는 가장 유용한 몇 가지 코드를 제공한다.

해법에 대한 전체 코드는 *CrackingTheCodingInterview.com*에서 다운받을 수 있다.

▶ HashMapList<T, E>

HashMapList<T, E>는 HashMap<T, ArrayList<E>>를 줄여쓴 것이다. T 타입의 원소에서 E 타입의 ArrayList로의 대응을 나타낸다.

예를 들어, 어떤 정수값에서 문자열 리스트로의 대응관계를 나타내는 자료구조가 필요할 수도 있다. 보통은 다음과 같이 구현해야 한다.

```
HashMap<Integer, ArrayList<String>> maplist =
    new HashMap<Integer, ArrayList<String>>();
for (String s : strings) {
    int key = computeValue(s);
    if (!maplist.containsKey(key)) {
        maplist.put(key, new ArrayList<String>());
    }
    maplist.get(key).add(s);
}
```

이제 다음과 같이 쓸 수 있다.

```
HashMapList<Integer, String> maplist = new HashMapList<Integer, String>();
for (String s : strings) {
    int key = computeValue(s);
    maplist.put(key, s);
}
```

큰 차이는 아니지만 코드를 더 간단하게 만들어준다.

```
public class HashMapList<T, E> {
    private HashMap<T, ArrayList<E>> map = new HashMap<T, ArrayList<E>>();

    /* key의 위치에 있는 리스트에 item을 삽입한다. */
    public void put(T key, E item) {
        if (!map.containsKey(key)) {
            map.put(key, new ArrayList<E>());
        }
        map.get(key).add(item);
    }

    /* key의 위치에 items 리스트를 삽입한다. */
    public void put(T key, ArrayList<E> items) {
        map.put(key, items);
    }

    /* key에 대응되는 리스트를 가져온다. */
    public ArrayList<E> get(T kcy) {
        return map.get(key);
```

```
    }

    /* hashmaplist에 key가 들어 있는지 확인한다. */
    public boolean containsKey(T key) {
        return map.containsKey(key);
    }

    /* key에 대응되는 리스트에 value가 들어 있는지 확인한다. */
    public boolean containsKeyValue(T key, E value) {
        ArrayList<E> list = get(key);
        if (list == null) return false;
        return list.contains(value);
    }

    /* key의 리스트를 가져온다. */
    public Set<T> keySet() {
        return map.keySet();
    }

    @Override
    public String toString() {
        return map.toString();
    }
}
```

▶ TreeNode(이진 탐색 트리)

가능하다면 제공되는 이진 트리 클래스를 사용하는 게 좋고 심지어 더 좋을 때도 있으나, 항상 사용할 수 있는 것은 아니다. 문제를 풀 때 내부의 노드 혹은 트리 클래스를 살짝 변경해야 하는 경우가 종종 있는데, 이럴 때는 제공되는 라이브러리를 사용할 수가 없다.

TreeNode 클래스는 다양한 기능을 제공한다. 이 많은 기능들이 모든 문제/해법에서 필요한 것은 아닐 것이다. 예를 들어 TreeNode 클래스는 부모 노드에 대한 정보를 갖고 있는데, 그렇게 자주 쓰는 정보는 아니다. 어떤 문제는 해당 정보를 사용하지 못하게 하기도 한다.

구현을 간단히 하기 위해 트리에 저장되는 데이터는 정수값으로 가정한다.

```
public class TreeNode {
    public int data;
    public TreeNode left, right, parent;
    private int size = 0;

    public TreeNode(int d) {
        data = d;
        size = 1;
    }

    public void insertInOrder(int d) {
        if (d <= data) {
            if (left == null) {
                setLeftChild(new TreeNode(d));
```

```
            } else {
                left.insertInOrder(d);
            }
        } else {
            if (right == null) {
                setRightChild(new TreeNode(d));
            } else {
                right.insertInOrder(d);
            }
        }
        size++;
    }

    public int size() {
        return size;
    }

    public TreeNode find(int d) {
        if (d == data) {
            return this;
        } else if (d <= data) {
            return left != null ? left.find(d) : null;
        } else if (d > data) {
            return right != null ? right.find(d) : null;
        }
        return null;
    }

    public void setLeftChild(TreeNode left) {
        this.left = left;
        if (left != null) {
            left.parent = this;
        }
    }

    public void setRightChild(TreeNode right) {
        this.right = right;
        if (right != null) {
            right.parent = this;
        }
    }
}
```

트리는 이진 탐색 트리로 구현되었다. 하지만 다른 용도로 사용해도 된다. 그냥 setLeftChild/setRightChild 메서드만 사용하거나 left와 right 자식 변수만 사용해도 된다. 그래서 메서드와 변수를 public으로 설정하였다. 많은 문제에서 이런 식으로 접근하기 때문이다.

▶ LinkedListNode(연결리스트)

TreeNode 클래스처럼 종종 연결리스트의 내부에 접근해야 할 필요가 있기 때문에, 내부적으로 제공되는 연결리스트 클래스만으로는 부족함이 있다. 따라서 우리만의 클래스를 구현했고 많은 문제들에서 이 클래스를 사용히였다.

```java
public class LinkedListNode {
    public LinkedListNode next, prev, last;
    public int data;
    public LinkedListNode(int d, LinkedListNode n, LinkedListNode p){
        data = d;
        setNext(n);
        setPrevious(p);
    }

    public LinkedListNode(int d) {
        data = d;
    }

    public LinkedListNode() { }

    public void setNext(LinkedListNode n) {
        next = n;
        if (this == last) {
            last = n;
        }
        if (n != null && n.prev != this) {
            n.setPrevious(this);
        }
    }

    public void setPrevious(LinkedListNode p) {
        prev = p;
        if (p != null && p.next != this) {
            p.setNext(this);
        }
    }

    public LinkedListNode clone() {
        LinkedListNode next2 = null;
        if (next != null) {
            next2 = next.clone();
        }
        LinkedListNode head2 = new LinkedListNode(data, next2, null);
        return head2;
    }
}
```

마찬가지로, 메서드와 변수에 접근해야 할 일이 종종 발생하기 때문에 public으로 선언했다. 이렇게 하면 연결리스트 자체를 삭제할 수도 있지만, 접근 목적을 충족시키기 위해서 public으로 선언하기로 했다.

▸ Trie & TrieNode

트라이 자료구조는 몇 가지 문제를 풀 때 사용되는데, 어떤 단어가 사전(혹은 유효한 단어 리스트)에 있는 다른 단어의 접두사(prefix)인지 쉽게 판별하게 해준다. 이 자료구조는 종종 재귀적으로 단어를 만들어 나갈 때 사용되는데, 단어를 만들다가 유효하지 않다고 판단될 시에 즉시 재귀를 빠져나올 수 있기 때문이다.

```java
public class Trie {
    // 트라이의 루트
    private TrieNode root;

    /* 문자열 리스트를 인자로 받은 뒤에, 이 모든 문자열 리스트를 저장할
     * 자료구조인 트라이를 만든다. */
    public Trie(ArrayList<String> list) {
        root = new TrieNode();
        for (String word : list) {
            root.addWord(word);
        }
    }

    /* 문자열 리스트를 인자로 받은 뒤에, 이 모든 문자열 리스트를 저장할
     * 자료구조인 트라이를 만든다. */
    public Trie(String[] list) {
        root = new TrieNode();
        for (String word : list) {
            root.addWord(word);
        }
    }

    /* 인자로 넘어온 prefix가 트라이 안에 들어 있는 문자열의 접두사를 실제로
     * 만족하는지 그렇지 않은지 확인한다. */
    public boolean contains(String prefix, boolean exact) {
        TrieNode lastNode = root;
        int i = 0;
        for (i = 0; i < prefix.length(); i++) {
            lastNode = lastNode.getChild(prefix.charAt(i));
            if (lastNode == null) {
                return false;
            }
        }
        return !exact || lastNode.terminates();
    }

    public boolean contains(String prefix) {
        return contains(prefix, false);
    }

    public TrieNode getRoot() {
        return root;
    }
}
```

Trie 클래스는 아래에 구현된 TrieNode 클래스를 사용한다.

```java
public class TrieNode {
    /* 트라이에서 해당 노드의 자식 노드 */
    private HashMap<Character, TrieNode> children;
    private boolean terminates = false;

    /* 해당 노드의 데이터로 문자를 저장한다 */
    private char character;

    /* 비어 있는 트라이 노드를 생성한 뒤에 그 자식 노드 리스트들을 비어 있는
     * 해시맵으로 초기화한다. 트라이의 루트 노드를 생성할 때만 사용한다. */
    public TrieNode() {
        children = new HashMap<Character, TrieNode>();
    }
```

```
/* 트라이의 노드를 생성한 뒤에 character를 노드의 값으로 저장한다.
 * 그 자식 노드 리스트들을 비어 있는 해시맵으로 초기화한다. */
public TrieNode(char character) {
    this();
    this.character = character;
}

/* 해당 노드에 저장되어 있는 문자 데이터를 반환한다. */
public char getChar() {
    return character;
}

/* word를 트라이에 추가한다.
 * 그리고 재귀적으로 자식 노드를 만든다. */
public void addWord(String word) {
    if (word == null || word.isEmpty()) {
        return;
    }

    char firstChar = word.charAt(0);

    TrieNode child = getChild(firstChar);
    if (child == null) {
        child = new TrieNode(firstChar);
        children.put(firstChar, child);
    }

    if (word.length() > 1) {
        child.addWord(word.substring(1));
    } else {
        child.setTerminates(true);
    }
}

/* 해당 노드의 자식 노드 중에서 문자 c를 데이터로 저장하고 있는 자식 노드를
 * 찾는다. 그런 자식이 트라이 내에 존재하지 않으면 null을 반환한다. */
public TrieNode getChild(char c) {
    return children.get(c);
}

/* 현재 노드가 단어의 끝을 나타내는지 아닌지를 알려준다. */
public boolean terminates() {
    return terminates;
}

/* 현재 노드가 단어의 끝인지 아닌지를 세팅한다. */
public void setTerminates(boolean t) {
    terminates = t;
}
```

XIII

힌트

면접관은 보통 문제를 낸 후, 여러분이 풀기를 기다리고 있지만은 않는다. 특히 여러분이 어려운 문제를 풀다가 막혔을 때, 길잡이 역할을 하기도 한다. 이 책에서 면접을 그대로 시뮬레이션하는 것은 불가능하다. 하지만 여기 나오는 힌트를 통해 그와 비슷한 경험을 하길 바란다.

가능하면 문제를 혼자서 풀려고 노력하라. 지나치게 고전하고 있을 때는 약간의 도움을 받는 것도 괜찮다. 다시 말하지만, 고전하는 것 자체가 이 과정의 대부분이다.

필자는 힌트를 다소 무작위 순서로 준비했다. 따라서 문제와 관계없이 순서가 뒤죽박죽이다. 첫 번째 힌트를 보느라 실수로 두 번째 힌트를 보는 상황을 방지하고자 이런 방식으로 배치했다.

01
자료구조 힌트

#1. 1.2 두 문자열이 서로 순열관계에 있다는 말이 무슨 의미인지 설명해 보라. 이제, 여러분이 말한 정의를 살펴봐라. 그 정의에 따라 문자열을 확인할 수 있겠는가?

#2. 3.1 스택은 단순히 가장 최근에 추가된 원소를 가장 먼저 제거하는 자료구조이다. 배열을 사용해서 스택 하나를 흉내 낼 수 있겠는가? 이를 구현하는 방법은 다양하며, 각각 장단점이 있다는 사실을 명심하라.

#3. 2.4 이 문제를 푸는 방법은 다양하다. 대부분의 최적 해법의 수행 시간도 동일하다. 어떤 코드는 다른 코드보다 좀 더 짧거나 깔끔하다. 다양한 해법을 브레인스토밍해 볼 수 있겠는가?

#4. 4.10 T2가 T1의 부분트리라면, 이 둘의 중위 순회 결과를 비교하면 어떻게 되겠는가? 전위 순회와 후위 순회는 어떠한가?

#5. 2.6 회문(palindrome)은 앞으로 읽으나 뒤로 읽으나 같은 것을 말한다. 연결리스트를 뒤집으면 어떻게 되겠는가?

#6. 4.12 먼저 문제를 단순하게 만들어 보라. 경로의 시작점이 루트라면 어떨까?

#7. 2.5 연결리스트를 정수형으로 바꾸고, 합을 계산하고, 다시 새로운 연결리스트로 바꿔도 된다. 하지만 여러분이 면접에서 이렇게 얘기한다면, 면접관도 아마 괜찮다고 말한 뒤, 여러분이 정수로 바꾸지 않고 문제를 푸는 방법을 찾을 수 있는지 지켜볼 것이다.

#8. 2.2 연결리스트의 크기를 알고 있으면 어떠한가? 마지막에서 K번째 원소를 찾는 것과 X번째 원소를 찾는 것의 다른 점은 무엇인가?

#9. 2.1 해시테이블을 생각해 보았나? 연결리스트를 한 번만 읽어서 해결할 수 있어야 한다.

#10. 4.8 각각의 노드에서 부모로의 연결이 존재한다면, 143쪽의 문제 2.7을 푸는 해법을 사용할 수 있다. 하지만 아마도 면접관이 이런 가정을 하지 못하게 할 것이다.

#11. 4.10 중위 순회는 알려주는 게 그다지 많지 않다. 결국, (구조에 상관없이) 같은 값을 포함하는 모든 이진 탐색 트리의 중위 순회 결과는 동일하다. 그게 바로 중위 순회가 의미하는 것이다(그리고 이진 탐색 트리라는 특수한 경우에 동작하지 않는다면 일반적인 이진 트리에서도 동작하지 않을 것이다). 하지만 전위 순회는 알려주는 바가 더 뚜렷하다.

#12. 3.1 배열의 처음 1/3은 첫 번째 스택, 두 번째 1/3은 두 번째 스택, 세 번째 1/3은 세 번째 스택으로 할당한다면 세 개의 스택을 흉내 낼 수 있다. 하지만 스택 하나가 다른 스택보다 크기가 커지는 경우가 생길 수도 있다. 배열을 나누는 크기를 좀 더 유동적으로 정할 수 있을까?

#13. 2.6 스택을 사용해 보라.

#14. 4.12 경로가 겹칠 수 있다는 사실을 잊지 말라. 예를 들어, 합이 6이 되는 경로는 1→3→2와 1→3→2→4→-6→2가 모두 가능하다.

#15. 3.5 배열을 정렬하는 한 가지 방법은 배열을 순회하면서 모든 원소를 새로운 배열에 정렬된 순서로 삽입하는 것이다. 스택을 사용해서 이 방법을 시도해 볼 수 있겠는가?

#16. 4.8 첫 번째 공통 조상은 p와 q를 자손으로 갖는 가장 깊이 있는 노드를 말한다. 이 노드를 어떻게 찾을지 생각해 보길 바란다.

#17. 1.8 0을 찾을 때마다 해당 행과 열을 삭제한다면, 전체 행렬이 모두 0이 될 가능성이 크다. 행렬을 수정하기 전에 0인 셀을 모두 찾으라.

#18. 4.10 T2.preorderTraversal()이 T1.preorderTraversal()의 부분 문자열이라면 T2가 T1의 부분트리라고 결론 지었을지도 모른다. 트리에 중복된 값이 있을 수 있다는 사실을 제외하면 거의 맞는 말이다. T1과 T2의 값이 모두 같고 트리의 구조만 다르다고 가정해 보자. 이 경우에는 T2가 T1의 부분트리가 아니더라도 전위 순회의 결과가 같아진다. 이런 경우를 어떻게 대처할 것인가?

#19. 4.2 최소 이진 트리는 모든 노드에서 왼쪽 노드의 개수와 오른쪽 노드의 개수가 같은 경우를 말한다. 일단 루트만 생각해 보자. 어떻게 하면 왼쪽과 오른쪽에 같은 개수의 노드가 있는지 확인할 수 있을까?

#20. 2.7 $O(A+B)$ 시간과 $O(1)$ 공간에 풀 수 있다. 즉, 해시테이블이 필요 없다.

#21. 4.4 균형 잡힌 트리의 정의를 생각해 보라. 하나의 노드에 대해서 해당 조건을 검증할 수 있는가? 모든 노드에 대해서도 검증할 수 있는가?

#22. 3.6 개와 고양이를 하나의 연결리스트에 저장하는 방법을 고려해 보라. 그리고 이 리스트를 순회하면서 첫 번째 개(혹은 고양이)를 찾아보라. 이 작업이 어떤 영향을 미치는가?

#23. 1.5 쉬운 것부터 시작하라. 각각의 조건을 개별적으로 확인할 수 있는가?

#24. 2.4 원소의 상대적인 순서가 달라져도 되는 경우를 먼저 생각해 보라. 피벗보다 작은 원소는 피벗보다 큰 원소 이전에만 위치하면 된다. 이게 다른 해법을 생각하는 데 도움이 되었는가?

#25. 2.2 연결리스트의 크기를 모른다면, 계산해서 알아낼 수 있는가? 이 방법이 수행 시간에 어떤 영향을 끼치는가?

#26. 4.7 종속 관계를 나타내는 방향 그래프를 만들라. 각각의 노드는 프로젝트를 뜻하고, B가 A에 종속인 경우(A가 B보다 먼저 수행되어야 하는 경우)에는 A에서 B로의 간선이 존재한다. 다른 방법이 더 쉽다면 다른 방법으로 그래프를 만들어도 된다.

#27. 3.2 최소 원소는 자주 변하지 않는다는 사실에 주목하라. 더 작은 원소가 추가되거나 최소 원소를 빼내야 할 때만 바뀐다.

#28. 4.8 p가 노드 n의 자손이라는 사실을 어떻게 알아낼 것인가?

#29. 2.6 연결리스트의 길이를 알고 있다고 가정하라. 재귀적으로 구현할 수 있겠는가?

#30. 2.5 재귀를 사용해 보라. A=1→5→9(951를 나타냄)와 B=2→3→6→7(7632를 나타냄), 이렇게 두 개의 리스트와 리스트의 나머지(5→9와 3→6→7)에서 동작하는 함수가 있다고 하자. 이를 이용해서 sum 메서드를 만들 수 있겠는가? sum(1→5→9, 2→3→6→7)과 sum(5→9, 3→6→7)에는 무슨 관계가 있는가?

#31. 4.10 중복된 값 때문에 문제가 발생하는 것 같지만, 실제로는 그 이상이다. 바로 순회를 할 때 null 노드를 건너뛰기 때문에 전위 순회의 결과가 같아지는 문제가 발생한다. null 노드에 방문할 때마다 전위 순회 문자열에 자리 표시 문자를 삽입하는 것이 좋다. null 노드를 '실제' 노드로 등록함으로써 구조가 다른 트리를 구별해낼 수 있다.

#32. 3.5 두 번째 스택이 정렬되어 있다고 생각해 보자. 정렬된 스택에 새로운 원소를 삽입할 수 있는가? 추가 저장공간이 필요할지도 모른다. 추가 저장공간으로 무엇을 할 수 있는가?

#33. 4.4 무식한 방법으로 접근하고 있다면, 수행 시간에 유의하길 바란다. 모든 노드에서 부분트리의 높이를 계산하고자 할 때, 아주 비효율적인 알고리즘을 사용했을 수도 있다.

#34. 1.9 한 문자열이 다른 문자열의 회전된 결과라면, 특정 지점에서 회전을 했다는 뜻이다. 예를 들어, waterbottle의 3번째 문자에서 회전을 했다면, waterbottle의 3번째 문자에서 잘라낸 뒤 오른쪽 절반(erbottle)을 왼쪽 절반(wat) 이전에 놓은 것이다.

#35. 4.5 중위 순회를 사용해서 트리를 순회했고, 모든 원소의 순서가 제대로 배열되어 있다면, 트리가 제대로 된 순서로 배열되었다고 말할 수 있는가? 원소가 중복되면 어떻게 되는가? 원소의 중복을 허용한다면, 중복된 원소는 모두 한쪽(보통 왼쪽)에 놓여야 한다.

#36. 4.9 루트에서 시작하라. 루트가 첫 번째 공통 조상이라면 이를 알아낼 수 있겠는가? 만약 그렇지 않다면, 첫 번째 공통 조상이 루트의 어느 쪽에 있는지

알아낼 수 있는가?

#37. 4.10 이 문제를 재귀로 풀 수도 있다. T1에서 특정 노드가 주어졌을 때, 그 노드의 부분트리가 T2와 같은지 검증할 수 있는가?

#38. 3.1 유동적인 분할을 허용하고 싶다면, 스택을 이동할 수 있다. 사용 가능한 모든 공간을 사용할 수 있는가?

#39. 4.9 각각의 배열에 있어야 할 가장 첫 번째 값은 무엇인가?

#40. 2.1 추가 공간 없이 $O(N^2)$ 시간에 할 수 있을 것이다. 포인터 두 개를 사용해 보라. 두 번째 포인터는 첫 번째 포인터 앞에서 검색을 해나갈 것이다.

#41. 2.2 재귀로 구현해 보라. 마지막에서 (K-1)번째 원소를 찾을 수 있다면, K번째 원소도 찾을 수 있겠는가?

#42. 4.11 모든 노드가 같은 확률로 선택되어야 한다는 사실에 주의하길 바란다. 또한 여러분의 알고리즘 때문에 표준 이진 탐색 트리 알고리즘(insert, find, delete와 같은 연산)의 속도가 느려지면 안 된다는 사실을 명심하라. 그리고 여러분이 균형잡힌 이진 탐색 트리를 가정했더라도, 그 말이 전(full)/완전(complete)/포화(perfect) 트리는 아니다.

#43. 3.5 두 번째 스택을 정렬된 상태로 유지하고, 가장 큰 원소를 위에 두라. 첫 번째 스택을 추가 저장공간으로 사용하라.

#44. 1.1 해시테이블을 사용해 보라.

#45. 2.7 예제를 사용하면 도움이 될 것이다. 연결리스트가 교차하는 그림을 그려 보라. 또한 값이 같은 두 개의 동일한 연결리스트를 교차하지 않게 그려 보라.

#46. 4.8 재귀적인 방법으로 시도해 보라. p와 q가 왼쪽 부분트리와 오른쪽 부분트리의 자손인지 확인하라. 만약 이들이 서로 다른 부분트리의 자손이라면, 현재 노드가 첫 번째 공통 조상이 될 것이다. 만약에 그들이 같은 부분트리의 자손이라면, 그 부분트리에 첫 번째 공통 조상이 있을 것이다. 효율적으로 구현하려면 어떻게 해야 할까?

#47. 4.7 그래프를 살펴보라. 먼저 수행해도 완전히 괜찮은 노드를 찾을 수 있겠는가?

#48. 4.9 루트가 모든 배열에 있어야 할 가장 첫 번째 값이다. 왼쪽 부분트리 값의 순서와 오른쪽 부분트리 값의 순서에 대해서 어떤 말을 할 수 있을까? 왼쪽 부분트리의 값이 오른쪽 부분트리의 값보다 먼저 삽입되어야 하나?

#49. 4.4 각각의 노드가 부분트리의 높이를 저장할 수 있도록 이진 트리 노드 클래스를 수정할 수 있다면 어떨까?

#50. 2.8 이 문제는 두 부분으로 나뉜다. 첫 번째, 연결리스트에 루프가 있는지 확인한다. 두 번째, 루프가 어디서 시작하는지 확인하라.

#51. 1.7 배열을 감싸는 껍질(layer)별로 생각해 보라. 특정 껍질을 회전시킬 수 있겠는가?

#52. 4.12 경로가 루트에서 시작해야 한다면, 루트에서 시작하는 모든 가능한 경로를 순회할 수 있다. 모든 경로를 살펴보면서 그 합을 저장하고, 원하는 합의 경로를 발견할 때마다 totalPaths를 증가시키면 된다. 이 방법을 어떻게 확장해야 경로의 시작 위치가 정해져 있지 않을 때도 풀 수 있겠는가? 일단 무식한 방법으로 문제를 푼 뒤에 그 방법을 개선시켜라.

#53. 1.3 문자열의 끝에서 시작해서 앞으로 읽어 나가면서 수정하는 것이 보통 가장 쉽다.

#54. 4.11 이 클래스는 '여러분의' 이진 탐색 트리 클래스이므로 여러분이 원하는 트리 구조나 노드에 대한 정보는 어느 것이든 저장해도 된다. 물론, insert 연산을 더 느리게 만드는 등의 부정적인 영향이 있지 않은 이상 말이다. 여기 이 클래스가 '여러분의' 클래스라고 말한 이유가 아마도 있을 것이다. 더 효율적으로 구현하기 위해 몇 가지 필요한 정보를 추가로 저장할 필요가 있다.

#55. 2.7 먼저 교차하는 지점이 있는지를 어떻게 확인할 것인지부터 생각해 보자.

#56. 3.6 개와 고양이를 서로 다른 리스트에 저장하고 있다고 가정해 보자. 둘 중에 오래된 동물을 어떻게 찾을 수 있을까? 창의력을 발휘하라!

#57. 4.5 모든 노드에서 left.value <= current.value < right.value를 만족한다고 이진 탐색 트리가 되는 것이 아니다. 왼쪽의 모든 노드가 현재 노드보다 작아야 하고, 현재 노드는 오른쪽의 모든 노드보다 작아야 한다.

#58. 3.1 순환 배열을 생각해 보자. 순환 배열이란, 배열의 마지막과 앞부분이 연결된 것을 말한다.

#59. 3.2 각각의 스택 노드에서 추가 데이터를 저장하고 있다면 어떨까? 어떤 종류의 데이터를 갖고 있어야 문제를 풀기 쉬워지나?

#60. 4.7 유입 간선이 없는 노드를 찾았다면, 그 노드부터 수행해도 괜찮다. 이러한 노드들을 찾은 뒤 수행해야 할 순서에 추가한다. 그 다음엔 유출 간선을 어떻게 해야 할까?

#61. 2.6 재귀를 사용하면(리스트의 길이를 알고 있다), 가운데 지점이 기본 사례가 된다. isPermutation(middle)은 참이 된다. middle의 바로 왼쪽 노드인 x를 살펴보자. x→middle→y의 형태가 회문인지 확인하려면 무엇을 해야 할까? 이 부분이 회문이라고 하자. 그 이전 노드인 a는 어떤가? x→middle→y가 회문일 때, a→x→middle→y→b가 회문인지는 어떻게 확인할까?

#62. 4.11 단순하게 무식한 방법을 생각해 보자. 트리 순회 알고리즘을 사용해서 이 알고리즘을 구현할 수 있겠는가? 그때 수행 시간은 어떻게 되는가?

#63. 3.6 실제 세계에선 어떻게 할 건지 생각해 보라. 강아지 리스트와 고양이 리스트가 시간순으로 정렬되어 있다. 가장 오래된 동물을 찾으려면 어떤 데이터가 필요한가? 그 데이터를 어떻게 저장하고 있을 것인가?

#64. 3.3 각 부분 스택의 크기를 알고 있어야 한다. 스택이 꽉 차면 새로운 스택을 만들어야 한다.

#65. 2.7 서로 교차하는 두 개의 연결리스트의 마지막 노드는 항상 같다. 교차하는 노드 이후의 노드는 모두 같다.

#66. 4.9 왼쪽 부분트리의 값과 오른쪽 부분트리의 값 사이에는 근본적으로 아무 관련이 없다. 왼쪽 부분트리가 오른쪽 부분트리보다 먼저 삽입될 수도 있고, 오른쪽 부분트리가 먼저 삽입될 수도 있고, 아무렇게나 삽입될 수도 있다.

#67. 2.2 값을 여러 개 반환하는 것이 유용할 수도 있다. 어떤 언어에서는 값을 여러 개 반환할 수 없지만, 이를 해결하는 방법은 모든 언어에서 다 제공한다. 해결 방법에는 무엇이 있을까?

#68. 4.12 아무 위치에서나 시작해도 되는 경로로 확장하려면, 이 과정을 모든 노드에 대해서 반복하면 된다.

#69. 2.8 사이클이 있는지 확인하려면, 140쪽에 나온 "Runner" 기법을 사용해 볼 수 있다. 하나의 포인터를 다른 하나보다 빠르게 움직이는 방법 말이다.

#70. 4.8 더 단순한 알고리즘에서는 x가 n의 자손인지 확인하는 메서드와 첫 번째 공통 자손을 찾는 재귀 메서드가 있다. 그리고 부분트리에서 반복적으로 동일한 원소를 찾는다. 이를 하나의 firstCommonAncestor 함수로 합쳐야 한다. 어떤 값을 반환해야 필요한 정보를 얻을 수 있을까?

#71. 2.5 길이가 같지 않은 연결리스트를 고려해 봐야 한다.

#72. 2.3 리스트 1→5→9→12를 그려 보자. 9를 지우면 1→5→12가 된다. 9 노드에만 접근할 수 있다. 정답처럼 보이게 만들 수 있겠는가?

#73. 4.2 다음에 추가해야 할 '이상적인' 원소를 찾은 뒤 insertValue를 반복적으로 호출하도록 구현하면 된다. 트리를 반복적으로 순회해야 하기 때문에 약간 비효율적이긴 하다. 대신 재귀 호출을 사용해 보라. 이 문제를 부분문제로 나눌 수 있겠는가?

#74. 1.8 O(N²) 대신 O(N) 공간을 추가로 사용할 수 있겠는가? 값이 0인 셀 리스트에서 진짜로 필요한 정보는 무엇인가?

#75. 4.11 트리의 깊이를 임의로 선택한 뒤 해당 깊이에 도달할 때까지 임의의 방향으로 트리를 순회하는 방법을 생각해 보자. 제대로 동작하는가?

#76. 2.7 마지막 노드를 비교함으로써 두 연결리스트가 교차하는지 아닌지 판단할 수 있다.

#77. 4.12 지금까지 설명한 대로 알고리즘을 설계하면 균형 잡힌 트리에서 O(N log N)

알고리즘을 얻을 수 있다. 왜냐하면 N개 노드의 깊이가 최악의 경우에 O(logN)이기 때문이다. 각 노드는 그 노드의 부모 노드로부터 최대 한 번 방문하게 된다. 따라서 N개의 노드는 O(logN)번 방문하게 되고, 최적화를 하게 되면 O(N) 알고리즘을 얻을 수 있다.

#78. 3.2 각각의 노드가 '부분스택'(자신을 포함해서 자신보다 아래에 있는 모든 원소)의 최솟값을 알고 있다고 가정하자.

#79. 4.6 중위 순회가 어떻게 동작하는지 생각해 보고 이를 '역공학'(reverse engineer)해 보라.

#80. 4.8 firstCommonAncestor 함수는 p와 q가 같은 트리에 있고 둘 다 null이 아닌 경우에, 이들의 첫 번째 공통 조상을 반환한다.

#81. 3.3 특정 부분 스택에서 원소를 빼낸다는 것은 일부 스택이 꽉 차지 않았다는 것을 의미한다. 이게 문제가 되나? 정답이 있는 것은 아니다. 다만, 이런 경우를 어떻게 처리할지 생각해 보아야 한다.

#82. 4.9 부분문제로 나누어 살펴보자. 재귀를 사용할 것이다. 왼쪽 부분트리와 오른쪽 부분트리에 대해 모든 가능한 수열을 갖고 있다면, 전체 트리에 대해 가능한 모든 수열은 어떻게 만들 수 있을까?

#83. 2.8 포인터 두 개를 사용해서 하나를 다른 하나보다 두 배 빠르게 움직일 수 있다. 사이클이 존재한다면 두 포인터는 만날 것이다. 즉, 두 포인터가 동시에 같은 지점에서 만나는 것이다. 어디서 만나게 될까? 왜 거기서 만나게 되는 걸까?

#84. 1.2 O(NlogN) 시간의 해법이 하나 존재한다. 다른 해법은 추가 공간을 사용하지만 O(N) 시간이 걸린다.

#85. 4.7 노드를 수행하기로 결정한 순간 유출 간선은 삭제된다. 이 과정이 끝난 다음에, 그다음으로 수행할 수 있는 노드를 찾을 수 있겠는가?

#86. 4.5 왼쪽의 모든 노드가 현재 노드보다 작거나 같다면, 그 말인즉슨 왼쪽에서 가장 큰 노드가 현재 노드보다 작거나 같다는 뜻이다.

#87. 4.12 현재의 무식한 방법은 어떤 일을 중복해서 하고 있는가?

#88. 1.9 첫 번째 문자열을 두 부분, x와 y로 나눈다. 첫 번째 문자열이 xy가 되고 두 번째 문자열이 yx가 되도록 하는 방법이 있는지 묻고 싶다. 예를 들어, x=wat이고 y=erbottle일 때 첫 번째 문자열 xy=waterbottle이 되고, 두 번째 문자열 yx=erbottlewat이 된다.

#89. 4.11 임의의 깊이를 선택하는 것은 크게 도움이 되지 않는다. 첫째로, 깊이가 얕은 곳의 노드가 깊이가 깊은 곳의 노드보다 개수가 많다. 둘째로, 각 깊이에서 선택된 확률을 재조정하더라도 '막다른 길'이 존재할 수 있다. 즉, 깊이는 5를 선택했지만, 우리가 도달한 단말 노드의 깊이는 3일 수 있다. 확률을

재조정하는 것이 흥미롭긴 하지만.

#90.   2.8   두 포인터의 시작점을 알아내지 못했다면, 다음을 시도해 보라. 연결리스트 1→2→3→4→5→6→7→8→9→?가 있다고 하자. 여기서 ?는 다른 어떤 노드를 가리킨다. ?를 첫 번째 노드로 설정하자. 그러면 9가 1을 가리키고 따라서 전체 연결리스트가 순환을 이루게 된다. 그다음에는 ?를 노드 2로 만들어 보자. 그다음에는 노드 3, 그리고 노드 4로 만들어 보자. 어떤 패턴이 있는가? 이 패턴이 왜 생기는지 설명할 수 있겠는가?

#91.   4.6   다음은 해당 논리로 한 단계 나아간 것이다. 특정 노드의 후임자(successor)는 오른쪽 부분트리에서 가장 왼쪽에 위치한 노드이다. 그런데 오른쪽 부분트리가 없다면 어떻게 해야 하나?

#92.   1.6   쉬운 것부터 하자. 문자열을 압축한 뒤에 그 길이를 비교하자.

#93.   2.7   이제 어디서 연결리스트가 교차하는지 찾아야 한다. 연결리스트의 길이가 같다고 가정하자. 어떻게 할 수 있겠는가?

#94.   4.12   루트에서 시작하는 N개의 경로를 배열이라고 생각하자. 무식하게 생각해 보면, 각각의 배열에서 원하는 합이 되는 모든 연속한 부분수열을 찾으려고 할 것이다. 그러기 위해선 모든 부분배열의 합을 계산해야 한다. 작은 부분문제에 초점을 맞추어 생각해 보면 더 유용할 수도 있다. 배열이 주어졌을 때, 원하는 합이 되는 모든 연속한 부분수열을 어떻게 찾을 수 있을까? 또한 무식한 방법에서 중복된 작업이 무엇인지 생각해 보라.

#95.   2.5   여러분의 알고리즘이 9→7→8과 6→8→5 같은 연결리스트에서도 잘 작동하는가? 다시 한번 확인해 보길 바란다.

#96.   4.8   조심하라! 노드가 하나만 존재할 때도 처리했는가? 노드가 하나만 있을 때는 어떤 일이 발생하는가? 반환값을 살짝 변경해야 할 수도 있다.

#97.   1.5   '문자를 삽입'하는 것과 '문자를 삭제'하는 것 사이에는 어떤 연관성이 있는가? 따로 확인해야 할 필요가 있는가?

#98.   3.4   큐와 스택의 가장 큰 차이점은 원소의 순서이다. 큐는 오래된 원소부터 삭제하고 스택은 최근 원소부터 삭제한다. 스택의 최근 원소에만 접근이 가능할 때, 스택에서 가장 오래된 원소를 삭제하려면 어떻게 해야 할까?

#99.   4.11   많은 사람들이 생각하는 단순한 방법은 1과 3 사이에서 임의의 값을 선택하는 것이다. 만약 그 값이 1이면, 현재 노드를 반환하고, 2라면 왼쪽으로 가고, 3이라면 오른쪽으로 간다. 이 방법은 틀린 방법인가? 틀렸다면 이유는 무엇인가? 이 방법을 고칠 수 있겠는가?

#100.   1.7   특정 껍질을 회전한다는 말은 네 개의 배열에서 값을 서로 바꾼다는 말이다. 배열이 두 개일 때 두 배열의 값을 맞바꿀 수 있는가? 이 방법을 네 개의 배열로 확장할 수 있겠는가?

#101. 2.6 이전 힌트로 돌아가 보라. 값 여러 개를 반환하는 방법이 있다는 사실을 기억하라. 새로운 클래스를 만들어서 할 수 있다.

#102. 1.8 0이 돼야 할 행과 열의 리스트를 유지하기 위해서 저장 장소가 필요할 수도 있다. 주어진 행렬을 저장 장소로 사용함으로써 필요한 추가 공간을 $O(1)$로 줄일 수 있겠는가?

#103. 4.12 합이 targetSum이 되는 부분배열을 찾고 있다. 0부터 i까지 원소의 합을 저장하고 있는 $runningSum_i$의 값을 상수 시간 안에 확인할 수 있다. i에서 j까지의 부분집합의 합이 targetSum이 되려면, $runningSum_{i-1} + targetSum$이 $runningSum_j$와 같아야 한다(배열 혹은 수직선을 그려서 살펴보라). 배열을 훑어가면서 runningSum의 값을 확인할 수 있다면, 이 수식이 참이 되는 인덱스 i를 어떻게 빨리 찾을 수 있을까?

#104. 1.9 이전 힌트를 생각해 보라. 그리고 erbottlewat 뒤에 erbottlewat를 이어붙이면 어떻게 되는지 생각해 보라. erbottlewaterbottlewat가 된다.

#105. 4.4 부분트리의 높이를 저장하기 위해 이진 트리 클래스를 수정할 필요는 없다. 재귀 함수에서 각 부분트리의 높이를 계산하고 균형잡혀 있는지를 동시에 확인할 수 있는가? 여러 개의 값을 동시에 반환하는 함수를 고려해 보라.

#106. 1.4 모든 순열을 전부 생성할 필요가 없다. 아주 비효율적이다.

#107. 4.3 그래프 탐색 알고리즘을 수정해서 루트의 깊이를 추적해 보라.

#108. 4.12 runningSum의 값에서 runningSum이 되는 원소의 개수로 대응되는 해시테이블을 사용해 보라.

#109. 2.5 연관 문제: 두 연결리스트의 길이가 같지 않을 때, 어떤 연결리스트의 헤드는 1000의 자리수를 가리키는 반면에 다른 연결리스트의 헤드는 10의 자리수를 가리키는 문제가 발생할 수 있다. 두 연결리스트의 길이를 같게 만들면 어떠한가? 값을 변경하지 않으면서 두 연결리스트의 길이가 같아지도록 수정하는 방법이 있는가?

#110. 1.6 문자열을 반복해서 이어붙이지 않도록 조심하라. 아주 비효율적인 방법이다.

#111. 2.7 두 연결리스트의 길이가 같다면, 공통된 원소를 찾을 때까지 같이 하나씩 읽어나가면 된다. 리스트의 길이가 다른 경우에는 이를 어떻게 조절할 수 있을까?

#112. 4.11 이전 방법(1부터 3 사이의 숫자를 임의로 선택하는 방법)이 제대로 동작하지 않았던 이유는 각 노드가 선택될 확률이 같지 않았기 때문이다. 예를 들어, 트리에 50+개의 노드가 있더라도 루트가 반환될 확률은 1/3로 고정된다. 명백히 다른 모든 노드의 확률은 1/3이 되지 않는다. 따라서 모든 노드

가 같은 확률로 선택되지 않는다. 대신 1부터 size_of_tree 사이의 숫자를 임의로 선택함으로써 이 문제를 해결할 수 있다. 하지만 이 방법은 루트의 문제점만 해결할 뿐이다. 나머지 노드는 어떻게 해야 할까?

#113. 4.5 leftTree.max와 rightTree.min에 대해 현재의 값을 검증하는 대신 이 로직을 뒤집어서 생각해 볼 수 없을까? 트리 왼쪽의 노드가 current.value보다 작은지를 검증하라.

#114. 3.4 원소가 하나 남을 때까지 스택에서 원소를 반복적으로 빼낸 뒤 임시 스택에 잠시 넣어 두면 가장 오래된 원소를 삭제할 수 있다. 그 다음 최근 원소를 검색한 뒤 모든 원소를 다시 스택에 넣는다. 이 방법의 문제점은 원소를 연속으로 빼내기 위해 O(N) 작업이 매번 필요하다는 점이다. 원소를 연속으로 여러 개 빼내야 하는 이 상황을 최적화할 수 있겠는가?

#115. 4.12 배열에서 특정 합이 되는 연속 부분배열을 모두 찾는 알고리즘을 만들었다면, 이를 트리에 적용해 보길 바란다. 해시테이블을 탐색하고 수정한 뒤에 탐색이 끝나면 해시테이블을 원래대로 되돌려야 한다는 사실을 명심하라.

#116. 4.2 배열이 주어졌을 때 최소 트리를 반환하는 createMinimalTree 메서드가 있다고 가정하자(하지만 어떤 이유 때문에 루트에서는 작동하지 않는다). 이 메서드를 루트에서 사용할 수 있겠는가? 이 함수의 초기 사례를 작성할 수 있는가? 좋다! 이 함수는 기본적으로 전체 함수와 같다.

#117. 1.1 비트 벡터가 유용한가?

#118. 1.3 필요한 공백을 알아야 할지도 모른다. 하나씩 세어 볼 수 있는가?

#119. 4.11 이전 방법의 문제점은 한쪽이 다른 쪽보다 더 많은 노드가 있을 수 있다는 점이다. 따라서 양쪽의 노드의 개수에 따라 왼쪽과 오른쪽의 확률을 다르게 줄 필요가 있다. 정확히 어떻게 동작해야 하는가? 노드의 개수를 어떻게 알 수 있을까?

#120. 2.7 두 연결리스트 길이의 차이를 사용해 보라.

#121. 1.4 어떤 문자열이 회문의 순열일 때, 그 특성은 무엇인가?

#122. 1.2 해시테이블이 유용한가?

#123. 4.3 깊이에서 그 깊이에 있는 노드로의 대응관계가 있는 해시테이블 혹은 배열을 사용하면 유용한가?

#124. 4.4 사실 checkHeight 함수 하나만 있으면 높이 계산과 균형 확인을 동시에 할 수 있다. 반환되는 정수값을 사용해서 이 둘을 확인할 수 있다.

#125. 4.7 완전히 다른 접근 방법을 사용해 본다. 임의의 노드에서 깊이 우선 탐색을 시도해 보자. 깊이 우선 탐색과 유효한 작업 수행 순서 사이에는 어떤 관련이 있는가?

#126. 2.2 순환적 방법으로 할 수 있는가? 두 포인터가 인접한 노드를 가리키고 있고

같은 속도로 연결리스트를 순회한다고 가정해 보자. 포인터 하나가 연결리스트의 끝에 도달했을 때 다른 하나는 어디에 있겠는가?

#127. 4.1 잘 알려진 알고리즘 두 개를 이용할 수 있다. 이들의 장단점은 무엇인가?

#128. 4.5 checkBST라는 재귀 함수를 생각해 보자. 이 함수는 각각의 노드가 (min, max) 영역 안에 있는지 확인한다. 처음에 이 영역의 제한은 무한대이다. 왼쪽으로 탐색할 때 min은 음의 무한대이고 max는 root.value가 된다. 트리를 탐색하면서 이 영역을 적절하게 조절하는 재귀 함수를 작성할 수 있는가?

#129. 2.7 길이가 긴 연결리스트에서 포인터를 두 리스트의 길이의 차이만큼 앞에 놓고, 길이가 짧은 연결리스트에서는 포인터를 맨 앞에 놓는다. 그 다음에 마치 두 연결리스트의 길이가 같은 것처럼 알고리즘을 적용할 수 있겠는가?

#130. 1.5 세 가지 검증을 모두 한꺼번에 할 수 있는가?

#131. 1.2 서로 순열 관계에 있는 두 문자열은 같은 문자 집합으로 이루어져 있고, 그 순서만 다를 것이다. 순서도 같게 만들 수 있는가?

#132. 1.1 O(N log N) 시간에 풀 수 있겠는가? 그 해법은 어떤 것인가?

#133. 4.7 임의의 노드를 선택한 뒤 깊이 우선 탐색을 수행한다. 경로의 끝에 놓인 노드는 마지막에 수행되어야 한다. 왜냐하면 해당 노드에 의존하는 노드가 없기 때문이다. 그럼 이 단말 노드 바로 전에 있는 노드는 무엇을 의미하는가?

#134. 1.4 해시테이블을 사용해 본 적이 있는가? O(N) 시간으로 줄일 수 있다.

#135. 4.3 깊이 우선 탐색과 너비 우선 탐색을 사용하는 알고리즘을 찾아 볼 수 있다.

#136. 1.4 비트 벡터를 사용해서 공간을 줄일 수 있는가?

02
개념 및 알고리즘 힌트

#137. 5.1 여러 부분으로 나누라. 먼저 적절한 비트를 지우는 것부터 생각하라.

#138. 8.9 초기 사례로부터의 확장 방법을 시도해 보라.

#139. 6.9 특정 라커 문 x가 주어졌을 때, 몇 번째 라운드에 이 라커 문의 상태가 바뀌겠는가(열리거나 닫히거나)?

#140. 11.5 면접관이 이야기하는 펜의 의미는 무엇인가? 펜의 종류는 아주 다양하다. 면접관에게 묻고 싶은 질문 리스트를 만들어 보라.

#141. 7.11 생각보다 복잡하지 않다. 시스템의 핵심 객체 리스트를 만드는 것부터 시작하라. 그 다음에 어떻게 이들과 상호작용할 것인지 생각하라.

#142. 9.6 먼저 가정을 세우는 것부터 시작하라. 만들어야 할 것과 만들지 않아도 되는 것에는 무엇이 있는가?

#143. 5.2 문제에 익숙해지기 위해서, 정수일 때는 어떻게 할 것인지 생각해 보라.

#144. 8.6 초기 사례로부터의 확장 방법을 시도해 보라.

#145. 5.7 각각의 쌍을 맞바꾼다는 의미는 짝수 비트를 왼쪽으로 옮기고 홀수 비트를 오른쪽으로 옮긴다는 뜻이다. 이 문제를 여러 부분으로 나눌 수 있겠는가?

#146. 6.10 해법 1: 간단한 방법으로 먼저 시작하라. 물병을 여러 그룹으로 나눌 수 있겠는가? 식별기가 독극물에 양성 반응을 했다면 재사용할 수 없지만, 음성 반응을 했다면 재사용할 수 있다는 사실을 기억하라.

#147. 5.4 다음 숫자: 각각에 대해서 무식한 방법을 먼저 시도하라.

#148. 8.14 모든 가능한 경우를 시도할 수 있는가? 이게 어떤 모습일까?

#149. 6.5 물병에 물을 이리저리 붓고 3리터와 5리터 이외의 것을 만들 수 있는지 살펴보라. 그게 이 문제를 풀이의 시작이다.

#150. 8.7 방법 1: abc의 모든 순열이 있다고 가정하자. 이 순열을 사용해서 어떻게 abcd의 모든 순열을 구할 수 있는가?

#151. 5.5 역 공학(reverse engineer)을 적용하자. 가장 바깥에서 시작해서 안쪽으로 들어오라.

#152. 8.1 하향식 방법으로 생각해 보자. 아이가 딛는 가장 마지막 계단은 무엇인가?

#153. 7.1 '카드 한 벌'은 너무 범위가 넓다. 합리적인 문제의 범위를 생각해 봐야 한다.

#154. 6.7 모든 가족은 정확히 한 명의 여자 아이만 낳게 될 것이다.

#155. 8.13 박스를 정렬하는 게 어떻게든 도움이 되는가?

#156. 6.8   이 문제는 진짜 알고리즘 문제이므로 다음과 같이 접근해야 한다. 무식한 방법을 먼저 생각해 보고 최악의 경우에 떨어뜨려야 하는 횟수를 계산한 후 이를 개선하라.

#157. 6.4   어떤 경우에 충돌하지 않는가?

#158. 9.6   전자상거래의 나머지 부분은 이미 처리되었고, 단지 판매 순위 분석 부분만 남아 있다. 거래가 이루어지면 어떻게든 알림을 받을 수 있다.

#159. 5.3   무식한 방법으로 먼저 시작하라. 모든 가능한 경우를 시도해 볼 수 있는가?

#160. 6.7   가족을 B와 G의 수열로 나타내는 방법을 생각해 보라.

#161. 8.8   출력하거나 리스트에 추가하기 전에 중복이 있는지 확인함으로써 이를 처리할 수 있다. 해시테이블을 사용할 수 있다. 어떤 경우에 이 방법이 쓸 만한가? 그리고 어떤 경우에 이 방법이 쓸 만하지 않는가?

#162. 9.7   애플리케이션에 쓰는 작업이 많은가 읽는 작업이 많은가?

#163. 6.10   해법 1: 최악의 경우에 28일이 걸리는, 상대적으로 쉬운 방법이 있다. 이보다 더 나은 방법도 존재한다.

#164. 11.5   아이가 펜을 사용하는 경우를 생각해 보자. 무엇을 의미하는가? 또 다른 사용 사례(use case)에는 무엇이 있는가?

#165. 9.8   문제의 범위를 잘 한정하라. 고려하지 않아도 되는 부분은 시스템의 어디이며 반드시 고려해야 하는 부분은 어디인가?

#166. 8.5   너비가 8이고 높이가 9인 행렬의 셀을 하나씩 세어봄으로써 8과 9의 곱을 구하는 방법을 생각해 보라.

#167. 5.2   .893(10진법)과 같은 숫자에서 각 자릿수가 나타내는 것은 무엇인가? .10010(2진법)에서 각 자릿수가 나타내는 것은 무엇인가?

#168. 8.14   각각의 경우의 수를, 각 자리에 괄호를 넣는 것으로 생각해 볼 수 있다. 즉, 연산자 주위에서 표현식이 연산자에서 분리되도록 하는 것을 의미한다. 초기 사례는 무엇인가?

#169. 5.1   비트를 지우기 위해서는, 1s, 0s, 1s와 같은 수열로 이루어진 '비트 마스크'가 필요하다.

#170. 8.3   무식한 방법으로 먼저 시도해 보자.

#171. 6.7   아주 어렵긴 하지만, 수학으로 시도해 볼 수 있다. 자녀가 최대 6명인 가족의 경우에는 추정하기 쉽다. 이걸로 멋진 수학적 증명을 할 수는 없겠지만, 정답으로 가는 방향을 안내해 줄 수는 있을 것이다.

#172. 6.9   마지막에 문이 열려 있는 경우는 어떤 경우인가?

#173. 5.2   .893(10진수)과 같은 숫자는 $8*10^{-1}+9*10^{-2}+3*10^{-3}$을 나타낸다. 이를 2진수 시스템으로 변환하라.

#174. 8.9   두 쌍의 괄호를 쓰는 모든 유효한 방법을 갖고 있다고 가정하자. 이를 이용

해서 세 쌍의 괄호를 쓰는 모든 유효한 방법을 어떻게 찾을 수 있을까?

#175. 5.4 다음 숫자: 1과 0이 산발적으로 흩어져 있는 2진수를 생각해 보자. 1을 0으로 뒤집거나 0을 1로 뒤집을 수 있다. 어떤 경우에 숫자가 더 커지는가? 그리고 어떤 경우에 숫자가 더 작아지는가?

#176. 9.6 데이터에 요구되는 정확도나 신선도에 대해서 생각해 보자. 언제나 100% 최신 데이터여야 하나? 어떤 제품의 정확도는 다른 것보다 더 중요한가?

#177. 10.2 두 단어가 서로 철자 순서만 바꾼 문자열인가? 철자 순서만 바꾼 문자열(anagram)의 정의가 무엇인지 생각해 보고 직접 말하라.

#178. 8.1 100번째 계단 전까지 올라오는 경우의 수를 알고 있다고 한다면, 100번째 계단에 오르는 개수를 구할 수 있는가?

#179. 7.8 흰색 말과 검은색 말을 같은 클래스에 둘 것인가? 그렇게 할 경우의 장단점은 무엇인가?

#180. 9.7 아주 많은 양의 데이터가 들어오고 있지만, 자주 읽지는 않는다는 사실을 명심하라.

#181. 6.2 첫 번째 게임과 두 번째 게임에서 이길 확률을 계산한 뒤에 비교하라.

#182. 10.2 같은 개수의 문자가 다른 순서로 놓여 있는 단어를 철자 순서만 바꾼 문자열이라고 한다. 문자의 순서를 어떻게 정할 것인가?

#183. 6.10 해법 2: 테스트와 결과를 보는 것 사이에 시간이 이만큼 걸리는 이유는 무엇인가? 문제에 '테스트 횟수를 최소화하라'라고 쓰여 있지 않은 이유가 있다. 테스트와 결과 사이에 시간이 걸리는 이유가 바로 여기에 있다.

#184. 9.8 트래픽을 균일하게 분산시키려면 어떻게 해야 할까? 모든 문서가 대략 비슷한 트래픽을 얻는가? 혹은 특정 문서가 더 인기 있을 수 있는가?

#185. 8.7 접근법 1: abc의 순열은 abc를 나열하는 모든 경우를 말한다. 이제 abcd를 나열할 수 있는 모든 경우를 찾으려고 한다. abcd를 놓는 특정 순서 bdca를 생각해 보자. bdca에서 d를 삭제하면 이 또한 abc를 나열하는 순서가 된다. bca의 상대적인 순서를 유지한 채 d를 추가하는 모든 경우를 만들 수 있는가?

#186. 6.1 무게를 딱 한 번만 잴 수 있다. 이 말은 무게를 잴 때 대부분의 약병을 사용해야 한다는 뜻이다. 또한 서로 다른 방법으로 그 약병들을 다뤄야 한다. 그렇지 않으면 그들을 구별해 낼 수가 없다.

#187. 8.9 두 쌍의 괄호를 사용한 리스트에 세 번째 쌍을 추가함으로써 세 쌍의 괄호를 사용했을 때의 해법을 구해 볼 수 있다. 세 번째 괄호를 이전, 중간, 다음의 위치에 추가할 수 있다. 즉, ()<SOLUTION>, (<SOLUTION>), <SOLUTION>(). 이 방법이 맞는가?

#188. 6.7 수학적 방법보다 논리로 접근하는 것이 더 쉬울지도 모른다. 태어난 모든

아이들을 B와 G로 이루어진 커다란 문자열로 표현한다. 여기서 가족 단위로 묶는 것은 의미가 없다. 다음에 추가될 문자가 B 혹은 G일 확률은 무엇이 되겠는가?

#189. 9.6 구매를 아주 자주하면 데이터베이스에 쓰는 작업에 제한을 줘야 할지도 모른다.

#190. 8.8 8.7을 아직 풀지 못했으면, 그 문제를 먼저 풀어 보라.

#191. 6.10 해법 2: 테스트를 한 번에 여러 개 돌리는 방법을 생각해 보라.

#192. 7.6 직소 퍼즐을 푸는 흔한 방법은 일단 가장자리 퍼즐과 아닌 퍼즐을 구분하는 것이다. 이를 객체 지향적으로 어떻게 표현할 것인가?

#193. 10.9 단순한 방법에서 시작해 보자. 하지만 너무 단순하지는 않은 게 좋다. 배열이 정렬되어 있다는 사실을 이용하라.

#194. 8.13 박스의 높이, 너비, 깊이 중 아무거나 하나 잡아서 내림차순으로 정렬할 수 있다. 이렇게 하면 박스를 부분적으로 정렬할 수 있다. 즉, 배열에서 나중에 놓인 박스는 반드시 이전에 놓인 박스보다 먼저 등장해야 한다.

#195. 6.4 세 개미가 모두 한 방향으로 움직일 때만 서로 충돌하지 않는다. 개미 세 마리 모두 시계 방향으로 움직일 확률은 얼마나 될까?

#196. 10.11 배열이 오름차순으로 정렬되어 있다고 가정하자. 이를 수정해서 peak와 valley가 번갈아 나오도록 정렬할 수 있는가?

#197. 8.14 초기 사례는 1 혹은 0인 값이 하나 존재할 때이다.

#198. 7.3 문제의 범위를 먼저 한정한 뒤 가정을 차례대로 세워 보라. 합당한 가정을 세우는 것은 괜찮지만, 그 가정에 대해서 명시적으로 말해야 한다.

#199. 9.7 시스템에 쓰기 연산이 더 많을 수 있다. 많은 데이터가 들어오지만, 자주 읽지는 않는다.

#200. 8.7 방법 1: bca와 같은 문자열이 주어졌을 때 {a, b, c}의 순서를 bca로 유지한 채 abcd의 순열을 만드는 모든 방법은 dbca, bdca, bcda, bcad이다. abc의 모든 순열이 주어졌을 때 abcd의 모든 순열을 구할 수 있는가?

#201. 6.7 생물학적 사실이 변하지 않았다. 단지 각 가정에서 아이를 그만 낳는다는 조건만 변한 것이다. 임신을 했을 때 아이가 남자일 확률과 여자일 확률은 각각 50%이다.

#202. 5.5 A & B == 0이 무슨 말인가?

#203. 8.5 8×9 행렬의 셀 개수를 세고 싶다면 4x9 행렬의 셀 개수를 센 뒤에 이를 두 배 하면 된다.

#204. 8.3 여러분이 생각한 무식한 방법은 아마 O(N) 시간일 것이다. 이보다 너 빠른 길 원한다면, 어떤 수행 시간을 생각하고 있는가? 어떤 종류의 알고리즘이 여러분이 생각하는 수행 시간에 동작하는가?

#205. 6.10 해법 2: 독극물이 든 음료수병의 각 자릿수를 파악해 보자. 독이 든 음료수병의 첫 번째 자릿수는 어떻게 알아낼 수 있을까? 두 번째 자릿수는? 세 번째 자릿수는?

#206. 9.8 URL을 어떻게 생성할 것인가?

#207. 10.6 합병(merge) 정렬과 퀵 정렬을 생각해 보자. 둘 중 하나가 이 문제를 푸는 데 적당한가?

#208. 9.6 join 연산은 비용이 아주 크기 때문에 제한해야 한다.

#209. 8.9 앞에서 주어진 힌트는 중복된 값이 있을 수도 있다는 사실이었다. 해시테이블을 사용하면 이 중복을 제거할 수 있다.

#210. 11.6 가정을 세울 때 주의하길 바란다. 사용자가 누구인가? 어디서 사용하는가? 명백해 보일 수도 있지만 실제 대답은 다를 수도 있다.

#211. 10.9 각 행별로 이진 탐색을 수행할 수 있다. 얼마나 걸리나? 더 잘할 수 있을까?

#212. 9.7 은행 데이터를 어떻게 받아올지(필요할 때 요청하는가 아니면 은행이 알아서 건네주는가), 어떤 기능을 지원하는지 등에 대해서 생각해 보자.

#213. 7.7 언제나처럼 문제의 범위를 한정 지으라. '친구 관계'는 양방향인가? 상태 메시지가 존재하는가? 그룹 채팅도 지원하는가?

#214. 8.13 부분 문제로 쪼개어 보라.

#215. 5.1 시작과 끝이 0인 비트 마스크를 만드는 것은 쉽다. 하지만 가운데에 0이 여러 개 존재하는 비트 마스크는 어떻게 만들 수 있을까? 쉬운 방법을 써 보자. 왼쪽을 위한 비트 마스크를 만들고 오른쪽을 위한 비트 마스크를 만들라. 그리고 이 둘을 합쳐라.

#216. 7.11 파일과 디렉터리 사이에는 어떤 관계가 있는가?

#217. 8.1 99, 98, 97번째 계단까지의 경로의 개수를 셀 수 있다면 100번째 계단까지의 경로의 개수도 셀 수 있다. 이들을 더해야 하나 곱해야 하나? 즉, $f(100) = f(99) + f(98) + f(97)$이 맞을까 $f(100) = f(99) * f(98) * f(97)$이 맞을까?

#218. 6.6 이 문제는 수수께끼 문제가 아니라 논리 문제이다. 논리/수학/알고리즘을 사용해서 풀어 보라.

#219. 10.11 정렬된 배열을 사용해 보라. 배열이 고정될 때까지 원소들을 서로 맞바꿔 볼 수 있다.

#220. 11.5 펜의 사용 목적(쓰기 등등)과 의도되지 않은 사용에 대해서 생각해 보았는가? 안전성은? 아이들이 위험한 펜을 사용하길 원하진 않을 것이다.

#221. 6.10 해법 2: 엣지 케이스를 아주 조심하라. 음료수병의 세 번째 자릿수가 첫 번째 혹은 두 번째 자릿수와 같으면 어떻게 될까?

#222. 8.8 각 문자의 출현 횟수를 세어 보라. 예를 들어 ABCAAC는 A가 3개, C가 2개, B가 1개 있다.

#223.	9.6	어떤 제품은 여러 카테고리 아래에 있을 수도 있다는 사실을 잊지 말라.
#224.	8.6	가장 작은 원판을 다른 기둥으로 쉽게 옮길 수 있다. 또한 가장 작은 원판 두 개를 다른 기둥으로 옮기는 것도 쉽다. 가장 작은 원판 세 개를 옮길 수 있겠는가?
#225.	11.6	실제 인터뷰에선 사용 가능한 테스트 툴에는 무엇이 있는지 토론해 보아야 한다.
#226.	5.3	0을 1로 뒤집으면 1로 이루어진 수열 두 개를 합칠 수도 있다. 하지만 그러려면 두 수열 사이에 0이 단 하나만 존재해야 한다.
#227.	8.5	홀수일 경우에는 어떻게 처리할지 생각해 보라.
#228.	7.8	어떤 클래스에서 점수를 유지하고 있는가?
#229.	10.9	특정 열을 생각하고 있다면 해당 열을 빠르게 제거할 수 있는 방법이 있는가?
#230.	6.10	해법 2: 세 번째 자릿수를 위해서 다른 날에 다른 방식으로 테스트를 진행할 수도 있다. 하지만 역시나 엣지 케이스를 아주 조심하라.
#231.	10.11	peak가 제자리에 있으면 valley도 제자리에 있게 된다. 따라서 수정을 하려고 배열을 순회할 때는 다른 원소들은 건너뛰어도 된다.
#232.	9.8	URL을 임의로 생성했을 때 두 URL이 같아지는 상황을 걱정해야 하나(두 문서의 URL이 같은 경우)? 이를 어떻게 처리할 것인가?
#233.	6.8	첫 번째 방법으로는 이진 탐색과 같은 방법을 사용해 볼 수 있다. 50번째 층에서 떨어뜨려 보고, 그다음에는 75번째, 88번째 등과 같은 방식으로 층을 바꾸어 갈 수 있다. 하지만 50번째 층에서 떨어뜨렸을 때 이 계란이 깨진다면 두 번째 계란은 1층부터 차례로 떨어뜨려 봐야 한다. 그랬을 때 최악의 경우에는 50번 떨어뜨려야 한다(50번째 층, 1번째 층, 2번째 층, …, 49번째 층). 이보다 더 잘할 수 있는가?
#234.	8.5	다른 재귀 호출에서 중복된 일을 한다면 이를 캐시에 저장할 수 있겠는가?
#235.	10.7	비트 벡터를 사용하면 도움이 되는가?
#236.	9.6	데이터를 캐시에 저장하거나 작업을 큐에 넣을 때 어디에서 하는 게 적절할까?
#237.	8.1	'이걸 하고서 이걸 한다'일 때 값을 곱한다. '이걸 하거나 이걸 한다'일 때 값을 더한다.
#239.	7.6	퍼즐의 위치를 어떻게 저장할지 생각해 보길 바란다. 행과 위치별로 저장하고 있어야 할까?
#239.	6.2	두 번째 게임에서 이길 확률을 계산하려면, 첫 번째와 두 번째 슛을 성공하고 세 번째 슛에 실패할 확률부터 계산해야 한다.
#241.	8.3	O(log N) 시간에 문제를 풀 수 있겠는가?

#241. 6.10 해법 3: 테스트 식별기를 독이 있는지 없는지를 알려주는 2진 판별기라고 생각하라.

#242. 5.4 다음 숫자: 1을 0으로 뒤집고 0을 1로 뒤집었을 때 0→1의 비트가 1→0의 비트보다 더 앞에 놓여 있다면 그 값이 커진다. 이를 이용해서 그다음으로 큰 숫자를 어떻게 만들 수 있을까? (1비트의 개수는 같으면서)

#243. 8.9 문자열을 이동하면서 매 단계에서 왼쪽과 오른쪽 괄호를 추가해 볼 수 있다. 이렇게 하면 중복되는 부분을 제거할 수 있는가? 왼쪽 혹은 오른쪽 괄호를 추가해도 되는지는 어떻게 알 수 있는가?

#244. 9.6 어떤 가정을 세웠느냐에 따라 데이터베이스를 아예 사용하지 않고서도 문제를 풀 수 있을 것이다. 이게 어떤 의미가 있을까? 좋은 방법이 될 수 있을까?

#245. 7.7 유용하게 사용될 주요 시스템 컴포넌트나 기술에 대해 생각해 볼 필요가 있는 좋은 문제이다.

#246. 8.5 9*7(둘 다 홀수)을 한다고 하면, 4*7과 5*7을 할 수도 있다.

#247. 9.7 불필요한 데이터베이스 쿼리를 줄여 보자. 데이터베이스에 데이터를 영구적으로 저장할 필요가 없다면 데이터베이스 자체가 필요 없을 수도 있다.

#248. 5.7 짝수 개의 비트로 표현된 숫자를 만들 수 있는가? 그 다음에 짝수 개의 비트를 옆으로 한 칸 옮길 수 있는가?

#249. 6.10 해법 3: 각각의 테스트 식별기가 2진 판별기라면, 정수형 키(key)에서 10개의 2진 판별기 집합으로의 대응관계를 만들어 낼 수 있는가? 여기서 각 키의 구성(대응관계)은 고유하다.

#250. 8.6 Z=1을 임시 장소로 사용해서 가장 작은 원판을 X=0에서 Y=2로 옮기는 해법 f(1, X=0, Y=2, Z=1)을 만들 수 있는가? 가장 작은 원판 두 개를 옮기는 것은 f(2, X=0, Y=2, Z=1)이 된다. f(1, X=0, Y=2, Z=1)과 f(2, X=0, Y=2, Z=1)이 주어졌을 때, f(3, X=0, Y=2, Z=1)을 풀 수 있는가?

#251. 10.9 각 열이 정렬되어 있으므로 해당 열의 최솟값보다 작은 값은 해당 열에 있을 수 없다. 이를 다른 의미로 해석할 수 있는가?

#252. 6.1 각 약병에서 알약을 하나씩 꺼내 저울 위에 올려놓는다면 어떻게 되는가? 약병에서 알약 두 개를 꺼내서 저울 위에 올려놓는다면 어떻게 될까?

#253. 10.11 배열이 정렬되어 있을 필요가 있는가? 정렬되지 않은 배열에서도 같은 방법을 적용할 수 있는가?

#254. 10.7 메모리를 더 적게 사용하기 위해서 자료를 여러 번 읽어서 문제를 풀어 볼 수 있을까?

#255. 8.8 A 3개, C 2개, B 1개로 구성된 모든 순열을 구하기 위해서는 A, B, C 중에 첫 시작 문자를 선택해야 한다. A를 선택했다면 이제 A 2개, C 2개, B 1개

로 구성된 모든 순열을 알아야 한다.

#256. 10.5 이진 탐색을 수정해서 문제를 풀어 보라.

#257. 11.1 이 코드에 실수한 부분이 두 개 있다.

#258. 7.4 주차장이 여러 층으로 구성되어 있는가? 어떤 '기능'을 제공하나? 유료인가? 어떤 종류의 자동차를 주차할 수 있는가?

#259. 9.5 몇 가지 가정을 세워야 할지도 모른다(지금 면접관이 없기 때문에). 괜찮다. 여러분이 세운 가정을 명확히 하라.

#260. 8.13 여러분이 해야 할 첫 번째 결정에 대해 생각해 보라. 먼저 어떤 박스를 바닥에 놓을지를 결정해야 한다.

#261. 5.5 만약 A&B==0이라면 A와 B는 같은 비트의 위치에 1이 있으면 안 된다. 이 수식을 문제에 적용해 보라.

#262. 8.1 이 메서드의 수행 시간은 얼마나 되는가? 주의 깊게 생각하라. 더 개선할 수 있는가?

#263. 10.2 표준 정렬 알고리즘을 사용해서 문제를 풀 수 있는가?

#264. 6.9 주의: 만약 정수 x가 a로 나누어 떨어지고, b=x/a라면 x는 b로도 나누어 떨어진다. 이 뜻은 모든 숫자의 인수(factor)의 개수가 짝수 개라는 말인가?

#265. 8.9 각 단계에서 왼쪽 혹은 오른쪽 괄호를 추가하면 중복을 제거할 것이다. 각 부분 문자열은 매 단계에서 고유할 것이다. 따라서 전체 문자열도 고유할 것이다.

#266. 10.9 x가 첫 번째 열보다 값이 작다면 오른쪽의 어떤 컬럼에도 존재할 수 없다.

#267. 8.7 접근법 1: abc의 모든 순열을 계산한 뒤 가능한 모든 위치에 d를 삽입함으로써 abcd의 모든 순열을 만들 수 있다.

#268. 11.6 테스트하고 싶은 다른 기능이나 사용되는 경우는 있는가?

#269. 5.2 .893의 첫 번째 자릿수를 어떻게 가져올 수 있을까? 10을 곱하면 이 값은 한 칸씩 옮겨져서 8.93이 된다. 2를 곱하면 어떻게 될까?

#270. 9.2 두 노드의 연결관계를 찾기 위해서는 너비 우선 검색을 하는 게 나은가, 깊이 우선 검색을 하는 게 나은가? 이유는 무엇인가?

#271. 7.7 사용자가 오프라인 상태인지 어떻게 알 수 있을까?

#272. 8.6 어떤 기둥이 시작 지점인지, 종료 지점인지, 임시로 저장할 지점인지는 아무 상관 없다. 먼저 f(2, X=0, Y=1, Z=2)(기둥 2를 사용해서 기둥 0에서 기둥 1로 원반 두 개 옮기기)를 한 다음에 f(3, X=0, Y=2, Z=1)을 할 수 있다. 그다음에 3번째 원반을 0번 기둥에서 2번 기둥으로 옮기고 f(2, X=1, Y=2, Z=0)(기둥 0을 사용해서 기둥 1에서 기둥 2로 원반 두 개를 옮긴다)을 수행한다. 이 과정을 어떻게 반복할 수 있을까?

#273. 8.4 {a, b}의 부분집합을 사용해서 {a, b, c}의 모든 부분집합을 만들려면 어떻게

해야 할까?

#274. 9.5 컴퓨터 한 대를 사용한다면 이를 어떻게 설계할 것인가? 해시테이블이 필요할까? 어떻게 동작할까?

#275. 7.1 어떻게 에이스를 처리할 수 있을까?

#276. 9.7 가능한 한 많은 작업을 비동기식으로 처리해야 한다.

#277. 10.11 {0, 1, 2} 세 개의 원소가 임의의 순서로 주어졌다. 모든 가능한 순열을 적어본 뒤, 1을 peak로 만들려면 어떻게 고쳐야 하는지 생각해 보라.

#278. 8.7 접근법 2: 두 개의 문자로 이루어진 부분 문자열의 모든 순열이 있다면 세 개의 문자로 이루어진 부분 문자열의 모든 순열을 만들 수 있는가?

#279. 10.9 이전 힌트를 행의 관점에서 생각해 보라.

#280. 8.5 9*7을 계산해야 할 때, 4*7을 두 배 한 뒤 7을 더할 수 있다.

#281. 10.7 처음 훑어가면서 값의 범위를 한정한 뒤에, 두 번째 훑을 때 실제 값을 찾으라.

#282. 6.6 파란색 눈을 가진 사람이 한 명이라고 가정하자. 그 사람이 보게 되는 것은 무엇일까? 언제 떠나야 할까?

#283. 7.6 처음 맞추기 좋은 조각은 무엇인가? 그것들부터 시작할 수 있겠는가? 그다음으로 쉬운 조각은 무엇인가?

#284. 6.2 두 사건이 상호배타적이라면(절대 동시에 발생할 수 없다), 그 둘의 확률을 더해도 된다. 세 번의 슛 중에 두 번을 성공하는 상호배타 관계에 있는 사건의 집합을 찾을 수 있겠는가?

#285. 9.2 너비 우선 탐색이 아마 더 나을 것이다. 깊이 우선 탐색은 실제 해답의 길이가 굉장히 짧더라도 긴 경로를 찾아갈 수가 있다. 너비 우선 탐색을 수정해서 더 빠르게 할 수 있는가?

#286. 8.3 이진 탐색의 수행 시간은 $O(\log N)$이다. 이진 탐색 같은 방법을 이 문제에 적용할 수 있는가?

#287. 7.12 충돌을 해결하기 위해선 해시테이블이 연결리스트의 배열이어야 한다.

#288. 10.9 배열을 사용해서 이것을 추적하려고 한다면 어떤 일이 벌어질까? 장단점은 무엇인가?

#289. 10.8 비트 벡터를 사용할 수 있겠는가?

#290. 8.4 {a, b}의 부분집합은 또한 {a, b, c}의 부분집합이다. 어떤 집합이 {a, b, c}의 부분집합이면서 {a, b}의 부분집합이 아닌가?

#291. 10.9 행과 열에서 위, 아래, 왼쪽, 오른쪽으로 움직이기 위해서 이전 힌트를 사용할 수 있겠는가?

#292. 10.11 이전에 썼던 {0, 1, 2} 수열의 집합을 다시 생각해 보자. 가장 왼쪽 원소 이전에 어떤 원소들이 있다고 가정해 보자. 여러분이 맞바꾼 원소가 배열의

이전 부분에 아무 영향을 끼치지 않는다고 확신할 수 있는가?

#293. 9.5 해시테이블과 연결리스트를 합쳐서 이 둘의 장점을 최대한 활용할 수 있겠는가?

#294. 6.8 처음 떨어뜨릴 위치를 조금 낮게 설정하는 게 더 좋은 결과를 낸다. 예를 들어, 10층, 20층, 30층, 이렇게 올라갈 수 있다. 이때 최악의 경우에는 19번 (10, 20, ⋯, 100, 91, 92, ⋯, 99) 떨어뜨려야 한다. 이보다 더 잘할 수 있을까? 완전히 다른 해법을 마음대로 추측하지 말라. 대신, 좀 더 깊게 생각하라. 최악의 경우는 어떻게 정의되어 있는가? 각 계란을 떨어뜨려야 할 횟수가 어떻게 계산되는가?

#295. 8.9 왼쪽과 오른쪽 괄호의 개수를 세서 해당 문자열이 유효한지 판단할 수 있다. 전체 괄호쌍의 개수만큼 왼쪽 괄호를 추가해도 된다. 오른쪽 괄호는 `count(left parens) <= count(right parens)`를 만족할 때까지 추가할 수 있다.

#296. 6.4 이를 `probability`(개미 3마리가 시계 방향으로 움직임)+`probability`(개미 3마리가 시계 반대 방향으로 움직임)으로 생각할 수 있다. 혹은, 첫 번째 개미가 어떤 방향을 정한 후에 다른 개미가 첫 번째 개미와 같은 방향을 정할 확률은 얼마나 될지를 생각해 봐도 된다.

#297. 5.2 어떤 값이 2진수로 정확히 표현되지 않으면 어떻게 되는지 생각해 보라.

#298. 10.3 이 문제를 풀기 위해 이진 탐색 알고리즘을 수정할 수 있겠는가?

#299. 11.1 `unsigned int`에는 어떤 일이 생길 수 있는가?

#300. 8.11 부분문제로 쪼개어 보자. 잔돈을 만들 때 먼저 취해야 할 선택은 무엇인가?

#301. 10.10 배열을 사용하면 숫자 삽입이 느릴 것이다. 어떤 다른 자료구조를 사용할 수 있는가?

#302. 5.5 만약 (n & (n-1)) == 0이라면, n과 n-1은 같은 비트에 1이 하나도 존재하지 않는다는 뜻이 된다. 왜 그렇게 되는가?

#303. 10.9 생각해 볼 수 있는 다른 방법이 있다. 셀 근처에 직사각형을 그린 다음 행렬의 아래와 오른쪽으로 확장해나가면, 해당 셀의 값은 여러분이 그린 직사각형의 모든 값보다 크다.

#304. 9.2 시작 지점과 종료 지점에서 동시에 탐색할 수 있는 방법이 있을까? 무슨 이유로 혹은 어떤 경우에 이 방법이 더 빠를까?

#305. 8.14 if 문(각 연산자마다 원하는 불린 결과값, 왼쪽/오른쪽 수식)이 많아 코드가 길어 보인다면, 다른 부분과의 연관관계에 대해 생각해 보라. 코드를 단순화하도록 노력하라. 복잡한 if 문이 그렇게 많이 필요하지 않다. 예를 들어, OR와 AND 형태의 수식을 생각해 보라. 둘 다 참이 되는 결과의 개수를 알아야 할 수 있다. 어떤 코드를 재사용할 수 있는지 찾아 보라.

#306.   6.9   숫자 3은 인수(factor)의 개수가 짝수 개(1과 3)이다. 숫자 12 또한 짝수 개의 인수(1, 2, 3, 4, 6, 12)를 갖고 있다. 어떤 숫자의 인수 개수가 짝수가 아닌가? 이 사실이 문의 상태에 어떤 결과를 가져오는가?

#307.   7.12   연결리스트의 노드가 갖고 있어야 할 정보가 무엇인지 주의 깊게 생각해 보라.

#308.   8.12   모든 행은 하나의 퀸을 갖고 있어야 한다. 모든 가능한 경우를 찾아 볼 수 있을까?

#309.   8.7   접근법 2: abcd의 순열을 만들려면, 시작 문자를 선택해야 한다. 시작 문자는 a, b, c, d 중에 하나가 될 수 있다. 그 다음에는 나머지 문자들로 순열을 구하면 된다. 이 방법을 사용해서 전체 문자열의 모든 순열을 어떻게 나열할 수 있을까?

#310.   10.3   여러분의 알고리즘의 수행 시간은 무엇인가? 배열에 중복된 값이 있다면 어떻게 되는가?

#311.   9.5   이 방법을 어떻게 더 큰 시스템으로 확장할 수 있을까?

#312.   5.4   다음: 0을 1로 바꾸어서 그다음으로 큰 숫자를 만들 수 있는가?

#313.   11.4   테스트를 위해 어떤 부하 테스트를 설계할 수 있을까? 웹 페이지에 어떤 요인들의 부하가 있을 수 있을까? 과부하 상태에서 웹 페이지가 만족스럽게 작동한다고 평가할 수 있는 기준에는 무엇이 있나?

#314.   5.3   두 수열을 하나로 합치거나 바로 인접한 0을 1로 뒤집어서 수열의 길이를 계산할 수 있다. 최선의 선택을 찾으면 된다.

#315.   10.8   여러분만의 비트 벡터 클래스를 구현해 보라. 좋은 연습이 될 것이다. 또한 직접 구현하는 것이 이 문제에서 중요한 부분을 차지한다.

#316.   10.11   O(n) 알고리즘을 설계할 수 있어야 한다.

#317.   10.9   어떤 셀의 값은 그 셀의 아래쪽과 오른쪽에 놓인 원소보다 크다. 또한 그 셀의 위쪽과 왼쪽에 놓인 원소보다는 작다. 가장 먼저 원소를 제거하려면 어떤 값과 x를 비교해야 하나?

#318.   8.6   재귀에 어려움을 느낀다면 재귀 과정을 좀 더 신뢰하길 바란다. 위쪽에 위치한 원반 두 개를 0번 기둥에서 2번 기둥으로 옮기는 방법을 찾았으면, 이 방법이 제대로 작동한다고 신뢰하여야 한다. 원반 세 개를 옮겨야 할 때는 원반 2개를 옮길 수 있다고 믿어야 한다. 이제 이 원반 두 개를 옮겼다. 세 번째 원반은 어떻게 해야 하나?

#319.   6.1   세 개의 약병이 있고 그중 하나에 무거운 알약이 들어 있다고 생각한다. 각 약병에 다른 개수의 알약을 넣고 무게를 쟀다고 생각해 보자(예를 들어, 1번 약병에는 5개의 알약을, 2번 약병에는 2개의 알약을, 3번 약병에는 9개의 알약을 넣는다). 결과가 어떻게 나오겠는가?

#320. 10.4 이진 탐색이 어떻게 동작하는지 생각해 보라. 그냥 이진 탐색을 구현하면 어떤 문제점이 있을 수 있는가?

#321. 9.2 실제 소셜 네트워크를 설계하면서 이 알고리즘들과 시스템을 어떻게 구현해야 하는지 토론하라. 어떤 종류의 최적화 과정이 필요한가?

#322. 8.13 박스 하나를 밑에 놓기로 결정했으면, 이제 두 번째 박스를 골라야 한다. 그 다음에는 세 번째 박스를 골라야 한다.

#323. 6.2 세 번의 슛 중에서 두 번 이상 성공할 확률은 probability(첫 번째 성공, 두 번째 성공, 세 번째 실패)+probability(첫 번째 성공, 두 번째 실패, 세 번째 성공)+probability(첫 번째 실패, 두 번째 성공, 세 번째 성공)+probability(첫 번째 성공, 두 번째 성공, 세 번째 성공)이다.

#324. 8.11 잔돈을 만들 때 쿼터를 몇 개나 사용할 것인지를 먼저 결정해야 한다.

#325. 11.2 프로그램 내부와 외부(시스템의 나머지 부분)에 생길 수 있는 문제점에 대해서 생각해 보라.

#326. 9.4 얼마나 많은 공간이 필요한지 예측하라.

#327. 8.14 여러분이 구현한 재귀를 살펴보라. 반복적으로 호출하는 부분이 어디인가? 메모이제이션을 사용할 수 있겠는가?

#328. 5.7 2진수 1010은 10진수로 10이고 16진수로 0xA이다. 101010...을 16진수로 표현하면 어떻게 될까? 즉, 1과 0이 번갈아 등장하면서 1이 홀수 위치에 놓인 수열을 어떻게 표현할 수 있을까? 1을 짝수 자리에 놓이도록 이 수열을 뒤집으려면 어떻게 해야 할까?

#329. 11.3 최악의 경우와 더 일반적인 경우 모두를 고려해 보라.

#330. 10.9 x와 행렬의 중간 원소를 비교해 보면, 대략 전체 행렬의 원소 중에서 1/4개를 제거할 수 있다.

#331. 8.2 마지막 셀에 도착하는 로봇은 마지막에서 두 번째 셀에 도착하는 경로를 찾을 수 있어야 한다. 마지막에서 두 번째 셀에 도착하는 경로를 찾기 위해서는 마지막에서 세 번째 셀에 도착하는 경로를 찾을 수 있어야 한다.

#332. 10.1 배열의 끝에서 앞으로 움직이면서 작업해 보라.

#333. 6.8 첫 번째 계란을 떨어뜨릴 때 고정된 간격(10층씩)으로 떨어뜨린다면, 최악의 경우는 '최악의 경우의 첫 번째 계란+최악의 경우의 두 번째 계란'이 된다. 이 방법의 문제점은 첫 번째 계란을 많이 던져 봤다고 해서 두 번째 계란을 던져야 하는 횟수가 줄어드는 게 아니라는 점이다. 이상적으로는, 이 둘의 균형을 잡아야 한다. 첫 번째 계란을 더 많이 떨어뜨려 봤으면 두 번째 계란은 덜 떨어뜨려 봐야 한다. 이게 무엇을 의미하는가?

#334. 9.3 무한루프가 어떻게 발생하는지 생각해 보라.

#335. 8.7 접근법 2: abcd의 모든 순열을 생성하려면, (a, b, c, d) 중에서 시작 문자 하

나를 선택해야 한다. 나머지 문자로 모든 순열을 나열한 뒤에 그 앞에 시작 문자를 덧붙인다. 나머지 문자의 순열을 어떻게 구할 수 있는가? 같은 로직을 반복하는 재귀 호출을 사용하면 된다.

#336. 5.6 두 숫자 사이에 다른 비트의 개수를 세려면 어떻게 해야 할까?

#337. 10.4 이진 탐색은 현재 원소와 중간 원소를 비교하는 과정이다. 중간 원소를 구하려면 전체 길이를 알고 있어야 한다. 하지만 우리는 전체 길이를 모른다. 이 길이를 찾을 수 있을까?

#338. 8.4 c를 포함하는 부분집합이 {a, b}가 아닌 {a, b, c}의 부분집합이 될 것이다. {a, b}의 부분집합을 통해 이 부분집합을 구할 수 있을까?

#339. 5.4 다음: 0을 1로 뒤집으면 더 큰 숫자를 만들 수 있다. 오른쪽 인덱스에 가까운 값을 뒤집을수록 더 작은 숫자를 만들게 된다. 1001이라는 숫자가 있을 때 가장 오른쪽의 0을 뒤집어서 1011을 만들고 싶다. 하지만 1010이라는 숫자가 있을 때는 가장 오른쪽의 1을 뒤집으면 안 된다.

#340. 8.3 특정 인덱스와 값이 주어졌을 때, 마술 인덱스가 그 이전에 있는지 그 이후에 있는지 알아낼 수 있는가?

#341. 6.6 파란 눈을 가진 사람이 두 명이라고 가정해 보자. 그들이 보게 되는 건 무엇인가? 그들은 무엇을 알고 있을까? 그들은 언제 떠나게 될까? 이전 힌트에서 여러분이 했던 답을 떠올려 보라. 파란 눈을 가진 사람들이 이전 힌트의 답을 알고 있다고 가정하라.

#342. 10.2 실제로 '정렬'을 할 필요가 있나? 아니면 리스트를 단순히 재배열하는 것만으로도 충분한가?

#343. 8.11 98센트를 만들 때 쿼터 2개를 사용하기로 했으면, 다임, 니켈, 페니를 사용해서 48센트를 만드는 방법에는 몇 개가 있는지 알아야 한다.

#344. 7.5 온라인으로 책을 읽는 시스템이 제공해야 하는 다른 기능에는 어떤 것들이 있는지 생각해 보라. 전부 구현할 필요는 없지만, 여러분이 세운 가설을 명백히 해야 한다.

#345. 11.4 직접 만들 수 있겠는가? 어떻게 생겼을 것 같은가?

#346. 5.5 n과 n-1에는 어떤 관계가 있는가? 이진수 뺄셈을 해 보라.

#347. 9.4 여러 번 읽어야 하는가? 서버가 여러 대 있어야 하나?

#348. 10.4 지수승으로 길이를 늘려가면서 찾을 수 있다. 먼저 2번 인덱스를 확인하고, 4, 8, 16의 순서로 확인해 보면 된다. 이 알고리즘의 수행 시간은 어떻게 되는가?

#349. 11.6 어떤 부분을 자동화할 수 있는가?

#350. 8.12 각 행에는 퀸이 하나 존재해야 한다. 마지막 행에서 시작한다. 8개의 열이 있고 각각에 퀸을 하나 놓을 수 있다. 이 전부를 시도해 볼 수 있는가?

#351. 7.10 숫자, 비어 있는 곳, 지뢰가 모두 다른 클래스로 구현되어야 하나?

#352. 5.3 선형 시간에 한 번만 읽고, O(1) 공간에 풀어 보라.

#353. 9.3 같은 웹 페이지인지를 어떻게 확인할 수 있을까? 이게 어떤 의미가 있나?

#354. 8.4 {a, b}의 모든 부분집합에 c를 추가함으로써 남아 있는 모든 부분집합을 만들 수 있다.

#355. 5.7 짝수 비트와 홀수 비트를 선택하려면 0xaaaaaaaa와 0x55555555를 마스크로 사용해 보라. 그 다음에는 알맞은 숫자를 만들기 위해서 짝수와 홀수 비트를 움직여 보라.

#356. 8.7 접근법 2: 문자열 리스트를 재귀 함수에서 넘겨 받은 뒤, 시작 문자를 이 앞에 덧붙이는 방법으로 구현할 수 있다. 혹은 접두사를 재귀 호출에 인자로 넘길 수도 있다.

#357. 6.8 처음에는 첫 번째 계란을 넓은 간격에서 떨어뜨린 뒤 점차 그 간격을 좁힌다. 여기서 핵심은 첫 번째 계란과 두 번째 계란을 떨어뜨리는 횟수의 합을 가능한 한 같게 유지하는 것이다. 첫 번째 계란을 추가로 떨어뜨릴 때마다 두 번째 계란을 떨어뜨리는 횟수가 함께 줄어든다. 가장 적절한 간격은 무엇일까?

#358. 5.4 다음 숫자: 0수열로 끝나지 않는 비트 중에서 가장 오른쪽에 있는 0을 뒤집는다. 예를 들어 1010은 1110이 된다. 그 다음에는 숫자를 가능한 한 작게 만드는 1 하나를 0으로 뒤집을 필요가 있다.

#359. 8.1 비효율적인 재귀 프로그램을 최적화하기 위한 방법으로 메모이제이션을 사용해 볼 수 있다.

#360. 8.2 이 문제를 조금 간단히 해서 경로가 존재하는지 알아보는 문제로 바꿀 수 있다. 그 다음에는 그 알고리즘을 수정해서 경로를 추적하도록 한다.

#361. 7.10 지뢰를 게임판에 놓는 알고리즘은 무엇인가?

#362. 11.1 printf의 인자를 살펴보라.

#363. 7.2 코딩을 하기 전에, 필요한 객체 목록을 작성하고 일반적인 알고리즘을 살펴보라. 코드를 그려 보라. 필요한 모든 것이 코드 안에 있는가?

#364. 8.10 그래프로 생각해 보자.

#365. 9.3 두 웹 페이지가 같은지를 어떻게 정의할 수 있을까? URL? 내용? 둘 다 완벽한 방법이 아니다. 왜인가?

#366. 5.8 단순한 방법을 먼저 시도해 보자. 특정 '픽셀'을 설정할 수 있는가?

#367. 6.3 도미노가 체스판에 놓여 있다고 생각해 보자. 몇 개의 검은색 칸을 덮을 수 있는가?

#368. 8.13 간단한 재귀 알고리즘을 구현했다면, 이를 개선할 수 있는 방법을 생각해 보자. 반복되는 부분문제가 존재하는가?

#369. 5.6   XOR가 무엇을 의미하는지 생각해 보자. a XOR b를 했을 때 그 결과가 1이 되는 비트는 어디인가? 0이 되는 비트는 또 어디인가?

#370. 6.6   한 명씩 늘려나가 보자. 눈동자가 파란색인 사람이 세 명이면 어떻게 해야 하나? 네 명이면 어떻게 해야 하나?

#371. 8.12   작은 부분문제로 쪼개어 보자. 8번째 행에 있는 퀸은 1, 2, 3, 4, 5, 6, 7, 8번째 열 중 한 군데에 놓여야 한다. 퀸이 8행 3열에 놓여 있을 때 8개의 퀸을 놓을 수 있는 모든 방법을 출력할 수 있는가? 그다음에는 퀸을 7행에 놓았을 때의 모든 경우를 확인해 볼 필요가 있다.

#372. 5.5   이진 뺄셈을 할 때는 가장 오른쪽에 놓인 1을 0으로 바꾸고 그 뒤에 따라오는 모든 0을 1로 바꿔야 한다. 왼쪽에 있는 나머지는 그대로 두면 된다.

#373. 8.4   각각의 부분집합을 이진 숫자에 대응시켜서 할 수도 있다. 어떤 원소가 집합 안에 있는지 없는지를 확인하기 위해 i번째 비트를 '불린' 플래그로 사용할 수 있다.

#374. 6.8   첫 번째 계란을 떨어뜨리는 층을 X라고 해 보자. 그 뜻은, 만약 첫 번째 계란이 깨진다면 두 번째 계란을 X-1번 떨어뜨려 봐야 한다는 말이 된다. 우리는 첫 번째 계란과 두 번째 계란을 떨어뜨리는 횟수의 합이 최대한 같게 만들고 싶다. 만약 첫 번째 계란이 두 번째에서 깨졌다면 두 번째 계란은 X-2번 떨어뜨려 봐야 한다. 만약 첫 번째 계란이 세 번째에서 깨졌다면 두 번째 계란은 X-3번 떨어뜨려 봐야 한다. 이렇게 하면 두 계란의 합이 꽤 같게 만들 수 있다. X는 무엇이 되어야 할까?

#375. 5.4   다음 숫자: 뒤집힌 비트의 오른쪽으로 가능한 1을 전부 옮김으로써 작은 숫자를 만들 수 있다.

#376. 10.10   이진 탐색 트리를 사용해도 괜찮은가?

#377. 7.10   게임판에 지뢰를 임의로 배치하려면 어떻게 해야 할까? 카드를 뒤섞는 알고리즘을 생각해 보라. 비슷한 방법을 적용해 볼 수 있을까?

#378. 8.13   반복적인 선택에 대해 생각해 볼 수도 있다. 첫 번째 박스를 쌓을 것인가? 두 번째 박스를 쌓을 것인가? 이렇게 말이다.

#379. 6.5   5리터 물병을 채운 뒤 3리터 물병에 붓는다면, 5리터 물병에는 2리터가 남을 것이다. 이 2리터를 그대로 둘 수도 있고 3리터 물병을 비운 뒤 그 물병에 2리터를 옮겨 담을 수도 있다.

#380. 8.11   알고리즘을 분석해 보라. 반복되는 작업이 있는가? 이를 개선할 수 있는가?

#381. 5.8   긴 선분을 그리면, 해당 위치의 바이트(byte)가 전부 1로 세팅될 것이다. 이를 한 번에 세팅할 수 있는가?

#382. 8.10   깊이 우선 탐색이나 너비 우선 탐색으로 구현할 수 있다. 색깔이 '같은' 인접한 픽셀은 간선이 연결된 것이라고 생각하면 된다.

#383. 5.5 n과 n-1을 생각해 보라. n에서 1을 빼기 위해선 가장 오른쪽에 놓인 1을 0으로 바꾼 뒤 그보다 오른쪽에 있는 모든 0을 1로 바꾸어야 한다. n & n-1 == 0이라면, 첫 번째 1의 왼쪽에는 1이 전혀 없다는 뜻이 된다. 이게 n에서 어떤 의미가 있을까?

#384. 5.8 선분의 시작과 끝은 어떤가? 이 픽셀들을 따로 설정해야 하나 아니면 한 번에 설정할 수 있나?

#385. 9.1 실제 프로그램이라고 생각해 보자. 고려해 봐야 할 다른 요소는 무엇이 있는가?

#386. 7.10 하나의 셀에 인접한 지뢰의 개수는 어떻게 셀 수 있을까? 모든 셀을 순회하면서 셀 것인가?

#387. 6.1 무게를 기준으로 무거운 병이 무엇인지 알려주는 방정식을 세울 수 있다.

#388. 8.2 알고리즘의 효율성에 대해 다시 한번 생각해 보라. 더 개선할 수 있는가?

#389. 7.9 rotate() 메서드를 O(1) 시간에 수행할 수 있다.

#390. 5.4 이전 숫자: 다음 숫자를 구할 수 있으면, 그 로직을 반대로 사용해서 이전 숫자를 구해 보라.

#391. 5.8 여러분이 작성한 코드가 x1과 x2의 바이트가 같은 경우도 처리하는가?

#392. 10.10 노드에 데이터를 추가로 저장할 수 있는 이진 탐색 트리를 고려해 보라.

#393. 11.6 보안성(security)과 신뢰성(reliability)에 대해서 생각해 보았는가?

#394. 8.11 메모이제이션을 사용해 보라.

#395. 6.8 최악의 경우에 14번 떨어뜨려 봐야 한다. 이 숫자를 어떻게 구하였는가?

#396. 9.1 한 가지 맞는 해답이 있는 것이 아니다. 다양한 기술적 구현방법에 대해서 토론해 보라.

#397. 6.3 체스판에 검은색 셀이 몇 개나 있는가? 하얀색 셀은 몇 개나 있는가?

#398. 5.5 n & (n-1) == 0을 만족하려면 n에 1로 세팅된 비트가 단 한 개만 존재해야 한다. 이런 숫자는 어떤 숫자인가?

#399. 7.10 비어 있는 셀을 클릭했을 때 인접한 셀로 확장하는 알고리즘에는 어떤 것이 있는가?

#400. 6.5 이 문제를 푸는 방법을 찾았다면, 더 넓게 생각해 보라. 크기가 X, Y인 물병이 주어졌을 때, Z를 언제나 측정할 수 있는가?

#401. 11.3 모든 걸 테스트하는 게 가능한가? 테스트에 어떻게 우선순위를 부여할 것인가?

지식 기반 문제 힌트

#402. 12.9 개념을 먼저 생각해 보자. 구현은 그 다음에 걱정해도 된다. SmartPointer 는 어떻게 생겼나?

#403. 15.2 문맥 전환(context switch)은 두 프로세스를 전환하는 것을 말하고, 이 과 정에서 시간이 소요된다. 이는 이미 실행 중인 프로세스를 다른 프로세스 와 교환할 때 생긴다.

#404. 13.1 private 메서드에 누가 접근할 수 있는지 생각해 보라.

#405. 15.1 메모리 관점에서 이 둘은 어떤 차이가 있는가?

#406. 12.11 2차원 배열은 배열의 배열이라는 사실을 기억하라.

#407. 15.2 이상적으로 한 프로세스가 '멈추고' 다른 프로세스가 '시작될 때'의 시간을 기록하는 게 좋다. 그런데 교환이 언제 일어나는지를 어떻게 알 수 있을까?

#408. 14.1 GROUP BY가 유용할 수 있다.

#409. 13.2 언제 finally가 실행되는가? 이 부분이 실행되지 않는 경우도 있는가?

#410. 12.2 추가 메모리를 사용하지 않고 풀 수 있는가?

#411. 14.2 접근 방법을 두 부분으로 나누면 도움이 될 수 있다. 첫 번째 부분은 빌딩 ID와 open 요청의 개수를 세는 구하는 부분이고, 다른 부분은 실제 빌딩 이름을 구하는 부분이다.

#412. 13.3 이들 중 몇 개는 어디에서 적용되는지에 따라서 그 의미가 달라지는 경우가 있다.

#413. 12.10 일반적으로 malloc은 임의의 메모리 공간을 할당해 준다. 이 메서드를 오버 라이드할 수 없다면, 이를 이용해서 우리가 원하는 일을 수행할 수 있는가?

#414. 15.7 먼저 스레드를 하나 사용해서 FizzBuzz를 구현해 보라.

#415. 15.2 두 프로세스를 설정한 뒤 약간의 데이터를 주고받아 보라. 이러면 시스템 입장에서 한 프로세스를 멈추고 다른 프로세스를 가져오려고 할 것이다.

#416. 13.4 이 둘의 목적은 어느 정도 비슷하지만, 그 구현이 어떻게 다른가?

#417. 15.5 second()를 호출하기 전에 first()가 종료될 것이라는 걸 어떻게 확신할 수 있을까?

#418. 12.11 한 가지 방법은 각 배열마다 malloc을 호출하는 것이다. 여기서 메모리를 어떻게 해제할 것인가?

#419. 15.3 교착 상태는 누가 누구를 기다리는지 나타내는 그래프에 '사이클'이 존재할 때 발생한다. 어떻게 이 사이클을 깰 수 있을까? 혹은 어떻게 이 사이클이 생기는 것을 방지할 수 있을까?

#420. 13.5   그 기저에 있는 자료구조에 대해서 생각해 보라.

#421. 12.7   왜 virtual 메서드를 사용했는지 생각해 보라.

#422. 15.4   만약 모든 스레드에서 어떤 프로세스가 필요할지 미리 정의해 놓아야 한다면, 미리 교착상태에 빠질 것이라는 걸 알아챌 수 있을까?

#423. 12.3   그 기저에 존재하는 자료구조는 무엇인가? 이것의 의미는 무엇인가?

#424. 13.5   HashMap은 연결리스트의 배열을 사용한다. TreeMap은 레드-블랙 트리를 사용한다. LinkedHashMap은 이중 연결 버킷을 사용한다. 이것의 의미는 무엇인가?

#425. 13.4   기본 자료형(primitive type)을 사용하는 경우를 생각해 보라. 자료형을 어떻게 사용하느냐에 따라서 달라지는 점이 무엇인가?

#426. 12.11   연속된 메모리 공간을 사용하지 않고 이를 할당할 수 있는가?

#427. 12.8   이 자료구조를 이진 트리로 생각할 수도 있지만, 반드시 그래야 하는 건 아니다. 그 구조에 루프가 존재하면 어떻게 되는가?

#428. 14.7   아마도 학생, 수강 과목을 나타내는 리스트와 그들의 연관 관계를 나타낼 테이블이 필요할 것이다. 이들의 관계는 다-대-다라는 사실을 명심하라.

#429. 15.6   synchronized의 뜻은 같은 인스턴스에 있는 동기화된 메서드를 두 스레드가 동시에 실행할 수 없도록 해준다는 것이다.

#430. 13.5   키를 사용해서 순회할 때, 그 순서가 어떻게 다른지 생각해 보라. 어떤 경우에 어떤 자료구조를 사용할 것인가?

#431. 14.3   먼저 관련 있는 모든 아파트의 ID 리스트를 구하라.

#432. 12.10   연속된 정수 집합(3, 4, 5, …)이 있다고 가정하자. 이 집합의 크기가 최소 얼마가 되어야 16으로 나누어 떨어지는 숫자가 적어도 하나 존재한다고 할 수 있는가?

#433. 15.5   불린 플래그를 사용하는 것이 왜 안 좋은 방법인가?

#434. 15.4   요청의 순서를 그래프로 나타내 보라. 이 그래프 내에서 교착 상태는 어떤 경우를 말하는가?

#435. 13.6   객체 리플렉션은 객체의 메서드와 변수에 대한 정보를 가져오는 것이다. 왜 이것이 유용한가?

#436. 14.6   어떤 것이 일-대-일 관계인지, 일-대-다 관계인지, 다-대-다 관계인지 주의를 기울이라.

#437. 15.3   철학자가 젓가락을 집을 수 없을 때는 아무것도 집지 않도록 하는 것도 한 방법이다.

#438. 12.9   참조 횟수를 기억하고 있을 수도 있다. 이것이 말하는 바가 무엇인가?

#439. 15.7   스레드를 하나 사용했을 때 어떤 멋있는 기법을 사용하려고 애쓰지 말라. 그냥 단순하고 읽기 쉬운 것이 제일이다.

#440. 12.10 어떻게 메모리를 해제할 수 있을까?

#441. 15.2 알고리즘이 완전히 완벽하지 않아도 괜찮다. 불가능할 수도 있다. 여러분이 제안한 방법의 장단점을 토론해 보라.

#442. 14.7 상위 10%를 선택했을 때, 순위가 같은 경우는 어떻게 처리할지에 대해서 깊게 생각해 보라.

#443. 13.8 한 가지 간단한 방법은 부분집합의 크기 z를 임의로 선택한 다음에 원소를 순회하면서 해당 원소를 넣을지 말지를 z/list_size의 확률로 결정하는 것이다. 이 방법은 왜 틀린 방법일까?

#444. 14.5 비정규화란 여분의 데이터를 테이블에 추가한다는 말이다. 보통 아주 큰 시스템에서 사용된다. 이게 왜 유용한가?

#445. 12.5 얕은 복사는 초기 자료구조만을 복사한다. 깊은 복사는 그 밑에 숨어 있는 데이터까지도 복사한다. 이 두 가지 복사 방법이 주어졌을 때, 언제 어떤 복사 방법을 사용해야 하는가?

#446. 15.5 세마포어(semaphore)가 여기에서 유용할까?

#447. 15.7 동기화 문제를 생각하지 말고 스레드의 구조를 그려 보라.

#448. 13.7 람다 표현식 없이 이를 먼저 구현해 보라.

#449. 12.1 파일의 줄 수를 미리 알고 있으면 어떻게 할 수 있을까?

#450. 13.8 n개의 원소 집합의 모든 부분집합을 나열한다. 어떤 원소 x가 있을 때, 이 부분집합의 절반은 x를 포함하고 있고, 나머지 절반은 포함하고 있지 않다.

#451. 14.4 INNER JOIN과 OUTER JOIN을 설명하라. OUTER JOIN은 LEFT, RIGHT, FULL 등의 여러 가지 형태가 있을 수 있다.

#452. 12.2 널(null) 문자를 조심하라.

#453. 12.9 우리가 오버라이드해야 할 메서드/연산자는 어떤 것들이 있는가?

#454. 13.5 공통된 연산들의 수행 시간은 어떻게 되는가?

#455. 14.5 커다란 시스템에서 join 연산의 비용에 대해 생각해 보라.

#456. 12.6 volatile로 선언된 변수는 프로그램의 외부, 예를 들어 다른 프로세스에서 수정할 수 있는 변수를 말한다. 이것이 언제 유용한가?

#457. 13.8 부분집합의 크기를 미리 선택하지 말라. 그럴 필요가 없다. 그 대신, 각각의 원소를 선택할지 말지에 대해서 생각해 보라.

#458. 15.7 각 스레드의 구조를 끝냈다면, 이제 동기화를 위해선 무엇이 필요할지 생각해 보라.

#459. 12.1 파일의 줄 수를 미리 알지 못한다고 가정해 보자. 줄 수를 하나씩 세어 보지 않고서 전체 줄 수를 알 수 있는 방법이 존재하는가?

#460. 12.7 소멸자가 virtual로 선언되어 있지 않으면 무슨 일이 발생하는가?

#461. 13.7 국가를 걸러내는 부분과 합을 구하는 부분, 이렇게 두 부분으로 쪼개라.

#462. 12.8 해시테이블을 사용해 보라.

#463. 12.4 vtable에 대해서 이야기해야 한다.

#464. 13.7 filter 연산 없이 할 수 있는가?

04
추가 연습 문제 힌트

#465. 16.3 무엇을 설계할 것인지 생각해 보라.

#466. 16.12 재귀 혹은 트리와 비슷한 방법을 생각해 보라.

#467. 17.1 2진 덧셈을 손으로 천천히 해보고 어떻게 동작하는지 제대로 이해해 보라.

#468. 16.13 정사각형을 그리고 이를 절반으로 나누는 선을 여러 개 그려 보라. 이 선들이 전부 어디에 놓여 있는가?

#469. 17.24 무식한 방법으로 먼저 시작하자.

#470. 17.14 이 문제를 푸는 여러 가지 방법이 존재한다. 이들을 모두 브레인스토밍 해보자. 단순한 방법으로 먼저 시작해도 괜찮다.

#471. 16.20 재귀를 고려해 보라.

#472. 16.3 모든 선분이 교차하는가? 두 선분의 교차를 결정 짓는 요인은 무엇인가?

#473. 16.7 a > b일 때 k를 1, 그 외에는 0이라 하자. k개 주어졌을 때, 비교나 if-else 연산 없이 최댓값을 반환할 수 있는가?

#474. 16.22 까다로운 것은 무한대의 격자를 처리하는 부분이다. 어떤 옵션이 있는가?

#475. 17.15 문제를 간략화해 보자. 리스트에 있는 두 단어를 사용해서 만들 수 있는 가장 긴 단어가 무엇인지는 어떻게 알 수 있을까?

#476. 16.10 해법 1: 매년 살아 있는 사람의 숫자를 셀 수 있는가?

#477. 17.25 모든 행과 열의 길이가 같아야 하므로 일단 단어의 길이를 기준으로 사전을 나눈다.

#478. 17.7 단순한 방법을 생각해 보자. 두 이름이 동의어일 때 이들을 합친다. 이행성 (transitive) 관계를 어떻게 알 수 있을까? A==B, A==C, C==D이면 A==D==B==C.

#479. 16.13 정사각형을 절반으로 나누는 모든 선은 중심을 지나야 한다. 이제 두 정사각형을 절반으로 나누는 선분을 어떻게 찾을 수 있을까?

#480. 17.17 무식한 방법으로 시작해 보자. 수행 시간이 어떻게 되는가?

#481. 16.22 방법 #1: 실제로 무한한 격자가 필요한가? 문제를 다시 읽어 보라. 격자의 최대 크기를 알 수 있는가?

#482. 16.16 시작 위치에서 끝 위치까지의 정렬된 수열 중에 가장 긴 수열을 알고 있다면 도움이 되나?

#483. 17.2 문제를 재귀적으로 접근해 보라.

#484. 17.26 해법 1: 모든 문서를 다른 모든 문서와 비교하는 간단한 알고리즘에서부터

시작하자. 두 문서의 유사도를 가능한 한 빨리 구하려면 어떻게 해야 하나?

#485. 17.5 문자 혹은 숫자가 무엇인지는 크게 상관없다. 그냥 A와 B로 이루어진 배열로 문제를 간단하게 만들 수 있다. 이제 A와 B의 개수가 같으면서 가장 긴 부분배열을 찾으면 된다.

#486. 17.11 일단, 한 번만 수행해서 가장 가까운 거리를 찾는 알고리즘을 생각해 보라. 문서에 있는 단어의 개수를 N이라고 했을 때 이 알고리즘은 O(N) 시간에 동작해야 한다.

#487. 16.20 재귀적으로 모든 가능한 경우를 시도해 볼 수 있는가?

#488. 17.9 문제에서 물어보는 게 무엇인지 확실히 이해하자. $3^a * 5^b * 7^c$의 형태의 숫자 중에서 k번째로 작은 숫자를 찾으라 하고 있다.

#489. 16.2 가능한 최선의 수행 시간(BCR)이 무엇인지 생각해 보라. 여러분이 찾은 해법이 BCR과 같다면 그보다 더 잘할 수는 없을 것이다.

#490. 16.10 해법 1: 해시테이블을 사용하거나 탄생한 연도에서 해당 연도에 살아 있는 사람으로 대응되는 배열을 사용해 보라.

#491. 16.14 가끔은 무식한 방법도 꽤 좋은 해법이 될 수 있다. 가능한 직선을 모두 사용해 볼 수 있는가?

#492. 16.1 수직선상에 숫자 a와 b를 그려 보라.

#493. 17.7 이 문제의 핵심은 이름을 다양한 철자를 기준으로 묶는 것이다. 여기서 빈도수를 찾는 방법은 상대적으로 쉽다.

#494. 17.3 272쪽의 문제 17.2를 먼저 풀어 보라.

#495. 17.16 재귀를 사용할 수도 있고 순환적 방법을 사용할 수도 있지만 아마도 재귀를 사용한 방법으로 먼저 풀어보는 게 더 쉬울 것이다.

#496. 17.13 재귀를 사용해 보라.

#497. 16.3 길이가 무한한 선분은 둘이 평행하지 않은 이상 대부분 교차한다. 두 선분이 동일하다면 평행한 경우에도 선분이 교차한다. 선분 교차가 의미하는 것은 무엇인가?

#498. 17.26 해법 1: 두 문서의 유사도를 계산하려면 데이터를 재구성해야 한다. 정렬을 이용한 방식은 어떤가? 다른 자료구조를 사용해야 하나?

#499. 17.15 리스트의 다른 단어로 이루어진 가장 긴 단어를 찾으려면 길이가 긴 단어 순서대로 모든 단어를 순회하면서 각 단어를 사용해서 다른 단어를 만들 수 있는지 확인해 보면 된다. 이를 확인하기 위해선 문자열을 가능한 모든 위치에서 쪼개 본다.

#500. 17.25 특정한 길이와 너비로 이루어진 단어 직사각형을 찾을 수 있는기? 가능한 모든 방법을 시도해 보면 어떤가?

#501. 17.11 반복적으로 실행되는 알고리즘에서, 반복되는 부분에 여러분의 알고리즘

#502. 16.8 세 자리를 기준으로 나뉘는 숫자에 대해 생각해 보라.

#503. 17.19 첫 번째 부분을 먼저 시작해 보자. 숫자가 하나 비어 있을 때 그 숫자를 찾아보라.

#504. 17.16 재귀적 해법: 각 예약마다 두 가지 선택이 존재한다(예약을 받을 것인지 아니면 취소할 것인지). 무식한 방법을 사용해 보면 모든 가능한 방법을 재귀적으로 시도해 볼 수 있다. 단, i번째 예약을 받았을 때는 i+1번째 예약은 반드시 취소해야 한다.

#505. 16.23 0과 6 사이의 값을 동일한 확률로 반환하는 방법에 주의를 기울이라.

#506. 17.22 무식한 방법, 재귀적 해법으로 먼저 시작해 보라. 한 글자 차이 나는 모든 단어를 만든 다음에 그들이 사전에 있는지 찾아보고 경로를 만들어 보라.

#507. 16.10 해법 2: 연도를 정렬하면 어떨까? 무엇을 기준으로 정렬할 것인가?

#508. 17.9 $3^a * 5^b * 7^c$ 형태의 숫자 중에서 k번째 작은 숫자를 찾는 무식한 방법은 어떤 방법일까?

#509. 17.12 재귀적 방법을 시도해 보라.

#510. 17.26 해법 1: 두 문서의 유사도를 계산하는 알고리즘은 O(A+B) 시간이 걸려야 한다.

#511. 17.24 무식한 방법으로 풀 때에 각 행렬의 합을 연속적으로 계산해야 한다. 이를 개선할 수 있는가?

#512. 17.7 한 가지 방법은 각 이름에서 그 이름의 '실제' 철자로의 대응관계를 유지하고 있는 것이다. 또한 실제 철자에서 모든 동의어로의 대응관계도 필요하다. 가끔은 두 개의 다른 그룹을 합쳐야 할 수도 있다. 이런 일을 가능하게 해주는 알고리즘을 찾아 보자. 그리고 이를 간단히 하거나 개선할 수 있는지 찾아 보자.

#513. 16.7 a > b일 때, k는 1 아니면 0일 경우, a*k+b*(not k)를 반환할 수 있다. 하지만 이 k를 어떻게 만들 수 있을까?

#514. 16.10 해법 2: 태어난 연도와 사망한 연도를 서로 맞추어 놓고 있을 필요가 있는가? 특정 사람이 언제 죽었는지가 실제로 중요한가? 아니면 해당 연도에 사망한 리스트만 있으면 충분한가?

#515. 17.5 무식한 방법으로 시작해 보자.

#516. 17.16 재귀적 해법: 메모이제이션을 통해 최적화할 수 있다. 이 방법의 수행 시간은 무엇인가?

#517. 16.3 두 선분의 교차를 어떻게 알 수 있을까? 두 선분의 교차점은 두 선분의 길이가 무한할 때 교차하는 지점과도 같을 것이다. 교차점이 두 선분의 내부에 존재하는가?

#518. 17.26 해법 1: 교집합과 합집합은 어떤 관계가 있는가? 하나를 사용해서 다른 하나를 계산할 수 있는가?

#519. 17.20 중앙값의 뜻은 그 값보다 큰 값이 절반, 작은 값이 절반 있는 것을 의미한다.

#520. 16.14 이 세상의 모든 선분을 다 시도해 볼 수는 없다. 무한하기 때문이다. 하지만 정답 선분이 적어도 두 지점을 지난다는 사실은 알고 있다. 모든 점의 쌍을 연결해 볼 수 있는가? 각 선분이 실제 정답일지 확인해 볼 수 있는가?

#521. 16.26 수식은 왼쪽에서 오른쪽으로 처리해 나갈 수 있는가? 어떤 경우에 안 되는가?

#522. 17.10 무식한 방법을 먼저 시도해 보자. 각 숫자가 다수 원소인지 확인할 수 있는가?

#523. 16.10 해법 2: 사람은 '대체 가능'하다는 사실에 주목하자. 누가 태어났고 언제 죽었는지는 크게 중요하지 않다. 태어난 연도와 사망한 연도의 리스트만 있으면 된다. 이 방법은 어떻게 사람 리스트를 정렬할 것인지에 대한 문제를 좀 더 쉽게 만들어 준다.

#524. 16.25 먼저 문제의 범위를 한정지으라. 원하는 기능은 무엇인가?

#525. 17.24 부분배열의 합을 $O(1)$에 구하기 위해서 어떤 종류의 연산을 사전에 구해 놓을 수 있는가?

#526. 17.16 재귀적 방법: 메모이제이션의 수행 시간과 공간은 $O(N)$이어야 한다.

#527. 16.3 기울기와 y절편이 같은 경우의 선분 교차를 어떻게 처리할지 주의 깊게 생각해 보라.

#528. 16.13 두 정사각형을 절반으로 자르기 위해선, 두 정사각형의 중심을 지나야 한다.

#529. 16.14 $O(N^2)$ 해법을 구할 수 있어야 한다.

#530. 17.14 데이터를 다른 방법으로 재구성하거나 자료구조를 추가로 사용하는 것을 고려해 보라.

#531. 16.17 양수와 음수가 번갈아 나오는 배열을 그려 보라. 양수 수열의 일부 혹은 음수 수열의 일부를 취하지 않는다는 사실에 주목하라.

#532. 16.10 해법 2: 태어난 연도의 리스트와 사망한 연도의 리스트를 정렬하라. 이 둘을 순회하면서 해당 연도에 살아 있는 사람의 숫자를 추적할 수 있는가?

#533. 16.22 방법 2: `ArrayList`가 어떻게 동작하는지 생각해 보라. 여기에 `ArrayList`를 사용할 수 있겠는가?

#534. 17.26 해법 1: 합집합과 교집합의 관계에 대해서 이해하려면 벤 다이어그램(Venn diagram)을 그려 보라(두 원이 서로 교차하는 다이어그램을 말한다).

#535. 17.22 무식한 방법으로 풀 수 있다면, 한 글자 떨어져 있는 모든 유효한 단어를 더

빠리 구할 수 있는 방법을 찾아 보라. 모든 문자열을 다 만들어 보면 대부분의 단어가 사전에 들어 있지 않기 때문에 효율적이지 않다.

#536. 16.2 반복되는 경우를 개선하기 위해 해시테이블을 사용할 수 있을까?

#537. 17.7 위의 방법을 사용하는 쉬운 방법은 각 이름을 또 다른 철자 리스트로 대응시키는 것이다. 어떤 그룹의 이름이 다른 그룹의 이름과 동일하게 설정되어 있다면 어떤 일이 발생하는가?

#538. 17.11 각 단어에서 그 단어가 등장하는 위치 리스트로의 대응관계가 저장되어 있는 룩업 테이블(lookup table)을 만들 수 있다. 가장 가까운 두 위치를 어떻게 찾을 수 있을까?

#539. 17.24 왼쪽 상단 구석에서 시작하는 부분배열의 합을 미리 계산해 놓으면 어떨까? 이를 계산하는 데 얼마나 오래 걸리나? 이 값을 미리 구해 놓으면, 임의의 부분집합의 합을 $O(1)$ 시간에 구할 수 있는가?

#540. 16.22 방법 2: ArrayList를 사용하는 것이 불가능하지는 않지만 지루할 수 있다. 배열에 특화된, 여러분만의 클래스를 만드는 게 더 쉬울 수도 있다.

#541. 16.10 해법 3: 태어나면 사람을 하나 추가하고 사망하면 하나 제거한다. 예제로 사용할 사람 리스트(태어난 연도와 사망한 연도)를 작성한 뒤 각 연도의 리스트로 재구성하고 사람이 태어났을 때 +1, 사망했을 때 -1을 해 보라.

#542. 17.16 순환적 방법: 재귀적 방법을 좀 더 연구해 보라. 이와 비슷한 방법을 순환적으로 구현할 수 있겠는가?

#543. 17.15 이전 방법을 여러 개의 단어로 확장해 보자. 모든 가능한 방법으로 각 단어를 쪼개 볼 수 있는가?

#544. 17.1 2진 덧셈은 단순히 비트 단위로 숫자를 순회하면서 두 비트를 더하고, 필요하면 숫자를 올려주는 방식으로 생각하면 된다. 또한 연산을 하나로 묶는 방법으로 생각해도 된다. 올림수를 생각하지 않고 일단 각 비트를 더하기만 하면 어떠한가? 그 다음에 올림수를 처리할 수도 있다.

#545. 16.21 여기서 수학을 하거나 다른 예제를 사용해 볼 수 있다. 두 쌍이 어떻게 생겨야 하는가? 그 값에 대해서 어떤 말을 할 수 있나?

#546. 17.20 입력으로 들어온 모든 원소를 저장해야 한다. 첫 100개의 원소 중에서 가장 작은 원소도 나중에는 중앙값이 될 수 있다. 가장 작은 값이나 가장 큰 값도 무시하면 안 된다.

#547. 17.26 해법 2: 예를 들어, 각 배열에서 최대 원소와 최소 원소를 저장하고 있는 사소한 최적화를 생각해 보자. 이렇게 하면, 특정한 경우에 두 배열이 겹치지 않는지 빠르게 알아낼 수 있다. 이 방법의 문제는 여전히 모든 문서와 다른 모든 문서를 비교해야 한다는 점이다. 이 방법은 유사도가 희박할 것 같다는 사실을 이용하지 않는다. 아주 많은 문서가 주어졌을 때, 실제로 모든 문

서와 다른 모든 문서를 비교할 필요는 없다. 그 비교 연산이 아주 빠르더라도 말이다. 이 모든 방법은 문서의 개수가 D일 때 $O(D^2)$ 시간이 걸린다. 모든 문서와 다른 모든 문서를 비교해선 안 된다.

#548. 16.24 무식한 방법으로 시작해 보자. 수행 시간은 무엇인가? 가능한 최선의 수행 시간은 무엇인가?

#549. 16.10 해법 3: 연도별 배열을 만든 다음에 각 연도에 바뀐 인구수를 저장하고 있을 수 있을까? 그러면 인구수가 가장 많은 연도를 찾을 수 있는가?

#550. 17.9 $3^a * 5^b * 7^c$ 형태의 숫자 중에서 k번째로 작은 숫자를 찾는다고 했을 때, a, b, c가 k보다 작다는 사실은 알고 있다. 이런 모든 숫자를 나열할 수 있겠는가?

#551. 16.17 합이 음수인 수열이 있다면, 이 수열로 시작하거나 끝날 필요는 절대 없다 (물론 두 수열을 연결하는 사이에 이런 수열이 존재할 수는 있다).

#552. 17.14 숫자를 정렬할 수 있는가?

#553. 16.16 배열을 세 부분으로 나누어 생각할 수 있다. 왼쪽, 중간, 오른쪽. 왼쪽과 오른쪽은 전부 정렬되어 있다. 중간 원소는 임의의 순서로 배열되어 있다. 이런 원소를 정렬함으로써 전체 배열이 정렬될 때까지 이 중간 부분을 확장해야 한다.

#554. 17.16 순환적 방법: 배열의 끝에서 시작해서 앞으로 돌아오는 방법이 아마도 가장 쉬운 방법일 것이다.

#555. 17.26 해법 2: 모든 문서를 비교할 수 없으면 원소 수준에서 살펴보는 것부터 시작해야 한다. 단순한 방법에서 시작해서 여러 문서로 확장할 수 있는지 생각해 보라.

#556. 17.22 다른 글자가 하나인, 모든 유효한 단어를 빨리 구할 수 있는 방법인 사전 안의 단어를 그룹 지어 보라. b_ll(bill, bell, bull과 같은 단어)의 형태의 모든 단어는 한 글자만 다르다. 하지만 이 단어들이 bill과 한 글자 차이 나는 모든 경우는 아니다.

#557. 16.21 배열 A에서 B로 값 a를 옮기면 A의 합은 a만큼 줄어들고 B의 합은 a만큼 늘어난다. 두 값을 맞바꾸면 어떻게 되는가? 값이 같아지려면 어떤 두 값을 맞바꾸어야 하는가?

#558. 17.11 각 단어가 등장한 리스트를 갖고 있으면 그 두 배열에서 차이가 가장 작은 쌍을 찾으면 된다. 이 알고리즘은 여러분이 처음에 고안한 알고리즘과 꽤 비슷하다.

#559. 16.22 방법 #2: 한 가지 방법은 개미가 가장자리를 배회할 때 배열의 크기를 두 배로 늘리는 것이다. 그런데 개미가 음수 영역에서 배회하면 어떻게 할 것인가? 배열의 인덱스는 음수가 될 수 없다.

#560. 16.13 선분(기울기와 y절편)이 주어졌을 때, 다른 선분과 교차하는 지점을 찾을 수 있겠는가?

#561. 17.26 해법 2: 한 가지 고려해야 하는 점은 특정 문서와 모든 문서와의 유사도 리스트를 아주 빠르게 가져올 수 있어야 한다는 것이다. 다시 말하지만, 모든 문서를 훑어보면서 유사하지 않은 문서를 빠르게 제거하는 방식은 통하지 않는다. 이렇게 하면 적어도 $O(D^2)$이 걸린다.

#562. 17.16 순환적 방법: 연속으로 세 개의 예약을 취소할 일은 절대 발생하지 않는다. 왜 그런가? 언제나 가운데 예약은 받을 수 있다.

#563. 16.14 해시테이블을 사용해 보았는가?

#564. 16.21 두 값 a, b를 맞바꾸었다면 A의 합은 sumA-a+b가 되고 B의 합은 sumB-b+a 가 된다. 이 합이 같아야 한다.

#565. 17.24 왼쪽 상단 구석에서 각 셀까지의 합을 미리 계산했다면 이를 이용해서 임의의 부분 배열의 합을 O(1) 시간에 구할 수 있다. 어떤 부분배열을 생각해 보자. 미리 계산한 이 합은 이 부분행렬, 즉 바로 위의 배열 (C), 왼쪽 배열(B), 왼쪽 위 배열(A)의 합을 갖고 있다. D의 합은 어떻게 구할 수 있을까?

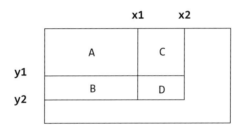

#566. 17.10 무식한 방법을 생각해 보자. 원소를 하나 선택한 다음에 이 원소가 다수 원소인지 아닌지를 확인해 볼 수 있다. 해당 원소와 일치하는 원소와 일치하지 않는 원소의 개수를 세어 보면 된다. 첫 번째 원소와 처음의 몇 개를 비교해 봤을 때, 7개가 일치하지 않고 3개가 일치한다고 가정해 보자. 더 진행할 가치가 있을까?

#567. 16.17 배열의 처음 부분에서 시작하자. 부분수열의 크기가 커지면 그 수열은 최고 수열로 유지된다. 하지만 음수가 되면 쓸모 없어진다.

#568. 17.16 순환적 해법: i번째 예약을 받았다면, i+1번째 예약은 받을 수 없지만 i+2 혹은 i+3번째 예약은 받을 수 있다.

#569. 17.26 해법 2: 이전 힌트를 사용해서 {13, 16, 21, 3}과 같은 문서와 비슷한 문서의 리스트를 정의할 수 있다. 이 리스트는 어떤 속성을 갖고 있는가? 그렇게 모든 문서를 어떻게 모을 수 있는가?

#570. 16.22 방법 #2: 문제에서 좌표의 위치가 항상 같아야 한다고 규정되어 있지 않았

다. 개미와 모든 셀의 위치를 양수 방향으로 옮길 수 있는가? 다시 말해, 배열을 음수 방향으로 확장시켜야 할 때 모든 인덱스의 번호를 다시 매김으로써 여전히 양수의 위치에 있도록 할 수 있는가?

#571. 16.21 sumA - a + b = sumB - b + a를 만족하는 값 a와 b를 찾고자 한다. a와 b의 값이 의미하는 바를 구하기 위해 수학을 사용하라.

#572. 16.9 뺄셈에서 시작해서 하나씩 접근해 보자. 함수 하나를 완성하면 이를 이용해서 다른 것들을 구현해 보자.

#573. 17.6 무식한 방법으로 먼저 접근해 보자.

#574. 16.23 무식한 방법을 먼저 사용해 보자. 최악의 경우에 rand5()를 몇 번이나 호출해야 하는가?

#575. 17.20 다른 방법으로 생각해 볼 수 있다. 아래쪽 절반과 위쪽 절반을 유지하고 있을 수 있는가?

#576. 16.10 해법 3: 이 문제에 들어 있는 조그마한 세부사항을 주의 깊게 살펴보자. 여러분의 알고리즘/코드가 같은 연도에 태어나서 사망한 사람을 잘 처리하고 있는가? 이 사람은 인구수에서 한 명으로 계산되어야 한다.

#577. 17.26 해법 2: {13, 16, 21, 3}과 비슷한 문서의 리스트는 13, 16, 21, 3을 포함한 모든 문서들이 된다. 이 리스트를 어떻게 효과적으로 찾을 수 있을까? 우리는 아주 많은 양의 문서를 다룰 것이기 때문에 사전에 미리 계산해 놓을 수 있으면 좋다.

#578. 17.16 순환적 해법: 예제를 사용해서 거꾸로 접근해 보라. 부분배열 $\{r_n\}$, $\{r_{n-1}, r_n\}$, $\{r_{n-2}, ..., r_n\}$에 대한 최적 해법은 쉽게 구할 수 있다. 이를 사용해서 $\{r_{n-3}, ..., r_n\}$의 최적 해법을 빠르게 구할 수 있는가?

#579. 17.2 n-1개 원소를 섞는 메서드가 있다고 가정하자. 이 메서드를 사용해서 n개의 원소를 섞는 메서드를 구현할 수 있겠는가?

#580. 17.22 b_ll과 같은 와일드 카드에서 이런 형태의 모든 단어로의 대응관계를 만들라. 그 다음에 bill과 한 글자 차이 나는 모든 단어를 찾고 싶을 때, _ill, b_ll, bi_l, bil_과 대응되는 모든 단어를 살펴 보라.

#581. 17.24 D의 합은 sum(A&B&C&D) - sum(A&B) - sum(A&C) + sum(A)와 같다.

#582. 17.17 트라이(trie)를 사용해 볼 수 있겠는가?

#583. 16.21 수학을 통해 a - b = (sumA - sumB) / 2를 만족하는 값의 쌍을 찾으면 된다는 사실을 알게 됐다. 이제 이 문제는 특정 차이가 나는 한 쌍의 값을 찾는 문제로 바뀌었다.

#584. 17.26 해법 2: 해당 단어를 포함하고 있는 문서들로의 대응관계를 나타내는 해시테이블을 만든다. 이 해시테이블을 이용하면 {13, 16, 21, 3}과 유사한 모든 문서를 쉽게 찾을 수 있다.

#585. 16.5 0이 n!의 결과에 어떻게 포함되는가? 그게 무엇을 의미하는가?

#586. 17.7 각 이름이 또 다른 철자 리스트로 대응된다면, X와 Y 집합이 동의어인 걸 알게 됐을 때 아주 많은 리스트를 갱신해야 할 것이다. 만약 X가 {A, B, C}의 동의어이고, Y가 {D, E, F}의 동의어라면 {Y, D, E, F}를 A의 동의어 리스트, B의 동의어 리스트, C의 동의어 리스트, X의 동의어 리스트에 추가해야 한다. {Y, D, E, F}의 경우도 마찬가지이다. 이를 더 빠르게 할 수 있을까?

#587. 17.16 순환적 해법: 예약을 받으면 다음 예약은 받을 수 없지만 그다음의 다음 예약은 받을 수 있다. 따라서 optimal(r_1 , ..., r_n)=max(r_1+optimal(r_{i+2}, ..., r_n), optimal(r_{i+1}, ..., r_n))이 된다. 이를 거꾸로 작업해 보면 순환적으로도 풀 수 있다.

#588. 16.8 음수를 고려하였는가? 100,030,000과 같은 숫자도 처리할 수 있는가?

#589. 17.15 아주 비효율적인 재귀 알고리즘을 구현했다면, 반복되는 부분문제를 찾아보라.

#590. 17.19 부분 1: 빠진 숫자를 O(1) 공간, O(N) 시간에 찾아야 한다면, 배열은 상수 번 순회해야 하고 변수도 몇 개만 사용해야 한다.

#591. 17.9 $3^a*5^b*7^c$의 모든 값의 리스트를 살펴보자. 리스트에 있는 모든 값은 3*(이전 값), 5*(이전 값), 7*(이전 값) 중 하나일 것이다.

#592. 16.21 무식한 방법은 모든 값의 쌍을 순회하면서 그 차이를 살펴보는 것이다. A를 순회하는 바깥 루프와 B를 순회하는 안쪽 루프가 필요할 것이다. 모든 쌍에서 그 차이를 계산하고 우리가 찾고자 하는 차이와 비교한다. 그런데 좀 더 구체적으로 할 수 없을까? A의 값과 원하는 차이 값이 주어졌을 때, B에서 찾고자 하는 값을 바로 알 수 있나?

#593. 17.14 힙이나 트리와 같은 종류의 자료구조를 사용하는 건 어떤가?

#594. 16.17 합을 계속해서 추적하고자 한다면, 부분수열의 합이 음수가 될 때 이를 바로 0으로 초기화시켜야 한다. 음수 수열을 다른 수열의 시작 부분이나 끝 부분에 추가할 필요는 없다.

#595. 17.24 사전에 미리 계산을 해 놓으면 O(N^4)의 수행 시간에 문제를 풀 수 있다. 더 빠르게 할 수 있겠는가?

#596. 17.3 재귀적으로 풀어 보라. n-1개의 원소 중에서 크기가 m인 부분집합을 구하는 알고리즘이 있다고 가정한다. 이를 이용해서 n개의 원소 중에서 크기가 m인 부분집합을 구하는 알고리즘을 만들 수 있겠는가?

#597. 16.24 해시테이블을 사용해서 더 빠르게 할 수 있는가?

#598. 17.22 여러분의 이전 알고리즘은 아마도 깊이 우선 탐색과 닮았을 것이다. 더 빠르게 할 수 있을까?

#599. 16.22 방법 3: 격자조차도 그릴 필요가 있는지 없는지 생각해 봐야 한다. 이 문제

에서 실제로 필요한 정보는 무엇인가?

#600. 16.9 뺄셈: 음 함수(negate function)(양의 정수를 음의 정수로 바꾸어 주는 것)가 도움이 되는가? 이를 사용해서 덧셈 연산을 구현할 수 있는가?

#601. 17.1 위의 단계 중 하나에 집중해 보자. 올림수를 하지 않았을 때 덧셈 연산은 어떤 연산과 같은가?

#602. 16.21 무식한 방법이 실제로 하는 일은 target과 같아지는 값을 B에서 찾는 것이다. 이 원소를 더 빨리 찾을 수 있을까? 해당 원소가 배열 안에 존재하는지 여부를 더 빨리 찾을 수 있는 방법은 무엇인가?

#603. 17.26 해법 2: 특정 문서와 비슷한 문서들을 쉽게 찾을 수 있다면, 간단한 알고리즘을 통해 단순히 유사도를 계산하기만 하면 된다. 더 빠르게 할 수 있을까? 특히, 해시테이블에서 직접 유사도를 계산할 수 있을까?

#604. 17.10 처음에는 다수가 다수처럼 보이지 않을 수도 있다. 예를 들어 다수 원소가 배열의 처음에 등장하고 그다음 8개의 원소에서는 등장하지 않을 수도 있다. 하지만 이 경우에도 다수 원소는 배열의 뒷부분에 나타나야 한다(사실, 배열의 뒷부분에 많이 등장해야 한다). 특정 원소가 다수처럼 보이지 않을 때는 계속해서 그 원소가 다수 원소인지 확인해 볼 필요가 없다.

#605. 17.7 그 대신 X, A, B, C를 같은 {X, A, B, C}의 집합에 대응시킬 수 있다. Y, D, E, F는 같은 {Y, D, E, F} 집합에 대응된다. X와 Y가 동의어임이 밝혀졌을 때, 한 집합을 다른 집합으로 복사하면 된다(예를 들어 {Y, D, E, F}를 {X, A, B, C}에 추가한다). 해시테이블을 어떻게 변경하면 될까?

#606. 16.21 여기서 해시테이블을 사용할 수 있다. 정렬을 할 수도 있다. 둘 다 원소를 빨리 찾는 데 도움이 된다.

#607. 17.16 순환적 해법: 실제로 필요한 게 어떤 데이터인지 생각해 본다면, O(n) 시간과 O(1) 공간을 사용해서 문제를 풀 수 있다.

#608. 17.12 다음과 같은 방법으로 생각해 보라. convertLeft와 convertRight 메서드(왼쪽 부분트리와 오른쪽 부분트리를 이중 연결리스트로 변환하는 메서드)가 주어졌을 때, 전체 트리를 이중 연결리스트로 변환할 수 있겠는가?

#609. 17.19 부분 1: 배열의 모든 값을 더하면 어떻게 되나? 빠진 숫자를 찾을 수 있겠는가?

#610. 17.4 빠진 숫자의 최하위 비트를 찾는 데 얼마나 오래 걸리는가?

#611. 17.26 해법 2: 단어에서 문서로 대응되는 해시테이블을 사용해서 {1, 4, 6}과 비슷한 문서를 찾으려고 한다고 가정해 보자. 이때 같은 문서가 여러 개 발견될 수도 있다. 이게 무엇을 의미하는가?

#612. 17.6 숫자마다 2를 세는 것보다는 자릿수별로 2를 세 보라. 즉, 첫 번째 자릿수에 놓인 2의 개수를 세고, 두 번째 자릿수에 놓인 2의 개수, 세 번째 자릿수

에 놓인 2의 개수를 세는 것이다.

#613. 16.9 곱셈: 덧셈 연산을 사용해서 곱셈 연산을 구현하는 건 쉽다. 그런데 음수는 어떻게 처리할 것인가?

#614. 16.17 O(N) 시간, O(1) 공간에 문제를 풀 수 있다.

#615. 17.24 배열 하나라고 가정해 보자. 합이 가장 큰 부분배열을 어떻게 구할 수 있을까? 16.17의 해법을 살펴보라.

#616. 16.22 방법 3: 여러분에게 실제로 필요한 작업은 해당 셀이 흰색인지 검은색인지 살펴보는 것이다(물론 개미의 위치도). 모든 흰색 셀의 리스트를 갖고 있을 수 있는가?

#617. 17.17 한 가지 해법은 더 긴 문자열의 모든 접미사를 트라이에 삽입하는 것이다. 예를 들어 dogs라는 단어가 있다면 이 단어의 모든 접미사는 dogs, ogs, gs, s가 된다. 이것이 문제를 푸는 데 어떤 도움이 되는가? 수행 시간은 무엇인가?

#618. 17.22 너비 우선 검색이 깊이 우선 검색보다 종종 더 빠르다. 최악의 경우에는 아니지만, 대부분의 경우에 그렇다. 왜 그런가? 이보다 더 빠르게 할 수 있는가?

#619. 17.5 앞부분에서 시작해서 A의 개수와 B의 개수를 세어 보면 어떨까? 배열에 지금까지의 A의 개수와 B의 개수를 저장해 보라.

#620. 17.10 다수 원소가 되려면 어떤 부분배열의 다수 원소이어야 하며, 부분배열에 다수 원소가 여러 개일 수는 없다.

#621. 17.24 r1행에서 시작해서 r2행으로 끝나는 부분행렬 중 최대 부분행렬을 찾고 싶다면 어떻게 하는 게 가장 효율적일까(이전 힌트를 살펴보라)? r1에서 (r2+2)까지 중에서 최대 부분배열을 찾고 싶다면, 이를 효율적으로 수행할 수 있겠는가?

#622. 17.9 각 숫자는 리스트에 있는 이전 값에 3, 5, 7 중 하나를 곱한 값이기 때문에 가능한 모든 숫자 중에서 아직 나오지 않은 다음 수를 고르기만 하면 된다. 결과적으로 중복되는 작업이 아주 많아질 텐데 중복되는 작업을 어떻게 피할 수 있을까?

#623. 17.13 모든 가능한 경우를 시도해 볼 수 있는가? 어떻게 생긴 방법인가?

#624. 16.26 곱셈과 나눗셈은 우선순위가 높은 연산이다. 3*4+5*9/2+3과 같은 연산이 있을 때 곱셈과 나눗셈 부분을 하나로 묶을 필요가 있다.

#625. 17.14 임의의 원소를 하나 골랐을 때 이 원소의 순위(이 원소보다 작거나 큰 원소의 개수)를 알아내는 데 얼마나 오래 걸리는가?

#626. 17.19 부분 2: 이제 빠진 숫자 두 개, a와 b를 찾으려고 한다. 첫 번째 방법을 사용하면 a와 b의 합을 구할 수 있지만, a와 b가 무엇인지 정확히 알 수는 없다. 어떤 계산이 필요한가?

#627. 16.22 방법 3: 하얀색 셀이 들어 있는 모든 해시 셋(hash set)을 생각해 보자. 모든 격자는 어떻게 출력할 수 있을까?

#628. 17.1 이제 덧셈 연산은 1+1→0, 1+0→1, 0+1→1, 0+0→0으로 바뀌었다. (+) 연산 없이 어떻게 계산할 수 있는가?

#629. 17.21 막대 그래프에서 가장 긴 막대의 역할은 무엇인가?

#630. 16.25 아이템을 찾아보는 데 가장 유용한 자료구조는 무엇인가? 아이템의 순서를 유지하는 데 가장 유용한 자료구조는 무엇인가?

#631. 16.18 무식한 방법을 먼저 시도해 보자. a와 b의 가능한 모든 경우를 시도해 볼 수 있는가?

#632. 16.6 배열을 정렬해 보면 어떨까?

#633. 17.11 포인터 두 개를 사용해서 두 배열을 순회할 수 있는가? A와 B를 각 배열의 크기라고 했을 때 O(A+B) 시간에 수행 가능해야 한다.

#634. 17.2 그 앞에 놓인 임의의 원소와 n번째 원소를 교체하는 방식으로 알고리즘을 재귀적으로 구현할 수 있다. 순환적 알고리즘은 어떻게 생겼을까?

#635. 16.21 A의 합이 11이고 B의 합이 8이면 어떠한가? 우리가 원하는 차이를 만들어 내는 쌍이 존재하는가? 여러분이 제안한 해법이 이런 상황을 잘 처리하고 있는지 확인해 보라.

#636. 17.26 해법 3: 또 다른 해법이 존재한다. 모든 문서에서 모든 단어를 고른 뒤에 이를 커다란 리스트에 넣고 정렬한다. 각 단어가 어떤 문서에서 왔는지는 여전히 알 수 있다고 가정하자. 한 쌍의 유사도는 어떻게 추적할 수 있는가?

#637. 16.23 rand5()를 호출하는 수열이 rand7()의 결과에 어떻게 대응되는지 나타내는 테이블을 만들라. 예를 들어 rand3()을 (rand2()+rand2()) % 3을 사용해서 구현했다면 테이블은 아래와 같을 것이다. 이 테이블을 분석해 보라. 이 테이블이 무엇을 말하는가?

첫 번째	두 번째	결과
0	0	0
0	1	1
1	0	1
1	1	2

#638. 17.8 이 문제는 각 쌍의 값이 꾸준히 증가하면서 가장 길게 만들 수 있는 수열을 찾는 문제이다. 만약 한쪽 값만 증가해도 된다면 풀 수 있겠는가?

#639. 16.15 각 아이템이 출현하는 빈도수를 알려주는 배열을 먼저 만들어라.

#640. 17.21 가장 길이가 긴 막대, 왼쪽에서 그다음으로 긴 막대, 오른쪽에서 그다음으로 긴 막대를 그려 보자. 물은 그 막대 사이를 채우게 될 것이다. 이 영역의 크기를 계산할 수 있는가? 나머지 부분은 어떻게 할 것인가?

#641. 17.6 숫자 범위가 주어졌을 때 특정 자릿수에 2가 몇 번 등장하는지 빠르게 계산

할 수 있는가? 대략 모든 자릿수의 1/10이 2가 될 것이다. 정확히 세려면 어떻게 해야 할까?

#642. 17.1 XOR를 사용해서 덧셈 단계를 구할 수 있다.

#643. 16.18 a 혹은 b의 부분 문자열 중 하나는 문자열의 앞부분에서 시작해야 한다. 이 사실이 가능한 문자열의 개수를 줄여준다.

#644. 16.24 배열이 이미 정렬되어 있으면 어떠한가?

#645. 17.18 무식한 방법으로 먼저 시도해 보라.

#646. 17.12 재귀 알고리즘에 대한 간단한 아이디어가 있다면 다음에서 막혔을 것이다. 이 재귀 알고리즘이 가끔은 연결리스트의 시작 부분을 반환하고 가끔은 끝 부분을 반환한다. 이 문제를 푸는 여러 가지 방법이 있을 수 있다. 어떤 방법이 있을지 자유롭게 생각해 보라.

#647. 17.14 임의의 원소를 선택했으면 평균적으로 50%의 위치에 놓이게 된다. 즉, 절반은 그 원소보다 작고 절반은 그 원소보다 클 것이다. 이를 반복적으로 수행하면 어떻게 될까?

#648. 16.9 나눗셈: x = a / b를 계산할 때는 a = bx라는 사실을 기억하길 바란다. x와 가장 가까운 값을 찾을 수 있겠는가? 이 나눗셈은 정수 나눗셈이고 x는 반드시 정수여야 한다.

#649. 17.19 부분 2: 우리가 시도해 볼 수 있는 아주 많은 다른 계산 방법이 존재한다. 예를 들어 모든 숫자를 곱할 수 있지만, 그렇게 하면 a와 b의 곱셈 결과만 알게 된다.

#650. 17.10 다음을 시도해 보라. 어떤 원소가 주어졌을 때 해당 원소에서 시작하는 부분배열에서 해당 원소가 다수 원소인지 확인해 본다. 다수 원소가 아닌 것 같으면(절반 이하로 등장했다면), 그다음 원소에서 다시 시작해 보라.

#651. 17.21 길이가 가장 긴 막대와 왼쪽에서 그다음으로 긴 막대 사이의 영역의 크기는 단순히 막대 그래프를 순회하면서 그 사이에 존재하는 막대의 길이를 빼줌으로써 구할 수 있다. 오른쪽도 같은 방법으로 구할 수 있다. 그래프에 남아 있는 나머지 부분은 어떻게 처리할 것인가?

#652. 17.18 한 가지 무식한 방법은 모든 위치에서 시작해서 필요한 모든 문자가 포함된 부분수열을 찾을 때까지 앞으로 나아가 보는 것이 있다.

#653. 16.18 패턴의 첫 번째 문자가 b일 수도 있다는 사실을 잊지 말라.

#654. 16.20 실제 세계에서, 어떤 접두사/부분 문자열은 필요 없다는 것을 알 수 있다. 예를 들어 33835676368을 생각해 보자. 3383은 fftf에 대응되는데 fftf로 시작하는 단어는 존재하지 않는다. 이와 같은 경우 더 이상 살펴보지 않고 건너뛸 수 있는 방법이 있는가?

#655. 17.7 또 다른 방법은 그래프로 생각해 보는 것이다. 그래프로 어떻게 할 수 있을까?

#656. 17.13 재귀 알고리즘이 취해야 할 방법은 둘 중 하나이다. (1) 각 문자에서, 이 위치에 공백을 추가하든지 (2) 다음 공백을 추가할 위치가 어디인지 찾든지. 두 방법 모두 재귀적으로 풀 수 있다.

#657. 17.8 만약 한 쌍의 값 중에서 한쪽만 증가해도 된다면 해당 값을 기준으로 정렬하면 될 것이다. 실제로 가장 긴 수열은 모든 쌍을 선택하는 것이 된다(가장 긴 수열은 증가하는 수열이어야 하므로 중복되는 원소가 존재하지 않아야 한다). 이게 원래 문제의 어떤 사실을 말해주는가?

#658. 17.21 다음의 과정을 반복해서 그래프에 남아 있는 부분을 처리할 수 있다. 가장 긴 막대와 두 번째로 긴 막대를 찾은 다음에 그 사이에 있는 막대를 빼준다.

#659. 17.4 빠진 숫자의 최하위 비트를 찾으려면 0과 1이 몇 번이나 등장해야 하는지 알고 있어야 한다. 예를 들어 최하위 비트에 0과 1이 각각 세 번씩 등장했다면, 빠진 숫자의 최하위 비트는 1이 되어야 한다. 다음을 생각해 보라. 0과 1로 이루어진 임의의 수열에서 0과 1이 번갈아 등장할 수 있다.

#660. 17.9 다음 값(3, 5, 7의 곱셈으로 이루어진)을 구하기 위해 리스트의 모든 값을 확인하는 게 아니라 다음의 방법을 생각해 보자. x라는 값을 리스트에 삽입했을 때 다음을 위해 3x, 5x 7x를 만들 수 있다.

#661. 17.14 이전 힌트, 특히 퀵소트에 대해서 더 생각해 보라.

#662. 17.21 각 부분에서 그다음으로 긴 막대를 어떻게 더 빨리 찾을 수 있을까?

#663. 16.18 수행 시간을 분석할 때 조심하라. $O(n^2)$개의 부분 문자열을 순회하고 각 부분 문자열마다 $O(n)$의 문자열 비교를 수행하므로 전체 수행 시간은 $O(n^3)$이 된다.

#664. 17.1 올림수를 생각해 보자. 어떤 경우에 숫자를 올려줘야 하는가? 올림수를 숫자에 어떻게 더할 것인가?

#665. 16.26 곱셈이나 나눗셈 연산을 만났을 때 이 결과를 계산하는 따로 분리된 '프로세스'를 수행한다고 생각하라.

#666. 17.8 높이를 기준으로 정렬을 한다면, 이 순서는 최종 쌍의 순서와 같을 것이다. 가장 긴 수열의 상대적인 순서는 반드시 이 순서가 되어야 한다(하지만 모든 쌍을 다 포함하고 있을 필요는 없다). 이제 모든 아이템의 상대적인 순서를 유지한 채 가장 긴 부분수열을 찾으면 된다. 이 문제는 정수 배열을 재배치할 수 없는 경우에 가장 긴 수열을 찾는 문제와 근본적으로 같다.

#667. 16.16 세 가지 부분배열을 생각해 보자. 왼쪽, 중간, 오른쪽. 다음의 질문에 초점을 맞추자. 중간 부분을 정렬해서 전체 배열을 정렬된 상태로 만들 수 있는가? 어떻게 이를 확인할 수 있을까?

#668. 16.23 테이블을 다시 보면, k가 rand5()를 호출하는 최대 횟수일 때 행의 개수는 5k와 같다는 사실을 알 수 있다. 0과 6 사이의 숫자를 같은 확률로 뽑으려

면 1/7의 행은 0으로 대응되어야 하고, 1/7은 1, 이런 식으로 대응되어야 한다. 가능한가?

#669. 17.18 생각해 볼 수 있는 다른 무식한 방법은 각각의 시작 인덱스를 가지고, 목표 문자열 안에 있는 각 원소의 다음 인스턴스를 찾는 것이다. 이러한 모든 다음 인스턴스의 최댓값은 부분 문자열의 끝을 나타내는데 이 부분 문자열은 모든 목표 문자를 포함한다. 이 방법의 수행 시간은 무엇인가? 더 빠르게 할 수 있는가?

#670. 16.6 정렬된 두 배열을 어떻게 합칠 수 있을지 생각해 보라.

#671. 17.5 위의 테이블에서 A의 개수와 B의 개수가 같을 때, 전체 부분 문자열(0번 인덱스에서 시작하는)의 A의 개수와 B의 개수는 같다. 이 테이블을 이용해서 0번 인덱스에서 시작하지 않으면서 문제의 조건을 만족하는 부분 문자열을 어떻게 찾을 수 있을까?

#672. 17.19 부분 2: 두 숫자를 더하면 a+b의 결과를 얻는다. 두 숫자를 곱하면 a*b의 결과를 얻는다. a와 b 각각의 값을 어떻게 구할 수 있는가?

#673. 16.24 배열을 정렬하면 보수를 찾을 때 이진 탐색을 반복적으로 수행할 수 있다. 만약 배열이 정렬되어 있다면 문제를 $O(N)$ 시간과 $O(1)$ 공간에 풀 수 있다.

#674. 16.19 연못 셀의 행과 열이 주어졌을 때, 연결된 모든 땅을 어떻게 찾을 수 있을까?

#675. 17.7 X와 Y를 더하는 것을 X 노드와 Y 노드 사이에 간선을 연결하는 것으로 생각할 수 있다. 이름이 같은 그룹을 어떻게 구할 수 있을까?

#676. 17.21 왼쪽과 오른쪽에서 다음으로 긴 막대를 계산하는 것을 미리 구해 놓을 수 있을까?

#677. 17.13 재귀 알고리즘이 같은 부분 문제를 반복적으로 구하는가? 해시테이블을 사용해서 최적화할 수 있을까?

#678. 17.14 만약 어떤 원소를 고른 뒤에 퀵정렬에서와 같이 원소를 맞바꿔서 그 아래의 원소들이 해당 원소보다 위에 놓이게 하면 어떨까? 이를 반복적으로 수행한다면 백만 번째로 작은 숫자를 구할 수 있는가?

#679. 16.6 두 배열이 정렬되어 있고 이들을 순회한다고 생각하자. 첫 번째 배열의 포인터가 3을 가리키고 두 번째 배열의 포인터가 9를 가리킬 때, 두 번째 포인터를 움직이려면 두 쌍의 차이가 어떻게 되어야 하는가?

#680. 17.12 재귀 알고리즘이 연결리스트의 시작 부분을 반환해야 하는지 끝부분을 반환해야 하는지 다루기 위해서 플래그 역할을 하는 인자를 넘길 수 있다. 하지만 이 방법은 잘 먹히지 않는다. convert(current.left)를 호출해서 left 연결리스트의 끝을 얻고 싶을 때 문제가 발생한다. 이 경우에는 두 연결리스트의 끝을 합쳐서 current로 만든다. 하지만 current가 다른 오른쪽 부분

트리 중 하나라면, convert(current)는 연결리스트의 시작 지점(current의 시작 지점. left의 연결리스트)을 반환해야 한다. 실제로 연결리스트의 시작 지점과 끝 지점이 필요하다.

#681. 17.18 이전에 설명한 무식한 방법을 생각해 보자. 이 방법의 병목지점은 반복적으로 특정 문자의 다음 인스턴스를 요구하는 부분이다. 이를 개선할 수 있는 방법이 있는가? O(1) 시간에 할 수 있어야 한다.

#682. 17.8 모든 경우를 구해 보는 재귀적 방법을 시도해 보라.

#683. 17.4 최하위 비트가 0(혹은 1)이라는 사실을 알아냈으면, 0이 최하위 비트가 아닌 모든 숫자를 배제할 수 있다. 이 문제가 이전과 어떤 부분에서 다른가?

#684. 17.23 무식한 방법을 먼저 시도해 보자. 가장 큰 정방행렬을 먼저 시도해 볼 수 있는가?

#685. 16.18 패턴의 'a' 부분을 특정한 값으로 결정했다고 가정하자. 가능한 b는 얼마나 많이 존재하는가?

#686. 17.9 x를 첫 k개의 리스트에 더했을 때, 다른 새로운 리스트에 3x, 5x, 7x를 추가할 수 있다. 어떻게 하면 최적화를 할 수 있을까? 큐를 여러 개 유지하는 방법도 괜찮은가? 실제로 3x, 5x, 7x를 언제나 삽입할 필요가 있는가? 혹은 가끔은 7x만 삽입해도 되는가? 같은 숫자가 두 번 이상 나타나는 경우를 피하고 싶다.

#687. 16.19 연못 셀의 개수를 재귀적으로 세어 보라.

#688. 16.8 숫자를 세 자리 수열로 나누어 보라.

#689. 17.19 부분 2: 두 가지 방법을 모두 사용할 수 있다. a+b=87과 a*b=962라는 사실을 알고 있으면 a=13, b=74를 구할 수 있다. 하지만 곱셈을 하면 숫자가 굉장히 커지는 문제가 있다. 모든 숫자를 곱하면 10^{157}보다 커진다. 이를 계산할 수 있는 간단한 방법이 존재하는가?

#690. 16.11 다이빙보드 만드는 것을 생각해 보라. 여러분의 선택은 무엇인가?

#691. 17.18 각 인덱스에서 다음 인스턴스의 특정 문자를 사전에 미리 계산할 수 있는가? 다차원 배열을 사용해 보라.

#692. 17.1 1+1을 했을 때 올림수가 발생한다. 올림수를 숫자에 어떻게 더할 것인가?

#693. 17.21 또 다른 방법은 막대의 관점에서 생각해 볼 수 있다. 각 막대는 물 아래에 있을 것이다. 각 막대의 위에 얼마나 많은 양의 물이 있는가?

#694. 16.25 해시테이블과 이중 연결리스트 둘 다 유용하다. 이 둘을 합쳐 보겠는가?

#695. 17.23 가능한 가장 큰 정방행렬은 N×N이다. 이 정방행렬이 문제의 조건을 만족하면, 이 행렬이 바로 최대 정방행렬이 된다. 만약 그렇지 않으면 그다음으로 큰 정방행렬을 확인해 보면 된다.

#696. 17.19 부분 2: 어떤 '수식'을 사용해도 대부분 잘 동작할 것이다(두 수식의 선형 합

이 같지 않은 이상). 단지 합을 최대한 적게 유지하면 된다.

#697. 16.23 5k를 7로 나누는 것은 불가능하다. 그 말이 rand5()를 사용해서 rand7()을 구현할 수 없다는 말인가?

#698. 16.26 스택 두 개를 사용해서 하나는 연산자, 다른 하나는 숫자를 저장하고 있을 수도 있다. 숫자가 나오면 항상 그 숫자를 스택에 집어 넣는다. 연산자가 나오면 어떻게 해야 하나? 연산자를 언제 스택에서 꺼내서 숫자에 적용할 것인가?

#699. 17.8 다른 방식으로 문제를 생각해 볼 수 있다. A[0]부터 A[n-2]까지로 끝나는 가장 긴 수열을 전부 알고 있다면, 이를 이용해서 A[n-1]로 끝나는 가장 긴 수열을 찾을 수 있는가?

#700. 16.11 재귀적 해법을 생각해 보라.

#701. 17.12 많은 사람들이 여기서 막혀서 무엇을 해야 할지 모른다. 가끔은 연결리스트의 시작 부분이 필요하고, 가끔은 연결리스트의 끝부분이 필요하다. 주어진 노드는 convert를 호출했을 때 무엇을 반환해야 하는지 알고 있을 필요가 없다. 가끔은 간단한 해법이 쉬울 때도 있다. 둘 다 반환하면 되지 않을까? 어떻게 해야 둘 다 반환할 수 있을까?

#702. 17.19 부분 2: 제곱의 합을 시도해 보라.

#703. 16.20 트라이를 사용하면 불필요한 탐색을 줄일 수 있을 것이다. 트라이에 전체 단어 리스트를 저장하고 있으면 어떠한가?

#704. 17.7 각각의 연결된 부분 그래프는 동의어 그룹을 나타낸다. 각 그룹을 찾기 위해서 반복적으로 너비 우선 탐색 혹은 깊이 우선 탐색을 수행해야 한다.

#705. 17.23 무식한 방법의 수행 시간을 설명해 보라.

#706. 16.19 같은 셀을 다시 방문하지 않는다는 보장을 어떻게 할 수 있을까? 그래프에서 너비 우선 탐색이나 깊이 우선 탐색이 어떻게 동작하는지 생각해 보라.

#707. 16.7 a > b와 a-b > 0은 같다. a-b의 부호값을 알 수 있는가?

#708. 16.16 중간 부분을 정렬해서 전체 배열을 정렬된 상태로 만들기 위해선 MAX(왼쪽) <= MIN(중간과 오른쪽)과 MAX(왼쪽과 중간) <= MIN(오른쪽)을 만족해야 한다.

#709. 17.20 힙을 사용하면 어떤가? 혹은 힙을 두 개 사용하면 어떤가?

#710. 16.4 hasWon을 여러 번 호출하면 여러분의 해법이 달라지나?

#711. 16.5 n!에서 생기는 0은 10으로 나누어 떨어지는 횟수와 같다. 이게 무엇을 의미하는가?

#712. 17.1 AND 연산자를 사용해서 올림수를 계산할 수 있다. 이걸로 무엇을 할 수 있나?

#713. 17.5 이 테이블의 인덱스 i가 count(A, 0→i) = 3과 count(B, 0→i) = 7을 만족한다고 가정하자. 그 말은 A보다 B가 네 개 더 있다는 뜻이다. 그 다음에 놓인

j에서의 차이가 i에서와 차이와 같다면(count(B, 0→j)-count(A, 0→j)), 이 부분배열의 A의 개수와 B의 개수는 같다는 말이다.

#714. 17.23 최적화하기 위해 사전에 미리 계산해 놓을 수 있는가?

#715. 16.11 재귀 알고리즘을 구했다면, 이 알고리즘의 수행 시간에 대해 생각해 보라. 더 빠르게 만들 수 있는가? 어떻게 하면 되는가?

#716. 16.1 diff를 a와 b의 차이라고 하자. diff를 어떤 방식으로 사용할 수 있는가? 이 임시 변수를 없앨 수 있겠는가?

#717. 17.19 부분 2: 2차 방정식이 필요할지도 모른다. 해를 구하는 공식을 기억하지 못해도 괜찮다. 대부분의 사람이 그럴 것이다. 그런 방식이 있다는 것만 알고 있어도 충분하다.

#718. 16.18 a가 b의 값을 결정하고(혹은 그 반대), a 혹은 b 중에 하나가 반드시 먼저 시작해야 하므로 패턴을 쪼갤 수 있는 방법은 고작 O(n)뿐이다.

#719. 17.12 연결리스트의 시작 부분과 끝부분을 동시에 반환하는 방법에는 여러 가지가 있다. 원소 두 개로 이루어진 배열을 반환할 수도 있다. 시작 지점과 끝 지점을 저장하고 있는 새로운 자료구조를 정의할 수도 있다. BiNode 자료구조를 재사용할 수도 있다. 이런 기능을 제공하는 언어를 사용한다면(예를 들어 파이썬), 그냥 값을 여러 개 반환하면 된다. 시작 지점의 이전 포인터를 끝 지점으로 연결하는, 환형 연결리스트를 사용해서 문제를 풀 수도 있다(그 다음에 래퍼 메서드(wrapper method)에서 환형 리스트를 끊어주면 된다). 이 모든 방법을 살펴보길 바란다. 어떤 방법이 가장 마음에 드는가? 왜인가?

#720. 16.23 rand5()를 사용해서 rand7()을 구현할 수 있다. 단지 결정적(deterministically)으로 풀 수 없을 뿐이다. 즉, 몇 번 호출해야 이 알고리즘이 끝나는지 정확히 알 수 없다. 이제 이를 구현해 보라.

#721. 17.23 N이 정방행렬의 한 변의 길이라고 했을 때 $O(N^3)$ 시간에 할 수 있다.

#722. 16.11 수행 시간을 개선하기 위해 메모이제이션을 사용해 보라. 무엇을 캐시에 저장할지 주의 깊게 생각해 보라. 수행 시간은 어떻게 되는가? 수행 시간은 테이블의 최대 크기와 깊은 연관이 있다.

#723. 16.19 N×N 행렬이 있을 때 $O(N^2)$에 동작하는 알고리즘을 구할 수 있다. 만약 여러분의 알고리즘의 수행 시간이 이와 같지 않다면, 수행 시간을 잘못 계산한 게 아닌지 알고리즘이 부분 최적값을 반환하는 게 아닌지 확인해 보라.

#724. 17.1 덧셈/올림수 연산을 한 번 이상 해야 한다. 올림수를 합에 더해주면 또 다른 올림수가 생길 수가 있다.

#725. 17.18 사전에 미리 계산해서 구하는 방법을 찾았다면, 공간 복잡도를 어떻게 줄일 수 있는지 생각해 보라. O(SB) 시간과 O(B) 공간으로 줄일 수 있을 것이다

(B는 더 긴 배열의 길이를 나타내고, S는 짧은 배열의 길이를 나타낸다).

#726. 16.20 아마도 알고리즘을 여러 번 돌릴 것이다. 사전에 미리 계산을 많이 해 놓으면 속도를 더 개선할 수 있는가?

#727. 16.18 알고리즘이 $O(n^2)$ 시간에 동작해야 한다.

#728. 16.7 a-b의 정수 오버플로를 어떻게 처리할지 생각해 보았는가?

#729. 16.5 n!이 10으로 나누어 떨어진다는 뜻은 n!이 5와 2로 나누어 떨어진다는 뜻이다.

#730. 16.15 더 쉽고 깔끔하게 구현하기 위해서 다른 메서드와 클래스를 사용해야 할지도 모른다.

#731. 17.18 이렇게 접근할 수도 있다. 각 원소가 등장하는 인덱스의 리스트를 갖고 있다고 가정하자. 모든 원소가 포함된 첫 번째 부분 수열을 찾을 수 있겠는가? 두 번째 부분 수열도 찾을 수 있겠는가?

#732. 16.4 N×N 게임판을 설계한다면 해법이 어떻게 달라지는가?

#733. 16.5 5와 2가 인자로 몇 번 등장하는지 세어 볼 수 있는가? 둘 다 셀 필요가 있는가?

#734. 17.21 각 막대의 위에 있는 물의 높이는 왼쪽에서 가장 긴 막대와 오른쪽에서 가장 긴 막대 중에서 짧은 막대의 길이와 같을 것이다. 즉, water_on_top[i] =min(tallest_ bar(0→i), tallest_bar(i, n))이다.

#735. 16.16 이전 조건이 만족될 때까지 중간 부분을 확장할 수 있는가?

#736. 17.23 특정 정방행렬이 문제의 조건을 만족하는지 확인할 때, 현재 위치의 위쪽, 아래쪽, 왼쪽, 오른쪽에 검은색 픽셀이 몇 개나 있는지 확인해 볼 수 있다. 이를 사전에 미리 계산할 수 있겠는가?

#737. 16.1 XOR를 사용해 볼 수도 있다.

#738. 17.22 시작 지점의 단어와 종료 지점의 단어에서 동시에 너비 우선 탐색을 실행하면 어떻게 되는가?

#739. 17.13 실제 세계에선 실제 단어로 연결되지 않는 경로를 알 수 있다. 예를 들어 hellothisism으로 시작하는 단어는 없다는 것을 알고 있다. 실제 단어로 연결되지 않는다는 것을 알고서 탐색을 미리 종료할 수 있는가?

#740. 16.11 아주 똑똑하고 굉장히 빠른 또 다른 해법이 존재한다. 재귀를 사용하지 않고 선형 시간에 풀 수 있다. 어떻게 해야 할까?

#741. 17.18 힙을 사용해 보라.

#742. 17.21 O(N) 시간과 O(N) 공간에 풀어야 한다.

#743. 17.17 더 작은 문자열들을 트라이에 삽입할 수도 있다. 이렇게 하면 문제를 푸는 데 어떤 도움이 되는가? 수행 시간은 어떻게 되는가?

#744. 16.20 사전에 미리 계산하면, 탐색 시간을 O(1)로 줄일 수 있다.

#745. 16.5 숫자 25에는 5가 인자로 두 번 등장한다는 사실을 알고 있는가?

#746. 16.16 O(N) 시간에 풀 수 있어야 한다.

#747. 16.11 다음의 방식으로 생각해 보라. K개의 널빤지를 고르려 하는데 널빤지의 종류는 두 가지가 있다. 첫 번째 종류의 널빤지 10개를 골랐을 때와 두 번째 종류의 널빤지 4개를 골랐을 때의 길이의 합은 같다. 가능한 모든 선택을 전부 순회해 볼 수 있는가?

#748. 17.25 트라이를 사용해서 단어 직사각형이 유효해 보이지 않았을 때 탐색을 미리 중단할 수 있는가?

#749. 17.13 트라이를 사용하면 탐색을 미리 중단할 수 있다.

필자에 대하여

저자 게일 라크만 맥도웰(Gayle Laakmann McDowell)은 채용뿐만 아니라 소프트웨어 개발 분야에서도 광범위한 경험을 갖고 있다.

그녀는 마이크로소프트, 애플, 구글에서 소프트웨어 엔지니어로 일했던 적이 있다. 구글에서 3년간 일하면서 최고의 면접관 중 한 명이었으며 채용위원회의 일원이기도 했다. 미국과 해외에서 지원해온 몇백 명의 지원자를 직접 인터뷰했으며 수천 명의 지원자에 대한 평가서를 채용위원회에 제출했고 그보다 많은 양의 이력서를 검토했다.

지원자의 입장에서 말하자면, 마이크로소프트, 구글, 아마존, IBM, Apple을 포함한 12개의 테크 회사에서 합격 통지서를 받은 적이 있다.

게일은 도전적인 면접에서 지원자가 최선을 다해 기량을 뽐낼 수 있도록 Career-Cup이라는 회사를 차렸다. CareerCup.com을 통해 주요 회사에서 출제된 수천 개의 면접 문제를 풀어 볼 수 있고, 포럼을 통해 면접에 관한 조언을 받을 수도 있다.

이 책 외에도 두 권의 책을 더 집필했다.

· *Cracking the Tech Career: Insider Advice on Landing a Job at Google, Microsoft, Apple, or Any Top Tech Company*: 주요 테크 회사에 대한 면접 과정을 폭넓게 확인할 수 있다. 이 책은 대학 신입생부터 마케팅 전문가에 이르기까지 누구나 이러한 회사에서 경력을 쌓을 수 있는 방법에 대한 통찰력을 제공한다.

· *Cracking the PM Interview: How to Land a Product Manager Job in Technology*: 이 책은 스타트업과 큰 테크 회사에서의 제품 관리자의 역할에 초점을 맞추었다. 이러한 역할을 수행할 수 있는 전략을 제공하고 취업 준비생이 어떻게 PM 면접을 준비해야 하는지를 알려준다.

CareerCup에서의 역할을 통해, 게일은 여러 테크 회사의 채용 과정에 대해서 컨설팅을 하고, 면접 훈련 워크샵을 개최하고, 스타트업의 엔지니어를 대상으로 합병 인터뷰에 대한 강의를 하기도 한다.

펜실베이니아 대학교에서 학사와 석사 과정을 마쳤으며 컴퓨터 과학과를 나왔다. 와튼 스쿨에서 MBA를 취득했다.

게일은 남편, 두 아들, 강아지, 컴퓨터 과학책과 함께 캘리포니아의 팔로알토에서 살고 있으며, 여전히 매일 코딩을 하고 있다.